2025 전기공사기사 실기

공학박사 김상훈 편저 / 한빛전기수험연구회 감수

편저 김상훈

건국대학교 전기공학과 졸업(공학박사)
現 엔지니어랩 전기분야 대표강사
現 ㈜일렉킴에듀 대표
現 인하공업전문대학 교수
現 대한전기학회 이사(정회원)
前 커넥츠 전기단기 전기분야 대표강사
前 NCS 전기분야 집필진
前 에듀윌 전기기사 대표강사
前 김상훈전기기술학원 원장
前 EBS 전기(산업)기사/전기공사(산업)기사 교수
前 한국조명설비학회 이사(정회원)

저서 : 『2025 회로이론』 외 기본서 시리즈 7종
『2025 전기기사 필기』 외 3종
『2025 전기기사 실기』 외 3종
『파이널 특강 - 전기기사 필기』 외 5종
『2025 전기기사 필기 7개년 기출문제집』 외 1종
『2025 전기기능사 필기 기출문제집』 외 1종
『2024 9급 공무원 전기직 전기이론』 외 5종
『2024 고등학교 교과서 전기설비』

감수 한빛전기수험연구회

동영상 강좌 수강
엔지니어랩 https://www.engineerlab.co.kr

2025 전기공사기사 실기

초판 발행　　　　2021년 3월 1일
25년 개정판 발행　2025년 3월 15일

편저자 김상훈
펴낸이 배용석
펴낸곳 도서출판 윤조
전화 050-5369-8829 / **팩스** 02-6716-1989
등록 2019년 4월 17일
ISBN 979-11-92689-89-0 13560
정가 42,000원

이 책에 대한 의견이나 오탈자 및 잘못된 내용에 대한 수정 정보는 아래 홈페이지와 이메일로 알려주시기 바랍니다.
홈페이지 www.yoonjo.co.kr / 이메일 customer@yoonjo.co.kr

이 책의 저작권은 김상훈과 도서출판 윤조에게 있습니다.
저작권법에 의해 보호를 받는 저작물이므로 무단 복제 및 무단 전재를 금합니다.

한 번에 큐넷 합격!

> 원리를 이해하는 **진짜 학습서**
> 처음부터 제대로 준비해서 **한 번에 합격**하세요.

모바일 & PC 동영상 시청 01
동영상 학습, 계획 No!
언제 어느 곳에서나 Yes!

시험 내용만 정리한 담백한 이론 02
광범위한 이론 No!
출제되는 핵심만 Yes!

시험시간도 거뜬한 넉넉한 문제 수 03
어설픈 문제 개수 No!
많은 양의 기출문제로 시험장 모드 Yes!

매년 업데이트 되는 출제 빈도 04
최근 자주 나오는 주요 문제부터!
반복학습을 통한 기억 고정 효과!

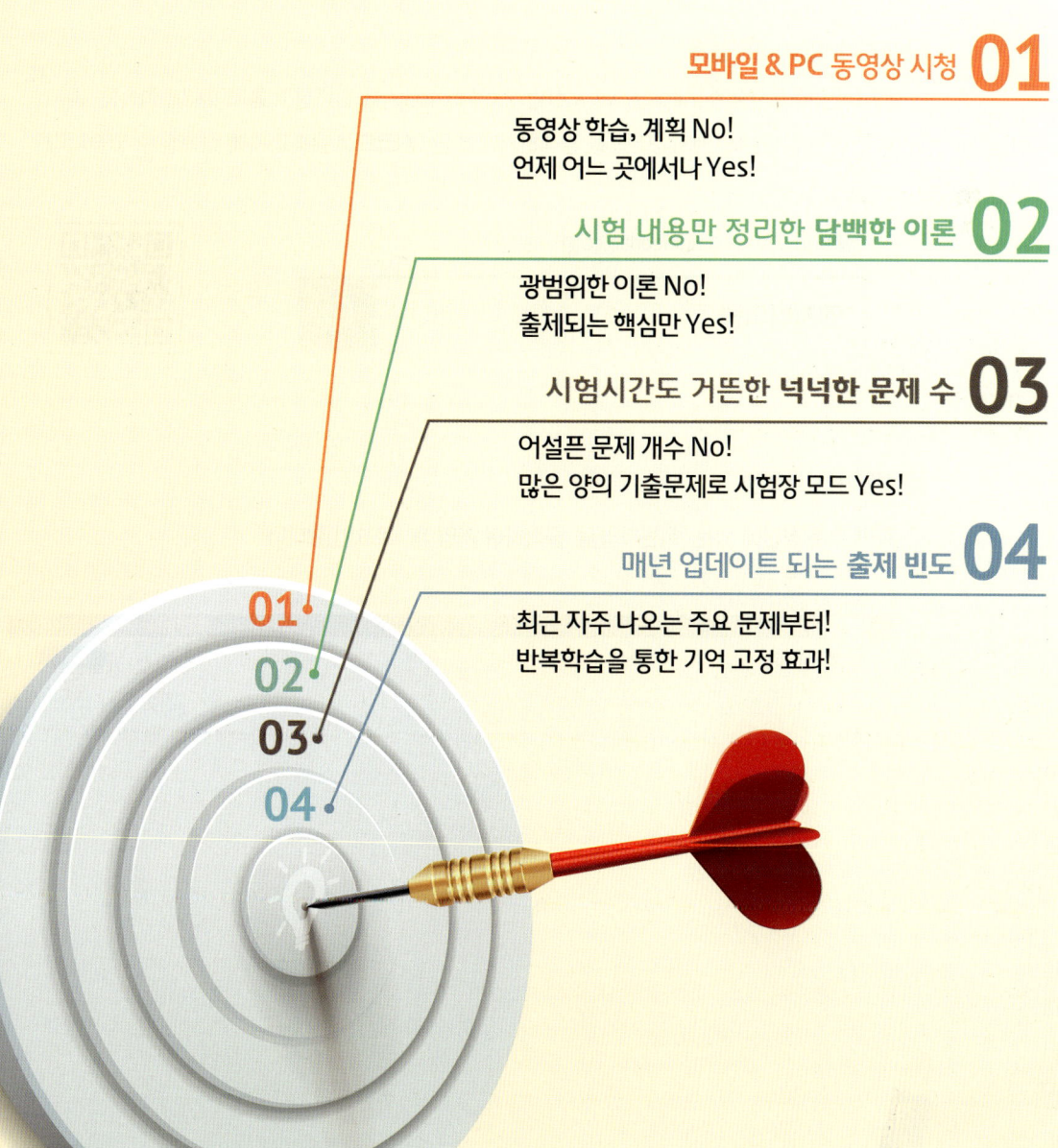

동영상 강좌 안내

무료 & 유료 동영상 강의 수강 방법

❶ 엔지니어랩 사이트 접속

인터넷 주소표시줄에 [https://www.engineerlab.co.kr]을 입력하여 홈페이지에 접속합니다.

※ 인터넷 검색창에 '엔지니어랩'을 검색하거나 하단 QR코드로 홈페이지에 접속할 수 있습니다.

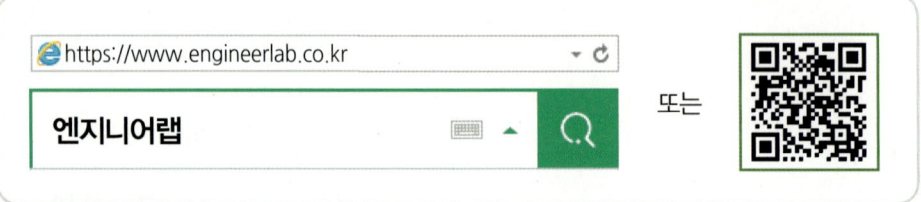

❷ 회원가입 (로그인)

화면 우측 상단에 있는 「회원가입」을 클릭하여 가입 후 「로그인」합니다.

❸ 회원가입 혜택 받기

화면 좌측 상단에 있는 「이벤트」를 클릭하여 다양한 무료 혜택 및 맞춤 할인 혜택을 받아볼 수 있습니다.

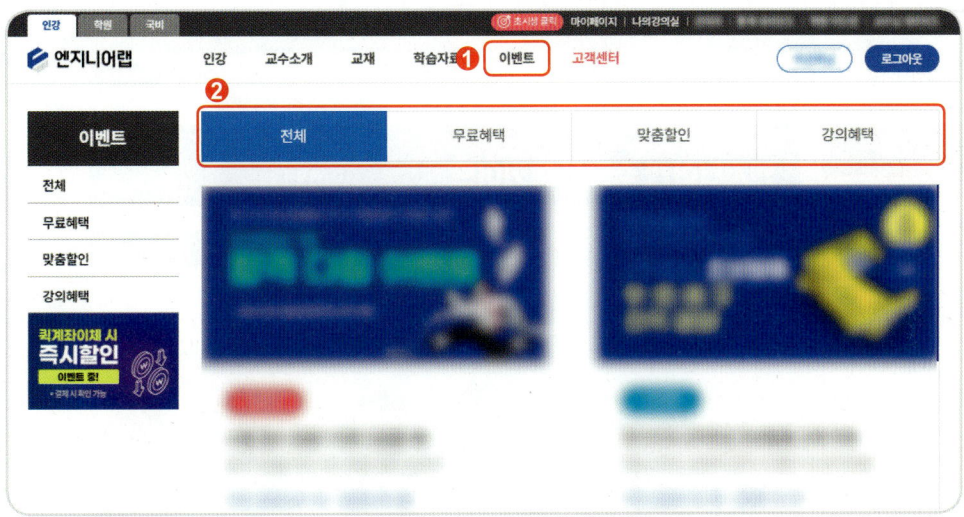

❹ 무료 학습자료 이용

화면 좌측 상단에 있는 「학습자료」를 클릭 후 원하는 메뉴를 선택합니다. 최신 시험 정보부터 무료 특강까지 다양한 학습자료를 이용하실 수 있습니다.

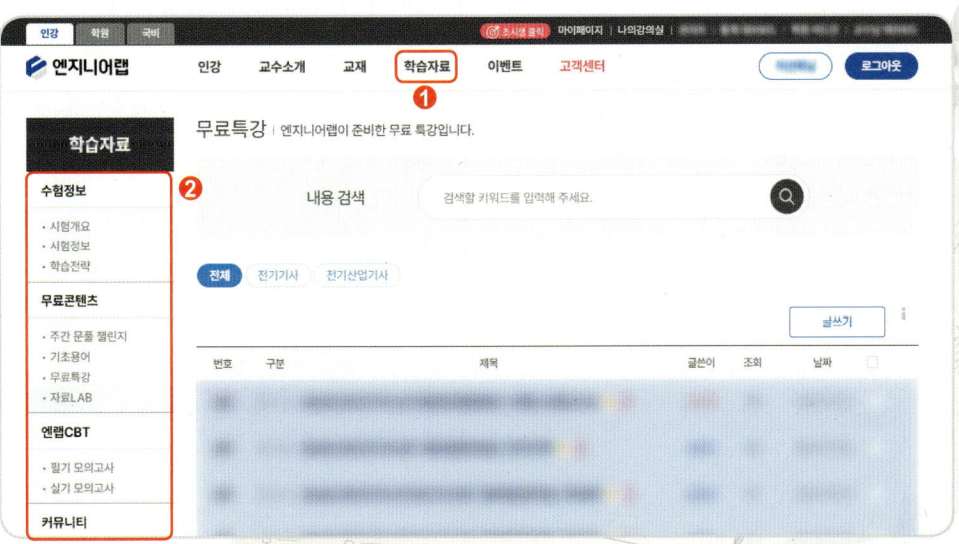

❺ **유료 강의 수강**

화면 좌측 상단에 있는 「인강」를 클릭 후 원하는 과정을 선택하고 나에게 맞는 상품을 선택하여 수강신청 합니다.

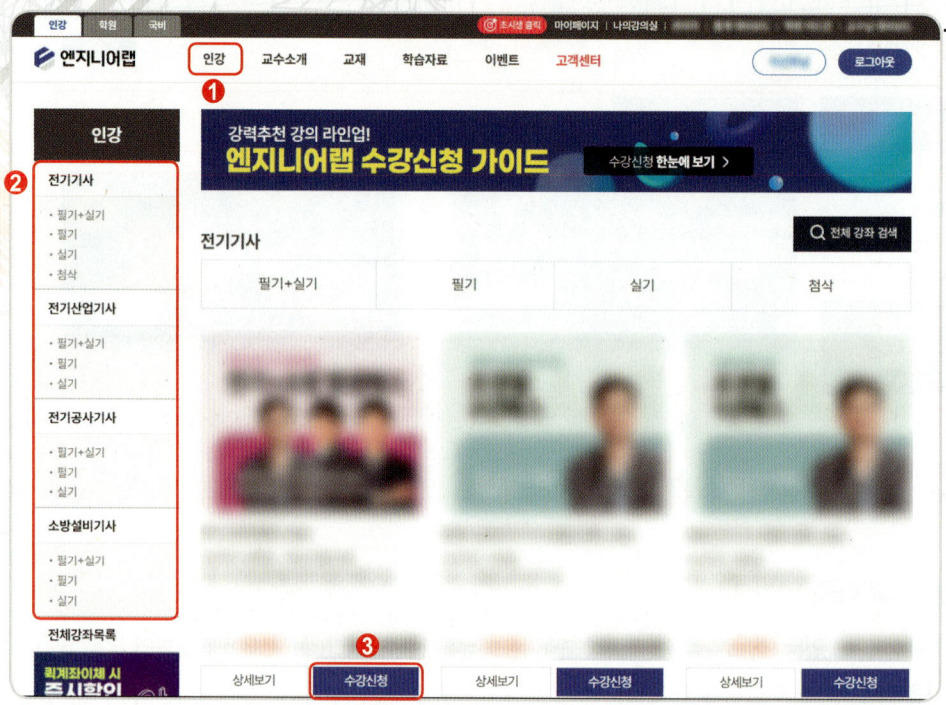

❻ **쿠폰 적용 및 결제**

구매하시려는 상품과 금액을 확인하시고 최종 결제 전 잊으신 할인 혜택은 없는지 다시 한번 꼭 확인해주세요.

※ 엔지니어랩에서는 환승 할인, 대학생 할인, 내일배움카드 소지 할인 등 다양한 할인혜택을 제공하고 있으며, 자세한 내용은 「맞춤할인 혜택 확인하기」 참고 부탁드립니다.

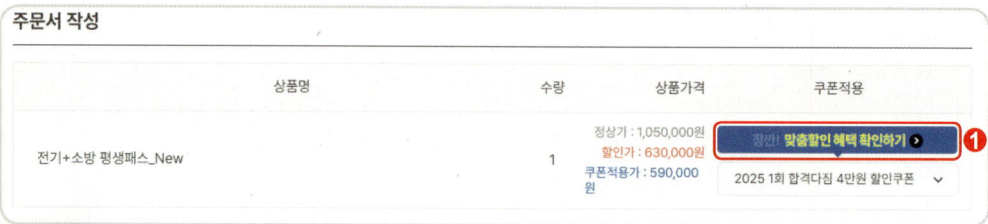

국내 유일 실시간 강의
유튜브 김상훈 TV

- 목표는 오직 좀 더 많은 수험생들의 합격!
- 국내 유일의 유튜브 실시간 Live 강의(유튜브 김상훈 TV 검색)
- 합격 설명회, 실기, 필기, 공무원 등 다양한 콘텐츠 무료 시청

※ 자세한 강의 시간표는 다음 일렉킴 카페(https://cafe.daum.net/eleckimedu) 〉유튜브 방송 시간표 참고

실기 출제기준

출제기준 원본의 상세 내용은 Q-NET 홈페이지(www.q-net.or.kr)에서 꼭 확인해야 합니다.

※ 아래 내용은 출제기준 내용 중에서 '세세항목'을 요약하여 정리한 것입니다. 정확한 내용은 꼭 Q-NET 홈페이지나 도서출판 윤조 사이트(www.yoonjo.co.kr)에서 다운로드 받아 확인하시기 바랍니다.

※ 시퀀스와 논리회로가 21년 1회 시험 이후 출제되고 있으므로 출제 가능성에 대비하시기 바랍니다.

자격 종목	전기공사기사, 전기공사산업기사	적용기간	2024.1.1~2026.12.31

▶ 직무내용 : 전기공사에 관한 공학기초지식을 가지고 전기공작물의 재료견적, 공사시공, 관리, 유지 및 이와 관련한 보수공사와 부대공사 시공의 관리에 관한 업무를 수행하는 직무이다.
▶ 수행준거 :
  1. 전기설비도면을 해독하고, 설치 작업절차에 따라 시공, 관리업무를 수행할 수 있다.
  2. 전기설비도면에 대한 공사원가를 산정할 수 있다.
  3. 전기설비 공사 관리에 대한 전반적인 업무를 수행할 수 있다.
▶ 실기과목명 : 전기설비견적 및 시공

자격 종목	세부항목	세세항목
1. 시공계획	1. 설계도서 검토하기	• 설계도서 • 전기공사의 종류와 자재의 규격 등 • 발주처 요구사항, 전기설비기술기준, 공사시방서 등과의 적합성
	2. 현장조사 및 분석하기	• 최적의 설비 구축 • 전력의 인입, 공급계획 수립 • 현장의 대지저항률에 기반한 접지설비 계획 • 현장의 낙뢰빈도 기반 피뢰설비 계획
	3. 법규 및 규정 검토하기	• 전기설비기술기준 • 공사와 관련된 관계법 • 전기설비 설계, 감리, 유지관리 관련법 • 전기설비 기능, 용도, 안정성 확보 위한 기초이론
	4. 공정 및 안전관리 계획하기	• 네트워크 공정표(PERT, CPM 등) 이해 및 분석 • 공사의 진행 순서 및 투입요소판단 • 안전관리의 기본원칙과 규정 • 전기안전에 관한 규제사항 이해 및 적용
	5. 시공자재 선정하기	• 재료비 구성요소 • 산출된 수량 검증 • 품목별 규격별 적용 단가 판단 • 설계도서에 따른 시공방법 및 요구사항 이해

2. 공사비 산정	1. 공사내역 및 원가계산 기준 검토하기	• 시공방법 및 구성요소 • 계약의 종류와 방법과 구성요소 • 국가계약법 등 각종 규제사항 • 자재 및 인건비와 경비 산출 • 일반관리비, 이윤 등 산출
	2. 재료비 산출하기	• 재료비 세부비목과 내용 또는 범위 결정 • 적산 수량 계산 • 품목별 규격별 적용 단가 결정
	3. 노무비 산출하기	• 적정인건비 산출 위한 일반적 기준 이해 • 공량의 조정 및 적용 • 공사 규모, 기간, 시공조건 감안한 공량 선택 적용
	4. 경비 산출하기	• 원가계산에 의한 예가작성기준 이해 • 실적공사비에 의한 예가작성기준 이해 • 공사비 조정에 따른 각종 요율 반영 방식 이해
3. 전기설비 설치	1. 송전설비 설치하기	• 철탑기초 • 철탑 조립, 볼트 채움, 조이기, 가선공사 등 • 송전접지 시공 및 접지저항 측정 • 가선공사 시공 및 와이어, 전력선 연선 작업 • 애자장치 조립, 이도 측정, 댐퍼 취부 작업
	2. 배전설비 설치하기	• 지지물 및 지선 • 배전접지 시설 • 주상 기기 설치 • 인입선 설치 및 계기 부설
	3. 변전설비 설치하기	• 변전소 접지 시공 • 모선 및 변압기 • 가스절연개폐장치 • 개폐장치 및 전압조정설비, 변성기, 피뢰기 • 보호계전기반, 감시제어장치
	4. 부하설비 설치하기	• 수변전설비 • 예비전원설비 • 조명 및 전원설비, 동력 설비 • 간선설비 • 엘리베이터, 에스컬레이터 등
	5. 신재생에너지 설치하기	• 태양광발전설비 • 풍력발전 • 연료전지발전 • 기타 신재생에너지설비
4. 시험검사	1. 시험 측정하기	• 접지저항과 절연저항 • 전압 및 전류 측정 • 상회전 방향 • 조도측정
	2. 시운전하기	• 수변전설비의 보호장치에 대한 종합 연동시험 • 변압기 운전 • 발전기 운전 및 절체 시험 • 전선로 가압시험 • 계통연계장치 구성 및 동작
	3. 사용전 검사하기	• 전기기기의 구조 및 외관검사 • 접지저항, 절연저항, 절연내력, 절연유성능, 시스템 동작 • 단락개방시험 • 전선로검사 • 보호장치의 정정 및 계측 • 제어회로 및 기기 종합조작시험(종합연동, 인터록)

이 책의 학습 방법

최신 기출문제부터 과년도 순서대로 풀어보세요. 다시 출제 빈도수가 높은 문제부터 풀어보고 이해가 안 되는 내용은 엔지니어랩(https://www.engineerlab.co.kr) 홈페이지에 남겨주세요.

1. 2001년부터 2024년까지 24개년 기출문제를 한 권에!

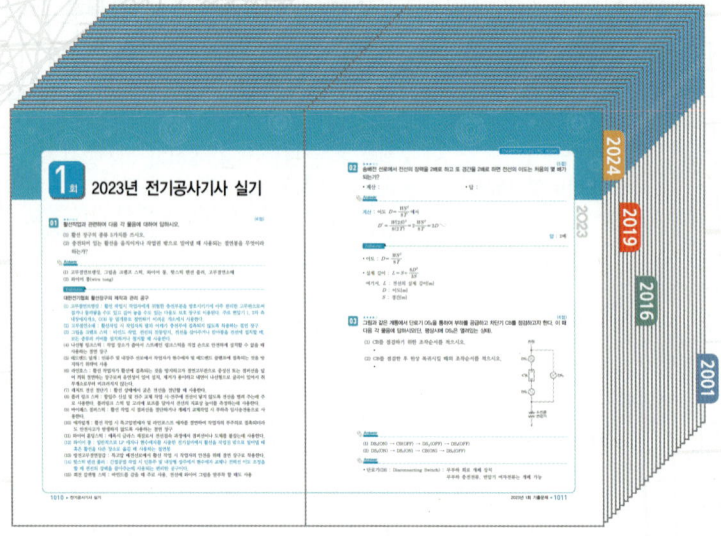

2. 별이 다른 문제? 출제빈도수가 다르니까요~

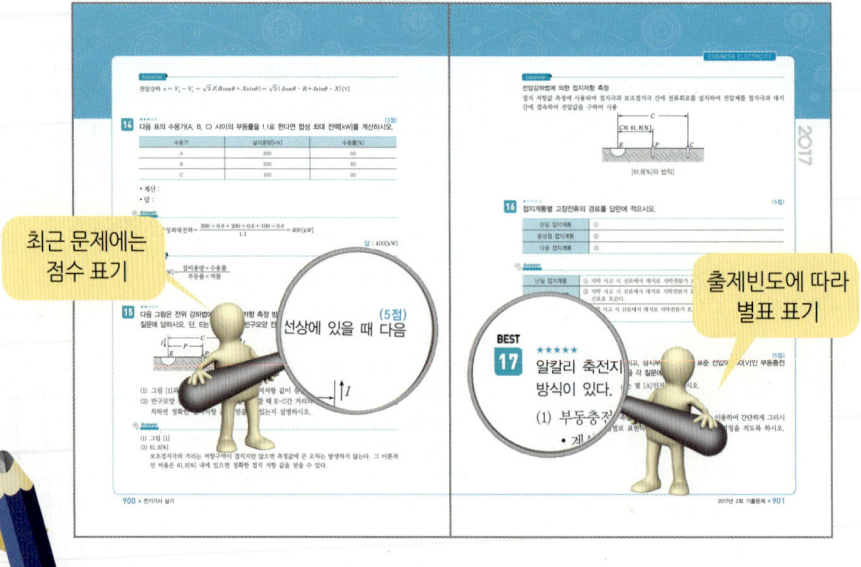

최근 문제에는 점수 표기

출제빈도에 따라 별표 표기

3. 실기, 이렇게 공부하세요!

 실기 이론 비법서를 빠르게 학습합니다.

▶ 실기 이론 비법서는 지난 24년간(2001년~2024년) 동안 출제된 모든 유형의 문제를 분석하여 집대성한 자료로, 실기시험의 보고라 할 수 있습니다. 필기 때 공부한 이론이 기초가 되지만, 실기 시험에 그 모든 내용이 출제되는 것은 아닙니다. 비법서로 실기 시험에 출제되는 내용을 다시 확인하고 넘어가세요.

 이 책의 기출문제를 모두 풀어봅니다.

▶ 기출문제 전체(2001년~2024년)를 순서대로 풀어나가면서 유형별로 푸는 방법을 익힙니다. 문제별로 표시된 출제빈도를 참고하면서 자주 출제되는 유형은 반드시 암기하세요.
일정 비율 이상 출제되는 단답형 문제에 대해서는 실기 단답형 문제집을 활용해서 단계별 학습을 통해서 철저히 암기해서 확실하게 득점할 수 있도록 합시다.

 부족한 부분을 집중 공략합니다.

▶ 몰랐던 부분은 동영상 강좌를 수강하며 이론을 정립해 두고, 자주 틀리는 문제는 오답노트 등을 이용하여 정리하고 반복하여 풀어봅니다.

실력에 맞는 선택적 학습 계획표

필기시험을 치른 당일부터 실기 공부를 시작한다고 해도 기간은 약 한 달!
일단 필기시험 가채점 결과 합격선에 들어왔다면 30일은 실기공부에 올인한다.

| 내 실력에 맞는 학습 전략은? |

[10~5점 향상]

커트라인 근처에서 맴돌고 있다면 …
부분 점수로 합격의 당락이 결정되는 시험이니만큼 '대충 공부하면 되겠지'라는 안일한 생각은 금물!
선택과 집중을 통해 단기간에 실기시험까지 합격해야 한다.

동영상 강좌 활용

최신 기출문제부터 2001년 과년도 기출문제까지 김상훈 저자님의 강의를 보며 푼다. 문제를 여러 번 반복해서 풀어도, 강의를 통해서도 이해가 안 되는 내용은 별도로 표시해놓고 엔지니어랩(https://www.engineerlab.co.kr) 홈페이지 게시판을 통해 꼭 해결하고 간다. '이 문제는 포기하고 가도 되겠지'라는 생각은 두 번째 실기시험을 치르는 기회를 만들 수 있으므로 2주 동안은 '이 책에 있는 문제는 하나도 빠짐없이 이해하고 간다'는 마음으로 4~5차례 풀어본다.

유형별로 묶어서 공부하기

누구에게나 약한 유형의 문제는 있기 마련! 자주 틀리는 유형의 문제만 모아서 풀어본다. 강의를 통해 풀이 과정을 이해하고, 손이 그 유형의 문제를 완전히 마스터 할 때까지 쓰고 또 쓰면서 공부한다. 확실히 아는 문제는 스피드하게 풀거나 과감하게 넘어간다.
한편, 단답형의 경우는 단답형 문제집이나 나만의 요약 노트에 필기를 하고 잠자기 전이나 대중교통 이용 시 등 자투리 시간을 할애한다.

실수하지 않기

2단계를 7일~10일 동안 학습하였으면 남은 시간은 24년간 자주 출제된 문제(별 3개 이상)들만 두 번 이상 풀어본다. 또한, 계산식 문제에서 단위를 표기하라는 말이 없더라도 정확히 적어주는 연습, 소수 몇 째 자리에서 반올림해야 하는지 등 알면서도 사소하게 놓칠 수 있는 부분이나 시험 시 주의해야 할 사항들을 꼼꼼하게 체크해둔다.

[20~15점 향상]

40점대 점수에 머물러 있다면 …
'커트라인만 넘기자!'는 각오로 물리적인 시간을 많이 투자한다.
실기시험은 필기시험보다 상대적으로 난이도가 높고 모든 문제가
주관식이기 때문에 암기하고 이해해서 푸는 분량이 많다!

 시험문제의 유형 파악

기출문제집의 3개년치만 눈으로 넘기다 보면 크게 '단답형 / 서술형', '계산형', '시퀀스 문제', '수전설비 문제', 'Table Spec 문제'로 구성됨을 알 수 있다.

 2단계 기출문제집을 처음부터 끝까지 1회 풀기

'자격증 취득 = 취업'이라는 긍정적 동기를 갖고 7일 동안 매일 10시간 이상 기출문제 한 권을 다 풀어본다. 특히 2024년 최근 문제부터 2001년 과년도 문제 순서로 푼다. 문제 유형과 난이도 수준, 자신의 실력을 점검할 수 있다.

 3단계 김상훈 저자님과 함께 풀기

동영상 강좌는 엔지니어랩(https://www.engineerlab.co.kr)에서 유료로 수강할 수 있다.
동영상 강좌 시청 시, 나만의 노트를 만들어 어려운 용어, 계산식 문제에서 자주 등장하는 공식, 김상훈 저자님이 칠판에 직접 그리는 도면, 타임차트 및 풀이과정을 꼼꼼하게 노트한다.
※ 도면이나 타임차트, 계산 풀이과정을 똑같이 따라 그리고 푸는 과정은 오랜 시간이 걸리지만 그만큼 오래 기억에 남아 시험 당일에 유사 문제에서 당황하지 않을 수 있다.

 4단계 나만의 노트 + 이동 시간 활용

3단계에서 24개년 기출문제를 2~3회 반복해서 풀다 보면 개인에 따라 2주~3주가 소요된다. 그동안 공부하면서 필기한 자신만의 핵심노트를 남은 기간 동안 암기한다. 특히 단답형 문제는 무조건 다 맞춘다는 각오로 시험 당일까지 단답형 문제집을 휴대하면서 꼼꼼히 복습하고, 모바일에서도 시청 가능한 동영상 강좌를 통해 이동 시간에도 김상훈 저자님의 명품 강의를 한 강좌도 빼놓지 않고 반복 학습한다.

이 책의 목차

회차별 학습 체크 리스트

문제 풀이 횟수를 체크하여 스케줄 관리도 하고, 학습 속도도 조절할 수 있습니다.

이제는 합격이다

유료 동영상 수강 방법	4	이 책의 학습 방법	10
유튜브 김상훈 TV 안내	7	실력에 맞는 선택적 학습 계획표	12
실기 출제기준	8	회차별 학습 체크 리스트	14

과년도 기출문제

학습

2001년 전기공사기사 1회	18	□□□
2001년 전기공사기사 2회	32	□□□
2001년 전기공사기사 4회	48	□□□
2002년 전기공사기사 1회	64	□□□
2002년 전기공사기사 2회	79	□□□
2002년 전기공사기사 4회	93	□□□
2003년 전기공사기사 1회	108	□□□
2003년 전기공사기사 2회	122	□□□
2003년 전기공사기사 4회	137	□□□
2004년 전기공사기사 1회	150	□□□
2004년 전기공사기사 2회	165	□□□
2004년 전기공사기사 4회	177	□□□
2005년 전기공사기사 1회	192	□□□
2005년 전기공사기사 2회	205	□□□
2005년 전기공사기사 4회	219	□□□
2006년 전기공사기사 1회	232	□□□
2006년 전기공사기사 2회	245	□□□
2006년 전기공사기사 4회	257	□□□
2007년 전기공사기사 1회	272	□□□
2007년 전기공사기사 2회	283	□□□
2007년 전기공사기사 4회	297	□□□
2008년 전기공사기사 1회	310	□□□
2008년 전기공사기사 2회	325	□□□
2008년 전기공사기사 4회	338	□□□
2009년 전기공사기사 1회	354	□□□
2009년 전기공사기사 2회	370	□□□
2009년 전기공사기사 4회	384	□□□

최신 기출문제부터 과년도 기출문제 순서로 풀어보세요. 최근 출제 경향을 먼저 익히는 것이 중요합니다.

학습

연도/회차	페이지
2010년 전기공사기사 1회	398
2010년 전기공사기사 2회	408
2010년 전기공사기사 4회	418
2011년 전기공사기사 1회	432
2011년 전기공사기사 2회	446
2011년 전기공사기사 4회	460
2012년 전기공사기사 1회	474
2012년 전기공사기사 2회	487
2012년 전기공사기사 4회	501
2013년 전기공사기사 1회	518
2013년 전기공사기사 2회	533
2013년 전기공사기사 4회	548
2014년 전기공사기사 1회	562
2014년 전기공사기사 2회	578
2014년 전기공사기사 4회	595
2015년 전기공사기사 1회	610
2015년 전기공사기사 2회	622
2015년 전기공사기사 4회	636
2016년 전기공사기사 1회	650
2016년 전기공사기사 2회	663
2016년 전기공사기사 4회	674
2017년 전기공사기사 1회	692
2017년 전기공사기사 2회	706
2017년 전기공사기사 4회	722
2018년 전기공사기사 1회	736
2018년 전기공사기사 2회	755
2018년 전기공사기사 4회	769
2019년 전기공사기사 1회	786
2019년 전기공사기사 2회	802
2019년 전기공사기사 4회	822
2020년 전기공사기사 1회	840
2020년 전기공사기사 2회	856
2020년 전기공사기사 3회	872
2020년 전기공사기사 4회	889
2021년 전기공사기사 1회	908
2021년 전기공사기사 2회	926
2021년 전기공사기사 4회	945
2022년 전기공사기사 1회	960
2022년 전기공사기사 2회	977
2022년 전기공사기사 4회	993
2023년 전기공사기사 1회	1010
2023년 전기공사기사 2회	1026
2023년 전기공사기사 4회	1038
2024년 전기공사기사 1회	1054
2024년 전기공사기사 2회	1067
2024년 전기공사기사 3회	1079

시험 D-7에는 별 3~5개 문제에 집중! 효율적 시간관리로 합격을 관리하세요.

편저자의 말

1970년대 중반부터 시행된 전기 분야 국가기술자격시험은 일부 개정을 거쳐 현재에 이르고 있으며, 시험 합격을 위해서는 그에 맞는 전략과 노력이 필요합니다.

최근 5년 동안의 시험 경향을 보면 확실히 예전보다는 조금 어려워졌습니다. 예전처럼 그냥 외우는 방법으로는 어렵고, 이론을 이해해야 풀 수 있는 문제들이 많아지고 있기 때문입니다. 특히 필기시험은 출제 경향이 크게 다르지 않은데, 실기시험은 회차별로 난이도 차이가 크게 나고 예전보다 문제수도 늘어나 좀 더 세분화되었다고 볼 수 있습니다.

그러므로 합격의 전략은 새로운 경향을 찾는 것보다는 많이 출제되었던 기출문제를 공부하되 이론을 같이 공부하는 것이 빠른 합격에 유리할 수 있습니다.

또 전기기사 출제 경향을 합격자 수로 이야기하는 경우가 많지만, 작년에 합격자 수가 많았다고 해서 올해 꼭 적게 나오는 것은 아닙니다. 약간씩 출제 경향의 변화가 있지만 난이도는 거의 대동소이하며, 수급 조절은 3~5년으로 보기 때문에 수험생 스스로 섣부른 판단은 하지 않도록 해야 합니다.

필자는 10여 년 전부터 현재까지 오프라인 학원, 수많은 온라인 교육 및 EBS 강의를 진행하면서 많은 수험생을 접하며 그들이 가지고 있는 고충과 애로사항을 청취한 결과, 국가기술자격시험 합격을 위한 보다 쉽고 확실한 해법을 주기 위하여 이 교재를 집필하게 되었습니다.

본 수험서의 특징은 그간 어렵게 생각했던 문제를 쉽게 해설하여 수험생들이 혼자 공부할 수 있게 하고, 매년 출제 빈도를 반영하여 문제마다 별 표시를 해 중요 부분을 확인할 수 있게 함으로써 시험 대비 시 공부의 효율을 높이도록 한 점입니다.

아무쪼록 본 수험서로 공부하는 모든 분이 합격하시기를 기원하며, 마지막으로 본 수험서가 출간되기까지 큰 노력을 기울여주신 한빛전기수험연구회 여러분들과 도서출판 윤조 배용석 대표님께 감사의 말씀을 전합니다.

편저자 김상훈

감수자의 말

현대 사회에서 전기의 중요성은 날로 커지고 있으며, 일정한 자격을 갖춘 전문가들에 의해 여러 가지 기술의 개발과 발전이 이루어지고 있습니다. 이러한 전기 분야의 전문가를 국가기술자격시험을 통해 선발하기 때문에 이 시험의 비중이 날로 증가하고 있는 추세입니다.

우리 연구회 일동은 전기 분야 교육의 전문가이신 김상훈 박사가 책 출간 후 5년간의 노하우와 새로운 경향을 반영하는 개정 작업의 감수에 참여하게 되어 기쁜 마음으로 더욱더 좋은 책, 수험생들이 쉽게 이해할 수 있는 책이 되도록 노력하였습니다.

아무쪼록 본 수험서로 공부하는 수험생 모두가 합격하여 우리나라 전기 분야에 이바지하는 전문가들로 성장하기를 기원합니다.

한빛전기수험연구회 일동

전기공사기사 실기
2001

과년도 기출문제

- 2001년 제 01회
- 2001년 제 02회
- 2001년 제 04회

2001년 과년도 기출문제에 대한 출제 빈도 분석 차트입니다.
각 회차별로 별의 개수를 확인하고 학습에 참고하기 바랍니다.

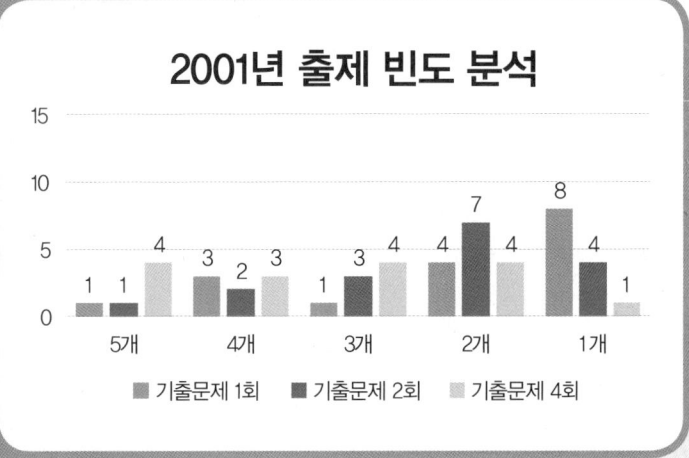

2001년 전기공사기사 실기

01 ★☆☆☆☆
계기용변압기 1차 측 및 2차 측에 퓨즈를 부착하는지 여부를 밝히고, 퓨즈를 부착하는 경우에 그 이유를 간단히 설명하시오.

Answer

- 여부 : 1차 측 및 2차 측에 부착한다.
- 이유 : 계기용변압기 1차 측에는 과전압에 대한 보호를 위해 부착. 계기용변압기 2차 측에는 부하의 단락 및 과부하 또는 계기용변압기 단락 시 사고가 확대되는 것을 방지하기 위하여 부착

Explanation

- 계기용변압기 1차 측에는 과전압에 대한 보호를 위해 고압의 경우 퓨즈를 특고압의 경우 COS(PF)를 사용하여 보호
- 2차 측에는 계기용변압기 2차 측에 설치할 수 있는 부하의 한도를 정격부담[VA]이라 하므로 계기용변압기 2차 측에 설치되는 부하의 단락이나 과부하 시 보호를 위하여 퓨즈를 설치

02 ★☆☆☆☆
다음 내용을 읽고 물음에 답하시오.
(1) 금속전선관 1본의 길이는 몇 [m]인가?
(2) 가공 송전 선로에 사용하는 철탑의 종류 5가지를 쓰시오.

Answer

(1) 3.66[m]
(2) 직선형, 각도형, 내장형, 인류형, 보강형

Explanation

(1) 관(1본)의 표준길이
  - 금속관 : 3,660±5[mm]
  - 합성수지관 : 4[m]
(2) 사용 목적에 의한 분류(표준형 철탑)
  - 직선형 : 선로의 직선 또는 수평각도 3° 이내의 장소에 사용, A형 철탑
  - 각도형 : 선로의 수평각도 3° 이상으로 20° 이하에 설치되는 철탑, 경각도 철탑은 B형, 선로의 수평각도 3° 이상으로 30° 이하에 설치되는 중각도 철탑은 C형
  - 인류형 : 가공선로의 전체 가섭선을 인류하는 개소(주로 변전소)에 사용되는 철탑, D형 철탑
  - 내장형 : 전선로를 보강하기 위하여 세워지는 철탑, 직선 철탑 10기마다 1기를 시설, 장경간 개소에 시설, E형 철탑
  - 보강형 : 전선로의 직선 부분에 보강을 위해 사용하는 철탑

03 변압기 결선방식 중 △-△ 결선의 특성 5가지만 쓰시오.

Answer

① 제3고조파의 전류가 △ 결선 내를 순환하므로 인가전압이 정현파이면 유도 전압도 정현파가 된다.
② 1상분이 고장이 나면 나머지 2대로서 V결선 운전이 가능하다.
③ 각 변압기의 상전류가 선전류의 $\frac{1}{\sqrt{3}}$ 이 되어 저전압 대전류 계통에 적당하다.
④ 중성점을 접지할 수 없으므로 지락사고의 보호계전기 시스템 구성이 복잡하다.
⑤ 정격 용량이 다른 것을 결선하면 순환전류가 흐른다.

Explanation

△-△ 결선

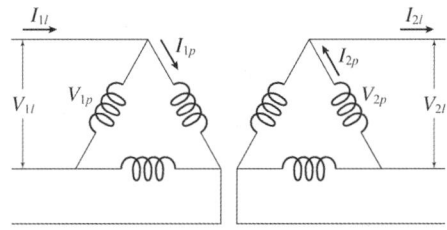

① 선전류가 상전류보다 크기가 $\sqrt{3}$ 배이며 위상은 30° 뒤진다.
  $I_l = \sqrt{3}\, I_p \angle -30°$
  여기서, I_p : 상전류[A], I_l : 선전류[A]
② 상전압와 선간전압는 크기가 같고 위상은 동상이다.
  $V_l = V_p$
  여기서, V_p : 상전압[V], V_l : 선간전압[V]
③ 3상 출력 $P_\triangle = 3V_p I_p = 3K$
  여기서, K : 변압기 1대 용량
④ △-△결선의 특징
  • 1대 고장 시 V-V 결선으로 3상 전력 공급이 가능하다.
  • 제3고조파 전류가 △결선 내를 순환하므로 정현파 교류전압을 유기하여 기전력의 파형이 왜곡되지 않는다.
  • 각 변압기의 상전류가 선전류의 $\frac{1}{\sqrt{3}}$ 이 되어 저전압 대전류 계통에 적당하다.
  • 중성점을 접지할 수 없으므로 이상전압에 의한 전압 상승이 크며 지락사고 검출이 곤란하다.
  • 권수가 다른 변압기를 결선하면 순환전류가 흐른다.
  • 각 상의 임피던스가 다를 경우 3상 부하가 평형이 되어도 변압기의 부하전류는 불평형이 된다.

04 계장 공사의 접지공사에서 신호선 한쪽을 접지하는 것을 무엇이라 하는가?

Answer

시스템 접지

Explanation

시스템 접지 : 계장 공사의 접지공사에서 신호선 한쪽을 접지하는 것

05 전용면적 30평(99[m^2])인 아파트에서 다음을 구하시오. 단, 가산하는 [VA] 수는 내선 규정에 의한 최고치로 한다.

(1) 표준부하 산정법에 의하여 부하를 산정하시오.
(2) 단위세대의 기준이 되는 최소전력을 구하시오.

Answer

(1) 99×40+1,000=4,960[VA]
(2) 3[kVA]

Explanation

부하 상정 및 분기회로
1. 표준 부하
1) 건축물의 종류에 따른 표준 부하

건축물의 종류	표준 부하[VA/m^2]
공장, 공회당, 사원, 교회, 극장, 영화관, 연회장 등	10
기숙사, 여관, 호텔, 병원, 학교, 음식점, 다방, 대중 목욕탕	20
사무실, 은행, 상점, 이발소, 미장원	30
주택, 아파트	40

2) 건축물 중 별도 계산할 부분의 표준 부하(주택, 아파트는 제외)

건축물의 부분	표준 부하[VA/m^2]
복도, 계단, 세면장, 창고, 다락	5
강당, 관람석	10

3) 표준 부하에 따라 산출한 수치에 가산하여야 할 [VA] 수
① 주택, 아파트(1세대마다)에 대하여는 500~1,000[VA]
② 상점의 진열장에 대하여는 진열장 폭 1[m]에 대하여 300[VA]
③ 옥외의 광고등, 전광사인, 네온사인등의 [VA] 수
④ 극장, 댄스홀 등의 무대조명, 영화관 등의 특수전등부하의 [VA] 수

4) 예상이 곤란한 콘센트, 접속기, 소켓 등의 예상부하 값 계산

수구의 종류	예상 부하[VA/개]
소형 전등수구, 콘센트	150
대형 전등수구	300

【비고 1】 콘센트는 1구이든 2구이든 몇 개의 구로 되어 있더라도 1개로 본다.
【비고 2】 전등수구의 종류는 다음과 같다.
 소형 : 공칭지름이 26[mm] 베이스인 것
 대형 : 공칭지름이 39[mm] 베이스인 것

2. 부하의 상정
 부하 설비 용량= $PA+QB+C$
 여기서, P : 건축물의 바닥 면적[m^2] (Q 부분 면적 제외)
  Q : 별도 계산할 부분의 바닥면적[m^2], A : P 부분의 표준 부하[VA/m^2]
  B : Q 부분의 표준 부하[VA/m^2], C : 가산해야 할 부하[VA]

3. 분기회로 수

$$\text{분기회로 수} = \frac{\text{표준 부하 밀도}[VA/m^2] \times \text{바닥 면적}[m^2]}{\text{전압}[V] \times \text{분기회로의 전류}[A]}$$

【주1】계산결과에 소수가 발생하면 절상한다.
【주2】220[V]에서 3[kW] (110[V]때는 1.5[kW])를 초과하는 냉방기기, 취사용 기기 등 대형 전기 기계기구를 사용하는 경우에는 단독분기회로를 사용하여야 한다.
※ 분기회로 전류는 보통 문제에서 주어지지 않으면 16[A] 분기회로임

06 그림 (A)와 (B)의 차이점은 무엇인가?

(A) WH   (B) WH

Answer

(A) 전력량계
(B) 상자들이 또는 후드붙이 전력량계

Explanation

(KS C 0301) 옥내배선용 그림 기호

전력량계	WH	필요에 따라 전기방식, 전압, 전류 등을 표기
전력량계(상자들이 및 후드붙이)	WH	전력량계의 적요를 기준, 상자들이나 후드붙이

07 긴선 작업 후 전선의 높이를 미세 조정하는 기구는?

Answer

이도조정금구

Explanation

이도조정금구
긴선 작업 후 전선의 높이를 미세 조정하는 기구

08 전선 접속 시 유의사항을 4가지만 쓰시오.

Answer

① 전선의 전기저항을 증가시키지 아니하도록 접속하여야 한다.

② 전선의 세기를 20[%] 이상 감소시키지 아니할 것
③ 접속 부분은 접속관 기타의 기구를 사용할 것
④ 절연전선 상호·절연전선과 코드, 캡타이어케이블 또는 케이블과 접속하는 경우에는 접속 부분의 절연전선에 절연물과 동등 이상의 절연효력이 있는 접속기를 사용할 것

> **Explanation**
>
> (KEC 123조) 전선의 접속
> 전선을 접속하는 경우에는 전선의 전기저항을 증가시키지 않도록 접속하고 다음에 따른다.
> ① 전선의 세기[인장하중(引張荷重)으로 표시한다. 이하 같다]를 20[%] 이상 감소시키지 아니할 것
> ② 접속 부분은 접속관 기타의 기구를 사용할 것
> ③ 절연전선 상호·절연전선과 코드, 캡타이어케이블 또는 케이블과 접속하는 경우에는 접속 부분의 절연전선에 절연물과 동등 이상의 절연효력이 있는 접속기를 사용할 것
> ④ 코드 상호, 캡타이어케이블 상호, 케이블 상호 또는 이들 상호를 접속하는 경우에는 코드 접속기·접속함 기타의 기구를 사용할 것
> ⑤ 전기 화학적 성질이 다른 도체를 접속하는 경우에는 접속 부분에 전기적 부식(電氣的腐蝕)이 생기지 아니하도록 할 것

09 ★☆☆☆☆
현수 애자를 설치한 가공 배전 선로의 내장 및 인류개소에 AL 전선을 현수 애자에 설치하기 위해 사용되는 금구류는?

Answer

데드 엔드 클램프

> **Explanation**
>
> 데드 엔드 클램프
> 현수 애자를 설치한 가공 배전 선로의 내장 및 인류개소에 AL 전선을 현수 애자에 설치하기 위해 사용되는 금구

10 ★☆☆☆☆
수변전 설비의 절연저항을 측정하기 위한 절연저항계의 체크 방법에서 전지체크 방법이란?

Answer

절연저항계의 변환 스위치를 Batt check 위치에 놓은 상태에서 지침이 가리키는 부분에 따라 전지를 판별하는 방법으로 지침이 Batt good(녹색 부분)을 지시하면 전지가 양호함을 나타낸다.

> **Explanation**
>
> 절연저항계(메거, Megger)
> • 절연저항 측정 : 선로(Line)와 대지 간(Earth)
> • 전지체크(Batt check) : Batt check 위치에 놓은 상태에서 지침이 가리키는 부분에 따라 전지를 판별. Batt good(녹색 부분)을 지시하면 전지가 양호

BEST 11

★★★★★

단면적 240[mm²]인 154[kV] ACSR 송전선로 10[km] 2회선을 가선하기 위한 직접 노무비계를 자료를 이용하여 구하시오.

단 • 송전선은 수직 배열하여 평탄지 기준하며 장비비는 고려하지 말 것
- 정부노임단가에서 전기공사기사는 64,241[원], 특별인부 57,379[원], 송전전공 234,733[원] 이다.
- 노무비계에서 소수점 이하는 버린다.
- 계산과정을 모두 쓸 것

[송전선 가선] [km 당]

공중	전선규격	기사	송전전공	특별인부
연선	ACSR 610[mm²]	1.51	22.4	33.5
	410	1.47	21.8	32.7
	330	1.44	21.4	32.1
	240	1.37	20.4	30.5
	160	1.30	19.4	29.0
	95	1.12	16.8	26.8
긴선	ACSR 610[mm²]	1.14	17.3	24.7
	410	1.12	16.8	24.1
	330	1.09	16.4	23.7
	240	1.04	15.7	22.5
	160	0.97	14.9	21.4
	95	0.93	14.4	19.8

[해설]
① 1회선(3선) 수직 배열 평탄지 기준
② 수평배열 120[%]
③ 2회선 동시가선은 180[%]
④ 특수 개소는(장경간) 별도 가산
⑤ 장비(Engine, Wintch) 사용료는 별도 가산
⑥ 철거 50[%]
⑦ 장력조정품 포함
⑧ 기사는 전기공사업법에 준함
⑨ HDCC 가선은 배전선가선 참조

Answer

- 기사 = 10×(1.37+1.04)×1.8×64,241 = 2,786,774.58[원]
- 송전전공 = 10×(20.4+15.7)×1.8×234,733 = 152,529,503.4[원]
- 특별인부 = 10×(30.5+22.5)×1.8×57,379 = 54,739,566[원]
- 직접노무비계 : 2,786,774.58+152,529,503.4+54,739,566 = 210,055,844[원]

Explanation

견적 표에서의 해설 적용 방법
- 전선가선 공사 과정 : 연선 + 긴선
- 2회선을 가선 : 180[%]

12 조명기구를 직선 도로에 배치하는 방식 4가지만 열거하시오.

Answer

① 중앙 배열   ② 편측 배열
③ 대칭 배열   ④ 지그재그 배열

Explanation

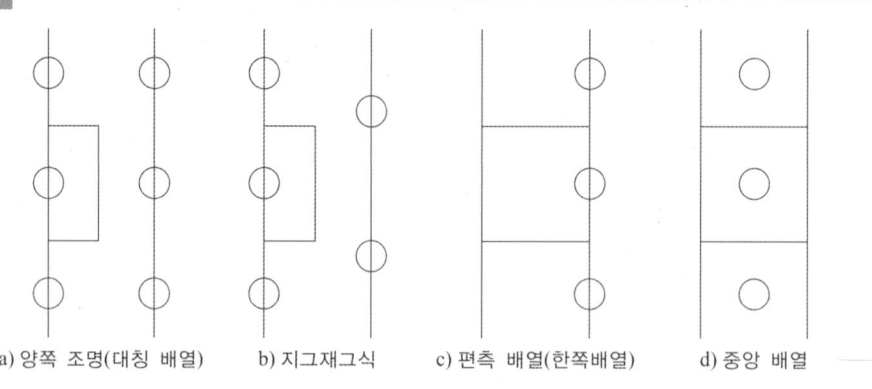

a) 양쪽 조명(대칭 배열)   b) 지그재그식   c) 편측 배열(한쪽배열)   d) 중앙 배열

13 다음 동작사항을 읽고 시퀀스도를 완성하시오.

[동작사항]

① 3로 스위치 S_3가 OFF 상태에서 푸시버튼 스위치 PB_1을 누르면 부저 B_1이, PB_2를 누르면 B_2가 울린다.
② 3로 스위치 S_3가 ON 상태에서 푸시버튼 스위치 PB_1을 누르면 전등 R_1이, PB_2를 누르면 R_2가 점등된다.
③ 콘센트 C에는 항상 전압이 걸린다.

Answer

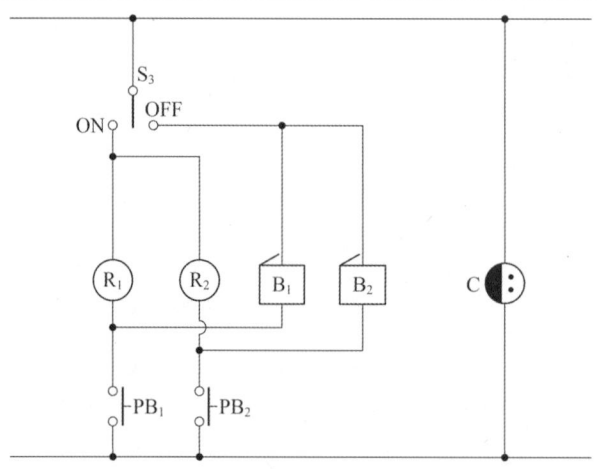

14 그림은 22.9[kV-Y] 1,000[kVA] 이하인 특고압 수전설비의 표준결선도이다. 결선도를 보고 물음에 답하시오. 단, CB 1차 측에 PT를, CB 2차 측에 CT를 시설하는 경우이다.

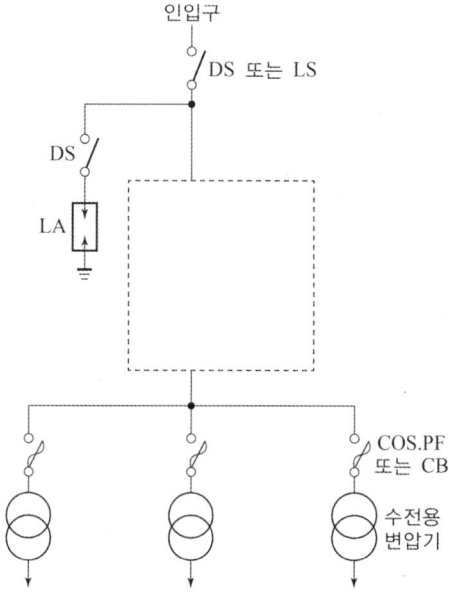

(1) 점선으로 표시된 미완성 부분의 결선도를 완성하시오.
   ([참고] MOF, CB, TC, OCGR, PT, CT, OCR, A, V, COS 또는 PF 등을 이용할 것)
(2) 인입구 직하의 DS 또는 LS에서 인입구 전압이 몇 [kV] 이상인 경우에 LS를 사용하는가?
(3) 차단기의 트립 전원방식은 어떤 방식을 이용하는 것이 바람직한가? 2가지를 쓰시오.
(4) 인입선을 지중선으로 시설하는 경우로써 공동주택 등 사고 시 정전 피해가 큰 수전설비 인입선은 몇 회선으로 시설하는 것이 바람직한가?
(5) "(4)"항의 문제에서 22.9[kV-Y] 계통에서는 어떤 종류의 케이블을 사용하여야 하는가?
(6) MOF 및 OCB의 명칭은 무엇인가?

Answer

(1) [결선도]

(2) 66[kV]
(3) 직류(DC) 방식 콘덴서(CTD) 방식
(4) 2회선
(5) CNCV-W 케이블(수밀형) 또는 TR CNCV-W (트리억제형)
(6) MOF : 전력 수급용 계기용변성기
   OCB : 유입차단기

> Explanation

CB 1차 측에 PT를 CB 2차 측에 CT를 시설하는 경우

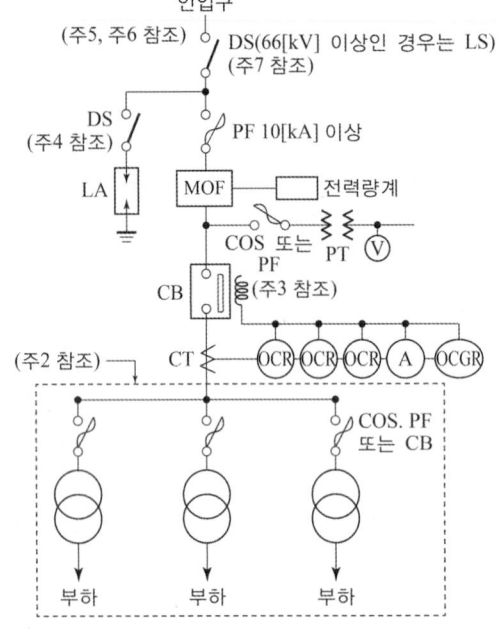

약호	명칭
DS	단로기
LA	피뢰기
CT	변류기
CB	차단기
TC	트립코일
OCR	과전류 계전기
GR	지락 계전기
MOF	전력 수급용 계기용 변성기
COS	컷아웃 스위치
PF	전력 퓨즈
PT	계기용 변압기

[주1] 22.9[kV-Y] 1,000[kVA] 이하인 경우에는 간이 수전설비 결선도에 의할 수 있다.
[주2] 결선도 중 점선 내의 부분은 참고용 예시이다.
[주3] 차단기의 트립 전원은 직류[DC] 또는 콘덴서 방식(CTD)이 바람직하며 66[kV] 이상의 수전 설비에는 직류(DC)이어야 한다.
[주4] LA용 DS는 생략할 수 있으며 22.9[kV-Y]용의 LA는 Disconnector(또는 Isolator) 붙임형을 사용하여야 한다.
[주5] 인입선을 지중선으로 시설하는 경우로서 공동 주택 등 사고시 정전 피해가 큰 수전 설비 인입선은 예비선을 포함하여 2회선으로 시설하는 것이 바람직하다.
[주6] 지중인입선의 경우에 22.9[kV-Y] 계통은 CNCV-W 케이블(수밀형) 또는 TR CNCV-W(트리억제형)을 사용하여야 한다. 다만, 전력구·공동구·덕트·건물 구내 등 화재의 우려가 있는 장소에서는 FR-CNCO-W(난연)케이블을 사용하는 것이 바람직하다.
[주7] DS 대신 자동고장구분 개폐기(7,000[kVA] 초과 시에는 Sectionalizer)를 사용할 수 있으며 66[kV] 이상의 경우는 LS를 사용하여야 한다.

15 ★★★★☆

다음 그림에 표시된 ①, ②, ③, ④, ⑤, ⑥, ⑦ 명칭을 정확하게 답안지에 답하시오. 단, 그림은 2련 내장 애자장치이다.

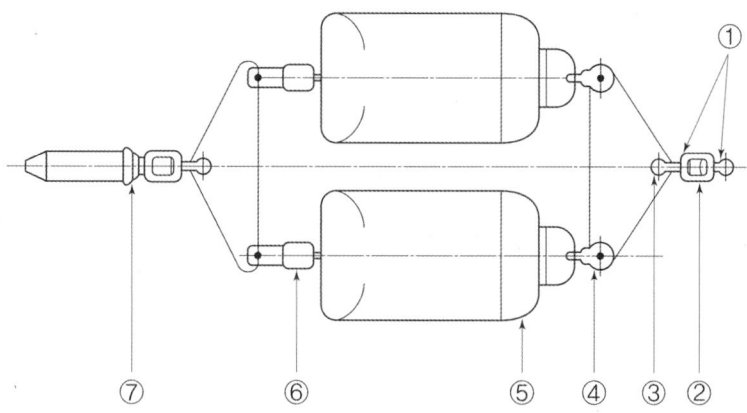

Answer

① 앵커쇄클
② 체인링크
③ 삼각요크
④ 볼크레비스
⑤ 현수애자
⑥ 소켓 크레비스
⑦ 압축형 인류 클램프

Explanation

2련 내장 애자장치

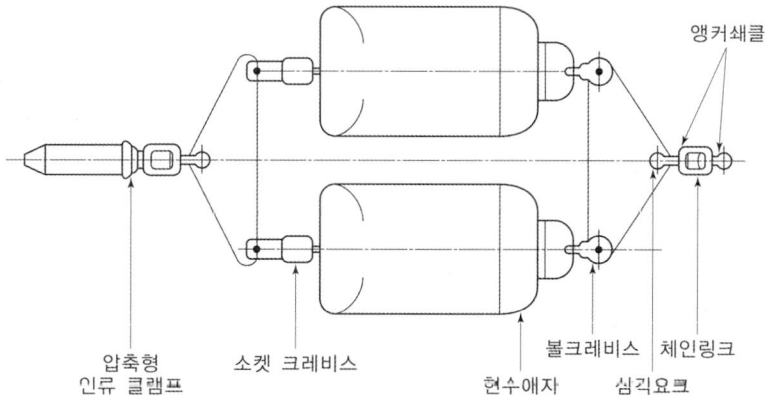

16 ★☆☆☆☆

그림은 농형 유도 전동기의 1차 저항 기동제어회로의 주회로 일부이다. 버튼스위치 BS_1을 주면 MC_1이 동작하여 (r_1+r_2)로 전동기가 기동하며, 타이머 T_1이 여자된다. t_1초 후 MC_2가 동작하여 저항 r_1이 단락하여 T_2가 여자된다. t_2초 후에 MC가 동작하여 전저항 (r_1+r_2)을 단락하여 전동기는 정상운전에 들어간다. 한편 MC에 의하여 MC_1, MC_2, T_1, T_2는 복구되고, 저항은 개방된다. 운전 중에는 MC만 동작되며, BS_2는 비상정지를 겸한다. AND, OR, NOT, 타이머 로직 기호를 사용하여 로직회로를 그리시오. 단, AND 회로는 2입력용이고, MCB, Thr은 생략한다.

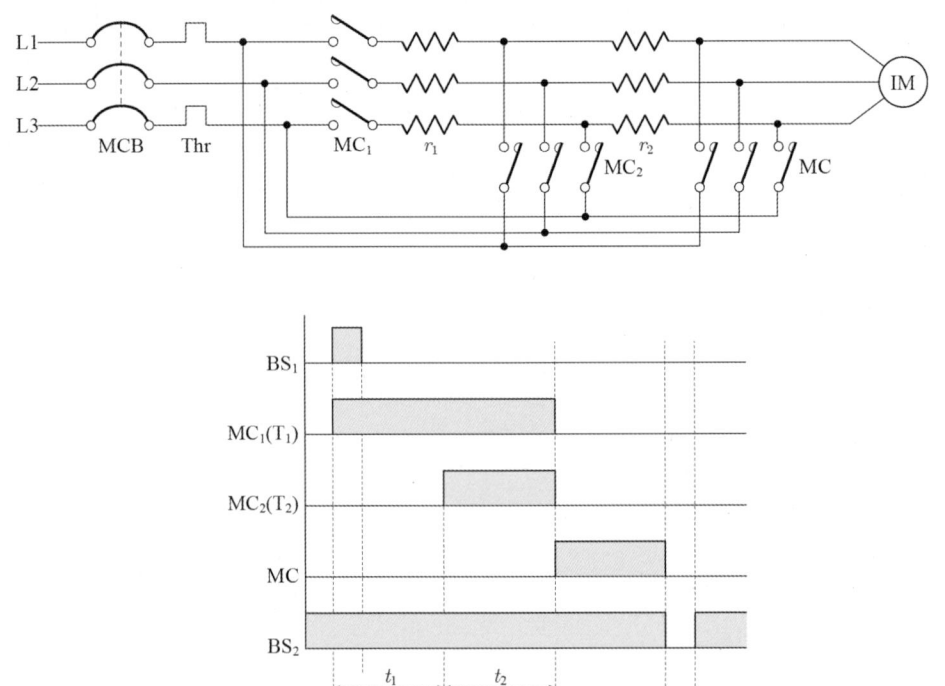

Answer

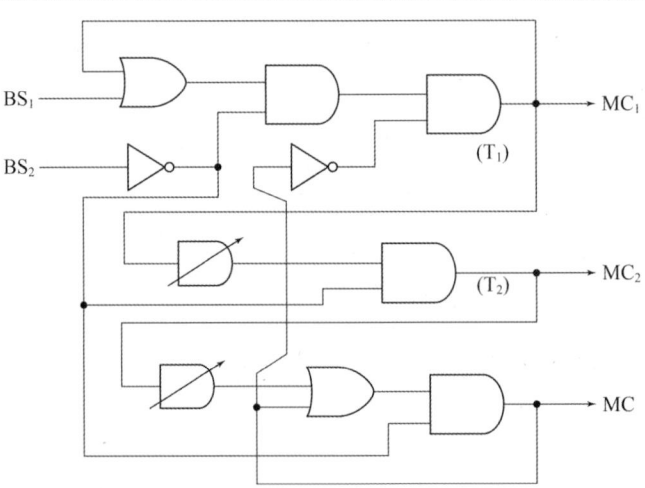

- 논리식
  - $MC_1 = (BS_1 + MC_1) \cdot \overline{BS_2} \cdot \overline{MC}$
  - $T_1 = MC_1$
  - $MC_2 = T_1 \cdot \overline{BS_2}$
  - $T_2 = MC_2$
  - $MC = (T_2 + MC) \cdot \overline{BS_2}$

- 유접점회로

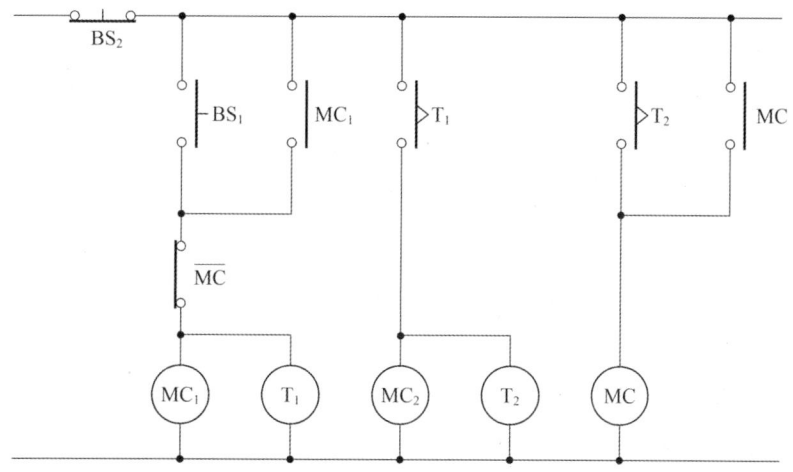

17 다음 회로를 보고 물음에 답하시오.

(1) 무엇을 하는 회로인가?

(2) DC 전압을 MC_4를 통해 전동기에 인가하는 이유는 무엇인가?

(3) 다이오드를 이용한 정류회로 방식은?

(4) 회로에서 Thr의 기능은 무엇인가?

(5) 회로에서 TIMER는 어떤 기능을 하는가?

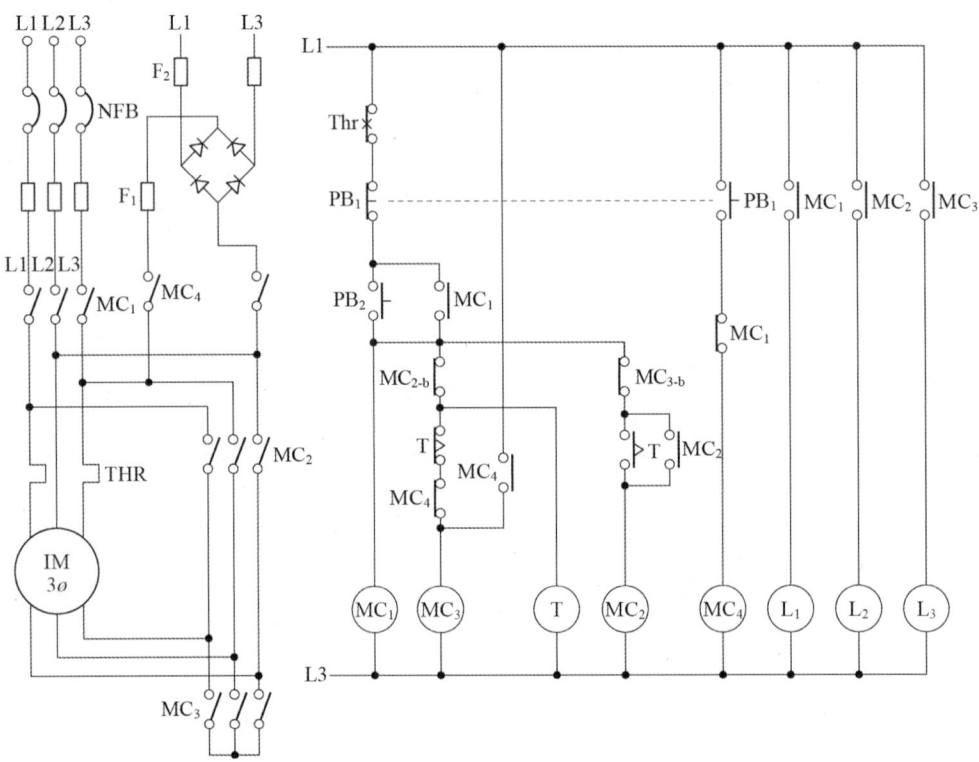

(6) PB_2 옆에 있는 MC_1의 a접점을 사용한 이유는?

(7) MC_{2-b}와 MC_{3-b}의 접점을 사용한 이유는?

(8) 회로에서 NFB의 기능을 적으시오.

(9) L_3가 점등되면 전동기는 어떤 운전을 하는가?

(10) L_2가 점등되면 전동기는 어떤 운전을 하는가?

Answer

(1) Y-△ 기동 회로
(2) 급제동을 하기 위해 전동기의 정지 토크를 발생시킴
(3) 브리지 정류(전파 정류 회로)
(4) 과부하 보호
(5) Y기동을 하고 설정 시간 후 △운전으로 자동 전환
(6) 자기 유지 기능
(7) 인터록(Y와 △의 동시 투입을 방지한다. 동시 투입에 의한 3상 단락사고 방지)
(8) 단락사고의 차단과 전동기의 전원공급
(9) Y기동 운전
(10) △ 운전

Explanation

• Y-△ 기동의 주회로 결선

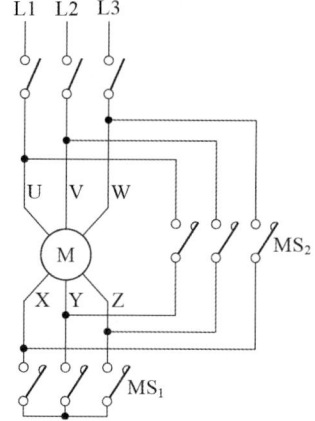

• Y-△ 기동 시의 기동전류는 전전압 기동 전류의 1/3배이며 전원 투입 후 Y결선으로 기동한 후 타이머의 설정 시간이 되면 △결선으로 운전한다. 이때 Y결선은 정지하며 Y와 △는 동시투입이 되어서 안 된다 (인터록).

• 문제에서의 전자접촉기
 - MC_1 : 주전원
 - MC_3 : Y기동
 - MC_2 : △ 운전
 - MC_4 : 급제동을 하기 위해 전동기의 정지 토크를 발생

2회 2001년 전기공사기사 실기

01 ★☆☆☆☆
단독접지의 시공 방법에서 다음 물음에 답하시오.

(1) 접지봉을 사용 시 직경 몇 [mm] 이상, 길이 [m] 이상인가?
(2) 접지판 사용 시 두께 몇 [mm] 이상, 넓이는 몇×몇 [mm] 이상인가?
(3) 접지도체는 몇 [mm^2] 이상 나동선을 사용하는가?
(4) 매설 깊이는 몇 [m] 이상인가?
(5) 병렬접지 시 타 접지극과 몇 [m] 이상 이격하여야 하는가?

Answer

(1) 직경 : 8[mm]
    길이 : 0.9[m]
(2) 두께 : 0.7[mm]
    넓이 : 300[mm]×300[mm]
(3) 6[mm^2]
(4) 0.75[m]
(5) 2[m]

Explanation

(내선규정 1.445-7) 접지극
① 매설 또는 타입식 접지극은 동판, 동봉, 철관, 철봉, 동복강판, 탄소피복강봉, 탄소접지모듈 등을 사용하고 이들은 가급적 물기가 있는 장소와 가스, 산 등으로 인하여 부식될 우려가 없는 장소를 선정하여 지중에 매설하거나 타입하여야 한다.
② 접지극은 다음 각 호의 것을 원칙으로 한다.
  • 동판을 사용하는 경우는 두께 0.7[mm] 이상, 면적 900[cm^2] 편면 이상일 것
  • 동봉, 동피복강봉을 사용하는 경우는 지름 8[mm] 이상, 길이 0.9[m] 이상일 것
  • 철관을 사용하는 경우는 외경 25[mm] 이상, 길이 0.9[m] 이상의 아연도금철관 또는 후강전선관 일 것
  • 철봉을 사용하는 경우는 지름 12[mm] 이상, 길이 0.9[m] 이상의 아연도금을 한 것
  • 동복강판을 사용하는 경우는 두께 1.6[mm] 이상, 길이 0.9[m] 이상, 면적 250[cm^2]의 이상일 것
  • 탄소피복강봉을 사용하는 경우는 지름 8[mm] 이상의 강심이고 길이 0.9[m] 이상일 것

02 변압기 3상 결선 방법 중 접지를 할 수 없고, 1상에 고장이 발생하면 V결선으로 할 수 있는 결선 방법은?

Answer

△-△결선

Explanation

△-△결선

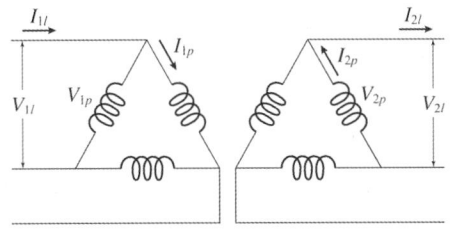

① 선전류가 상전류보다 크기가 $\sqrt{3}$ 배이며 위상은 30° 뒤진다.
  $I_l = \sqrt{3}\, I_p \angle -30°$
  여기서, I_p : 상전류[A], I_l : 선전류[A]

② 상전압와 선간전압는 크기가 같고 위상은 동상이다.
  $V_l = V_p$
  여기서, V_p : 상전압[V], V_l : 선간전압[V]

③ 3상 출력
  $P_\triangle = 3 V_p I_p = 3K$
  여기서, K : 변압기 1대 용량

④ △-△결선의 특징
  • 1대 고장 시 V-V결선으로 3상 전력 공급이 가능하다.
  • 제3고조파 전류가 △결선 내를 순환하므로 정현파 교류전압을 유기하여 기전력의 파형이 왜곡되지 않는다.
  • 각 변압기의 상전류가 선전류의 $\dfrac{1}{\sqrt{3}}$ 이 되어 저전압 대전류 계통에 적당하다.
  • 중성점을 접지할 수 없으므로 이상전압에 의한 전압 상승이 크며 지락사고 검출이 곤란하다.
  • 권수가 다른 변압기를 결선하면 순환전류가 흐른다.
  • 각 상의 임피던스가 다를 경우 3상 부하가 평형이 되어도 변압기의 부하전류는 불평형이 된다.

BEST
03 품에서 규정된 소운반이라 함은 무엇을 뜻하는가?

Answer

20[m] 이내의 수평 거리를 말하며, 경사면의 소운반 거리는 직고 1[m] 수평거리 6[m]의 비율로 본다.

Explanation

품에서 규정된 소운반이라 함은 20[m] 이내의 수평 거리를 말하며 소운반이 포함된 품에 있어서 운반 거리가 20[m]를 초과할 경우에는 초과분에 대하여 별도 계상하며 소운반 거리는 직고 1[m] 수평거리 6[m]의 비율로 본다.

04 옥내 배선도를 작성하는 기본 순서를 열거한 것이다. 순서를 올바르게 번호로 나열하시오.
① 점멸기의 위치를 평면도에 표시한다.
② 전등, 전열기, 전동기의 전압별 부하 집계표로 분기회로 수를 결정한다.
③ 건물의 평면도 준비
④ 각 부분의 배선에 전선의 종류, 굵기, 전선의 수를 표시
⑤ 전기 사용기계, 기구를 심벌을 써서 위치를 표시한다.

Answer

③ → ⑤ → ② → ① → ④

Explanation

옥내 배선도 작성 순서
건물의 평면도 준비 → 전기 사용기계, 기구를 심벌을 써서 위치를 표시 → 전등, 전열기, 전동기의 전압별 부하 집계표로 분기회로 수를 결정 → 점멸기의 위치를 평면도에 표시 → 각 부분의 배선에 전선의 종류, 굵기, 전선의 수를 표시

05 그림은 경완철에 현수애자를 설치하는 순서이다. 명칭을 보고 번호를 기입하시오.

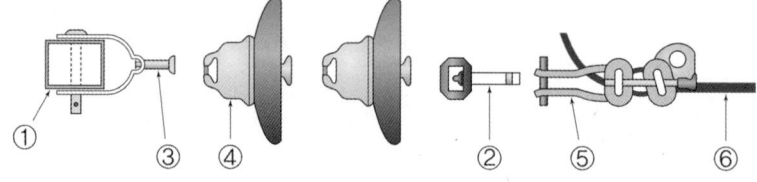

[보기] ㉠ 경완철   ㉡ 현수애자   ㉢ 소켓 아이   ㉣ 볼쇄클
       ㉤ 데드엔드클램프   ㉥ 전선

Answer

㉠-①, ㉡-④, ㉢-②, ㉣-③, ㉤-⑤, ㉥-⑥

> **Explanation**

경완철에 현수애자를 설치하는 순서

애자 종류	완철구분	적용 예
현수애자	경완철	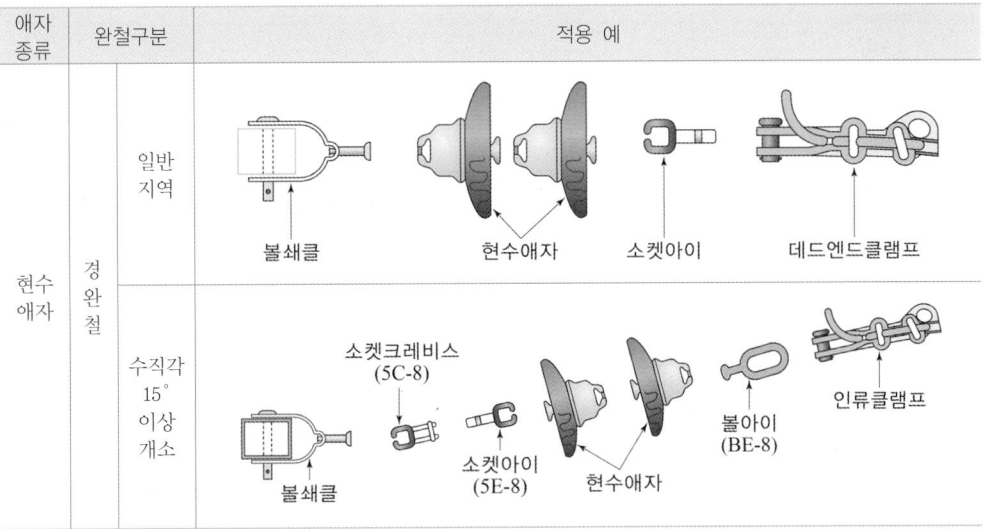

06 ★☆☆☆☆
표시된 그림기호는 벨에 관한 기호이다. 어떤 용도인지 구분하여 답하시오.

> **Answer**

> **Explanation**

(KS C 0301) 옥내배선용 그림 기호

벨	경보용, 시보용을 구분하는 경우는 다음과 같다. 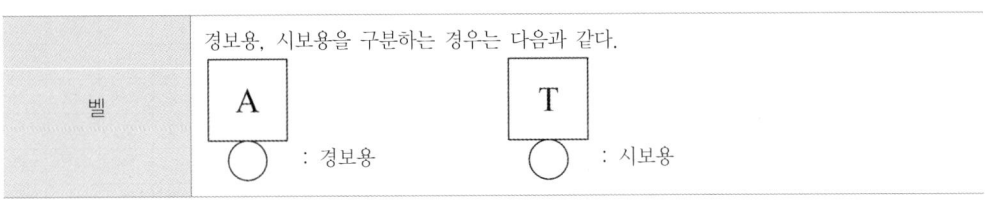

07 345[kV]에 적용되는 철탑 기초의 형상은?

Answer

역T형

Explanation

철탑의 기초

| 역T형 기초 | 삼형 기초 | 말뚝 기초 | 우물통 기초 |

08 가로 10[m], 세로 16[m], 천장높이 3.85[m], 작업면 높이 0.85[m]인 사무실에 천장직부형 형광등(40W×2)을 설치하고자 할 때 필요한 등의 수는 몇 등인가?

[조건]

작업면의 소요조도 300[lx]   천장반사율 70[%]
벽 반사율 50[%]   바닥반사율 10[%]
보수율 70[%]   40[W] 형광등 1등의 광속 3,150[lm]

[참고자료]

반사율 천장	80[%]				70[%]				50[%]				30[%]				0[%]
벽	70	50	30	10	70	50	30	10	70	50	30	10	70	50	30	10	0[%]
바닥	10[%]				10[%]				10[%]				10[%]				0[%]
실지수	조 명 률 (× 0.01)																
0.6	44	33	28	21	42	32	25	20	30	29	23	19	34	27	21	18	14
0.8	52	41	34	28	50	40	33	27	45	38	30	28	40	33	28	24	20
1.0	58	47	40	34	55	45	38	33	50	42	36	31	45	38	33	29	25
1.25	63	53	46	40	60	51	44	39	54	47	41	38	49	43	38	34	29
1.5	67	58	50	45	64	55	49	43	58	51	54	41	52	46	42	38	33
2.0	72	64	57	52	69	61	55	50	62	58	51	47	57	52	48	44	38
2.5	75	68	62	57	72	66	60	55	65	60	58	52	60	55	52	48	42
3.0	78	71	66	81	74	69	64	58	68	63	59	55	62	58	55	52	45
4.0	81	76	71	87	77	73	69	65	71	67	84	81	65	62	59	56	50
5.0	83	78	75	71	79	75	72	69	73	70	67	84	67	64	62	60	52
7.0	85	82	78	78	82	79	76	73	75	73	71	88	79	67	65	64	56
10.0	87	85	82	80	84	82	79	77	78	76	75	72	71	70	68	67	59

Answer

계산 : 실지수 $R \cdot I = \dfrac{X \cdot Y}{H(X+Y)} = \dfrac{10 \times 16}{(3.85-0.85) \times (10+16)} = 2.05$ ∴ 2.0

표에서 반사율(천장 70[%], 벽 50[%]) 값에서 실지수 2.0일 때의 조명률은 61[%]=0.61이다.

∴ 등수 $N = \dfrac{ESD}{FU} = \dfrac{ESD}{FU} = \dfrac{300 \times 10 \times 16 \times \dfrac{1}{0.7}}{3,150 \times 2 \times 0.61} = 17.84$[등]

답 : 18[등]

Explanation

- 실지수(방지수) = $\dfrac{XY}{H(X+Y)}$

  여기서, H : 등의 높이−작업면 높이[m], X : 방의 가로[m], Y : 방의 세로[m]

- 조명계산

  $FUN = ESD$

  여기서, F[lm] : 광속, U[%] : 조명률, N[등] : 등수, E[lx] : 조도, S[m^2] : 면적

  $D = \dfrac{1}{M}$: 감광보상률 = $\dfrac{1}{\text{보수율}}$

  등수 $N = \dfrac{ESD}{FU}$ 이며 등수계산의 소수점은 무조건 절상한다.

- 40[W] 2등용이므로 40[W] 1등의 광속이 3,150[lm]이므로 전광속은 $F = 3,150 \times 2 = 6,300$[lm]

- 조명률 찾는 법

반사율	천장	80[%]				70[%]				50[%]				30[%]				0[%]
	벽	70	50	30	10	70	50	30	10	70	50	30	10	70	50	30	10	0[%]
	바닥	10[%]				10[%]				10[%]				10[%]				0[%]
실지수		조 명 률 (× 0.01)																
0.6		44	33	28	21	42	32	25	20	30	29	23	19	34	27	21	18	14
1.5		67	58	50	45	64	55	49	43	58	51	54	41	52	46	42	38	33
2.0		72	64	57	52	69	61	55	50	62	58	51	47	57	52	48	44	38
2.5		75	68	62	57	72	66	60	55	65	60	58	52	60	55	52	48	42
7.0		85	82	78	78	82	79	76	73	75	73	71	88	79	67	65	64	56
10.0		87	85	82	80	84	82	79	77	78	76	75	72	71	70	68	67	59

09 ★★★★☆

후강전선관의 굵기 36[mm]보다 크고, 54[mm]보다 작은 것은 어느 크기로 선정해야 하는가?

Answer

42[mm]

Explanation

(내선규정 제2,225절) 금속관의 종류

종류	관의 호칭
후강 전선관(근사내경, 짝수)	16 22 28 36 42 54 70 82 92 104
박강 전선관(근사외경, 홀수)	19 25 31 39 51 63 75
나사 없는 전선관	박강 전선관과 치수가 같다.

10
★★☆☆☆
□ 75×75×3.2×2,400의 규격은 장주에 사용하는 어떤 자재명인가?

Answer

경완철(경완금)

Explanation

완금(완철)의 종류
- □ : 경완금(경완철)
- ㄱ : ㄱ형 완금

11
★☆☆☆☆
휴대용 테스터로 측정할 수 있는 5가지를 쓰시오.

Answer

저항, 직류 전압, 직류 전류, 교류 전압, 교류 전류

Explanation

그 외에도 트랜지스터와 다이오드의 극성시험, 단선유무 측정 등이 가능하다.

12
★★★☆☆
다음 동작 설명과 타이머 내부 회로를 참고하여 시퀀스를 정확히 그리시오.

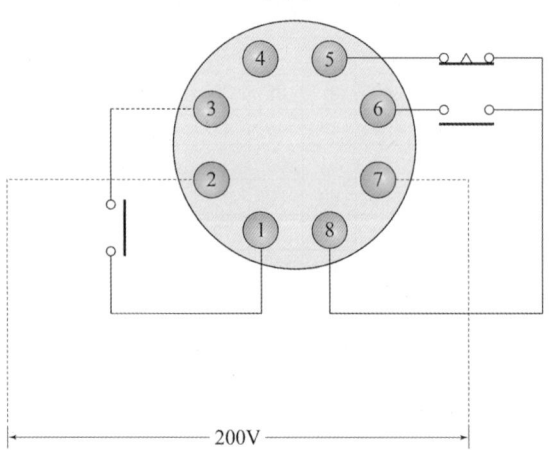

(1) 전원을 넣는 순간 콘센트에 전압이 걸린다.

(2) 단로 스위치 S_1을 ON하고 푸시버튼 스위치를 누르면 타이머가 동작하여 순시 접점이 폐로되어 푸시버튼 스위치를 놓아도 타이머 T는 계속 동작, R_1이 점등되고 설정시간이 지나면 한시접점 T-b는 떨어지고 R_1은 소등하고 T-a는 폐로된다. 이때, T-a에 의해 R_2가 점등된다.

(3) 단로 스위치 S_1을 OFF하면 타이머 T가 동작을 정지하여 순시접점이 떨어지고 R_2는 소등된다.

Answer

시퀀스 회로도

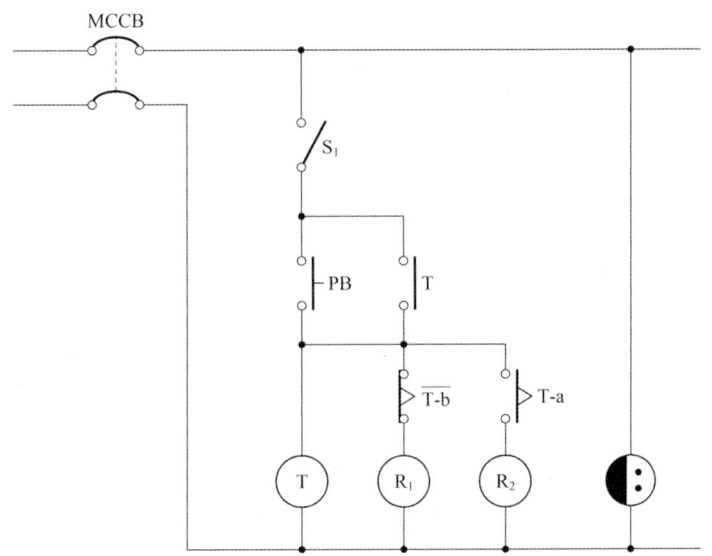

Explanation

타이머 릴레이의 내부 결선도

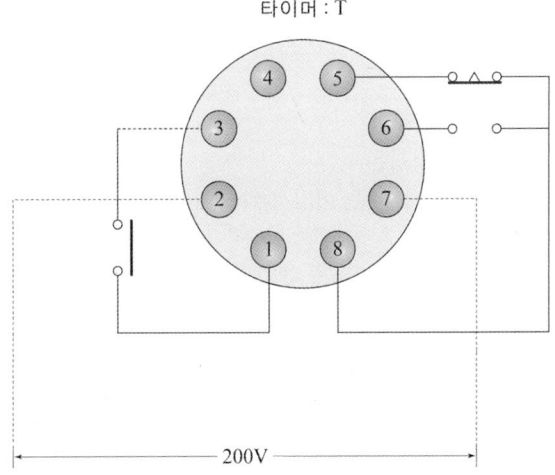

- ②과 ⑦번 핀 연결 : 타이머 릴레이의 전원
- ①과 ③번 핀 : 자기유지 접점
- ⑤과 ⑧번 핀 : 타이머의 b접점
- ⑥과 ⑧번 핀 : 타이머의 a접점

13 ★★☆☆☆
벽부등에 관한 그림이다. 다음 물음에 답하시오.

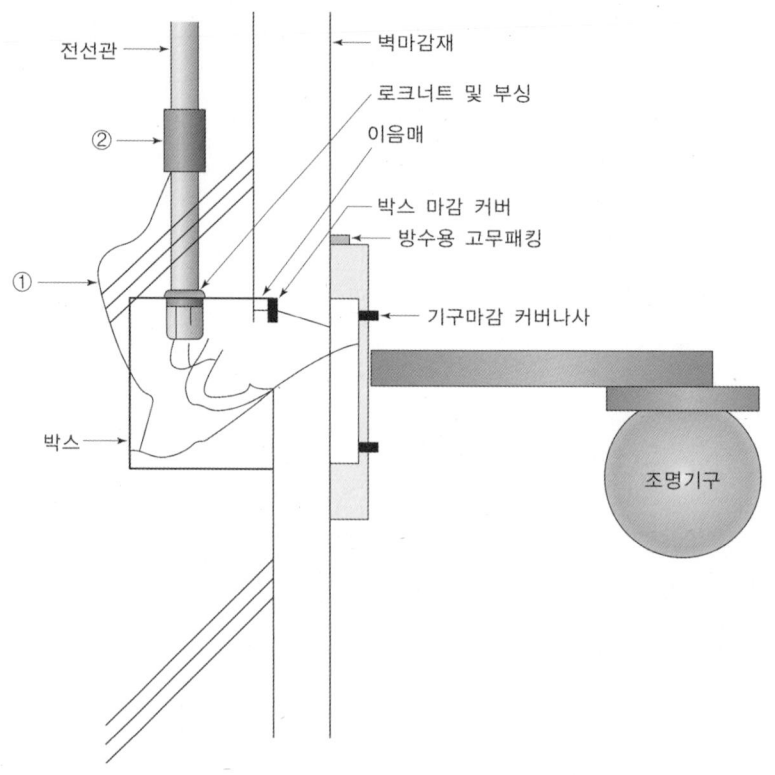

(1) 그림에서 ①로 표시된 명칭은?
(2) 그림에서 ②로 표시된 명칭은?
(3) 박스로의 배관은 상부, 하부 중 어디서부터 배관을 하는가?

Answer

(1) 본딩도체(또는 접지도체)
(2) 접지 클램프
(3) 상부

14 ★★☆☆☆ 그림은 어떤 변전소의 도면이다. 변압기 상호 부등률이 1.3이고, 부하의 역률 90[%]이다. STr의 내부 임피던스 4.6[%], Tr_1, Tr_2, Tr_3의 내부 임피던스가 10[%], 154[kV] BUS의 내부 임피던스가 0.4[%]이다. 다음 물음에 답하시오.

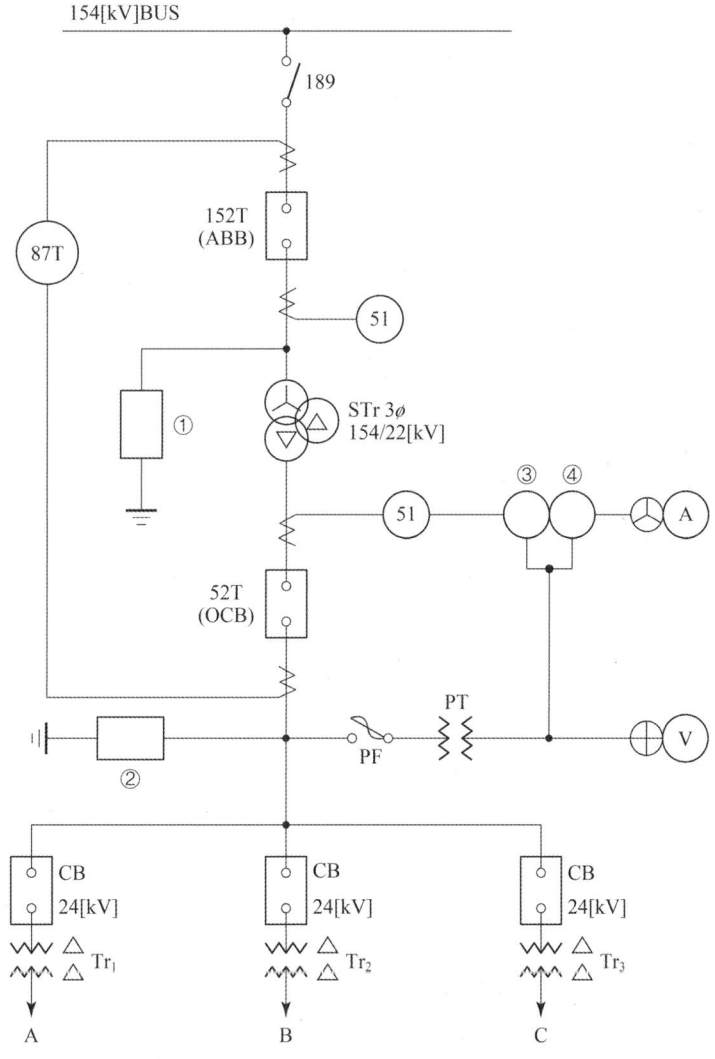

부하	용량	수용률	부등률
A	4,000[kW]	80[%]	1.2
B	3,000[kW]	84[%]	1.2
C	6,000[kW]	92[%]	1.2

154[kV] ABB 용량표[MVA]					
2,000	3,000	4,000	5,000	6,000	7,000

22[kV] OCB 용량표[MVA]					
200	300	400	500	600	700

154[kV] 변압기 용량표[kVA]					
10,000	15,000	20,000	30,000	40,000	50,000

22[kV] 변압기 용량표[kVA]					
2,000	3,000	4,000	5,000	6,000	7,000

(1) Tr_1, Tr_2, Tr_3 변압기 용량[kVA]은?
  • 계산 :   답 :

(2) STr의 변압기 용량[kVA]은?
  • 계산 :   답 :

(3) 차단기 152T의 용량[MVA]은?
  • 계산 :   답 :

(4) 차단기 52T의 용량[MVA]은?
  • 계산 :   답 :

(5) 87T의 명칭은?

(6) 51의 명칭은?

(7) ①~④에 알맞은 심벌을 기입하시오.

Answer

(1) 계산 : $Tr_1 = \dfrac{4,000 \times 0.8}{1.2 \times 0.9} = 2,962.96\,[\text{kVA}]$ 답 : 3,000[kVA]

$Tr_2 = \dfrac{3,000 \times 0.84}{1.2 \times 0.9} = 2,333.33\,[\text{kVA}]$ 답 : 3,000[kVA]

$Tr_3 = \dfrac{6,000 \times 0.92}{1.2 \times 0.9} = 5,111.11\,[\text{kVA}]$ 답 : 6,000[kVA]

(2) 계산 : $STr = \dfrac{2,962.96 + 2,333.33 + 5,111.11}{1.3} = 8,005.69\,[\text{kVA}]$ 답 : 10,000[kVA]

(3) 계산 : $P_s = \dfrac{100}{\%Z} \cdot P_n = \dfrac{100}{0.4} \times 10 = 2,500\,[\text{MVA}]$ 답 : 3,000[MVA]

(4) 계산 : $P_s = \dfrac{100}{\%Z} \cdot P_n = \dfrac{100}{0.4+4.6} \times 10 = 200\,[\text{MVA}]$ 답 : 200[MVA]

(5) 주변압기 차동 계전기

(6) 과전류 계전기

(7) ① 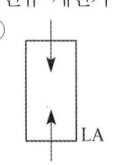 LA   ② 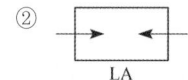 LA   ③ 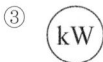   ④ (PF)

(1)~(2) 변압기 용량[kVA]= $\dfrac{\text{설비 용량[kVA]} \times \text{수용률}}{\text{부등률}}$ = $\dfrac{\text{설비 용량[kW]} \times \text{수용률}}{\text{부등률} \times \text{역률}}$ [kVA]

(3)~(4) 차단기 용량(단락 용량)
- 전원 측에 차단기가 설치되어 있는 경우 차단기 용량이 주어지면 %임피던스는

$\%Z_s = \dfrac{100}{P_s} \times P_n$

여기서, P_s : 전원 측에 설치된 차단기 용량

- 단락용량 $P_s = \dfrac{100}{\%Z} \times P_n$
- 차단기 용량을 단락 용량으로 계산하면 단락 용량보다 큰 것이 차단기 용량이 된다.

(5) 계전기 고유번호
- 87 : 전류 차동계전기(비율차동계전기)
- 87B : 모선보호 차동계전기
- 87G : 발전기용 차동계전기
- 87T : 주변압기 차동계전기

(6) 계전기 고유번호
- 51 : 과전류 계전기(OCR)
- 51G : 지락 과전류 계전기(OCGR)
- 59 : 과전압 계전기(OVR)
- 64 : 지락 과전압 계전기(OVGR)
- 27 : 부족 전압 계전기(UVR)

(7) CT와 PT 사이에 연결되는 계측기 : PF(역률계), kW(유효전력계)

15 ★★☆☆☆ 다음 그림은 전동기의 정역 운전회로이다. 다음 물음에 답하시오.

(1) 문제의 빈칸에 알맞은 접점기호를 쓰시오

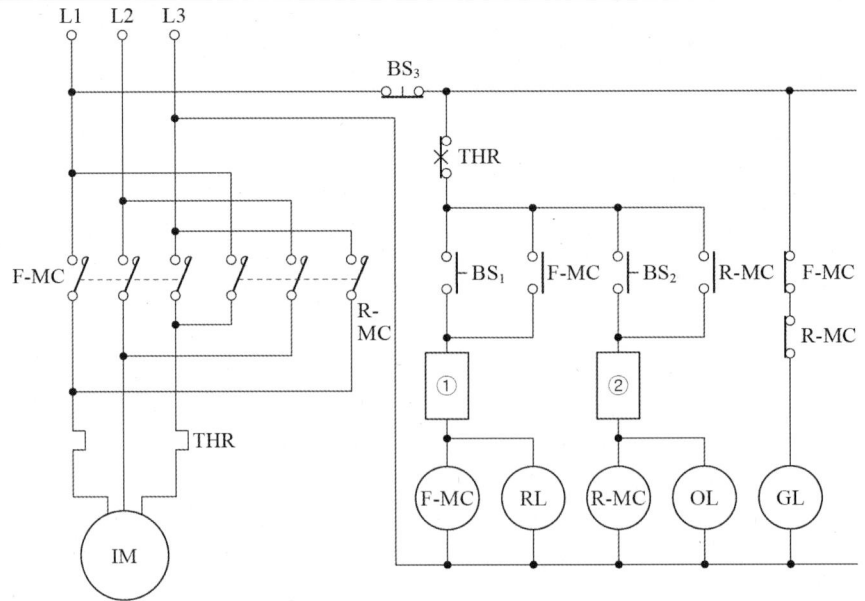

(2) F-MC와 R-MC의 논리식을 쓰시오.

(3) 다음 논리회로를 완성하시오.

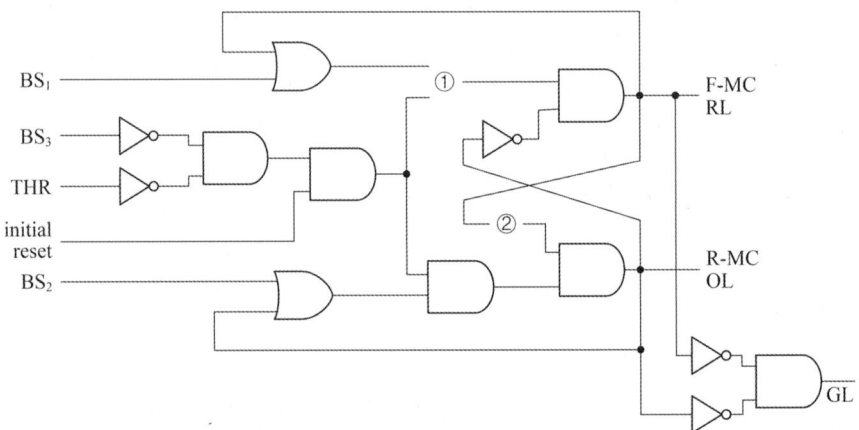

Answer

(1) ① 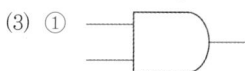　　②

(2) $F - MC = \overline{BS_3} \cdot \overline{THR} \cdot (BS_1 + F - MC) \cdot \overline{R - MC}$
$R - MC = \overline{BS_3} \cdot \overline{THR} \cdot (BS_2 + R - MC) \cdot \overline{F - MC}$

(3) ①

Explanation

전동기 정·역 운전 회로
- 정·역 운전 회로의 구성
  - 자기유지회로
  - 인터록 회로
- 정·역 운전 주회로 결선 : 전원의 3선 중 2선의 접속을 바꾼다.

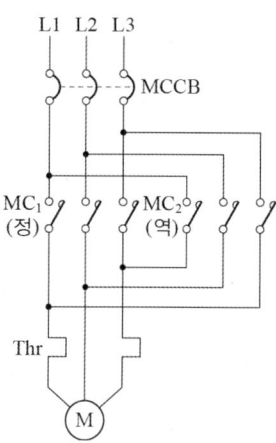

- 회로 및 타임차트

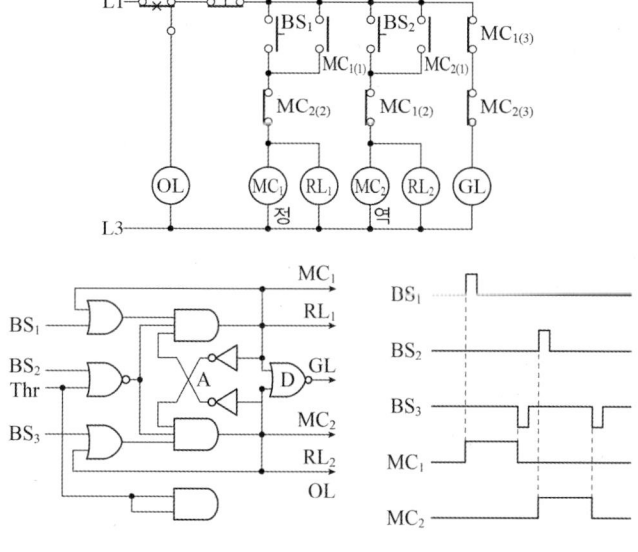

16 ★★★☆☆
도면을 보고 주어진 답안지의 릴레이 시퀀스 회로도를 완성하시오.

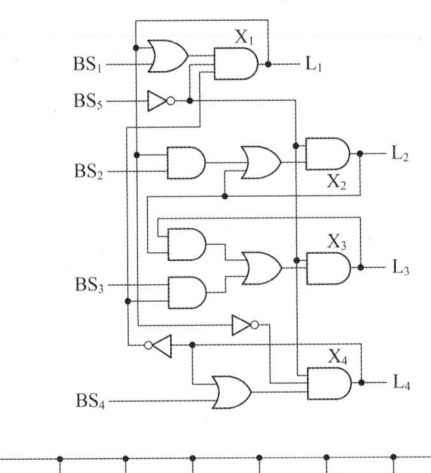

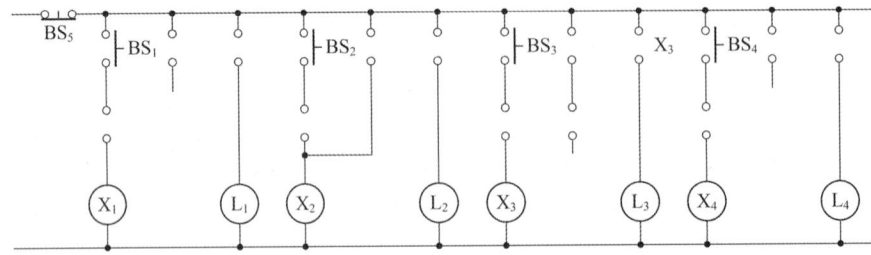

Answer

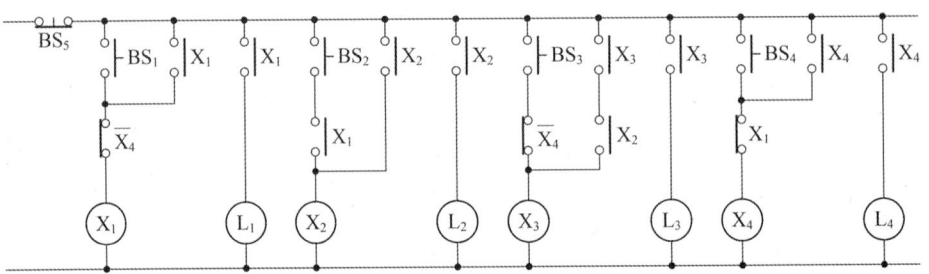

Explanation

무접점 회로를 이용한 출력식
- $X_1 = (BS_1 + X_1) \cdot \overline{BS_5} \cdot \overline{X_4}$, $L_1 = X_1$
- $X_2 = (BS_2 \cdot X_1 + X_2) \cdot \overline{BS_5}$, $L_2 = X_2$
- $X_3 = (BS_3 \cdot \overline{X_4} + X_2 \cdot X_3) \cdot \overline{BS_5}$, $L_3 = X_3$
- $X_4 = (BS_4 + X_4) \cdot \overline{X_1} \cdot \overline{BS_5}$, $L_4 = X_4$

17 ★★☆☆☆ 다음 그림의 터파기 계산방법을 수식으로 적어라.

(1) 독립 기초파기

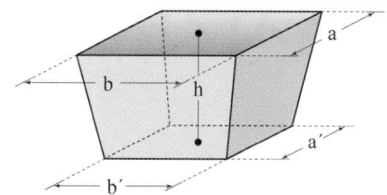

(2) 줄 기초파기

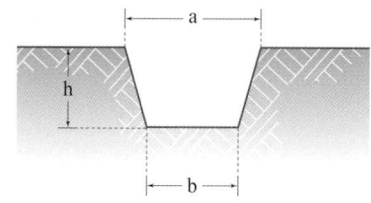

(3) 철탑 기초파기

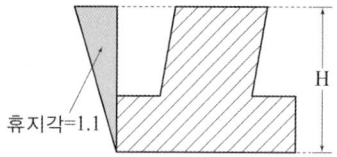

Answer

(1) 터파기량[m³] = $\dfrac{h}{6}\{(2a+a')b+(2a'+a)b'\}$

(2) 터파기량[m³] = $\left(\dfrac{a+b}{2}\right) \times h \times$ 줄 기초길이

(3) 터파기량[m³] = 가로 × 세로 × H × 1.21

Explanation

터파기량 계산
- 줄기초 파기 : 전선관 매설

$$터파기량[m^3] = \left(\dfrac{a+b}{2}\right) \times h \times 줄기초길이$$

- 철탑의 굴착량 : 터파기량[m³] = 가로 × 세로 × H × 1.21
  휴지각 = 1.1 × 1.1 = 1.21

2001년 전기공사기사 실기

01 ★★★☆☆
15[kV] N-RC는 네온관용 전선 기호이다. 여기에서 C는 어떤 뜻을 가지고 있는 기호인가?

Answer

클로로프렌

Explanation

전선약호
- N : 네온전선
- V : 비닐
- E : 폴리에틸렌
- R : 고무
- C : 클로로프렌

일반적인 케이블의 약호에서는 C(XLPE)로서 가교폴리에틸렌이 되며 네온전선에서는 C가 클로로프렌이 된다.

02 ★☆☆☆☆
그림의 시한복귀 a접점 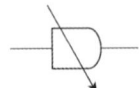 의 논리 심벌은?

Answer

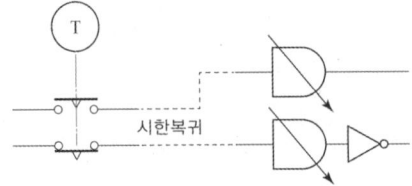

Explanation

시한 복구 회로(Off delay timer : Toff)
- 기능 : 정지 입력을 주면 설정 시간(t)이 지난 후 출력이 복구한다.
- 기호

03 그림과 같은 계통보호용 과전류 계전기를 정정하기 위한 단락전류를 산출하는 절차이다. 주어진 물음에 답하시오.

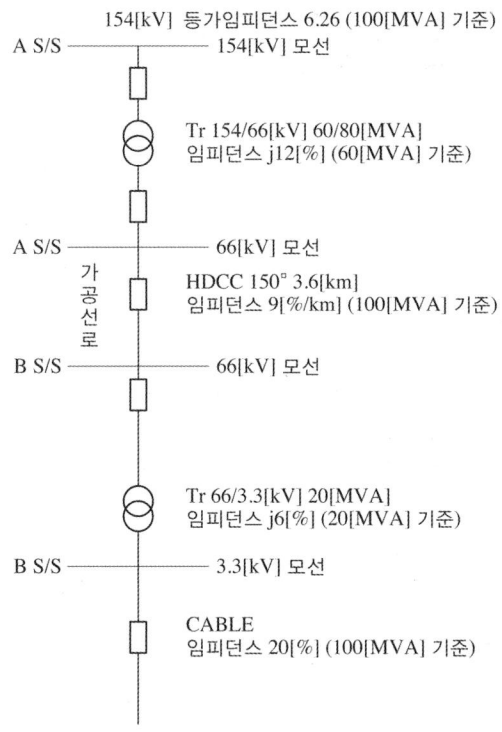

[조건]
① A변전소 154[kV] 모선의 전원등가 임피던스는 6.26[%]이다.
② 회로의 [%]임피던스는 편의상 모두 리액턴스 분으로만 간주할 것
③ 그림 상에 표시되지 않은 임피던스는 무시할 것

[물음]
다음 그림은 100[MVA] 기준으로 환산한 등가 임피던스 도면이다. ( ) 속에 값은 얼마인가?

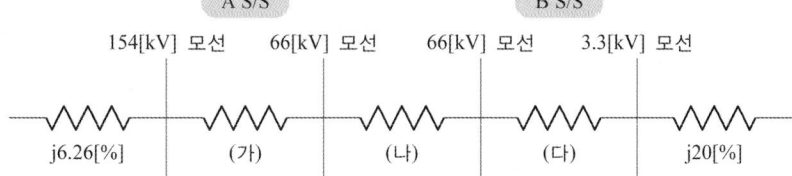

Answer

(가) $j12 \times \dfrac{100}{60} = j20[\%]$

(나) $j9 \times 3.6 = j32.4[\%]$

(다) $j6 \times \dfrac{100}{20} = j30[\%]$

> **Explanation**

- %임피던스의 계산

  환산 %Z= 기존 %Z× $\dfrac{새로운 기준용량}{기존의 용량}$

- 문제에서는 100[MVA] 기준으로 환산한 등가 임피던스를 구하는 것으로 새로운 기준용량은 100[MVA]가 된다.

BEST 04

예비 전원으로 시설하는 축전지에서 부하에 이르는 전로에는 개폐기 및 무엇을 시설하여야 하는가?

> **Answer**

과전류 차단기

> **Explanation**

(내선규정 4,168-3) 예비전원 고압발전기
예비전원으로 시설하는 고압발전기에서 부하에 이르는 전로에는 발전기에 가까운 곳에 개폐기, 과전류차단기, 전압계 및 전류계를 다음 각 호에 의해 시설하여야 한다.
- 각 극에 개폐기 및 과전류 차단기를 시설할 것
- 전압계는 각 상의 전압을 읽을 수 있도록 시설할 것
- 전류계는 각 선(중성선 제외)의 전류를 읽을 수 있도록 시설할 것

BEST 05

총공사비가 32억 원이고 공사 기간이 18개월인 전기공사의 간접 노무비율[%]을 참고자료에 의거 계산하시오.

[공사 종류 등에 따른 간접 노무비율] (단위 : [%])

구분		간접 노무비율
공사 종류별	건축 공사	14.5
	토목 공사	15
	특수 공사(포장, 준설 등)	15.5
	기타(전문, 전기, 통신 등)	15
공사 규모별(* 품셈에 의하여 산출되는 공사원가기준)	50억 미만	14
	50~300억 미만	15
	300억 이상	16
공사 기간별	6개월 미만	13
	6~12개월 미만	15
	12개월 이상	17

> **Answer**

계산 : 간접 노무비율= $\dfrac{15+14+17}{3}$ = 15.33[%] 　　　　　답 : 15.33[%]

> **Explanation**

간접 노무비율= $\dfrac{공사 종류별[\%]+공사 규모별[\%]+공사 기간별[\%]}{3}$

06 다음은 PLC 프로그램의 Ladder도를 Mnemonic으로 변환하여 나타낸 것이다. Mnemonic 프로그램상의 빈칸을 채우시오. 단, 명령어를 LD(논리연산 시작), AND(직렬), OR(병렬), NOT(부정), OUT(출력), D(Positive Pulse), MCS(Master Control Set), MCSCLR(Master Control Set Clear)로 한다.

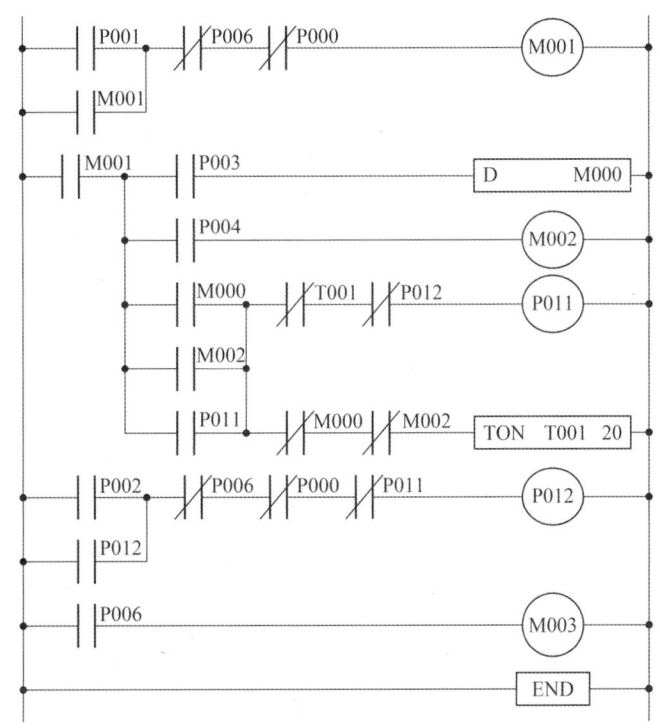

스텝	명령어	디바이스	스텝	명령어	디바이스	스텝	명령어	디바이스
0	①	P001	12	LD	M000	24	⑧	P002
1	②	M001	13	⑤	M002	25	OR	P012
2	AND NOT	P006	14	OR	⑥	26	⑨	P006
3	AND NOT	P000	15	AND NOT	T001	27	AND NOT	P000
4	OUT	M001	16	AND NOT	P012	28	AND NOT	P011
5	LD	M001	17	OUT	P011	29	OUT	P012
6	MCS	–	18	AND NOT	M000	30	LD	P006
7	LD	P003	19	AND NOT	M002	31	OUT	M003
8	D	③	20	⑦	T001	32	⑩	–
10	LD	P004		–	20			
11	OUT	④	23	MCSCLR	–			

Answer

① LD ② OR ③ M000 ④ M002 ⑤ OR ⑥ P011 ⑦ TON ⑧ LD ⑨ AND NOT ⑩ END

① LD
② OR
③ M000
④ M002
⑤ OR
⑥ P011
⑦ TON
⑧ LD
⑨ AND NOT
⑩ END

Explanation

- Mnemonic : 쉽게 연산하기 위한 것
  - MCS(Master Control Set)
  - MCSCLR(Master Control Set Clear)
- M001 바로 다음부터 Set로 묶은 후 마지막에는 Set clear로 해제한다.

스텝	명령어	디바이스
6	MCS	-
7	LD	P003
8	D	M000
10	LD	P004
11	OUT	M002
12	LD	M000
13	OR	M002
14	OR	P011
15	AND NOT	T001
16	AND NOT	P012
17	OUT	P011
18	AND NOT	M000
19	AND NOT	M002
20	TON	T001
	-	20
23	MCSCLR	-

07 ★★★☆☆ 가로 12[m], 세로 18[m], 천장높이 3.0[m], 작업면 높이 0.8[m]인 사무실이 있다. 여기에 천장직부 형광등(40[W], 2등용)을 설치하고자 한다. 다음의 물음에 답하시오.

(1) 실지수를 구하시오.

(2) 조명률을 구하시오.

(3) 설치 등기구 수량은 몇 개 이상인가?

(4) 40[W] 형광등 1개의 소비전력이 50[W]이고, 1일 24시간 연속 점등 할 경우 10일간의 최소 소비 전력량을 구하시오.

[조건]

① 작업별 요구조도 500[lx], 천장반사율 50[%], 벽 반사율 50[%], 바닥반사율 10[%]이고, 보수율 0.7, 40[W] 1개의 광속은 2,750[lm]으로 본다.

② 조명률 표(기준)

[표] 산형기구(2등용) FA 42006

반사율	천장	80[%]				70[%]				50[%]				0[%]
	벽	70	50	30	10	70	50	30	10	70	50	30	10	0[%]
	바닥	10[%]				10[%]				10[%]				0[%]
실지수		조명률 (× 0.01)												
0.6		44	33	28	21	42	32	25	20	30	29	23	19	14
0.8		52	41	34	28	50	40	33	27	45	38	30	28	20
1.0		58	47	40	34	55	45	38	33	50	42	36	31	25
1.25		63	53	46	40	60	51	44	39	54	47	41	38	29
1.5		67	58	50	45	64	55	49	43	58	51	54	41	33
2.0		72	64	57	52	69	61	55	50	62	58	51	47	38
2.5		75	68	62	57	72	66	60	55	65	60	58	52	42
3.0		78	71	66	61	74	69	64	59	68	63	59	55	45
4.0		81	76	71	87	77	73	69	65	71	67	84	81	50
5.0		83	78	75	71	79	75	72	69	73	70	67	84	52
7.0		85	82	78	78	82	79	76	73	75	73	71	88	56
10.0		87	85	82	80	84	82	79	77	78	76	75	72	59

Answer

(1) 실지수 $= \dfrac{XY}{H(X+Y)} = \dfrac{12 \times 18}{(3.0-0.8)(12+18)} = 3.27$ 　　　　답 : 3.0

(2) 표에서 천장 반사율 50[%], 벽 반사율 50[%], 실지수 3.0을 이용하여 찾으면 63%　　답 : 63[%]

(3) $N = \dfrac{ESD}{FU} = \dfrac{500 \times 12 \times 18 \times \dfrac{1}{0.7}}{2,750 \times 2 \times 0.63} = 44.53$ [등]　　답 : 45[등]

(4) 계산 : $W = 50 \times 2 \times 45 \times 24 \times 10 \times 10^{-3} = 1,080$ [kWh]　　답 : 1,080[kWh]

> Explanation

(1) 실지수(방지수) $= \dfrac{XY}{H(X+Y)}$

　여기서, H : 등의 높이-작업면 높이[m]
　　　　 X : 방의 가로[m]
　　　　 Y : 방의 세로[m]

　여기서, 실지수는 가까운 값을 선정하므로 계산에 3.27이지만 3.0을 사용한다(아래 표 참조).

• 실지수표

기호	A	B	C	D	E	F	G	H	I	J
실지수	5.0	4.0	3.0	2.5	2.0	1.5	1.25	1.0	0.8	0.6
범위	4.5 이상	4.5~3.5	3.5~2.75	2.75~2.25	2.25~1.75	1.75~1.38	1.38~1.12	1.12~0.9	0.9~0.7	0.7 이하

(2) 조명률 찾는 법

반사율	천장	80[%]				70[%]				50[%]				0[%]
	벽	70	50	30	10	70	50	30	10	70	50	30	10	0[%]
	바닥	10[%]				10[%]				10[%]				0[%]
실지수		조명률 (× 0.01)												
2.0		72	64	57	52	69	61	55	50	62	58	51	47	38
2.5		75	68	62	57	72	66	60	55	65	60	58	52	42
3.0		78	71	66	81	74	69	64	58	68	63	59	55	45
4.0		81	76	71	87	77	73	69	65	71	67	84	81	50
5.0		83	78	75	71	79	75	72	69	73	70	67	84	52
7.0		85	82	78	78	82	79	76	73	75	73	71	88	56
10.0		87	85	82	80	84	82	79	77	78	76	75	72	59

(3) 조명계산

　$FUN = ESD$

　여기서, F[lm] : 광속
　　　　 U[%] : 조명률
　　　　 N[등] : 등수
　　　　 E[lx] : 조도
　　　　 S[m²] : 면적
　　　　 $D = \dfrac{1}{M}$: 감광보상률 $= \dfrac{1}{보수율}$

　등수 $N = \dfrac{ESD}{FU}$ 이며 등수계산은 소수점은 무조건 절상한다.

　40[W] 2등용이므로 40[W] 1등의 광속이 2,750[lm]이며,
　전광속 $F = 2,750 \times 2 = 5,500$[lm]

(4) 문제에서 40[W] 형광등 1개의 소비전력이 50[W]라고 하였으므로 10일간 소비전력량
　$W = Pt = 50 \times 2(소비전력) \times 45등 \times 24시간 \times 10일 \times 10^{-3} = 1,080$[kWh]

08 다음 그림과 설명을 읽고 어떤 커플링에 의한 접속인지 답하시오.

[설명]
① 양쪽의 관단내면을 관두께의 1/3 정도 남을 때까지 깎아낸다.
② 커플링 안지름 및 관의 송출부 바깥지름을 잘 닦는다.
③ 커플링 안지름 및 관접속부 바깥지름에 접착제에 엷게 고루 바른다.
④ 한쪽의 관을 들어 올려서 커플링을 딴쪽 관에 보내서 소정의 접속부로 복원시킨다.
⑤ 토치램프 등으로 커플링을 사방에서 타지 아니하도록 가열해서 복원시켜 접속을 완료한다.

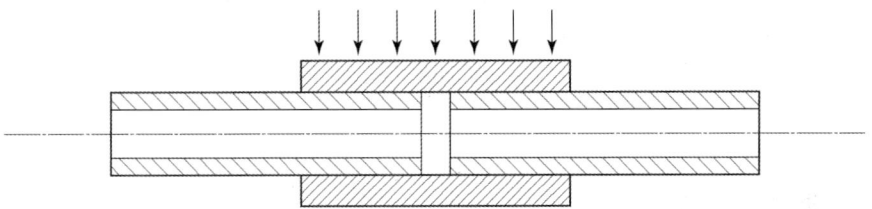

Answer

유니온 커플링

Explanation

금속관 공사 부품
- 커플링 : 관과 관을 접속
- 유니온 커플링 : 관과 관을 접속(관을 돌릴 수 없는 경우) 전선관 상호의 접속용으로 관이 고정되어 있을 때, 또는 관의 양측을 돌려서 접속할 수 없는 경우에 사용되는 부속품

(내선규정 100-2) 합성수지관의 접속도 예
- TS 커플링을 쓰는 관 상호 접속
- 컴비네이션 커플링에 의한 관 상호 간의 신축 접속
- 유니온 커플링에 의한 잇따른 접속
- 커넥터에 의한 박스와 관과의 접속
- 커넥터를 사용하지 않은 박스와 관과의 접속

09 그림과 설명을 읽고 어떤 바인드(OW 3.2[mm] 이하) 법인가 답하시오.

① 바인드 선을 전선 규격에 맞게 자른다.
② 애자의 홈에 전선 끝을 20~30 [cm] 남겨놓고 건다.

③ 바인드 선을 전선에 첨가하여 일자 바인드로 1회 감는다.
④ 전선 2가닥과 b측 바인드 선을 a측 바인드 선으로 10회 정도 밀착하여 감는다.

⑤ 전선 끝을 벌리고 전선 1가닥과 첨가된 b측 바인드 선을 a측 바인드 선으로 3~4 밀착하여 감는다.

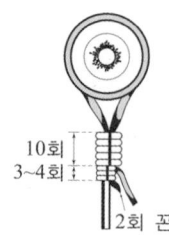

⑥ b측과 바인드 선과 a측 바인드 선을 2회 꼰 후 여유분을 자른다.

Answer
인입 인류 바인드 시공법

Explanation
(내선규정 2,270-4) 절연전선의 바인드
절연전선의 바인드는 다음 각 호에 의하여야 한다.
① 바인드 선은 동 또는 철의 심선에 피복을 입힌 것을 사용할 것
② 바인드 선과 전선의 굵기는 다음 표와 같다.

바인드 선의 굵기	동 전선의 굵기[mm^2]
0.9[mm]	16 이하
1.2[mm](또는 0.9[mm]×2)	50 이하
1.6[mm](또는 1.2[mm]×2)	50 초과

BEST 10 과전류 차단기 설치가 금지된 장소 3가지만 쓰시오.

Answer
① 접지공사의 접지도체
② 다선식 전로의 중성선
③ 고압 또는 특고압과 저압전로를 결합한 변압기 전로의 일부에 접지공사를 한 저압 가공전선로의 접지 측 전선

Explanation
(KEC 341.11조) 과전류차단기의 시설 제한
접지공사의 접지도체, 다선식 전로의 중성선, 전로의 일부에 접지공사를 한 저압 가공전선로의 접지 측 전선에는 과전류 차단기를 시설하여서는 안 된다.

BEST 11 ★★★★★

그림 1은 어느 박물관의 배선 접속도이다. 이에 그림 2와 같은 경보장치를 하기 위한 미완성 전선 접속도를 복선도로 그리시오. 단, 누전 경보기 내부 전선은 생략하고 단자까지만 배선하며 영상 변류기는 WH와 KS 사이에 시설하는 것으로 하며, 경보장치의 전원단에는 별도의 개폐기를 취부한다.

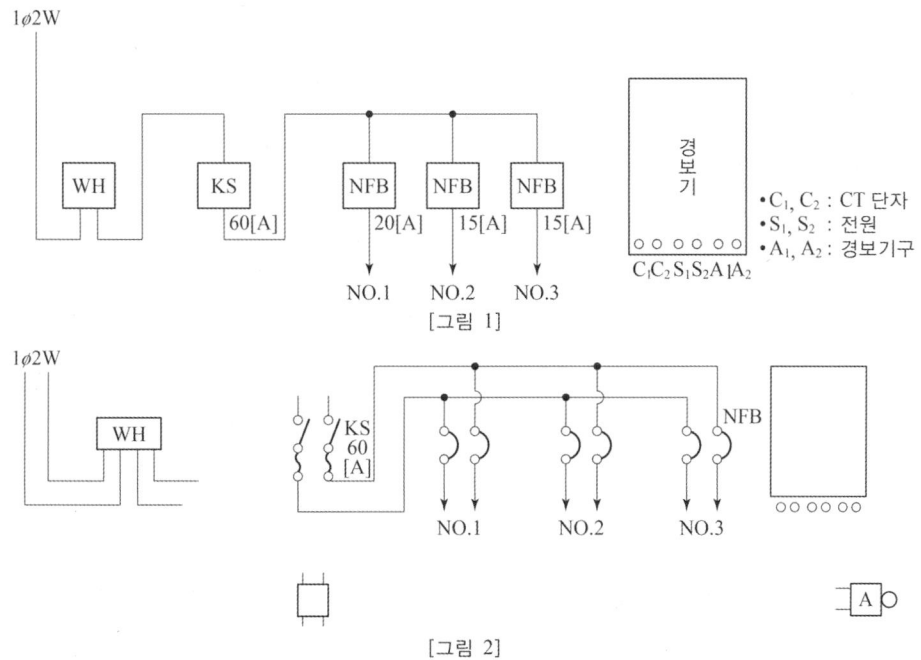

Answer

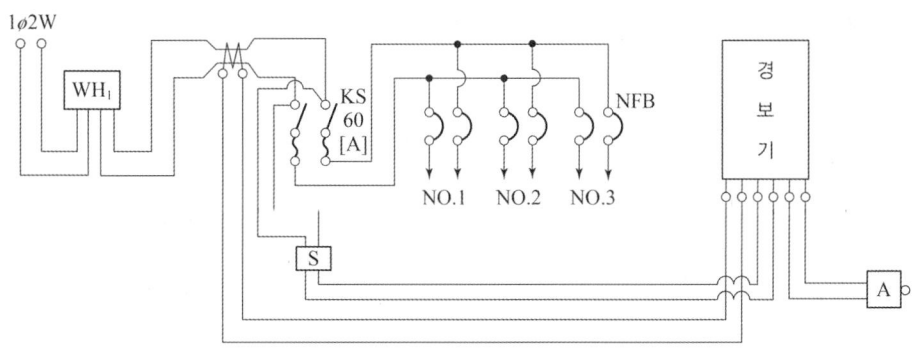

Explanation

- 경보장치의 전원 단에는 별도의 개폐기를 취부한다는 것은 개폐기를 KS의 앞부분에 설치해야 한다는 것임
- 영상변류기(ZCT)는 선로전체 관통

12 그림은 3대의 전동기를 순서에 따라 기동장치를 하는 시퀀스 회로의 일부이다. 물음에 답하시오.

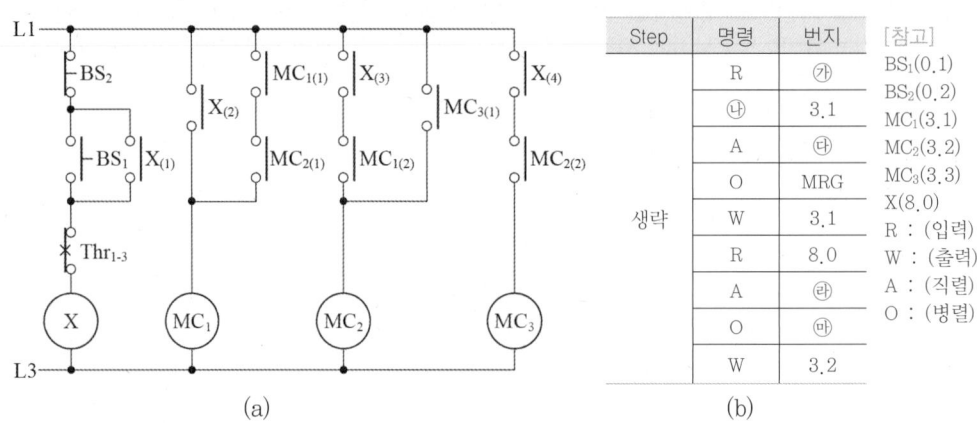

(a)   (b)

(1) 주어진 답안지 로직회로를 각각 2입력 AND, OR 회로로 완성하시오.
(2) (b)의 PLC 프로그램을 ㉮~㉲항까지 완성하시오.
(3) 그림 (a)에서 자기 유지 접점 2개를 쓰시오(예 : $MC_{3(1)}$ 등).
(4) 그림 (a)에서 MC_1 정지 기능 접점을 쓰시오(예 : $MC_{1(1)}$ 등).
(5) $MC_1 \sim MC_3$의 정지 순서를 차례로 쓰시오.

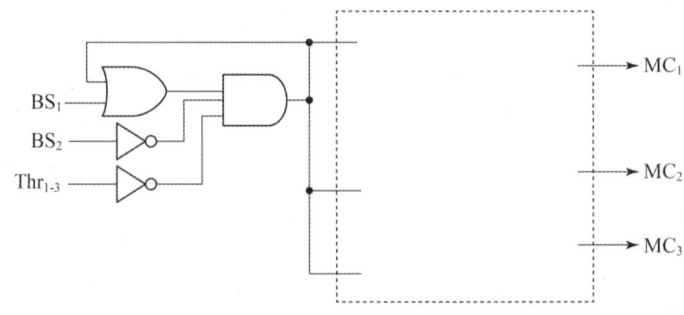

Answer

(1)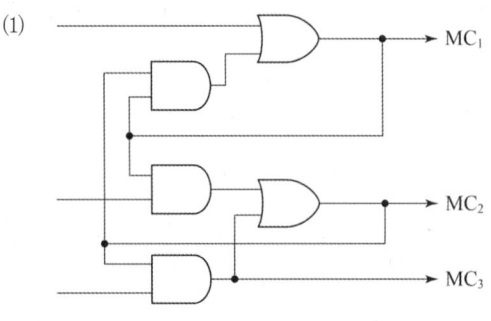

(2) ㉮ 8.0 ㉯ R ㉰ 3.2 ㉱ 3.1 ㉲ 3.3
(3) $X_{(1)}$, $MC_{1(1)}$
(4) $MC_{2(1)}$
(5) $MC_3 \to MC_2 \to MC_1$

Explanation

• 기동 순서 : $MC_1 \to MC_2 \to MC_3$
• 정지 순서 : $MC_3 \to MC_2 \to MC_1$

13 다음의 전등 점멸에 대한 동작 설명을 읽고 답안지의 미완성 회로를 완성하시오.

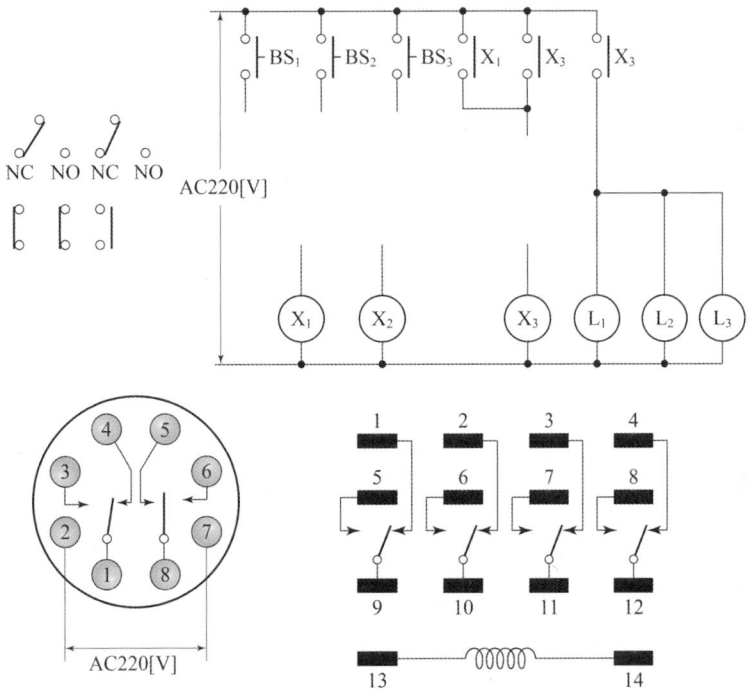

(1) 전등 L_1, L_2, L_3가 모두 소등된 상태에서 누름 버튼스위치 BS_1, BS_2, BS_3 중 어느 하나를 한번 누르면(눌렀다 놓으면) 전등 L_1, L_2, L_3가 동시에 점등되고 다시 한 번 누르면 전등 L_1, L_2, L_3는 동시에 소등된다. 이런 동작이 계속 반복된다.
(2) X_1 및 X_2는 8Pin Relay(2a 2b), X_3는 14Pin Relay(4a 4b)를 사용하시오.
(3) 도면에 일부 표시한 회로를 최대한 활용하시오.
(4) 사용될 Relay 접점은 도면에 제시한 것 외에 추가로 사용되는 것이 다음과 같으며 회로를 정확히 구성하시오.

 Answer

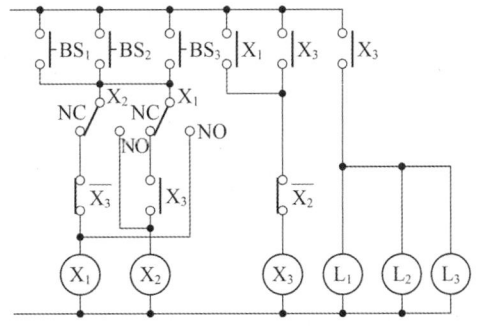

Explanation

플리커 릴레이
• BS_1, BS_2, BS_3 중 어느 하나를 한번 누르면

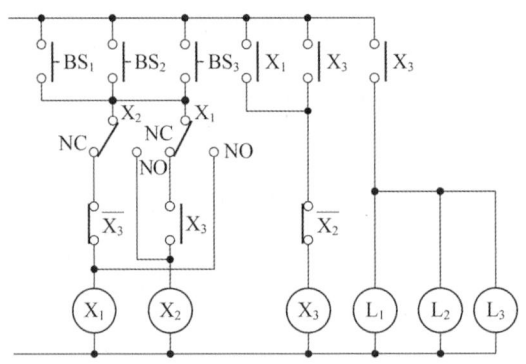

• BS_1, BS_2, BS_3 중 어느 하나를 두 번째 누르면

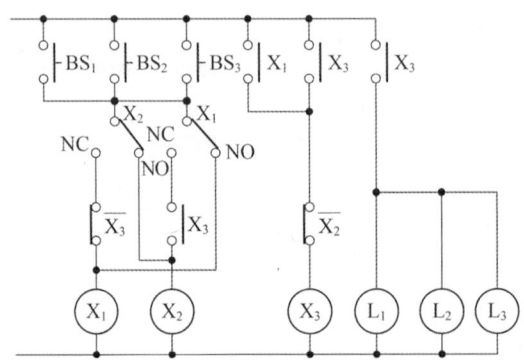

14 ★★★☆☆
지선 밴드를 이용한 현수애자 설치이다. ①, ②, ③, ④, ⑤ 각 기호의 명칭을 쓰시오.

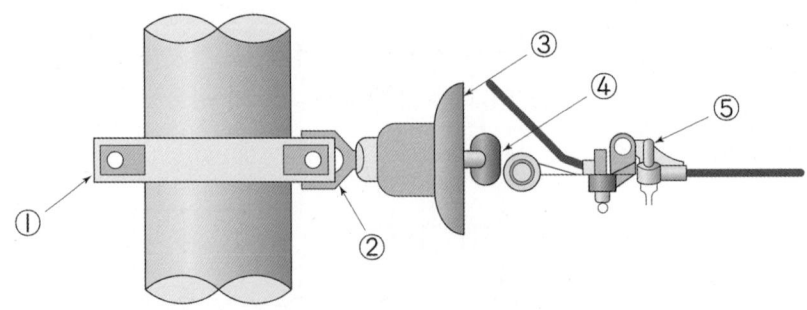

Answer

① 지선 밴드
② 볼 아이

③ 현수애자
④ 소켓 아이
⑤ 데드 엔드 클램프

Explanation

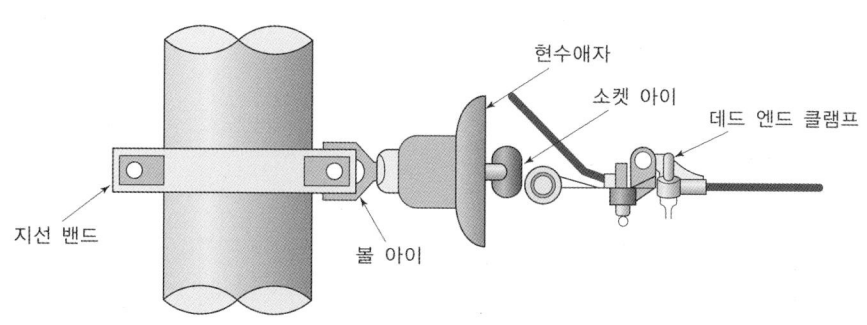

15 그림은 무엇을 측정하기 위한 것인가?

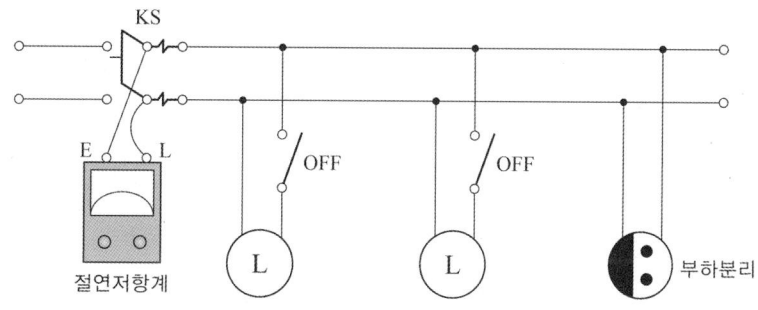

Answer

선간절연 저항

Explanation

(기술기준 제52조) 저압전로의 절연저항

전기사용 장소의 사용전압이 저압인 전로의 전선 상호간 및 전로와 대지 사이의 절연저항은 개폐기 또는 과전류차단기로 구분할 수 있는 전로나 다음 표에서 정한 값 이상이어야 한다. 다만, 전선 상호간의 절연저항은 기계기구를 쉽게 분리가 곤란한 분기회로의 경우 기기 접속 전에 측정할 수 있다.

또한, 측정 시 영향을 주거나 손상을 받을 수 있는 SPD 또는 기타 기기 등은 측정 전에 분리시켜야 하고, 부득이하게 분리가 어려운 경우에는 시험전압을 250[V] DC로 낮추어 측정할 수 있지만 절연저항 값은 1[MΩ] 이상이어야 한다.

전로의 사용전압[V]	DC 시험전압[V]	절연저항[MΩ]
SELV 및 PELV	250	0.5
FELV, 500[V] 이하	500	1.0
500[V] 초과	1,000	1.0

16 그림은 정류회로를 구성하고자 부품을 나열한 것이다. 그림을 완전한 정류가 되도록 완성하시오.

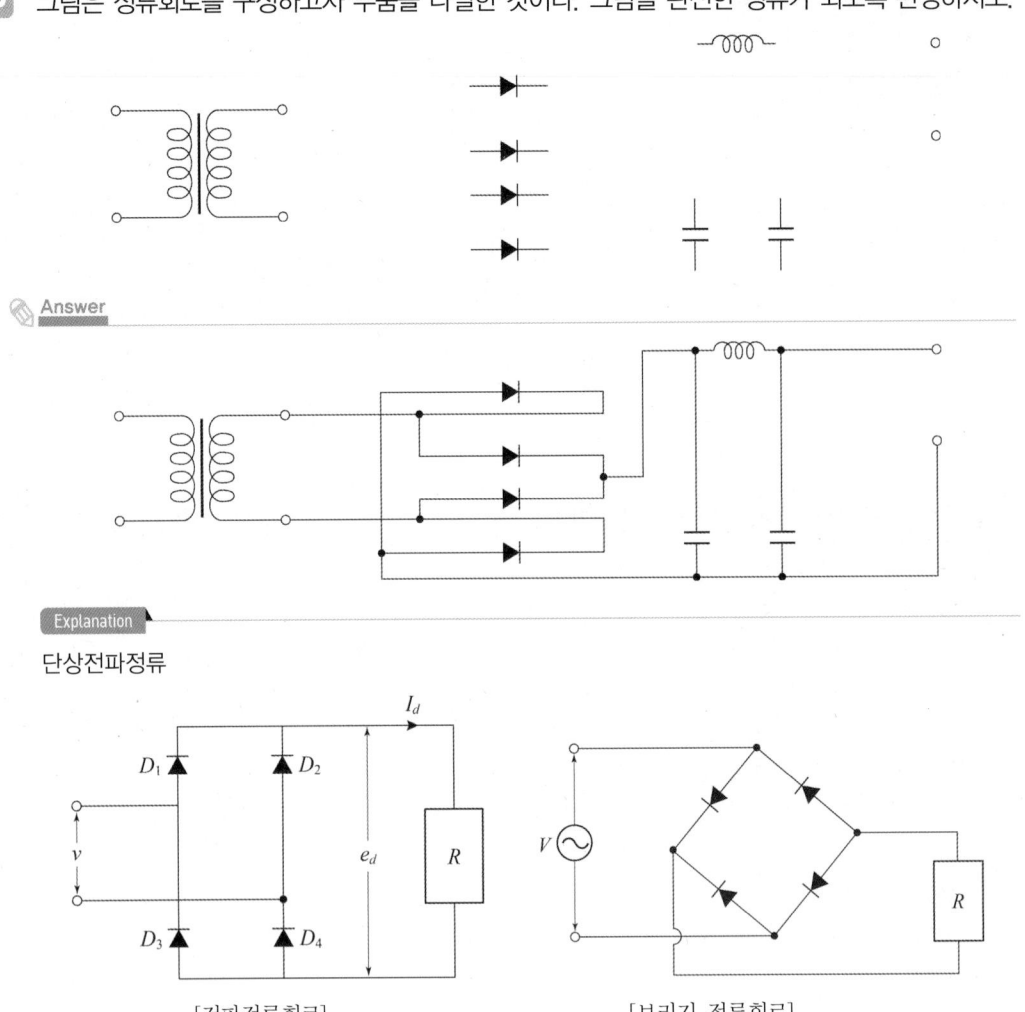

Explanation

단상전파정류

[전파정류회로]   [브리지 정류회로]

전기공사기사 실기

과년도 기출문제

2002

- 2002년 제 01회
- 2002년 제 02회
- 2002년 제 04회

2002년 과년도 기출문제에 대한 출제 빈도 분석 차트입니다.
각 회차별로 별의 개수를 확인하고 학습에 참고하기 바랍니다.

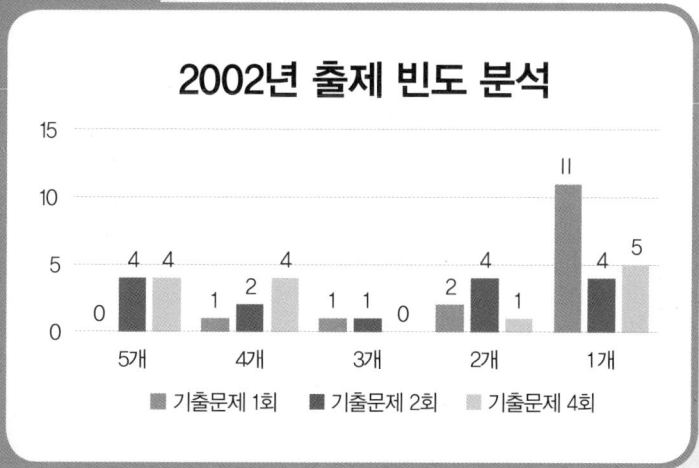

1회 2002년 전기공사기사 실기

01 ★☆☆☆☆
조명설비에서 전력을 절약하는 효율적인 방법에 대하여 5가지만 기재하시오.

Answer
① 고효율 등기구 채용
② 고조도 저휘도 반사갓 채용
③ 적절한 조광제어실시
④ 고역률 등기구 채용
⑤ 등기구의 적절한 보수 및 유지관리

Explanation
그 외에도,
⑥ 슬림라인 형광등 및 전구식 형광등 채용
⑦ 창측 조명기구 개별점등
⑧ 재실감지기 및 카드키 채용
⑨ 전반조명과 국부조명의 적절한 병용(TAL조명)
⑩ 등기구의 격등제어 회로구성

02 ★★★☆☆
공장이나 일반건축에 있어서 변전실의 위치 선정 시 기능면과 경제면에서 고려해야 할 사항 5가지를 간단히 쓰시오.

Answer
① 부하 중심에 가까울 것
② 인입선의 인입이 쉽고 보수유지 및 점검이 용이한 곳
③ 간선 처리 및 증설이 용이한 곳
④ 기기 반출입에 지장이 없을 것
⑤ 침수, 기타 재해발생의 우려가 적은 곳

Explanation
그 외에도,
⑥ 화재, 폭발 위험성이 적을 것
⑦ 습기, 먼지가 적은 곳
⑧ 열해, 유독가스의 발생이 적을 것
⑨ 발전기, 축전지 실이 가급적 인접한 곳
⑩ 장래부하 증설에 대비한 면적 확보가 용이한 곳
⑪ 기기 높이에 대하여 천장 높이가 충분한 곳
⑫ 채광 및 통풍이 잘되는 곳

03 시방서란 어떤 문서를 말하는지 정확하게 답하시오.

Answer

설계도면과 관련한 문서로 설계 도면상 나타낼 수 없는 내용이나 추가로 필요한 사항을 표시한 문서

Explanation

시방서(示方書, specifications)
설계도면과 관련한 문서로 설계 도면상 나타낼 수 없는 내용이나 추가로 필요한 사항을 표시한 문서로 공사 작업의 기준이 되는 문서

04 콘센트 기호에서 방수형은 WP 표기하고 방폭형은 어떤 기호로 표시하는가?

Answer

◉EX

Explanation

(KS C 0301) 옥내배선용 그림 기호

명칭	그림기호	적요
콘센트	◉	① 천장에 부착하는 경우는 다음과 같다. ◉ ② 바닥에 부착하는 경우는 다음과 같다. ◉▲ ③ 용량의 표시방법은 다음과 같다. 　a. 15[A]는 방기하지 않는다. 　b. 20[A] 이상은 암페어 수를 표기한다. 　[보기] ◉20A ④ 2구 이상인 경우는 구수를 표기한다. 　[보기] ◉2 ⑤ 3극 이상인 것은 극수를 표기한다. 　[보기] ◉3P ⑥ 종류를 표시하는 경우는 다음과 같다. 　빠짐방지형　　　　◉LK 　걸림형　　　　　　◉T 　접지극붙이　　　　◉E 　접지단자붙이　　　◉ET 　누전차단기붙이　　◉EL ⑦ 방수형은 WP를 표기한다. ◉WP ⑧ 방폭형은 EX를 표기한다. ◉EX ⑨ 의료용은 H를 표기한다. ◉H

05 발전소 전기공사 중 EDB(Electrical Duct Bank)란 무엇인가?

Answer

지하 매설용 전선 집합관

Explanation

EDB(Electrical Duct Bank) : 지하 매설용 전선 집합관

06 변전소에 200[Ah]의 연 축전지가 55개 설치되어 있다. 다음 각 물음에 답하시오.

(1) 묽은 황산의 농도는 표준이고, 액면이 저하하여 극판이 노출되어 있다. 어떤 조치를 하여야 하는가?
(2) 부동 충전 시에 알맞은 전압은?
   • 계산 :   답 :
(3) 충전 시에 발생하는 가스의 종류는?
(4) 가스 발생 시의 주의 사항을 쓰시오.
(5) 충전이 부족할 때 극판에 발생하는 현상을 무엇이라 하는가?

Answer

(1) 증류수를 보충한다.
(2) 계산 : $V = 2.15 \times 55 = 118.25[V]$ 답 : 118.25[V]
(3) 수소 가스
(4) 환기에 주의하고 화기에 조심할 것
(5) 설페이션 현상

Explanation

• 설페이션(Sulfation) 현상 : 납축전지를 방전 상태에서 오랫동안 방치하여 두면 극판의 황산납이 회백색으로 변하고(황산화 현상) 내부 저항이 대단히 증가하여 충전 시 전해액의 온도 상승이 크고 황산의 비중 상승이 낮으며 가스(수소) 발생이 심하게 되며 전지의 용량이 감퇴되고 수명이 단축되는 현상
• 부동충전 : 축전지의 자기 방전을 보충하는 동시에 상용 부하에 대한 전력공급은 충전기가 부담하고 충전기가 부담하기 어려운 일시적인 대전류 부하는 축전지가 부담하도록 하는 방식

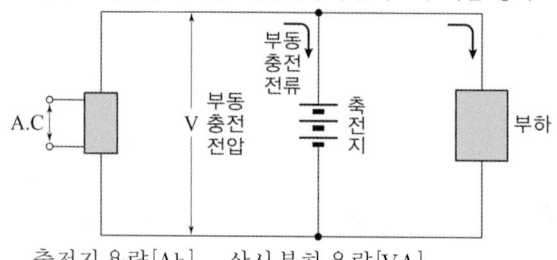

$$충전기\ 2차\ 전류[A] = \frac{축전지\ 용량[Ah]}{정격\ 방전율[h]} + \frac{상시\ 부하\ 용량[VA]}{표준전압[V]}$$

• 연(납)축전지 부동충전전압
   – CS형(완방전용) : 2.15[V]
   – HS형(급방전용) : 2.18[V]
여기서, 문제에서는 급방전이라는 내용이 없으므로 완방전으로 보고 부동충전전압은 2.15[V]가 된다.

07 가공 배전선로에서 전선 가선 시 소요량은 일반적으로 선로의 고저차가 심할 때 어떻게 계산하는가?

Answer

선로 긍장 × 전선 조수 × 1.03

Explanation

전선 가선 시 소요량
- 고저차가 심한 경우 : 선로 긍장 × 전선 조수 × 1.03
- 고저차가 없는 경우 : 선로 긍장 × 전선 조수 × 1.02

08 다음 물음에 답하시오.

(1) 저압 고압 및 특고압 수전의 3상 3선식 또는 3상 4선 식에서 불평형률이 30[%] 이하일 때 설비 불평형률을 식으로 표현하시오.

(2) 그림은 전류 제한기의 설치도이다. 그림에서 ELB의 정확한 명칭은?

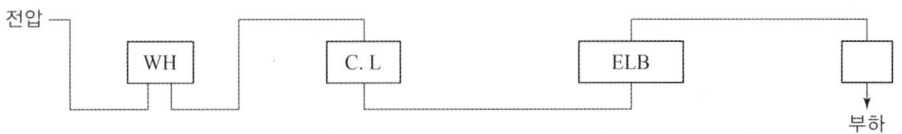

(3) 현수 애자를 설치한 가공배전, 선로의 내장 및 인류개소에 AL전선용 현수 애자에 설치하기 위해 사용하는 금구류의 자재명은?

(4) Still식은 경제적인 송전선의 전압을 선정하는 식이다. 공식을 쓰시오.

(5) 금속관 배관에서 전선을 병렬로 사용하는 경우 A, B 중에서 올바른 방법은? 단, 3상 3선식이다.

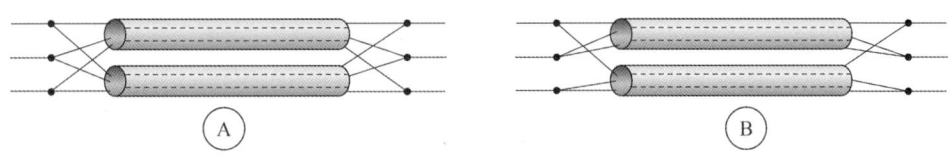

Answer

(1) 설비불평형률 = $\dfrac{\text{각 선간에 접속되는 단상부하 총 설비용량[kVA]의 최대와 최소의 차}}{\text{총 부하 설비용량의 1/3}} \times 100[\%]$

(2) 누전 차단기

(3) 데드엔드클램프

(4) $V_s = 5.5\sqrt{0.6l + \dfrac{P}{100}}$ [kV] (l : 송전거리[km], P : 송전전력[kW])

(5) Ⓐ

> Explanation

(1) (내선규정 1,410-1) 설비 부하평형 시설
저압, 고압 및 특별 고압 수전의 3상 3선식 또는 3상 4선식에서 불평형 부하의 한도는 단상 접속부하로 계산하여 설비불평형률을 30[%] 이하로 하는 것을 원칙으로 한다.
다만, 다음 각 호의 경우는 이 제한에 따르지 않을 수 있다.
① 저압 수전에서 전용변압기로 수전하는 경우
② 고압 및 특고압수전에서 100[kVA](kW) 이하인 경우
③ 고압 및 특고압수전에서 단상부하용량의 최대와 최소의 차가 100[kVA](kW) 이하인 경우
④ 특고압수전에서 100[kVA](kW) 이하의 단상 변압기 2대로 역(逆)V결선하는 경우
　[주] 이 경우의 설비불평형률이란 각 선간에 접속되는 단상부하 총 설비용량[VA]의 최대와 최소의 차와 총 부하설비용량[VA] 평균값의 비[%]를 말하며 다음의 식으로 나타낸다.

$$\text{설비불평형률} = \frac{\text{각 선간에 접속되는 단상부하 총 설비용량[kVA]의 최대와 최소의 차}}{\text{총 부하 설비용량의 } 1/3} \times 100[\%]$$

(3) 경제적인 송전전압 결정 식(still의 식)

$$V_s = 5.5\sqrt{0.6l + \frac{P}{100}}\ [\text{kV}]$$

여기서, l : 송전거리[km], P : 송전용량[kW]

(5) (KEC 123조) 전선의 접속 중 전선의 병렬 사용
① 전선의 굵기는 동 50[mm²] 이상 또는 알루미늄 70[mm²] 이상으로 하고, 전선은 같은 도체, 같은 재료, 같은 길이 및 같은 굵기의 것을 사용할 것
② 같은 극의 각 전선은 동일한 터미널러그에 완전히 접속할 것
③ 같은 극인 각 전선의 터미널러그는 동일한 도체에 2개 이상의 리벳 또는 2개 이상의 나사로 접속할 것
④ 병렬로 사용하는 전선에는 각각에 퓨즈를 설치하지 말 것
⑤ 교류회로에서 병렬로 사용하는 전선은 금속관 안에 전자적 불평형이 생기지 않도록 시설할 것

전선을 병렬로 사용하는 경우

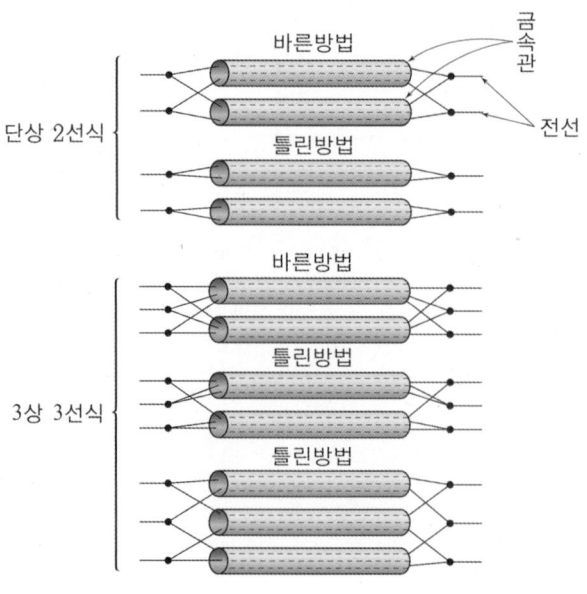

09 물가변동으로 인한 공사비 변경이다. 괄호 안에 답하시오.

> 공사계약 체결한 날로부터 (   )일 이상 경과하고, 동시에 재정경제부령이 정하는 바에 의하여 산출된 품목조정률 또는 지수조정률이 (   )분의 (   ) 이상 증감된 때 시행하는 공사비 변경을 말한다.

Answer

공사계약 체결한 날로부터 (90)일 이상 경과하고, 동시에 재정경제부령이 정하는 바에 의하여 산출된 품목조정률 또는 지수조정률이 (100)분의 (3) 이상 증감된 때 시행하는 공사비 변경을 말한다.

Explanation

물가변동으로 인한 공사비 변경
공사계약 체결한 날로부터 90일 이상 경과하고, 동시에 재정경제부령이 정하는 바에 의하여 산출된 품목조정률 또는 지수조정률이 100분의 3 이상 증감된 때 시행하는 공사비 변경

10 공사계획에 의한 발전설비에서 변압기 설비가 완료되었을 때 검사항목을 아는 대로 6개만 쓰시오.

Answer

① 외관검사
② 절연저항 측정
③ 접지저항 측정
④ 절연 내력시험 측정
⑤ 보호 계전기 설치 및 동작상태 검사
⑥ 계측장치 설치 및 동작상태 검사

Explanation

변압기 설비가 완료되었을 때 검사항목
① 외관검사
② 절연저항 측정
③ 접지저항 측정
④ 절연 내력시험 측정
⑤ 보호 계전기 설치 및 동작상태 검사
⑥ 계측장치 설치 및 동작상태 검사
⑦ 절연유 내압시험 및 산가측정

11. 그림은 전자 개폐기 2대와 보조 릴레이 1개를 사용한 Y-△기동운전의 릴레이 시퀀스를 로직화한 것이며, 기타는 생략한다. 릴레이 시퀀스를 그리시오.

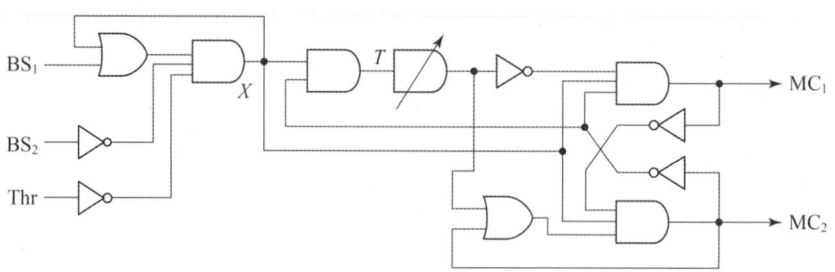

Answer

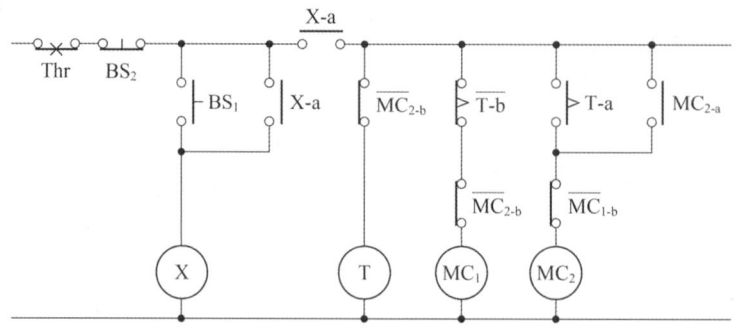

Explanation

무접점회로를 논리식으로 표현하면
- $X = (BS_1 + X) \cdot \overline{BS_2} \cdot \overline{Thr}$
- $T = X \cdot \overline{MC_2}$
- $MC_1 = X \cdot \overline{T_b} \cdot \overline{MC_2}$
- $MC_2 = (T_a + MC_2) \cdot X \cdot \overline{MC_1}$

12 답안지의 그림은 22.9[kV-Y] 특고압 수전설비 표준 결선도의 미완성 도면이다. 물음에 답하시오. 단, CB 1차 측에 PT를, CB 2차 측에 CT를 시설하는 경우이다.

(1) 미완성 부분(점선내 부분)에 대한 결선도를 완성하시오. 단, 미완성 부분만 작성하되, 미완성 부분에는 CB, OCGR, OCR×3, MOF, CT, PF, COS, TC 등을 사용하도록 한다.

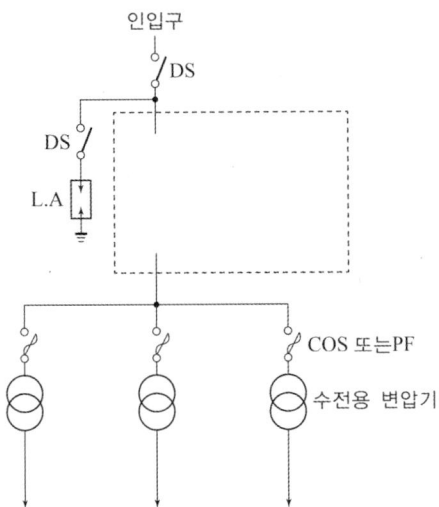

(2) CT, OCR, GR, TC, CB의 명칭을 한글로 쓰시오.

Answer

(1)

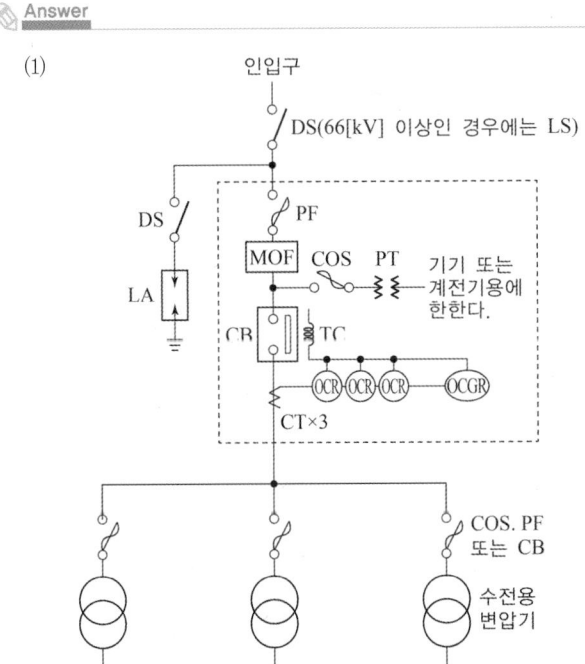

(2) CT : 변류기 　　　OCR : 과전류 계전기　　　GR : 지락 계전기
　　TC : 트립코일　　　CB : 차단기

Explanation

CB 1차 측에 PT를 CB 2차 측에 CT를 시설하는 경우

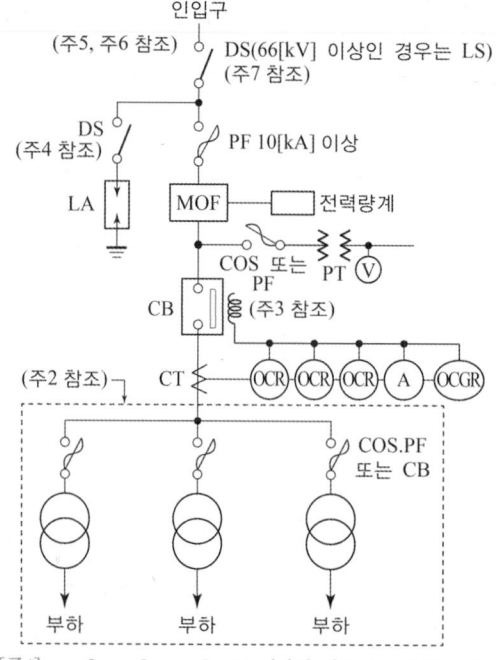

약호	명칭
DS	단로기
LA	피뢰기
CT	변류기
CB	차단기
TC	트립코일
OCR	과전류 계전기
GR	지락 계전기
MOF	전력 수급용 계기용 변성기
COS	컷아웃 스위치
PF	전력 퓨즈
PT	계기용 변압기

[주1] 22.9[kV-Y] 1,000[kVA] 이하인 경우에는 간이 수전설비 결선도에 의할 수 있다.
[주2] 결선도 중 점선내의 부분은 참고용 예시이다.
[주3] 차단기의 트립 전원은 직류(DC)또는 콘덴서 방식(CTD)이 바람직하며 66[kV] 이상의 수전 설비에는 직류(DC)이어야 한다.
[주4] LA용 DS는 생략할 수 있으며 22.9[kV-Y]용의 LA는 Disconnector(또는 Isolator) 붙임형을 사용하여야 한다.
[주5] 인입선을 지중선으로 시설하는 경우로서 공동 주택 등 사고시 정전 피해가 큰 수전 설비 인입선은 예비선을 포함하여 2회선으로 시설하는 것이 바람직하다.
[주6] 지중인입선의 경우에 22.9[kV-Y] 계통은 CNCV-W 케이블(수밀형) 또는 TR CNCV-W(트리억제형)을 사용하여야 한다. 다만, 전력구·공동구·덕트·건물 구내 등 화재의 우려가 있는 장소에서는 FR-CNCO-W(난연)케이블을 사용하는 것이 바람직하다.
[주7] DS 대신 자동고장구분 개폐기(7,000[kVA] 초과 시에는 Sectionalizer)를 사용할 수 있으며 66[kV] 이상의 경우는 LS를 사용하여야 한다.

13 다음 도면은 154[kV] 2회선 수전하는 어느 공장의 단선도이다. 다음 조건에 따라 주어진 다음 물음에 답하시오.

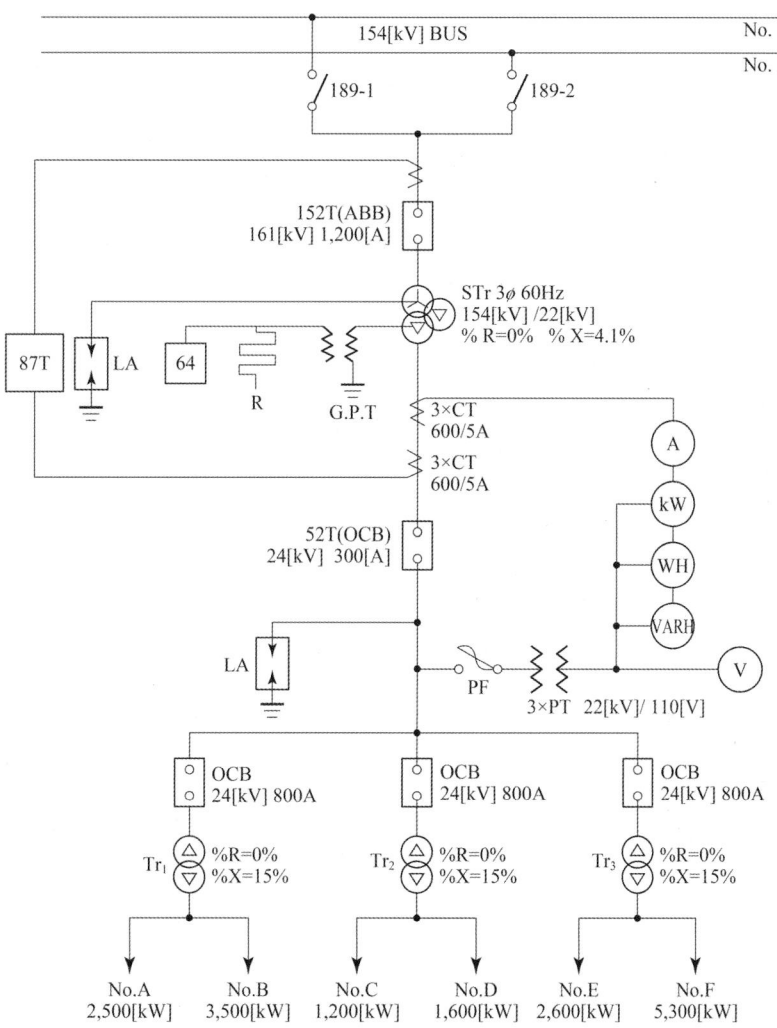

[조건]
- 모든 부하의 역률은 80[%]이다.
- 각 부하간의 부등률은 1.2이고, 2차 변압기간의 부등률은 1.1이다.
- 각 부하의 수용률은 No.A, No.B가 80[%]
  No.C, No.D가 85[%]
  No.E, No.F가 90[%]이다.

(1) 변압기 Tr_1의 용량[kVA]를 구하시오.

(2) 변압기 Tr_2의 용량[kVA]를 구하시오.

(3) 변압기 Tr_3의 용량[kVA]를 구하시오.

(4) 87T의 명칭은?

(5) 87T의 기능은?

(6) 64의 명칭은?

(7) 64의 기능은?

(8) GPT의 명칭은?

(9) OCB의 명칭은?

(10) ABB의 명칭은?

Answer

(1) 계산 : $\dfrac{(2,500+3,500)\times 0.8}{1.2\times 0.8}=5,000[\text{kVA}]$ 답 : 5,000[kVA]

(2) 계산 : $\dfrac{(1,200+1,600)\times 0.85}{1.2\times 0.8}=2,479.17[\text{kVA}]$ 답 : 3,000[kVA]

(3) 계산 : $\dfrac{(2,600+5,300)\times 0.9}{1.2\times 0.8}=7,406.25[\text{kVA}]$ 답 : 7,500[kVA]

(4) 주변압기 차동계전기

(5) 변압기 1차 전류와 2차 전류의 차에 의해 동작하며 변압기 내부 고장 보호에 사용

(6) 지락 과전압 계전기

(7) 지락 사고 시 영상 전압을 검출하여 동작

(8) 접지형 계기용 변압기

(9) 유입 차단기

(10) 공기 차단기

Explanation

(1)~(3) 변압기용량[kVA] = $\dfrac{\text{설비용량[kVA]}\times \text{수용률}}{\text{부등률}} = \dfrac{\text{설비용량[kW]}\times \text{수용률}}{\text{부등률}\times \text{역률}}[\text{kVA}]$

문제에서는 변압기 용량을 구하라고 했<u>으므로</u> 정격으로 답해야 한다.

(4)~(5) 계전기 고유번호
- 87 : 전류차동계전기(비율차동계전기)
- 87B : 모선보호 차동계전기
- 87G : 발전기용 차동계전기
- 87T : 주변압기 차동계전기

(6) 계전기 고유번호
- 51 : 과전류 계전기(OCR)
- 51G : 지락 과전류 계전기(OCGR)
- 59 : 과전압 계전기(OVR)
- 64 : 지락 과전압 계전기(OVGR)
- 27 : 부족 전압 계전기(UVR)

(7) 지락 과전압 계전기 또는 과전압 지락계전기(OVGR)

(8) GPT(Ground Potential Transformer : 접지형 계기용 변압기) : 영상전압 검출

(9)~(10) 차단기 종류

차단기의 종류		
명 칭	약호	소호매질
유입 차단기	OCB	절연유
기중 차단기	ACB	대기(공기)
자기 차단기	MBB	자계의 전자력
공기 차단기	ABB	압축공기
진공 차단기	VCB	진공
가스 차단기	GCB	SF_6

14 그림은 고압 수전 설비의 평면도이다. 물음에 답하시오.

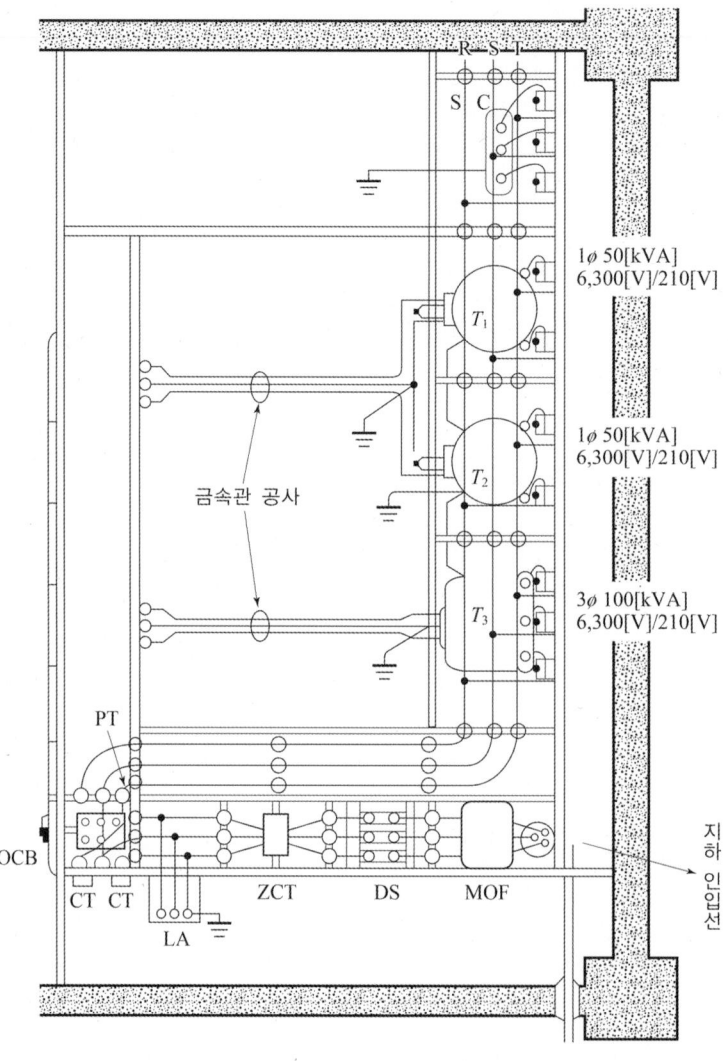

(1) ZCT의 설치 목적은?

(2) 변압기 T_1과 T_2로 공급하는 3상 최대출력은 얼마인가 계산하시오.

(3) SC의 설치 목적은?

(4) CT의 변류비로는 75/5, 50/5, 30/5 중 어느 것이 적당한가?(계산식을 기록할 것)
 • 계산 :
 • 답 :

(5) T_1 변압기 전원 측 고압 COS 퓨즈 링크의 정격 전류로 적당한 것은?

Answer

(1) 영상 전류 검출

(2) $P_V = \sqrt{3}\,P_1 = \sqrt{3} \times 50 = 86.6\,[\text{kVA}]$

(3) 역률 개선

(4) 계산 : $I = \dfrac{(86.6+100)\times 10^3}{\sqrt{3}\times 6{,}300} \times 1.25 \sim 1.5 = 21.38 \sim 25.65\,[\text{A}]$ 　　　답 : 30/5 선정

(5) $I = \dfrac{86.6 \times 10^3}{\sqrt{3}\times 6{,}300} = 7.94\,[\text{A}]$

　　고압 COS 퓨즈는 전부하 전류의 1.5배
　　$7.94 \times 1.5 = 11.91\,[\text{A}]$ 　　　답 : 12[A]

Explanation

(1) 영상변류기(ZCT) : 영상(지락)전류 검출

(2) V결선 : 단상변압기 2대로 결선하여 3상 공급
　　용량은 변압기 1대 용량을 K라 하면 $P_V = \sqrt{3}\,K$이며

　　$\text{이용률} = \dfrac{\sqrt{3}\,K}{2K} = \dfrac{\sqrt{3}}{2} = 0.866$

　　$\text{출력비} = \dfrac{\sqrt{3}\,K}{3K} = \dfrac{\sqrt{3}}{3} = 0.5774$

(4) CT비 : 1차 전류×(1.25~1.5)
　　CT 1차 전류 : 10, 15, 20, 30, 40, 50, 75, 100, 150, 200, 300, 400, 500[A]
　　문제에서는 CT의 1차 전류가 범위 내에 없으므로 그 보다 큰 30/5를 선정하는 것이 일반적이다.

15 ★★☆☆☆
내선공사에 관한 동작설명이다. 타이머, 릴레이 내부회로도를 이용하여 시퀀스를 동작설명에 따라 그리시오.

[동작설명]
1. S_{3-1}, S_{3-2} 및 S_1을 모두 OFF한 상태에서 KS를 ON하면 R_4가 점등되고, S_1을 OFF 상태에서 S_{3-1}을 ON하면 R_1이 점등되고 S_{3-2}를 ON하면 R_2가 점등된다. S_{3-1}, S_{3-2}를 OFF하고 S_1을 ON하면 R_1, R_2가 병렬로 점등된다.
2. PB를 누르면 타이머 작동으로 릴레이가 동작하여 R_4가 소등되어 R_3가 점등되고 일정시간 후 R_3가 소등되고 R_4가 점등된다.
3. KS를 OFF하면 모든 전등이 소등된다.

[릴레이 내부 회로도]

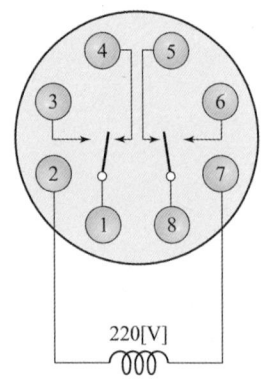
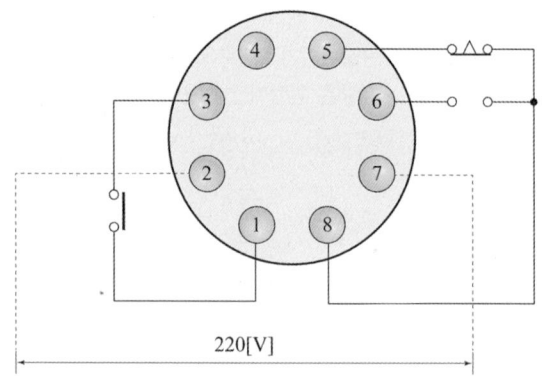

Answer

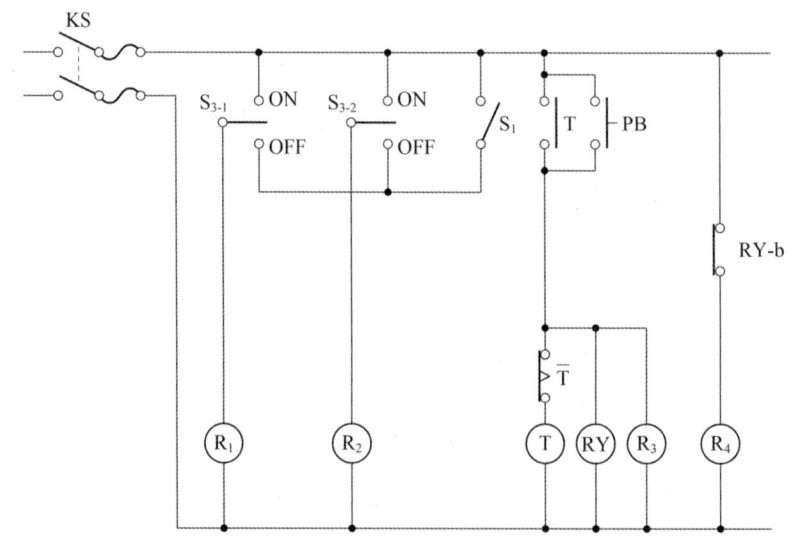

2002년 전기공사기사 실기

01 ★★☆☆☆
다음 콘센트 심벌을 그리시오.

(1) 바닥에 부착하는 50[A] 콘센트
(2) 벽에 부착하는 의료용 콘센트
(3) 천장에 부착되는 접지단자 붙이 콘센트
(4) 비상 콘센트

Answer

(1) ⊙50A   (2) ◐H   (3) ⊙ET   (4) [⊙ ⊙]

Explanation

(KS C 0301) 옥내배선용 그림 기호

명칭	그림기호	적요

콘센트	◐	① 천장에 부착하는 경우는 다음과 같다. ⊙
		② 바닥에 부착하는 경우는 다음과 같다. 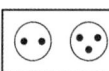
		③ 용량의 표시방법은 다음과 같다.
		  a. 15[A]는 방기하지 않는다.
		  b. 20[A] 이상은 암페어 수를 표기한다.
		  [보기] ◐20A
		④ 2구 이상인 경우는 구수를 표기한다.
		  [보기] ◐2
		⑤ 3극 이상인 것은 극수를 표기한다.
		  [보기] ◐3P
		⑥ 종류를 표시하는 경우는 다음과 같다.
		  빠짐방지형 ◐LK
		  걸림형 ◐T
		  접지극붙이 ◐E
		  접지단자붙이 ◐ET
		  누전차단기붙이 ◐EL
		⑦ 방수형은 WP를 표기한다. ◐WP
		⑧ 방폭형은 EX를 표기한다. ◐EX
		⑨ 의료용은 H를 표기한다. ◐H

02 변압기공사에서 주상변압기 설치 전 필수 점검사항 5가지를 쓰시오.

Answer

① 절연저항
② 절연유 상태(유량, 누유 상태)
③ 외관 상태(부싱의 손상 유무), 핸드홀 커버 조임 상태
④ Tap changer의 위치(1차와 2차의 전압비)
⑤ 변압기 명판 확인

Explanation

주상변압기 설치 전 필수 점검사항
① 절연저항
② 절연유 상태(유량, 누유 상태)
③ 외관 상태(부싱의 손상 유무), 핸드홀 커버 조임 상태
④ Tap changer의 위치(1차와 2차의 전압비)
⑤ 변압기 명판 확인

03 접지 저항 저감제의 시공방법 5가지를 쓰시오.

Answer

① 타입법
② 보링법
③ 수반법
④ 구법
⑤ 체류조법

Explanation

접지 저감제 시공법
• 수반법 : 접지전극 부근의 대지에 저감제를 뿌리는 방법
• 구법 : 접지전극 주위에 고리 모양으로 홈을 파서 그 속에 저감제를 유입시키는 방법
• 보링법 : 막대 모양의 전극 대신에 선 모양, 띠 모양 전극을 포설하여 그 속에 저감제를 유입시키는 방법
• 타입법 : 막대 모양의 전극에 타입할 구멍에 저감제를 유입하는 방법
• 체류조법 : 저감제를 접지전극 위에 얇게 도포하는 방법

BEST 04 송전선로에서 단면적 330[mm^2]인 154[kV] 강심알루미늄 연선 20[km] 2회선을 가설하기 위한 간접노무비계를 자료를 잘 이해하여 정확히 구하시오.

[조건]
• 송전선은 수평 배열이고 장력 조정까지 하며 장비 비는 제외할 것
• 정부노임단가에서 전기공사기사는 40,000[원], 송전전공은 32,650[원], 특별인부는 33,500[원]이다.
• 계산과정을 모두 쓰고 소수점 이하는 버릴 것

[송전선 가선] [km 당]

공종	전선규격	기사	송전전공	특별인부
연선	ACSR 610[mm²] 410 330 240 160	1.51 1.47 1.44 1.37 1.30	22.4 21.8 21.4 20.4 19.4	33.5 32.7 32.1 30.5 29.0
긴선	ACSR 610[mm²] 410 330 240 160	1.14 1.12 1.09 1.04 0.07	17.3 16.8 16.4 15.7 14.9	24.7 24.1 23.7 22.5 21.4

[해설]
① 1회선(3선)수직배열 평탄지 기준
② 수평배열 120[%]
③ 2회선 동시가선은 180[%]
④ 특수개소(장경간)별도가산
⑤ 장비사용료는 별도가산
⑥ 철거 50[%]
⑦ 장력조정품 포함
⑧ 기사는 전기공사업법에 준함
⑨ HDCC 가선은 배전선 가선 참조

Answer

- 기사 : $(1.44+1.09) \times 20 \times 1.2 \times 1.8 \times 40{,}000 = 4{,}371{,}840$[원]
- 송전전공 : $(21.4+16.4) \times 20 \times 1.2 \times 1.8 \times 32{,}650 = 53{,}316{,}144$[원]
- 특별인부 : $(32.1+23.7) \times 20 \times 1.2 \times 1.8 \times 33{,}500 = 80{,}753{,}760$[원]
- 간접 노무비 계 : $(4{,}371{,}840+53{,}316{,}144+80{,}753{,}760) \times 0.15 = 20{,}766{,}261$[원]

Explanation

견적 표에서의 해설 적용 방법
- 전선가선 공사 과성 : 연신 + 긴선
- 수평배열 : 120[%]
- 2회선을 가선 : 180[%]

05 가공 배전 신로를 기선할 때의 전선 실 소요량은 일반적으로 선로가 평탄할 때 어떻게 산출하는가?

Answer

선로 긍장 × 전선 조수 × 1.02

Explanation

전선 가선 시 소요량
- 고저 차가 심한 경우 : 선로 긍장 × 전선 조수 × 1.03
- 고저 차가 없는 경우 : 선로 긍장 × 전선 조수 × 1.02

BEST 06

비상용 조명부하 40[W] 120등, 60[W] 50등의 합계가 7,800[W]가 있다. 방전시간 30분 축전지 HS형 54셀, 허용최저전압 90[V], 최저 축전지 온도 5[℃] 때의 축전지 용량을 계산하시오. 단, 전압은 100[V]이고, $K = 1.22$ 이다. 축전지의 보수율 $L = 0.8$ 이다.

Answer

계산 : $C = \dfrac{1}{L}KI = \dfrac{1}{0.8}\left(1.22 \times \dfrac{7{,}800}{100}\right) = 118.95[\text{Ah}]$

답 : 118.95[Ah]

Explanation

- 전류 $I = \dfrac{P}{V} = \dfrac{40 \times 120 + 60 \times 50}{100} = 78[\text{A}]$

- 축전지 용량

$C = \dfrac{1}{L}KI[\text{Ah}]$

여기서, C : 축전지의 용량[Ah], L : 보수율(경년용량 저하율)
K : 용량환산 시간 계수, I : 방전 전류[A]

이 문제는 변경된 KEC 적용으로 인하여 삭제하고, 아래 예상문제로 대체되었습니다.

07

다음의 빈칸에 알맞은 값을 적으시오.

접지도체의 선정
가. 접지도체의 단면적은 큰 고장전류가 접지도체를 통하여 흐르지 않을 경우 접지도체의 최소 단면적은 다음과 같다.
　(1) 구리는 (①)[㎟] 이상
　(2) 철제는 (②)[㎟] 이상
나. 접지도체에 피뢰시스템이 접속되는 경우, 접지도체의 단면적은 구리 (③)[㎟] 또는 철 (④)[㎟] 이상으로 하여야 한다.

Answer

① 6　　② 50　　③ 16　　④ 50

Explanation

(KEC 142.3조) 접지도체
접지도체의 선정
가. 접지도체의 단면적은 142.3.2의 1에 의하며 큰 고장전류가 접지도체를 통하여 흐르지 않을 경우 접지도체의 최소 단면적은 다음과 같다.
　(1) 구리는 6[㎟] 이상
　(2) 철제는 50[㎟] 이상
나. 접지도체에 피뢰시스템이 접속되는 경우, 접지도체의 단면적은 구리 16[㎟] 또는 철 50[㎟] 이상으로 하여야 한다.

08 ★★★☆☆ 그림과 같은 변압기에 대하여 전류차동계전기의 결선도를 미완성 도면에 완성하시오. 단, 변류기 (C.T)결선은 감극성을 기준으로 한다.

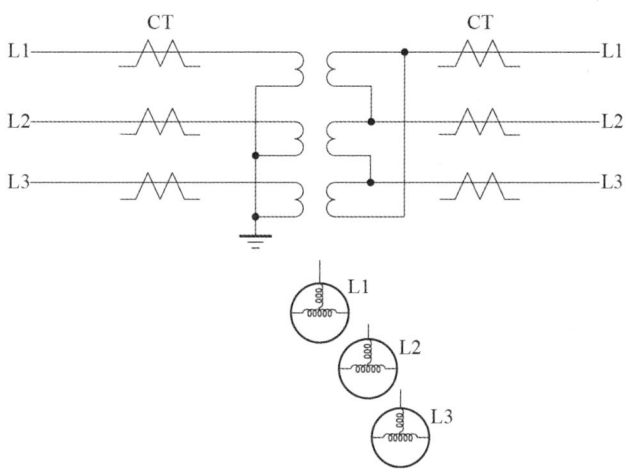

Answer

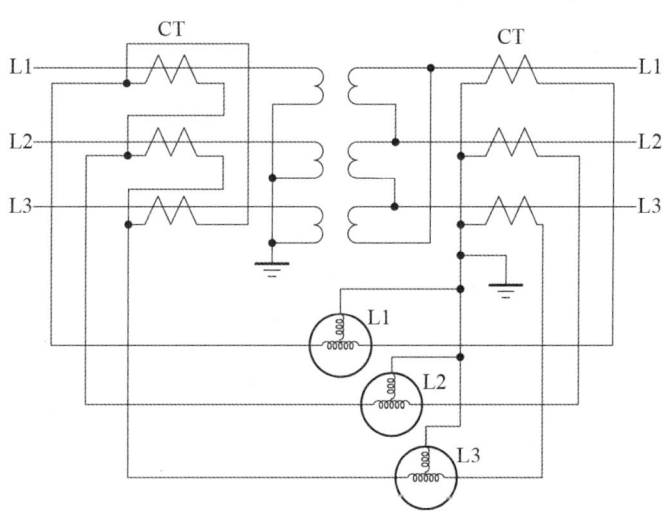

Explanation

비율차동계전기 결선

변압기 결선	비율차동계전기 결선
Y-△	△-Y
△-Y	Y-△

3상 변압기의 경우 변압기 1차 측과 2차 측 사이에 위상차가 30° 있기 때문에 비율차동계전기는 위상차를 보정하기 위하여 변압기 결선과 반대로 결선한다.

09 다음 내용을 읽고 물음에 답하시오.

(1) 주상변압기 설치 전 절연유 상태 점검을 무엇을 확인하여야 하는가?
(2) 뱅크(bank)의 용어정의를 간단하게 쓰시오.
(3) 구내선로에서 발생할 수 있는 개폐서지, 순간 과도전압 등으로 이상전압이 2차 기기에 악영향을 주는 것을 막기 위해 무엇을 시설하는 것이 바람직한가?
(4) 브리지의 원리를 이용하여 선로의 고장점(1선 지락)을 검출하는 방법은?

Answer

(1) 절연유 불량 여부와 함 내 표시된 유면 위치 확인
(2) 콘덴서나 전력용 변압기의 결선상의 단위
(3) 서지 흡수기
(4) 머레이 루프법

Explanation

(2) (내선규정 1,300-6) 용어
 뱅크(Bank)란 전로에 접속된 변압기 또는 콘덴서의 결선상 단위(結線上 單位)를 말한다.
(3) (내선규정 3,260) 서지흡수기
 • 구내선로에서 발생할 수 있는 개폐서지, 순간 과도전압 등으로 2차 기기에 악영향을 주는 것을 막기 위해 서지 흡수기를 설치하는 것이 바람직하다.
 • 설치 위치 : 서지흡수기는 보호하려는 기기 전단으로 개폐서지를 발생하는 차단기 후단과 부하 측 사이에 설치 운용한다.

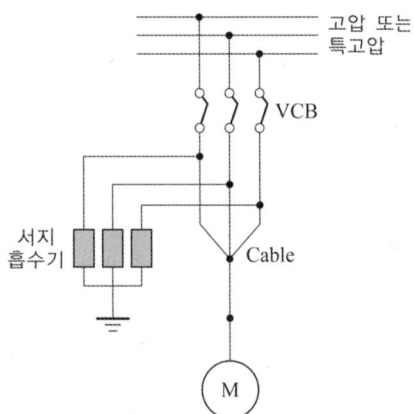

(4) 머레이 루프법
 휘스톤 브리지의 원리 이용하는 방식
 검류계에 전류가 흐르지 않으면 평형 상태이므로
 $a \cdot x = b \cdot (2L - x)$
 $\therefore x = \dfrac{b}{a+b} \times 2L \, [\text{m}]$

 여기서, L : 선로의 전체 길이[m], x : 측정점에서 고장점까지의 거리[m]

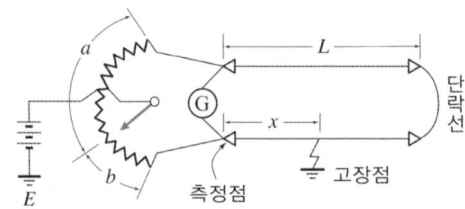

10 그림을 참고하여 ① ~ ④의 명칭을 답하시오.

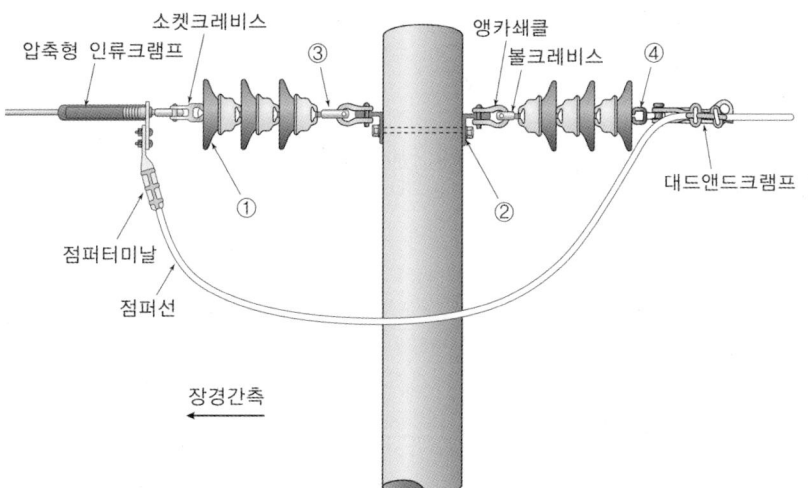

Answer

① 현수애자
② ㄱ형 완금
③ 볼 아이
④ 소켓 아이

Explanation

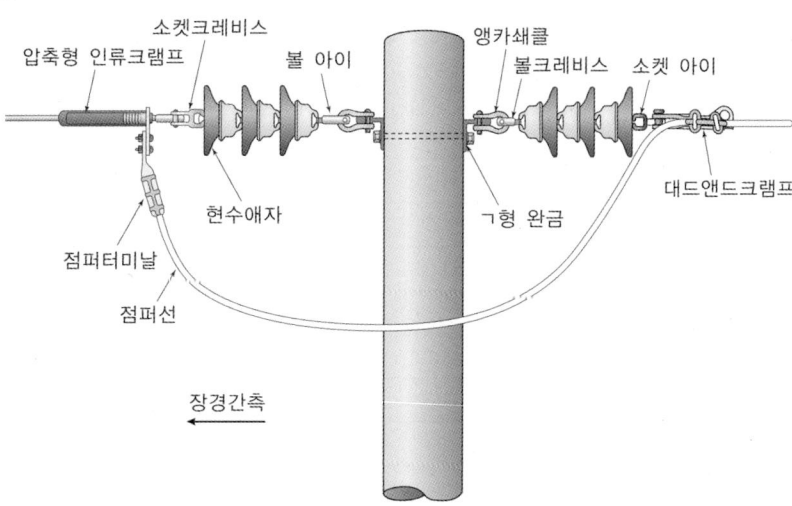

BEST 11 ★★★★★

22.9[kV] 선로의 수전 차단 용량이 1,000[MVA]이다. 이 선로에 실제로 사용되는 피뢰기용 접지도체의 굵기를 구하시오.

Answer

계산 : 피뢰기 접지도체 굵기 공식

$$A = \frac{\sqrt{t}}{282} \cdot I_s = \frac{\sqrt{1.1}}{282} \times \frac{1,000 \times 10^3}{\sqrt{3} \times 25.8} = 83.23 [\text{mm}^2]$$ 따라서, 95[mm²] 선정

답 : 95[mm²]

Explanation

- 접지도체 굵기 : $A = \frac{\sqrt{t}}{282} \cdot I_s [\text{mm}^2]$
- t : 고장 지속 시간 (22[kV] : 1.1[초], 66[kV] : 1.6[초])
- 차단기의 차단용량 = $\sqrt{3} \times$ 차단기의 정격전압 $\times$ 차단기 정격차단전류

  차단기 정격 차단전류 $I_s = \frac{\text{차단기의 차단용량}}{\sqrt{3} \times \text{차단기의 정격전압}} = \frac{1,000 \times 10^3}{\sqrt{3} \times 25.8}$

- KSC IEC 전선규격

  1.5, 2.5, 4, 6, 10, 16, 25, 35, 50, 70, 95, 120, 150, 185, 240, 300, 400, 500, 630[mm²]

12 ★☆☆☆☆

어떤 전동기 운전회로의 일부를 아래와 같은 PLC 프로그램으로 나타내었다. OR, AND, NOT 기호 및 타이머 로직기호를 사용한 로직회로를 그리시오. 단, 3입력 AND 기호를 사용하면 회로가 간단해진다. 여기서 P001과 P002는 버튼스위치를, P010~P012는 전자접촉기, T000은 타이머를 나타낸다. 그리고 명령어는 시작입력 LOAD, 출력 OUT, 타이머 TMR, 설정시간(DATA), 직렬 AND, 병렬 OR, 부정 NOT를 사용한 것이다.

명령	번지	명령	번지
LOAD	P001	LOAD	P010
OR	P010	AND NOT	T000
AND NOT	P002	AND NOT	P012
OUT	P010	OUT	P011
LOAD	P010	LOAD	T000
AND NOT	P012	OR	P012
TMR	T000	AND NOT	P011
(DATA)	80	AND	P010
		OUT	P012

Answer

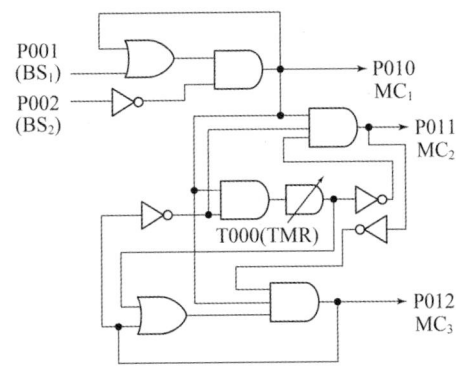

Explanation

프로그램을 이용하여 Ladder Chart로 그리면 다음과 같다.

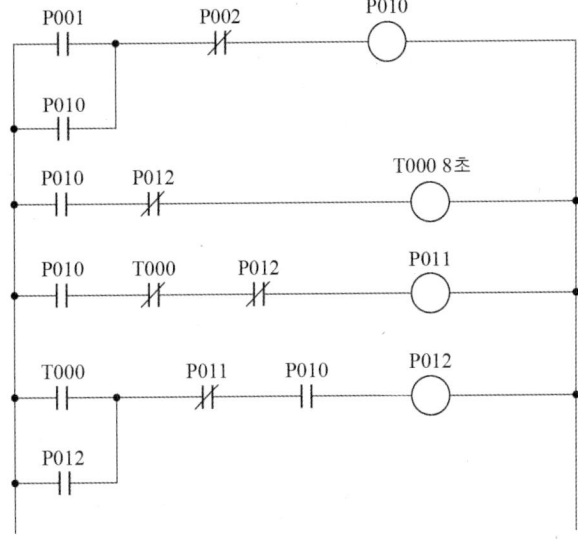

13 ★★☆☆☆

타이머와 릴레이를 이용한 전등회로 배선에 관한 동작 설명이다. 타이머와 릴레이 내부 회로도를 이용하여 시퀀스도를 동작 설명에 따라 그리시오.

[동작 설명]

① KS를 ON하고 S_{3-1}과 S_{3-2}가 OFF한 상태에서 R_3과 R_4가 직렬 점등된다. 이때 S_1을 ON하면 R_4는 소등 R_3만 점등된다. 다음 S_{3-2}를 ON하면 R_3과 R_4가 병렬로 점등된다.

② S_{3-1}을 ON하면 전등 R_2가 점등되고 S_{3-1}을 ON 상태에서 PB를 누르면 타이머와 릴레이가 동작하여 R_2는 소등되고 R_1이 일정 시간 동안 점등되었다가 소등된다. R_1이 소등되면 R_2가 점등된다.

[릴레이 내부 회로도]

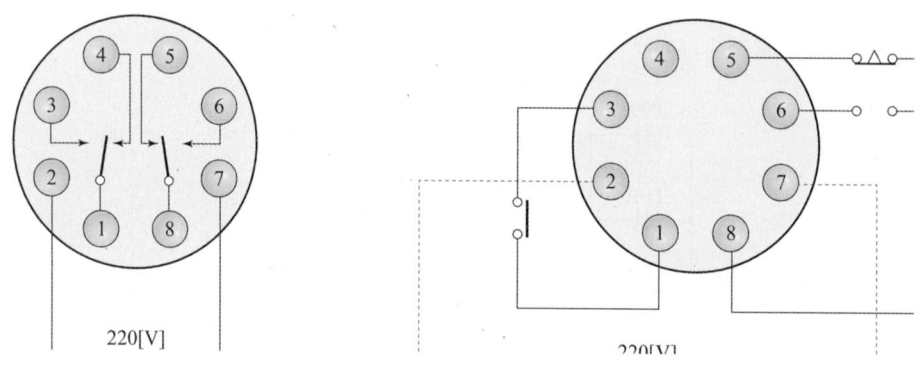

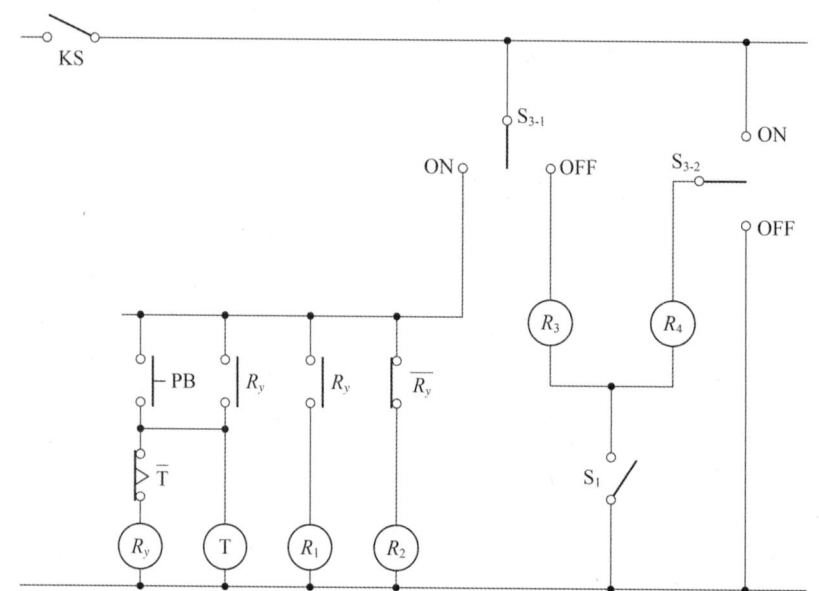

14 ★☆☆☆☆ 그림과 같은 변전설비에서 주변압기 용량을 구하고 수용률, 부등률, 부하율의 적용 장소를 쓰시오. 단, 부등률은 1.2이다.

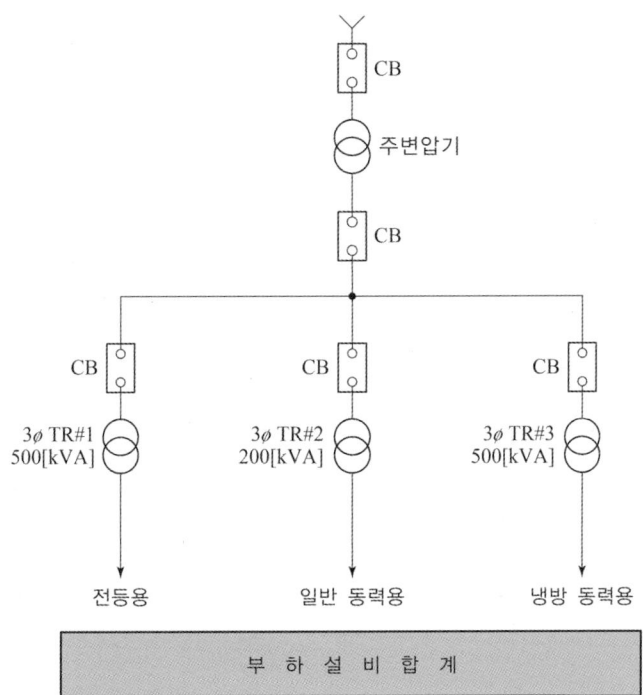

(1) 주변압기 용량[kVA]은?
(2) 주변압기 :   적용
(3) TR#1 :   적용
(4) TR#2 :   적용
(5) TR#3 :   적용
(6) 부하설비 합계 :   적용

Answer

(1) $P_a = \dfrac{\text{개별수용 최대전력의 합}}{\text{부등률}} = \dfrac{500 + 200 + 500}{1.2} = 1{,}000[\text{kVA}]$

(2) 부등률
(3) 수용률
(4) 수용률
(5) 수용률
(6) 부하율

> Explanation

(1) 변압기 용량[kVA] = $\dfrac{\text{설비용량[kVA]} \times \text{수용률}}{\text{부등률}}$

수용률이 주어지지 않았으므로 수용률은 1로 적용
(2) 2단 강압 방식에서 부등률은 주변압기에만 적용
(3)~(5) 각각의 부하에 사용되는 변압기는 수용률 적용
(6) 부하설비의 합계가 있는 경우는 부하율을 적용하여 최대전력 산출

15 ★★★★☆
도면은 어느 공장의 수전설비이다. 필요한 참고자료를 이용하여 물음에 답하시오.

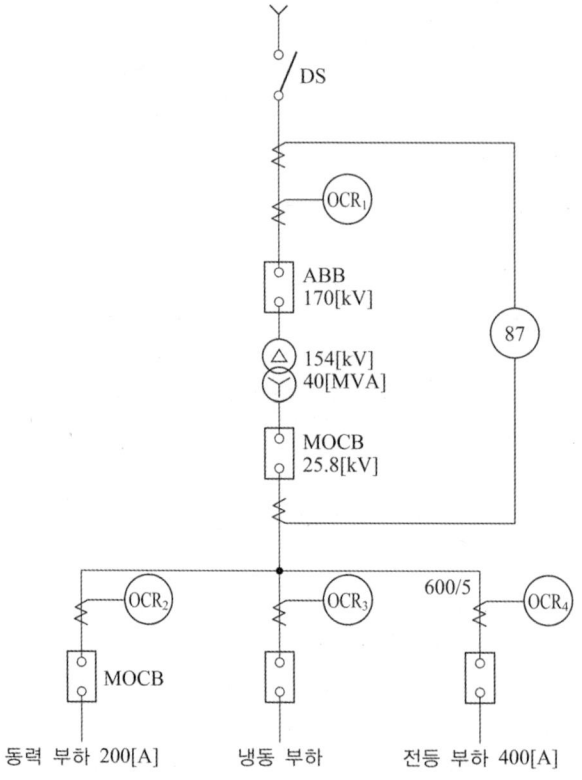

① 전원 등가 Impedance는 2.5[%] (100[MVA] 기준)이고 변압기 %임피던스는 자기용량을 기준으로 7[%]이다.
② 전원 측 변전소에 설치된 OCR의 정정치는 Pick 2, Tap 5에 LEVER가 2이다.
③ 전위와 후비 보호 장치와의 INTERVAL은 최소한 30[c/s]은 주어야 동시동작을 피할 수 있다.
④ OCR_1의 Tap은 전부하 전류의 160[%]로 선정하며, 부하측에 설치된 OCR_2~OCR_4의 사용 Tap은 150[%]로 설정한다.
⑤ 170[kV] 차단기 용량은 1,500[MVA], 2,500[MVA], 3,000[MVA], 5,000[MVA], 7,500[MVA] 중 선택하며, 차동계전기 CT변류기는 1,200, 1,500, 2,000, 2,300, 3,000, 5,000[A] 중에서 선택한다.

(1) 과전류 계전기 OCR₁의 적당한 Tap은? 단, CT값은 1.25배이다.
- 계산 :   • 답 :
(2) 170[kV] ABB의 적당한 차단용량 [MVA]은?
- 계산 :   • 답 :
(3) 계전기 87의 22.9[kV] 측의 적당한 CT비는? 단, CT값은 1.25배이다.
- 계산 :   • 답 :
(4) 87 계전기의 정확한 명칭은?
(5) ABB의 정확한 명칭은?

Answer

(1) 계산 : 부하전류 $I = \dfrac{40,000}{\sqrt{3} \times 154} = 149.96 [A]$

   CT의 1차 전류 $I_{CT} = 149.96 \times 1.25 = 187.45 [A]$

   CT비 200/5 선정

   따라서, OCR₁의 Tap은 조건 ④에 의해서

   $149.96 \times 1.6 \times \dfrac{5}{200} = 6 [A]$ 답 : 6[A]

(2) 계산 : 단락 용량 = 기준용량 $\times \dfrac{100}{\%Z} = 100 \times \dfrac{100}{2.5} = 4,000 [MVA]$

   5,000[MVA] 선정 답 : 5,000[MVA]

(3) 계산 : 2차 전류 $I_2 = \dfrac{40,000}{\sqrt{3} \times 22.9} = 1,008.47 [A]$

   CT의 1차 전류 $1,008.47 \times 1.25 = 1,260.59 [A]$

   CT비 1,200/5 선정 답 : 1,200/5

(4) 전류 차동 계전기

(5) 공기 차단기

Explanation

(1) CT비 : 1차 전류×(1.25~1.5)

   CT 1차 전류 : 10, 15, 20, 30, 40, 50, 75, 100, 150, 200, 300, 400, 500 [A]

   문제에서는 CT의 1차 전류가 범위 내에 없으므로 그 보다 큰 200/5를 선정하는 것이 일반적이다.

   OCR 탭 = 1차 전류 $\times \dfrac{1}{CT비} = 149.96 \times 1.6 \times \dfrac{5}{200} = 6 [A]$

(2) 단락용량 $P_s = \dfrac{100}{\%Z} \times P_n$

   차단기 용량을 단락용량으로 계산하면 단락용량보다 큰 것이 차단기 용량이 된다.

(3) CT비 : 1차 전류×(1.25~1.5)

   CT 1차 전류 : 1,200, 1,500, 2,300, 3,000, 5,000[A] 중에서 선택

   문제에서는 CT의 1차 전류가 1,260.59[A]이므로 1,500을 선택하여야 하나 이 경우 과전류 차단기의 동작이 확보되지 않을 수 있으므로 1,200/5를 선정한다.

(4) 계전기 고유번호
- 87 : 전류 차동계전기(비율 차동계전기)
- 87B : 모선보호 차동계전기
- 87G : 발전기용 차동계전기
- 87T : 주변압기 차동계전기

(5) 차단기 종류

차단기의 종류		
명 칭	약호	소호매질
유입 차단기	OCB	절연유
기중 차단기	ACB	대기(공기)
자기 차단기	MBB	자계의 전자력
공기 차단기	ABB	압축공기
진공 차단기	VCB	진공
가스 차단기	GCB	SF_6

2002년 전기공사기사 실기

01 전선로 부근이나 애자 부근(애자와 전선의 접속부근)에 임계전압 이상이 가해지면 전선로나 애자 부근에 공기의 절연이 부분적으로 파괴되는 현상이 발생하는데 이것을 무슨 현상이라고 하는가? 그리고 이러한 현상이 미치는 영향 5가지와 그 방지 대책을 간단하게 답하시오.

Answer

- 현상 : 코로나 현상
- 영향 : ① 코로나 손실이 발생하여 송전효율 저하
  ② 통신선 유도 장해 발생
  ③ 코로나 잡음이 발생
  ④ 전선의 부식
  ⑤ 진행파의 파고값이 감소
- 방지 대책
  ① 복도체(다도체) 방식을 채용한다.
  ② 가선 금구를 개량한다.

Explanation

코로나의 영향
- 코로나 손실이 발생하여 송전효율이 저하된다.

  peek식 : $P_c = \dfrac{241}{\delta}(f+25)\sqrt{\dfrac{d}{2D}}(E-E_0)^2 \times 10^{-5}$ [kW/km/Line]

  여기서, E_0 : 코로나 임계전압, δ : 상대공기밀도
- 통신선에 유도 장해(전파장해)가 발생한다.
- 코로나 잡음이 발생한다.
- 전선의 부식(원인 : 오존(O_3))이 발생된다.
- 진행파의 파고값은 감소되며 그 이유는 코로나 손실이 발생하므로 진행파(이상전압)의 파고값은 낮아지게 된다.

코로나 방지 대책
- 굵은 전선을 사용한다.
- 복도체, 다도체를 사용한다.
- 가선 금구를 개량한다.

02 다음 각 항의 문제를 읽고 물음에 답하시오.

(1) 가공배전 선로에 주로 쓰이는 애자에서 전선로의 방향을 바꾸는 부분에 사용하는 애자는?

(2) 전력선의 이도(dip)를 결정하는 요소 4가지를 쓰시오.

(3) 22.9[kV] 지중케이블 접속방법 4가지를 쓰시오.

(4) 간접조명이지만 특히 간접조명기구를 사용하지 않고 천장, 또는 벽의 구조로서 만들어 놓은 건축화 조명기구는 무엇인가?

Answer

(1) 가지 애자
(2) 경간, 수평장력, 하중, 안전율
(3) 직선접속, 분기접속, 종단접속, 엘보접속
(4) 코브라이트

Explanation

(1) 가지 애자 : 가공배전 선로에 주로 쓰이는 애자에서 전선로의 방향을 바꾸는 부분에 사용하는 애자

(2) 이도 : $D = \dfrac{WS^2}{8T} = \dfrac{WS^2}{8\,T'/f}$

　　여기서, W : 전선 1[m] 당 하중
　　　　　　S : 경간[m]
　　　　　　f : 안전율
　　　　　　T : 수평장력
　　　　　　T' : 인장강도

(4) 코브조명 : 램프를 감추고 그의 직사광을 코브의 벽이나 천장을 이용하여 간접 조명하고 그의 반사광으로 채광하는 조명

BEST 03 ★★★★★

그림과 같은 계통에서 기기의 A점에서 완전지락이 발생하였을 경우 다음 물음에 답하시오.

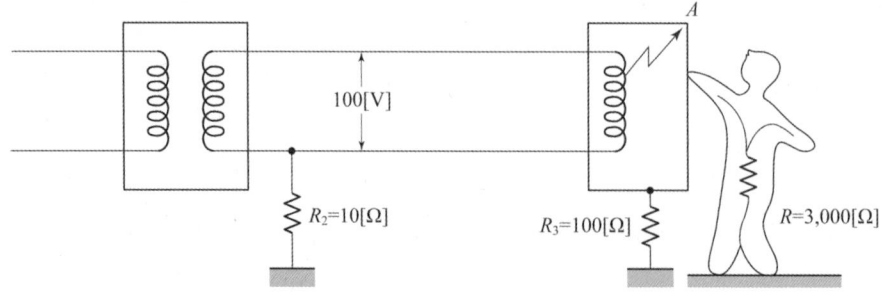

(1) 이 기기의 외함에 인체가 접촉하고 있지 않을 경우 이 외함의 대지전압은 몇 [V]로 되겠는가?
　• 계산 :　　　　　　　　　• 답 :
(2) 이 기기의 외함에 인체가 접촉하였을 경우 인체에는 몇 [mA]의 전류가 흐르는가?
　• 계산 :　　　　　　　　　• 답 :
(3) 인체 접촉 시 인체에 흐르는 전류를 10[mA] 이하로 하려면 기기의 외함에 시공된 접지공사의 접지저항 $R_3[\Omega]$의 값을 얼마의 것으로 바꾸어 주어야 하는가?
　• 계산 :　　　　　　　　　• 답 :

Answer

(1) 계산 : 외함의 대지전압 = 지락전류 × 접지저항 = $\dfrac{100}{100+10} \times 100 = 90.91[V]$ 답 : 90.91[V]

(2) 계산 : $I = \dfrac{100}{10 + \dfrac{100 \times 3{,}000}{100 + 3{,}000}} \times \dfrac{100}{100 + 3{,}000} = 0.03021[A] = 30.21[mA]$ 답 : 30.21[mA]

(3) 계산 : 기기의 접지저항을 R_3라 하면 $0.01 \geqq \dfrac{100}{10 + \dfrac{3{,}000 R_3}{R_3 + 3{,}000}} \times \dfrac{R_3}{R_3 + 3{,}000}$

위 식에서 R_3을 구하면 $R_3 \leqq 4.29[\Omega]$ 답 : $R_3 \leqq 4.29[\Omega]$

Explanation

(1) 인체가 접촉하지 않은 경우

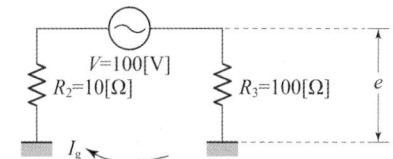

(2) 인체가 접촉하였을 경우

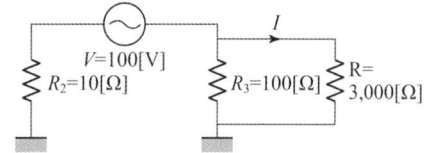

04 ★☆☆☆☆
다음 그림기호를 명칭으로 답하시오.

(1)

(2)

(3)

(4) ○─┼┼┼┼─○→

(5) ─○CH

Answer

(1) 15[A]용 조광기 (2) 셀렉터 스위치 (3) 누전 경보기
(4) 수평지선 (5) 중하중용 CP주

Explanation

(1) ![15A] : 15[A]용 조광기(조광기는 점멸기의 규정에 따르므로, 15[A] 이상은 방기하여야 한다.)

(2) ![] : 셀렉터 스위치

(3) ![G] : 누전 경보기

(4) ○─┼┼┼┼─○→ : 수평지선

(5) ─○CH : 중하중용 CP주

BEST 05 ★★★★★

변압기의 병렬운전 조건 4가지를 기술하고, 이들 조건이 맞지 않을 경우에 어떤 현상이 나타나는지 간단히 서술하시오.

Answer

병렬운전 조건	조건이 맞지 않는 경우
① 1, 2차 정격 전압 및 권수비가 같을 것	순환전류가 흘러 권선이 가열
② 극성이 일치 할 것	큰 순환 전류가 흘러 권선이 소손
③ %임피던스 강하(임피던스 전압)가 같을 것	부하의 분담이 용량의 비가 되지 않아 부하의 부담이 균형을 이룰 수 없다.
④ 내부 저항과 누설 리액턴스의 비가 같을 것	각 변압기의 전류 간에 위상차가 생겨 동손이 증가

Explanation

변압기 병렬운전 조건
- 극성 및 권수비가 같을 것
- 1, 2차 정격전압이 같을 것(용량, 출력 무관)
- %임피던스 강하가 같을 것
- 변압기 내부저항과 리액턴스의 비가 같을 것
- 상회전 방향과 각 변위가 같을 것(3상 변압기)

06 ★★★★☆

장간형 현수애자 설치방법이다. 그림에서 ① ~ ⑤의 명칭을 답하시오.

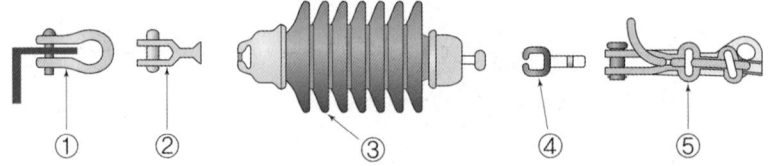

Answer

① 앵카쇄클 ② 볼크레비스 ③ 장간형 현수 애자
④ 소켓 아이 ⑤ 데드 엔드 클램프

Explanation

장간형 현수애자 설치

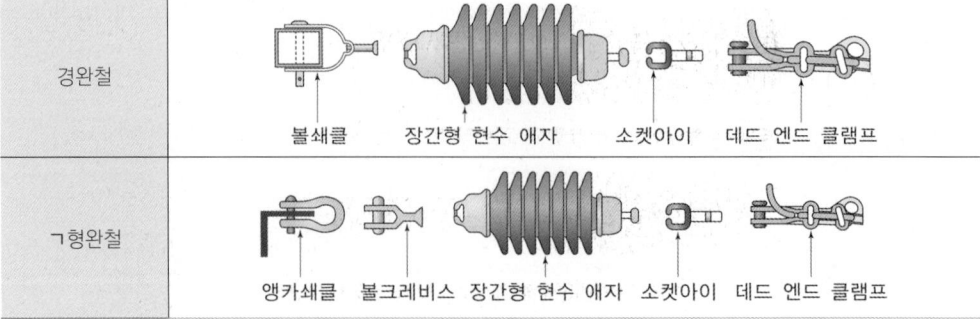

BEST 07 ★★★★★

변압기 공사 시공 흐름도이다. ① ~ ⑤ 빈 공간에 시공흐름도가 옳도록 완성하시오.

[변압기 공사 시공 흐름도]

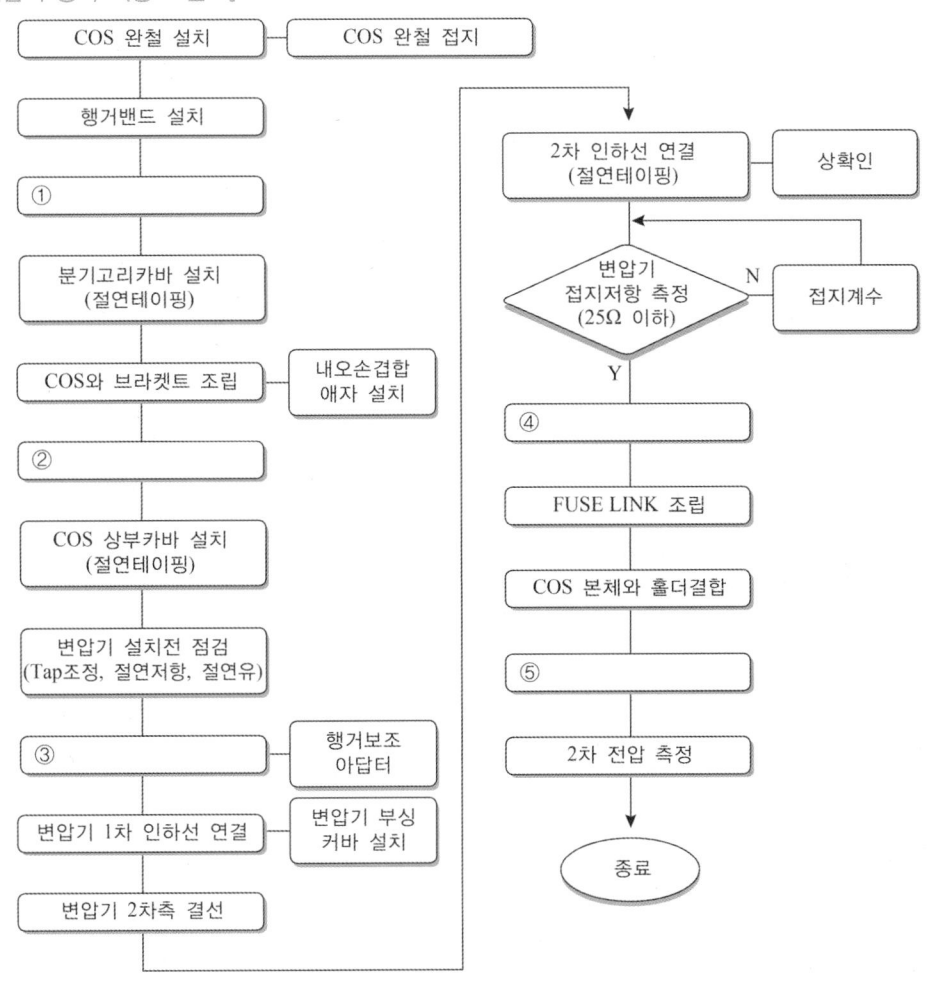

Answer

① 분기고리 설치
② COS 설치
③ 변압기 설치
④ 외함 접지도체 연결
⑤ COS 투입

Explanation

변압기 공사 시공 흐름도

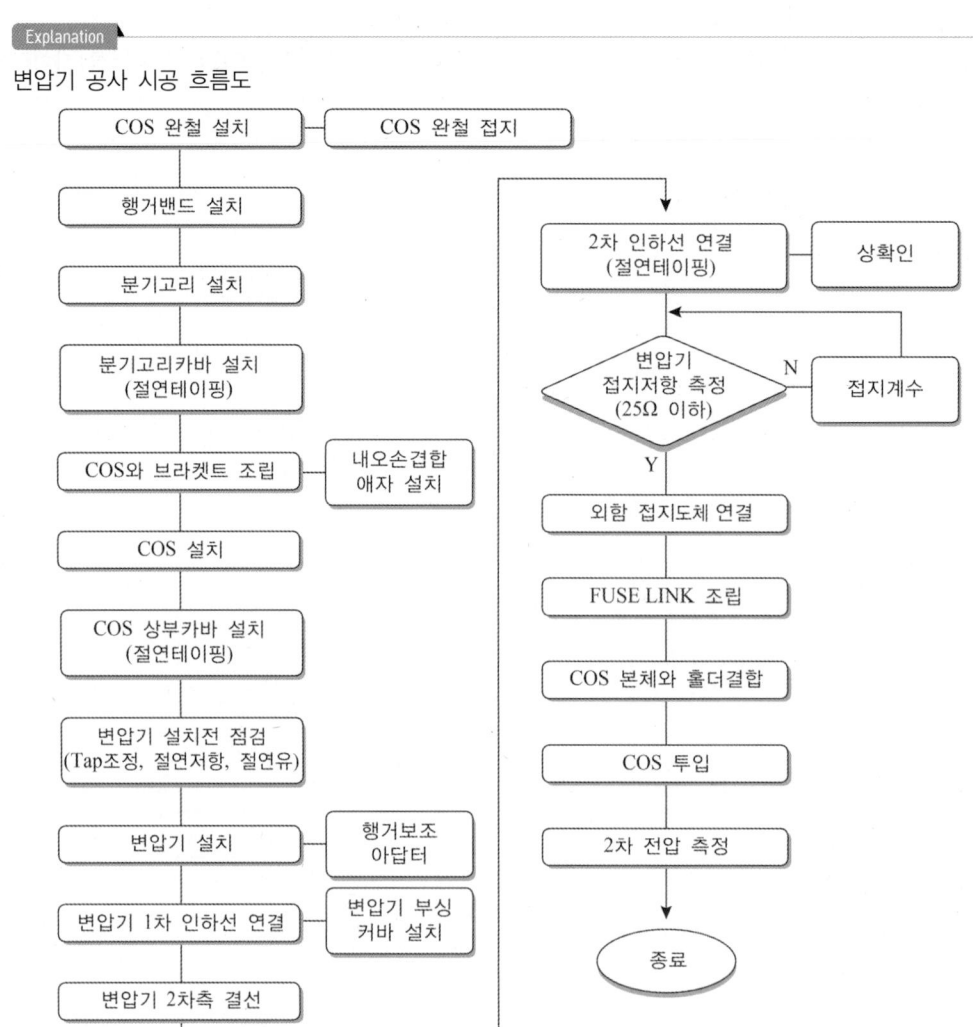

08 전선의 명칭은 옥외용 비닐절연전선이고 규격은 25, 35, 70, 120, 150[mm²]가 있다. 용도는 저압 전압선, 변압기 2차 인하선에 사용한다. 이 전선의 약호는?

Answer

OW

Explanation

(내선규정 100-2) 전선 약호

약호	명칭
ACSR-OC 전선	옥외용 강심 알루미늄도체 가교 폴리에틸렌 절연전선
ACSR-OE 전선	옥외용 강심 알루미늄도체 폴리에틸렌 절연전선
AL-OC 전선	옥외용 알루미늄도체 가교 폴리에틸렌 절연전선
AL-OE 전선	옥외용 알루미늄도체 폴리에틸렌 절연전선
AL-OW 전선	옥외용 알루미늄도체 비닐 절연전선
DV 전선	인입용 비닐 절연전선
FL 전선	형광 방전등용 비닐 전선
HR(0.5) 전선	500[V] 내열성 고무 절연전선(110[℃])
HR(0.75) 전선	750[V] 내열성 고무 절연전선(110[℃])
NR 전선	450/750[V] 일반용 단심 비닐 절연전선
NRI(70) 전선	300/500[V] 기기 배선용 단심 비닐 절연전선(70[℃])
NRI(90) 전선	300/500[V] 기기 배선용 단심 비닐 절연전선(90[℃])
OC 전선	옥외용 가교 폴리에틸렌 절연전선
OE 전선	옥외용 폴리에틸렌 절연전선
OW 전선	옥외용 비닐 절연 전선

09 다음 물음에 답하시오.

(1) 설비의 불평형률을 구하시오.
(2) 기준에 따라 적정, 부적정 여부를 판단하시오.

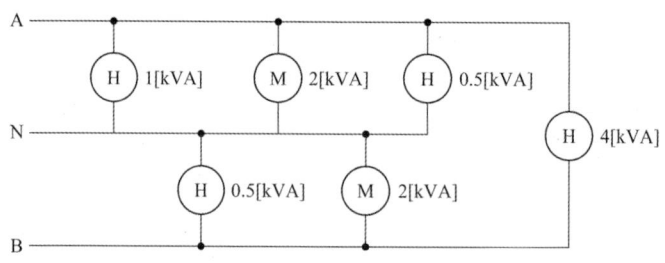

Answer

(1) 계산 : 설비 불평형률 $= \dfrac{(1+2+0.5)-(0.5+2)}{\dfrac{1}{2}(1+2+0.5+0.5+2+4)} \times 100 = 20[\%]$ 　　답 : 20[%]

(2) 설비 불평형률이 40[%] 이하이므로 적정

Explanation

단상 3선식 설비불평형률

설비불평형률 $= \dfrac{\text{중성선과 각 전압측 선간에 접속되는 부하설비용량[kVA]의 차}}{\text{총 부하설비용량[kVA]의 1/2}} \times 100[\%]$

여기서, 불평형률은 40[%] 이하이어야 한다.

10 [BEST]

공사비가 29억 원이고, 공사기간이 11개월인 전기공사의 간접노무비율[%]을 참고자료에 의거 계산하시오.

구분		간접노무비율
공사종류별	건축공사 토목공사 기타(전기, 통신등)	14.5 15 15
공사규모별 (* 품셈에 의하여 산출되는 공사원가 기준)	50억 원 미만 50~300억 원 미만 300억 원 이상	14 15 16
공사기간별	6개월 미만 6~12개월 미만 12개월 이상	13 15 17

Answer

계산 : 간접노무비율 $= \dfrac{15+14+15}{3} = 14.67[\%]$ 　　답 : 14.67[%]

Explanation

간접노무비율 $= \dfrac{\text{공사 종류별}[\%] + \text{공사 규모별}[\%] + \text{공사 기간별}[\%]}{3}$

11 조가선(Messanger Wire)이란 무엇인지 간단히 설명하시오.

Answer

가공전선로의 케이블 또는 통신 케이블을 지지하기 위한 강철선

Explanation

(KEC 332조) 가공케이블
저압, 고압 및 특고압 가공전선에 케이블을 사용하는 경우에는 다음 각 호에 따라 시설하여야 한다.
① 케이블은 조가용선에 행거로 시설할 것. 이 경우에는 사용전압이 고압인 때에는 그 행거의 간격을 0.5[m] 이하로 시설하여야 한다.
② 조가용선은 인장강도 5.93[kN] 이상의 것 또는 단면적 22[mm²] 이상인 아연도강연선일 것
③ 조가용선 및 케이블의 피복에 사용하는 금속체에는 접지공사를 할 것. 다만, 저압 가공전선에 케이블을 사용하고 조가용선에 절연전선 또는 이와 동등 이상의 절연내력이 있는 것을 사용할 때에 조가용선에 접지공사를 하지 아니할 수 있다.
④ 조가용선의 케이블에 접촉시켜 그 위에 쉽게 부식하지 아니하는 금속 테이프 등을 0.2[m] 이하의 간격을 유지하며 나선상으로 감는 것

12 그림은 22.9[kV-Y] 특별고압 수전설비 표준 결선도의 미완성 도면이다. 이 도면에 대한 다음 각 물음에 답하시오. 단, CB 1차 측에 PT를, CB 2차 측에 CT를 시설하는 경우이다.

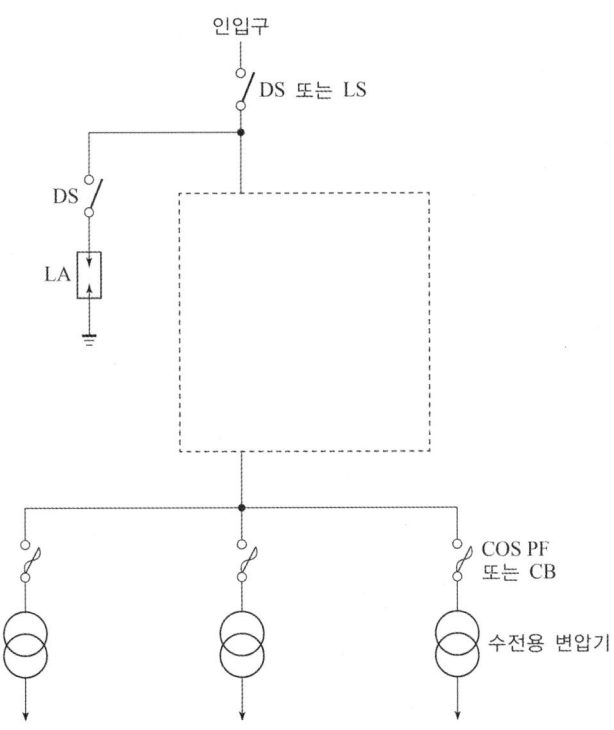

(1) 미완성 부분(점선 내 부분)에 대한 단선 결선도를 완성하시오(단, 미완성 부분만 작성하되 미완성 부분에는 CB, OCGR, OCR×3, MOF, CT, PT, PF, TC 등을 사용하도록 한다.)
(2) 사용전압이 22.9[kV]라고 할 때 차단기의 트립 전원은 어떤 방식이 바람직한가?
(3) 수전전압이 66[kV] 이상인 경우에는 DS 대신 어떤 것을 사용하여야 하는가?
(4) 22.9[kV-Y] 1,000[kVA] 이하인 경우에는 간이 수전 결선도에 의할 수 있다. 본 결선도에 대한 간이 수전 결선도를 단선도로 그리시오. 단, 간이 수전 결선도를 그릴 때는 ASS(자동고장 구분 개폐기), PF, DS, LA, MOF, 2차 측 주차단기 수전용변압기가 표시되도록 하시오.

> Answer

(1)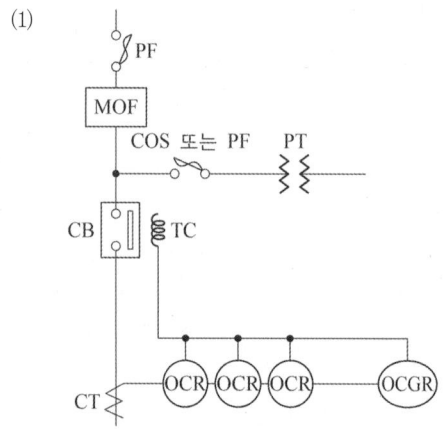

(2) ① DC방식
    ② CTD 방식
(3) LS
(4)

Explanation

CB 1차 측에 PT를 CB 2차 측에 CT를 시설하는 경우

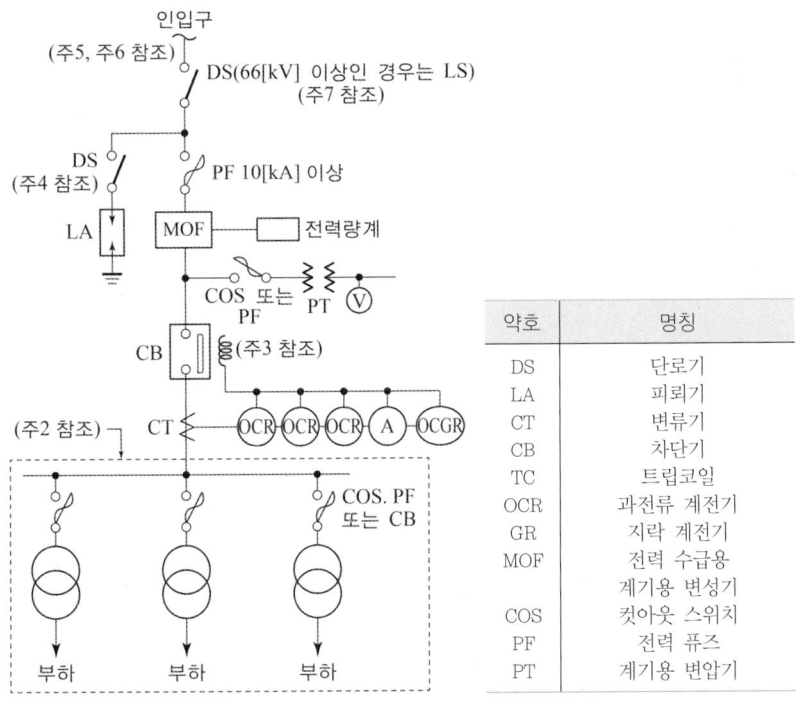

[주1] 22.9[kV-Y] 1,000[kVA] 이하인 경우에는 간이 수전설비 결선도에 의할 수 있다.
[주2] 결선도 중 점선내의 부분은 참고용 예시이다.
[주3] 차단기의 트립 전원은 직류[DC] 또는 콘덴서 방식(CTD)이 바람직하며 66[kV] 이상의 수전 설비에는 직류(DC)이어야 한다.
[주4] LA용 DS는 생략할 수 있으며 22.9[kV-Y]용의 LA는 Disconnector(또는 Isolator) 붙임형을 사용하여야 한다.
[주5] 인입선을 지중선으로 시설하는 경우로서 공동 주택 등 사고 시 정전 피해가 큰 수전 설비 인입선은 예비선을 포함하여 2회선으로 시설하는 것이 바람직하다.
[주6] 지중인입선의 경우에 22.9[kV-Y] 계통은 CNCV-W 케이블(수밀형) 또는 TR CNCV-W(트리억제형)을 사용하여야 한다. 다만, 전력구·공동구·덕트·건물 구내 등 화재의 우려가 있는 장소에서는 FR-CNCO-W(난연)케이블을 사용하는 것이 바람직하다.
[주7] DS 대신 자동고장구분 개폐기(7,000[kVA] 초과 시에는 Sectionalizer)를 사용할 수 있으며 66[kV] 이상의 경우는 LS를 사용하여야 한다.

13 ★☆☆☆☆

동작 설명을 읽고 보기에서 예시한 접점 기호를 사용하여 동작이 완전하도록 점선 안에 그려 넣으시오.

(1) BS_1를 누르고 있는 동안 Lamp L_A가 점등되고 동시에 BZ가 동작한다. 이때 BS_2, BS_3, BS_4 중 어느 것이나 눌러도(또는 동시에 BS_2, BS_3, BS_4을 눌러도) 다른 전등은 점등되지 않는다.
(2) BS_2를 누르고 있는 동안 Lamp L_B가 점등되고 동시에 BZ가 동작한다. 이때 BS_1, BS_3, BS_4 중 어느 것이나 눌러도(또는 동시에 BS_1, BS_3, BS_4을 눌러도) 다른 전등은 점등되지 않는다.
(3) BS_3을 누르고 있는 동안 Lamp L_C가 점등되고 동시에 BZ가 동작한다. 이때 BS_1, BS_2, BS_4 중 어느 것이나 눌러도(또는 동시에 BS_1, BS_2, BS_4을 눌러도) 다른 전등은 점등되지 않는다.
(4) BS_4을 누르고 있는 동안 Lamp L_D가 점등되고 동시에 BZ가 동작한다. 이때 BS_1, BS_2, BS_3 중 어느 것이나 눌러도(또는 동시에 BS_1, BS_2, BS_3을 눌러도) 다른 전등은 점등되지 않는다.

[미완성 결선도]

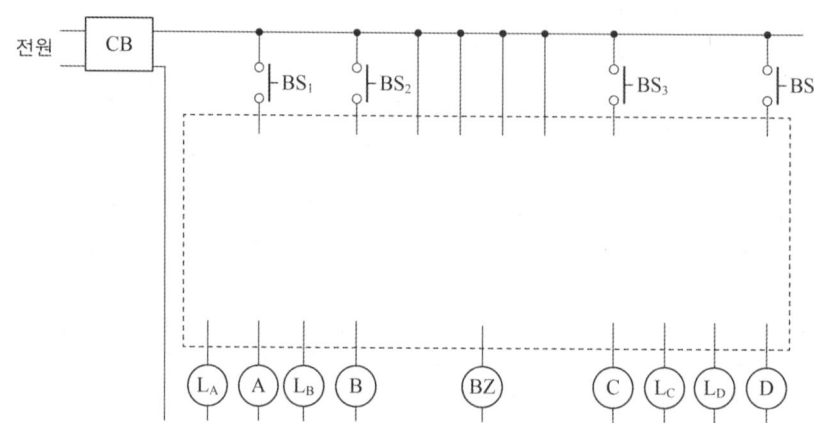

[범례]

기호	명칭
A~D	Relay(14pin)
L_A~L_D	Lamp
BZ	Buzzer

[14핀 Realy 내부 결선도]

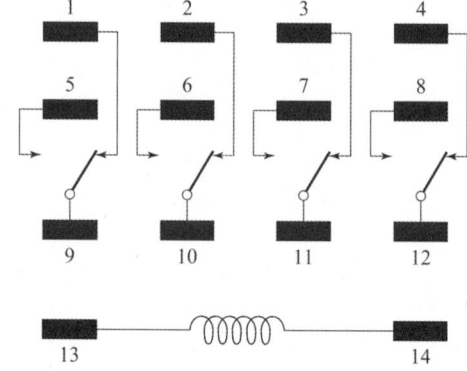

[보기]

Answer

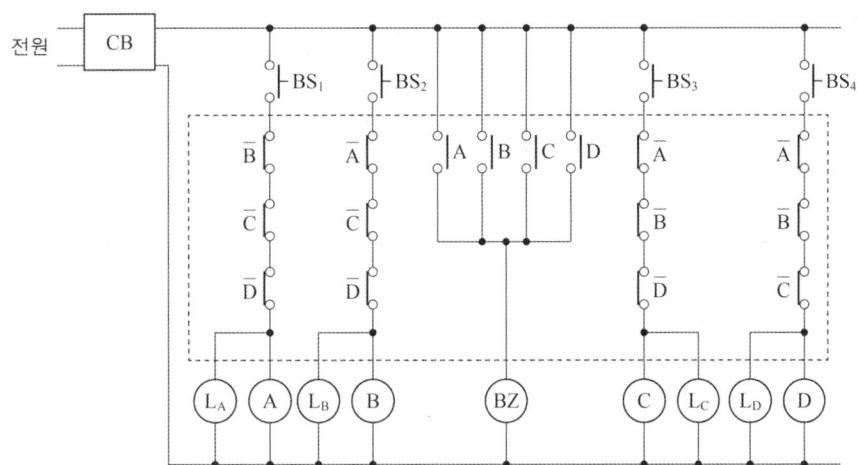

Explanation

동작 설명에 따라 논리식으로 표현하면

(1) L_A, Ⓐ $= BS_1 \cdot \overline{B} \cdot \overline{C} \cdot \overline{D}$
(2) L_B, Ⓑ $= BS_2 \cdot \overline{A} \cdot \overline{C} \cdot \overline{D}$
(3) L_C, Ⓒ $= BS_3 \cdot \overline{A} \cdot \overline{B} \cdot \overline{D}$
(4) L_D, Ⓓ $= BS_4 \cdot \overline{A} \cdot \overline{B} \cdot \overline{C}$
(5) $BZ = A + B + C + D$

14 ★★★★☆

아래의 PLC 프로그램은 유도전동기의 Y-△ 기동운전 회로의 일부를 나타낸 것이다. 2입력 AND 회로, 2입력 OR회로, NOT 회로의 기호를 사용하여 로직회로를 그리시오. 또 Y기동용 MC와 △ 운전용 MC의 번지는 어느 것인지 그림 상에 (Y기동), (△운전)으로 표시하시오.

순서	명령	번지	순서	명령	번지
생략	STR	14	생략	OUT	32
	OR	31		STR	15
	AND NOT	16		OR	33
	OUT	31		AND NOT	16
	STR	31		AND NOT	32
	AND NOT	15		OUT	33
	AND NOT	33			

Answer

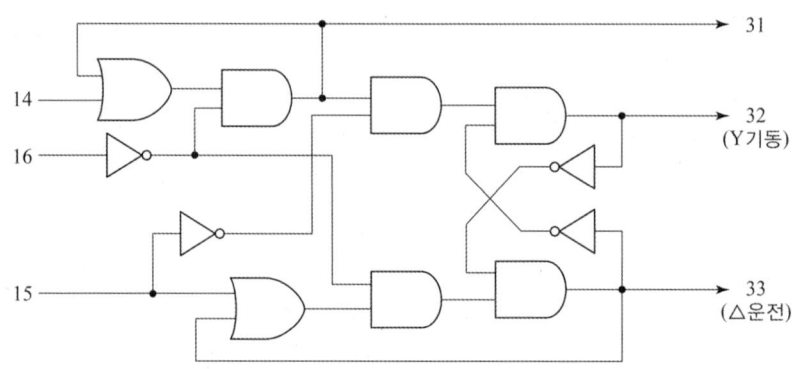

Explanation

Y-△ 운전 회로
- 주전원 : 31
- Y기동 : 32
- △운전 : 33

프로그램을 Ladder 차트로 그리면 다음과 같다.

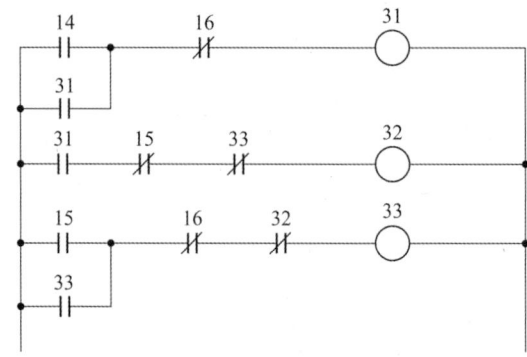

과년도 기출문제

전기공사기사 실기
2003

- 2003년 제 01회
- 2003년 제 02회
- 2003년 제 04회

2003년 과년도 기출문제에 대한 출제 빈도 분석 차트입니다.
각 회차별로 별의 개수를 확인하고 학습에 참고하기 바랍니다.

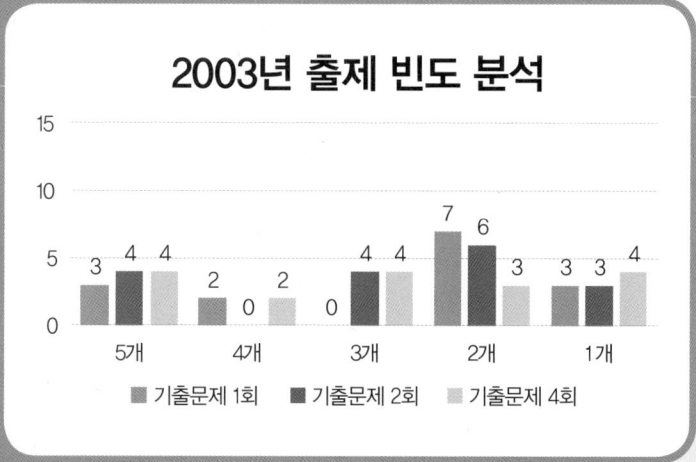

2003년 전기공사기사 실기

BEST 01 ★★★★★

다음은 계전기별 고유 기구번호이다. 명칭을 정확히 답하시오.

(1) 37A (2) 37D

Answer

(1) 교류 부족 전류 계전기
(2) 직류 부족 전류 계전기

Explanation

- 37 : 부족 전류 계전기
  - 37A : 교류 부족 전류 계전기
  - 37D : 직류 부족 전류 계전기
- 37F : Fuse 용단 계전기
- 37V : 전자관 Filament 단선 검출기

02 ★☆☆☆☆

 심벌에 대한 명칭은?

Answer

유도등(백열등)

Explanation

(KS C 0301) 옥내배선용 그림 기호

유도등 (소방법에 따르는 것)	백열등		(1) 일반용 조명 백열등의 적요를 준용한다. (2) 객석 유도등인 경우는 필요에 따라 S를 표시한다. ⊗S
	형광등		(1) 일반용 조명 백열등의 적요를 준용한다. (2) 기구의 종류를 표시하는 경우는 표기한다. 보기 : ◆●◆중 (3) 통로 유도등인 경우는 필요에 따라 화살표를 기입한다. 보기 : ←◆●◆ ◆●◆→ (4) 계단에 설치하는 비상용 조명과 겸용인 것은 ◆●◆ 로 한다.

03

총 공사비가 29억 원이고, 공사기간이 11개월인 전기공사의 간접노무비율[%]을 참고자료에 의거 계산하시오.

구분		간접노무비율
공사 종류별	건축공사 토목공사 기타(전기, 통신 등)	14.5 15 15
공사 규모별 (품셈에 의하여 산출되는 공사원가기준)	50억 원 미만 50~300억 원 미만 300억 원 이상	14 15 16
공사 기간별	6개월 미만 6~12개월 미만 12개월 이상	13 15 17

Answer

계산 : 간접노무비율 $= \dfrac{15+14+15}{3} = 14.67[\%]$ 답 : 14.67[%]

Explanation

간접노무비율 $= \dfrac{공사~종류별[\%] + 공사~규모별[\%] + 공사~기간별[\%]}{3}$

04

누전차단기의 적색 버튼과 녹색 버튼의 차이점은?

Answer

- 적색 : 누전 및 과전류 차단 겸용
- 녹색 : 누전 차단 전용

Explanation

- 적색 : 누전 및 과전류 차단 겸용
- 녹색 : 누전 차단 전용

05

풀 박스(Pull Box) 및 접속함(Junction Box)의 시설 장소로 적당한 곳 3가지만 답하시오.

Answer

① 금속관 배선에서 굴곡이 많은 경우
② 관의 길이가 25[m]를 초과하는 경우
③ 덕트나 전선관 공사 시에 전선을 접속하는 곳

Explanation

그 외에도,
④ 매입배관에서 노출배관으로 연결할 경우
⑤ 전선(관)의 방향을 바꿀 경우
⑥ 노멀밴드 사용이 어려운 경우

(KEC 232.12조) 금속관공사
전선관 설치 후 전선 및 케이블의 손상을 받지 않도록 배선하기 위해서는 전선관의 길이가 25[m]를 초과하는 경우는 25[m] 이하마다 풀박스를 설치토록 하며 방향전환 등 굴곡부위가 있는 경우는 15[m] 이하마다 풀박스 등 접속함을 설치하여야 한다. 3개소를 초과하는 직각 또는 직각에 가까운 굴곡개소를 만들어서는 안 되며, 전선관의 구부림은 구부릴 때 금속관의 단면이 심하게 변형되어 입선 시 전선이 손상되는 일이 없도록 관 내경의 6배 이상의 곡률반경을 유지하며 관 단면을 기준으로 90° 이하로 굴곡하도록 하며, 90° 굴곡배관은 노멀밴드를 사용하도록 한다.

06 ★★★★☆
그림과 같은 계통보호용 과전류 계전기를 정정하기 위한 단락전류를 산출하는 절차이다. 주어진 물음에 답하시오.

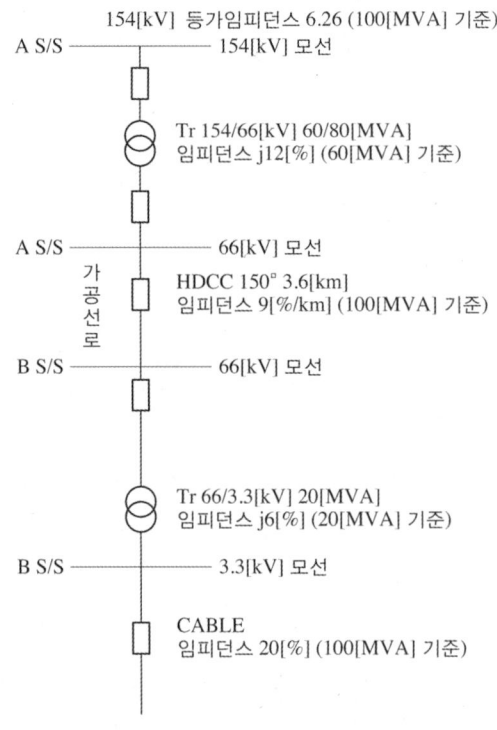

[조건]
① A변전소 154[kV] 모선의 전원등가 임피던스는 6.26[%]이다.
② 회로의 %임피던스는 편의상 모두 리액턴스 분으로만 간주할 것
③ 그림 상에 표시되지 않은 임피던스는 무시할 것

[물음]
다음 그림은 100[MVA] 기준으로 환산한 등가 임피던스 도면이다. ( ) 속의 값은 얼마인가?

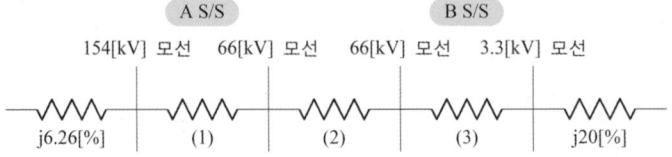

(1) 계산 : 답 :
(2) 계산 : 답 :
(3) 계산 : 답 :

Answer

(1) 계산 : $j12 \times \dfrac{100}{60} = j20[\%]$ 답 : $j20[\%]$

(2) 계산 : $j9 \times 3.6 = j32.4[\%]$ 답 : $j32.4[\%]$

(3) 계산 : $j6 \times \dfrac{100}{20} = j30[\%]$ 답 : $j30[\%]$

Explanation

%임피던스의 계산

환산 $\%Z =$ 기존 $\%Z \times \dfrac{\text{새로운 기준용량}}{\text{기존의 용량}}$

문제에서는 100[MVA] 기준으로 환산한 등가 임피던스를 구하는 것으로 새로운 기준용량은 100[MVA]가 된다.

07 ★★☆☆☆

변류기에 관한 물음이다. 옳으면 ( )에 ○표, 틀리면 ×표를 하시오.

(1) 저압 변류기 2차 배선의 도중에는 접속점을 만들어서는 안 된다. ( )
(2) 저압 변류기의 2차 배선은 공사상 지장이 없는 한 최단 거리로 배선하여야 한다. ( )
(3) 저압 변류기 2차 배선은 케이블에 직접 장력이 걸릴 우려가 있는 경우에는 적당한 방법으로 케이블을 고정하여야 한다. ( )
(4) 계기용 저압 변류기에는 전력거래에 관련되는 계기 및 부속기구 이외의 것을 접속하여서는 안 된다. ( )
(5) 변류기 2차 회로는 개방되지 않도록 특별히 유의하여야 한다. ( )
(6) 철제로 된 변성기의 함은 접지를 하여야 한다. ( )

Answer

(1) ○ (2) ○ (3) ○ (4) ○ (5) ○ (6) ○

Explanation

한국전력공사 전기계기 업무 기준 – 변류기

- 저압 변류기 2차 배선의 도중에는 접속점을 만들어서는 안 된다.
- 저압 변류기의 2차 배선은 공사상 지장이 없는 한 최단 거리로 배선하여야 한다.
- 저압 변류기 2차 배선은 케이블에 직접 장력이 걸릴 우려가 있는 경우에는 적당한 방법으로 케이블을 고정하여야 한다.
- 계기용 저압 변류기에는 전력거래에 관련되는 계기 및 부속기구 이외의 것을 접속하여서는 안 된다.
- 변류기 2차 회로는 개방되지 않도록 특별히 유의하여야 한다. 변류기 2차 회로가 개방되면 1차 전류가 모두 여자전류로 되어 철심이 포화되고 2차 측의 고전압이 유기되어 폭발의 위험이 있다.
- 철제로 된 변성기 부설 계기함은 접지를 하여야 한다.

08 접지시공에 관한 방법이다. ( ) 안에 알맞은 말을 넣으시오.

(1) 접지봉은 전주에서 몇 ( )[m] 이상 이격시켜 매설하는가?
(2) 접지봉은 2개 이상 병렬로 매설할 때는 상호간격을 몇 ( )[m] 정도 이격시켜야 하는가?
(3) 접지봉은 지하 몇 ( )[cm] 이상 깊이로 매설하는가?
(4) 접지봉을 2개 이상 매설할 때는 가급적 ( )로 연결하고 접지봉은 ( )법으로 시공한다.

Answer

(1) 0.5[m] 이상
(2) 2[m] 이상
(3) 75[cm] 이상
(4) 직렬, 심타

Explanation

접지시공 방법
- 접지봉은 전주에서 0.5[m] 이상 이격시켜 매설한다.
- 접지봉을 2개 이상 병렬로 매설할 때는 상호 간격을 2[m] 정도 이격시킨다.
- 접지봉은 지하 75[cm] 이상 깊이로 매설한다.
- 접지봉을 2개 이상 매설할 때는 가급적 직렬로 연결하고 접지봉는 심타법으로 시공한다.
- 접지도체는 중간 접속을 하지 않는다.
- 접지도체와 접지봉 리드단자의 연결은 접지슬리브 또는 이와 동등한 방법으로 접속한다.
- 접지도체는 내부로 설치하는 것을 원칙으로 한다.

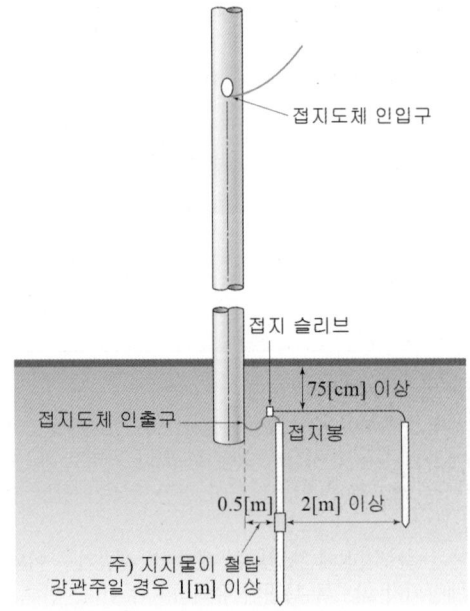

09 전선 접속 시 유의사항을 4가지만 답하시오.

Answer

① 전선의 전기저항을 증가시키지 아니하도록 접속하여야 한다.
② 전선의 세기를 20[%] 이상 감소시키지 아니할 것
③ 접속 부분은 접속관 기타의 기구를 사용할 것
④ 절연전선 상호, 절연전선과 코드, 캡타이어케이블 또는 케이블과 접속하는 경우에는 접속 부분의 절연전선에 절연물과 동등 이상의 절연효력이 있는 접속기를 사용할 것

Explanation

(KEC 123조) 전선의 접속
전선의 접속하는 경우에는 전선의 전기저항을 증가시키지 아니하도록 접속하여야 하며 또한 다음 각 호에 따라야 한다.
① 전선의 세기[인장하중(引張荷重)으로 표시한다. 이하 같다]를 20[%] 이상 감소시키지 아니할 것
② 접속 부분은 접속관 기타의 기구를 사용할 것
③ 절연전선 상호, 절연전선과 코드, 캡타이어케이블 또는 케이블과 접속하는 경우에는 접속 부분의 절연전선에 절연물과 동등 이상의 절연효력이 있는 접속기를 사용할 것
④ 코드 상호, 캡타이어케이블 상호, 케이블 상호 또는 이들 상호를 접속하는 경우에는 코드 접속기·접속함 기타의 기구를 사용할 것
⑤ 전기 화학적 성질이 다른 도체를 접속하는 경우에는 접속 부분에 전기적 부식(電氣的腐蝕)이 생기지 아니하도록 할 것

10 3상 4선식 선로의 각도주이다. 그림에 표시된 번호의 자재명을 쓰시오.

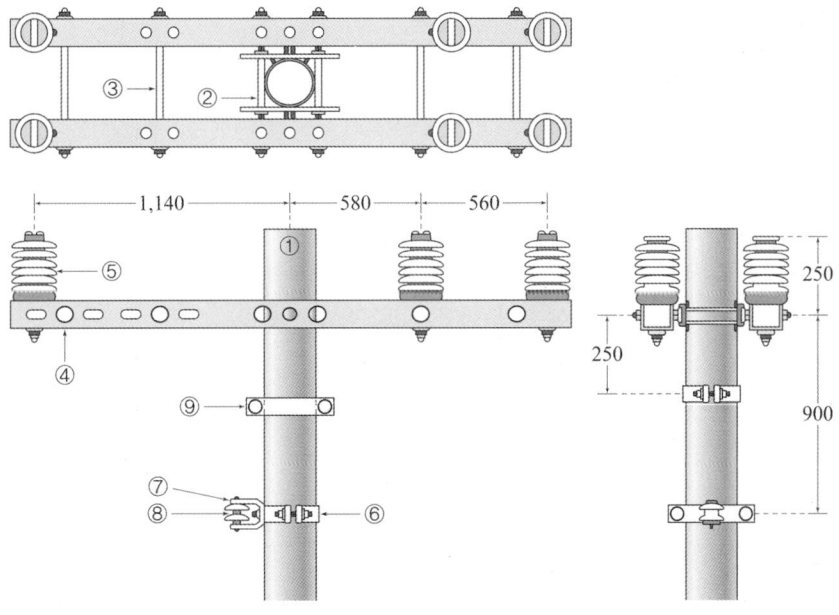

Answer

① 콘크리트 전주
② 완철(완금)밴드
③ 6각 볼트 너트
④ 경완철
⑤ 라인포스트애자
⑥ 랙밴드
⑦ 랙크
⑧ 저압 인류애자
⑨ 지선밴드

Explanation

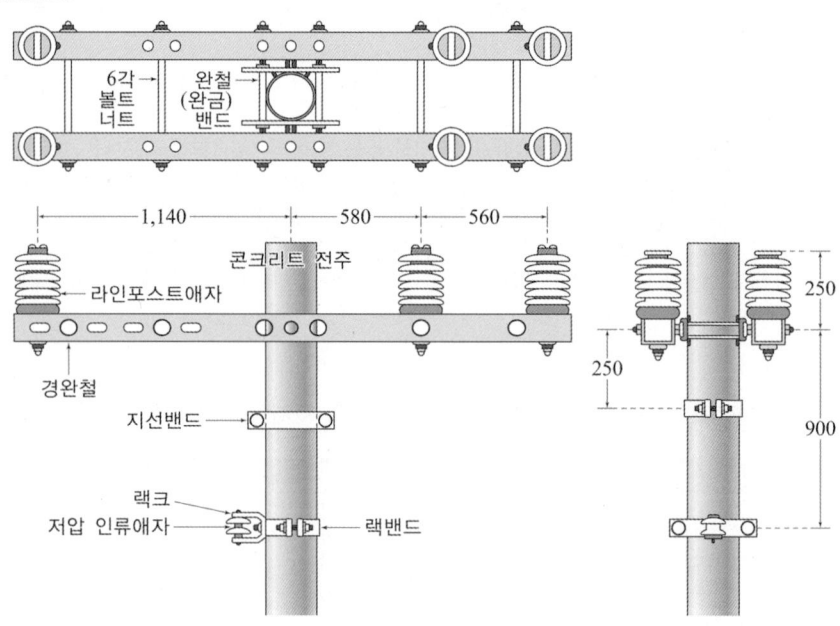

BEST 11 ★★★★★ 아래에 열거된 현상에 대하여 무슨 현상이라고 하는지 답하시오.

- 극판이 백색으로 되거나 표면에 백색 반점이 생긴다.
- 비중이 저하되고 충전용량이 감소한다.
- 충전 시 전압 상승이 빠르고 가스 발생이 심하나 비중이 증가하지 않는다.

Answer

설페이션 현상

Explanation

설페이션(Sulfation) 현상
납축전지를 방전 상태에서 오랫동안 방치하여 두면 극판의 황산납이 회백색으로 변하고(황산화 현상) 내부 저항이 대단히 증가하여 충전 시 전해액의 온도 상승이 크고 황산의 비중 상승이 낮으며 가스(수소) 발생이 심하게 되며 전지의 용량이 감퇴하고 수명이 단축되는 현상

12 다음은 PLC 프로그램의 Ladder도를 Mnemonic으로 변환하여 나타낸 것이다. Mnemonic 프로그램상의 빈칸을 채우시오. 단, 명령어를 LD(논리연산 시작), AND(직렬), OR(병렬), NOT(부정), OUT(출력), D(Positive Pulse), MCS(Master Control Set), MCSCLR(Master Control Set Clear)로 한다.

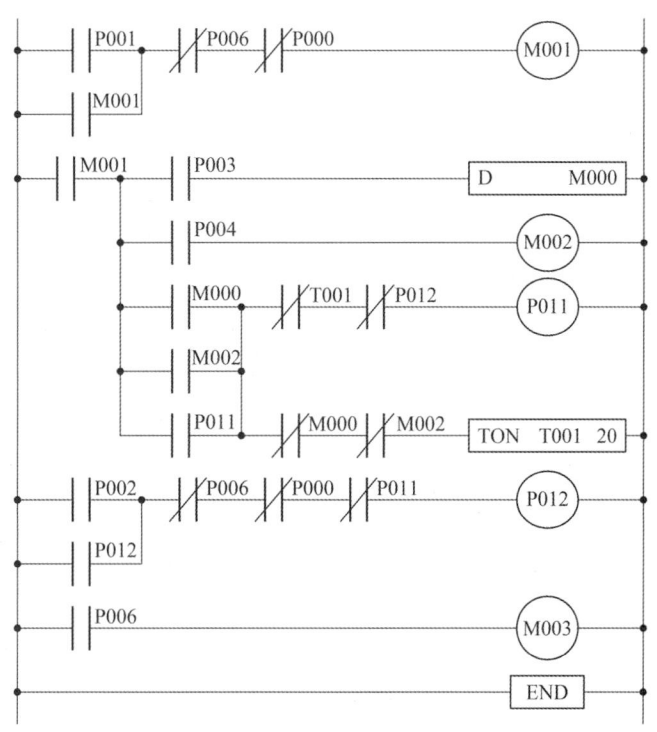

스텝	명령어	다바이스	스텝	명령어	다바이스	스텝	명령어	다바이스
0	①	P001	12	LD	M000	24	⑧	P002
1	②	M001	13	⑤	M002	25	OR	P012
2	AND NOT	P006	14	OR	⑥	26	⑨	P006
3	AND NOT	P000	15	AND NOT	T001	27	AND NOT	P000
4	OUT	M001	16	AND NOT	P012	28	AND NOT	P011
5	LD	M001	17	OUT	P011	29	OUT	P012
6	MCS	–	18	AND NOT	M000	30	LD	P006
7	LD	P003	19	AND NOT	M002	31	OUT	M003
8	D	③	20	⑦	T001	32	⑩	–
10	LD	P004		–	20			
11	OUT	④	23	MCSCLR	–			

Answer

① LD
② OR
③ M000
④ M002
⑤ OR
⑥ P011
⑦ TON
⑧ LD
⑨ AND NOT
⑩ END

Explanation

Mnemonic : 쉽게 연산을 하기 위한 것
- MCS(Master Control Set)
- MCSCLR(Master Control Set Clear)

M001 바로 다음부터 Set로 묶은 후 마지막에는 Set clear로 해제한다.

스텝	명령어	디바이스
6	MCS	–
7	LD	P003
8	D	M000
10	LD	P004
11	OUT	M002
12	LD	M000
13	OR	M002
14	OR	P011
15	AND NOT	T001
16	AND NOT	P012
17	OUT	P011
18	AND NOT	M000
19	AND NOT	M002
20	TON	T001
	–	20
23	MCSCLR	–

13 다음 동작 조건에 가장 적합한 회로를 설계하여 미완성 회로를 점선 안에 완성하시오.

[동작]

1. S를 OFF해 놓고 전원이 투입된 상태에서 SS를 L쪽으로 전환하면 동작되는 것이 아무것도 없다. 이때 S를 ON하면 타이머 T_{OF} 에 전원이 공급되고 동시에 전등 L_1 이 즉시 점등된다. 이때 S를 OFF하면 T_{OF} 전원이 차단되고 T_{OF} 초 후에 L_1 이 소등된다.

2. 전원이 투입된 상태에서 SS를 H쪽으로 전환하면 L_2 가 즉시 점등된다. 이때 BS를 누르면(눌렀다 놓으면) FR과 T_{ON} 에 전원이 공급되고 동시에 L_3 가 명멸되고, T_{ON} 시간 후에 FR, T_{ON} 및 L_3 에 전원이 차단된다. SS를 L쪽으로 전환하기 전까지는 L_2 는 계속 점등된다.

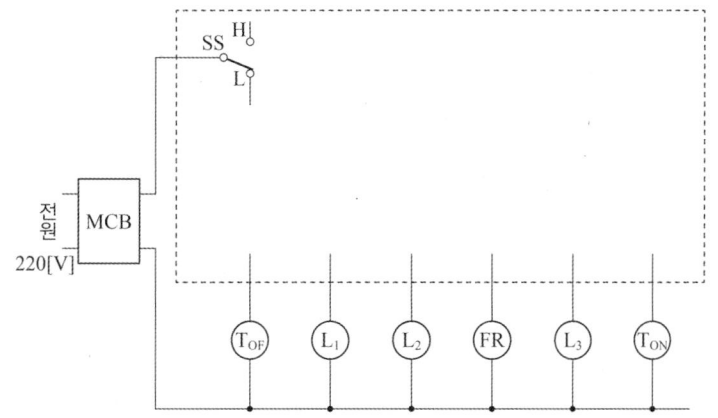

flicker relay 내부 결선도 ON DELAY TIMER 내부 결선도 OFF DELAY TIMER 내부 결선도

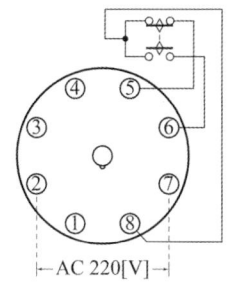 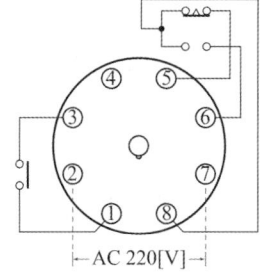 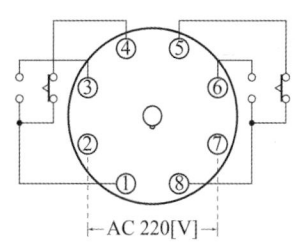

✎ Answer

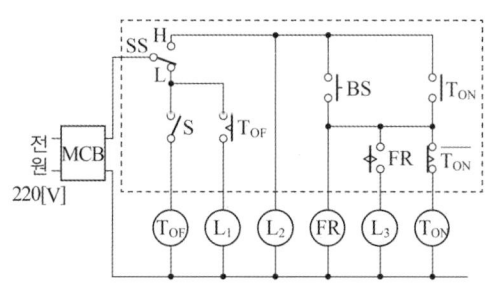

Explanation

- 시한 회로(On delay timer : Ton) : 입력을 주면 설정 시간이 지난 후 동작

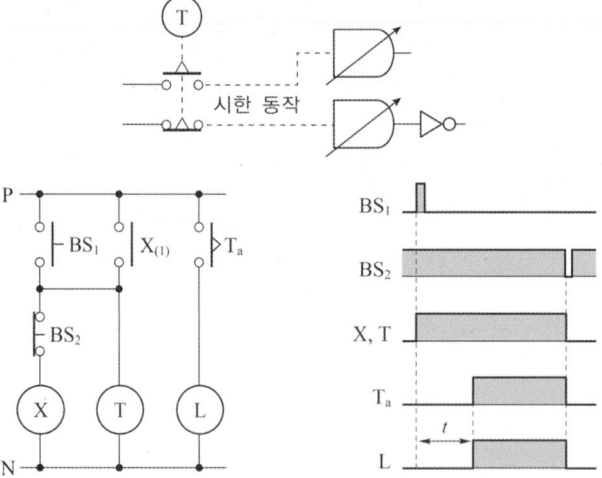

- 시한 복구 회로(Off delay timer Toff) : 정지 입력을 주면 설정 시간(t)이 지난 후 출력이 복구

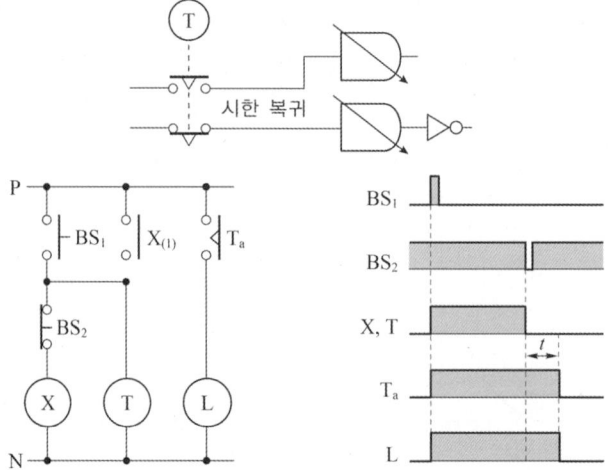

14 농형 유도 전동기의 기동법에서 Y-△ 기동, 리액터기동 회로도를 전기적으로 그리시오.

Answer

- Y-△ 기동의 회로도

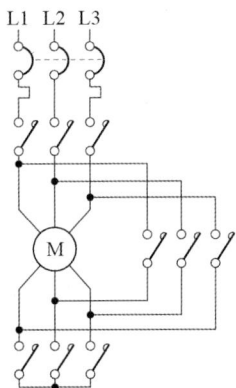

- 리액터 기동 회로도

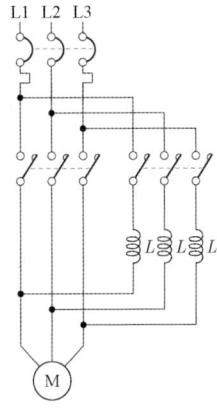

Explanation

- Y-△ 기동의 주회로 결선

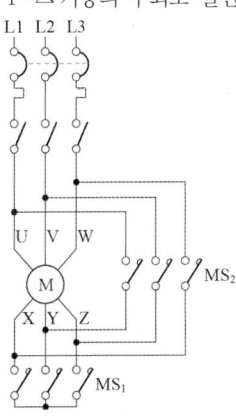

- Y-△ 기동 시의 기동전류는 전전압 기동 전류의 1/3배이며 전원 투입 후 Y결선으로 기동한 후 타이머의 설정 시간이 되면 △결선으로 운전한다. 이때 Y결선은 정지하며 Y와 △는 동시투입이 되어서 안 된다(인터록).

- 리액터 기동 회로도

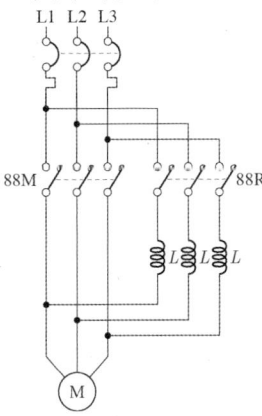

- 리액터 기동은 기동 시 기동전압을 낮추어 감전압 기동하기 위하여 리액터를 이용하여 기동하고 설정 시간 후에는 정상적인 3상 운전이 되도록 한 기동법이다.

15 그림은 유도 전동기의 Y-△ 기동의 로직 시퀀스이다. BS는 'L' 입력형(타임차트 참조)이고 FF는 $\overline{R}\,\overline{S}$-latch이다. 물음에 답하시오.

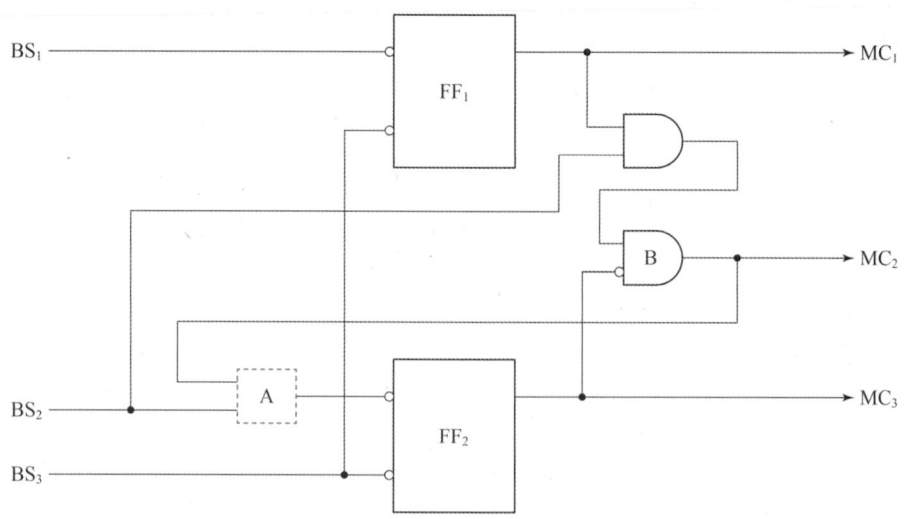

(1) BS_1을 누르면 (①)과 (②)가 동작하여 Y권선 기동하고 BS_2를 누르면 (③)이 복귀한 후 (④)가 동작하여 △운전한다. ① ~ ④에서 MC_1, MC_2, MC_3 중에 골라 넣어라.

(2) 그림에서 A와 B의 기능을 한마디로 쓰시오.

(3) 그림에서 A에 알맞은 회로를 그리시오. (예 : ⟶⟆⟶)

(4) 타임차트의 MC_1, MC_2, MC_3를 그려 넣으시오.

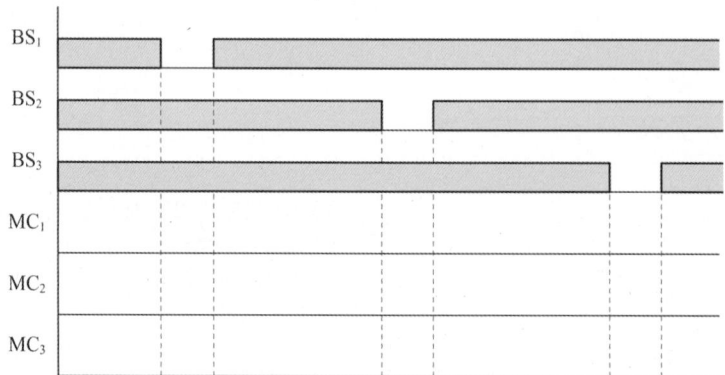

Answer

(1) ① MC_1 ② MC_2 ③ MC_2 ④ MC_3
(2) 인터록
(3)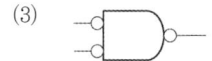

(4)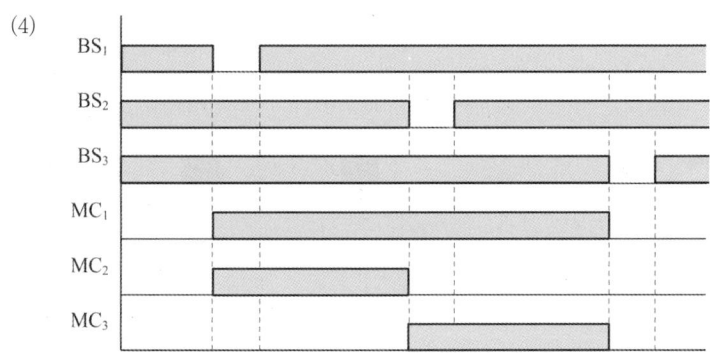

Explanation

- Y-△ 기동의 주회로 결선

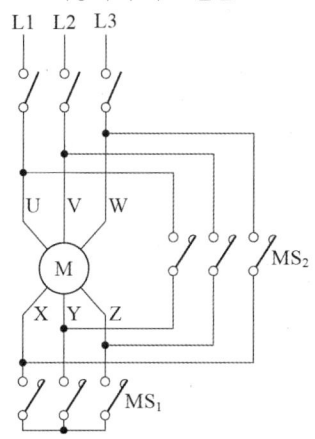

- Y-△ 기동 시의 기동전류는 전전압 기동 전류의 1/3배이며 전원 투입 후 Y결선으로 기동한 후 타이머의 설정 시간이 되면 △결선으로 운전한다. 이때 Y결선은 정지하며 Y와 △는 동시투입이 되어서 안 된다(인터록).

- 문제에서의 전자접촉기
  - MC_1 : 주전원
  - MC_2 : Y 기동
  - MC_3 : △ 운전
- MC_2와 MC_3의 동시동작 금지
-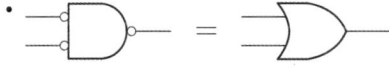

NAND 게이트로 된 R-S 래치
- NAND 게이트로 된 기본 플립플롭 회로에서, 두 입력이 모두 1이면 플립플롭의 상태는 전 상태를 그대로 유지하게 된다.
- 순간적으로 S 입력에 0을 가하면 Q는 1로, Q'는 0으로 바뀐다.
- S를 1로 바꾼 뒤에 R 입력을 0을 가하면 플립플롭은 클리어 상태가 된다.
- 두 입력이 동시에 0으로 될 때는 두 출력이 모두 1이 되기 때문에 정상적인 플립플롭 작동에서는 피해야 한다.

2회 2003년 전기공사기사 실기

01 ★☆☆☆☆
심벌의 명칭을 쓰시오.

(1) ▬▬▬▬▬ PBD

(2) ▬▬∿∿∿▬▬

(3) | M D |

(4) ▢
　　◯

(5) ◯──//──●→ C10

Answer

(1) 플러그인 버스 덕트
(2) 익스펜션 버스 덕트
(3) 금속 덕트
(4) 벨
(5) 콘크리트주 10[m]로 지선주 및 보통지선 신설

Explanation

(KS C 0301) 옥내배선용 그림 기호(버스덕트)

명칭	그림기호	적요
버스 덕트	▬▬▬▬	① 필요에 따라 다음 사항을 표시한다. 　• 피더 버스 덕트　　　　FBD 　　플러그인 버스 덕트　　PBD 　　트롤리 버스 덕트　　　TBD 　• 방수형인 경우는 WP 　• 전기방식, 정격전압, 정격전류 　　보기: ▬▬▬▬▬▬ 　　　　　FBD3φ　3W　300V　600A ② 익스팬션을 표시하는 경우는 다음과 같다. 　　　　　　▬▬∿∿▬▬ ③ 옵셋을 표시하는 경우는 다음과 같다. 　　　　　　▬▬▬▬ ④ 탭붙이를 표시하는 경우는 다음과 같다. 　　　　　　▬▬▼▬▬ ⑤ 상승, 인하를 경우는 다음과 같다. 　상승 ▬▬▱↗　　　인하 ▬▬▱↘ ⑥ 필요에 따라 정격전류에 의해 나비를 바꾸어 표시하여도 좋다.

BEST
02 ★★☆☆☆
그림은 전류 동작형 누전 차단기의 원리를 나타낸 것이다. 여기에서 저항 R의 설치목적은?

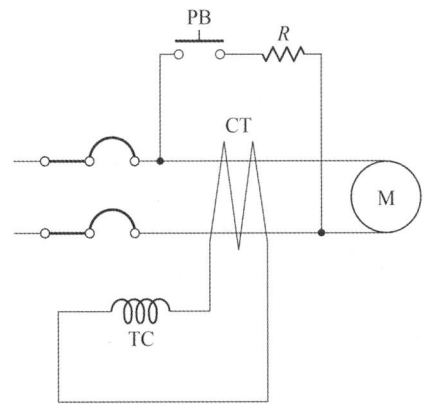

Answer

누전 차단기 자체 동작 시험 시 흐르는 전류를 일정 값 이상으로 흐르지 못하게 억제

03 ★★☆☆☆
전선의 종류에서 강심 알루미늄 연선의 약호와 규격 4종류 및 용도를 쓰시오.

Answer

① 약호 : ACSR
② 규격
 • 96[mm²]
 • 160[mm²]
 • 240[mm²]
 • 330[mm²]
③ 용도
 • 큰 인장하중을 필요로 하는 가공전선 및 특고압 중성선에 사용
 • 코로나 방지가 필요한 초고압 송·배전선로에 사용

Explanation

KSC 3113 강심 알루미늄 연선(ACSR) 규격
19, 32, 58, 80, 96, 120, 160, 200, 240, 330, 410, 520, 610[mm²]

04 ★★★★★
변압기의 병렬운전 조건 5가지만 쓰시오.

Answer

① 극성이 같을 것
② 1, 2차 정격전압 및 권수비가 같을 것
③ %임피던스 강하가 같을 것
④ 내부저항과 리액턴스의 비가 같을 것
⑤ 상회전 방향과 각 변위가 같을 것(3상 변압기)

> Explanation

병렬운전 조건	조건이 맞지 않는 경우
① 1, 2차 정격 전압 및 권수비가 같을 것	순환전류가 흘러 권선이 가열
② 극성이 일치 할 것	큰 순환전류가 흘러 권선이 소손
③ %임피던스 강하(임피던스 전압)가 같을 것	부하의 분담이 용량의 비가 되지 않아 부하의 부담이 균형을 이룰 수 없다.
④ 내부 저항과 누설 리액턴스의 비가 같을 것	각 변압기의 전류 간에 위상차가 생겨 동손이 증가
⑤ 상회전 방향과 각 변위가 같을 것	

BEST 05

사무소 건물의 총 설비용량이 전등, 전열부하 500[kVA] 동력부하가 600[kVA]이다. 전등전열 부하수용률은 70[%], 동력부하 수용률은 60[%], 전등전열 및 동력부하간의 부등률이 1.25라고 한다. 배전선로의 전력 손실이 전등, 전열, 동력 모두 부하전력의 10[%]라고 하면 변전실의 최대전력은 몇 [kVA]인가?

- 계산 :
- 답 :

> Answer

계산 : 전등부하 최대수용전력 $= 500 \times 0.7 = 350$ [kVA]

동력부하 최대수용전력 $= 600 \times 0.6 = 360$ [kVA]

변전실 최대수용전력 $= \dfrac{350+360}{1.25} \times (1+0.1) = 624.8$ [kVA]

답 : 624.8[kVA]

> Explanation

- 합성최대전력[kVA] $= \dfrac{\text{설비용량[kVA]} \times \text{수용률}}{\text{부등률}}$
- 배전선로의 손실이 10[%] 있으므로 변전실에 공급되야 하는 최대전력은 계산값의 10[%]를 더 공급하여야 한다.

06 ★☆☆☆☆

Hook-on 식 접지저항 측정기 사용 시 유의사항 2가지만 쓰시오.

> Answer

① 접지봉을 병렬로 타설할 경우 접지저항 측정 기준 및 측정 지점에 유의할 것
② 활선 상태에서 측정하므로 안전에 주의할 것

07 배전선로에서 전선공사 흐름도이다. (1), (2)번 빈 공간에 흐름도가 옳도록 완성하시오.

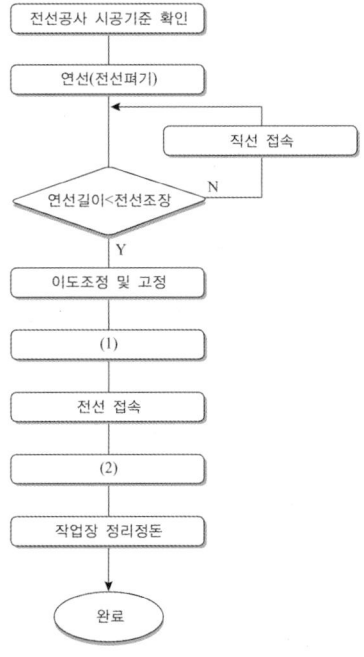

Answer

(1) 바인드 시공　　(2) 절연 처리

Explanation

배전선로에서 전선공사 흐름도

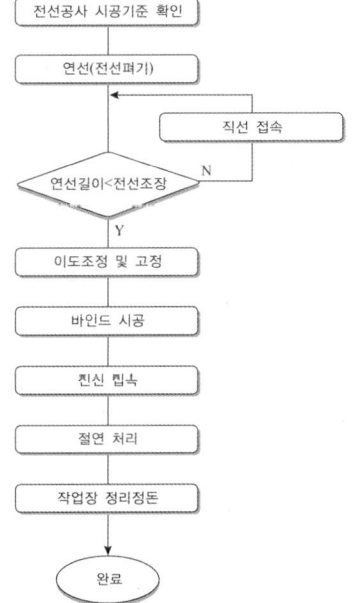

08 그림은 합성수지관의 접속도이다. 설명을 읽고 어떤 커플링 접속법인지 답하시오.

[설명]
① 양쪽의 관단내면을 관두께의 1/3 정도 남을 때까지 깎아낸다.
② 커플링 안지름 및 관의 송출부 바깥지름을 잘 닦는다.
③ 커플링 안지름 및 관 접속부 바깥지름에 접착제를 엷게 고루 바른다.
④ 한쪽의 관을 들어올려서 커플링을 다른 쪽 관에 보내서 소정의 접속부로 복원시킨다.
⑤ 토치램프 등으로 커플링을 사방에서 타지 아니하도록 가열해서 복원시켜 접속을 완료한다.

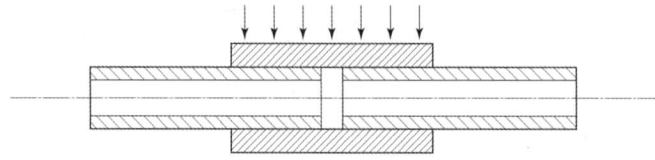

Answer

유니온 커플링

Explanation

금속관 공사 부품
- 커플링 : 관과 관을 접속
- 유니온 커플링 : 관과 관을 접속(관을 돌릴 수 없는 경우). 전선관 상호의 접속용으로 관이 고정되어 있을 때, 또는 관의 양측을 돌려서 접속할 수 없는 경우에 사용되는 부속품

(내선규정 100-2) 합성수지관의 접속도 예
- TS 커플링을 쓰는 관 상호 접속
- 컴비네이션 커플링에 의한 관 상호 간의 신축 접속
- 유니온 커플링에 의한 잇달은 접속
- 커넥터에 의한 박스와 관과의 접속
- 커넥터를 사용하지 않은 박스와 관과의 접속

09 다음 빈 칸에 알맞은 용어로 채우시오.

(1) 과전류 차단기라 함은 배선용 차단기, 퓨즈, 기중차단기와 같이 (①) 및 (②)를 자동 차단하는 기능을 가진 기구를 말한다.

(2) 누전차단장치라 함은 전로에 지락이 생겼을 경우에 부하기기 금속제 외함 등에 발생하는 (③) 또는 (④)를 검출하는 부분과 차단기 부분을 조합하여 자동적으로 전로를 차단하는 장치를 말한다.

(3) 배선용 차단기라 함은 전자 작용 또는 바이메탈의 작용에 의하여 (⑤)를 검출하고 자동으로 차단하는 (⑥) 차단기로서 그 최소 동작전류가 정격전류의 100[%]와 (⑦) 사이에 있고, 외부에서 수동, 전자적 또는 전동적으로 조작할 수 있는 것을 말한다.

(4) 과전류라 함은 과부하전류 및 (⑧)를 말한다.

(5) 중성선이라 함은 (⑨) 전로에서 전원의 (⑩)에 접속된 전선을 말한다.

Answer

(1) ① 과부하전류
    ② 단락전류
(2) ③ 고장전압
    ④ 지락전류
(3) ⑤ 과전류
    ⑥ 과전류
    ⑦ 125[%]
(4) ⑧ 단락전류
(5) ⑨ 다선식
    ⑩ 중성극(중성점)

Explanation

(내선규정 1,300) 용어
- 과전류 차단기란 배선용 차단기, 퓨즈, 가중 차단기와 같이 과부하전류 및 단락전류를 자동차단하는 기능을 가진 기구를 말한다.
- 누전차단장치란 전로에 지락이 생겼을 경우에 부하 기기 금속 외함 등에 발생하는 고장전압 또는 지락전류를 검출하는 부분과 차단기 부분을 조합하여 자동적으로 전로를 차단하는 장치를 말한다.
- 배선용 차단기란 전자작용 또는 바이메탈의 작용에 의하여 과전류를 검출하고 자동으로 차단하는 과전류 차단기로서 그 최소 동작 전류가 정격 전류의 100[%]와 125[%] 사이에 있고, 외부에서 수동, 전자적 또는 전동적으로 조작할 수 있는 것을 말한다.
- 과전류란 과부하전류 및 단락전류를 말한다.
- 중성선이란 다선식전로에서 전원의 중성극에 접속된 전선을 말한다.

10 예비전원 설비가 구비해야 할 4가지를 쓰시오.

Answer

① 비상용 부하의 사용 목적에 적합한 방식이어야 한다.
② 신뢰도가 높아야 한다.
③ 취급·운전 및 조작이 편리해야 한다.
④ 경제성을 갖추어야 한다.

Explanation

(내선규정 1,300-8) 용어정리
예비전원시설이란 정전 시의 비상용 전원으로 설비하는 저압 및 고압발전기 또는 축전지 등을 말하며 비상용 발전기류를 포함한다.

예비전원 설비의 구비 조건
- 비상용 부하의 사용 목적에 적합한 방식이어야 한다.
- 신뢰도가 높아야 한다.
- 취급·운전 및 조작이 편리해야 한다.
- 경제성을 갖추어야 한다.

11. 장선기(시메라)는 어떤 용도로 쓰이는 공구인가?

Answer

적당한 딥(Dip)을 취하기 위해 전선을 당길 때 사용하는 기구

Explanation

장선기(張線器, wire grip)
전선을 가선함에 있어서 적당한 딥(dip)을 취하기 위해서 전선을 당길 때 사용하는 기구. 전선을 잡아서 고정시키고 나사로 죄는 구조

BEST 12. 옥내에서 전선을 병렬로 사용하는 경우의 원칙 5가지만 쓰시오.

Answer

① 전선의 굵기는 동 50[㎟] 이상 또는 알루미늄 70[㎟] 이상으로 하고, 전선은 같은 도체, 같은 재료, 같은 길이 및 같은 굵기의 것을 사용할 것
② 같은 극의 각 전선은 동일한 터미널러그에 완전히 접속할 것
③ 같은 극인 각 전선의 터미널러그는 동일한 도체에 2개 이상의 리벳 또는 2개 이상의 나사로 접속할 것
④ 병렬로 사용하는 전선에는 각각에 퓨즈를 설치하지 말 것
⑤ 교류회로에서 병렬로 사용하는 전선은 금속관 안에 전자적 불평형이 생기지 않도록 시설할 것

Explanation

(KEC 123조) 전선의 접속 중 전선의 병렬 사용
① 전선의 굵기는 동 50[㎟] 이상 또는 알루미늄 70[㎟] 이상으로 하고, 전선은 같은 도체, 같은 재료, 같은 길이 및 같은 굵기의 것을 사용할 것
② 같은 극의 각 전선은 동일한 터미널러그에 완전히 접속할 것
③ 같은 극인 각 전선의 터미널러그는 동일한 도체에 2개 이상의 리벳 또는 2개 이상의 나사로 접속할 것
④ 병렬로 사용하는 전선에는 각각에 퓨즈를 설치하지 말 것
⑤ 교류회로에서 병렬로 사용하는 전선은 금속관 안에 전자적 불평형이 생기지 않도록 시설할 것

전선을 병렬로 사용하는 경우

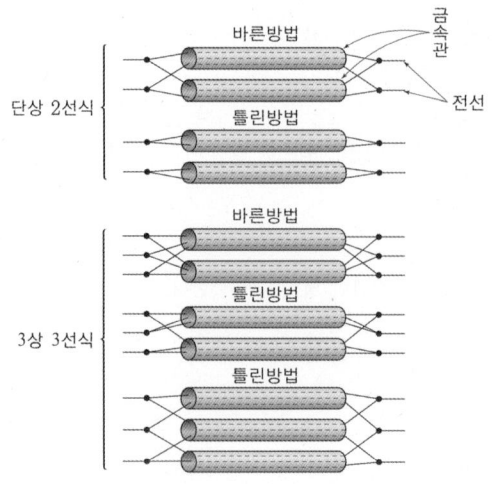

BEST 13

전기재료 할증에 있어서 옥내전선 및 옥외전선의 할증률은 각각 몇 [%]인가?

Answer

- 옥내전선 : 10[%]
- 옥외전선 : 5[%]

Explanation

전기재료 할증

종류	할증률[%]
옥외전선	5
옥내전선	10
Cable(옥외)	3
Cable(옥내)	5
전선관(옥외)	5
전선관(옥내)	10
Trolley선	1
동대, 동봉	3

14

장주에 경완금을 사용하고, 취부에 각암타이를 사용한 경우이다. 그림에 표시된 ①번부터 ⑦번까지 번호의 자재명을 쓰시오.

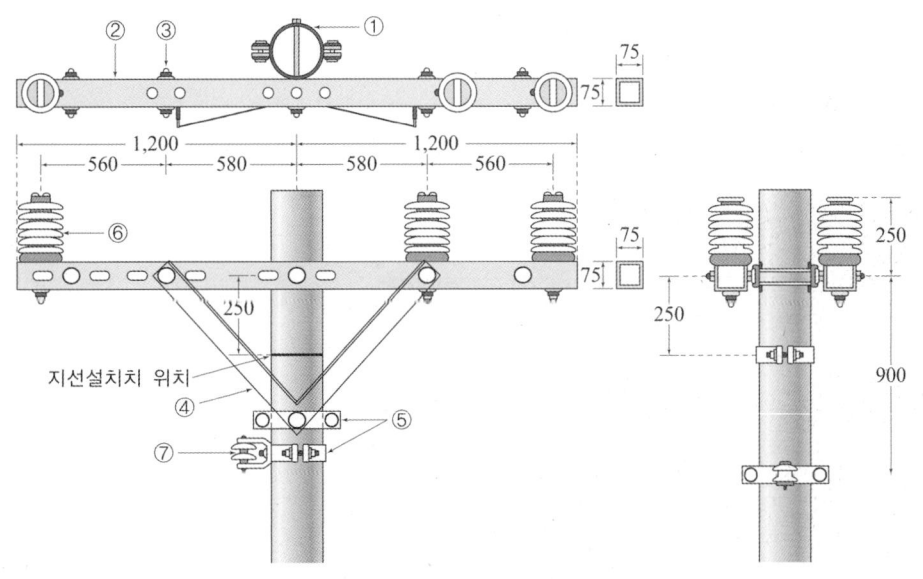

Answer

① 6각 볼트 너트(M볼트) ② 경완금 ③ 6각 볼트 너트 ④ 각암타이
⑤ 암타이밴드 및 랙크밴드 ⑥ 라인포스트애자 ⑦ 저압인류애자

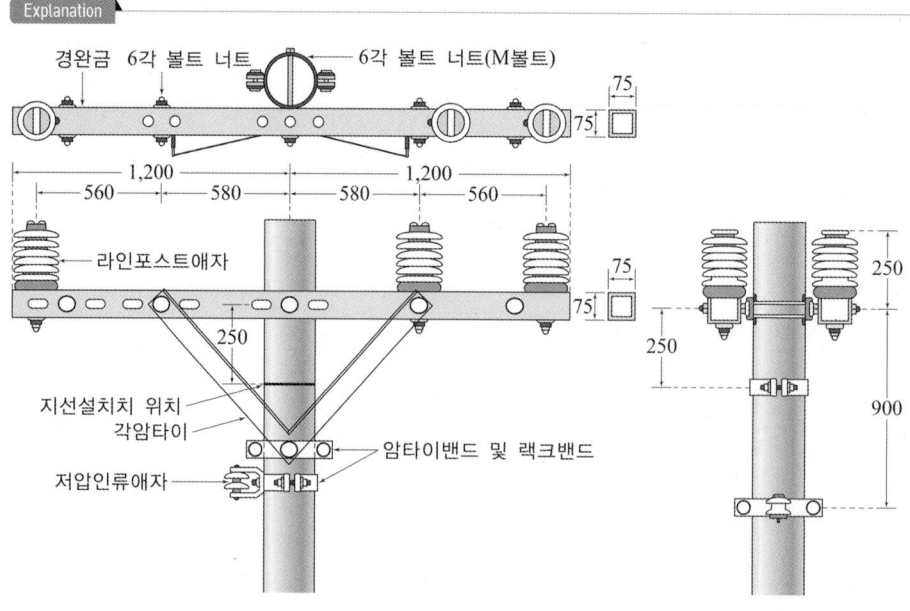

15 ★★★☆

가로 12[m], 세로 18[m], 천장높이 3.0[m], 작업면 높이 0.8[m]인 사무실이 있다. 여기에 천장직부 형광등 기구(40[W], 2등용)를 설치하고자 한다. 다음의 물음에 답하시오.

[조건]
1. 작업면 요구 조도 500[lx], 천장 반사율 50[%], 벽 반사율 50[%], 바닥 반사율 10[%]이고, 보수율 0.7, 40[W] 1개의 광속은 2,750[lm]으로 본다.
2. 조명률 표(기준)

반사율	천장	70[%]				50[%]				30[%]			
	벽	70	50	30	20	70	50	30	20	70	50	30	20
	바닥	10				10				10			
실지수		조명률[%]											
1.5		64	55	49	43	58	51	45	41	52	46	42	38
2.0		69	61	55	50	62	56	51	47	57	52	48	44
2.5		72	66	60	55	65	60	56	52	60	55	52	48
3.0		74	69	64	59	68	63	59	55	62	58	55	52
4.0		77	73	69	65	71	67	64	61	65	62	59	56
5.0		79	75	72	69	73	70	67	64	67	64	62	62

(1) 실지수를 구하시오.
  • 계산 :   • 답 :
(2) 조명률을 구하시오.

(3) 설치 등기구 수량은 몇 개인가?
   • 계산 :   • 답 :
(4) 40[W] 형광등 1개의 소비전력이 50[W]이고, 1일 24시간 연속 점등 할 경우 10일간의 최소 소비전력량을 구하시오.
   • 계산 :   • 답 :

Answer

(1) 실지수 $= \dfrac{XY}{H(X+Y)} = \dfrac{12 \times 18}{(3.0-0.8)(12+18)} = 3.27$ 답 : 3.0

(2) 표에서 천장 반사율 50[%], 벽 반사율 50[%], 실지수 3.0을 이용하여 찾으면 63%   답 : 63[%]

(3) 계산 : $N = \dfrac{ESD}{FU} = \dfrac{500 \times 12 \times 18 \times \dfrac{1}{0.7}}{2,750 \times 2 \times 0.63} = 44.53$ [등]   답 : 45[등]

(4) 계산 : $W = 50 \times 2 \times 45 \times 24 \times 10 \times 10^{-3} = 1,080$ [kWh]   답 : 1,080[kWh]

Explanation

(1) 실지수(방지수) $= \dfrac{XY}{H(X+Y)}$

   여기서, H : 등의 높이 $-$ 작업면 높이[m]
          X : 방의 가로[m]
          Y : 방의 세로[m]

여기서, 실지수는 가까운 값을 선정하므로 계산에 3.27이지만 3.0을 사용한다(아래 표 참조).

• 실지수표

기호	A	B	C	D	E	F	G	H	I	J
실지수	5.0	4.0	3.0	2.5	2.0	1.5	1.25	1.0	0.8	0.6
범위	4.5 이상	4.5~3.5	3.5~2.75	2.75~2.25	2.25~1.75	1.75~1.38	1.38~1.12	1.12~0.9	0.9~0.7	0.7 이하

(2) 조명률 찾는 법

반사율	천장	70[%]				50[%]				30[%]			
	벽	70	50	30	20	70	50	30	20	70	50	30	20
	바닥	10				10				10			
실지수		조명률[%]											
1.5		64	55	49	43	58	51	45	41	52	46	42	38
2.0		69	61	55	50	62	56	51	47	57	52	48	44
2.5		72	66	60	55	65	60	56	52	60	55	52	48
3.0		74	69	64	59	68	63	59	55	62	58	55	52
4.0		77	73	69	65	71	67	64	61	65	62	59	56
5.0		79	75	72	69	73	70	67	64	67	64	62	62

(3) 조명계산

$FUN = ESD$

여기서, F[lm] : 광속

U[%] : 조명률

N[등] : 등수

E[lx] : 조도

S[m^2] : 면적

$D = \dfrac{1}{M}$: 감광보상율 $= \dfrac{1}{보수율}$

등수 $N = \dfrac{ESD}{FU}$ 이며 등수계산에서 소수점은 무조건 절상한다.

40[W] 2등용이므로 40[W] 1등의 광속이 2,750[lm]이므로 전광속은 $F = 2,750 \times 2 = 5,500$[lm]

(4) 문제에서 40[W] 형광등 1개의 소비전력이 50[W]라고 하였으므로 10일간 소비전력량

$W = Pt = 50 \times 2(소비전력) \times 45등 \times 24시간 \times 10일 \times 10^{-3} = 1,080$[kWh]

16 ★★★☆☆

다음의 전등 점멸에 대한 동작 설명을 읽고 답안지의 미완성 회로를 완성하시오.

(1) 전등 L_1, L_2, L_3가 모두 소등된 상태에서 누름 버튼스위치 BS$_1$, BS$_2$, BS$_3$ 중 어느 하나를 한 번 누르면(눌렀다 놓으면) 전등 L_1, L_2, L_3가 동시에 점등되고 다시 한 번 누르면 전등 L_1, L_2, L_3는 동시에 소등된다. 이런 동작이 계속 반복된다.

(2) X_1 및 X_2는 8Pin Relay(2a 2b), X_3는 14Pin Relay(4a 4b)를 사용하시오.

(3) 도면에 일부 표시한 회로를 최대한 활용하시오.

(4) 사용될 Relay 접점은 도면에 제시한 것 외에 추가로 사용되는 것이 다음과 같으며 회로를 정확히 구성하시오.

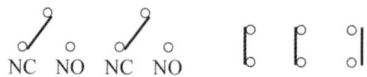

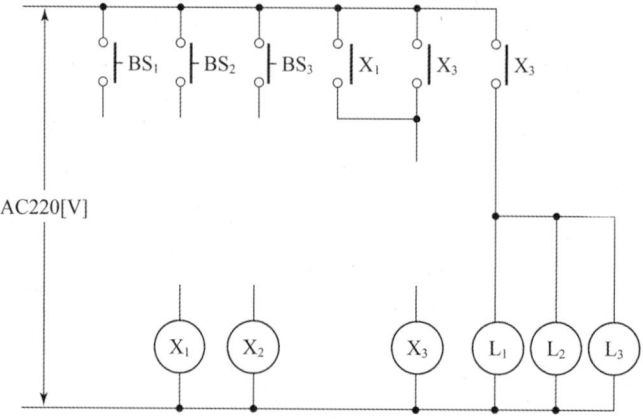

전등 점멸 회로 미완성 결선도

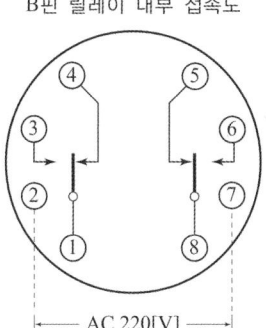

B핀 릴레이 내부 접속도

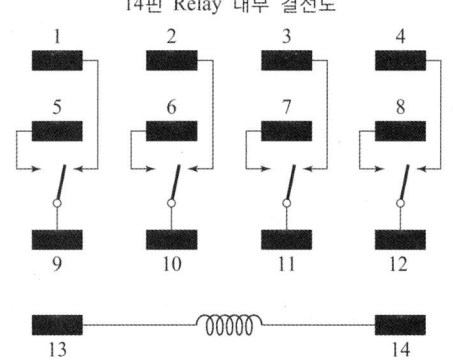

14핀 Relay 내부 결선도

Answer

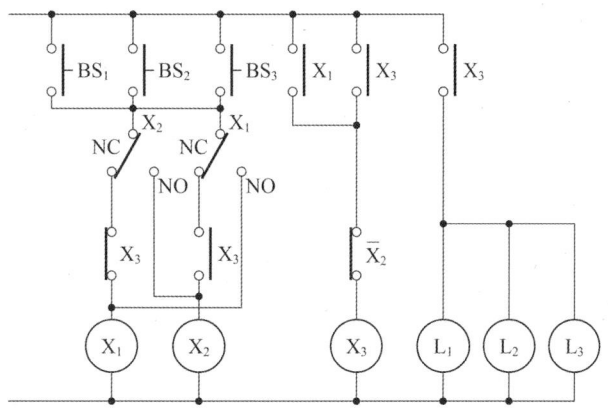

Explanation

플리커 릴레이

- BS_1, BS_2, BS_3 중 어느 하나를 한 번 누르면

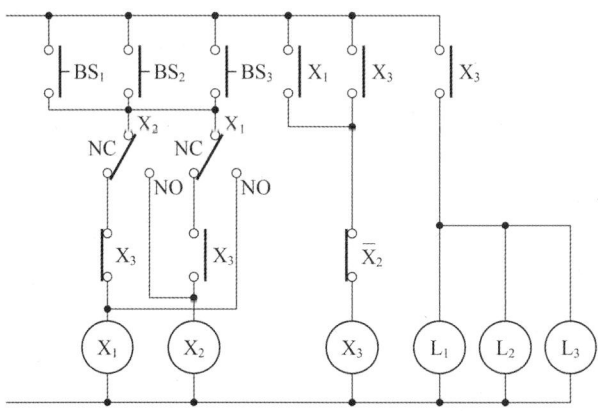

- BS_1, BS_2, BS_3 중 어느 하나를 두 번째 누르면

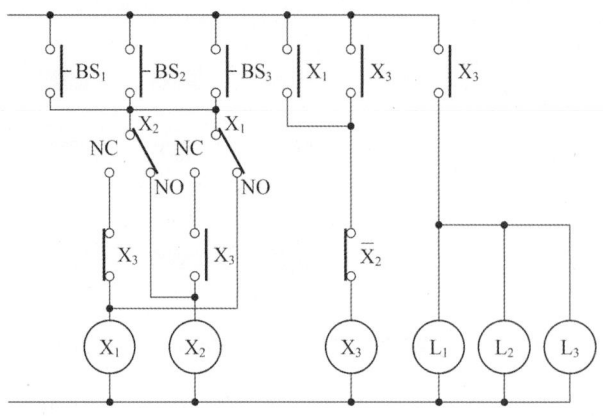

17 다음 그림은 전동기의 정역운전 회로이다. 물음에 답하시오.

(1) 도면에서 점선의 빈칸에 알맞은 접점기호를 쓰시오.

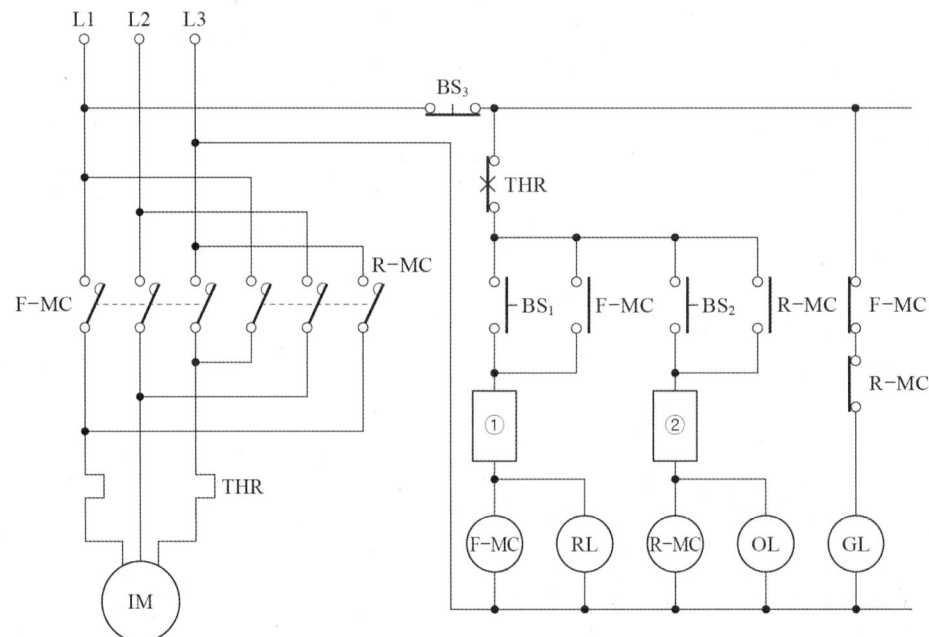

(2) F-MC와 R-MC의 논리식을 쓰시오.

(3) 논리회로에서 ①, ②에 알맞은 심벌은?

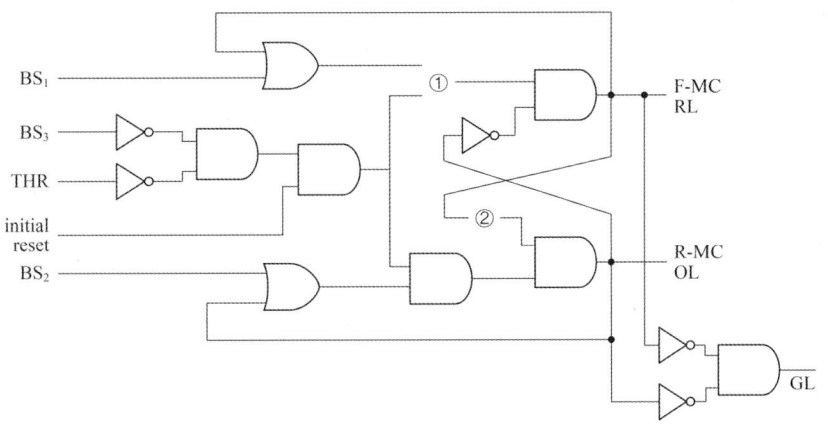

Answer

(1) ①  ②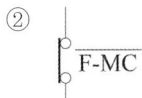

(2) $F-MC = \overline{BS_3} \cdot \overline{THR} \cdot (BS_1 + F-MC) \cdot \overline{R-MC}$

  $R-MC = \overline{BS_3} \cdot \overline{THR} \cdot (BS_2 + R-MC) \cdot \overline{F-MC}$

(3) ① 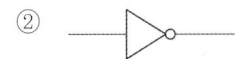 ② ▷○─

Explanation

전동기 정·역운전 회로
- 정·역운전 회로의 구성
  - 자기유지 회로
  - 인터록 회로
- 정·역운전 주회로 결선 : 전원의 3선 중 2선의 접속을 바꾼다.

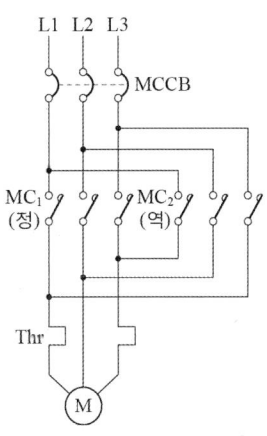

• 회로 및 타임차트

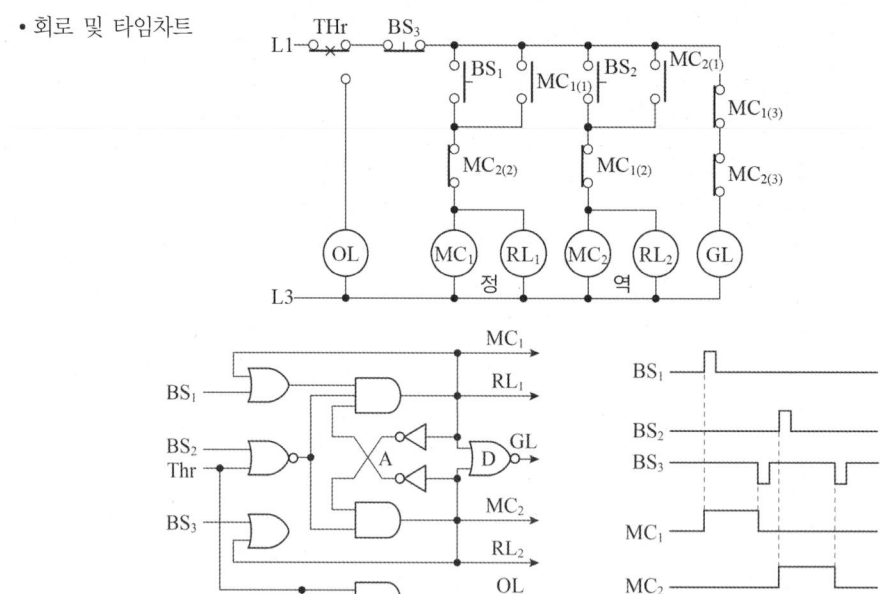

4회 2003년 전기공사기사 실기

BEST 01 ★★★★★

그림과 같이 외등용 전선관을 지중에 매설하려고 한다. 터파기(흙파기)량은 얼마인가? 단, 매설거리는 50[m]이고, 전선관의 면적은 무시한다.

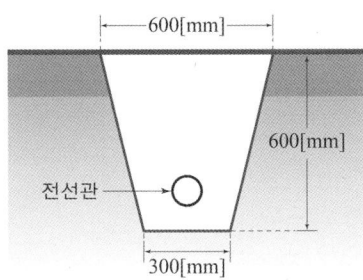

Answer

$$V = \frac{a+b}{2} \times h \times L = \frac{0.6+0.3}{2} \times 0.6 \times 50 = 13.5 [\text{m}^3]$$

답 : 13.5[m³]

Explanation

줄기초 파기 : 전선관 매설

터파기량[m³] = $\left(\dfrac{a+b}{2}\right) \times h \times$ 줄기초 길이

BEST 02 ★★★★★

예비전원에 시설하는 저압 발전기에서 부하에 이르는 전로에는 발전기의 가까운 곳에 쉽게 개폐 및 점검을 할 수 있는 곳에 무엇을 시설하여야 하는지 4가지를 쓰시오.

Answer

① 개폐기
② 과전류 차단기
③ 전압계
④ 전류계

Explanation

(내선규정 4,168-3) 예비전원 고압발전기
예비전원으로 시설하는 고압발전기에서 부하에 이르는 전로에는 발전기에 가까운 곳에 개폐기, 과전류차단기, 전압계 및 전류계를 다음 각 호에 의해 시설하여야 한다.
① 각 극에 개폐기 및 과전류 차단기를 시설할 것
② 전압계는 각 상의 전압을 읽을 수 있도록 시설할 것
③ 전류계는 각 선(중성선 제외)의 전류를 읽을 수 있도록 시설할 것

03 지선 및 지주공사에 지선공사용 자재 6가지만 쓰시오.

Answer

① 지선밴드
② 아연도철선(지선)
③ 지선애자
④ 지선커버
⑤ 지선로드
⑥ 콘크리트 근가

Explanation

그 외에도,
⑦ 지선클램프
⑧ 앵커

지선 설치

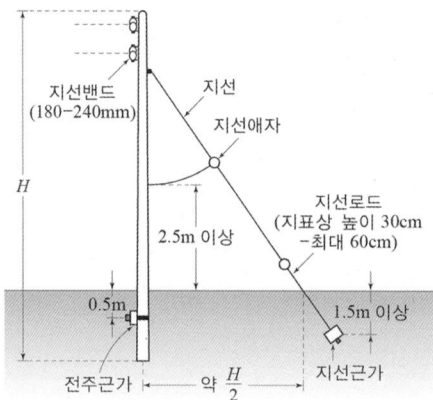

04 조도 계산에 필요한 요소에서 조도 계산을 하기 전에 건축도면을 입수하여 어떠한 사항을 검토하여야 하는지 4가지만 쓰시오.

Answer

① 방의 마감 상태(천장, 벽, 바닥 등의 반사율)
② 방의 사용 목적과 작업내용
③ 방의 크기(가로, 세로, 높이)
④ 보와 기둥의 간격, 공조 덕트 등 설비와 천장 내부의 상태

05 교류회로 금속관 공사에서 1개 회로의 전선 전부를 동일한 전선관에 넣어 설치하여야 하는 이유는?

Answer

전자적 불평형 방지

Explanation

(내선규정 2,225-2) 전자적 평형
교류회로는 1회로의 전선 전부를 동일 관내에 넣는 것을 원칙으로 한다. 다만, 동극 왕복선을 동일 관내에 넣는 경우와 같이 전자적 평형상태로 시설하는 것은 적용하지 않는다.
[주] 1회로의 전선 전부란 단상 2선식 회로는 2선을, 단상 3선식 회로 및 3상 3선식 회로는 3선을, 3상 4선식 회로는 4선을 말한다.

06 22.9[kV-Y] 지중선로에 사용하는 전력 케이블은?

Answer

CNCV-W 케이블(수밀형) 또는 TR CNCV-W(트리억제형)

Explanation

(내선규정 3,220) 수전설비
지중인입선의 경우에 22.9[kV-Y] 계통은 CNCV-W 케이블(수밀형) 또는 TR CNCV-W(트리억제형)을 사용하여야 한다. 다만, 전력구·공동구·덕트·건물구내 등 화재의 우려가 있는 장소에서는 FR-CNCO-W (난연)케이블을 사용하는 것이 바람직하다.

07 변전소에 설치되는 각종 접지 방법을 답하시오.

[예] 피뢰기
접지망 교점 위치에 설치될 수 있도록 하고 접지도체는 최단거리로 접지망에 연결한다.

대상 기기	접지 방법
(1) 옥외철구	
(2) 차단기	
(3) 전력용 콘덴서	
(4) 배전반	
(5) 계기용 변성기 2차측	
(6) 계기용 변성기	

Answer

대상 기기	접지 방법
(1) 옥외철구	각 주(Post) 마다 접지한다.
(2) 차단기	탱크와 설치가대를 접지한다.
(3) 전력용 콘덴서	개별, 그룹별 중성점을 한데 묶어 1선으로 접지망에 짧게 연결한다.
(4) 배전반	프레임을 접지한다.
(5) 계기용 변성기 2차 측	중성점을 배전반 접지모선에 1점만 접지한다.
(6) 계기용 변성기	단자함과 가대를 접지한다.

> Explanation

변전소 각 기기의 접지

대상 기기	접지 방법
피뢰기	접지망 교점위치에 설치될 수 있도록 하고 접지도체는 최단거리로 접지망에 연결한다.
옥외철구	각 주(Post) 마다 접지한다.
단로기의 조작함 및 핸들가대	조작함 및 핸들 가대를 접지한다.
차단기	탱크와 설치 가대를 접지한다.
주변압기	탱크를 접지한다.
계기용 변성기	단자함과 가대를 접지한다.
전력용 콘덴서	개별, 그룹별 중성점을 한데 묶어 1선으로 접지망에 짧게 연결한다.
분로리액터	탱크를 접지한다.
배전반	프레임(Frame)을 접지한다.
큐비클 및 옥내 파이프, 프레임	큐비클 내의 접지모선을 접지 한다. 옥내 파이프 및 프레임은 각주마다 접지한다.
차폐 케이블	차폐층의 양단을 접지한다.
계기용 변성기 2차 측	중성점을 배전반 접지모선에 1점만 접지한다.
소내변압기	탱크 및 2차 측의 1단을 접지한다.
통신선	보호용 피뢰기의 접지측을 접지한다.
울타리	울타리 내의 모든 철재류는 접지한다.

08 ★☆☆☆☆
다음은 배전설비 표준기호이다. 명칭은?

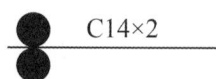

> Answer

콘크리트 전주 14[m] H주(또는 A주) 신설 2본

BEST 09 ★★★★★
수전 차단 용량이 520[MVA]이고, 22.9[kV]에 설치하는 피뢰기용 접지도체의 굵기를 계산하고 선정하시오.

> Answer

계산 : 피뢰기 접지도체 굵기 공식

$A = \dfrac{\sqrt{t}}{282} \cdot I_s = \dfrac{\sqrt{1.1}}{282} \times \dfrac{520 \times 10^3}{\sqrt{3} \times 25.8} = 43.28 [\text{mm}^2]$ 따라서, 50[mm²] 선정   답 : 50[mm²]

> Explanation

- 접지도체 굵기 : $A = \dfrac{\sqrt{t}}{282} \cdot I_s \, [\text{mm}^2]$
- t : 고장 지속 시간 (22[kV] : 1.1[초], 66[kV] : 1.6[초])
- 차단기의 차단용량 $= \sqrt{3} \times$ 차단기의 정격전압 $\times$ 차단기 정격차단전류

  차단기 정격 차단전류 $I_s = \dfrac{\text{차단기의 차단용량}}{\sqrt{3} \times \text{차단기의 정격전압}} = \dfrac{520 \times 10^3}{\sqrt{3} \times 25.8}$
- KSC IEC 전선규격

  1.5, 2.5, 4, 6, 10, 16, 25, 35, 50, 70, 95, 120, 150, 185, 240, 300, 400, 500, 630 [mm²]

10 ★★☆☆☆

가공 배전선로 인입선 공사의 시공 흐름도이다. 차트를 참고하여 ①, ②, ③ 번호의 빈 공간에 흐름도가 옳도록 완성하시오.

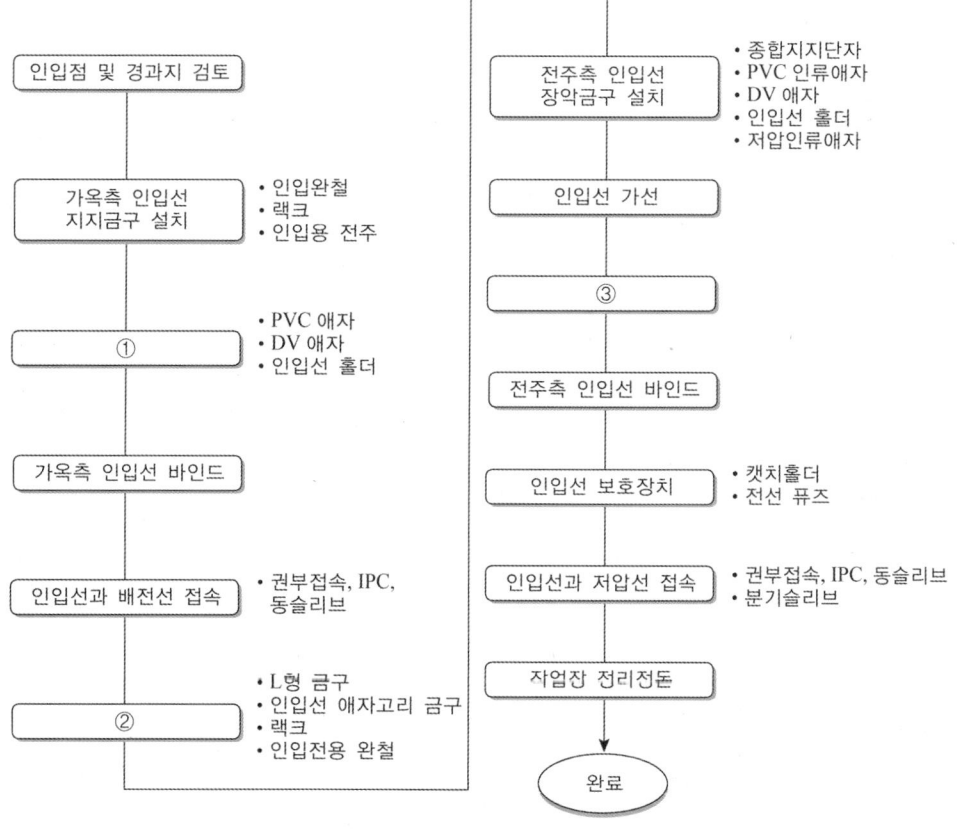

Answer

① 가옥측 인입선 장악금구 설치
② 전주측 인입선 지지금구 설치
③ 인입선 이도조정

> **Explanation**

가공 배전선로 인입선 공사의 시공 흐름도

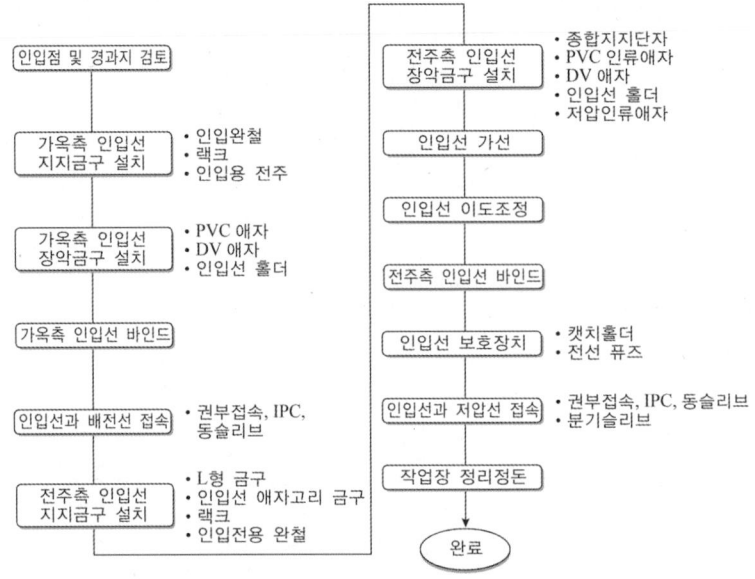

11 철거손실률에 대하여 설명하시오.

> **Answer**

전기설비공사에서 철거 작업 시 발생하는 폐자재를 환입할 때 재료의 파손, 손실, 망실 및 일부 부식 등에 의한 손실률을 말함

> **Explanation**

종류	할증률[%]	철거손실률[%]
옥외전선	5	2.5
옥내전선	10	-
Cable(옥외)	3	1.5
Cable(옥내)	5	-
전선관(옥외)	5	-
전선관(옥내)	10	-
Trolley선	1	-
동대, 동봉	3	1.5

[주] 철거손실률이란 전기설비공사에서 철거 작업 시 발생하는 폐자재를 환입할 때 재료의 파손, 손실, 망실 및 일부 부식 등에 의한 손실률을 말함

12 그림은 3상 4선식 110/220[V](V결선)이다. 그림을 보고 실체도를 그리시오.

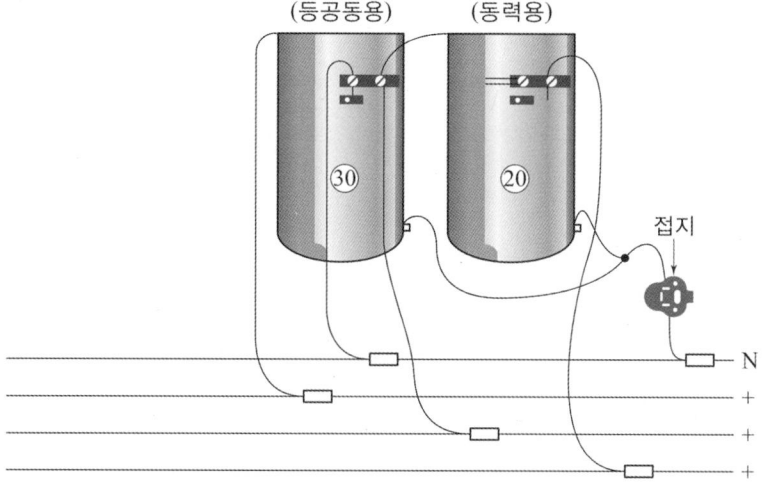

Answer

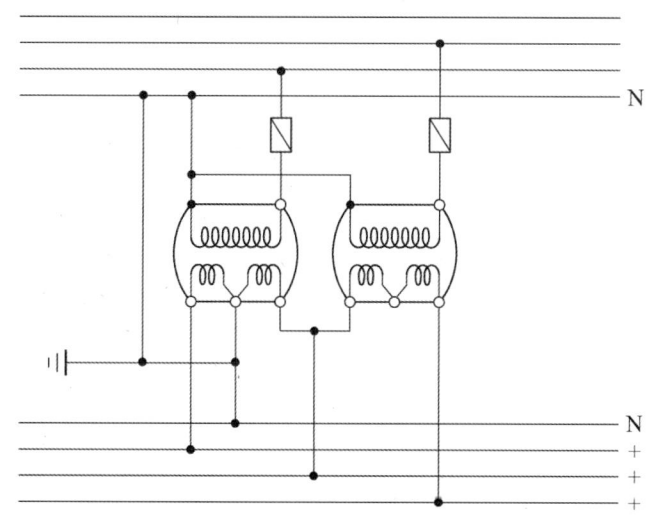

BEST 13 ★★★★★
과전류 차단기 설치가 금지된 장소 3가지만 쓰시오.

Answer

① 접지공사의 접지도체
② 다선식 전로의 중성선
③ 고압 또는 특고압과 저압전로를 결합한 변압기 전로의 일부에 접지공사를 한 저압 가공전선로의 접지 측 전선

Explanation

(KEC 341.12조) 과전류 차단기의 시설 제한
접지공사의 접지도체, 다선식 전로의 중성선, 전로의 일부에 접지공사를 한 저압 가공전선로의 접지 측 전선에는 과전류차단기를 시설하여서는 안 된다.

14 ★☆☆☆☆
다음 물음에 답하시오.
(1) 계장공사의 접지공사에서 신호선 한쪽을 접지하는 것을 무엇이라 하는가?
(2) 발전소의 가공전선 인입구 및 인출구에 전로로부터의 이상전압이 발전소 내로 내습하는 것을 방지하기 위해 설치하는 것은 무엇인가?
(3) 345[kV] 주로 적용되는 철탑기초 형상은?
(4) 장선기(시메라)는 어떤 용도로 쓰이는 공구인가?

Answer

(1) 시스템접지   (2) 피뢰기
(3) 역T형   (4) 전선 가선 시 적정 이도까지 전선을 당겨주는 공구

Explanation

(1) 시스템 접지 : 계장 공사의 접지공사에서 신호선 한쪽을 접지하는 것
(2) 피뢰기 : 이상전압 내습 시 뇌전압을 방전하고 그 속류를 차단
  • 피뢰기 설치 장소
    - 발전소·변전소 또는 이에 준하는 장소의 가공전선 인입구 및 인출구
    - 가공전선로에 접속하는 배전용 변압기의 고압 측 및 특고압 측
    - 고압 및 특고압 가공전선로로부터 공급을 받는 수용장소의 인입구
    - 가공전선로와 지중전선로가 접속되는 곳
(3) 철탑기초 형상

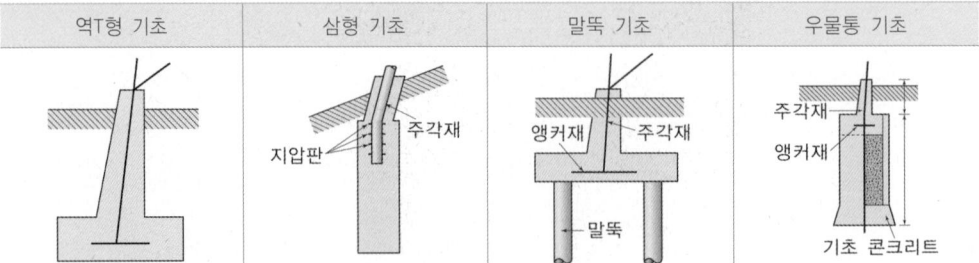

(4) 장선기(張線器, wire grip) : 전선을 가선함에 있어서 적당한 딥(dip)을 취하기 위해서 전선을 당길 때 사용하는 기구. 전선을 잡아서 고정시키고 나사로 죄는 구조

15 다음 미완성 회로에 제시한 기구를 사용하여 신입력 우선회로를 완성하시오. 단, 해당 번호의 기구가 연관되도록 접점을 이용하여 도면을 완성하시오.

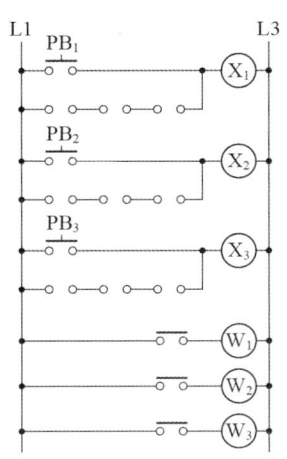

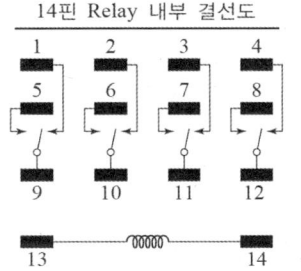

범례
PB₁ - PB₃ : 누름 버튼 스위치
X₁ - X₃ : 14pin 릴레이(4a 4b relay)
W₁ - W₃ : 출력(부하)

14핀 Relay 내부 결선도

Answer

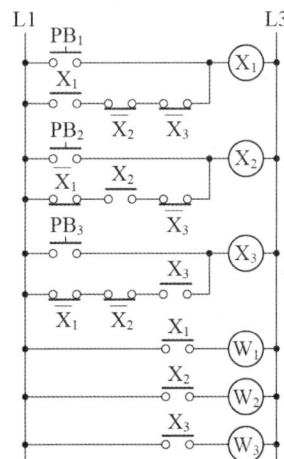

Explanation

- 신입력우선 회로 : 한쪽이 동작하면 다른 한쪽이 복구되는 논리를 가지는 회로로서 동작 중에 다른 것을 동작시키면 다른 쪽이 동작
- 회로 및 타임 차트

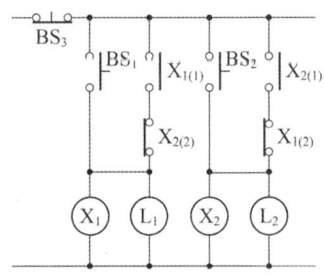
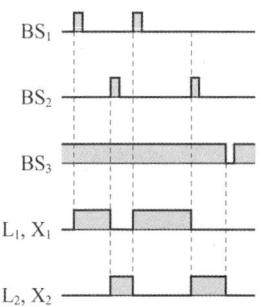

16

★★☆☆☆

그림은 3대의 전동기를 순서에 따라 기동장치를 하는 시퀀스 회로의 일부이다. 물음에 답하시오.

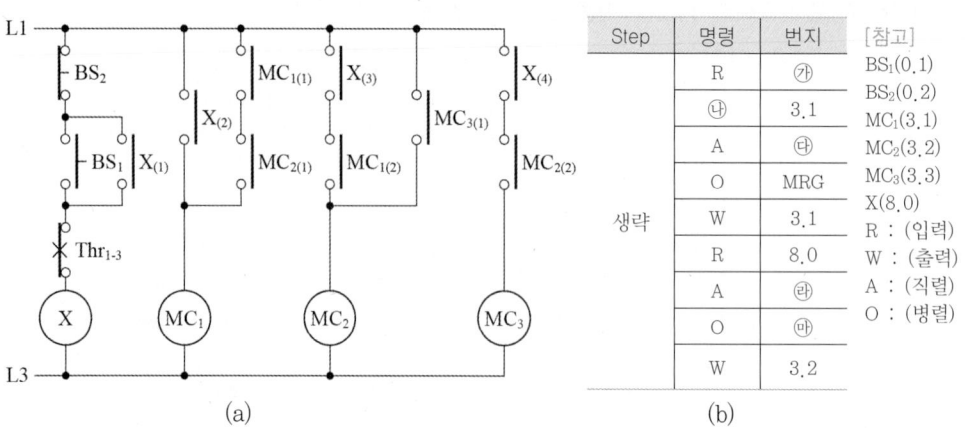

(a)   (b)

(1) 주어진 답안지 로직회로를 각각 2입력 AND, OR 회로로 완성하시오.

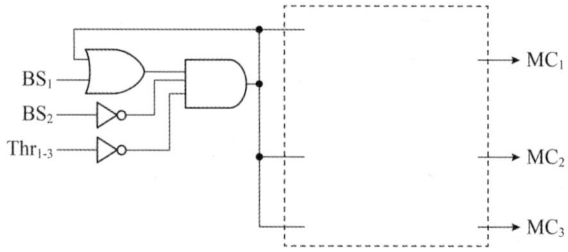

(2) (b)의 PLC 프로그램을 ㉮~㉲항까지 완성하시오.
(3) $MC_1 \sim MC_3$의 정지순서를 차례로 쓰시오.

Answer

(1)
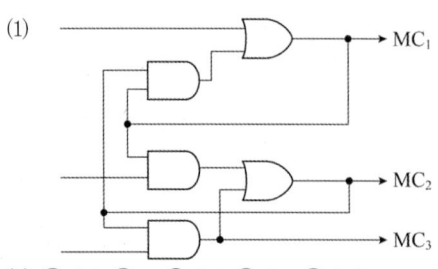

(2) ㉮ 8.0   ㉯ R   ㉰ 3.2   ㉱ 3.1   ㉲ 3.3
(3) $MC_3 \rightarrow MC_2 \rightarrow MC_1$

Explanation

- 기동순서 : $MC_1 \rightarrow MC_2 \rightarrow MC_3$
- 정지순서 : $MC_3 \rightarrow MC_2 \rightarrow MC_1$

17 그림은 특고압 수전설비에 대한 단선 결선도이다. 이 결선도를 보고 다음 물음 (1)~(2)에 답하시오.

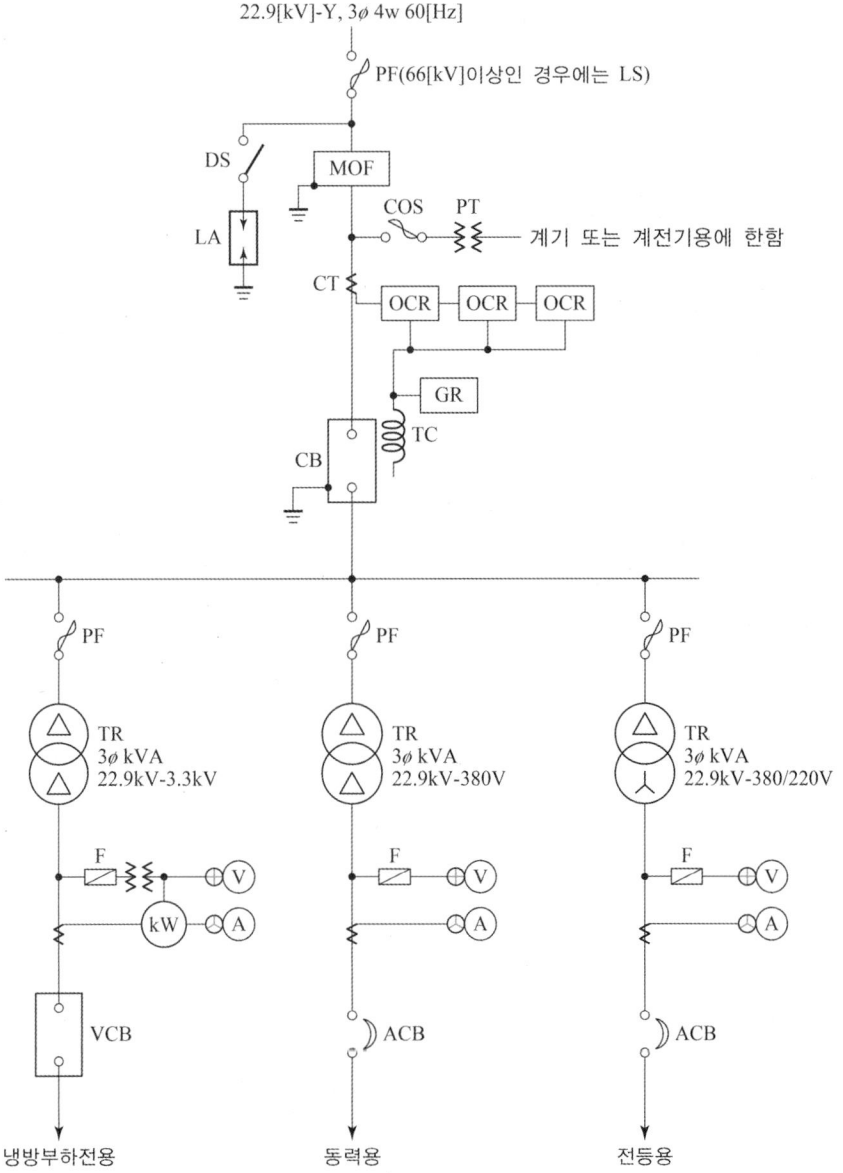

(1) 동력용 변압기에 연결된 동력 부하 설비용량이 300[kW], 부하 역률은 80[%], 효율 85[%], 수용률은 50[%]라고 할 때 동력용 3상 변압기의 용량[kVA]을 계산하고, 변압기 표준 정격 용량 표에서 변압기 용량을 선정하시오.

(2) 변압기 3대로서 △-△ 결선과 △-Y 결선도를 그리시오.

Answer

(1) 변압기 용량$[kVA] = \dfrac{300 \times 0.5}{0.8 \times 0.85} = 220.59[kVA]$

따라서 변압기 표준 정격 용량표에서 250[kVA] 답 : 250[kVA]

(2) △-△결선   (3) △-Y결선

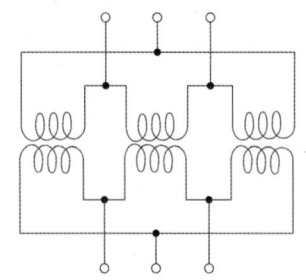
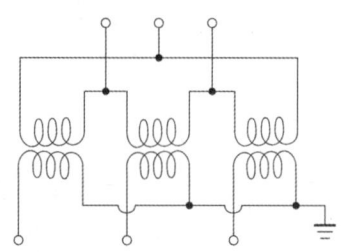

Explanation

변압기 용량$[kVA] = \dfrac{설비용량[kW] \times 수용률}{부등률 \times 역률} = \dfrac{설비용량[kW] \times 수용률}{부등률 \times 역률 \times 효율}$

과년도 기출문제

전기공사기사 실기 2004

- 2004년 제01회
- 2004년 제02회
- 2004년 제04회

2004년 과년도 기출문제에 대한 출제 빈도 분석 차트입니다.
각 회차별로 별의 개수를 확인하고 학습에 참고하기 바랍니다.

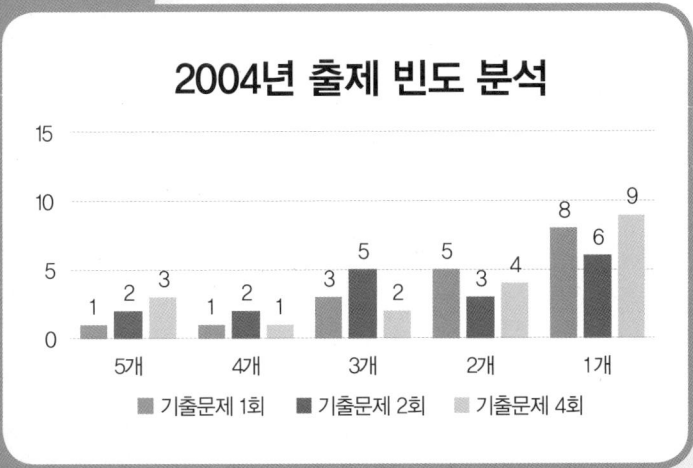

2004년 전기공사기사 실기

01 ★★★☆☆
피뢰기의 정격 전압에서 전압이 22.9[kV]의 배전선로 및 피뢰기를 시설하는 경우 피뢰기의 정격 전압[kV]은 각각 얼마로 적용하는가?

(1) 배전선로 :
(2) 변전소 :

Answer

(1) 18[kV]
(2) 21[kV]

Explanation

(내선규정 3,250-1) 피뢰기의 정격 전압

전력계통		피뢰기 정격 전압[kV]	
전압[kV]	중성점 접지방식	변전소	배전선로
345	유효접지	288	–
154	유효접지	144	–
66	PC 접지 또는 비접지	72	–
22	PC 접지 또는 비접지	24	–
22.9	3상 4선 다중접지	21	18

[주] 전압 22.9[kV] 이하의 배전선로에서 수전하는 설비의 피뢰기 정격전압[kV]은 배전선로용을 적용한다.

02 ★★☆☆☆
합성수지제 PVC의 최소 굵기와 최대 굵기는?

Answer

최소 : 14[mm], 최대 : 100[mm]

Explanation

KSC 8431 경질비닐전선관 규격
14, 16, 22, 28, 36, 42, 54, 70, 82, 100[mm]

03 CONVERTER의 용어를 간단히 설명하시오.

Answer

교류 전력을 직류 전력으로 변환시키는 장치

Explanation

전력용 변환 장치
- 컨버터(converter) : 교류 전력을 직류 전력으로 변환시키는 장치
- 인버터(inverter) : 직류 전력을 교류 전력으로 변환시키는 장치
- 사이클로 컨버터(cycle converter) : 교류 전력을 교류 전력으로 변환시키는 장치
- 초퍼(chopper) : 직류 전력을 직류 전력으로 변환시키는 장치

04 계전기별 고유 번호에서 88Q 명칭은?

Answer

유압 펌프용 개폐기

Explanation

- 88A : 공기 압축기용 개폐기
- 88F : Fan용 개폐기
- 88H : Heater용 개폐기
- 88Q : 유압 펌프용 개폐기
- 88QT : OT순환 펌프용 개폐기
- 88V : 진공 펌프용 개폐기
- 88W : 냉각수 펌프용 개폐기

05 저압 전로에 시설하는 누전차단기 등은 전류 동작형으로서 누전차단기의 조작용 손잡이 또는 누름단추는 어떤 구조의 기구이어야 하는가?

Answer

트립 프리(Trip Free)

Explanation

(내선규정 1,475-2) 누전차단기 선정
저압전로에 시설하는 누전차단기 등은 전류동작형으로 다음 각호에 적합한 것이어야 한다.
① 누전차단기는 충격파 부작동형 일 것
② 누전차단기의 조작용 손잡이 또는 누름단추는 트립 프리(Trip Free) 기구이어야 한다.
③ 누전차단기의 경보장치는 원칙적으로 벨(Bell)식 또는 버저(Buzzer)식인 것으로 할 것

여기서, 트립 프리(Trip Free)란 투입기구가 여자 되어 투입기구가 동작중인 상태에서도 트립이 자유롭게 행하여질 수 있는 기능을 말한다.

BEST 06 ★★★★★

변압기 공사 시공 흐름도이다. ☐ ① ~ ⑥ 빈 공간에 시공흐름도가 옳도록 보기에서 골라 완성하시오.

[보기]

외함 접지도체 연결, COS 설치, 분기고리 설치, 변압기 설치, 내 오손결합애자 설치, 절연처리, COS 투입, 변압기 2차 측 결선, FUSE LINK 조립

[변압기 공사 시공 흐름도]

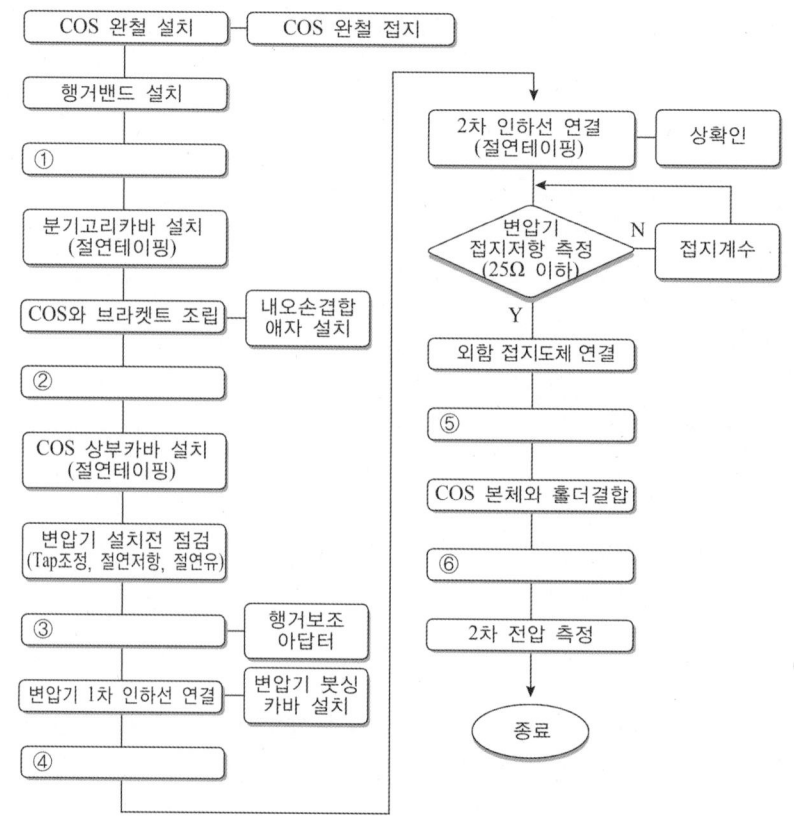

Answer

① 분기고리 설치
② COS 설치
③ 변압기 설치
④ 변압기 2차측 결선
⑤ FUSE LINK 조립
⑥ COS 투입

> Explanation

변압기 공사 시공 흐름도

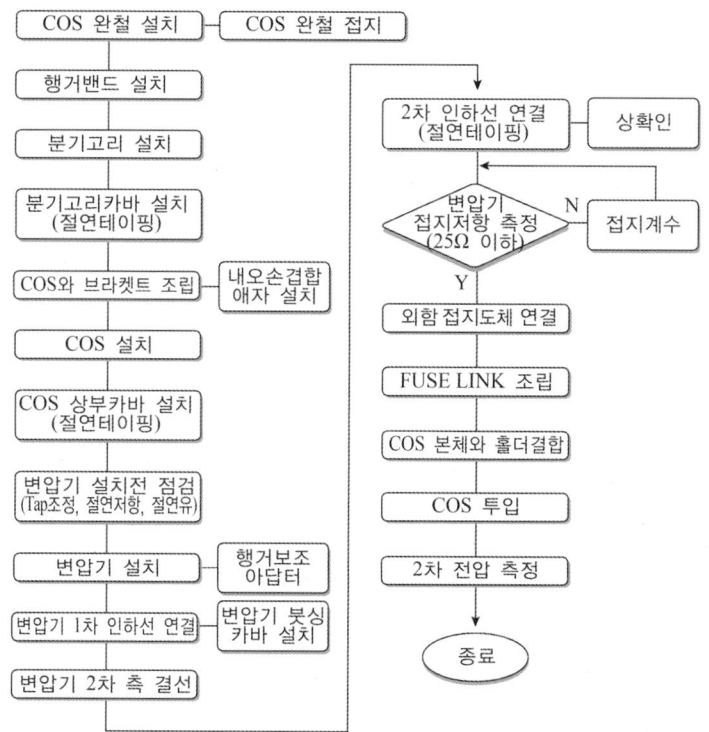

07 ★★★☆☆
변압기의 병렬운전의 결선 조합에서 병렬운전 가능, 병렬운전 불가능한 결선을 구분하여 모두 쓰시오.

> Answer

병렬운전 가능	병렬운전 불가능
△-△와 △-△	△-△와 △-Y
Y-△와 Y-△	△-Y와 Y-Y
Y-Y와 Y-Y	△-△와 Y-△
△-Y와 △-Y	Y-Y와 Y-△
△-△와 Y-Y	
△-Y와 Y-△	

> Explanation

변압기 병렬운전 조건
- 극성 및 권수비가 같을 것
- 1, 2차 정격전압이 같을 것(용량, 출력무관)
- %임피던스 강하가 같을 것
- 변압기 내부저항과 리액턴스의 비가 같을 것
- 상회전 방향과 각 변위가 같을 것(3상 변압기)

병렬운전 가능한 결선과 불가능한 결선

병렬운전 가능	병렬운전 불가능
△-△와 △-△	△-△와 △-Y
Y-△와 Y-△	△-Y와 Y-Y
Y-Y와 Y-Y	△-△와 Y-△
△-Y와 △-Y	Y-Y와 Y-△
△-△와 Y-Y	
△-Y와 Y-△	

08 ★☆☆☆☆
조명방식, 특징, 용도 등을 종합하여 어떤 조명방식인가 답하시오.

- 조명방식 : 천장면을 여러 형태의 사각, 삼각, 원형 등으로 구멍을 내어 다양한 형태의 매입기구를 취부하여 실내의 단조로움을 피하는 조명방식이다.
- 특징 : 천장면에 매입된 등기구 하부에 주로 플라스틱을 부착하고 천장 중앙에 반간접형 기구를 매다는 조명방식이 일반적이다.
- 용도 : 고천장인 은행 영업실, 1층 홀, 백화점 1층 등에 사용된다.

Answer

코퍼(coffer) 조명

Explanation

코퍼(coffer) 조명
- 조명방식 : 천장면을 여러 형태의 사각, 삼각, 원형 등으로 구멍을 내어 다양한 형태의 매입기구를 취부하여 실내의 단조로움을 피하는 조명방식이다.
- 특징 : 천장면에 매입된 등기구 하부에 주로 플라스틱을 부착하고 천장 중앙에 반간접형 기구를 매다는 조명방식이 일반적이다.
- 용도 : 고천장인 은행 영업실, 1층 홀, 백화점 1층 등에 사용된다.

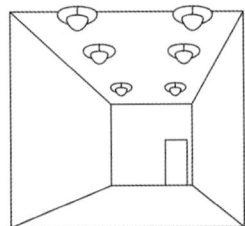

09 저압 가공전선 지지물에 수직배선으로 가선하는 방법이다. 접지 측 전선을 상부, 중간, 하부 중 어느 곳에 시설하여야 하는가?

Answer

상부에 시설

Explanation

- 수평배열 : 보통 장주, 창출 장주, 편출 장주
- 수직배열 : 랙 장주

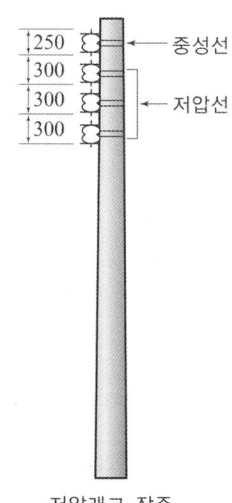

저압래크 장주

10 콘센트의 시설에서 콘센트의 정격전압은 사용전압과 동등 이상의 것으로서 콘센트는 어떤 형의 것을 사용하여야 하는가?

Answer

꽂음형 또는 걸림형

Explanation

(내선규정 3,310-10) 콘센트의 시설
콘센트의 시설에서 콘센트의 정격전압은 사용전압과 동등 이상의 것으로 다음 각 호에 의해서 시설하여야 한다.
① 콘센트는 꽂음형 또는 걸림형을 사용할 것
② 노출형 콘센트는 기둥과 같은 내구성이 있는 조영재에 견고하게 부착할 것
③ 콘센트를 조영재에 매입할 경우는 매입형의 것을 견고한 금속제 또는 난연성 절연물로 된 박스에 시설할 것

11 전류계 및 전압계를 확도에 따라 5단계로 나누어진다. 용도에 따라 급별을 쓰시오.

(1) 부표준기(실험실용) :
(2) 휴대용 계기(정밀급) :
(3) 소형 휴대용 계기(준 정밀측정) :
(4) 배전반용 계기(공업용 보통측정) :
(5) 확도를 주로 하지 않는 소형 패널용 :

Answer

(1) 부표준기(실험실용) : 0.2급
(2) 휴대용 계기(정밀급) : 0.5급
(3) 소형 휴대용 계기(준 정밀측정) : 1.0급
(4) 배전반용 계기(공업용 보통측정) : 1.5급
(5) 확도를 주로 하지 않는 소형 패널용 : 2.5급

Explanation

계기 등급(grade of meter)

등급별	허용차	용도
0.2급	±0.2[%]	부표준기(실험실용) 등
0.5급	±0.5[%]	정밀 측정용(휴대용 계기)
1.0급	±1.0[%]	소형 정밀용(소형 휴대용) 계기
1.5급	±1.5[%]	배전반용 계기(공업용 보통측정)
2.5급	±2.5[%]	정확함을 중시하지 않는 소형 계기

12 345[kV] 변전소 모선에 알루미늄 파이프(AL TUBE) 설치 시 알루미늄 파이프에 단위 길이당 중앙 하단에 직경 10[mm]의 구멍을 뚫는다. 그 이유는?

Answer

결로에 의해 알루미늄 파이프 내부에 생긴 수분 제거

Explanation

알루미늄 파이프(AL TUBE) 설치 시 알루미늄 파이프에 단위 길이당 중앙 하단에 구멍을 뚫는 것은 결로(結露)에 의해 알루미늄 파이프 내부에 생긴 수분 제거를 위함이다.

13 노출 배선 중 바닥면 노출 배선의 그림기호는?

Answer

— — — —

Explanation

(KS C 0301) 옥내배선용 그림 기호

명칭	그림기호	적요
천장 은폐 배선	───────	① 천장 은폐 배선 중 천장 속의 배선을 구별하는 경우는 천장 속의 배선에 ─·─·─·─를 사용하여도 좋다. ② 노출 배선 중 바닥면 노출 배선을 구별하는 경우는 바닥면 노출 배선에 ─·─·─·─를 사용하여도 좋다. ③ 전선의 종류를 표시할 필요가 있는 경우는 기호를 기입한다. [보기] • 600[V] 비닐 절연 전선 : IV • 600[V] 2종 비닐 절연 전선 : HIV • 가교 폴리에틸렌 절연 비닐 시스 케이블 : CV • 600[V] 비닐 절연 비닐 시스 케이블(평형) : VVF ④ 절연 전선의 굵기 및 전선 수는 다음과 같이 기입한다. 단위가 명백한 경우는 단위를 생략하여도 좋다. [보기] ─╱─ ─╱╱─ ─╱╱─ ─╱╱╱─ 1.6 2 2[mm²] 8 숫자 방기의 보기 : 1.6 × 5 5.5 × 1
바닥 은폐 배선	─ ─ ─ ─	
노출 배선	·············	

14 ★★★★☆
LBS(Load Breaker Switch)에 대하여 설명하시오.

Answer

부하 개폐기(LBS)
부하 전류를 개폐할 수 있는 개폐기로 3상 연동으로 투입, 개방토록 되어 있다. 고장 전류를 차단할 수 없으므로 고장전류를 차단할 수 있는 한류퓨즈와 직렬로 조합하여 사용한다.

Explanation

전력용 개폐장치

명칭	특징
단로기	• 전로의 접속을 바꾸거나 끊는 목적으로 사용 • 전류의 차단능력은 없음 • 무전류 상태에서 전로 개폐 • 변압기, 차단기 등의 보수점검을 위한 회로 분리용 및 전력계통 변환을 위한 회로분리용으로 사용
부하개폐기	• 평상시 부하전류의 개폐는 가능하나 이상 시 (과부하, 단락)보호 기능은 없음 • 개폐 빈도가 적은 부하의 개폐용 스위치로 사용 • 전력 Fuse와 사용 시 결상방지 목적으로 사용
전자접촉기	• 평상시 부하전류 혹은 과부하 전류까지 안전하게 개폐 • 부하의 개폐·제어가 주목적이고, 개폐 빈도가 많음 • 부하의 조작, 제어용 스위치로 이용 • 전력 Fuse와의 조합에 의해 Combination Switch로 널리 사용
차단기	• 평상시 전류 및 사고 시 대전류를 지장 없이 개폐 • 회로보호가 주목적이며 기구, 제어회로가 Tripping 우선으로 되어 있음 • 주회로 보호용 사용
전력퓨즈	• 일정치 이상의 과부하전류에서 단락전류까지 대전류 차단 • 전로의 개폐 능력은 없다. • 고압개폐기와 조합하여 사용

15 저압 진상용 콘덴서에 관한 사항이다. 옳으면 ○표, 옳지 않으면 ×를 표시하시오.

(1) 저압진상용 콘덴서는 개개의 부하에 설치하는 것을 원칙으로 한다. (   )
(2) 저압전동기, 전력장치 등에서 저역률의 것은 역률 개선을 위하여 진상용 콘덴서를 설치하여야 한다. (   )
(3) 고주파가 발생하는 제어장치의 출력 측에 접속하는 부하에는 진상용 콘덴서를 설치하여야 한다. (   )

Answer

(1) ○
(2) ○
(3) ×

Explanation

(내선규정 3,135) 진상용 콘덴서
- 저압진상용 콘덴서는 개개의 부하에 설치하는 것을 원칙으로 한다.
- 저압전동기, 전력장치 등에서 저역률의 것은 역률 개선을 위하여 진상용 콘덴서를 설치하여야 한다.
- 고주파가 발생하는 제어장치의 출력 측에 접속하는 부하에는 진상용 콘덴서를 설치하여서는 안 된다.

> 이 문제는 변경된 KEC 적용으로 인하여 삭제하고, 아래 예상문제로 대체되었습니다.

16 분기회로 보호장치를 설치하려 한다. 전원 측에서 분기점 사이에 다른 분기회로 또는 콘센트의 접속이 없고, 단락의 위험과 화재 및 인체에 대한 위험성이 최소화 되도록 시설된 경우, 분기회로의 보호장치(P_2)는 분기회로의 분기점으로부터 몇 [m]까지 이동하여 설치할 수 있는가?

Answer

3[m]

Explanation

(KEC 212.4.2조) 과부하 보호장치의 설치 위치

분기회로(S_2)의 분기점(O)에서 3[m] 이내에 설치된 과부하 보호장치(P_2)

분기회로(S_2)의 보호장치(P_2)는 (P_2)의 전원 측에서 분기점 (O) 사이에 다른 분기회로 또는 콘센트의 접속이 없고, 단락의 위험과 화재 및 인체에 대한 위험성이 최소화 되도록 시설된 경우, 분기회로의 보호장치(P_2)는 분기회로의 분기점(O)으로부터 3[m]까지 이동하여 설치할 수 있다.

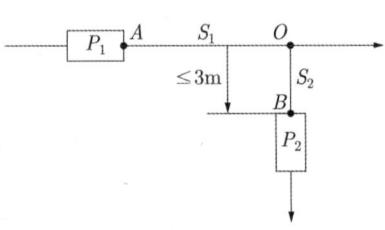

17 ★★★☆☆

다음 조건을 만족하는 회로를 구성하여 미완성 도면을 완성하시오.

[조건]

① Button Switch B_1 또는 B_2를 누르면(눌렀다 놓으면) 해당번호의 전등 L_1 또는 L_2가 점등되고 동시에 Buzzer BZ가 일정시간 동작하고 Timer T의 설정시간 후 L_1 또는 L_2와 BZ는 동시에 정지한다. L_1이 점등되고 있을 때 B_2을 눌러도 L_2는 점등되지 않는다. L_2가 점등되고 있을 때에도 B_1을 눌러도 L_1은 점등되지 않는다.

② 정지한 후 다시 B_1과 B_2를 누르면(눌렀다 놓으면) 해당번호의 전등 L_1 또는 L_2가 점등되고 동시에 Buzzer BZ가 일정시간 동작하고 Timer T의 설정시간 후 L_1 또는 L_2와 BZ는 동시에 정지한다.

③ 다음 Time Chart를 참고하시오.

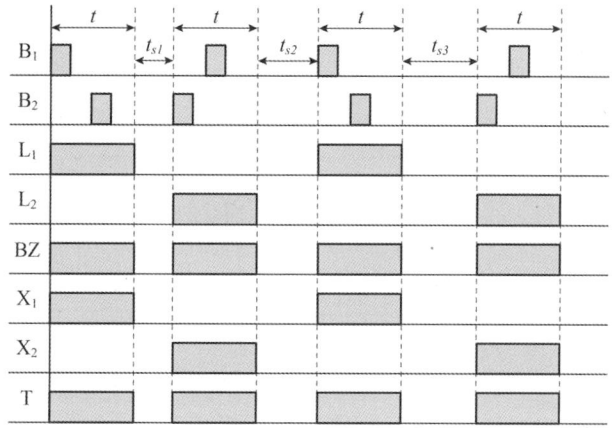

- t는 T의 설정시간
- t_{s1}, t_{s2}, t_{s3}는 L_1, L_2 및 Buzzer가 동작하지 않고 정지하고 있는 시간(문제와는 상관이 없으며 참고로 표시한 것임)

〈TIMER 내부 결선도〉　　〈Minipower Relay 내부 결산도(14pin)〉

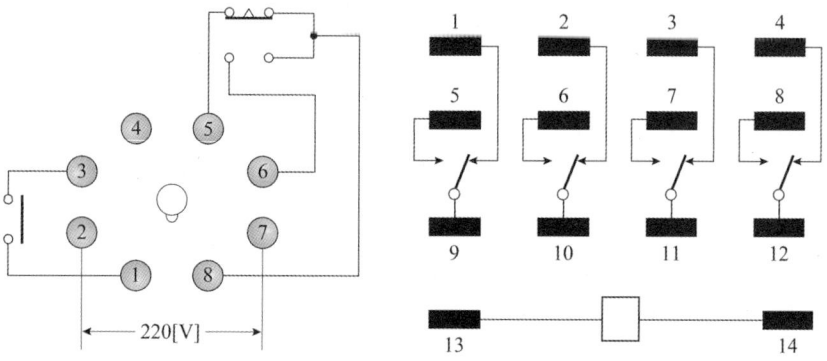

④ 미완성 도면

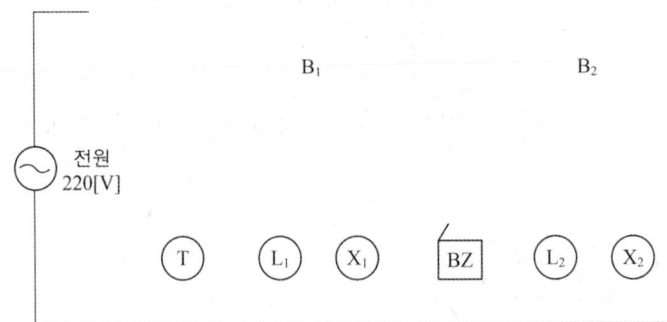

[범례]
- X_1, X_2 : Minipower Relay 내부 결선도(14 pin)
- T : Timer(8핀)

Answer

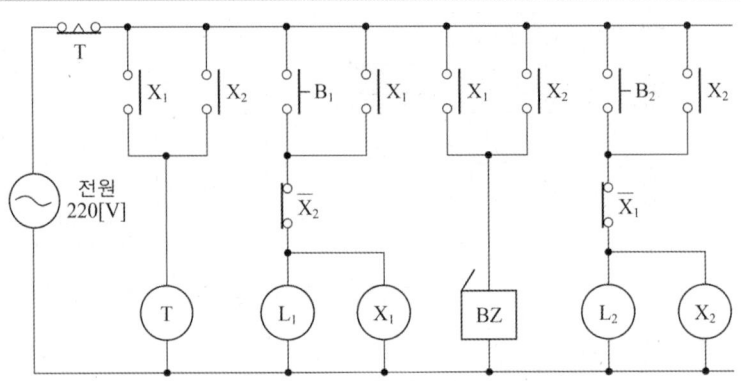

18 다음은 옥외 간이 수변전 설비에 대한 단선도이다. 그림을 보고 다음 물음에 답하시오. 단, 참고 자료(일부생략) 필요 시는 참고자료를 이용할 것, 변압기 이외의 시설은 주상에 설치하는 것임

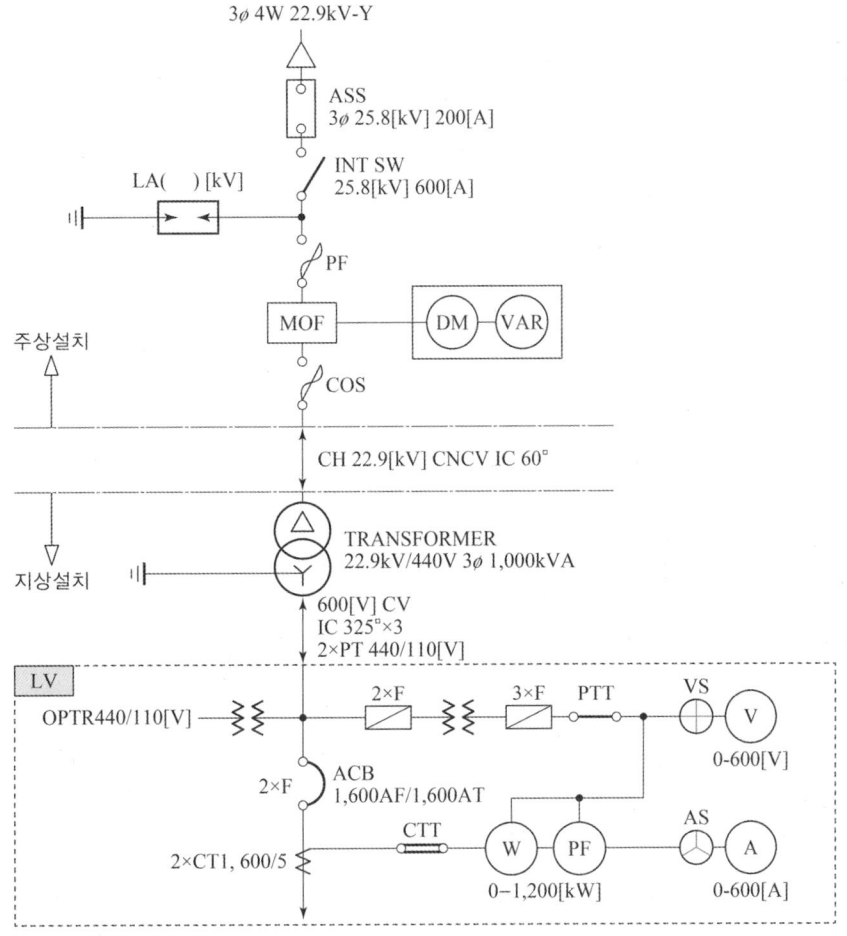

(1) 부하용량 증설로 인하여 변압기를 2,000[kVA]로 교체하는 경우 총 소요인공을 구하시오. 단, 철거 변압기는 차후 용량증설에 대비하여 보관하는 조건임.
  • 계산 :
  • 총 소요인공계 :

(2) 위의 (1)과 같이 용량이 증가하는 경우 교체하여야 할 자재는 변압기 이외에 어떤 것들이 있는지 아는 대로 5가지 쓰시오.

(3) 수전용량 변경 없이 변압기의 2차 전압은 440[V]에서 380[V]로 변경하는 경우 교체해야 하는 자재는 변압기 이외에 어떤 것들이 있는지 아는 대로 4가지 쓰시오.

[참고자료] 22[kV] 변압기(대당)

용량	공종	프랜트전공	비계공	특별인부	기계설치공	목도공
500[kVA] 이하	소운반설치	2.2	0.9	2.5	-	1.6
	OT처리	2.3	-	2.5	-	-
	점검	1.4	-	1.4	-	-
	계	5.9	0.9	6.4	-	1.6
750[kVA] 이하	소운반설치	2.0	1.0	2.3	-	1.6
	OT처리	2.3	-	2.5	-	-
	부속품붙임	2.6	-	2.6	-	-
	점검	1.4	-	1.4	-	-
	계	8.3	1.0	8.8	-	1.6
1,000[kVA] 이하	소운반설치	2.3	1.1	2.7	-	1.7
	OT처리	2.3	-	2.7	-	-
	부속품붙임	3.1	-	3.1	-	-
	점검	1.4	-	1.4	-	-
	계	9.1	1.1	9.9	-	1.7
1,500[kVA] 이하	소운반설치	2.5	1.2	3.0	-	1.8
	OT처리	2.6	-	3.0	-	-
	부속품붙임	3.5	-	3.5	-	-
	점검	1.6	-	1.6	-	-
	계	10.2	1.2	11.1	-	1.8
2,000[kVA] 이하	소운반설치	2.9	1.3	3.3	-	2.1
	OT처리	3.0	-	3.3	-	-
	부속품붙임	3.9	-	3.9	-	-
	점검	1.8	-	1.8	-	-
	계	11.6	1.3	12.3	-	2.1

[해설]
① 15,000[kVA]는 10,000[kVA]의 120[%]로 함
② 20,000[kVA]는 10,000[kVA]의 150[%]로 함
③ 장비를 사용할 때 운반설치 라지에타 붙임, 콘사베타 붙임, 붓싱붙임 및 각 부분 붙임품의 35[%]로 하고 장비의 재경비를 별도 가산함
④ 철거 50[%](750[kVA] 이상의 재사용 시 80[%])
⑤ 상기품은 1φ기준으로 소운반, 점검, 결선 및 megger test시 시험을 포함한 품임
⑥ 본품은 단상, 옥외, 지상, 인력작업을 기준으로 한 것임
⑦ 3상 130[%]

Answer

(1) 계산 : ① 1,000[kVA] 철거
- 프랜트 전공 : $9.1 \times 1.3 \times 0.8 = 9.46$[인]
- 비계공 : $1.1 \times 1.3 \times 0.8 = 1.14$[인]
- 특별인부 : $9.9 \times 1.3 \times 0.8 = 10.3$[인]
- 목도공 : $1.7 \times 1.3 \times 0.8 = 1.77$[인]

② 2,000[kVA] 신설
- 프랜트 전공 : $11.6 \times 1.3 = 15.08$[인]
- 비계공 : $1.3 \times 1.3 = 1.69$[인]
- 특별인부 : $12.3 \times 1.3 = 15.99$[인]
- 목도공 : $2.1 \times 1.3 = 2.73$[인]

답 : 총소요 인공
프랜트 전공 : 24.54[인]
비계공 : 2.83[인]
특별인부 : 26.29[인]
목도공 : 4.5[인]

(2) ACB, CT, 전류계, 전력계, 변압기 2차 측 케이블
(3) OPTR, PT, 전압계, CT

Explanation

(1) 교체 : 철거+신설
① 1,000[kVA] 철거
- 프랜트 전공 : $9.1 \times 1.3 \times 0.8 = 9.46$[인]
- 비 계 공 : $1.1 \times 1.3 \times 0.8 = 1.14$[인]
- 특별인부 : $9.9 \times 1.3 \times 0.8 = 10.3$[인]
- 목도공 : $1.7 \times 1.3 \times 0.8 = 1.77$[인]

용량	공종	프랜트전공	비계공	특별인부	기계설치공	목도공
1,000[kVA] 이하	소운반설치	2.3	1.1	2.7	–	1.7
	OT처리	2.3	–	2.7	–	–
	부속품붙임	3.1	–	3.1	–	–
	점검	1.4	–	1.4	–	–
	계	9.1	1.1	9.9	–	1.7

여기서, 3상 130[%] : 1.3, 철거 50[%](750[kVA] 이상의 재사용 시 80[%]) : 0.8

② 2,000[kVA] 신설
- 프랜트 전공 : $11.6 \times 1.3 = 15.08$[인]
- 비계공 : $1.3 \times 1.3 = 1.69$[인]
- 특별인부 : $12.3 \times 1.3 = 15.99$[인]
- 목도공 : $2.1 \times 1.3 = 2.73$[인]

용량	공종	프랜트전공	비계공	특별인부	기계설치공	목도공
2,000[kVA] 이하	소운반설치	2.9	1.3	3.3	–	2.1
	OT처리	3.0	–	3.3	–	–
	부속품붙임	3.9	–	3.9	–	–
	점검	1.8	–	1.8	–	–
	계	11.6	1.3	12.3	–	2.1

여기서, 3상 130[%] : 1.3

(2) 변압기 용량이 증가하는 경우 교체하여야 할 자재

전압의 변동 없이 부하증가에 따른 용량증설인 경우는 전류에 관한 부분은 교체해야 하며 이 경우 차단기 및 변류기, 전류계, 전력계, 변압기 2차 측의 케이블 등은 교체하여야 한다.

(3) 수전용량 변경 없이 변압기의 2차 전압은 440[V]에서 380[V]로 변경

기기명	변경 전	변경 후	비고
OPTR	440/110[V]	380/110[V]	
2×PT	440/110[V]	380/110[V]	
전압계	0~600[V]	0~600[V]	눈금판 교체
CT	1,600/5	2,000/5	
전류계	0~1,600	0~2,000	

용량에 변경 없이 전압이 감소되면 전류의 용량이 증가되므로 전류계의 경우 교체하여야 한다.

2004년 전기공사기사 실기

01 EL 램프(Electro luminescent Lamp)의 특징 5가지를 쓰시오.

Answer

① 얇은 산화물 피막으로 전기저항이 낮다.
② 기계적으로 강하다.
③ 빛의 투과율이 높다.
④ 램프 충전 시 제1피크(peak), 램프 방전 시 제2피크가 나타나는 일종의 콘덴서와 비슷하다.
⑤ 정현파 전압을 높이면 광속발산속도가 급격히 증가한다.

Explanation

EL 램프(Electro luminescent Lamp)의 특징
- 얇은 산화물 피막으로 전기저항이 낮다.
- 기계적으로 강하다.
- 빛의 투과율이 높다.
- 램프 충전 시 지1피크(peak), 램프 방전 시 제2피크가 나타나는 일종의 콘덴서와 비슷하다.
- 정현파 전압을 높이면 광속발산속도가 급격히 증가한다.
- 전압을 더욱 높이면 광속발산도가 포화상태가 된다.
- 전원주파수를 증가시키면 주파수가 낮을 때는 광속발산도가 직선적으로 증가하지만, 주파수가 높아지면 포화의 경향으로 표시된다.

02 다음의 그림기호의 명칭은?

Answer

풀박스

Explanation

 : 풀박스   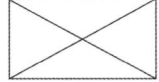 : 배전반

03 ★★☆☆☆ 피뢰기 설치 시 점검사항 3가지를 쓰시오.

Answer

① 피뢰기 애자 부분 손상여부 점검
② 피뢰기 1, 2차 측 단자 및 단자 볼트 이상 유무 점검
③ 피뢰기 절연저항 측정

04 ★☆☆☆☆ 아날로그 멀티 테스터기를 사용하여 전기 흐름의 단선 여부를 판단하려고 한다. 절환스위치를 교류전압, 직류전압, 저항의 위치 중에서 어느 곳에 놓고 측정하는가?

Answer

저항

Explanation

아날로그 멀티 테스터기를 사용하여 전기 흐름의 단선 여부를 판단 : 저항
• 단선된 경우 : 저항 $\infty[\Omega]$
• 단락된 경우 : 저항 $0[\Omega]$

BEST 05 ★★★★★ COS 설치에(COS 포함) 사용자재 5가지만 쓰시오.

Answer

① COS
② 브라켓트
③ 내오손 결합애자
④ COS 카바
⑤ 퓨즈링크

06 ★★★☆☆ 철탑 기초공사에서 각입이란?

Answer

철탑 기초재와 주각재, 앵커재를 조립 후 소정의 콘크리트 블록 위에 설치하는 것

Explanation

송전선로 공사
굴착 – 각입 – 타설 – 조립 – 연선 – 긴선

07 고압 특고압 수전설비 진상콘덴서 접속 뱅크 결선도를 보고 물음에 답하시오.

(1) 콘덴서 용량이 몇 [kVA] 초과 몇 [kVA] 이하인 경우인가?
(2) 콘덴서 용량이 100[kVA] 이하인 경우 CB 대신 사용 가능한 개폐기는?
(3) 콘덴서 용량이 50[kVA] 미만인 경우 사용 가능한 개폐기는?

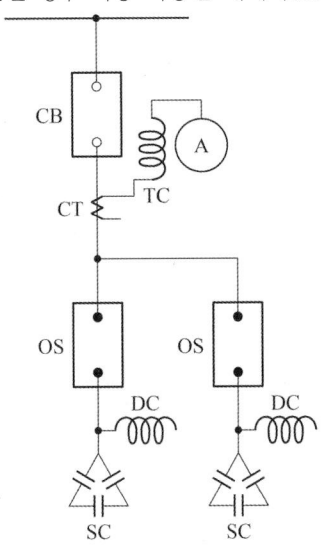

Answer

(1) 300[kVA] 초과, 600[kVA] 이하
(2) OS(유입 개폐기)
(3) COS(직결로함)

Explanation

진상용 콘덴서 참고 접속도

콘덴서 총용량이 300[kVA] 이하의
경우 전류계를 생략할 때

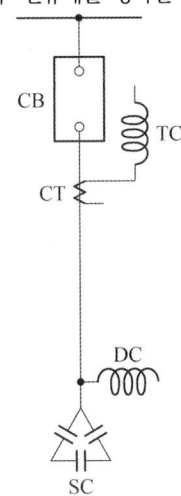

콘덴서 총용량이 300[kVA] 초과
600[kVA] 이하의 경우

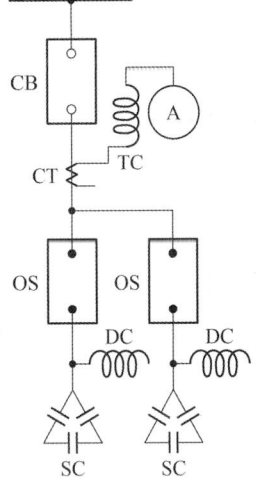

콘덴서 총용량이 600[kVA] 초과의 경우

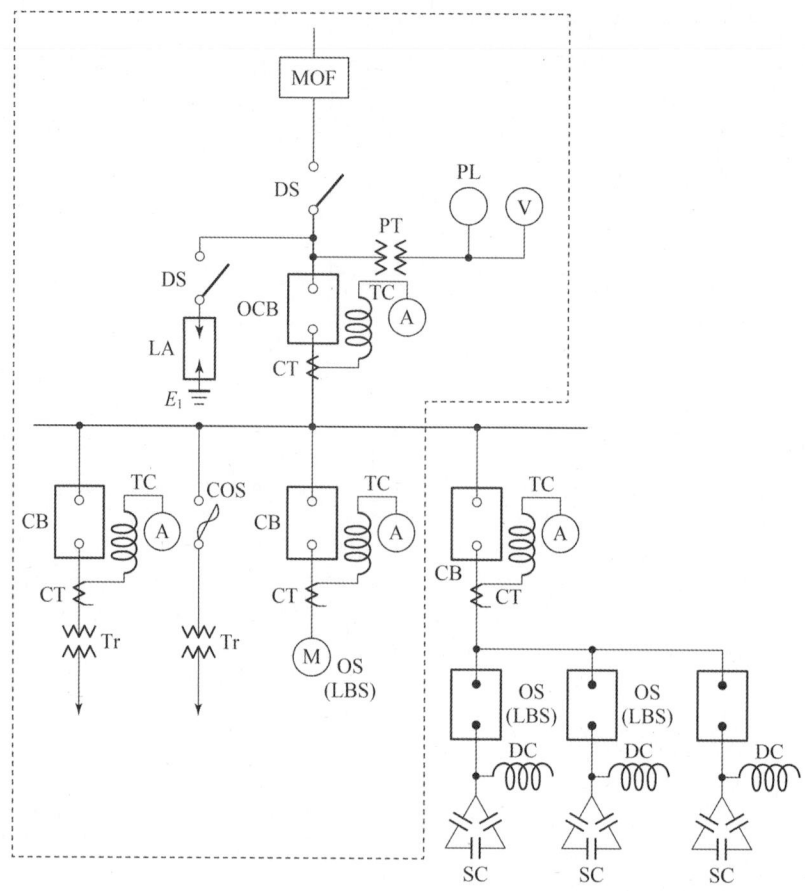

[주] 콘덴서의 용량이 100[kVA] 이하인 경우에는 CB 대신 OS 또는 유사한 것(인터럽터 스위치 등)을 50[kVA] 미만의 경우에는 COS(직결로 함)를 사용할 수 있다.

08
전선의 종류에서 용도는 특고압 전압선, 규격은 32, 58, 95, 160[mm^2]이며 약호는 특고압 ACSR-OC이다. 정확한 명칭은?

Answer

옥외용 강심 알루미늄도체 가교 폴리에틸렌 절연전선

Explanation

(내선규정 100-2) 전선 약호

약호	명칭
ACSR-OC 전선	옥외용 강심 알루미늄도체 가교 폴리에틸렌 절연전선
ACSR-OE 전선	옥외용 강심 알루미늄도체 폴리에틸렌 절연전선
AL-OC 전선	옥외용 알루미늄도체 가교 폴리에틸렌 절연전선
AL-OE 전선	옥외용 알루미늄도체 폴리에틸렌 절연전선
AL-OW 전선	옥외용 알루미늄도체 비닐절연전선
DV 전선	인입용 비닐 절연전선
FL 전선	형광 방전등용 비닐전선
HR(0.5) 전선	500[V] 내열성 고무 절연전선(110[℃])
HR(0.75) 전선	750[V] 내열성 고무 절연전선(110[℃])
NR 전선	450/750[V] 일반용 단심 비닐절연전선
NRI(70) 전선	300/500[V] 기기 배선용 단심 비닐절연전선(70[℃])
NRI(90) 전선	300/500[V] 기기 배선용 단심 비닐절연전선(90[℃])
OC 전선	옥외용 가교 폴리에틸렌 절연전선
OE 전선	옥외용 폴리에틸렌 절연전선
OW 전선	옥외용 비닐절연전선

09
CD관으로 공사할 수 있는 장소는?

Answer

콘크리트에 직접 매설하는 장소

Explanation

(KEC 232.11조) 합성수지관 공사
1. 합성수지관의 끝부분은 매끈하게 하여 전선의 피복이 손상 될 우려가 없는 것이어야 한다.
2. 합성수지관의 배선에 사용하는 관 및 박스, 기타 부속품은 다음 각 호에 의하여 시설하여야 한다.
   ① 온도변화에 의한 신축을 고려할 것
   ② 콘크리트 내에 집중 배관하여 건물의 강도를 감소시키지 않도록 할 것
   ③ 벽 내 매입박스 등은 콘크리트 타설 시에 손상되지 않도록 충분한 강도가 있는 것을 사용할 것
   ④ 난연성이 없는 CD관은(직접 콘크리트에 매설하는 경우는 제외한다.)전용의 불연성 또는 자기소화성이 있는 난연성의 관 또는 덕트에 넣어 시설할 것

10. ZCT와 CT의 결선의 차이점은?

Answer

- ZCT : 3상의 3선 모두 ZCT를 관통시킨다.
- CT : 3상의 1선씩 CT를 관통시킨다.

11. 공구 손료에 대하여 설명하시오. [BEST]

Answer

일반공구 및 시험용 계측 기구류의 손료로서 공사 중 상시 일반적으로 사용하는 것을 말하며, 직접 노무비(노임할증 제외)의 3[%]까지 계상한다.

12. 예비전원설비가 구비해야 할 조건 4가지를 쓰시오.

Answer

① 비상용 부하의 사용 목적에 적합한 방식이어야 한다.
② 신뢰도가 높아야 한다.
③ 취급·운전 및 조작이 편리해야 한다.
④ 경제성을 갖추어야 한다.

Explanation

(내선규정 1,300-8) 용어정리
예비전원시설이란 정전 시의 비상용 전원으로 설비하는 저압 및 고압발전기 또는 축전지 등을 말하며 비상용 발전기류를 포함한다.

예비전원설비의 구비 조건
- 비상용 부하의 사용 목적에 적합한 방식이어야 한다.
- 신뢰도가 높아야 한다.
- 취급·운전 및 조작이 편리해야 한다.
- 경제성을 갖추어야 한다.

13. 누전 차단기 동작이 정상인지 아닌지 판별법을 간단히 답하시오.

Answer

시험버튼을 눌러 누전차단기가 동작하는지 확인

14 22.9[kV-Y] 배전선로에 특고압 라인 포스트(line-post) 애자를 사용하는 이유와 사용 장소(지역)를 간단히 쓰시오.

Answer

① 사용 이유
- 경년 열화가 적다.
- 염분에 의한 애자 오손이 적다.
- 내무성이 좋고 보안점검이 용이하다.

② 사용 장소 : 오손등급 B급 이하

Explanation

특고압 라인 포스트(line-post) 애자
우리나라의 특별고압 배전선로는 대부분이 절연전선을 사용하므로 주로 라인포스트 애자(LP애자)를 사용하며 오손이 심한 지역은 누설거리가 긴 내염형 라인포스트 애자(LP애자)를 사용한다.

종류	애자색	누설거리	적용지역
일반형	적갈색	559[mm]	오손등급 B지역 이하
내염형	회색	712[mm]	오손등급 C지역 이상

15 주상 변압기 설치 전·후 검사사항에 대해 답하시오.

(1) 주상 변압기 설치 전 점검사항 5가지를 답하시오.
(2) 주상 변압기 설치 후 점검사항 4가지를 답하시오.

Answer

(1) 주상 변압기 설치 전 점검사항
① 절연저항 측정
② 절연유 상태(유량, 누유 상태)
③ 외관 상태(부싱의 손상 유무), 핸드홀 커버 조임 상태
④ Tap changer의 위치(1차와 2차의 전압비)
⑤ 변압기 명판 확인

(2) 주상 변압기 설치 후 점검사항
① 2차 전압 측정
② 상측정
③ 변압기 이상 유무 확인
④ 점검 및 측정결과 기록

16 ★★★★☆

아래의 PLC 프로그램은 유도 전동기의 Y-△ 기동 운전 회로의 일부를 나타낸 것이다. 2입력 AND소자, 2입력 OR 소자 및 NOT 소자를 이용하여 로직 회로를 그리시오. 또 Y 기동용과 △ 운전용의 MC는 어느 것인지 그림 상에 (Y기동), (△운전)으로 표시하시오. 명령어는 회로시작 입력 : STR, 출력 : OUT, 직렬 : AND, 병렬 : OR, 부정 : NOT을 사용하였다.

차례	명령	번지	차례	명령	번지
생략	STR	14	생략	OUT	32
	OR	31		STR	15
	AND NOT	16		OR	33
	OUT	31		AND NOT	16
	STR	31		AND NOT	32
	AND NOT	15		OUT	33
	AND NOT	33			

Answer

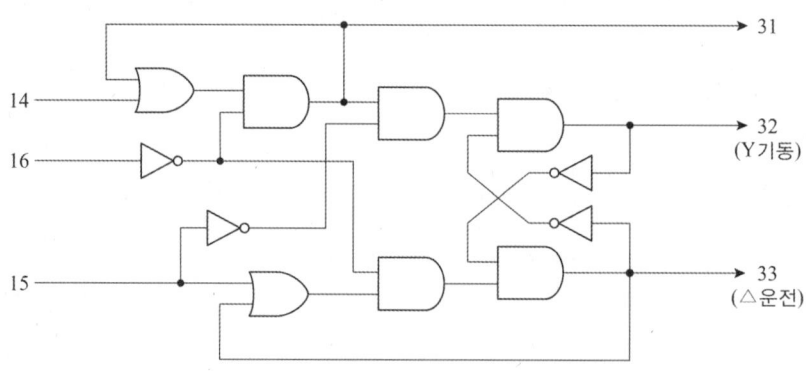

Explanation

Y-△ 운전 회로
- 주전원 : 31
- Y기동 : 32
- △운전 : 33

프로그램을 Ladder 차트로 그리면 다음과 같다.

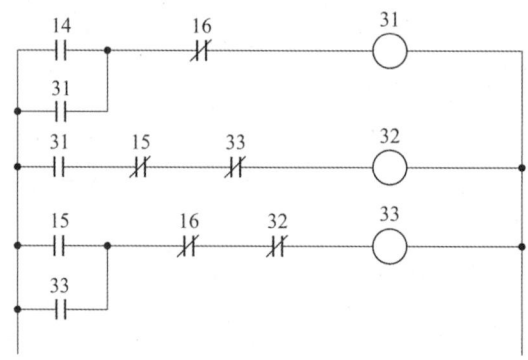

17 도면을 보고 주어진 답안지의 릴레이 시퀀스 회로도를 완성하시오.

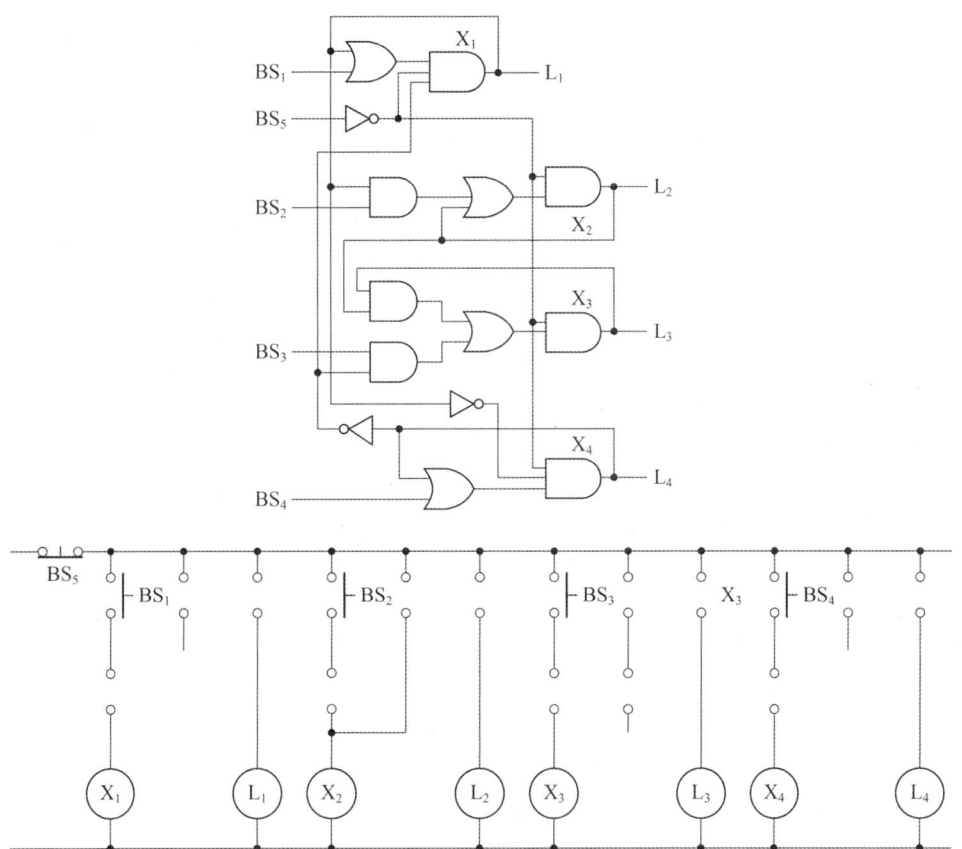

Answer

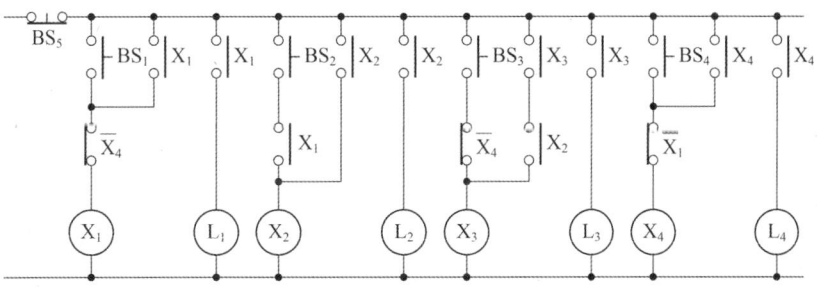

Explanation

무접점 회로를 이용한 출력식

- $X_1 = (BS_1 + X_1) \cdot \overline{BS_5} \cdot \overline{X_4}$, $L_1 = X_1$
- $X_2 = (BS_2 \cdot X_1 + X_2) \cdot \overline{BS_5}$, $L_2 = X_2$
- $X_3 = (BS_3 \cdot \overline{X_4} + X_2 \cdot X_3) \cdot \overline{BS_5}$, $L_3 = X_3$
- $X_4 = (BS_4 + X_4) \cdot \overline{X_1} \cdot \overline{BS_5}$, $L_4 = X_4$

18 아래 그림은 154[kV]를 수전하는 어느 공장의 옥외 수전 설비에 대한 단선도(single line diagram) 이다. 그림을 보고 주어진 물음에 답하여라.

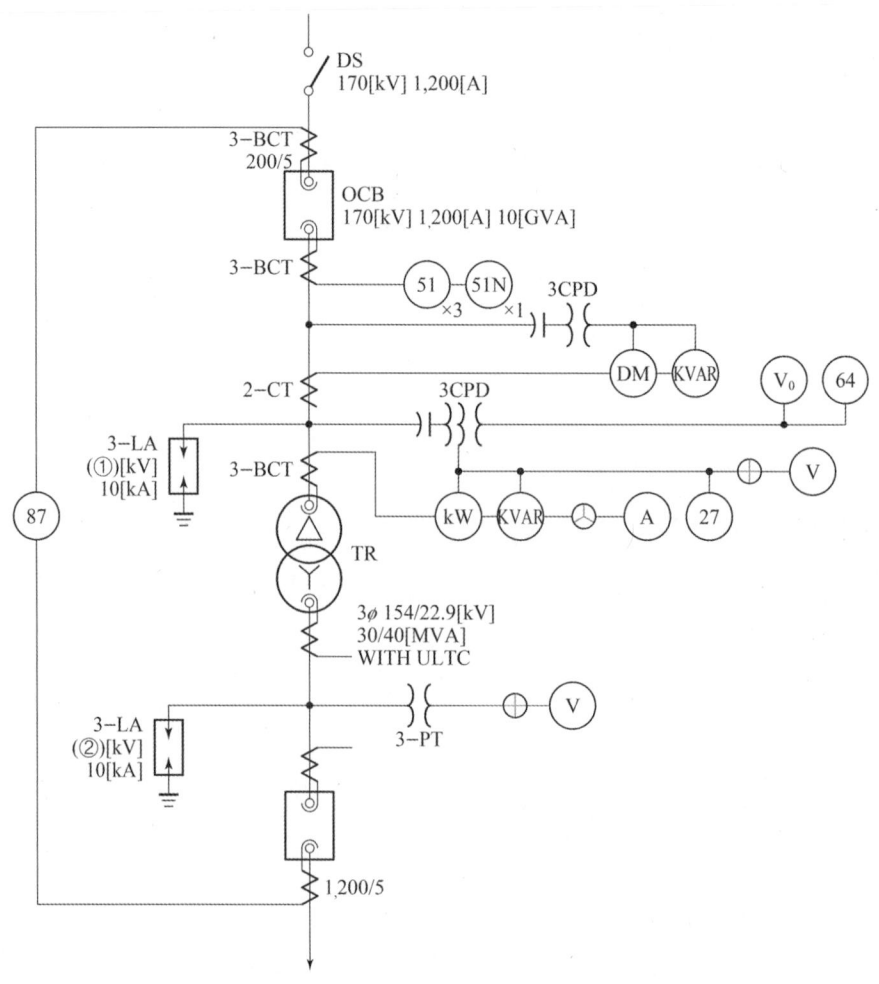

(1) 단선도상의 피뢰기 정격전압은 각각 몇 [kV]인가?
　① (　　　　)[kV]
　② (　　　　)[kV]

(2) 변압기 보호 방식 중 주보호 계전기는 어느 것인지 계전기 분류 번호를 쓰고 그 명칭을 써라.

(3) 87계전기의 3상 결선도를(차단기, 변압기 포함) 주어진 답란에 완성하여라.

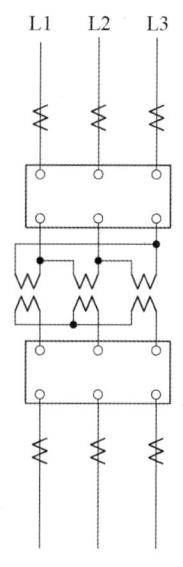
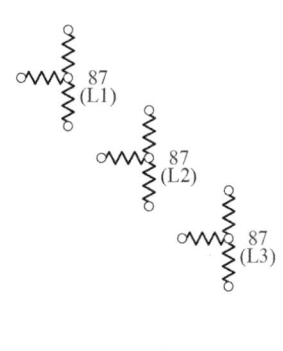

(4) 보조 변류기의 역할에 대하여 간단히 설명하여라.

Answer

(1) ① 144[kV]   ② 21[kV]
(2) 번호 : 87
    명칭 : 전류 차동 계전기
(3)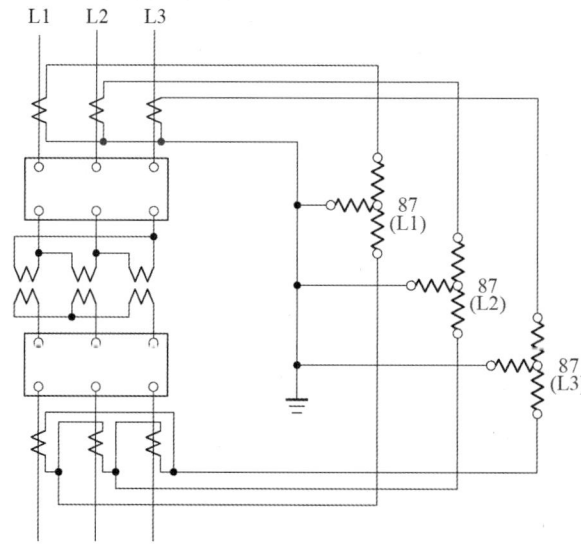

(4) 정상 운전 시 전류 차동 계전기의 1차 전류와 2차 전류의 차이를 보정하는 역할

Explanation

(1) (내선규정 3,250-1) 피뢰기의 정격 전압

전력계통		피뢰기 정격 전압[kV]	
전압[kV]	중성점 접지방식	변전소	배전선로
345	유효접지	288	-
154	유효접지	144	-
66	PC 접지 또는 비접지	72	-
22	PC 접지 또는 비접지	24	-
22.9	3상 4선 다중접지	21	18

[주] 전압 22.9[kV] 이하의 배전선로에서 수전하는 설비의 피뢰기 정격전압[kV]은 배전선로용을 적용한다.

(2) 87 : 전류 차동계전기(비율 차동계전기)
   87B : 모선보호 차동계전기
   87G : 발전기용 차동계전기
   87T : 주변압기 차동계전기

(3) CT 결선 : 변압기 1,2차간의 Y-△ 간에는 30°의 위상차가 존재하므로

변압기 결선	CT 결선
Y-△	△-Y
△-Y	Y-△

(4) 보조변류기 : 정상 운전 시 전류 차동 계전기의 1차 전류와 2차 전류의 차이를 보정

2004년 전기공사기사 실기

BEST 01 ★★★★★

3상 3선식 380[V]로 수전하는 수용가의 부하 전력이 75[kW], 부하 역률이 85[%]. 구내 배전선의 긍장이 200[m]이며, 배선에서 전압강하를 6[V]까지 허용하는 경우 구내 배선의 굵기를 구하시오. 단, 이때 배선의 굵기는 전선의 공칭단면적으로 표시하시오.

Answer

계산 : $A = \dfrac{30.8LI}{1,000e} = \dfrac{30.8 \times 200 \times \dfrac{75 \times 10^3}{\sqrt{3} \times 380 \times 0.85}}{1,000 \times 6} = 137.63 \,[\text{mm}^2]$ 따라서, 150[mm²] 선정

답 : 150[mm²]

Explanation

전압 강하 및 전선의 단면적 계산

전기 방식	전압 강하		전선 단면적	대상 전압강하
단상 3선식 직류 3선식 3상 4선식	IR	$e = \dfrac{17.8LI}{1,000A}$	$A = \dfrac{17.8LI}{1,000e}$	대지와 선간
단상 2선식 직류 2선식	$2IR$	$e = \dfrac{35.6LI}{1,000A}$	$A = \dfrac{35.6LI}{1,000e}$	선간
3상 3선식	$\sqrt{3}\,IR$	$e = \dfrac{30.8LI}{1,000A}$	$A = \dfrac{30.8LI}{1,000e}$	선간

여기서, e : 전압강하[V], A : 사용전선의 단면적[mm²]
L : 선로의 길이[m], C : 전선의 도전율(97[%])

KSC-IEC 전선 규격

전선의 공칭단면적 [mm²]			
1.5	16	95	300
2.5	25	120	400
4	35	150	500
6	50	185	630
10	70	240	

02 라인포스트(LP) 애자를 완금에 부착시키는 핀볼트를 1호핀, 2호핀을 사용한다. 이때 완금의 종류는?

Answer
- 1호핀 : ㄱ완금
- 2호핀 : 경완금

Explanation

라인포스트(LP)애자 핀볼트
- 1호핀 : ㄱ완금
- 2호핀 : 경완금
- 3호핀 : 조류사고 방지용

BEST 03 변압기의 병렬 운전 조건 4가지를 쓰고 이들 조건이 맞지 않을 경우에는 어떤 현상이 나타나는지 답하시오.

Answer

병렬운전 조건	조건이 맞지 않는 경우
① 1, 2차 정격 전압 및 권수비가 같을 것	순환전류가 흘러 권선이 가열
② 극성이 일치 할 것	큰 순환전류가 흘러 권선이 소손
③ %임피던스 강하(임피던스 전압)가 같을 것	부하의 분담이 용량의 비가 되지 않아 부하의 부담이 균형을 이룰 수 없다.
④ 내부 저항과 누설 리액턴스의 비가 같을 것	각 변압기의 전류 간에 위상차가 생겨 동손이 증가

Explanation

변압기 병렬운전 조건
- 극성이 같을 것
- 1, 2차 정격전압 및 권수비가 같을 것
- %임피던스 강하가 같을 것
- 내부저항과 리액턴스의 비가 같을 것
- 상회전 방향과 각 변위가 같을 것(3상 변압기)

04 심벌의 명칭은?

Answer

철탑

Explanation

지지물의 심벌

지지물	심벌
철근 콘크리트주	─●─
철주	─□─
철탑	─⊠─
지선	──→

05 공장이나 빌딩, 발변전소 등에서 주로 채택되고 있으며 특히 서지임피던스 저감 효과가 대단히 크고 공용접지방식으로 채택할 때 안정성이 뛰어난 접지공법은?

Answer

망상 접지(mesh 접지)

Explanation

망상 접지(mesh 접지)
구조 특성상 아주 넓은 면적에 포설하여 시공하며 연결 동선을 망상의 형태로 연결하여 접지망을 구성되며 대지저항률이 높은 지역이나 건물의 밑바닥 같이 넓은 면적에 시공한다. 접지 효과가 우수하며 낮은 접지저항을 얻을 수 있으며 서지임피던스의 저감 효과가 대단히 크므로 주로 공장이나 플랜트에는 대부분 이 접지가 사용된다.

06 초고압 수은등의 용도에 대하여 간단히 설명하시오.

Answer

효율과 광색이 좋고 용량이 크므로 도로 조명, 공장 조명, 영사, 사진 제판, 실험용 광원 등에 사용

Explanation

초고압 수은등
- 수은의 증기압이 10~200 기압인 범위의 수은등
- 발광 효율이 우수 및 휘도가 높다.
- 발광 효율 : 약 40[lm/W]
- 증기압이 100기압 정도의 것에서는 비교적 백색광에 가깝게 된다.
- 용도 : 도로 조명, 공장 조명, 영사, 사진 제판, 실험용 광원 등에 사용

07 ★★★☆☆

서지흡수기는 구내선로에서 발생할 수 있는 개폐서지, 순간 과도전압 등으로 이상전압이 2차기기에 악영향을 주는 것을 막기 위해 서지흡수기를 시설하는 것이 바람직하다. 서지 흡수기의 설치 위치도를 그리시오. 단, 서지 흡수기는 보호하고자 하는 기기 전단으로 개폐서지를 발생하는 차단기 후단 부하 측 사이에 설치한다.

─────────────────── 고압 또는 특별고압

Answer

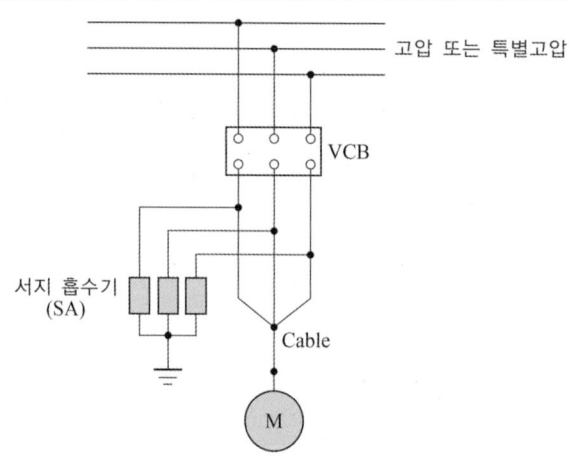

Explanation

(내선규정 3,260) 서지흡수기
- 구내선로에서 발생할 수 있는 개폐서지, 순간과도전압 등으로 2차 기기에 악영향을 주는 것을 막기 위해 서지흡수기를 설치하는 것이 바람직하다.
- 설치 위치 : 서지흡수기는 보호하려는 기기전단으로 개폐서지를 발생하는 차단기 후단과 부하 측 사이에 설치 운용한다.

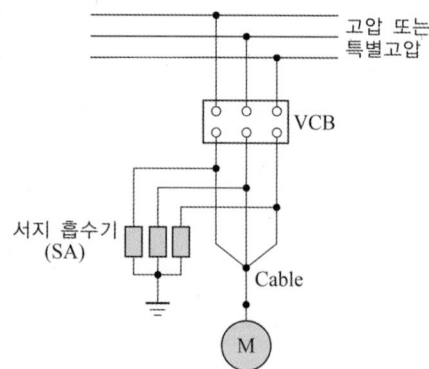

08 가스절연 개폐장치(GIS : gas insulated switchgear)에 사용하는 가스(gas)의 종류는?

Answer

SF_6

Explanation

가스 절연 개폐 장치(GIS : Gas Insulated Switchgear)
변전소의 주요 기기인 모선, 차단기, 단로기, 접지개폐기, 변류기, 변압기, 피뢰기 등을 접지된 금속외함에 내장하고, 절연 및 소호특성이 우수한 SF_6 가스를 충진하여 구성
- SF_6를 이용한 밀폐형 구조의 개폐장치
- 대기오염물의 영향을 받지 않아서 신뢰성이 우수하고 보수가 용이하다.
- 밀폐구조로서 감전사고가 적다.
- 소음이 적다.

SF_6 가스의 특징
- 무색, 무취, 무독성이다.
- 난연성, 불활성 가스이다.
- 소호능력이 공기의 100 ~ 200배가 된다.
- 절연내력이 공기의 2 ~ 3배가 된다.

09 피뢰침 설비에서 피뢰 방식 4종류를 쓰시오.

Answer

① 돌침 방식
② 케이지 방식
③ 용마루위 도체 방식
④ 이온 방사형 피뢰 방식

Explanation

피뢰침 설비에서 피뢰 방식
- 돌침 방식 : 돌침(突針)을 선축물에 직접 설치하는 방식과 건축물과 이격하여 설치하는 독립피뢰침 방식이 있다.
- 수평도체 방식 : 건축물의 옥상에 거의 수평되게 피뢰도체를 설치하여 이 도체에서 낙뢰를 흡수하는 방식. 수평도체방식은 설치하는 방법에 따라 도체를 건축물에 직접 설치하는 방식과 격리해서 설치하는 독립 가공지선방식이 있다.
- 케이지 방식 : 선축물의 주위를 피뢰 도선으로 새장(cage)처럼 감싸는 방식, 완전피뢰방식
- 이온 방사형 피뢰 방식 : 돌침부에서 전하 또는 펄스를 발생시켜 뇌운의 전하와 작용토록 하여 멀리 있는 뇌운의 방전을 유도하여 보호범위를 넓게 하는 방식

10 그림과 같은 계통에서 단로기 DS_3을 통하여 부하를 공급하고 차단기 CB를 점검하고자 할 때 다음의 물음에 답하시오. 단, 평상시에 DS_3는 열려 있는 상태임.

(1) 점검을 하기 위한 조작 순서를 쓰시오.

(2) CB를 점검 완료 후 원상복귀 시킬 때의 조작 순서를 쓰시오.

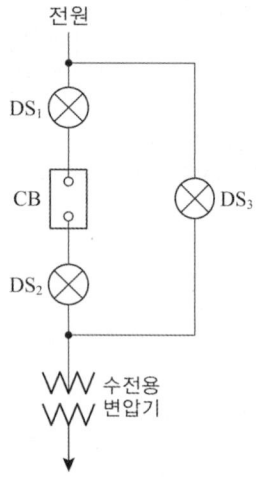

Answer

(1) DS_3(ON) → CB(OFF) → DS_2(OFF) → DS_1(OFF)

(2) DS_2(ON) → DS_1(ON) → CB(ON) → DS_3(OFF)

Explanation

- 단로기(DS : Disconnecting Switch) : 무부하 회로 개폐 장치
  무부하 충전 전류, 변압기 여자전류는 개폐 가능
- 인터록(Interlock) : 차단기가 열려있어야만 단로기 조작 가능
  - 급전 시 : DS → CB
  - 정전 시 : CB → DS
  - 단로기가 부하 측과 선로 측에 있는 경우 항상 부하 측의 단로기를 먼저 개로나 폐로 한다.

11 공구손료란 무엇인가 답하시오.

Answer

일반 공구 및 시험용 계측 기구류의 손료로서 공사 중 상시 일반적으로 사용하는 것을 말하며, 직접 노무비 (노임할증 제외)의 3[%]까지 계상한다.

12 그림과 설명을 읽고 어떤 바인드(OW 3.2[mm] 이하)법인가 답하시오.

① 바인드 선을 전선 규격에 맞게 자른다.
② 애자의 홈에 전선 끝을 20~30[cm] 남겨놓고 건다.

③ 바인드 선을 전선에 첨가하여 일자 바인드로 1회 감는다.
④ 전선 2가닥과 b측 바인드 선을 a측 바인드 선으로 10회 정도 밀착하여 감는다.

⑤ 전선 끝을 벌리고 전선 1가닥과 첨가된 b측 바인드 선을 a측 바인드 선으로 3~4 밀착하여 감는다.

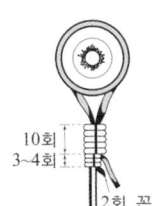

⑥ b측과 바인드 선과 a측 바인드 선을 2회 꼰 후 여유분을 자른다.

Answer

인입 인류 바인드 시공법

Explanation

(내선규정 2,270-4) 절연전선의 바인드
절연전선의 바인드는 다음 각 호에 의하여야 한다.
① 바인드선은 동 또는 철의 심선에 피복을 입힌 것을 사용할 것
② 바인드선과 전선의 굵기는 다음 표와 같다.
(표 2,270-3) 바인드선의 굵기

바인드선의 굵기	동 전선의 굵기[m㎡]
0.9[mm]	16 이하
1.2[mm](또는 0.9[mm]×2)	50 이하
1.6[mm](또는 1.2[mm]×2)	50 초과

13 1개소 또는 여러 개소에 시공한 공통의 접지전극에 개개의 기계, 기구를 모아서 접속하여 접지를 공용화하는 것이 공용접지이다. 공용접지의 장점 4가지를 쓰시오.

①
②
③
④

Answer

① 접지도체가 짧아지고 접지배선 구조가 단순하여 보수 점검이 쉽다.
② 각 접지전극이 병렬로 연결되므로 합성저항을 낮추기가 쉽다.

③ 여러 접지전극을 연결하므로 서지나 노이즈 전류의 방전이 용이하다.
④ 등전위가 구성되어 장비 간의 전위차가 발생되지 않는다.

> **Explanation**

- 공용접지 : 1개소 또는 여러 개소에 시공한 공통의 접지전극에 개개의 기계, 기구를 모아서 접속하여 접지를 공용화하는 것
- 공용접지의 장점
  ① 접지도체가 짧아지고 접지배선 구조가 단순하여 보수 점검이 쉽다.
  ② 각 접지전극이 병렬로 연결되므로 합성저항을 낮추기가 쉽다.
  ③ 여러 접지전극을 연결하므로 서지나 노이즈 전류의 방전이 용이하다.
  ④ 등전위가 구성되어 장비 간의 전위차가 발생되지 않는다.
  ⑤ 시공 접지봉의 수를 줄일 수 있어 접지 공사비가 절감된다.

14 부하의 역률 개선에 대한 다음 물음에 답하시오.

(1) 부하설비의 역률이 저하하는 경우, 수용가가 예상될 수 있는 손해 4가지를 쓰시오.
　　①　　　　　　　　　　　　　　　②
　　③　　　　　　　　　　　　　　　④

(2) 역률을 개선하는 원리에 대해 간단히 설명하시오.

> **Answer**

(1) ① 전력손실이 커진다.
　　② 전기요금이 증가한다.
　　③ 전압강하가 커진다.
　　④ 전원설비 용량이 증가한다.

(2) 유도성 부하를 사용하게 되면 역률이 저하하게 되며 이를 개선하기 위하여 부하의 전단에 병렬로 콘덴서(용량성)을 설치하여 진상 전류를 흘려줌으로써 지상무효전력을 감소시켜 역률을 개선한다.

> **Explanation**

- 역률개선
  - 전력용 콘덴서는 진상 무효분을 공급하여 부하의 역률개선을 위하여 사용
  - 부하의 역률 저하 원인 : 유도 전동기의 경부하 운전 및 형광방전등의 안정기 등

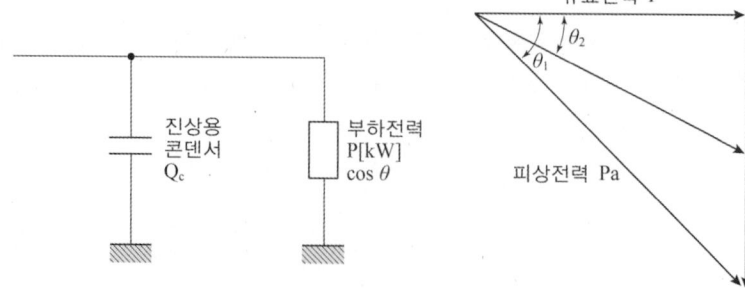

- 전력용 콘덴서 용량

$$Q_c = P(\tan\theta_1 - \tan\theta_2) = P\left(\frac{\sin\theta_1}{\cos\theta_1} - \frac{\sin\theta_2}{\cos\theta_2}\right) = P\left(\frac{\sqrt{1-\cos^2\theta_1}}{\cos\theta_1} - \frac{\sqrt{1-\cos^2\theta_2}}{\cos\theta_2}\right)[\text{kVA}]$$

여기서, $\cos\theta_1$: 개선 전 역률, $\cos\theta_2$: 개선 후 역률

- 역률개선의 효과
  - 전압강하가 감소
  - 전력손실이 감소
  - 설비용량의 여유분 증가
  - 전기요금 절감

15 예비전원설비에 대한 각 물음에 답하시오.

(1) 부동충전방식의 설비에 대한 개략적인 회로도를 그리시오.
(2) 축전지의 과방전 또는 방치 상태에서 기능회복을 위하여 실시하는 것은 어떤 충전방식인가?
(3) 밀폐형 축전지의 1셀 당 알칼리 축전지인 경우 정격전압은 몇 [V]로 하는가?

Answer

(1)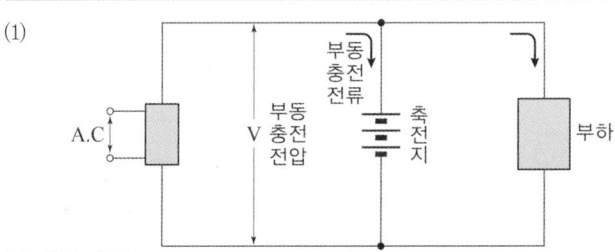

(2) 회복 충전
(3) 1.2[V]

Explanation

(1) 부동충전 : 축전지의 자기 방전을 보충하는 동시에 상용 부하에 대한 전력공급은 충전기가 부담하고 충전기가 부담하기 어려운 일시적인 대전류부하는 축전지가 부담하도록 하는 방식

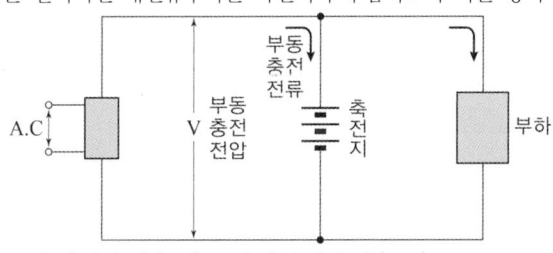

$$\text{충전기 2차 전류}[\text{A}] = \frac{\text{축전지 용량}[\text{Ah}]}{\text{정격 방전율}[\text{h}]} + \frac{\text{상시 부하 용량}[\text{VA}]}{\text{표준전압}[\text{V}]}$$

(2) 회복충전 : 정전류 충전법에 의하여 전류로 40~50시간 충전시킨 후 방전시키고, 다시 충전시킨 후 방전시킨다. 이와 같은 동작을 여러 번 반복하게 되면 본래의 출력 용량을 회복하게 되는 충전 방법

(3) 납축전지 : 2.0[V/cell], 10[Ah]
    알칼리 축전지 : 1.2[V/cell], 5[Ah]

16 ★☆☆☆☆

접지도체의 온도상승에서 동선에 단시간 전류가 흘렀을 경우의 온도상승은 보통 어떤 식으로 산정하는가?

Answer

$$\theta = 0.008\left(\frac{I}{A}\right)^2 \times t\,[℃]$$

여기서, θ : 동선의 온도상승[℃]
I : 전류[A]
t : 통전시간(초)
A : 동선의 단면적[mm²]

Explanation

(내선규정 100-11) 접지도체 굵기 산정 기초
접지도체 온도상승식

$$\theta = 0.008\left(\frac{I}{A}\right)^2 \times t\,[℃]$$

여기서, θ : 동선의 온도상승[℃]
I : 전류[A]
t : 통전시간(초)
A : 동선의 단면적[mm²]

17 ★☆☆☆☆

아날로그 멀티 테스터기로 교류 (AC)전압을 측정하려고 한다. 절환 스위치의 위치를 최소의 배율값부터 놓고 측정하게 되면 회로시험기가 소손 될 우려가 있는가?

Answer

소손 될 우려가 있다.

Explanation

테스터기 전압측정
- 임의의 전압인 경우는 배율이 높은 것부터 낮은 순으로 변경하며 측정
- 최소 배율부터 측정하는 경우 큰 전압인 경우 소손의 우려

18 ★★☆☆☆

그림은 3상 유도 전동기의 Y-△ 기동 운전 회로의 일부이다. BS는 "H" 입력형이고, RL과 GL은 LED로 대체하고 입·출력 회로, 기타는 생략한다. BS₁을 주면 MC₁이 동작, Y기동하고 타이머 기구 동작, t초 후에 MC₁이 복구하면 MC₂(RL)가 동작하며 △운전된다. 운전 중에는 MC₂(RL)만 작동하고 있다. 물음에 보기의 내용으로 답하시오.

[보기] 기동, 유지, 정지, 인터록, 소스, 싱크

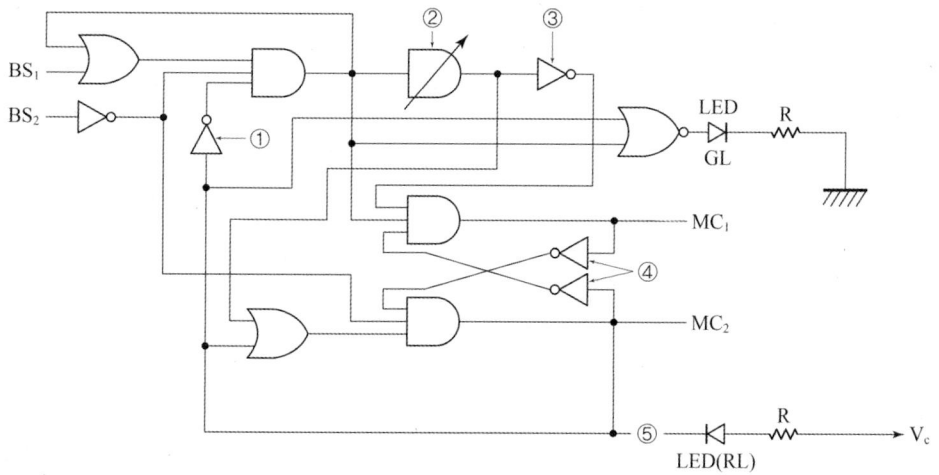

(1) ①의 기능을 쓰시오.
(2) ②의 기능을 쓰시오.
(3) ③의 기능을 쓰시오.
(4) ④의 기능을 쓰시오.
(5) ⑤에 알맞은 논리 기호를 그리시오. (보기와 관계없음)
(6) LED(RL)에 흐르는 전류를 무슨 전류라 하는가?

Answer

(1) 정지
(2) 기동
(3) 정지
(4) 인터록
(5)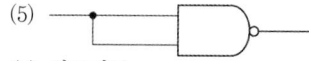
(6) 싱크전류

Explanation

• Y-△ 기동의 주회로 결선

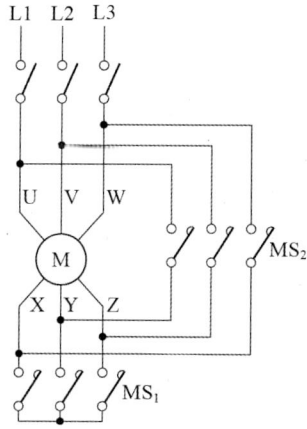

- Y-△ 기동 시의 기동전류는 전전압 기동 전류의 1/3배이며 전원 투입 후 Y결선으로 기동한 후 타이머의 설정 시간이 되면 △ 결선으로 운전한다. 이때 Y결선은 정지하며 Y와 △는 동시투입이 되어서 안 된다 (인터록).

- 문제에서의 전자접촉기
  - MC_1 : Y기동
  - MC_2 : △운전

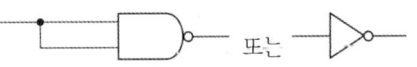

19. 도면과 동작사항을 참고하여 회로도(시퀀스도)를 그리시오.

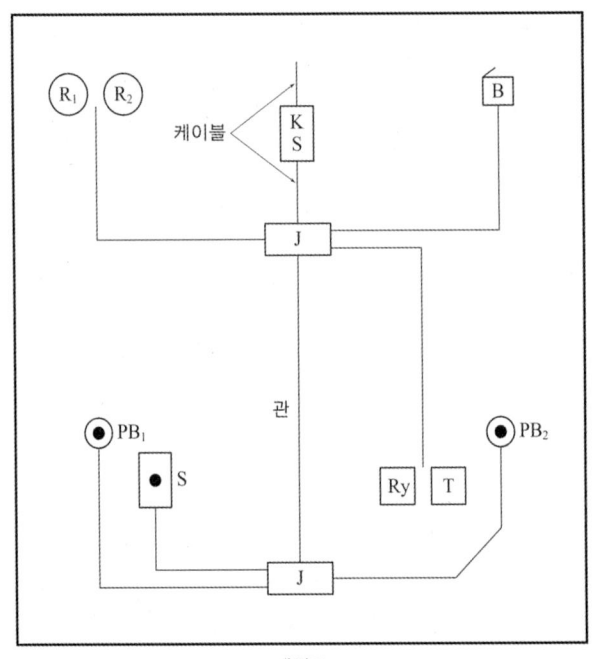

[동작사항]
① 스위치 S를 ON상태에서 PB₁ 또는 PB₂중 어느 하나를 누르면 T가 여자가 되어 R₁, R₂의 전등은 직렬 점등되며 버저 B가 울린다. 다음 시간경과 (t초)후 B가 정지됨과 동시에 Ry가 여자 되어 R₁과 R₂의 점등은 병렬 운전된다.
② 스위치 S를 OFF하면 모든 동작이 정지된다.

Answer

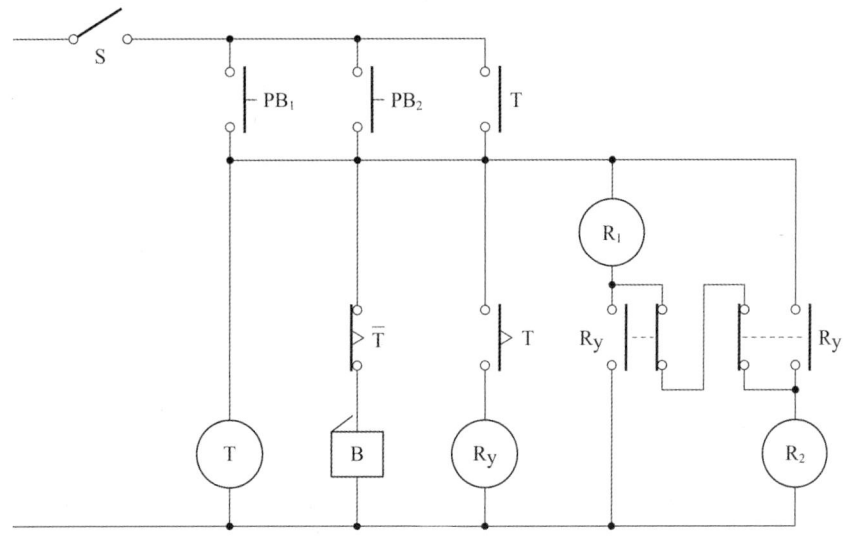

Explanation

타이머의 자기유지 접점을 이용하여 자기 유지하여야 한다. 일반적인 8pin 릴레이는 2a, 2b이므로 a접점이 2개, b접점이 2개이므로 문제의 경우는 타이머의 자기유지 접점을 사용하여야만 한다.

과년도 기출문제

전기공사기사 실기
2005

- 2005년 제 01회
- 2005년 제 02회
- 2005년 제 04회

2005년 과년도 기출문제에 대한 출제 빈도 분석 차트입니다.
각 회차별로 별의 개수를 확인하고 학습에 참고하기 바랍니다.

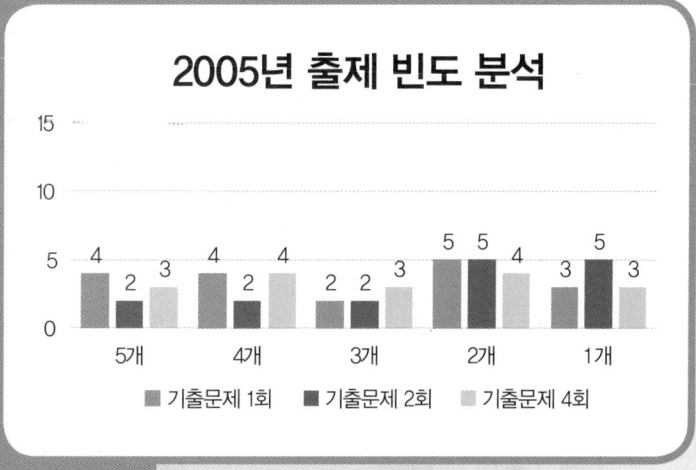

2005년 전기공사기사 실기

01 ★☆☆☆☆

―― ―― ―― (F7) ―― ―― ―― 표시는 어떤 표시인가?

Answer

플로어 덕트

Explanation

(KS C 0301) 옥내배선용 그림 기호

―― ―― ―― (F7) ―― ―― ―― : 플로어 덕트

| MD | : 금속 덕트

------ LD ------ : 라이팅 덕트

02 ★★★★☆

합성수지 파형 전선관을 100[mm] 2열, 175[mm] 6열, 200[mm] 4열을 층계별로 100[m]를 동시에 포설할 때 배전전공과 보통 인부의 공량은 얼마인가?

(1) 배전전공

(2) 보통인부

[참고자료] **합성수지 파형 전선관 [m당]**

구분	배전전공	보통 인부
50[mm] 이하	0.012	0.029
80[mm] 이하	0.015	0.035
100[mm] 이하	0.018	0.057
125[mm] 이하	0.025	0.077
150[mm] 이하	0.030	0.097
175[mm] 이하	0.036	0.117
200[mm] 이하	0.041	0.129

[해설]
① 이 품은 터파기, 되메우기 및 잔토처리 제외
② 접합품이 포함되어 있으며, 접합부의 콘크리트 타설품 및 자세별 할증은 별도 계상
③ 철거 50[%], 재사용 철거 30[%]
④ 2열 동시 180[%], 3열 260[%], 4열 340[%], 6열 420[%], 8열 500[%], 10열 580[%], 12열 660[%], 14열 740[%], 16열 820[%]
⑤ 이 품은 30~60[m] Roll식으로 감겨 있는 합성수지 파형전선관의 지중 포설 기준임.
⑥ 동시배열이란 동일장소에서 공 당의 파형관을 열로 형성하여 층계별로 포설하는 것을 말하며, 100[mm] 2열, 175[mm] 6열, 200[mm] 4열을 층계별로 동시 포설시 산출은 다음과 같다. 이는 12공을 층계별로 동시 배열하는 것으로써 동시 적용률은 660[%]로, 따라서 합산품은(100[mm] 기본품×2열+175[mm] 기본품×6열+200[mm]기본품×4열)×660[%]÷12이다(열은 관로의 공수를 뜻함).
⑦ 100[mm] 이상 이종관 접속 시는 동시배열(공수)에 관계없이 접속 개당 배전전공 0.1인 보통인부 0.1인 적용
⑧ Spacer를 설치할 경우 파상형 전선관 열, 층에 관계없이 Spacer Point 10개 설치 당 배전전공 0.0077인, 보통인부 0.0154인 적용

Answer

(1) 배전전공 : $\dfrac{(0.018\times 2+0.036\times 6+0.041\times 4)\times 6.6}{12}\times 100 = 22.88$[인]

(2) 보통인부 : $\dfrac{(0.057\times 2+0.117\times 6+0.129\times 4)\times 6.6}{12}\times 100 = 73.26$[인]

Explanation

합성수지 파형 전선관 [m당]

구분	배전전공	보통 인부
50[mm] 이하	0.012	0.029
80[mm] 이하	0.015	0.035
100[mm] 이하	0.018	0.057
125[mm] 이하	0.025	0.077
150[mm] 이하	0.030	0.097
175[mm] 이하	0.036	0.117
200[mm] 이하	0.041	0.129

[해설]의 ⑥을 적용한다.
동시배열이란 동일 장소에서 공 당의 파형관을 열로 형성하여 층계별로 포설하는 것을 말하며, 100[mm] 2열, 175[mm] 6열, 200[mm] 4열을 층계별로 동시 포설시 산출은 다음과 같다. 이는 12공을 층계별로 동시 배열하는 것으로써 동시 적용률은 660[%]로, 따라서 합산품은(100[mm] 기본품×2열+175[mm] 기본품×6열, 200[mm]기본품×4열)×660[%]÷12이다(열은 관로의 공수를 뜻함).

03 ★★★★☆

2중 천장 내에서 옥내배선으로부터 분기하여 조명기구에 접속하는 배선은 원칙적으로 어떤 배선인가?

Answer

케이블 배선 또는 금속제 가요전선관 배선(점검할 수 없는 장소에는 2종 금속제 가요전선관)

Explanation

(내선규정 3,320-2) 조명기구 등을 직부 또는 매입하여 시설하는 경우의 시설 방법
2중 천장 내에서 옥내배선으로부터 분기하여 조명기구에 접속하는 배선은 케이블 배선 또는 금속제 가요전선관 배선(점검할 수 없는 장소에는 2종 금속제 가요전선관에 한한다.)으로 하는 것을 원칙으로 한다.

04 ★☆☆☆☆

용어에서 본딩선이라 함은?

Answer

금속관 상호 또는 이들과 금속박스를 전기적으로 접속하는 금속선

05 ★★☆☆☆

저압 전로에 시설하는 누전차단기 등은 전류동작형으로서 누전 차단기의 조작용 손잡이 또는 누름 단추는 어떤 구조의 기구이어야 하는가?

Answer

트립 프리(Trip Free)

Explanation

(내선규정 1,475-2) 누전차단기 선정
저압전로에 시설하는 누전차단기 등은 전류동작형으로 다음 각 호에 적합한 것이어야 한다.
① 누전차단기는 충격파 부작동형일 것
② 누전차단기의 조작용 손잡이 또는 누름단추는 트립프리(Trip Free)기구이어야 한다.
③ 누전차단기의 경보장치는 원칙적으로 벨(Bell)식 또는 버저(Buzzer)식인 것으로 할 것
여기서, 트립 프리(Trip Free)란 투입기구가 여자 되어 투입기구가 동작 중인 상태에서도 트립이 자유롭게 행하여질 수 있는 기능을 말한다.

06 ★★☆☆☆

□ 75×75×3.2×2,400의 규격은 장주에 사용하는 어떤 자재명인가?

Answer

경완철(경완금)

Explanation

완금(완철)의 종류
- □ : 경완금(경완철)
- ㄱ : ㄱ형 완금

07
공장이나 일반건축물에 있어서 변전실의 위치 선정 시 기능면과 경제면에서 고려해야 할 사항 5가지를 쓰시오.

Answer

① 부하 중심에 가까울 것
② 인입선의 인입이 쉽고 보수유지 및 점검이 용이한 곳
③ 간선 처리 및 증설이 용이한 곳
④ 기기 반출입에 지장이 없을 것
⑤ 침수, 기타 재해 발생의 우려가 적은 곳

Explanation

그 외에도,
⑥ 화재, 폭발 위험성이 적을 것
⑦ 습기, 먼지가 적은 곳
⑧ 열해, 유독가스의 발생이 적을 것
⑨ 발전기, 축전지 실이 가급적 인접한 곳
⑩ 장래부하 증설에 대비한 면적 확보가 용이한 곳
⑪ 기기 높이에 대하여 천장 높이가 충분한 곳
⑫ 채광 및 통풍이 잘되는 곳

BEST 08
과전류차단기 설치가 금지된 장소 3가지만 쓰시오

Answer

① 접지공사의 접지도체
② 다선식 전로의 중성선
③ 고압 또는 특고압과 저압전로를 결합한 변압기 전로의 일부에 접지공사를 한 저압 가공전선로의 접지 측 전선

Answer

(KEC 341.11조) 과전류차단기의 시설 제한
접지공사의 접지도체, 다선식 전로의 중성선, 전로의 일부에 접지공사를 한 저압 가공전선로의 접지 측 전선에는 과전류차단기를 시설하여서는 안 된다.

09
수은구, 저압나트륨구, 메탈할라이드구, 형광등 중 가장 효율이 좋은 순서부터 나열하시오.

Answer

저압나트륨구, 메탈할라이드구, 형광등, 수은구

Explanation

광원의 효율

램프	효율[lm/W]	램프	효율[lm/W]
나트륨 램프	80~150	수은 램프	35~55
메탈할라이드 램프	75~105	할로겐 램프	20~22
형광 램프	48~80	백열 전구	7~22

> 이 문제는 변경된 KEC 적용으로 인하여 삭제하고, 아래 예상문제로 대체되었습니다.

10 다음의 빈칸에 알맞은 값을 적으시오.

> 접지도체의 굵기는 고장 시 흐르는 전류를 안전하게 통할 수 있는 것으로서 다음에 의한다.
> 가. 특고압·고압 전기설비용 접지도체는 단면적 (①)[mm²] 이상의 연동선 또는 동등 이상의 단면적 및 강도를 가져야 한다.
> 나. 중성점 접지용 접지도체는 공칭단면적 (②)[mm²] 이상의 연동선 또는 동등 이상의 단면적 및 세기를 가져야 한다. 다만, 다음의 경우에는 공칭단면적 (③)[mm²] 이상의 연동선 또는 동등 이상의 단면적 및 강도를 가져야 한다.
> (1) 7[kV] 이하의 전로
> (2) 사용전압이 25[kV] 이하인 특고압 가공전선로. 다만, 중성선 다중접지 방식의 것으로서 전로에 지락이 생겼을 때 2초 이내에 자동적으로 이를 전로로부터 차단하는 장치가 되어 있는 것.

① ② ③

Answer

① 6   ② 16   ③ 6

Explanation

(KEC 142.3조) 접지도체
접지도체의 굵기는 고장 시 흐르는 전류를 안전하게 통할 수 있는 것으로서 다음에 의한다.
가. 특고압·고압 전기설비용 접지도체는 단면적 6[mm²] 이상의 연동선 또는 동등 이상의 단면적 및 강도를 가져야 한다.
나. 중성점 접지용 접지도체는 공칭단면적 16[mm²] 이상의 연동선 또는 동등 이상의 단면적 및 세기를 가져야 한다. 다만, 다음의 경우에는 공칭단면적 6[mm²] 이상의 연동선 또는 동등 이상의 단면적 및 강도를 가져야 한다.
 (1) 7[kV] 이하의 전로
 (2) 사용전압이 25[kV] 이하인 특고압 가공전선로. 다만, 중성선 다중접지 방식의 것으로서 전로에 지락이 생겼을 때 2초 이내에 자동적으로 이를 전로로부터 차단하는 장치가 되어 있는 것.

BEST
11 ★★★★★ 다음은 계전기별 고유 기구번호이다. 명칭을 정확히 답하시오.

(1) 37A
(2) 37D

Answer

(1) 교류 부족 전류 계전기
(2) 직류 부족 전류 계전기

Explanation

- 37 : 부족 전류 계전기
  - 37A : 교류 부족 전류 계전기
  - 37D : 직류 부족 전류 계전기
- 37F : Fuse 용단 계전기
- 37V : 전자관 Filament 단선 검출기

12. 송전선로에 ACSR(강심알루미늄연선)을 많이 사용하는 이유는?

Answer

① 경동연선에 비해 기계적 강도가 크고 가볍다.
② 같은 저항값에 대해서는 경동연선에 비해 전선의 바깥지름이 크기 때문에 코로나 발생 방지에 효과적이다.

Answer

강심알루미늄연선의 용도
① 큰 인장하중을 필요로 하는 가공전선 및 특고압 중선선에 사용
② 코로나 방지가 필요한 초고압 송·배전선로에 사용

KSC 3113 강심 알루미늄 연선(ACSR) 규격
19, 32, 58, 80, 96, 120, 160, 200, 240, 330, 410, 520, 610[mm^2]

13. 차단기의 종류이다. 명칭을 쓰시오.

(1) ELB
(2) NFB
(3) OCB
(4) MBB
(5) GCB

Answer

(1) 누전 차단기
(2) 배선용 차단기
(3) 유입 차단기
(4) 자기 차단기
(5) 가스 차단기

Explanation

(1) 누전 차단기 : ELB(Earth Leakage Circuit Breaker)
(2) 배선용 차단기 : NFB(No Fuse Breaker)
(3) 유입 차단기 : OCB(Oil Circuit Breaker)
(4) 자기 차단기 : MBB(Magnetic-Blast Circuit Breaker)
(5) 가스 차단기 : GCB(Gas Circuit Breaker)

14 폭연성 분진 또는 화약류 분말이 전기 설비가 점화원이 되어 폭발할 우려가 있는 곳의 저압옥내 전기설비는 어느 공사에 의하는가?

Answer

금속관 공사 또는 케이블 공사

Explanation

(KEC 242.2.1조) 폭연성 분진 위험장소
폭발성분진이 있는 위험 장소의 배선은 다음 각 호에 의하고 또는 위험의 우려가 없도록 시설하여야 한다.
① 옥내배선은 금속관 공사 또는 케이블 공사에 의할 것
② 금속관 공사의 경우는 다음과 같이 시설할 것
- 금속관은 박강전선관 또는 동등 이상의 강도가 있는 것을 사용할 것
- 관 상호 및 관과 박스 기타의 부속품이나 풀박스 또는 전기기계기구는 5턱 이상의 나사조임으로 접속하는 방법, 기타 이와 동등 이상의 효력이 있는 방법에 의해 견고하게 접속할 것

15 주택의 옥내에 시설하는 300[V] 이하의 분전반에 반드시 설치하여야 할 인체감전 보호 장치는?

Answer

누전 차단기

Explanation

(내선규정 1,475-1) 누전 차단기 설치
① 사람이 쉽게 접촉될 우려가 있는 장소에 시설하는 사용 전압이 50[V]를 초과하는 저압의 금속제 외함을 가지는 기계 기구에 전기를 공급하는 전로에 지기가 발생하였을 때 자동적으로 전로를 차단하는 누전차단기 등을 설치하여야 한다.
② 주택의 전로 입구(대지 전압 150[V] 초과 300[V] 이하)는 전기용품 안전관리법의 적용을 받는 인체보호용 누전차단기를 시설할 것

16 현장에서 전기 부하설비를 가동상태에서 부하전류를 측정하려면 어떤 계측기를 사용하는가?

Answer

후크온메타

Explanation

후크온메타 : 활선 상태에서 부하전류 측정

17 그림은 특고압 수전설비 표준 결선도이다. 이 도면에 대한 물음에 답하시오. 단, CB 1차 측에 PT를, CB 2차 측에 CT를 시설하는 경우이다.

[물음]
(1) 미완성 부분(점선내 부분)에 대한 단선 결선도를 완성하시오. 단, 미완성 부분에는 CB, OCGR, OCR×3, MOF, CT, PF, TC, PT, COS 등을 사용하도록 한다.

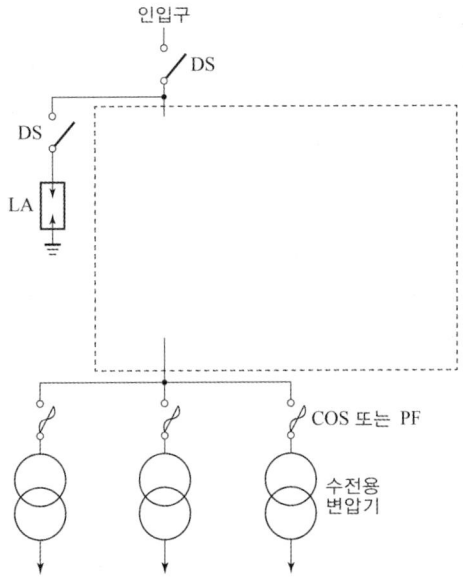

(2) CT, OCR, GR, TC, CB의 명칭을 한글로 쓰시오.

(1)

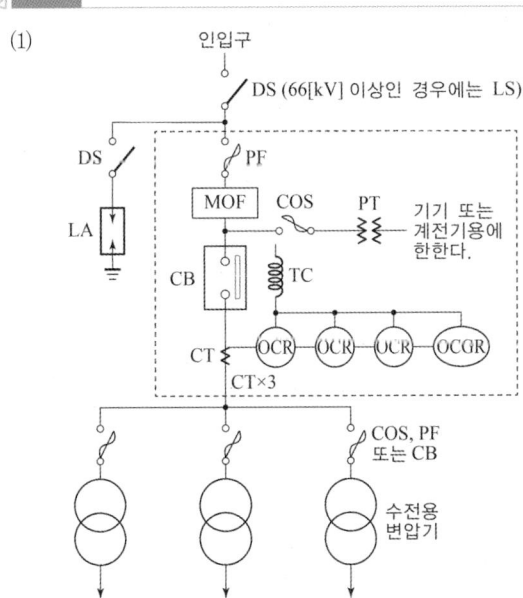

(2) CT : 변류기
　　OCR : 과전류 계전기
　　GR : 지락 계전기
　　TC : 트립코일
　　CB : 차단기

Explanation

CB 1차 측에 PT를 CB 2차 측에 CT를 시설하는 경우

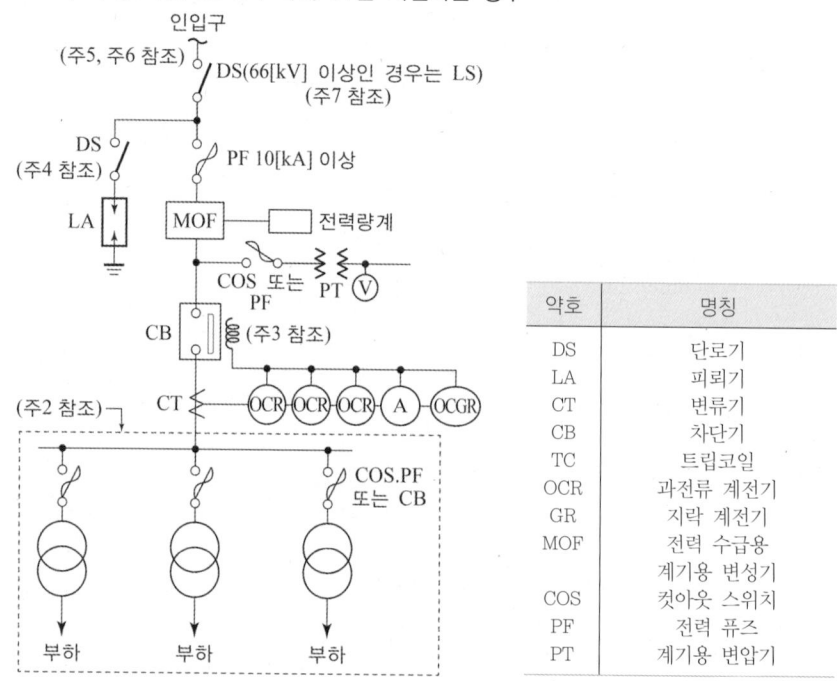

약호	명칭
DS	단로기
LA	피뢰기
CT	변류기
CB	차단기
TC	트립코일
OCR	과전류 계전기
GR	지락 계전기
MOF	전력 수급용 계기용 변성기
COS	컷아웃 스위치
PF	전력 퓨즈
PT	계기용 변압기

[주1] 22.9[kV-Y] 1,000[kVA] 이하인 경우에는 간이 수전설비 결선도에 의할 수 있다.
[주2] 결선도 중 점선내의 부분은 참고용 예시이다.
[주3] 차단기의 트립 전원은 직류[DC]또는 콘덴서 방식(CTD)이 바람직하며 66[kV] 이상의 수전 설비에는 직류(DC)이어야 한다.
[주4] LA용 DS는 생략할 수 있으며 22.9[kV-Y]용의 LA는 Disconnector(또는 Isolator) 붙임형을 사용하여야 한다.
[주5] 인입선을 지중선으로 시설하는 경우로서 공동 주택 등 사고시 정전 피해가 큰 수전 설비 인입선은 예비선을 포함하여 2회선으로 시설하는 것이 바람직하다.
[주6] 지중인입선의 경우에 22.9[kV-Y] 계통은 CNCV-W 케이블(수밀형) 또는 TR CNCV-W(트리억제형)을 사용하여야 한다. 다만, 전력구·공동구·덕트·건물 구내 등 화재의 우려가 있는 장소에서는 FR-CNCO-W(난연)케이블을 사용하는 것이 바람직하다.
[주7] DS 대신 자동고장구분 개폐기(7,000[kVA] 초과 시에는 Sectionalizer)를 사용할 수 있으며 66[kV] 이상의 경우는 LS를 사용하여야 한다.

18. 다음 그림은 대단위 아파트의 급배수 설비의 일부분이다. 기계실(변전실, 급수 펌프실, 보일러실 등)의 침수를 예방하기 위한 설비를 하고자 한다. 다음 사항을 잘 이해하고 이에 적합한 경보장치를 보기에 제시한 기구와 각종 Relay를 사용하여 미완성 회로를 완성하시오.

[급·배수장치 계통도]

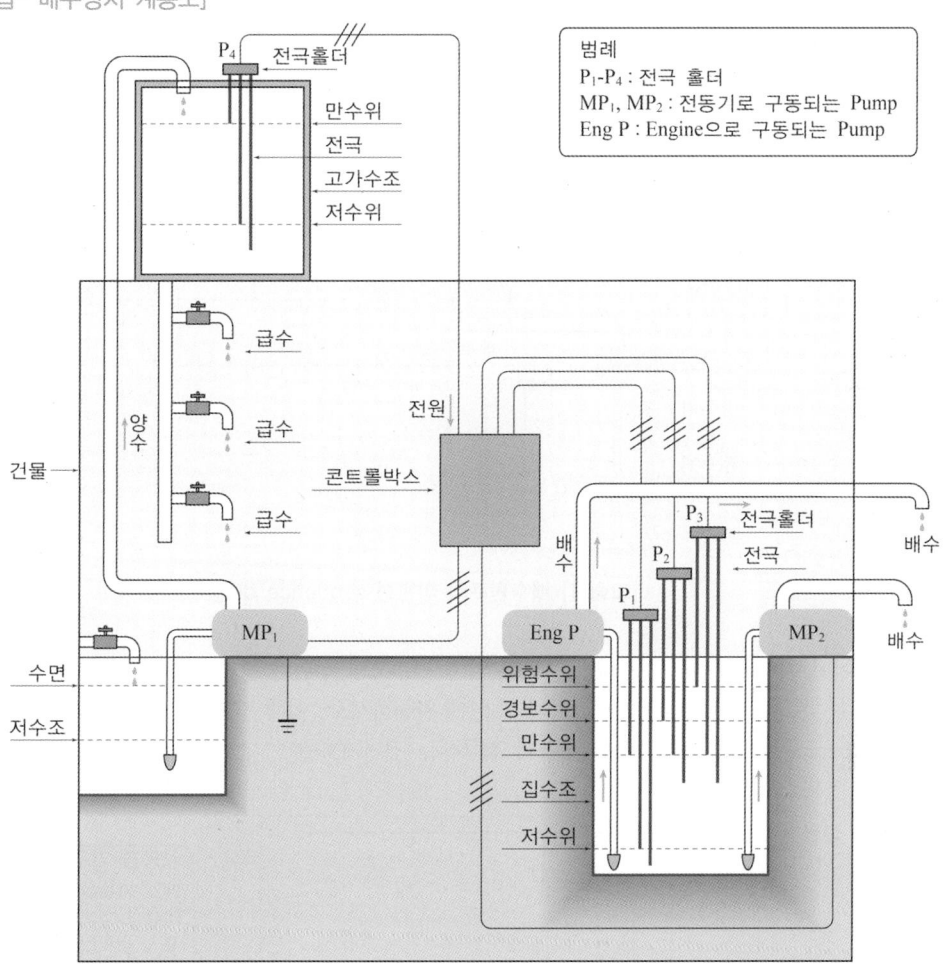

(1) 배수펌프의 작동이 만수위가 되었을 때 자동으로 동작하지 않을 경우 수동으로 동작시킬 수 있도록 하기 위한 미완성 sequence diagram을 [그림 1]의 점선 안에 완성하고 수조의 전극에는 전극기호를 ( ) 안에 써 넣으시오.

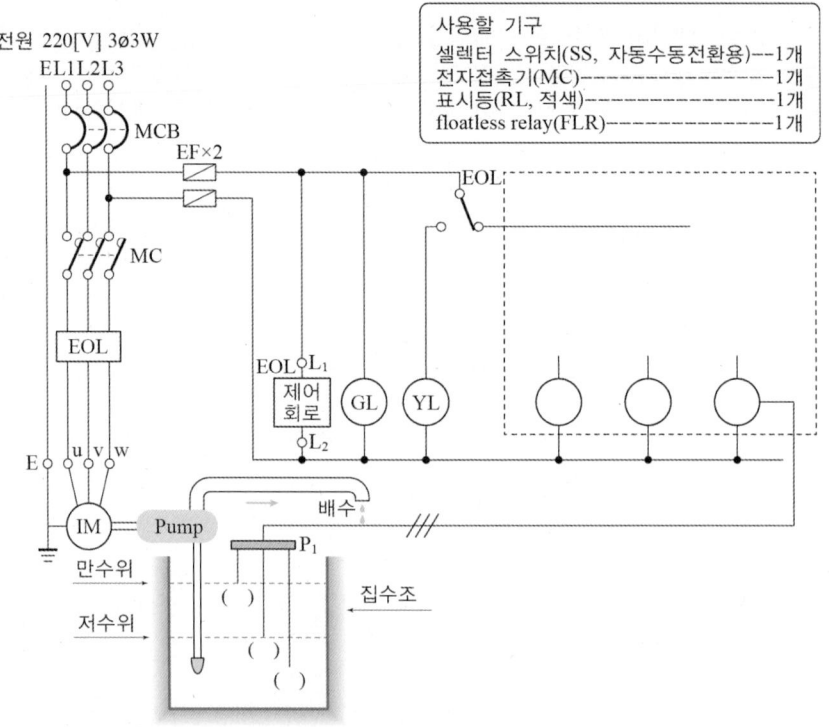

[그림 1] 배수펌프의 미완성 sequence diagram

(2) 어떤 원인으로 배수펌프가 동작하지 않아 집수조의 수위가 경계수위에 도달했을 때 경보를 할 수 있는 경보회로를 [그림 2]의 점선 안에 완성하시오. 이때 경보음은 지속되도록 하고, 경보용 Lamp는 명멸되도록 하며, 수조의 전극에는 전기기호를 (   ) 안에 써 넣으시오.

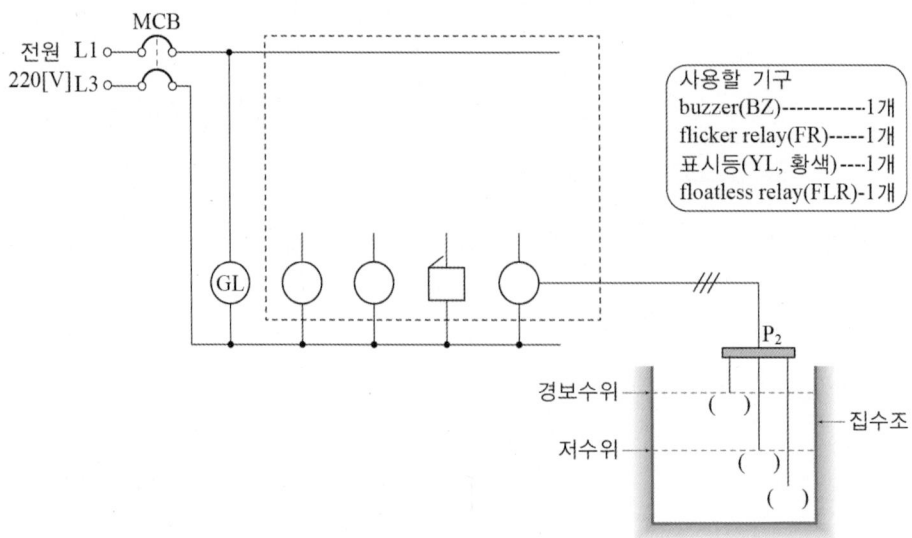

[그림 2] 배수장치의 정보회로의 미완성 sequence diagram

(3) 어떤 원인으로 배수펌프가 동작하지 않아 집수조의 수위가 위험 수위에 도달했을 때 경보를 할 수 있는 경보회로를 [그림 3]의 점선 안에 완성하시오. 이 경우에는 경보음이 단속되도록 하고, 경보용 Lamp도 명멸되도록 하고 수조의 전극에는 전극기호를 ( )에 써 넣으시오.

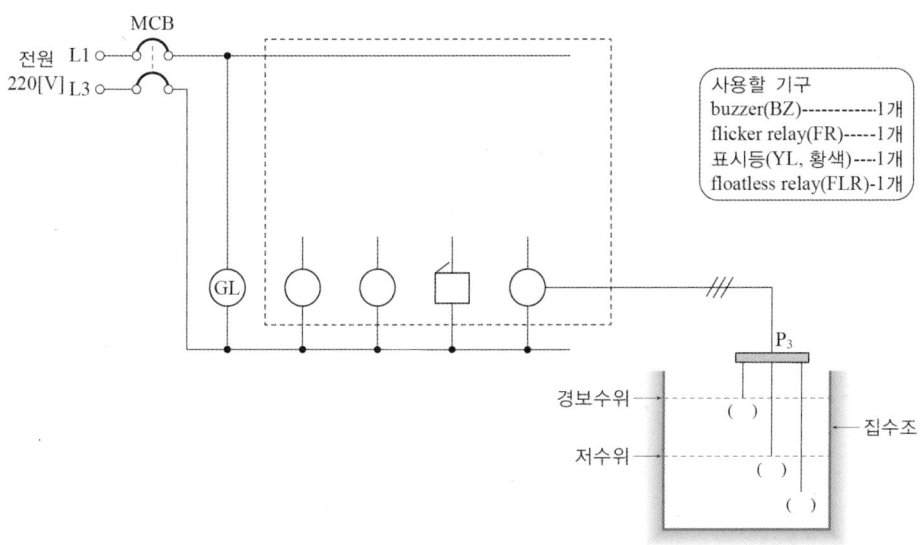

[그림 3] 배수장치의 위험수위의 경보회로의 미완성 sequence diagram

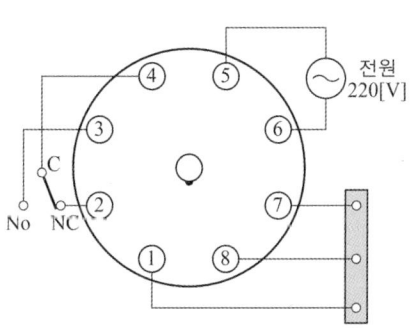

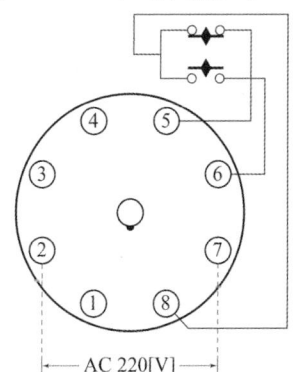

Answer

(1)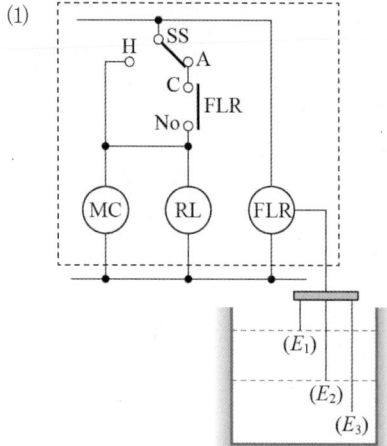

(2)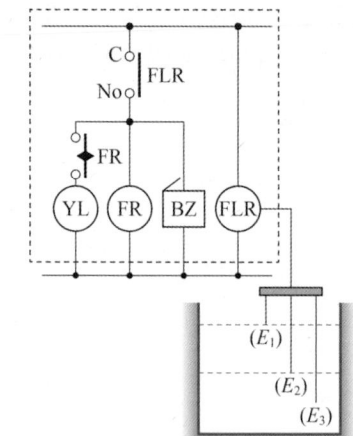

(3)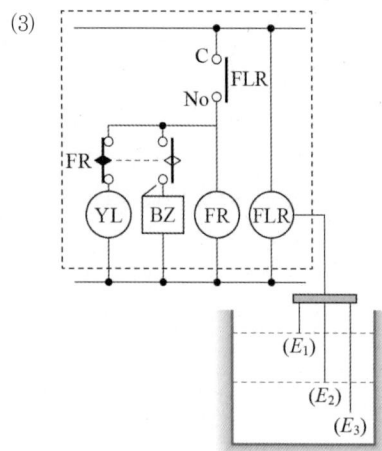

2회 2005년 전기공사기사 실기

BEST 01 ★★★★★
240[mm²] ACSR 전선을 200[m]의 경간에 가설하려고 하는데 이도는 계산상 8[m]였지만 가설 후의 실측결과는 6[m]이어서 2[m] 증가시키려고 한다. 이때 전선을 경간에 몇 [m]만큼 밀어 넣어야 하는가?

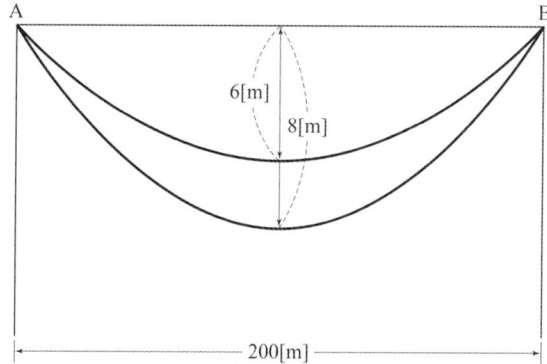

Answer

계산 : 이도 6[m]일 때 전선의 길이 $L_1 = 200 + \dfrac{8 \times 6^2}{3 \times 200} = 200.48$ [m]

이도 8[m]일 때 전선의 길이 $L_2 = 200 + \dfrac{8 \times 8^2}{3 \times 200} = 200.85$ [m]

∴ $L_2 - L_1 = 200.85 - 200.48 = 0.37$ [m]

답 : 0.37[m]

Explanation

- 이도 : $D = \dfrac{WS^2}{8T}$

- 실제길이 : $L = S + \dfrac{8D^2}{3S}$

여기서, L : 전선의 실제 길이[m]
D : 이도[m]
S : 경간[m]

02 ★★★☆☆ 공사원가라 함은 공사시공 과정에서 발생한 무엇의 합계액을 말하는가?

Answer

재료비, 노무비, 경비

Explanation

- 순공사원가 : 재료비, 노무비, 경비
- 총공사원가 : 재료비, 노무비, 경비, 일반관리비, 이윤

여기서, 공사원가는 순공사원가를 말하는 것임

03 ★☆☆☆☆ 변전 설비에서 차단기 사용 전 검사 항목을 전기설비 검사 업무 처리 지침서에 의거하여 5가지 쓰시오.

Answer

① 외관 검사
② 접지 저항 측정
③ 절연 저항 측정
④ 절연 내력 시험
⑤ 보호 장치 설치 및 동작 상태

Explanation

전기안전공사 사용 전 검사업무 처리 방법(차단기)
① 외관 검사
② 접지 저항 측정
③ 절연 저항 측정
④ 절연 내력 시험
⑤ 동작시험
⑥ 공기 압축장치 검사
⑦ 기타 기술기준의 적합 여부

04 ★★☆☆☆ 브랭크 와셔(Blank Washer)란 무엇인가? 간단하게 쓰시오.

Answer

박스에 덕트를 접속치 않는 곳에 수분 및 먼지의 침입을 막기 위하여 사용되는 재료

Explanation

금속관 공사용 부품

명칭	사용 용도
로크너트 (lock nut)	관과 박스를 접속하는 경우
부싱 (bushing)	전선 관단에 끼우고 전선을 넣거나 빼는 데 있어서 전선의 피복을 보호하여 전선이 손상되지 않게 하는 것
커플링 (coupling)	• 금속관 상호 접속 또는 관과 노멀 밴드와의 접속에 사용 • 관의 양측을 돌려서 접속할 수 없는 경우 : 유니온 커플링
새들 (saddle)	노출 배관에서 금속관을 조영재에 고정시키는 데 사용
노멀 밴드 (normal bend)	배관의 직각 굴곡에 사용
링 리듀서	금속을 아웃트렛 박스의 로크 아웃에 취부할 때 록 아웃의 구멍이 관의 구멍보다 클 때 사용
스위치 박스 (switch box)	매입형의 스위치나 콘센트를 고정하는 데 사용
아웃트렛 박스 (outlet box)	전선관 공사에 있어 전등기구나 점멸기 또는 콘센트의 고정, 접속함
콘크리트 박스 (concrete box)	콘크리트에 매입 배선용으로 아웃트렛 박스와 같은 목적으로 사용
플로어 박스	바닥 밑으로 매입 배선할 때 사용
유니버설 엘보우 (elbow)	• 노출 배관공사에 관을 직각으로 굽혀야 할 곳의 관 상호 접속 또는 관을 분기해야 할 곳에 사용 • 3방향으로 분기하는 T형, 4방향으로 분기하는 크로스 엘보우
터미널 캡 (terminal cap)	전동기에 접속하는 장소나 애자 사용 공사로 옮기는 장소의 관단에 사용
엔트런스 캡(우에사캡) (entrance cap)	인입구, 인출구의 관단에 설치하여 금속관에 접속하여 옥외의 빗물을 막는 데 사용
픽스처 스터드와 히키 (fixture stud & hickey)	아웃트렛 박스에 조명기구를 부착시킬 때 사용, 무거운 기구취부
블랭크 와셔 (blank washer)	플로어 덕트의 정션 박스에 덕트를 접속하지 않는 곳을 막기 위하여 사용
유니버설 피팅	노출 배관시 L형 또는 T형으로 구부러지는 장소에 사용

05 다음 문제를 읽고 옳으면 O표 틀리면 ×표를 하시오.

(1) 금속덕트 공사에는 DV전선 또는 NR전선 이상의 절연 효력이 있는 전선을 사용하여야 한다.
(2) 금속덕트 공사는 옥내에 건조한 장소로서 노출장소 또는 점검할 수 있는 은폐장소에 한하여 시설할 수 있다.
(3) 금속덕트는 접지공사를 한다.
(4) 버스덕트는 3[m] 이하의 간격으로 조영재에 견고하게 부착한다.
(5) 버스덕트는 구리 또는 알루미늄으로 된 나도체를 난연성, 내열성, 내습성이 풍부한 절연물로 지지하여야 한다.
(6) 금속덕트공사가 마루 또는 벽을 관통하는 경우에는 금속덕트를 관통부분에서 접속해도 무방하다.
(7) 동일 금속덕트내에 넣는 전선은 40본 이하로 하는 것이 바람직하다.
(8) 내면은 전선의 피복을 손상할 돌기가 없어야 한다.
(9) 금속덕트배선을 수직 또는 경사지에 시설하는 경우에는 전선의 이동을 막기 위하여 전선을 적당하게 지지하여야 한다.
(10) 금속덕트에 수용하는 전선은 절연물을 포함하는 단면적의 총합이 금속덕트 내단면적의 80[%] 이하가 되도록 한다.

Answer

(1) O (2) O (3) O (4) O (5) O
(6) × (7) × (8) O (9) O (10) ×

Explanation

(KEC 232.31조) 금속덕트 공사
① 금속덕트 공사는 절연전선을 사용하여야 한다(OW제외).
② 금속덕트 공사는 옥내에 건조한 장소로서 노출장소 또는 점검할 수 있는 은폐장소에 한하여 시설할 수 있다.
③ 금속덕트는 접지공사를 한다.
④ 금속덕트 배선이 마루 또는 벽을 관통하는 경우에는 금속덕트를 관통부분에서 접속해서는 안 된다.
⑤ 동일 금속덕트 내에 넣는 전선은 30본 이하로 하는 것이 바람직하다.
⑥ 금속덕트의 안쪽 면은 전선의 피복을 손상할 돌기(突起)가 없는 것
⑦ 금속덕트배선을 수직 또는 경사지에 시설하는 경우에는 전선의 이동을 막기 위하여 전선을 적당하게 지지하여야 한다.
⑧ 금속덕트에 수용하는 전선은 절연물을 포함하는 단면적의 총합이 금속덕트 내단면적의 20[%](전광표시장치 기타 이와 유사한 장치 또는 제어회로 등의 배선에 사용하는 전선만을 넣는 경우는 50[%]) 이하가 되도록 선정하여야 한다.

(KEC 232.61조) 버스덕트 공사
① 버스덕트는 3[m](취급자 이외의 자가 출입할 수 없도록 설비한 장소로 수직으로 설치하는 경우는 6[m]) 이하의 간격으로 견고하게 지지할 것
② 도체는 단면적 20[mm²] 이상의 띠 모양, 지름 5 mm 이상의 관모양이나 둥글고 긴 막대 모양의 동 또는 단면적 30[mm²] 이상의 띠 모양의 알루미늄을 사용한 것일 것
③ 버스덕트는 접지공사를 한다.

06 ★★★☆☆ 다음 그림은 심야전력기기의 인입구 장치 부근의 배선을 나타낸 것이다. 이 그림은 어떤 경우의 시설을 나타낸 것인가?

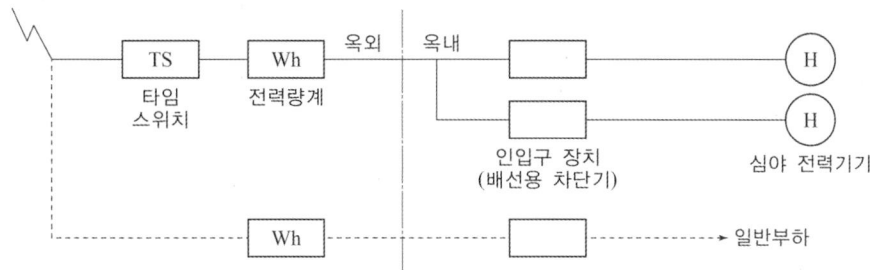

Answer

종량제

Explanation

(내선규정 4,145) 심야전력기기
① 심야전력기기의 배선은 기기마다 전용의 분기회로를 시설할 것
② 배선은 합성수지관배선, 금속관배선, 금속제 가요전선관배선, 케이블배선에 의할 것

• 배선방법

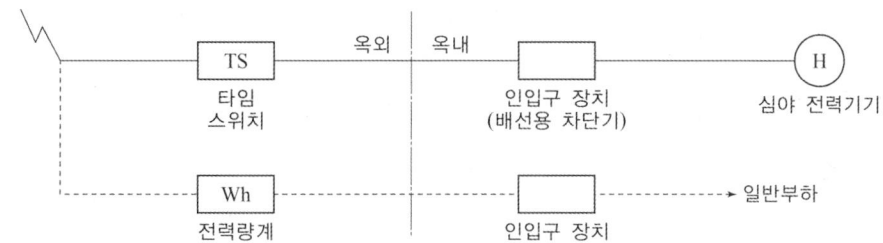

정액제인 경우의 시설(예)

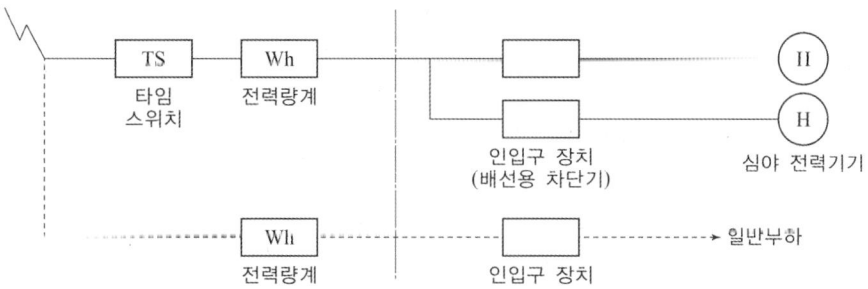

종량제인 경우의 시설(예)

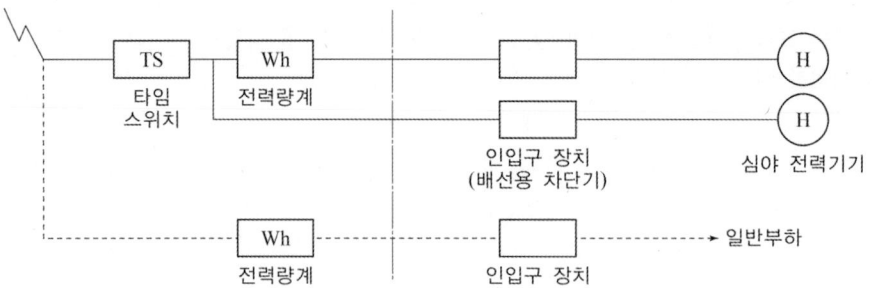

정액제·종량제 병용인 경우의 시설(예)

07 ★☆☆☆☆ ──────── 의 심벌의 명칭은?

📝 **Answer**

천장 은폐 배선

Explanation

(KS C 0301) 옥내배선용 그림 기호

명칭	그림기호	적요
천장 은폐 배선	────────	① 천장 은폐 배선 중 천장 속의 배선을 구별하는 경우는 천장 속의 배선에 ─·─·─·─ 를 사용하여도 좋다. ② 노출 배선 중 바닥면 노출 배선을 구별하는 경우는 바닥면 노출 배선에 ─·─·─·─ 를 사용하여도 좋다. ③ 전선의 종류를 표시할 필요가 있는 경우는 기호를 기입한다. [보기] • 600[V] 비닐 절연 전선 : IV • 600[V] 2종 비닐 절연 전선 : HIV • 가교 폴리에틸렌 절연 비닐 시스 케이블 : CV • 600[V] 비닐 절연 비닐 시스 케이블(평형) : VVF ④ 절연 전선의 굵기 및 전선 수는 다음과 같이 기입한다. 단위가 명백한 경우는 단위를 생략하여도 좋다. [보기] ─///─ ─//─ ─//─ ─///─ 1.6 2 2[mm²] 8 숫자 방기의 보기 : 1.6 × 5 5.5 × 1
바닥 은폐 배선	─ ─ ─ ─	
노출 배선	············	

08 어떤 공장의 동력 배선 일부분이다. 물음에 답하시오.

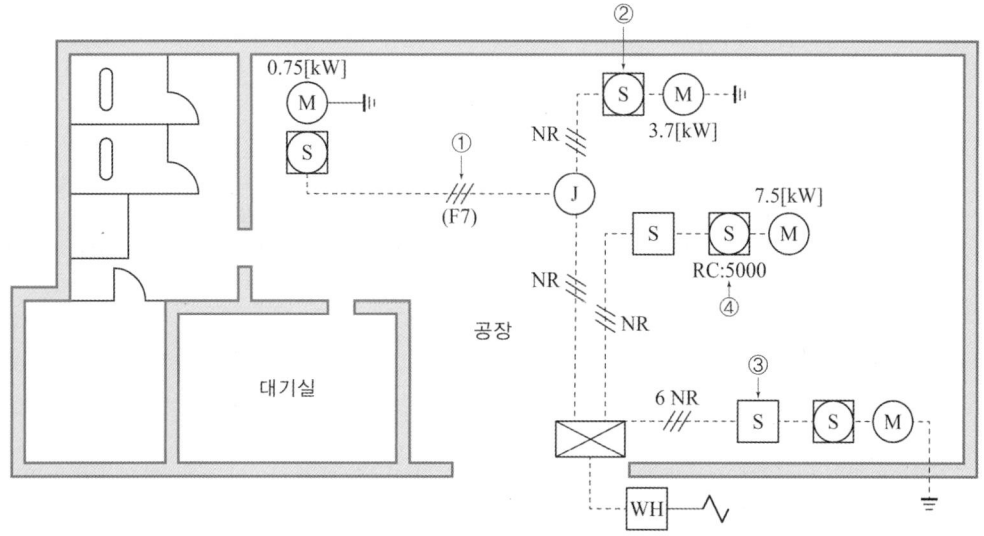

(1) 도면에서 ①부분의 공사 방법은 어떤 공사를 표기한 것인가?

(2) 도면에서 ②부분의 기호는 무엇을 의미하는가?

(3) 도면에서 ③부분의 기호는 무엇을 의미하는가?

(4) 도면에서 ④부분의 RC5000에서 RC는 무엇을 의미하는가?

Answer

(1) 플로어 덕트
(2) 개폐기(전류계 붙이)
(3) 개폐기
(4) 단락용량

Explanation

- RC(Rupturing Capacity) : 단락용량
- 덕트 심벌

명 칭	그림 기호
금속 덕트	MD
플로어 덕트	(F7)
라이팅 덕트	LD

09 그림은 무엇을 측정하기 위한 것인가?

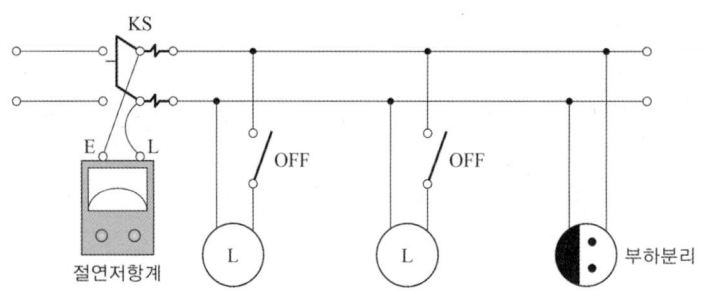

Answer

선간 절연 저항

Explanation

(기술기준 제52조) 저압전로의 절연저항
전기사용 장소의 사용전압이 저압인 전로의 전선 상호간 및 전로와 대지 사이의 절연저항은 개폐기 또는 과전류차단기로 구분할 수 있는 전로마다 다음 표에서 정한 값 이상이어야 한다. 다만, 전선 상호간의 절연저항은 기계기구를 쉽게 분리가 곤란한 분기회로의 경우 기기 접속 전에 측정할 수 있다.
또한, 측정 시 영향을 주거나 손상을 받을 수 있는 SPD 또는 기타 기기 등은 측정 전에 분리시켜야 하고, 부득이하게 분리가 어려운 경우에는 시험전압을 250[V] DC로 낮추어 측정할 수 있지만 절연저항 값은 1[MΩ] 이상이어야 한다.

전로의 사용전압[V]	DC 시험전압[V]	절연저항[MΩ]
SELV 및 PELV	250	0.5
FELV, 500[V] 이하	500	1.0
500[V] 초과	1,000	1.0

10 단상 2선식 200[V] 옥내배선에서 접지저항이 90[Ω]인 금속관 안의 임의의 개소에서 전선이 절연 파괴되어 도체가 직접 금속관 내면에 접촉되었다면 대지 전압은 몇 [V]가 되겠는가? 단, 이 전로에 공급하는 변압기 저압 측의 한 단자에 접지 공사가 되어 있고 그 접지 저항은 30[Ω]이라고 한다.

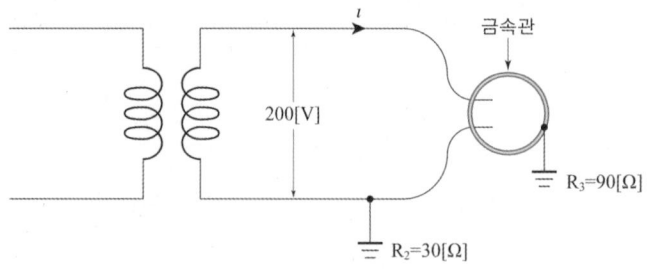

Answer

계산 : 대지전압 $V_g = \dfrac{R_3}{R_2+R_3} \times V = \dfrac{90}{30+90} \times 200 = 150[V]$ 답 : 150[V]

> **Explanation**

대지전압 $V_g = \dfrac{R_3}{R_2 + R_3} \times V$

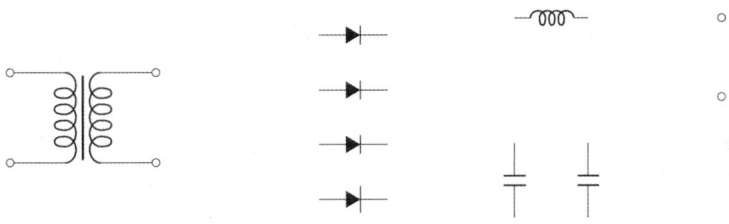

11 그림은 정류회로를 구성하고 부품을 나열한 것이다. 그림을 완전한 정류가 되도록 완성하시오.

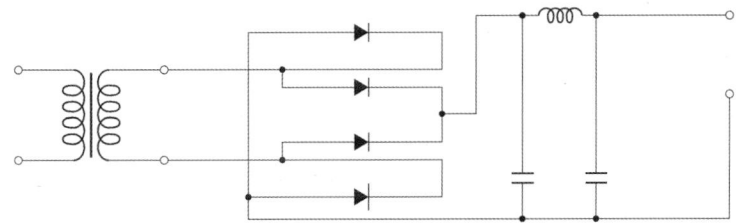

> **Answer**

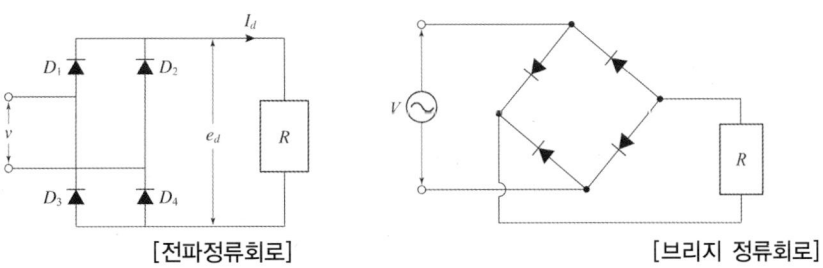

> **Explanation**

단상 전파정류

[전파정류회로]　　[브리지 정류회로]

12 2중 천장 내에서 옥내배선으로부터 분기하여 조명기구에 접속하는 배선은 원칙적으로 어떤 배선인가?

> **Answer**

케이블 배선 또는 금속제 가요전선관 배선(점검할 수 없는 장소에는 2종 금속제 가요전선관)

> **Explanation**

(내선규정 3,320-2) 조명기구 등을 직부 또는 매입하여 시설하는 경우의 시설 방법
2중 천장 내에서 옥내배선으로부터 분기하여 조명기구에 접속하는 배선은 케이블 배선 또는 금속제 가요전선관 배선(점검할 수 없는 장소에는 2종 금속제 가요전선관에 한한다.)으로 하는 것을 원칙으로 한다.

13 ★★☆☆☆
조명기구의 설치 시에는 먼저 천장의 내부 상태를 잘 알고 있어야 시공할 때에 일어날 수 있는 분쟁을 미연에 방지할 수 있다. 어떠한 사항 등을 고려하여 면밀히 검토하여야 하는가를 2가지로 구분하여 답하시오.

> **Answer**

① 천장 내부에 설치되는 냉난방용덕트, 스프링클러설비용덕트, 감지기, 스피커용 배관 등의 배치상태와 보의 간격, 매입형 조명기구의 설치 공간 등에 대해서 면밀히 검토 하여야 한다.
② 이중 천장의 재료, 즉 경량형 강인지, 특수 천장인지 등에 따라서 조명기구의 설치 방법이 달라질 수 있으므로 건축 담당자와 천장 마감재료에 대해서 면밀히 검토하여야 한다.

BEST 14 ★★★★★
변압기 공사 시공흐름도 이다. ☐ ① ~ ⑤ 빈 공간에 시공흐름도가 옳도록 완성하시오.

[변압기 공사 시공 흐름도]

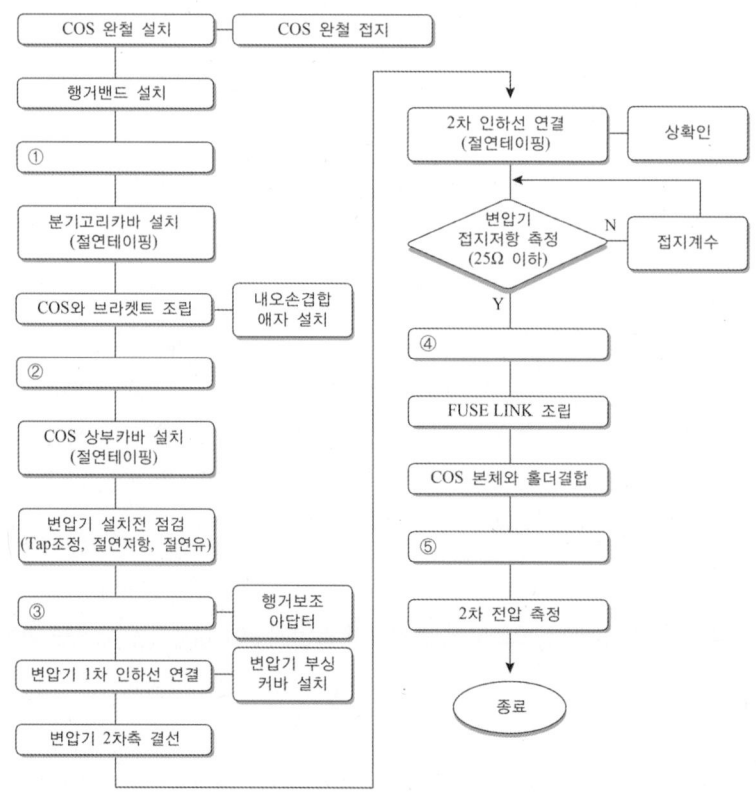

✎ Answer

① 분기고리 설치
② COS 설치
③ 변압기 설치
④ 외함 접지도체 연결
⑤ COS 투입

✎ Answer

변압기 시공 흐름도

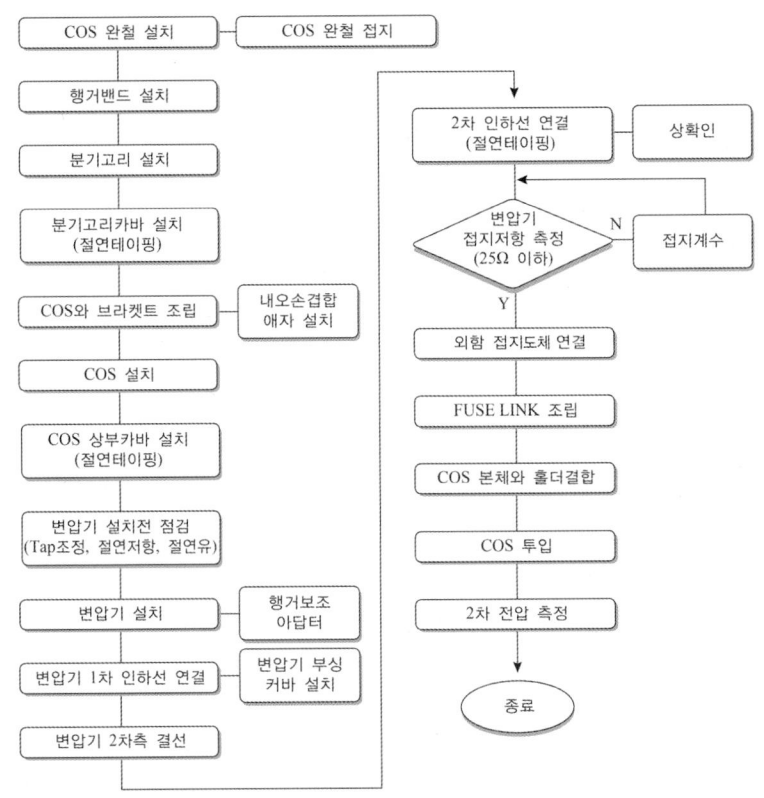

15 ★★☆☆☆
어느 회사에서 한 부지에 A, B, C의 세 공장을 세워 3대의 급수 펌프 P_1(소형), P_2(중형), P_3(대형)으로 다음 계획에 따라 급수계획을 세웠다. 이 계획을 잘 보고 다음 물음에 답하시오.

[계획]

① 모든 공장 A, B, C가 휴무일 때 또는 그 중 한 공장만 가동할 때에는 펌프 P_1만 가동시킨다.
② 모든 공장 A, B, C중 어느 것이나 두 개의 공장만 가동할 때에는 P_2만 가동시킨다.
③ 모든 공장 A, B, C가 모두 가동할 때에는 P_3만 가동시킨다.

(1) 조건과 같은 진리표를 작성하시오.

번호	공장상태			펌프상태			비고
	A	B	C	P_1	P_2	P_3	
1							P_1 작동 중
2							P_1 작동 중
3							P_1 작동 중
4							P_1 작동 중
5							P_2 작동 중
6							P_2 작동 중
7							P_2 작동 중
8							P_3 작동 중

(2) P_1의 출력식을 구하시오.

(3) P_2의 출력식을 구하시오.

(4) P_3의 출력식을 구하시오.

(5) 공장 A, B, C의 상태를 계전기 A, B, C로 대체하고 이를 계전기 접점을 이용하여 계전기 회로를 완성하시오. A계전기의 a접점 2개, b접점 3개, B계전기의 a접점 3개, b접점 3개, C계전기 a접점 3개, b접점 2개만 사용한다.

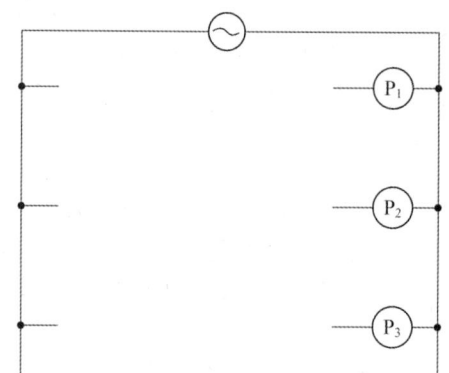

Answer

(1)

번호	공장상태			펌프상태			비고
	A	B	C	P_1	P_2	P_3	
1	0	0	0	1	0	0	P_1 작동 중
2	0	0	1	1	0	0	P_1 작동 중
3	0	1	0	1	0	0	P_1 작동 중
4	1	0	0	1	0	0	P_1 작동 중
5	0	1	1	0	1	0	P_2 작동 중
6	1	0	1	0	1	0	P_2 작동 중
7	1	1	0	0	1	0	P_2 작동 중
8	1	1	1	0	0	1	P_3 작동 중

(2) $P_1 = \overline{A}\overline{B}\overline{C} + \overline{A}\overline{B}C + \overline{A}B\overline{C} + A\overline{B}\overline{C}$
   $= \overline{A}\overline{B} + \overline{A}\overline{C} + \overline{B}\overline{C} = \overline{A}\overline{B} + (\overline{A} + \overline{B})\overline{C}$
(3) $P_2 = \overline{A}BC + A\overline{B}C + AB\overline{C} = \overline{A}BC + A(\overline{B}C + B\overline{C})$
(4) $P_3 = ABC$
(5)

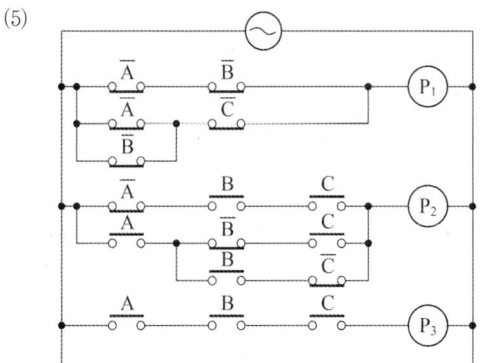

Explanation

논리식을 최소접점으로 표현해야 하며
$P_1 = \overline{A}\overline{B}\overline{C} + \overline{A}\overline{B}C + \overline{A}B\overline{C} + A\overline{B}\overline{C}$ 여기서, $A + A + A + \cdots + A = A$를 적용하면
$= \overline{A}\overline{B}\overline{C} + \overline{A}\overline{B}C + \overline{A}B\overline{C} + \overline{A}\overline{B}\overline{C} + \overline{A}\overline{B}\overline{C} + A\overline{B}\overline{C}$
$= \overline{A}\overline{B}(\overline{C} + C) + \overline{A}\overline{C}(\overline{B} + B) + \overline{B}\overline{C}(\overline{A} + A)$
$= \overline{A}\overline{B} + \overline{A}\overline{C} + \overline{B}\overline{C} = \overline{A}\overline{B} + (\overline{A} + \overline{B})\overline{C}$
$P_2 = \overline{A}BC + A\overline{B}C + AB\overline{C} = \overline{A}BC + A(\overline{B}C + B\overline{C})$
$P_3 = ABC$

16 ★☆☆☆☆
다음 회로도는 전동기의 Y-△ 회로도이다. 회로도를 보고 배치도에 표시된 (A) 부분의 전선관 속에는 접지도체를 제외하고 최소 몇 가닥의 전선이 들어가야 되는지 답안지에 답하시오.

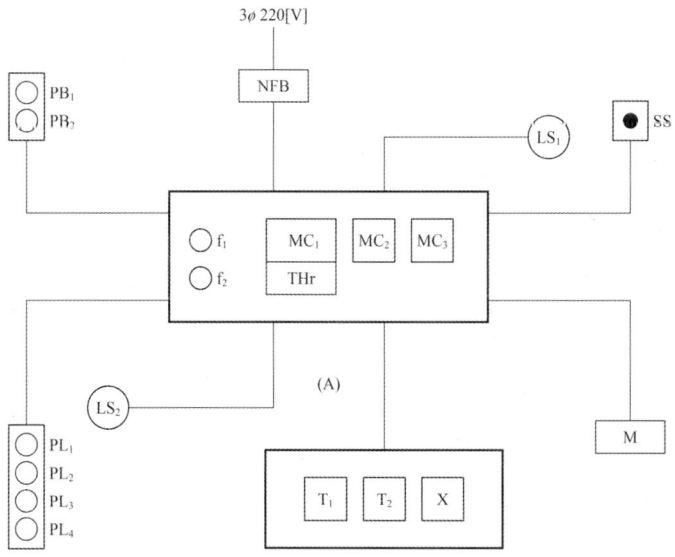

[릴레이 내부 회로도] [타이머 내부 접속도]

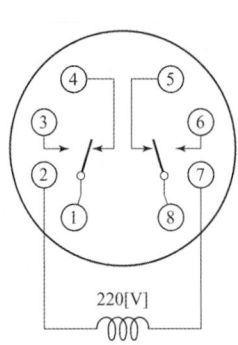
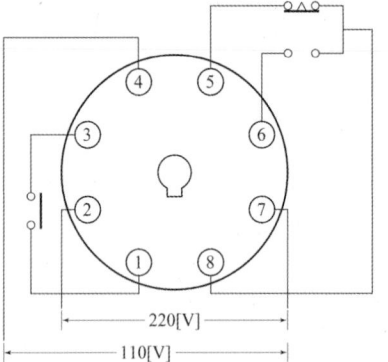
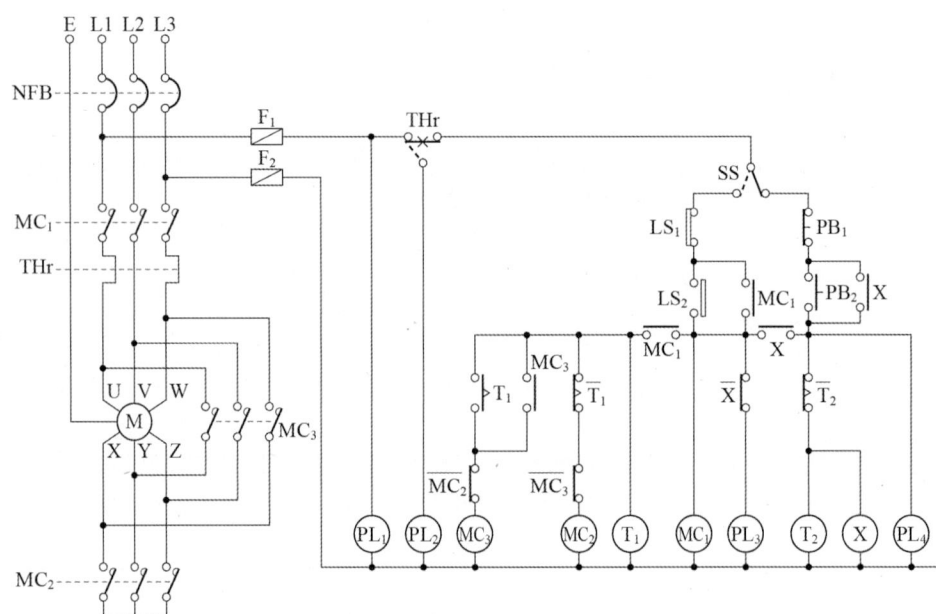

Answer

8가닥

2005년 전기공사기사 실기

01 이 문제는 변경된 KEC 적용으로 인하여 삭제하고, 아래 예상문제로 대체되었습니다.

다음의 빈칸에 알맞은 값을 적으시오.

> 이동하여 사용하는 전기기계기구의 금속제 외함 등의 접지시스템의 경우는 다음의 것을 사용하여야 한다.
> (1) 특고압·고압 전기설비용 접지도체 및 중성점 접지용 접지도체는 클로로프렌캡타이어케이블(3종 및 4종) 또는 클로로설포네이트폴리에틸렌캡타이어케이블(3종 및 4종)의 1개 도체 또는 다심 캡타이어케이블의 차폐 또는 기타의 금속체로 단면적이 (①)[mm²] 이상인 것을 사용한다.
> (2) 저압 전기설비용 접지도체는 다심 코드 또는 다심 캡타이어케이블의 1개 도체의 단면적이 (②)[mm²] 이상인 것을 사용한다. 다만, 기타 유연성이 있는 연동연선은 1개 도체의 단면적이 (③)[mm²] 이상인 것을 사용한다.

Answer

① 10 ② 0.75 ③ 1.5

Explanation

(KEC 142.3조) 접지도체
이동하여 사용하는 전기기계기구의 금속제 외함 등의 접지시스템의 경우는 다음의 것을 사용하여야 한다.
(1) 특고압·고압 전기설비용 접지도체 및 중성점 접지용 접지도체는 클로로프렌캡타이어케이블(3종 및 4종) 또는 클로로설포네이트폴리에틸렌캡타이어케이블(3종 및 4종)의 1개 도체 또는 다심 캡타이어케이블의 차폐 또는 기타의 금속체로 단면적이 10[mm²] 이상인 것을 사용한다.
(2) 저압 전기설비용 접지도체는 다심 코드 또는 다심 캡타이어케이블의 1개 도체의 단면적이 0.75[mm²] 이상인 것을 사용한다. 다만, 기타 유연성이 있는 연동연선은 1개 도체의 단면적이 1.5[mm²] 이상인 것을 사용한다.

02 ★★★★☆ 조명기구의 통칙에서 용어의 정의 중 Ⅲ등급 기구란?

Answer

정격 전압이 교류 30[V] 이하인 전압에 접속하여 사용하는 기구

Explanation

KSC 8000 조명기구의 통칙
- 0등급 : 접지단자 또는 접지도체를 갖지 않고, 기초절연만으로 전체가 보호된 기구
- Ⅰ등급 : 기초절연만으로 전체를 보호한 기구로서, 보호 접지단자 혹은 보호 접지도체 접속부를 갖든가 또는 보호 접지도체가 든 코드와 보호 접지도체 접속부가 있는 플러그를 갖추고 있는 기구

- Ⅱ등급 : 2중 절연을 한 기구 또는 기구의 외곽 전체를 내구성이 있는 견고한 절연재료로 구성한 기구와 이들을 조합한 기구
- Ⅲ등급 : 정격전압이 교류 30[V] 이하인 전압의 전원에 접속하여 사용하는 기구

03 ★★★★☆

지름 10[mm]의 경동선을 사용한 가공 전선로가 있다. 경간은 100[m]로 지지점의 높이는 동일하다. 지금 수평 풍압 110[kg/m²]인 경우에 전선의 안전율을 2.2로 하기 위하여 전선의 길이를 얼마로 하면 좋은가? 단, 전선 1[m]의 무게는 0.7[kg], 전선의 인장 강도는 2,860[kg]으로서 장력에 의한 전선의 신장은 무시한다.

- 계산 :   • 답 :

Answer

$W = \sqrt{0.7^2 + 1.1^2} = 1.3$

$D = \dfrac{WS^2}{8T} = \dfrac{1.3 \times 100^2}{3 \times \left(\dfrac{2,860}{2.2}\right)} = 1.25[\text{m}]$

$L = S + \dfrac{8D^2}{3S} = 100 + \dfrac{8 \times 1.25^2}{3 \times 100} = 100.04[\text{m}]$

답 : 100.04[m]

Explanation

- 전선로에 가해지는 합성하중 $W = \sqrt{(W_i + W_c)^2 + W_w^2}$
  여기서, 풍압하중(W_w)
  　　　　전선자중(W_c)
  　　　　빙설하중(W_i)

- 전선 1[m]당 풍압하중 W_w
  $W_w = 110 \times 10 \times 10^{-3} = 1.1[\text{kg/m}]$

- 이도 : $D = \dfrac{WS^2}{8T}$

- 실제길이 : $L = S + \dfrac{8D^2}{3S}$
  여기서, L : 전선의 실제 길이[m], D : 이도[m], S : 경간[m]

BEST 04 ★★★★★

고압 및 특고압 전로의 노출된 충전 부분은 전기 취급자가 쉽게 접촉되지 아니하도록 하여야 하며, 전력선 등 감전위험이 있는 전기설비 부위에는 전기의 가압여부를 식별 할 수 있는 활선 표시 장치 등을 각상에 부착하는 것이 바람직하다. 그러면 활선 표시장치의 권장 설치장소 3곳을 쓰시오.

Answer

① 수전점 개폐기의 전원측 및 부하측 각상
② 분기회로 개폐기의 전원측 및 부하측 각상
③ 변압기 등의 전원측 및 부하측 각상

Explanation

(내선규정 3210-6조) 노출된 충전부분의 시설 제한
고압 및 특고압 전로의 노출된 충전부분은 전기취급자가 쉽게 접촉되지 않도록 하여야 하며 전력선 등 감전 위험이 있는 전기시설 부위에는 전기의 가압 여부를 식별할 수 있는 활선표시장치 등을 각상에 부착하는 것이 바람직하다.

【주 1】 활선표시장치란 저압, 고압 및 특고압 계통의 부스바, 절연케이블, 전로의 충전부분 등에 부착하여 전압의 인가 여부를 표시해 주는 장치를 말한다.
【주 2】 활선표시장치의 권장 설치장소는 다음과 같다.
1. 수전점 개폐기의 전원 측 및 부하 측 각상
2. 분기회로의 개폐기 전원 측 및 부하 측 각상
3. 변압기 등의 전원 측 및 부하 측 각상

05 변압기 공사에서 주상 변압기 설치 전 필수 검사항목 5가지를 쓰시오.

Answer

① 절연저항
② 절연유상태(유량, 누유상태)
③ 외관상태(부싱의 손상유무), 핸드홀 커버 조임 상태
④ Tap changer의 위치(1차와 2차의 전압비)
⑤ 변압기 명판확인

Explanation

주상변압기 설치 전 필수 점검사항
① 절연저항
② 절연유상태(유량, 누유상태)
③ 외관상태(부싱의 손상유무), 핸드홀 커버 조임 상태
④ Tap changer의 위치(1차와 2차의 전압비)
⑤ 변압기 명판확인

06 금속관 공사에서 부싱이 10개가 소요될 때 로크너트는 몇 개가 필요한가?

Answer

20개

Explanation

금속관 공사용 부품

명칭	사용 용도
로크너트(lock nut)	관과 박스를 접속하는 경우
부싱(bushing)	전선 관단에 끼우고 전선을 넣거나 빼는 데 있어서 전선의 피복을 보호하여 전선이 손상되지 않게 하는 것
커플링(coupling)	• 금속관 상호 접속 또는 관과 노멀 밴드와의 접속에 사용 • 관의 양측을 돌려서 접속할 수 없는 경우 : 유니온 커플링
새들(saddle)	노출 배관에서 금속관을 조영재에 고정시키는 데 사용

- 전선관 1개를 박스(Box)에 시설할 때 소요 자재
  - 부싱 : 1개
  - 로크너트 : 2개

07. 용어의 뜻에서 특별 비상전원과 일반 비상전원을 구분하여 간단히 답하시오.

(1) 특별 비상전원 :
(2) 일반 비상전원 :

Answer

(1) 특별 비상전원
    상용전원을 정지시켰을 때 10초 이내 자동적으로 부하에 전력을 공급할 수 있는 전원을 말한다.
(2) 일반 비상전원
    상용전원을 정지시켰을 때 40초 이내 자동적으로 부하에 전력을 공급할 수 있는 전원을 말한다.

Explanation

KSC 0913 비상전원의 종류

비상전원의 종류	정의	비상전원설비			최소 응답시간	운전가능 지속시간	부하종류
		자가발전	축전지	병용			
일반 비상전원	비고[1]	○			40초	10시간	비고[5]
특별 비상전원	비고[2]	○			10초	10시간	비고[6]
순간특별 비상전원	비고[3]			○	비고[4]	10시간	비고[7]

[비고1] 상용전원을 정지시켰을 때 40초 이내에 자동적으로 부하에 전력을 공급하기 위한 전원
[비고2] 상용전원을 정지시켰을 때 10초 이내에 자동적으로 부하에 전력을 공급하기 위한 전원
[비고3] 상용전원을 정지시켰을 때 순간에 자동적으로 부하에 전력을 공급하기 위한 전원
[비고4] 상용전원을 정지시켰을 때 순간에 축전지설비(충전을 하지 않는 상태에서 10분간 연속해서 전력 공급 가능한)로 접속하고 40초 이내에 전압을 확립시킨 자가발전설비로 전원공급
[비고5] 생명유지장치(인공호흡장치 등), 병원 기능유지 필요조명, 병원 기능유지 중요부하설비
[비고6] 10초 이내에 전원공급을 회복시켜야 하는 생명유지장치, 조명장치
[비고7] 수술등 등의 의료용 전기기기를 사용하는 의료실의 특정 전원회로

08. 피뢰기를 시설해야 하는 곳을 4개소로 요약하여 열거하시오.

Answer

① 발전소·변전소 또는 이에 준하는 장소의 가공전선 인입구 및 인출구
② 특고압 가공전선로에 접속하는 배전용 변압기의 고압측 및 특고압측
③ 고압 및 특고압 가공전선로로부터 공급을 받는 수용장소의 인입구
④ 가공전선로와 지중전선로가 접속되는 곳

Explanation

(KEC 341.13) 피뢰기의 시설
고압 및 특고압의 전로 중 다음 각 호에 열거하는 곳 또는 이에 근접한 곳에는 피뢰기를 시설하여야 한다.
① 발전소변전소 또는 이에 준하는 장소의 가공전선 인입구 및 인출구
② 특고압 가공전선로에 접속하는 배전용 변압기의 고압측 및 특고압측

③ 고압 및 특고압 가공전선로로부터 공급을 받는 수용장소의 인입구
④ 가공전선로와 지중전선로가 접속되는 곳

09 코로나 현상 방지대책을 3가지를 쓰시오.

Answer

① 복도체(다도체) 방식을 채용한다.　　② 가선 금구를 개량한다.
③ 굵은 전선을 사용한다.

Explanation

- 코로나의 영향
  - 코로나 손실이 발생(송전손실)된다.
    peek식 : $P_c = \dfrac{241}{\delta}(f+25)\sqrt{\dfrac{d}{2D}}(E-E_0)^2 \times 10^{-5}$ [kW/km/Line]
    여기서, E_0 : 코로나 임계전압, δ : 상대공기밀도
  - 통신선에 유도 장해(전파장해)가 발생한다.
  - 코로나 잡음이 발생한다.
  - 전선의 부식(원인 : 오존(O_3))이 발생된다.
  - 진행파의 파고 값은 감소되며 그 이유는 코로나 손실이 발생하므로 진행파(이상전압)의 파고값은 낮아지게 된다.
- 코로나 방지 대책
  - 굵은 전선을 사용한다.
  - 복도체, 다도체 사용한다.
  - 가선 금구를 개량한다.

10 그림을 참고하여 ① ~ ④의 명칭을 답하시오.

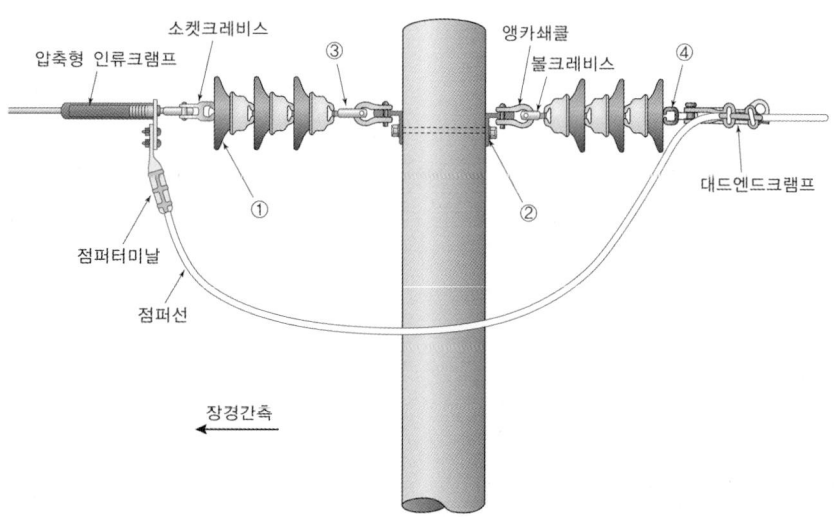

Answer

① 현수애자
② ㄱ형 완금
③ 볼아이
④ 소켓 아이

11 ★★★☆☆
가공 배전선로 및 인입선에서 인류애자를 취부하기 위하여 사용되는 금구류는?

Answer

랙

Explanation

랙(Rack) : 저압선로용으로 지면에 대하여 저압배전선로를 수직으로 배열하는데 사용
- 1선용 : 특별고압 중성선(인류애자 사용)
- 2선용 : 단상 2선 저압선로의 전선
- 4선용 : 3상 4선식 저압선로의 전선

12 ★★☆☆☆
그림기호는 배관의 심벌이다. 어떤 전선관인 경우인가?

$$\text{———} /\!/ \text{———}$$
$$2.5^{\circ}(\text{VE16})$$

Answer

경질 비닐 전선관

Explanation

(내선규정 100-5) 배선, 배관 기호
- 강제 전선관은 별도의 표기 없음
- VE : 경질 비닐 전선관
- F_2 : 2종 금속제 가요 전선관
- PF : 합성수지제 가요관

13 ★★☆☆☆
후크온메타는 주로 무엇을 측정할 때 사용하는가?

Answer

활선 상태에서의 부하전류 측정

Explanation

후크온메타 : 활선 상태에서 부하전류 측정

BEST 14

송전선로에서 단면적 330[㎟]인 154[kV] 강심 알루미늄 연선 20[km] 2회선을 가설하기 위한 간접 노무비 계를 자료를 잘 이해하여 정확히 구하시오.

[조건]
- 송전선을 수평 배열이고 장력 조정까지 하며 장비비는 제외할 것
- 정부 노임단가에서 전기공사기사는 40,000[원], 송전전공 32,650[원], 특별인부 33,500[원]이다.
- 계산 과정을 모두 쓰고 소수 이하는 버릴 것

[송전선 가선] [km 당]

공종	전선규격	기사	송전전공	특별인부
연선	ACSR 610[㎟]	1.51	22.4	33.5
	410	1.47	21.8	32.7
	330	1.44	21.4	32.1
	240	1.37	20.4	30.5
	160	1.30	19.4	29.0
긴선	ACSR 610[㎟]	1.14	17.3	24.7
	410	1.12	16.8	24.1
	330	1.09	16.4	23.7
	240	1.04	15.7	22.5
	160	0.97	14.9	21.4

[해설]
① 1회선(3선) 수직배열 평탄지 기준
② 수평배열 120[%]
③ 2회선 동시가선은 180[%]
④ 특수 개소는(장경간) 별도 가산
⑤ 장비(Engine, Wintch)사용료는 별도 가산
⑥ 철거 50[%]
⑦ 장력조정품 포함
⑧ 기사는 전기공사업법에 준함
⑨ HDCC 가선은 배전선가선 참조

Answer

- 기사 : $(1.44+1.09) \times 20 \times 1.2 \times 1.8 \times 40,000 = 4,371,840$[원]
- 송전전공 : $(21.4+16.4) \times 20 \times 1.2 \times 1.8 \times 32,650 = 53,316,144$[원]
- 특별인부 : $(32.1+23.7) \times 20 \times 1.2 \times 1.8 \times 33,500 = 80,753,760$[원]
- 간접 노무비 계 : $(4,371,840+53,316,144+80,753,760) \times 0.15 = 20,766,261$[원]

Explanation

견적 표에서의 해설 적용 방법
- 전선가선 공사 과정 : 연선 + 긴선
- 수평배열 : 120[%]
- 2회선을 가선 : 180[%]

15 그림은 특고압 수전 설비에 대한 단선 결선도이다. 이 결선도를 보고 다음 물음 (1)~(2)에 답하시오.

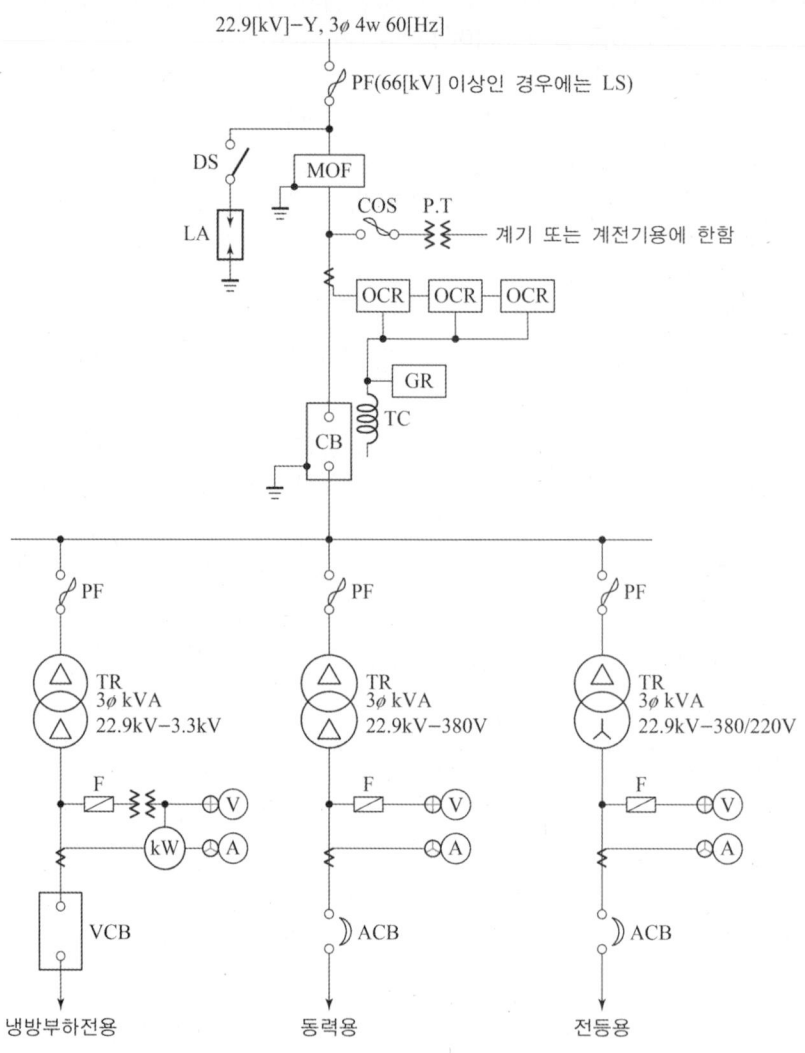

전력용 3상 변압기 표준 용량[kVA]

100	150	200	250	300	400	500

(1) 동력용 변압기에 연결된 동력 부하 설비 용량이 300[kW], 부하 역률은 80[%], 효율 85[%], 수용률은 50[%]라고 할 때, 동력용 3상 변압기의 용량 [kVA]을 계산하고 변압기 표준 정격 용량표에서 변압기 용량을 선정하시오.

(2) 변압기 3대로서 △-△, △-Y 결선도를 그리시오.

Answer

(1) 변압기 용량 $P_a = \dfrac{300 \times 0.5}{0.8 \times 0.85} = 220.59 [\text{kVA}]$

따라서, 변압기 표준 정격 용량표에서 250[kVA]

답 : 250[kVA]

(2) △-△결선

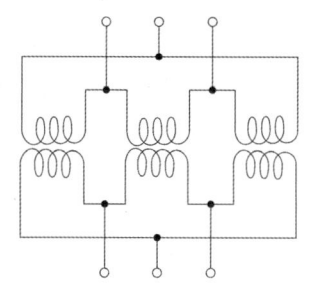

(3) △-Y결선

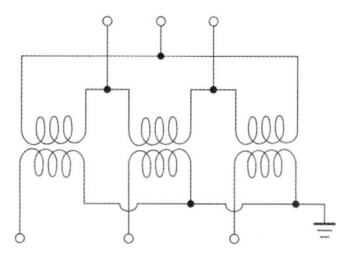

Explanation

변압기 용량[kVA] $= \dfrac{\text{설비용량[kW]} \times \text{수용률}}{\text{부등률} \times \text{역률}} = \dfrac{\text{설비용량[kW]} \times \text{수용률}}{\text{부등률} \times \text{역률} \times \text{효율}}$

16 ★☆☆☆
도면은 옥내 배선의 배치도(가상)이다. 범례와 동작 설명을 이해하고 결선도(시퀀스)를 주어진 답안지에 그리시오.

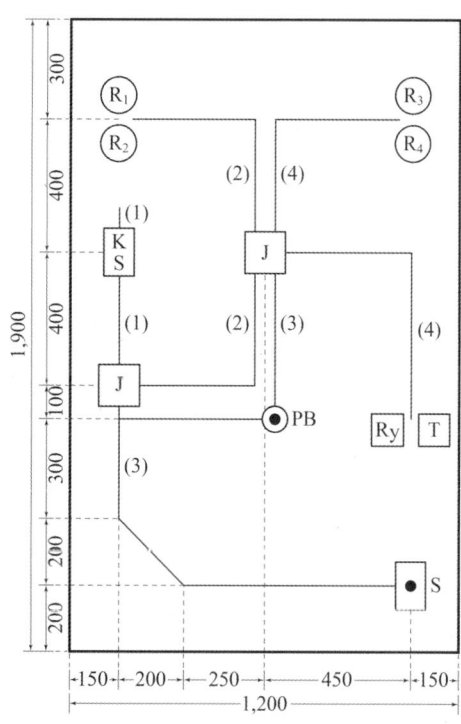

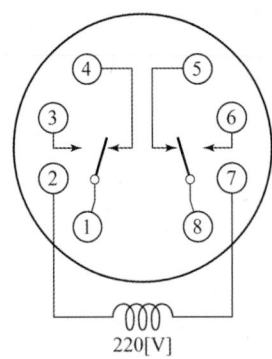
[릴레이 내부 회로]

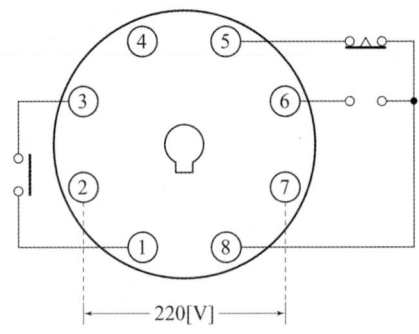
[타이머 내부 회로도]

[동작사항]

(가) 스위치 S를 ON하면 R_3 점등

(나) 스위치 S를 ON하고 PB를 누르면 릴레이(Ry)와 타이머(T)가 여자됨과 동시에 R_3는 소등되고 R_1, R_2 전등은 점등된다. 시간 경과 t초 후 R_2는 소등되고, R_4는 점등되며 R_1은 계속 점등된다.

(다) 스위치 S를 OFF하면 모든 동작이 정지된다.

[범례]

T : 타이머, Ry : 릴레이, S : 스위치 PB : 누름 버튼, R : 램프, KS : 단투 커버 나이프, J : 정크션 박스이고 기타는 생략한다.

Answer

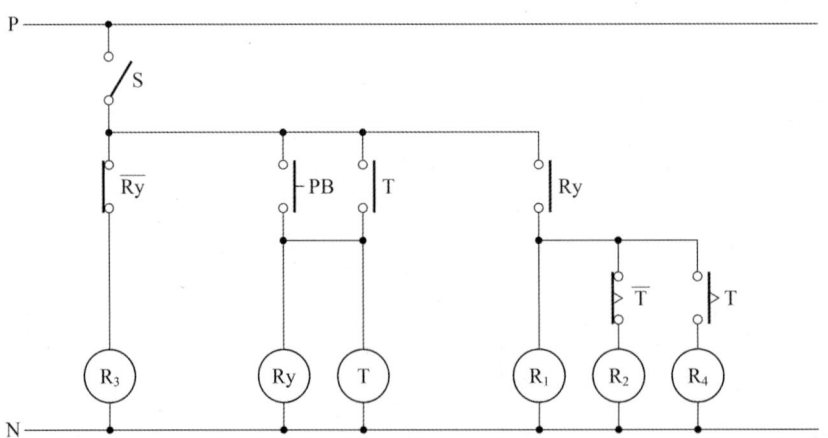

17 ★★☆☆

그림은 벨트 컨베이어 회로의 일부이다. FF는 $\overline{RS}$-latch, SMV는 단안정 IC 소자이다. BS_1으로 벨트 $B_1(MC_1)$이 가동하고 t_1초 후에 벨트 $B_2(MC_2)$가 움직이며 BS_2로 벨트 $B_3(MC_3)$이 움직인다. 또 BS_3으로 벨트 B_3이 정지하고 t_2초 후에 벨트 B_2가 정지하며 BS_4로 B_1벨트가 정지한다. 물음에 답하여라. 단, BS는 "L"입력형이다.

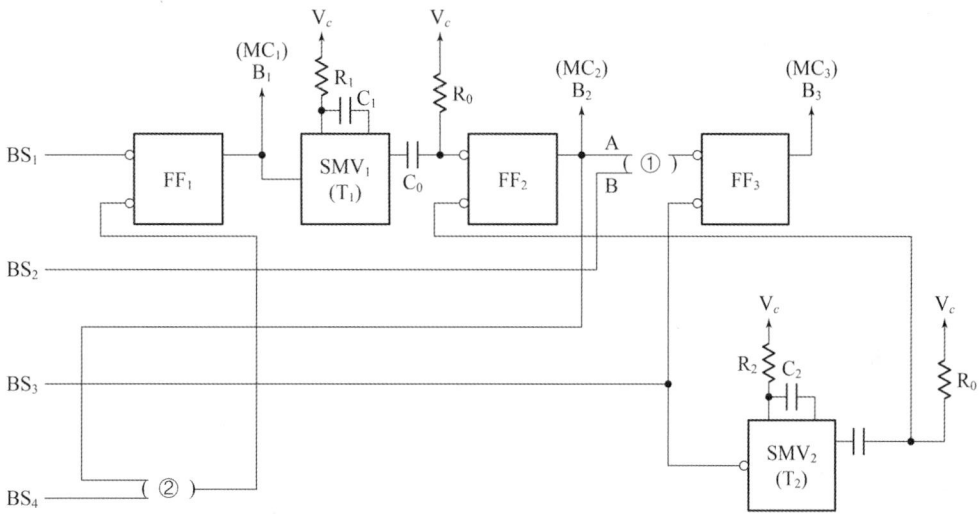

(1) 그림의 ①, ②에 알맞은 논리 기호를 예시와 같이 그리시오(예 : 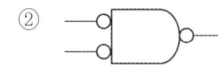).

(2) 공정 순서를 예시($B_2 - B_1 - B_3$)와 같이 쓰시오.

(3) $R_1 = 500[\mathrm{k}\Omega]$, $C_1 = 50[\mu\mathrm{F}]$, 상수 0.6일 때 t_1은 몇 초인가?

(4) $\overline{RS}$-latch 회로(FF)를 NAND 회로( ) 2개로 나타내시오.

Answer

(1)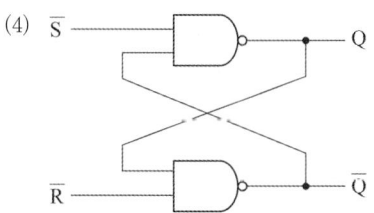

(2) 운전 : $B_1 - B_2 - B_3$, 정지 : $B_3 - B_2 - B_1$

(3) 15[초]

(4)

> **Explanation**
>
> (1) 컨베이어에는 기동 순서와 정지 순서(공정 순서)는 반대이어야 한다.
> (2) BS_1로 B_1이 동작하고 t_1초 후에 B_2가 동작하여 BS_2를 주면 B_3이 동작하여 기동이 끝나고 공정순서는 $B_3-B_2-B_1$이 되며 정지는 BS_3을 주면 B_3이 정지하고 SMV_2가 셋하여 t_2초 후에 B_2가 정지한 후 BS_1를 주면 B_1이 정지한다.
> (3) 설정 시간은 $t = KCR$[초]이다. 따라서 $t = 0.6 \times 500 \times 10^3 \times 50 \times 10^{-6} = 15$[sec]

NAND 게이트로 된 R-S 래치

- NAND 게이트로 된 기본 플립플롭 회로에서, 두 입력이 모두 1이면 플립플롭의 상태는 전 상태를 그대로 유지하게 된다.
- 순간적으로 S 입력에 0을 가하면 Q는 1로, Q'는 0으로 바뀐다.
- S를 1로 바꾼 뒤에 R 입력을 0을 가하면 플립플롭은 클리어 상태가 된다.
- 두 입력이 동시에 0으로 될 때는 두 출력이 모두 1이 되기 때문에 정상적인 플립플롭 작동에서는 피해야 한다.

IC 타이머 SMV

- 단안정 멀티 바이브레이터(one shot)의 원리를 이용한 IC 타이머 소자인데 A, B 입력 중 입력은 고정하고 한 입력으로 트리거(trigger)하면 단안정 특성이 얻어진다(SMV, MM, MMV).

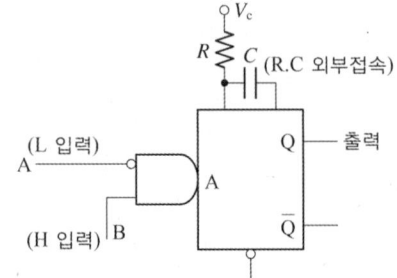

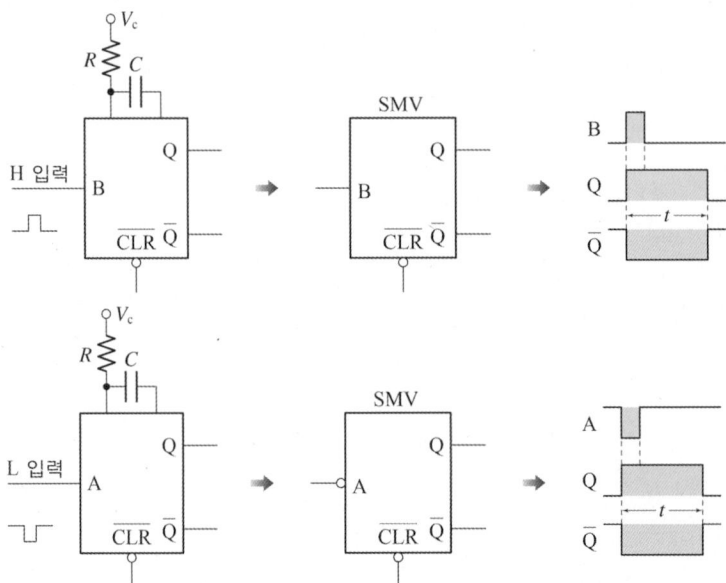

전기공사기사 실기
2006

과년도 기출문제

- 2006년 제 01회
- 2006년 제 02회
- 2006년 제 04회

2006년 과년도 기출문제에 대한 출제 빈도 분석 차트입니다.
각 회차별로 별의 개수를 확인하고 학습에 참고하기 바랍니다.

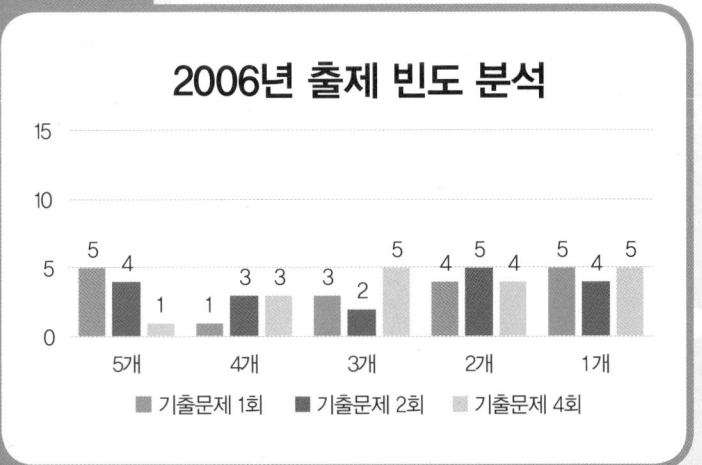

2006년 전기공사기사 실기 (1회)

01 배전용 변전소의 필요 개소에 접지공사를 하였다. 이에 따른 접지목적을 3가지만 기술하시오.

Answer

① 지락 및 단락 전류 등 고장 전류로부터 기기 보호
② 배전 변전소에서의 감전사고 및 화재사고를 방지
③ 보호 계전기의 확실한 동작 및 전위 상승 억제

Explanation

변전소 각 기기의 접지

대상기기	접지 방법
피뢰기	접지망 교점위치에 설치될 수 있도록 하고 접지도체는 최단거리로 접지망에 연결한다.
옥외철구	각 주(Post) 마다 접지한다.
단로기의 조작함 및 핸들가대	조작함 및 핸들 가대를 접지한다.
차단기	탱크와 설치 가대를 접지한다.
주변압기	탱크를 접지한다.
계기용변성기	단자함과 가대를 접지 한다.
전력용 콘덴서	개별 그룹별 중성점을 한데 묶어 1선으로 접지망에 짧게 연결한다.
분로리액터	탱크를 접지한다.
배전반	프레임(Frame)을 접지 한다.
큐비클 및 옥내 파이프, 프레임	• 큐비클 내의 접지모선을 접지 한다. • 옥내 파이프 및 프레임은 각주마다 접지 한다.
차폐 케이블	차폐층의 양단을 접지 한다.
계기용변성기 2차측	중성점을 배전반 접지모선에 1점만 접지 한다.
소내변압기	탱크 및 2차 측의 1단을 접지 한다.
통신선	보호용 피뢰기의 접지측을 접지 한다.
울타리	울타리 내의 모든 철재류는 접지 한다.

BEST 02 ★★★★★
서지 흡수기(Surge Absorber)는 어느 개소에 설치하는지 그 위치를 쓰시오.

Answer

개폐 서지를 발생하는 차단기 후단과 부하측 사이

Explanation

(내선규정 3.260) 서지흡수기
- 구내선로에서 발생할 수 있는 개폐서지, 순간과도전압 등으로 2차기기에 악영향을 주는 것을 막기 위해 서지흡수기를 설치하는 것이 바람직하다.
- 설치 위치 : 서지흡수기는 보호하려는 기기전단으로 개폐서지를 발생하는 차단기 후단과 부하 측 사이에 설치 운용한다.

03 ★★☆☆☆
수전용 유입 차단기의 정격 전류가 800[A]일 때 접지도체의 굵기는 몇 [mm²]를 사용하여야 하는가?

① 접지도체는 GV전선을 사용하고 표준굵기[mm²]는 6, 10, 16, 25, 35, 50, 70 중에서 선정한다.
② GV전선의 표준굵기[mm²]의 선정은 전기기기의 선정 및 설치-접지설비 및 보호도체(KS C IEC 60364-5-54)에 따른다.
③ 도체, 절연물, 그밖의 부분의 재질 및 초기온도와 최종온도에 따라 정해지는 계수는 143(구리도체)으로 한다.
④ 과전류차단기는 고장전류에서 0.1초에 차단되는 것이다.

Answer

계산 : $S = \dfrac{\sqrt{I^2 t}}{k} = \dfrac{\sqrt{800^2 \times 0.1}}{143} = 1.77\,[\text{mm}^2]$ 답 : 6[mm²] 선정

Explanation

(KEC 142.3.2조) 보호도체 및 접지도체의 굵기 산정 식

$S = \dfrac{\sqrt{I^2 t}}{k}\,[\text{mm}^2]$

여기서, S : 단면적[mm²]
　　　　I : 보호장치를 통해 흐를 수 있는 예상 고장전류 실효값[A]
　　　　t : 자동차단을 위한 보호장치의 동작시간[s]
　　　　k : 보호도체, 절연, 기타 부위의 재질 및 초기온도와 최종온도에 따라 정해지는 계수

04 심야 전력용 기기를 정액제로 하는 경우 인입구 장치 배선은 그림과 같다. 물음에 답하시오.

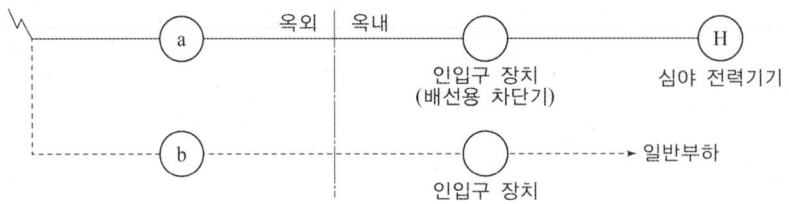

도면에 표시된 ⓐ~ⓑ의 명칭을 쓰시오.

Answer

ⓐ : 타임스위치(TS)   ⓑ : 전력량계(Wh)

Explanation

(내선규정 4,145) 심야전력기기
① 심야전력기기의 배선은 기기마다 전용의 분기회로를 시설할 것
② 배선은 합성수지관배선, 금속관배선, 금속제 가요전선관배선, 케이블배선에 의할 것
• 배선방법

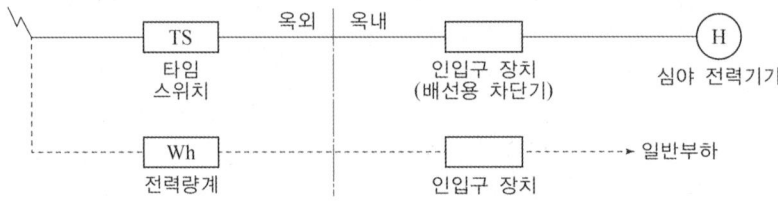

정액제인 경우의 시설(예)

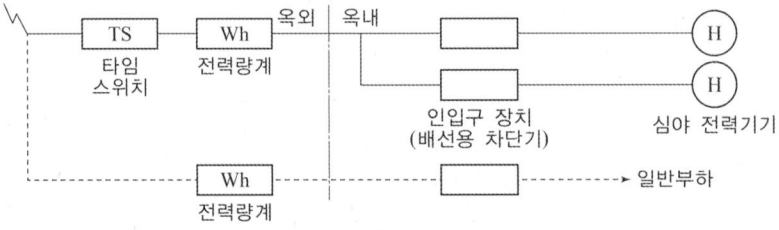

종량제인 경우의 시설(예)

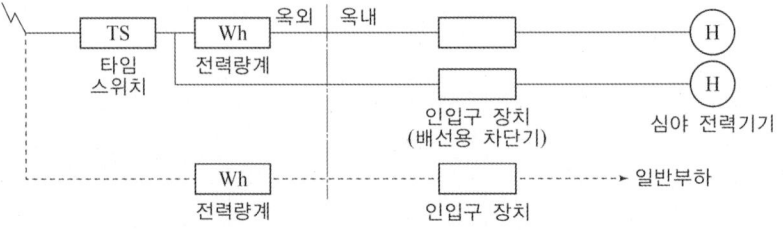

정액제 · 종량제 병용인 경우의 시설(예)

BEST 05 ★★★★★

변압기 설치 공사의 시공 흐름도이다. 이 흐름도에서 빈칸 ①, ②, ③, ④, ⑤, ⑥에 해당 되는 사항을 보기에서 골라 써 넣으시오.

[보기]
외함 접지도체 연결, COS 설치, 분기고리 설치, 변압기 설치, 내오손결합애자 설치, 절연처리, COS 투입, 변압기 2차 측 결선, FUSE LINK 조립

[변압기 공사 시공 흐름도]

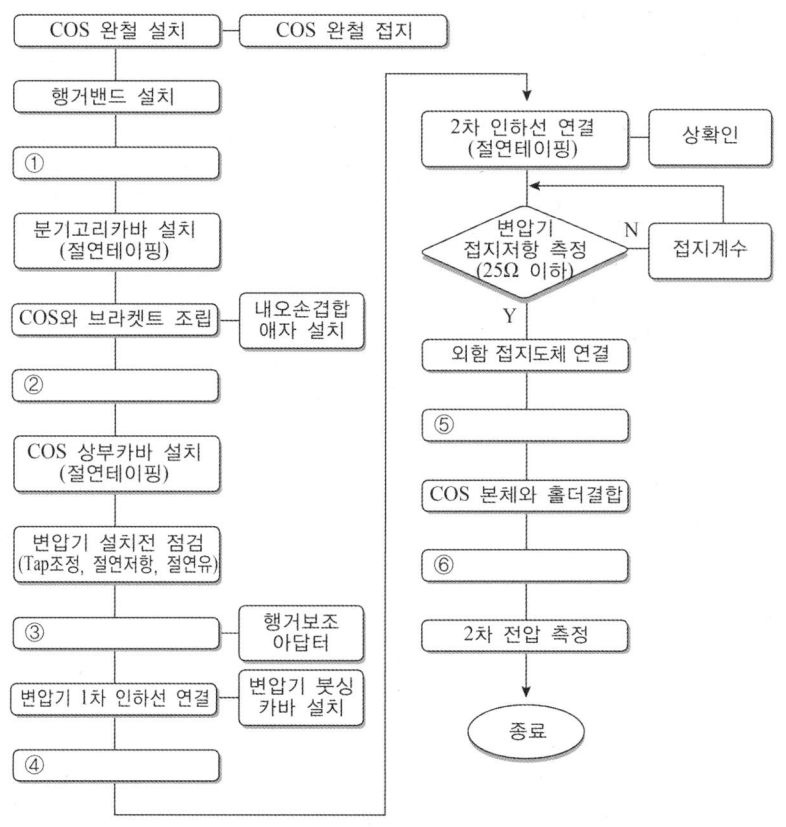

Answer

① 분기고리 설치
② COS 설치
③ 변압기 설치
④ 변압기 2차 측 결선
⑤ FUSE LINK 조립
⑥ COS 투입

> Explanation

변압기 공사 시공 흐름도

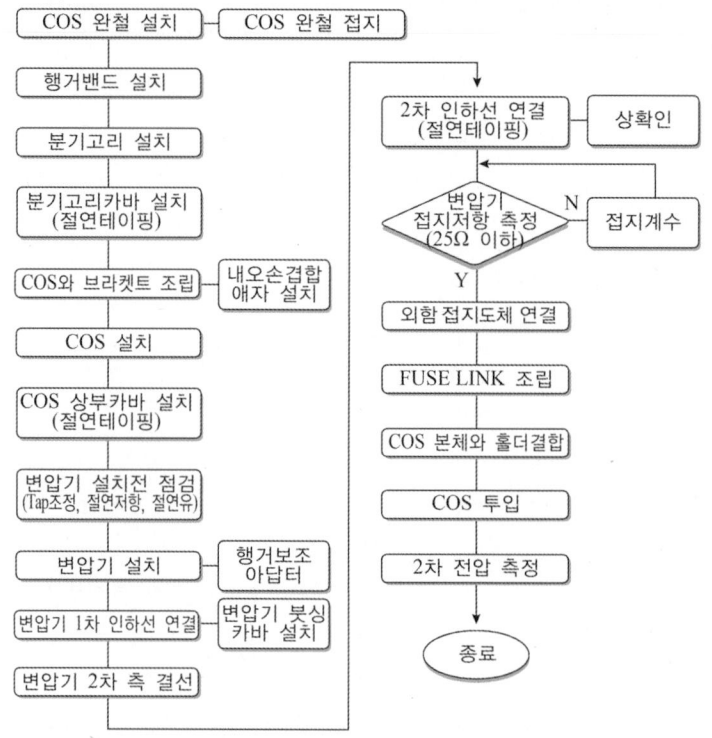

06 ★★☆☆☆
EL 방전등(electro-luminescent lamp)의 용도를 쓰시오.

◈ Answer

표시등, 장식용등

> Explanation

EL 램프(Electro luminescent Lamp)
투명전극과 금속전극 사이에 교류전압을 인가하면 형광체에 강한 교번자계가 인가되어 형광체가 발광하고 유리판을 통하여 외부로 빛이 방사, 면광원 램프
① EL 램프(Electro luminescent Lamp)의 특징
  • 얇은 산화물 피막으로 전기저항이 낮다.
  • 기계적으로 강하다.
  • 빛의 투과율이 높다.
  • 램프 충전 시 제1피크(peak), 램프 방전 시 제2피크가 나타나는 일종의 콘덴서와 비슷하다.
  • 정현파 전압을 높이면 광속발산속도가 급격히 증가한다.
  • 전압을 더욱 높이면 광속발산도가 포화상태가 된다.
  • 전원주파수를 증가시키면 주파수가 낮을 때는 광속발산도가 직선적으로 증가하지만 주파수가 높아지면 포화의 경향으로 표시된다.
② 용도 : 표시용, 장식용 등

07

정전 작업을 개시할 때는 주상작업이나 지상 작업을 막론하고 정전의 5단계 순서대로 실시한 후에 작업에 착수하여야 한다. 각 단계별로 어떤 작업을 하여야 하는지를 설명하시오.

Answer

- 1단계 : 작업 전 전원 차단
- 2단계 : 전원 투입의 방지(시건장치 및 통전금지 표지판 설치)
- 3단계 : 작업 장소의 무전압 여부 확인(잔류 전하 방전 → 검전기 사용)
- 4단계 : 단락 접지(단락 접지 기구 사용)
- 5단계 : 작업 장소의 보호

Explanation

정전 절차
① 작업 전 전원 차단
② 전원 투입의 방지(시건장치 및 통전금지 표지판 설치)
③ 작업 장소의 무전압 여부확인(잔류전하 방전 → 검전기 사용)
④ 단락 접지(단락 접지 기구 사용)
⑤ 작업 장소의 보호

작업 중 조치사항
- 작업지휘자에 의한 작업지휘
- 개폐기의 관리
- 단락접지의 수시확인
- 근접활선에 대한 방호상태의 관리

08

Joint Box와 Pull Box의 사용 목적과 그 설치 개소에 대하여 쓰시오.

(1) Joint Box

(2) Pull Box

Answer

(1) Joint Box
  - 사용 장소 : 전선 접속점
  - 설치 목적 : 전선 상호간의 접속 시 접속 부분이 외부로 노출되지 않도록 하기 위해

(2) Pull Box
  - 사용 장소 : 굴곡 개소가 많은 경우 또는 관의 길이가 25[m]를 초과하는 장소
  - 설치 목적 : 전선의 배관 내 입선을 용이하게 하기 위하여

Explanation

(KEC 232.12조) 금속관공사
전선관 설치 후 전선 및 케이블의 손상을 받지 않도록 배선하기 위해서는 전선관의 길이가 25[m]를 초과하는 경우는 25[m] 이하마다 풀박스를 설치토록 하며 방향전환 등 굴곡부위가 있는 경우는 15[m] 이하마다 풀박스 등 접속함을 설치하여야 한다. 3개소를 초과하는 직각 또는 직각에 가까운 굴곡개소를 만들어서는 안 되며, 전선관의 구부림은 구부릴 때 금속관의 단면이 심하게 변형되어 입선 시 전선이 손상되는 일이 없도록 관 내경의 6배 이상의 곡률반경을 유지하며 관 단면을 기준으로 90° 이하로 굴곡하도록 하며, 90° 굴곡배관은 노멀밴드를 사용하도록 한다.

BEST 09 ★★★★★
계전기별 기구번호의 제어약호 중 87T는 어떤 계전기인지 그 명칭을 쓰시오.

Answer

주변압기 차동 계전기

Explanation

- 87 : 전류 차동 계전기
- 87B : 모선 보호 차동 계전기
- 87G : 발전기용 차동 계전기
- 87T : 주변압기 차동 계전기

10 ★★☆☆☆
품셈 적용의 기준에서 할증의 중복 가산요령에 대한 식을 쓰시오.

Answer

할증의 중복 가산방법
$$W = P \times (1 + a_1 + a_2 + \cdots + a_n)$$
여기서, W : 할증이 포함된 품
P : 기본품
$a_1 \sim a_n$: 품 할증요소

11 ★★★☆☆
폭연성 분진이 존재하는 곳의 금속관 공사에 있어서 관 상호 및 관과 박스의 접속은 몇 턱 이상의 죔 나사로 시공하여야 하는가?

Answer

5턱

Explanation

(KEC 242.2.1조) 폭연성 분진 위험장소
폭발성 분진이 있는 위험장소의 배선은 다음 각 호에 의하고 또한 위험의 우려가 없도록 시설하여야 한다.
① 옥내배선은 금속관공사 또는 케이블공사에 의할 것
② 금속관공사에 의할 경우는 다음과 같이 시설할 것
  - 금속관은 박강 전선관 또는 이와 동등 이상의 강도가 있는 것을 사용할 것
  - 박스 기타 부속품 및 풀박스는 쉽게 마모, 부식 기타 손상될 우려가 없는 패킹을 사용하여 분진이 내부로 침입하지 않도록 시설할 것
  - 관 상호 및 관과 박스 기타의 부속품이나 풀박스, 또는 전기기계기구는 5턱 이상의 나사 조임으로 접속하는 방법, 기타 이와 동등이상의 효력이 있는 방법에 의하여 견고하게 접속하고 또한 내부에 먼지가 침입하지 않도록 접속할 것
  - 전동기에 접속하는 짧은 부분에서 가요성을 필요로 하는 부분에 배선은 분진방폭형 플렉시블피팅을 사용할 것

12. 단상 변압기의 병렬운전 조건 4가지를 쓰고, 이들 조건이 맞지 않는 변압기를 병렬 운전하였을 때 변압기에 미치는 영향에 대하여 설명하시오.

- 병렬 운전 조건 :
- 조건이 맞지 않는 변압기를 병렬 운전하였을 경우 변압기에 미치는 영향 :

Answer

병렬운전 조건	조건이 맞지 않는 경우
① 1, 2차 정격 전압 및 권수비가 같을 것	순환전류가 흘러 권선이 가열
② 극성이 일치 할 것	큰 순환 전류가 흘러 권선이 소손
③ %임피던스 강하(임피던스 전압)가 같을 것	부하의 분담이 용량의 비가 되지 않아 부하의 부담이 균형을 이룰 수 없다.
④ 내부 저항과 누설 리액턴스의 비가 같을 것	각 변압기의 전류 간에 위상차가 생겨 동손이 증가

Explanation

변압기 병렬운전 조건
- 극성 및 권수비가 같을 것
- 1, 2차 정격전압이 같을 것(용량, 출력무관)
- %임피던스 강하가 같을 것
- 변압기 내부저항과 리액턴스의 비가 같을 것
- 상회전 방향과 각 변위가 같을 것(3상 변압기)

13. 활선근접작업에 대한 다음 설명의 괄호 안(①~④)에 전압값을 써넣으시오.

"활선근접작업이란 나도체(22.9[kV] ACSR-OC 절연전선 포함) 상태에서 이격거리 이내에 근접하여 작업함을 말하며, AC (①)[V] 이상 (②)[V] 미만, DC (③)[V] 이상 (④)[V] 미만은 절연물로 피복된 경우 나도체된 부분으로부터 이격거리 내에서 작업할 때를 말한다."

Answer

① 60   ② 1,000   ③ 60   ④ 1,500

Explanation

활선근접작업
나도체(22.9[kV] ACSR-OC 절연전선 포함) 상태에서 이격거리 이내에 근접하여 작업함을 말하며, AC 60[V] 이상 1[kV] 미만, DC 60[V] 이상 1.5[kV] 미만은 절연물로 피복된 경우 나도체된 부분으로부터 이격거리 내에서 작업

전압종별	이격거리
특고압	2[m](단, 60[kV] 이상은 10[kV]마다 20[cm] 증가)
고압	1.2[m]
저압	1[m]

- 활선 근접작업 시 할증 : 30[%]

14 아날로그 멀티 테스터기로 교류 전압을 측정하는 방법에 대하여 상세히 설명하시오.

Answer

① 멀티 테스터기의 선택 스위치를 AC V(교류전압)로 선택
 • 측정하려는 전압의 크기를 대강 알고 있는 경우 : 해당하는 측정 범위 눈금으로 선택
 • 측정하려는 전압의 크기를 모르고 있는 경우 : 최고 측정 범위 눈금으로 선택
② 계기의 영점이 맞는지 확인하고 영점이 아니면 계기의 지침을 영점으로 맞춘다.
③ 측정 개소에 멀티 테스터기의 리드선을 병렬로 접속시켜 전압을 측정

15 배선도에 그림과 같이 표현되었다. 그림 기호가 나타내는 배관은 어떤 배관을 표시한 것인가?

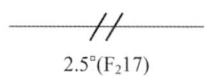

2.5°(F$_2$17)

Answer

2종 금속제 가요전선관

Explanation

(내선규정 100-5) 배선, 배관 기호
• 강제 전선관은 별도의 표기 없음
• VE : 경질 비닐 전선관
• F$_2$: 2종 금속제 가요 전선관
• PF : 합성수지제 가요관

16. 건물의 종류에 대응한 표준 부하 값을 주어진 답안지에 답하시오.

건축물의 종류	표준 부하[VA/m^2]
공장, 공회당, 사원, 교회, 극장, 영화관, 연회장 등	①
기숙사, 여관, 호텔, 병원, 학교, 음식점, 다방, 대중목욕탕	②
사무실, 은행, 상점, 이발소, 미장원	③
주택, 아파트	④

Answer

① 10   ② 20   ③ 30   ④ 40

Explanation

부하 상정 및 분기회로

1. 표준 부하

1) 건축물의 종류에 따른 표준 부하

건축물의 종류	표준 부하[VA/m^2]
공장, 공회당, 사원, 교회, 극장, 영화관, 연회장 등	10
기숙사, 여관, 호텔, 병원, 학교, 음식점, 다방, 대중 목욕탕	20
사무실, 은행, 상점, 이발소, 미장원	30
주택, 아파트	40

2) 건축물 중 별도 계산할 부분의 표준 부하(주택, 아파트는 제외)

건축물의 부분	표준 부하[VA/m^2]
복도, 계단, 세면장, 창고, 다락	5
강당, 관람석	10

3) 표준 부하에 따라 산출한 수치에 가산하여야 할 [VA] 수
   ① 주택, 아파트(1세대마다)에 대하여는 500~1,000[VA]
   ② 상점의 진열장에 대하여는 진열장 폭 1[m]에 대하여 300[VA]
   ③ 옥외의 광고등, 전광사인, 네온사인등의 [VA] 수
   ④ 극장, 댄스홀 등의 무대조명, 영화관 등의 특수전등부하의 [VA] 수

4) 예상이 곤란한 콘센트, 접속기, 소켓 등의 예상부하 값 계산

수구의 종류	예상 부하[VA/개]
소형 전등수구, 콘센트	150
대형 전등수구	300

【비고 1】콘센트는 1구이든 2구이든 몇 개의 구로 되어 있더라도 1개로 본다.
【비고 2】전등수구의 종류는 다음과 같다.
　소형 : 공칭지름이 26[mm] 베이스인 것
　대형 : 공칭지름이 39[mm] 베이스인 것

17 ★★★★☆

주어진 미완성 시퀀스 회로에 신입력 우선 회로를 완성하시오. 단, $X_1 \sim X_3$는 14핀 릴레이이며, $W_1 \sim W_3$는 부하로서 표시등이다. 또한, 시퀀스 회로를 작성할 때에는 각 기구에 해당되는 동일 번호끼리 동작되는 것으로 한다.

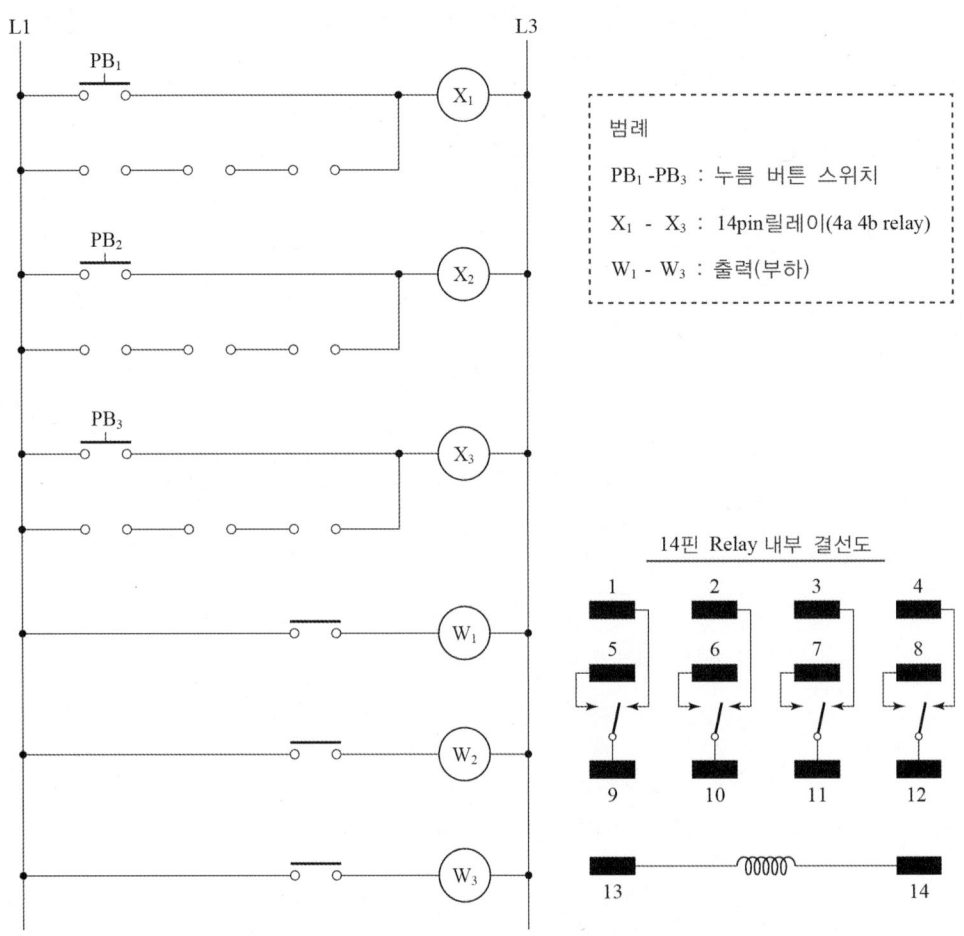

범례

$PB_1 - PB_3$: 누름 버튼 스위치
$X_1 - X_3$: 14pin 릴레이(4a 4b relay)
$W_1 - W_3$: 출력(부하)

14핀 Relay 내부 결선도

Answer

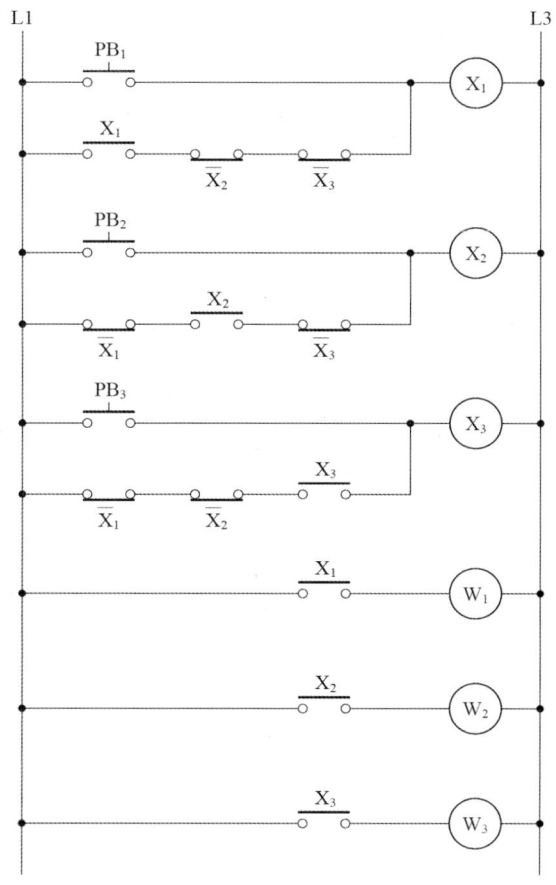

Explanation

- 신입력우선 회로 : 한쪽이 동작하면 다른 한쪽이 복구되는 논리를 가지는 회로로서 동작 중에 다른 것을 동작시키면 다른 쪽이 동작
- 회로 및 타임 차트

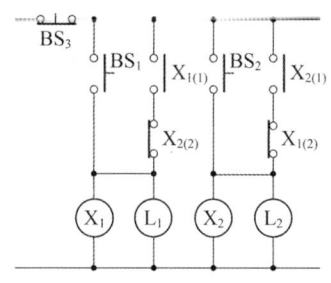 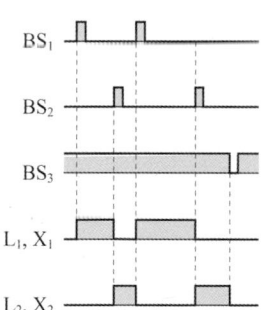

18 그림과 같이 설치된 전주의 완금을 경완금으로 교체하려고 한다. 물음에 답하시오.

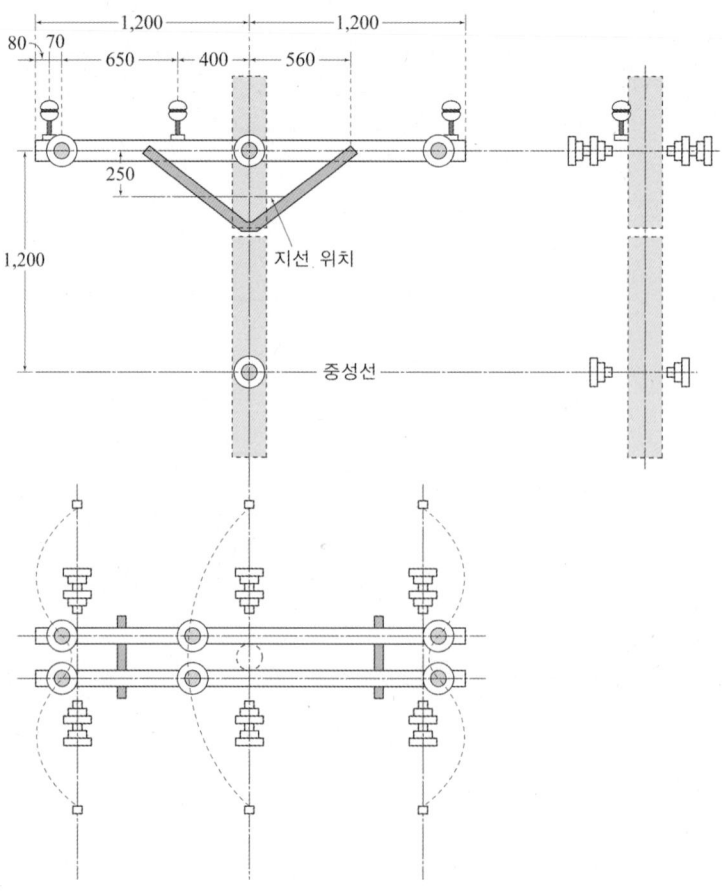

(1) 철거되는 자재 7가지
(2) 추가로 소요되는 자재 4가지

Answer

(1) 철거되는 자재 7가지
  - u-볼트(또는 머신 볼트)
  - 암타이
  - 암타이 밴드
  - 볼 크레비스
  - 완금
  - 특고압용 핀 애자용 볼트 1호
  - 앵커 쇄클

(2) 추가로 소요되는 자재 4가지
  - 경완금
  - 완금 밴드
  - 볼 쇄클
  - 특고압용 핀 애자용 볼트 2호

2006년 전기공사기사 실기

01 화재안전기준에 의하면 누전경보기의 수신부를 설치해서는 아니되는 장소가 있다. 그 장소를 구분하여 5가지를 쓰시오. 단, 누전경보기에 대하여 방폭·방식·방습·방온·방진 및 정전기 차폐 등의 방호조치는 하지 않은 것으로 본다.

Answer

① 가연성의 증기, 먼지, 가스 등이나 부식성의 증기 가스 등이 다량으로 체류하는 장소
② 화약류를 제조하거나 저장 또는 취급하는 장소
③ 습도가 높은 장소
④ 온도의 변화가 급격한 장소
⑤ 대전류 회로, 고주파 발생회로 등에 따른 영향을 받을 우려가 있는 장소

Explanation

화재안전기준(NFSC 205) 누전경보기 수신부
① 누전경보기의 수신부는 옥내의 점검에 편리한 장소에 설치하되, 가연성의 증기·먼지 등이 체류할 우려가 있는 장소의 전기회로에는 당해 부분의 전기회로를 차단할 수 있는 차단기구를 가진 수신부를 설치하여야 한다. 이 경우 차단기구의 부분은 당해 장소외의 안전한 장소에 설치하여야 한다.
② 누전경보기의 수신부는 다음 각호의 장소외의 장소에 설치하여야 한다. 다만, 당해 누전경보기에 대하여 방폭·방식·방습·방온·방진 및 정전기 차폐 등의 방호조치를 한 것에 있어서는 그러하지 아니하다.
  • 가연성의 증기·먼지·가스 등이나 부식성의 증기·가스 등이 다량으로 체류하는 장소
  • 화약류를 제조하거나 저장 또는 취급하는 장소
  • 습도가 높은 장소
  • 온도의 변화가 급격한 장소
  • 대전류회로·고주파 발생회로 등에 따른 영향을 받을 우려가 있는 장소
③ 음향장치는 수위실 등 상시 사람이 근무하는 장소에 설치하여야 하며, 그 음량 및 음색은 다른 기기의 소음 등과 구별할 수 있는 것으로 하여야 한다.

02 케이블에 지락이 발생할 경우 자동적으로 전로를 차단하도록 지락차단장치를 시설하고자 한다. 지락전류 검출을 위한 영상변류기를 전원 측에 시설하시오.

Answer

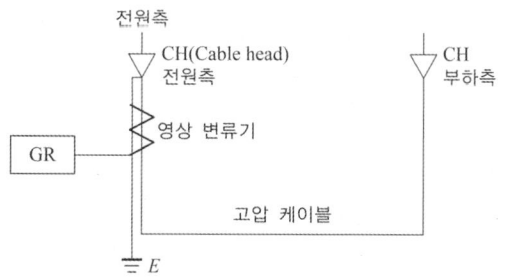

Explanation

케이블 차폐 접지

① ZCT를 전원 측에 설치 시 전원 측 케이블 접지는 ZCT를 관통시켜 접지한다.

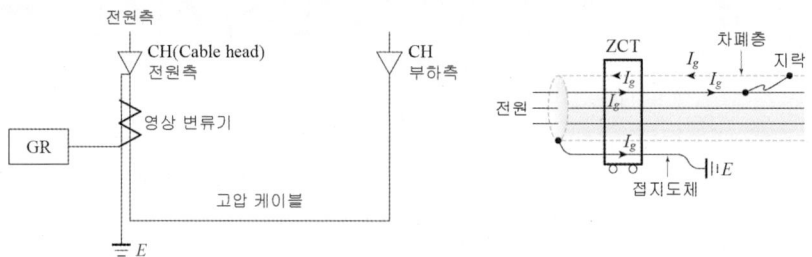

접지도체를 ZCT 내로 관통시켜야만 ZCT는 지락전류 I_g를 검출할 수 있다.

② ZCT를 부하측에 설치 시 전원 측 케이블 차폐의 접지는 ZCT를 관통시키지 않고 접지한다.

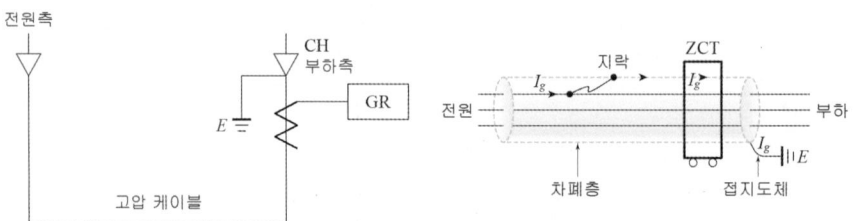

접지도체를 ZCT 내로 관통시키지 않아야 지락전류 I_g를 검출할 수 있다.

03 일반옥내배선에서 $--\bigcirc--$ 심벌의 명칭은?

Answer

정크션 박스

Explanation

(KSC 0301) 옥내배선용 그림기호 일반배선(배관, 덕트, 금속선 홈통 등을 포함)

명칭	심벌
플로어 덕트	----------- (F7)
정크션 박스	$--\bigcirc--$
금속 덕트	MD
라이팅 덕트	☐ -- LD --

04
공사 계획에 의한 수전 설비의 일부가 완성되어 그 완성된 설비만을 사용하고자 할 때, 전기 설비 검사 항목 처리 지침서에 의거 검사 항목을 7가지 쓰시오.

Answer

① 외관검사　　　　　　② 접지저항 측정　　　　③ 계측 장치 설치 상태
④ 보호 장치 설치 및 동작 상태　⑤ 절연유 내압 및 산가 측정
⑥ 절연 내력 시험　　　⑦ 절연저항 측정

05
경질 비닐전선관의 최소 굵기와 최대 굵기[mm]를 쓰시오.

① 최소 굵기 :　　　　　　　　② 최대 굵기 :

Answer

① 최소 굵기 : 14[mm]　　② 최대 굵기 : 100[mm]

Explanation

KSC 8431　경질비닐전선관 규격
14, 16, 22, 28, 36, 42, 54, 70, 82, 100[mm]

06
활선작업을 할 때에 필요한 사항으로 다음 각 물음에 대하여 답하시오.

(1) 활선 장구의 종류 5가지를 쓰시오.
(2) 충전되어 있는 활선을 움직이거나 작업권 밖으로 밀어낼 때 등에 사용되는 절연봉을 다른 말로 무엇이라 하는가?

Answer

(1) 고무절연브랭킷, 그립올 크램프 스틱, 와이어 통, 핫스틱 텐션 풀러, 고무절연소매
(2) 와이어 통(wire tong)

Explanation

대한전기협회 활선장구의 제작과 관리 공구
(1) 고무절연브랭킷 : 활선 작업시 작업자에게 위험한 충전부분을 방호시키기에 아주 편리한 고무판으로써 접거나 둘러쌓을 수도 있고 걸어 놓을 수도 있는 다용도 보호 장구로 이용된다. 주로 변압기 1, 2차 측 내장애자개소, COS 등 덮개류로 절연하기 어려운 개소에서 사용한다.
(2) 고무절연소매 : 활선작업 시 작업자의 팔과 어깨가 충전부에 접촉되지 않도록 착용하는 절연 장구
(3) 그립올 크램프 스틱 : 바인드 작업, 전선의 진동방지, 전선을 잡아주거나 감아롱을 전선에 설치할 때, 모든 종류의 커버를 설치하거나 철거할 때 사용한다.
(4) 나선형 링크스틱 : 작업 장소가 좁아서 스브레인 링크스틱을 직접 손으로 안전하게 설치할 수 없을 때 사용하는 절연 장구
(5) 데드앤드 덮개 : 인류주 및 내상주 선로에서 작업자가 현수애자 및 데드엔드 클램프에 접촉되는 것을 방지하기 위하여 사용
(6) 라인호스 : 활선 작업자가 활선에 접촉되는 것을 방지하고자 절연고무관으로 중성선 또는 점퍼선을 덮어 씌워 절연하는 장구로써 유연성이 있어 설치, 제거가 용이하고 내면이 나선형으로 굴곡이 있어서 취부개소로부터 미끄러지지 않는다.
(7) 래처트 전선 절단기 : 활선 상태에서 굵은 전선을 절단할 때 사용한다.

(8) 롤러 링크 스틱 : 할입주 신설 및 전주 교체 작업 시 전주에 전선이 닿지 않도록 전선을 벌려 주는데 주로 사용한다. 롤러링크 스틱 밑 고리에 로프를 달아서 전선의 지표상 높이를 측정하는데 사용한다.
(9) 바이패스 점퍼스틱 : 활선 작업 시 점퍼선을 절단하거나 개폐기 교체작업 시 부하측 임시송전용으로 사용한다.
(10) 애자덮개 : 활선 작업 시 특고압핀애자 및 라인포스트 애자를 절연하여 작업자의 부주의로 접촉되더라도 안전사고가 발생하지 않도록 사용하는 절연 장구
(11) 와이어 홀딩스틱 : 에폭시 글라스 재질로서 전선접속 과정에서 점퍼선이나 도체를 붙잡는데 사용한다.
(12) 와이어 통 : 일반적으로 LP 애자나 현수애자를 사용한 전기설비에서 활선을 작업권 밖으로 밀어낼 때 혹은 활선을 다른 장소로 옮길 때 사용하는 절연봉
(13) 방전고무절연장갑 : 특고압 배전선로에서 활선 작업 시 작업자의 안전을 위해 절연 장구로 착용한다.
(14) 핫스틱 텐션 풀러 : 간접공법 작업 시 인류주 및 내장형 장주에서 현수애자 교체나 전력선 이도 조정을 할 때 전선의 장력을 잡아주는데 사용되는 편리한 공구이다.
(15) 회전 갈퀴형 스틱 : 바인드를 감을 때 주로 사용, 전선에 와이어 그립을 탈부착 할 때도 사용

07 배전시공 공사관리 공정계획서 작성에서 공정계획은 지정된 기간 내에 공사를 안전하고 원활하게 추진할 수 있도록 주요사항 등을 면밀하게 검토하여 공정에 차질이 없도록 하여야 한다. 그 주요사항을 5가지만 쓰시오.

Answer
① 현장여건에 따른 시공순서
② 공정별, 주간별 작업계획(주간, 심야, 가공, 지중공사 등)
③ 현장에 투입되는 공정별 작업인원수
④ 공정별 소요자재 출고 및 운반
⑤ 장비, 기계 공기구의 종류, 수량 등의 준비 및 사용법

Explanation
그 외에도,
⑥ 환경훼손에 영향을 미치는 제반 요인 해소 대책

BEST 08 감전의 위험이 있는 전기설비의 부위에는 전기의 가압 여부를 식별할 수 있는 활선 표시 장치 등을 각 상에 부착하도록 권장하고 있다. 이 활선 표시 장치를 하여야 할 곳에 대하여 3개소로 구분하여 쓰시오.

Answer
① 수전점 개폐기의 전원 측 및 부하 측 각상
② 분기회로 개폐기의 전원 측 및 부하 측 각상
③ 변압기 등의 전원 측 및 부하 측 각상

Explanation
(내선규정 3210-6조) 노출된 충전부분의 시설 제한
고압 및 특고압 전로의 노출된 충전부분은 전기취급자가 쉽게 접촉되지 않도록 하여야 하며 전력선 등 감전 위험이 있는 전기시설 부위에는 전기의 가압 여부를 식별할 수 있는 활선표시장치 등을 각상에 부착하는 것이 바람직하다.
【주 1】 활선표시장치란 저압, 고압 및 특고압 계통의 부스바, 절연케이블. 전로의 충전부분 등에 부착하여 전압의 인가 여부를 표시해 주는 장치를 말한다.

【주 2】 활선표시장치의 권장 설치장소는 다음과 같다.
1. 수전점 개폐기의 전원 측 및 부하 측 각상
2. 분기회로의 개폐기 전원 측 및 부하 측 각상
3. 변압기 등의 전원 측 및 부하 측 각상

09 교류 변전소용 자동제어 기구의 기본 번호에서 51P와 51N을 구분하여 명칭을 정확히 답하시오.

• 51P   • 51N

Answer

• 51P : MTr 1차 과전류 계전기   • 51N : 중성점 과전류 계전기

Explanation

51 : 교류 과전류 계전기
• 51G : 지락 과전류 계전기   • 51H : 고정정 OCR
• 51L : 저정정 OCR   • 51N : 중성점 OCR
• 51P : MTr 1차 OCR   • 51S : MTr 2차 OCR
• 51V : 전압억제부 OCR

BEST 10 매입 방법에 따른 건축화 조명 방식의 종류를 5가지만 쓰시오.

①   ②   ③
④   ⑤

Answer

① 매입 형광등   ② 다운 라이트   ③ 핀홀 라이트
④ 코퍼 라이트   ⑤ 라인 라이트

Explanation

건축화 조명
건축화 조명이란 건축물의 천장, 벽 등의 일부가 조명기구로 이용되거나 광원화 되어 건축물의 마감재료의 일부로서 간주되는 조명설비이다. 이의 종류는 천장면 이용 방법과 벽면 이용 방법으로 대별된다.
(1) 천장 매입 방법
　① 매입 형광등
　　하면 개방형, 하면 확산판 설치형, 반매입형 등
　② 다운라이트(down light)
　　천장면에 작은 구멍을 뚫어 조명기구를 매입하여 빛의 빔 방향을 아래로 유효하게 조명하는 방식
　③ 핀홀(pin hole) 라이트
　　다운라이트의 일종으로 아래로 조사되는 구멍을 적게 하거나 렌즈를 달아 복도에 집중 조사하는 방식
　④ 코퍼(coffer) 라이트
　　대형의 다운라이트라고도 볼 수 있으며 천장면을 둥글게 또는 사각으로 파내어 조명기구를 배치하여 조명하는 방법
　⑤ 라인(line) 라이트
　　매입 형광등 방식의 일종으로 형광등을 연속으로 배치하여 조명하는 방식

(2) 천장면 이용 방법
   ① 광천장 조명
      방의 천장 전체를 조명기구화 하는 방식으로 천장 조명 확산 판넬로서 유백색의 플라스틱판이 사용된다.
   ② 루버 조명
      실의 천장면을 조명 기구화 하는 방식으로 천장면 재료로 루버를 사용하여 보호각을 증가시킨다.
   ③ 코브(cove) 조명
      광원으로 천장이나 벽면 상부를 조명함으로써 천장면이나 벽에서 반사되는 반사광을 이용하는 간접 조명방식으로, 효율은 대단히 나쁘지만 부드럽고 안정된 조명을 시행할 수 있다.

(3) 벽면 이용 방법
   ① 코너(coner) 조명
      천장과 벽면 사이에 조명기구를 배치하여 천장과 벽면에 동시에 조명하는 방법
   ② 코니스(conice) 조명
      코너를 이용하여 코니스를 15~20[cm] 정도 내려서 아래쪽의 벽 또는 커튼을 조명하도록 하는 방법
   ③ 밸런스(valance) 조명
      광원의 전면에 밸런스판을 설치하여 천장면이나 벽면으로 반사시켜 조명하는 방법

11 ★★★☆☆
지선밴드를 이용하여 현수애자를 설치하려고 한다. 이 설치 도면에 표시되어 있는 ①~⑤의 명칭을 쓰시오.

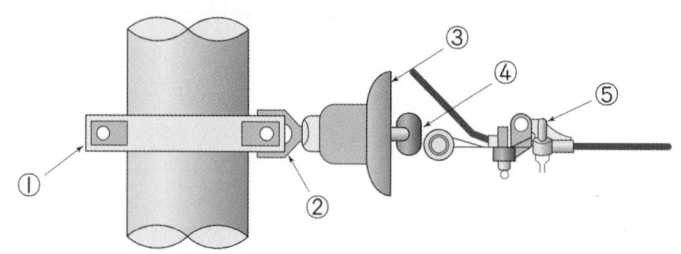

Answer

① 지선 밴드   ② 볼 아이   ③ 현수애자
④ 소켓 아이   ⑤ 데드엔드 클램프

Explanation

지선밴드를 이용한 현수애자 설치

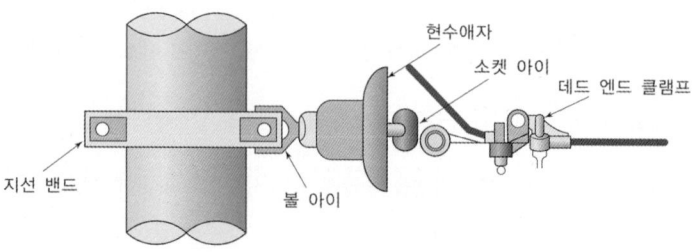

12 전기공사에 관한 다음 각 물음에 답하시오.

(1) 품에서 규정된 소운반이라 함은 몇 [m] 이내의 수평거리를 말하는가?
(2) 공구손료에서 Chain Hoist, Block, Pipe Expander, Straight Edge, 절연 내압 시험기, 변압기, 탈기기, 자동전압조정기, Synchroscope, Potentiometer 등 특수공구 및 특수시험 검사용 기구류의 손료 산정은 어느 손료에 준하여 산정하는가?
(3) 20층 짜리 현대식 빌딩의 옥내조명기구로 형광등을 사용하고자 한다. 천장은 2중 천장(suspension coil)이며 형광등은 매입으로 부착하고자 한다. 형광등 배치위치 결정시 고려하여야 할 천장에 부착되는 건축설비를 4가지만 열거하시오.
(4) 전기공사의 물량 산출시 건물 층수에 따라 지상층 할증이 적용된다. 2층~5층 이하의 할증률은 몇 [%]를 적용하는가?

Answer

(1) 20[m]
(2) 경장비 손료
(3) 공기조화설비, 냉난방설비, 급·배수설비, 오수설비
(4) 1[%]

Explanation

(1) 품에서 규정된 소운반이라 함은 20[m] 이내의 수평 거리를 말하며 소운반이 포함된 품에 있어서 운반거리가 20[m]를 초과할 경우에는 초과분에 대하여 별도 계상하며 소운반 거리는 직고 1[m] 수평거리 6[m]의 비율로 본다.
(3) 천장에 부착되는 건축설비
  공기조화설비, 냉난방설비, 급·배수설비, 오수설비, 방송시설, 스프링클러설비, CCTV 등
(4) 건물의 층수별 할증
  • 지상층 : 2층 ~ 5층 이하 1[%]
         10층 이하 3[%]
         15층 이하 4[%]
         20층 이하 5[%]
         25층 이하 6[%]
         30층 이하 7[%]
         30층 초과에 대하여는 매 5층 이내 증가마다 1.0[%] 가산
  • 지하층 : 지하 1층 1[%]
         지하 2 ~ 5층 2[%]
         지하 6층 이하는 매 1개 층 증가마다 0.2[%] 가산

13 변전소에 설치되는 각종 기기의 접지 방법을 답하시오.

[예] **피뢰기** : 접지망 교점 위치에 설치될 수 있도록 하고 접지도체는 최단거리로 접지망에 연결한다.

대상 기기	접지 방법
(1) 옥외철구	
(2) 차단기	
(3) 전력용 콘덴서	
(4) 배전반	
(5) 계기용 변성기 2차측	
(6) 계기용 변성기	

Answer

대상 기기	접지 방법
(1) 옥외철구	각 주(Post) 마다 접지한다.
(2) 차단기	탱크와 설치가대를 접지한다.
(3) 전력용 콘덴서	개별, 그룹별 중성점을 한데 묶어 1선으로 접지망에 짧게 연결한다.
(4) 배전반	프레임을 접지한다.
(5) 계기용 변성기 2차측	중성점을 배전반 접지모선에 1점만 접지한다.
(6) 계기용 변성기	단자함과 가대를 접지한다.

Explanation

변전소 각 기기의 접지

대상기기	접지 방법
피뢰기	접지망 교점위치에 설치될 수 있도록 하고 접지도체는 최단거리로 접지망에 연결한다.
옥외철구	각 주(Post) 마다 접지한다.
단로기의 조작함 및 핸들가대	조작함 및 핸들 가대를 접지한다.
차단기	탱크와 설치 가대를 접지한다.
주변압기	탱크를 접지한다.
계기용변성기	단자함과 가대를 접지 한다.
전력용 콘덴서	개별 그룹별 중성점을 한데 묶어 1선으로 접지망에 짧게 연결한다.
분로리액터	탱크를 접지한다.
배전반	프레임(Frame)을 접지 한다.
큐비클 및 옥내 파이프, 프레임	• 큐비클 내의 접지모선을 접지 한다. • 옥내 파이프 및 프레임은 각주마다 접지 한다.
차폐 케이블	차폐층의 양단을 접지 한다.
계기용변성기 2차측	중성점을 배전반 접지모선에 1점만 접지 한다.
소내변압기	탱크 및 2차 측의 1단을 접지 한다.
통신선	보호용 피뢰기의 접지측을 접지 한다.
울타리	울타리 내의 모든 철재류는 접지 한다.

14. "공구 손료"란 무엇인지를 상세하게 설명하시오.

Answer

일반 공구 및 시험용 계측 기구류의 손료로서 공사 중 상시 일반적으로 사용하는 것을 말하며 직접 노무비(노임할증 제외)의 3[%]까지 계상한다.

15. 그림과 같은 계통에서 단로기 DS_3을 통하여 부하를 공급하고 차단기 CB를 점검하고자 할 때 다음의 물음에 답하시오. 단, 평상시에 DS_3는 열려 있는 상태임

(1) 점검을 하기 위한 조작순서를 쓰시오.

(2) CB를 점검 완료 후 원상복귀 시킬 때의 조작순서를 쓰시오.

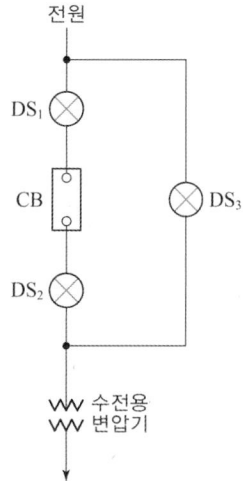

Answer

(1) DS_3(ON) → CB(OFF) → DS_2(OFF) → DS_1(OFF)

(2) DS_2(ON) → DS_1(ON) → CB(ON) → DS_3(OFF)

Answer

- 단로기(DS : Disconnecting Switch) : 무부하 회로 개폐 장치
  무부하 충전전류, 변압기 여자전류는 개폐 가능
- 인터록(Interlock) : 차단기가 열려있어야만 단로기 조작 가능
  - 급전 시 : DS → CB
  - 정전 시 : CB → DS
  - 단로기가 부하 측과 선로 측에 있는 경우 항상 부하 측의 단로기를 먼저 개로나 폐로한다.

16 그림과 같은 변전 설비를 보고 다음 각 물음에 답하시오.

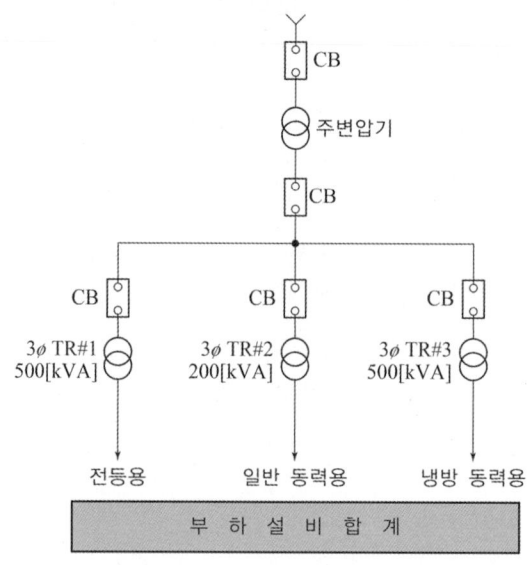

(1) 주변압기의 용량은 몇 [kVA] 이상이어야 하는가? 단, 부등률은 1.2를 적용하도록 한다.
 • 계산 • 답
(2) 난방 동력용 부하가 450[kW]이고, 무효전력이 200[kVar]이다. 역률은 95[%]가 되도록 하려면 전력용 콘덴서는 몇[kVA]가 필요한가?
 • 계산 • 답
(3) 도면에서 CB는 무엇을 나타내는지 그 명칭을 쓰시오.

Answer

(1) 계산 : 변압기 용량 $= \dfrac{\text{최대수용전력의 합}}{\text{부등률}} = \dfrac{500+200+500}{1.2} = 1,000[\text{kVA}]$ 답 : 1,000[kVA]

(2) 계산 : • 개선 전 역률 $\cos\theta = \dfrac{450}{\sqrt{450^2+200^2}} \times 100 = 91.38[\%]$

• 콘덴서 용량 $Q_c = P(\tan\theta_1 - \tan\theta_2) = P\left(\dfrac{\sqrt{1-\cos^2\theta_1}}{\cos\theta_1} - \dfrac{\sqrt{1-\cos^2\theta_2}}{\cos\theta_2}\right)$

$= 450 \times \left(\dfrac{\sqrt{1-0.9138^2}}{0.9138} - \dfrac{\sqrt{1-0.95^2}}{0.95}\right) = 52.11[\text{kVA}]$ 답 : 52.11[kVA]

(3) CB : 차단기

Explanation

(1) 변압기 용량 [kVA] $= \dfrac{\text{최대수용전력의 합}[\text{kVA}]}{\text{부등률}}$

(2) 역률 개선용 콘덴서 용량

$Q_c = P(\tan\theta_1 - \tan\theta_2) = P\left(\dfrac{\sqrt{1-\cos^2\theta_1}}{\cos\theta_1} - \dfrac{\sqrt{1-\cos^2\theta_2}}{\cos\theta_2}\right)[\text{kVA}]$

17

[그림 1]은 어느 박물관의 배선 접속도이다. 이에 [그림 2]와 같은 경보장치를 하기 위한 미완성 전선 접속도를 복선도로 그리시오. 단, 누전 경보기 내부 전선은 생략하고 단자까지만 배선하며 영상변류기는 WH와 KS 사이에 시설하는 것으로 하며, 경보장치의 전원단에는 별도의 개폐기를 취부한다.

[참고사항]

경보장치에서의 C_1, C_2는 ZCT의 단자이며, S_1, S_2는 경보장치 전원단자, A_1, A_2는 경보기구(벨)의 단자이다.

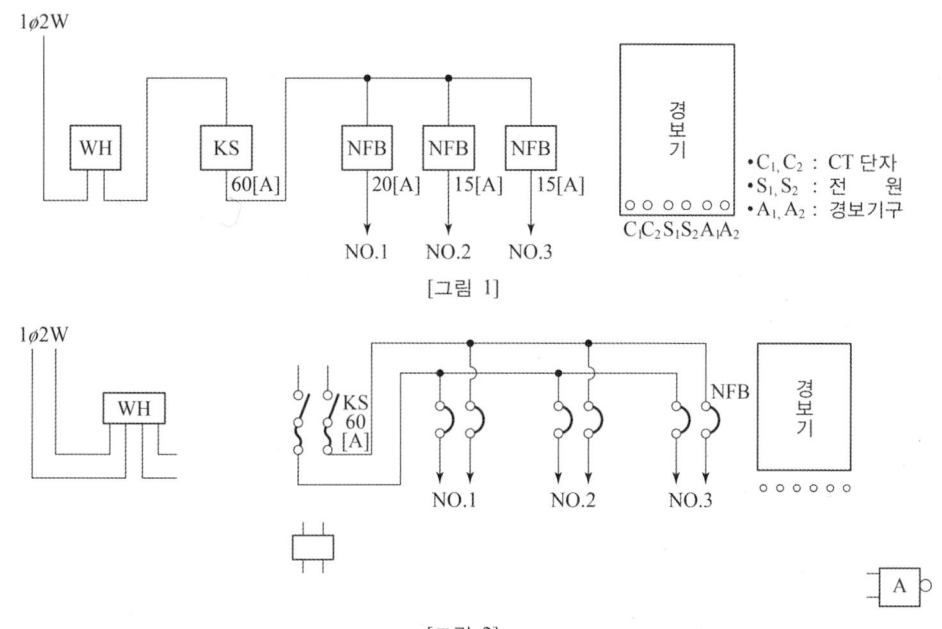

[그림 1]

[그림 2]

Answer

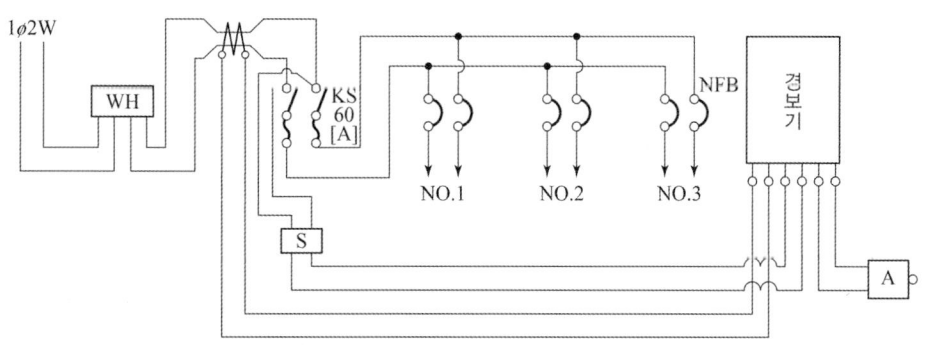

Explanation

- 경보 장치의 전원 단에는 별도의 개폐기를 취부 한다는 것은 개폐기를 KS의 앞부분에 설치해야한다는 것임
- 영상변류기(ZCT)는 선로전체 관통

18 다음의 PLC 프로그램은 유도 전동기의 Y-△ 기동운전 회로의 일부를 나타낸 것이다. AND, OR, NOT의 기호를 사용하여 로직회로를 그리시오. 또한 Y기동용 MC와 △운전용 MC의 번지는 어느 것인지 로직 회로상에 "Y기동", "△운전"으로 표시하시오. 단, 명령어는 회로시작 입력 : STR, 출력 : OUT, 직렬 : AND, 병렬 : OR, 부정 : NOT를 사용하도록 한다.

차례	명령	번지	차례	명령	번지
생략	STR	14	생략	OUT	32
	OR	31		STR	15
	AND NOT	16		OR	33
	OUT	31		AND NOT	16
	STR	31		AND NOT	32
	AND NOT	15		OUT	33
	AND NOT	33			

Answer

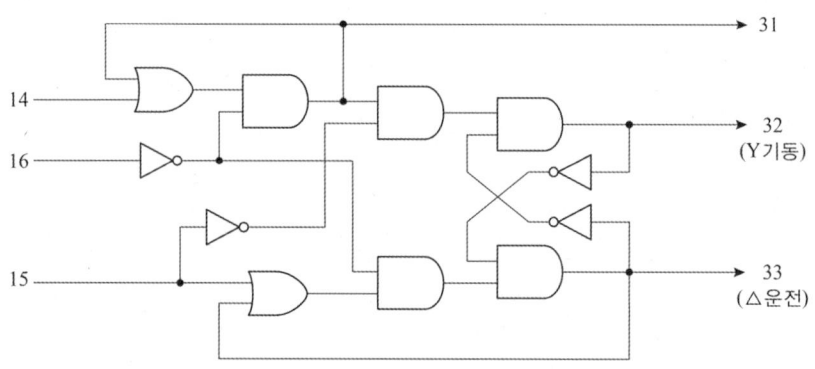

Explanation

- Y-△ 운전 회로
  - 주전원 : 31
  - Y기동 : 32
  - △운전 : 33
- 프로그램을 Ladder 차트로 그리면 다음과 같다.

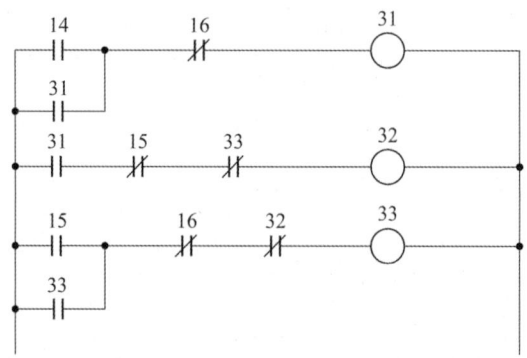

2006년 전기공사기사 실기

01 ★☆☆☆☆
그림은 3상 3선식 전력량계의 결선도이다. 계기용변압기와 변류기를 사용하여 사각형내의 미완성 부분의 결선도를 완성하시오.

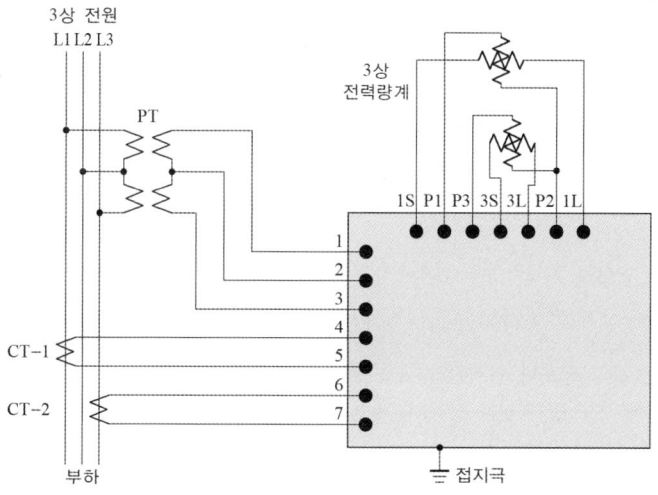

Answer

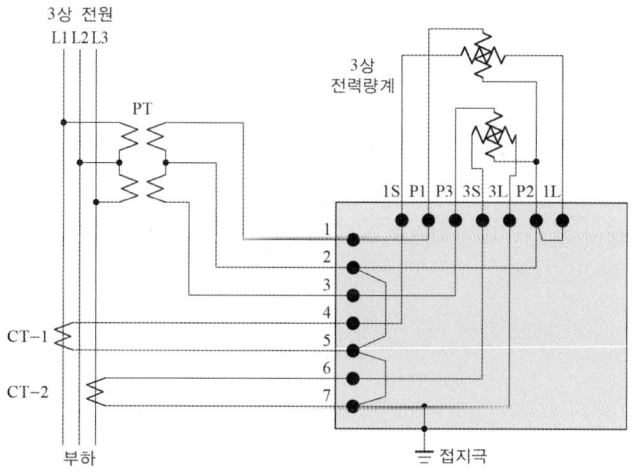

Explanation

전력량계 결선
- PT : P1, P2, P3
- CT : 1S, 3S, 1L, 3L

여기서, 접지는 P2, 1L, 3L에 한다.

02 전선로 부근이나 애자부근(애자와 전선의 접속 부근)에 임계 전압 이상이 가해지면 전선로나 애자 부근에 공기의 절연이 부분적으로 파괴되는 현상이 발생하는데 이것을 무슨 현상이라고 하는가? 그리고 이러한 현상이 미치는 영향과 그 방지 대책을 간단하게 답하시오.

Answer

① 현상 : 코로나 현상
② 영향
  - 코로나 손실이 발생하여 송전효율 저하
  - 통신선 유도 장해 발생
  - 코로나 잡음이 발생
  - 전선의 부식
③ 방지대책
  - 복도체(다도체) 방식을 채용한다.
  - 가선 금구를 개량한다.

Explanation

① 코로나의 영향
  - 코로나 손실이 발생하여 송전효율이 저하된다.

  peek식 : $P_c = \dfrac{241}{\delta}(f+25)\sqrt{\dfrac{d}{2D}}(E-E_0)^2 \times 10^{-5}$ [kW/km/Line]

  여기서, E_0 : 코로나 임계전압, δ : 상대공기밀도
  - 통신선에 유도 장해(전파 장해)가 발생한다.
  - 코로나 잡음이 발생한다.
  - 전선의 부식(원인 : 오존(O_3))이 발생된다.
  - 진행파의 파고 값은 감소되며 그 이유는 코로나 손실이 발생하므로 진행파(이상전압)의 파고값은 낮아지게 된다.
② 코로나 방지 대책
  - 굵은 전선을 사용한다.
  - 복도체, 다도체 사용한다.
  - 가선 금구를 개량한다.

BEST 03 전기 공사의 물량 산출시 일반적으로 다음과 같은 재료는 몇 [%]의 할증률을 계상하는지 그 할증률을 빈칸에 써 넣으시오.

종류	할증률[%]
옥외전선	①
옥내전선	②
케이블(옥외)	③
케이블(옥내)	④
전선관(옥외)	⑤
전선관(옥내)	⑥

Answer

① 5 ② 10 ③ 3
④ 5 ⑤ 5 ⑥ 10

Explanation

전기재료 할증

종류	할증률[%]
옥외전선	5
옥내전선	10
Cable(옥외)	3
Cable(옥내)	5
전선관(옥외)	5
전선관(옥내)	10
Trolley선	1
동대, 동봉	3

04 다음의 그림기호의 명칭은?

Answer

풀박스

Explanation

 : 풀박스    : 배전반

05 수변전 설비에서 주요 기기의 보수점검을 하려고 한다. 설치된 변압기가 유입변압기일 경우 이 변압기의 주요 보수점검 사항을 5가지만 쓰시오.

Answer

① 외관점검(절연유의 온도, 이상 소음, 냄새 및 누유여부 점검)
② 절연유의 점검(절연유의 양 및 절연유의 절연파괴전압, 산가 및 고유저항 측정)
③ 접속부위 열화 및 접속 상태 점검
④ 취부품 상태 점검(온도계, 유면계 및 흡습 호흡기 등의 상태 점검)
⑤ 권선의 절연저항 측정

Explanation

⑥ 탭전환장치 내부점검
⑦ 부싱점검

06 ★★★☆☆

비상용 조명부하 40[W] 120등, 60[W] 50등, 합계가 7,800[W]가 있다. 방전시간 30분, 축전지 HS형 54셀, 허용최저전압 92[V], 최저 축전지 온도 5[℃]일 때 주어진 표를 이용하여 축전지 용량을 계산하시오. 단, 전압은 100[V], 경년용량저하율은 0.8이다.

연축전지의 용량 환산시간 K(900[Ah] 이하)

형식	온도[℃]	10분			30분		
		1.6[V]	1.7[V]	1.8[V]	1.6[V]	1.7[V]	1.8[V]
HS	25	0.58	0.7	0.93	1.03	1.14	1.38
	5	0.62	0.74	1.05	1.11	1.22	1.54
	-5	0.68	0.82	1.15	1.2	1.35	1.68

Answer

계산 : 표에서 용량환산시간 $K = 1.22$

전류 $I = \dfrac{P}{V} = \dfrac{7,800}{100} = 78[A]$

축전지 용량 $C = \dfrac{1}{L} KI = \dfrac{1}{0.8} \times 1.22 \times 78 = 118.95[Ah]$

답 : 118.95[Ah]

Explanation

용량 환산 시간

셀 당 최저 허용 전압 = $\dfrac{92[V]}{54[cell]} = 1.7[V/cell]$

형식	온도[℃]	10분			30분		
		1.6[V]	1.7[V]	1.8[V]	1.6[V]	1.7[V]	1.8[V]
HS	25	0.58	0.7	0.93	1.03	1.14	1.38
	5	0.62	0.74	1.05	1.11	1.22	1.54
	-5	0.68	0.82	1.15	1.2	1.35	1.68

축전지 용량

$C = \dfrac{1}{L} KI$ [Ah] 여기서, C : 축전지의 용량 [Ah] L : 보수율(경년용량 저하율)

K : 용량환산 시간 계수 I : 방전 전류[A]

07 ★★★★☆

시방서(Specification)를 작성할 때 요구되는 전문성에 대하여 예시와 같이 5가지만 표현을 하시오.

[예시] 사용 자재 및 장비에 관한 기술적 지식

Answer

① 설계도서 구성 및 작성에 대한 이해
② 계약수립 및 관리 과정에 관한 지식
③ 설계도서의 활용에 대한 이해
④ 공사개시 전 준비단계에 대한 이해
⑤ 공사 추진 과정의 단계별 활용에 대한 이해

> **Explanation**

시방서(示方書, specifications)
설계도면과 관련한 문서로 설계 도면상 나타낼 수 없는 내용이나 추가로 필요한 사항을 표시한 문서로 공사 작업의 기준이 되는 문서

시방서(Specification)를 작성할 때 요구되는 전문성
① 설계도서 구성 및 작성에 대한 이해
② 계약수립 및 관리 과정에 관한 지식
③ 설계도시의 활용에 대한 이해
④ 공사개시 전 준비단계에 대한 이해
⑤ 공사 추진 과정의 단계별 활용에 대한 이해
⑥ 공사 완성 단계의 업무에 대한 이해
⑦ 법적, 기술적 책임한계를 명확하게 표현할 수 있는 지식

08 편출장주에 대하여 설명하시오.

> **Answer**

전주에 완금을 설치 할 때 완금은 전주의 한 쪽으로 완전히 치우쳐 설치하는 장주

> **Explanation**

- 창출장주 : 전주에 완금을 설치할 때 전주를 중심으로 완금의 일부를 어느 한쪽으로 치우쳐 설치하는 장주
- 편출장주 : 전주에 완금을 설치할 때 완금을 전주의 한 쪽으로 완전히 치우쳐 설치하는 장주
- 보통장주 : 전주에 완금을 설치할 때 전주를 중심으로 완금의 길이가 좌우 같은 길이가 되도록 설치하는 장주

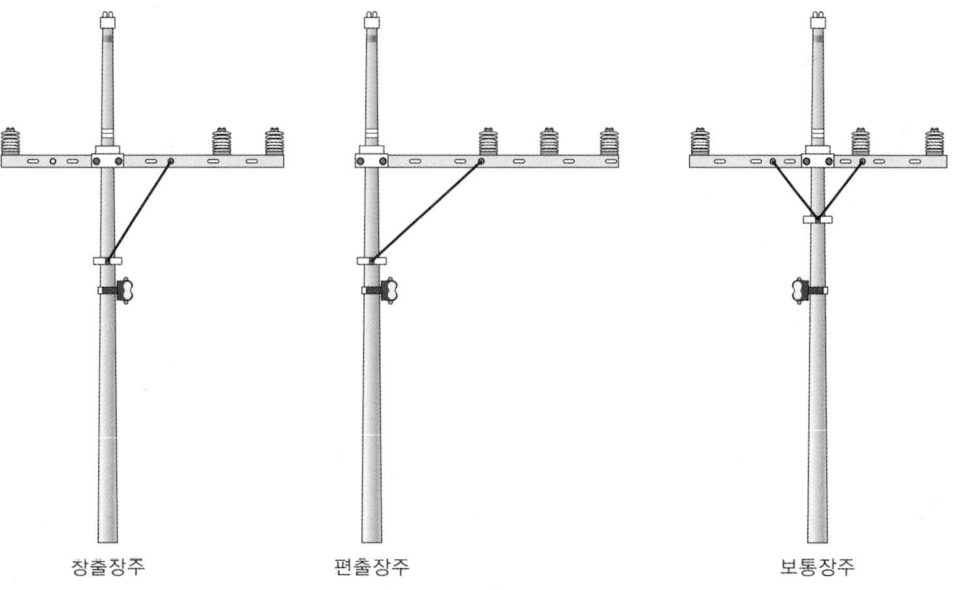

[특고압 장주 형태]

09 다음 표의 수용가 A, B, C에 공급하는 배전 선로의 최대 전력은 500[kW]이다. 이때의 부등률은 얼마인가?

수용가	설비 용량[kW]	수용률[%]
A	400	60
B	300	60
C	400	80

• 계산 :   • 답 :

Answer

계산 : 부등률 $= \dfrac{400 \times 0.6 + 300 \times 0.6 + 400 \times 0.8}{500} = 1.48$ 답 : 1.48

Explanation

부등률 $= \dfrac{\text{개별 부하의 최대 수요 전력의 합}}{\text{합성 최대 전력}} \geq 1$

- 전력소비기기를 동시에 사용하는 정도
- 각 수용가에서의 최대수용 전력의 발생시각은 시간적으로 차이가 있다.
- 배전 변압기 또는 간선에서의 합성 최대 수용 전력은 각 수용가에서의 최대 수용 전력의 합보다 적게 되는데 이 비를 부등률이라고 한다.

10 도면과 같은 고압 또는 특고압 수전설비의 진상콘덴서 접속 뱅크 결선도를 보고 다음 각 물음에 답하시오.

(1) 콘덴서 용량이 몇 [kVA] 초과 몇 [kVA] 이하인 경우인가?

(2) 콘덴서 용량이 100[kVA] 이하인 경우 CB 대신 사용가능 한 개폐기는?

(3) 콘덴서 용량이 50[kVA] 미만인 경우 사용 가능한 개폐기는?

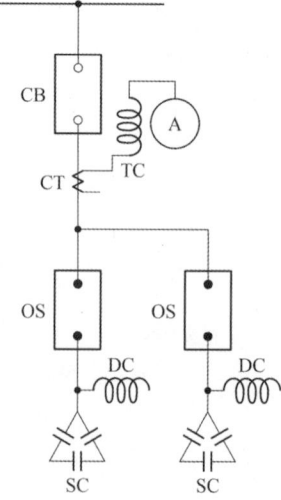

Answer

(1) 콘덴서 총 용량이 300[kVA] 초과, 600[kVA] 이하의 경우
(2) OS
(3) COS직결

Explanation

콘덴서 총용량이 300[kVA] 이하의
경우 전류계를 생략할 때

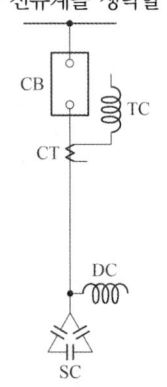

콘덴서 총용량이 300[kVA] 초과
600[kVA] 이하의 경우

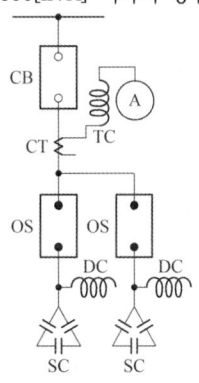

콘덴서 총용량이 600[kVA] 초과의 경우

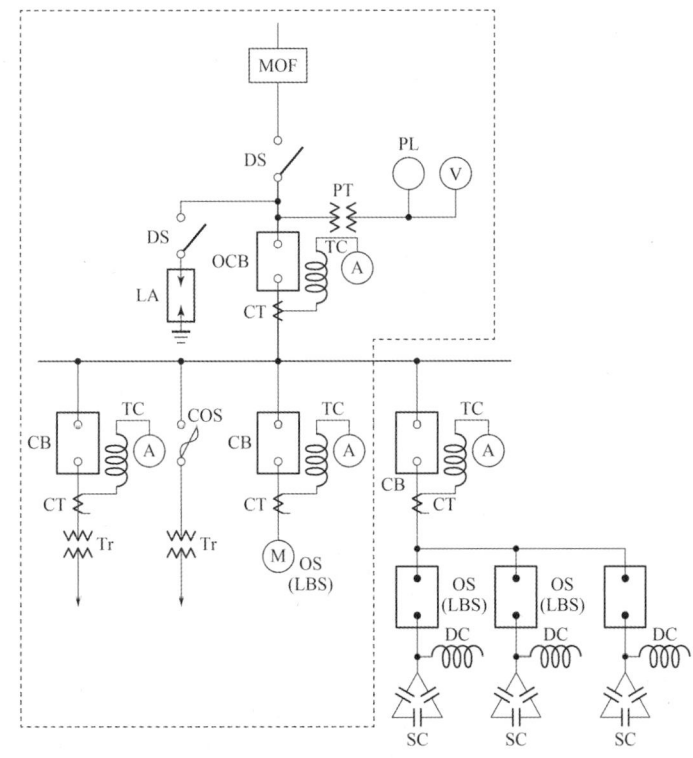

[주] 콘덴서의 용량이 100[kVA] 이하인 경우에는 CB 대신 OS 또는 유사한 것(인터럽터 스위치 등)을 50[kVA] 미만의 경우에는 COS(직결로 함)를 사용할 수 있다.

11 그림은 특고압 가공전선로의 전주를 나타낸 것이다. ① ~ ⑩에 해당되는 각각의 명칭을 쓰시오.

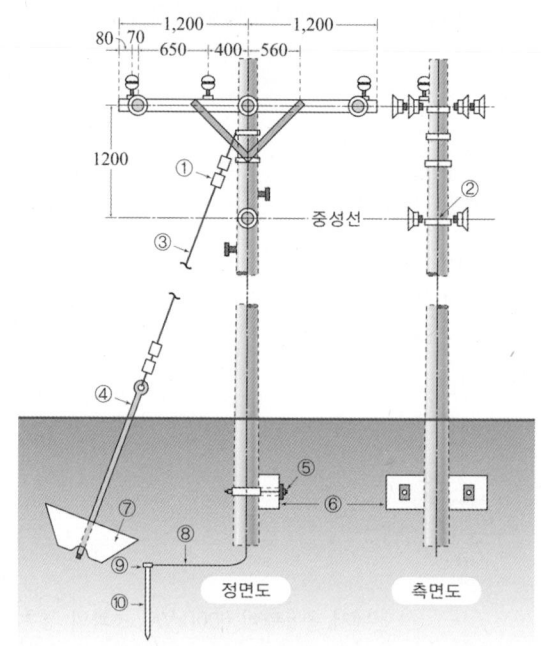

Answer

① 지선 클램프 ② 랙 밴드 ③ 지선 ④ 지선 로드 ⑤ 근가용 U볼트
⑥ 근가 ⑦ 지선 근가 ⑧ 접지도체 ⑨ 접지 동봉용 클램프 ⑩ 접지 동봉

Explanation

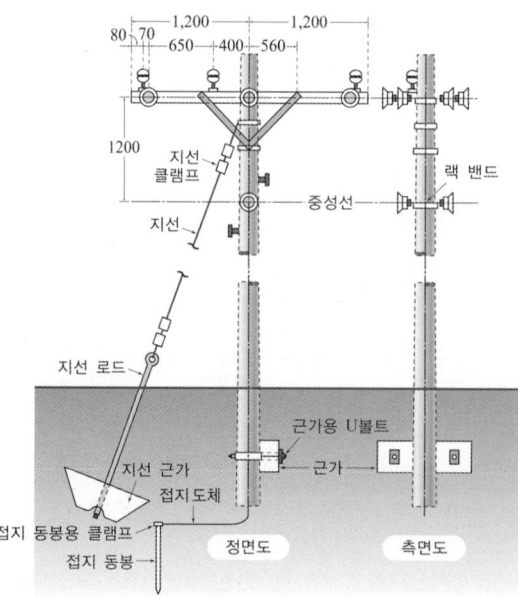

12 전선을 철거할 때의 실 회수량은 어떻게 산출하는가?

Answer

선로긍장 × 전선조수

13 그림은 합성수지관 공사 도면의 일부이다. 이 그림을 보고 다음 각 물음에 답하시오.

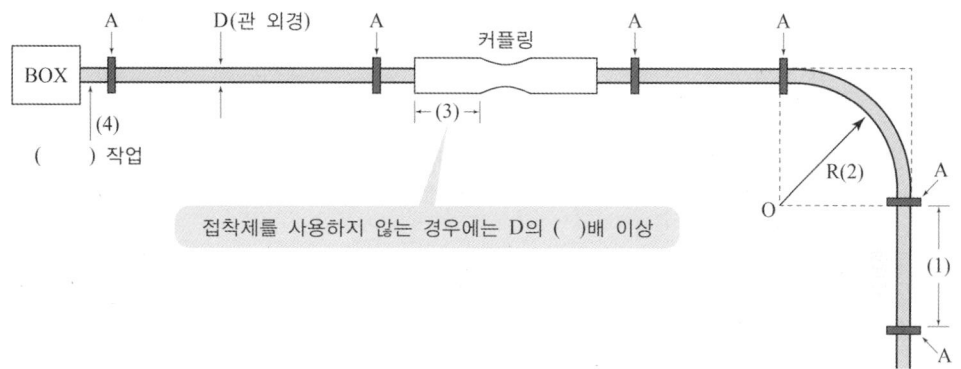

(1) 도면에서 A는 관을 지지하는 지지물이다. A의 명칭은 무엇인가?
(2) 그림에서 (1)의 지지점 간의 최소 간격은 몇 [m] 이하로 하는가?
(3) 그림과 같이 직각으로 구부러진 관의 곡률 반경 R(2)는 관 내경의 몇 배 이상으로 하여야 하는가?
(4) 그림에서 (3)은 합성수지관 공사 시 커플링을 이용하여 관을 접속한 경우로 접착제를 사용하지 않을 때에는 관 외경의 몇 배 이상 겹쳐야 되는가?
(5) 그림에서 (4)는 관을 접속함과 결합시키는 부분으로 지지점과 접속함 사이에는 일정수준의 높이를 가지고 있다. 이와 같이 하는 것을 무슨 작업이라 하는지 가장 적합한 작업 명칭을 쓰시오.

Answer

(1) 새들   (2) 1.5[m]   (3) 6배
(4) 1.2배   (5) 오프셋

Explanation

(내선규정 2,220-6) 합성수지관 및 부속품의 연결과 지지
① 합성수지관 상호 또는 합성수지관과 기타 부속품의 연결이나 지지는 견고하게 하고 조영재, 기타에 확실하게 지지하여야 한다.
② 합성수지관을 새들 등으로 지지하는 경우는 그 지지점간의 거리를 1.5[m]로 하고 그 지지점은 관의 끝, 관과 박스의 접속점 및 관 상호 접속점에서 가까운 곳에 시설한다.
③ 합성수지관 상호 및 관과 박스는 접속 시에 삽입하는 깊이를 관 바깥지름의 1.2배(접착제를 사용하는 경우는 0.8배)이상으로 하고 삽입접속으로 견고하게 접속하여야 한다.
④ 관 상호 접속은 박스 또는 커플링(Coupling)등을 사용하고 직접 접속하지 말 것
⑤ 합성수지관을 구부릴때에는 단면이 심하게 변형이 되지 않도록 구부려야 하며 그 안측의 반지름은 관안지름의 6배 이상이 되어야 한다.

14 화재안전기준에서 정하는 자동화재탐지설비의 감지기를 설치하지 아니 하여도 되는 장소를 5가지만 쓰시오.

Answer

① 먼지·가루 또는 수증기가 다량으로 체류하는 장소
② 천장 또는 반자의 높이가 20[m] 이상인 장소
③ 부식성 가스가 체류하고 있는 장소
④ 목욕실 기타 이와 유사한 장소
⑤ 고온도 및 저온도로서 감지기의 기능이 정지되기 쉽거나 감지기의 유지 관리가 어려운 장소

Explanation

자동화재탐지설비 및 시각경보장치의 화재안전기준(NFSC 203) 제7조(감지기)
다음 각 호의 장소에는 감지기를 설치하지 아니한다.
① 천장 또는 반자의 높이가 20[m] 이상인 장소. 다만, 제1항의 단서 각호의 감지기로서 부착높이에 따라 적응성이 있는 장소는 제외한다.
② 헛간 등 외부와 기류가 통하는 장소로서 감지기에 따라 화재발생을 유효하게 감지할 수 없는 장소
③ 부식성가스가 체류하고 있는 장소
④ 고온도 및 저온도로서 감지기의 기능이 정지되기 쉽거나 감지기의 유지관리가 어려운 장소
⑤ 목욕실·욕조나 샤워시설이 있는 화장실·기타 이와 유사한 장소
⑥ 파이프덕트 등 그 밖의 이와 비슷한 것으로서 2개층 마다 방화구획된 것이나 수평단면적이 5[m²] 이하인 것
⑦ 먼지·가루 또는 수증기가 다량으로 체류하는 장소 또는 주방 등 평시에 연기가 발생하는 장소(연기감지기에 한한다)
⑧ 프레스공장·주조공장 등 화재발생의 위험이 적은 장소로서 감지기의 유지관리가 어려운 장소

15 그림은 3상 유도 전동기의 Y-△ 기동 운전 회로의 일부이다. BS는 "H" 입력형이고, RL과 GL은 LED로 대체하고 입·출력 회로, 기타는 생략한다. BS_1을 주면 MC_1이 동작, Y기동하고 타이머 기구 동작, t초 후에 MC_1이 복구하면 MC_2(RL)가 동작하며 △ 운전된다. 운전 중에는 MC_2(RL)만 작동하고 있다. 이때 다음 각 물음에 답하시오.

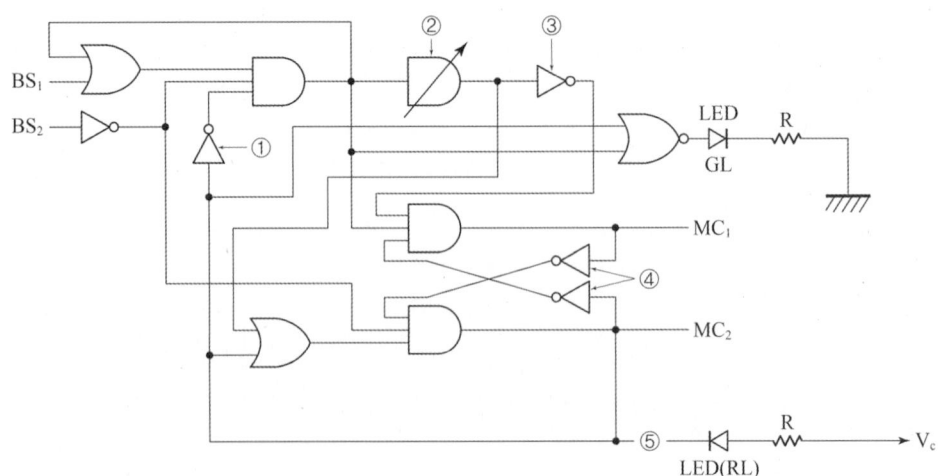

(1) ①~④의 기능을 쓰시오.
(2) ⑤에 알맞은 논리 기호를 그리시오.
(3) LED(RL)에 흐르는 전류를 무슨 전류라 하는가?

Answer

(1) ① 정지   ② 기동   ③ 정지   ④ 인터록
(2)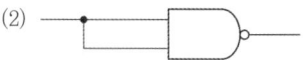
(3) 싱크 전류

Explanation

- Y-△ 기동의 주회로 결선
- Y-△ 기동 시의 기동전류는 전전압 기동 전류의 1/3배이며 전원 투입 후 Y결선으로 기동한 후 타이머의 설정 시간이 되면 △ 결선으로 운전한다. 이 때 Y결선은 정지하며 Y와 △는 동시투입이 되어서 안 된다(인터록).
- 문제에서의 전자접촉기
  - MC_1 : Y 기동
  - MC_2 : △ 운전

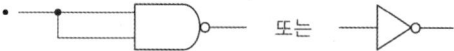

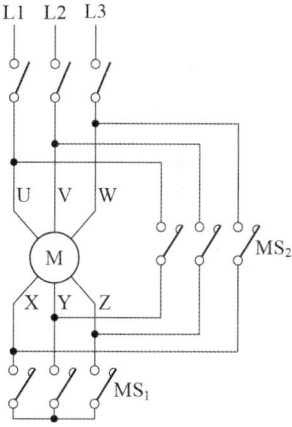

16 ★★★☆☆
주어진 동작 설명과 타이머 내부 회로도를 이용하여 동작 설명에 맞는 시퀀스 회로도를 작성하시오.

[동작 설명]
- 배선용 차단기를 넣는 순간 콘센트에 전압이 걸리도록 한다.
- 단로스위치 S_1을 ON하고 누름 버튼스위치 PB를 누르면 타이머 T가 동작하여 PB를 놓아도 타이머 T는 계속 동작하고 램프 R_1이 점등되고 일정시간 (타이머 설정시간)이 지나면 R_1은 소등되고 램프 R_2가 점등된다.
- 단로스위치 S_1을 OFF하면 타이머 T가 동작을 정지하여 R_2가 소등된다.
- 콘센트의 그림기호는 임의의 그려도 되나 반드시 콘센트임을 명시하도록 한다.

[타이머 내부 회로도]

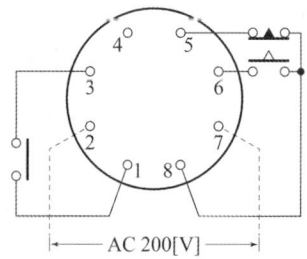

Answer

시퀀스 회로도

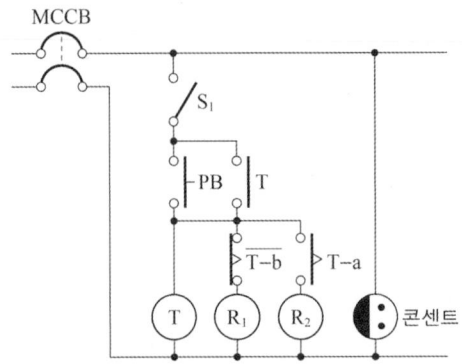

Explanation

타이머 릴레이의 내부 결선도
- ②과 ⑦번 핀 연결 : 타이머 릴레이의 전원
- ①과 ③번 핀 : 자기유지 접점
- ⑤과 ⑧번 핀 : 타이머의 b접점
- ⑥과 ⑧번 핀 : 타이머의 a접점

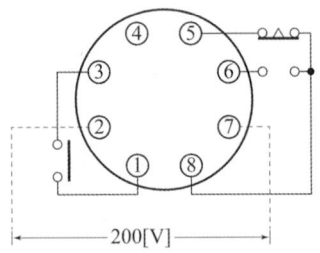

17 ★★★☆☆
요구하는 접지의 목적과 접지저항값을 얻기 위해서는 대지의 구조에 따라 경제적이고 신뢰성 있는 접지공법을 채택하여야 한다. 접지공법을 대별하면 봉상접지공법, 망상접지공법, 건축 구조체 접지공법이 있다. 이 중 봉상 접지공법에 대하여 설명하시오.

Answer

봉상접지공법
- 심타공법 : 접지봉을 지표에서 타입하는 방법으로 접지봉을 직렬 접속하는 방법
- 병렬접지공법 : 독립 접지봉을 여러 개 묻고 각 접지봉을 병렬로 연결하는 방법

Explanation

봉상접지공법
- 심타공법 : 접지봉을 지표에서 타입하는 방법으로 접지봉을 직렬 접속하는 방법
- 병렬접지공법 : 독립 접지봉을 여러 개 묻고 각 접지봉을 병렬로 연결하는 방법

18 다음은 PLC 프로그램의 Ladder도를 Mnemonic으로 변환하여 나타낸 것이다. Mnemonic 프로그램상의 빈칸을 채우시오. 단, 명령어를 LD(논리연산 시작), AND(직렬), OR(병렬), NOT(부정), OUT(출력), D(Positive Pulse), MCS(Master Control Set), MCSCLR(Master Control Set Clear)로 한다.

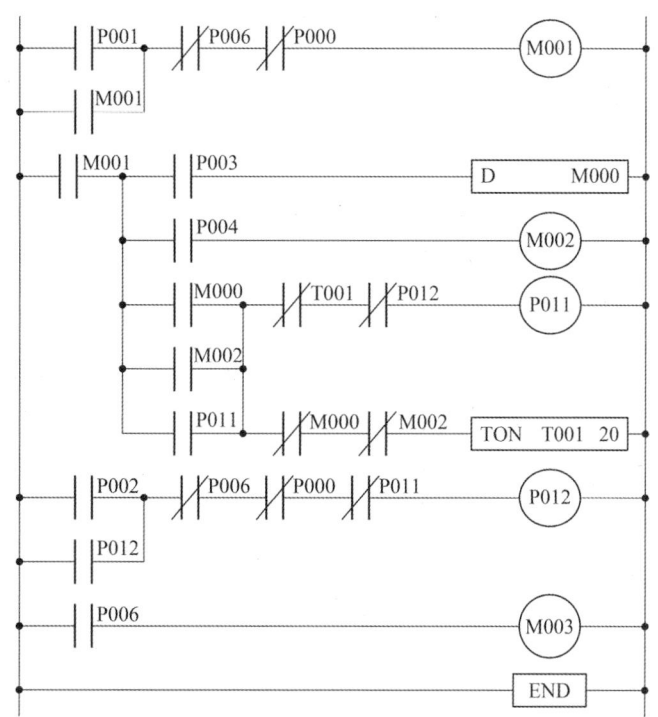

스텝	명령어	다바이스	스텝	명령어	다바이스	스텝	명령어	다바이스
0	①	P001	12	LD	M000	24	⑧	P002
1	②	M001	13	⑤	M002	25	OR	P012
2	AND NOT	P006	14	OR	⑥	26	⑨	P006
3	AND NOT	P000	15	AND NOT	T001	27	AND NOT	P000
4	OUT	M001	16	AND NOT	P012	28	AND NOT	P011
5	LD	M001	17	OUT	P011	29	OUT	P012
6	MCS	–	18	AND NOT	M000	30	LD	P006
7	LD	P003	19	AND NOT	M002	31	OUT	M003
8	D	③	20	⑦	T001	32	⑩	–
10	LD	P004		–	20			
11	OUT	④	23	MCSCLR	–			

Answer

① LD ② OR ③ M000
④ M002 ⑤ OR ⑥ P011

⑦ TON　　　　　　⑧ LD　　　　　　⑨ AND NOT
⑩ END

Explanation

- Mnemonic : 쉽게 연산을 하기 위한 것
  - MCS(Master Control Set)
  - MCSCLR(Master Control Set Clear)
- M001 바로 다음부터 Set로 묶은 후 마지막에는 Set clear로 해제한다.

스텝	명령어	다바이스
6	MCS	–
7	LD	P003
8	D	M000
10	LD	P004
11	OUT	M002
12	LD	M000
13	OR	M002
14	OR	P011
15	AND NOT	T001
16	AND NOT	P012
17	OUT	P011
18	AND NOT	M000
19	AND NOT	M002
20	TON	T001
	–	20
23	MCSCLR	–

전기공사기사 실기
2007
과년도 기출문제

- 2007년 제 01회
- 2007년 제 02회
- 2007년 제 04회

2007년 과년도 기출문제에 대한 출제 빈도 분석 차트입니다.
각 회차별로 별의 개수를 확인하고 학습에 참고하기 바랍니다.

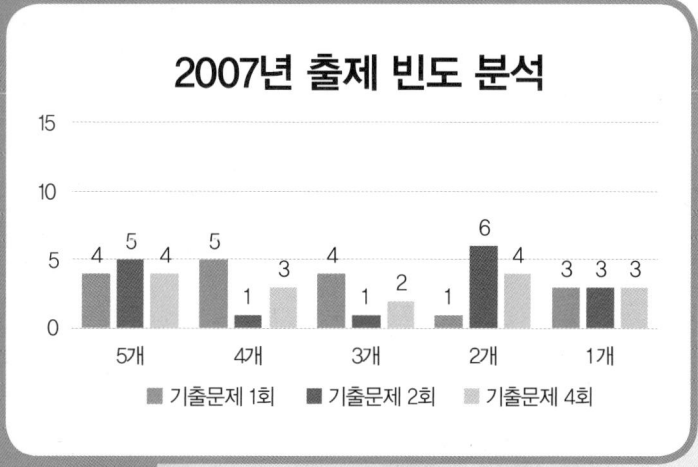

2007년 전기공사기사 실기

01 ★★★★☆
그림과 같은 계통보호용 과전류 계전기를 정정하기 위한 단락전류 등을 산출하는 절차이다. 주어진 물음에 답하시오.

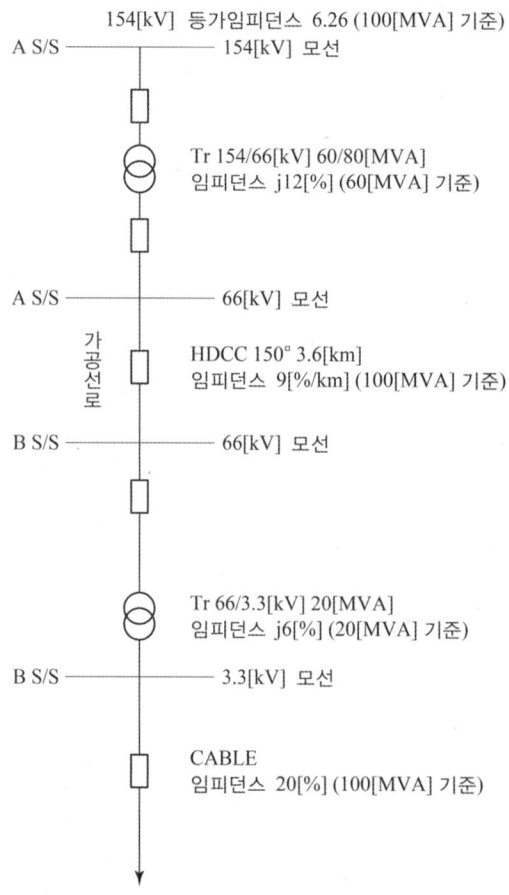

[조건]
① A변전소 154[kV] 모선의 전원등가 임피던스는 6.26[%]이다.
② 회로의 [%] 임피던스는 편의상 모두 리액턴스분으로만 간주할 것
③ 그림상에 표시되지 않은 임피던스는 무시할 것

[물음]
다음 그림은 100[MVA] 기준으로 환산한 등가 임피던스 도면이다. ( ) 속에 값은 얼마인가?

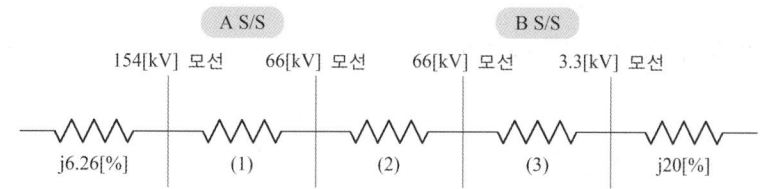

Answer

(1) $j12 \times \dfrac{100}{60} = j20\,[\%]$ (2) $j9 \times 3.6 = j32.4\,[\%]$ (3) $j6 \times \dfrac{100}{20} = j30\,[\%]$

Explanation

%임피던스의 계산

환산 $\%Z$ = 기존 $\%Z \times \dfrac{\text{새로운 기준용량}}{\text{기존의 용량}}$

문제에서는 100[MVA] 기준으로 환산한 등가 임피던스를 구하는 것으로 새로운 기준용량은 100[MVA]가 된다.

02
전등을 4개소에서 점멸하고자 한다. 3로 스위치와 4로 스위치의 개수는?

Answer

• 3로 스위치 : 2개   • 4로 스위치 : 2개

Explanation

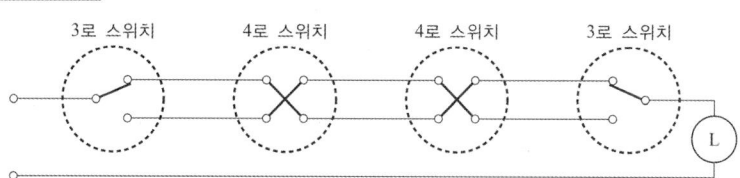

BEST 03 ★★★★★
옥내에서 전선을 병렬로 사용하는 경우의 원칙 5가지만 쓰시오.

Answer

① 전선의 굵기는 동 50[mm²] 이상 또는 알루미늄 70[mm²] 이상으로 하고, 전선은 같은 도체, 같은 재료, 같은 길이 및 같은 굵기의 것을 사용할 것
② 같은 극의 각 전선은 동일한 터미널러그에 완전히 접속할 것
③ 같은 극인 각 전선의 터미널러그는 동일한 도체에 2개 이상의 리벳 또는 2개 이상의 나사로 접속할 것
④ 병렬로 사용하는 전선에는 각각에 퓨즈를 설치하지 말 것
⑤ 교류회로에서 병렬로 사용하는 전선은 금속관 안에 전자적 불평형이 생기지 않도록 시설할 것

Explanation

(KEC 123조) 전선의 접속 중 전선의 병렬 사용
① 전선의 굵기는 동 50[mm²] 이상 또는 알루미늄 70[mm²] 이상으로 하고, 전선은 같은 도체, 같은 재료, 같은 길이 및 같은 굵기의 것을 사용할 것
② 같은 극의 각 전선은 동일한 터미널러그에 완전히 접속할 것

③ 같은 극인 각 전선의 터미널러그는 동일한 도체에 2개 이상의 리벳 또는 2개 이상의 나사로 접속할 것
④ 병렬로 사용하는 전선에는 각각에 퓨즈를 설치하지 말 것
⑤ 교류회로에서 병렬로 사용하는 전선은 금속관 안에 전자적 불평형이 생기지 않도록 시설할 것

전선을 병렬로 사용하는 경우

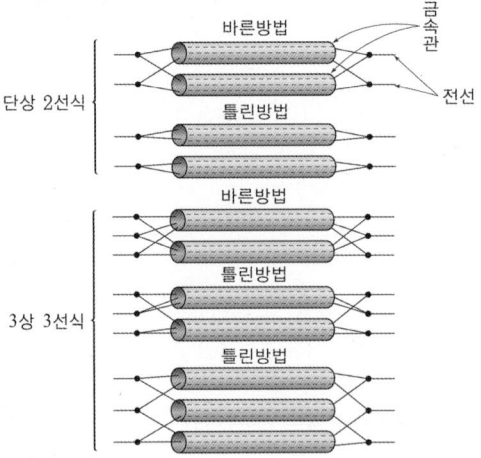

04 ★★★☆☆
조도 계산에 필요한 요소에서 조도계산을 하기 전에 건축도면을 입수하여 어떠한 사항을 검토하여야 하는지 4가지만 쓰시오.

Answer

① 방의 마감상태(천장, 벽, 바닥 등의 반사율)
② 방의 사용목적과 작업내용
③ 방의 크기(가로, 세로, 높이)
④ 보와 기둥의 간격, 공조 덕트 등 설비와 천장 내부의 상태

BEST 05 ★★★★★
변압기의 병렬운전 조건 4가지를 쓰고, 이들 조건이 맞지 않을 경우에 어떤 현상이 나타나는지 서술하시오.

Answer

병렬운전 조건	조건이 맞지 않는 경우
① 1, 2차 정격 전압 및 권수비가 같을 것	순환전류가 흘러 권선이 가열
② 극성이 일치 할 것	큰 순환전류가 흘러 권선이 소손
③ %임피던스 강하(임피던스 전압)가 같을 것	부하의 분담이 용량의 비가 되지 않아 부하의 부담이 균형을 이룰 수 없다.
④ 내부 저항과 누설 리액턴스의 비가 같을 것	각 변압기의 전류 간에 위상치가 생겨 동손이 증가

Explanation

변압기 병렬운전 조건
- 극성 및 권수비가 같을 것
- 1, 2차 정격전압이 같을 것(용량, 출력무관)
- %임피던스 강하가 같을 것
- 변압기 내부저항과 리액턴스의 비가 같을 것
- 상회전 방향과 각 변위가 같을 것(3상 변압기)

BEST 06 ★★★★★
예비전원에 시설하는 고압발전기 부하에 이르는 전로에는 발전기 가까운 곳에 쉽게 개폐 점검을 할 수 있는 곳에 (   ), (   ), (   ), (   )를 시설하여야 하는가?

Answer

개폐기, 과전류차단기, 전압계, 전류계

Explanation

(내선규정 4,168-3) 예비전원 고압발전기
예비전원으로 시설하는 고압발전기에서 부하에 이르는 전로에는 발전기에 가까운 곳에 개폐기, 과전류차단기, 전압계 및 전류계를 다음 각 호에 의해 시설하여야 한다.
- 각 극에 개폐기 및 과전류 차단기를 시설할 것
- 전압계는 각 상의 전압을 읽을 수 있도록 시설할 것
- 전류계는 각 선(중성선 제외)의 전류를 읽을 수 있도록 시설할 것

BEST 07 ★★★★★
COS 설치에(COS 포함) 사용자재 5가지만 쓰시오.

Answer

① COS   ② 브라켓트   ③ 내오손 결합애자
④ COS 카바   ⑤ 퓨즈 링크

08 ★★★★☆
변압기 공사에서 주상변압기 설치 전과 설치 후의 점검사항을 쓰시오.
(1) 설치 전   (2) 설치 후

Answer

(1) 주상 변압기 설치 전 점검사항
  ① 절연저항 측정
  ② 절연유 상태(유량, 누유 상태)
  ③ 외관 상태(부싱의 손상 유무), 핸드홀 커버 조임 상태
  ④ Tap changer의 위치(1차와 2차의 전압비)
  ⑤ 변압기 명판 확인
(2) 주상 변압기 설치 후 점검사항
  ① 2차 전압 측정
  ② 상측정
  ③ 변압기 이상유무 확인
  ④ 점검 및 측정결과 기록

09 ★★★☆☆ 가공 배전선로에서 전선공사 흐름도이다. (1), (2)번 빈 공간에 흐름도가 옳도록 완성하시오.

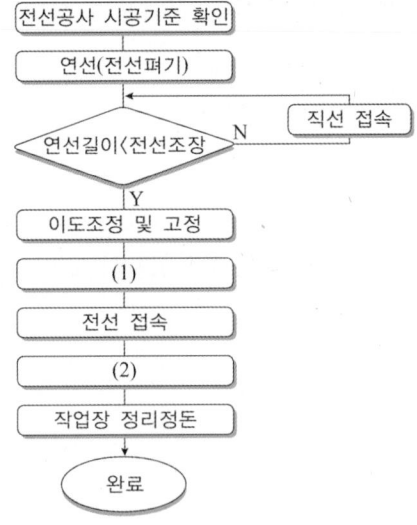

Answer

(1) 바인드 시공
(2) 절연 처리

Explanation

배전선로에서 전선공사 흐름도

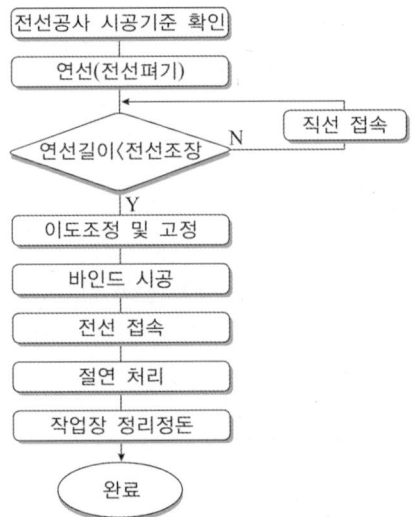

10 ★★★★☆ 합성수지 파형 전선관을 100[mm] 2열, 175[mm] 6열, 200[mm] 4열을 층계별로 100[m]를 동시에 포설할 때 배전전공과 보통인부의 공량은 얼마인가?

(1) 배전전공
(2) 보통인부

[참고자료]
합성수지 파형 전선관 [m당]

구분	배전전공	보통 인부
50[mm] 이하	0.012	0.029
80[mm] 이하	0.015	0.035
100[mm] 이하	0.018	0.057
125[mm] 이하	0.025	0.077
150[mm] 이하	0.030	0.097
175[mm] 이하	0.036	0.117
200[mm] 이하	0.041	0.129

[해설]
① 이 품은 터파기, 되메우기 및 잔토처리 제외
② 접합품이 포함되어 있으며, 접합부의 콘크리트 타설품 및 지세별 할증은 별도 계상
③ 철거 50[%], 재사용 철거 30[%]
④ 2열 동시 180[%], 3열 260[%], 4열 340[%], 6열 420[%], 8열 500[%], 10열 580[%], 12열 660[%], 14열 740[%], 16열 820[%]
⑤ 이 품은 30~60[m] Roll식으로 감겨 있는 합성수지 파형전선관의 지중 포설 기준임
⑥ 동시배열이란 동일 장소에서 공(孔)당의 파형관을 열로 형성하여 층계별로 초설하는 것을 말하며, 100[mm] 2열, 175[mm] 6열, 200[mm] 4열을 층계별로 동시 포설시 산출은 다음과 같다. 이는 12공을 층계별로 동시배열 하는 것으로써, 동시 적용률은 660[%]로, 따라서 합산품은(100[mm] 기본품×2열+175[mm]기본품×6열+200[mm]기본품×4열)×660[%]÷12이다(열은 관로의 공수를 뜻함).
⑦ 100[mm] 이상 이종관 접속 시는 동시배열(공수)에 관계없이 접속 개당 배전전공 0.1인 보통인부 0.1인 적용
⑧ Spacer를 설치할 경우 파상형 전선관 열, 층에 관계없이 Spacer Point 10개 설치당 배전전공 0.0077인, 보통인부 0.0154인 적용

Answer

(1) 배전전공 : $\dfrac{(0.018\times 2+0.036\times 6+0.041\times 4)\times 6.6}{12}\times 100=22.88$[인]

(2) 보통인부 : $\dfrac{(0.057\times 2+0.117\times 6+0.129\times 4)\times 6.6}{12}\times 100=73.26$[인]

Explanation

합성수지 파형 전선관 [m당]

구분	배전전공	보통 인부
50[mm] 이하	0.012	0.029
80[mm] 이하	0.015	0.035
100[mm] 이하	0.018	0.057
125[mm] 이하	0.025	0.077
150[mm] 이하	0.030	0.097
175[mm] 이하	0.036	0.117
200[mm] 이하	0.041	0.129

해설의 ⑥을 적용한다.
동시배열이란 동일 장소에서 공 당의 파형관을 열로 형성하여 층계별로 포설하는 것을 말하며, 100[mm] 2열, 175[mm] 6열, 200[mm] 4열을 층계별로 동시 포설시 산출은 다음과 같다. 이는 12공을 층계별로 동시 배열하는 것으로써 동시 적용률은 660[%]로, 따라서 합산품은(100[mm] 기본품×2열+175[mm] 기본품×6열+200[mm] 기본품×4열)×660[%]÷12이다(열은 관로의 공수를 뜻함).

11 ★★★★☆
시방서(Specification)를 작성할 때 요구되는 전문성에 대하여 예시와 같이 5가지만 표현을 하시오.

[예시] 사용 자재 및 장비에 관한 기술적 지식

Answer

① 설계도서 구성 및 작성에 대한 이해
② 계약수립 및 관리 과정에 관한 지식
③ 설계도서의 활용에 대한 이해
④ 공사개시 전 준비단계에 대한 이해
⑤ 공사 추진 과정의 단계별 활용에 대한 이해

Explanation

시방서(示方書, specifications)
설계도면과 관련한 문서로 설계 도면상 나타낼 수 없는 내용이나 추가로 필요한 사항을 표시한 문서로 공사 작업의 기준이 되는 문서

시방서(Specification)를 작성할 때 요구되는 전문성
① 설계도서 구성 및 작성에 대한 이해
② 계약수립 및 관리 과정에 관한 지식
③ 설계도서의 활용에 대한 이해
④ 공사개시 전 준비단계에 대한 이해
⑤ 공사 추진 과정의 단계별 활용에 대한 이해
⑥ 공사 완성 단계의 업무에 대한 이해
⑦ 법적, 기술적 책임한계를 명확하게 표현할 수 있는 지식

12 장간형 현수애자 설치방법이다. 그림에서 ① ~ ⑤의 명칭을 답하시오.

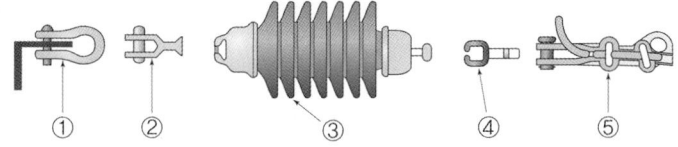

Answer

① 앵카쇄클 ② 볼크레비스 ③ 장간형 현수애자
④ 소켓 아이 ⑤ 데드 엔드 클램프

Explanation

장간형 현수애자 설치

경완철	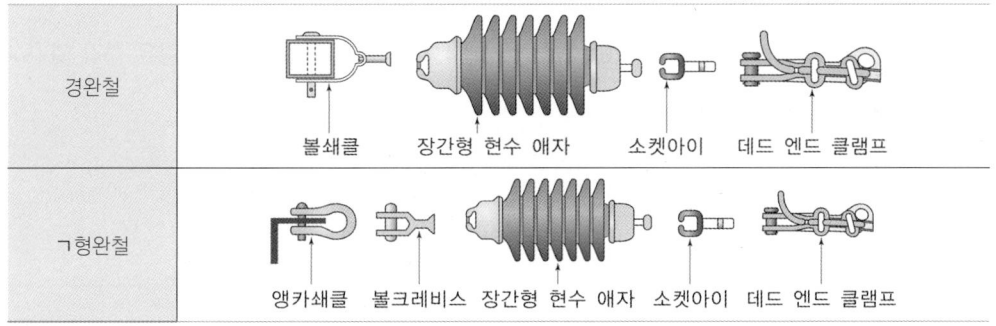
ㄱ형완철	

13 N-RC는 네온관용 전선 기호이다. 여기에서 C는 어떤 뜻의 기호인가?

Answer

클로로프렌

Explanation

전선약호
- N : 네온전선
- V : 비닐
- E : 폴리에틸렌
- R : 고무
- C : 클로로프렌

일반적인 케이블의 약호에서는 C(XLPE)로서 가교폴리에틸렌이 되며 네온전선에서는 C가 클로로프렌이 된다.

14 ★★☆☆☆
공장이나 빌딩, 발변전소 등에서 주로 채택되고 있으며 특히 서지임피턴스 저감효과가 대단히 크고 공용접지방식으로 채택할 때 안전성이 뛰어난 접지공법은?

Answer

망상접지(mesh 접지)

Explanation

망상 접지(mesh 접지)
구조 특성 상 아주 넓은 면적에 포설하여 시공하며 연결동선을 망상의 형태로 연결하여 접지망을 구성되며 대지저항률이 높은 지역이나 건물의 밑바닥 같이 넓은 면적에 시공한다. 접지효과가 우수하며 낮은 접지저항을 얻을 수 있으며 서지임피던스의 저감효과가 대단히 크므로 주로 공장이나 플랜트에는 대부분 이 접지가 사용된다.

15 ★☆☆☆☆
비상콘센트 전원회로는 1상 220[V]인 경우와 3상 380[V]일 때 그 공급용량은 각각 몇 [VA]로 하여야 하는지를 답하시오.

Answer

- 1상 : 1,500[VA]
- 3상 : 3,000[VA]

Explanation

화재안전기준(NFSC 504) 비상콘센트의 상별 구분

전원회로의 종류	전압	공급용량	플러그 접속기
단상 교류	220[V]	1.5[kVA] 이상	접지형 2극
3상 교류	380[V]	3[kVA] 이상	접지형 3극

16 ★☆☆☆☆
그림 기호는 배관의 심벌이다. 어떤 전선관인 경우인가?

$$\underline{\qquad/\!/\qquad}$$
$$2.5^\circ(PF16)$$

Answer

합성수지제 가요관

Explanation

(내선규정 100-5) 배선, 배관 기호
- 강제 전선관은 별도의 표기 없음
- VE : 경질 비닐 전선관
- F_2 : 2종 금속제 가요 전선관
- PF : 합성수지제 가요관

17 ★★★☆☆ 다음 조건을 만족하는 회로를 구성하여 미완성 도면을 완성하시오.

[조건]

① Button Switch B_1 또는 B_2를 누르면(눌렀다 놓으면) 해당번호의 전등 L_1 또는 L_2가 점등되고 동시에 Buzzer BZ가 일정시간 동작하고 Timer T의 설정시간 후 L_1 또는 L_2와 BZ는 동시에 정지한다. L_1이 점등되고 있을 때 B_2를 눌러도 L_2는 점등되지 않는다. L_2가 점등되고 있을 때에도 B_1을 눌러도 L_1은 점등되지 않는다.

② 정지한 후 다시 B_1 또는 B_2를 누르면(눌렀다 놓으면) 해당번호의 전등 L_1 또는 L_2가 점등되고 동시에 Buzzer BZ가 일정시간 동작하고 Timer T의 설정시간 후 L_1 또는 L_2와 BZ는 동시에 정지한다.

③ 다음 Time Chart를 참고하시오.

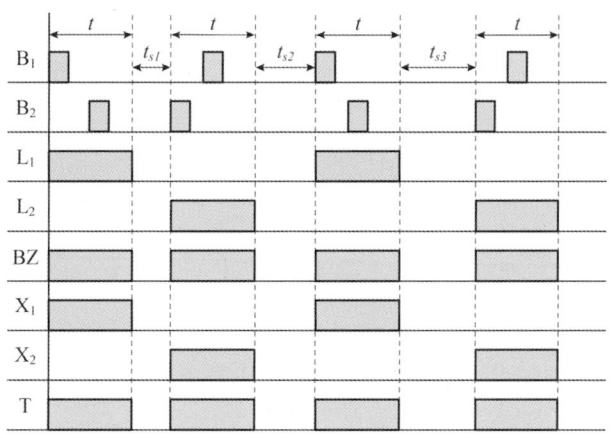

- t는 T의 설정 시간
- t_{s1}, t_{s2}, t_{s3}는 L_1, L_2 및 Buzzer가 동작하지 않고 정지하고 있는 시간(문제와는 상관이 없으며 참고로 표시한 것임)

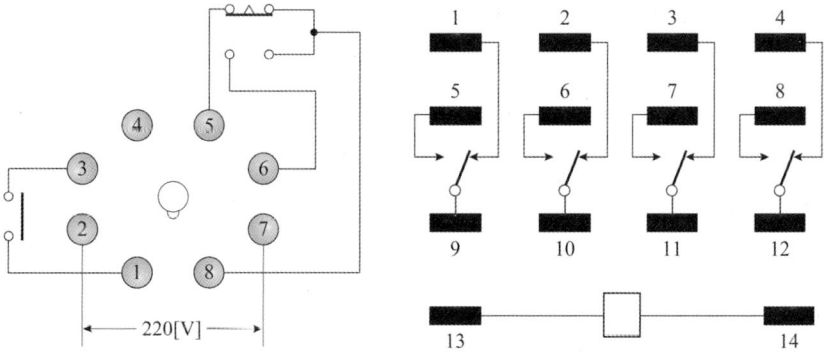

〈TIMER 내부 결선도〉　　〈Minipower Relay 내부 결선도(14pin)〉

④ 미완성 도면

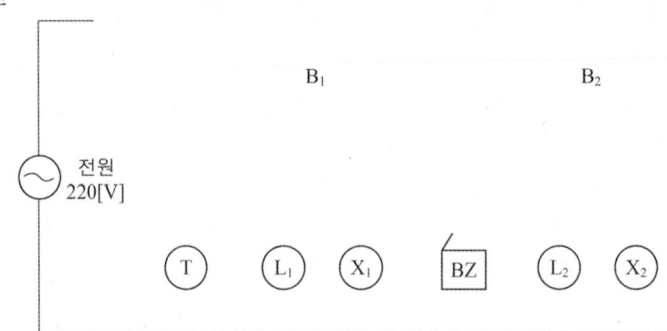

[범례]
- X_1, X_2 : Minipower Relay 내부 결선도(14 pin)
- T : TIMER(8 pin)

Answer

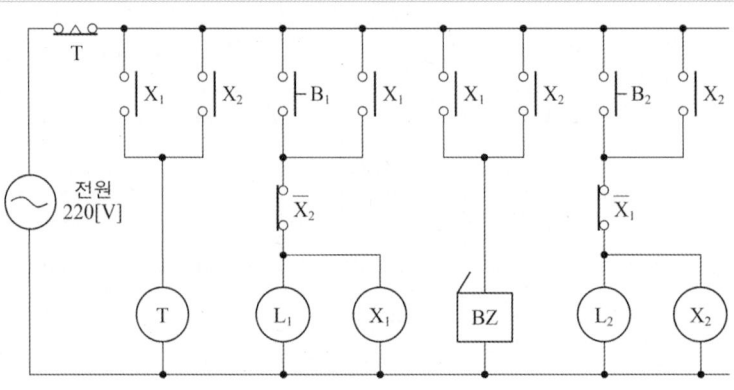

2007년 전기공사기사 실기

01 ★★☆☆☆
자동화재탐지설비의 구성요소 중 5가지만 쓰시오.

Answer
① 감지기
② 수신기
③ 발신기
④ 중계기
⑤ 음향장치 및 시각 경보장치

Explanation
화재안전기준(NFSC 203) 자동화재탐지설비
화재가 발생한 건축물 내의 초기단계에서 발생하는 열 또는 연기를 자동적으로 발견하여 건축물내의 관계자에게 벨, 사이렌 등의 음향 장치로서 화재발생을 알리는 설비의 일체

자동화재탐지설비의 구성 요소
① 감지기
② 수신기
③ 발신기
④ 중계기
⑤ 음향장치 및 시각 경보장치
⑥ 부속기기(부수신기, 표시등, 표지판, 소화전 기동 릴레이)

BEST 02 ★★★★★ 변압기 공사 시공 흐름도 이다. ① ~ ⑤ 빈 공간에 시공흐름도가 옳도록 완성하시오.

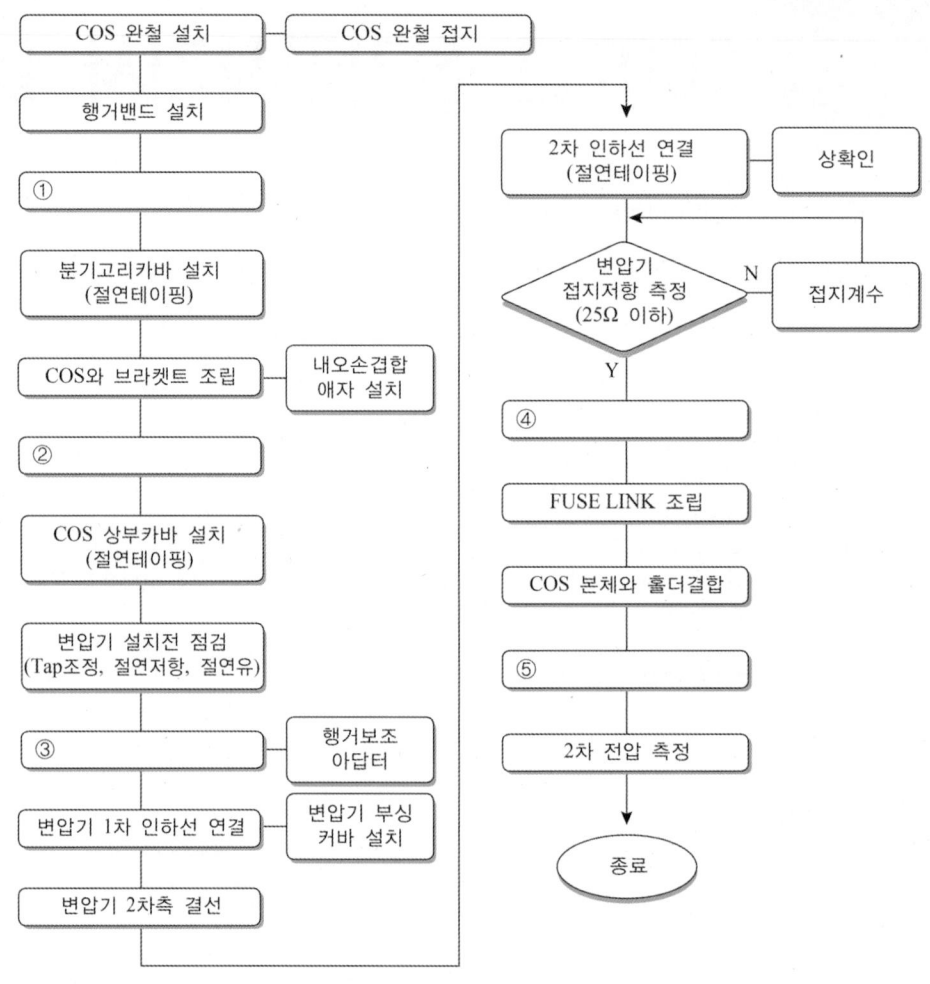

Answer

① 분기고리 설치
② COS 설치
③ 변압기 설치
④ 외함 접지도체 연결
⑤ COS 투입

Explanation

변압기 공사 시공 흐름도

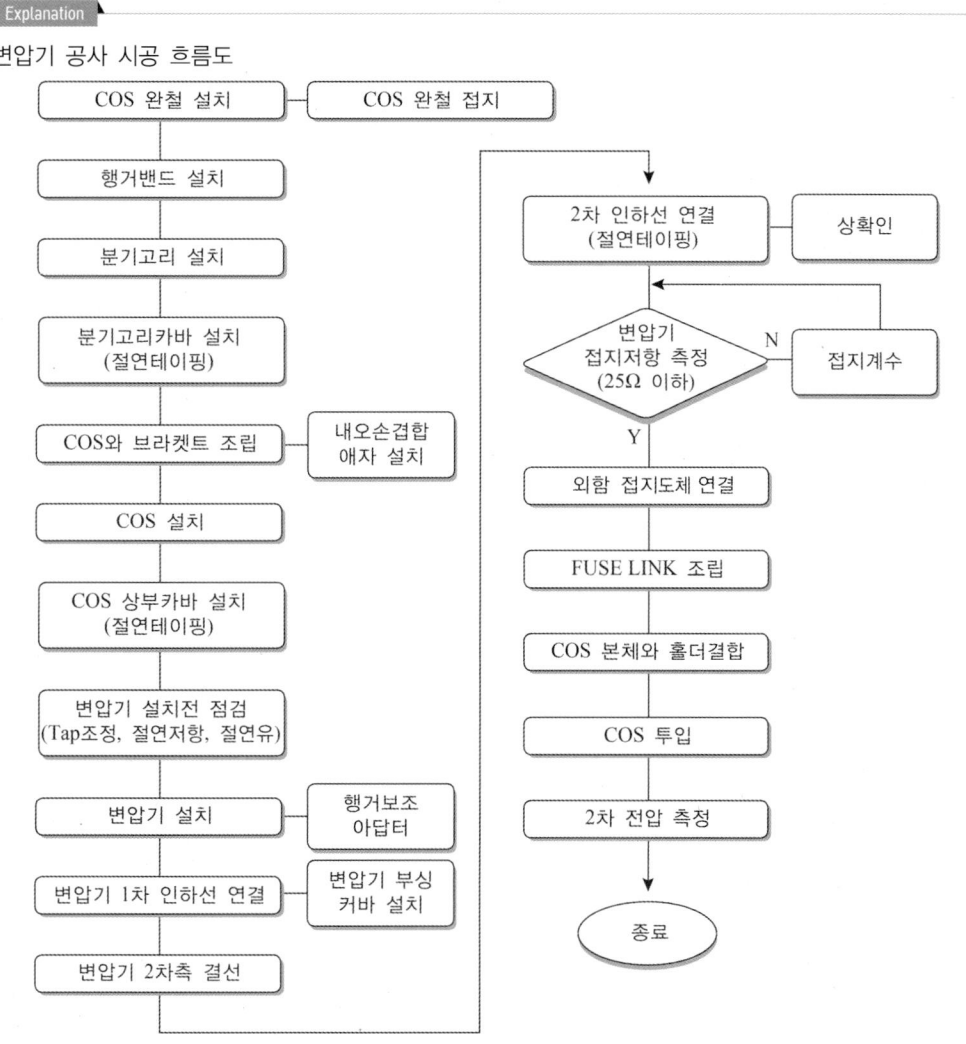

BEST 03 수·변전설비에서 진상용 콘덴서 설치 시 어떤 효과가 있는지 4가지를 쓰시오.

Answer

① 전압강하 감소
② 전력손실 감소
③ 설비용량 여유분 증가
④ 전기요금 절감

Explanation

- 역률개선
  - 전력용 콘덴서는 진상 무효분을 공급하여 부하의 역률개선을 위하여 사용
  - 부하의 역률 저하 원인 : 유도 전동기의 경부하 운전 및 형광방전등의 안정기 등

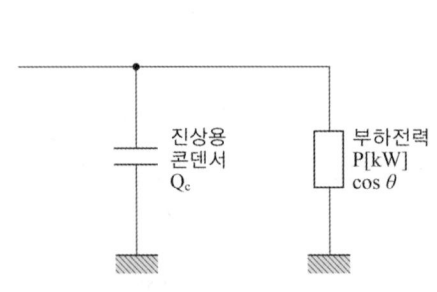
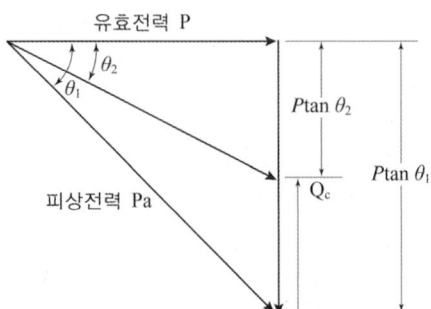

- 전력용 콘덴서 용량

$$Q_c = P(\tan\theta_1 - \tan\theta_2) = P\left(\frac{\sin\theta_1}{\cos\theta_1} - \frac{\sin\theta_2}{\cos\theta_2}\right)$$
$$= P\left(\frac{\sqrt{1-\cos^2\theta_1}}{\cos\theta_1} - \frac{\sqrt{1-\cos^2\theta_2}}{\cos\theta_2}\right) \text{ [KVA]}$$

여기서, $\cos\theta_1$: 개선 전 역률, $\cos\theta_2$: 개선 후 역률

- 역률개선의 효과
  - 전압강하가 감소
  - 전력손실이 감소
  - 설비용량의 여유분 증가
  - 전기요금 절감

04 그림 기호는 배관의 심벌이다. 어떤 전선관인 경우인가?

$$\text{———} /\!/ \text{———}$$
$$2.5^\circ (19)$$

Answer

강제 전선관

Explanation

(내선규정 100-5) 배선, 배관 기호
- 강제 전선관은 별도의 표기 없음
- VE : 경질 비닐 전선관
- F_2 : 2종 금속제 가요 전선관
- PF : 합성수지제 가요관

BEST
05 충전되어 있는 활선을 움직이거나 작업권 밖으로 밀어 낼 때, 또는 활선을 다른 장소로 옮길 때 사용하는 절연봉의 명칭은?

Answer

와이어 통

Explanation

대한전기협회 활선장구의 제작과 관리 공구(와이어 통(Wire Tong))
일반적으로 LP 애자나 현수애자를 사용한 전기설비에서 활선을 작업권 밖으로 밀어낼 때 혹은 활선을 다른 장소로 옮길 때 사용하는 절연봉

06 다음은 코드 및 캡타이어 케이블의 단말처리를 규정한 것이다. 괄호 안에 적당한 말을 쓰시오. "코드 및 캡타이어 케이블과 로제트 또는 소켓단자의 접속점에는 2개연 코드 일 경우에 (①) 묶음으로 하고 대편코드, 원형코드 및 캡타이어 케이블일 경우에 코드 페스너 등으로 (②)이(가) 걸리지 않도록 시공하여야 한다."

Answer

① S 자형　　　② 장력

Explanation

(내선규정 3,310-9) 코드 및 캡타이어 케이블의 단말처리
코드 및 캡타이어 케이블과 로제트 또는 소켓단자의 접속점에는 2개연코드일 경우에 S자형 묶음으로 하고 대편(袋編)코드, 원형코드 및 캡타이어 케이블일 경우에 코드페스너 등으로 장력이 걸리지 않도록 시공하여야 한다.

07 등전위 접속선에서 주 접지단자에 접속되는 등전위 접속선의 단면적에 대한 다음 물음에 답하시오.

(1) 동은 몇 [mm²] 이상인가?

(2) 알루미늄은 몇 [mm²] 이상인가?

(3) 철은 몇 [mm²] 이상인가?

Answer

(1) 6[mm²]
(2) 16[mm²]
(3) 50[mm²]

Explanation

(KEC 143.3.1조) 보호등전위본딩 도체
① 주 접지단자에 접속하기 위한 등전위본딩 도체의 단면적은 다음 값 이상이어야 한다.
- 구리 : 6[mm²]
- 알루미늄 : 16[mm²]
- 철 : 50[mm²]

② 두 개의 노출도전부를 접속하는 경우 도전성은 노출도전부에 접속된 더 작은 보호도체의 도전성보다 커야 한다.

③ 노출도전부를 계통외도전부에 접속하는 경우 도전성은 같은 단면적을 갖는 보호도체의 1/2 이상이어야 한다.

08 상용 전원과 예비전원의 양 전원 접속점에 반드시 설치해야 할 전로 기구는?

Answer

전환개폐기

Explanation

(내선규정 4,168-7) 전환개폐기의 설치
상시전원의 정전 시에 상시전원에서 예비전원으로 전환하는 경우에 그 접속하는 부하 및 배선이 동일한 경우는 양전원의 접속점에 전환개폐기를 사용하여야 한다.

09 154[kV] 송전선로의 1련 현수애자 장치도이다. 그림에 표시된 번호를 보고 명칭을 정확히 답하시오.

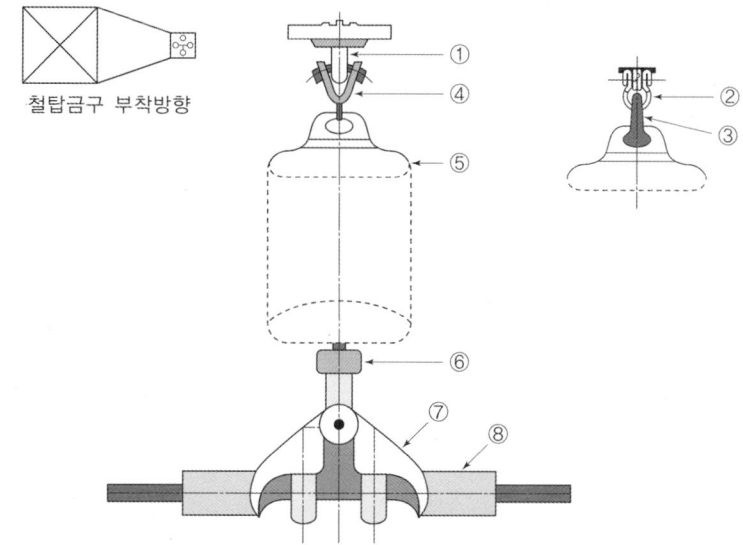

Answer

① 애자장치 U볼트 ② 앵커쇄클
③ 볼아이 ④ Y크레비스볼
⑤ 현수애자 ⑥ 소켓 아이
⑦ 현수클램프 ⑧ 아마롯드

Explanation

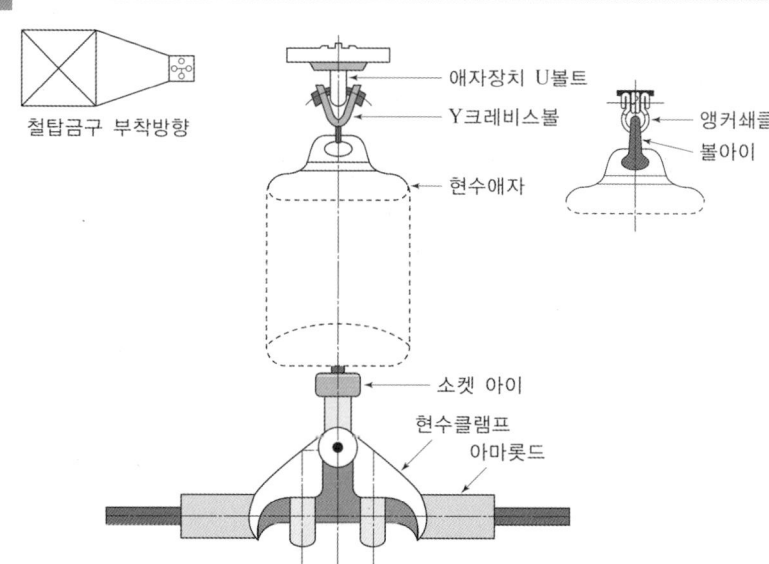

10 조명방식, 광원, 방의 크기, 작업용도, 건축물과의 조화 등을 검토하여 적당한 조도와 광원 및 조명방식이 결정되면 조명 기구를 선정해야 한다. 이 때 조명기구를 선정함에 있어서 고려하여야 할 사항을 5가지만 쓰시오.

Answer

① 직사 눈부심이 없을 것
② 반사 눈부심이 없을 것
③ 필요한 조명률을 줄 것
④ 수직면이나 경사면의 조도가 적당할 것
⑤ 설치가 용이하고 안정할 것

Explanation

⑥ 진한 그늘이 없을 것
⑦ 보수가 적을 것

BEST 11 고압 및 특고압 전로의 노출된 충전 부분은 전기 취급자가 쉽게 접촉되지 아니하도록 하여야 하며, 전력선 등 감전위험이 있는 전기설비 부위에는 전기의 가압여부를 식별할 수 있는 활선표시장치 등을 각 상에 부착하는 것이 바람직하다. 그러면 활선표시장치의 권장 설치장소 3곳을 쓰시오.

Answer

① 수전점 개폐기의 전원 측 및 부하 측 각상
② 분기회로 개폐기의 전원 측 및 부하 측 각상
③ 변압기 등의 전원 측 및 부하 측 각상

Explanation

(내선규정 3210-6조) 노출된 충전부분의 시설 제한
고압 및 특고압 전로의 노출된 충전부분은 전기취급자가 쉽게 접촉되지 않도록 하여야 하며 전력선 등 감전위험이 있는 전기시설 부위에는 전기의 가압 여부를 식별할 수 있는 활선표시장치 등을 각상에 부착하는 것이 바람직하다.
 【주 1】 활선표시장치란 저압, 고압 및 특고압 계통의 부스바, 절연케이블. 전로의 충전부분 등에 부착하여 전압의 인가 여부를 표시해 주는 장치를 말한다.
 【주 2】 활선표시장치의 권장 설치장소는 다음과 같다.
1. 수전점 개폐기의 전원 측 및 부하 측 각상
2. 분기회로의 개폐기 전원 측 및 부하 측 각상
3. 변압기 등의 전원 측 및 부하 측 각상

BEST

12 ★★★★★
그림과 같이 외등용 전선관을 지중에 매설하려고 한다. 터파기(흙파기)량은 얼마인가? 단, 매설거리는 50[m]이고, 전선관의 면적은 무시한다.

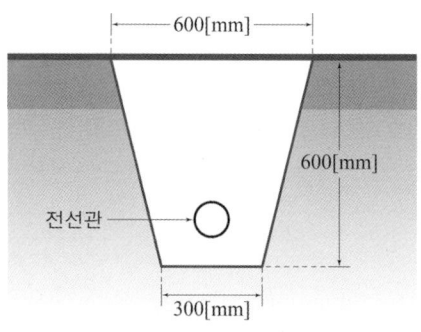

Answer

$$V = \frac{a+b}{2} \times h \times L = \frac{0.6+0.3}{2} \times 0.6 \times 50 = 13.5 [\text{m}^3]$$

답: $13.5[\text{m}^3]$

Explanation

줄기초 파기 : 전선관 매설

터파기량$[\text{m}^3] = \left(\dfrac{a+b}{2}\right) \times h \times$ 줄기초길이

13 ★★☆☆☆
농형 유도 전동기의 기동법에서 Y-△기동, 리액터기동 회로도를 전기적으로 그리시오.

Answer

• Y-△ 기동의 회로도

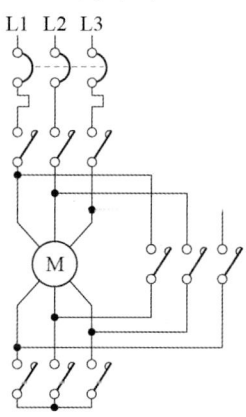

• 리액터 기동 회로도

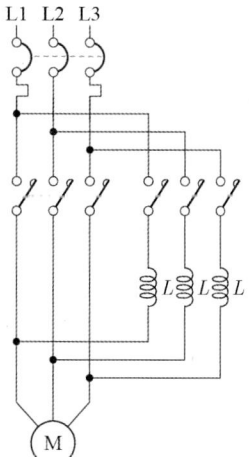

Explanation

- Y-△ 기동의 주회로 결선

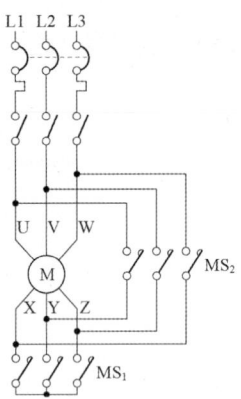

- Y-△ 기동 시의 기동전류는 전전압 기동 전류의 1/3배이며 전원 투입 후 Y결선으로 기동한 후 타이머의 설정 시간이 되면 △ 결선으로 운전한다. 이때 Y결선은 정지하며 Y와 △는 동시투입이 되어서 안 된다 (인터록).
- 리액터 기동의 주회로 결선
- 리액터 기동 회로도

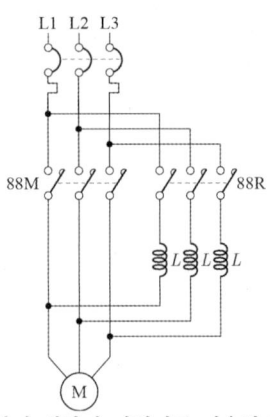

- 리액터 기동은 기동 시 기동전압을 낮추어 감전압 기동하기 위하여 리액터를 이용하여 기동하고 설정 시간 후에는 정상적인 3상 운전이 되도록 한 기동법이다.

14 ★★☆☆☆
설계서의 작성순서에서 변경 설계를 하려고 한다. 괄호 안에 알맞은 용어를 쓰시오.

"표지 - 목차 - 변경이유서 - (①) - 특별시방서 - (②) - 동원인원 계획표 - (③) - 일위대가표 - (④) - 중기사용료 및 잡비계산서 - (⑤) - 설계도면 - 이하생략"

Answer

① 일반시방서   ② 예정공정표   ③ 내역서
④ 자재표   ⑤ 수량계산서

Explanation

설계변경 절차
표지 - 목차 - 변경이유서 - 일반시방서 - 특별시방서 - 예정공정표 - 동원인원 계획표 - 내역서 - 일위대가표 - 자재표 - 중기사용료 및 잡비계산서 - 수량계산서 - 설계도면 - 이하생략

15 ★★★★☆ 도면은 어느 공장의 수전설비이다. [참고자료]를 이용하여 물음에 답하시오.

[참고자료]
① 전원 등가 impedance는 2.5[%](100[MVA] 기준)이고 변압기 %임피던스는 자기용량 기준으로 7[%]이다.
② 전원측 변전소에 설치된 OCR의 정정치는 pick 2.5에 Lever가 2이다.
③ 전위와 후비 보호장치의 interval은 최소한 30[c/s]은 주어야 동시동작을 피할 수 있다.
④ OCR_1의 Tap은 전부하 전류의 160[%]로 선정하며, 부하측에 설치된 $OCR_2 \sim OCR_4$의 사용 Tap은 150[%]로 설정한다.
⑤ 170[kV] 차단기 용량은 1,500[MVA], 2,500[MVA], 3,000[MVA], 5,000[MVA], 7,500[MVA] 중 선택하며, 차동계전기 CT변류기는 1,200, 1,500, 2,000, 2,300, 3,000, 5,000[A] 중에서 선택한다.

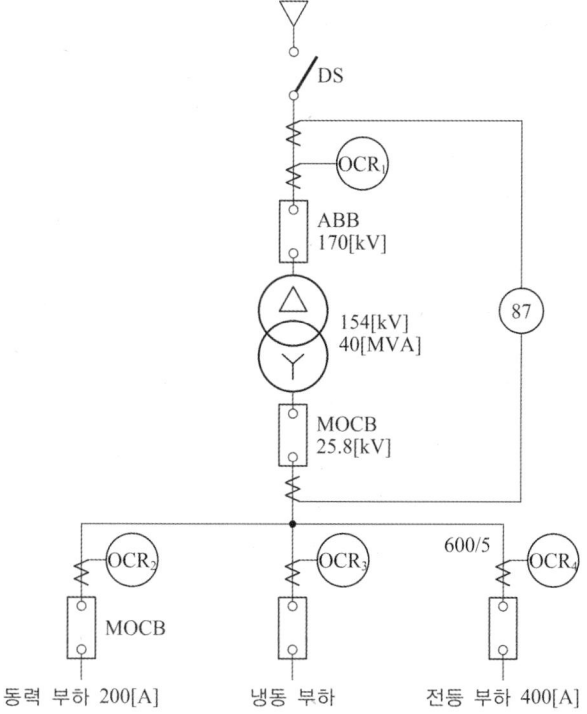

(1) 과전류 계전기 OCR_1의 적당한 Tap은? (단, CT값은 1.25배이다.)
 • 계산 : • 답 :
(2) 170[kV] ABB의 적당한 차단용량[MVA]은?
 • 계산 : • 답 :
(3) 계전기 87의 22.9[kV]측의 적당한 CT 비는? (단, CT값은 1.25배이다.)
 • 계산 : • 답 :
(4) 87 계전기의 정확한 명칭은?
(5) ABB의 정확한 명칭은?

Answer

(1) 계산 : 부하전류 $I = \dfrac{40,000}{\sqrt{3} \times 154} = 149.96[A]$

CT의 1차 전류 $I_{CT} = 149.96 \times 1.25 = 187.45[A]$

CT비 200/5 선정

따라서, OCR_1의 Tap은 조건 ④에 의해서

$149.96 \times 1.6 \times \dfrac{5}{200} = 6[A]$ 　　　　　답 : 6[A]

(2) 계산 : 단락 용량 = 기준용량 $\times \dfrac{100}{\%Z} = 100 \times \dfrac{100}{2.5} = 4,000$ [MVA]

5,000 [MVA] 선정 　　　　　답 : 5,000 [MVA]

(3) 계산 : 2차 전류 $I_2 = \dfrac{40,000}{\sqrt{3} \times 22.9} = 1,008.47[A]$

CT의 1차 전류 $1,008.47 \times 1.25 = 1,260.59[A]$

CT비 1,200/5 선정 　　　　　답 : 1,200/5

(4) 전류 차동계전기

(5) 공기 차단기

Explanation

(1) CT비 : 1차 전류 × (1.25~1.5)

CT 1차 전류 : 10, 15, 20, 30, 40, 50, 75, 100, 150, 200, 300, 400, 500 [A]

문제에서는 CT의 1차 전류가 범위 내에 없으므로 그 보다 큰 200/5를 선정하는 것이 일반적이다.

- OCR 탭 = 1차전류 × $\dfrac{1}{CT비}$ = $149.96 \times 1.6 \times \dfrac{5}{200} = 6[A]$

(2) 단락용량 $P_s = \dfrac{100}{\%Z} \times P_n$

차단기 용량을 단락용량으로 계산하면 단락용량보다 큰 것이 차단기 용량이 된다.

(3) CT비 : 1차 전류 × (1.25~1.5)

CT 1차 전류 : 1,200, 1,500, 2,300, 3,000, 5,000[A] 중에서 선택

문제에서는 CT의 1차 전류가 1,260.59[A]이므로 1,500을 선택하여야 하나 이 경우 과전류 차단기의 동작이 확보되지 않을 수 있으므로 1,200/5를 선정한다.

(4) 계전기 고유번호
- 87 : 전류 차동계전기(비율 차동계전기)
- 87B : 모선보호 차동계전기
- 87G : 발전기용 차동계전기
- 87T : 주변압기 차동계전기

(5) 차단기 종류

차단기의 종류		
명 칭	약호	소호매질
유입 차단기	OCB	절연유
기중 차단기	ACB	대기(공기)
자기 차단기	MBB	자계의 전자력
공기 차단기	ABB	압축공기
진공 차단기	VCB	진공
가스 차단기	GCB	SF_6

16 ★★☆☆☆

어느 회사에서 한 부지에 A, B, C의 세 공장을 세워 3대의 급수 펌프 P_1(소형), P_2(중형), P_3(대형)으로 다음 계획에 따라 급수 계획을 세웠다. 이 계획을 잘 보고 다음 물음에 답하시오.

[계획]
① 모든 공장 A, B, C가 휴무일 때 또는 그 중 한 공장만 가동할 때는 펌프 P_1만 작동시킨다.
② 모든 공장 A, B, C중 어느 것이나 두 공장만 가동할 때는 펌프 P_2만 작동시킨다.
③ 모든 공장 A, B, C가 가동할 때는 펌프 P_3만 작동시킨다.

(1) 이 조건을 만족하는 진리표를 작성하시오.

번 호	공장상태			펌프상태			비고
	A	B	C	P_1	P_2	P_3	
1							P_1 작동 중
2							P_1 작동 중
3							P_1 작동 중
4							P_1 작동 중
5							P_2 작동 중
6							P_2 작동 중
7							P_2 작동 중
8							P_3 작동 중

(2) P_1의 출력식을 구하시오.
(3) P_2의 출력식을 구하시오.
(4) P_3의 출력식을 구하시오.
(5) 공장 A, B, C의 상태를 계전기 A, B, C로 대체하고 이들 계전기 접점을 이용하여 계전기 회로를 완성하시오(A계전기의 a접점 2개, b접점 3개, B계전기의 a접점 3개, b접점 3개, C계전기 a접점 4개, b접점 2개만 사용).

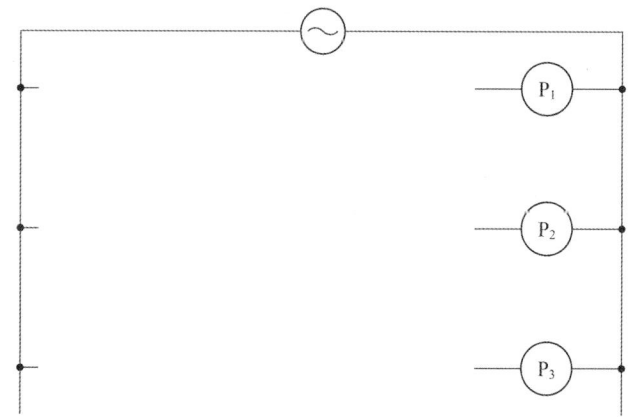

Answer

(1)

번호	공장상태			펌프상태			비고
	A	B	C	P_1	P_2	P_3	
1	0	0	0	1	0	0	P_1 작동 중
2	0	0	1	1	0	0	P_1 작동 중
3	0	1	0	1	0	0	P_1 작동 중
4	1	0	0	1	0	0	P_1 작동 중
5	0	1	1	0	1	0	P_2 작동 중
6	1	0	1	0	1	0	P_2 작동 중
7	1	1	0	0	1	0	P_2 작동 중
8	1	1	1	0	0	1	P_3 작동 중

(2) $P_1 = \overline{A}\,\overline{B}\,\overline{C} + \overline{A}\,\overline{B}\,C + \overline{A}\,B\,\overline{C} + A\,\overline{B}\,\overline{C}$
    $= \overline{A}\,\overline{B} + \overline{A}\,\overline{C} + \overline{B}\,\overline{C} = \overline{A}\,\overline{B} + (\overline{A} + \overline{B})\,\overline{C}$

(3) $P_2 = \overline{A}\,B\,C + A\,\overline{B}\,C + A\,B\,\overline{C} = \overline{A}\,B\,C + A(\overline{B}\,C + B\,\overline{C})$

(4) $P_3 = A\,B\,C$

(5)

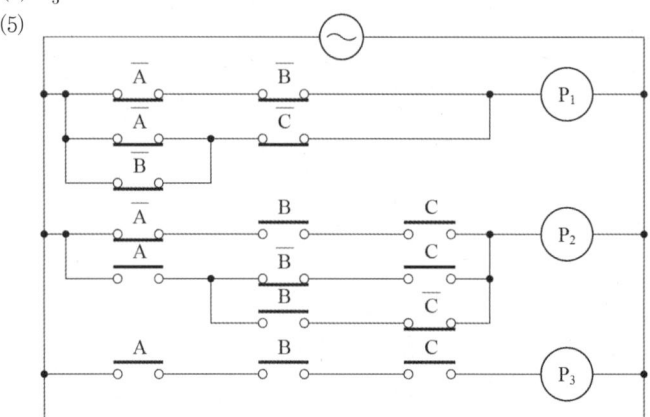

Explanation

논리식을 최소접점으로 표현해야 하며

$P_1 = \overline{A}\overline{B}\overline{C} + \overline{A}\overline{B}C + \overline{A}B\overline{C} + A\overline{B}\overline{C}$ 여기서, $A + A + A + \cdots + A = A$ 를 적용하면
$= \overline{A}\overline{B}\overline{C} + \overline{A}\overline{B}C + \overline{A}\overline{B}\overline{C} + \overline{A}B\overline{C} + \overline{A}\overline{B}\overline{C} + A\overline{B}\overline{C}$
$= \overline{A}\overline{B}(\overline{C} + C) + \overline{A}\overline{C}(\overline{B} + B) + \overline{B}\overline{C}(\overline{A} + A)$
$= \overline{A}\overline{B} + \overline{A}\overline{C} + \overline{B}\overline{C} = \overline{A}\overline{B} + (\overline{A} + \overline{B})\overline{C}$
$P_2 = \overline{A}BC + A\overline{B}C + AB\overline{C} = \overline{A}BC + A(\overline{B}C + B\overline{C})$
$P_3 = ABC$

2007년 전기공사기사 실기

BEST 01 ★★★★★
다음은 계전기별 고유 기구번호이다. 명칭을 정확히 답하시오.

(1) 37A (2) 37D

Answer

(1) 교류 부족 전류 계전기
(2) 직류 부족 전류 계전기

Explanation

- 37 : 부족 전류 계전기
  - 37A : 교류 부족 전류 계전기
  - 37D : 직류 부족 전류 계전기
- 37F : Fuse 용단 계전기
- 37V : 전자관 Filament 단선 검출기

02 ★★★☆☆
3상 변압기의 병렬운전 결선 조합에서 병렬운전이 불가능한 결선조합을 쓰시오.

Answer

- △—△와 △—Y
- △—Y와 Y—Y
- △—△와 Y—△
- Y—Y와 Y—△

Explanation

변압기 병렬운전 조건
- 극성 및 권수비가 같을 것
- 1, 2차 정격전압이 같을 것(용량, 출력무관)
- %강하가 같을 것
- 변압기 내부저항과 리액턴스의 비가 같을 것
- 상회전 방향과 각 변위가 같을 것(3상 변압기)

병렬운전 가능한 결선과 불가능한 결선

병렬운전 가능	병렬운전 불가능
△-△와 △-△	△-△와 △-Y
Y-△와 Y-△	△-Y와 Y-Y
Y-Y와 Y-Y	△-△와 Y-△
△-Y와 △-Y	Y-Y와 Y-△
△-△와 Y-Y	
△-Y와 Y-△	

03 그림은 6,600[V], CV 3×38[mm^2] 케이블의 단말처리와 단면도이다. 물음에 답하시오.

(1) 도면에서 ①의 부분에 케이블의 도체와 단자를 접속할 때, 가장 적합한 공법은?

(2) 도면에서 ②의 부분에 사용하는 절연 테이프의 명칭은?

(3) 도면에서 ③의 부분에 최외각 층의 테이프를 감는 방법은?

(4) 도면에서 ④의 부분에 감은 테이프의 용도는?

(5) 도면에서 ⑤의 부분은 무슨 선인가?

(6) 도면과 같은 단말 접속처리의 명칭은?

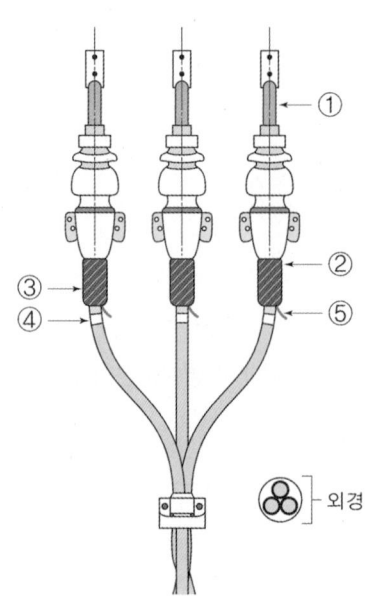

Answer

(1) 압축접속공법
(2) 점착성 폴리에틸렌 절연테이프
(3) 하부에서 상부로 향해서 감는다.
(4) 상색별 구별
(5) 접지도체
(6) 고압 케이블 기중 종단접속

04 조상설비를 설치한 목적은?

Answer

무효전력을 제어함으로써 송전선 손실 경감 및 안정도 향상

Explanation

조상설비
송전전력을 일정한 전압으로 보내기 위하여 무효전력 공급 및 흡수설비가 필요하며 이를 조상설비라 하며 동기조상기를 비롯하여 분로리액터, 전력용 콘덴서, SVC 등이 있다. 조상설비를 통하여 전압강하 및 송전선 손실 경감 및 안정도 개선에 사용된다.

05 재료비 60, 노무비 20, 복리후생 1.5일 때 복리 후생비율을 구하시오.

- 계산 :
- 답 :

Answer

계산 : 복리후생비율 $= \dfrac{\text{복리후생비}}{\text{재료비}+\text{노무비}} \times 100 = \dfrac{1.5}{60+20} \times 100 = 1.88[\%]$ 답 : 1.88[%]

BEST 06 ★★★★★

변압기 설치공사의 시공 흐름도이다. 이 흐름도에서 빈칸 ①~⑤에 해당되는 사항을 보기에서 골라 써 넣으시오.

[보기]
외함 접지도체 연결, COS 설치, 분기고리 설치, 변압기 설치, 내 오손결합애자 설치, 절연처리, COS 투입, 변압기 2차측 결선, FUSE LINK 조립

[변압기 공사 시공 흐름도]

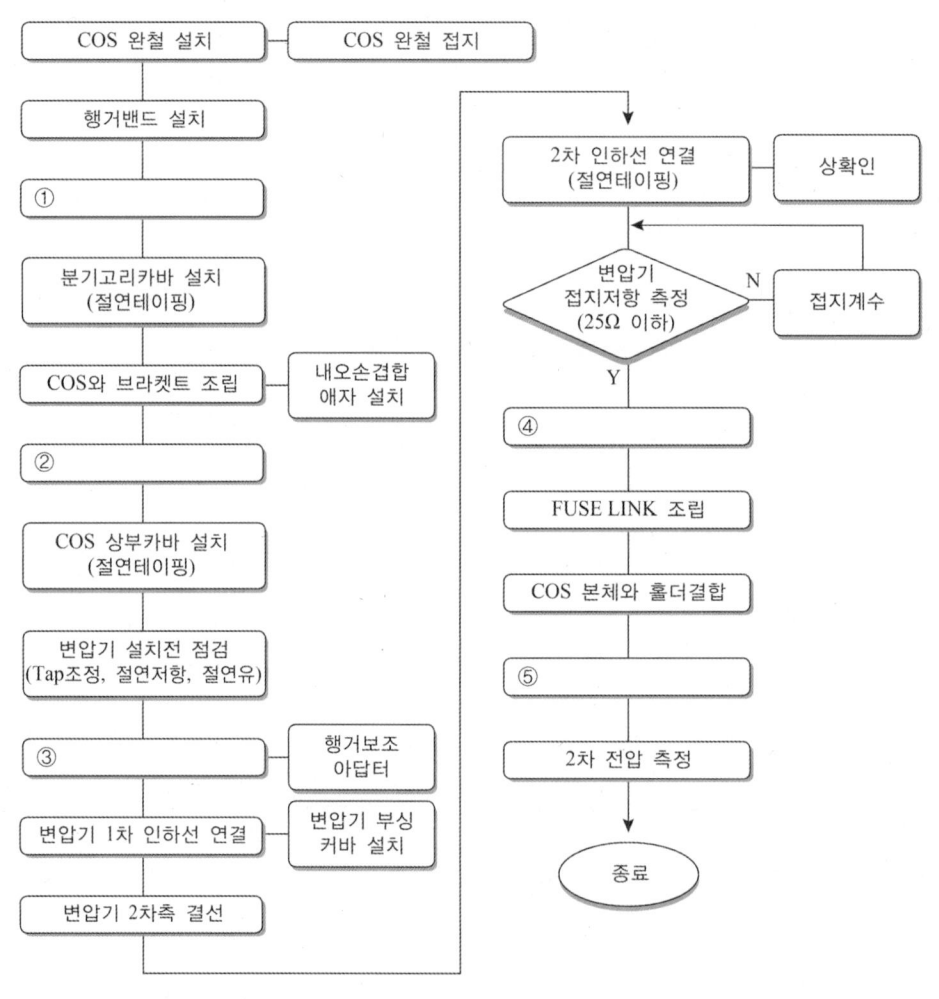

Answer

① 분기고리 설치
② COS 설치
③ 변압기 설치
④ 외함 접지도체 연결
⑤ COS 투입

Explanation

변압기 공사 시공 흐름도

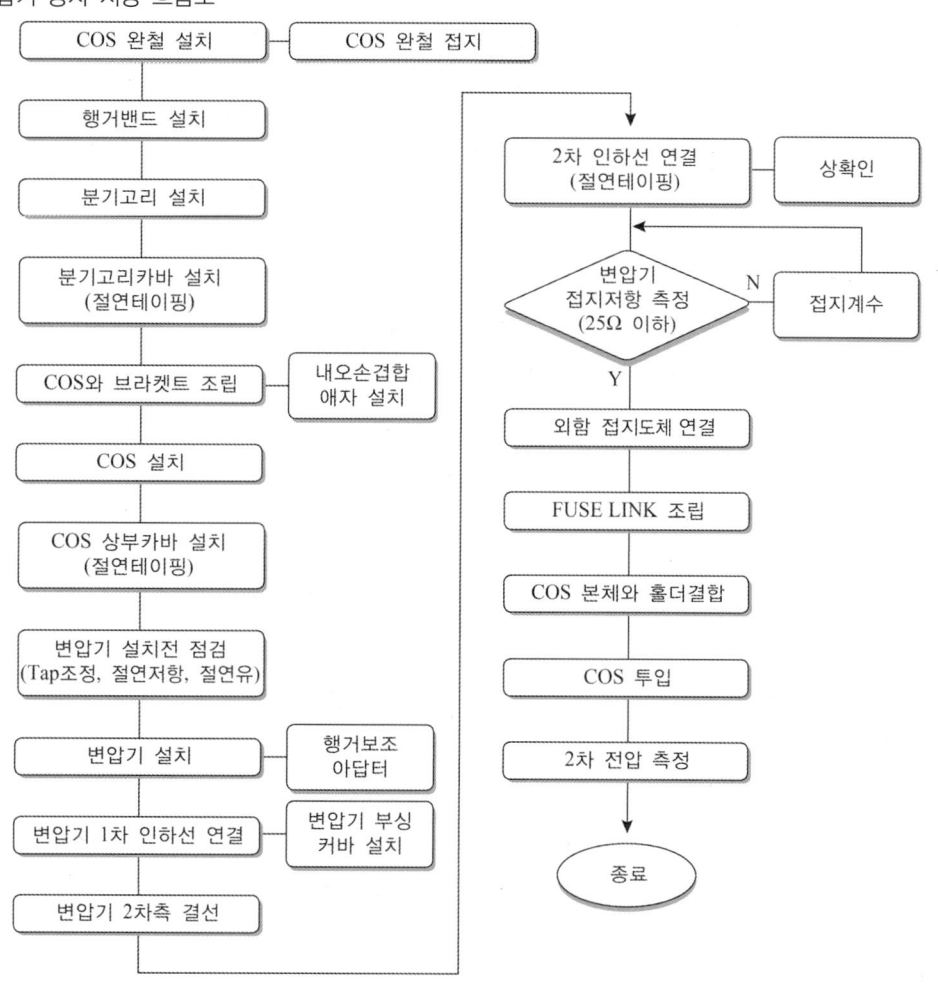

07 전력 변환에서 사용하는 CONVERTER는 어떤 변환기인가?

Answer

교류 전력을 직류 전력으로 변환시키는 장치

Explanation

전력용 변환장치
- 컨버터(converter) : 교류 전력을 직류 전력으로 변환시키는 장치
- 인버터(inverter) : 직류 전력을 교류 전력으로 변환시키는 장치
- 사이클로 컨버터(cycle converter) : 교류 전력을 교류 전력으로 변환시키는 장치
- 초퍼(chopper) : 직류 전력을 직류 전력으로 변환시키는 장치

BEST 08 ★★★★★ 다음은 무엇을 결정할 때 쓰이는 식인가? 단, L은 송전거리[km], P는 송전전력[kW]

$$5.5\sqrt{0.6L+\frac{P}{100}}$$

Answer

경제적인 송전전압의 결정

Explanation

경제적인 송전전압 결정식(still의 식)

$V_s = 5.5\sqrt{0.6l+\frac{P}{100}}$ [kV] 여기서, l : 송전거리[km], P : 송전용량[kW]

09 ★★☆☆☆ 수변전 결선도를 이해하고 다음 물음에 답하시오.

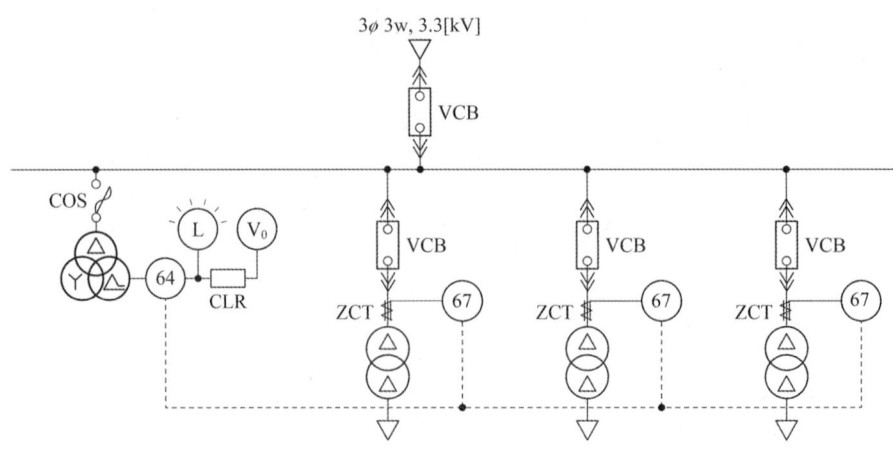

(1) 다음 기호는 어떤 명칭의 차단기인가?

(2) 상기 배전 계통의 접지방식은?
(3) 도면에서 변압기 △—△ 단선도를 복선도로 주어진 답안지에 알맞게 그리시오.
(4) 전압계(V_0)에서 검출하는 전압은 어떤 종류의 전압인가?
(5) 지락과전압 계전기(OVG : 64)의 목적은?

Answer

(1) 인출형 차단기   (2) 비접지 방식
(3) 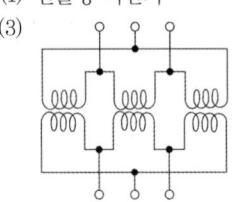   (4) 영상 전압
                                     (5) 지락 사고 시 영상전압 검출

Explanation

- V_0 : 영상전압계
- 64 . OVGR(지락 과전압 계전기)

10 자동화재탐지설비의 발신기 설치기준에 대하여 3가지만 쓰시오.

Answer

① 스위치는 바닥으로부터 0.8[m] 이상 1.5[m] 이하의 높이에 설치할 것
② 특정 소방대상물의 층마다 설치하되, 당해 소방대상물의 각 부분으로부터 수평거리가 25[m] 이하가 되도록 할 것
③ 발신기의 위치를 표시하는 표시등은 함의 상부에 설치하되, 그 불빛은 부착면으로 부터 15° 이상의 범위 안에서 부착지점으로부터 10[m] 이내의 어느 곳에서도 쉽게 식별할 수 있는 적색등으로 할 것

Explanation

화재안전기준(NFSC 203) 자동화재탐지설비(발신기)
1) 자동화재탐지설비의 발신기는 다음 각 호의 기준에 따라 설치하여야 한다. 다만, 지하구의 경우에는 발신기를 설치하지 아니할 수 있다.
  ① 조작이 쉬운 장소에 설치하고, 스위치는 바닥으로부터 0.8[m] 이상 1.5[m] 이하의 높이에 설치할 것
  ② 특정소방대상물의 층마다 설치하되, 해당 특정소방대상물의 각 부분으로부터 하나의 발신기까지의 수평거리가 25[m] 이하가 되도록 할 것. 다만, 복도 또는 별도로 구획된 실로서 보행 거리가 40[m] 이상일 경우에는 추가로 설치하여야 한다. 〈개정 2008.12.15〉
  ③ ②에도 불구하고 ②의 기준을 초과하는 경우로서 기둥 또는 벽이 설치되지 아니한 대형공간의 경우 발신기는 설치 대상 장소의 가장 가까운 장소의 벽 또는 기둥 등에 설치할 것
2) 발신기의 위치를 표시하는 표시등은 함의 상부에 설치하되, 그 불빛은 부착면으로부터 15° 이상의 범위 안에서 부착지점으로부터 10[m] 이내의 어느 곳에서도 쉽게 식별할 수 있는 적색등으로 하여야 한다.

11 진상용 콘덴서를 설치할 적합한 장소의 선정방법은 수용가의 구내계통, 부하 조건에 따라 설치 효과, 보수, 점검, 경제성 등을 검토하여야 한다. 진상용 콘덴서를 설치하는 방법 3가지를 쓰시오.

Answer

① 고압측(고압모선)에 설치하는 방법
② 고압측(고압모선)과 부하에 분산하여 설치하는 방법
③ 부하말단(저압측 전동기 등)에 분산 설치하는 방법

Explanation

진상용 콘덴서를 설치하는 방법
① 고압측(고압모선)에 설치하는 방법
  • 장점 : 관리가 용이하고 무효전력에 신속한 대응이 가능하여 경제적
  • 단점 : 역률의 개선은 콘덴서 설치점에서 전원 측으로 개선되기 때문에 선로 및 부하기기의 개선효과가 적다.
② 고압측(고압모선)과 부하에 분산하여 설치하는 방법
  • 장점 : 고압측(고압모선)에 설치하는 방법보다 개선효과가 크다.
  • 단점 : 고압측(고압모선)에 설치하는 방법보다 설비비가 증가

③ 부하말단(저압측 전동기 등)에 분산 설치하는 방법
- 장점 : 역률 개선의 효과가 가장 크다.
- 단점 : 경제적인 부담이 크다.

12 LBS(Load Breaker Switch)에 대하여 설명하시오.

Answer

부하 개폐기(LBS)
부하 전류를 개폐할 수 있는 개폐기로 3상 연동으로 투입, 개방토록 되어 있다. 고장 전류를 차단할 수 없으므로 고장전류를 차단 할 수 있는 한류퓨즈와 직렬로 조합하여 사용한다.

Explanation

전력용 개폐장치

명칭	특징
단로기	• 전로의 접속을 바꾸거나 끊는 목적으로 사용 • 전류의 차단능력은 없음 • 무전류 상태에서 전로 개폐 • 변압기, 차단기 등의 보수점검을 위한 회로 분리용 및 전력계통 변환을 위한 회로분리용으로 사용
부하개폐기	• 평상 시 부하전류의 개폐는 가능하나 이상 시 (과부하, 단락)보호 기능은 없음 • 개폐 빈도가 적은 부하의 개폐용 스위치로 사용 • 전력 Fuse와 사용 시 결상방지 목적으로 사용
전자접촉기	• 평상시 부하전류 혹은 과부하 전류까지 안전하게 개폐 • 부하의 개폐·제어가 주목적이고, 개폐 빈도가 많음 • 부하의 조작, 제어용 스위치로 이용 • 전력 Fuse와의 조합에 의해 Combination Switch로 널리 사용
차단기	• 평상시 전류 및 사고 시 대전류를 지장 없이 개폐 • 회로보호가 주목적이며 기구, 제어회로가 Tripping 우선으로 되어 있음 • 주회로 보호용 사용
전력퓨즈	• 일정치 이상의 과부하전류에서 단락전류까지 대전류 차단 • 전로의 개폐 능력은 없다. • 고압개폐기와 조합하여 사용

13 ★☆☆☆☆

그림은 PLC 시퀀스 회로의 일부를 그린 것이다. 입력 P000을 주면 출력 P011이 동작하고 이어 P012가 동작한다. 5초 후 T000이 동작하여 P012가 정지된다. P001은 정지신호이고, 시간 단위는 0.1초이다. 프로그램의 괄호 (1)~(5)에 알맞은 것을 답안지에 적으시오.

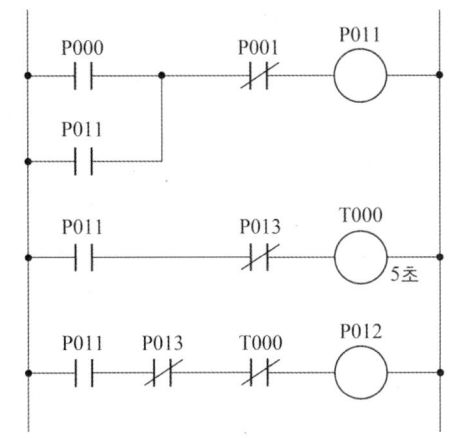

STEP	OP	add	ENT
생략	LOAD	P000	ENT 이하 생략
	OR	(1)	
	(2)	P001	
	OUT	P011	
	LOAD	P011	
	AND NOT	P013	
	TMR	T000	
	(DATA)	(3)	
	(4)	P011	
	AND NOT	P013	
	AND NOT	T000	
	(5)	P012	

Answer

(1) P011
(2) AND NOT
(3) 50
(4) LOAD
(5) OUT

Explanation

타이머의 시간은 시간 단위가 0.1초이므로 5초라면 50이 입력값이 된다.

14 ★★★★☆ 다음 미완성 회로에 제시한 기구를 사용하여 신입력 우선회로를 완성하시오. 단, 해당 번호의 기구가 연관되도록 접점을 이용하여 도면을 완성하시오.

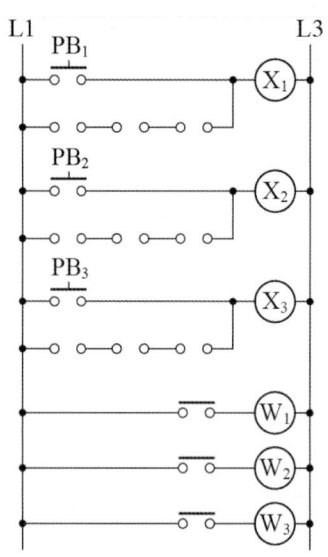

범례
PB₁ - PB₃ : 누름 버튼 스위치
X₁ - X₃ : 14pin 릴레이(4a 4b relay)
W₁ - W₃ : 출력(부하)

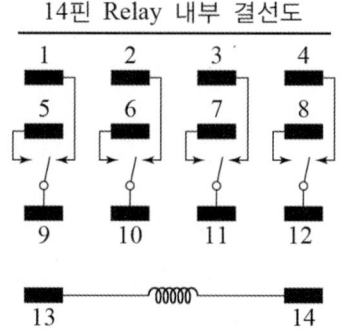

Answer

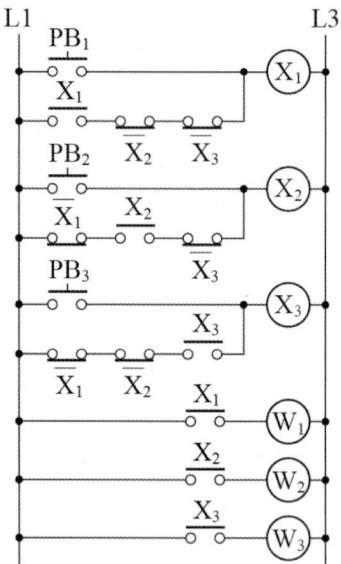

Explanation

- 신입력우선 회로 : 한쪽이 동작하면 다른 한쪽이 복구되는 논리를 가지는 회로로서 동작 중에 다른 것을 동작시키면 다른 쪽이 동작
- 회로 및 타임 차트

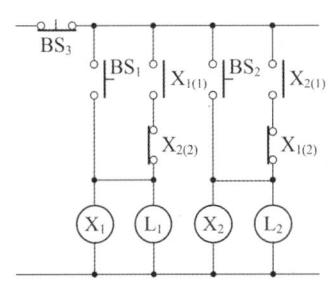 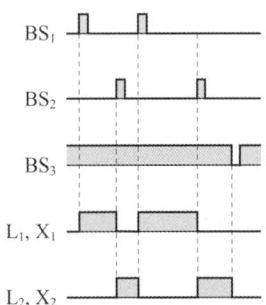

BEST 15 ★★★★★

그림은 어느 박물관의 배선에 경보장치를 설치하려고 하는 미완성 배선 접속도이다. 이 미완성 배선 접속도를 완성시켜 복선도로 그리시오. 단, 누전경보기 내부 전선은 생략하고 단자까지만 배선하며, 영상변류기는 WH와 KS 사이에 시설하는 것으로 하고, 경보장치의 전원단에는 별도의 개폐기를 취부한다. 또한 경보기구(벨)도 포함하여 작성하도록 한다.

[참고사항]

경보장치에서의 C_1, C_2는 ZCT의 단자이며, S_1, S_2는 경보장치 전원단자, A_1, A_2는 경보기구(벨)의 단자이다

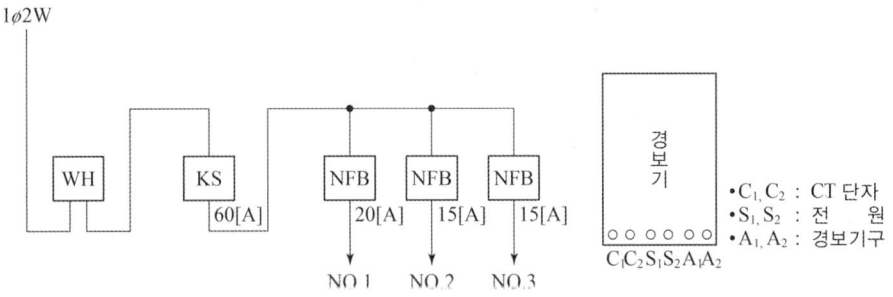

Answer

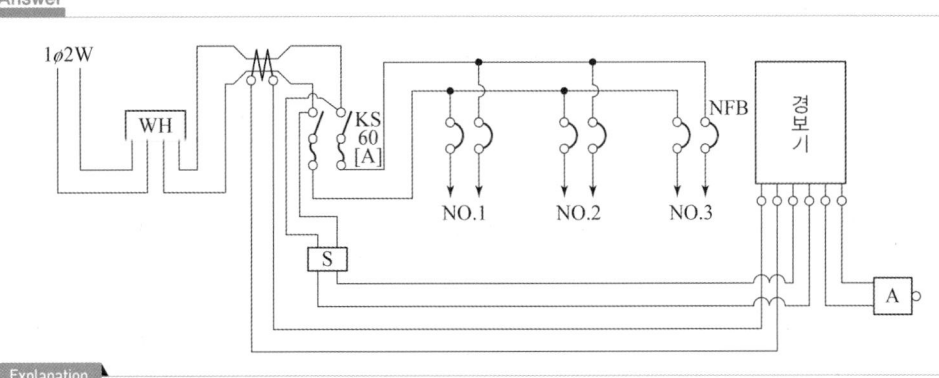

Explanation

- 경보 장치의 전원 단에는 별도의 개폐기를 취부한다는 것은 개폐기를 KS의 앞부분에 설치해야 한다는 것임
- 영상변류기(ZCT)는 선로전체 관통

16 그림은 정류회로를 구성하고자 부품을 나열한 것이다. 그림을 완전한 정류가 되도록 완성하시오.

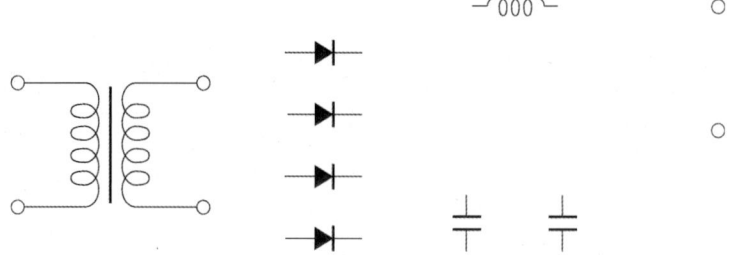

Answer

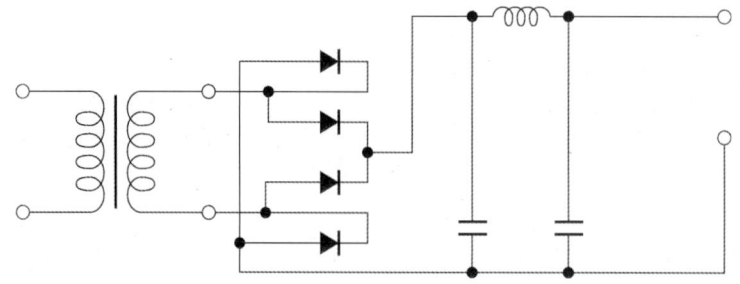

Explanation

단상 전파정류

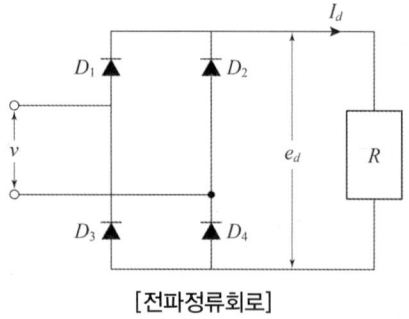

[전파정류회로]

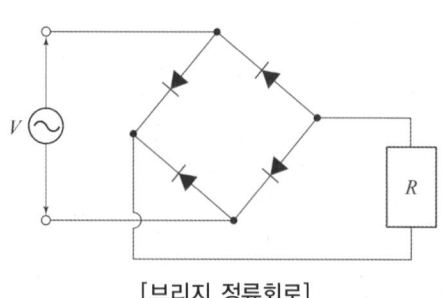

[브리지 정류회로]

과년도 기출문제

전기공사기사 실기
2008

- 2008년 제 01회
- 2008년 제 02회
- 2008년 제 04회

2008년 과년도 기출문제에 대한 출제 빈도 분석 차트입니다.
각 회차별로 별의 개수를 확인하고 학습에 참고하기 바랍니다.

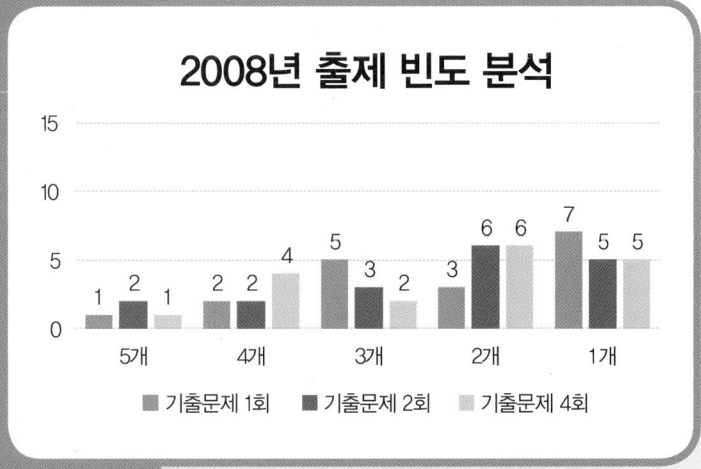

2008년 전기공사기사 실기

01 전선 접속의 구체적인 방법에서 슬리브에 의한 접속 방법 3가지만 쓰시오.

Answer
① S형 슬리브에 의한 직선 접속
② S형 슬리브에 의한 분기 접속
③ 매킹타이어 슬리브에 의한 직선 접속

Explanation

(내선규정 1,430-8) 전선접속의 구체적 방법
① 직선접속
- 가는 단선($6[mm^2]$ 이하)의 직선접속(트위스트조인트)
- 직선맞대기용슬리브(B형)에 의한 압착접속
② 분기접속
- 가는 단선($6[mm^2]$ 이하)의 분기접속
- T형 커넥터에 의한 분기접속
③ 종단접속
- 가는 단선($4[mm^2]$ 이하)의 종단접속
- 동선 압착단자에 의한 접속
- 비틀어 꽂는 형의 전선접속기에 의한 접속
- 종단겹침용 슬리브(E형)에 의한 접속
- 직선겹침용 슬리브(P형)에 의한 접속
- 꽂음형 커넥터에 의한 접속
- 천장 조명 등기구용 배관, 배선 일체형에 의한 접속
④ 슬리브에 의한 접속
- S형 슬리브에 의한 직선 접속
- S형 슬리브에 의한 분기 접속
- 매킹타이어 슬리브에 의한 직선 접속

02 전기설비의 방폭에서 방폭 구조의 종류 5가지만 쓰시오.

Answer
① 내압 방폭 구조
② 유입 방폭 구조
③ 안전증 방폭 구조
④ 본질안전 방폭 구조
⑤ 특수 방폭 구조

Explanation

방폭구조 종류와 정의

전기기계기구의 방폭구조란 가스 증기 위험장소에서 사용에 적합하도록 특별히 고려한 구조를 말하며, 내압 방폭구조, 유입 방폭구조, 안전증가 방폭구조, 본질안전 방폭구조 및 특수 방폭구조와 분진위험장소에서 사용에 적합하도록 고려한 분진방폭구조를 구별한다.

방폭구조	정의	기호
내압 방폭구조	용기 내 폭발 시 용기가 폭발압력을 견디며, 접합면, 개구부를 통해 외부에 인화될 우려가 없는 구조	Ex d
압력 방폭구조	용기 내에 보호가스를 압입시켜 폭발성 가스나 증기가 용기 내부에 유입되지 않도록 된 구조	Ex p
안전증 방폭구조	정상 운전 중에 점화원 발생 방지를 위해 기계적, 전기적 구조상 혹은 온도 상승에 대해 안전도를 증가한 구조	Ex e
유입 방폭구조	전기 불꽃, 아크, 고온 발생 부분을 기름으로 채워 폭발성 가스 또는 증기에 인화되지 않도록 한 구조	Ex o
본질안전 방폭구조	정상 시 및 사고 시(단선, 단락, 지락)에 폭발 점화원 (전기 불꽃, 아크, 고온)의 발생이 방지된 구조	Ex ia Ex ib

---

03 예비전원에서 축전지의 전압은 연축전지는 1단위당 몇 [V], 알칼리축전지는 몇 [V]로 계산하는가?

Answer

- 연 축전지 : 2[V]
- 알칼리 축전지 : 1.2[V]

Explanation

- 납(연) 축전지 : 2.0[V/cell], 10[Ah]
- 알칼리 축전지 : 1.2[V/cell], 5[Ah]

BEST 04 감전의 위험이 있는 전기시설의 부위에는 전기의 가압 여부를 식별할 수 있는 활선 표시 장치 등을 각 상에 부착하도록 권장하고 있다. 이 활선 표시장치를 하여야 할 곳에 대하여 3개소로 구분하여 쓰시오.

Answer

① 수전점 개폐기의 전원 측 및 부하 측 각상
② 분기회로 개폐기의 전원 측 및 부하 측 각상
③ 변압기 등의 전원 측 및 부하 측 각상

Explanation

(내선규정 3,210-6조) 노출된 충전부분의 시설 제한

고압 및 특고압 전로의 노출된 충전부분은 전기취급자가 쉽게 접촉되지 않도록 하여야 하며 전력선 등 감전 위험이 있는 전기시설 부위에는 전기의 가압 여부를 식별할 수 있는 활선표시장치 등을 각상에 부착하는 것이 바람직하다.

【주 1】 활선표시장치란 저압, 고압 및 특고압 계통의 부스바, 절연케이블. 전로의 충전부분 등에 부착하여 전압의 인가 여부를 표시해 주는 장치를 말한다.
【주 2】 활선표시장치의 권장 설치장소는 다음과 같다.

1. 수전점 개폐기의 전원 측 및 부하 측 각상
2. 분기회로의 개폐기 전원 측 및 부하 측 각상
3. 변압기 등의 전원 측 및 부하 측 각상

05 ★★★☆☆ 전기공사에서 건물(지상층) 층수별 물량산출시 건물 층수에 따라 할증률이 규정 적용된다. 이때 10층 이하 및 20층 이하의 할증률[%]은 각각 얼마인가?

Answer

- 10층 이하 : 3[%]
- 20층 이하 : 5[%]

Explanation

건물의 층수별 할증
- 지상층 : 2층 ~ 5층 이하 1[%]
  10층 이하 3[%]
  15층 이하 4[%]
  20층 이하 5[%]
  25층 이하 6[%]
  30층 이하 7[%]
  30층 초과에 대하여는 매 5층 이내 증가마다 1.0[%] 가산
- 지하층 : 지하 1층 1[%]
  지하 2 ~ 5층 2[%]
  지하 6층 이하는 매 1개 층 증가마다 0.2[%] 가산

06 ★★★★☆ 조명기구의 통칙에서 용어의 정의 중 Ⅲ등급 기구란?

Answer

정격 전압이 교류 30[V] 이하인 전압에 접속하여 사용하는 기구

Explanation

KSC 8000 조명기구의 통칙
- 0등급 : 접지단자 또는 접지도체를 갖지 않고, 기초절연만으로 전체가 보호된 기구
- Ⅰ등급 : 기초절연만으로 전체를 보호한 기구로서, 보호 접지단자 혹은 보호 접지도체 접속부를 갖든가 또는 보호 접지도체가 든 코드와 보호 접지도체 접속부가 있는 플러그를 갖추고 있는 기구
- Ⅱ등급 : 2중 절연을 한 기구 또는 기구의 외곽 전체를 내구성이 있는 견고한 절연재료로 구성한 기구와 이들을 조합한 기구
- Ⅲ등급 : 정격전압이 교류 30[V]이하인 전압의 전원에 접속하여 사용하는 기구

07 ★☆☆☆☆

다음 중에서 자재계획 단계의 적합한 순서로 나열하시오.

① 원단위산정 ② 사용계획
③ 구매계획 ④ 재고계획

Answer

① — ② — ④ — ③

Explanation

자재계획

자재관리의 시발로서, 생산계획에 따를 자재 소비량의 산출, 자재 구매량의 결정 및 불요 자재의 처분 계획에 이르는 일련의 계획이며, 자재계획 방침의 수립, 자재계획의 제요인 및 원단위 산정, 사용계획, 재고계획, 구매계획 등을 포함한다.

08 ★★★☆☆

그림과 같은 변전 설비를 보고 다음 각 물음에 답하시오.

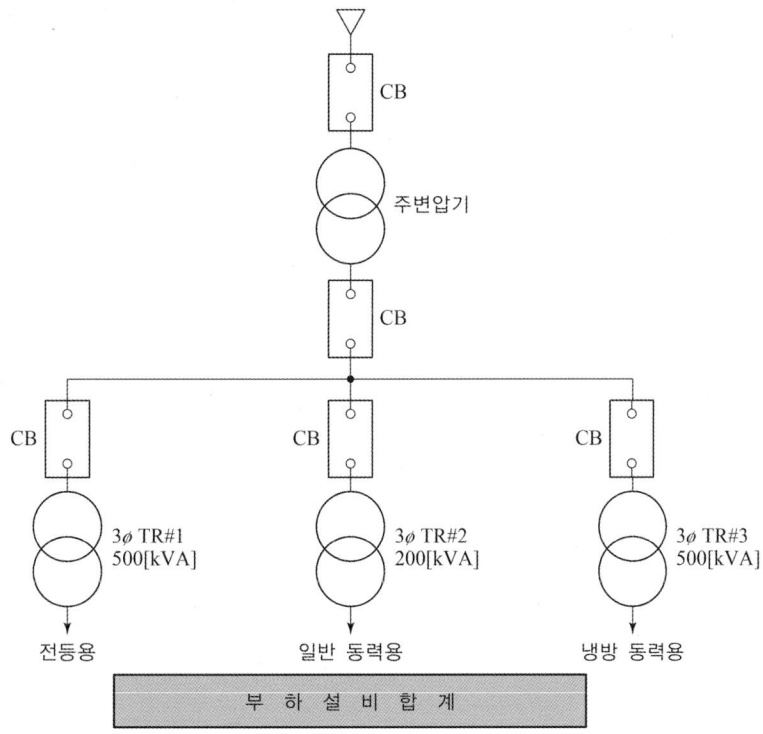

(1) 주 변압기의 용량은 몇 [kVA] 이상이어야 하는가? 단, 부등률은 1.2를 적용하도록 한다.
 • 계산 :   • 답 :

(2) 냉방 동력용 부하가 450[kW]이고, 무효전력이 200[kVar]이다. 역률을 95[%]가 되도록 하려면 전력용 콘덴서는 몇 [kVA]가 필요한가?
 • 계산 :   • 답 :

(3) 도면에서 CB는 무엇을 나타내는지 그 명칭을 쓰시오.

Answer

(1) 계산 : 변압기 용량 $= \dfrac{\text{최대수용전력의 합}}{\text{부등률}} = \dfrac{500+200+500}{1.2} = 1{,}000\,[\text{kVA}]$ 답 : 1,000[kVA]

(2) 계산 : 개선 전 역률 $\cos\theta_1 = \dfrac{P}{\sqrt{P^2+P_r^2}} = \dfrac{450}{\sqrt{450^2+200^2}} \times 100 = 91.38\,[\%]$

콘덴서 용량 $Q_c = P(\tan\theta_1 - \tan\theta_2) = P\left(\dfrac{\sqrt{1-\cos^2\theta_1}}{\cos\theta_1} - \dfrac{\sqrt{1-\cos^2\theta_2}}{\cos\theta_2}\right)$

$= 450 \times \left(\dfrac{\sqrt{1-0.9138^2}}{0.9138} - \dfrac{\sqrt{1-0.95^2}}{0.95}\right)$

$= 52.11\,[\text{kVA}]$ 답 : 52.11[kVA]

(3) CB : 차단기

Explanation

(1) 변압기 용량[kVA] $= \dfrac{\text{최대 수용전력의 합[kVA]}}{\text{부등률}}$

(2) 역률 개선용 콘덴서 용량

$Q_c = P(\tan\theta_1 - \tan\theta_2) = P\left(\dfrac{\sqrt{1-\cos^2\theta_1}}{\cos\theta_1} - \dfrac{\sqrt{1-\cos^2\theta_2}}{\cos\theta_2}\right)\,[\text{kVA}]$

09 ★★☆☆☆ 그림은 합성수지관 공사 도면의 일부이다. 이 그림을 보고 다음 각 물음에 답하시오. 단, R은 곡률 반지름, D는 합성수지관의 외경이다.

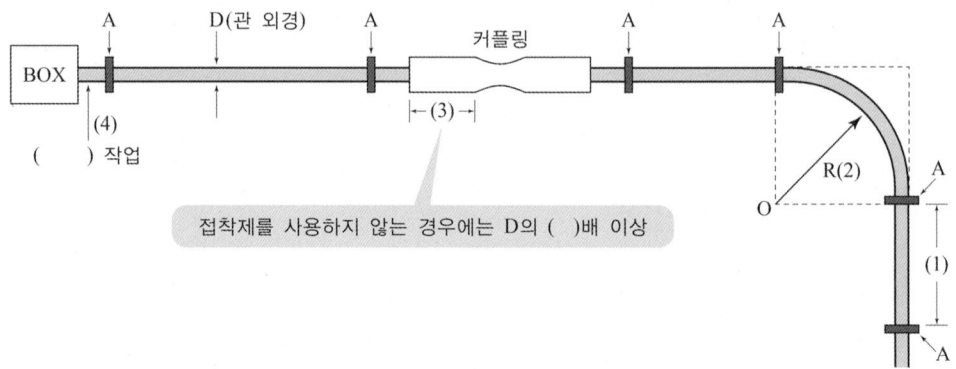

(1) 도면에서 A는 관을 지지하는 지지물이다. A의 명칭은 무엇인가?

(2) 그림에서 (1)의 지지점 간의 최소 간격은 몇 [m] 이하로 하는가?

(3) 그림과 같이 직각으로 구부러진 관의 곡률 반경 R(2)는 관 내경의 몇 배 이상으로 하여야 하는가?

(4) 그림에서 (3)은 합성수지관 공사 시 커플링을 이용하여 관을 접속한 경우로 접착제를 사용한지 않을 때에는 관 외경의 몇 배 이상 겹쳐야 되는가?

(5) 그림에서 (4)는 관을 접속함과 결합시키는 부분으로 지지점과 접속함 사이에는 일정 수준의 높이를 가지고 있다. 이와 같이 하는 것을 무슨 작업이라 하는지 가장 적합한 작업 명칭을 쓰시오.

Answer

(1) 새들
(2) 1.5[m]
(3) 6배
(4) 1.2배
(5) 오프셋

Explanation

(내선규정 2,220-6) 합성수지관 및 부속품의 연결과 지지
① 합성수지관 상호 또는 합성수지관과 기타 부속품의 연결이나 지지는 견고하게 하고 조영재, 기타에 확실하게 지지하여야 한다.
② 합성수지관을 새들 등으로 지지하는 경우는 그 지지점간의 거리를 1.5[m]로 하고 그 지지점은 관의 끝, 관과 박스의 접속점 및 관 상호 접속점에서 가까운 곳에 시설한다.
③ 합성수지관 상호 및 관과 박스는 접속 시에 삽입하는 깊이를 관 바깥지름의 1.2배(접착제를 사용하는 경우는 0.8배)이상으로 하고 삽입접속으로 견고하게 접속하여야 한다.
④ 관 상호 접속은 박스 또는 커플링(Coupling)등을 사용하고 직접 접속하지 말 것
⑤ 합성수지관을 구부릴때에는 단면이 심하게 변형이 되지 않도록 구부려야 하며 그 안측의 반지름은 관안지름의 6배 이상이 되어야 한다.

10 ★★★☆☆ 송배전 선로에서 전선의 장력을 2배로 하고 또 경간을 2배로 하면 전선의 이도는 처음의 몇 배가 되는가?

• 계산 :

• 답 :

Answer

계산 : 이도 $D = \dfrac{WS^2}{8T}$ 에서

$$D' = \dfrac{W(2S)^2}{8(2T)} = 2\dfrac{WS^2}{8T} = 2D$$

답 : 2배

Explanation

• 이도 : $D = \dfrac{WS^2}{8T}$

• 실제 길이 : $L = S + \dfrac{8D^2}{3S}$

 여기서, L : 전선의 실제 길이[m]
  D : 이도[m]
  S : 경간[m]

11 ★★★★☆

누전경보기의 화재안전기준에 의하면 누전경보기의 수신부를 설치해서는 아니되는 장소가 있다. 그 장소를 구분하여 5가지 쓰시오. 단, 누전경보기에 대하여 방폭·방습·방진 및 정전기 차폐 등의 방호조치를 하지 않은 것으로 본다.

Answer

① 가연성의 증기, 먼지, 가스 등이나 부식성의 증기 가스 등이 다량으로 체류하는 장소
② 화약류를 제조하거나 저장 또는 취급하는 장소
③ 습도가 높은 장소
④ 온도의 변화가 급격한 장소
⑤ 대전류 회로, 고주파 발생회로 등에 따른 영향을 받을 우려가 있는 장소

Explanation

화재안전기준(NFSC 205) 누전경보기의 수신부
① 누전경보기의 수신부는 옥내의 점검에 편리한 장소에 설치하되, 가연성의 증기·먼지 등이 체류할 우려가 있는 장소의 전기회로에는 당해 부분의 전기회로를 차단할 수 있는 차단기구를 가진 수신부를 설치하여야 한다. 이 경우 차단기구의 부분은 당해 장소외의 안전한 장소에 설치하여야 한다.
② 누전경보기의 수신부는 다음 각호의 장소외의 장소에 설치하여야 한다. 다만, 당해 누전경보기에 대하여 방폭·방식·방습·방온·방진 및 정전기 차폐 등의 방호조치를 한 것에 있어서는 그러하지 아니하다.
 • 가연성의 증기·먼지·가스 등이나 부식성의 증기·가스 등이 다량으로 체류하는 장소
 • 화약류를 제조하거나 저장 또는 취급하는 장소
 • 습도가 높은 장소
 • 온도의 변화가 급격한 장소
 • 대전류회로·고주파 발생회로 등에 따른 영향을 받을 우려가 있는 장소
③ 음향장치는 수위실 등 상시 사람이 근무하는 장소에 설치하여야 하며, 그 음량 및 음색은 다른 기기의 소음 등과 구별할 수 있는 것으로 하여야 한다.

12 ★★☆☆☆

그림에서 기기의 C점에서 완전지락사고가 발생하였을 때 이 기기의 외함에 인체가 접촉 하였을 경우 인체에는 몇 [mA]의 전류가 흐르는가? 단, 인체의 저항값은 3,000[Ω]이라고 한다.

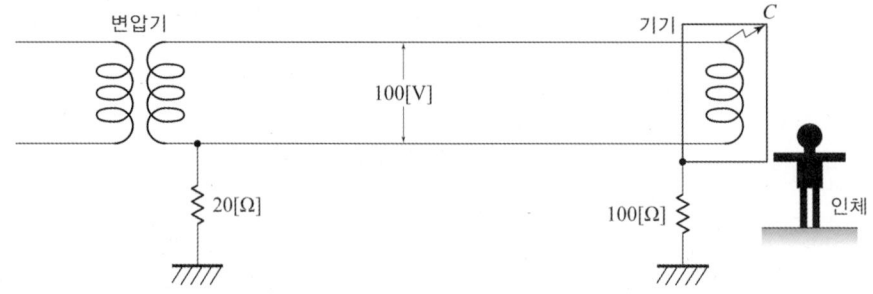

• 계산 :

• 답 :

Answer

계산 : $I_g = \dfrac{100}{20+\dfrac{100\times 3{,}000}{100+3{,}000}} \times \dfrac{100}{100+3{,}000} \times 10^3 = 27.62 [\text{mA}]$ 답 : 27.62[mA]

Explanation

- 회로를 등가회로로 전환하면 다음과 같다.

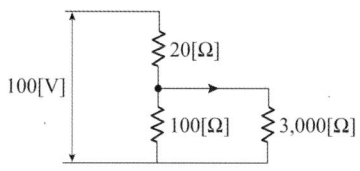

- 전체 저항 $R_T = 20 + \dfrac{100 \times 3{,}000}{100+3{,}000}$
- 전체 전류 $I_T = \dfrac{V}{R_T} = \dfrac{100}{20+\dfrac{100\times 3{,}000}{100+3{,}000}}$
- 따라서 인체에 흐르는 전류 $I_g = \dfrac{100}{20+\dfrac{100\times 3{,}000}{100+3{,}000}} \times \dfrac{100}{100+3{,}000} \times 10^3$

13. ★☆☆☆☆
그림기호는 배관의 심벌이다. 어떤 전선관인 경우인가?

$$\underline{\qquad C_{(19)} \qquad}$$

Answer

19[mm] 박강 전선관으로 전선관 내에 전선이 들어있지 않은 경우

Explanation

(내선규정 100-5) 배선, 배관 기호
- 강제 전선관은 별도의 표기 없음
- VE : 경질 비닐 전선관
- F_2 : 2종 금속제 가요 전선관
- PF : 합성수지제 가요관
-  : 전선이 들어있지 않는 전선관

(내선규정 2,225) 금속관의 종류

종류	관의 호칭
후강 전선관(근사내경, 짝수)	16 22 28 36 42 54 70 82 92 104
박강 전선관(근사외경, 홀수)	19 25 31 39 51 63 75
나사없는 전선관	박강 전선관과 치수가 같다.

문제에서는 강제전선관이며 19[mm]이므로 박강 전선관이 된다.

14. ★★☆☆☆ 전기기기의 선정과 시설에 관한 일반사항이다. 배선설비의 선정과 시공 시 고려할 사항 5가지만 쓰시오.

Answer

① 감전 예방
② 열적 영향에 대한 보호
③ 과전류에 대한 보호
④ 고장전류에 대한 보호
⑤ 과전압에 대한 보호

Explanation

(KEC 231.1조) 배선 및 조명설비 등의 적용범위
전기설비의 사용 중에 발생할 수 있는 위험에 대한 보호를 위해 다음 사항을 고려해야 한다.
① 감전보호
② 열적 영향에 대한 보호
③ 과전류에 대한 보호
④ 고장전류에 대한 보호
⑤ 과전압에 대한 보호

15. ★☆☆☆☆ 대지로 접지하는 가장 큰 이유는?

Answer

지구는 정전 용량이 크므로 많은 전하가 축적되어도 지구의 전위는 일정하기 때문이다.

Explanation

지구는 정전 용량이 크므로 많은 전하가 축적되어도 지구의 전위는 일정하다. 모든 전기 장치를 접지시킨다.

16. ★☆☆☆☆ 계전기별 고유 번호에서 88A 명칭은?

Answer

공기 압축기용 개폐기

Explanation

- 88A : 공기 압축기용 개폐기
- 88F : Fan용 개폐기
- 88H : Heater용 개폐기
- 88Q : 유압 펌프용 개폐기
- 88QT : OT 순환펌프용 개폐기
- 88V : 진공 펌프용 개폐기
- 88W : 냉각수 펌프용 개폐기

17 그림에서 SMV는 단안정 IC 타이머 소자이고 FF는 $\overline{R}\,\overline{S}$-latch이다. 물음에 답하시오.

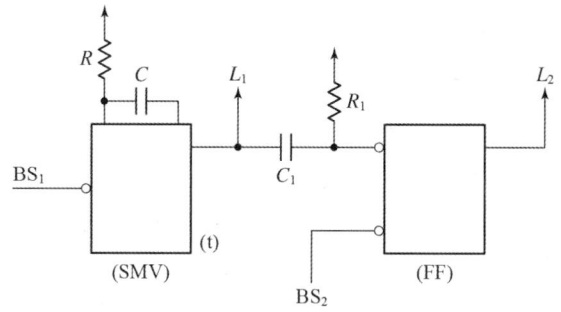

(1) BS_1을 ON하면 출력 L_1, L_2는 어떻게 동작 복구되는가? 여기서 SMV의 상수는 0.7이고 CR=30초이다.
- L_1 :
- L_2 :

(2) C_1, R_1의 회로 이름과 사용 목적을 간단하게 쓰시오.
- 회로 이름 :
- 사용 목적 :

(3) 이 회로와 같은 기능의 릴레이 시퀀스는 아래 그림과 같다. 접점기호와 문자기호를 적어 넣으시오. 단, 타이머는 순시 접점이 없고 지연 접점은 독립단자로 되어 있다.

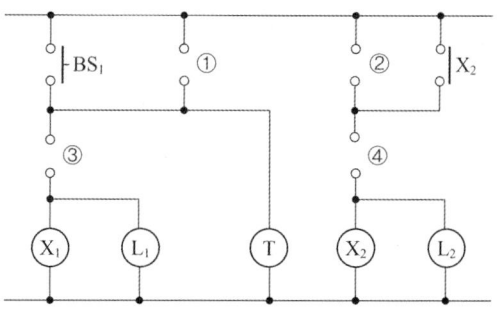

Answer

(1) L_1 = BS_1을 투입하면 L_1은 21초(설정 시간)동안 점등(동작) 후 소등
L_2 = BS_1을 투입한 후 21초 경과되면 L_2가 점등(동작)
L_1은 소등 또 BS_2를 ON하면 L_2는 소등됨

(2) • 이름 : 미분회로
• 목적 : 입력을 트리거 펄스피로 바꾼다.

(3)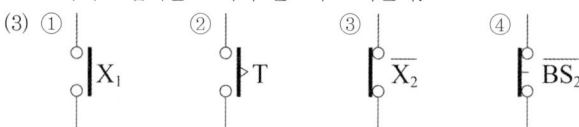

> **Explanation**

(1) $t = 0.7CR = 0.7 \times 30 = 21\,[\sec]$

NAND 게이트로 된 R-S 래치
- NAND 게이트로 된 기본 플립플롭 회로에서, 두 입력이 모두 1이면 플립플롭의 상태는 전 상태를 그대로 유지하게 된다.
- 순간적으로 S 입력에 0을 가하면 Q는 1로, Q'는 0으로 바뀐다.
- S를 1로 바꾼 뒤에 R 입력을 0을 가하면 플립플롭은 클리어 상태가 된다.
- 두 입력이 동시에 0으로 될 때는 두 출력이 모두 1이 되기 때문에 정상적인 플립플롭 작동에서는 피해야 한다.

IC 타이머 SMV
- 단안정 멀티 바이브레이터(one shot)의 원리를 이용한 IC 타이머 소자인데 A, B 입력 중 입력은 고정하고 한 입력으로 트리거(trigger)하면 단안정 특성이 얻어진다(SMV, MM, MMV).

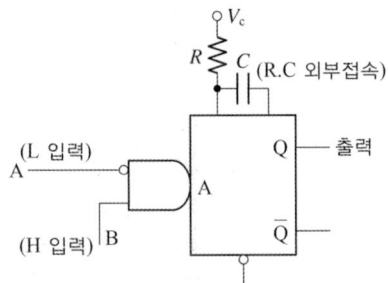

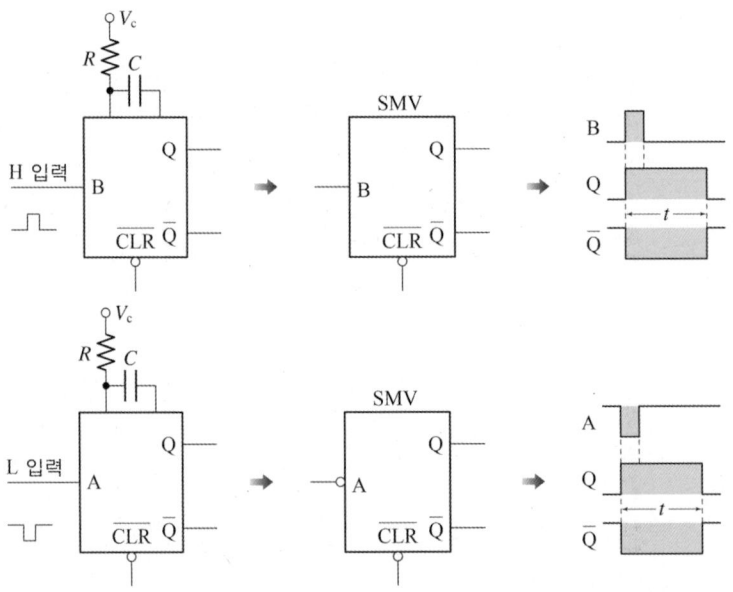

18 ★★★☆
다음 그림은 대단위 아파트의 급 배수 설비의 일부분이다. 기계실(변전실, 급수 펌프실, 보일러실 등)의 침수를 예방하기 위한 설비를 하고자 한다. 다음 사항을 잘 이해하고 이에 적합한 경보장치를 보기에 제시한 기구와 각종 Relay를 사용하여 미완성 회로를 완성하시오.

[급·배수장치 계통도]

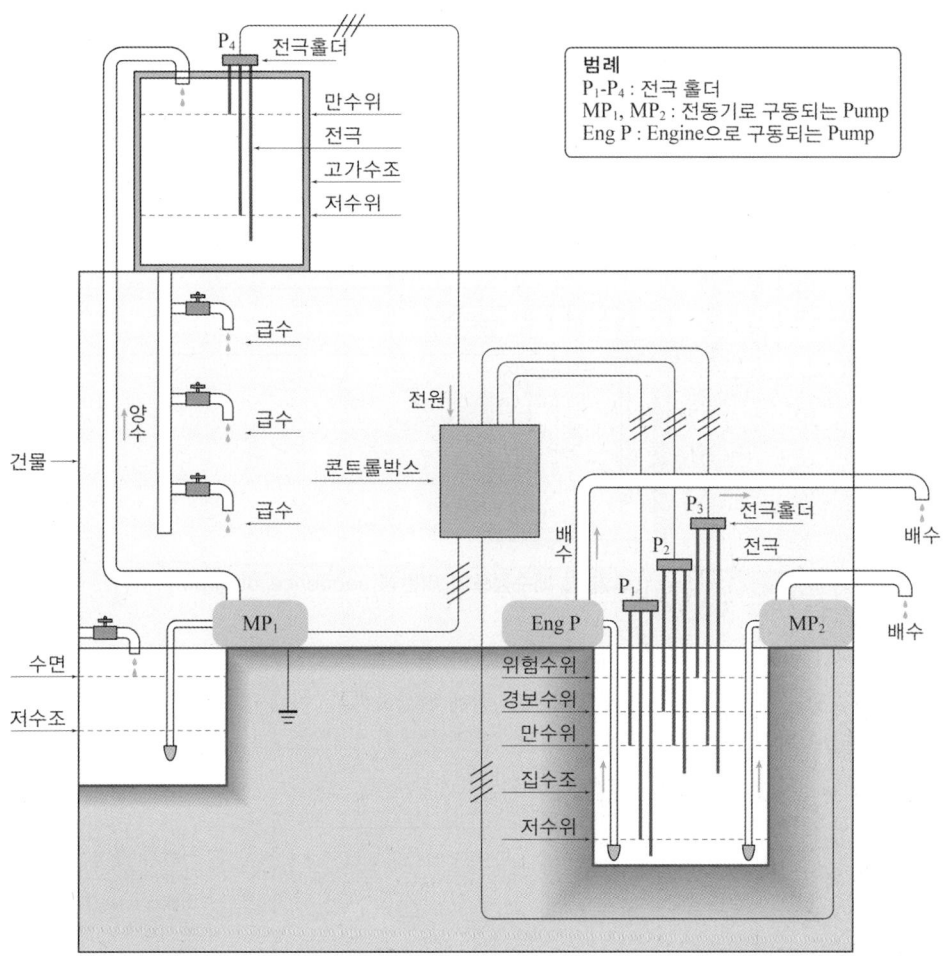

(1) 배수펌프의 작동이 만수위가 되었을 때 자동으로 동작하지 않을 경우 수동으로 동작시킬 수 있도록 하기 위한 미완성 sequence diagram [그림1]의 점선 안에 완성하고 수조의 전극에는 전극기호를 ( ) 안에 써 넣으시오.

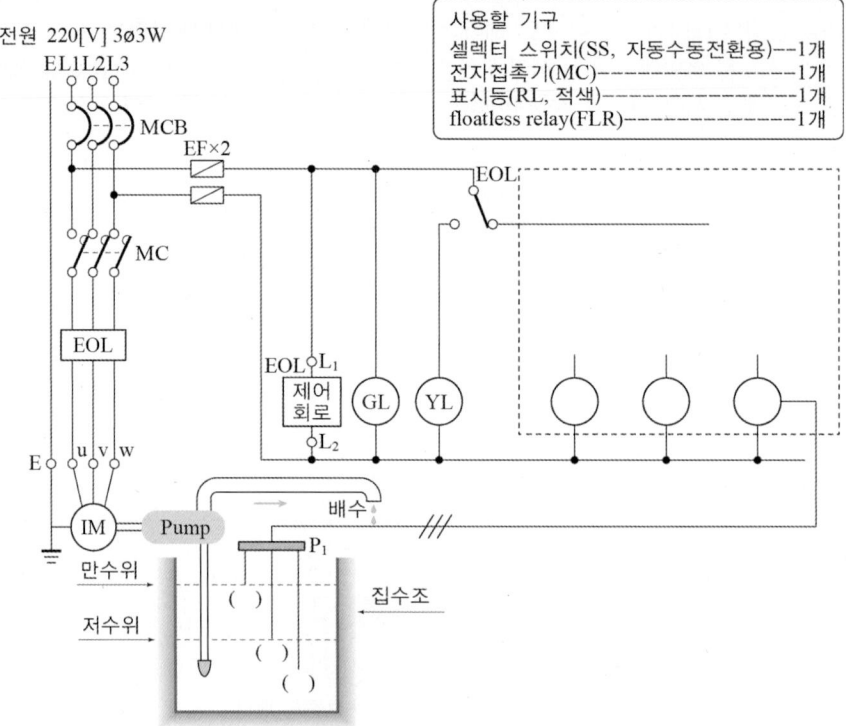

[그림 1] 배수펌프의 미완성 sequence diagram

(2) 어떤 원인으로 배수펌프가 동작하지 않아 집수조의 수위가 경계수위에 도달했을 때 경보를 할 수 있는 경보회로를 [그림 2]의 점선 안에 완성하시오. 이때 경보음은 지속되도록 하고, 경보용 Lamp는 명멸되도록 하며, 수조의 전극에는 전기기호를 ( ) 안에 써 넣으시오.

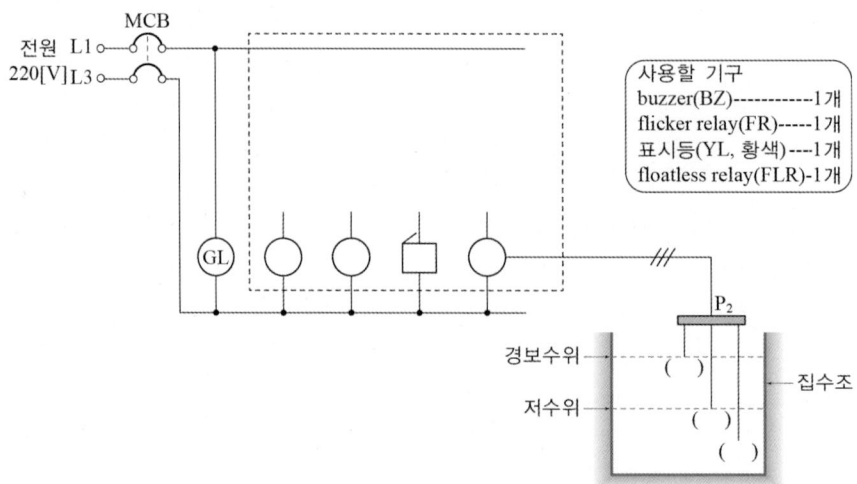

[그림 2] 배수장치의 경보회로의 미완성 sequence diagram

(3) 어떤 원인으로 배수펌프가 동작하지 않아 집수조의 수위가 위험 수위에 도달했을 때 경보를 할 수 있는 경보회로를 그림3의 점선 안에 완성하시오. 이 경우에는 경보음이 단속되도록 하고, 경보용 Lamp도 명멸되도록 하고 수조의 전극에는 전극기호를 (   )에 써 넣으시오.

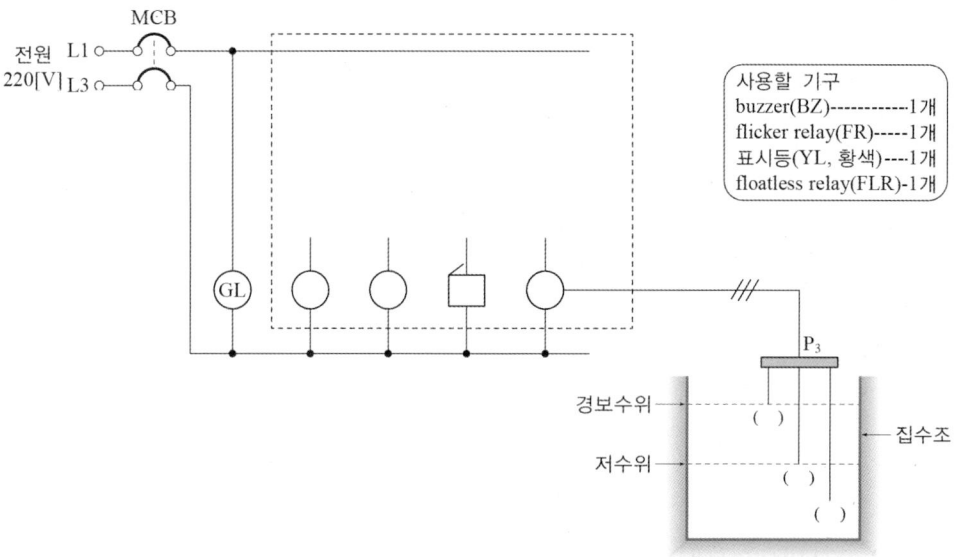

[그림 3] 배수장치의 위험수위의 경보회로의 미완성 sequence diagram

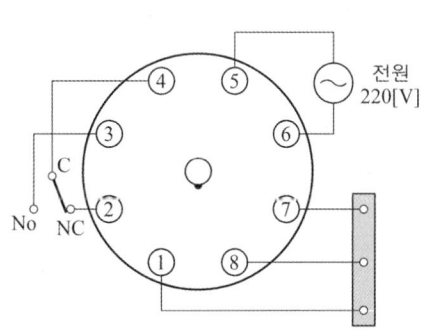

[floatless relay 내부결선도]

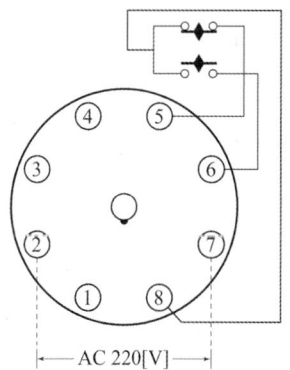

[flicker relay 내부결선도]

Answer

(1)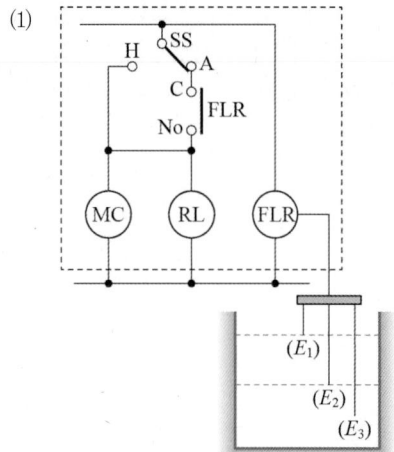

(2)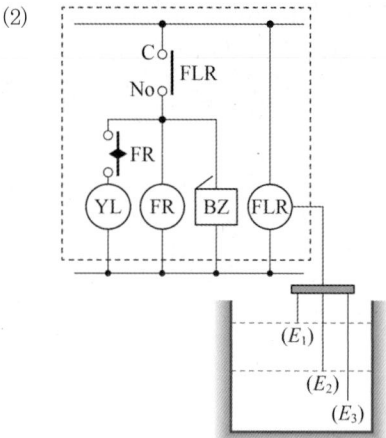

(3)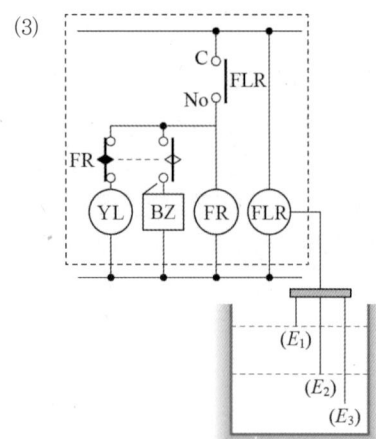

2008년 전기공사기사 실기

BEST 01 ★★★★★

송전 전력이 4,000[kW], 송전 거리가 50[km]인 경우의 경제적인 송전전압은 몇 [kV]인가? 단, Alfred Still의 식에 의하여 산출하시오.

- 계산 :
- 답 :

Answer

계산 : $V_s = 5.5\sqrt{0.6l + \dfrac{P}{100}}$ [kV]

$= 5.5\sqrt{0.6 \times 50 + \dfrac{4{,}000}{100}} = 46.02$ [kV]

답 : 46.02[kV]

Explanation

경제적인 송전전압 결정 식(still의 식)

$V_s = 5.5\sqrt{0.6l + \dfrac{P}{100}}$ [kV]

여기서, l : 송전거리[km], P : 송전용량[kW]

---

02 ★★★☆☆

"활선근접작업"이란 어떤 상태에서의 작업을 말하는지 상세히 쓰시오.

Answer

나도체(22.9[kV] ACSR-OC 절연전선 포함) 상태에서 이격거리 이내에 근접하여 작업함을 말하며, AC 60[V]이상 1[kV] 미만, DC 60[V]이상 1.5[kV] 미만은 절연물로 피복된 경우 나도체된 부분으로부터 이격거리 내에서 작업

Explanation

활선근접작업

나도체(22.9[kV] ACSR-OC 절연전선 포함) 상태에서 이격거리 이내에 근접하여 작업함을 말하며, AC 60[V]이상 1[kV] 미만, DC 60[V]이상 1.5[kV] 미만은 절연물로 피복된 경우 나도체된 부분으로부터 이격거리 내에서 작업

전압종별	이격거리
특고압	2[m](단, 60[kV] 이상은 10[kV]마다 20[cm] 증가)
고압	1.2[m]
저압	1[m]

- 활선 근접작업 시 할증 : 30[%]

03 다음 빈칸을 알맞은 용어로 채우시오.

(1) "과전류 차단기"란 배선용 차단기, 퓨즈, 기중 차단기와 같이 (①) 및 (②)를 자동차단하는 기능을 가진 기구를 말한다.

(2) "누전차단장치"란 전로에 지락이 생겼을 경우에 부하기기 금속제 외함 등에 발생 하는 (③) 또는 (④)를 검출하는 부분과 차단기 부분을 조합하여 자동적으로 전로를 차단하는 장치를 말한다.

(3) "배선용 차단기"란 전자작용 또는 바이메탈의 작용에 의하여 (⑤)를 검출하고 자동으로 차단하는 (⑥) 차단기로서 그 최소 동작 전류가 정격 전류의 100[%]와 (⑦) 사이에 있고, 외부에서 수동, 전자적 또는 전동적으로 조작할 수 있는 것을 말한다.

(4) "과전류"란 과부하 전류 및 (⑧)를 말한다.

(5) "중성선"이란 (⑨)전로에서 전원의 (⑩)에 접속된 전선을 말한다.

Answer

(1) ① 과부하전류
　　② 단락전류

(2) ③ 고장전압
　　④ 지락전류

(3) ⑤ 과전류
　　⑥ 과전류
　　⑦ 125[%]

(4) ⑧ 단락전류

(5) ⑨ 다선식
　　⑩ 중성극

Explanation

(내선규정 1,300) 용어
- 과전류 차단기란 배선용 차단기, 퓨즈, 기중 차단기와 같이 과부하전류 및 단락전류를 자동차단하는 기능을 가진 기구를 말한다.
- 누전차단장치란 전로에 지락이 생겼을 경우에 부하 기기 금속 외함 등에 발생하는 고장전압 또는 지락전류를 검출하는 부분과 차단기 부분을 조합하여 자동적으로 전로를 차단하는 장치를 말한다.
- 배선용 차단기란 전자작용 또는 바이메탈의 작용에 의하여 과전류를 검출하고 자동으로 차단하는 과전류 차단기로서 그 최소 동작 전류가 정격 전류의 100[%]와 125[%] 사이에 있고, 외부에서 수동, 전자적 또는 전동적으로 조작할 수 있는 것을 말한다.
- 과전류란 과부하 전류 및 단락전류를 말한다.
- 중성선이란 다선식전로에서 전원의 중성극에 접속된 전선을 말한다.

04 다음 ( )안에 알맞은 내용을 적으시오.

"동전선의 접속에서 직선 맞대기용 슬리브(B형)에 의한 압착접속법은 ( ) 및 ( )에 적용 된다."

Answer
단선, 연선

Explanation

(내선규정 1,430-8) 전선접속의 구체적 방법
직선맞대기용슬리브(B형)에 의한 압착접속(KS C 2621)

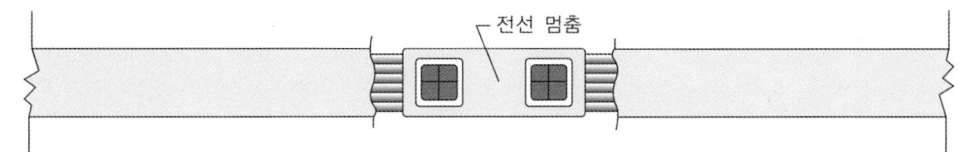

[비고] 이 접속법은 단선 및 연선에 적용한다.

05 다음 심벌의 명칭은?

● T

Answer
타이머 붙이 점멸기

Explanation

명칭	그림기호	적요
점멸기	●	① 용량의 표시 방법은 다음과 같다. • 10[A]는 방기하지 않는다. • 15[A] 이상은 전류값을 표기한다. ● 15A ② 극수의 표시 방법은 다음과 같다. • 단극은 방기하지 않는다. • 2극 또는 3로, 4로는 각각 2P 또는 3, 4의 숫자를 표기한다. [보기] ● 2P ● 3 ③ 방수형은 WP를 표기한다. ● WP ④ 방폭형은 EX를 표기한다. ● EX ⑤ 타이머 붙이는 T를 표기한다. ● T

06 화학설비에 접지를 실시하는 1차적 목적은?

Answer

전기 대전 방지로 인한 정전기 발생 억제

Explanation

정전기 장해방지용 접지
마찰에 의한 정전기가 축적되면 엄청난 장해를 불러일으키며 따라서 정전기 장해방지용 접지는 그 중요성도 높아지고 있다. 예로서 가스 탱크롤리의 충전 시 충전하기 전에 반드시 접지를 시키는 것도 정전기로 인한 폭발사고를 방지하고자 하는 것이다.

07 화재안전기준에서 정하는 자동화재탐지설비의 감지기를 설치하지 아니 하여도 되는 장소를 5가지만 쓰시오.

Answer

① 먼지·가루 또는 수증기가 다량으로 체류하는 장소
② 천장 또는 반자의 높이가 20[m] 이상인 장소
③ 부식성 가스가 체류하고 있는 장소
④ 목욕실 기타 이와 유사한 장소
⑤ 고온도 및 저온도로서 감지기의 기능이 정지되기 쉽거나 감지기의 유지 관리가 어려운 장소

Explanation

화재안전기준(NFSC 203) 자동화재탐지설비(감지기)
다음 각 호의 장소에는 감지기를 설치하지 아니한다.
① 천장 또는 반자의 높이가 20[m] 이상인 장소. 다만, 제1항의 단서 각호의 감지기로서 부착높이에 따라 적응성이 있는 장소는 제외한다.
② 헛간 등 외부와 기류가 통하는 장소로서 감지기에 따라 화재발생을 유효하게 감지할 수 없는 장소
③ 부식성가스가 체류하고 있는 장소
④ 고온도 및 저온도로서 감지기의 기능이 정지되기 쉽거나 감지기의 유지관리가 어려운 장소
⑤ 목욕실·욕조나 샤워시설이 있는 화장실·기타 이와 유사한 장소
⑥ 파이프덕트 등 그 밖의 이와 비슷한 것으로서 2개층 마다 방화구획된 것이나 수평단면적이 5[m^2] 이하인 것
⑦ 먼지·가루 또는 수증기가 다량으로 체류하는 장소 또는 주방 등 평시에 연기가 발생하는 장소(연기감지기에 한한다)
⑧ 프레스공장·주조공장 등 화재발생의 위험이 적은 장소로서 감지기의 유지관리가 어려운 장소

08 ★★★★☆ 합성수지 파형 전선관을 100[mm] 2열, 175[mm] 6열, 200[mm] 4열을 층계별로 100[m]를 동시에 포설할 때 배전전공과 보통인부의 공량은 얼마인가?

(1) 배전전공
(2) 보통인부

[참고자료]
합성수지 파형 전선관   [m당]

구분	배전전공	보통 인부
50[mm] 이하	0.012	0.029
80[mm] 이하	0.015	0.035
100[mm] 이하	0.018	0.057
125[mm] 이하	0.025	0.077
150[mm] 이하	0.030	0.097
175[mm] 이하	0.036	0.117
200[mm] 이하	0.041	0.129

[해설]
① 이 품은 터파기, 되메우기 및 잔토처리 제외
② 접합품이 포함되어 있으며, 접합부의 콘크리트 타설품 및 지세별 할증은 별도 계상
③ 철거 50[%], 재사용 철거 30[%]
④ 2열 동시 180[%], 3열 260[%], 4열 340[%], 6열 420[%], 8열 500[%], 10열 580[%], 12열 660[%], 14열 740[%], 16열 820[%]
⑤ 이 품은 30~60[m] Roll 식으로 감겨 있는 합성수지 파형전선관의 지중 포설 기준임
⑥ 동시 배열이란 동일 장소에서 공(孔)당의 파형관을 열로 형성하여 층계별로 포설하는 것을 말하며, 100[mm] 2열, 175[mm] 6열, 200[mm] 4열을 층계별로 동시 포설시 산출은 다음과 같다. 이는 12공을 층계별로 동시 배열하는 것으로써, 동시 적용률은 660[%]로, 따라서 합산품은(100[mm] 기본품×2열+175[mm] 기본품×6열+200[mm] 기본품×4열)×660[%]÷12이다(열은 관로의 공수를 뜻함).
⑦ 100[mm] 이상 이종관 접속시는 동시배열(공수)에 관계없이 접속 개당 배전 전공 0.1인 보통인부 0.1인 적용
⑧ Spacer를 설치할 경우 파상형 선선관 열, 층에 관계없이 Spacer Point 10개 설치낭 배선선공 0.0077인, 보통인부 0.0154인 적용

Answer

(1) 배전공 : $\dfrac{(0.018\times 2+0.036\times 6+0.041\times 4)\times 6.6}{12}\times 100 = 22.88$[인]

(2) 보통인부 : $\dfrac{(0.057\times 2+0.117\times 6+0.129\times 4)\times 6.6}{12}\times 100 = 73.26$[인]

Explanation

합성수지 파형 전선관 [m당]

구분	배전전공	보통 인부
50[mm] 이하	0.012	0.029
80[mm] 이하	0.015	0.035
100[mm] 이하	0.018	0.057
125[mm] 이하	0.025	0.077
150[mm] 이하	0.030	0.097
175[mm] 이하	0.036	0.117
200[mm] 이하	0.041	0.129

해설의 ⑥을 적용한다.
동시 배열이란 동일 장소에서 공(孔)당의 파형관을 열로 형성하여 층계별로 포설하는 것을 말하며, 100[mm] 2열, 175[mm] 6열, 200[mm] 4열을 층계별로 동시 포설시 산출은 다음과 같다. 이는 12공을 층계별로 동시 배열하는 것으로써 동시 적용률은 660[%]로, 따라서 합산품은(100[mm] 기본품×2열+175[mm] 기본품×6열+200[mm] 기본품×4열)×660[%]÷12이다(열은 관로의 공수를 뜻함).

09 ★★☆☆☆

저압진상용 콘덴서의 설치장소에 관한 사항이다. 다음 (   ) 안에 알맞은 내용을 쓰시오. "저압 진상용 콘덴서를 옥내에 설치하는 경우에는 (①) 장소, 또는 (②)장소 및 주위온도가 (③)[℃]를 초과하는 장소 등을 피하여 견고하게 설치하여야 한다."

Answer

① 습기가 많은
② 물기가 있는 장소
③ 40

Explanation

(내선규정 3,135-5) 저압 진상용 콘덴서의 설치 장소
① 저압 진상용 콘덴서를 옥내에 설치하는 경우에는 습기가 많은 장소, 또는 물기가 많은 장소 및 주위온도가 40[℃]를 초과하는 장소 등을 피하여 견고하게 설치하여야 한다.
② 저압 진상용 콘덴서를 옥외에 시설하는 경우는 옥외형 콘덴서를 사용하여야 한다.

10 금속관 옥내배선에서 저압 3상 4선식 회로의 경우 중성선을 동일 관내에 넣는지의 여부를 쓰시오. 단, 전자적 평형상태로 시설하지 않는 경우이다.

> **Answer**

동일 관내 넣는 것을 원칙으로 한다.

> **Explanation**

(내선규정 2,225-2) 전자적 평형
교류회로는 1회로의 전선 전부를 동일 관내에 넣는 것을 원칙으로 한다. 다만, 동극 왕복선을 동일 관내에 넣는 경우와 같이 전자적 평형상태로 시설하는 것은 적용하지 않는다.
[주] 1회로의 전선 전부란 단상 2선식 회로는 2선을, 단상 3선식 회로 및 3상 3선식 회로는 3선을, 3상 4선식 회로는 4선을 말한다.

11 HID Lamp에 대한 다음 각 물음에 답하시오.

(1) HID Lamp의 명칭을 우리말로 쓰시오.
(2) HID Lamp로서 가장 많이 사용되는 등기구 종류를 3가지만 쓰시오.

> **Answer**

(1) 고휘도 방전램프
(2) 고압 수은등, 고압 나트륨등, 메탈헬라이드 램프

> **Explanation**

- 고휘도 방전램프(HID 램프 : High Intensity Discharge Lamp)
- 나트륨등, 수은등, 메탈 헬라이드등
- $\bigcirc_{H400}$: 400[W] 수은등
- $\bigcirc_{M400}$: 400[W] 메탈 헬라이드등
- $\bigcirc_{N400}$: 400[W] 나트륨등

BEST 12. 옥내에서 전선을 병렬로 사용하는 경우의 원칙 5가지만 쓰시오.

Answer

① 전선의 굵기는 동 50[㎟] 이상 또는 알루미늄 70[㎟] 이상으로 하고, 전선은 같은 도체, 같은 재료, 같은 길이 및 같은 굵기의 것을 사용할 것
② 같은 극의 각 전선은 동일한 터미널러그에 완전히 접속할 것
③ 같은 극인 각 전선의 터미널러그는 동일한 도체에 2개 이상의 리벳 또는 2개 이상의 나사로 접속할 것
④ 병렬로 사용하는 전선에는 각각에 퓨즈를 설치하지 말 것
⑤ 교류회로에서 병렬로 사용하는 전선은 금속관 안에 전자적 불평형이 생기지 않도록 시설할 것

Explanation

(KEC 123조) 전선의 접속 중 전선의 병렬 사용
① 전선의 굵기는 동 50[㎟] 이상 또는 알루미늄 70[㎟] 이상으로 하고, 전선은 같은 도체, 같은 재료, 같은 길이 및 같은 굵기의 것을 사용할 것
② 같은 극의 각 전선은 동일한 터미널러그에 완전히 접속할 것
③ 같은 극인 각 전선의 터미널러그는 동일한 도체에 2개 이상의 리벳 또는 2개 이상의 나사로 접속할 것
④ 병렬로 사용하는 전선에는 각각에 퓨즈를 설치하지 말 것
⑤ 교류회로에서 병렬로 사용하는 전선은 금속관 안에 전자적 불평형이 생기지 않도록 시설할 것

전선을 병렬로 사용하는 경우

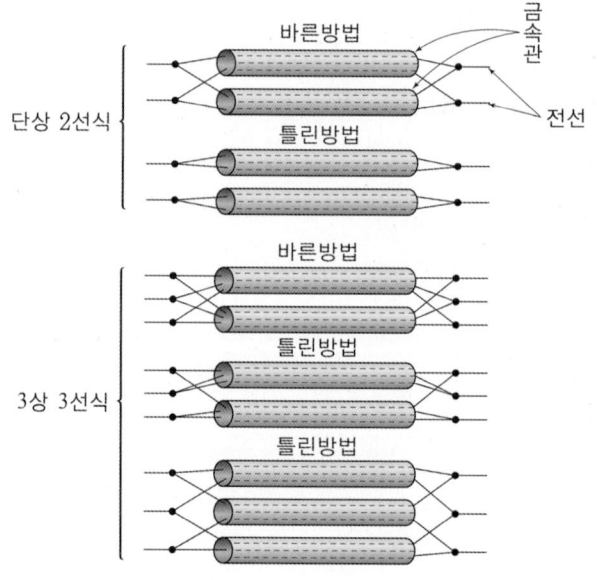

13 피뢰기(L.A)의 종류 5가지를 쓰시오.

Answer

① 저항형 피뢰기
② 밸브형 피뢰기
③ 밸브저항형 피뢰기
④ 방출통형 피뢰기
⑤ 갭레스형 피뢰기

Explanation

이외에도
⑥ 종이 피뢰기
⑦ 갭+갭레스 피뢰기
⑧ 캡타이어 피뢰기

14 그림은 산업현장에서 많이 응용되고 있는 회로이다. 이 회로에서 점선 부분에 가장 타당한 회로로 맞는 것은 어느 것인지 보기에서 고르시오.

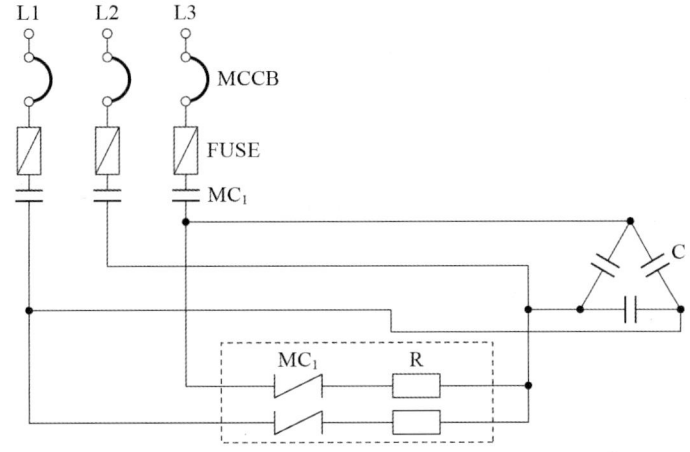

[보기]
정역회로, Y—△기동회로, 방전장치회로, 역률개선회로

Answer

방전장치회로

Explanation

콘덴서 설비
- 방전코일 : 잔류전하 방전하여 인체의 감전사고 보호
- 직렬리액터 : 콘덴서 용량의 6[%] 정도를 리액터를 사용하여 제5고조파 제거
- 전력용 콘덴서 : 부하의 역률 개선

문제에서는 정전작업 시 잔류전하를 방전 할 목적으로 설치된 것으로 볼 수 있다.

15 전기설비에 있어서 감전예방의 종류 중 직접접촉에 대한 감전 예방의 확인사항 5가지를 쓰시오.

Answer

① 충전부의 절연에 의한 보호
② 격벽 또는 외함에 의한 보호
③ 장애물에 의한 보호
④ 손의 접근 한계 외측 시설에 의한 보호
⑤ 누전차단기에 의한 추가 보호

Explanation

(KEC 113.2조) 감전에 대한 보호
(1) 기본보호
일반적으로 직접접촉을 방지하는 것으로, 전기설비의 충전부에 인축이 접촉하여 일어날 수 있는 위험으로부터 보호
가. 인축의 몸을 통해 전류가 흐르는 것을 방지
 - 충전부에 전기절연
 - 접촉을 방지하기 위한 충분한 거리 확보(격벽 또는 외함, 장애물, 손의 접근 한계 외측 등)
나. 인축의 몸에 흐르는 전류를 위험하지 않는 값 이하로 제한
 - 공급전압을 50[V] 이하로 제한 등(인축의 몸에 흐르는 고장전류의 지속시간을 위험하지 않은 시간까지로 제한하는 것은 절연고장이 발생하여 전기설비의 노출도전부에 50[V] 이상의 전압이 인가되는 경우에는 인체가 이를 접촉하면 인체저항에 따라서 30[mA] 이상의 위험한 고장전류가 인체를 통해 흐를 수 있으므로)

16 배전시공 공사관리 공정계획서 작성에서 공정계획은 지정된 기간 내에 공사를 안전하고 원활하게 추진 할 수 있도록 주요사항 등을 면밀하게 검토하여 공정에 차질이 없도록 하여야 한다. 그 주요사항을 5가지만 쓰시오.

Answer

① 현장여건에 따른 시공순서
② 공정별, 주간별 작업계획(주간, 심야, 가공, 지중공사 등)
③ 현장에 투입되는 공정별 작업인원수
④ 공정별 소요자재 출고 및 운반
⑤ 장비, 기계 공기구의 종류, 수량 등의 준비 및 사용법

Explanation

이외에도
⑥ 환경훼손에 영향을 미치는 제반요인 해소 대책

17 다음 동작 조건에 맞게 전등 L_1, L_2가 점멸 되도록 Sequence도를 완성하시오.

(1) 배선용 차단기 CB를 ON 하면 전등 L_1이 점등 된다. 이때 Button switch BS를 누르면(잠깐 눌렀다 놓으면) 전등 L_1은 소등된다.
(2) Timer TLR_1의 설정시간 후 전등 L_1, L_2가 점등되고, L_1, L_2가 점등된 후 Timer TLR_2의 설정시간 후 L_2는 소등된다.
(3) CB를 OFF하면 L_1은 소등되고 모든 전원이 차단된다.
(4) 다음의 타임차트를 참고하여 동작이 완전하도록 하시오.

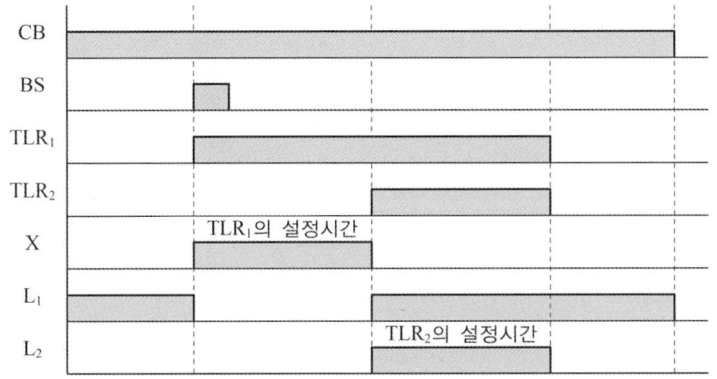

(5) 다음 접점을 사용하여 위 동작 조건에 가장 적합하게 결선하시오.

| BS | TLR_1 | TLR_1 | TLR_2 | TLR_1 | X |

[범례]

```
BS : BUTTON SWITCH                    TLR₁, TLR₂ : ON DELAY TIMER
X : 보조계전기(8핀 RELAY)              L₁, L₂ : 전등    CB : 배선용 차단기
```

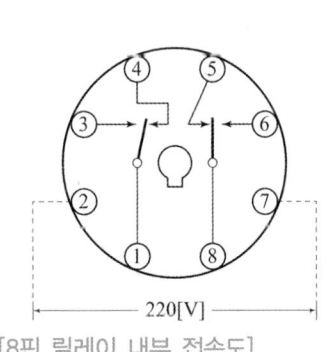

[8핀 릴레이 내부 접속도]

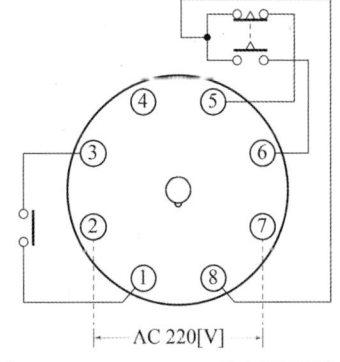

[ON DELAY TIMER 내부 결선도]

[미완성 결선도]

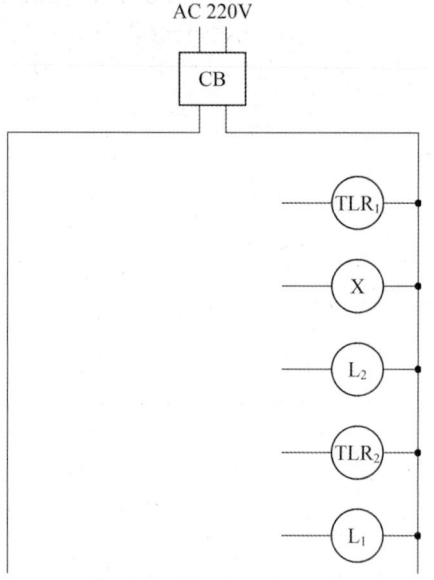

Answer

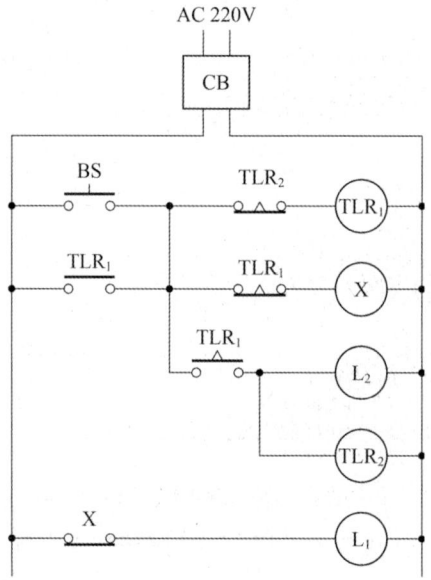

18 다음의 PLC 프로그램은 유도 전동기의 Y—△ 기동운전 회로의 일부를 나타낸 것이다. AND, OR, NOT의 기호를 사용하여 로직회로를 그리시오. 또한 Y 기동용 MC와 △ 운전용 MC의 번지는 어느 것인지 로직 회로 상에 "Y 기동", "△ 운전"으로 표시하시오. 단, 명령어는 회로시작 입력 : STR, 출력 : OUT, 직렬 : AND, 병렬 : OR, 부정 : NOT를 사용하도록 한다.

차례	명령	번지	차례	명령	번지
생략	STR	14	생략	OUT	32
	OR	31		STR	15
	AND NOT	16		OR	33
	OUT	31		AND NOT	16
	STR	31		AND NOT	32
	AND NOT	15		OUT	33
	AND NOT	33			

Answer

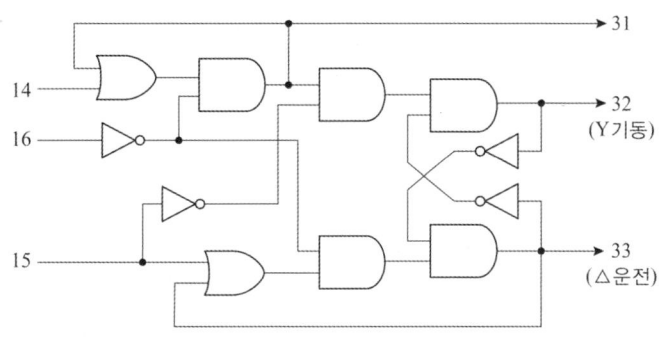

Explanation

- Y-△ 운전 회로
  - 주전원 : 31
  - Y기동 : 32
  - △운전 : 33
- 프로그램을 Ladder 차트로 그리면 다음과 같다.

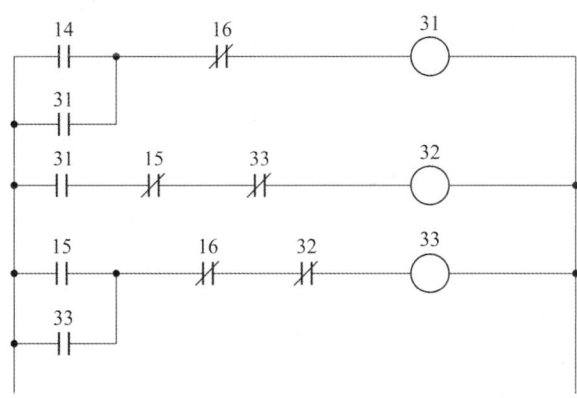

2008년 전기공사기사 실기

01 건축전기설비에서 회로를 다른 전기설비와 독립하여 제어할 필요가 있는 경우는 각 부분에 기능적 개폐기를 시설하여야 한다. 이때 사용되는 기능적 개폐기의 종류 5가지를 쓰시오.

Answer

① 개폐기　　　　② 반도체 개폐장치
③ 차단기　　　　④ 접촉기
⑤ 계전기

Explanation

(내선규정 5,230-4) 개폐기의 기능적 개폐
① 회로를 다른 전기설비와 독립하여 제어할 필요가 있는 경우는 각 부분에 기능적 개폐기를 시설할 것.
② 기능적 개폐기는 다음과 같다.
　　• 개폐기
　　• 반도체 개폐장치
　　• 차단기
　　• 접촉기
　　• 계전기
　　• 16[A] 이하의 플러그 및 콘센트
[비고] 단로기, 퓨즈 및 링크는 기능적 개폐용으로 사용할 수 없다.

02 1,000[m²]의 방에 1,000[lm]의 광속을 발산하는 전등 10개를 점등 하였다. 조명률은 0.5이고 감광 보상률이 1.5라면 이 방의 평균조도는 약 몇 [lx]인가?

• 계산 :　　　　　　　　　　　• 답 :

Answer

계산 : $E = \dfrac{FUN}{SD} = \dfrac{1,000 \times 0.5 \times 10}{1,000 \times 1.5} = 3.33[\text{lx}]$　　　　답 : 3.33[lx]

Explanation

조명계산
$FUN = ESD$
여기서, $F[\text{lm}]$: 광속, $U[\%]$: 조명률, $N[\text{등}]$: 등수
　　　　$E[\text{lx}]$: 조도, $S[\text{m}^2]$: 면적, $D = \dfrac{1}{M}$: 감광보상률 = $\dfrac{1}{\text{보수율}}$
등수 $N = \dfrac{ESD}{FU}$ 이며 등수계산에서 소수점은 무조건 절상한다.

03 배전선로 공사 중 규모가 비교적 큰 공사를 추진할 때는 공사 시공품질 향상을 위한 제반사항을 반영하여 시공계획을 수립하여야 한다. 시공계획서 작성 시 현장조건의 검토 사항 중 선로 경과지 주변 또는 관련되는 공사에 대해서는 어떤 사항을 조사하여야 하는지 5가지를 쓰시오.

Answer

① 현장의 지형 및 토양상태
② 농지, 농원, 공원, 문화재, 천연기념물 지정구역
③ 설비의 활용성 및 안정성 확보, 재해요인의 잠재여부
④ 인가 밀집지역이나 향후 지역발전 여건 등을 감안한 경과지 타당성 여부
⑤ 시공 후 책임소재 등 이해관계가 야기될 수 있는 문제점 조사

04 그림 기호는 자동 화재탐지설비의 감지기에 관한 기호이다. 이 감지기의 명칭은?

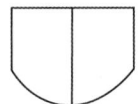

Answer

정온식 스포트형 감지기(방수형)

Explanation

(KS C 0301) 옥내배선용 그림 기호 자동 화재검지 설비

감지기의 종류	그림기호	비고
정온식 스포트형 감지기		• 필요에 따라 종별을 표시한다. • 방수형인 것은 로 한다. • 내산인 것은 로 한다. • 내알칼리인 것은 로 한다. • 방폭인 것은 EX를 표기한다.
차동식 스포트형 감지기		필요에 따라 종별을 표시한다.
보상식 스포트형 감지기		필요에 따라 종별을 표시한다.

05 ★★☆☆☆

변성기 2차 측 배선에서 MOF 2차 측 배선은 단자 색상에 맞추어 다음과 같이 배열 시공하여야 한다. ( ) 안에 색상 표시를 하시오.

1S	P1	2S	P2	3S	P3	P0	1L	2L	3L	접지
( )	( )	( )	백	흑	청	녹	녹	녹	녹	녹

Answer

1S	P1	2S	P2	3S	P3	P0	1L	2L	3L	접지
(황)	(적)	(갈)	백	흑	청	녹	녹	녹	녹	녹

Explanation

한국전력공사 전기계기업무기준

- 3상 3선식의 경우

1S	P1	P3	3S	3L	P2	1L	접지
황	적	청	흑	흑	백	황	녹

- 3상 4선식의 경우

1S	P1	2S	P2	3S	P3	P0	1L	2L	3L	접지
황	적	갈	백	흑	청	녹	녹	녹	녹	녹

06 ★★☆☆☆

자동화재탐지설비의 구성요소 중 5가지만 쓰시오.

Answer

① 감지기
② 수신기
③ 발신기
④ 중계기
⑤ 음향장치

Explanation

자동화재탐지설비
화재가 발생한 건축물 내의 초기단계에서 발생하는 열 또는 연기를 자동적으로 발견하여 건축물내의 관계자에게 벨, 사이렌 등의 음향 장치로서 화재발생을 알리는 설비의 일체

자동화재탐비설비의 구성 요소
- 감지기
- 수신기
- 발신기
- 중계기
- 음향장치
- 부속기기(부수신기, 표시등, 표지판, 소화전 기동 릴레이)

07 장주의 종류에서 수평배열에 해당하는 장주 3종류와 수직배열에 해당하는 장주 1종류를 쓰시오.

Answer

- 수평배열 : 보통장주, 창출장주, 편출장주
- 수직배열 : 랙크장주

Explanation

- 수평배열

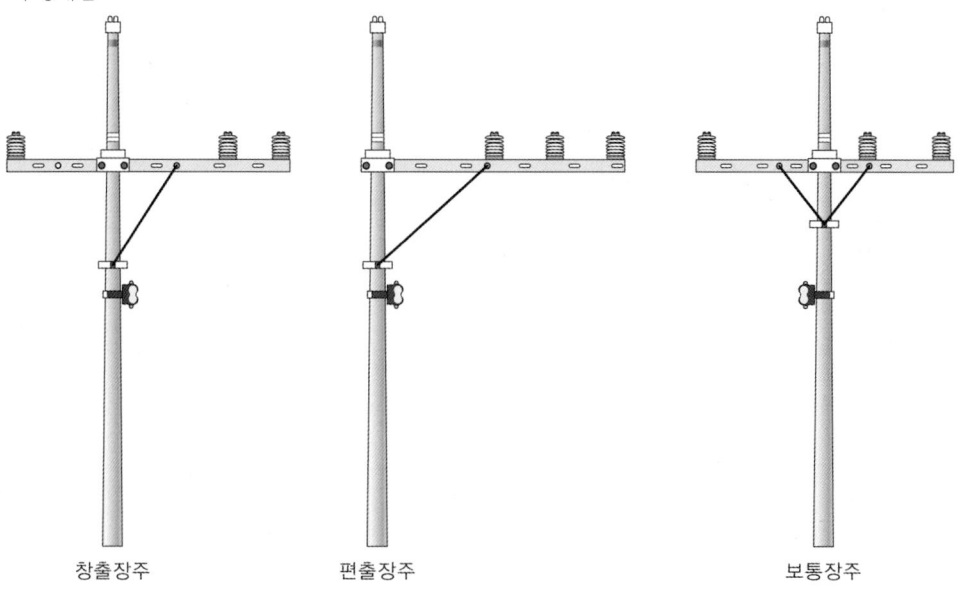

창출장주   편출장주   보통장주

[특고압 장주 형태]

- 수직배열

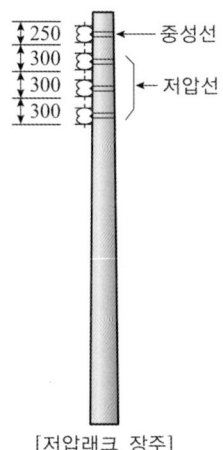

[저압래크 장주]

08 시방서(Specification)를 작성할 때 요구되는 전문성에 대하여 예시와 같이 5가지만 표현을 하시오.

[예시]
사용 자재 및 장비에 관한 기술적 지식

Answer

- 설계도서 구성 및 작성에 대한 이해
- 계약수립 및 관리 과정에 관한 지식
- 설계도서의 활용에 대한 이해
- 공사개시 전 준비단계에 대한 이해
- 공사 추진 과정의 단계별 활용에 대한 이해

Explanation

시방서(示方書, specifications)
설계도면과 관련한 문서로 설계 도면상 나타낼 수 없는 내용이나 추가로 필요한 사항을 표시한 문서로 공사작업의 기준이 되는 문서

시방서(Specification)를 작성할 때 요구되는 전문성
- 설계도서 구성 및 작성에 대한 이해
- 계약수립 및 관리 과정에 관한 지식
- 설계도서의 활용에 대한 이해
- 공사개시 전 준비단계에 대한 이해
- 공사 추진 과정의 단계별 활용에 대한 이해
- 공사 완성 단계의 업무에 대한 이해
- 법적, 기술적 책임한계를 명확하게 표현할 수 있는 지식

09 지선공사에 필요한 자재 5가지만 쓰시오.

Answer

① 아연도철선 ② 콘크리트 근가 ③ 지선로드 ④ 지선밴드 ⑤ 지선애자

Explanation

지선 설치
그 외, ⑥ 지선커버 ⑦ 지선캡

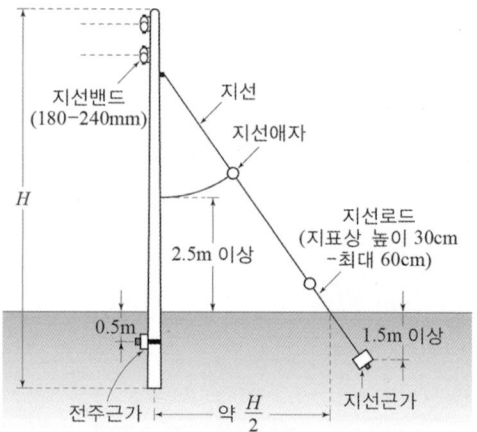

10 다음은 활선 장구에 대한 용어이다. 다음 각 물음에 답하시오.

(1) 와이어 통(Wire tong)의 사용 목적을 쓰시오.
(2) 애자 커버의 사용 목적을 쓰시오.

Answer

(1) 핀 애자나 현수애자의 장주에서 활선을 작업권 밖으로 밀어낼 때 사용하는 절연봉
(2) 활선 작업 시 특고핀 및 라인포스트 애자를 절연하여 작업자의 부주의로 접촉되더라도 안전사고가 발생하지 않도록 사용되는 절연 덮개

Explanation

대한전기협회 활선장구의 제작과 관리 공구
- 애자덮개(Insulator Cover) : 활선 작업 시 특고압핀애자 및 라인포스트 애자를 절연하여 작업자의 부주의로 접촉되더라도 안전사고가 발생하지 않도록 사용하는 절연 장구
- 와이어 통(Wire Tong) : 일반적으로 LP 애자나 현수애자를 사용한 전기설비에서 활선을 작업권 밖으로 밀어낼 때 혹은 활선을 다른 장소로 옮길 때 사용하는 절연봉

11 피뢰기 설치 시 점검사항 3가지를 쓰시오.

Answer

- 피뢰기 애자 부분 손상여부 점검
- 피뢰기 1, 2차 측 단자 및 단자볼트 이상 유무 점검
- 피뢰기 절연저항 측정

12 가공 배전선로 인입선 공사의 시공 흐름도이다. 챠트를 참고하여 ①, ②, ③ 번호의 빈 칸에 흐름도가 옳도록 완성하시오.

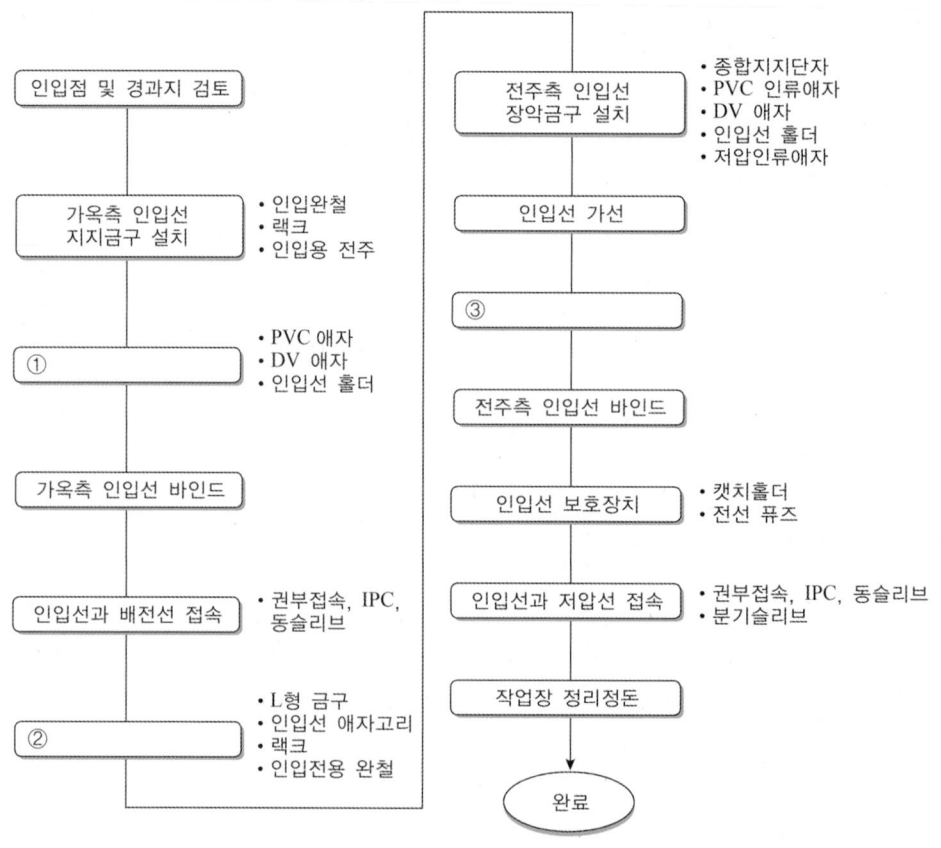

Answer

① 가옥 측 인입선 장악금구설치
② 전주 측 인입선 지지금구설치
③ 인입선 이도조정

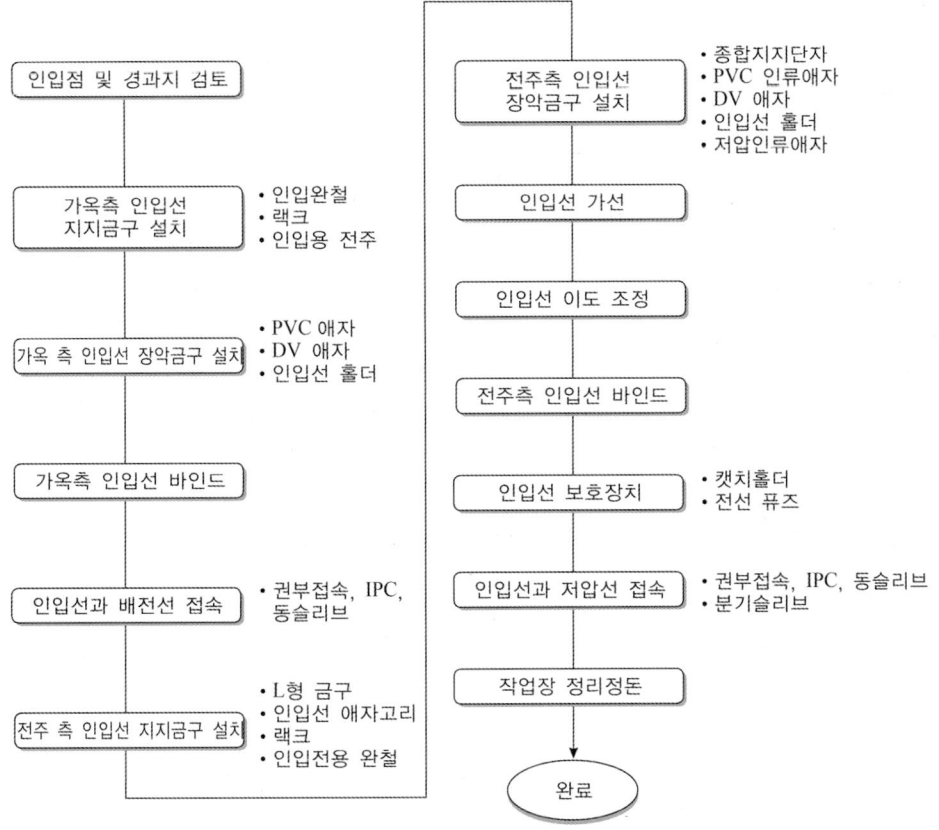

13 다음 접지설비의 분류에서 접지의 목적을 쓰시오.

(1) 계통접지

(2) 기기접지

(3) 지락 검출용 접지

(4) 정전기 접지

(5) 등전위 접지

Answer

(1) 계통접지 : 고압전로와 저압전로가 혼촉 되었을 때 감전이나 화재방지
(2) 기기접지 : 누전되고 있는 기기에 접촉 시 감전방지
(3) 지락 검출용 접지 : 누전차단기의 동작을 확실하게 하기 위함
(4) 정전기 접지 : 정전기의 축적에 의한 폭발 재해 방지
(5) 등전위 접지 : 병원에 있어서 의료기기 사용 시 안전을 확보하기 위함

Explanation

계통 접지
주로 변압기의 고전압 혼촉에 의한 재해방지 대책으로 변압기 2차 측에 접지하는 방식. 전로의 지락사고 시 확실한 지락검출 효과를 기대함으로써 신속 정확하게 차단기를 동작시키기 위하여 접지

기기 접지
충전부위가 어떤 원인으로 금속제 외함 또는 철대에 전기가 누설되는 사고가 발생하였을 때 대지 간 전압을 억제하여 감전사고를 예방하고자 전기기기의 외함에 접지하는 것

정전기 장해방지용 접지
마찰에 의한 정전기가 축적되면 엄청난 장해를 불러일으킨다. 컴퓨터 등 각종 전자제품의 장해는 물론이고 가스의 폭발사고까지 불러일으킨다. 따라서 정전기 장해방지용 접지는 그 중요성도 높아지고 있다. 예로서 가스 탱크롤리의 충전 시 충전하기 전에 반드시 접지를 시키는 것도 정전기로 인한 폭발사고를 방지하고자 하는 것

등전위 접지
병원에서 시설하는 것이 대표적인 예로서 수술실에서 수술대에 누워 있는 환자가 정전기 또는 전위차로 인한 쇼크가 발생하지 않도록 모든 금속부분 또는 수술실 도전바닥에도 상호 접지센터에 접지를 하여 이른바 전위를 같게 하기 위한 등전위화 접지를 실시

14. 축전지에서 설페이션(Sulfation) 현상에 대하여 쓰시오.

Answer

설페이션 현상
납축전지를 방전 상태에서 오랫동안 방치하여 두면 극판의 황산납이 회백색으로 변하고(황산화 현상) 내부 저항이 대단히 증가하여 충전 시 전해액의 온도 상승이 크고 황산의 비중 상승이 낮으며 가스 발생이 심하게 되며 전지의 용량이 감퇴 하고 수명이 단축되는 현상

Explanation

설페이션(Sulfation)현상
납축전지를 방전 상태에서 오랫동안 방치하여 두면 극판의 황산납이 회백색으로 변하고(황산화 현상) 내부 저항이 대단히 증가하여 충전 시 전해액의 온도 상승이 크고 황산의 비중 상승이 낮으며 가스(수소) 발생이 심하게 되며 전지의 용량이 감퇴하고 수명이 단축되는 현상

15. 다음 물음에 답하시오.

(1) 설비의 불평형률을 구하시오
- 계산 :
- 답 :

(2) 기준에 따른 적정, 부적정 여부를 판단하시오.

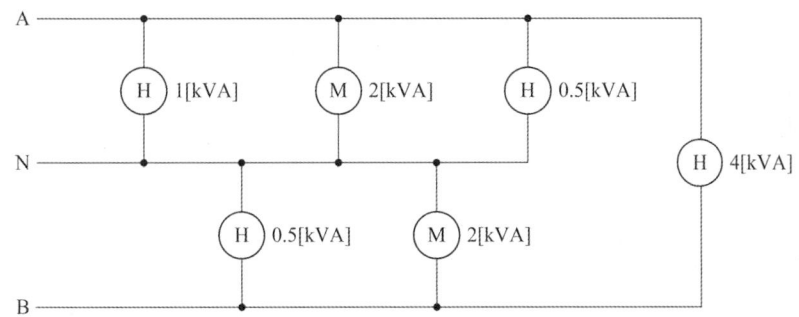

Answer

(1) 계산 : 설비 불평형률 $= \dfrac{(1+2+0.5)-(0.5+2)}{\dfrac{1}{2}(1+2+0.5+0.5+2+4)} \times 100 = 20[\%]$ 답 : 20[%]

(2) 단상3선식은 설비 불평형률이 40[%] 이하가 되어야 하므로 적정함

Explanation

단상 3선식 설비불평형률

설비불평형률 $= \dfrac{\text{중성선과 각 전압측 선간에 접속되는 부하설비용량[kVA]의 차}}{\text{총 부하설비용량[kVA]의 }1/2} \times 100[\%]$

여기서, 불평형률은 40[%] 이하이어야 한다.

16 다음 각 물음에 답하시오.

(1) 품에서 규정된 소운반이라 함은 몇 [m] 이내의 수평거리를 말하는가?

(2) 건축전기설비에서 사용하는 용어 중 PEL선이란 어떤 전선인가 간단히 쓰시오.

(3) 배전설비 설계에 따른 시공 및 검사와 관련하여 사용되는 용어 중 QAM(Quality Assurance Manual)이란 무엇을 말하는가?

(4) 전기공사의 물량 산출시 건물 층수에 따라 할증이 적용된다. 이때 지하 2층~5층의 할증률은 몇 [%]를 적용하는가?

(5) 품셈 적용의 기준에서 할증의 중복 가산요령에 대한 식을 쓰시오.

Answer

(1) 20[m]
(2) 보호도체와 선도체의 기능을 겸한 전선
(3) (계약업체) 품질보증서
(4) 2[%]
(5) $W = P \times (1 + a_1 + a_2 + \cdots + a_n)$
   여기서, W : 할증이 포함된 품, P : 기본품, $a_1 \sim a_n$: 품 할증요소

Explanation

(1) 품에서 규정된 소운반이라 함은 20[m] 이내의 수평 거리를 말하며 소운반이 포함된 품에 있어서 운반거리가 20[m]를 초과할 경우에는 초과분에 대하여 별도 계상하며 소운반 거리는 직고 1[m] 수평거리 6[m]의 비율로 본다.

(2) • PEN 선 : 보호도체와 중성선의 기능을 겸한 전선
   • PEM 선 : 보호도체와 중간선의 기능을 겸한 전선

(3) QAM(Quality Assurance Manual) : 품질보증서

(4) 건물의 층수별 할증
   • 지상층 : 2층 ~ 5층 이하 1[%]
          10층 이하 3[%]
          15층 이하 4[%]
          20층 이하 5[%]
          25층 이하 6[%]
          30층 이하 7[%]
          30층 초과에 대하여는 매 5층 이내 증가마다 1.0[%] 가산
   • 지하층 : 지하 1층 1[%]
          지하 2 ~ 5층 2[%]
          지하 6층 이하는 매 1개 층 증가마다 0.2[%] 가산

(5) 할증의 중복 가산요령
   $W = P \times (1 + a_1 + a_2 + \cdots + a_n)$
   여기서, W : 할증이 포함된 품
         P : 기본품
         $a_1 \sim a_n$: 품 할증요소

17 ★★★★☆ 그림은 특고압 수전설비 결선도의 미완성 도면이다. 이 도면을 보고 다음 각 물음에 답하시오. 단, CB 1차 측에 CT를, CB 2차 측에 PT를 시설하는 경우이다.

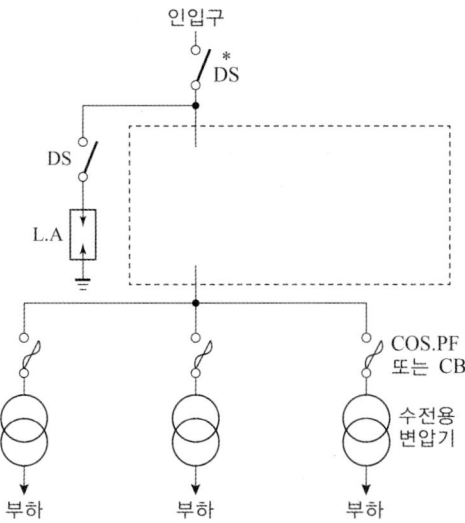

(1) 점선 내부의 미완성 부분에 대한 결선도를 완성하시오. 단, 미완성 부분만 작성하되, 미완성 부분에는 CB, OCR : 3개, OCGR, MOF, PT, CT, PF, COS, TC, A, V, 전력량계 등을 사용하도록 한다.
(2) 수전전압이 66[kV] 이상인 경우에 ※표로 표시된 DS 대신 어떤 것을 사용하여야 하는가?
(3) 지중 인입선의 경우에 22.9[kV-Y] 계통은 어떤 케이블을 사용하여야 하는지 2가지를 쓰시오.
(4) 사용전압이 22.9[kV]라고 할 때 차단기의 트립전원은 어떤 방식이 바람직한지 2가지를 쓰시오.

Answer

(1)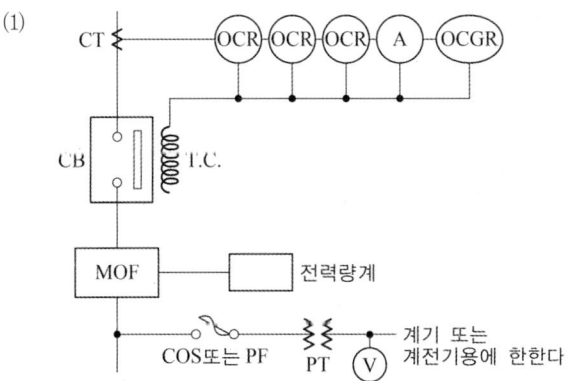

(2) LS(선로 개폐기)
(3) ① CNCV-W 케이블(수밀형)
② TR CNCV-W(트리억제형)
(4) ① DC 방식(직류방식)
② CTD 방식(콘덴서방식)

> Explanation

CB 1차 측에 CT를, 2차 측에 PT를 시설하는 경우

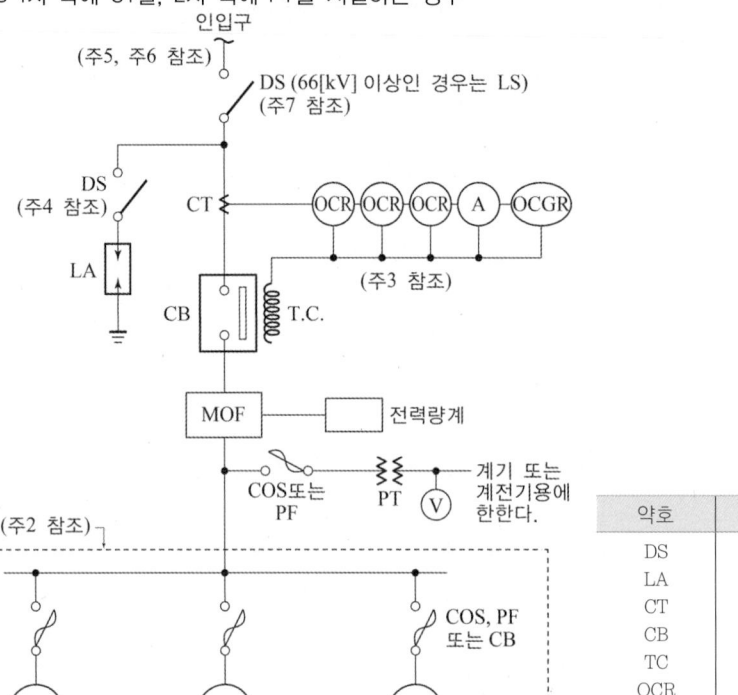

약호	명칭
DS	단로기
LA	피뢰기
CT	변류기
CB	차단기
TC	트립코일
OCR	과전류 계전기
GR	지락 계전기
MOF	전력 수급용 계기용 변성기
COS	컷아웃 스위치
PF	전력 퓨즈
PT	계기용 변압기

[주1] 22.9[kV-Y] 1,000[kVA] 이하인 경우에는 간이 수전설비 결선도에 의할 수 있다.
[주2] 결선도 중 점선내의 부분은 참고용 예시이다.
[주3] 차단기의 트립 전원은 직류[DC]또는 콘덴서 방식(CTD)이 바람직하며 66[kV] 이상의 수전 설비에는 직류(DC)이어야 한다.
[주4] LA용 DS는 생략할 수 있으며 22.9[kV-Y]용의 LA는 Disconnector(또는 Isolator) 붙임형을 사용하여야 한다.
[주5] 인입선을 지중선으로 시설하는 경우로서 공동 주택 등 사고시 정전 피해가 큰 수전 설비 인입선은 예비선을 포함하여 2회선으로 시설하는 것이 바람직하다.
[주6] 지중인입선의 경우에 22.9[kV-Y] 계통은 CNCV-W 케이블(수밀형) 또는 TR CNCV-W(트리억제형)을 사용하여야 한다. 다만, 전력구·공동구·덕트·건물 구내 등 화재의 우려가 있는 장소에서는 FR-CNCO-W(난연)케이블을 사용하는 것이 바람직하다.
[주7] DS 대신 자동고장구분 개폐기(7,000[kVA] 초과 시에는 Sectionalizer)를 사용할 수 있으며 66[kV] 이상의 경우는 LS를 사용하여야 한다.

18 ★★★☆☆
다음의 전등 점멸에 대한 동작 설명을 읽고 답안지의 미완성 회로를 완성하시오.

(1) 전등 L_1, L_2, L_3가 모두 소등된 상태에서 누름 버튼스위치 BS_1, BS_2, BS_3 중 어느 하나를 한 번 누르면(눌렀다 놓으면) 전등 L_1, L_2, L_3가 동시에 점등되고 다시 한 번 누르면 전등 L_1, L_2, L_3는 동시에 소등된다. 이런 동작이 계속 반복된다.

(2) X_1 및 X_2는 8Pin Relay(2a 2b), X_3는 14Pin Relay(4a 4b)를 사용하시오.

(3) 도면에 일부 표시한 회로를 최대한 활용하시오.

(4) 사용될 Relay 접점은 도면에 제시한 것 외에 추가로 사용될 것이 다음과 같으며 회로를 정확히 구성하시오.

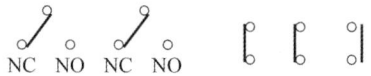

전등 점멸 회로 미완성 결선도

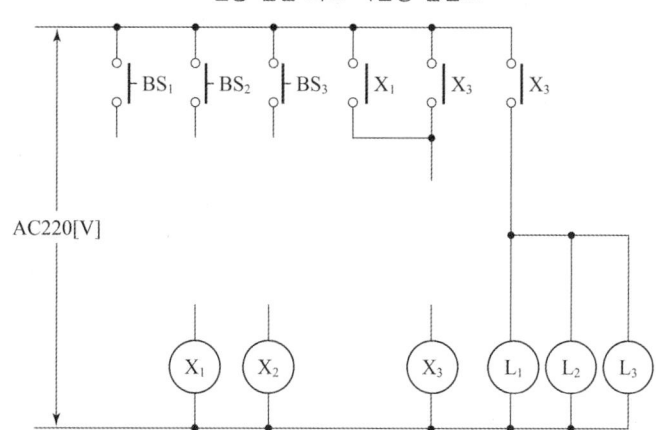

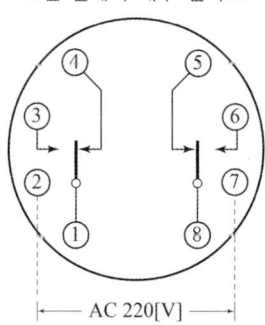

B핀 릴레이 내부 접속도

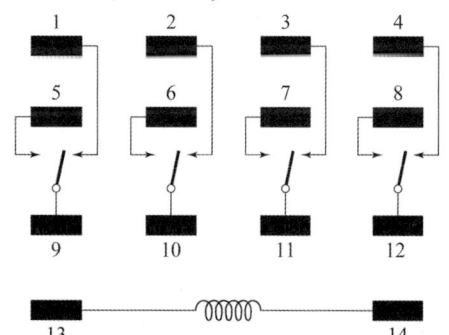

14핀 Relay 내부 결선도

Answer

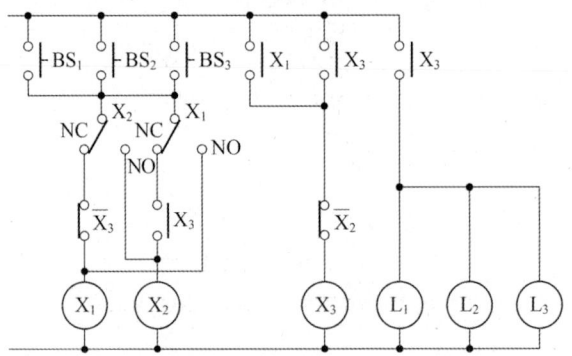

Explanation

플리커 릴레이

- BS_1, BS_2, BS_3 중 어느 하나를 한번 누르면

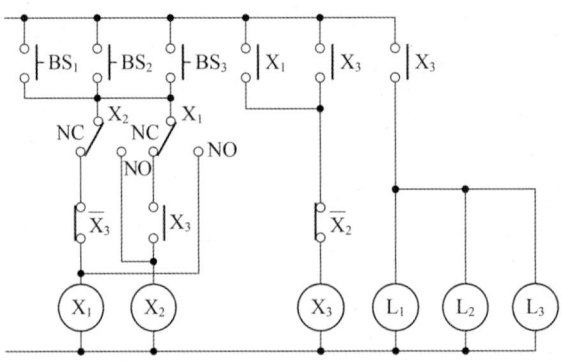

- BS_1, BS_2, BS_3 중 어느 하나를 두 번째 누르면

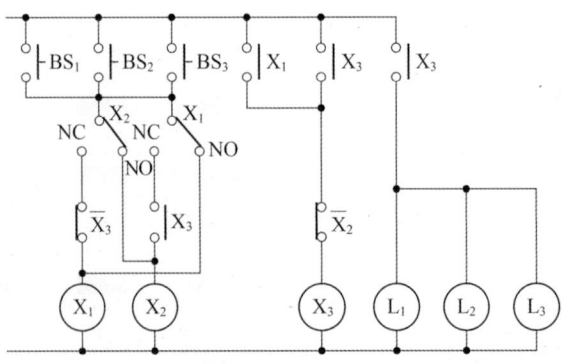

과년도 기출문제

전기공사기사 실기 2009

- 2009년 제 01회
- 2009년 제 02회
- 2009년 제 04회

2009년 과년도 기출문제에 대한 출제 빈도 분석 차트입니다.
각 회차별로 별의 개수를 확인하고 학습에 참고하기 바랍니다

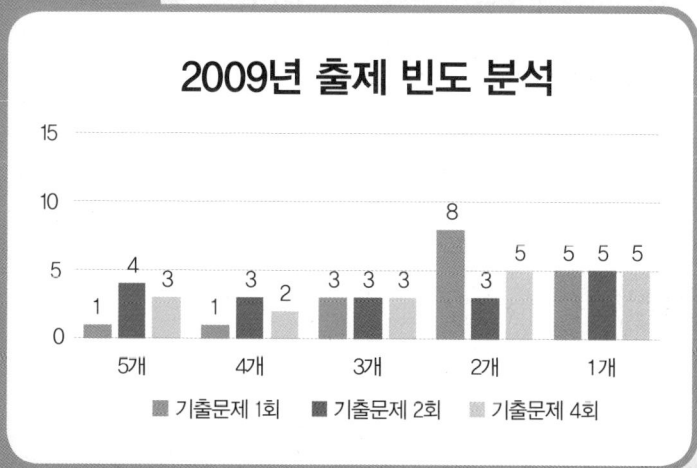

2009년 전기공사기사 실기

01 변압기 결선 방식에서 V-V 결선의 장점 1가지 및 단점 3가지만 쓰시오.

Answer

(1) 장점
　① △-△결선에서 1대의 변압기 고장 시 단상 변압기 2대만으로도 3상 부하에 전력을 공급할 수 있다.

(2) 단점
　① 설비의 이용률이 86.6[%]로 저하된다.
　② △ 결선에 비해 출력이 57.74[%]로 저하된다.
　③ 부하의 상태에 따라서, 2차 단자 전압이 불평형이 될 수 있다.

Explanation

V결선 : 단상변압기 2대로 결선
V결선의 용량은 변압기 1대 용량을 K라 하면 $P_V = \sqrt{3}\,K$이며

이용률 $= \dfrac{\sqrt{3}\,K}{2K} = \dfrac{\sqrt{3}}{2} = 0.866$

출력비 $= \dfrac{\sqrt{3}\,K}{3K} = \dfrac{\sqrt{3}}{3} = 0.5774$

02 그림과 같은 3상 3선식 380[V] 수전의 경우 설비 불평형률을 계산하시오.

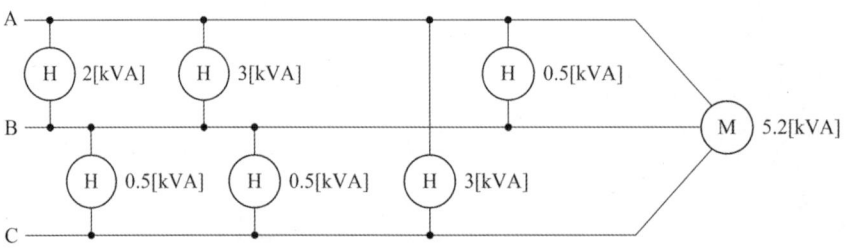

• 계산 :

• 답 :

Answer

불평형률 $= \dfrac{(2+3+0.5) - (0.5+0.5)}{(2+3+0.5+5.2+3+0.5+0.5) \times \dfrac{1}{3}} \times 100 = 91.84[\%]$

Explanation

(내선규정 1,410-1) 설비 부하평형 시설
저압, 고압 및 특별 고압 수전의 3상 3선식 또는 3상 4선식에서 불평형 부하의 한도는 단상 접속부하로 계산하여 설비불평형률을 30[%]이하로 하는 것을 원칙으로 한다.
다만, 다음 각 호의 경우는 이 제한에 따르지 않을 수 있다.
① 저압 수전에서 전용변압기로 수전하는 경우
② 고압 및 특고압수전에서 100[kVA](kW) 이하인 경우
③ 고압 및 특고압수전에서 단상부하용량의 최대와 최소의 차가 100[kVA](kW) 이하인 경우
④ 특고압수전에서 100[kVA](kW) 이하의 단상 변압기 2대로 역(逆)V결선하는 경우

[주] 이 경우의 설비불평형률이란 각 선간에 접속되는 단상부하 총 설비용량[VA]의 최대와 최소의 차와 총 부하설비용량[VA] 평균값의 비[%]를 말하며 다음의 식으로 나타낸다.

$$설비불평형률 = \frac{각\ 선간에\ 접속되는\ 단상부하\ 총\ 설비용량[kVA]의\ 최대와\ 최소의\ 차}{총\ 부하\ 설비용량의\ 1/3} \times 100[\%]$$

여기서, A-B 선간 부하 : 2+3+0.5=5.5[kVA](최대)
　　　　B-C 선간 부하 : 0.5+0.5=1[kVA](최소)
　　　　C-A 선간 부하 : 3[kVA]

03 ★☆☆☆☆
CN—CV 케이블의 열화 형태에서 열화 발생 요인 5가지를 쓰시오.

Answer

① 전기적 요인
② 열적 요인
③ 환경적 요인
④ 기계적 요인
⑤ 기타 요인

Explanation

전기적 요인
상시 운전전압 자체가 열화를 일으키는 요인이 되는 것 이외에 고장 시 발생하는 지속적인 과전압, 개폐서지, 뇌서지 등 이상전압 등에 의해서 발생

열적 요인
허용전류 내에서 온도상승에 따른 열적열화는 문제가 없어도 과도적인 고온에서의 사용은 케이블의 변형을 일으키거나 열적열화 촉진

환경적 요인
포설되어 있는 케이블에 침입하는 것으로서 물, 화학 약품류가 있으며 단말에는 자외선, 오존, 염분 등의 영향이 있다. 생물(개미, 쥐 등)에 의해 시스가 손상을 입는 경우도 있다.

기계적 요인
케이블 포설 시 또는 포설 후에 가해지는 굴곡, 충격하중 및 외상이 있다.

기타 요인
케이블의 단말 또는 접속부 등의 시공불량에 의해 공극이 발생한다던지 물이 침입함으로서 부분방전이나 수트리 열화가 발생

04 그림 기호는 자동 화재탐지설비에 관련된 기호이다. 명칭을 정확히 쓰시오.

Answer

정온식 스포트형 감지기(내알칼리형)

Explanation

(KS C 0301) 옥내배선용 그림 기호 자동 화재검지 설비

감지기의 종류	그림기호	비고
정온식 스포트형 감지기		• 필요에 따라 종별을 표시한다. • 방수형인 것은 ▯ 로 한다. • 내산인 것은 ▯ 로 한다. • 내알칼리인 것은 ▯ 로 한다. • 방폭인 것은 EX를 표기한다.
차동식 스포트형 감지기		필요에 따라 종별을 표시한다.
보상식 스포트형 감지기		필요에 따라 종별을 표시한다.

05 ★★★☆☆
변압기의 병렬운전 조건에서 병렬운전이 적합하지 않은 경우 3가지를 쓰고 3상 변압기의 병렬운전조합이 불가능한 결선 4가지를 쓰시오.

(1) 병렬운전이 적합하지 않은 경우
(2) 불가능한 결선 방법

Answer

(1) 단자전압이 다른 경우, 극성이 다른 경우, 내부저항과 누설리액턴스 비가 다른 경우
(2) △—△와 △—Y, △—Y와 Y—Y, △—△와 Y—△, Y—Y와 Y—△

Explanation

변압기 병렬운전 조건
- 극성 및 권수비가 같을 것
- 1, 2차 정격전압이 같을 것(용량, 출력무관)
- [%]강하가 같을 것
- 변압기 내부저항과 리액턴스의 비가 같을 것
- 상회전 방향과 각 변위가 같을 것(3상 변압기)

병렬운전 가능한 결선과 불가능한 결선

병렬운전 가능	병렬운전 불가능
△-△와 △-△	△-△와 △-Y
Y-△와 Y-△	△-Y와 Y-Y
Y-Y와 Y-Y	△-△와 Y-△
△-Y와 △-Y	Y-Y와 Y-△
△-△와 Y-Y	
△-Y와 Y-△	

06 ★★☆☆☆
설계서의 작성순서에서 변경 설계를 하려고 한다. 괄호(① ~ ⑤)안에 알맞은 용어를 쓰시오.

"표지 - 목차 - 변경이유서 - (①) - 특별시방서 - (②) - 동원인원 계획표 - (③) - 일위대가표 - (④) - 중기사용료 및 잡비계산서 (⑤) - 설계도면 - 이하생략"

Answer

① 일반시방서
② 예정공정표
③ 내역서
④ 자재표
⑤ 수량계산서

> **Explanation**

설계변경 절차
표지 − 목차 − 변경이유서 − 일반시방서 − 특별시방서 − 예정공정표 − 동원인원 계획표 − 내역서 − 일위대가표 − 자재표 − 중기사용료 및 잡비계산서 − 수량계산서 − 설계도면 − 이하생략

07 ★☆☆☆☆
활선 공법을 하는 동안 작업자가 전선에 접촉되는 것을 방지 하는 목적으로 사용하는 절연체는?

> **Answer**

전선커버

> **Explanation**

대한전기협회 활선장구의 제작과 관리 공구(전선커버(Wire Cover))
활선 작업 시 작업자의 전선 접촉이나 장구의 사용 부주위로 인한 제반 안전사고를 미연에 방지할 목적으로 사용하는 절연 장구

08 ★★★☆☆
송배전 선로에서 전선의 장력을 2배로 하고 또 경간을 2배로 하면 전선의 이도는 처음의 몇 배가 되는가?
- 계산 :
- 답 :

> **Answer**

계산 : 이도 $D = \dfrac{WS^2}{8T}$ 에서

$$D' = \dfrac{W(2S)^2}{8(2T)} = 2\dfrac{WS^2}{8T} = 2D$$

답 : 2배

> **Explanation**

- 이도 : $D = \dfrac{WS^2}{8T}$ [m]
- 실제 길이 : $L = S + \dfrac{8D^2}{3S}$ [m]

  여기서, L : 전선의 실제 길이[m]
  D : 이도[m]
  S : 경간[m]

09 전선 약호에 따른 명칭을 쓰시오.

(1) ACSR
(2) OW
(3) A-Al
(4) DV
(5) OE

Answer

(1) 강심알루미늄연선
(2) 옥외용 비닐절연전선
(3) 연알루미늄선
(4) 인입용 비닐절연전선
(5) 옥외용 폴리에틸렌 절연전선

Explanation

(내선규정 100-2) 전선 약호

약호	명칭
A-Al	연알루미늄선
ACSR	강심 알루미늄연선
ACSR-OC 전선	옥외용 강심 알루미늄도체 가교 폴리에틸렌 절연전선
ACSR-OE 전선	옥외용 강심 알루미늄도체 폴리에틸렌 절연전선
AL-OC 전선	옥외용 알루미늄도체 가교 폴리에틸렌 절연전선
AL-OE 전선	옥외용 알루미늄도체 폴리에틸렌 절연전선
AL-OW 전선	옥외용 알루미늄도체 비닐 절연전선
DV 전선	인입용 비닐 절연전선
FL 전선	형광 방전등용 비닐전선
HR(0.5) 전선	500[V] 내열성 고무 절연전선(110[℃])
HR(0.75) 전선	750[V] 내열성 고무 절연전선(110[℃])
NR 전선	450/750[V] 일반용 단심 비닐 절연전선
NRI(70) 전선	300/500[V] 기기 배선용 단심 비닐 절연전선(70[℃])
NRI(90) 전선	300/500[V] 기기 배선용 단심 비닐 절연전선(90[℃])
OC 전선	옥외용 가교 폴리에틸렌 절연전선
OE 전선	옥외용 폴리에틸렌 절연전선
OW 전선	옥외용 비닐 절연전선

10. 피뢰기와 피뢰침 차이를 간단히 쓰시오.

항목	피뢰기(lightning arrester)	피뢰침(lightning rod)
사용 목적		
취부 위치		

Answer

항목	피뢰기(lightning arrester)	피뢰침(lightning rod)
사용 목적	이상전압(낙뢰 또는 개폐 시 발생하는 전압)으로부터 전력설비의 기기를 보호	건축물과 내부의 사람이나 물체를 뇌해로부터 보호
취부 위치	• 발전소, 변전소 또는 이에 준하는 장소의 가공 전선 인입구 및 인출구 • 특고압 가공전선로에 접속하는 배전용 변압기의 고압 측 및 특고압 측 • 고압 및 특고압 가공전선로로부터 공급을 받는 수용장소의 인입구 • 가공전선로와 지중전선로가 접속되는 곳	• 전기전자설비가 설치된 건축물·구조물로서 낙뢰로부터 보호가 필요한 것 또는 지상으로부터 높이가 20[m] 이상인 것 • 전기설비 및 전자설비 중 낙뢰로부터 보호가 필요한 설비

Explanation

(KEC 341.13) 피뢰기의 시설
고압 및 특고압의 전로 중 다음 각 호에 열거하는 곳 또는 이에 근접한 곳에는 피뢰기를 시설하여야 한다.
① 발전소·변전소 또는 이에 준하는 장소의 가공전선 인입구 및 인출구
② 특고압 가공전선로에 접속하는 배전용 변압기의 고압 측 및 특고압 측
③ 고압 및 특고압 가공전선로로부터 공급을 받는 수용장소의 인입구
④ 가공전선로와 지중전선로가 접속되는 곳

11 UPS용 축전지의 선정과 관련하여 축전지의 용량 산정에 필요한 조건 6가지를 쓰시오

Answer
① 부하의 크기와 성질
② 예상 정전시간
③ 순시 최대 방전전류의 세기
④ 제어 케이블에 의한 전압강하
⑤ 경년에 의한 용량의 감소
⑥ 온도 변화에 의한 용량 보정

Explanation

- 무정전 전원 공급 장치(UPS : Uninterruptible Power Supply)
  - 구성 : 축전지, 정류 장치(Converter), 역변환 장치(Inverter)
  - 선로의 정전이나 입력 전원에 이상 상태가 발생하였을 경우에도 정상적으로 전력을 부하 측에 공급하는 설비

- UPS의 구성도

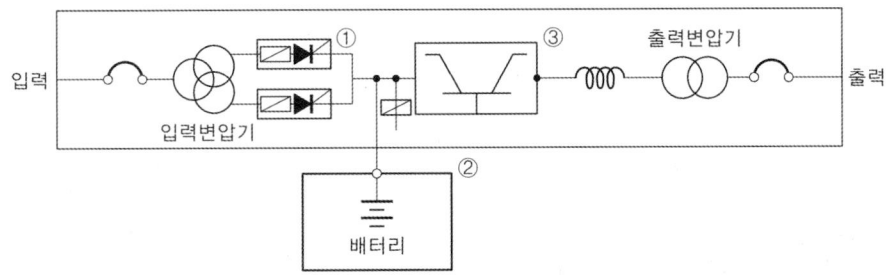

- UPS 구성 장치
  ① 순변환(정류) 장치(Converter) : 교류를 직류로 변환
  ② 축전지 : 정류 장치에 의해 변환된 직류 전력을 저장
  ③ 역변환 장치(Inverter) : 직류를 상용 주파수의 교류 전압으로 변환

- 축전지 용량

  $C = \dfrac{1}{L} KI \text{[Ah]}$

  여기서, C : 축전지의 용량[Ah], L : 보수율(경년용량 저하율)
  K : 용량환산 시간 계수, I : 방전 전류[A]

12 ★★☆☆☆ 다음은 공칭전압 22.9[kV], 선심수 3, 특고압 수밀형 가공케이블(ABC-W)단면도 이다. 각 번호별(1~6)에 대한 명칭을 쓰시오. 단, 도체규격은 50, 95, 150, 240[mm^2]이다.

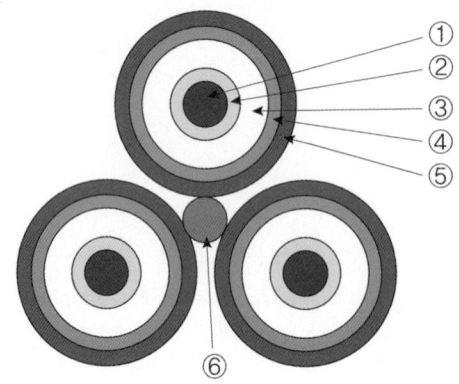

Answer

① 도체
② 내부 반도전층
③ 절연층
④ 외부 반도전층
⑤ 시스
⑥ 중성선

Explanation

(내선규정 100-1) 22.9[kV]용 특고압 수밀형 케이블

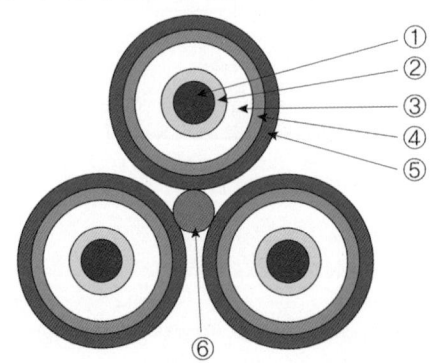

No.	항목	재료
①	도체	수밀 컴파운드 충전 원형압축 AL연선
②	내부 반도전층	반도전성 컴파운드
③	절연층	가교 폴리에틸렌
④	외부 반도전층	반도전성 컴파운드
⑤	시스	반도전성 고밀도 폴리에틸렌
⑥	중성선	알루미늄 피복강심 경알루미늄 연선

13. 자동화재탐지설비의 발신기 설치기준에 대하여 3가지만 쓰시오.

Answer

① 스위치는 바닥으로부터 0.8[m] 이상 1.5[m] 이하의 높이에 설치할 것
② 특정 소방대상물의 층마다 설치하되, 당해 소방대상물의 각 부분으로부터 수평거리가 25[m] 이하가 되도록 할 것
③ 발신기의 위치를 표시하는 표시등은 함의 상부에 설치하되, 그 불빛은 부착면으로부터 15° 이상의 범위 안에서 부착지점으로부터 10[m] 이내의 어느 곳에서도 쉽게 식별할 수 있는 적색등으로 할 것

Explanation

화재안전기준(NFSC 203) 자동화재탐지설비(발신기)
① 자동화재탐지설비의 발신기는 다음 각 호의 기준에 따라 설치하여야 한다. 다만, 지하구의 경우에는 발신기를 설치하지 아니할 수 있다.
- 조작이 쉬운 장소에 설치하고, 스위치는 바닥으로부터 0.8[m] 이상 1.5[m] 이하의 높이에 설치할 것
- 특정소방대상물의 층마다 설치하되, 해당 특정소방대상물의 각 부분으로부터 하나의 발신기까지의 수평거리가 25[m] 이하가 되도록 할 것. 다만, 복도 또는 별도로 구획된 실로서 보행 거리가 40[m] 이상일 경우에는 추가로 설치하여야 한다. 〈개정 2008.12.15〉
- 제2호에도 불구하고 제2호의 기준을 초과하는 경우로서 기둥 또는 벽이 설치되지 아니한 대형공간의 경우 발신기는 설치 대상 장소의 가장 가까운 장소의 벽 또는 기둥 등에 설치할 것
② 발신기의 위치를 표시하는 표시등은 함의 상부에 설치하되, 그 불빛은 부착면으로부터 15° 이상의 범위 안에서 부착지점으로부터 10[m] 이내의 어느 곳에서도 쉽게 식별할 수 있는 적색등으로 하여야 한다.

14. 코너 조명에 관한 다음 각 물음에 대하여 간단하게 설명하시오.

(1) 조명방식
(2) 특징
(3) 용도

Answer

(1) 조명방식 : 천장과 벽면의 경계구석에 등기구를 배치하여 조명하는 방식
(2) 특징 : 천장과 벽면을 동시에 투사하는 조명방식
(3) 용도 : 지하도, 터널에 이용

Explanation

코너 조명
- 조명방식 : 천장과 벽면의 경계구석에 등기구를 배치하여 조명하는 방식
- 특징 : 천장과 벽면을 동시에 투사하는 조명방식
- 용도 : 지하도, 터널에 이용

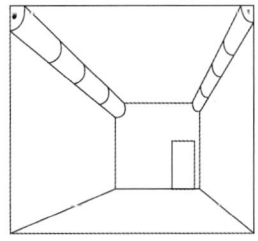

15 ★★★☆☆ 다음 조건을 만족하는 회로를 구성하여 미완성 도면을 완성하시오.

[조건]
① Button Switch B_1 또는 B_2를 누르면(눌렀다 놓으면) 해당번호의 전등 L_1 또는 L_2가 점등되고 동시에 Buzzer BZ가 일정시간 동작하고 Timer T의 설정시간 후 L_1 또는 L_2와 BZ는 동시에 정지한다. L_1이 점등되고 있을 때 B_2를 눌러도 L_2는 점등되지 않는다. L_2가 점등되고 있을 때에도 B_1을 눌러도 L_1은 점등되지 않는다.
② 정지한 후 다시 B_1 또는 B_2를 누르면(눌렀다 놓으면) 해당번호의 전등 L_1 또는 L_2가 점등되고 동시에 Buzzer BZ가 일정시간 동작하고 Timer T의 설정시간 후 L_1 또는 L_2와 BZ는 동시에 정지한다.
③ 다음 Time Chart를 참고하시오.

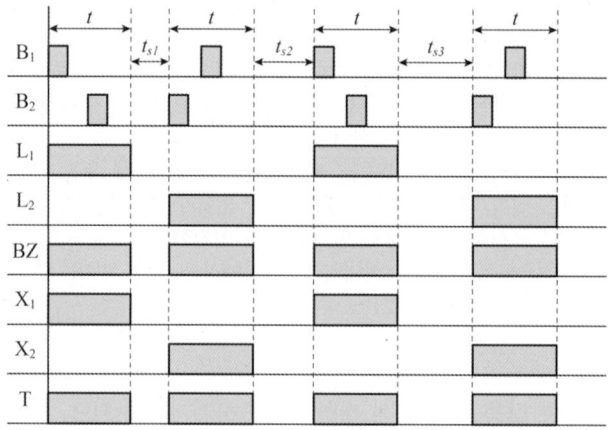

- t는 T의 설정 시간
- t_{s1}, t_{s2}, t_{s3}는 L_1, L_2 및 Buzzer가 동작하지 않고 정지하고 있는 시간(문제와는 상관이 없으며 참고로 표시한 것임)

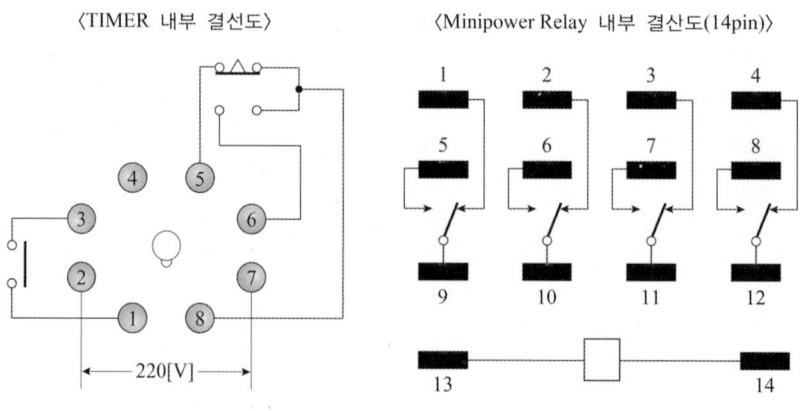

④ 미완성 도면

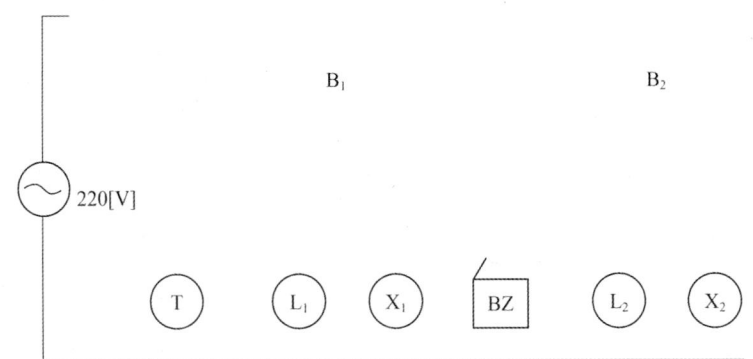

[범례]
- X_1, X_2 : Minipower Relay 내부 결선도(14 pin)
- T : TIMER(8 pin)

Answer

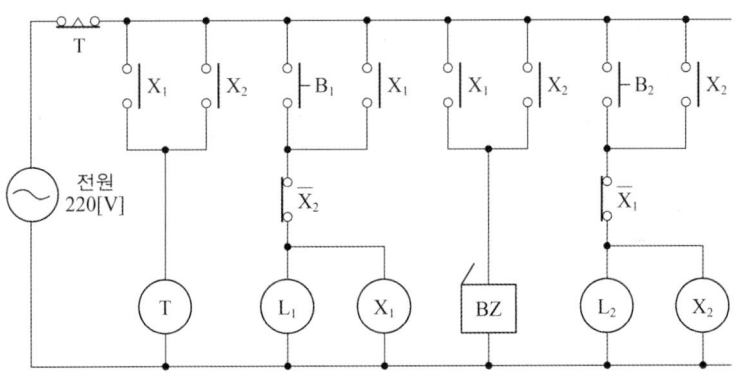

BEST 16

그림은 어느 박물관의 배선에 경보장치를 설치하려고 하는 미완성 배선 접속도이다. 이미 완성 배선 접속도를 완성시켜 복선도로 그리시오. (단, 누전경보기 내부 전선은 생략하고 단자까지만 배선하며, 영상변류기는 WH와 KS 사이에 시설하는 것으로 하고, 경보장치의 전원단에는 별도의 개폐기를 취부한다. 또한 경보기구(벨)도 포함하여 작성하도록 한다.)

[참고사항]

경보장치에서의 C_1, C_2는 ZCT의 단자이며, S_1, S_2는 경보장치 전원단자, A_1, A_2는 경보기구(벨)의 단자이다.

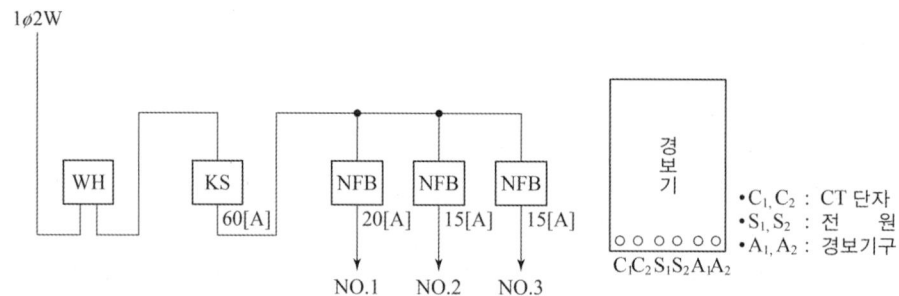

Answer

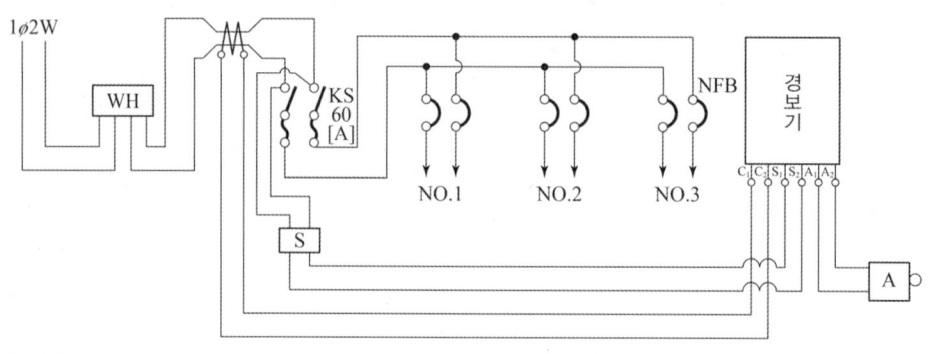

Explanation

- 경보 장치의 전원 단에는 별도의 개폐기를 취부 한다는 것은 개폐기를 KS의 앞부분에 설치해야하다는 것임
- 영상변류기(ZCT)는 선로전체 관통

17 특고압 간이수전설비 결선도(단선도)를 그리시오. (단, 22.9[kV] 이하를 시설하는 경우이며, 그림 기호의 명칭을 반드시 쓰도록 한다.)

Answer

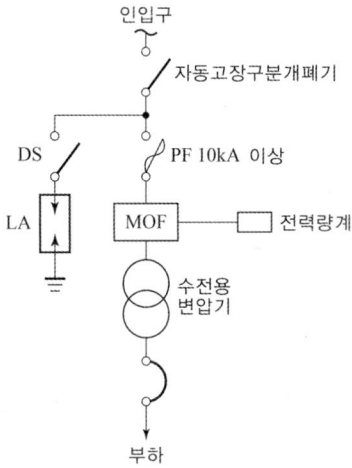

Explanation

특고압 간이 수전 설비 표준 결선도(22.9[kV-Y] 1,000[kVA] 이하를 시설하는 경우)

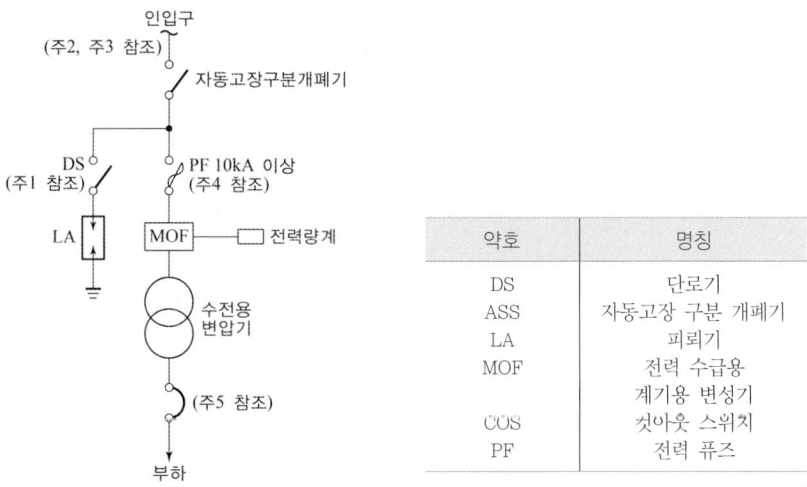

약호	명칭
DS	단로기
ASS	자동고장 구분 개폐기
LA	피뢰기
MOF	전력 수급용 계기용 변성기
COS	컷아웃 스위치
PF	전력 퓨즈

[주1] LA용 DS는 생략할 수 있으며 22.9[kV-Y]용의 LA는 Disconnector(또는 Isolator) 붙임형을 사용하여야 한다.
[주2] 인입선을 지중선으로 시설하는 경우로서 공동주택 등 사고 시 정전 피해가 큰 수전 설비인입선은 예비선을 포함하여 2회선으로 시설하는 것이 바람직하다.
[주3] 지중 인입선의 경우에 22.9[kV-Y] 계통은 CNCV-W 케이블(수밀형) 또는 TR CNCV-W(트리억제형)을 사용하여야 한다. 다만, 전력구, 공동구, 덕트, 건물구내 등 화재의 우려가 있는 장소에서는 FR CNCO-W(난연)케이블을 사용하는 것이 바람직하다.
[주4] 300[kVA] 이하인 경우는 PF대신 COS(비대칭 차단전류 10[kA]이상의 것)을 사용할 수 있다.
[주5] 특별고압 간이 수전설비는 PF의 용단 등의 결상사고에 대한 대책이 없으므로 변압기 2차측에 설치되는 주차단기에는 결상계전기 등을 설치하여 결상사고에 대한 보호능력이 있노록 함이 바람직하다.

18 그림의 회로도를 보고 다음 각 물음에 답하시오.

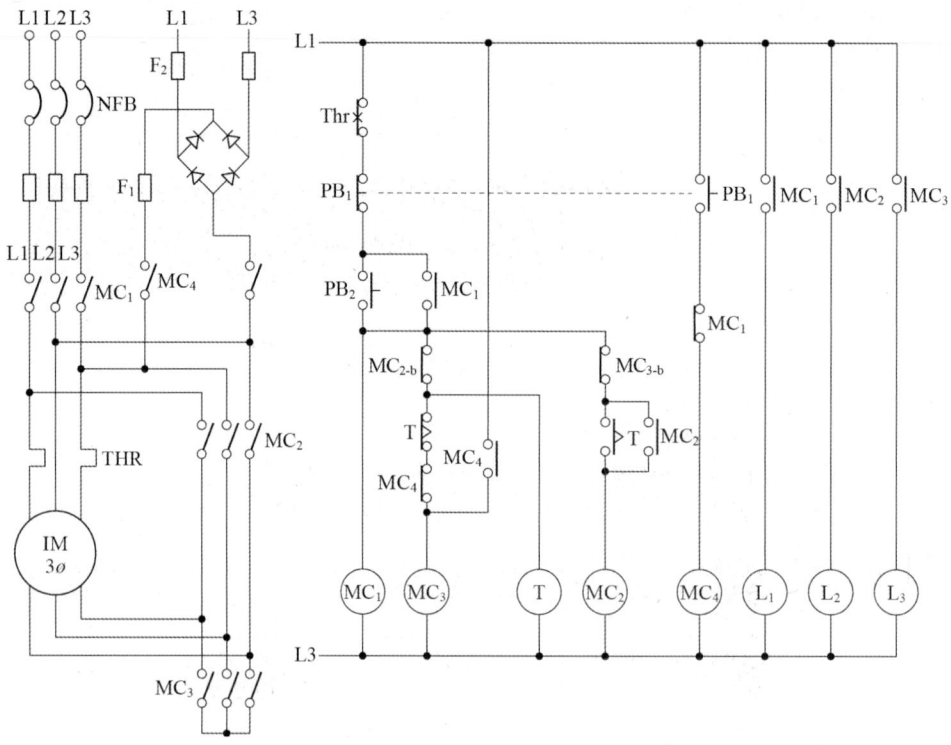

(1) 전동기를 기동하는 방법 중 어떤 기동방법으로 운전하는 회로인가?

(2) DC전압을 MC_4를 통해 전동기에 인가하는 이유는 무엇인가?

(3) 다이오드를 이용하여 정류하는 회로방식을 어떤 정류방식이라 하는가?

(4) THR의 기능은 무엇인가?

(5) L_2가 점등되면 전동기는 어떤 운전을 하는가?

Answer

(1) Y-△ 기동회로
(2) 급제동을 하기 위해 전동기의 정지토크를 발생시킴
(3) 브리지 정류(전파 정류 회로)
(4) 과부하 보호
(5) △ 운전

- Y-△ 기동의 주회로 결선

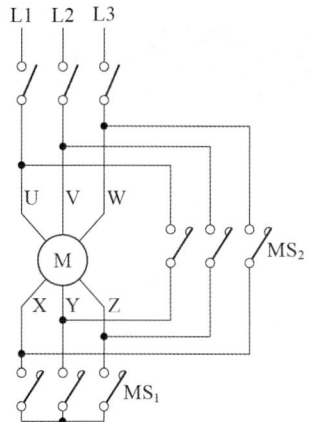

- Y-△ 기동 시의 기동전류는 전전압 기동 전류의 1/3배이며 전원 투입 후 Y결선으로 기동한 후 타이머의 설정 시간이 되면 △ 결선으로 운전한다. 이 때 Y결선은 정지하며 Y와 △는 동시투입이 되어서 안된다 (인터록).

- 문제에서의 전자접촉기
  - MC_1 : 주전원
  - MC_3 : Y 기동
  - MC_2 : △ 운전
  - MC_4 : 급제동을 하기 위해 전동기의 정지 토크를 발생

2회 2009년 전기공사기사 실기

01 ★★☆☆☆
다음 그림기호의 명칭을 쓰시오.

Answer

지진 감지기(가속도 100~170[Gal])

Explanation

[Gal] : 중력가속도의 단위
1[Gal]=1[cm/s^2]

02 ★★☆☆☆
애자와 전선의 굵기에서 놉 애자의 종류 가운데 소, 중, 대, 특대를 사용할 때 각 사용 전선의 최대 굵기[㎟]를 쓰시오.

- 소 :
- 중 :
- 대 :
- 특대 :

Answer

- 소놉 애자 : 16[㎟]
- 중놉 애자 : 50[㎟]
- 대놉 애자 : 95[㎟]
- 특대놉 애자 : 240[㎟]

Explanation

(내선규정 2270-2) 애자와 전선의 굵기

애자의 종류		전선의 최대 굵기[㎟]
놉애자	소	16
	중	50
	대	95
	특대	240
인류 애자	특대	25
핀 애자	소	50
	중	95
	대	185

03 리액터의 종류 4가지를 쓰고, 그 사용 목적을 쓰시오.

Answer

종류	사용 목적
분로 리액터	페란티 현상의 방지
직렬 리액터	제5고조파 제거
소호 리액터	지락 아크 소멸
한류 리액터	단락전류의 제한

Explanation

- 분로 리액터 : 페란티 현상 방지
- 직렬 리액터 : 제5고조파 제거
- 소호 리액터 : 지락 아크 소멸
- 한류 리액터 : 단락전류 제한

04 3상 4선식 380/220[V]에서 3상 동력과 단상 전등 부하를 동시에 사용 가능한 방식으로 불평형 부하의 한도는 단상접속부하로 계산하여 설비불평형률을 30[%] 이하로 하는 것을 원칙으로 한다. 이 경우 설비불평형률을 식으로 나타내시오.

Answer

$$설비불평형률 = \frac{각 선간에 접속되는 단상부하 총 설비용량[kVA]의 최대와 최소의 차}{총 부하 설비용량[kVA]의 1/3} \times 100[\%]$$

Explanation

(내선규정 제1,410-1) 설비 부하평형 시설
저압, 고압 및 특별 고압 수전의 3상 3선식 또는 3상 4선식에서 불평형 부하의 한도는 단상 접속부하로 계산하여 설비불평형률을 30[%] 이하로 하는 것을 원칙으로 한다. 다만, 다음 각 호의 경우는 이 제한에 따르지 않을 수 있다.
① 저압 수전에서 전용 변압기로 수전하는 경우
② 고압 및 특고압수전에서 100[kVA](kW) 이하인 경우
③ 고압 및 특고압수전에서 단상부하용량의 최대와 최소의 차가 100[KVA](kW) 이하인 경우
④ 특고압수전에서 100[kVA](kW) 이하의 단상 변압기 2대로 역(逆)V결선하는 경우

  [주] 이 경우의 설비불평형률이란 각 선간에 접속되는 단상부하 총 설비용량[VA]의 최대와 최소의 차와 총 부하설비용량 [VA] 평균값의 비[%]를 말하며 다음의 식으로 나타내다

$$설비불평형률 = \frac{각 선간에 접속되는 단상부하 총 설비용량[kVA]의 최대와 최소의 차}{총 부하 설비용량[kVA]의 1/3} \times 100[\%]$$

05 금속관 배선에서 교류회로는 1회로의 전선 전부를 동일 관내에 넣는 것을 원칙으로 하는데 그 이유를 쓰시오.

Answer

전자적 불평형 방지

Explanation

(내선규정 2225-2) 전자적 평형
교류회로는 1회로의 전선 전부를 동일 관내에 넣는 것을 원칙으로 한다. 다만, 동극 왕복선을 동일 관내에 넣는 경우와 같이 전자적 평형상태로 시설하는 것은 적용하지 않는다.
[주] 1회로의 전선 전부란 단상 2선식 회로는 2선을, 단상 3선식 회로 및 3상 3선식 회로는 3선을, 3상 4선식 회로는 4선을 말한다.

06 다음 그림은 3상 4선식 배전선로에서 단상변압기 2대가 있는 미완성 회로도이다. 이것을 역V결선하여 2차에 3상 전원방식으로 결선하시오.

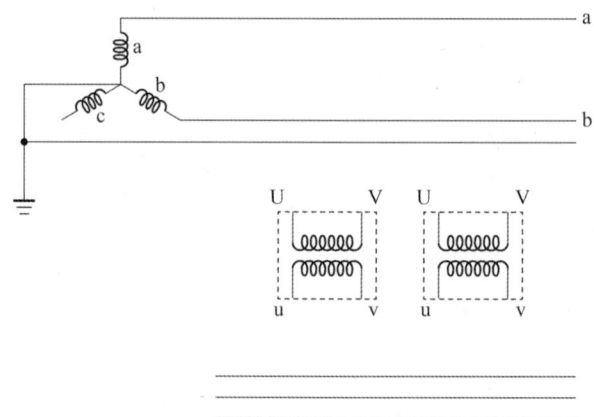

Answer

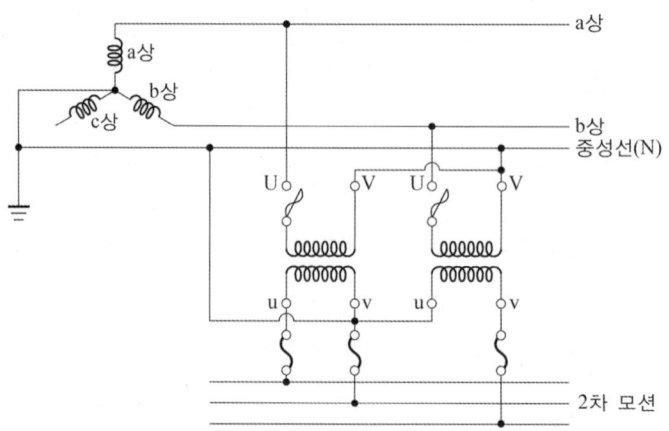

07 금속관의 굵기가 22[mm]인 경우 4[mm²](1/2.26) 절연전선을 몇 가닥까지 넣을 수 있는가? 단, 4[mm²](1/2.26) 전선의 단면적(피복절연물 포함)은 16[mm²]로 하고 절연전선을 금속관내에 넣을 경우의 보정계수는 1.2로 하며, 전선의 피복절연물을 포함한 단면적의 총합계가 관내 단면적의 32[%] 이하가 되도록 하는 경우이다.

• 계산 :   • 답 :

Answer

계산 : 전선관의 내단면적 $A = \dfrac{\pi}{4}D^2 = \dfrac{\pi}{4} \times 22^2 = 380.13\,[\text{mm}^2]$

내단면적 32[%]에 수용할 수 있는 전선 가닥수 N은
$380.13 \times 0.32 \geq 16N \times 1.2$

$N \leq \dfrac{380.13 \times 0.32}{16 \times 1.2} = 6.34$

답 : 6가닥

Explanation

(내선규정 2.225-5) 관의 굵기 선정
• 절연전선의 굵기 : 전선의 단면적(피복절연물 포함)×보정계수
• 문제에서 4[mm²](1/2.26) 절연전선의 경우는 전선의 단면적(피복절연물 포함) 16[mm²]×보정계수는 1.2

08 다음은 건축전기설비에 관한 사항이다. 각 물음에 답하시오.

(1) 다음 (   ) 안에 알맞은 내용을 쓰시오.

"TN계통(TN System)이란 전원의 한 점을 직접접지하고 설비의 노출 도전성부분을 보호선(PE)을 이용하여 전원의 한 점에 접속하는 접지 계통을 말한다. TN계통은 중성선 및 보호선의 배치에 따라 (   )계통, (   )계통, (   )계통이 있다."

(2) TT계통(TT System)이란?

Answer

(1) TN-S계통, TN-C-S계통, TN-C계통
(2) 전원의 한 점을 직접접지하고 설비의 노출 도전성부분을 전원계통의 접지극과는 전기적으로 독립한 접지극에 접지하는 접지계통을 말한다.

Explanation

(KEC 203.1주) 계통접지 구성

기호 설명	
	중성선(N), 중간도체(M)
	보호도체(PE)
	중성선과 보호도체겸용(PEN)

【비고】 기호 : TN계통, TT계통, IT계통에 동일 적용

(1) TN 계통(TN System)
   • 전원 측의 한 점을 직접접지하고 설비의 노출도전부를 보호도체로 접속시키는 방식
   • 중성선 및 보호도체(PE 도체)의 배치 및 접속방식에 따른 분류
   ① TN-S 계통 : 계통 전체에 대해 별도의 중성선 또는 PE 도체를 사용
                  배전계통에서 PE 도체를 추가로 접지 가능
      • 계통 내에서 별도의 중성선과 보호도체가 있는 계통

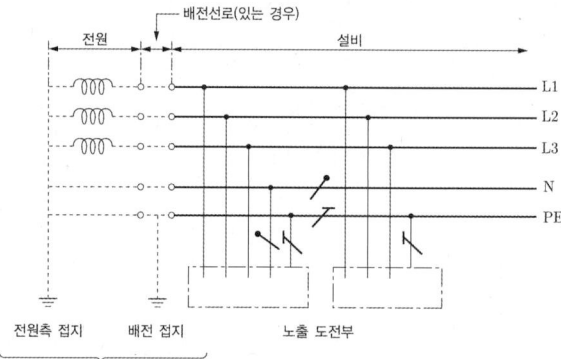

      • 계통 내에서 별도의 접지된 선도체와 보호도체가 있는 계통

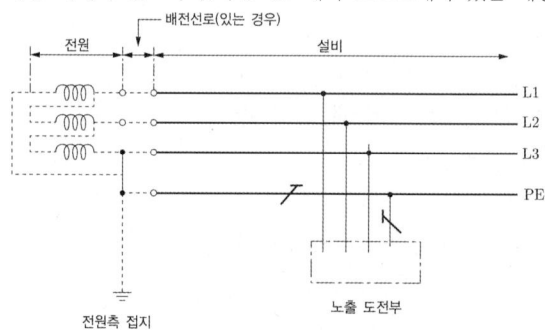

      • 계통 내에서 접지된 보호도체는 있으나 중성선의 배선이 없는 계통

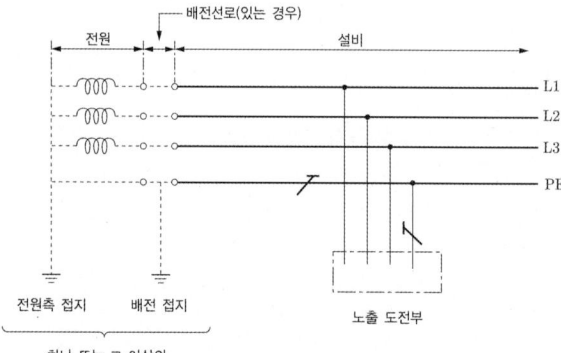

   ② TN-C 계통 : 계통 전체에 대해 중성선과 보호도체의 기능을 동일도체로 겸용한 PEN 도체를 사용
                  배전계통에서 PEN 도체를 추가로 접지 가능

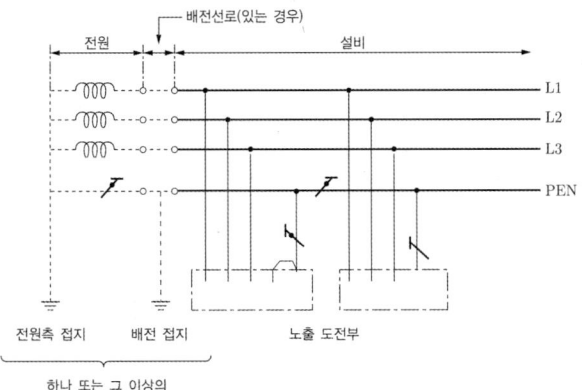

③ TN-C-S계통 : 계통의 일부분에서 PEN 도체를 사용, 중성선과 별도의 PE 도체를 사용
배전계통에서 PEN 도체와 PE 도체를 추가로 접지 가능

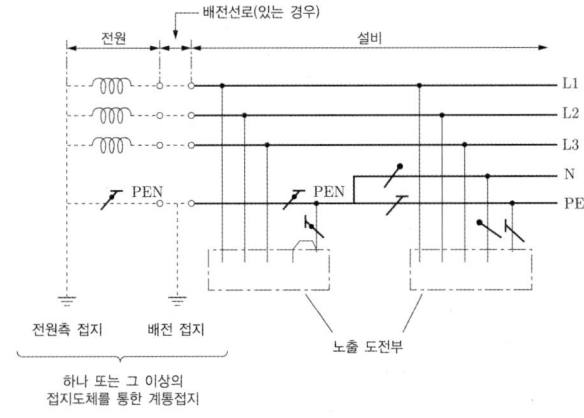

(2) TT 계통(TT System)
- 전원의 한 점을 직접 접지하고 설비의 노출도전부는 전원의 접지전극과 전기적으로 독립적인 접지극에 접속
- 배전계통에서 PE 도체를 추가로 접지 가능
  ① 설비 전체에서 별도의 중성선과 보호도체가 있는 계통

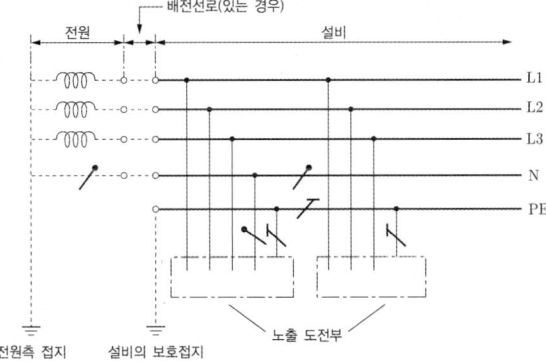

② 설비 전체에서 접지된 보호도체가 있으나 배전용 중성선이 없는 계통

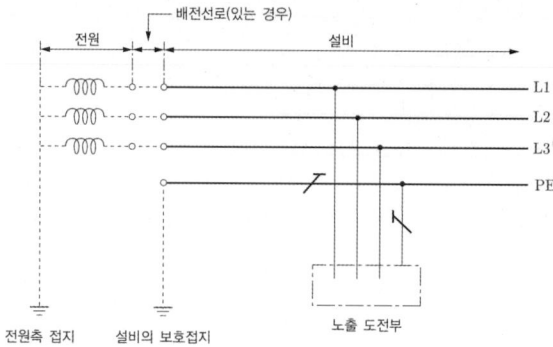

(3) IT계통(IT System)
- 충전부 전체를 대지로부터 절연시키거나, 한 점을 임피던스를 통해 대지에 접속
- 계통은 충분히 높은 임피던스를 통하여 접지

① 계통 내의 모든 노출도전부가 보호도체에 의해 접속되어 일괄 접지된 계통

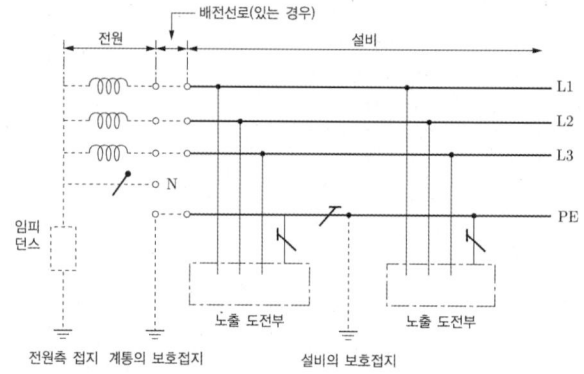

② 노출도전부가 조합으로 또는 개별로 접지된 계통

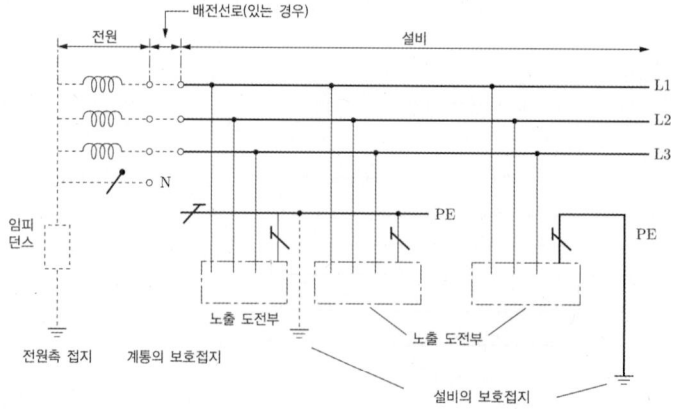

09 총 공사비가 32억 원이고 공사기간이 18개월인 전기공사의 간접 노무비율[%]을 참고 자료에 의거 계산하시오.

공사 종류 등에 따른 간접 노무비율   (단위: [%])

구분		간접 노무비율
공사 종류별	건축 공사	14.5
	토목 공사	15
	특수 공사(포장, 준설 등)	15.5
	기타(전문, 전기, 통신 등)	15
공사 규모별 품셈에 의하여 산출되는 공사원가기준	50억원 미만	14
	50 ~ 300억 미만	15
	300억 이상	16
공사 기간별	6개월 미만	13
	6 ~ 12개월 미만	15
	12개월 이상	17

Answer

계산 : 간접 노무 비율 $= \dfrac{15+14+17}{3} = 15.33[\%]$ 답 : 15.33[%]

Explanation

간접 노무 비율 $= \dfrac{\text{공사종류별}[\%] + \text{공사규모별}[\%] + \text{공사기간별}[\%]}{3}$

---

10 다음 각 보호계전기의 종류에 대한 사용 목적을 쓰시오.

(1) 역전력계전기(32)
(2) 역상계전기(46)
(3) 교류과전류계전기(51V)
(4) 전압평형계전기(60)
(5) 비율차동계전기(87G)

Answer

(1) 병행 2회선 계통에서 고장회선을 선택 차단하기 위하여 사용.
(2) 회전기기에서 상회전이 바뀐 경우 역회전을 방지하며 불평형전류(역상분)로 인한 과열을 막기 위하여 사용
(3) 발전기의 과부하보호와 외부사고가 제거 안 되었을 때의 후비보호로 사고전류와 부하전류를 구별하는데 사용
(4) 2회로의 전압으로 동작하며 콘덴서 고장검출이나 PT고장검출에 사용
(5) 기기(발전기)의 내부고장 검출용으로 사용

11 이 문제는 변경된 KEC 적용으로 인하여 삭제하고, 아래 예상문제로 대체되었습니다.

한국전기설비규정에 의한 보호도체가 케이블의 일부가 아니거나 선도체와 동일 외함에 설치되지 않으면 단면적은 다음의 굵기 이상으로 하여야 한다.

(1) 기계적 손상에 대해 보호가 되는 경우 : 구리 (①)[㎟], 알루미늄 (②)[㎟] 이상
(2) 기계적 손상에 대해 보호가 되지 않는 경우 : 구리 (③)[㎟], 알루미늄 (④)[㎟] 이상

Answer

(1) ① 2.5   ② 16   (2) ③ 4   ④ 16

Explanation

(KEC 142.3.2조) 보호도체
보호도체가 케이블의 일부가 아니거나 선도체와 동일 외함에 설치되지 않으면 단면적은 다음의 굵기 이상으로 하여야 한다.
(1) 기계적 손상에 대해 보호가 되는 경우는 구리 2.5[㎟], 알루미늄 16[㎟] 이상
(2) 기계적 손상에 대해 보호가 되지 않는 경우는 구리 4[㎟], 알루미늄 16[㎟] 이상
(3) 케이블의 일부가 아니라도 전선관 및 트렁킹 내부에 설치되거나, 이와 유사한 방법으로 보호되는 경우 기계적으로 보호되는 것으로 간주한다.

12 ★☆☆☆☆
자동화재탐지설비와 관련된 다음 각 물음에 답하시오.

(1) 소방대상물 중 화재신호를 발신하고 그 신호를 수신 및 유효하게 제어할 수 있는 구역으로 정의되는 구역의 명칭은?
(2) 감지기가 발신기에서 발하는 화재신호를 직접 수신하거나 중계기를 통하여 수신하여 화재 발생을 표시 및 경보하여 주는 장치는?
(3) 자동화재 탐지설비에서 발하는 화재신호를 시각경보기에 전달하여 청각장애인에게 점멸형태의 시각경보를 하는 것은?
(4) 화재발생신호를 수신기에 수동으로 발신하는 장치는?
(5) 감지기·발신기 또는 전기적 접점 등의 작동에 따른 신호를 받아 이를 수신기의 제어반에 전송하는 장치는?

Answer

(1) 경계구역   (2) 수신기   (3) 시각경보장치
(4) 발신기   (5) 중계기

Explanation

화재안전기준(NFSC 203) 자동화재탐지설비 용어
• 경계구역 : 소방대상물 중 화재신호를 발신하고 그 신호를 수신 및 유효하게 제어할 수 있는 구역으로 정의
• 수신기 : 감지기가 발신기에서 발하는 화재신호를 직접 수신하거나 중계기를 통하여 수신하여 화재 발생을 표시 및 경보하여 주는 장치
• 시각경보장치 : 자동화재 탐지설비에서 발하는 화재신호를 시각경보기에 전달하여 청각장애인에게 점멸형태의 시각경보를 하는 것
• 발신기 : 화재발생신호를 수신기에 수동으로 발신하는 장치
• 중계기 : 감지기·발신기 또는 전기적 접점 등의 작동에 따른 신호를 받아 이를 수신기의 제어반에 전송하는 장치

13 주상변압기 설치 시 고려사항이다. 다음 각 물음에 답하시오.
   (1) 주상변압기 설치 전 점검사항 5가지를 쓰시오.
   (2) 주상변압기 설치 후 점검사항 4가지를 쓰시오.

(1) 주상변압기 설치 전 점검사항
   ① 절연저항 측정
   ② 절연유 상태(유량, 누유 상태)
   ③ 외관 상태(부싱의 손상유무), 핸드홀 커버 조임 상태
   ④ Tap changer의 위치(1차와 2차의 전압비)
   ⑤ 변압기 명판 확인
(2) 주상변압기 설치 후 점검사항
   ① 2차 전압 측정
   ② 상측정
   ③ 변압기 이상유무 확인
   ④ 점검 및 측정결과 기록

BEST 14 공급점에서 50[m]의 지점에 80[A], 60[m]의 지점에 50[A], 80[m]의 지점에 30[A]의 부하가 걸려 있을 때 부하 주심까지의 거리를 산출하여 전압강하를 고려한 전선의 굵기를 산정하려고 한다. 부하중심까지의 거리는 몇 [m]인가?

• 계산 :   • 답 :

Answer

계산 : 부하 중심점까지의 거리
$$L = \frac{L_1 I_1 + L_2 I_2 + L_3 I_3}{I_1 + I_2 + I_3} = \frac{50 \times 80 + 60 \times 50 + 80 \times 30}{80 + 50 + 30} = 58.75[\text{m}]$$

답 : 58.75[m]

Explanation

직선부하의 부하 중심점까지의 거리
$$L = \frac{L_1 I_1 + L_2 I_2 + L_3 I_3 + \cdots}{I_1 + I_2 + I_3 + \cdots}$$

BEST 15 사무소 건물의 총 설비용량이 전등전열부하 500[kVA], 동력부하가 600[kVA]이다. 전등 전열 부하수용률은 70[%], 동력부하 수용률은 60[%], 전등전열 및 동력부하간의 부등률이 1.25라고 한다. 배전선로의 전력 손실이 전등, 전열, 동력 모두 부하전력의 10[%]라고 하면 변전실의 최대전력은 몇 [kVA]인가?

• 계산 :   • 답 :

계산 : 전등부하 최대수용전력 = 500 × 0.7 = 350[kVA]

동력부하 최대수용전력 = $600 \times 0.6 = 360$[kVA]

변전실 최대전력 = $\dfrac{350+360}{1.25} \times (1+0.1) = 624.8$[kVA]   답 : 624.8[kVA]

Explanation

- 합성최대전력[kVA] = $\dfrac{\text{설비용량[kVA]} \times \text{수용률}}{\text{부등률}}$
- 배전선로의 손실이 10[%] 있으므로 변전실에 공급되야 하는 최대전력은 계산 값의 10[%]를 더 공급하여야 한다.

16 ★★★☆☆
CB 1차 측에 CT를, CB 2차 측에 PT를 시설하는 특고압 수전설비 결선도의 미완성 도면이다. 도면을 보고 다음 각 물음에 답하시오.

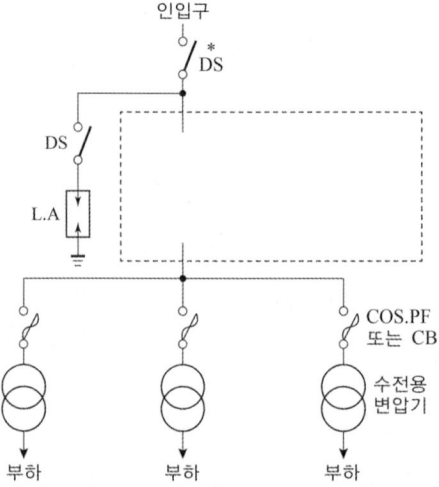

(1) 점선 내부의 미완성 부분에 대한 결선도를 완성하시오. 단, 미완성 부분만 작성하되, 미완성 부분에는 CB, OCR : 3개, OCGR, MOF, PT, CT, PF, COS, TC, A, V, 전력량계 등을 사용하도록 한다.
(2) 수전전압이 66[kV] 이상인 경우에 ✱표로 표시된 DS 대신 어떤 것을 사용하여야 하는가?
(3) 지중 인입선의 경우에 22.9[kV-y] 계통은 어떤 케이블을 사용하여야 하는지 2가지를 쓰시오.
(4) 사용전압이 22.9[kV]라고 할 때 차단기의 트립전원은 어떤 방식이 바람직한지 2가지를 쓰시오.

Answer

(1)
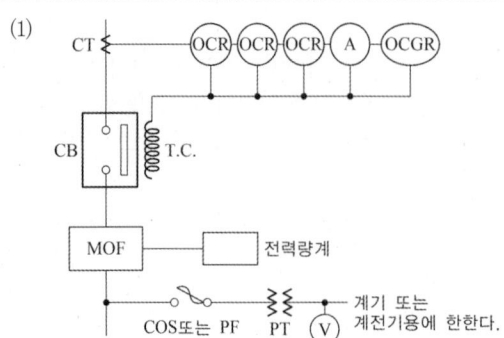

(2) LS(선로 개폐기)
(3) ① CNCV-W 케이블(수밀형)
    ② TR CNCV-W(트리억제형)
(4) ① DC 방식(직류방식)
    ② CTD 방식(콘덴서방식)

> **Explanation**

CB 1차 측에 CT를, 2차 측에 PT를 설치하는 경우

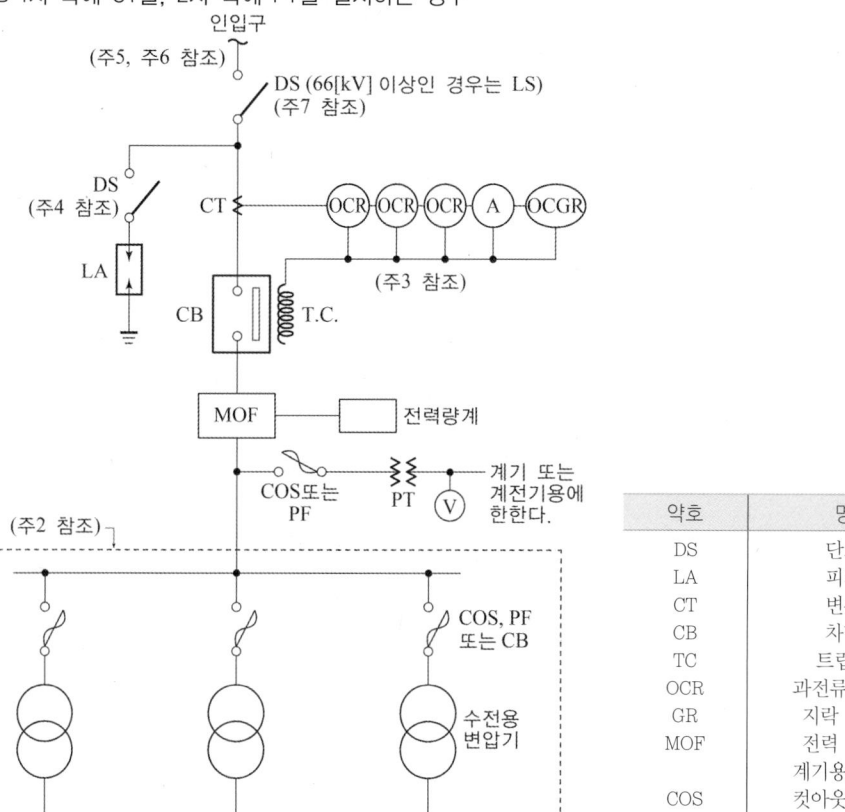

[주1] 22.9[kV-Y] 1,000[kVA] 이하인 경우에는 간이 수전설비 결선도에 의할 수 있다.
[주2] 결선도 중 점선내의 부분은 참고용 예시이다.
[주3] 차단기의 트립 전원은 직류[DC]또는 콘덴서 방식(CTD)이 바람직하며 66[kV] 이상의 수전 설비에는 직류(DC)이어야 한다.
[주4] LA용 DS는 생략할 수 있으며 22.9[kV-Y]용의 LA는 Disconnector(또는 Isolator) 붙임형을 사용하여야 한다.
[주5] 인입선을 지중선으로 시설하는 경우로서 공동 주택 등 시고시 정전 피해가 큰 수전 설비 인입선은 예비선을 포함하여 2회선으로 시설하는 것이 바람직하다.
[주6] 지중인입선의 경우에 22.9[kV-Y] 계통은 CNCV-W 케이블(수밀형) 또는 TR CNCV-W(트리억제형)을 사용하여야 한다. 다만, 전력구·공동구·덕트·건물 구내 등 화재의 우려가 있는 장소에서는 FR-CNCO-W(난연)케이블을 사용하는 것이 바람직하다.
[주7] DS 대신 자동고장구분 개폐기(7,000[kVA] 초과 시에는 Sectionalizer)를 사용할 수 있으며 66[kV] 이상의 경우는 LS를 사용하여야 한다.

17 ★★★★☆

주어진 미완성 시퀀스 회로에 신입력 우선회로를 완성하시오. 단, $X_1 \sim X_3$는 14핀 릴레이이며, $W_1 \sim W_3$는 부하로서 표시등이다. 또한 시퀀스 회로를 작성할 때에는 각 기구에 해당되는 동일 번호끼리 동작되는 것으로 한다.

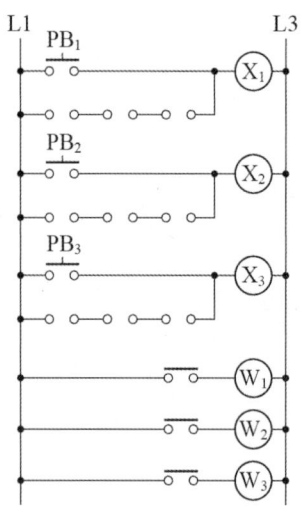

범례
PB₁ - PB₃ : 누름 버튼 스위치
X_1 - X_3 : 14pin 릴레이(4a 4b relay)
W_1 - W_3 : 출력(부하)

Answer

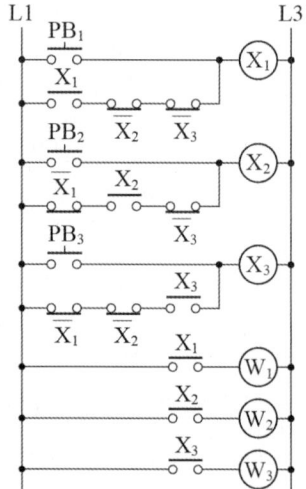

Explanation

- 신입력 우선 회로 : 한쪽이 동작하면 다른 한쪽이 복구되는 논리를 가지는 회로로서 동작 중에 다른 것을 동작시키면 다른 쪽이 동작
- 회로 및 타임 차트

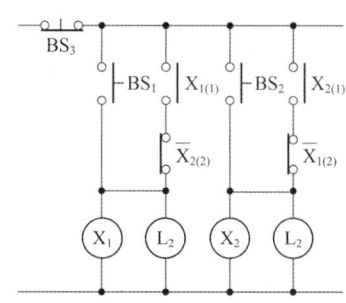 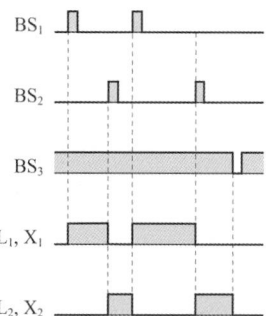

18 ★★★★☆ 그림은 정류회로를 구성하고자 부품을 나열한 것이다. 그림을 완성하시오.

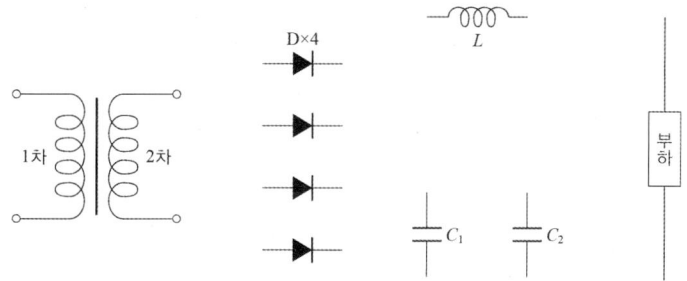

Answer

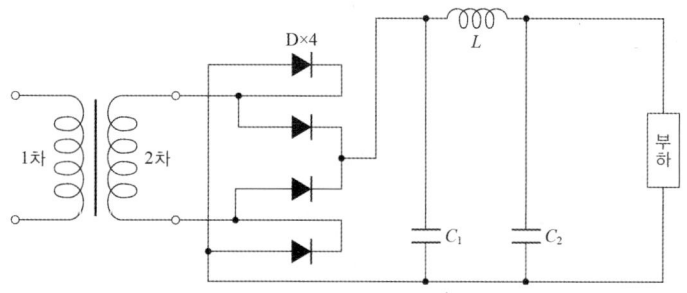

Explanation

단상 전파정류

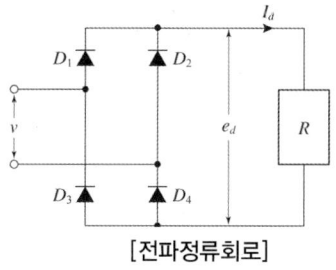 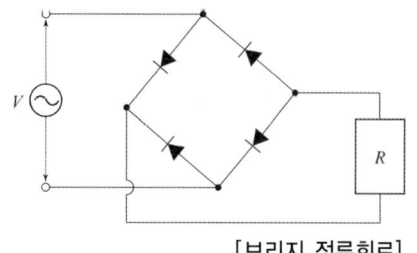

[전파정류회로]   [브리지 정류회로]

4회 2009년 전기공사기사 실기

BEST 01 ★★★★★

경간이 120[m]인 가공전선로가 있다. 길이 1[m]의 무게가 0.5[kg]이고, 수평장력 200[kg] 전선을 사용할 때 이도(Dip)와 전선의 실제길이는 각 몇 [m]인지 계산하시오.

(1) 이도(Dip)
  • 계산 :   • 답 :

(2) 전선의 실제길이
  • 계산 :   • 답 :

Answer

계산 : $D = \dfrac{WS^2}{8T} = \dfrac{0.5 \times 120^2}{8 \times 200} = 4.5[\text{m}]$ 답 : 4.5[m]

$L = S + \dfrac{8D^2}{3S} = 120 + \dfrac{8 \times 4.5^2}{3 \times 120} = 120.45[\text{m}]$ 답 : 120.45[m]

Explanation

- 이도 : $D = \dfrac{WS^2}{8T}$ [m]

- 실제 길이 : $L = S + \dfrac{8D^2}{3S}$ [m]

  여기서, L : 전선의 실제 길이[m]
  D : 이도[m]
  S : 경간[m]

02 ★★★☆☆

각 종류별로 구별하는 경우의 배전반, 분전반, 제어반의 그림기호(심벌)를 그리시오.

- 배전반 :
- 분전반 :
- 제어반 :

Answer

• 배전반 :    • 분전반 :    • 제어반 :

Explanation

(내선규정 100-5) 옥내 배선의 그림 기호 배전반, 분전반, 제어반

명칭	그림 기호	적요
배전반 분전반 및 제어반		① 종류를 구별하는 경우는 다음과 같다. 　배전반　▨ 　분전반　◣ 　제어반　▧ ② 직류용은 그 뜻을 표기한다. ③ 재해 방지 전원 회로용 배전반 등인 경우는 2중 틀로 하고 필요에 따라 종별을 표기한다. 　[보기] ▨ 1종　◣ 2종

03 ★★★☆☆
특고압 22.9[kV-Y] 수변전설비의 부하전류가 40[A]이다. CT비 60/5[A]의 변류기를 통하여 과부하 계전기를 시설하였다. 120[%]과부하에서 차단기를 동작시키려면 과부하 트립 전류를 몇[A]로 설정하여야 하는지 계산하시오.

• 계산 :　　　　　　　　　　　　　　　• 답 :

Answer

계산 : 트립전류 $= 40 \times \dfrac{5}{60} \times 1.2 = 4[A]$　　　　　　　　　　　답 : 4[A]

Explanation

• 과전류계전기 Tap 전류 $=$ 1차 전류 $\times \dfrac{1}{CT비} \times$ 정정배수
• 과전류 계전기의 정정 Tap 전류 : 2, 3, 4, 5, 6, 7, 8, 10, 12[A]

이 문제는 변경된 KEC 적용으로 인하여 삭제하고, 아래 예상문제로 대체되었습니다.

04 한국전기설비규정에 의하여 고압 및 특고압 전로에 시설하는 피뢰기는 접지공사를 하여야 한다. 다음에 알맞은 말을 넣으시오.

> 고압 및 특고압의 전로에 시설하는 피뢰기 접지저항 값은 (①)[Ω] 이하로 하여야 한다. 다만, 고압가공전선로에 시설하는 피뢰기는 규정에 의하여 접지공사를 한 변압기에 근접하여 시설하는 경우로서, 고압가공전선로에 시설하는 피뢰기의 접지도체가 그 접지공사 전용의 것인 경우에 그 접지공사의 접지저항 값이 (②)[Ω] 이하인 때에는 그 피뢰기의 접지저항 값이 (①)[Ω] 이하가 아니어도 된다.

Answer

① 10　　② 30

Explanation

(KEC 341.14조) 피뢰기의 접지
고압 및 특고압의 전로에 시설하는 피뢰기 접지저항 값은 10[Ω] 이하로 하여야 한다. 다만, 고압가공전선로

에 시설하는 피뢰기를 규정에 의하여 접지공사를 한 변압기에 근접하여 시설하는 경우로서, 고압가공전선로에 시설하는 피뢰기의 접지도체가 그 접지공사 전용의 것인 경우에 그 접지공사의 접지저항 값이 30[Ω] 이하인 때에는 그 피뢰기의 접지저항 값이 10[Ω] 이하가 아니어도 된다.

05 그림과 같은 평면의 건물에 대한 배선설계를 하기 위하여 주어진 조건을 이용하여 분기회로 수를 결정하시오. 단, 분기 회로는 16[A]분기 회로로 하고, 배전 전압은 220[V] 기준으로 한다.

사무실 : 66[m²]	주거 : 80[m²]
사무실 : 66[m²]	

[조건]
사무실 : 66[m²], 30[VA/m²]
사무실 : 66[m²], 30[VA/m²],
주거 : 80[m²], 40[VA/m²]
가산부하 : 500[VA]

- 계산 :
- 답 :

Answer

계산 : 부하 설비 용량 $= 66 \times 30 + 66 \times 30 + 80 \times 40 + 500 = 7,660$[VA]

분기회로 수 $= \dfrac{7,660}{16 \times 220} = 2.18$

답 : 16[A]분기 3회로 선정

Explanation

부하 상정 및 분기회로

1. 부하의 상정
   부하 설비 용량 $= PA + QB + C$
   여기서, P : 건축물의 바닥 면적[m²] (Q 부분 면적 제외)
   Q : 별도 계산할 부분의 바닥면적[m²], A : P 부분의 표준 부하[VA/m²]
   B : Q 부분의 표준 부하[VA/m²], C : 가산해야 할 부하[VA]

2. 분기회로 수
   분기회로 수 $= \dfrac{\text{표준 부하 밀도}[\text{VA}/\text{m}^2] \times \text{바닥 면적}[\text{m}^2]}{\text{전압}[\text{V}] \times \text{분기회로의 전류}[\text{A}]}$

   【주1】 계산결과에 소수가 발생하면 절상한다.
   【주2】 220[V]에서 3[kW] (110[V]때는 1.5[kW])를 초과하는 냉방기기, 취사용 기기 등 대형 전기 기계기구를 사용하는 경우에는 단독분기회로를 사용하여야 한다.

※ 분기회로 전류는 보통 문제에서 주어지지 않으면 16[A] 분기회로임

06 기계기구 및 전선을 보호하기 위하여 필요한 곳에 과전류 차단기를 시설하여야 하는데 과전류 차단기 시설을 제한하고 있는 곳이 있다. 과전류 차단기의 시설을 제한하는 곳 3가지를 쓰시오.

Answer

① 접지공사의 접지도체
② 다선식 전로의 중성선
③ 고압 또는 특고압과 저압전로를 결합한 변압기 전로의 일부에 접지공사를 한 저압 가공전선로의 접지측 전선

Explanation

(KEC 341.12조) 과전류차단기의 시설 제한
접지공사의 접지도체, 다선식 전로의 중성선, 전로의 일부에 접지공사를 한 저압 가공전선로의 접지측 전선에는 과전류차단기를 시설하여서는 안 된다.

07 수전용량 3상 500[kVA]이고, 전압 22.9[kV], 역률 90[%]인 경우, 정격전류를 계산하고, 차단기 정격의 표준치(정격전류)를 선정하시오.

• 계산 :
• 답 :

Answer

계산 : 정격전류 $I_n = \dfrac{P}{\sqrt{3}\,V_n} = \dfrac{500 \times 10^3}{\sqrt{3} \times 22.9 \times 10^3} = 12.61\,[\text{A}]$

답 : 600[A]

Explanation

22.9[kV]용 차단기 정격전류의 표준값
600[A], 1,200[A], 2,000[A], 3,000[A]

08 그림과 같은 부하 특성일 때 사용 축전지의 보수율(L)은 0.8, 최저 축전지 온도 5[℃], 허용 최저 전압이 1.06[V/셀]일 때 축전지의 용량(C)을 계산하시오. 단, $K_1 = 1.17$, $K_2 = 0.93$이다.

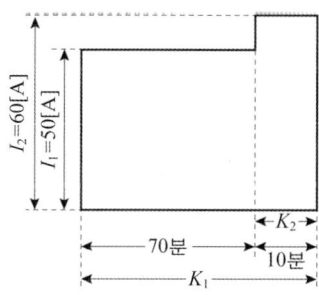

Answer

$C = \dfrac{1}{L}[K_1 I_1 + K_2(I_2 - I_1)] = \dfrac{1}{0.8}[1.17 \times 50 + 0.93(60 - 50)] = 84.75\,[\text{Ah}]$

> **Explanation**

- 축전지 용량 계산 $C = \dfrac{1}{L} KI [\text{Ah}]$

  여기서, L : 보수율(경년용량 저하율)
  K : 용량 환산 시간
  I : 방전전류[A]

- 축전지 용량 : 방전 특성 곡선의 면적

  즉, $C = \dfrac{1}{L} [K_1 I_1 + K_2 (I_2 - I_1)]$

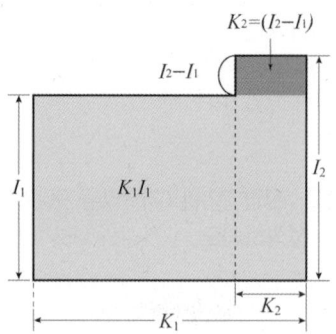

09 ★☆☆☆☆
그림과 같은 기능의 논리회로를 그리시오.

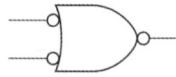

> **Answer**

> **Explanation**

$\overline{\overline{A} + \overline{B}} = \overline{\overline{A}} \cdot \overline{\overline{B}} = A \cdot B$

BEST 10 ★★★★★

3상 3선식 220[V]로 수전하는 수전가의 부하전력이 95[kW], 부하역률이 85[%], 구내배선의 길이는 150[m]이며 배선에서의 전압강하는 6[V]까지 허용하는 경우 구내배선의 굵기를 계산하시오.

- 계산 :
- 답 :

Answer

계산 : $A = \dfrac{30.8LI}{1,000e} = \dfrac{30.8 \times 150 \times \dfrac{95,000}{\sqrt{3} \times 220 \times 0.85}}{1,000 \times 6} = 225.85 \text{[mm}^2\text{]}$ 따라서 240[mm^2] 선정

답 : 240[mm^2]

Explanation

전압 강하 및 전선의 단면적 계산

전기 방식	전압 강하		전선 단면적	대상 전압강하
단상 3선식 직류 3선식 3상 4선식	IR	$e = \dfrac{17.8LI}{1,000A}$	$A = \dfrac{17.8LI}{1,000e}$	대지와 선간
단상 2선식 직류 2선식	$2IR$	$e = \dfrac{35.6LI}{1,000A}$	$A = \dfrac{35.6LI}{1,000e}$	선간
3상 3선식	$\sqrt{3}IR$	$e = \dfrac{30.8LI}{1,000A}$	$A = \dfrac{30.8LI}{1,000e}$	선간

여기서, e : 전압강하[V], A : 사용전선의 단면적[mm^2]
L : 선로의 길이 [m], C : 전선의 도전율(97[%])

KSC-IEC 전선 규격

전선의 공칭단면적 [mm^2]			
1.5	16	95	300
2.5	25	120	400
4	35	150	500
6	50	185	630
10	70	240	

11 ★★★★☆

바닥면적 800[m²]의 강당에 40[W] 2등용 형광등을 시설하여 평균조도를 150[lx]로 하면 40[W] 2등용 형광등은 몇 개가 필요한지 계산하시오. 단, 조명률 50[%], 감광보상률 1.25, 형광등 40[W] 2등용의 광속은 5,000[lm]이다.

- 계산 :
- 답 :

Answer

계산 : $N = \dfrac{ESD}{FU} = \dfrac{150 \times 800 \times 1.25}{5,000 \times 0.5} = 60[등]$ 답 : 60[등]

Explanation

$FUN = ESD$에서 $N = \dfrac{ESD}{FU}$이며, 산출된 전등의 수 중 소수가 발생하면 절상한다.

여기서, F : 광원 1개당 광속[lm]
 N : 광원의 개수[등]
 E : 작업면상의 평균 조도[lx]
 S : 방의 면적[m²]
 D : 감광 보상률
 U : 조명률[%]

12 ★★☆☆☆

다음 ( )에 알맞은 내용을 쓰시오.

"동전선의 접속에서 직선 맞대기용 슬리브(B형)에 의한 압착 접속법은 ( ) 및 ( )에 적용된다."

Answer

단선, 연선

Explanation

(내선규정 1430-8) 전선접속의 구제적 방법
직선 맞대기용 슬리브(B형)에 의한 압착 접속(KS C 2621)

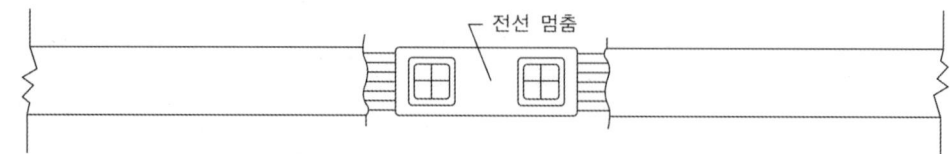

[비고] 이 접속법은 단선 및 연선에 적용한다.

13 EL방전등(electro-luminescent lamp)의 용도를 쓰시오.

Answer

표시용, 장식용

Explanation

① EL 램프(Electro luminescent Lamp) : 투명전극과 금속전극 사이에 교류전압을 인가하면 형광체에 강한 교번자계가 인가되어 형광체가 발광하고 유리판을 통하여 외부로 빛이 방사, 면광원 램프
② EL 램프(Electro luminescent Lamp)의 특징
  • 얇은 산화물 피막으로 전기저항이 낮다.
  • 기계적으로 강하다.
  • 빛의 투과율이 높다.
  • 램프 충전 시 제1피크(peak), 램프 방전 시 제2피크가 나타나는 일종의 콘덴서와 비슷하다.
  • 정현파 전압을 높이면 광속발산속도가 급격히 증가한다.
  • 전압을 더욱 높이면 광속발산도가 포화상태가 된다.
  • 전원주파수를 증가시키면 주파수가 낮을 때는 광속발산도가 직선적으로 증가하지만 주파수가 높아지면 포화의 경향으로 표시된다.
③ 용도 : 표시용, 장식용 등

14 요구하는 접지의 목적과 접지 저항값을 얻기 위해서는 대지의 구조에 따라 경제적이고 신뢰성 있는 접지를 채택하여야 한다. 접지공법을 대별하면 봉상접지공법, 망상접지법(mesh 공법), 건축구조체 접지공법이 있다. 이중 봉상접지공법에 대하여 간단히 설명하시오.

Answer

봉상접지공법
• 심타공법 : 접지봉을 지표에서 타입하는 방법으로 접지봉을 직렬 접속하는 방법
• 병렬접지공법 : 독립 접지봉을 여러 개 묻고 각 접지봉을 병렬로 연결하는 방법

Explanation

봉상접지공법
• 심타공법 : 접지봉을 지표에서 타입하는 방법으로 접지봉을 직렬 접속하는 방법
• 병렬접지공법 : 독립 접지봉을 여러 개 묻고 각 접지봉을 병렬로 연결하는 방법

15 누전차단기의 적색버튼과 녹색버튼의 차이점에 대하여 쓰시오.

Answer

• 적색버튼 : 누전 및 과전류 차단 겸용
• 녹색버튼 : 누전 차단 전용

Explanation

• 적색버튼 : 누전 및 과전류 차단 겸용
• 녹색버튼 : 누전 차단 전용

16 ★★★★☆

NR 전선 4[㎟] 3본, 10[㎟] 3본을 넣을 수 있는 후강전선관의 최소 굵기는 몇 [호]를 사용하는 것이 적당한가?

[표 1] 후강전선관의 내단면적의 32[%] 및 48[%]

전선관의 굵기[호]	내단면적의 32[%][㎟]	내단면적의 48[%][㎟]	전선관의 굵기[호]	내단면적의 32[%][㎟]	내단면적의 48[%][㎟]
16	67	101	54	732	1,098
22	120	180	70	1,216	1,825
28	201	301	82	1,701	2,552
36	342	513	92	2,205	3,308
42	460	690	104	2,843	4,265

[표 2] 절연전선을 금속관 내에 넣을 경우의 보정계수

도체 단면적[㎟]	보정계수
2.5, 4	2.0
6, 10	1.2
16이상	1.0

[표 3] 전선(피복 절연물을 포함)의 단면적

도체 단면적[㎟]	절연체 두께[mm]	평균 완성 바깥지름[mm]	전선의 단면적[㎟]
1.5	0.7	3.3	9
2.5	0.8	4.0	13
4	0.8	4.6	17
6	0.8	5.2	21
10	1.0	6.7	35
16	1.0	7.8	48
25	1.2	9.7	74
35	1.2	10.9	93
50	1.4	12.8	128
70	1.4	14.6	167
95	1.6	17.1	230
120	1.6	18.8	277
150	1.8	20.9	343
185	2.0	23.3	426
240	2.2	26.6	555
300	2.4	29.6	688
400	2.6	33.2	865

[비고1] 전선의 단면적근 평균완성 바깥지름의 상한 값을 환산한 값이다.
[비고2] KS C IEC 60227-3의 450/750[V] 일반용 단심 비닐절연전선(연선)을 기준한 것이다.

Answer

보정계수를 고려한 전선의 총단면적 $A = 17 \times 3 \times 2 + 35 \times 3 \times 1.2 = 228 \, [\text{㎟}]$
전선의 굵기가 서로 다르므로 표 1에서 내단면적의 32[%]가 228[㎟]를 넘는 342[㎟]인 36호 선정

답 : 36[호] 후강전선관

Explanation

(내선규정 2,225-5) 관의 굵기 선정
① 절연전선의 굵기 : 전선의 단면적(피복절연물 포함)×보정계수
② 전선관 선정
- 동일 굵기의 절연 전선을 동일 관내에 넣을 경우 : 전선의 피복절연물 포함한 단면적의 총 합계가 관내 단면적의 48[%] 이하
- 굵기가 다른 절연 전선을 동일 관내에 넣은 경우 : 전선의 피복절연물 포함한 단면적의 총 합계가 관내 단면적의 32[%] 이하

[표 1] 후강전선관의 내단면적의 32[%] 및 48[%]

전선관의 굵기[호]	내단면적의 32[%][mm²]	내단면적의 48[%][mm²]	전선관의 굵기[호]	내단면적의 32[%][mm²]	내단면적의 48[%][mm²]
16	67	101	54	732	1,098
22	120	180	70	1,216	1,825
28	201	301	82	1,701	2,552
36	342	513	92	2,205	3,308
42	460	690	104	2,843	4,265

[표 2] 절연전선을 금속관 내에 넣을 경우의 보정계수

도체 단면적[mm²]	보정계수
2.5, 4	2.0
6, 10	1.2
16이상	1.0

[표 3] 전선(피복 절연물을 포함)의 단면적

도체 단면적[mm²]	절연체 두께[mm]	평균 완성 바깥지름[mm]	전선의 단면적[mm²]
1.5	0.7	3.3	9
2.5	0.8	4.0	13
4	0.8	4.6	17
6	0.8	5.2	21
10	1.0	6.7	35
16	1.0	7.8	48

17 같은 시퀀스에 대한 타임차트를 그리시오.

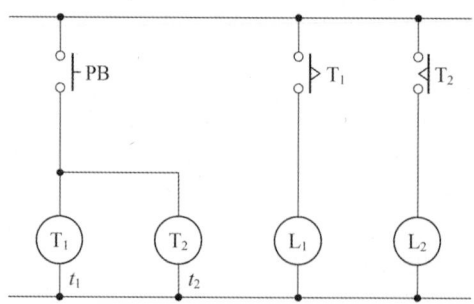

Answer

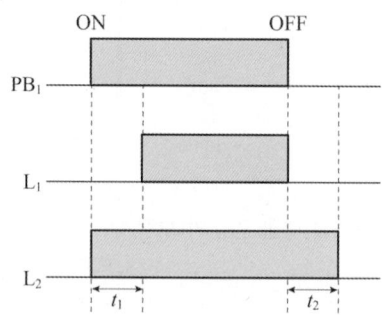

Explanation

- 시한 회로(On delay timer : Ton) : 입력을 주면 설정 시간(t)이 지난 후 출력이 동작

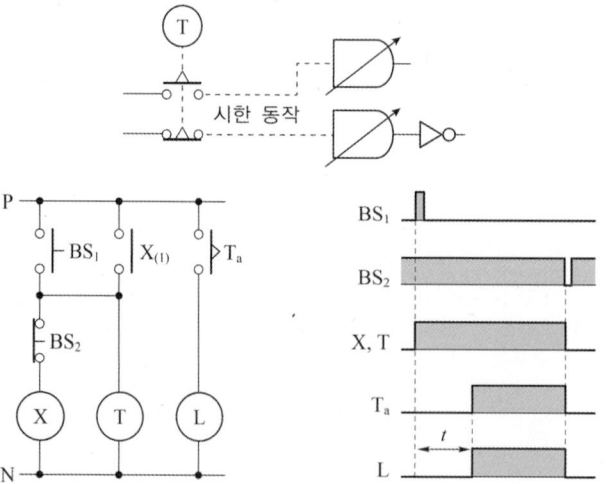

• 시한 복구 회로(Off delay timer Toff) : 정지 입력을 주면 설정 시간(t)이 지난 후 출력이 복구

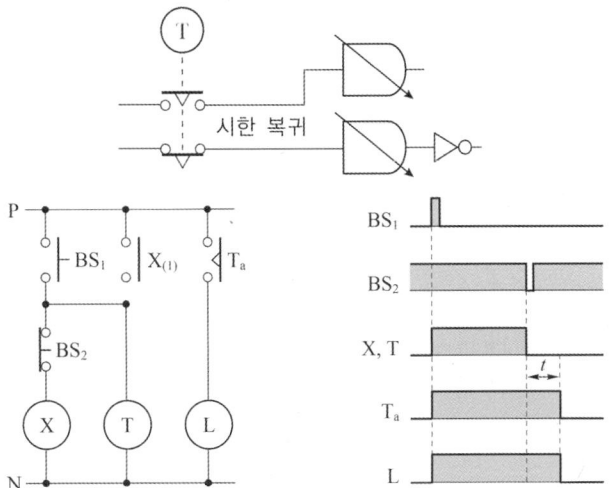

18 ★☆☆☆☆ 주어진 미완성 회로도는 변압기 부하설비용량이 100[kVA] 미만의 고압수전 전선접속도 이다. 결선도를 완성하시오. 단, 변압기 결선은 △-△결선으로 한다.

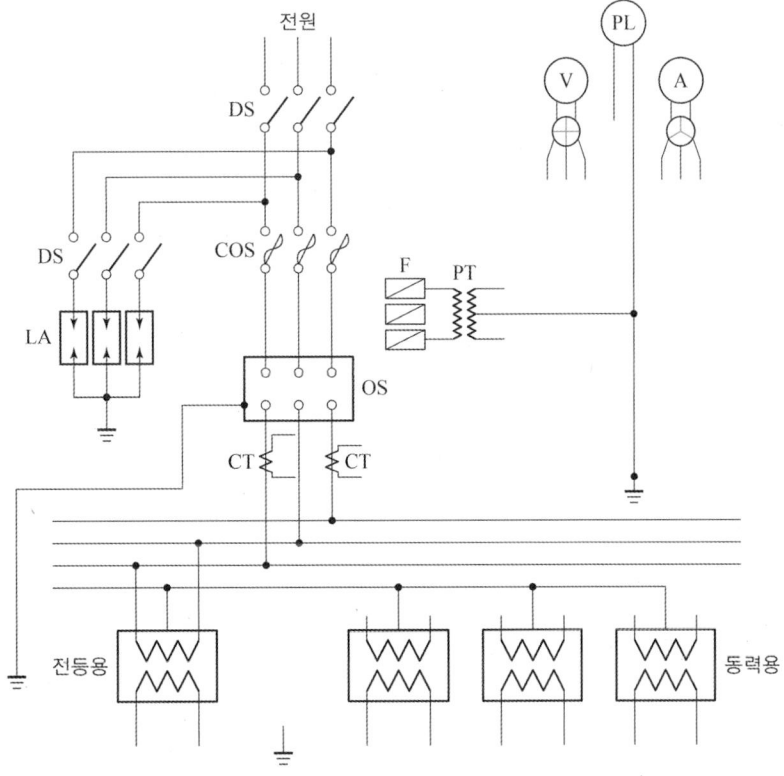

Answer

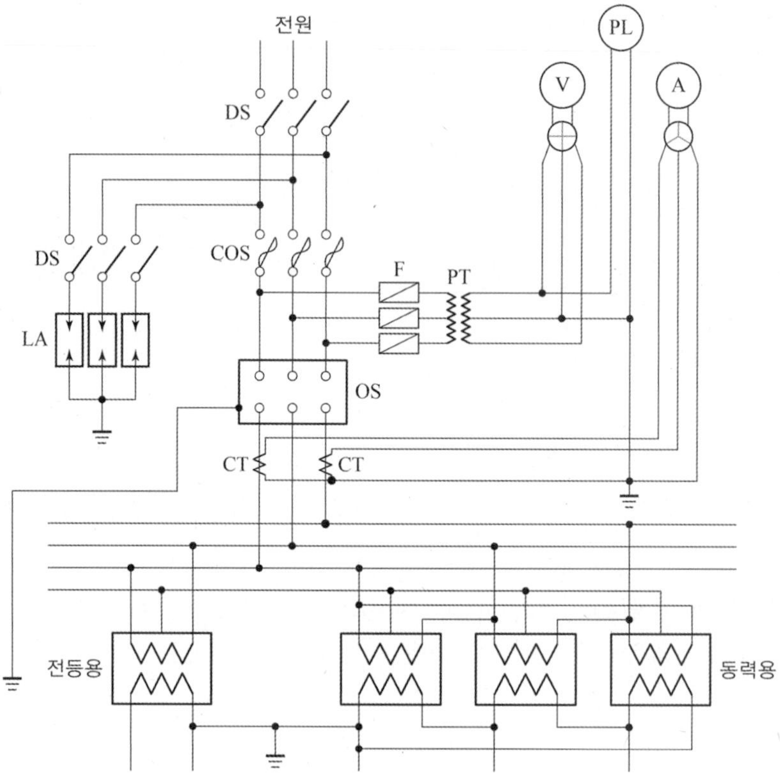

[회로도]

Explanation

- 동력용 변압기 : △−△결선
- △−△결선 변압기와 저압의 변압기가 공존하는 경우는 △−△ 선의 한선과 저압의 변압기의 한선을 묶어서 접지공사를 한다.
- PL(Pilot Lamp)는 항상 PT의 2차 측에 시설한다.

전기공사기사 실기

과년도 기출문제

2010

- 2010년 제 01회
- 2010년 제 02회
- 2010년 제 04회

2010년 과년도 기출문제에 대한 출제 빈도 분석 차트입니다.
각 회차별로 별의 개수를 확인하고 학습에 참고하기 바랍니다.

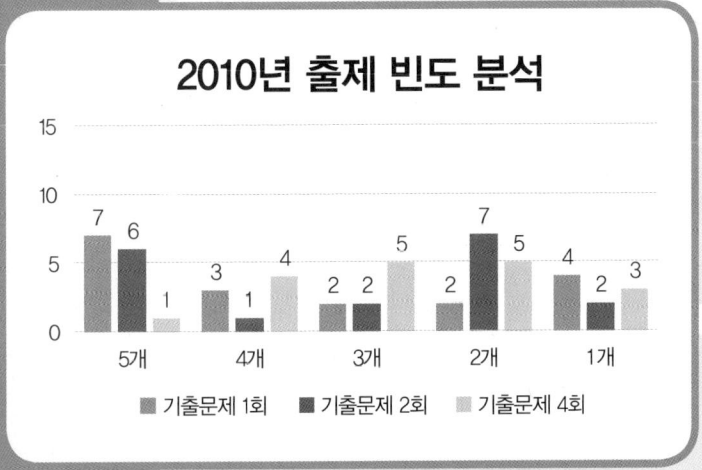

1회 2010년 전기공사기사 실기

BEST 01 ★★★★★

그림과 같은 계통에서 기기의 A점에서 완전 지락이 발생하였을 경우 다음 물음에 답하시오.

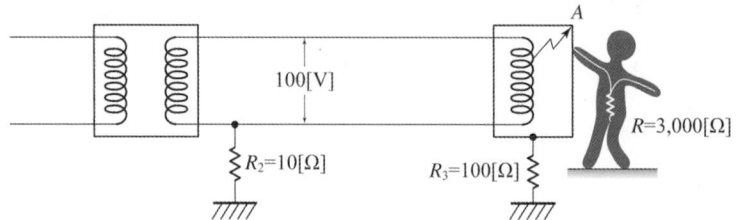

(1) 이 기기의 외함에 인체가 접촉하고 있지 않을 경우 이 외함의 대지 전압은 몇 [V]로 되겠는가?
 • 계산 :   • 답 :

(2) 이 기기의 외함에 인체가 접촉하였을 경우 인체에는 몇 [mA]의 전류가 흐르는가?
 • 계산 :   • 답 :

(3) 인체 접촉시 인체에 흐르는 전류를 10[mA] 이하로 하려면 기기의 외함에 시공된 접지공사의 접지 저항 $R_3[\Omega]$의 값을 얼마의 것으로 바꾸어 주어야 하는가?
 • 계산 :   • 답 :

Answer

(1) 계산 : 외함의 대지전압=지락전류×접지저항= $\dfrac{100}{100+10} \times 100 = 90.91[V]$ 답 : 90.91[V]

(2) 계산 : $I = \dfrac{100}{10 + \dfrac{100 \times 3{,}000}{100+3{,}000}} \times \dfrac{100}{100+3{,}000} = 0.03021[A] = 30.21[mA]$ 답 : 30.21[mA]

(3) 계산 : 기기의 접지 저항을 R_3라 하면

$$0.01 \geq \dfrac{100}{10 + \dfrac{3{,}000 R_3}{R_3+3{,}000}} \times \dfrac{R_3}{R_3+3{,}000}$$

윗 식에서 R_3을 구하면 $R_3 \leq 4.29[\Omega]$ 답 : $R_3 \leq 4.29[\Omega]$

Explanation

(1) 인체가 접촉하지 않은 경우

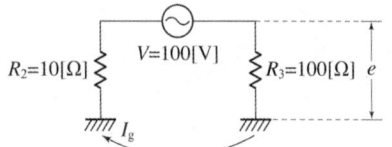

(2) 인체가 접촉하였을 경우

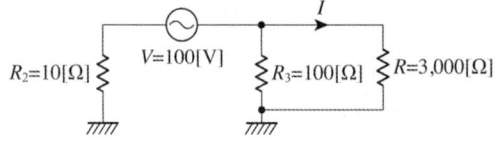

BEST 02 ★★★★★
충전되어 있는 활선을 움직이거나 작업권 밖으로 밀어 낼 때, 활선을 다른 장소로 옮길 때 사용하는 절연봉의 명칭은?

Answer

와이어 통

Explanation

대한전기협회 활선장구의 제작과 관리 공구(와이어 통(Wire Tong))
일반적으로 LP 애자나 현수애자를 사용한 전기설비에서 활선을 작업권 밖으로 밀어낼 때 혹은 활선을 다른 장소로 옮길 때 사용하는 절연봉

BEST 03 ★★★★★
공구 손료에 대하여 설명하시오.

Answer

일반 공구 및 시험용 계측 기구류의 손료로서 공사 중 상시 일반적으로 사용하는 것을 말하며, 직접노무비(노임할증 제외)의 3[%]까지 계상한다.

04 ★★★★☆
조명기구의 통칙에서 용어의 정의 중 Ⅲ등급 기구란?

Answer

정격 전압이 교류 30[V] 이하인 전압에 접속하여 사용하는 기구

Explanation

KSC 8000 조명기구의 통칙
- 0등급 : 접지단자 또는 접지도체를 갖지 않고, 기초절연만으로 전체가 보호된 기구
- Ⅰ등급 : 기초절연만으로 전체를 보호한 기구로서, 보호 접지단자 혹은 보호 접지도체 접속부를 갖든가 또는 보호 접지도체가 든 코드와 보호 접지도체 접속부가 있는 플러그를 갖추고 있는 기구
- Ⅱ등급 : 2중 절연을 한 기구 또는 기구의 외곽 전체를 내구성이 있는 견고한 절연재료로 구성한 기구와 이들을 조합한 기구
- Ⅲ등급 : 정격전압이 교류 30[V] 이하인 전압의 전원에 접속하여 사용하는 기구

BEST 05 ★★★★★

예비전원용 고압 발전기에서 부하에 이르는 전로에는 발전기의 가까운 곳에 쉽게 개폐 및 점검을 할 수 있는 곳에 개폐기 및 (   ), (   ), (   )를 시설하여야 하는가?

Answer

과전류 차단기, 전압계, 전류계

Explanation

(내선규정 4,168-3) 예비전원 고압발전기
예비전원으로 시설하는 고압발전기에서 부하에 이르는 전로에는 발전기에 가까운 곳에 개폐기, 과전류차단기, 전압계 및 전류계를 다음 각 호에 의해 시설하여야 한다.
- 각 극에 개폐기 및 과전류 차단기를 시설할 것
- 전압계는 각 상의 전압을 읽을 수 있도록 시설할 것
- 전류계는 각 선(중성선 제외)의 전류를 읽을 수 있도록 시설할 것

06 ★★★★☆

지름 10[mm]의 경동선을 사용한 가공 전선로가 있다. 경간은 100[m]로 지지점의 높이는 동일하다. 지금 수평 풍압 110[kg/m²]인 경우에 전선의 안전율을 2.2로 하기 위하여 전선의 길이를 얼마로 하면 좋은가? 단, 전선 1[m]의 무게는 0.7[kg], 전선의 인장 강도는 2,860[kg]으로서 장력에 의한 전선의 신장은 무시한다.

- 계산 :   • 답 :

Answer

계산 : $W = \sqrt{0.7^2 + (1.1)^2} = 1.3$

$D = \dfrac{WS^2}{8T} = \dfrac{1.3 \times 100^2}{8 \times \left(\dfrac{2860}{2.2}\right)} = 1.25 \, [\text{m}]$

$L = S + \dfrac{8D^2}{3S} = 100 + \dfrac{8 \times 1.25^2}{3 \times 100} = 100.04 \, [\text{m}]$

답 : 100.04[m]

Explanation

- 전선로에 가해지는 합성하중 $W = \sqrt{(W_i + W_c)^2 + W_w^2}$
  여기서, 풍압하중(W_w)
  전선자중(W_c)
  빙설하중(W_i)
- 전선 1[m]당 풍압하중 W_w
  $W_w = 110 \times 10 \times 10^{-3} = 1.1 \, [\text{kg/m}]$
- 이도 : $D = \dfrac{WS^2}{8T}$ [m]
- 실제 길이 : $L = S + \dfrac{8D^2}{3S}$ [m]
  여기서, L : 전선의 실제 길이[m], D : 이도[m], S : 경간[m]

BEST 07 ★★★★★
전기설비기술기준과 한국전기설비규정에 의한 지중전선로의 케이블 시설방법 3가지를 쓰시오.

Answer

직접 매설식, 관로식, 암거식

Explanation

(KEC 334.1조) 지중 전선로의 시설
지중 전선로는 전선에 케이블을 사용하고 또한 관로식·암거식 또는 직접 매설식에 의하여 시설하여야 한다.

08 ★☆☆☆☆
은 무엇을 나타내는 심벌인가?

Answer

무효 전력계

Explanation

- Wh : 전력량계
- VAR : 무효전력계
- DM : 최대수요전력량계
- VARh : 무효전력량계

BEST 09 ★★★★★
변압기의 병렬 운전 조건을 4가지 기술하고 이들 조건이 맞지 않을 경우에 어떤 현상이 나타나는지 간단히 서술하시오.

Answer

병렬운전 조건	조건이 맞지 않는 경우
① 1, 2차 정격 전압 및 권수비가 같을 것	순환전류가 흘러 권선이 가열
② 극성이 일치 할 것	큰 순환전류가 흘러 권선이 소손
③ %강하(임피던스 전압)가 같을 것	부하의 분담이 용량의 비가 되지 않아 부하의 부담이 균형을 이룰 수 없다.
④ 내부 저항과 누설 리액턴스의 비가 같을 것	각 변압기의 전류 간에 위상차가 생겨 동손이 증가

Explanation

변압기 병렬운전 조건
- 극성 및 권수비가 같을 것
- 1,2차 정격전압이 같을 것(용량, 출력무관)
- [%]강하가 같을 것
- 변압기 내부저항과 리액턴스의 비가 같을 것
- 상회전 방향과 각 변위가 같을 것(3상 변압기)

10 ★★★☆☆

콘크리트 전주(CP주)의 지표면에서의 지름[cm]을 구하여라. 단, 설계하중 : 500[kg], 전주규격 : 16[m], 전주 말구 지름 : 19[cm]

- 계산 :
- 답 :

계산 : 지표면에서의 지름

$$D = 19 + (16 - 2.5) \times 100 \times \frac{1}{75} = 37[\text{cm}]$$

답 : 37[cm]

Explanation

- 지표면에서의 전주의 지름

$$D = d + H \times \frac{1}{75} \times 100 \ [\text{cm}]$$

여기서 D : 지표면에서의 전주의 지름[cm]
 d : 전주 말구 지름[cm]
 H : 전주의 지표면상 길이[m](총 전주의 길이-근입깊이)

- 전주의 지름 증가율 : 목주 $\frac{9}{1,000}$

   CP주 $\frac{1}{75}$

- 전주의 전장이 15[m] 이상일 경우 전주의 근입은 2.5[m]이상이므로
 $H = 16 - 2.5 = 13.5[\text{m}]$

BEST 11 ★★★★★

수전 차단 용량이 520[MVA]이고, 22.9[kV]에 설치하는 피뢰기용 접지도체의 굵기를 계산하고 선정하시오.

- 계산 :
- 답 :

계산 : 피뢰기 접지도체 굵기 공식

$$A = \frac{\sqrt{t}}{282} \cdot I_s = \frac{\sqrt{1.1}}{282} \times \frac{520 \times 10^3}{\sqrt{3} \times 25.8} = 43.28[\text{mm}^2] \text{ 따라서, } 50[\text{mm}^2] \text{ 선정}$$

답 : 50[mm²]

Explanation

- 접지도체 굵기 : $A = \frac{\sqrt{t}}{282} \cdot I_s [\text{mm}^2]$
- t : 고장 지속 시간(22[kV]: 1.1[초], 66[kV]: 1.6[초])
- 차단기의 차단용량 $= \sqrt{3} \times$ 차단기의 정격전압 $\times$ 차단기 정격차단전류

   차단기 정격 차단전류 $I_s = \dfrac{\text{차단기의 차단용량}}{\sqrt{3} \times \text{차단기의 정격전압}} = \dfrac{520 \times 10^3}{\sqrt{3} \times 25.8}$

- KSC IEC 전선규격
 1.5, 2.5, 4, 6, 10, 16, 25, 35, 50, 70, 95, 120, 150, 185, 240, 300, 400, 500, 630[mm²]

12 단상 2선식 200[V]옥내 배선에서 접지저항이 90[Ω]인 금속관 안의 임의의 개소에서 전선이 절연 파괴되어 도체가 직접 금속관 내면에 접촉되었다면 대지 전압은 몇[V]가 되겠는가? 단, 이 전로에 공급하는 변압기 저압 측의 한 단자에 접지 공사가 되어 있고 그 접지 저항은 30[Ω]이라고 한다.

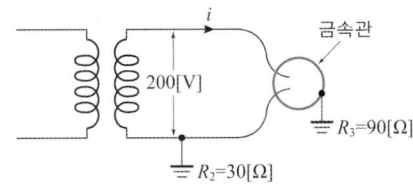

Answer

계산 : $V_g = \dfrac{R_3}{R_2 + R_3} \times V = \dfrac{90}{30+90} \times 200 = 150[V]$

답 : 150[V]

Explanation

대지전압 $V_g = \dfrac{R_3}{R_2 + R_3} \times V$

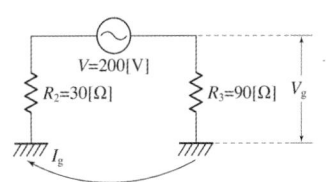

> 이 문제는 변경된 KEC 적용으로 인하여 삭제되고, 아래 예상문제로 대체되었습니다.

13 특고압 가공전선로는 그 전선에 케이블을 사용하는 경우에는 다음에 따라 시설하여야 한다. 괄호 안에 알맞은 말을 넣으시오.

> 케이블은 다음의 어느 하나에 의하여 시설할 것.
> (1) 조가용선에 행거에 의하여 시설할 것. 이 경우에 행거의 간격은 (①)[m] 이하로 하여 시설하여야 한다.
> (2) 조가용선에 접촉시키고 그 위에 쉽게 부식되지 아니하는 금속 테이프 등을 (②)[m] 이하의 간격을 유지시켜 나선형으로 감아 붙일 것.
> (3) 조가용선은 인장강도 (③)[kN] 이상의 연선 또는 단면적 (④)[mm²] 이상의 아연도강연선일 것.

Answer

① 0.5   ② 0.2   ③ 13.93   ④ 22

Explanation

(KEC 333.3조) 특고압 가공케이블의 시설
특고압 가공전선로는 그 전선에 케이블을 사용하는 경우에는 다음에 따라 시설하여야 한다.
가. 케이블은 다음의 어느 하나에 의하여 시설할 것.
(1) 조가용선에 행거에 의하여 시설할 것. 이 경우에 행거의 간격은 0.5[m] 이하로 하여 시설하여야 한다.
(2) 조가용선에 접촉시키고 그 위에 쉽게 부식되지 아니하는 금속 테이프 등을 0.2[m] 이하의 간격을 유지시켜 나선형으로 감아 붙일 것.
(3) 조가용선은 인장강도 13.93[kN] 이상의 연선 또는 단면적 22[mm²] 이상의 아연도강연선일 것.
(4) 조가용선 및 케이블의 피복에 사용하는 금속체에는 규정에 준하여 접지공사를 할 것.

14 전용 면적 30평(99[m²])인 아파트에서 다음을 구하시오. 단, 가산하는 [VA]수는 내선 규정에 의한 최고치로 한다.

(1) 표준부하 산정법에 의하여 부하를 산정하시오.
(2) 단위세대의 기준이 되는 최소전력을 적으시오.

Answer

(1) $99 \times 40 + 1,000 = 4,960$ [VA]
(2) 3[kVA]

Explanation

부하 상정 및 분기회로
1. 표준 부하
1) 건축물의 종류에 따른 표준 부하

건축물의 종류	표준 부하[VA/m²]
공장, 공회당, 사원, 교회, 극장, 영화관, 연회장 등	10
기숙사, 여관, 호텔, 병원, 학교, 음식점, 다방, 대중 목욕탕	20
사무실, 은행, 상점, 이발소, 미장원	30
주택, 아파트	40

2) 건축물 중 별도 계산할 부분의 표준 부하(주택, 아파트는 제외)

건축물의 부분	표준 부하[VA/m²]
복도, 계단, 세면장, 창고, 다락	5
강당, 관람석	10

3) 표준 부하에 따라 산출한 수치에 가산하여야 할 [VA] 수
 ① 주택, 아파트(1세대마다)에 대하여는 500~1,000[VA]
 ② 상점의 진열장에 대하여는 진열장 폭 1[m]에 대하여 300[VA]
 ③ 옥외의 광고등, 전광사인, 네온사인등의 [VA] 수
 ④ 극장, 댄스홀 등의 무대조명, 영화관 등의 특수전등부하의 [VA] 수

2. 부하의 상정
부하 설비 용량 = $PA + QB + C$
여기서, P : 건축물의 바닥 면적[m²] (Q 부분 면적 제외)
 Q : 별도 계산할 부분의 바닥면적[m²]
 A : P 부분의 표준 부하[VA/m²]
 B : Q 부분의 표준 부하[VA/m²]
 C : 가산해야 할 부하[VA]

3. 분기회로 수
$$\text{분기 회로수} = \frac{\text{표준 부하 밀도[VA/m}^2\text{]} \times \text{바닥 면적[m}^2\text{]}}{\text{전압[V]} \times \text{분기 회로의 전류[A]}}$$

[주1] 계산결과에 소수가 발생하면 절상한다.
[주2] 220[V]에서 3[kW] (110[V]때는 1.5[kW])를 초과하는 냉방기기, 취사용 기기 등 대형 전기 기계기구를 사용하는 경우에는 단독분기회로를 사용하여야 한다.

※ 분기회로 전류는 보통 문제에서 주어지지 않으면 16[A] 분기회로임

15 등전위 접속선에서 주 접지단자에 접속되는 등전위 접속선의 단면적에 대한 다음 물음에 답하시오.

(1) 동은 몇 [mm²] 이상인가?
(2) 알루미늄은 몇 [mm²] 이상인가?
(3) 철은 몇 [mm²] 이상인가?

Answer

(1) 6[mm²]
(2) 16[mm²]
(3) 50[mm²]

Explanation

(KEC 143.3.1조) 보호등전위본딩 도체
① 주 접지단자에 접속하기 위한 등전위본딩 도체의 단면적은 다음 값 이상이어야 한다.
  • 구리 : 6[mm²]
  • 알루미늄 : 16[mm²]
  • 철 : 50[mm²]
② 두 개의 노출도전부를 접속하는 경우 도전성은 노출도전부에 접속된 더 작은 보호도체의 도전성보다 커야 한다.
③ 노출도전부를 계통외도전부에 접속하는 경우 도전성은 같은 단면적을 갖는 보호도체의 1/2 이상이어야 한다.

16 3상3선식, 선간전압 200[V], 60[Hz]인 선로에 15[kW], 역률 80[%]의 부하가 있다. Y결선 콘덴서를 부하와 병렬로 접속하여 역률을 95[%]로 개선하고자 경우 콘덴서 용량은 몇 [μF]인가?

Answer

계산 : $Q_c = 15 \times \left(\dfrac{\sqrt{1-0.8^2}}{0.8} - \dfrac{\sqrt{1-0.95^2}}{0.95} \right) = 6.32 \text{[kVA]}$

$C = \dfrac{Q_c}{2\pi f V^2} = \dfrac{6.32 \times 10^3}{2\pi \times 60 \times 200^2} \times 10^6 = 419.11 [\mu F]$

답 : 419.11[μF]

Explanation

• 역률개선용 콘덴서 용량

$Q_c = P(\tan\theta_1 - \tan\theta_2) = P\left(\dfrac{\sin\theta_1}{\cos\theta_1} - \dfrac{\sin\theta_2}{\cos\theta_2}\right) = P\left(\dfrac{\sqrt{1-\cos^2\theta_1}}{\cos\theta_1} - \dfrac{\sqrt{1-\cos^2\theta_2}}{\cos\theta_2}\right)$ [KVA]

• 콘덴서 용량 $Q_c = 3\omega C E^2 = 3\omega C\left(\dfrac{V}{\sqrt{3}}\right)^2 = \omega C V^2 = 2\pi f C V^2$ 이므로

정전용량 $C = \dfrac{Q_c}{2\pi f V^2}$

17 22.9[kV] 3상 4선식 다중접지 전력계통에 있어서 변전설비에 부설하는 피뢰기의 정격전압은 몇 [kV]인가?

> **Answer**
>
> 18[kV]
>
> **Explanation**
>
> (내선규정 제3,250-1) 피뢰기의 정격 전압
>
> | 전력계통 | | 피뢰기 정격 전압[kV] | |
> |---|---|---|---|
> | 전압[kV] | 중성점 접지방식 | 변전소 | 배전선로 |
> | 345 | 유효접지 | 288 | – |
> | 154 | 유효접지 | 144 | – |
> | 66 | PC 접지 또는 비접지 | 72 | – |
> | 22 | PC 접지 또는 비접지 | 24 | – |
> | 22.9 | 3상 4선 다중접지 | 21 | 18 |
>
> [주] 전압 22.9[kV] 이하의 배전선로에서 수전하는 설비의 피뢰기 정격전압[kV]은 배전선로용을 적용한다.

18 다음은 전동기의 정·역회전 회로도이다. 회로를 이해하고 질문에 답하시오.

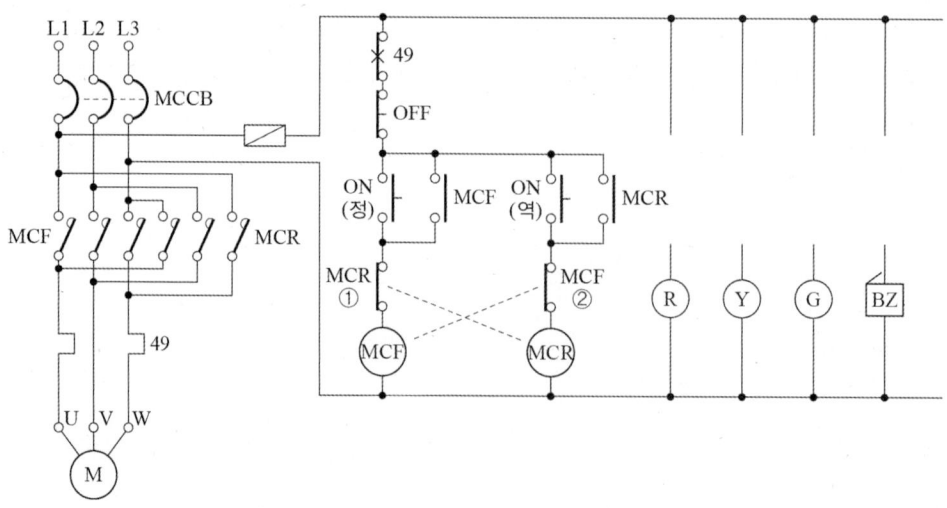

(1) ①, ②의 접점의 목적은?
(2) 49의 명칭은 무엇인가?
(3) 정회전에 Ⓡ, 역회전에 Ⓨ, 정, 역 모두 정지시 Ⓖ Lamp가 동작되고, 전동기가 운전 중 과전류 등의 고장에 의하여 Thr(49)가 트립되어 전동기가 정지되고 경보용 Bz가 작동되도록 문제의 회로도에 그리시오.

Answer

(1) 인터록 접점으로 정회전과 역회전의 동시투입 방지
(2) 열동계전기
(3)

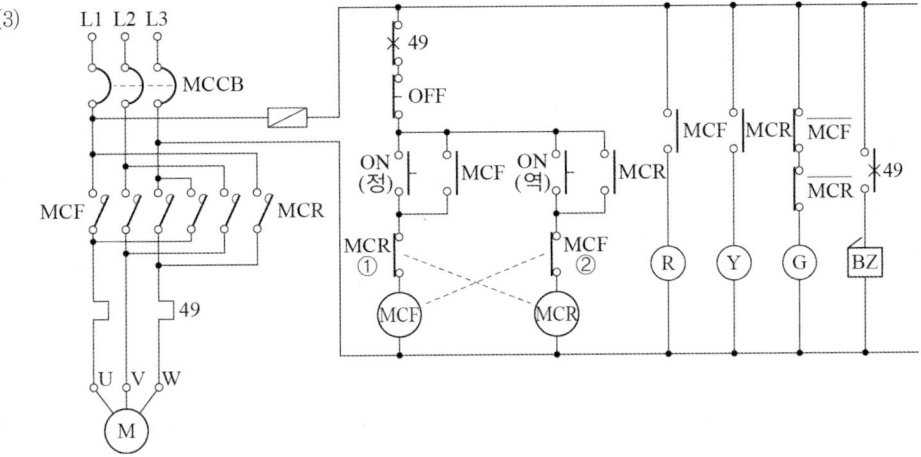

Explanation

전동기 정·역 운전 회로
- 정·역운전회로의 구성
  - 자기유지회로
  - 인터록 회로
- 정·역 운전 주회로 결선 : 전원의 3선 중 중 2선의 접속을 바꾼다.

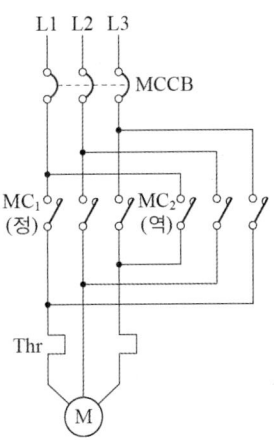

- 회로 및 타임차트

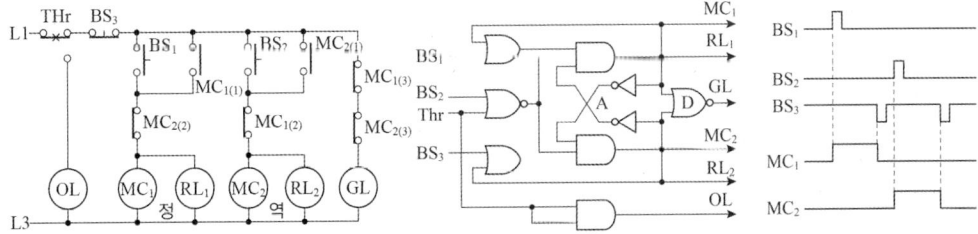

2회 2010년 전기공사기사 실기

01 ★★☆☆☆
다음은 전기배선용 심벌을 나타낸 것이다. 각각의 명칭을 기입하여라.

(1) 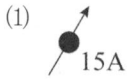　　(2) 　　(3) 　　(4)

Answer
(1) 15[A]용 조광기
(2) 셀렉터 스위치
(3) 누전경보기
(4) 리모콘 릴레이

Explanation
(1) 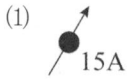 : 15[A]용 조광기　　(2)  : 셀렉터 스위치
※ 조광기는 점멸기의 규정에 따르므로, 15[A] 이상은 방기하여야 한다.
(3)  : 누전경보기　　(4) : 리모콘 릴레이

BEST 02 ★★★★★
지중 전선로의 전선으로 사용하는 케이블의 지중전선로 시설방법 3가지를 쓰시오.

Answer
① 관로식　　② 암거식　　③ 직접매설식

Explanation
(KEC 334.1조) 지중 전선로의 시설
지중 전선로는 전선에 케이블을 사용하고 또한 관로식·암거식 또는 직접 매설식에 의하여 시설하여야 한다.

03 ★★☆☆☆
345[kV] 변전소 모선에 알루미늄 파이프(AL TUBE)를 설치 시, 알루미늄 파이프에 단위당 길이의 중앙 하단에 직경 10[mm]의 구멍을 뚫는다. 그 이유는?

Answer
결로에 의해 알루미늄 파이프 내부에 생긴 수분제거

Explanation
알루미늄 파이프(AL TUBE) 설치 시 알루미늄 파이프에 단위 길이당 중앙 하단에 구멍을 뚫는 것은 결로(結露)에 의해 알루미늄 파이프 내부에 생긴 수분제거를 위함이다.

04 조명기구의 설치 시에는 먼저 천장의 내부상태를 잘 알고 있어야 시공할 때에 일어날 수 있는 분쟁을 미연에 방지할 수 있다. 어떠한 사항 등을 고려하여 면밀히 검토하여야 하는가를 2가지로 구분하여 답하시오.

Answer

① 매입형 기구가 공조 덕트, 급·배수 배관과의 접촉여부
② 천장면에 설치하는 공조의 디퓨져(diffuser)등 다른 설비와 배치관계

Explanation

그 외, ③ 2중 천장의 바탕 재료가 무엇으로 구성되어 있는지의 여부

> 이 문제는 변경된 KEC 적용으로 인하여 삭제하고, 아래 예상문제로 대체되었습니다.

05 변압기의 고압·특고압측 전로 또는 사용전압이 35[kV] 이하의 특고압전로가 저압측 전로와 혼촉하고 저압전로의 대지전압이 150[V]를 초과하는 경우 1초를 넘고 2초 이내에 자동으로 차단하는 장치를 설치한 경우 지락전류가 20[A]라면 변압기 중성점 접지저항 값은 얼마인가?

• 계산 :   • 답 :

Answer

계산 : $R = \dfrac{300}{I_1} = \dfrac{300}{20} = 15[\Omega]$ 답 : 15[Ω]

Explanation

(KEC 142.5조) 변압기 중성점 접지
① 변압기의 중성점접지 저항 값(변압기의 고압·특고압측)

  가. 일반적 : $\dfrac{150}{I_1}$ 이하   여기서, I_1은 전로의 1선 지락전류

  나. 변압기의 고압·특고압측 전로 또는 사용전압이 35[kV] 이하의 특고압전로가 저압측 전로와 혼촉하고 저압전로의 대지전압이 150[V]를 초과하는 경우

    • 1초 초과 2초 이내에 자동으로 차단하는 장치를 설치 : $\dfrac{300}{I_1}$ 이하

    • 1초 이내에 자동으로 차단하는 장치를 설치 : $\dfrac{600}{I_1}$ 이하

② 전로의 1선 지락전류 : 실측값 사용(단, 실측이 곤란한 경우 선로정수 등으로 계산한 값)

BEST 06 다음 설명의 (   ) 안에 알맞은 용어를 쓰시오.

> "예비 전원으로 시설하는 저압 발전기에서 부하에 이르는 전로에는 발전기에 가까운 곳에 쉽게 개폐 및 점검을 할 수 있는 곳에 (   ), (   ), (   ), (   )를(을) 시설하여야 한다."

Answer

개폐기, 과전류 차단기, 전압계, 전류계

Explanation

(내선규정 4,168-3) 예비전원 고압발전기
예비전원으로 시설하는 고압발전기에서 부하에 이르는 전로에는 발전기에 가까운 곳에 개폐기, 과전류차단기, 전압계 및 전류계를 다음 각 호에 의해 시설하여야 한다.
- 각 극에 개폐기 및 과전류 차단기를 시설할 것
- 전압계는 각 상의 전압을 읽을 수 있도록 시설할 것
- 전류계는 각 선(중성선 제외)의 전류를 읽을 수 있도록 시설할 것

07 가공송전선로에서 이도 설계 시 전선에 가해지는 하중의 종류 3가지를 쓰시오.

Answer

① 전선 자중　　　　② 풍압 하중　　　　③ 빙설 하중

Explanation

- 전선로에 가해지는 하중
  - 수직하중 : 전선자중(W_c), 빙설하중(W_i)
  - 수평하중 : 풍압하중(W_w)
- 전선로에 가해지는 합성하중 $W = \sqrt{(W_i + W_c)^2 + W_w^2}$

08 가공 배전선로 및 인입선에서 인류애자를 취부하기 위하여 사용되는 금구류는 무엇인지 쓰시오.

Answer

랙

Explanation

랙(Rack) : 저압선로용으로 지면에 대하여 저압배전선로를 수직으로 배열하는데 사용
- 1선용 : 특별고압 중성선(인류애자 사용)
- 2선용 : 단상 2선식 저압선로의 전선
- 4선용 : 3상 4선식 저압선로의 전선

09 금속관공사에 대한 설명이다. 문제를 읽고 (　) 안에 알맞은 답을 쓰시오.

(1) 금속관을 구부릴 경우 금속관의 단면이 심하게 변형되지 아니하도록 구부려야 하며, 그 안측의 반지름은 관 안지름의 (①)배 이상이 되어야 한다.
(2) 굴곡개소가 많은 경우 또는 관의 길이가 (②)[m]를 초과하는 경우에는 풀박스를 설치한다.
(3) 금속관 상호는 (③)(으)로 접속할 것
(4) 금속관과 박스를 접속할 때 틀어 끼우는 방법에 의하지 않을 경우 (④)을(를) 2개 사용 하여 박스 양측을 조일 것
(5) 금속관을 조영재에 따라 시공할 때는 새들 또는 (⑤) 등으로 견고하게 지지하고, 그 간격을 (⑥)[m] 이하로 한다.

Answer

(1) ① 6배   (2) ② 25[m]   (3) ③ 커플링
(4) ④ 로크너트   (5) ⑤ 행거, ⑥ 2[m]

Explanation

금속관 공사
- 금속관을 구부릴 경우 금속관의 단면이 심하게 변형되지 아니하도록 구부려야 하며, 그 안측의 반지름은 관 안지름의 6배 이상이 되어야 한다.
- 전선관 설치 후 전선 및 케이블의 손상을 받지 않도록 배선하기 위해서는 전선관의 길이가 25[m]를 초과하는 경우는 25[m] 이하마다 풀박스를 설치토록 하며 방향전환 등 굴곡부위가 있는 경우는 15[m] 이하마다 풀박스 등 접속함을 설치하여야 한다.
- 금속관 상호는 커플링으로 접속할 것
- 금속관과 박스를 접속할 때 틀어 끼우는 방법에 의하지 않을 경우 로크너트를 2개 사용하여 박스 양측을 조일 것
- 금속관을 조영재에 따라 시공할 때는 새들 또는 행거 등으로 견고하게 지지하고, 그 간격을 2[m] 이하로 한다.

10 피보호물 주위를 적당한 간격의 그물눈을 가진 도체로 포위하는 피뢰방식 중에서 완전한 피뢰 방법에 속하는 피뢰방식은 무엇인지 쓰시오.

Answer

케이지(Cage) 방식

Explanation

피뢰침 설비에서 피뢰 방식
- 돌침 방식 : 돌침을 건축물에 직접 설치하는 방식과 건축물과 이격하여 설치하는 독립피뢰침 방식이 있다.
- 수평도체 방식 : 건축물의 옥상에 거의 수평하게 피뢰도체를 설치하여 이 도체에서 낙뢰를 흡수하는 방식. 설치하는 방법에 따라 도체를 건축물에 직접 설치하는 방식과 격리해서 설치하는 독립 가공지선방식이 있다.
- 케이지 방식 : 건축물의 주위를 피뢰 도선으로 새장(cage)처럼 감싸는 방식(완전피뢰방식)
- 이온 방사형 피뢰방식 : 돌침부에서 전하 또는 펄스를 발생시켜 뇌운의 전하와 작용토록 하여 멀리 있는 뇌운의 방전을 유도하여 보호범위를 넓게 하는 방식

BEST 11 그림과 같이 외등용 전선관을 지중에 매설하려고 한다. 터파기(흙파기)량은 얼마인지 계산하시오. 단, 매설거리는 50[m]이고, 전선관의 면적은 무시한다.

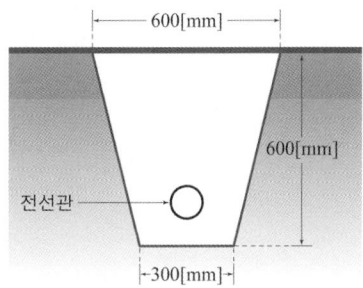

Answer

$$V = \frac{a+b}{2} \times h \times L = \frac{0.6+0.3}{2} \times 0.6 \times 50 = 13.5[\text{m}^3]$$

답 : 13.5[m³]

Explanation

터파기량 계산
- 줄기초 파기 : 전선관 매설

$$터파기량[\text{m}^3] = \left(\frac{a+b}{2}\right) \times h \times 줄기초길이$$

BEST 12 ★★★★★

비상용 조명부하 40[W], 120등, 60[W] 50등의 합계 7,800[W]가 있다. 방전시간 30분, 축전지 HS형 54셀, 허용최저전압 90[V], 최저축전지온도 5[℃]일 때의 축전지 용량을 계산하시오. 단, 전압은 100[V]이고, $K = 1.22$ 이다. 축전지의 보수율 $L = 0.8$ 이다.

- 계산 :　　　　　　　　　　　　　• 답 :

Answer

계산 : $C = \dfrac{1}{L}KI = \dfrac{1}{0.8}\left(1.22 \times \dfrac{7,800}{100}\right) = 118.95[\text{Ah}]$

답 : 118.95[Ah]

Explanation

- 전류 $I = \dfrac{P}{V} = \dfrac{40 \times 120 + 60 \times 50}{100} = 78[\text{A}]$

- 축전지 용량 $C = \dfrac{1}{L}KI[\text{Ah}]$　　여기서, C : 축전지의 용량 [Ah], L : 보수율(경년용량 저하율)

　　　　　　　　　　　　　　　　　　K : 용량환산 시간 계수, I : 방전 전류[A]

13 ★★★★☆

정부나 공공기관에서 발주하는 옥내 전기공사의 물량 산출시 일반적으로 전선관배관은 할증률 몇 [%]로 계산하는지 쓰시오.

Answer

10[%]

Explanation

전기재료 할증

종류	할증률[%]	종류	할증률[%]
옥외전선	5	전선관(옥외)	5
옥내전선	10	전선관(옥내)	10
Cable(옥외)	3	Trolley선	1
Cable(옥내)	5	동대, 동봉	3

BEST 14 ★★★★★

그림과 같은 계통에서 기기의 A점에서 완전지락이 발생하였을 경우 다음 물음에 답하시오.

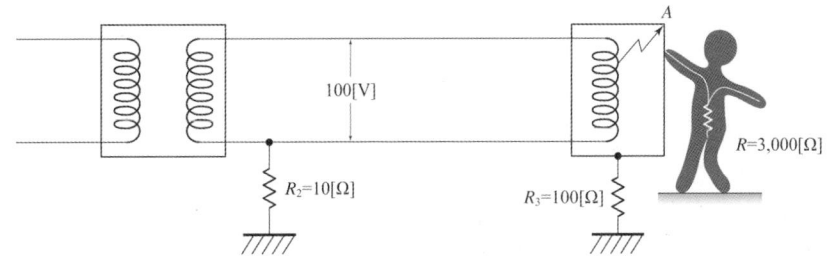

(1) 이 기기의 외함에 인체가 접촉하고 있지 않을 경우 이 외함의 대지 전압은 몇 [V]로 되겠는가?
 • 계산 :   • 답 :
(2) 이 기기의 외함에 인체가 접촉하였을 경우 인체에는 몇 [mA]의 전류가 흐르는가?
 • 계산 :   • 답 :
(3) 인체 접촉시 인체에 흐르는 전류를 10[mA] 이하로 하려면 기기의 외함에 시공된 접지공사의 접지 저항 $R_3[\Omega]$의 값을 얼마의 것으로 바꾸어 주어야 하는가?
 • 계산 :   • 답 :

Answer

(1) 계산 : 외함의 대지 전압 = 지락전류×접지저항 = $\dfrac{100}{100+10} \times 100 = 90.91[V]$ 답 : 90.91[V]

(2) 계산 : $I = \dfrac{100}{10+\dfrac{100\times 3{,}000}{100+3{,}000}} \times \dfrac{100}{100+3{,}000} = 0.03021[A] = 30.21[mA]$ 답 : 30.21[mA]

(3) 계산 : 기기의 접지 저항을 R_3라 하면 $0.01 \geqq \dfrac{100}{10+\dfrac{3{,}000 R_3}{R_3+3{,}000}} \times \dfrac{R_3}{R_3+3{,}000}$

위 식에서 R_3을 구하면 $R_3 \leqq 4.29[\Omega]$ 답 : $R_3 \leqq 4.29[\Omega]$

Explanation

(1) 인체가 접촉하지 않은 경우

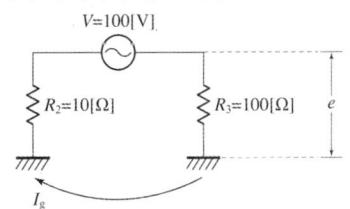

(2) 인체가 접촉하였을 경우

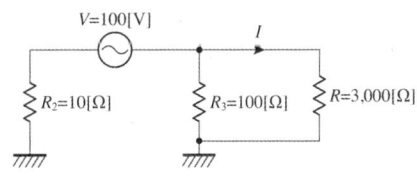

15 ★★☆☆☆

변성기 2차측 배선에서 MOF 2차측 배선은 단자 색상에 맞추어 다음과 같이 배열 시공 하여야 한다. ( ) 안에 색상표시를 하시오.

1S	P1	2S	P2	3S	P3	P0	1L	2L	3L	접지
( )	( )	( )	백	흑	청	녹	녹	녹	녹	녹

Answer

1S	P1	2S	P2	3S	P3	P0	1L	2L	3L	접지
(황)	(적)	(갈)	백	흑	청	녹	녹	녹	녹	녹

Explanation

한국전력공사 전기계기업무기준

• 3상 3선식의 경우

1S	P1	P3	3S	3L	P2	1L	접지
황	적	청	흑	흑	백	황	녹

• 3상 4선식의 경우

1S	P1	2S	P2	3S	P3	P0	1L	2L	3L	접지
황	적	갈	백	흑	청	녹	녹	녹	녹	녹

16 ★★☆☆☆ 다음 논리 회로의 진리표를 완성하고 논리회로에 대한 타임 차트를 완성하시오.

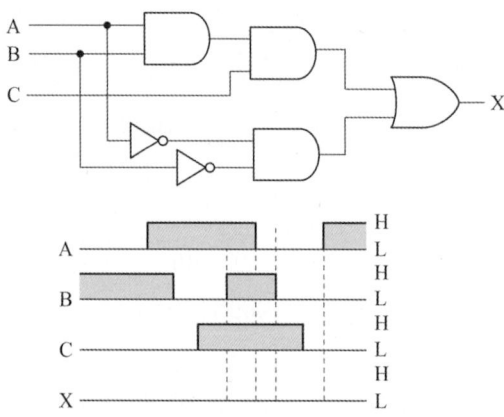

A	B	C	X
L	L	L	
L	L	H	
L	H	L	
L	H	H	
H	L	L	
H	L	H	
H	H	L	
H	H	H	

Answer

A	B	C	X
L	L	L	H
L	L	H	H
L	H	L	L
L	H	H	L
H	L	L	L
H	L	H	L
H	H	L	L
H	H	H	H

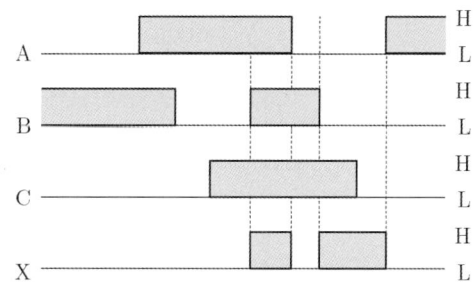

Explanation

무접점 회로를 보고 논리식으로 작성하면

$X = ABC + \overline{A}\,\overline{B}$

따라서 A, B, C가 모두 High이거나 A, B가 모두 Low인 경우에 출력이 High가 된다.

17 ★★☆☆☆ 다음은 3상전동기의 정·역 제어회로의 동작순서와 미완성 회로도이다. 각 접점의 명칭을 기입하고 미완성 회로도를 완성하시오.

[동작순서]

1. 정회전 기동용 스위치 PB₁을 ON하면 전동기는 정회전 한다(자기유지). 운전 중에는 역회전용 스위치 PB₂를 ON해도 전동기는 역회전 하지 않는다(인터록).
2. 역회전시키려면 정지용 스위치 PB-off를 눌러 정지 시켜서 복귀시킨 후에 역회전 스위치 PB₂를 누르면 된다(자기유지).
3. 과부하시 Thr 작동으로 전동기 운전을 정지시킨다.

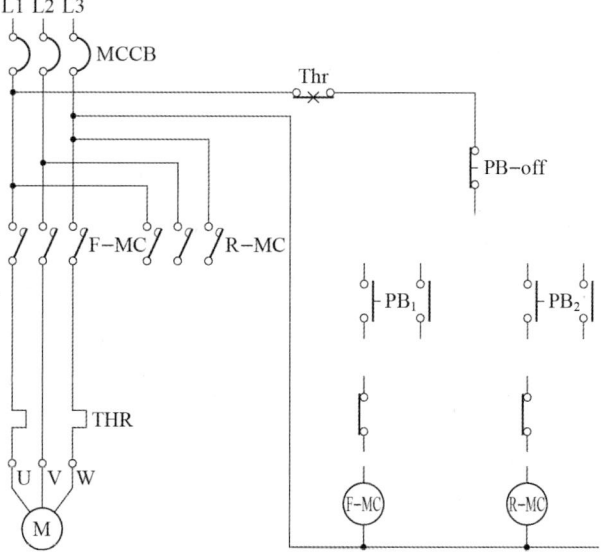

Answer

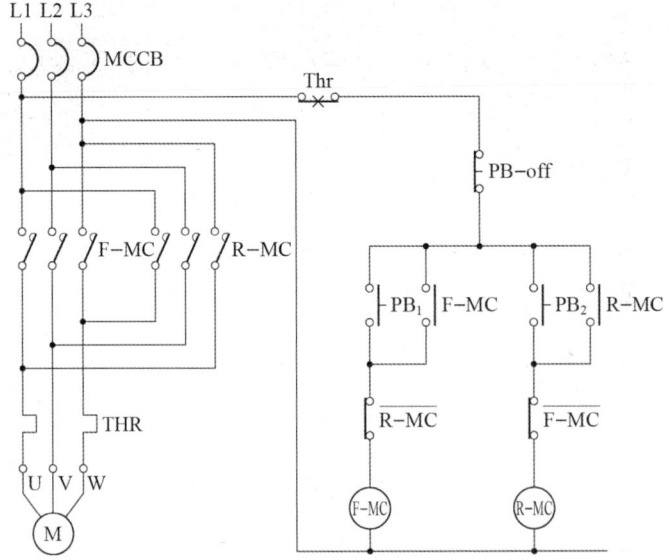

Explanation

전동기 정·역 운전 회로
- 정·역운전회로의 구성
  - 자기유지회로
  - 인터록 회로
- 정·역 운전 주회로 결선 : 전원의 3선 중 중 2선의 접속을 바꾼다.

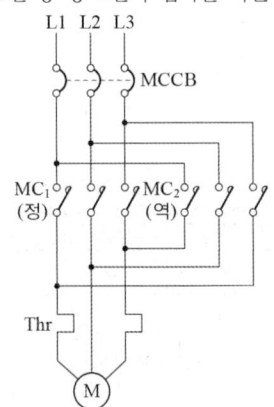

- 회로 및 타임차트

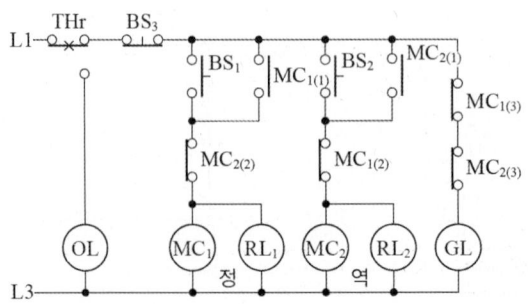

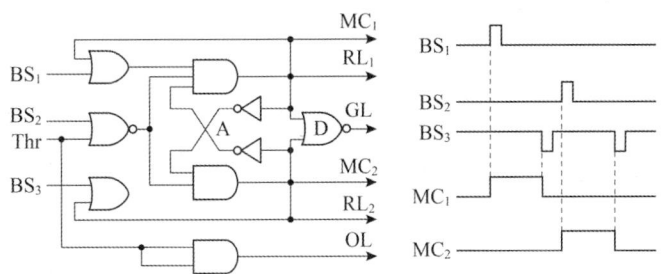

18 다음 심벌은 계기용 변압 변류기(MOF)의 단선도이다. 이것을 복선도로 그리시오. 단, 전기방식은 3상3선식이다.

[단선도]

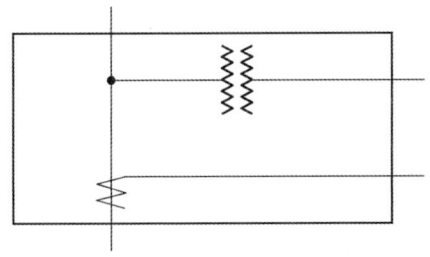

Answer

복선도

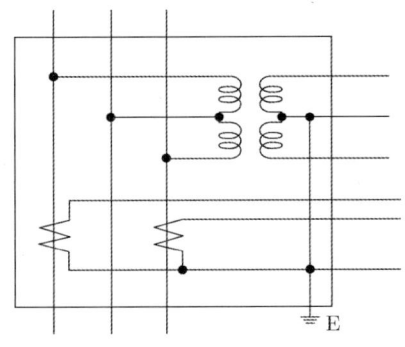

MOF (Metering Out Fit)
전력량계를 위한 PT와 CT를 한 탱크 안에 넣은 것

2010년 전기공사기사 실기

01 ★★★★☆
전용면적 99[m²]인 아파트에서 표준부하산정법에 의하여 부하를 산정하시오. 단, 가산부하 [VA]는 내선규정에 의한 최고치로 한다.

• 계산 :   • 답 :

Answer

계산 : $99 \times 40 + 1,000 = 4,960$[VA]   답 : 4,960[VA]

Explanation

부하 상정 및 분기회로
1. 표준 부하
1) 건축물의 종류에 따른 표준 부하

건축물의 종류	표준 부하[VA/m²]
공장, 공회당, 사원, 교회, 극장, 영화관, 연회장 등	10
기숙사, 여관, 호텔, 병원, 학교, 음식점, 다방, 대중 목욕탕	20
사무실, 은행, 상점, 이발소, 미장원	30
주택, 아파트	40

2) 건축물 중 별도 계산할 부분의 표준 부하 (주택, 아파트는 제외)

건축물의 부분	표준 부하[VA/m²]
복도, 계단, 세면장, 창고, 다락	5
강당, 관람석	10

3) 표준 부하에 따라 산출한 수치에 가산하여야 할 [VA] 수
① 주택, 아파트(1세대마다)에 대하여는 500~1,000[VA]
② 상점의 진열장에 대하여는 진열장 폭 1[m]에 대하여 300[VA]
③ 옥외의 광고등, 전광사인, 네온사인등의 [VA] 수
④ 극장, 댄스홀 등의 무대조명, 영화관 등의 특수전등부하의 [VA] 수

2. 부하의 상정
부하 설비 용량 $= PA + QB + C$
여기서, P : 건축물의 바닥 면적[m²] (Q 부분 면적 제외)
Q : 별도 계산할 부분의 바닥면적[m²], A : P 부분의 표준 부하[VA/m²]
B : Q 부분의 표준 부하[VA/m²], C : 가산해야 할 부하[VA]

3. 분기회로 수
분기회로 수 $= \dfrac{\text{표준 부하 밀도[VA/m²]} \times \text{바닥 면적[m²]}}{\text{전압[V]} \times \text{분기 회로의 전류[A]}}$

[주1] 계산결과에 소수가 발생하면 절상한다.
[주2] 220[V]에서 3[kW] (110[V]때는 1.5[kW])를 초과하는 냉방기기, 취사용 기기 등 대형 전기 기계기구를 사용하는 경우에는 단독분기회로를 사용하여야 한다.

02 아래 보통지선의 도면을 보고 다음 물음에 답하시오.

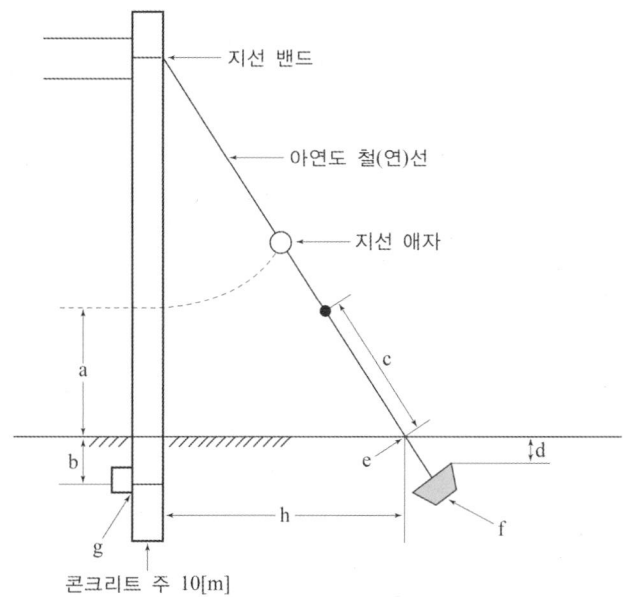

(1) 지선 밴드의 규격은 몇 [mm]인가?
(2) 지선용 아연도철선의 규격 2가지는?
(3) b의 깊이는 몇 [m]인가?
(4) d의 깊이는 최소 몇 [m] 이상인가?
(5) e의 명칭은?
(6) h의 간격은 몇 [m]인가?
(7) 아연도 철선의 소선은 최소 몇 선 이상인가?
(8) 콘크리트주 전체의 깊이가 10[m]인 경우 땅에 묻히는 최소 깊이는?
(9) a(지선안전율)는 최소 몇[m] 이상을 원칙으로 하는가?

Answer

(1) 180×240[mm]
(2) ① 4.0[mm] 아연도금 철선 3조
    ② 7/2.6[mm] 아연도금 철연선
(3) 0.5[m]
(4) 1.5[m]
(5) 지선로드
(6) 전주의 높이 $\times \dfrac{1}{2} = 10 \times \dfrac{1}{2} = 5$[m]
(7) 3본
(8) $10 \times \dfrac{1}{6} = 1.67$[m]
(9) 2.5[m]

Explanation

지선의 설치 방법

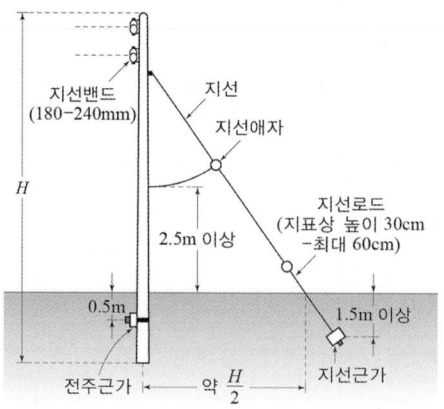

---

03 ★★★☆☆

수용가 인입구의 전압이 22.9[kV] 주차단기의 차단 용량이 250[MVA]이다. 10[MVA], 22.9/3.3[kV] 변압기의 임피던스가 5.5[%]일 때, 변압기 2차 측에 필요한 차단기 용량을 다음 표에서 산정하시오.

• 계산 :   • 답 :

차단기 정격 용량[MVA]

10	20	30	50	75	100	150	250	300	400	500	750	1,000

Answer

계산 : 기준 용량을 10[MVA]로 하면

전원측 $\%Z_1 = \dfrac{P_n}{P_s} \times 100 = \dfrac{10}{250} \times 100 = 4[\%]$

변압기의 $\%Z_2 = 5.5\ [\%]$

따라서, 합성 %임피던스=4+5.5=9.5[%]

변압기 2차측 단락용량 = $10 \times \dfrac{100}{9.5} = 105.26[\text{MVA}]$

답 : 150[MVA]

Explanation

문제를 임피던스 맵으로 나타내면
- 전원 측에 차단기가 설치되어 있는 경우 차단 용량이 주어지면 %임피던스는

$\%Z_s = \dfrac{100}{P_s} \times P_n$

여기서, P_s : 전원 측에 설치된 차단기 용량

- 단락용량 $P_s = \dfrac{100}{\%Z} \times P_n$
- 차단기 용량을 단락용량으로 계산하면 단락용량보다 큰 것이 차단기 용량이 된다.

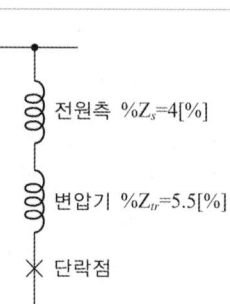

04 다음의 설명에 맞는 배전자재의 명칭을 쓰시오.

(1) 주상변압기를 전주에 설치하기 위해 사용되는 밴드는?
(2) 전주에 암타이 및 랙을 설치하기 위하여 사용되는 밴드는?
(3) 가공배전선로 및 인입선공사에서 인류애자에 사용하기 위해 사용되는 금구는?
(4) 현수애자를 설치한 가공 ACSR 배전선의 인류 및 내장개소에 ACSR 전선을 현수애자에 설치하기 위해 사용되는 금구는?

Answer

(1) 행거밴드
(2) 암타이밴드, 랙밴드
(3) 랙
(4) 데드 엔드 클램프

Explanation

(1)~(2) 밴드의 종류
- 행거밴드 : 주상변압기를 전주에 설치하기 위해 사용되는 밴드
- 암타이 밴드 : 전주에 각암타이를 설치하기 위하여 사용되는 밴드
- 랙밴드 : 전주에 랙을 설치하기 위하여 사용되는 밴드
- 지선밴드 : 지선을 설치하기 위한 밴드

(3) 랙(Rack) : 저압선로용으로 지면에 대하여 저압배전선로를 수직으로 배열하는데 사용
- 1선용 : 특별고압 중성선(인류애자 사용)
- 2선용 : 단상 2선식 저압선로의 전선
- 4선용 : 3상 4선식 저압선로의 전선

05
3상 3선, 380[V] 회로에 그림과 같이 부하가 연결되어 있다. 간선의 허용전류 [A]를 구하시오. 단, 전동기의 평균 역률은 90[%] 이다.

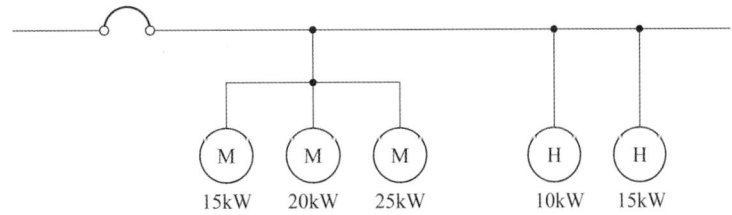

Answer

전동기 정력 전류의 합 $\sum I_M = \dfrac{(15+20+25) \times 10^3}{\sqrt{3} \times 380 \times 0.9} = 101.29[A]$

전동기의 유효 전류 $I_r = 101.29 \times 0.9 = 91.16[A]$

전동기의 무효 전류 $I_q = 101.29 \times \sqrt{1-0.9^2} = 44.15[A]$

전열기 정격 전류의 합 $\sum I_H = \dfrac{(10+15) \times 10^3}{\sqrt{3} \times 380 \times 1.0} = 37.98[A]$

전열기는 역률이 1이므로 유효분 전류만 있으며

회로의 설계전류 $I_B = \sqrt{(91.16+37.98)^2 + 44.15^2} = 136.48[A]$

간선의 허용전류 $I_B \leq I_n \leq I_Z$에서 $I_Z \geq 136.48[A]$

답 : 136.48[A]

Explanation

과부하전류에 대한 보호
① 도체와 과부하 보호장치 사이의 협조
  과부하에 대해 케이블(전선)을 보호하는 장치의 동작 특성
  • $I_B \leq I_n \leq I_Z$
  • $I_2 \leq 1.45 \times I_Z$
  여기서, I_B : 회로의 설계전류
  I_Z : 케이블의 허용전류
  I_n : 보호장치의 정격전류
  I_2 : 보호장치가 규약시간 이내에 유효하게 동작하는 것을 보장하는 전류

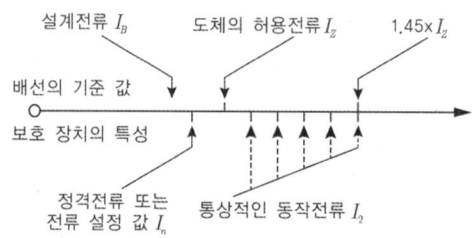

06 다음 그림과 같은 3상 3선식 380[V]수전의 경우 설비불평형률[%]은 얼마인가?

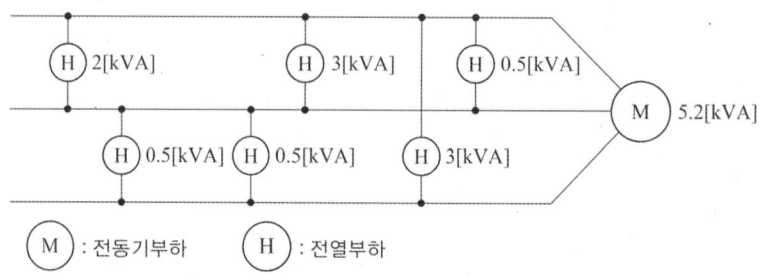

Answer

계산 : 불평형률 $= \dfrac{(2+3+0.5) - (0.5+0.5)}{(2+3+0.5+5.2+3+0.5+0.5) \times \dfrac{1}{3}} \times 100 = 91.84[\%]$

답 : 91.84[%]

Explanation

(내선규정 1,410-1) 설비 부하평형 시설
저압, 고압 및 특별 고압 수전의 3상 3선식 또는 3상 4선식에서 불평형 부하의 한도는 단상 접속부하로 계산하여 설비불평형률을 30[%] 이하로 하는 것을 원칙으로 한다. 다만, 다음 각 호의 경우는 이 제한에 따르지 않을 수 있다.
① 저압 수전에서 전용변압기로 수전하는 경우
② 고압 및 특고압수전에서 100[kVA](kW) 이하인 경우
③ 고압 및 특고압수전에서 단상부하용량의 최대와 최소의 차가 100[kVA](kW) 이하인 경우

④ 특고압수전에서 100[kVA](kW) 이하의 단상 변압기 2대로 역(逆)V결선하는 경우

[주] 이 경우의 설비불평형률이란 각 선간에 접속되는 단상부하 총 설비용량[VA]의 최대와 최소의 차와 총 부하설비용량[VA]평균값의 비[%]를 말하며 다음의 식으로 나타낸다.

$$설비불평형률 = \frac{각\ 선간에\ 접속되는\ 단상부하\ 총\ 설비용량[kVA]의\ 최대와\ 최소의\ 차}{총\ 부하\ 설비용량의\ 1/3} \times 100[\%]$$

여기서, A-B 선간 부하 : 2+3+0.5=5.5[kVA](최대)
B-C 선간 부하 : 0.5+0.5=1[kVA](최소)
C-A 선간 부하 : 3[kVA]

07 ★★☆☆☆

접지공사 시설방법에 관한 사항이다. (　) 안에 알맞은 답을 쓰시오.

(1) 접지극은 지하 (　)[cm] 이상 깊이로 매설하여야 한다.
(2) 접지극은 지지물(철주)에서 (　)[m] 이상 이격하여 매설한다.
(3) 접지도체를 지하 (　)[cm]로부터 지표상 (　)[m]까지는 합성수지관 등으로 덮어야 한다.
(4) 접지극을 2개 이상 매설할 때는 가급적 (　)로 연결한다.
(5) 접지극을 2개 이상 매설할 때는 (　) 이상 이격한다.
(6) 접지공법 중 통상 접지공법은 (　), (　) 등이 있다.

Answer

(1) 75[cm]　　　　(2) 1[m]　　　　(3) 75[cm], 2[m]
(4) 직렬　　　　　(5) 2[m]　　　　(6) 심타접지공법, 다극접지공법

Explanation

접지시공 방법

- 접지봉은 전주에서 0.5[m] 이상 이격시켜 매설 한다.
- 접지봉을 2개 이상 병렬로 매설할 때는 상호 간격을 2[m] 정도 이격시킨다.
- 접지봉은 지하 75[cm] 이상 깊이로 매설한다.
- 접지봉을 2개 이상 매설할 때는 가급적 직렬로 연결하고 접지봉는 심타법으로 시공한다.
- 접지도체는 중간 접속을 하지 않는다.
- 접지도체와 접지봉 리드단자의 연결은 접지슬리브 또는 이와 동등한 방법으로 접속한다.
- 접지도체는 내부로 설치하는 것을 원칙으로 한다.

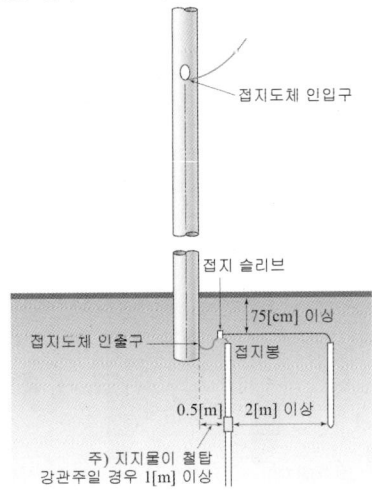

> 이 문제는 변경된 KEC 적용으로 인하여 삭제하고, 아래 예상문제로 대체되었습니다.

08 한국전기설비규정에 의하여 고압 및 특고압 전로에 시설하는 피뢰기는 접지공사를 하여야 한다. 다음에 알맞은 말을 넣으시오.

> 고압 및 특고압의 전로에 시설하는 피뢰기 접지저항 값은 (①)[Ω] 이하로 하여야 한다. 다만, 고압가공전선로에 시설하는 피뢰기는 규정에 의하여 접지공사를 한 변압기에 근접하여 시설하는 경우로서, 고압가공전선로에 시설하는 피뢰기의 접지도체가 그 접지공사 전용의 것인 경우에 그 접지공사의 접지저항 값이 (②)[Ω] 이하인 때에는 그 피뢰기의 접지저항 값이 (①)[Ω] 이하가 아니어도 된다.

Answer

① 10   ② 30

Explanation

(KEC 341.14조) 피뢰기의 접지
고압 및 특고압의 전로에 시설하는 피뢰기 접지저항 값은 10[Ω] 이하로 하여야 한다. 다만, 고압가공전선로에 시설하는 피뢰기를 규정에 의하여 접지공사를 한 변압기에 근접하여 시설하는 경우로서, 고압가공전선로에 시설하는 피뢰기의 접지도체가 그 접지공사 전용의 것인 경우에 그 접지공사의 접지저항 값이 30[Ω] 이하인 때에는 그 피뢰기의 접지저항 값이 10[Ω] 이하가 아니어도 된다.

09 ★★★★☆
아래 그림은 경완철에서 현수애자를 설치하는 순서를 나타낸 것이다. 명칭을 보고 번호를 기입하시오.

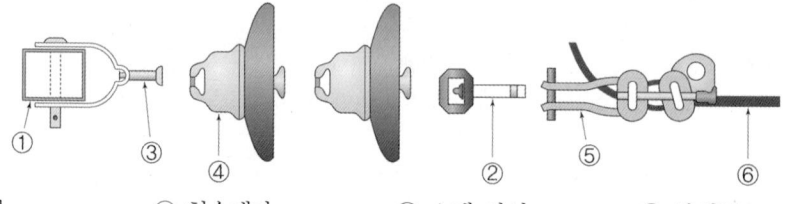

㉠ 경완철   ㉡ 현수애자   ㉢ 소켓 아이   ㉣ 볼쇄클
㉤ 데드엔드클램프 ㉥ 전선

Answer

㉠ - ①   ㉡ - ④
㉢ - ②   ㉣ - ③
㉤ - ⑤   ㉥ - ⑥

Explanation

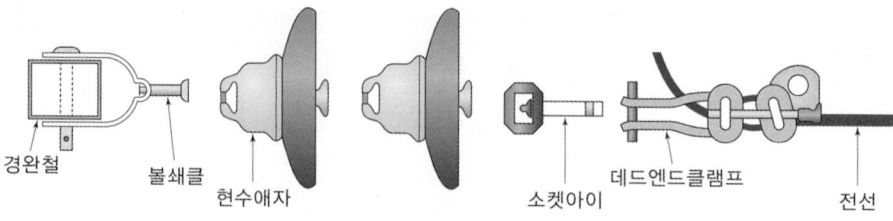

10 8[m]의 높이에 200[W]의 가로등을 가설하고자 한다. 다음 조건을 이해하고 물음에 답하시오.
단, 계산과정은 작성할 필요가 없으며, 답만 쓰시오.

[조건]
① 전선관의 단면적은 무시한다.
② 잔토처리는 생략한다.
③ 터파기 및 되메우기에 필요한 보통 인부는 각각 [m^3]당 0.28인, 0.1이다.
④ 외등 기초용 터파기는 개당 0.615[m^3]이고 콘크리트 타설량은 0.496[m^3]이다.
⑤ 케이블은 EV 6[mm^2]×2이다.
⑥ 소수점이 네 자리 이상인 경우 소수 넷째자리에서 반올림하여 셋째자리까지 구한다.
⑦ 주어지지 않은 사항은 무시한다.

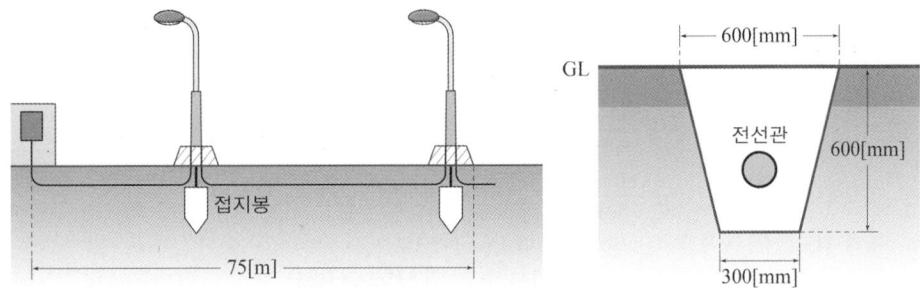

(1) 외등 기초를 포함한 전체 터파기량과 인공을 구하시오.
(2) 외등 기초를 포함한 전체 되메우기량과 인공을 구하시오.
(3) 필요한 전선과 전선관의 수량을 구하시오.

Answer

(1) 터파기량 : 21.48[m^3], 필요인공 : 6.014[인]
(2) 되메우기량 : 20.488[m^3], 필요인공 : 2.049[인]
(3) • 전선수량 EV 6[mm^2]×2 : 75[m]   • 전선관수량 : 75[m]

Explanation

(1) 디피기량
 • 배관용 터파기량은 줄기초파기이므로
 $$V = \frac{0.6+0.3}{2} \times 0.6 \times 75 = 20.25 [m^3]$$
 • 외등 기초터파기 = 0.615×2 = 1.23[m^3]
 • 전체 터파기량 = 20.25 + 1.23 = 21.48[m^3]
 • 인공 = 21.48×0.28 = 6.014[인]
(2) 되메우기량 = 전체 터파기량 − 콘크리트 타설량
           = 21.48−0.496×2 = 20.488[m^3]
  인공 = 20.488×0.1 = 2.049[인]
(3) • 전선관수량 : 75[m]
  • 전선수량 EV 6[mm^2]×2 : 75[m]

11 ★★★☆☆
그림과 같은 회로에서 전동기가 누전된 경우 3,000[Ω]의 인체 저항을 가진 사람이 전동기에 접촉할 때 인체에 흐르는 전류 시간 합계[mA·sec]는? 단, 30[mA], 0.1[sec]의 경우 정격 ELB를 설치하였다.

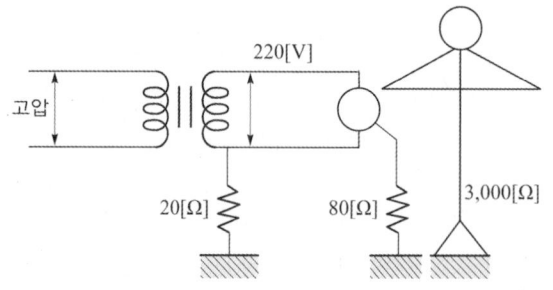

Answer

접촉시 지락 전류 = $\dfrac{220}{20+\dfrac{80\times3,000}{80+3,000}}=2.25[\text{A}]$

인체에 흐르는 전류 = $\dfrac{80}{80+3,000}\times 2.25=0.05844[\text{A}]=58.44[\text{mA}]$

정격 감도 전류는 30[mA], 동작 시간 0.1[sec]이므로
인체에 흐르는 전류 시간 합계 = $58.44\times 0.1=5.84[\text{mA}\cdot\text{sec}]$

답 : 5.84 [mA·sec]

Explanation

• 등가회로

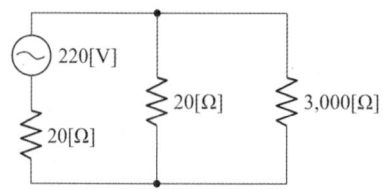

• 전체저항 $R_T=20+\dfrac{80\times 3,000}{80+3,000}=97.92[\Omega]$

• 전체 전류 $I_T=\dfrac{V}{R_T}=\dfrac{220}{20+\dfrac{80\times 3,000}{80+3,000}}=\dfrac{220}{97.92}=2.25[\text{A}]$

• 인체(3,000[Ω])에 흐르는 전류 $I'=\dfrac{80}{80+3,000}\times 2.25=0.05844[\text{A}]=58.44[\text{mA}]$

• 정격 감도 전류는 30[mA], 동작 시간 0.1[sec]이므로
  인체에 흐르는 전류 시간 합계 = $58.44\times 0.1=5.84[\text{mA}\cdot\text{sec}]$

12. 다음은 금속관 공사에서 사용되는 부속품에 대한 설명이다. 물음에 답하시오.

(1) 전선관 상호의 접속용으로 관이 고정되어 있을 때, 또는 관의 양측을 돌려서 접속할 수 없는 경우에 사용되는 부속품은?
(2) 노출배관공사에서 관이 직각으로 굽히는 곳에 사용되는 부속품은?
(3) 금속관으로부터 전선을 뽑아 전동기 단자부분에 접속할 때 사용되는 부속품은?
(4) 인입구, 인출구의 관단에 접속하여 옥외의 빗물을 막는데 사용되는 부속품은?
(5) 아웃렛 박스에 조명기구를 부착할 때 기구 중량의 장력을 보강하기 위해 사용되는 부속품은?

Answer

(1) 유니온 커플링
(2) 유니버셜 엘보
(3) 터미널 캡 또는 서어비스 캡
(4) 엔트런스캡
(5) 픽스쳐스터드와 히키

Explanation

금속관 공사용 부품

명칭	사용 용도
로크너트(lock nut)	관과 박스를 접속하는 경우
부싱(bushing)	전선 관단에 끼우고 전선을 넣거나 빼는 데 있어서 전선의 피복을 보호하여 전선이 손상되지 않게 하는 것
커플링(coupling)	• 금속관 상호 접속 또는 관과 노멀 밴드와의 접속에 사용 • 관의 양측을 돌려서 접속할 수 없는 경우 : 유니온 커플링
새들(saddle)	노출 배관에서 금속관을 조영재에 고정시키는데 사용
노멀 밴드(normal bend)	배관의 직각 굴곡에 사용
링 리듀서	금속을 아웃트렛 박스의 로크 아웃에 취부할 때 록 아웃의 구멍이 관의 구멍보다 클 때 사용
스위치 박스(switch box)	매입형의 스위치나 콘센트를 고정하는 데 사용
아웃트렛 박스(outlet box)	전선관 공사에 있어 전등기구나 점멸기 또는 콘센트의 고정, 접속함
콘크리트 박스(concrete box)	콘크리트에 매입 배선용으로 아웃트렛 박스와 같은 목적으로 사용
플로어 박스	바닥 밑으로 매입 배선할 때 사용
유니버셜 엘보우(elbow)	• 노출 배관공사에 관을 직각으로 굽혀야 할 곳의 관 상호 접속 또는 관을 분기해야 할 곳에 사용 • 3방향으로 분기하는 T형, 4방향으로 분기하는 크로스 엘보우
터미널 캡(terminal cap)	전동기에 접속하는 장소나 애자 사용 공사로 옮기는 장소의 관단에 사용
엔트런스 캡(우에사캡)(entrance cap)	인입구, 인출구의 관단에 설치하여 금속관에 접속하여 옥외의 빗물을 막는데 사용
픽스쳐 스터드와 히키(fixture stud & hickey)	아웃트렛 박스에 조명기구를 부착시킬 때 사용, 무거운 기구취부
블랭크 와셔(blank washer)	플로어 덕트의 정션 박스에 덕트를 접속하지 않는 곳을 막기 위하여 사용
유니버셜 피팅	노출 배관시 L형 또는 T형으로 구부러지는 장소에 사용

13 2중 천장 내에서 옥내배선으로부터 분기하여 조명기구에 접속하는 배선은 원칙적으로 어떤 배선인지 쓰시오.

Answer

케이블 배선 또는 금속제가요전선관 배선(점검할 수 없는 장소는 2종 금속제 가요전선관에 한 한다.)

Explanation

(내선규정 3,320-2) 조명기구 등을 직부 또는 매입하여 시설하는 경우의 시설 방법
2중 천장 내에서 옥내배선으로부터 분기하여 조명기구에 접속하는 배선은 케이블 배선 또는 금속제 가요전선관 배선(점검할 수 없는 장소에는 2종 금속제 가요전선관에 한한다.)으로 하는 것을 원칙으로 한다.

14 그림과 같은 단상 3선식 회로에서 I_o 전류와 I_1 전류는 각각 몇[A]인지 계산하시오. 단, 지락전류는 1[A]이다.

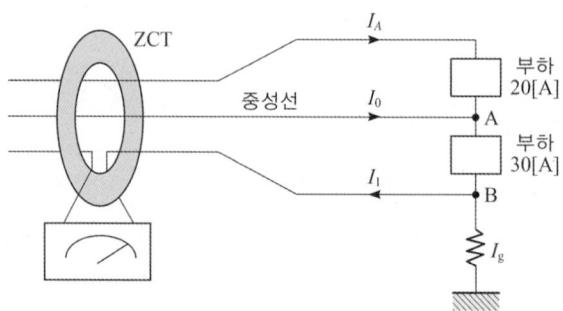

Answer

계산 : A점에서 키르히호프의 전류법칙을 적용하면
$I_A + I_0 = 30$ [A], $I_A = 20$[A]이므로
∴ $I_0 = 30 - I_A = 30 - 20 = 10$[A]
B점에서 키르히호프의 전류법칙을 적용하면
$I_1 + I_g = 30$[A], $I_g = 1$[A]이므로
∴ $I_1 = 30 - I_g = 30 - 1 = 29$[A]

답 : $I_o = 10$[A], $I_1 = 29$[A]

Explanation

키르히호프의 전류법칙(K.C.L)
전선의 임의의 한 점에 유입 또는 유출되는 전류의 합은 0이다.

15 부하의 설비용량이 400[kW], 수용율 60[%], 총 부하율 50[%]의 수용가가 있다. 1개월(30일)의 사용전력량은 몇[kWh]인가?

• 계산 :   • 답 :

Answer

계산 : 사용전력량
$$W = 400 \times 0.6 \times 0.5 \times 24 \times 30 = 86,400 [\text{kWh}]$$
답 : 86,400[kWh]

Explanation

• 수용률 $= \dfrac{\text{최대 수용 전력}[\text{kW}]}{\text{설비 용량}[\text{kW}]} \times 100[\%]$

• 부하율 $= \dfrac{\text{평균 수요 전력}[\text{kW}]}{\text{최대 수요 전력}[\text{kW}]} \times 100 = \dfrac{\text{사용 전력량}/\text{시간}}{\text{최대 수요 전력}[\text{kW}]} \times 100[\%]$

• 사용전력량 = 최대전력 × 부하율 × 시간 = 설비용량 × 수용률 × 부하율 × 시간

16 예비전원설비 또는 비상전원설비 4가지를 쓰시오.

Answer

저압 발전기, 고압 발전기, 축전지, 비상용 발전기

Explanation

(내선규정 1,300-8) 용어정리
예비전원시설이란 정전시의 비상용 전원으로 설비하는 저압 및 고압발전기 또는 축전지 등을 말하며 비상용 발전기류를 포함한다.

17 다음의 옥내배선 그림 기호에 대한 명칭을 쓰시오.

(1)   (2)   (3)   (4)   (5)

Answer

(1) 조광기
(2) 리모콘 스위치
(3) 리모콘 릴레이
(4) 셀렉터 스위치
(5) 개폐기

Explanation

(1) ↗ : 조광기
(2) ●R : 리모콘 스위치
(3) ▲ : 리모콘 릴레이
(4) ⊗ : 셀렉터 스위치
(5) S : 개폐기

18. 주어진 동작사항에 맞게 시퀀스 회로도를 작성하시오.

[동작 설명]
- 배선용 차단기(MCCB)를 넣는 순간 콘센트에 전압이 걸리도록 한다(콘센트의 그림기호는 벽 붙이용으로 한다.).
- 단로 스위치 S_1을 ON하고 누름 버튼스위치 PB를 누르면 타이머 T가 동작하여 PB를 놓아도 타이머 T는 계속 동작하고 램프 R_1이 점등되고 일정시간(타이머 설정시간)이 지나면 R_1은 소등되고 R_2가 점등된다.
- 단로 스위치 S_1을 OFF하면 타이머 T가 동작을 정지하여 R_2가 소등된다.
- 회로에 사용되는 그림기호(접점, 코일, 램프 등)는 시퀀스 회로에 사용되는 그림기호를 사용한다.

Answer

시퀀스 회로도

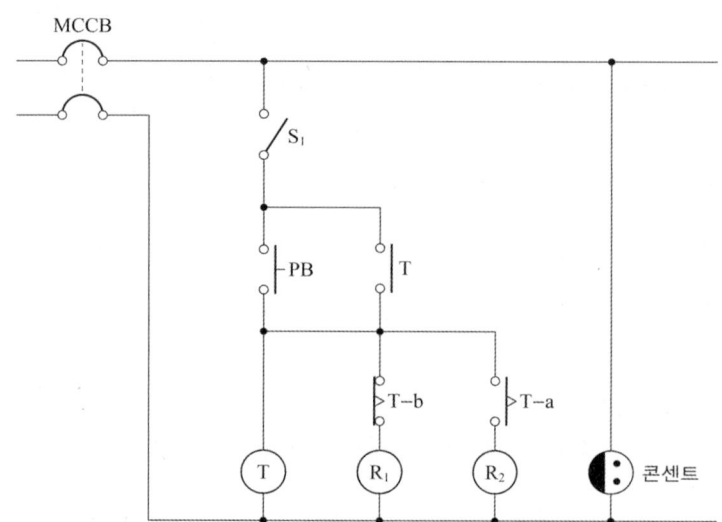

Explanation

타이머 릴레이의 내부 결선도
- ②과 ⑦번 핀 연결 : 타이머 릴레이의 전원
- ①과 ③번 핀 : 자기유지 접점
- ⑤과 ⑧번 핀 : 타이머의 b접점
- ⑥과 ⑧번 핀 : 타이머의 a접점

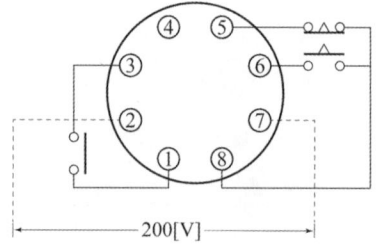

전기공사기사 실기

2011 과년도 기출문제

- 2011년 제 01회
- 2011년 제 02회
- 2011년 제 04회

2011년 과년도 기출문제에 대한 출제 빈도 분석 차트입니다.
각 회차별로 별의 개수를 확인하고 학습에 참고하기 바랍니다.

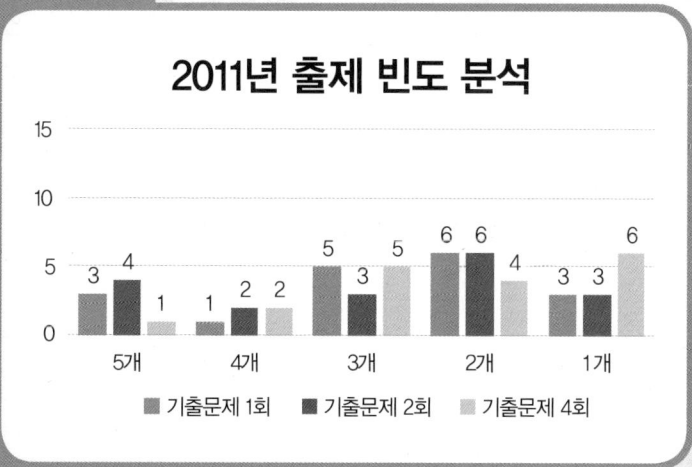

2011년 전기공사기사 실기

01 ★★☆☆☆
가로 10[m], 세로 16[m], 천장 높이 3.85[m], 작업면 높이 0.85[m]인 사무실이 있다. 여기에 천장직부 형광등 기구(40[W], 2등용)를 설치하고자 한다. 이때 필요한 등기구 수는 몇 등인지 구하시오.

• 계산 :   • 답 :

[조건]
1) 작업면 요구 조도 300[lx], 천장반사율 70[%], 벽반사율 50[%], 바닥 반사율 10[%]이고, 보수율 0.7, 40[W] 1개의 광속은 3,150[lm]으로 본다.
2) 조명율 표(기준)

반사율	천장	80[%]				70[%]				50[%]			
	벽	70	50	30	10	70	50	30	10	70	50	30	10
	바닥	10[%]				10[%]				10[%]			
실지수		조명률(×0.01)											
0.8		44	33	28	21	42	32	25	20	30	29	23	19
0.8		52	41	34	28	50	40	33	27	45	38	30	28
1.0		58	47	40	34	55	45	38	33	50	42	36	31
1.26		63	53	46	40	60	51	44	39	54	47	41	38
1.5		67	58	50	45	64	55	49	43	58	51	54	41
2.0		72	64	57	52	69	61	55	50	62	58	51	47
2.5		75	68	62	57	72	66	60	55	65	60	58	52
3.0		78	71	66	81	74	69	64	58	68	63	59	55
4.0		81	76	71	87	77	73	69	65	71	67	84	81
5.0		83	78	75	71	79	75	72	69	73	70	67	84
7.0		85	82	78	78	82	79	76	73	75	73	71	88
10.0		87	85	82	80	84	82	79	77	78	76	75	72

Answer

계산 : 실지수 $R \cdot I = \dfrac{X \cdot Y}{H(X+Y)} = \dfrac{10 \times 16}{(3.85 - 0.85) \times (10+16)} = 2.05$ ∴ 실지수 = 2.0

반사율(천장 70[%], 벽 50[%]) 값에서 실지수 2.0일 때의 조명률은 61[%]=0.61이다.

∴ 등수 $N = \dfrac{ESD}{FU} = \dfrac{300 \times 10 \times 16 \times \dfrac{1}{0.7}}{3,150 \times 2 \times 0.61} = 17.84$ [등]

답 : 18[등]

- 실지수(방지수)= $\dfrac{XY}{H(X+Y)}$

  여기서, H : 등의 높이-작업면 높이[m]

  X : 방의 가로[m]

  Y : 방의 세로[m]

- 조명계산

  $FUN = ESD$

  여기서, F[lm] : 광속, U[%] : 조명률, N[등] : 등수

  E[lx] : 조도, S[m²] : 면적, $D = \dfrac{1}{M}$: 감광보상률 = $\dfrac{1}{보수율}$

  등수 $N = \dfrac{ESD}{FU}$ 이며 등수계산은 소수점은 무조건 절상한다.

- 40[W] 2등용이므로 40[W] 1등의 광속이 3,150[lm]이므로
  전광속은 $F = 3,150 \times 2 = 6,300$[lm]

- 조명률 찾는 법

반사율	천장	80[%]				70[%]				50[%]			
	벽	70	50	30	10	70	50	30	10	70	50	30	10
	바닥	10[%]				10[%]				10[%]			
실지수		조명률(×0.01)											
0.8		44	33	28	21	42	32	25	20	30	29	23	19
1.5		67	58	50	45	64	55	49	43	58	51	54	41
2.0		72	64	57	52	69	61	55	50	62	58	51	47
2.5		75	68	62	57	72	66	60	55	65	60	58	52
7.0		85	82	78	78	82	79	76	73	75	73	71	88
10.0		87	85	82	80	84	82	79	77	78	76	75	72

- 실지수표

기호	A	B	C	D	E	F	G	H	I	J
실지수	5.0	4.0	3.0	2.5	2.0	1.5	1.25	1.0	0.8	0.6
범위	4.5 이상	4.5~3.5	3.5~2.75	2.75~2.25	2.25~1.75	1.75~1.38	1.38~1.12	1.12~0.9	0.9~0.7	0.7 이하

02 ★★★☆☆ 축전지의 전압은 연축전지는 1단위당 몇 [V]이며, 알칼리축전지는 몇 [V]인지 쓰시오.

(1) 연축전지

(2) 알칼리축전지

Answer

(1) 연축전지 : 2[V]

(2) 알칼리축전지 : 1.2[V]

Explanation

- 납(연)축전지 : 2.0[V/cell], 10[Ah]
- 알칼리 축전지 : 1.2[V/cell], 5[Ah]

03 ★★☆☆☆ 그림과 같은 방전 특성을 갖는 부하에 대한 축전지 용량은 몇 [Ah]인가?

단, 방전 전류[A] I_1 = 500, I_2 = 300, I_3 = 100, I_4 = 200
　방전 시간[분] T_1 = 120, T_2 =119, T_3 = 60, T_4 = 1
　용량환산 시간 K_1 = 2.49, K_2 = 2.49, K_3 = 1.46, K_4 = 0.57
　보수율은 0.8을 적용한다.

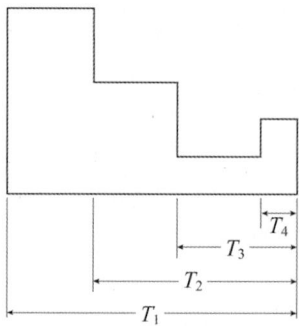

Answer

계산 : $C = \dfrac{1}{L}[K_1 I_1 + K_2(I_2 - I_1) + K_3(I_3 - I_2) + K_4(I_4 - I_3)]$ [Ah]

　　　$= \dfrac{1}{0.8}[2.49 \times 500 + 2.49(300 - 500) + 1.46(100 - 300) + 0.57(200 - 100)]$

　　　$= 640$ [Ah]

답 : 640[Ah]

Explanation

- 축전지 용량 계산 $C = \dfrac{1}{L} KI$ [Ah]

　여기서, L : 보수율(경년용량 저하율), K : 용량 환산 시간, I : 방전전류[A]
- 축전지 용량 : 방전 특성 곡선의 면적

$$C = \dfrac{1}{L}[K_1 I_1 + K_2(I_2 - I_1) + K_3(I_3 - I_2) + K_4(I_4 - I_3)]$$

BEST 04 ★★★★★ 경간이 120[m]인 가공전선로가 있다. 전선 1[m]당 중량은 0.5[kg]이고, 수평 장력 200[kg]의 전선을 사용할 때 ① 이도(Dip) 및 ② 전선의 실장을 구하시오.

① 이도　　　　　　　　　　　　　② 전선의 실장

Answer

① 이도 $D = \dfrac{WS^2}{8T} = \dfrac{0.5 \times 120^2}{8 \times 200} = 4.5$ [m]

② 전선의 실장 $L = S + \dfrac{8D^2}{3S} = 120 + \dfrac{8 \times 4.5^2}{3 \times 120} = 120.45$ [m]

Explanation

- 이도 : $D = \dfrac{WS^2}{8T}$ [m]

- 실제길이 : $L = S + \dfrac{8D^2}{3S}$ [m]

  여기서, L : 전선의 실제 길이[m], D : 이도[m], S : 경간[m]

05 ★★★★☆

일반용 단심 비닐절연전선 2.5[mm²] 3본, 10[mm²] 3본을 넣을 수 있는 후강전선관의 최소 굵기를 다음 표를 이용하여 선정하시오.

[표 1] 전선(피복절연물을 포함)의 단면적

도체 단면적[mm²]	전선의 단면적[mm²]	비고
1.5	9	
2.5	13	
4	17	전선의 단면적은 평균 완성 바깥지름의 상한 값을 환산한 값이다.
6	21	
10	35	
16	48	

[표 2] 절연전선을 금속관 내에 넣을 경우의 보정계수

도체 단면적[mm²]	보정계수
2.5, 4	2.0
6, 10	1.2
16 이상	1.0

[표 3] 후강 전선관의 내단면적의 32[%] 및 48[%]

관의 호칭	내 단면적의 32[%][mm²]	내 단면적의 48[%][mm²]
16	67	101
22	120	180
28	201	301
36	342	513
42	460	690

- 계산 :   • 답 :

계산 : 보정 계수를 고려한 전선의 총 단면적 = 13×3×2+35×3×1.2 =204[mm²]

따라서, [표 3]에서 내 단면적의 32[%], 342[mm²]난의 36[호]로 선정한다.   답 : 36[호]

Explanation

① [표 1]에서 2.5[mm²] 3가닥 : 13×3 = 39[mm²]
   10[mm²] 3가닥 : 35×3 = 105[mm²]
② [표 2]에서 보정 계수를 적용하면 39×2.0+105×1.2 = 204[mm²]
③ 전선관에 서로 다른 전선을 넣을 때는 전선관의 내 단면적 32[%]를 적용
따라서, [표 3]에서 내 단면적의 32[%], 342[mm²]난의 36[호]로 선정한다.

(내선규정 2,225-5) 관의 굵기 선정

① 절연전선의 굵기 : 전선의 단면적(피복절연물 포함)×보정계수
② 전선관 선정
- 동일 굵기의 절연 전선을 동일 관내에 넣을 경우 : 전선의 피복절연물 포함한 단면적의 총 합계가 관내 단면적의 48[%] 이하
- 굵기가 다른 절연 전선을 동일 관내에 넣은 경우 : 전선의 피복절연물 포함한 단면적의 총 합계가 관내 단면적의 32[%] 이하

[표 1] 전선(피복절연물을 포함)의 단면적

도체 단면적[mm²]	전선의 단면적[mm²]	비고
1.5	9	전선의 단면적은 평균 완성 바깥지름의 상한 값을 환산한 값이다.
2.5	13	
4	17	
6	21	
10	35	
16	48	

[표 2] 절연전선을 금속관 내에 넣을 경우의 보정계수

도체 단면적[mm²]	보정계수
2.5, 4	2.0
6, 10	1.2
16 이상	1.0

[표 3] 후강 전선관의 내단면적의 32[%] 및 48[%]

관의 호칭	내 단면적의 32[%][mm²]	내 단면적의 48[%][mm²]
16	67	101
22	120	180
28	201	301
36	342	513
42	460	690

BEST 06 ★★★★★

정부나 공공 기관에서 발주하는 전기 공사의 용량 산출 시 일반적으로 옥외 전선은 할증률 몇 [%], 옥내 전선은 할증률 몇 [%]를 계상하는가?

- 옥외 전선 할증률 :
- 옥내 전선 할증률 :

Answer

- 옥외 전선 할증률 : 5[%]
- 옥내 전선 할증률 : 10[%]

Explanation

전기재료 할증

종류	할증률[%]	종류	할증률[%]
옥외전선	5	전선관(옥외)	5
옥내전선	10	전선관(옥내)	10
Cable(옥외)	3	Trolley선	1
Cable(옥내)	5	동대, 동봉	3

BEST 07 ★★★★★

공급점에서 30[m]의 지점에 80[A], 35[m]의 지점에 60[A], 70[m]의 지점에 50[A]의 부하가 걸려 있을 때 부하 중심까지의 거리를 산출하여 전압강하를 고려한 전선의 굵기를 산정하려고 한다. 부하중심까지의 거리는 몇 [m]인가?

• 계산 :   • 답 :

Answer

계산 : 직선 부하에서의 부하 중심점까지의 거리

$$L = \frac{L_1 I_1 + L_2 I_2 + L_3 I_3}{I_1 + I_2 + I_3} = \frac{30 \times 80 + 35 \times 60 + 70 \times 50}{80 + 60 + 50} = 42.11 [\text{m}]$$

답 : 42.11[m]

Explanation

직선부하의 부하 중심점까지의 거리 $L = \dfrac{L_1 I_1 + L_2 I_2 + L_3 I_3 + \cdots}{I_1 + I_2 + I_3 + \cdots}$

08 ★☆☆☆☆

전자 개폐기의 조작회로는 소세력 회로로 하여야 한다. 이때 소세력 회로의 전압은 최대 몇 [V] 이하이어야 하는가?

Answer

60[V]

Explanation

(KEC 241.14조) 소세력 회로

전자 개폐기의 조작회로 또는 초인벨·경보벨 등에 접속하는 선로로서 최대 사용전압이 60[V] 이하인 것(최대사용전류가, 최대 사용전압이 15[V] 이하인 것은 5[A] 이하, 최대 사용전압이 15[V]를 초과하고 30[V] 이하인 것은 3[A] 이하, 최대 사용전압이 30[V]를 초과하는 것은 1.5[A] 이하인 것에 한한다)은 다음에 따라 시설하여야 한다.

① 소세력 회로(少勢力回路)에 전기를 공급하기 위한 변압기는 절연 변압기일 것
② 절연변압기의 2차 단락전류는 표에서 정한 값 이하의 것일 것

소세력 회로의 최대 사용전압의 구분	2차 단락전류	과전류 차단기의 정격전류
15[V] 이하	8[A]	5[A]
15[V] 초과 30[V] 이하	5[A]	3[A]
30[V] 초과 60[V] 이하	3[A]	1.5[A]

③ 전선은 케이블인 경우 이외에는 공칭단면적 1.0[mm^2] 이상의 연동선 또는 코드·캡타이어 케이블 또는 케이블일 것

09 ★★☆☆☆

통합접지공사를 한 경우는 과전압으로부터 전기설비들을 보호하기 위하여 서지보호장치(SPD)를 설치하여야 한다. 과전압에 대한 효과적인 보호를 위해서는 SPD의 연결전선의 길이가 가능한 짧고 어떠한 접속도 없어야 하는데 이때 SPD의 연결전선은 몇[m]를 초과하지 않아야 하는가?

> **Answer**

0.5[m]

> **Explanation**

(내선규정 5,220-2) 대기현상 또는 개폐로 인한 과전압에 대한 보호
SPD의 연결전선의 길이가 길어지면 과전압에 대한 보호의 효율성이 감소하기 때문에 최적의 과전압에 대한 보호를 위해서는 SPD의 모든 연결전선의 길이가 가능한 짧고(가능하면 전체 전선길이가 0.5[m]를 초과하지 않아야 한다.), 어떠한 접속도 없어야 한다.

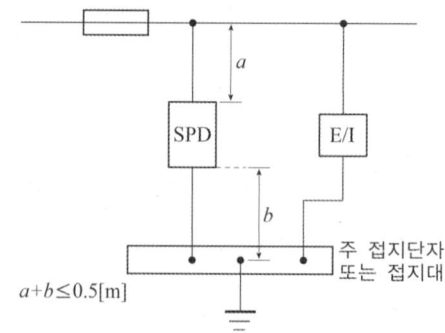

10 ★★★☆☆

다음 표의 수용가 A, B, C에 공급하는 배전 선로의 최대 전력은 400[kW]이다. 이때의 부등률은 얼마인가?

수용가	설비 용량[kW]	수용률[%]
A	300	60
B	250	65
C	300	80

• 계산 :

• 답 :

> **Answer**

계산 : 부등률 $= \dfrac{300 \times 0.6 + 250 \times 0.65 + 300 \times 0.8}{400} = 1.46$ 답 : 1.46

> **Explanation**

부등률 $= \dfrac{\text{개별 부하의 최대 수요 전력의 합}}{\text{합성 최대 전력}} \geq 1$

• 전력소비기기를 동시에 사용하는 정도
• 각 수용가에서의 최대수용 전력의 발생시각은 시간적으로 차이가 있다.
• 배전 변압기 또는 간선에서의 합성 최대 수용 전력은 각 수용가에서의 최대 수용 전력의 합보다 적게 되는데 이 비를 부등률

11. 다음 옥내 배선의 그림기호를 보고 각각의 명칭을 쓰시오.

(1)  (2)  (3)

(4) | E | (5) | B | (6) | S |

Answer

(1) 배전반 (2) 분전반 (3) 제어반
(4) 누전 차단기 (5) 배선용 차단기 (6) 개폐기

Explanation

(내선규정 100-5) 옥내 배선의 그림 기호 배전반, 분전반, 제어반

명칭	그림 기호	적요
배전반 분전반 및 제어반	☐	① 종류를 구별하는 경우는 다음과 같다. 배전반 ⊠ 분전반 ◧ 제어반 ⋈ ② 직류용은 그 뜻을 표기한다. ③ 재해 방지 전원 회로용 배전반 등인 경우는 2중 틀로 하고 필요에 따라 종별을 표기한다. [보기] ⊠ 1종 ◧ 2종

12. 송전 방식에는 교류 송전 방식과 직류 송전 방식이 있다. 직류 송전 방식의 장점을 3가지만 쓰시오.

Answer

① 절연 계급을 낮출 수 있다.
② 무효 전력으로 인한 손실이 없고, 또 역률이 항상 1이므로 송전 효율이 좋다.
③ 선로의 리액턴스가 없으므로 안정도가 높다.

Explanation

① 직류송전 : 발전과 배전은 교류로 송전만을 직류로 하는 방식
② 직류 송전 방식의 장점은 다음과 같다.
  • 선로의 리액턴스가 없으므로 안정도가 높다.
  • 비동기연계가 가능하다(주파수가 다른 선로의 연계 가능).
  • 무효 전력으로 인한 송전 손실이 없고, 또 역률이 항상 1이므로 송전 효율이 좋다.
  • 도체의 표피효과가 없다.(표피효과에 의한 손실이 없다.)
  • 충전전류와 유전체손을 고려하지 않아도 된다.
  • 교류방식에 비해 절연 레벨이 낮다.
③ 직류 송전 방식 단점은 다음과 같다.
  • 변압이 어렵다.
  • 직류용 차단기가 개발되어 있지 않다.
  • 고조파 억제 대책이 필요하다.
  • 직, 교류 변환장치가 필요하다.

이 문제는 변경된 KEC 적용으로 인하여 삭제하고, 아래 예상문제로 대체되었습니다.

13 한국전기설비규정에 의거하여 다음 전선의 색상을 적으시오.

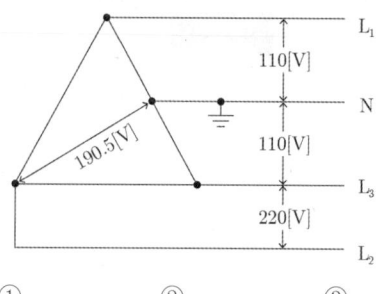

상(문자)	색상
L1	①
L2	②
L3	③
N	④
보호도체	⑤

① ② ③ ④ ⑤

Answer

① 갈색 ② 흑색 ③ 회색 ④ 청색 ⑤ 녹색-노란색

Explanation

(KEC 121.2조) 전선의 상별 색상
1. 전선의 색상은 표에 따른다.

상(문자)	색상
L1	갈색
L2	흑색
L3	회색
N	청색
보호도체	녹색-노란색

14 ★☆☆☆☆
태양광 발전이란 지상으로 내리쬐는 태양에너지를 태양전지를 이용하여 직접 전기적 에너지로 변환하는 발전방식으로서 태양광 발전 방식에 대한 장점을 5가지만 쓰시오.

Answer

① 규모에 관계없이 발전 효율이 일정하다.
② 태양이 내리쬐는 곳이라면 어디에서나 설치할 수 있고 보수가 용이하다.
③ 자원이 반영구적이다.
④ 확산광(산란광)도 이용 할 수 있다.
⑤ 친환경 에너지이다.

Explanation

태양광 발전의 장점
① 규모에 관계없이 발전 효율이 일정하다.
② 태양이 쪼이는 곳이라면 어디에서나 설치 할 수 있고 보수가 용이하다
③ 자원이 반영구적이다.
④ 확산광(산란광)도 이용할 수 있다.
⑤ 친환경 에너지이다.
태양광 발전의 단점
① 태양광의 에너지밀도가 낮다.
② 비가 오거나 흐린 날씨에는 발전능력이 저하한다.

15 변압기에 전원을 처음 인가했을 때 발생하는 소음의 주된 발생원인 3가지를 쓰시오.

Answer

① 변압기의 하부의 앵커 볼트의 조임상태 불량
② 변압기의 탭전압보다 높은 전압이 들어오는 경우
③ 변전실 내 및 외함 내에서의 공진현상

Explanation

이외에도
④ 볼트의 조임상태 불량 (일부분의 볼트가 느슨해짐)
⑤ 변압기의 전원 전압이 정격전압보다 높은 경우
⑥ 철심의 찌그러짐
⑦ 변압기 단자에 부스바를 직접 연결한 경우 등

16 가공전선로의 지지물에 지선을 설치 할 때 고려하여야 할 사항 3가지를 쓰시오.

Answer

① 지선의 안전율은 2.5 이상 일 것
② 지선에 연선을 사용할 경우에는 소선 3가닥 이상의 연선일 것.
③ 지중부분 및 지표상 0.3[m]까지의 부분에는 내식성이 있는 것 또는 아연도금을 한 철봉을 사용하고 쉽게 부식되지 아니하는 근가에 견고하게 붙일 것

Explanation

(KEC 331.11조) 지선의 시설
① 가공전선로의 지지물로 사용하는 철탑은 지선을 사용하여 그 강도를 분담시켜서는 아니 된다.
② 가공전선로의 지지물로 사용하는 철주 또는 철근 콘크리트주는 지선을 사용하지 아니하는 상태에서 2분의 1 이상의 풍압하중에 견디는 강도를 가지는 경우 이외에는 지선을 사용하여 그 강도를 분담시켜서는 아니 된다.
③ 가공전선로의 지지물에 시설하는 지선은 다음 각 호에 따라야 한다.
  • 지선의 안전율은 2.5 이상일 것. 이 경우에 허용 인장하중의 최저는 4.31[kN]으로 한다.
  • 지선에 연선을 사용할 경우에는 다음에 의할 것
    – 소선(素線) 3가닥 이상의 연선일 것
    – 소선의 지름이 2.6[mm] 이상의 금속선을 사용한 것일 것. 다만, 소선의 지름이 2[mm] 이상인 아연도강연선(亞鉛鍍鋼然線)으로서 소선의 인장강도가 0.68 $[kN/mm^2]$ 이상인 것을 사용하는 경우에는 그러하지 아니하다.
  • 지중부분 및 지표상 0.3[m]까지의 부분에는 내식성이 있는 것 또는 아연도금을 한 철봉을 사용하고 쉽게 부식되지 아니하는 근가에 견고하게 붙일 것. 다만, 목주에 시설하는 지선에 대해서는 그러하지 아니하다.
  • 지선근가는 지선의 인장하중에 충분히 견디도록 시설할 것
  • 도로를 횡단하여 시설하는 지선의 높이는 지표상 5[m] 이상으로 하여야 한다. 다만, 기술상 부득이한 경우로서 교통에 지장을 초래할 우려가 없는 경우에는 지표상 4.5[m] 이상, 보도의 경우에는 2.5[m] 이상으로 할 수 있다.
④ 저압 및 고압 또는 25[kV] 미만인 특고압 가공전선로의 지지물에 시설하는 지선으로서 전선과 접촉할 우려가 있는 것에는 그 상부에 애자를 삽입하여야 한다. 다만, 저압 가공전선로의 지지물에 시설하는 지선을 논이나 습지 이외의 장소에 시설하는 경우에는 그러하지 아니하다.

17 그림은 특고압 수전 설비에 대한 단선 결선도이다. 이 결선도를 보고 다음 물음(1)~(2)에 답하시오.

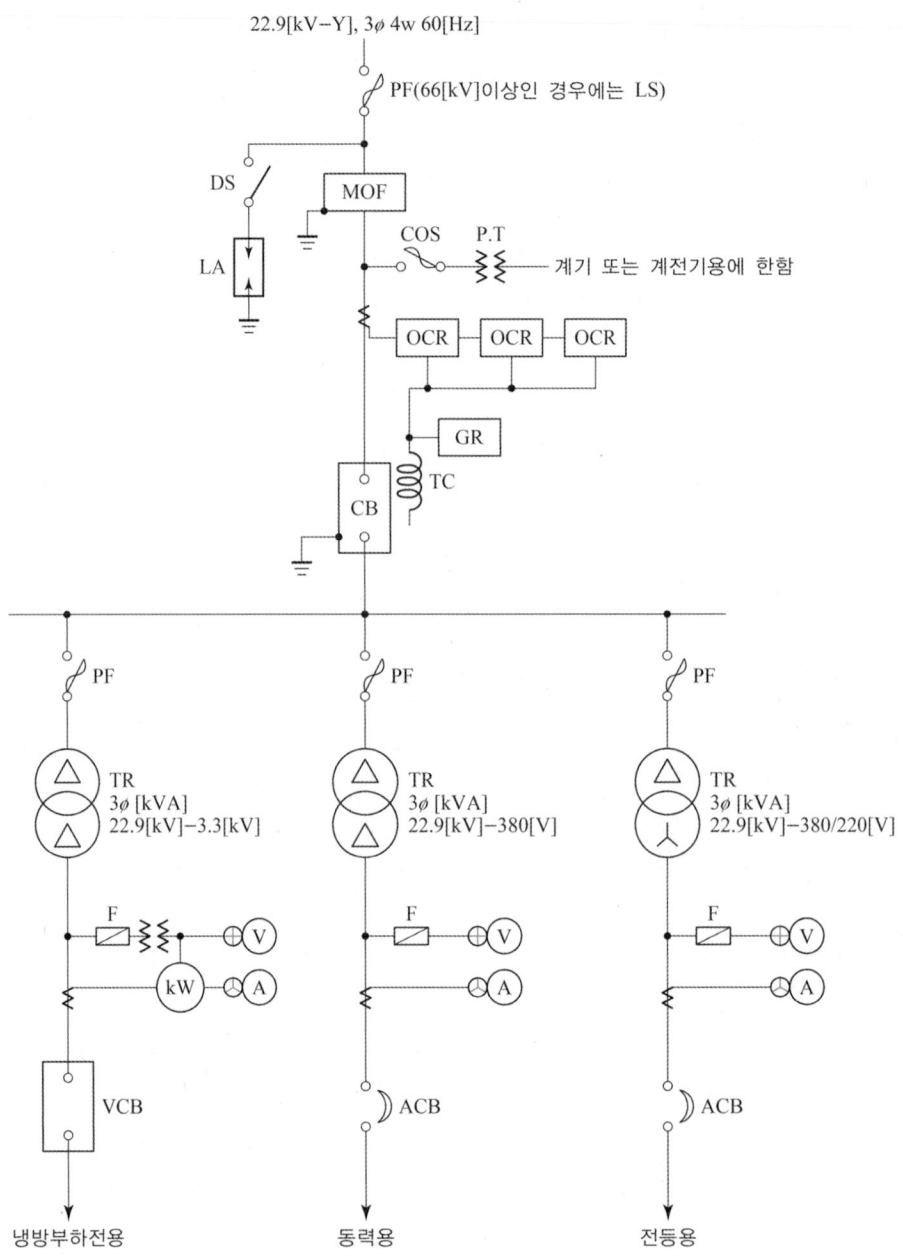

전력용 3상 변압기 표준 용량[kVA]

100	150	200	250	300	400	500

(1) 동력용 변압기에 연결된 동력 부하 설비 용량이 300[kW], 부하 역률은 80[%], 효율 85[%], 수용률은 50[%]라고 할 때, 동력용 3상 변압기의 용량[kVA]을 계산하고 변압기 표준 정격 용량표에서 변압기 용량을 선정하시오.
- 계산 :
- 답 :

(2) 변압기 3대로서 △-△, △-Y 결선도를 그리시오.

Answer

(1) 계산 : $P_a = \dfrac{300 \times 0.5}{0.8 \times 0.85} = 220.59 [\text{kVA}]$

따라서 변압기 표준 정격 용량표에서 250[kVA] 선정 　　　　　　답 : 250[kVA]

(2)　△-△결선　　　　　　　　　　　　△-Y결선

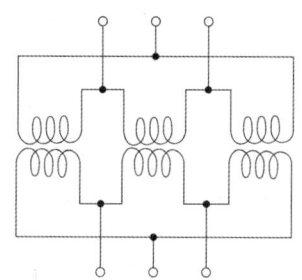
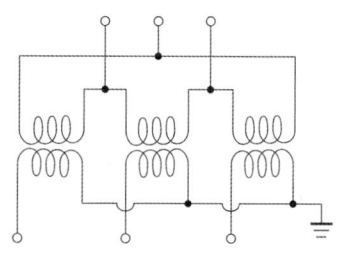

Explanation

변압기 용량[kVA] = $\dfrac{\text{설비용량[kW]} \times \text{수용률}}{\text{부등률} \times \text{역률}} = \dfrac{\text{설비용량[kW]} \times \text{수용률}}{\text{부등률} \times \text{역률} \times \text{효율}}$

18 ★★★☆☆ 전동기를 Y-△ 기동 운전하기 위한 결선도이다. 물음에 답하여라.

(1) Y-△ 기동 운전이 가능하고 역률이 개선될 수 있도록 결선도를 완성하여라.

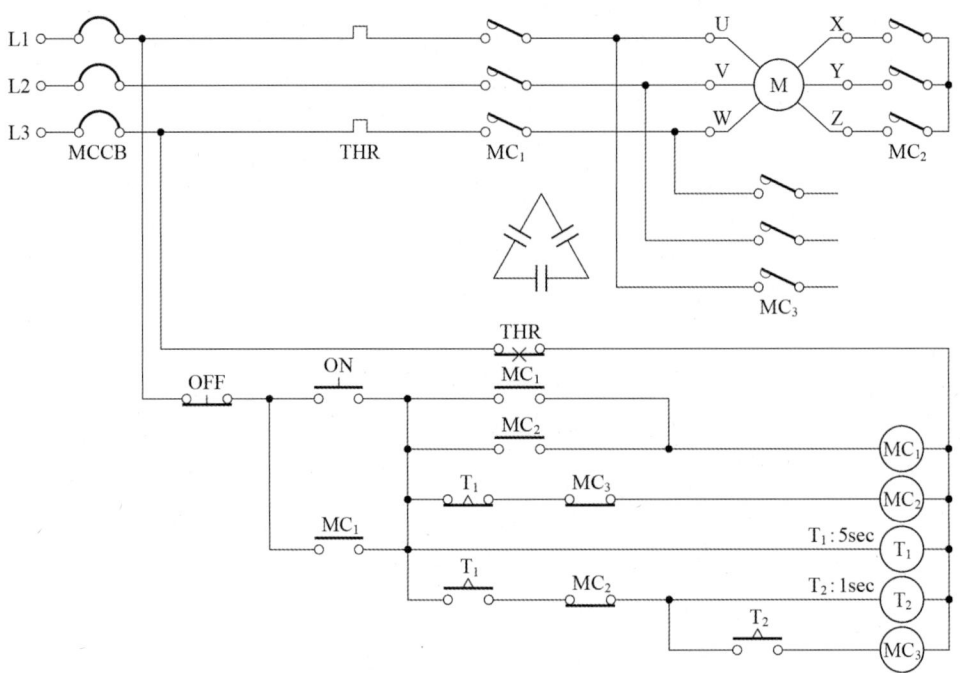

(2) 결선도를 이해한 후 타임 차트를 완성하여라. 보조 접점의 시간 지연은 무시한다.

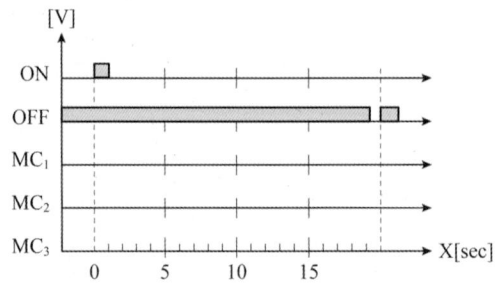

Answer

(1)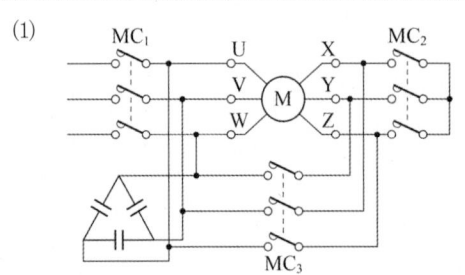

(2)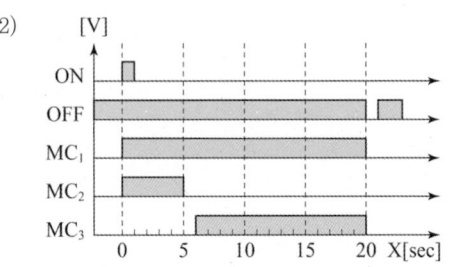

Explanation

- Y-△ 기동의 주회로 결선

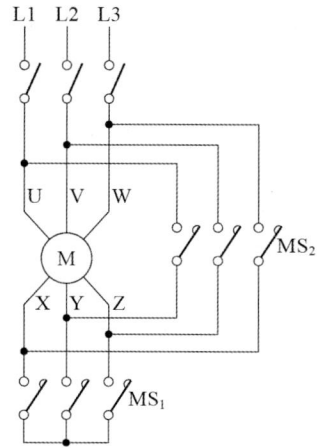

- Y-△ 기동 시의 기동전류는 전전압 기동 전류의 1/3배이며 전원 투입 후 Y결선으로 기동한 후 타이머의 설정 시간이 되면 △ 결선으로 운전한다. 이 때 Y결선은 정지하며 Y와 △는 동시투입이 되어서 안 된다 (인터록).
- 콘덴서 : 전원에 접속
- 동작 설명 : BS-ON을 주면 MC_2가 동작하여 Y결선되고 MC_1이 동작하여 기동 동시에 T_1이 여자되어 5초 후에 MC_2를 복구시키며 T_2를 여자 시킨다. 1초 후에 T_2 접점으로 MC_3가 동작하여 △운전으로 된다.

2회 2011년 전기공사기사 실기

01 ★☆☆☆☆
축전지의 자기 방전을 보충함과 동시에 상용 부하에 대한 전력 공급은 충전기가 부담하도록 하되, 충전기가 부담하기 어려운 일시적인 대전류 부하는 축전지로 하여금 부담하게 하는 방식은 무엇이라 하는가?

Answer

부동충전방식

Explanation

- 부동충전 : 축전지의 자기 방전을 보충하는 동시에 상용 부하에 대한 전력공급은 충전기가 부담하고 충전기가 부담하기 어려운 일시적인 대전류 부하는 축전지가 부담하도록 하는 방식

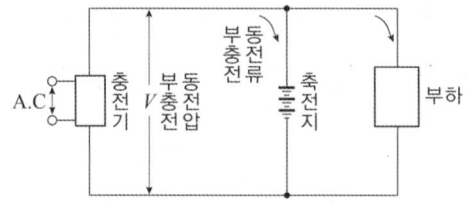

$$충전기\ 2차\ 전류[A] = \frac{축전지\ 용량[Ah]}{정격\ 방전율[h]} + \frac{상시\ 부하\ 용량[VA]}{표준전압[V]}$$

- 연(납)축전지 부동충전전압
  - CS형(완방전용) : 2.15[V]
  - HS형(급방전용) : 2.18[V]

이 문제는 변경된 KEC 적용으로 인하여 삭제하고, 아래 예상문제로 대체되었습니다.

02 다음의 회로에서 보호도체의 굵기를 산정하시오.

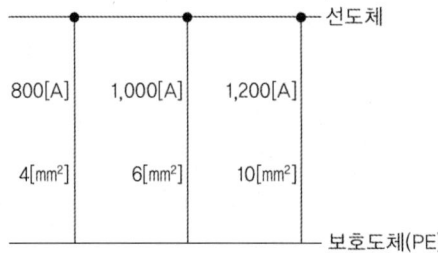

[조건]
- 구리도체
- $k = 143$

- 자동차단을 위한 보호장치 동작 시간 : 0.5[초]
- 최대 지락전류 : 1,200[A]

(1) 보호도체 굵기 산정식을 이용하여 구하는 경우
- 계산 :   • 답 :

(2) 보호도체 선정표를 적용하여 구하는 경우
- 답 :

Answer

(1) 계산 : $S = \dfrac{\sqrt{I^2 t}}{k} = \dfrac{\sqrt{1,200^2 \times 0.5}}{143} = 5.93 [\text{mm}^2]$ 답 : 6[mm²] 선정

(2) 10[mm²]

Explanation

(KEC 142.3.2조) 보호도체
보호도체가 두 개 이상의 회로에 공통으로 사용되면 단면적은 다음과 같이 선정하여야 한다.
① 회로 중 가장 부담이 큰 것으로 예상되는 고장전류 및 동작시간을 고려하여 보호도체의 굵기 산정식에 따라 선정한다.

$$S = \dfrac{\sqrt{I^2 t}}{k} [\text{mm}^2] = \dfrac{\sqrt{1,200^2 \times 0.5}}{143} = 5.93 [\text{mm}^2] \qquad \therefore\ 6[\text{mm}^2]\ \text{선정}$$

② 회로 중 가장 큰 선도체의 단면적을 기준으로 표에 따라 선정한다.

선도체의 단면적 S(mm², 구리)	보호도체의 최소 단면적(mm², 구리)
	보호도체의 재질이 선도체와 같은 경우
16[mm²] 이하	S
16[mm²] 초과 35[mm²] 이하	16
35[mm²] 초과	S/2

> 이 문제는 변경된 KEC 적용으로 인하여 삭제하고, 아래 예상문제로 대체되었습니다.

03 한국전기설비규정에 의하여 의료장소 내의 접지설비 의료장소마다 그 내부 또는 근처에 등전위본딩 바를 설치하여야 한다. 의료장소와의 바닥 면적 합계가 얼마 이하인 경우에는 등전위본딩 바를 공용할 수 있는가?

Answer

50[m²]

Explanation

(KEC 242.10조) 의료장소 내의 접지설비
의료장소와 의료장소 내의 전기설비 및 의료용 전기기기의 노출도전부, 그리고 계통외도전부에 대하여 접지설비를 시설하여야 한다.
접지설비는 의료장소마다 그 내부 또는 근처에 등전위본딩 바를 설치할 것. 다만, 인접하는 의료장소와의 바닥 면적 합계가 50[m²] 이하인 경우에는 등전위본딩 바를 공용할 수 있다.

04 가스 차단기에 사용되는 SF$_6$ 가스의 전기적인 특성 4가지를 쓰시오.

Answer

① 절연 내력이 높다.
② 소호 성능이 뛰어나다.
③ 아크가 안정되어 있다.
④ 절연 회복이 빠르다.

Explanation

SF$_6$ 가스의 물리적, 화학적 성질
① 열 전달성이 뛰어나다.
② 난연성, 불활성 가스이다.
③ 무색, 무취, 무독성이다.
④ 열적 안정성이 뛰어나다.

05 어느 변전소에서 그림과 같은 일부하 곡선을 가진 3개의 부하 A, B, C를 공급하고 있을 때, 이 변전소의 종합 부하에 대해 다음 값을 구하여라. 단, A, B, C의 역률은 시간에 관계없이 각각 80[%], 100[%], 및 60[%]이며, 그림에서 부하 전력은 부하 곡선의 수치에 10^3을 한다는 의미임. 즉, 수직축의 5는 5×10^3[kW]라는 의미임

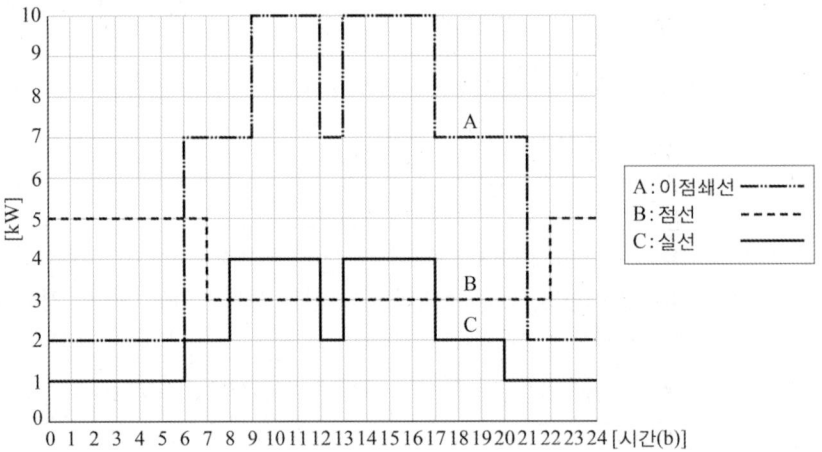

(1) 합성 최대 전력은 몇 [kW]인가?
 • 계산 :   • 답 :
(2) C부하에 대한 평균전력은 몇 [kW]인가?
 • 계산 :   • 답 :
(3) 총 부하율은?
 • 계산 :   • 답 :

Answer

(1) 계산 : 합성 최대 전력
$$P = (10+4+3) \times 10^3 = 17,000 [kW]$$
답 : 17,000[kW]

(2) 계산 : C부하의 평균전력
$$P_C = \frac{\{(1\times6)+(2\times2)+(4\times4)+(2\times1)+(4\times4)+(2\times3)+(1\times4)\}\times 10^3}{24}$$
$$= 2,250 [kW]$$
답 : 2,250[kW]

(3) 계산 : ① A부하의 평균전력
$$P_A = \frac{\{(2\times6)+(7\times3)+(10\times3)+(7\times1)+(10\times4)+(7\times4)+(2\times3)\}\times 10^3}{24}$$
$$= 6,000 [kW]$$

② B부하의 평균전력
$$P_B = \frac{\{(5\times7)+(3\times15)+(5\times2)\}\times 10^3}{24} = 3,750 [kW]$$

따라서, 총부하율 $= \frac{6,000+3,750+2,250}{17,000} \times 100 = 70.59 [\%]$
답 : 70.59[%]

Explanation

(1) 최대전력 발생시간 : 그림에서 9~12시, 13~17시 사이

(2) 평균전력 $= \dfrac{\text{사용전력량[kWh]}}{\text{사용시간[h]}}$

(3) 총부하율 $= \dfrac{\text{평균전력}}{\text{합성최대전력}} \times 100 = \dfrac{\text{A, B, C 각 평균전력의 합}}{\text{합성최대전력}} \times 100 [\%]$

BEST 06 ★★★★★ 건물의 종류에 대응한 표준부하 값을 주어진 답안지에 답하시오.

건축물의 종류	표준 부하[VA/m²]
공장, 공회당, 사원, 교회, 극장, 영화관, 연회장 등	(1)
기숙사, 여관, 호텔, 병원, 학교, 음식점, 다방, 대중목욕탕	(2)
사무실, 은행, 상점, 이발소, 미장원	(3)
주택, 아파트	(4)

Answer

(1) 10
(2) 20
(3) 30
(3) 40

Explanation

부하 상정 및 분기회로
1. 표준 부하
1) 건축물의 종류에 따른 표준 부하

건축물의 종류	표준 부하[VA/m²]
공장, 공회당, 사원, 교회, 극장, 영화관, 연회장 등	10
기숙사, 여관, 호텔, 병원, 학교, 음식점, 다방, 대중 목욕탕	20
사무실, 은행, 상점, 이발소, 미장원	30
주택, 아파트	40

2) 건축물 중 별도 계산할 부분의 표준 부하 (주택, 아파트는 제외)

건축물의 부분	표준 부하[VA/m²]
복도, 계단, 세면장, 창고, 다락	5
강당, 관람석	10

3) 표준 부하에 따라 산출한 수치에 가산하여야 할 [VA] 수
   ① 주택, 아파트(1세대마다)에 대하여는 500~1,000[VA]
   ② 상점의 진열장에 대하여는 진열장 폭 1[m]에 대하여 300[VA]
   ③ 옥외의 광고등, 전광사인, 네온사인등의 [VA] 수
   ④ 극장, 댄스홀 등의 무대조명, 영화관 등의 특수전등부하의 [VA] 수

07 ★★☆☆☆
폭 40[m]의 도로 중앙에 높이 8[m], 등간거리 20[m]로 300[W] 메탈 할라이드 전구를 설치할 때 도로면의 평균조도는 몇 [lx]인가? 단, 조명기구 1개의 광속 38,000[lm], 조명률 0.3, 감광보상률 1.3이다.

• 계산 :   • 답 :

Answer

계산 : $E = \dfrac{FUN}{SD} = \dfrac{38,000 \times 0.3 \times 1}{40 \times 20 \times 1.3} = 10.96[\text{lx}]$ 답 : 10.96[lx]

Explanation

• 조명계산
   $FUN = ESD$
   여기서, F[lm] : 광속
   U[%] : 조명률
   N[등] : 등수
   E[lx] : 조도
   S[m²] : 면적
   $D = \dfrac{1}{M}$: 감광보상률 $= \dfrac{1}{보수율}$

   등수 $N = \dfrac{ESD}{FU}$ 이며 등수계산에서 소수점은 무조건 절상한다.

• 도로조명에서의 면적 계산
   - 중앙배열, 편측배열 : $S = a \cdot b$
   - 양쪽배열, 지그재그식 : $S = \dfrac{a \cdot b}{2}$ 여기서, a : 도로 폭, b : 등 간격

문제에서는 중앙배열이므로 $S = a \cdot b = 40 \times 20 = 800[\text{m}^2]$

08 다음 전선의 약호를 보고 그 명칭을 쓰시오.

(1) DV
(2) MI
(3) ACSR
(4) EV
(5) OW

Answer

(1) 인입용 비닐절연 전선
(2) 미네랄 인슐레이션 케이블
(3) 강심 알루미늄 연선
(4) 폴리에틸렌 절연 비닐 시스케이블
(5) 옥외용 비닐절연전선

Explanation

(내선규정 100-2) 전선 약호

약호	명칭
ACSR	강심 알루미늄 연선
ACSR-OC 전선	옥외용 강심 알루미늄도체 가교 폴리에틸렌 절연전선
ACSR-OE 전선	옥외용 강심 알루미늄도체 폴리에틸렌 절연전선
AL-OC 전선	옥외용 알루미늄도체 가교 폴리에틸렌 절연전선
AL-OE 전선	옥외용 알루미늄도체 폴리에틸렌 절연전선
AL-OW 전선	옥외용 알루미늄도체 비닐 절연전선
DV 전선	인입용 비닐 절연전선
FL 전선	형광 방전등용 비닐전선
HR(0.5) 전선	500 [V] 내열성 고무 절연전선(110[℃])
HR(0.75) 전선	750 [V] 내열성 고무 절연전선(110[℃])
NR 전선	450/750 [V] 일반용 단심 비닐 절연전선
NRI(70) 전선	300/500 [V] 기기 배선용 단심 비닐 절연전선(70[℃])
NRI(90) 전선	300/500 [V] 기기 배선용 단심 비닐 절연전선(90[℃])
OC 전선	옥외용 가교 폴리에틸렌 절연전선
OE 전선	옥외용 폴리에틸렌 절연전선
OW 전선	옥외용 비닐 절연전선

- 케이블의 약호
  - MI 케이블 : 미네랄 인슐레이션 케이블
  - EV 케이블 : 폴리에틸렌 절연 비닐 시스케이블

BEST 09 ★★★★★

우리나라 초고압 송전전압은 765[kV]이다. 선로 길이가 200[km]인 경우 1회선 당 가능한 송전전력은 몇 [kW]인지 Still의 식에 의거하여 구하시오.

• 계산 :

• 답 :

Answer

계산 : $V_s = 5.5\sqrt{0.6l + \dfrac{P}{100}}$ [kV]

∴ 송전전력 $P = \left(\dfrac{V_s^2}{5.5^2} - 0.6l\right) \times 100 = \left(\dfrac{765^2}{5.5^2} - 0.6 \times 200\right) \times 100 = 1,922,628.1$ [kW]

답 : 1,922,628.1[kW]

Explanation

경제적인 송전전압 결정 식(still의 식)
$V_s = 5.5\sqrt{0.6l + \dfrac{P}{100}}$ [kV]
여기서, l : 송전거리[km], P : 송전용량[kW]

BEST 10 ★★★★★

그림과 같은 계통에서 기기의 A점에서 완전 지락이 발생하였을 경우 다음 물음에 답하시오.

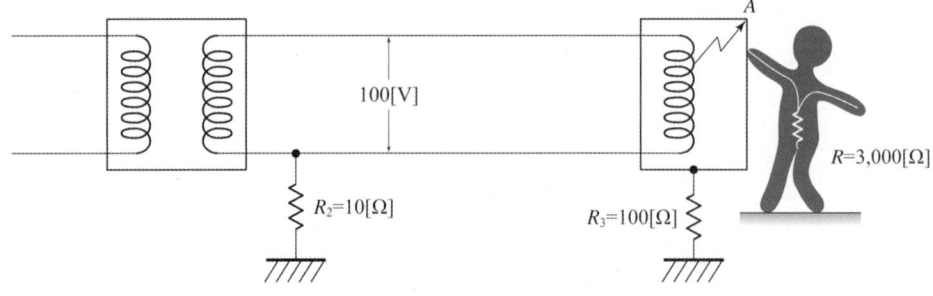

(1) 이 기기의 외함에 인체가 접촉하고 있지 않을 경우 이 외함의 대지 전압은 몇 [V]로 되겠는가?
• 계산 :
• 답 :

(2) 이 기기의 외함에 인체가 접촉하였을 경우 인체에는 몇 [mA]의 전류가 흐르는가?
• 계산 :
• 답 :

(3) 인체 접촉시 인체에 흐르는 전류를 10[mA] 이하로 하려면 기기의 외함에 시공된 접지공사의 접지 저항 R_3[Ω]의 값을 얼마의 것으로 바꾸어 주어야 하는가?
• 계산 :
• 답 :

Answer

(1) 계산 : 외함의 대지 전압 = 지락전류×접지저항= $\dfrac{100}{100+10} \times 100 = 90.91[V]$ 답 : 90.91[V]

(2) 계산 : $I = \dfrac{R_3}{R_3+R} I_n = \dfrac{100}{100+3{,}000} \times \dfrac{100}{10+\dfrac{100 \times 3{,}000}{100+3{,}000}} = 0.03021[A] = 30.21[mA]$

답 : 30.21[mA]

(3) 계산 : 기기의 접지 저항을 R_3을 구하면

$$0.01 \geq \dfrac{100}{10+\dfrac{3{,}000 R_3}{R_3+3{,}000}} \times \dfrac{R_3}{R_3+3{,}000}$$

위 식에서 R_3을 구하면 $R_3 \leq 4.29[\Omega]$ 답 : $R_3 \leq 4.29[\Omega]$

Explanation

(1) 인체가 접촉하지 않은 경우

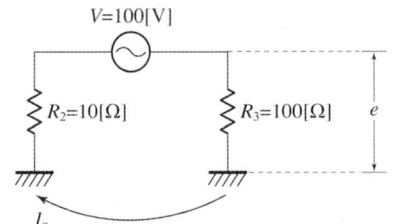

(2) 인체가 접촉하였을 경우

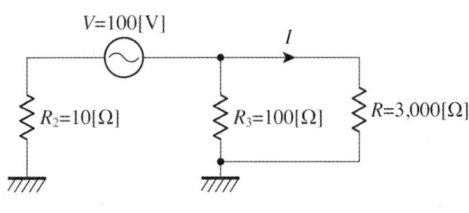

---

11 ★★★☆☆
상용 전원과 예비전원의 양 전원 접속점에 반드시 설치해야 할 전로 기구는?

Answer

전환개폐기

Explanation

(내선규정 4,168-7) 전환개폐기의 설치
상시전원의 정전 시에 상시전원에서 예비전원으로 전환하는 경우에 그 접속하는 부하 및 배선이 동일한 경우는 양전원의 접속점에 전환개폐기를 사용하여야 한다.

---

12 ★★☆☆☆
다음 전선관 명칭을 정확하게 쓰시오.

(1)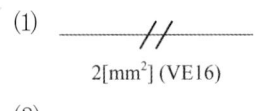
$2[mm^2]$ (VE16)

(2)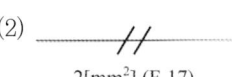
$2[mm^2]$ ($F_2$17)

(3) ─//─
$2[mm^2]$ (PF16)

Answer

(1) 경질 비닐 전선관   (2) 2종 금속제 가요전선관   (3) 합성수지제 가요관

Explanation

(내선규정 100-5) 배선, 배관 기호
- 강제 전선관은 별도의 표기 없음
- VE : 경질 비닐 전선관
- F_2 : 2종 금속제 가요 전선관
- PF : 합성수지제 가요관

> 이 문제는 변경된 KEC 적용으로 인하여 삭제하고, 아래 예상문제로 대체되었습니다.

13 한국전기설비규정에 의거하여 시설하는 전주외등은 대지전압 300 V 이하의 형광등, 고압방전등, LED등 등을 배전선로의 지지물 등에 시설하는 경우에 적용한다. 이 때 적용할 수 있는 공사방법 3가지를 적으시오.

Answer

① 케이블공사   ② 합성수지관공사   ③ 금속관공사

Explanation

(KEC 234.10조) 전주외등
전주외등은 대지전압 300[V] 이하의 형광등, 고압방전등, LED등 등을 배전선로의 지지물 등에 시설하는 경우에 적용하며 배선은 단면적 2.5[㎟] 이상의 절연전선 또는 이와 동등 이상의 절연성능이 있는 것을 사용하고 다음 공사방법 중에서 시설하여야 한다.
가. 케이블공사
나. 합성수지관공사
다. 금속관공사

14 ★★★☆☆ 부하의 역률 개선에 대한 다음 물음에 답하시오

(1) 부하설비의 역률이 90[%] 이하로 저하하는 경우, 수용가가 볼 수 있는 손해 4가지를 쓰시오.
①   ②
③   ④

(2) 역률을 개선하기 위한 기기의 명칭과 설치 방법을 간단하게 쓰시오.
- 기기 명칭 :
- 설치 방법 :

Answer

(1) ① 전력손실이 커진다.
② 전기요금이 증가한다.
③ 전압강하가 커진다.
④ 설비용량의 여유분이 감소된다.

(2) • 기기명칭 : 전력용 콘덴서
• 설치 방법 : 부하와 병렬로 접속

Explanation

- 역률개선
  - 전력용 콘덴서는 진상 무효분을 공급하여 부하의 역률개선을 위하여 사용
  - 부하의 역률 저하 원인 : 유도 전동기의 경부하 운전 및 형광방전등의 안정기 등

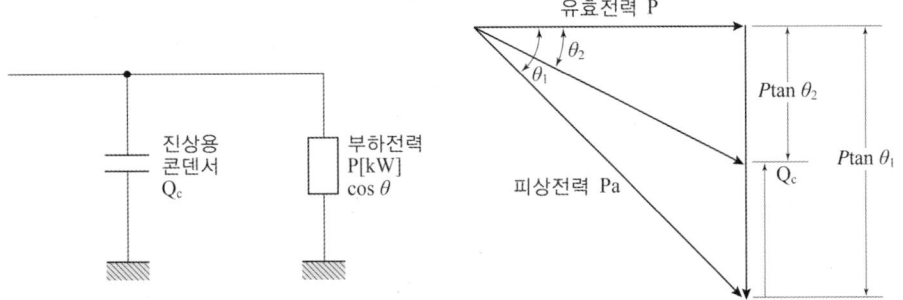

- 전력용 콘덴서 용량

$$Q_c = P(\tan\theta_1 - \tan\theta_2) = P\left(\frac{\sin\theta_1}{\cos\theta_1} - \frac{\sin\theta_2}{\cos\theta_2}\right) = P\left(\frac{\sqrt{1-\cos^2\theta_1}}{\cos\theta_1} - \frac{\sqrt{1-\cos^2\theta_2}}{\cos\theta_2}\right) \text{ [KVA]}$$

여기서, $\cos\theta_1$: 개선 전 역률, $\cos\theta_2$: 개선 후 역률

- 역률개선의 효과
  - 전압강하가 감소
  - 전력손실이 감소
  - 설비용량의 여유분 증가
  - 전기요금 절감

15 대용량의 변압기 내부고장을 보호할 수 있는 보호 장치 5가지만 쓰시오.

Answer

① 비율차동 계전기 ② 과전류 계전기 ③ 방압 안전장치
④ 부흐홀쯔 계전기 ⑤ 충격압력 계전기

Explanation

변압기의 내부 고장 보호용
① 전기적인 보호 방식
  - 차동 계전기(단상)
  - 비율 차동 계전기(3상)
② 기계석인 보호 방식
  - 부흐홀쯔계전기(수소검출, 가스검출계전기)
  - 방압안전장치
  - 유온계(온도계전기),
  - 유위계
  - 서든 프레서(충격압력계전기)

BEST 16 ★★★★★

고압 가공 배전선로에 접속된 주상 변압기의 저압 측에 시설된 접지공사의 저항값을 구하시오. 단, 1선 지락전류는 5[A]이고, 고압 측과 저압 측의 혼촉사고 발생시 1초 이내에 자동적으로 고압 전로를 차단 할 수 있게 되어 있다.

- 계산 :
- 답 :

Answer

계산 : 접지 저항값 $R = \dfrac{600}{5} = 120[\Omega]$ 답 : 120[Ω]

Explanation

(KEC 142.5.1조) 중성점 접지 저항 값

접지 저항값

- $\dfrac{150}{I_g}[\Omega]$ 이하(여기서, I_g는 1선 지락전류. 이하 같음)
- $\dfrac{600}{I_g}[\Omega]$ 자동 차단 설비가 1초 이내 동작시
- $\dfrac{300}{I_g}[\Omega]$ 자동 차단 설비가 1초 초과 2초 이내 동작시

17 3입력의 인터록 유접점 제어 회로도를 숙지한 다음, 다음 물음에 답하시오.

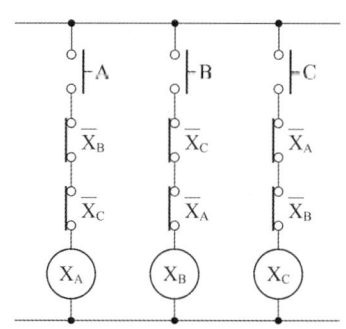

(1) 유접점 제어 회로를 무접점으로 그리시오. 단, AND(⊐⊐−), NOT(−▷∘−) 심벌로만 그리시오. 기타는 틀림
(2) 타임 차트를 완성하시오.

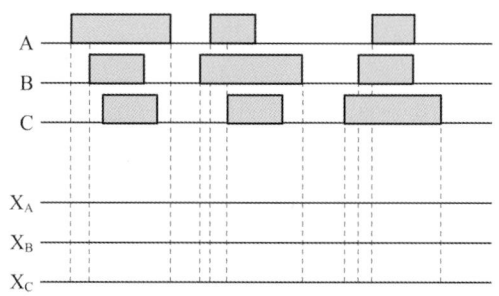

Answer

(1) 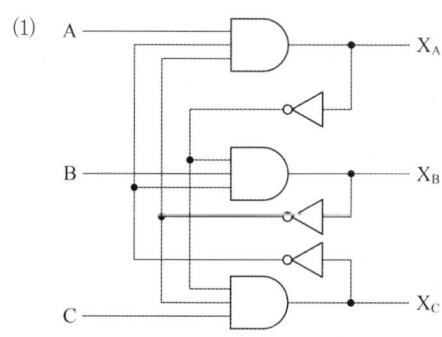   (2)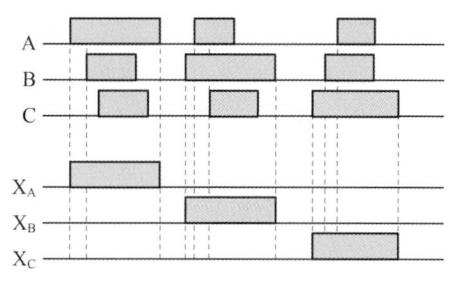

Explanation

유접점 회로를 논리식으로 표현하면
$X_A = A \cdot \overline{X_B} \cdot \overline{X_C}$
$X_B = B \cdot \overline{X_A} \cdot \overline{X_C}$
$X_C = C \cdot \overline{X_A} \cdot \overline{X_B}$

18 ★★★★☆ 그림은 특고압 수전설비 결선도의 미완성 도면이다. 이 도면을 보고 다음 각 물음에 답하시오.
단, CB 1차 측에 CT를, CB 2차 측에 PT를 시설하는 경우이다.

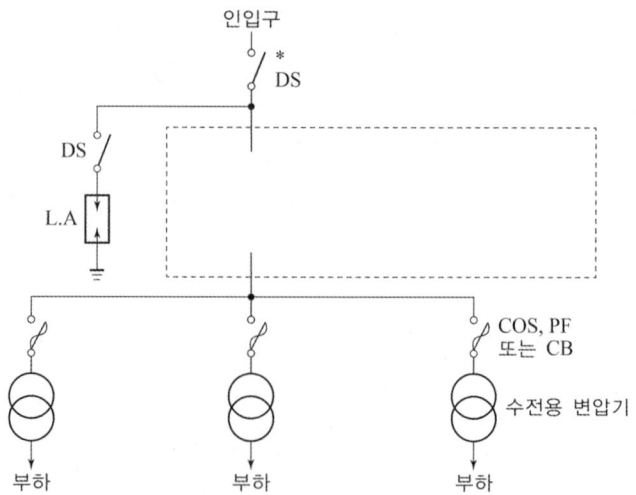

(1) 미완성 부분(점선내부 부분)에 대한 결선도를 그리시오. 단, 미완성 부분만 작성하되, 미완성 부분에는 CB, OCR : 3개, OCGR, MOF, PT, CT, PF, COS, TC, A, V, 전력량계 등을 사용하도록 한다.
(2) 사용전압이 22.9[kV]라고 할 때 차단기의 트립전원은 어떤 방식이 바람직한지 2가지를 쓰시오.
(3) 수전전압이 66[kV] 이상인 경우에는 * 표로 표시된 DS 대신 어떤 것을 사용하여야 하는가?
(4) 지중 인입선의 경우에 22.9[kV-Y] 계통은 어떤 케이블을 사용하여야 하는지 2가지를 쓰시오.

Answer

(1)
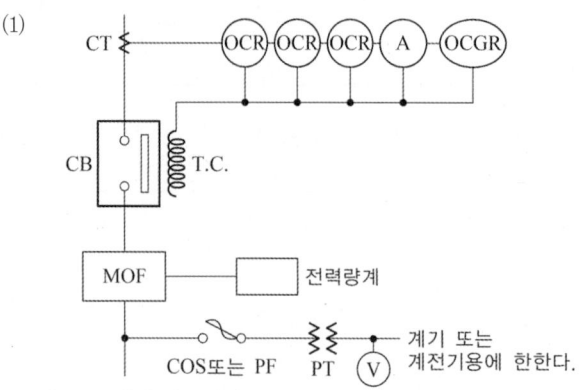

(2) ① DC 방식(직류방식)
    ② CTD방식(콘덴서 방식)
(3) LS(선로 개폐기)
(4) ① CNCV-W 케이블(수밀형)
    ② TR CNCV-W 케이블(트리억제형)

Explanation

특고압 수전설비 표준결선도(CB 1차 측에 CT를, CB 2차 측에 PT를 시설하는 경우)

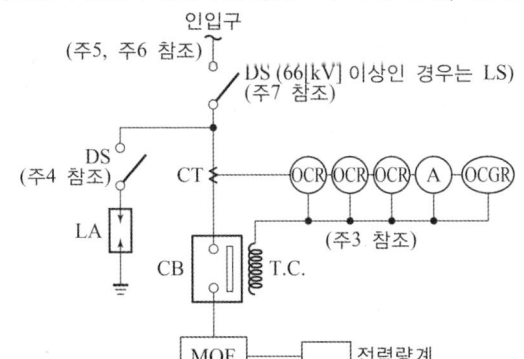

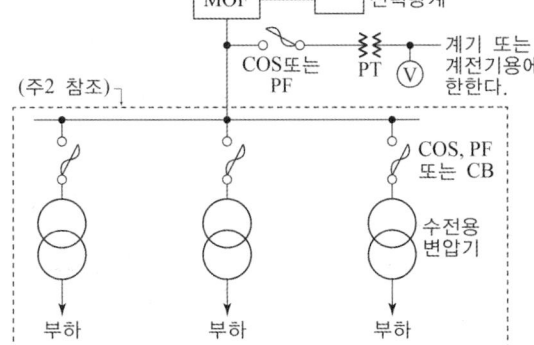

약호	명칭
DS	단로기
LA	피뢰기
CT	변류기
CB	차단기
TC	트립코일
OCR	과전류 계전기
GR	지락 계전기
MOF	전력 수급용 계기용 변성기
COS	컷아웃 스위치
PF	전력 퓨즈
PT	계기용 변압기

[주1] 22.9[kV-Y] 1,000[kVA] 이하인 경우에는 간이 수전설비 결선도에 의할 수 있다.
[주2] 결선도 중 점선내의 부분은 참고용 예시이다.
[주3] 차단기의 트립 전원은 직류[DC]또는 콘덴서 방식(CTD)이 바람직하며 66[kV] 이상의 수전 설비에는 직류(DC)이어야 한다.
[주4] LA용 DS는 생략할 수 있으며 22.9[kV-Y]용의 LA는 Disconnector(또는 Isolator) 붙임형을 사용하여야 한다.
[주5] 인입선을 지중선으로 시설하는 경우로서 공동 주택 등 사고시 정전 피해가 큰 수전 설비 인입선은 예비선을 포함하여 2회선으로 시설하는 것이 바람직하다.
[주6] 지중인입선의 경우에 22.9[kV-Y] 계통은 CNCV-W 케이블(수밀형) 또는 TR CNCV-W(트리억제형)을 사용하여야 한다. 다만, 전력구·공동구·덕트·건물 구내 등 화재의 우려가 있는 장소에서는 FR-CNCO-W(난연)케이블을 사용하는 것이 바람직하다.
[주7] DS 대신 자동고장구분 개폐기(7,000[kVA] 초과 시에는 Sectionalizer)를 사용할 수 있으며 66[kV] 이상의 경우는 LS를 사용하여야 한다.

4회 2011년 전기공사기사 실기

01 ★★★☆☆

그림과 같은 회로에서 전동기가 누전된 경우 3,000[Ω]의 인체 저항을 가진 사람이 전동기에 접촉할 때 인체에 흐르는 전류 시간 합계[mA·sec]는? 단, 30[mA], 0.1[sec]의 경우 정격 ELB를 설치하였다.

- 계산 :
- 답 :

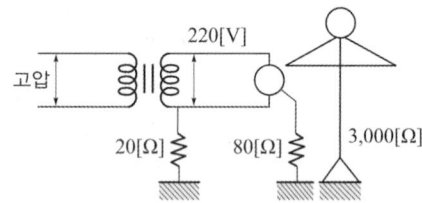

Answer

접촉 시 지락 전류 $= \dfrac{220}{20 + \dfrac{80 \times 3{,}000}{80 + 3{,}000}} = 2.25$ [A]

인체에 흐르는 전류 $= \dfrac{80}{80 + 3{,}000} \times 2.25 = 0.05844$ [A] $= 58.44$ [mA]

정격 감도 전류는 30[mA], 동작 시간 0.1[sec]이므로
인체에 흐르는 전류 시간 합계 $= 58.44 \times 0.1 = 5.84$ [mA·sec]

답 : 5.84[mA·sec]

Explanation

- 등가회로

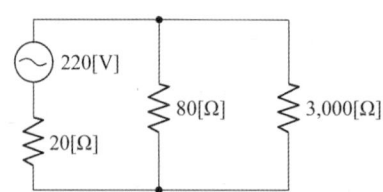

- 전체저항 $R_T = 20 + \dfrac{80 \times 3{,}000}{80 + 3{,}000} = 97.92\,[\Omega]$

- 전체 전류 $I_T = \dfrac{V}{R_T} = \dfrac{220}{20 + \dfrac{80 \times 3{,}000}{80 + 3{,}000}} = \dfrac{220}{97.92} = 2.25$ [A]

- 인체(3,000[Ω])에 흐르는 전류 $I' = \dfrac{80}{80 + 3{,}000} \times 2.25 = 0.05844$ [A] $= 58.44$ [mA]

- 정격 감도 전류는 30[mA], 동작 시간 0.1[sec]이므로
  인체에 흐르는 전류 시간 합계 $= 58.44 \times 0.1 = 5.84$ [mA·sec]

02 브랭크 와셔(Blank Washer)란 무엇인가? 간단하게 쓰시오.

Answer

박스에 덕트를 접속치 않는 곳에 수분 및 먼지의 침입을 막기 위하여 사용되는 재료

Explanation

금속관 공사용 부품

명칭	사용 용도
로크너트 (lock nut)	관과 박스를 접속하는 경우
부싱 (bushing)	전선 관단에 끼우고 전선을 넣거나 빼는 데 있어서 전선의 피복을 보호하여 전선이 손상되지 않게 하는 것
커플링 (coupling)	• 금속관 상호 접속 또는 관과 노멀 밴드와의 접속에 사용 • 관의 양측을 돌려서 접속할 수 없는 경우 : 유니온 커플링
새들 (saddle)	노출 배관에서 금속관을 조영재에 고정시키는데 사용
노멀 밴드 (normal bend)	배관의 직각 굴곡에 사용
링 리듀서	금속을 아웃트렛 박스의 로크 아웃에 취부할 때 록 아웃의 구멍이 관의 구멍보다 클 때 사용
스위치 박스 (switch box)	매입형의 스위치나 콘센트를 고정하는 데 사용
아웃트렛 박스 (outlet box)	전선관 공사에 있어 전등기구나 점멸기 또는 콘센트의 고정, 접속함
콘크리트 박스 (concrete box)	콘크리트에 매입 배선용으로 아웃트렛 박스와 같은 목적으로 사용
플로어 박스	바닥 밑으로 매입 배선할 때 사용
유니버설 엘보우 (elbow)	• 노출 배관공사에 관을 직각으로 굽혀야 할 곳의 관 상호 접속 또는 관을 분기해야 할 곳에 사용 • 3방향으로 분기하는 T형, 4방향으로 분기하는 크로스 엘보우
터미널 캡 (terminal cap)	전동기에 접속하는 장소나 애자 사용 공사로 옮기는 장소의 관단에 사용
엔트런스 캡(우에사캡) (entrance cap)	인입구, 인출구의 관단에 설치하여 금속관에 접속하여 옥외의 빗물을 막는 데 사용
픽스쳐 스터드와 히키 (fixture stud & hickey)	아웃트렛 박스에 소형기구를 부착시킬 때 사용, 무거운 기구취부
블랭크 와셔 (blank washer)	플로어 덕트의 정션 박스에 덕트를 접속하지 않는 곳을 막기 위하여 사용
유니버설 피팅	노출 배관시 L형 또는 T형으로 구부러지는 장소에 사용

03 ★★★★☆ 전선로 부근이나 애자 부근(애자와 전선의 접속 부근)에 임계 전압 이상이 가해지면 전선로나 애자 부근에 공기의 절연이 부분적으로 파괴되는 현상이 발생하는데 이것을 무슨 현상이라고 하는가? 그리고 그 방지 대책을 3가지 쓰시오.

(1) 현상

(2) 방지 대책

Answer

(1) 현상 : 코로나 현상

(2) 방지대책
  ① 복도체(다도체) 방식을 채용한다.
  ② 가선 금구를 개량한다.
  ③ 굵은 전선을 사용한다.

Explanation

(1) 코로나의 영향
  - 코로나 손실이 발생하여 송전효율이 저하된다.

  peek식 : $P_c = \dfrac{241}{\delta}(f+25)\sqrt{\dfrac{d}{2D}}(E-E_0)^2 \times 10^{-5}$ [kW/km/Line]

  여기서, E_0 : 코로나 임계전압, δ : 상대공기밀도
  - 통신선에 유도 장해(전파장해)가 발생한다.
  - 코로나 잡음이 발생한다.
  - 전선의 부식(원인 : 오존(O_3))이 발생된다.
  - 진행파의 파고 값은 감소되며 그 이유는 코로나 손실이 발생하므로 진행파(이상전압)의 파고값은 낮아지게 된다.

(2) 코로나 방지 대책
  - 굵은 전선을 사용한다.
  - 복도체, 다도체 사용한다.
  - 가선 금구를 개량한다.

04 ★★☆☆☆ 3상 3선 380[V] 회로에 전열기 15[A]와 전동기 2.2[kW] 역률 85[%], 전동기 3.75[kW] 역률 90[%], 전동기 7.5[kW] 역률 95[%]가 있다. 간선의 허용전류를 계산하시오.

- 계산 :

- 답 :

Answer

계산 : ① 전동기 2.2[kW], 역률 85[%]
  - 정격전류 $I_1 = \dfrac{2,200}{\sqrt{3}\times 380 \times 0.85} = 3.93$[A]
  - 유효전류 $I_{r1} = 3.93 \times 0.85 = 3.34$[A]
  - 무효전류 $I_{q1} = 3.93 \times \sqrt{1-0.85^2} = 2.07$[A]

② 전동기 3.75[kW], 역률 90[%]
- 정격전류 $I_2 = \dfrac{3,750}{\sqrt{3} \times 380 \times 0.9} = 6.33[A]$
- 유효전류 $I_{r2} = 6.33 \times 0.9 = 5.70[A]$
- 무효전류 $I_{q2} = 6.33 \times \sqrt{1-0.9^2} = 2.76[A]$

③ 전동기 7.5[kW], 역률 95[%]
- 정격전류 $I_3 = \dfrac{7,500}{\sqrt{3} \times 380 \times 0.95} = 11.99[A]$
- 유효전류 $I_{r3} = 11.99 \times 0.95 = 11.39[A]$
- 무효전류 $I_{q3} = 11.99 \times \sqrt{1-0.95^2} = 3.74[A]$

④ 전열기 정격 전류의 합 $\sum I_H = 15[A]$
  전열기는 역률이 1이므로 유효분 전류만 있음

⑤ 회로의 설계전류 $I_B = \sqrt{(3.34+5.70+11.39+15)^2 + (2.07+2.76+3.74)^2} = 36.45[A]$
  간선의 허용전류 $I_B \leq I_n \leq I_Z$에서 $I_Z \geq 36.45[A]$

답 : 36.45[A]

Explanation

과부하전류에 대한 보호
① 도체와 과부하 보호장치 사이의 협조
  과부하에 대해 케이블(전선)을 보호하는 장치의 동작 특성
- $I_B \leq I_n \leq I_Z$
- $I_2 \leq 1.45 \times I_Z$

여기서, I_B : 회로의 설계전류
I_Z : 케이블의 허용전류
I_n : 보호장치의 정격전류
I_2 : 보호장치가 규약시간 이내에 유효하게 동작하는 것을 보장하는 전류

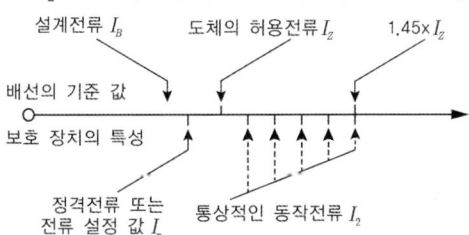

05
그림 기호는 콘센트 종류를 표시한 것이다. 어떤 종류를 표시한 것인가 답하시오.

(1) ⦿LK (2) ⦿T (3) ⦿E (4) ⦿ET (5) ⦿EL

Answer

(1) 빠짐방지형 (2) 걸림형 (3) 접지극붙이
(4) 접지단자붙이 (5) 누전차단기붙이

Explanation

(KS C 0301) 옥내배선용 그림 기호 콘센트

명칭	그림기호	적요

콘센트	◖:	① 천장에 부착하는 경우는 다음과 같다. ●●
		② 바닥에 부착하는 경우는 다음과 같다. ●●▲
		③ 용량의 표시방법은 다음과 같다.
		  a. 15[A]는 방기하지 않는다.
		  b. 20[A] 이상은 암페어 수를 표기한다.
		  [보기] ◖:20A
		④ 2구 이상인 경우는 구수를 표기한다.
		  [보기] ◖:2
		⑤ 3극 이상인 것은 극수를 표기한다.
		  [보기] ◖:3P
		⑥ 종류를 표시하는 경우는 다음과 같다.
		  빠짐방지형 ◖:LK
		  걸림형 ◖:T
		  접지극붙이 ◖:E
		  접지단자붙이 ◖:ET
		  누전차단기붙이 ◖:EL
		⑦ 방수형은 WP를 표기한다. ◖:WP
		⑧ 방폭형은 EX를 표기한다. ◖:EX
		⑨ 의료용은 H를 표기한다. ◖:H

06 ★★★★☆ 그림을 참고하여 ① ~ ④의 명칭을 답하시오.

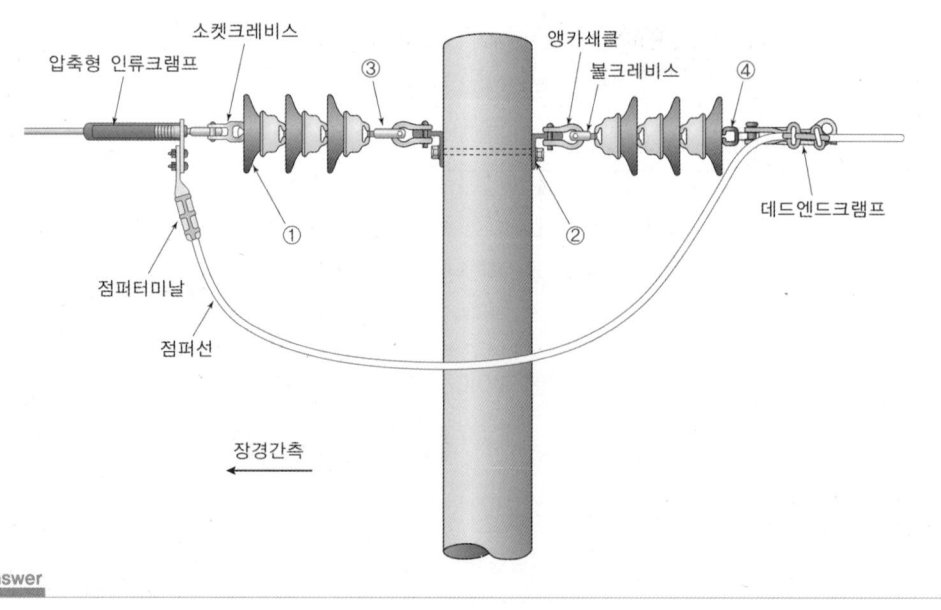

Answer

① 현수애자   ② ㄱ형 완금   ③ 볼아이   ④ 소켓 아이

07 금속덕트, 버스덕트 배선에 의하여 시설하는 경우 취급자 이외의 사람이 출입할 수 없도록 설비된 장소에 수직으로 설치하는 경우 몇 [m] 이하의 간격으로 견고하게 지지 하여야 하는가?

Answer

6[m]

Explanation

(KEC 232.31.3, 232.61.1) 금속덕트, 버스덕트의 시설
금속덕트, 버스덕트는 3[m](취급자 이외의 자가 출입할 수 없도록 설비한 장소로서, 수직으로 설치하는 경우는 6[m]) 이하의 간격으로 견고하게 지지할 것

08 다음 그림은 전극식 온수조의 결선도이다. 물음에 답하시오.

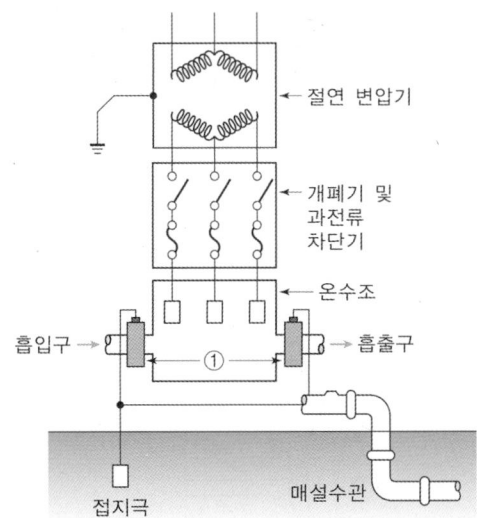

(1) 그림에서 ①의 명칭은?
(2) 전극식 온천 승온기의 사용전압은 몇 [V] 이하로 하여야 하는가?
(3) 절연변압기는 교류 2,000[V] 시험 전압을 하나의 권선과 다른 권선 철심 및 외함 사이에 연속적으로 몇 분간 가하여 절연내력을 시험할 경우 이에 견디어야 하는가?

Answer

(1) 차폐 장치
(2) 400[V]
(3) 1[분]

Explanation

(KEC 241.4조) 전극식 온천온수기

241.4.1 사용전압
수관을 통하여 공급되는 온천수의 온도를 올려서 수관을 통하여 욕탕에 공급하는 전극식 온천온수기의 사용전압은 400[V] 이하이어야 한다.

241.4.2 전원장치
전극식 온천온수기 또는 이에 부속하는 급수 펌프에 직결되는 전동기에 전기를 공급하기 위해서는 사용전압이 400[V] 이하인 절연변압기를 다음에 따라 시설하여야 한다.
가. 절연변압기 2차측 전로에는 전극식 온천온수기 및 이에 부속하는 급수펌프에 직결하는 전동기 이외의 전기사용 기계기구를 접속하지 아니할 것.
나. 절연변압기는 교류 2[kV]의 시험전압을 하나의 권선과 다른 권선, 철심 및 외함 사이에 연속하여 1분간 가하여 절연내력을 시험하였을 때에 이에 견디는 것일 것.

241.4.3 전극식 온천온수기의 시설
가. 전극식 온천온수기의 온천수 유입구 및 유출구에는 차폐장치를 설치할 것. 이 경우 차폐 장치와 전극식 온천온수기 및 차폐장치와 욕탕 사이의 거리는 각각 수관에 따라 0.5[m] 이상 및 1.5[m] 이상이어야 한다.
나. 전극식 온천온수기에 접속하는 수관 중 전극식 온천온수기와 차폐장치 사이 및 차폐장치에서 수관에 따라 1.5[m]까지의 부분은 절연성 및 내수성이 있는 견고한 것일 것. 이 경우 그 부분에는 수도꼭지 등을 시설해서는 안 된다.

241.4.5 접지
전극식 온천온수기 전원장치의 절연변압기 철심 및 금속제 외함과 차폐장치의 전극에 는 규정에 준하여 접지공사를 하여야 한다. 이 경우에 차폐장치 접지공사의 접지극은 수도관로를 접지극으로 사용하는 경우 이외에는 다른 접지공사의 접지극과 공용해서는 안 된다.

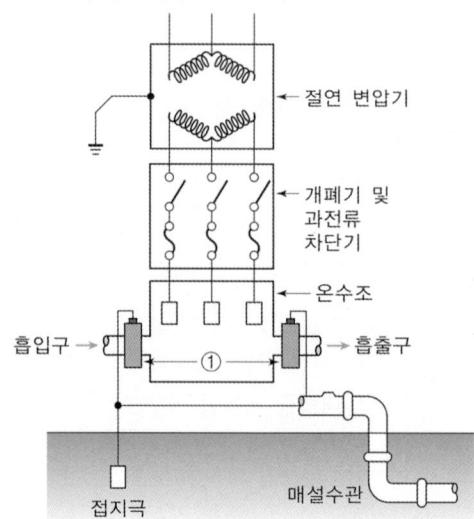

09
복도체 방식을 사용하는 경우는 단도체 방식에 비하여 인덕턴스와 정전용량이 몇 [%] 증가 또는 감소하는지를 수치를 사용하여 설명하시오.

Answer

① 인덕턴스 : 20[%] ~ 30[%] 감소
② 정전용량 : 20[%] ~ 30[%] 증가

Explanation

복도체
소도체 2개인 경우를 나타내며 소도체가 2개보다 많이 있는 경우에는 다도체라 한다.
복도체(다도체)의 특징
- 복도체(다도체) 방식의 주목적은 코로나 방지에 있으며 복도체(다도체)는 코로나 임계 전압을 상승시켜 코로나 방지에 효과가 있다.
- 복도체(다도체)는 등가반지름이 증가되므로 인덕턴스는 감소하고 정전 용량은 증가하므로 송전 용량의 증대되고 안정도 증가한다.
- 복도체(다도체)는 같은 단면적의 단도체에 비해 전류 용량의 증대된다.
- 복도체(다도체)는 소도체간 흡인력 발생되며 대책으로 스페이서를 설치한다.

10
합성수지제 가요전선관의 규격은 다음과 같다. ( ) 안에 적합한 규격을 쓰시오.

14호, ( )호, ( )호, ( )호, ( )호, 36호, 42호

Answer

16호, 18호, 22호, 28호

Explanation

(KEC 232.11조) 합성수지관
1. 합성수지관의 종류
  가. 경질비닐전선관 : HI-VE, VE
  나. 파상형 폴리에틸렌가요전선관 : FEP (지중매 설용)
  다. 합성수지제 가요전선관 : PF관, CD관, CD-P관, PF-P관
2. 합성수지제 가요전선관 규격[mm]
  14, 16, 18, 22, 28, 36, 42

11
공사원가 계산(총원가)시 원가계산의 비목(구성)을 쓰시오. (5가지)

Answer

노무비, 경비, 재료비, 일반관리비, 이윤

Explanation

- 순공사원가 : 재료비, 노무비, 경비
- 총공사원가 : 재료비, 노무비, 경비, 일반관리비, 이윤

12. 전력계 지시값이 600[W], 변압비 30, 변류비 20인 경우 수전전력은 몇 [kW]인가?

• 계산 :

• 답 :

Answer

계산 : 수전전력 $P = 600 \times 30 \times 20 \times 10^{-3} = 360[\text{kW}]$ 　　　　　답 : 360[kW]

Explanation

- 수전전력=측정전력(전력계 지시값)×PT비×CT비
- 승률=PT비×CT비

13. 금속제 케이블 트레이 종류 3가지만 쓰시오.

Answer

- 메시형
- 사다리형
- 바닥 밀폐형

Explanation

(KEC 232.41조) 케이블트레이공사

케이블트레이공사는 케이블을 지지하기 위하여 사용하는 금속재 또는 불연성 재료로 제작된 유닛 또는 유닛의 집합체 및 그에 부속하는 부속재 등으로 구성된 견고한 구조물을 말하며 사다리형, 펀칭형, 메시형, 바닥 밀폐형 기타 이와 유사한 구조물을 포함하여 적용한다.

(KSC 8,464-4) 케이블 트레이의 분류 및 종류
- 사다리형 : 길이 방향의 양 측면 레일을 각각의 가로 방향 부재로 연결한 조립 금속 구조
- 바닥 밀폐형 : 일체식 또는 분리식 직선 방향 측면 레일에서 바닥 통풍구가 없는 조립 금속 구조
- 펀칭형 : 일체식 또는 분리식 직선 방향 측면 레일에서 바닥에 통풍구가 있는 것으로서 폭이 100[mm]를 초과하는 조립 금속 구조
- 메시형 : 일체식 또는 분리식으로 모든 면에서 통풍구가 있는 그물형의 조립 금속 구조

14. 조상설비를 설치한 목적은?

Answer

무효전력을 제어함으로써 송전선 손실 경감 및 안정도 향상

Explanation

조상설비

송전전력을 일정한 전압으로 보내기 위하여 무효전력 공급 및 흡수설비가 필요하며 이를 조상설비라 하며 동기조상기를 비롯하여 분로리액터, 전력용 콘덴서, SVC 등이 있다. 조상설비를 통하여 전압강하 및 송전선 손실 경감 및 안정도 개선에 사용된다.

15 답안지와 같이 단상 변압기 3대가 있는 미완성 회로도가 있다. 이것을 △-△ 결선하고 Y-△결선방식의 단점 1가지와 △-△결선 장점 1가지를 쓰시오.

(1) △-△ 결선도
(2) Y-△ 결선 방식의 단점
(3) △-△ 결선 방식의 장점

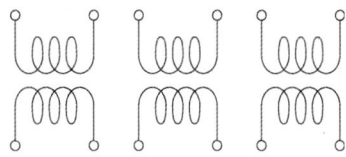

Answer

(1) 결선도

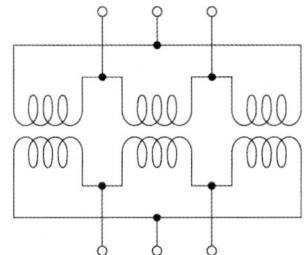

(2) Y-△ 결선 방식의 단점 : 1상에 고장이 생기면 전력을 공급할 수 없다.
(3) △-△ 결선 방식의 장점 : 1상에 고장이 나면 나머지 2대로써 V결선하여 3상 전력을 계속 공급할 수 있다.

Explanation

△-△ 결선

① 선전류가 상전류보다 크기가 $\sqrt{3}$ 배이며 위상은 30° 뒤진다.
$I_l = \sqrt{3}\, I_p \angle -30°$
여기서, I_p : 상전류[A], I_l : 선전류[A]

② 상전압와 선간전압는 크기가 같고 위상은 동상이다.
$V_l = V_p$
여기서, V_p : 상전압[V], V_l : 선간전압[V]

③ 3상 출력 $P_\triangle = 3V_pI_p = 3K$
여기서, K : 변압기 1대 용량

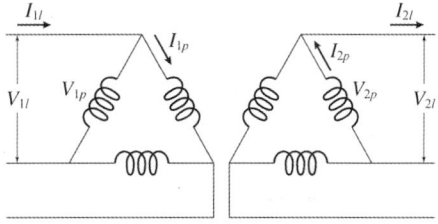

④ △-△결선의 특징
• 1대 고장 시 V-V 결선으로 3상 전력 공급이 가능하다
• 제 3고조파 전류가 △결선 내를 순환하므로 정현파 교류전압을 유기하여 기전력의 파형이 왜곡되지 않는다.
• 각 변압기의 상전류가 선전류의 $\dfrac{1}{\sqrt{3}}$ 이 되어 저전압 대전류 계통에 적당하다.
• 중성점을 접지할 수 없으므로 이상전압에 의한 전압 상승이 크며 지락사고 검출이 곤란하다.
• 권수가 다른 변압기를 결선하면 순환전류가 흐른다.
• 각 상의 임피던스가 다를 경우 3상 부하가 평형이 되어도 변압기의 부하전류는 불평형이 된다.

16 ★★☆☆☆
다음 그림은 계통접지이다. 무슨 접지 계통인지 쓰시오. 단, 계통 전체의 중성선과 보호선을 동일 전선으로 사용한다.

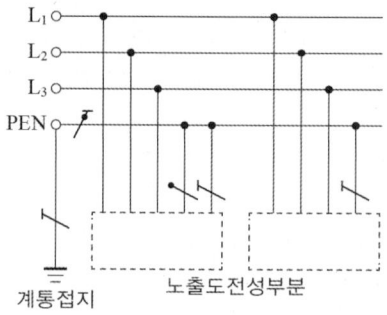

Answer

TN-C 접지 계통

Explanation

(KEC 203.1조) 계통접지 구성

기호	설명
⟋	중성선(N), 중간도체(M)
⟋	보호도체(PE)
⟋	중성선과 보호도체겸용(PEN)

【비고】 기호 : TN계통, TT계통, IT계통에 동일 적용

(1) TN 계통(TN System)
 • 전원 측의 한 점을 직접접지하고 설비의 노출도전부를 보호도체로 접속시키는 방식
 • 중성선 및 보호도체(PE 도체)의 배치 및 접속방식에 따른 분류
 ① TN-S 계통 : 계통 전체에 대해 별도의 중성선 또는 PE 도체를 사용
  배전계통에서 PE 도체를 추가로 접지 가능
  • 계통 내에서 별도의 중성선과 보호도체가 있는 계통

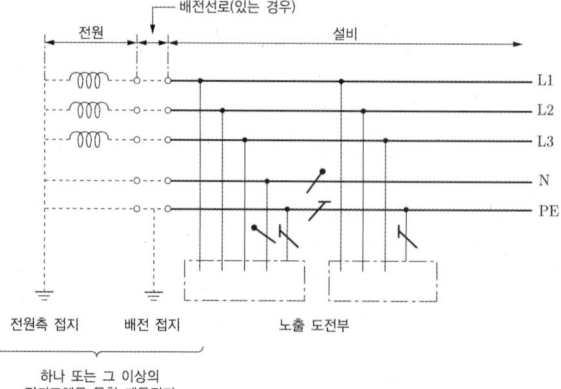

• 계통 내에서 별도의 접지된 선도체와 보호도체가 있는 계통

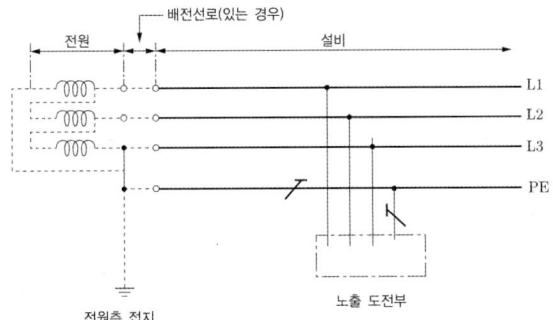

• 계통 내에서 접지된 보호도체는 있으나 중성선의 배선이 없는 계통

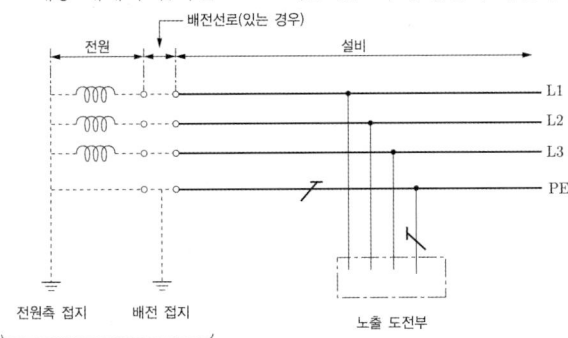

② TN-C 계통 : 계통 전체에 대해 중성선과 보호도체의 기능을 동일도체로 겸용한 PEN 도체를 사용
배전계통에서 PEN 도체를 추가로 접지 가능

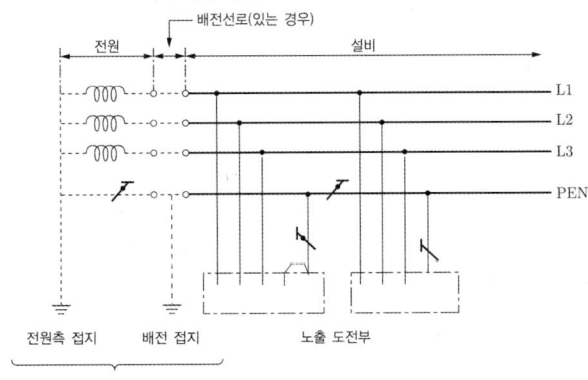

③ TN-C-S계통 : 계통의 일부분에서 PEN 도체를 사용, 중성선과 별도의 PE 도체를 사용
배전계통에서 PEN 도체와 PE 도체를 추가로 접지 가능

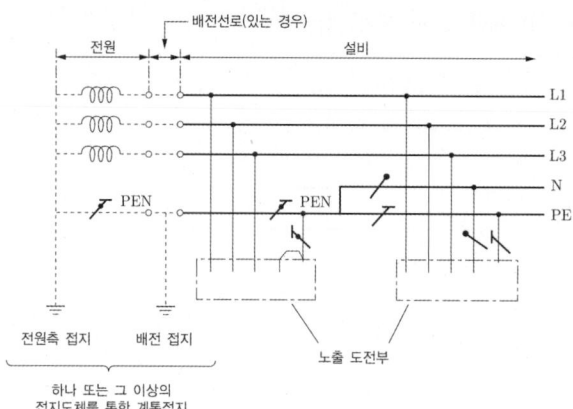

BEST 17

벽면이 50×50[m²]이고 그 전면 40[m]의 거리에 높이 2[m]의 투광기 조도 150[lx], 광속 20,000[lm], 이용률 0.6, 감광보상률 1.3인 경우 등기구 수를 구하시오.

• 계산 :   • 답 :

Answer

계산 : $FUN = ESD$ 에서

$$N = \frac{ESD}{FU} = \frac{150 \times 50 \times 50 \times 1.3}{20,000 \times 0.6} = 40.63[등]$$

답 : 41[등]

Explanation

조명계산
$FUN = ESD$
여기서, F[lm] : 광속, U[%] : 조명률, N[등] : 등수
E[lx] : 조도, S[m²] : 면적, $D = \frac{1}{M}$: 감광보상률 $= \frac{1}{보수율}$

등수 $N = \frac{ESD}{FU}$ 이며 등수계산은 소수점은 무조건 절상한다.

18

주택용 계통연계형태양광발전설비는 주택 등에 설치하고, 전기사업자의 저압전로와 연계한 태양전지출력이 몇 [kW] 이하의 것을 말하는가?

Answer

20[kW]

Explanation

(내선규정 4,142-1) 주택용 계통연계형태양광발전설비의 시설 적용 범위
주택용 계통연계형태양광발전설비는 태양전지모듈로부터 중간단자함, 파워 어레이, 배선 등의 설비까지 적용한다. 또한, 주택용 계통연계형태양광발전설비는 주택 등에 설치하고, 전기사업자의 저압전로와 연계한 태양전지출력이 20[kW] 이하의 것을 말한다.

전기공사기사 실기

과년도 기출문제

2012

- 2012년 제 01회
- 2012년 제 02회
- 2012년 제 04회

2012년 과년도 기출문제에 대한 출제 빈도 분석 차트입니다.
각 회차별로 별이 개수를 확인하고 학습에 참고하기 바랍니다.

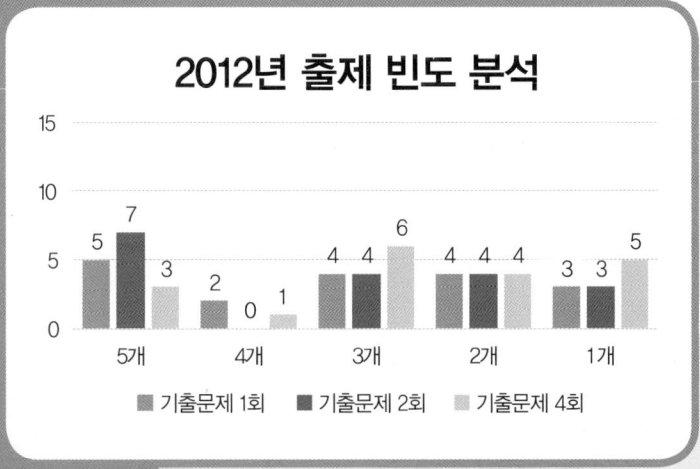

1회 2012년 전기공사기사 실기

01 ★★☆☆
전기설비에 있어서 감전예방의 종류 중 간접접촉예방은 전기설비에 지락 등의 고장이 발생한 경우에 해당 전기설비에 사람 또는 동물이 접촉한 경우를 대비하여 감전예방을 위한 보호이다. 간접 접촉예방을 위한 보호방법을 5가지만 쓰시오.

Answer

① 운전 중인 전기설비에 고장이 발생하는 즉시 고장설비의 전원을 차단
② 전기설비를 이중절연 또는 강화절연
③ 비도전성 장소
④ 비접지 국부등전위본딩 등의 보호방식
⑤ 전기적 분리

Explanation

(KEC 113.2조) 감전에 대한 보호
(1) 기본보호
일반적으로 직접접촉을 방지하는 것으로, 전기설비의 충전부에 인축이 접촉하여 일어날 수 있는 위험으로부터 보호
가. 인축의 몸을 통해 전류가 흐르는 것을 방지
 - 충전부에 전기절연
 - 접촉을 방지하기 위한 충분한 거리 확보(격벽 또는 외함, 장애물 등)
나. 인축의 몸에 흐르는 전류를 위험하지 않는 값 이하로 제한
 - 공급전압을 50[V] 이하로 제한 등

(2) 고장 보호
일반적으로 기본절연의 고장에 의한 간접접촉을 방지
가. 인축의 몸을 통해 고장전류가 흐르는 것을 방지
 - 운전 중인 전기설비에 고장이 발생하는 즉시 고장설비의 전원을 차단
 - 전기설비를 이중절연 또는 강화절연
 - 전기적 분리
 - 비도전성장소
 - 비접지 국부등전위본딩 등의 보호방식
나. 인축의 몸에 흐르는 고장전류를 위험하지 않은 값 이하로 제한
 - 절연고장 설비의 노출도전부를 접촉하더라도 인축의 몸에 위험한 전류가 30[mA] 이상 흐르지 못하도록 하는 방식
다. 인축의 몸에 흐르는 고장전류의 지속시간을 위험하지 않은 시간까지로 제한
 - 전원측에 보호장치를 설치하여 고장전류의 지속시간을 단축하도록 하여 인체에 흐르는 전기량이 30[mA·s] 이하가 되도록 하는 방식

02 모든 작업이 작업대에서 행하여지는 작업장의 가로가 6[m], 세로가 10[m] 바닥에서 천장까지의 높이가 3.6[m]인 방에서 조명기구를 천장에 설치하고자 한다. 이 방의 실지수는 얼마인가? 단, 작업대는 바닥에서부터 0.75[m]이 높이

- 계산 :
- 답 :

Answer

계산 : 실지수 $R \cdot I = \dfrac{X \cdot Y}{H(X+Y)} = \dfrac{6 \times 10}{(3.6-0.75)(6+10)} = 1.32$ 답 : 1.25

Explanation

실지수(방지수) $= \dfrac{XY}{H(X+Y)}$

여기서, H : 등의 높이−작업면 높이[m]
  X : 방의 가로[m]
  Y : 방의 세로[m]

계산결과는 1.32이지만, 실지수표에서 1.25로 선택한다.

---

03 폭연성 분진이 존재하는 곳의 저압옥내배선에 사용되는 금속관은 어떤 전선관이며, 관 상호 및 관과 박스의 접속은 몇 턱 이상의 조임나사로 시공하여야 하는가?

- 전선관의 종류
- 최소 나사조임 턱 수

Answer

- 전선관의 종류 : 박강 전선관
- 최소 나사조임 턱 수 : 5턱

Explanation

(KEC 242.2.1조) 폭연성 분진 위험장소
폭발성 분진이 있는 위험장소의 배선은 다음 각 호에 의하고 또한 위험의 우려가 없도록 시설하여야 한다.
① 옥내배선은 금속관공사 또는 케이블공사에 의할 것
② 금속관공사에 의할 경우는 다음과 같이 시설할 것
  - 금속관은 박강 전선관 또는 이와 동등 이상의 강도가 있는 것을 사용할 것
  - 박스 기타 부속품 및 풀박스는 쉽게 마모, 부식 기타 손상될 우려가 없는 패킹을 사용하여 분진이 내부로 침입하지 않도록 시설할 것
  - 관 상호 및 관과 박스 기타의 부속품이나 풀박스, 또는 전기기계기구는 5턱 이상의 나사조임으로 접속하는 방법, 기타 이와 동등이상의 효력이 있는 방법에 의하여 견고하게 접속하고 또한 내부에 먼지가 침입하지 않도록 접속할 것
  - 전동기에 접속하는 짧은 부분에서 가요성을 필요로 하는 부분에 배선은 분진방폭형 플렉시블피팅을 사용할 것

04 연 축전지의 정격용량 200[Ah], 상시부하 12[kW], 표준전압 100[V]인 부동충전 방식의 2차 충전 전류값은 얼마인지 계산하시오. 단, 연축전지 방전율은 10시간율로 한다.

• 계산 :

• 답 :

Answer

계산 : 충전기 2차 전류 $I = \dfrac{200}{10} + \dfrac{12{,}000}{100} = 140[A]$ 답 : 140[A]

Explanation

• 부동충전

충전기 2차 전류[A] = $\dfrac{축전지 용량[Ah]}{정격 방전율[h]} + \dfrac{상시 부하 용량[VA]}{표준전압[V]}$

• 정격 방전율 : 정격용량과 같게 나타나므로 연축전지는 10시간율이며 알칼리 축전지는 5시간율이다.

05 다음 물음에 답하시오.

(1) ▯ ─ ─ LD ─ ─   표시는 어떤 표시인가?

(2) [MD]   표시는 어떤 표시인가?

(3) ─ ─ ◎ ─ ─   표시는 어떤 표시인가?

(4) ─ ─ ─ ─ ─ (F7)   표시는 어떤 표시인가?

Answer

(1) 라이팅 덕트
(2) 금속 덕트
(3) 정크션 박스
(4) 플로어 덕트

Explanation

(KS C 0301) 옥내배선용 그림 기호 일반배선(배관, 덕트, 금속선 홈통 등을 포함)

명칭	심벌
플로워 덕트	─ ─ ─ ─ ─ (F7)
정션 박스	─ ─ ◎ ─ ─
금속 덕트	[MD]
라이팅 덕트	▯ ─ ─ ─ ─ LD

> 이 문제는 변경된 KEC 적용으로 인하여 삭제하고, 아래 예상문제로 대체되었습니다.

06 한국전기설비규정에 따른 금속덕트공사의 시설방법이다. 괄호 안에 알맞은 말을 적으시오.

> 금속덕트 공사는 다음의 방법에 의거하여 시설한다.
> 1. 금속덕드에 넣은 전선의 단면직(질연피복의 단면적을 포함한다)의 합계는 덕트의 내부 단면적의 (①)[%](전광표시장치 기타 이외 유시한 장치 또는 제어회로 등의 배신만을 넣는 경우에는 (②)[%]) 이하일 것.
> 2. 금속덕트는 폭이 40[mm] 이상, 두께가 (③)[mm] 이상인 철판 또는 동등 이상의 기계적 강도를 가지는 금속제의 것으로 견고하게 제작한 것일 것.
> 3. 덕트를 조영재에 붙이는 경우에는 덕트의 지지점 간의 거리를 3[m](취급자 이외의자가 출입할 수 없도록 설비한 곳에서 수직으로 붙이는 경우에는 6[m]) 이하로 하고 또한 견고하게 붙일 것.

Answer

① 20 ② 50 ③ 1.2

Explanation

(KEC 232.31조) 금속덕트공사
금속덕트 공사는 다음의 방법에 의거하여 시설한다.
1. 금속덕트에 넣은 전선의 단면적(절연피복의 단면적을 포함한다)의 합계는 덕트의 내부 단면적의 20[%](전광표시장치 기타 이와 유사한 장치 또는 제어회로 등의 배선만을 넣는 경우에는 50[%]) 이하일 것.
2. 금속덕트는 폭이 40[mm] 이상, 두께가 1.2[mm] 이상인 철판 또는 동등 이상의 기계적 강도를 가지는 금속제의 것으로 견고하게 제작한 것일 것.
3. 덕트를 조영재에 붙이는 경우에는 덕트의 지지점 간의 거리를 3[m](취급자 이외의자가 출입할 수 없도록 설비한 곳에서 수직으로 붙이는 경우에는 6[m]) 이하로 하고 또한 견고하게 붙일 것.

07 ★★★☆☆
N-RC는 네온관용 전선 기호이다. 여기에서 C는 어떤 뜻의 기호인가?

Answer

클로로프렌

Explanation

전선약호
- N : 네온전선
- V : 비닐
- E : 폴리에틸렌
- R : 고무
- C : 클로로프렌

일반적인 케이블의 약호에서는 C(XLPE)로서 가교폴리에틸렌이 되며 네온전선에서는 C가 클로로프렌이 된다.

08 피뢰기를 시설해야 하는 곳을 4개소로 요약하여 열거하시오.

①
②
③
④

Answer

① 발전소·변전소 또는 이에 준하는 장소의 가공전선 인입구 및 인출구
② 특고압 가공전선로에 접속하는 배전용 변압기의 고압 측 및 특고압 측
③ 고압 및 특고압 가공전선로로부터 공급을 받는 수용장소의 인입구
④ 가공전선로와 지중전선로가 접속되는 곳

Explanation

(KEC 341.13) 피뢰기의 시설
고압 및 특고압의 전로 중 다음 각 호에 열거하는 곳 또는 이에 근접한 곳에는 피뢰기를 시설하여야 한다.
① 발전소·변전소 또는 이에 준하는 장소의 가공전선 인입구 및 인출구
② 특고압 가공전선로에 접속하는 배전용 변압기의 고압 측 및 특고압 측
③ 고압 및 특고압 가공전선로로부터 공급을 받는 수용장소의 인입구
④ 가공전선로와 지중전선로가 접속되는 곳

BEST 09 과전류 차단기 설치가 금지된 장소 3가지만 쓰시오.

①
②
③

Answer

① 접지공사의 접지도체
② 다선식 전로의 중성선
③ 고압 또는 특고압과 저압전로를 결합한 변압기 전로의 일부에 접지공사를 한 저압 가공전선로의 접지측 전선

Explanation

(KEC 341.12조) 과전류차단기의 시설 제한
접지공사의 접지도체, 다선식 전로의 중성선, 전로의 일부에 접지공사를 한 저압 가공전선로의 접지 측 전선에는 과전류차단기를 시설하여서는 안 된다.

10 변압기 결선방식 중 △-△결선의 특성 4가지만 쓰시오.

①
②
③
④

Answer

① 제3고조파의 전류가 △결선 내를 순환하므로 인가전압이 정현파이면 유도 전압도 정현파가 된다.
② 1상분이 고장이 나면 나머지 2대로서 V결선 운전이 가능하다.
③ 각 변압기의 상전류가 선전류의 $\dfrac{1}{\sqrt{3}}$이 되어 저전압 대전류 계통에 적당하다.
④ 중성점을 접지할 수 없으므로 지락사고의 보호계전기 시스템 구성이 복잡하다.

Explanation

그 외에도, ⑤ 정격 용량이 다른 것을 결선하면 순환전류가 흐른다.

△-△ 결선

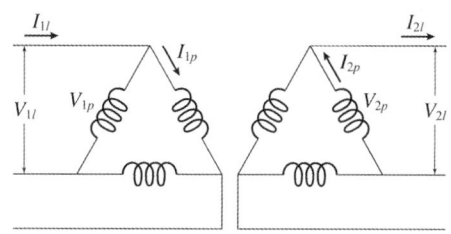

① 선전류가 상전류보다 크기가 $\sqrt{3}$ 배이며 위상은 30° 뒤진다.
 $I_l = \sqrt{3}\,I_p \angle -30°$
 여기서, I_p : 상전류[A], I_l : 선전류[A]
② 상전압와 선간전압는 크기가 같고 위상은 동상이다.
 $V_l = V_p$
 여기서, V_p : 상전압[V], V_l : 선간전압[V]
③ 3상 출력 $P_\triangle = 3V_p I_p = 3K$
 여기서, K : 변압기 1대 용량
④ △-△결선의 특징
 • 1대 고장 시 V-V 결선으로 3상 전력 공급이 가능하다
 • 제 3고조파 전류가 △결선 내를 순환하므로 정현파 교류전압을 유기하여 기전력의 파형이 왜곡되지 않는다.
 • 각 변압기의 상전류가 선전류의 $\dfrac{1}{\sqrt{3}}$이 되어 저전압 대전류 계통에 적당하다.
 • 중성점을 접지할 수 없으므로 이상전압에 의한 전압 상승이 크며 지락사고 검출이 곤란하다.
 • 권수가 다른 변압기를 결선하면 순환전류가 흐른다.
 • 각 상의 임피던스가 다를 경우 3상 부하가 평형이 되어도 변압기의 부하전류는 불평형이 된다.

BEST 11 ★★★★★

3상 3선식 380[V]로 수전하는 수용가의 부하 전력이 75[kW], 부하 역률이 85[%], 구내 배전선의 긍장이 200[m]이며, 배선에서 전압 강하를 6[V]까지 허용하는 경우 구내배선의 굵기를 구하시오. 단, 이때 배선의 굵기는 전선의 공칭단면적으로 표시하시오.

• 계산 : • 답 :

Answer

계산 : $A = \dfrac{30.8LI}{1,000e} = \dfrac{30.8 \times 200 \times \dfrac{75 \times 10^3}{\sqrt{3} \times 380 \times 0.85}}{1,000 \times 6} = 137.63 \,[\text{mm}^2]$ 따라서 150[mm²] 선정

답 : 150[mm²]

Explanation

• 전압 강하 및 전선의 단면적 계산

전기 방식	전압 강하		전선 단면적	대상 전압강하
단상 3선식 직류 3선식 3상 4선식	IR	$e = \dfrac{17.8LI}{1,000A}$	$A = \dfrac{17.8LI}{1,000e}$	대지와 선간
단상 2선식 직류 2선식	$2IR$	$e = \dfrac{35.6LI}{1,000A}$	$A = \dfrac{35.6LI}{1,000e}$	선간
3상 3선식	$\sqrt{3}\,IR$	$e = \dfrac{30.8LI}{1,000A}$	$A = \dfrac{30.8LI}{1,000e}$	선간

여기서, e : 전압강하 [V], A : 사용전선의 단면적 [mm²]
L : 선로의 길이 [m], C : 전선의 도전율(97[%])

KSC-IEC 전선 규격

전선의 공칭단면적 [mm²]			
1.5	16	95	300
2.5	25	120	400
4	35	150	500
6	50	185	630
10	70	240	

12.

예비전원용 고압 발전기에서 부하에 이르는 전로에는 발전기의 가까운 곳에 쉽게 개폐 및 점검을 할 수 있는 곳에 (　), (　), (　) 및 전압계를 시설하여야 하는가?

Answer

개폐기, 과전류 차단기, 전류계

Explanation

(내선규정 4,168-3) 예비전원 고압발전기
예비전원으로 시설하는 고압발전기에서 부하에 이르는 전로에는 발전기에 가까운 곳에 개폐기, 과전류차단기, 전압계 및 전류계를 다음 각 호에 의해 시설하여야 한다.
- 각 극에 개폐기 및 과전류 차단기를 시설할 것
- 전압계는 각 상의 전압을 읽을 수 있도록 시설할 것
- 전류계는 각 선(중성선 제외)의 전류를 읽을 수 있도록 시설할 것

13.

공사 계획에 의한 수전 설비의 일부가 완성되어 그 완성된 설비만을 사용하고자 할 때, 전기설비 검사 항목처리 지침서에 의거 검사 항목을 7가지 쓰시오.

Answer

① 외관 검사
② 접지저항 측정
③ 계측장치 설치상태
④ 보호장치 설치 및 동작상태
⑤ 절연유 내압 및 산가 측정
⑥ 절연 내력 시험
⑦ 절연저항 측정

14.

지름 10[mm]의 경동선을 사용한 가공 전선로가 있다. 경간은 100[m]로 지지점의 높이는 동일하다. 지금 수평 풍압 110[kg/m²]인 경우에 전선의 안전율을 2.2로 하기 위하여 전선의 길이를 얼마로 하면 좋은가? 단, 전선 1[m]의 무게는 0.7[kg], 전선의 인장 강도는 2,860[kg]으로서 장력에 의한 전선의 신장은 무시한다.

- 계산 :
- 답 :

Answer

계산 : $W = \sqrt{0.7^2 + (1.1)^2} = 1.3$

$$D = \frac{WS^2}{8T} = \frac{1.3 \times 100^2}{8 \times \left(\frac{2,860}{2.2}\right)} = 1.25 [m]$$

$$L = S + \frac{8D^2}{3S} = 100 + \frac{8 \times 1.25^2}{3 \times 100} = 100.04 [m]$$

답 : 100.04[m]

Explanation

- 전선로에 가해지는 합성하중 $W = \sqrt{(W_i + W_c)^2 + W_w^2}$
  여기서, 풍압하중(W_w), 전선자중(W_c), 빙설하중(W_i)
- 전선 1[m]당 풍압하중 W_w
  $W_w = 110 \times 10 \times 10^{-3} = 1.1 \text{[kg/m]}$
- 이도 : $D = \dfrac{WS^2}{8T}$ [m]
- 실제길이 : $L = S + \dfrac{8D^2}{3S}$ [m]
  여기서, L : 전선의 실제 길이[m], D : 이도[m], S : 경간[m]

15. LBS(Load Breaker Switch)의 명칭과 기능에 대하여 간단히 설명하시오.

Answer

- 명칭 : 부하 개폐기
- 기능 : 부하 전류를 개폐할 수 있는 개폐기로 3상 연동으로 투입, 개방토록 되어 있다. 고장 전류를 차단할 수 없으므로 고장전류를 차단 할 수 있는 한류퓨즈와 직렬로 조합하여 사용한다.

Explanation

전력용 개폐장치

명칭	특징
단로기	• 전로의 접속을 바꾸거나 끊는 목적으로 사용 • 전류의 차단능력은 없음 • 무전류 상태에서 전로 개폐 • 변압기, 차단기 등의 보수점검을 위한 회로 분리용 및 전력계통 변환을 위한 회로분리용으로 사용
부하개폐기	• 평상 시 부하전류의 개폐는 가능하나 이상 시 (과부하, 단락)보호 기능은 없음 • 개폐 빈도가 적은 부하의 개폐용 스위치로 사용 • 전력 Fuse와 사용 시 결상방지 목적으로 사용
전자접촉기	• 평상시 부하전류 혹은 과부하 전류까지 안전하게 개폐 • 부하의 개폐·제어가 주목적이고, 개폐 빈도가 많음 • 부하의 조작, 제어용 스위치로 이용 • 전력 Fuse와의 조합에 의해 Combination Switch로 널리 사용
차단기	• 평상시 전류 및 사고 시 대전류를 지장 없이 개폐 • 회로보호가 주목적이며 기구, 제어회로가 Tripping 우선으로 되어 있음 • 주회로 보호용 사용
전력퓨즈	• 일정치 이상의 과부하전류에서 단락전류까지 대전류 차단 • 전로의 개폐 능력은 없다. • 고압개폐기와 조합하여 사용

BEST 16

서지흡수기(Surge Absorber)의 기능과 어느 개소에 설치하는지 그 위치를 쓰시오.

Answer

- 기능 : 구내선로에서 발생할 수 있는 개폐서지, 순간과도전압 등으로 2차기기에 악영향을 주는 것 방지
- 설치 위치 : 개폐 서지를 발생하는 차단기 후단과 부하 측 사이

Explanation

(내선규정 3,260) 서지흡수기

- 구내선로에서 발생할 수 있는 개폐서지, 순간과도전압 등으로 2차기기에 악영향을 주는 것을 막기 위해 서지흡수기를 설치하는 것이 바람직하다.
- 설치 위치 : 서지흡수기는 보호하려는 기기전단으로 개폐서지를 발생하는 차단기 후단과 부하 측 사이에 설치 운용한다.

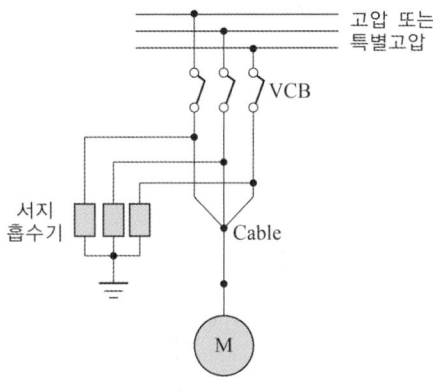

17 3상 간선에서 CT 및 PT를 사용하여 전압 및 전류를 측정하기 위한 결선도를 그리시오.

Answer

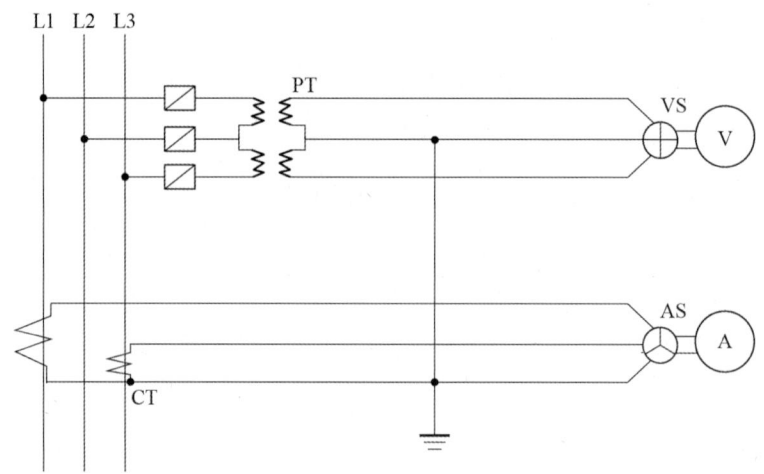

18 아래 도면은 1층에서 2층으로 음식물을 옮기는 리프트 제어 회로도이다. 범례 및 동작사항을 읽고 물음에 답하시오. (4)~(9)는 회로도에서 찾아 그 기호를 쓰시오.

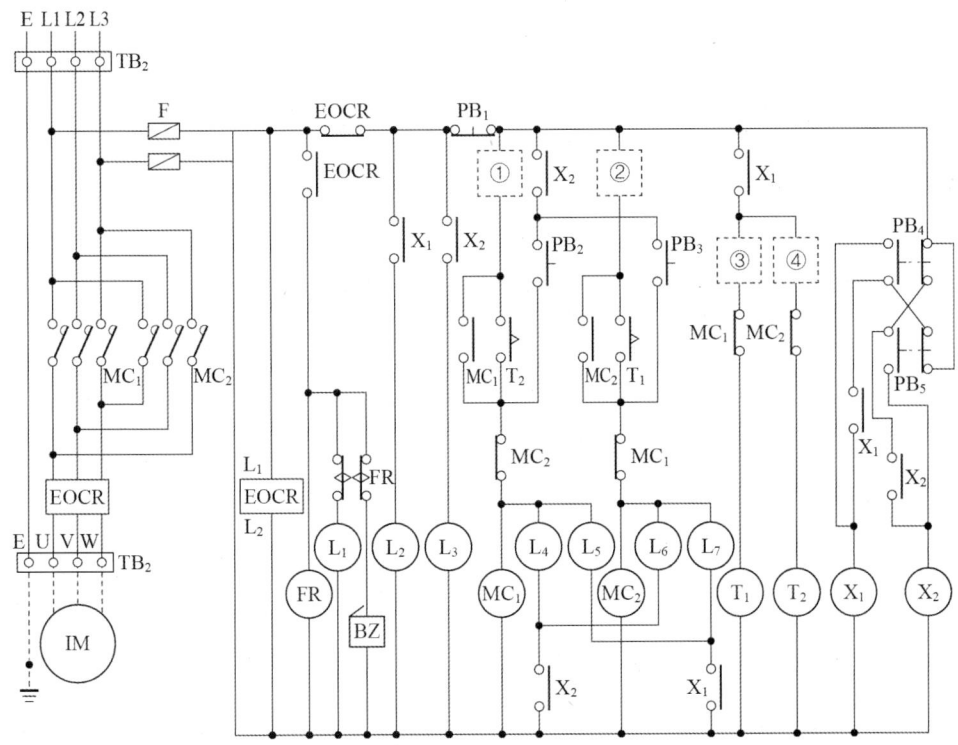

[범례]
EOCR : 전자식 과전류계전기 X_1, X_2 : 보조 계전기
LS_1, LS_2 : 리밋 스위치 MC_1, MC_2 : 전자 접촉기
PB_1-PB_5 : 누름버튼 스위치 T_1, T_2 : 타이머
FR : 플리커 계전기 L_1-L_7 : 표시등
TB_1, TB_2 : 단자대   BZ : 부저
F : 퓨즈

[동작사항]
1) PB_5를 누르면 수동상태가 된다.
  ① PB_2를 누르면 전동기는 정방향으로 회전하고, 리프트는 1층에서 2층으로 상승하며 리프트가 2층에 도착하면 2층에 설치한 리밋 스위치 LS_1이 동작하여 전동기는 정지하고 리프트는 2층에서 정지한다.
  ② PB_3를 누르면 전동기는 역방향으로 회전하고, 리프트는 2층에서 1층으로 하강하며 리프트가 1층에 도착하면 1층에 설치한 리밋 스위치 LS_2가 동작하여 전동기는 정지하고 리프트는 1층에서 정지한다.

2) PB₄를 누르면 자동 상태가 된다.
   ① 리프트가 1층에 있으면 T_2 타이머의 설정시간(리프트가 1층에 정지하고 있는 시간 설정)이 경과하면 전동기는 자동으로 정방향으로 회전하고 리프트는 1층에서 2층으로 상승하며 리프트가 2층에 도착하면 2층에 설치한 리밋 스위치 LS_1이 동작하여 전동기는 정지하고 리프트는 2층에서 정지한다.
   ② 리프트가 2층에 도착하면 T_1 타이머의 설정시간 (리프트가 2층에 정지하고 있는 시간설정)이 경과하면 전동기는 자동으로 역방향으로 회전하고 리프트는 2층에서 1층으로 하강하며 리프트가 1층에 도착하면 1층에 설치한 리밋 스위치 LS_2이 동작하여 전동기는 정지하고 리프트는 1층에서 정지한다.
   ③ 위 동작을 반복한다.
3) 동작 중 PB_1를 누르면 모든 동작이 정지된다.
4) 운전 중 과전류 계전기가 동작하면 전동기는 정지한다.

(1) ①, ②, ③, ④ 회로의 □ 에는 각각 어떤 접점의 리밋 스위치인지 보기와 같은 방법으로 그림기호를 그리시오.

[보기] ┠ LS_1 ⊶ LS_1 또는 ┠ LS_2 ⊶ LS_2

(2) 수동 상태에서 리프트가 상승 중 PB_3를 누르면 MC_2가 여자되는가 또는 여지되지 않는가?
(3) 자동 운전상태에서 PB_2를 누르면 MC_1이 여자되는가 또는 여자되지 않는가?
(4) 수동 운전이 선택된 상태에서 점등되는 표시등은?
(5) 자동 운전이 선택된 상태에서 여자되는 계전기는?
(6) 수동운전 상태에서 리프트가 하강할 때 전등되는 표시등은?
(7) 자동운전 상태에서 리프트가 하강할 때 전등되는 표시등은?
(8) 과전류 계전기가 동작되었을 때 여자되는 계전기는?
(9) 리프트 상승하고 있을 때 여자되는 전자 접촉기는?
(10) EOCR이 작동되었을 때의 동작사항을 설명하시오.

◈ Answer

(1) ① ┠ LS_1 ② ┠ LS_2 ③ ┠ LS_2 ④ ┠ LS_1
(2) 여자되지 않는다.
(3) 여자되지 않는다.
(4) L_3
(5) X_1
(6) L_4
(7) L_7
(8) FR
(9) MC_1
(10) EOCR이 작동되면 전동기는 정지하고, FR이 여자된다. FR이 여자되면 FR의 플리커 접점에 의해 부저와 표시등이 반복 동작한다.

2012년 전기공사기사 실기

01 가공지선은 (①)에 (②)에 대한 (③)용으로서 송전선로 지지물 최상부에 설치한다. 괄호 안에 ①∼③에 알맞은 답을 쓰시오.

Answer

① 송전선 ② 뇌격 ③ 차폐

Explanation

가공지선
가공지선은 송전선 뇌격에 대한 차폐용으로 송전선로 지지물 최상부에 설치
① 설치 목적
 • 직격뇌(유도뇌) 차폐
 • 통신선의 전자 유도장해 경감(지락전류의 일부가 가공지선에 흐르므로)
② 사용 전선 : 강연선, 강심알루미늄연선(ACSR), 복합광섬유케이블(OPGW)

02 피뢰기의 구비조건에서 이상전압 침입 시 신속하게 (①) 특성이 있어야 하며 또한 피뢰기 동작시 단자전압을 (②) 전압 이하로 억제할 수 있어야 한다. 괄호 안에 ①∼②의 알맞은 답을 쓰시오.

Answer

① 방전 ② 일정

Explanation

• 피뢰기 : 이상전압으로부터 전력설비의 기기를 보호
• 피뢰기의 구비 조건
 - 상용주파 방전 개시 전압이 높을 것
 - 충격 방전 개시 전압이 낮을 것
 - 제한 전압이 낮을 것
 - 속류 차단 능력이 우수할 것
 - 내구성이 우수할 것

03 다음 빈칸을 알맞은 용어로 채우시오.
(1) "과전류 차단기"란 배선용 차단기, 퓨즈, 기중 차단기와 같이 (①) 및 (②)를 자동차단하는 기능을 가진 기구를 말한다.
(2) "누전차단장치"란 전로에 지락이 생겼을 경우에 부하 기기 금속 외함 등에 발생하는 (③) 또는 (④)를 검출하는 부분과 차단기 부분을 조합하여 자동적으로 전로를 차단하는 장치를 말한다.

(3) "배선용 차단기"란 전자작용 또는 바이메탈의 작용에 의하여 (⑤)를 검출하고 자동으로 차단하는 (⑥)차단기로서 그 최소 동작 전류가 정격 전류의 100[%]와 (⑦)사이에 있고, 외부에서 수동, 전자적 또는 전동적으로 조작할 수 있는 것을 말한다.
(4) "과전류"란 과부하 전류 및 (⑧)를 말한다.
(5) "중성선"이란 (⑨)전로에서 전원의 (⑩)에 접속된 전선을 말한다.

Answer

(1) ① 과부하 전류　　② 단락 전류
(2) ③ 고장 전압　　④ 지락전류
(3) ⑤ 과전류　　⑥ 과전류　　⑦ 125[%]
(4) ⑧ 단락 전류
(5) ⑨ 다선식　　⑩ 중성극

Explanation

(내선규정 1,300) 용어
- 과전류 차단기란 배선용 차단기, 퓨즈, 기중 차단기와 같이 과부하전류 및 단락전류를 자동차단하는 기능을 가진 기구를 말한다.
- 누전차단장치란 전로에 지락이 생겼을 경우에 부하 기기 금속 외함 등에 발생하는 고장 전압 또는 지락 전류를 검출하는 부분과 차단기 부분을 조합하여 자동적으로 전로를 차단하는 장치를 말한다.
- 배선용 차단기란 전자작용 또는 바이메탈의 작용에 의하여 과전류를 검출하고 자동으로 차단하는 과전류 차단기로서 그 최소 동작 전류가 정격 전류의 100[%]와 125[%] 사이에 있고, 외부에서 수동, 전자적 또는 전동적으로 조작할 수 있는 것을 말한다.
- 과전류란 과부하 전류 및 단락전류를 말한다.
- 중성선이란 다선식전로에서 전원의 중성극에 접속된 전선을 말한다.

04 비상용 조명부하 40[W] 120등, 60[W] 50등, 합계 7,800[W]가 있다. 방전시간 30분, 축전지 HS형 54셀, 허용 최저전압 92[V], 최저 축전지 온도 5[℃]일 때 주어진 표를 이용하여 축전지 용량을 계산하시오. (단, 전압은 100[V], 경년용량저하율(보수율)은 0.80이다.)

연축전지의 용량환산시간 K(900[Ah] 이하)

형식	온도[℃]	10분			30분		
		1.6[V]	1.7[V]	1.8[V]	1.6[V]	1.7[V]	1.8[V]
HS	25	0.58	0.7	0.93	1.03	1.14	1.38
	5	0.62	0.74	1.05	1.11	1.22	1.54
	-5	0.68	0.82	1.15	1.2	1.35	1.68

- 계산 :　　　　　　　　　　　　　　　• 답 :

Answer

계산 : 표에서 용량환산시간 $K = 1.22$

전류 $I = \dfrac{P}{V} = \dfrac{7,800}{100} = 78[A]$

축전지 용량 $C = \dfrac{1}{L}KI = \dfrac{1}{0.8} \times 1.22 \times 78 = 118.95[Ah]$

답 : 118.95[Ah]

> **Explanation**

• 용량 환산 시간

셀 당 최저 허용 전압 = $\dfrac{92[\text{V}]}{54[\text{cell}]} = 1.7[\text{V/cell}]$

형식	온도[℃]	10분			30분		
		1.6[V]	1.7[V]	1.8[V]	1.6[V]	1.7[V]	1.8[V]
HS	25	0.58	0.7	0.93	1.03	1.14	1.38
	5	0.62	0.74	1.05	1.11	1.22	1.54
	−5	0.68	0.82	1.15	1.2	1.35	1.68

• 축전지 용량

$C = \dfrac{1}{L}KI \ [\text{Ah}]$

여기서, C : 축전지의 용량 [Ah], L : 보수율(경년용량 저하율)
K : 용량환산 시간 계수, I : 방전 전류[A]

BEST 05 ★★★★★

바닥면적 800[m²]의 강당에 40[W] 2등용 형광등을 시설하여 평균조도 150[lx]로 하자면 40[W] 2등용 형광등은 몇 개가 필요한지 계산하시오. 단, 조명률 50[%], 감광보상률 1.25, 형광등 40[W] 2등용 광속은 5,000[lm]이다.

• 계산 :   • 답 :

> **Answer**

계산 : $N = \dfrac{ESD}{FU} = \dfrac{150 \times 800 \times 1.25}{5,000 \times 0.5} = 60[\text{등}]$ 답 : 60[등]

> **Explanation**

조명계산
$FUN = ESD$
여기서, $F[\text{lm}]$: 광속, $U[\%]$: 조명률, $N[\text{등}]$: 등수
$E[\text{lx}]$: 조도, $S[\text{m}^2]$: 면적, $D = \dfrac{1}{M}$: 감광보상률 = $\dfrac{1}{\text{보수율}}$

등수 $N = \dfrac{ESD}{FU}$ 이며 등수계산은 소수점은 무조건 절상한다.

BEST 06 ★★★★★

누출배관공사 시 관을 직각으로 굽히는 곳에 사용하는 재료의 명칭을 쓰시오.

> **Answer**

유니버설 엘보(Universal elbow)

> **Explanation**

금속관 공사용 부품

명칭	사용 용도

로크너트 (lock nut)	관과 박스를 접속하는 경우
부싱 (bushing)	전선 관단에 끼우고 전선을 넣거나 빼는 데 있어서 전선의 피복을 보호하여 전선이 손상되지 않게 하는 것
커플링 (coupling)	• 금속관 상호 접속 또는 관과 노멀 밴드와의 접속에 사용 • 관의 양측을 돌려서 접속할 수 없는 경우 : 유니온 커플링
새들 (saddle)	노출 배관에서 금속관을 조영재에 고정시키는 데 사용
노멀 밴드 (normal bend)	배관의 직각 굴곡에 사용
링 리듀서	금속을 아웃트렛 박스의 로크 아웃에 취부할 때 록 아웃의 구멍이 관의 구멍보다 클 때 사용
스위치 박스 (switch box)	매입형의 스위치나 콘센트를 고정하는 데 사용
아웃트렛 박스 (outlet box)	전선관 공사에 있어 전등기구나 점멸기 또는 콘센트의 고정, 접속함
콘크리트 박스 (concrete box)	콘크리트에 매입 배선용으로 아웃트렛 박스와 같은 목적으로 사용
플로어 박스	바닥 밑으로 매입 배선할 때 사용
유니버설 엘보우 (elbow)	• 노출 배관공사에 관을 직각으로 굽혀야 할 곳의 관 상호 접속 또는 관을 분기해야 할 곳에 사용 • 3방향으로 분기하는 T형, 4방향으로 분기하는 크로스 엘보우
터미널 캡 (terminal cap)	전동기에 접속하는 장소나 애자 사용 공사로 옮기는 장소의 관단에 사용
엔트런스 캡(우에사캡) (entrance cap)	인입구, 인출구의 관단에 설치하여 금속관에 접속하여 옥외의 빗물을 막는 데 사용
픽스쳐 스터드와 히키 (fixture stud & hickey)	아웃트렛 박스에 조명기구를 부착시킬 때 사용, 무거운 기구취부
블랭크 와셔 (blank washer)	플로어 덕트의 정선 박스에 덕트를 접속하지 않는 곳을 막기 위하여 사용
유니버설 피팅	노출 배관시 L형 또는 T형으로 구부러지는 장소에 사용

BEST 07 ★★★★★

그림과 같이 20[kW], 30[kW], 20[kW]의 부하설비의 수용률이 각각 50[%], 70[%], 65[%]로 되어 있는 경우 이것에 공급할 용량을 결정하시오. 단, 부등률은 1.1, 부하의 종합역률은 80[%]로 한다.

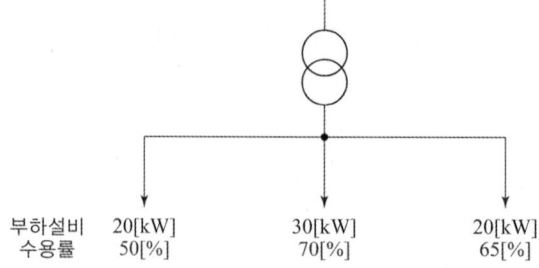

Answer

계산 : $[kVA] = \dfrac{20 \times 0.5 + 30 \times 0.7 + 20 \times 0.65}{1.1 \times 0.8} = 50[kVA]$ 답 : 50[kVA]

Explanation

변압기 용량$[kVA] = \dfrac{설비용량[kW] \times 수용률}{부등률 \times 역률}[kVA]$

이 문제는 변경된 KEC 적용으로 인하여 삭제하고, 아래 예상문제로 대체되었습니다.

08 보호도체와 계통도체를 겸용하는 겸용도체는 고정된 전기설비에서만 사용할 수 있으며, 다음에 의한다. 다음의 괄호 안에 알맞은 말은?

(1) 단면적은 구리 (①)[mm²] 또는 알루미늄 (②)[mm²] 이상이어야 한다.
(2) 중성선과 보호도체의 겸용도체는 전기설비의 (③)으로 시설하여서는 안 된다.

Answer

① 10   ② 16   ③ 부하측

Explanation

(KEC 142.3.4조) 보호도체와 계통도체 겸용
겸용도체는 고정된 전기설비에서만 사용할 수 있으며 다음에 의한다.
- 단면적은 구리 10[mm²] 또는 알루미늄 16[mm²] 이상
- 중성선과 보호도체의 겸용도체는 전기설비의 부하 측으로 시설 불가
- 폭발성 분위기 장소는 보호도체를 전용으로 할 것

---

09 ★★☆☆☆
아래에 나열된 것들은 송전선로 공사에 대한 작업의 내용이다. 올바른 순서로 나열하시오.

① 연선   ② 타설   ③ 굴착   ④ 각입
⑤ 긴선   ⑥ 조립

　→　→　→　→　→

Answer

③ → ④ → ② → ⑥ → ① → ⑤

Explanation

송전선로 공사
굴착 – 각입 – 타설 – 조립 – 연선 – 긴선

BEST 10

건물의 종류에 대응한 표준부하 값을 주어진 답안지에 답하시오.

건축물의 종류	표준 부하[VA/m²]
공장, 공회당, 사원, 교회, 극장, 영화관, 연회장 등	(1)
기숙사, 여관, 호텔, 병원, 학교, 음식점, 다방, 대중목욕탕	(2)
사무실, 은행, 상점, 이발소, 미장원	(3)
주택, 아파트	(4)

Answer

(1) 10
(2) 20
(3) 30
(4) 40

Explanation

부하 상정 및 분기회로

1. 표준 부하
1) 건축물의 종류에 따른 표준 부하

건축물의 종류	표준 부하[VA/m²]
공장, 공회당, 사원, 교회, 극장, 영화관, 연회장 등	10
기숙사, 여관, 호텔, 병원, 학교, 음식점, 다방, 대중 목욕탕	20
사무실, 은행, 상점, 이발소, 미장원	30
주택, 아파트	40

2) 건축물 중 별도 계산할 부분의 표준 부하 (주택, 아파트는 제외)

건축물의 부분	표준 부하[VA/m²]
복도, 계단, 세면장, 창고, 다락	5
강당, 관람석	10

3) 표준 부하에 따라 산출한 수치에 가산하여야 할 [VA] 수
    ① 주택, 아파트(1세대마다)에 대하여는 500~1,000[VA]
    ② 상점의 진열장에 대하여는 진열장 폭 1[m]에 대하여 300[VA]
    ③ 옥외의 광고등, 전광사인, 네온사인등의 [VA] 수
    ④ 극장, 댄스홀 등의 무대조명, 영화관 등의 특수전등부하의 [VA] 수
4) 예상이 곤란한 콘센트, 접속기, 소켓 등의 예상부하 값 계산

수구의 종류	예상 부하[VA/개]
소형 전등수구, 콘센트	150
대형 전등수구	300

【비고 1】콘센트는 1구이든 2구이든 몇 개의 구로 되어 있더라도 1개로 본다.
【비고 2】전등수구의 종류는 다음과 같다.
  소형 : 공칭지름이 26[mm] 베이스인 것
  대형 : 공칭지름이 39[mm] 베이스인 것

BEST 11

240[mm²] ACSR 전선을 200[m]의 경간에 가설하려고 하는데 이도는 계산상 8[m]였지만 가설 후의 실측결과는 6[m]증가시키려 한다. 이때 전선을 경간에 몇 [m]만큼 밀어 넣어야 하는가?

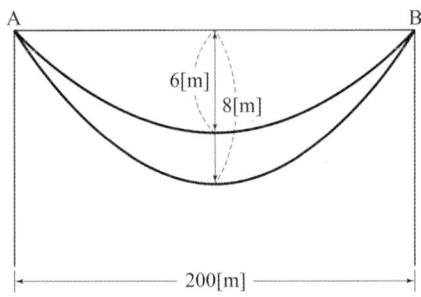

Answer

이도 6[m]일 때 전선의 길이 $L_1 = 200 + \dfrac{8 \times 6^2}{3 \times 200} = 200.48[m]$

이도 8[m]일 때 전선의 길이 $L_2 = 200 + \dfrac{8 \times 8^2}{3 \times 200} = 200.85[m]$

∴ $L_2 - L_1 = 200.85 - 200.48 = 0.37[m]$

답 : 0.37[m]

Explanation

- 이도 : $D = \dfrac{WS^2}{8T}[m]$

- 실제 길이 : $L = S + \dfrac{8D^2}{3S}[m]$

  여기서, L : 전선의 실제 길이[m], D : 이도[m], S : 경간[m]

BEST 12

예비전원용 고압 발전기에서 부하에 이르는 전로에는 발전기의 가까운 곳에 쉽게 개폐 및 점검을 할 수 있는 곳에 ( ), ( ), ( ) 및 전압계를 시설하여야 하는가?

Answer

개폐기, 과전류 차단기, 전류계

Explanation

(내선규정 4,168-3) 예비전원 고압발전기
예비전원으로 시설하는 고압발전기에서 부하에 이르는 전로에는 발전기에 가까운 곳에 개폐기, 과전류차단기, 전압계 및 전류계를 다음 각 호에 의해 시설하여야 한다.
- 각극에 개폐기 및 과전류 차단기를 시설할 것
- 전압계는 각 상의 전압을 읽을 수 있도록 시설할 것
- 전류계는 각 선(중성선 제외)의 전류를 읽을 수 있도록 시설할 것

13. 그림 기호는 배관의 심벌이다. 어떤 전선관의 경우인가?

$$\underline{\quad\quad /\!/ \quad\quad}$$
$$2.5^\circ(\text{VE16})$$

Answer

경질 비닐 전선관

Explanation

(내선규정 100-5) 배선, 배관 기호
- 강제 전선관은 별도의 표기 없음
- VE : 경질 비닐 전선관
- F_2 : 2종 금속제 가요 전선관
- PF : 합성수지제 가요관

14. 다음 그림은 TN 계통의 일부분이다. 무슨 계통인지 쓰시오. 단, 계통일부의 중성선과 보호선을 동일전선으로 사용한다.

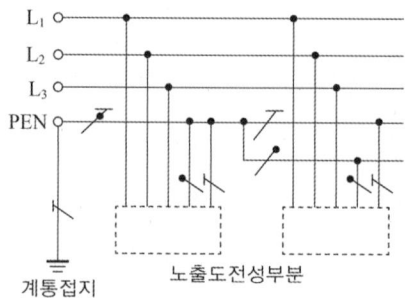

Answer

TN-C-S 계통

Explanation

(KEC 203.1조) 계통접지 구성

기호	설명
─/─	중성선(N), 중간도체(M)
─/─	보호도체(PE)
─/─	중성선과 보호도체겸용(PEN)

【비고】 기호 : TN계통, TT계통, IT계통에 동일 적용

(1) TN 계통(TN System)
- 전원 측의 한 점을 직접접지하고 설비의 노출도전부를 보호도체로 접속시키는 방식
- 중성선 및 보호도체(PE 도체)의 배치 및 접속방식에 따른 분류

① TN-S 계통 : 계통 전체에 대해 별도의 중성선 또는 PE 도체를 사용
배전계통에서 PE 도체를 추가로 접지 가능
- 계통 내에서 별도의 중성선과 보호도체가 있는 계통

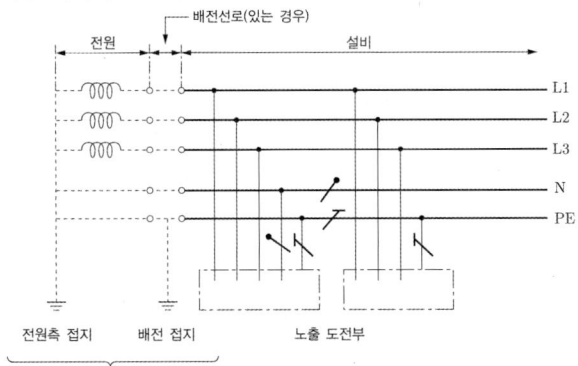

- 계통 내에서 별도의 접지된 선도체와 보호도체가 있는 계통

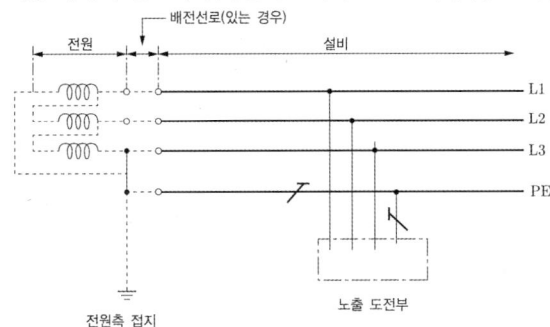

- 계통 내에서 접지된 보호도체는 있으나 중성선의 배선이 없는 계통

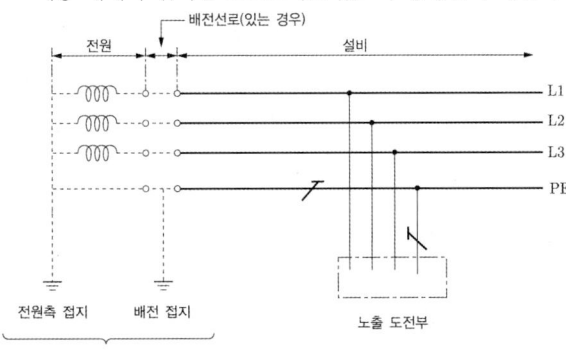

② TN-C 계통 : 계통 전체에 대해 중성선과 보호도체의 기능을 동일도체로 겸용한 PEN 도체를 사용
배전계통에서 PEN 도체를 추가로 접지 가능

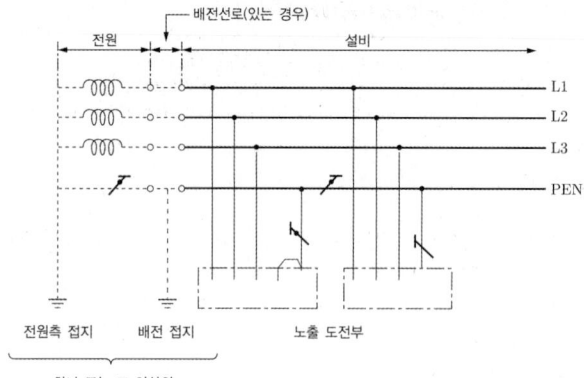

③ TN-C-S계통 : 계통의 일부분에서 PEN 도체를 사용, 중성선과 별도의 PE 도체를 사용
배전계통에서 PEN 도체와 PE 도체를 추가로 접지 가능

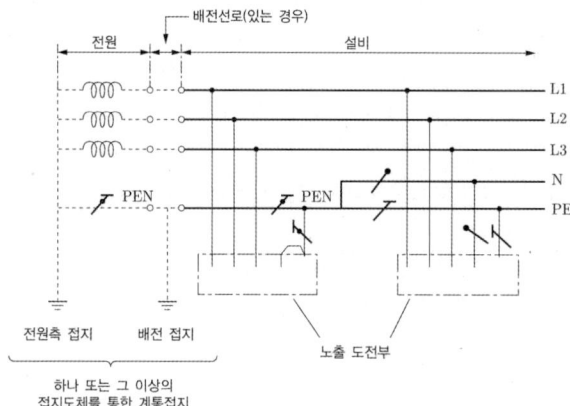

15 정격 소비 전력이 몇 [kW] 이상이면 전기기계기구에 전기를 공급하기 위한 전로에 전용의 개폐기 및 과전류 차단기를 시설하는가?

Answer

3[kW]

Explanation

(KEC 231.6조) 옥내전로의 대지 전압의 제한
정격 소비전력 3[kW] 이상의 전기기계기구에 전기를 공급하기 위한 전로에는 전용의 개폐기 및 과전류 차단기를 시설하고 그 전로의 옥내배선과 직접 접속하거나 적정 용량의 전용 콘센트를 시설할 것

16 그림은 3상 4선식 중성점 다중 접지방식의 22.9[kV-Y] 배전선로에 수전하기 위한 단선결선도이다. 다음 물음에 답하시오.

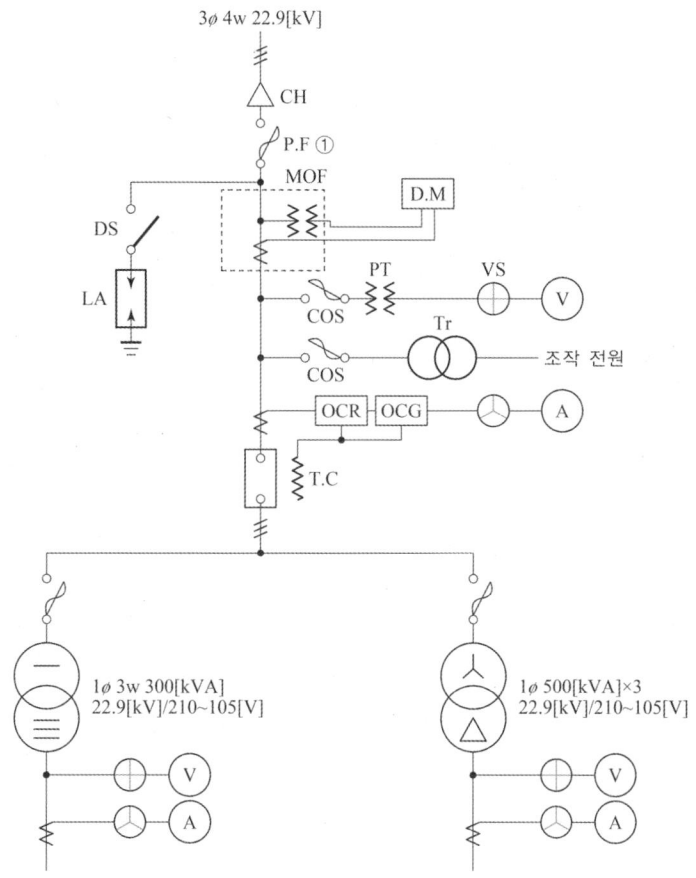

(1) 지중 인입선의 경우 22.9[kV-Y] 계통은 어떤 케이블을 사용하는가?
(2) OCB의 명칭은?
(3) MOF에서 규격이 13.2[kV]/110[V], 75/5[A]일 때 전기공급 규정에 의거 0.2급, 0.5급, 1.2급 중에 어떤 급을 사용하는가?
(4) OCGR의 명칭은?
(5) DS의 명칭은?
(6) COS의 명칭은?
(7) TC의 명칭은?
(8) ①의 PF의 퓨즈를 변압기 전부하 전류의 2배로 선정한다면 퓨즈의 용량[A]은? 단, 평균역률은 90[%]로 가정

Answer

(1) CNCV-W 케이블(수밀형) 또는 TR CNCV-W(트리억제형)
(2) 유입차단기
(3) 0.5급

(4) 지락 과전류 계전기
(5) 단로기
(6) 컷 아웃 스위치
(7) 트립코일
(8) 퓨즈 용량 $= \left(\dfrac{300}{22.9} + \dfrac{500 \times 3}{\sqrt{3} \times 22.9}\right) \times 2 = 101.84[A]$ 이므로 125[A] 선정

Explanation

(내선규정 제3,250-1) 피뢰기의 정격 전압

전력계통		피뢰기 정격 전압[kV]	
전압[kV]	중성점 접지방식	변전소	배전선로
345	유효접지	288	–
154	유효접지	144	–
66	PC 접지 또는 비접지	72	–
22	PC 접지 또는 비접지	24	–
22.9	3상 4선 다중접지	21	18

[주] 전압 22.9[kV] 이하의 배전선로에서 수전하는 설비의 피뢰기 정격전압[kV]은 배전선로용을 적용한다.

지중인입선의 경우에 22.9[kV-Y] 계통은 CNCV-W 케이블(수밀형) 또는 TR CNCV-W(트리억제형)을 사용하여야 한다. 다만, 전력구·공동구·덕트·건물구내 등 화재의 우려가 있는 장소에서는 FR CNCO-W(난연)케이블을 사용하는 것이 바람직하다.

17 ★☆☆☆☆
주어진 릴레이시퀀스에 대하여 AND소자 4개, OR소자 2개, NOT소자 3개만을 이용하여 로직시퀀스를 그리시오.

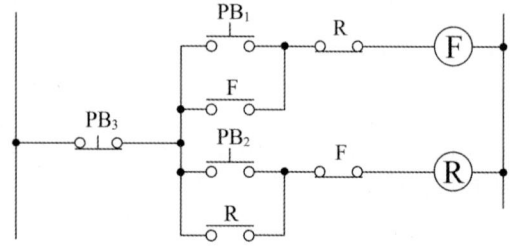

Answer

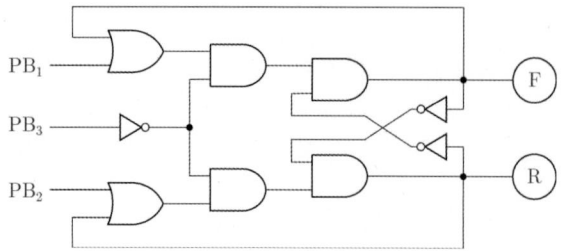

18 ★☆☆☆☆

답란의 회로도는 전동기의 정·역회전할 수 있는 주회로이다. 동작 설명에 의하여 제어회로를 다음 기호 및 약호를 참고로 하여 주어진 답안지에 완성하시오.

[참고사항]

전자 개폐기 : (MC) 릴레이 : (X) 타이머 : (T)

표시등 : (PL) 누름 버튼 스위치 : (Pb) 퓨즈 : (f)

셀렉터 스위치(SS) :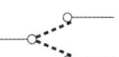

[동작]

1. NFB를 ON하고, f_1 과 f_2 를 통하여 MC_1 과 MC_2 가 동작하지 않을 때 PL_1 이 점등된다. MC_1 이나 MC_2 가 동작하면, PL_1 은 소등된다.

2. 셀렉터 스위치가 H(수동) 방향에서
   ① PB_2 를 누르면 PL_2 이 점등, MC_1 이 동작, MC_1 의 접점에 의하여 자기 유지되며, 모터는 정회전한다. PB_1 을 누르면 MC_1 의 동작이 멈추게 되며, PL_2 가 소등, 모터는 정지한다.
   ② PB_4 를 누르면 PL_3 이 점등, MC_2 가 동작, MC_2 의 접점에 의하여 자기 유지되며, 모터는 역회전한다. PB_3 을 누르면 MC_2 의 동작이 멈추게 되며, PL_3 가 소등, 모터는 정지한다.

※ MC_1 과 MC_2 의 여자코일에 인터록 회로를 이용하며, 동작의 안정성을 높이도록 한다.

3. 셀렉터 스위치가 A(자동) 방향에서(다음 타임차트를 참고로 하시오.)

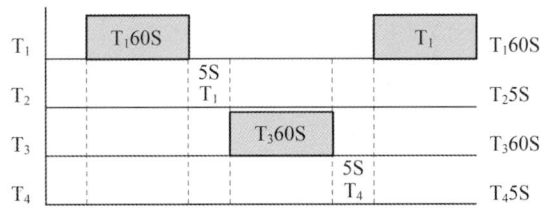

① PB_5 을 누르면 T_1 과 X_1 이 동작되어 X_1 접점에 의하여 자기 유지되며, X_1 접점에 의하여 MC_1 이 동작, 정회선한다. 이때 T_4 의 회로에서 X_1 접점은 OFF된다.
② T_1 의 설정된 60초 후에는 T_2 와 X_2 가 동작, X_2 접점에 의하여 자기 유지되며, T_1 의 회로에서 X_2 접점이 OFF되며 MC_1 이 복구되고 모터는 정지한다.
③ T_2 의 설정된 5초 후에는 T_3 와 X_3 가 동작, X_3 접점에 의하여 자기 유지되며, X_3 접점에 의하여 MC_2 가 동작, 모터는 역회전한다. 이때 T_2 의 회로에서 X_3 접점은 OFF 되어 T_2 동작은 멈춘다.
④ T_3 에 설정된 60초 후에는 T_4 와 X_4 가 동작되어 X_4 의 접점에 의하여 자기 유지되며 X_3 의 회로에서 X_4 접점은 OFF되며 MC_2 가 복구되고 모터는 정지한다.
⑤ T_4 의 설정된 5초 후에는 T_1 이 동작, 계속적인 정·역회전이 반복되며 PB_6 를 누르면 모든 동작은 멈추게 된다.

4. 모터의 동작 시 과부하로 인하여 THR이 동작되면 모든 동작은 멈추게 되며 PL_1, PL_0 이 점등된다.

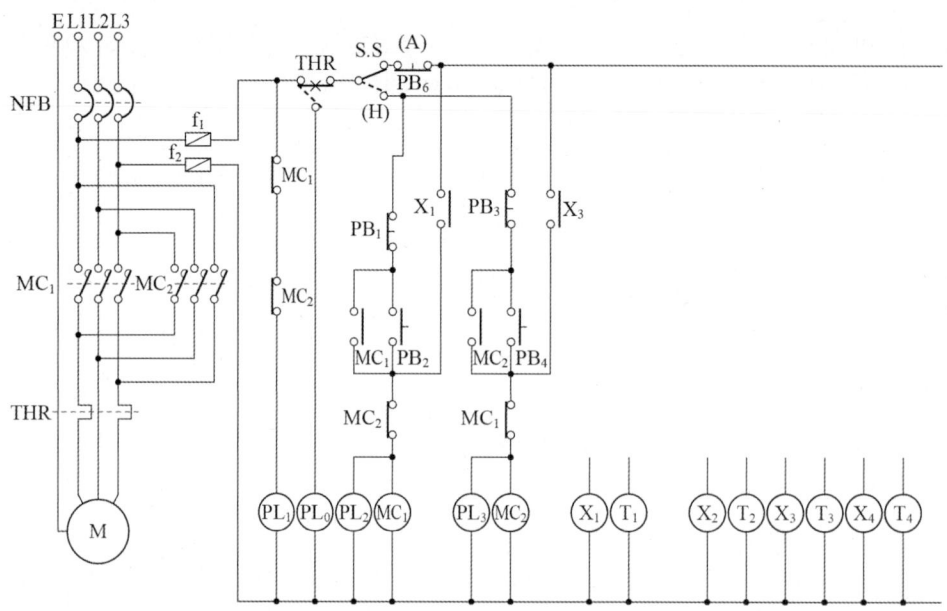

Answer

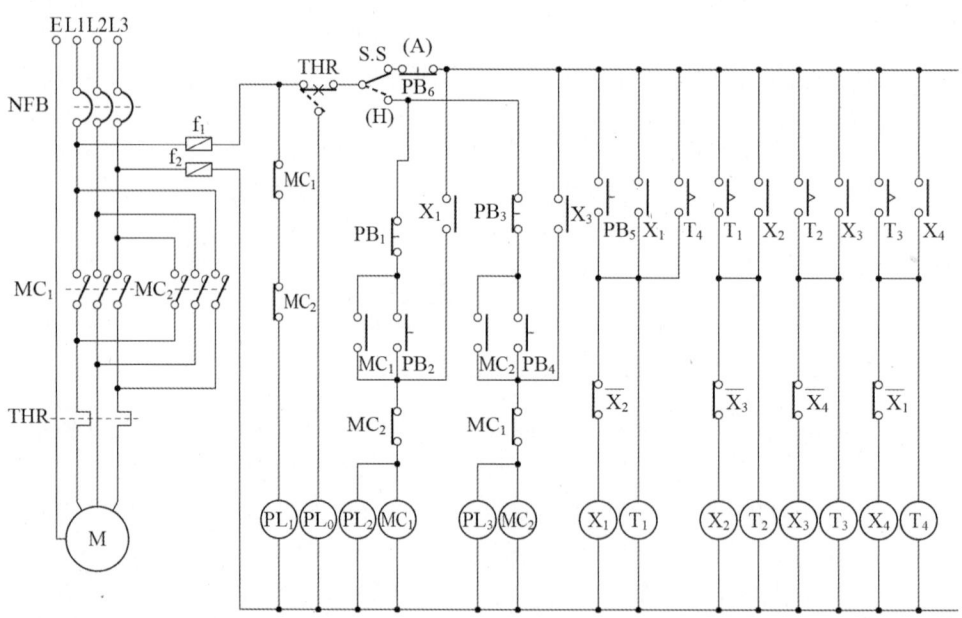

Explanation

논리식으로 표현하면

- $X_1 = (PB_5 + X_1 + T_4) \cdot \overline{X_2}$, $T_1 = (PB_5 + X_1 + T_4)$
- $X_2 = (T_1 + X_2) \cdot \overline{X_3}$, $T_2 = (T_1 + X_2)$
- $X_3 = (T_2 + X_3) \cdot \overline{X_4}$, $T_3 = (T_2 + X_3)$
- $X_4 = (T_3 + X_4) \cdot \overline{X_1}$, $T_4 = (T_3 + X_4)$

2012년 전기공사기사 실기

01 경보, 호출, 표시장치를 나타내는 그림기호를 보고 각각의 명칭을 쓰시오

(1) (2) (3)
(4) (5)

Answer
(1) 부저   (2) 벨   (3) 누름버튼
(4) 경보수신반   (5) 표시기(반)

Explanation

(KS C 0301) 옥내배선용 그림 기호 일반배선(경보, 호출, 표시장치)

명칭	심벌	명칭	심벌
부저	◿	벨	▭
누름버튼	●	경보 수신반	▨
표시기(반)	▤		

02 전선 지지점간 고도차(h_1, h_2)가 있는 경우이다. 그림과 같이 수평하중 경간 $S_1 = 300[m]$, $S_2 = 400$이고 수직하중 경간 중 $a_1 = 250[m]$, $a_2 = 150[m]$일 때 수평하중 경간과 수직하중 경간을 구하시오.

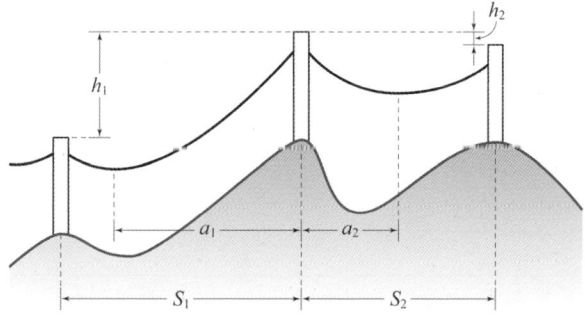

(1) 수평하중 경간

- 계산 :
- 답 :

(2) 수직하중 경간
- 계산 :
- 답 :

Answer

(1) 계산 : 수평하중 경간 $S = \dfrac{S_1 + S_2}{2} = \dfrac{300 + 400}{2} = 350[\text{m}]$ 　　　답 : 350[m]

(2) 계산 : 수직하중 경간 $S = a_1 + a_2 = 250 + 150 = 400[\text{m}]$ 　　　답 : 400[m]

Explanation

(1) 수평하중 경간 : 한 지지물의 중심에서 양측에 있는 지지물의 중심점간의 거리를 합하여 이것을 평균한 거리를 말한다. 수평하중 경간은 전선의 풍압력 계산에 사용되며 다음과 같이 구한다.
$$S = \dfrac{S_1 + S_2}{2}$$

(2) 수직하중 경간 : 한 지지물의 중심점에서 양측 간에 가선된 전선의 최대이도점간의 양측거리를 말하며 전선의 무게를 계산하여 철탑의 수직하중에 적용하며 다음과 같이 구한다.
$$S = a_1 + a_2$$

03 ★★★☆☆
정부나 공공 기관에서 발주하는 전기공사의 물량 산출 시 일반적으로 옥외전선 할증률 및 철거손실률은 얼마로 계산하는지 각각 쓰시오.

- 할증률 :
- 철거손실률 :

Answer

- 할증률 : 5[%]　　　• 철거손실률 : 2.5[%]

Explanation

종류	할증률[%]	철거손실률[%]
옥외전선	5	2.5
옥내전선	10	–
Cable(옥외)	3	1.5
Cable(옥내)	5	–
전선관(옥외)	5	–
전선관(옥내)	10	–
Trolley선	1	–
동대, 동봉	3	1.5

[주] 철거손실률이란 전기설비공사에서 철거작업 시 발생하는 폐자재를 환입할 때 재료의 파손, 손실, 망실 및 일부 부식 등에 의한 손실률을 말함

04
다음의 작업 구분에 맞는 직종명을 쓰시오.

(1) 발전설비 및 중공업 설비의 시공 및 보수
(2) 철탑 및 송전설비의 시공 및 보수
(3) 송전 전공으로 활선 작업을 하는 전공

Answer

(1) 플랜트 전공   (2) 송전 전공   (3) 송전 활선 전공

Explanation

(1) 플랜트 전공 : 발전소 중공업설비·플랜트설비의 시공 및 보수에 종사하는 사람
(2) 송전선공 : 철탑 및 송전설비의 시공 및 보수
(3) 송전 활선 전공 : 송전전공으로 활선 작업을 하는 전공

05
사무실로 사용되는 건물의 총 설비용량이 전등전열부하 500[kVA], 동력부하가 600[kVA]이다. 전등전열 부하수용률은 70[%], 동력부하 수용률은 60[%], 전등전열 및 동력부하간의 부등률이 1.25라고 한다. 배전선로의 전력손실이 전등, 전열, 동력 모두 부하전력의 10[%]라고 하면 변전실의 최대전력은 몇 [kVA]인지 구하시오.

Answer

계산 : 전등부하 최대수용전력 = 500×0.7 = 350[kVA]
동력부하 최대수용전력 = 600×0.6 = 360[kVA]
변전소 최대전력 = $\frac{350+360}{1.25} \times (1+0.1) = 624.8$[kVA]

답 : 624.8[kVA]

Explanation

- 합성최대전력[kVA] = $\frac{\text{설비용량[kVA]} \times \text{수용률}}{\text{부등률}}$
- 배전선로의 손실이 10[%] 있으므로 변전실에 공급되어야 하는 최대전력은 계산 값의 10[%]를 더 공급하여야 한다.

06
고압 인하용 절연전선의 용도에 대하여 설명하시오.

Answer

고압가공선로에서 주상변압기의 1차 측에 연결하는데 사용되는 전선

07 ★★★☆☆ 금속관공사에서 사용되는 부품의 명칭을 쓰시오.

(1) 인입구, 인출구 수직배관의 상부에 사용되어 비의 침입을 막는 데 사용되는 부품의 명칭은?
(2) 노출배관공사에서 관을 직각으로 굽히는 곳에 사용되는 부품의 명칭은?
(3) 지름이 다른 관을 연결할 때 사용되는 부품의 명칭은?

Answer

(1) 엔트런스 캡
(2) 유니버셜 엘보
(3) 리듀서

Explanation

금속관 공사용 부품

명칭	사용 용도
로크너트(lock nut)	관과 박스를 접속하는 경우
부싱(bushing)	전선 관단에 끼우고 전선을 넣거나 빼는 데 있어서 전선의 피복을 보호하여 전선이 손상되지 않게 하는 것
커플링(coupling)	• 금속관 상호 접속 또는 관과 노멀 밴드와의 접속에 사용 • 관의 양측을 돌려서 접속할 수 없는 경우 : 유니온 커플링
새들(saddle)	노출 배관에서 금속관을 조영재에 고정시키는 데 사용
노멀 밴드(normal bend)	배관의 직각 굴곡에 사용
링 리듀서	금속을 아웃트렛 박스의 로크 아웃에 취부할 때 록 아웃의 구멍이 관의 구멍보다 클 때 사용
스위치 박스(switch box)	매입형의 스위치나 콘센트를 고정하는 데 사용
아웃트렛 박스(outlet box)	전선관 공사에 있어 전등기구나 점멸기 또는 콘센트의 고정, 접속함
콘크리트 박스(concrete box)	콘크리트에 매입 배선용으로 아웃트렛 박스와 같은 목적으로 사용
플로어 박스	바닥 밑으로 매입 배선할 때 사용
유니버셜 엘보우(elbow)	• 노출 배관공사에 관을 직각으로 굽혀야 할 곳의 관 상호 접속 또는 관을 분기해야 할 곳에 사용 • 3방향으로 분기하는 T형, 4방향으로 분기하는 크로스 엘보우
터미널 캡(terminal cap)	전동기에 접속하는 장소나 애자 사용 공사로 옮기는 장소의 관단에 사용
엔트런스 캡(우에사캡) (entrance cap)	인입구, 인출구의 관단에 설치하여 금속관에 접속하여 옥외의 빗물을 막는 데 사용
픽스쳐 스터드와 히키 (fixture stud & hickey)	아웃트렛 박스에 조명기구를 부착시킬 때 사용, 무거운 기구취부
블랭크 와셔(blank washer)	플로어 덕트의 정선 박스에 덕트를 접속하지 않는 곳을 막기 위하여 사용
유니버셜 피팅	노출 배관시 L형 또는 T형으로 구부러지는 장소에 사용

BEST 08 ★★★★★

공급점에서 50[m]의 지점에 80[A], 60[m]의 지점에 50[A], 80[m]의 지점에 30[A]의 부하가 걸려 있을 때 부하 중심까지의 거리를 산출하여 전압강하를 고려한 전선의 굵기를 결정하려고 한다. 부하중심까지의 거리는 몇 [m]인지 구하시오.

- 계산 :
- 답 :

계산 : 부하 중심점까지의 거리

$$L = \frac{L_1 I_1 + L_2 I_2 + L_3 I_3}{I_1 + I_2 + I_3} = \frac{50 \times 80 + 60 \times 50 + 80 \times 30}{80 + 50 + 30} = 58.75[\text{m}]$$

답 : 58.75[m]

Explanation

직선부하의 부하 중심점까지의 거리

$$L = \frac{L_1 I_1 + L_2 I_2 + L_3 I_3 + \cdots}{I_1 + I_2 + I_3 + \cdots}$$

09 ★★★★☆

송전선로에 경동선보다 ACSR(강심알루미늄연선)을 많이 사용하는 이유 2가지를 쓰시오.

① 경동연선에 비해 기계적 강도가 크고 가볍다.
② 같은 저항 값에 대해서는 경동연선에 비해 전선의 바깥지름이 크기 때문에 코로나 발생 방지에 효과적이다.

Explanation

강심알루미늄연선의 용도
① 큰 인장하중을 필요로 하는 가공전선 및 특고압 중선선에 사용
② 코로나 방지가 필요한 초고압 송·배전선로에 사용

KSC 3113 강심 알루미늄 연선(ACSR) 규격
19, 32, 58, 80, 96, 120, 160, 200, 240, 330, 410, 520, 610[㎟]

BEST 10 ★★★★★

3상 3선식 380[V]회로에 그림과 부하가 연결되어 있다. 간선의 허용전류를 구하시오(단, 전동기의 평균 역률은 90[%]이다).

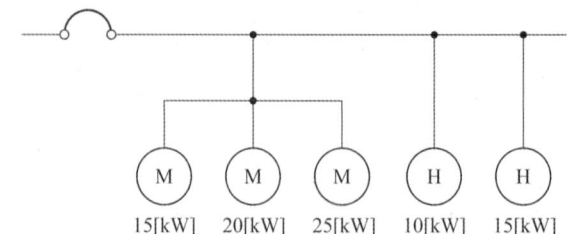

- 계산 :
- 답 :

Answer

- 전동기 정격 전류의 합 $\sum I_M = \dfrac{(15+20+25)\times 10^3}{\sqrt{3}\times 380\times 0.9} = 101.29$ [A]
  - 전동기의 유효 전류 $I_r = 101.29\times 0.9 = 91.16$ [A]
  - 전동기의 무효 전류 $I_q = 101.29\times \sqrt{1-0.9^2} = 44.15$ [A]
- 전열기 정격 전류의 합 $\sum I_H = \dfrac{(10+15)\times 10^3}{\sqrt{3}\times 380\times 1.0} = 37.98$ [A]
  전열기는 역률이 1이므로 유효분 전류만 있음
- 회로의 설계전류 $I_B = \sqrt{(91.16+37.98)^2 + 44.15^2} = 136.48$ [A]
  간선의 허용전류 $I_B \le I_n \le I_Z$에서 $I_Z \ge 136.48$ [A]

답 : 136.48[A]

Explanation

과부하전류에 대한 보호

① 도체와 과부하 보호장치 사이의 협조
   과부하에 대해 케이블(전선)을 보호하는 장치의 동작 특성
   - $I_B \le I_n \le I_Z$
   - $I_2 \le 1.45\times I_Z$

   여기서, I_B : 회로의 설계전류
   I_Z : 케이블의 허용전류
   I_n : 보호장치의 정격전류
   I_2 : 보호장치가 규약시간 이내에 유효하게 동작하는 것을 보장하는 전류

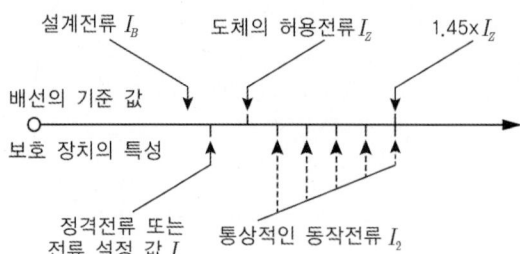

11 아래 내용을 읽고 송전선로에 사용되는 접지방식을 각각 쓰시오.

(1) 1선 지락 고장 시 충전전류에 의해 간헐적인 아크 지락을 일으켜서 이상전압이 발생하므로 고전압 송전선로에서 사용되지 않는 접지방식은?

(2) 1선 지락 시 건전상의 전위상승이 높지 않아 유효접지의 대표적인 방식으로 초고압 송전선로에서 경제성이 매우 우수하여 우리나라 송전계통에 사용되고 있는 접지방식은?

Answer

(1) 비접지방식
(2) 직접 접지방식

Explanation

중성점 접지의 종류
① 비접지방식($Z_n = \infty$) : 사용전압 – 20 ~ 30[kV]의 저전압 단거리
② 직접 접지방식($Z_n = 0$) : 직접접지 방식은 우리나라 송전선로의 대부분을 차지하며 154[kV], 345[kV], 765[kV] 등에 사용되며 또한, 지락 사고 시의 건전상의 전위 상승이 정상 시 상(Y)전압의 1.3배를 넘지 않도록 접지임피던스를 조정하는 방식을 유효 접지방식
③ 저항 접지방식($Z_n = R$)
④ 소호리액터 접지방식($Z_n = jX_L$)

12 다음 설명의 ( ) 안에 알맞은 내용을 쓰시오.

가공송전선로 가설에 있어서 전선 매달기 순서는 상부로부터 (①), (②)의 순으로 해야 하고, 2회선 이상의 대칭배열의 경우 (③)완금에 전선을 동시에 전선 매달기 작업을 시행하며, 1회선 수평배열의 경우 (④), (⑤)의 순서로 매달기를 한다.

Answer

① 가공지선
② 전선(전력선)
③ 좌우
④ 양 외선
⑤ 중성선

Explanation

전선 매달기 순서
가공송전선로 가설에 있어서 전선 매달기 순서는 상부로부터 가공지선, 전선의 순으로 해야 하고, 2회선 이상의 대칭배열의 경우 좌우완금에 전선을 동시에 전선 매달기 작업을 시행하며, 1회선 수평배열의 경우 양 외선, 중성선의 순서로 매달기를 한다.

13. 금속제 케이블 트레이의 종류 4가지를 쓰시오.

Answer

- 펀칭형
- 사다리형
- 바닥 밀폐형
- 메시형

Explanation

(KEC 232.41조) 케이블트레이공사
케이블트레이공사는 케이블을 지지하기 위하여 사용하는 금속재 또는 불연성 재료로 제작된 유닛 또는 유닛의 집합체 및 그에 부속하는 부속재 등으로 구성된 견고한 구조물을 말하며 사다리형, 펀칭형, 메시형, 바닥 밀폐형 기타 이와 유사한 구조물을 포함하여 적용한다.

(KSC 8,464-4) 케이블 트레이의 분류 및 종류
- 사다리형 : 길이 방향의 양 측면 레일을 각각의 가로 방향 부재로 연결한 조립 금속 구조
- 바닥 밀폐형 : 일체식 또는 분리식 직선 방향 측면 레일에서 바닥 통풍구가 없는 조립 금속 구조
- 펀칭형 : 일체식 또는 분리식 직선 방향 측면 레일에서 바닥에 통풍구가 있는 것으로서 폭이 100[mm]를 초과하는 조립 금속 구조
- 메시형 : 일체식 또는 분리식으로 모든 면에서 통풍구가 있는 그물형의 조립 금속 구조

14. 전력선용 애자장치의 종류 2가지를 쓰시오.

Answer

① 현수애자장치
② 내장애자장치

Explanation

- 전력선용 애자장치 : 현수애자장치, 내장애자장치, 점퍼지지애자장치
- 가공지선용 지지장치 : 현수형, 내장형

15 연료전지 발전(Fuel Cell Power Generation)의 특징 5가지를 쓰시오.

Answer

① 발전효율이 높다.
② 대기 오염물질의 배출이 없다.
③ 터빈, 발전기 등의 대형 회전기계시설이 없어 진동이나 소음이 없다.
④ 전기와 열을 동시에 이용 가능한 열병합 발전 시스템이다.
⑤ 모듈 구성이므로 건설기간은 단기간이다.

Explanation

연료전지 발전(Fuel Cell Power Generation)
수소와 산소가 가진 화학적 에너지를 직접 전기에너지로 변환시키는 전기화학적 장치로서 수소와 산소를 양극과 음극에 공급하여 연속적으로 발전하는 방식

연료전지 발전(Fuel Cell Power Generation)의 특징
- 발전효율이 높다.
- 대기 오염물질의 배출이 없다.
- 터빈, 발전기 등의 대형 회전기계시설이 없어 진동이나 소음이 없다.
- 전기와 열을 동시에 이용 가능한 열병합 발전 시스템이다.
- 모듈 구성이므로 건설기간은 단기간이다.
- 고효율의 전원설비의 결합건설이 가능하다.
- 소규모, 대규모의 발전효율에 차이가 없다.
- 부분부하, 전체부하의 발전효율에 차이가 없다.
- 지상교통기관에서 인공위성까지 소규모, 대규모 발전이 가능하다.

16 철탑에 표시 ① ~ ⑩ 기호에 맞는 철탑 각 부의 명칭을 보기에서 골라 쓰시오.

[보기]
주체부, 상판부, 암, 앵커재, 거싯 플레이트, 철탑정부, 앵커블럭, 주주재, 주각재, 사재

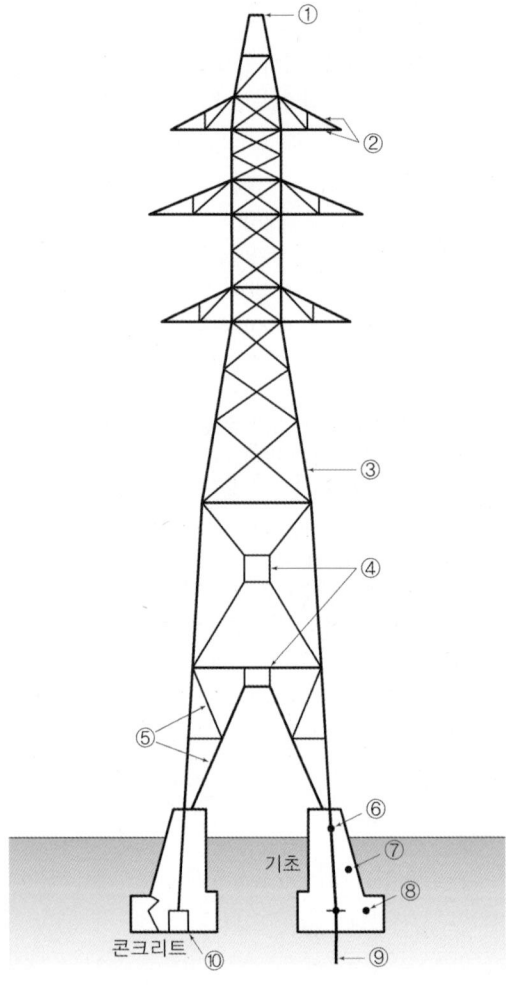

Answer

① 철탑정부
② 암
③ 주주재
④ 거싯플레이트
⑤ 사재
⑥ 주각재
⑦ 주체부
⑧ 상판부
⑨ 앵커재
⑩ 앵커블럭

Explanation

철탑 각부의 명칭(한전 설계 기준)

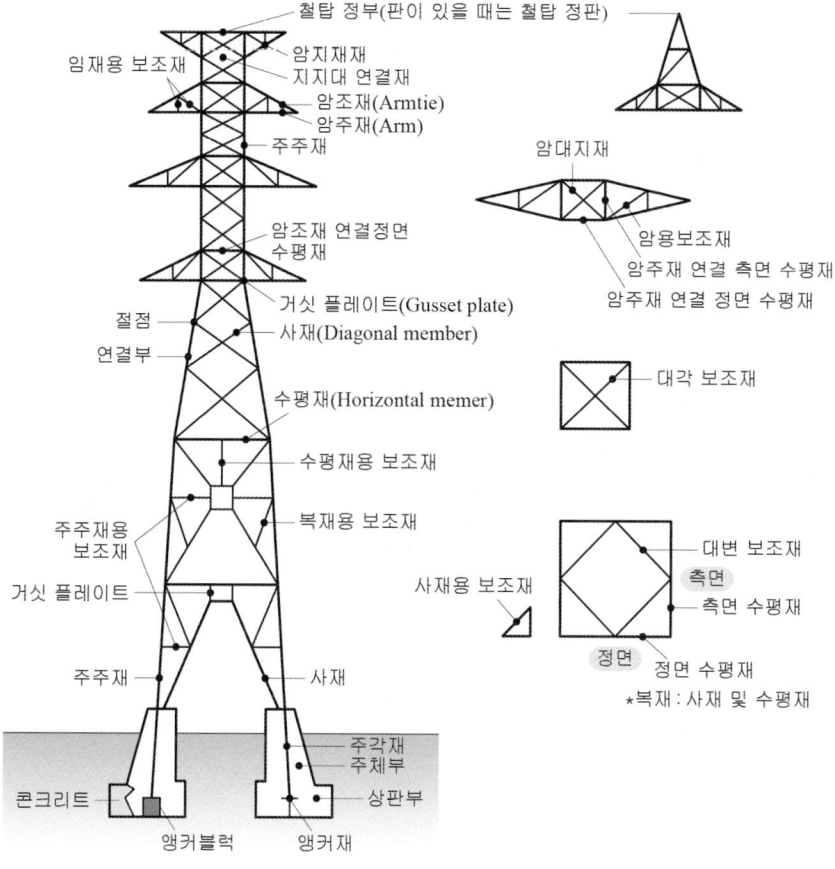

17 다음 그림의 유접점 회로도를 보고 물음에 답하시오.

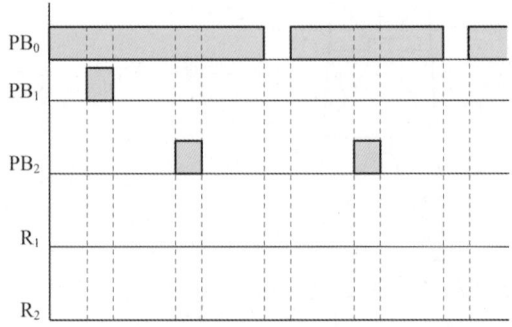

(1) 타임 차트를 완성하시오.

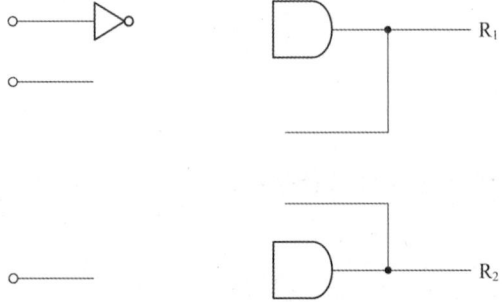

(2) R_1, R_2의 논리식을 쓰시오.
- R_1 :
- R_2 :

(3) 유접점 회로를 보고 AND, OR, NOT을 사용하여 무접점 회로를 완성하시오(3입력 가능).

Answer

(1)

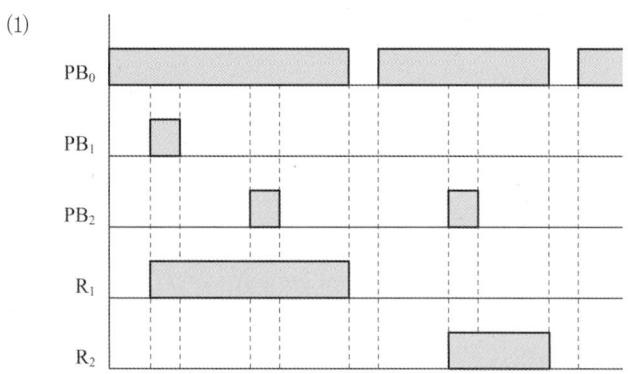

(2) $R_1 = \overline{PB_0} \cdot (PB_1 + R_1) \cdot \overline{R_2}$
$R_2 = \overline{PB_0} \cdot (PB_2 + R_2) \cdot \overline{R_1}$

(3)

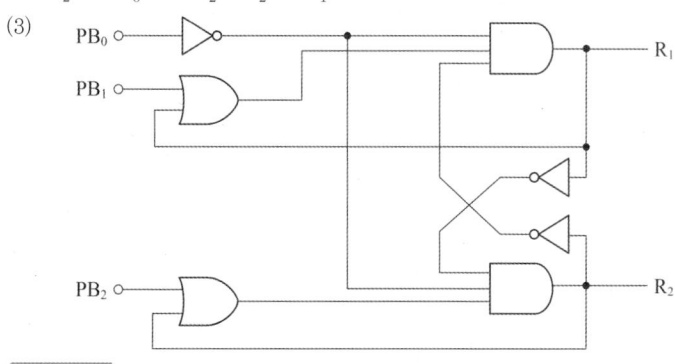

Explanation

인터록 회로(interlock) : 한쪽이 동작하면 다른 한쪽은 동작할 수 없는 논리(동시 동작 금지 회로)

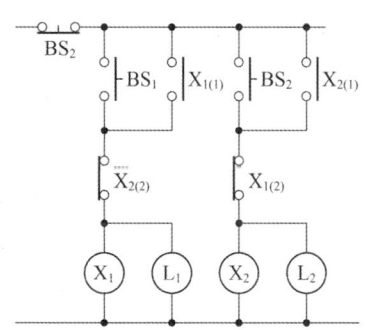 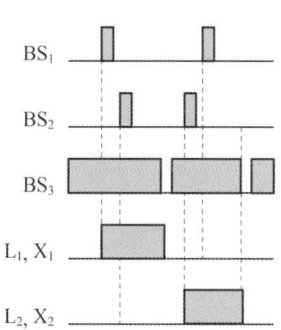

18 CB 1차 측에 CT를, CB 2차 측에 PT를 시설하는 경우의 수변전설비 단선결선도이다. ①~⑩까지의 문자기호와 명칭을 아래 표에 쓰시오.

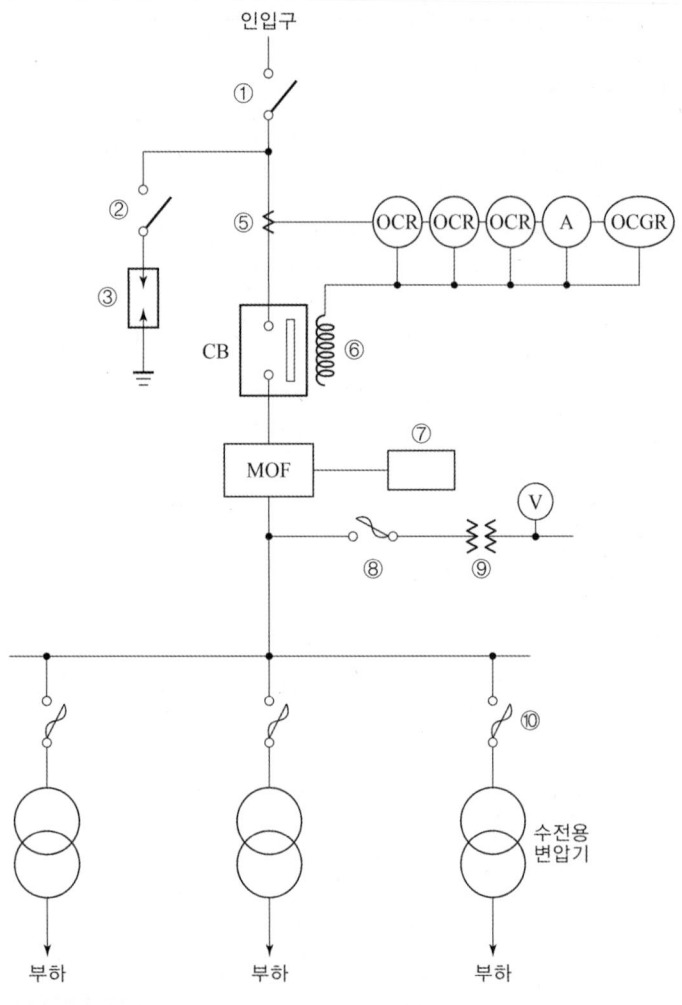

구분	문자기호	명칭	구분	문자기호	명칭
①			⑦		
②			⑧		
③			⑨		
⑤			⑩		
⑥					

Answer

구분	문자기호	명칭	구분	문자기호	명칭
①	DS	단로기	⑦	WH	전력량계
②	DS	단로기	⑧	COS또는 PF	컷아웃 스위치 또는 전력퓨즈
③	LA	피뢰기	⑨	PT	계기용 변압기
⑤	CT	변류기	⑩	COS, PF 또는 CB	컷아웃 스위치 전력퓨즈 또는 차단기
⑥	TC	트립코일			

Explanation

특고압 수전설비 표준결선도(CB 1차 측에 CT를, CB 2차 측에 PT를 시설하는 경우)

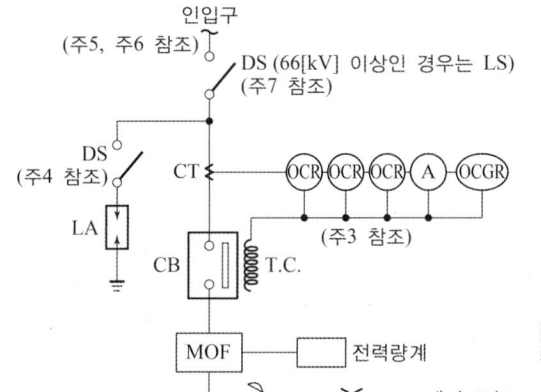

약호	명칭
DS	단로기
LA	피뢰기
CT	변류기
CB	차단기
TC	트립코일
OCR	과전류 계전기
GR	지락 계전기
MOF	전력 수급용 계기용 변성기
COS	컷아웃 스위치
PF	전력 퓨즈
PT	계기용 변압기

[주1] 22.9[kV-Y] 1,000[kVA] 이하인 경우에는 간이 수전설비 결선도에 의할 수 있다.
[주2] 결선도 중 점선내의 부분은 참고용 예시이다.
[주3] 차단기의 트립 전원은 직류[DC]또는 콘덴서 방식(CTD)이 바람직하며 66[kV] 이상의 수전 설비에는 직류(DC)이어야 한다.
[주4] LA용 DS는 생략할 수 있으며 22.9[kV-Y]용의 LA는 Disconnector(또는 Isolator) 붙임형을 사용하여야 한다.
[주5] 인입선을 지중선으로 시설하는 경우로서 공동 주택 등 사고시 정전 피해가 큰 수전 설비 인입선은 예비선을 포함하여 2회선으로 시설하는 것이 바람직하다.
[주6] 지중인입선의 경우에 22.9[kV-Y] 계통은 CNCV-W 케이블(수밀형) 또는 TR CNCV-W(트리억제형)을 사용하여야 한다. 다만, 전력구·공동구·덕트·건물 구내 등 화재의 우려가 있는 장소에서는 FR-CNCO-W(난연)케이블을 사용하는 것이 바람직하다.
[주7] DS 대신 자동고장구분 개폐기(7,000[kVA] 초과 시에는 Sectionalizer)를 사용할 수 있으며 66[kV] 이상의 경우는 LS를 사용하여야 한다.

19 PT 및 CT를 조합한 경우의 3상 3선식 전력량계의 결선도를 접지를 포함하여 완성하시오.

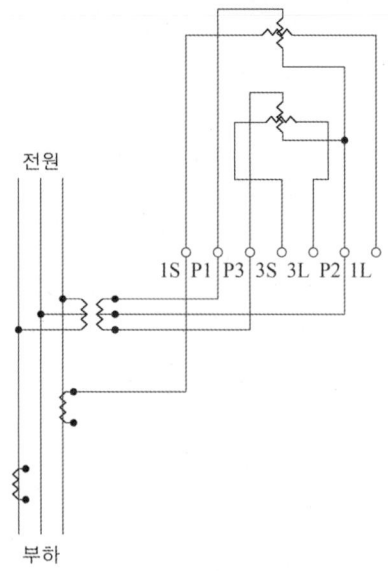

Answer

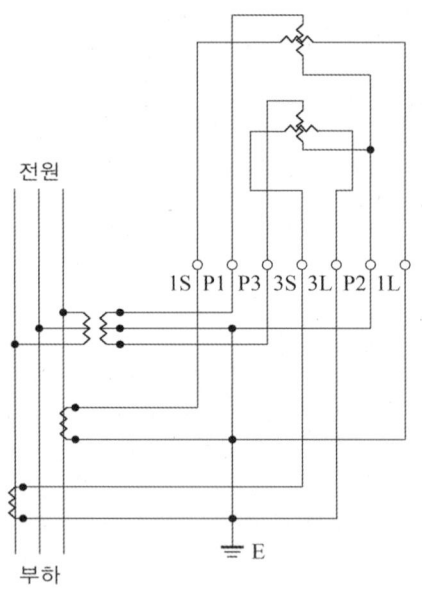

Explanation

전력량계 결선
- PT : P1, P2, P3
- CT : 1S, 3S, 1L, 3L

여기서, 접지는 P2, 1L, 3L에 한다.

과년도 기출문제

전기공사기사 실기
2013

- 2013년 제 01회
- 2013년 제 02회
- 2013년 제 04회

2013년 과년도 기출문제에 대한 출제 빈도 분석 차트입니다.
각 회차별로 별의 개수를 확인하고 학습에 참고하기 바랍니다.

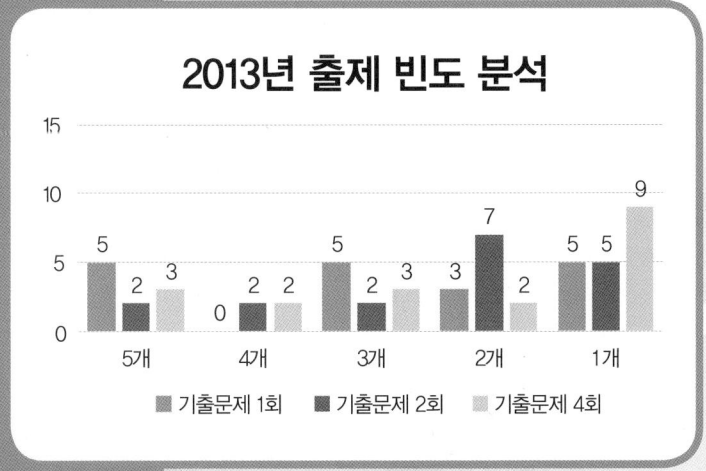

2013년 전기공사기사 실기

01 이 문제는 변경된 KEC 적용으로 인하여 삭제하고, 아래 예상문제로 대체되었습니다.

변압기의 고압·특고압측 전로 또는 사용전압이 35[kV] 이하의 특고압전로가 저압측 전로와 혼촉하고 저압전로의 대지전압이 150[V]를 초과하는 경우 1초를 넘고 2초 이내에 자동으로 차단하는 장치를 설치한 경우 지락전류가 10[A]이라면 변압기 중성점 접지저항 값은 얼마인가?

• 계산 :   • 답 :

Answer

계산 : $R = \dfrac{300}{I_1} = \dfrac{300}{10} = 30[\Omega]$ 답 : 30[Ω]

Explanation

(KEC 142.5조) 변압기 중성점 접지
① 변압기의 중성점접지 저항 값(변압기의 고압·특고압측)
  가. 일반적 : $\dfrac{150}{I_1}$ 이하   여기서, I_1은 전로의 1선 지락전류
  나. 변압기의 고압·특고압측 전로 또는 사용전압이 35[kV] 이하의 특고압전로가 저압측 전로와 혼촉하고 저압전로의 대지전압이 150[V]를 초과하는 경우
    • 1초 초과 2초 이내에 자동으로 차단하는 장치를 설치 : $\dfrac{300}{I_1}$ 이하
    • 1초 이내에 자동으로 차단하는 장치를 설치 : $\dfrac{600}{I_1}$ 이하
② 전로의 1선 지락전류 : 실측값 사용(단, 실측이 곤란한 경우 선로정수 등으로 계산한 값)

02 ★★★☆☆
눈부심의 방지대책 5가지를 쓰시오.

① ②
③ ④
⑤

Answer

① 보호각 조정
② 아크릴 루버 등 설치
③ 수평에 가까운 방향에 광도가 적은 배광기구를 사용
④ 반간접 조명이나 간접조명 방식을 채택한다.
⑤ 건축화 조명을 적용한다.

Explanation

눈부심 방지대책
① 조명기구에 의한 방지대책
  • 보호각 조정 : 직사광이 광원으로부터 나오는 범위, 즉 보호각의 대소를 조정하여 직사광을 차단하여 휘도를 줄이는 방법이다.
  • 아크릴 루버 등 설치 : 우유빛 루버나 프리즘 루버를 조명기구 하단에 부착하는 것은 광원으로부터의 휘도를 근본적으로 방지하는 방법이다(단, 조명률은 저하된다.).
  • 수평에 가까운 방향에 광도가 작은 배광기구를 사용한다. 시선에서 ±30° 범위는 클레어 존이다.
② 조명방식에 의한 방지대책
  • 반간접 조명이나 간접 조명방식을 채택한다.
  • 건축화 조명을 적용한다.
광천장 조명, 코오브 조명, 코니스 조명, 밸런스 조명, 코너 조명 등

BEST 03 ★★★★★

예비 전원에 시설하는 고압 발전기 부하에 이르는 전로에는 발전기 가까운 곳에 쉽게 개폐 점검을 할 수 있는 곳에 (   ), (   ), (   ), (   )를 시설하여야 하는지 쓰시오.

Answer

개폐기, 과전류차단기, 전압계, 전류계

Explanation

(내선규정 4,168-3) 예비전원 고압발전기
예비전원으로 시설하는 고압발전기에서 부하에 이르는 전로에는 발전기에 가까운 곳에 개폐기, 과전류차단기, 전압계 및 전류계를 다음 각 호에 의해 시설하여야 한다.
• 각 극에 개폐기 및 과전류 차단기를 시설할 것
• 전압계는 각 상의 전압을 읽을 수 있도록 시설할 것
• 전류계는 각 선(중성선 제외)의 전류를 읽을 수 있도록 시설할 것

04 ★★☆☆☆

345[kV] 송전선로를 철도를 횡단하여 설치하는 경우 지표상 높이는 최소 몇 [m]인가?
• 계산 :   • 답 :

Answer

계산 : 단수 = $\frac{345-160}{10}$ = 18.5 → 19단
따라서 전선의 지표상 높이 = 6.5+19×0.12 = 8.78[m]

답 : 8.78[m]

Explanation

(KEC 333.7조) 특고압 가공전선의 높이
특고압 가공전선의 지표상(철도 또는 궤도를 횡단하는 경우에는 레일면상, 횡단보도교를 횡단하는 경우에는 그 노면상)의 높이는 표에서 정한 값 이상이어야 한다.

사용전압의 구분	지표상의 높이
35[kV] 이하	5[m] (철도 또는 궤도를 횡단하는 경우에는 6.5[m], 도로를 횡단하는 경우에는 6[m], 횡단보도교의 위에 시설하는 경우로서 전선이 특고압절연전선 또는 케이블인 경우에는 4[m])

35[kV] 초과 160[kV] 이하	6[m]
	(철도 또는 궤도를 횡단하는 경우에는 6.5[m], 산지(山地) 등에서 사람이 쉽게 들어갈 수 없는 장소에 시설하는 경우에는 5[m], 횡단보도교의 위에 시설하는 경우 전선이 케이블인 때는 5[m])
160[kV] 초과	6[m]
	(철도 또는 궤도를 횡단하는 경우에는 6.5[m], 산지 등에서 사람이 쉽게 들어갈 수 없는 장소를 시설하는 경우에는 5[m])에 160[kV]를 초과하는 10[kV] 또는 그 단수마다 0.12[m]을 더한 값

05 ★★★☆☆

옥내 배선도를 작성하는 기본 순서를 열거한 것이다. 순서를 올바르게 번호로 나열하시오.

① 점멸기의 위치를 평면도에 표시한다.
② 전등, 전열기, 전동기의 전압별 부하 집계표로 분기회로 수를 결정한다.
③ 건물의 평면도 준비
④ 각 부분의 배선에 전선의 종류, 굵기, 전선수를 표시
⑤ 전기 사용기계, 기구를 심벌을 써서 위치를 표시한다.

Answer

③ → ⑤ → ② → ① → ④

Explanation

옥내 배선도 작성 순서
건물의 평면도 준비 → 전기 사용기계, 기구를 심벌을 써서 위치를 표시 → 전등, 전열기, 전동기의 전압별 부하 집계표로 분기 회로 수를 결정 → 점멸기의 위치를 평면도에 표시 → 각 부분의 배선에 전선의 종류, 굵기, 전선의 수를 표시

BEST 06 ★★★★★

매입 방법에 따른 건축화 조명 방식의 종류를 5가지만 쓰시오.

Answer

① 매입 형광등   ② 다운 라이트   ③ 핀홀(pin hole) 라이트
④ 코퍼(coffer) 라이트   ⑤ 라인(line) 라이트

Explanation

매입 방법에 따른 건축화 조명 방식
① 매입 형광등
   하면 개방형, 하면 확산판 설치형, 반매입형 등
② 다운라이트(down light)
   천장면에 작은 구멍을 뚫어 조명기구를 매입하여 빛의 빔 방향을 아래로 유효하게 조명하는 방식
③ 핀홀(pin hole) 라이트
   다운라이트의 일종으로 아래로 조사되는 구멍을 적게 하거나 렌즈를 달아 복도에 집중 조사하는 방식
④ 코퍼(coffer) 라이트
   대형의 다운라이트라고도 볼 수 있으며 천장면을 둥글게 또는 사각으로 파내어 조명기구를 배치하여 조명하는 방법
⑤ 라인(line) 라이트
   매입 형광등 방식의 일종으로 형광등을 연속으로 배치하여 조명하는 방식

BEST 07 ★★★★★

특고압 가공 전선로의 지지물로 사용하는 B종 철주, B종 철근 콘크리트주 또는 철탑의 종류에는 어떤 것이 있는가를 아는 대로 쓰시오.

Answer

직선형, 각도형, 인류형, 내장형, 보강형

Explanation

사용 목적에 의한 분류(표준형 철탑)
- 직선형 : 선로의 직선 또는 수평각도 3°이내의 장소에 사용, A형 철탑
- 각도형 : 선로의 수평각도 3°이상으로 20°이하에 설치되는 철탑, 경각도 철탑은 B형, 선로의 수평각도 3°이상으로 30°이하에 설치되는 중각도 철탑은 C형
- 인류형 : 가공선로의 전체 가섭선을 인류하는 개소(주로 변전소)에 사용되는 철탑, D형 철탑
- 내장형 : 전선로를 보강하기 위하여 세워지는 철탑. 직선철탑 10기마다 1기를 시설, 장경간 개소에 시설, E형 철탑
- 보강형 : 전선로의 직선부분에 보강을 위해 사용하는 철탑

08 ★☆☆☆☆

CT 2대를 V 결선하여 OCR 3대를 그림과 같이 연결하였다. 3번 OCR에 흐르는 전류는 어떤 상의 전류인가?

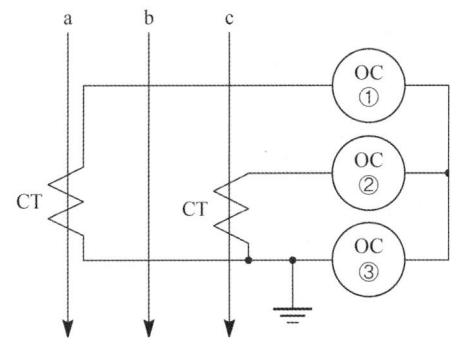

Answer

b상

Explanation

$\dot{I}_a + \dot{I}_b + \dot{I}_c = 0$ 에서 $-(\dot{I}_a + \dot{I}_c) = \dot{I}_b$
즉, OCR③에 흐르므로 b상의 전류가 된다

BEST 09 ★★★★★

부하 설비 용량이 5,000[kW]이고 역률이 0.96인 어느 공장의 수전 변압기 용량[kVA]을 선정하시오. 단, 수용률은 0.6으로 한다.

- 계산 :
- 답 :

Answer

계산 : 변압기 용량[kVA]=$\dfrac{5,000\times 0.6}{0.96}=3,125$[kVA] 　　　　　답 : 4,500[kVA]

Explanation

변압기 용량[kVA]=$\dfrac{\text{설비 용량[kVA]}\times \text{수용률}}{\text{부등률}}=\dfrac{\text{설비 용량[kW]}\times \text{수용률}}{\text{부등률}\times \text{역률}}$

변압기 용량을 선정하라고 했으므로 표준용량으로 답한다.

전력용 3상 변압기 표준용량[kVA]

	15	150	1,500	15,000	(120,000)
					150,000
	20	200	2,000	20,000	(180,000)
					200,000
3	30	300	3,000	30,000	250,000
			4,500	45,000	300,000
5	50	500		(50,000)	
			6,000	60,000	
7.5	75	750	7,500		
				90,000	
10	100	1,000	10,000	100,000	

10 ★★☆☆☆
분전반에서 30[m]의 거리에 4[kW]의 교류 단상 200[V] 전열기를 설치하였다. 배선 방법을 금속관 공사로 하고 전압강하를 2[%]이하로 하기 위해서 전선의 굵기를 얼마로 선정하는 것이 적당한가?

Answer

계산 : $I=\dfrac{P}{V}=\dfrac{4\times 10^3}{200}=20$[A]

$e=200\times 0.02=4$[V]

$A=\dfrac{35.6\,LI}{1,000\cdot e}=\dfrac{35.6\times 30\times 20}{1,000\times 4}=5.34$[mm²] 　　　　　답 : 6[mm²]

Explanation

전압 강하 및 전선의 단면적 계산

전기 방식	전압 강하		전선 단면적	대상 전압강하
단상 3선식 직류 3선식 3상 4선식	IR	$e=\dfrac{17.8LI}{1,000A}$	$A=\dfrac{17.8LI}{1,000e}$	대지와 선간
단상 2선식 직류 2선식	$2IR$	$e=\dfrac{35.6LI}{1,000A}$	$A=\dfrac{35.6LI}{1,000e}$	선간
3상 3선식	$\sqrt{3}\,IR$	$e=\dfrac{30.8LI}{1,000A}$	$A=\dfrac{30.8LI}{1,000e}$	선간

여기서, e : 전압강하[V], A : 사용전선의 단면적[mm²]
　　　　L : 선로의 길이[m], C : 전선의 도전율(97[%])

KSC-IEC 전선 규격

전선의 공칭단면적[mm²]			
1.5	16	95	300
2.5	25	120	400
4	35	150	500
6	50	185	630
10	70	240	

11 ★☆☆☆☆
3.3[kV] 구내선로에서 발생할 수 있는 개폐서지, 순간과도전압 등으로 이상전압이 2차 기기에 악영향을 주는 것을 막기 위해 시설하는 서지 흡수기(Surge Absorber)의 정격전압[kV]과 공칭방전전류[kA]는?

• 정격전압   • 공칭방전 전류

Answer

• 정격전압 : 4.5[kV]
• 공칭방전 전류 : 5[kA]

Explanation

(내선규정 제3,260조) 서지흡수기
• 구내선로에서 발생할 수 있는 개폐서지, 순간과도전압 등으로 2차기기에 악영향을 주는 것을 막기 위해 서지 흡수기를 설치하는 것이 바람직하다.
• 설치 위치 : 서지흡수기는 보호하려는 기기전단으로 개폐서지를 발생하는 차단기 후단과 부하 측 사이에 설치 운용한다.

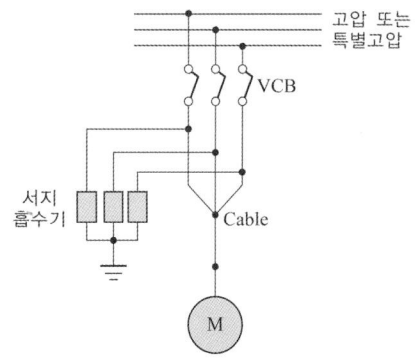

• 서지 흡수기의 정격

공칭전압	3.3[kV]	6.6[kV]	22.9[kV-Y]
정격전압	4.5[kV]	7.5[kV]	18[kV]
공칭 방전전류	5[kA]	5[kA]	5[kA]

12 ★★★☆☆
1[m]의 하중 0.35[kg]인 전선을 지지점에 수평인 경간 100[m]에서 가설하여 딥을 0.8[m]로 하려면 장력[kg]은?

• 계산 :   • 답 :

Answer

계산 : $D = \dfrac{WS^2}{8T}$ 에서

$T = \dfrac{WS^2}{8D} = \dfrac{0.35 \times 100^2}{8 \times 0.8} = 546.88[\text{kg}]$ 답 : 546.88[kg]

Explanation

- 이도 : $D = \dfrac{WS^2}{8T}[\text{m}]$
- 실제 길이 : $L = S + \dfrac{8D^2}{3S}[\text{m}]$

 여기서, L : 전선의 실제 길이[m], D : 이도[m], S : 경간[m]

13. 전등 수용가에 대한 배선 방식 비교에서 3상 4선식 배전방식의 장·단점을 쓰시오.

(1) 장점
　① 　② 　③
(2) 단점
　① 　② 　③

Answer

(1) 장점
　① 공급 능력 최대
　② 경제적 배전 방식
　③ 배전 설비의 단순화
(2) 단점
　① 부하 불평형 발생
　② 동력 부하 기동 시 플리커 발생 우려
　③ 중성선 단선 시 이상 전압 유입

14. 다음 빈칸에 알맞은 값을 채우시오.

현수클램프는 애자련에 수직이 되도록 취부하고 현수애자 기울기의 허용치는 애자련의 경우 기울기 각도(①)이하, 애자련 취부점으로 부터의 연직선과 현수크램프 중심점 과의 차이가 수평거리 (②) 이내가 되도록 하여야 한다.

Answer

① 2° 　② 5[cm]

Explanation

현수클램프는 애자련에 수직이 되도록 취부하고 현수애자 기울기의 허용값은 다음 중의 하나를 만족하여야 한다.
- 애자련 기울기 각도는 2° 이하
- 애자련 취부점으로 부터의 연직선과 현수크램프 중심점 과의 차이가 수평거리 5[cm] 이내로 한다.

15 ★★★☆☆

ACSR 58[mm²] 전선으로 전력을 공급하는 긍장 1[km]인 3상 2회선의 배전 선로가 포설되어 있다. 부하 설비의 증가로 상부에 가설된 전선을 ACSR 95[mm²]로 교체하는 경우의 직접 노무비 소계와 간접 노무비 및 인건비 계를 구하시오.

단, • 노임단가 배전전공 15,860원, 보통인부 6,520원이다.(가정)
  • 인공을 산출한 후 이를 합계하여 노임단가를 적용하여 원 이하 버릴 것
  • 간접 노무비는 15[%](가정)로 보고 계산한다.
  • 전선은 재사용하는 것으로 한다.

[표 1] 배전선 가선   100[m]당

규격	보통인부	배전전공
나동선 14[mm²] 이하	0.20	0.10
22[mm²] 이하	0.32	0.16
30[mm²] 이하	0.40	0.20
38[mm²] 이하	0.52	0.26
60[mm²] 이하	0.76	0.38
100[mm²] 이하	1.08	0.54
150[mm²] 이하	1.32	0.66
200[mm²] 이하	1.44	0.72
200[mm²] 초과	1.52	0.76
ACSR, ASC 38[mm²] 이하	0.60	0.30
58[mm²] 이하	0.88	0.44
95[mm²] 이하	1.28	0.64
160[mm²] 이하	1.56	0.78
240[mm²] 이하	1.8	0.9

[해설]
① 이 품은 1선당 수작업으로 연선, 간선, 이도 조정품 포함
② 애자에 묶는 품 포함
③ 피복선 120[%]
④ 기선 선로 상부 가선 120[%]
⑤ 장력 조정만 할 때 20[%]
⑥ 철거 50[%], 재사용 철거 80[%],
⑦ 가공지선 80[%]
⑧ 재사용 전선 110[%]
⑨ [m]당으로 환산시는 본 품을 100으로 나누어 산출
⑩ 22[kV], 66[kV], HDCC 송전선 1회선 가선품은 본 품의 300[%]
⑪ 66[kV], HDCC 송전선 가선은 송전전공이 시공한다.
⑫ 배전선을 가로수 또는 수목과 접촉하여 설치 작업시는 수목으로 인한 장애를 감안하여 이 품의 120[%] 적용

배전전공 : $\dfrac{0.44}{100} \times 1,000 \times 3 \times 1.2 \times 0.8 + \dfrac{0.64}{100} \times 1,000 \times 3 \times 1.2 = 35.71$[인]

노임 : $35.71 \times 15,860 = 566,360$[원]

보통인부 : $\dfrac{0.88}{100} \times 1,000 \times 3 \times 1.2 \times 0.8 + \dfrac{1.28}{100} \times 1,000 \times 3 \times 1.2 = 71.42$[인]

노임 : $71.42 \times 6,520 = 465,650$[원]

직접 노무비 : $566,360 + 465,650 = 1,032,010$[원]

간접 노무비 : $1,032,010 \times 0.15 = 154,800$[원]

노무비 계 : $1,032,010 + 154,800 = 1,186,810$[원]

Explanation

- 2회선 중 상부 전선 1회선만 교체(철거+신설)
- ACSR 58[mm²] 철거

  보통인부 = $0.88 \times \dfrac{1,000}{100} \times 3 \times 1.2 \times 0.8 = 25.344$[인]

  배전전공 = $0.44 \times \dfrac{1,000}{100} \times 3 \times 1.2 \times 0.8 = 12.672$[인]

100[m]당

규격	보통인부	배전전공
ACSR, ASC 38[mm²] 이하	0.60	0.30
58[mm²] 이하	0.88	0.44
95[mm²] 이하	1.28	0.64
160[mm²] 이하	1.56	0.78
240[mm²] 이하	1.8	0.9

① 이 품은 1선당 수작업으로 연선, 간선, 이도 조정품 포함이므로 3선을 적용
④ 기설 선로 상부 가설 120[%]
⑥ 재사용 철거 80[%],

- ACSR 95[mm²] 상부 가설

  보통인부 = $1.28 \times \dfrac{1,000}{100} \times 3 \times 1.2 = 46.08$[인]

  배전선공 = $0.64 \times \dfrac{1,000}{100} \times 3 \times 1.2 = 23.04$[인]

100[m]당

규격	보통인부	배전전공
ACSR, ASC 38[mm²] 이하	0.60	0.30
58[mm²] 이하	0.88	0.44
95[mm²] 이하	1.28	0.64
160[mm²] 이하	1.56	0.78
240[mm²] 이하	1.8	0.9

① 이 품은 1선당 수작업으로 연선, 간선, 이도 조정품 포함이므로 3선을 적용
④ 기설 선로 상부 가설 120[%]

16 그림과 같은 PLC 시퀀스의 프로그램을 표의 차례 1~9에 알맞은 명령어를 각각 쓰시오. 여기서 시작(회로)입력 STR, 출력 OUT, 직렬 AND, 병렬 OR, 부정 NOT, 그룹 직렬 AND STR, 그룹 병렬 OR STR의 명령을 사용한다.

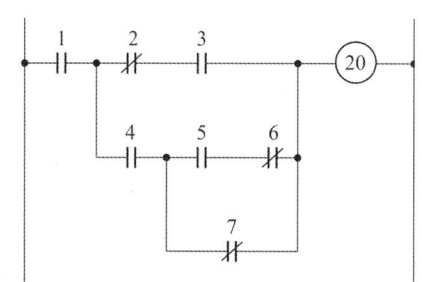

차례	명령	번지	차례	명령	번지
0	STR	1	6		7
1		2	7		–
2		3	8		–
3		4	9		–
4		5	10	OUT	20
5		6			

Answer

차례	명령	번지	차례	명령	번지
0	STR	1	6	OR NOT	7
1	STR NOT	2	7	AND STR	–
2	AND	3	8	OR STR	–
3	STR	4	9	AND STR	–
4	STR	5	10	OUT	20
5	AND NOT	6	–	–	

Explanation

차례	명령	번지	차례	명령	번지
0	STR	1	6	OR NOT	7
1	STR NOT	2	7	AND STR	–
2	AND	3	8	OR STR	–
3	STR	4	9	AND STR	–
4	STR	5	10	OUT	20
5	AND NOT	6	–	–	

① 5, 6과 7은 병렬이며 이것과 4 : 그룹 직렬(AND STR)
② ①과 2, 3과 : 그룹 병렬(OR STR)
③ ②와 1 : 그룹 직렬(AND STR)

17 그림은 고압 진상용 콘덴서의 설비 계통도이다. 물음에 답하시오.

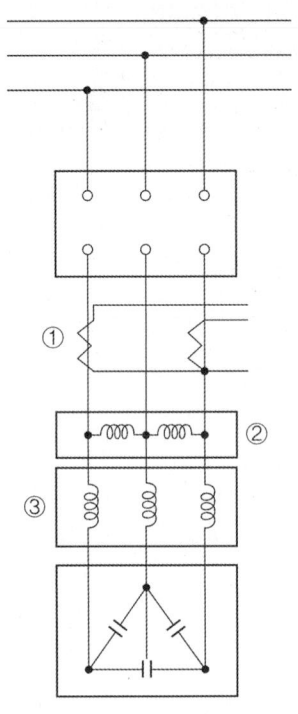

(1) ①의 명칭과 2차 정격 전류의 값은?
(2) ②의 방전시간은 5초 이내에 콘덴서의 잔류전하를 몇 [V] 이하로 저하시킬 수 있어야 하는가?
(3) ③ SR의 목적은?
(4) SC의 내부 고장에 대한 보호방식 4가지를 쓰시오.

Answer

(1) ① 변류기, ② 5[A]   (2) 50[V]
(3) 제5고조파 제거
(4) 과전류 보호방식, 과전압 보호방식, 퓨즈 보호방식, 부족전압 보호방식

Explanation

(내선규정 3240-7) 고압 및 특고압 진상용 콘덴서 방전장치
① 고압 및 특고압의 진상용 콘덴서 회로에는 방전코일 기타 개로 후의 잔류전하를 방전시키기 위한 적당한 장치를 하는 것을 원칙으로 한다.
② 방전장치는 콘덴서 회로에 직접 접속하거나 또는 콘덴서 회로를 개방하였을 경우 자동적으로 접속되도록 장치하고 또한 개로 후 5초 이내에 콘덴서의 잔류전하를 50[V] 이하로 저하시킬 능력이 있는 것으로 한다.

18 ★★★☆☆ 다음 그림은 대단위 아파트의 급배수 설비의 일부분이다. 기계실(변전실, 급수펌프실, 보일러실 등)의 침수를 예방하기 위한 설비를 하고자 한다. 다음 사항을 잘 이해하고 이에 접합한 경보장치를 보기에 제시한 기구와 각종 Relay를 사용하여 미완성 회로를 완성하시오.

[급·배수장치 계통도]

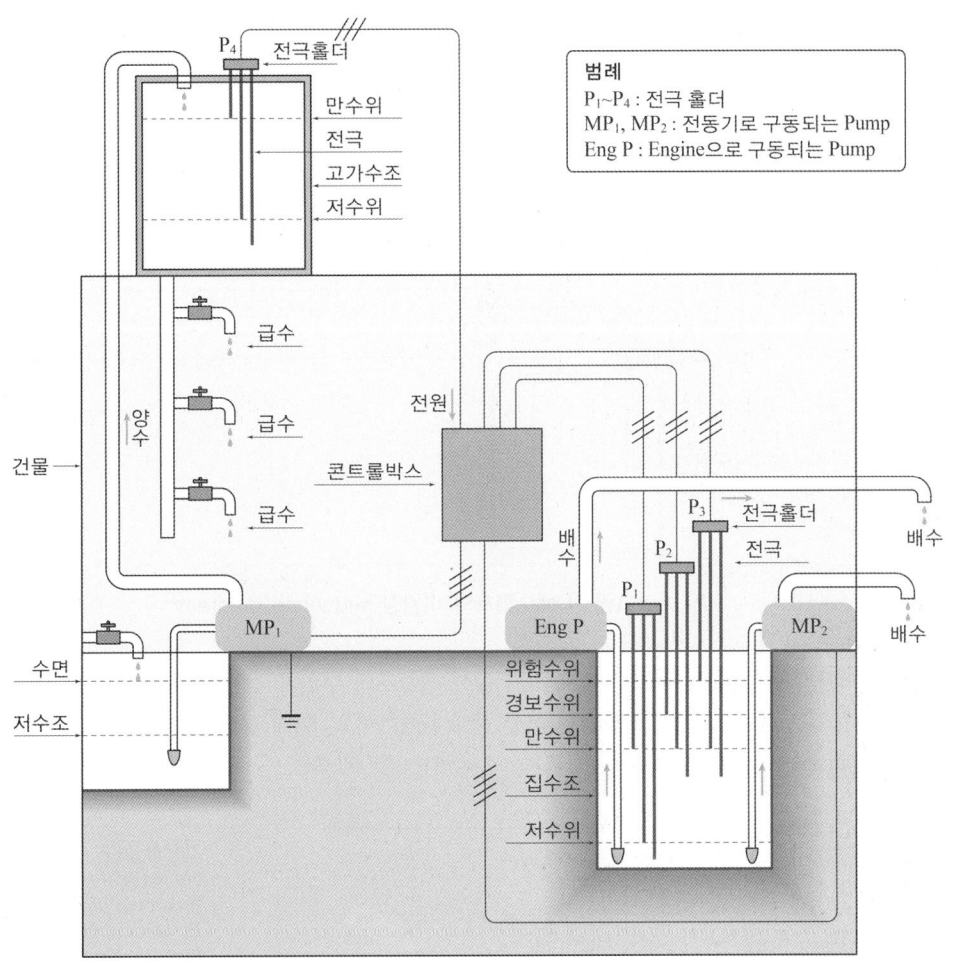

(1) 배수펌프의 작동이 만수위가 되었을 때 자동으로 동작하지 않을 경우 수동으로 동작시킬 수 있도록 하기 위한 미완성 sequence diagram [그림1]의 점선 안에 완성하고 수조의 전극에는 전극기호를 ( ) 안에 써 넣으시오.

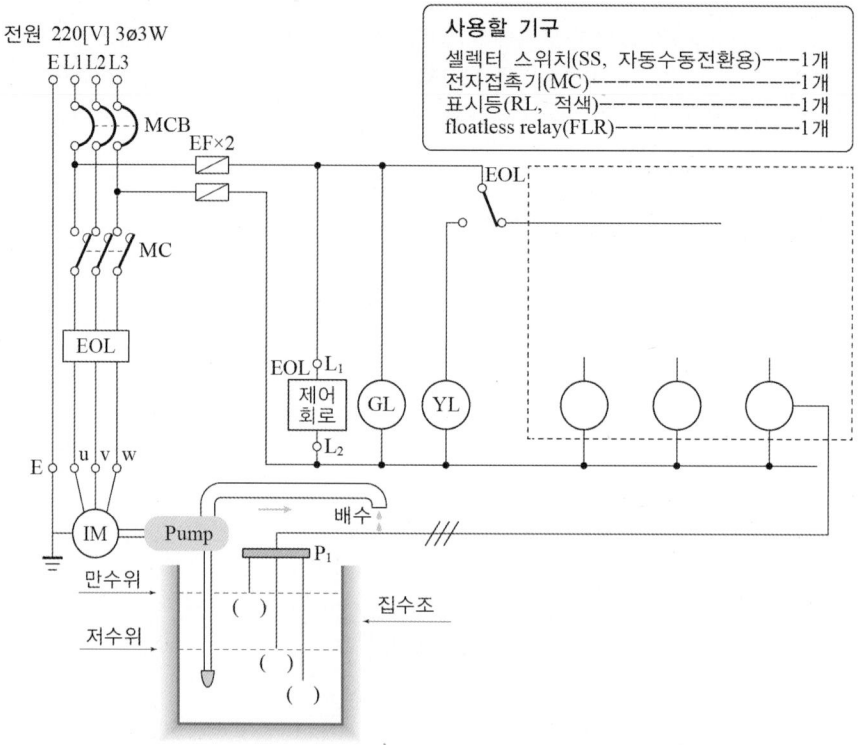

[그림 1] 배수펌프의 미완성 sequence diagram

(2) 어떤 원인으로 배수펌프가 동작하지 않아 집수조의 수위가 경계수위에 도달했을 때 경보를 할 수 있는 경보회로를 [그림 2]의 점선 안에 완성하시오. 이때 경보음은 지속되도록 하고, 경보용 Lamp는 명멸되도록 하며, 수조의 전극에는 전기기호를 (   ) 안에 써 넣으시오.

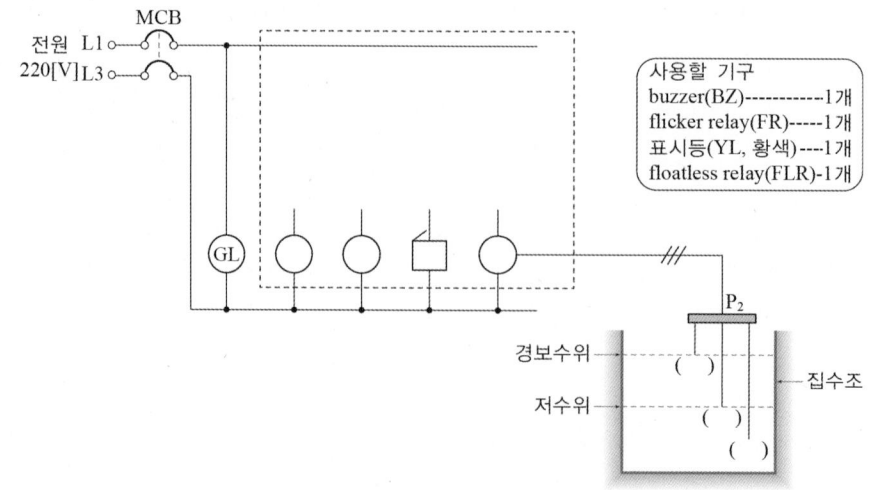

[그림 2] 배수장치의 정보회로의 미완성 sequence diagram

(3) 어떤 원인으로 배수펌프가 동작하지 않아 집수조의 수위가 위험 수위에 도달했을 때 경보를 할 수 있는 경보회로를 그림3의 점선 안에 완성하시오. 이 경우에는 경보음이 단속되도록 하고, 경보용 Lamp도 명멸되도록 하고 수조의 전극에는 전극기호를 (   )에 써 넣으시오.

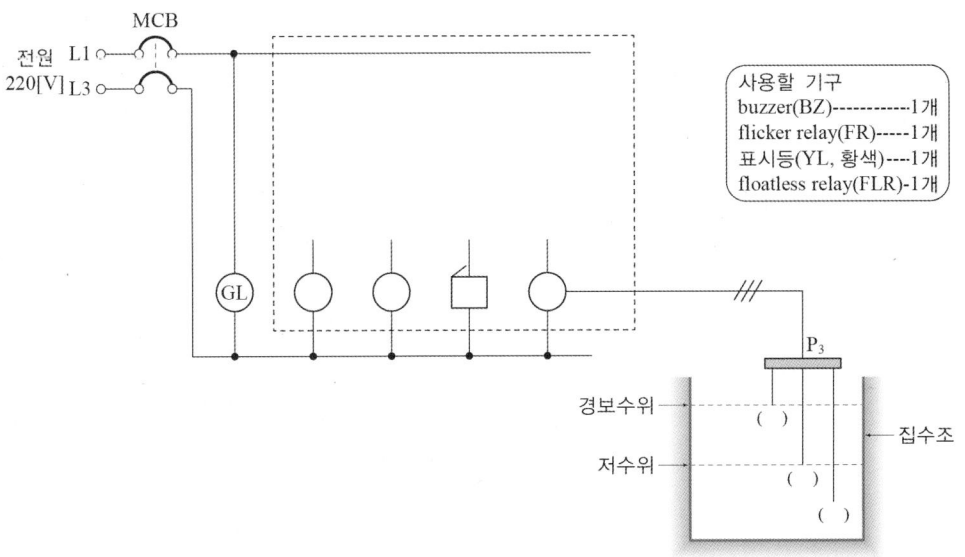

[그림 3] 배수장치의 위험수위의 경보회로의 미완성 sequence diagram

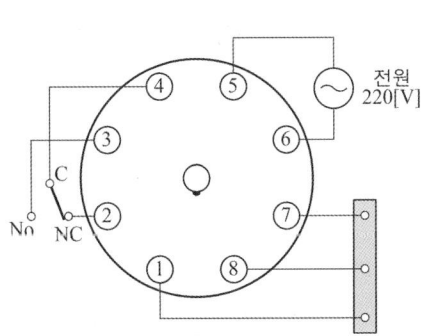

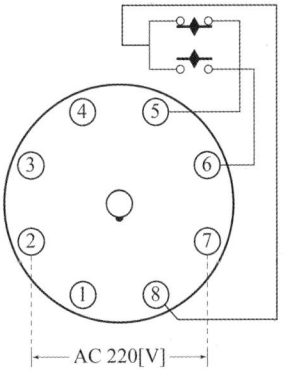

Answer

(1)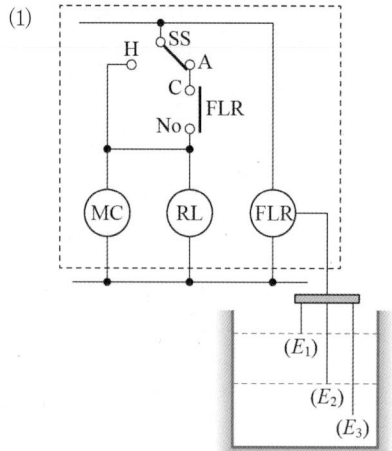

(2)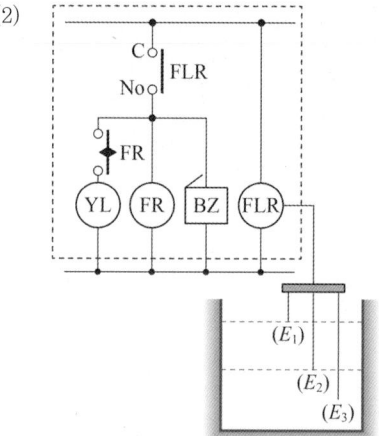

(3)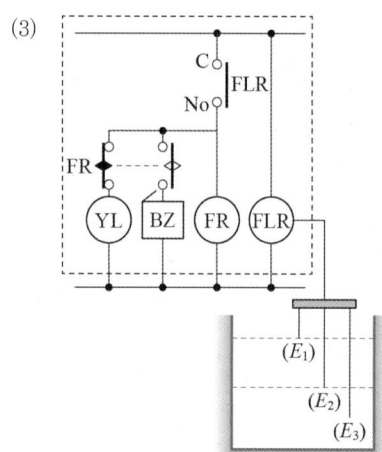

2013년 전기공사기사 실기

BEST 01 ★★★★★

건축화 조명 방식에서 다음과 같은 조명 방식의 명칭은?

(1) 천장면에 작은 구멍을 많이 뚫어 그 속에 여러 형태의 하면개방형, 하면루버형, 하면확산형 반사형전구 등의 매입하는 조명방식은?
(2) 천장면에 확산 투과재인 메탈 아크릴 수지판을 붙이고 천장 내부에 광원을 배치하여 조명하는 방식은?
(3) 천장면을 여러 형태의 사각, 동그라미 등으로 오려내고 다양한 형태의 매입기구를 취부하여 실내의 단조로움을 피하는 조명방식은?
(4) 벽면을 밝은 광원으로 조영하는 방식으로 숨겨진 램프의 직접광이 아래쪽, 벽, 커튼, 위쪽 천장면에 쪼이도록 조명하는 방식으로 분위기 조명인 방식은?
(5) 천장과 벽면의 경계구석에 등기구를 설치하여 조명하는 방식은?

Answer

(1) 다운라이트 조명 (2) 광천장 조명 (3) 코퍼 조명
(4) 밸런스 조명 (5) 코너 조명

Explanation

건축화 조명
건축화 조명이란 건축물의 천장, 벽 등의 일부가 조명기구로 이용되거나 광원화 되어 건축물의 마감재료의 일부로서 간주되는 조명설비이다. 이의 종류는 천장면 이용 방법과 벽면 이용 방법으로 대별된다.

(1) 천장 매입 방법
  ① 매입 형광등
    하면 개방형, 하면 확산판 설치형, 반매입형 등
  ② 다운라이트(down light)
    천장면에 작은 구멍을 뚫어 조명기구를 매입하여 빛의 빔 방향을 아래로 유효하게 조명하는 방식
  ③ 핀홀(pin hole) 라이트
    다운라이트의 일종으로 아래로 조사되는 구멍을 적게 하거나 렌즈를 달아 복도에 집중 조사하는 방식
  ④ 코퍼(coffer) 라이트
    대형의 다운라이트라고도 볼 수 있으며 천장면을 둥글게 또는 사각으로 파내어 조명기구를 배치하여 조명하는 방법
  ⑤ 라인(line) 라이트
    매입 형광등 방식의 일종으로 형광등을 연속으로 배치하여 조명하는 방식

(2) 천장면 이용 방법
  ① 광천장 조명
    방의 천장 전체를 조명기구화 하는 방식으로 천장 조명 확산 판넬로서 유백색의 플라스틱판이 사용된다.

② 루버 조명
실의 천장면을 조명 기구화 하는 방식으로 천장면 재료로 루버를 사용하여 보호각을 증가시킨다.
③ 코브(cove) 조명
광원으로 천장이나 벽면 상부를 조명함으로써 천장면이나 벽에서 반사되는 반사광을 이용하는 간접 조명방식으로, 효율은 대단히 나쁘지만 부드럽고 안정된 조명을 시행할 수 있다.

(3) 벽면 이용 방법
① 코너(coner) 조명
천장과 벽면 사이에 조명기구를 배치하여 천장과 벽면에 동시에 조명하는 방법
② 코니스(conice) 조명
코너를 이용하여 코니스를 15~20[cm] 정도 내려서 아래쪽의 벽 또는 커튼을 조명하도록 하는 방법
③ 밸런스(valance) 조명
광원의 전면에 밸런스판을 설치하여 천장면이나 벽면으로 반사시켜 조명하는 방법

02 변압기에 전원을 처음 인가 했을 때 발생하는 소음의 주된 발생 원인 3가지를 쓰시오.

Answer

① 변압기의 하부의 앵커 볼트의 조임 상태 불량
② 변압기의 탭전압보다 높은 전압이 들어오는 경우
③ 변전실 내 및 외함 내에서의 공진현상

Explanation

이 외에도
④ 볼트의 조임 상태 불량(일부분의 볼트가 느슨해짐)
⑤ 변압기의 전원 전압이 정격전압보다 높은 경우
⑥ 철심의 찌그러짐
⑦ 변압기 단자에 부스바를 직접 연결한 경우 등

BEST 03 사용 목적에 의한 분류 중 표준형 철탑의 종류 4가지를 쓰시오.

①   ②   ③   ④

Answer

① 직선 철탑   ② 각도 철탑   ③ 인류 철탑   ④ 내장 철탑

Explanation

사용 목적에 의한 분류(표준형 철탑)
- 직선형 : 선로의 직선 또는 수평각도 3°이내의 장소에 사용, A형 철탑
- 각도형 : 선로의 수평각도 3°이상으로 20°이하에 설치되는 철탑, 경각도 철탑은 B형, 선로의 수평각도 3°이상으로 30°이하에 설치되는 중각도 철탑은 C형
- 인류형 : 가공선로의 전체 가섭선을 인류하는 개소(주로 변전소)에 사용되는 철탑, D형 철탑
- 내장형 : 전선로를 보강하기 위하여 세워지는 철탑, 직선철탑 10기마다 1기를 시설, 장경간 개소에 시설, E형 철탑
- 보강형 : 전선로의 직선부분에 보강을 위해 사용하는 철탑

04 정부나 공공 기관에서 발주하는 전기 공사의 물량 산출 시 일반적으로 옥내 전선 할증률과 옥외 전선 할증률 및 옥외 전선 철거손실률은 몇 [%]를 계산하는지 각각 쓰시오.
- 옥외 전선 할증률
- 옥내 전선 할증률
- 옥외선선 철거손실률

Answer
- 옥외 전선 할증률 : 5[%]
- 옥내 전선 할증률 : 10[%]
- 옥외전선 철거손실률 : 2.5[%]

Explanation

종류	할증률[%]	철거손실률[%]
옥외 전선	5	2.5
옥내 전선	10	-
Cable(옥외)	3	1.5
Cable(옥내)	5	-
전선관(옥외)	5	-
전선관(옥내)	10	-
Trolley선	1	-
동대, 동봉	3	1.5

[주] 철거손실률이란 전기설비공사에서 철거작업 시 발생하는 폐자재를 환입할 때 재료의 파손, 손실, 망실 및 일부 부식 등에 의한 손실률을 말함

05 무선통신 보조 설비에서 다음 심벌의 명칭을 쓰시오.

(1) △ (2) ▽ (3)   (4) ─┼─ (5) ─┤

Answer

(1) 안테나 (2) 혼합기 (3) 분배기 (4) 분기기 (5) 커넥터

Explanation

(KS C 0301) 옥내배선용 그림 기호 일반배선(무선통신 보조 설비)

명칭	심벌	명칭	심벌	명칭	심벌
안테나	△	혼합기	▽	분배기	
분기기		커넥터			

06 ★★☆☆☆
회전날개의 지름이 10[m]인 프로펠러형 풍차의 풍속이 5[m/s]일 때 풍력 에너지[W]를 계산하시오.
단, 공기의 밀도는 1.225[kg/m³]이다.

• 계산 :   • 답 :

Answer

계산 : $P = \dfrac{1}{2}\rho A V^3 = \dfrac{1}{2} \times 1.225 \times \pi \times \left(\dfrac{10}{2}\right)^2 \times 5^3 = 6,013.2[\text{W}]$ 답 : 6,013.2[W]

Explanation

$P = \dfrac{1}{2}m V^2 = \dfrac{1}{2}(\rho A V)V^2 = \dfrac{1}{2}\rho A V^3[\text{W}]$

여기서, P : 에너지[W], m : 에너지[kg], V : 평균풍속[m/s]
ρ : 공기의 밀도(1.225[kg/m³]), A : 로터의 단면적[m²]

07 ★★★★☆
설비용량 400[kW], 수용률 60[%], 부하율 50[%], 수용가의 1개월간의 사용 전력량은 몇 [kWh]인가? 단, 1개월은 30일간으로 계산한다.

• 계산 :   • 답 :

Answer

계산 : 사용전력량
$W = 400 \times 0.6 \times 0.5 \times 24 \times 30 = 86,400[\text{kWh}]$ 답 : 86,400[kWh]

Explanation

• 수용률 $= \dfrac{\text{최대 수용 전력[kW]}}{\text{설비 용량[kW]}} \times 100[\%]$
• 부하율 $= \dfrac{\text{평균 수요 전력[kW]}}{\text{최대 수요 전력[kW]}} \times 100 = \dfrac{\text{사용 전력량/시간}}{\text{최대 수요 전력[kW]}} \times 100[\%]$
• 사용전력량 = 최대전력 × 부하율 × 시간 = 설비용량 × 수용률 × 부하율 × 시간

08 ★★★☆☆
다음 그림은 보통지선을 그린 것이다. 도면을 보고 물음에 답하시오.

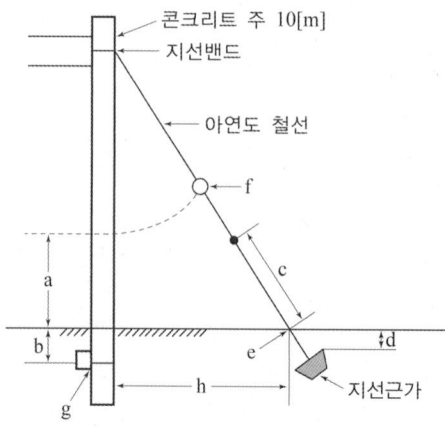

(1) a(지선 안전율)의 높이는 최소 몇 [m] 이상을 원칙으로 하는가?
(2) b의 깊이는 몇 [m]인가?
(3) c의 지표상 최대 높이는 몇 [m]인가?
(4) d의 깊이는 최소 몇 [m] 이상인가?
(5) e의 명칭은?
(6) f의 명칭은?
(7) g의 명칭은?
(8) h의 간격은 몇 [m]인가?

Answer

(1) 2.5[m] (2) 0.5[m] (3) 0.6[m]
(4) 1.5[m] (5) 지선로드 (6) 지선애자
(7) 전주근가 (8) 전주의 높이 $\times \dfrac{1}{2} = 10 \times \dfrac{1}{2} = 5[m]$

Explanation

지선의 설치 방법

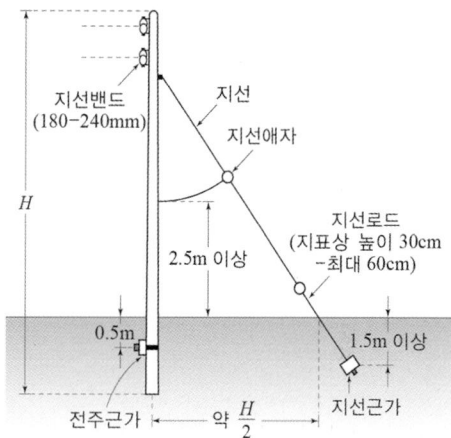

09 ★★☆☆☆ 시설 장소에 따른 저압 배선 방법 중 습기가 많고 점검이 불가능한 은폐 장소에 시설하는 옥내 배선 방법 5가지를 쓰시오.

Answer

① 금속관 공사
② 합성수지관 공사
③ 가요전선관 공사(2종 비닐피복가요전선관공사)
④ 케이블 공사
⑤ 케이블 트레이 공사

Explanation

공사시설표
① 합성수지관공사, 금속관공사, 가요전선관공사(2종 비닐피복가요전선관), 케이블트레이공사, 케이블공사

옥내								옥측/옥외	
노출 장소		은폐 장소							
		점검가능		점검 불가능					
건조한 장소	습기가 많은 장소 또는 물기가 있는 장소	건조한 장소	습기가 많은 장소 또는 물기가 있는 장소	건조한 장소	습기가 많은 장소 또는 물기가 있는 장소	우선 내	우선 외
○	○	○	○	○	○	○	○

○ : 시설할 수 있다.
× : 시설할 수 없다.
[비고 1] 점검 가능 장소 예시 : 건물의 빈 공간 등
[비고 2] 점검 불가능가능 장소 예시 : 구조체 매입, 케이블채널, 지중 매설, 창틀 및 처마도리 등

10  한 개의 전등을 3개소에서 점멸하고자 할 때 3로 스위치(S_3)2개와 4로 스위치(S_4)1개를 이용하여 점멸할 수 있도록 회로도를 그리시오.

Answer

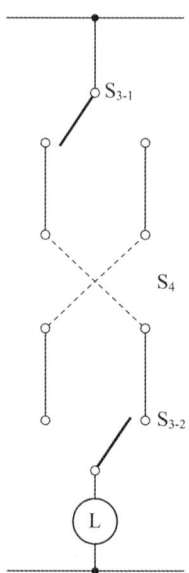

Explanation

3개소에서 점멸하도록 회로를 구성할 때

① 3로 스위치 2개와 4로 스위치 1개를 사용한 경우   ② 3로 스위치 4개를 사용한 경우

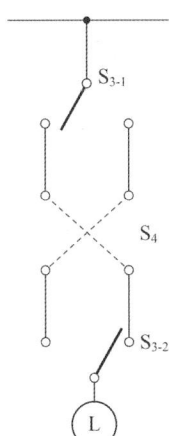
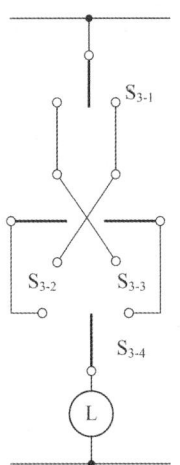

11. ★☆☆☆☆
어느 건물의 부하는 하루에 30[kW]로 2시간, 24[kW]로 8시간, 6[kW]로 14시간을 사용한다. 이의 수전설비를 30[kVA]로 하였을 때 일부하율은 얼마인가?

• 계산 :   • 답 :

Answer

계산 : 부하율 $= \dfrac{평균\ 전력}{최대\ 수용\ 전력} \times 100 = \dfrac{30 \times 2 + 24 \times 8 + 6 \times 14}{30 \times 24} \times 100 = 46.67[\%]$ 답 : $46.67[\%]$

Explanation

• 부하율 $= \dfrac{평균\ 수요\ 전력[kW]}{최대\ 수요\ 전력[kW]} \times 100 = \dfrac{사용\ 전력량/시간}{최대\ 수요\ 전력[kW]} \times 100[\%]$

• 사용전력량 $=$ 최대전력 $\times$ 부하율 $\times$ 시간 $=$ 설비용량 $\times$ 수용률 $\times$ 부하율 $\times$ 시간

> 이 문제는 변경된 KEC 적용으로 인하여 삭제하고, 아래 예상문제로 대체되었습니다.

12. 한국전기설비규정에 의거하여 다음 전선의 색상을 적으시오.

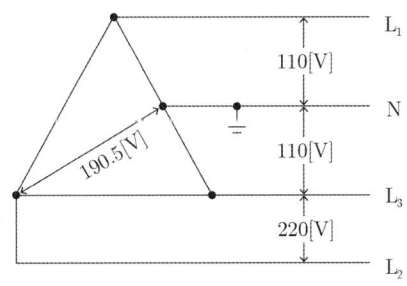

상(문자)	색상
L1	①
L2	②
L3	③
N	④
보호도체	⑤

①   ②   ③
④   ⑤

Answer

① 갈색 ② 흑색 ③ 회색
④ 청색 ⑤ 녹색-노란색

Explanation

(KEC 121.2조) 전선의 상별 색상
1. 전선의 색상은 표에 따른다.

상(문자)	색상
L1	갈색
L2	흑색
L3	회색
N	청색
보호도체	녹색-노란색

2. 색상 식별이 종단 및 연결 지점에서만 이루어지는 나도체 등은 전선 종단부에 색상이 반영구적으로 유지될 수 있는 도색, 밴드, 색 테이프 등의 방법으로 표시해야 한다.
3. 제1 및 제2를 제외한 전선의 식별은 KS C IEC 60445(인간과 기계 간 인터페이스, 표시 식별의 기본 및 안전원칙-장비단자, 도체단자 및 도체의 식별)에 적합하여야 한다.

13 ★★☆☆☆
저압수은 램프, 저압나트륨 램프, 메탈할라이드 램프, 형광 램프 중 가장 효율이 좋은 것부터 나열하시오.

→   →   →

Answer

저압나트륨 램프 - 메탈할라이드 램프 - 형광 램프 - 저압수은 램프

Explanation

광원의 효율

램프	효율[lm/W]	램프	효율[lm/W]
나트륨 램프	80~150	수은 램프	35~55
메탈할라이드 램프	75~105	할로겐 램프	20~22
형광 램프	48~80	백열 전구	7~22

14

사용전압 15[kV] 이하인 특고압 가공전선로의 중성선에 다중접지를 하는 경우에는 다음에 의하여야 한다. 물음에 답하시오.

(1) 접지도체로 공칭단면적 몇 [mm²] 이상의 연동선이어야 하는가?
(2) 접지개소 상호간의 거리는 몇 [m] 이하인가?
(3) 1[km]마다 중성선과 대지와의 사이에 합성 전기 저항치는 몇 [Ω] 이하이어야 하는가?

Answer

(1) 6
(2) 300
(3) 30

Explanation

(KEC 333.32조) 25[kV] 이하인 특고압 가공 전선로의 시설
① 사용전압이 15[kV] 이하인 특고압 가공전선로는 그 전선에 고압 절연전선(중성선은 제외한다), 특고압 절연전선(중성선은 제외한다) 또는 케이블을 사용할 것
② 사용전압이 15[kV] 이하인 특고압 가공전선로의 중성선의 다중접지 및 중성선의 시설은 다음에 의할 것
 • 접지도체는 공칭단면적 6[mm²] 이상의 연동선 또는 이와 동등 이상의 세기 및 굵기의 쉽게 부식하지 않는 금속선으로서 고장 시에 흐르는 전류를 안전하게 통할 수 있는 것일 것
 • 접지공사는 접지한 곳 상호 간의 거리는 전선로에 따라 300[m] 이하일 것
 • 각 접지도체를 중성선으로부터 분리하였을 경우의 각 접지점의 대지 전기저항 값이 1[km]마다의 중성선과 대지사이의 합성 전기저항 값은 표에서 정한 값 이하일 것

각 접지점의 대지 전기저항 값	1[km]마다의 합성 전기저항 값
300[Ω]	30[Ω]

15

ASS(자동 고장 구분 개폐기)의 기능 및 용도에 대해 간단히 설명하시오.

Answer

자동 고장 구분 개폐기는 무전압시 개방이 가능하고, 과부하시 고장구간을 자동 개방하여 파급사고를 방지할 수 있는 고장 구분 개폐기로써 돌입 전류 억제 기능을 가지고 있다.

Explanation

(내선규정 3220-7) 특고압 수전설비 기기 및 명칭과 일반적인 특성
ASS(Automatic Section Switch) 자동 고장 구분 개폐기
• 과부하 시 또는 고장 전류 발생 시 전기사업자 측 공급선로의 타보호기기(Recloser, CB 등)와 협조하여 고장구간을 자동개방하여 파급사고 방지
• 전 부하상태에서 자동 또는 수동 투입 및 개방 가능
• 과부하 보호 기능

16 ★☆☆☆☆ 그림의 출력 $X_1 \sim X_6$를 보고 답란의 타임 차트에 각각 그려 넣고 논리식을 각각 쓰시오.

 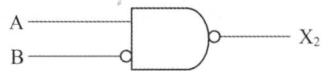

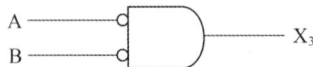 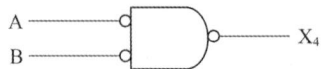

 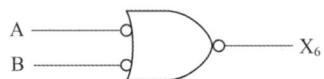

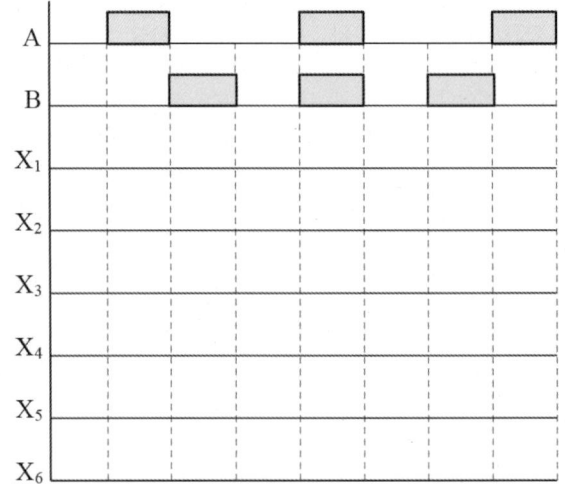

- $X_1 =$

- $X_2 =$

- $X_3 =$

- $X_4 =$

- $X_5 =$

- $X_6 =$

Answer

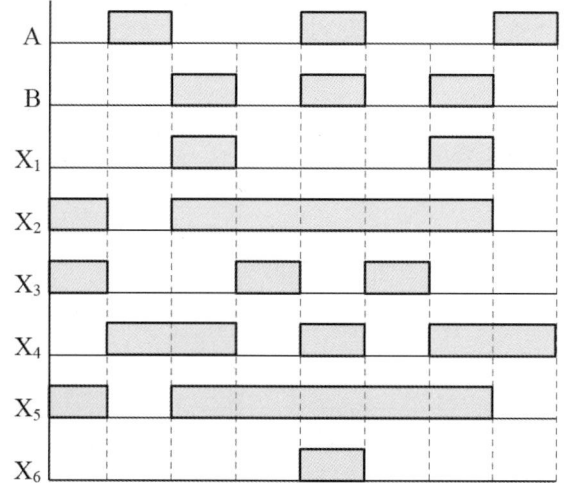

- $X_1 = \overline{A} \cdot B$
- $X_2 = \overline{\overline{A} \cdot \overline{B}} = \overline{A} + B$
- $X_3 = \overline{A} \cdot \overline{B} = \overline{A+B}$
- $X_4 = \overline{\overline{A} \cdot \overline{B}} = A+B$
- $X_5 = \overline{A} + B$
- $X_6 = \overline{\overline{A} + \overline{B}} = A \cdot B$

17 ★★☆☆☆

다음과 같은 설비를 단상 2선식 220[V], 공사방법 A1, 사용전선 PVC로 할 경우 간선의 굵기[mm²], 개폐기의 정격[A] 및 배선용 차단기의 정격[A]을 주어진 표를 이용하여 구하시오.

- 소형 전기기계기구 : 10[A]
- 대형 전기기계기구 : 25[A]
- 전등 : 3[A]

[표 1] 간선의 굵기, 개폐기 및 과전류 차단기의 용량

최대상정부하전류[A]	배선 종류에 의한 간선의 동 전선 최소 굵기[mm²]											개폐기의 정격[A]	과전류 차단기의 정격[A]	
	공사 방법 A1				공사 방법 B1				공사 방법 C					
	2개선		3개선		2개선		3개선		2개선		3개선			B종 퓨즈	A종 퓨즈 또는 배선용 차단기
	PVC	XLPE, EPR	PVC	XLPE, EPR	PVC	XLPE, EPR	PVC	XLPE, EPR	PVC	XLPE, EPR	PVC	XLPE, EPR			
20	4	2.5	4	2.5	2.5	2.5	2.5	2.5	2.5	2.5	2.5	2.5	30	20	20
30	6	4	6	4	4	2.5	6	4	2.5	2.5	4	2.5	30	30	30
40	10	6	10	6	6	4	10	6	6	4	6	4	60	40	40
50	16	10	16	10	10	6	10	10	10	6	10	6	60	50	50
60	16	10	25	16	10	6	16	10	10	10	16	10	60	60	60
75	25	16	35	25	16	10	25	16	16	10	16	16	100	75	75
100	50	25	50	35	25	16	35	25	25	16	35	25	100	100	100
125	70	35	70	50	35	25	50	35	35	25	50	35	200	125	125
150	70	50	95	70	50	35	70	50	50	35	70	50	200	150	150
175	95	70	120	70	70	50	95	50	70	50	70	50	200	200	175
200	120	70	150	95	95	70	95	70	70	50	95	70	200	200	200
250	185	120	240	150	120	70	–	95	95	70	120	95	300	250	250
300	240	150	300	185	–	95	–	120	150	95	185	120	300	300	300
350	300	185	–	240	–	120	–	–	185	120	240	150	400	400	350
400	–	240	–	300	–	–	–	–	240	120	240	185	400	400	400

[비고1] 단상 3선식 또는 3상 4선식 간선에서 전압강하를 감소하기 위하여 전선을 굵게 할 경우라도 중성선은 표의 값보다 굵은 것으로 할 필요는 없다.
[비고2] 최소 전선 굵기는 1회선에 대한 것이며, 2회선 이상일 경우는 복수회로 보정계수를 적용하여야 한다.
[비고3] 공사방법 A1은 벽 내의 전선관에 공사한 절연전선 또는 단심케이블, B1은 벽면의 전선관에 공사한 절연전선 또는 단심 케이블, 공사방법 C는 벽면에 공사한 단심 또는 다심케이블을 시설하는 경우의 전선 굵기를 표시하였다.
[비고4] B종 퓨즈의 정격전류는 전선의 허용전류의 0.96배를 초과하지 않는 것으로 한다.

Answer

간선의 굵기[mm²] : 10[mm²]
개폐기의 정격[A] : 60[A]
배선용 차단기의 정격[A] : 40[A]

Explanation

간선에 흐르는 전체 전류 = 10+25+3=38[A]

최대상 정부하 전류[A]	배선 종류에 의한 간선의 동 전선 최소 굵기[mm²]											개폐기의 정격[A]	과전류 차단기의 정격[A]	
	공사 방법 A1				공사 방법 B1				공사 방법 C					
	2개선		3개선		2개선		3개선		2개선		3개선			B종 퓨즈	A종 퓨즈 또는 배선용 차단기
	PVC	XLPE, EPR	PVC	XLPE, EPR	PVC	XLPE, EPR	PVC	XLPE, EPR	PVC	XLPE, EPR	PVC	XLPE, EPR			
20	4	2.5	4	2.5	2.5	2.5	2.5	2.5	2.5	2.5	2.5	2.5	30	20	20
30	6	4	6	4	4	2.5	6	4	4	2.5	4	2.5	30	30	30
40	10	6	10	6	6	4	10	6	6	4	6	4	60	40	40
50	16	10	16	10	10	6	10	10	10	6	10	6	60	50	50

18 NR 전선 4[mm²] 3본, 10[mm²] 3본을 넣을 수 있는 박강전선관의 최소 굵기는 몇 [호]를 사용하는 것이 적당한가?

[표1] 박강 전선관의 내단면적의 32[%] 및 48[%]

관의 호칭	내단면적의 32[%][mm²]	내단면적의 48[%][mm²]	전선관의 굵기 [mm]	내단면적의 32[%][mm²]	내단면적의 48[%][mm²]
19	63	95	51	569	853
25	123	185	63	889	1,333
31	205	308	75	1,309	1,964
39	305	458			

[표2] 절연전선을 금속관 내에 넣을 경우의 보정계수

도체 단면적[mm²]	보정 계수
2.5, 4	2.0
6, 10	1.2
16 이상	1.0

[표3] 전선(피복 절연물을 포함)의 단면적

도체 단면적[mm²]	절연체 두께[mm]	평균 완성 바깥지름[mm]	전선의 단면적[mm²]
1.5	0.7	3.3	9
2.5	0.8	4.0	13
4	0.8	4.6	17
6	0.8	5.2	21
10	1.0	6.7	35
16	1.0	7.8	48
25	1.2	9.7	74
35	1.2	10.9	93
50	1.4	12.8	128
70	1.4	14.6	167
95	1.6	17.1	230
120	1.6	18.8	277
150	1.8	20.9	343
185	2.0	23.3	426
240	2.2	26.6	555
300	2.4	29.6	688
400	2.6	33.2	865

[비고1] 전선의 단면적은 평균 완성 바깥지름의 상한값을 환산한 값이다.
[비고2] KS C IEC 60227-3의 450/750[V] 일반용 단심 비닐 절연 전선(연선)을 기준한 것이다.

Answer

보정 계수를 고려한 전선의 총 단면적 $A = 17 \times 3 \times 2 + 35 \times 3 \times 1.2 = 228$[mm²]
전선의 굵기가 서로 다르므로 표 1에서 내단면적의 32[%]가 228[mm²]를 넘는 305[mm²]인 39호 선정

답 : 39[호] 박강 전선관

Explanation

(내선규정 제2225-5) 관의 굵기 선정
① 절연전선의 굵기 : 전선의 단면적(피복절연물 포함)×보정계수
② 전선관 선정
- 동일 굵기의 절연 전선을 동일 관내에 넣을 경우 : 전선의 피복절연물 포함한 단면적의 총 합계가 관내 단면적의 48[%] 이하
- 굵기가 다른 절연 전선을 동일 관내에 넣은 경우 : 전선의 피복절연물 포함한 단면적의 총 합계가 관내 단면적의 32[%] 이하

[표 1] 박강 전선관의 내단면적의 32[%] 및 48[%]

관의 호칭	내단면적의 32[%][mm²]	내단면적의 48[%][mm²]	전선관의 굵기 [mm]	내단면적의 32[%][mm²]	내단면적의 48[%][mm²]
19	63	95	51	569	853
25	123	185	63	889	1,333
31	205	308	75	1,309	1,964
39	305	458			

[표2] 절연전선을 금속관 내에 넣을 경우의 보정계수

도체 단면적[mm²]	보정 계수
2.5, 4	2.0
6, 10	1.2
16이상	1.0

[표3] 전선(피복 절연물을 포함)의 단면적

도체 단면적[mm²]	절연체 두께[mm]	평균 완성 바깥지름[mm]	전선의 단면적[mm²]
1.5	0.7	3.3	9
2.5	0.8	4.0	13
4	0.8	4.6	17
6	0.8	5.2	21
10	1.0	6.7	35
16	1.0	7.8	48

2013년 전기공사기사 실기

01 전력용 콘덴서에 접속하는 DC(방전 코일)의 설치 목적을 설명하시오.

Answer

콘덴서 회로 개방 시 콘덴서에 축적된 잔류 전하의 방전

Explanation

(내선규정 3135-2, 3240-7) 저압, 고압 및 특고압 진상용 콘덴서 방전 장치
① 저압, 고압 및 특고압의 진상용 콘덴서 회로에는 방전코일 기타 개로 후의 잔류전하를 방전시키기 위한 적당한 장치를 하는 것을 원칙으로 한다.
② 저압 진상용 콘덴서 방전장치는 콘덴서 회로에 직접 접속하거나 또는 콘덴서 회로를 개방하였을 경우 자동적으로 접속되도록 장치하고 또한 개로 후 3분 이내에 콘덴서의 잔류전하를 75[V] 이하로 저하시킬 능력이 있는 것으로 한다.
③ 고압 및 특고압 진상용 콘덴서 방전장치는 콘덴서 회로에 직접 접속하거나 또는 콘덴서 회로를 개방하였을 경우 자동적으로 접속되도록 장치하고 또한 개로 후 5초 이내에 콘덴서의 잔류전하를 50[V] 이하로 저하시킬 능력이 있는 것으로 한다.

02 다음의 작업구분에 맞는 직종명을 쓰시오.
(1) 발전설비 및 중공업 설비의 시공 및 보수
(2) 철탑 및 송전설비의 시공 및 보수
(3) 송전전공으로 활선작업을 하는 전공

Answer

(1) 플랜트 전공   (2) 송전 전공   (3) 송전활선 전공

Explanation

(1) 플랜트 전공 : 발전소 중공업설비·플랜트설비의 시공 및 보수에 종사하는 사람
(2) 송전 전공 : 철탑 및 송전설비의 시공 및 보수
(3) 송전활선 전공 : 송전 전공으로 활선작업을 하는 전공

03 피뢰기(L.A)의 종류 5가지를 쓰시오.

Answer

① 저항형 피뢰기   ② 밸브형 피뢰기   ③ 밸브 저항형 피뢰기
④ 방출통형 피뢰기   ⑤ 갭레스 피뢰기

Explanation

이외에도
⑥ 종이 피뢰기
⑦ 갭+갭레스 피뢰기
⑧ 캡타이어 피뢰기

04. 합성수지관 공사에서 관 상호 및 관과 박스와의 접속 시에 삽입하는 깊이를 관 바깥지름의 몇 배 이상으로 하여야 하는가?

(1) 접착제를 사용하는 경우
(2) 접착제를 사용하지 않는 경우

Answer

(1) 0.8배
(2) 1.2배

Explanation

(KEC 232.11조) 합성수지관 공사
합성수지관 공사에 의한 저압 옥내배선은 다음 각 호에 따르고 또한 중량물의 압력 또는 현저한 기계적 충격을 받을 우려가 없도록 시설하여야 한다.
① 전선은 절연전선(옥외용 비닐 절연전선을 제외한다)일 것
② 전선은 연선일 것. 다만, 다음의 것은 적용하지 않는다.
  • 짧고 가는 합성수지관에 넣은 것
  • 단면적 10[mm²](알루미늄선은 단면적 16[mm²]) 이하의 것
③ 전선은 합성수지관 안에서 접속점이 없도록 할 것
④ 합성수지관 및 박스 기타의 부속품은 다음 각 호에 따라 시설하여야 한다.
  • 관 상호 간 및 박스와는 관을 삽입하는 깊이를 관의 바깥지름의 1.2배(접착제를 사용하는 경우에는 0.8배) 이상으로 하고 또한 꽂음 접속에 의하여 견고하게 접속할 것
  • 관의 지지점 간의 거리는 1.5[m] 이하로 하고, 또한 그 지지점은 관의 끝관과 박스의 접속점 및 관 상호 간의 접속점 등에 가까운 곳에 시설할 것
  • 습기가 많은 장소 또는 물기가 있는 장소에 시설하는 경우에는 방습 장치를 할 것

05. 궁지선의 용도에 대하여 간단하게 쓰시오.

Answer

비교적 장력이 적고 타 종류의 지선을 시설할 수 없는 경우에 적용하는 것으로 지선용 근가를 지지물 근원 가까이 매설하여 시설하며 시공방법에 따라 A형과 R형으로 구분한다.

Explanation

궁지선의 용도 : 비교적 장력이 작고 다른 종류의 지선을 시설할 수 없는 경우에 시설한다.

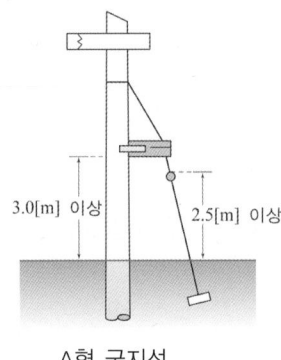
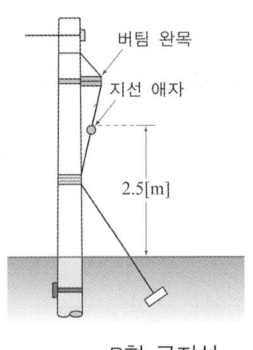

A형 궁지선   R형 궁지선

06 지선(stay)의 시설 목적 4가지만 쓰시오.

Answer

① 지지물의 강도를 보강
② 전선로의 안전성을 증대
③ 불평형 장력에 대한 평형 유지
④ 건조물에 접근 시설된 전선로의 보안상 시설

Explanation

(KEC 331.11조) 지선의 시설
① 가공전선로의 지지물로 사용하는 철탑은 지선을 사용하여 그 강도를 분담시켜서는 아니 된다.
② 가공전선로의 지지물로 사용하는 철주 또는 철근 콘크리트주는 지선을 사용하지 아니하는 상태에서 2분의 1이상의 풍압하중에 견디는 강도를 가지는 경우 이외에는 지선을 사용하여 그 강도를 분담시켜서는 아니 된다.
③ 가공전선로의 지지물에 시설하는 지선은 다음 각 호에 따라야 한다.
 • 지선의 안전율은 2.5이상일 것. 이 경우에 허용 인장하중의 최저는 4.31[kN]으로 한다.
 • 지선에 연선을 사용할 경우에는 다음에 의할 것
  – 소선(素線) 3가닥 이상의 연선일 것
  – 소선의 지름이 2.6[mm] 이상의 금속선을 사용한 것일 것. 다만, 소선의 지름이 2[mm] 이상인 아연도강연선(亞鉛鍍鋼然線)으로서 소선의 인장강도가 0.68[kN/mm²] 이상인 것을 사용하는 경우에는 그러하지 아니하다.
 • 지중부분 및 지표상 0.3[m]까지의 부분에는 내식성이 있는 것 또는 아연도금을 한 철봉을 사용하고 쉽게 부식되지 아니하는 근가에 견고하게 붙일 것. 다만, 목주에 시설하는 지선에 대해서는 그러하지 아니하다.
 • 지선근가는 지선의 인장하중에 충분히 견디도록 시설할 것.
 • 도로를 횡단하여 시설하는 지선의 높이는 지표상 5[m] 이상으로 하여야 한다. 다만, 기술상 부득이한 경우로서 교통에 지장을 초래할 우려가 없는 경우에는 지표상 4.5[m] 이상, 보도의 경우에는 2.5[m] 이상으로 할 수 있다.
⑤ 저압 및 고압 또는 25[kV] 미만인 특고압 가공전선로의 지지물에 시설하는 지선으로서 전선과 접촉할 우려가 있는 것에는 그 상부에 애자를 삽입하여야 한다. 다만, 저압 가공전선로의 지지물에 시설하는 지선을 논이나 습지 이외의 장소에 시설하는 경우에는 그러하지 아니하다.

07. 다음 심벌을 보고 명칭을 쓰시오.

(1) ───── (2) ─ ─ ─ ─
(3) ········· (4) ─··─··─
(5) ─·─·─

Answer

(1) 천장 은폐배선 (2) 바닥 은폐배선 (3) 노출배선
(4) 노출배선 중 바닥면 노출배선
(5) 천장 은폐배선 중 천장속의 배선

Explanation

(KS C 0301) 옥내배선용 그림 기호

명칭	그림기호	적요
천장 은폐 배선	─────	① 천장 은폐 배선 중 천장 속의 배선을 구별하는 경우는 천장 속의 배선에 ─·─·─를 사용하여도 좋다. ② 노출 배선 중 바닥면 노출 배선을 구별하는 경우는 바닥면 노출 배선에 ─··─··─를 사용하여도 좋다. ③ 전선의 종류를 표시할 필요가 있는 경우는 기호를 기입한다. [보기] • 600[V] 비닐 절연 전선 : IV • 600[V] 2종 비닐 절연 전선 : HIV • 가교 폴리에틸렌 절연 비닐 시스 케이블 : CV • 600[V] 비닐 절연 비닐 시스 케이블(평형) : VVF ④ 절연 전선의 굵기 및 전선 수는 다음과 같이 기입한다. 단위가 명백한 경우는 단위를 생략하여도 좋다. [보기] ──/── ──//── ──///── ──////── 1.6 2 2[mm²] 8 숫자 방기의 보기 : 1.6 × 5 5.5 × 1
바닥 은폐 배선	─ ─ ─ ─	
노출 배선	·········	

BEST 08.

비상용 조명 부하 110[V]용 100[W] 58등, 60[W] 50등이 있다. 방전 시간 30분, 축전지 HS형 54[cell], 허용 최저 전압 100[V], 최저 축전지 온도 5[℃]일 때 축전지 용량은 몇 [Ah]인가? 단, 경년 용량 저하율 0.8, 용량 환산 시간 : $K = 1.2$이다.

• 계산 :   • 답 :

Answer

계산 : 축전지 용량

$$C = \frac{1}{L}KI = \frac{1}{0.8} \times 1.2 \times \frac{100 \times 58 + 60 \times 50}{110} = 120[Ah]$$

답 : 120[Ah]

Explanation

- 전류 $I = \dfrac{P}{V} = \dfrac{100 \times 58 + 60 \times 50}{110} = 80[A]$

- 축전지 용량 $C = \dfrac{1}{L}KI[Ah]$

  여기서, C : 축전지의 용량 [Ah], L : 보수율(경년용량 저하율)
  K : 용량환산 시간 계수, I : 방전 전류[A]

BEST 09 ★★★★★

다음과 같이 50[kW], 30[kW], 15[kW], 25[kW]의 부하 설비에 수용률이 각각 50[%], 65[%], 75[%], 60[%]라고 할 경우 변압기 용량을 결정하시오. 단, 부등률은 1.2 종합 부하 역률은 80[%] 로 한다.

- 계산 :   • 답 :

변압기 표준 용량표[kVA]

25	30	50	75	100	150	200

Answer

계산 : $[kVA] = \dfrac{50 \times 0.5 + 30 \times 0.65 + 15 \times 0.75 + 25 \times 0.6}{0.8 \times 1.2} = 73.7[kVA]$

답 : 표에서 75[kVA] 선정

Explanation

변압기 용량[kVA] $= \dfrac{\text{설비용량[KW]} \times \text{수용률}}{\text{부등률} \times \text{역률}}[kVA]$

10 ★★☆☆☆

그림에서 기기의 C점에서 완전지락사고가 발생하였을 때 이 기기의 외함에 인체가 접촉 하였을 경우 인체에는 몇 [mA]의 전류가 흐르는가? 단, 인체의 저항 값은 3,000[Ω]이라 고한다.

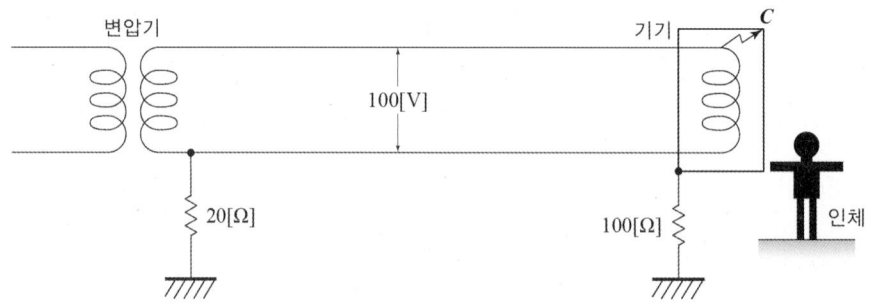

Answer

등가회로를 그려보면

$I_g = \dfrac{100}{20 + \dfrac{100 \times 3,000}{100 + 3,000}} \times \dfrac{100}{100 + 3,000} \times 10^3 = 27.62$

답 : 27.62[mA]

Explanation

- 회로를 등가회로로 전환하면 다음과 같다.

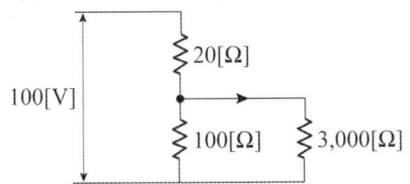

- 전체저항 $R_T = 20 + \dfrac{100 \times 3{,}000}{100 + 3{,}000}$

- 전체전류 $I_T = \dfrac{V}{R_T} = \dfrac{100}{20 + \dfrac{100 \times 3{,}000}{100 + 3{,}000}}$

- 따라서 인체에 흐르는 전류 $I_g = \dfrac{100}{20 + \dfrac{100 \times 3{,}000}{100 + 3{,}000}} \times \dfrac{100}{100 + 3{,}000} \times 10^3 \,[\text{mA}]$

---

11 ★★★☆☆
심야 전력 기기로 보일러를 사용하며 부하 전류가 15[A], 일반 부하 전류가 10[A]이다. 오후 10시부터 오전 6시까지의 중첩률이 0.6이라고 할 때, 부하 공용 부분에 대한 전선의 허용 전류는 몇 [A] 이상이어야 하는가?

- 계산 :   • 답 :

Answer

계산 : $I = I_1 + I_0 \times$ 중첩률 $= 15 + 10 \times 0.6 = 21\,[\text{A}]$ 답 : 21[A] 이상

Explanation

(내선규정 제 4,145절) 심야전력기기
일반부하와 심야전력부하를 공용하는 부분의 부하전류
$I = I_1 + I_0 \times$ 중첩률(重疊率)[A]
여기서, I_0 : 일반 부하의 전류
       I_1 : 심야 전력 부하의 부하 전류
       I : 일반부하와 심야전력부하를 공용하는 부분의 부하전류

BEST 12 ★★★★★
바닥면적 1,000[m²]의 강당에 40[W] 2등용 형광등을 시설하여 평균조도를 300[lx]로 하자면 40[W] 2등용 형광등은 몇 개가 필요한지 계산하시오. 단, 조명률 50[%], 감광보상률 1.25, 형광등 40[W] 2등용의 광속은 5,000[lm]이다.

- 계산 :   • 답 :

Answer

계산 : $N = \dfrac{ESD}{FU} = \dfrac{300 \times 1{,}000 \times 1.25}{5{,}000 \times 0.5} = 150\,[\text{등}]$ 답 : 150[등]

Explanation

조명계산
$FUN = ESD$
여기서, $F[\text{lm}]$: 광속, $U[\%]$: 조명률, $N[\text{등}]$: 등수
$E[\text{lx}]$: 조도, $S[\text{m}^2]$: 면적, $D = \dfrac{1}{M}$: 감광보상률 $= \dfrac{1}{\text{보수율}}$

등수 $N = \dfrac{ESD}{FU}$ 이며 등수계산은 소수점은 무조건 절상한다.

13 ★☆☆☆☆
가공 송전선로에서 사용되는 대표적인 전선 3가지를 쓰시오.
① ②
③

> **Answer**

① 강심알루미늄연선(ACSR)
② 내열 강심 알루미늄선(TACSR)
③ 경동연선(HDCC)

> **Explanation**

가공 송전선로에서 사용되는 대표적인 전선
① 강심알루미늄연선(ACSR : Aluminum Conduct Steel Reinforced) : 비교적 도전율이 높은(61[%]) 경알루미늄선을 인장강도가 큰 강선이나 강연선의 주위에 합쳐 꼬아 만든 전선
② 내열 강심 알루미늄선(TACSR : Thermal Resistance ACSR) : 강심알루미늄전선에 지르코늄 등을 추가하여 내열성을 높인 전선으로 내열 강심알루미늄 연선
③ 경동연선(HDCC : Hard Drawn Copper Conduct) : 동일한 재질의 경동선을 수조~수십조 꼬아서 합친 것으로 도전율이 높으나 고가임

14 ★☆☆☆☆
변압기나 배전함 외함의 보호등급에서 ①, ②, ③은 각각 무엇에 대한 보호를 나타내는가?
IP ① ② ③

> **Answer**

① 외부분진에 대한 보호등급
② 방수에 대한 보호등급
③ 위험한 부분으로의 접근에 대한 보호등급

> **Explanation**

KSC IEC 60529 외곽의 밀폐 보호등급 구분(IP코드)
IP ① ② ③ ④
① 제1특성 : 외부분진에 대한 보호등급
② 제2특성 : 방수에 대한 보호등급
③ 추가 문자(선택) : 위험한 부분으로의 접근에 대한 보호등급
④ 보충 문자(선택)

15 그림의 PLC 시퀀스는 전동기의 정·역운전 회로의 일부를 그린 것으로 번지는 편의상 문자기호를 사용하였다. 버튼스위치 3개, MC 2개, 타이머 릴레이 1개를 사용하여 릴레이 회로를 그리시오.

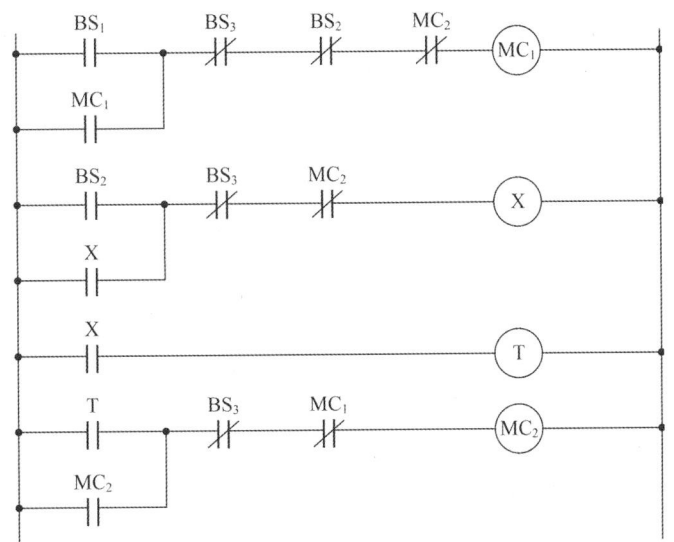

Answer

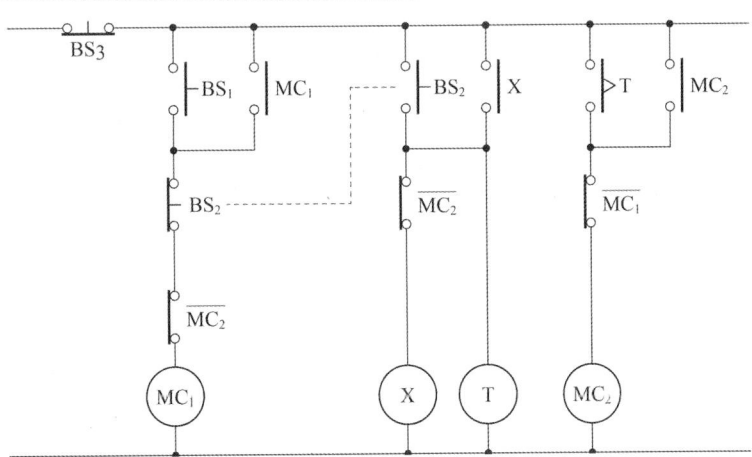

Explanation

Ladder를 이용하여 논리식으로 표현하면

$MC_1 = (BS_1 + MC_1) \cdot \overline{BS_3} \cdot \overline{BS_2} \cdot \overline{MC_2}$

$X = (BS_2 + X) \cdot \overline{BS_3} \cdot \overline{MC_2}$

$T = X$

$MC_2 = (T_a + MC_2) \cdot \overline{BS_3} \cdot \overline{MC_1}$

16 ★★★★☆ 합성수지 파형 전선관을 100[mm] 2열, 175[mm] 6열, 200[mm] 4열을 층계별로 100[m]를 동시에 포설할 때 배전전공과 보통인부의 공량은 얼마인가?

(1) 배전전공
(2) 보통인부

[참고자료] 합성수지 파형 전선관   [m당]

구분	배전전공	보통인부
50[mm] 이하	0.007	0.018
80[mm] 이하	0.009	0.022
100[mm] 이하	0.012	0.036
125[mm] 이하	0.016	0.048
150[mm] 이하	0.019	0.062
175[mm] 이하	0.023	0.074
200[mm] 이하	0.025	0.082

[해설]
① 이 품은 터파기, 되메우기 및 잔토처리 제외
② 접합품이 포함되어 있으며, 접합부의 콘크리트 타설품 및 지세별 할증은 별도 계상
③ 철거 50[%], 재사용 철거 30[%]
④ 2열 동시 180[%], 3열 260[%], 4열 340[%], 6열 420[%], 8열 500[%], 10열 580[%], 12열 660[%], 14열 740[%], 16열 820[%]
⑤ 이 품은 30~60[m] Roll 식으로 감겨 있는 합성수지 파형전선관의 지중 포설 기준임
⑥ 동시배열이란 동일장소에서 공(孔)당의 파형관을 열로 형성하여 층계별로 포설하는 것을 말하며, 100[mm] 2열, 175[mm] 6열, 200[mm] 4열을 층계별로 동시 포설시 산출은 다음과 같다. 이는 12공을 층계별로 동시 배열하는 것으로써, 동시 적용률은 660[%]로, 따라서 합산품은(100[mm] 기본품×2열+175[mm] 기본품×6열+200[mm] 기본품×4열)×660[%]÷12이다(열은 관로의 공수를 뜻함).
⑦ 100[mm] 이상 이종관 접속시는 동시배열(공수)에 관계없이 접속 개당 배전 전공 0.1인 보통인부 0.1인 적용
⑧ Spacer를 설치할 경우 파상형 전선관 열, 층에 관계없이 Spacer Point 10개 설치 당 배전전공 0.0077인, 보통인부 0.0154인 적용

Answer

(1) 배전전공 : $\dfrac{(0.012 \times 2 + 0.023 \times 6 + 0.025 \times 4) \times 6.6}{12} \times 100 = 14.41$ [인]

(2) 보통인부 : $\dfrac{(0.036 \times 2 + 0.074 \times 6 + 0.082 \times 4) \times 6.6}{12} \times 100 = 46.42$ [인]

Explanation

합성수지 파형 전선관[m당]

구분	배전전공	보통인부
50[mm] 이하	0.007	0.018
80[mm] 이하	0.009	0.022
100[mm] 이하	0.012	0.036
125[mm] 이하	0.016	0.048
150[mm] 이하	0.019	0.062
175[mm] 이하	0.023	0.074
200[mm] 이하	0.025	0.082

해설의 ⑥을 적용한다.
동시배열이란 동일 장소에서 공 당의 파형관을 열로 형성하여 층계별로 포설하는 것을 말하며, 100[mm] 2열, 175[mm] 6열, 200[mm] 4열을 층계별로 동시 포설시 산출은 다음과 같다. 이는 12공을 층계별로 동시 배열하는 것으로써 동시 적용률은 660[%]로, 따라서 합산품은 (100[mm] 기본품×2열+175[mm] 기본품×6열+200[mm] 기본품×4열)×660[%]÷12이다(열은 관로의 공수를 뜻함).

17 ★☆☆☆☆
다음 그림은 화물 리프트(Lift)의 자동 반전 회로이다. 이 회로를 보고 물음에 답하여라.

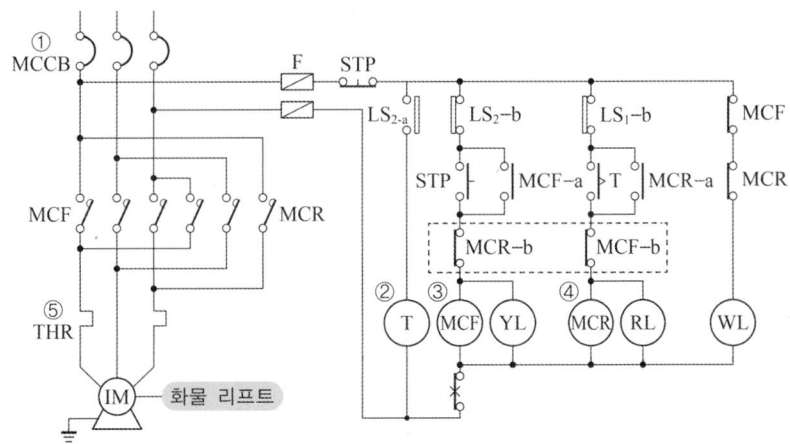

(1) 회로에 표시한 번호 ① ~ ⑤의 명칭과 그 용도 또는 역할을 간단히 설명하여라.

(2) 다음 항목에 대하여 답을 쓰시오.
① 리프트가 상승하고 있을 때 여자 되는 전자 접촉기는?
② 리프트가 하강할 때 점등되는 표시등은?
③ 리프트가 상승할 때 작동 중인 리미트 스위치는?
④ 점선안의 회로를 무슨 회로라고 하는가?
⑤ 전원을 공급하면 어떤 램프가 점등되는가?

Answer

(1) ① MCB(배선용 차단기) : 주전원 ON, OFF
　② 시한 동작 타이머 : 설정 시간 후 MCR 가동
　③ MCF(전자 접촉기) : 정방향(상승)용 전자 접촉기
　④ MCR(전자 접촉기) : 역방향(하강)용 전자 접촉기
　⑤ THR(열동 계전기) : 과부하 차단
(2) ① MCF
　② RL
　③ LS_2
　④ 인터록
　⑤ WL

18 송전설계에 있어서 다음과 같은 철탑 기초의 굴착량을 산출하려고 한다. 각 철탑의 굴착량은 얼마인가?

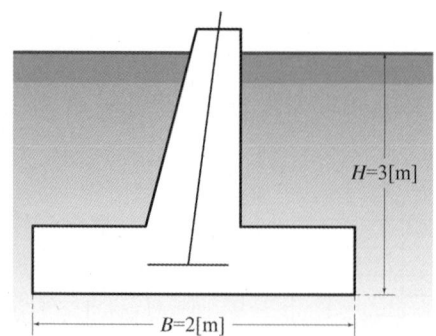

Answer

굴착량 = 가로×세로×높이×1.21 = 2×2×3×1.21 = 14.52[m³]

Explanation

철탑의 굴착량 : 터파기량[m³] = 가로×세로×H×1.21
　　　　　　휴지각 = 1.1×1.1 = 1.21

19 아래 그림은 154[kV]를 수전하는 어느 공장의 옥외 수전 설비에 대한 단선도(single line diagram)이다. 그림을 보고 주어진 물음에 답하여라.

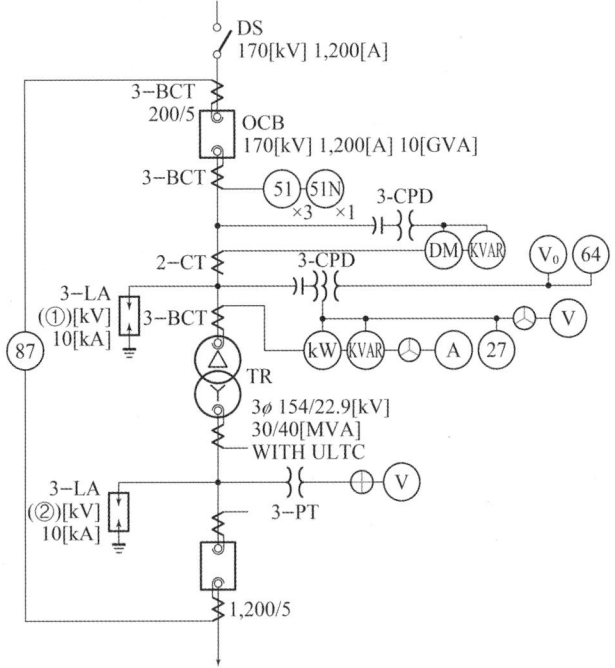

(1) 단선도상의 피뢰기 정격 전압은 각각 몇 [kV]인가?
    ① (   )[kV]   ② (   )[kV]
(2) 변압기 보호 방식 중 주 보호 계전기는 어느 것인지 계전기 분류 번호를 쓰고 그 명칭을 써라.
(3) 87계전기의 3상 결선도를(차단기, 변압기 포함)주어진 답란에 완성하여라.

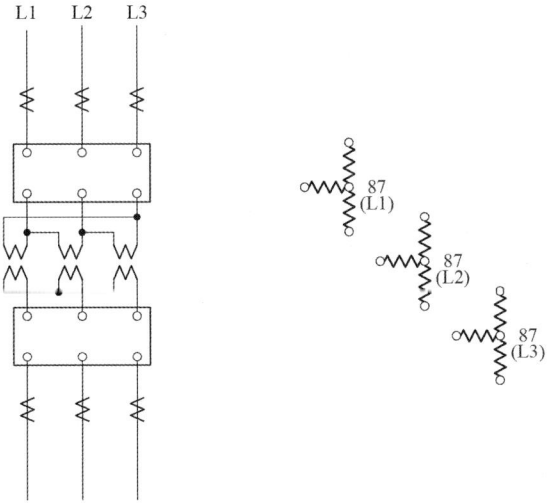

(4) 보조 변류기의 역할에 대하여 간단히 설명하여라.

Answer

(1) ① 144[kV] ② 21[kV]
(2) 번호 : 87, 명칭 : 전류 차동 계전기(비율 차동 계전기)
(3)

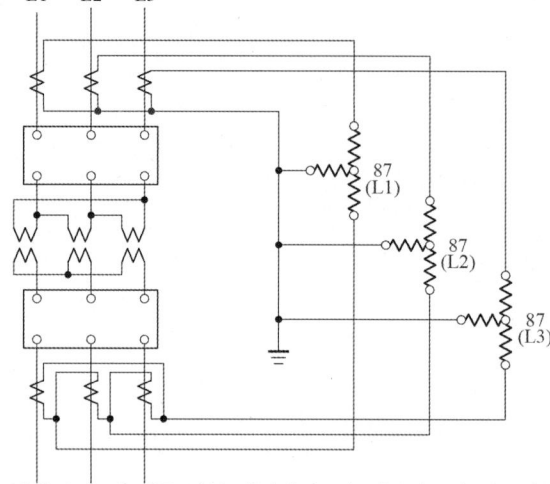

(4) 정상 운전 시 전류 차동 계전기의 1차 전류와 2차 전류의 차이를 보정하는 역할

Explanation

(1) (내선규정 제3,250-1) 피뢰기의 정격 전압

전력계통		피뢰기 정격 전압[kV]	
전압[kV]	중성점 접지방식	변전소	배전선로
345	유효접지	288	-
154	유효접지	144	-
66	PC 접지 또는 비접지	72	-
22	PC 접지 또는 비접지	24	-
22.9	3상 4선 다중접지	21	18

[주] 전압 22.9[kV] 이하의 배전선로에서 수전하는 설비의 피뢰기 정격전압[kV]은 배전선로용을 적용한다.

(2) • 87 : 전류 차동계전기(비율 차동계전기)
 • 87B: 모선보호 차동계전기
 • 87G: 발전기용 차동계전기
 • 87T: 주변압기 차동계전기

(3) CT 결선 : 변압기 1,2차간의 Y-△간에는 30°의 위상차가 존재하므로

변압기 결선	CT 결선
Y-△	△-Y
△-Y	Y-△

(4) 보조변류기 : 정상 운전 시 전류 차동 계전기의 1차 전류와 2차 전류의 차이를 보정

과년도 기출문제

전기공사기사 실기 2014

- 2014년 제 01회
- 2014년 제 02회
- 2014년 제 04회

2014년 과년도 기출문제에 대한 출제 빈도 분석 차트입니다.
각 회차별로 별의 개수를 확인하고 학습에 참고하기 바랍니다.

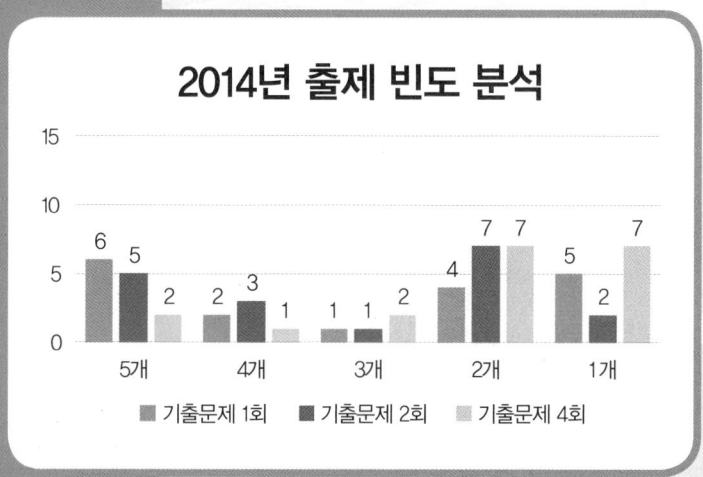

2014년 전기공사기사 실기

01 ★★☆☆☆
3상 4선식 380/220[V]에서 3상 동력과 단상 전등 부하를 동시에 사용 가능한 방식으로 불평형 부하의 한도는 단상접속부하로 계산하여 설비불평형률을 30[%] 이하로 하는 것을 원칙으로 한다. 이 경우 설비불평형률을 식으로 나타내시오.

Answer

$$설비불평형률 = \frac{각\ 선간에\ 접속되는\ 단상부하\ 총\ 설비용량[kVA]의\ 최대와\ 최소의\ 차}{총\ 부하\ 설비용량[kVA]의\ 1/3} \times 100[\%]$$

Explanation

(내선규정 제1,410-1) 설비 부하평형 시설
저압, 고압 및 특별 고압 수전의 3상 3선식 또는 3상 4선식에서 불평형 부하의 한도는 단상 접속부하로 계산하여 설비불평형률을 30[%] 이하로 하는 것을 원칙으로 한다.
다만, 다음 각 호의 경우는 이 제한에 따르지 않을 수 있다.
① 저압 수전에서 전용변압기로 수전하는 경우
② 고압 및 특고압수전에서 100[kVA](kW) 이하인 경우
③ 고압 및 특고압수전에서 단상부하용량의 최대와 최소의 차가 100[kVA](kW) 이하인 경우
④ 특고압수전에서 100[kVA](kW) 이하의 단상 변압기 2대로 역(逆)V결선하는 경우
　[주] 이 경우의 설비불평형률이란 각 선간에 접속되는 단상부하 총 설비용량[VA]의 최대와 최소의 차와 총 부하설비
　　　용량[VA] 평균값의 비[%]를 말하며 다음의 식으로 나타낸다.

$$설비불평형률 = \frac{각\ 선간에\ 접속되는\ 단상부하\ 총\ 설비용량[kVA]의\ 최대와\ 최소의\ 차}{총\ 부하\ 설비용량[kVA]의\ 1/3} \times 100[\%]$$

BEST 02 ★★★★★
22.9[kV], 3상 4선식 특고압 수전 수용가인 어떤 건물의 총 부하설비가 3,200[kW], 수용률 0.6일 때, 이 건물에 필요한 3상 주변압기의 용량을 선정하시오. 단, 역률은 85[%], 부하 상호간의 부등률은 1.2로 한다.

• 계산 :

• 답 :

Answer

계산 : $[kVA] = \dfrac{3{,}200 \times 0.6}{1.2 \times 0.85} = 1{,}882.35[kVA]$　　　답 : 2,000[kVA] 선정

Explanation

• 변압기 용량[kVA] $= \dfrac{설비\ 용량[kVA] \times 수용률}{부등률} = \dfrac{설비\ 용량[kW] \times 수용률}{부등률 \times 역률}$

• 변압기 용량을 선정하라고 했으므로 표준용량으로 답한다.

전력용 3상 변압기 표준용량[kVA]

	15	150	1,500	15,000	(120,000)	150,000
	20	200	2,000	20,000	(180,000)	200,000
3	30	300	3,000	30,000	250,000	
			4,500	45,000	300,000	
5	50	500		(50,000)		
			6,000	60,000		
7.5	75	750	7,500			
				90,000		
10	100	1,000	10,000	100,000		

03 ★★☆☆☆
전력선 이도설계시 부하계수를 설명하고, 합성하중, 전선의 자중, 피빙설의 중량, 풍압 하중 등을 이용하여 부하계수를 구하는 산술식을 쓰시오. 단, W : 합성하중, W_c : 전선의 자중, W_i : 피빙설의 중량, W_w : 풍압하중이다.

(1) 부하계수
(2) 산술식

Answer

(1) 부하계수 : 단위길이 당 합성하중과 전선의 자중에 대한 비

(2) 산술식 : $W_s = \dfrac{W}{W_c} = \dfrac{\sqrt{(W_i + W_c)^2 + W_w^2}}{W_c}$

Explanation

• 부하계수 : 단위길이 당 합성하중과 전선의 자중에 대한 비
$W_s = \dfrac{W}{W_c} = \dfrac{\sqrt{(W_i + W_c)^2 + W_w^2}}{W_c}$

• 전선로에 가해지는 합성하중 $W = \sqrt{(W_i + W_c)^2 + W_w^2}$
  여기서, 풍압하중(W_w), 전선자중(W_c), 빙설하중(W_i)

BEST 04 ★★★★★
그림과 같이 외등용 전선관을 지중에 매설하려고 한다. 터파기(흙파기)량은 얼마인가? 단, 매설거리는 50[m]이고, 전선관의 면적은 무시한다.

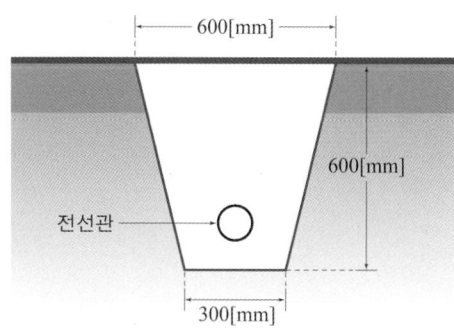

> **Answer**

$$V = \frac{a+b}{2} \times h \times L = \frac{0.6+0.3}{2} \times 0.6 \times 50 = 13.5 [\text{m}^3]$$

답 : $13.5[\text{m}^3]$

> **Explanation**

줄기초 파기 : 전선관 매설

$$\text{터파기량}[\text{m}^3] = \left(\frac{a+b}{2}\right) \times h \times \text{줄기초길이}$$

BEST 05 수·변전설비에서 진상용 콘덴서 설치 시 어떤 효과가 있는지 4가지를 쓰시오.

> **Answer**

① 전압강하 감소
② 전력손실 감소
③ 설비용량 여유분 증가
④ 전기요금 절감

> **Explanation**

① 역률개선
  • 전력용 콘덴서는 진상 무효분을 공급하여 부하의 역률개선을 위하여 사용
  • 부하의 역률 저하 원인 : 유도 전동기의 경부하 운전 및 형광방전등의 안정기 등

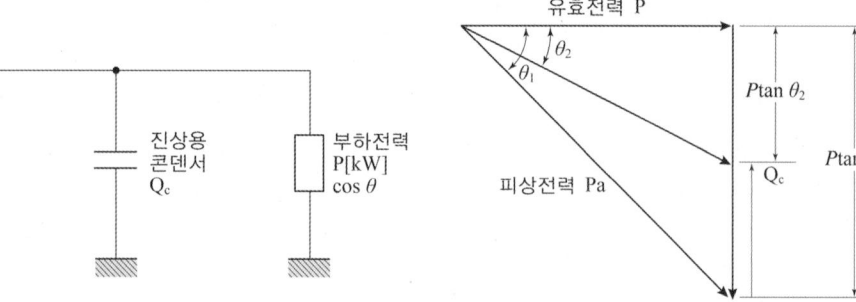

② 전력용 콘덴서 용량

$$Q_c = P(\tan\theta_1 - \tan\theta_2) = P\left(\frac{\sin\theta_1}{\cos\theta_1} - \frac{\sin\theta_2}{\cos\theta_2}\right) = P\left(\frac{\sqrt{1-\cos^2\theta_1}}{\cos\theta_1} - \frac{\sqrt{1-\cos^2\theta_2}}{\cos\theta_2}\right)[\text{kVA}]$$

여기서, $\cos\theta_1$: 개선 전 역률, $\cos\theta_2$: 개선 후 역률

③ 역률개선의 효과
  • 전압강하가 감소
  • 전력손실이 감소
  • 설비용량의 여유분 증가
  • 전기요금 절감

06 그림과 같은 계통보호용 과전류 계전기를 정정하기 위한 단락전류를 산출하는 절차이다. 주어진 물음에 답하시오.

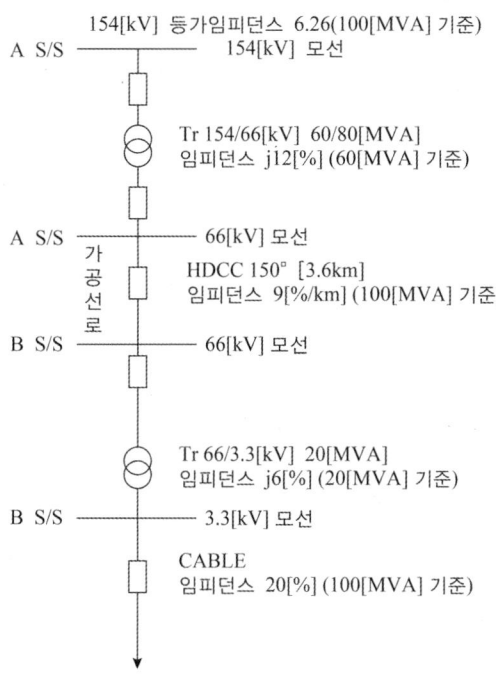

[조건]
① A변전소 154[kV] 모선의 전원등가 임피던스는 6.26[%]이다.
② 회로의 [%]임피던스는 편의상 모두 리액턴스 분으로만 간주할 것
③ 그림 상에 표시되지 않은 임피던스는 무시할 것

[물음]
다음 그림은 100[MVA] 기준으로 환산한 등가 임피던스 도면이다. ( ) 속에 값은 얼마인가?

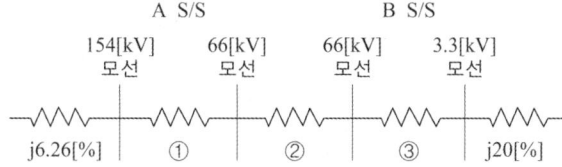

Answer

① $j12 \times \dfrac{100}{60} = j20[\%]$

② $j9 \times 3.6 = j32.4[\%]$

③ $j6 \times \dfrac{100}{20} = j30[\%]$

> **Explanation**

- %임피던스의 계산

  환산 $\%Z$ = 기존 $\%Z \times \dfrac{\text{새로운 기준용량}}{\text{기존의 용량}}$

- 문제에서는 100[MVA] 기준으로 환산한 등가 임피던스를 구하는 것으로 새로운 기준용량은 100[MVA]가 된다.

07 ★★☆☆☆

3상 3선 380[V] 회로에 전열기 15[A]와 전동기 2.2[kW] 역률 85[%], 전동기 3.75[kW] 역률 90[%], 전동기 7.5[kW] 역률 95[%]가 있다. 간선의 허용전류를 계산하시오.

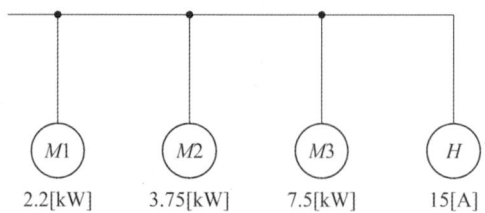

- 계산 :
- 답 :

> **Answer**

계산 :

① $I_{M1} = \dfrac{P_1}{\sqrt{3} \times V \times \cos\theta_1} = \dfrac{2{,}200}{\sqrt{3} \times 380 \times 0.85} = 3.932[\text{A}]$

- I_{M1}의 유효전류 $= 3.932 \times 0.85 = 3.342[\text{A}]$
- I_{M1}의 무효전류 $= 3.932 \times \sqrt{1-0.85^2} = 2.071[\text{A}]$

② $I_{M2} = \dfrac{P_2}{\sqrt{3} \times V \times \cos\theta_2} = \dfrac{3{,}750}{\sqrt{3} \times 380 \times 0.9} = 6.331[\text{A}]$

- I_{M2}의 유효전류 $= 6.331 \times 0.9 = 5.698[\text{A}]$
- I_{M2}의 무효전류 $I_{q2} = 6.331 \times \sqrt{1-0.9^2} = 2.76[\text{A}]$

③ $I_{M3} = \dfrac{P_3}{\sqrt{3} \times V \times \cos\theta_3} = \dfrac{7500}{\sqrt{3} \times 380 \times 0.95} = 11.995[\text{A}]$

- I_{M3}의 유효전류 $= 11.995 \times 0.95 = 11.395[\text{A}]$
- I_{M3}의 무효전류 $= 11.995 \times \sqrt{1-0.95^2} = 3.745[\text{A}]$

④ 전열기 정격 전류의 합 $\sum I_H = 15[\text{A}]$

전열기는 역률이 1이므로 유효분 전류만 있으며

회로의 설계전류 $I_B = \sqrt{(3.342+5.698+11.395+15)^2 + (2.071+2.76+3.745)^2} = 36.46[\text{A}]$

간선의 허용전류 $I_B \leq I_n \leq I_Z$에서 $I_Z \geq 36.46[\text{A}]$

답 : 36.46[A]

> Explanation

과부하전류에 대한 보호
① 도체와 과부하 보호장치 사이의 협조
  과부하에 대해 케이블(전선)을 보호하는 장치의 동작 특성
  • $I_B \leq I_n \leq I_Z$
  • $I_2 \leq 1.45 \times I_Z$
  여기서, I_B : 회로의 설계전류
         I_Z : 케이블의 허용전류
         I_n : 보호장치의 정격전류
         I_2 : 보호장치가 규약시간 이내에 유효하게 동작하는 것을 보장하는 전류

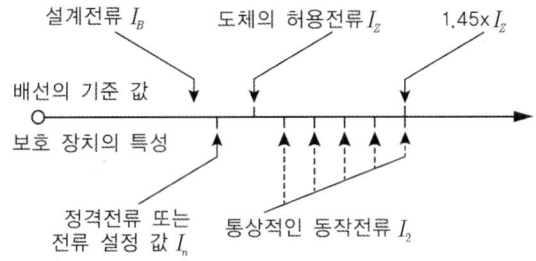

08 ★★★☆☆ 수용가 인입구의 전압이 22.9[kV] 주차단기의 차단 용량이 250[MVA]이다. 10[MVA] 22.9/3.3[kV] 변압기의 임피던스가 5.5[%]일 때, 변압기 2차 측에 필요한 차단기 용량을 다음 표에서 산정하시오.

• 계산 :
• 답 :

차단기 정격 용량[MVA]

10	20	30	50	75	100	150	250	300	400	500	750	1,000

> Answer

계산 : 기준 용량을 10[MVA]로 하면

전원 측 $\%Z_1 = \dfrac{P_n}{P_s} \times 100 = \dfrac{10}{250} \times 100 = 4[\%]$

변압기의 $\%Z_2 = 5.5[\%]$

따라서, 합성 %임피던스=4+5.5=9.5[%]

변압기 2차 측 단락용량=$10 \times \dfrac{100}{9.5} = 105.26[\text{MVA}]$

답 : 150[MVA]

> Explanation

문제를 임피던스 맵으로 나타내면
- 전원 측에 차단기가 설치되어 있는 경우 차단기 용량이 주어지면
  %임피던스는 $\%Z_s = \dfrac{100}{P_s} \times P_n$ 여기서, P_s : 전원 측에 설치된 차단기 용량
- 단락용량 $P_s = \dfrac{100}{\%Z} \times P_n$
- 차단기 용량을 단락용량으로 계산하면 단락용량보다 큰 것이 차단기 용량이 된다.

09 다음 설명의 괄호 안(①~④)에 적합한 전선의 굵기를 써 넣으시오.

> "저압 옥내배선에 사용하는 전선은 단면적 (①)[㎟] 이상의 연동선 또는 이와 동등 이상의 강도 및 굵기의 것이어야 한다. 다만, 옥내배선의 사용전압이 400[V] 이하의 경우로 전광표시 장치 기타 이와 유사한 장치 또는 제어회로 등의 배선에는 단면적 (②)[㎟] 이상의 연동선 또는 (③)[㎟] 이상의 다심케이블 또는 다심캡타이어케이블을 사용하고, 진열장 내의 배선공사에는 단면적 (④)[㎟] 이상의 코드 또는 캡타이어케이블을 사용하여야 한다."

Answer

① 2.5
② 1.5
③ 0.75
④ 0.75

Explanation

(KEC 231.3조) 저압 옥내배선의 사용전선
저압 옥내배선의 전선은 다음 각 호 어느 하나에 적합한 것을 사용하여야 한다.
- 단면적이 2.5[㎟] 이상의 연동선 또는 이와 동등 이상의 강도 및 굵기의 것

옥내배선의 사용 전압이 400[V] 이하인 경우로 다음 각 호 어느 하나에 해당하는 경우에는 다음과 같다.
① 전광표시 장치 기타 이와 유사한 장치 또는 제어 회로 등에 사용하는 배선에 단면적 1.5[㎟] 이상의 연동선을 사용하고 이를 합성수지관 공사·금속관 공사·금속 몰드 공사·금속 덕트 공사·플로어 덕트 공사 또는 셀룰러 덕트 공사에 의하여 시설하는 경우
② 전광표시 장치 기타 이와 유사한 장치 또는 제어회로 등의 배선에 단면적 0.75[㎟] 이상인 다심케이블 또는 다심 캡타이어 케이블을 사용하고 또한 과전류가 생겼을 때에 자동적으로 전로에서 차단하는 장치를 시설하는 경우
③ 진열장 안의 배선 공사에는 단면적 0.75[㎟] 이상인 코드 또는 캡타이어케이블을 사용하는 경우

10 다음 표는 서지흡수기의 적용범위에 대한 것이다. 괄호 안에 적용범위를 '적용' 또는 '불필요'로 나타내시오.

차단기의 종류 전압등급 2차 보호기기		3[kV]	6[kV]	VCB 10[kV]	20[kV]	30[kV]
전동기		적용	적용	(①)	–	–
변압기	유입식	(②)	불필요	불필요	불필요	불필요
	몰드식	적용	(③)	적용	적용	적용
	건식	적용	적용	적용	(④)	적용
콘덴서		불필요	불필요	불필요	불필요	(⑤)
변압기와 유도기기와의 혼용 사용 시		적용	적용	–	–	–

Answer

① 적용　　② 불필요　　③ 적용
④ 적용　　⑤ 불필요

Explanation

(내선규정 3260-2) 서지흡수기의 적용

차단기의 종류 전압등급 2차 보호기기		3[kV]	6[kV]	VCB 10[kV]	20[kV]	30[kV]
전동기		적용	적용	적용	–	–
변압기	유입식	불필요	불필요	불필요	불필요	불필요
	몰드식	적용	적용	적용	적용	적용
	건식	적용	적용	적용	적용	적용
콘덴서		불필요	불필요	불필요	불필요	불필요
변압기와 유도기기와의 혼용 사용 시		적용	적용	–	–	–

[주] 상기 표에서와 같이 VCB를 사용시 반드시 서지흡수기를 설치하여야 하나 VCB와 유입변압기를 사용 시는 설치하지 않아도 된다.

11 ★☆☆☆☆

다음 그림과 같이 두 개의 맨홀 사이에 200[mm] PVC 전선관 3열을 설치하고, 6.6[kV] 1C 150[mm²] 케이블을 각 열에 3조씩 포설하는 경우 공사에 소요되는 공구 손료를 포함한 직접 인건비계를 참고 자고 자료를 이용하여 산출하시오.

단, ① 토목 공사는 고려하지 않으며, 인공 계산은 소수 셋째자리까지만 구하며, 인건비는 원 이하는 버린다.

② 계산 과정을 모두 답안지에 기입하여야 한다. 고압 케이블 전공 노임은 18,900원이며 보통 인부 노임은 8,150원, 배관공 노임은 20,050원이다.

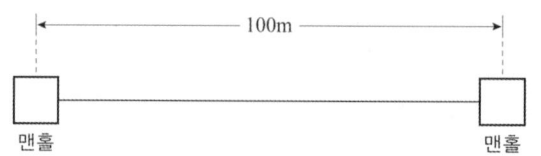

[참고자료]

[표1] **전력 케이블 신설** (km당)

PVC 고무절연 외장케이블류	케이블공	보통인부
저압 5.5[mm²] 이하 3심	10	10
14[mm²] 이하 3심	11	11
22[mm²] 이하 3심	14	11
38[mm²] 이하 3심	15	14
60[mm²] 이하 3심	17	17
100[mm²] 이하 3심	23	22
150[mm²] 이하 3심	29	29
200[mm²] 이하 3심	35	34
325[mm²] 이하 3심	50	49
400[mm²] 이하 단심	25	25
500[mm²] 이하 단심	27	27
600[mm²] 이하 단심	31	31
800[mm²] 이하 단심	38	38
1,000[mm²] 이하 단심	45	45

[해설]
① 드럼 다시감기 소운반품 포함
② 지하관내 부설기준, Cu, Al 도체 공용
③ 트라프내 설치 110[%], 2심 70[%], 단심 50[%], 직매 80[%](장애물 없을 때)
④ 가공 케이블(조가선 불포함, Hanger품 불포함)은 이 품의 130[%]
⑤ 연피 및 벨트지 케이블은 이 품의 120[%], 강대개장 150[%], 수저케이블 200[%], 동심중성선형 케이블(CNCV) 110[%]
⑥ 가공 시 이도 조정만 할 때는 가설품의 20[%]
⑦ 철거 50[%], 재사용 철거(단, 드럼감기품 포함) 90[%]
⑧ 단말처리, 직선접속 및 접지공사 불포함(600[V] 8[mm²] 이하의 단말처리 및 직선 접속품 포함)
⑨ 관내 기설케이블 정리가 필요할 때는 10[%] 가산
⑩ 선로 횡단개소 및 커브 개소에는 개소당 0.056인 가산
⑪ 케이블만의 임시부설 30[%]
⑫ 터파기, 되메우기, 트라프관 설치품 제외
⑬ 2열 동시 180[%], 3열 260[%], 4열 340[%], 수저부설 200[%]
⑭ 단심케이블을 동일 공내에서 2조 이상 포설시 1조 추가마다 이 품의 80[%]씩 가산(관로식일 경우만 해당)
⑮ 송·배전 전력케이블 포설시 구내 부분은 이 품에 50[%] 가산
⑯ 전압에 대한 가산율 적용
  600[V] 이하   0[%]
  3.3[kV] 이하   10[%]증
  6.6[kV] 이하   20[%]증
  11[kV] 이하   30[%]증
  22[kV] 이하   50[%]증
  66[kV] 이하   80[%]증
⑰ 공동구(전력구 포함)의 경우는 이 품의 125[%] 적용
⑱ 사용케이블의 공칭전압에 따라 케이블공 직종을 구분 적용함

[표2] 강관 부설 (m당)

강관	배관공
φ75[mm] 이하	0.13
φ100[mm] 이하	0.152
φ150[mm] 이하	0.188
φ200[mm] 이하	0.222
φ250[mm] 이하	0.299
φ300[mm] 이하	0.330

[해설]
① 5-34~37까지 이 해설을 적용하며 터파기, 되메우기 및 잔토처리는 별도 계상, 이때 잔토처리를 현장 밖으로 처리할 경우 운반비 및 적상, 적하 비용을 별도 계한다.
② 반매입, 지표식, 지중식 공히 준용함
③ 철거 50[%]
④ 2열 동시 180[%], 3열 260[%], 4열 340[%], 6열 420[%], 8열 500[%], 10열 580[%]
⑤ 접합품 포함
⑥ PVC관은 강관의 60[%]
⑦ 이 공사에 부수되는 토건공사 품셈 적용시 지세별 할증률 적용

Answer

[표1]에서

- 케이블공 : $\dfrac{100}{1,000} \times 29 \times 0.5(1+0.8+0.8) \times 1.2 \times 2.6 = 11.762$ [인]

- 보통인부 : $\dfrac{100}{1,000} \times 29 \times 0.5(1+0.8+0.8) \times 1.2 \times 2.6 = 11.762$ [인]

[표2]에서 배관공 : $0.222 \times 100 \times 2.6 \times 0.6 = 34.632$ [인]
- 인건비 : $34.632 \times 20,050$원$+11.762 \times 18,900$원$+11.762 \times 8,150$원$=1,012,530$[원]
- 공구손료 : 인건비$\times 0.03 = 1,012,530 \times 0.03 = 30,370$[원]
- 인건비 합계 : $1,012,530 + 30,370 = 1,042,900$[원]

Explanation

[표1] 전력 케이블 신설 (km당)

PVC 고무절연 외장케이블류	케이블공	보통인부
60[mm²] 이하 3심	17	17
100[mm²] 이하 3심	23	22
150[mm²] 이하 3심	29	29
200[mm²] 이하 3심	35	34

- 단심 50[%]
- 3열 동시 260[%]
- 단심케이블을 동일 공내에서 2조 이상 포설시 1조 추가마다 이 품의 80[%]씩 가산
- 전압에 대한 가산율 적용 6.6[kV]이하 20[%]증

[표2] 강관 부설 (m당)

강관	배관공
ϕ75[mm] 이하	0.13
ϕ100[mm] 이하	0.152
ϕ150[mm] 이하	0.188
ϕ200[mm] 이하	0.222
ϕ250[mm] 이하	0.299
ϕ300[mm] 이하	0.330

- 3열 동시 260[%]
- PVC관은 강관의 60[%]

12 금속제 전선관의 치수에서 후강전선관의 호칭 10가지를 쓰시오.

Explanation

16, 22, 28, 36, 42, 54, 70, 82, 92, 104

Explanation

(내선규정 제2,225절) 금속관의 종류

종류	관의 호칭[mm]
후강 전선관(근사내경, 짝수)	16 22 28 36 42 54 70 82 92 104
박강 전선관(근사외경, 홀수)	19 25 31 39 51 63 75
나사없는 전선관	박강 전선관과 치수가 같다.

13 그림은 벨트 컨베이어 회로의 일부이다. FF는 $\overline{RS}$-latch, SMV는 단안정 IC 소자이다. BS_1으로 벨트 $B_1(MC_1)$이 가동하고 t_1초 후에 벨트 $B_2(MC_2)$가 움직이며 BS_2로 벨트 $B_3(MC_3)$이 움직인다. 또 BS_3으로 벨트 B_3이 정지하고 t_2초 후에 벨트 B_2가 정지하며 BS_4로 B_1벨트가 정지한다. 물음에 답하여라. 단, BS는 "L" 입력형이다.

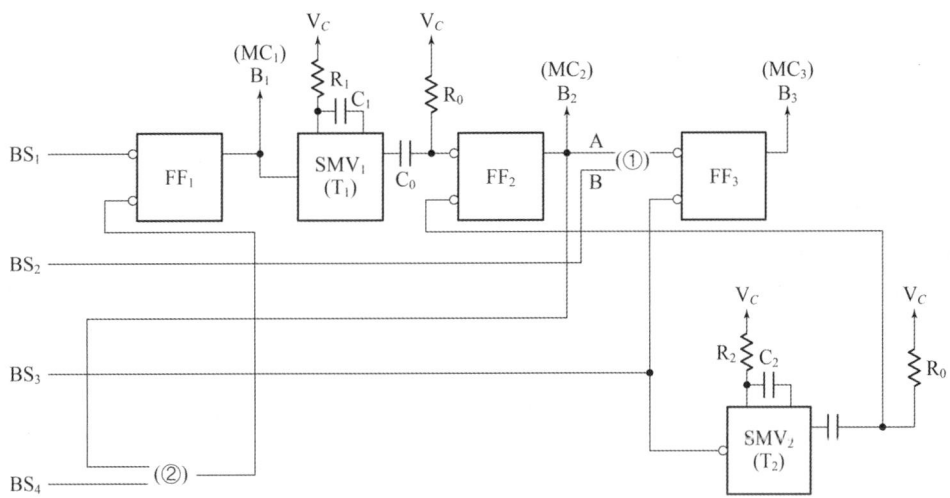

(1) 그림의 ①, ②에 알맞은 논리 기호를 예시와 같이 그리시오.(예 : ⊐D-)
(2) 공정 순서를 예시($B_2 - B_1 - B_3$)와 같이 쓰시오.
(3) $R_1 = 500[\text{k}\Omega]$, $C_1 = 50[\mu\text{F}]$, 상수 0.6일 때 t_1은 몇 초인가?
(4) $\overline{RS}$-latch 회로(FF)를 NAND 회로 (⊐D-) 2개로 나타내시오.

Answer

(1) ① 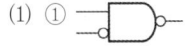 ②

(2) 운전 : $B_1 - B_2 - B_3$
정지 : $B_3 - B_2 - B_1$

(3) 15[sec]

(4)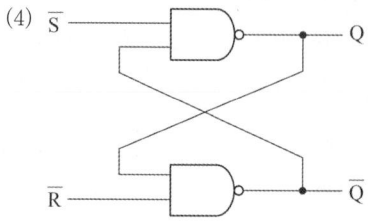

Explanation

(1) 컨베이어에는 기동 순서와 정지 순서(공정 순서)는 반대이어야 한다.
(2) BS_1로 B_1이 동작하고 t_1초 후에 B_2가 동작하여 BS_2를 주면 B_3이 동작하여 기동이 끝나고 공정순서는 $B_3 - B_2 - B_1$이 되며 정지는 BS_3을 주면 B_3이 정지하고 SMV_2가 셋하여 t_2초 후에 B_2가 정지한 후 BS_1를 주면 B_1이 정지한다.
(3) 설정 시간은 $t = KCR$[초]이다. 따라서 $t = 0.6 \times 500 \times 10^3 \times 50 \times 10^{-6} = 15$[sec]

NAND 게이트로 된 R-S 래치

- NAND 게이트로 된 기본 플립플롭 회로에서, 두 입력이 모두 1이면 플립플롭의 상태는 전 상태를 그대로 유지하게 된다.
- 순간적으로 S 입력에 0을 가하면 Q는 1로, Q'는 0으로 바뀐다.
- S를 1로 바꾼 뒤에 R 입력을 0을 가하면 플립플롭은 클리어 상태가 된다.
- 두 입력이 동시에 0으로 될 때는 두 출력이 모두 1이 되기 때문에 정상적인 플립플롭 작동에서는 피해야 한다.

IC 타이머 SMV

- 단안정 멀티 바이브레이터(one shot)의 원리를 이용한 IC 타이머 소자인데 A, B 입력 중 입력은 고정하고 한 입력으로 트리거(trigger)하면 단안정 특성이 얻어진다(SMV, MM, MMV).

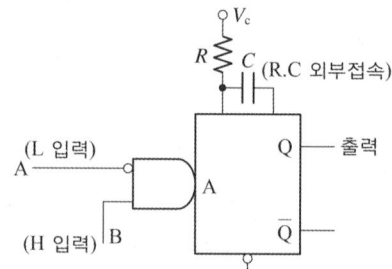

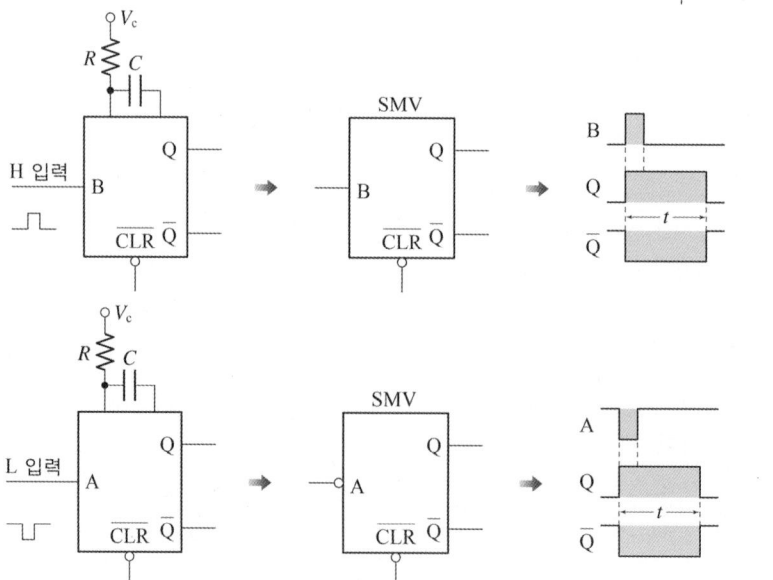

14
정부나 공공 기관에서 발주하는 전기공사의 물량 산출시 다음 재료의 할증률은 몇 [%] 이내로 하여야 하는지 쓰시오.

(1) 옥외 전선 :
(2) 옥내 전선 :
(3) 전선관(옥외) :
(4) 전선관(옥내) :
(5) 트롤리선 :

Answer

(1) 옥외 전선 : 5[%]
(2) 옥내 전선 : 10[%]
(3) 전선관(옥외) : 5[%]
(4) 전선관(옥내) : 10[%]
(5) 트롤리선 : 1[%]

Explanation

전기재료 할증

종류	할증률[%]
옥외 전선	5
옥내 전선	10
Cable(옥외)	3
Cable(옥내)	5
전선관(옥외)	5
전선관(옥내)	10
Trolley선	1
동대, 동봉	3

15
수배전반에 사용하는 보호 계전기의 약호와 명칭 4가지를 쓰시오.

Answer

① OCR : 과전류 계전기
② OCGR : 지락 과전류 계전기
③ UVR : 부족 전압 계전기
④ RDR : 비율 차동 계전기

Explanation

① 과전류 계전기(over current relay : OCR) : 전류의 크기가 일정치 이상으로 되었을 때 동작하는 계전기
② 지락 과전류 계전기(over current ground relay : OCGR) : 지락사고 시 지락전류의 크기에 응동하도록 한 계전기
③ 부족 전압 계전기(under voltage relay : UVR) : 전압의 크기가 일정치 이하로 되었을 때 동작하는 계전기이며 저전압 계전기라 부르기도 함
④ 비율 차동 계전기(ratio differential realy : RDR) : 총입력 전류와 총출력 전류 간의 차이가 총입력 전류에 대하여 일정비율 이상으로 되었을 때 동작하는 계전기이며 많은 전력기들의 주된 보호 계전기로 사용된다.

BEST 16 ★★★★★

다음 설명에 대한 철탑의 명칭을 쓰시오.

(1) 전선로의 직선 부분(3도 이하의 수평 각도를 이루는 곳을 포함)에 사용하는 철탑
(2) 전선로 중 수평각도가 3도를 넘고 30도 이하인 곳에 사용하는 철탑
(3) 전가섭선을 인류하는 곳에 사용하는 철탑
(4) 전선로를 보강하기 위하여 세워지는 철탑으로, 직선철탑이 다수 연속될 경우에는 약 10기마다 1기의 비율로 설치되는 철탑

Answer

(1) 직선형   (2) 각도형   (3) 인류형   (4) 내장형

Explanation

사용 목적에 의한 분류(표준형 철탑)
- 직선형 : 선로의 직선 또는 수평각도 3°이내의 장소에 사용, A형 철탑
- 각도형 : 선로의 수평각도 3°이상으로 20°이하에 설치되는 철탑, 경각도 철탑은 B형, 선로의 수평각도 3°이상으로 30°이하에 설치되는 중각도 철탑은 C형
- 인류형 : 가공선로의 전체 가섭선을 인류하는 개소(주로 변전소)에 사용되는 철탑, D형 철탑
- 내장형 : 전선로를 보강하기 위하여 세워지는 철탑, 직선철탑 10기마다 1기를 시설, 장경간 개소에 시설, E형 철탑
- 보강형 : 전선로의 직선부분에 보강을 위해 사용하는 철탑

> 이 문제는 변경된 KEC 적용으로 인하여 삭제하고, 아래 예상문제로 대체되었습니다.

17 다음의 빈칸에 알맞은 값을 적으시오.

> 접지도체의 선정
> 가. 접지도체의 단면적은 큰 고장전류가 접지도체를 통하여 흐르지 않을 경우 접지도체의 최소 단면적은 다음과 같다.
>   (1) 구리는 (①)[㎟] 이상
>   (2) 철제는 (②)[㎟] 이상
> 나. 접지도체에 피뢰시스템이 접속되는 경우, 접지도체의 단면적은 구리 (③)[㎟] 또는 철 (④)[㎟] 이상으로 하여야 한다.

Answer

① 6   ② 50   ③ 16   ④ 50

Explanation

(KEC 142.3조) 접지도체
접지도체의 선정
가. 접지도체의 단면적은 142.3.2의 1에 의하며 큰 고장전류가 접지도체를 통하여 흐르지 않을 경우 접지도체의 최소 단면적은 다음과 같다.
  (1) 구리는 6[㎟] 이상
  (2) 철제는 50[㎟] 이상
나. 접지도체에 피뢰시스템이 접속되는 경우, 접지도체의 단면적은 구리 16[㎟] 또는 철 50[㎟] 이상으로 하여야 한다.

18 다음 그림은 지지물에 대한 기호이다. 명칭을 주어진 답안지에 쓰시오.

(1)  ─●─   (2) 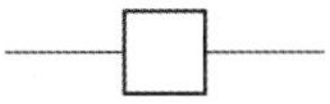 ─□─   (3) 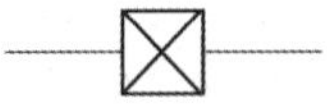 ─⊠─   (4)  ──→

Answer

(1) 철근 콘크리트주
(2) 철주
(3) 철탑
(4) 지선

Explanation

지지물의 심벌

지지물	심벌
철근 콘크리트주	 ─●─
철주	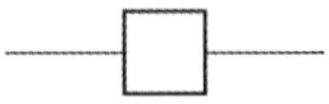 ─□─
철탑	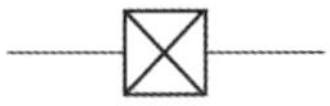 ─⊠─
지선	 ──→

2014년 전기공사기사 실기

01 다음은 애자와 전선의 굵기이다. 괄호 안에 알맞은 사용전선의 최대 굵기를 쓰시오.

애자의 종류		전선의 최대 굵기[mm²]
놉 애자	소	(①)
	중	(②)
	대	(③)
	특대	(④)
인류애자	특대	(⑤)
핀 애자	소	50
	중	95
	대	185

Answer

① 16
② 50
③ 95
④ 240
⑤ 25

Explanation

(내선규정 2270-2) 애자와 전선의 굵기

애자의 종류		전선의 최대 굵기[mm²]
놉 애자	소	16
	중	50
	대	95
	특대	240
인류애자	특대	25
핀 애자	소	50
	중	95
	대	185

02 ★★★★☆
SF₆ 가스 차단기에 대한 장점 3가지만 쓰시오.

Answer

① 밀폐구조이므로 소음이 적다.
② 절연거리를 적게 할 수 있어 차단기 전체를 소형화 및 경량화 할 수 있다.
③ 근거리 고장 등 가혹한 재기전압에 대해서도 성능이 우수하다.

Explanation

① SF₆ 가스의 전기적인 특성
 • 절연 내력이 높다.
 • 소호 성능이 뛰어나다.
 • arc가 안정되어 있다.
 • 절연 회복이 빠르다.
② SF₆ 가스의 물리적, 화학적 성질
 • 열 전달성이 뛰어나다.
 • 난연성, 불활성 가스이다.
 • 무색, 무취, 무독성이다.
 • 열적 안정성이 뛰어나다.

03 ★★☆☆☆
출력 릴레이 X가 보조 릴레이 접점 A, B, C의 함수로써 다음 논리식으로 주어진다. 릴레이 시퀀스, 로직 시퀀스 및 NOR gate만을 사용한 로직 시퀀스를 각각 그리시오.

$$논리식 : X = (A+B)(C+\overline{B}\cdot\overline{C})$$

(1) 릴레이 시퀀스를 그리시오.

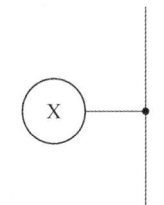

(2) 로직 시퀀스를 그리시오.

A o———
B o———
C o———

(3) NOR gate만을 사용한 로직 시퀀스를 그리시오.

A ○─────

B ○─────

C ○─────

Answer

(1) 릴레이 시퀀스

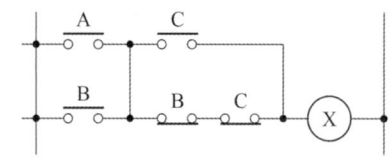

(2) 로직 시퀀스

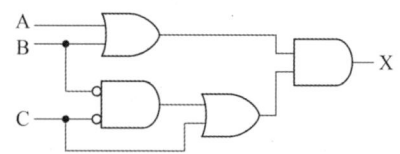

(3) NOR gate

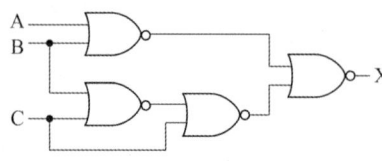

Explanation

NOR gate

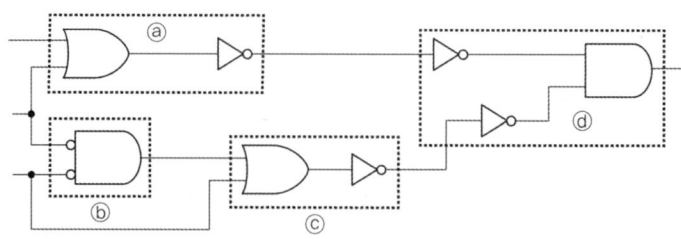

ⓐ (A+B) – 병렬(OR)

ⓑ $\overline{B}\,\overline{C}$ – b접점(NOT) 직렬

ⓒ $C + \overline{B}\,\overline{C}$ – ⓑ와 C의 병렬(OR)

ⓓ $(A+B)(C + \overline{B}\,\overline{C})$ – ⓐ와 ⓒ의 직렬(AND)

04 다음 옥내 배선 심벌에 대한 명칭을 설명하시오.

(1) ──C₍₁₉₎──　　(2) ──///── NR10°(28)

Answer

(1) 19[mm] 박강 전선관으로 전선관 내에 전선이 들어있지 않은 경우
(2) 28[mm] 후강 전선관에 천장 은폐 배선으로 10[mm²] NR전선 3가닥을 넣는 경우

Explanation

(내선규정 100-5) 배선, 배관 기호
- 강제 전선관은 별도의 표기 없음
- VE : 경질 비닐 전선관
- F_2 : 2종 금속제 가요 전선관
- PF : 합성수지제 가요관

(내선규정 2,225) 금속관의 종류

종류	관의 호칭
후강 전선관(근사내경, 짝수)	16 22 28 36 42 54 70 82 92 104
박강 전선관(근사외경, 홀수)	19 25 31 39 51 63 75
나사없는 전선관	박강 전선관과 치수가 같다.

(1) ──C₍₁₉₎──
  ① ──C── : 전선이 들어있지 않은 전선관
  ② (19) : 19[mm] 박강전선관(전선관의 굵기가 홀수이므로 박강전선관)

(2) ──///── NR10°(28)
  ① ──────── : 천장 은폐 배선
  ② NR10□ : 450/750[V] 일반용 단심 비닐 절연전선, 전선 굵기 : 10[mm²]
  ③ (28) : 28[mm] 후강전선관(전선관의 굵기가 짝수 이므로 후강전선관)

BEST 05 차단기의 종류이다. 명칭을 쓰시오.

(1) NFB　　(2) VCB　　(3) ACB
(4) ABB　　(5) MBB

Answer

(1) 배선용 차단기　(2) 진공 차단기　(3) 기중 차단기
(4) 공기 차단기　(5) 자기 차단기

Explanation

(1) 배선용 차단기(NFB : No Fuse Breaker)　(2) 진공 차단기(VCB : Vacuum Circuit Breaker)
(3) 기중 차단기(ACB : Air Circuit Breaker)　(4) 공기 차단기(ABB : Air-Blast Circuit Breaker)
(5) 자기 차단기(MBB : Magnetic-Blast Circuit Breaker)

06 다음은 PLC 프로그램의 Ladder도를 Mnemonic으로 변환하여 나타낸 것이다. Mnemonic 프로그램상의 빈칸을 채우시오. 단, 명령어를 LD(논리연산 시작), AND(직렬), OR(병렬), NOT(부정), OUT(출력), D(Positive Pulse), MCS(Master Control Set, MCSCLR(Master Control Set Clear)로 한다.

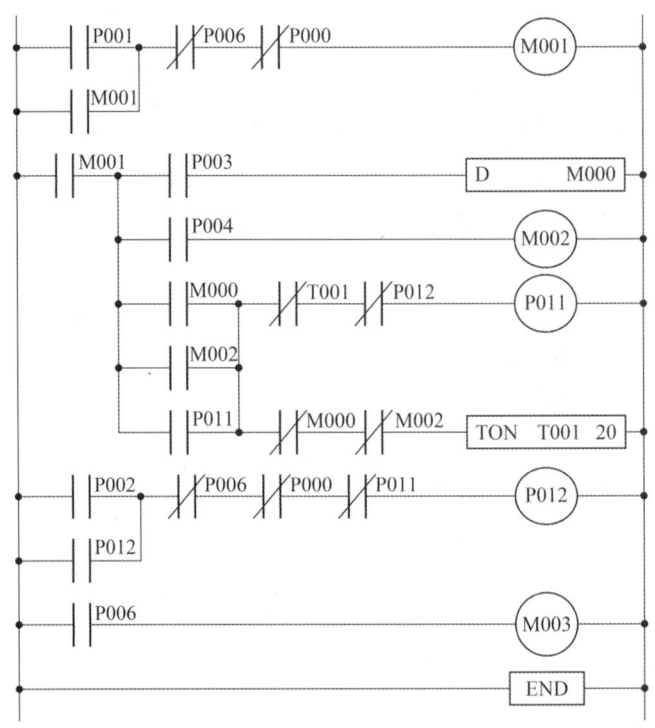

스텝	명령어	다바이스	스텝	명령어	다바이스	스텝	명령어	다바이스
0	①	P001	12	LD	M000	24	⑧	P002
1	②	M001	13	⑤	M002	25	OR	P012
2	AND NOT	P006	14	OR	⑥	26	⑨	P006
3	AND NOT	P000	15	AND NOT	T001	27	AND NOT	P000
4	OUT	M001	16	AND NOT	P012	28	AND NOT	P011
5	LD	M001	17	OUT	P011	29	OUT	P012
6	MCS	–	18	AND NOT	M000	30	LD	P006
7	LD	P003	19	AND NOT	M002	31	OUT	M003
8	D	③	20	⑦	T001	32	⑩	–
10	LD	P004		–	20			
11	OUT	④	23	MCSCLR	–			

Answer

① LD   ② OR   ③ M000
④ M002 ⑤ OR   ⑥ P011
⑦ TON   ⑧ LD   ⑨ AND NOT
⑩ END

Explanation

- Mnemonic : 쉽게 연산을 하기 위한 것
  - MCS(Master Control Set)
  - MCSCLR(Master Control Set Clear)
- M001 바로 다음부터 Set로 묶은 후 마지막에는 Set clear로 해제한다.

스텝	명령어	디바이스
6	MCS	–
7	LD	P003
8	D	M000
10	LD	P004
11	OUT	M002
12	LD	M000
13	OR	M002
14	OR	P011
15	AND NOT	T001
16	AND NOT	P012
17	OUT	P011
18	AND NOT	M000
19	AND NOT	M002
20	TON	T001
–	–	20
23	MCSCLR	–

BEST

 ★★★★★

3상 3선, 380[V] 회로에 그림과 같이 부하가 연결되어 있다. 다음 물음에 답하시오. 단, 전동기의 평균 역률은 80[%]이다.

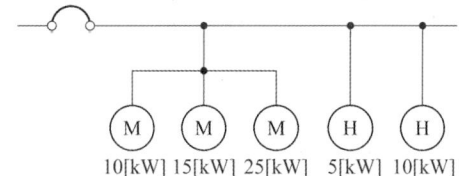

(1) 간선의 허용전류[A]를 구하시오.
- 계산 :
- 답 :

(2) 과전류 차단기로 사용되는 배선차단기의 정격전류[A]를 구하시오.
- 계산 :
- 답 :

Answer

(1) 간선의 허용전류

계산 :
- 전동기 정격 전류의 합 $\sum I_M = \dfrac{(10+15+25) \times 10^3}{\sqrt{3} \times 380 \times 0.8} = 94.96[A]$
- 전동기의 유효전류 $I_r = 94.96 \times 0.8 = 75.97[A]$
- 전동기의 무효전류 $I_q = 94.96 \times 0.6 = 56.98[A]$
- 전열기의 정격 전류의 합 $\sum I_H = \dfrac{(5+10) \times 10^3}{\sqrt{3} \times 380 \times 1.0} = 22.79[A]$

전열기는 역률이 1이므로 유효분 전류만 있으며

따라서 간선의 허용전류 $I_a = \sqrt{(75.97+22.79)^2 + 56.98^2} = 114.02[A]$

간선의 허용전류 $I_B \leq I_n \leq I_Z$에서 $I_Z \geq 114.02[A]$ 답 : 114.02[A]

(2) 산업용 배선차단기 정격 전류(I_n)

계산 : $I_n \leq I_Z$에서 $114.02 \geq I_n$ 답 : 100[A]

Explanation

과부하전류에 대한 보호

① 도체와 과부하 보호장치 사이의 협조

과부하에 대해 케이블(전선)을 보호하는 장치의 동작 특성
- $I_B \leq I_n \leq I_Z$
- $I_2 \leq 1.45 \times I_Z$

여기서, I_B : 회로의 설계전류

I_Z : 케이블의 허용전류

I_n : 보호장치의 정격전류

I_2 : 보호장치가 규약시간 이내에 유효하게 동작하는 것을 보장하는 전류

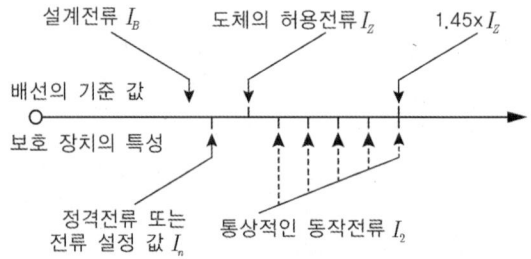

구 분		과전류 보호장치의 정격
배선차단기 (산업용)	정격전류[A]	6, 8, 10, 13, 16, 20, 25, 32, 40, 50, 63, 80, 100, 125, 160, 200, 250, 320, 400, 500, 630, 800, 1,000, 1,250, 1,600, 2,000, 2,500, 3,200
	정격 차단전류 [kA]	1, 1.25, 1.6, 2, 2.5, 3.15, 4, 5, 6.3, 8, 10, 12.5, 16, 20, 25, 31.5, 40, 50, 63, 80, 100, 125, 160, 200

08. ★★★☆☆

어느 건물 내의 접지공사용 공량이 다음과 같다. 이때 직접노무비 소계, 간접노무비, 공구손료, 계를 구하시오. 단, 공구손료는 3[%], 간접노무비 15[%]로 보고 계산한다. 노임단가 내선 전공은 12,410원, 보통인부 6,520원이다. 인공을 산출한 후 이를 합계하여 노임단가를 적용하여 소수점 이하는 버린다.

[접지공사용 용량]
- 접지봉(2[m]), 15개(1개소에 1개씩 설치)
- 접지도체 매설 60□, 300[m]
- 후강전선관 28φ, 250[m](콘크리트 매입)

[접지공사]

구분	단위	전공	보통인부
접지봉(지하 0.75[m]기준)			
길이 1~2[m]×1본	개소	0.20	0.10
×2본 연결		0.30	0.15
×3본 연결		0.45	0.23
동판 매설(지하 1.5[m]기준)			
0.3[m]×0.3[m]	매	0.30	0.30
1.0[m]×1.5[m]	〃	0.50	0.50
1.0[m]×2.5[m]	〃	0.80	0.80
접지 동판 가공	〃	0.16	
접지도체 부설 600[V] 비닐 전선	개소	0.05	0.025
완금 접지 2.9(11.4[kV-Y]) D/L	〃	0.05	
접지도체 매설			
14[㎟] 이하	m	0.010	
38[㎟] 이하	〃	0.012	
80[㎟] 이하	〃	0.015	
150[㎟] 이하	〃	0.020	
200[㎟] 이상	〃	0.025	
접속 및 단자 설치			
압축	개	0.15	
압축 평행	〃	0.13	
납땜 또는 용접	〃	0.19	
압축 단자	〃	0.03	
체부형	〃	0.05	

박강 및 PVC 전선관			후강전선관	
규격		내선전공	규격	내선 전공
박강	PVC			
	14[mm]	0.01		
15[mm]	16[mm]	0.05	16[mm](1/2″)	0.08
19[mm]	22[mm]	0.06	22[mm](3/4″)	0.11
25[mm]	28[mm]	0.08	28[mm](1″)	0.14
31[mm]	36[mm]	0.10	36[mm](1 1/4″)	0.20
39[mm]	42[mm]	0.13	42[mm](1 1/2″)	0.25
51[mm]	51[mm]	0.19	54[mm](2″)	0.31
63[mm]	70[mm]	0.28	70[mm](2 1/2″)	0.41
75[mm]	82[mm]	0.37	82[mm](3″)	0.51
	100[mm]	0.45	90[mm](3 1/2″)	0.60
	104[mm]	0.46	104[mm](1″)	0.71

[해설]
① 콘크리트 매입 기준임
② 철근 콘크리트 노출 및 블록 칸막이 경매는 12[%], 목조 건물은 121[%], 철강조 노출은 120[%]
③ 기설 콘크리트 노출 공사 시 앵커 볼트 매입 깊이가 10[cm] 이상인 경우는 앵커 볼트
④ 천장속 마루밑 공사 130[%]

Answer

① 직접노무비
- 내선 전공 : $(0.2 \times 15) + (0.015 \times 300) + (0.14 \times 250) = 42.5$[인]
  인건비 $= 42.5 \times 12,410 = 527,425$[원]
- 보통인부 : $0.1 \times 15 = 1.5$[인]
  인건비 $= 1.5 \times 6,520 = 9,780$[원]
∴ 직접노무비= 내선전공+보통인부=527,425+9,780=537,205[원]
② 간접노무비= 직접노무비×15[%]=537,205×0.15=80,580[원]
③ 공구 손료= 직접노무비×3[%]=537,205×0.03=16,116[원]
④ 계= 537,205+80,580+16,116=633,901[원]

Explanation

구분	단위	전공	보통인부
접지봉(지하 0.75[m]기준)			
길이 1~2[m]×1본	개소	0.20	0.10
2본 연결		0.30	0.15
3본 연결		0.45	0.23
접지도체 매설			
14[mm²] 이하	m	0.010	
38[mm²] 이하	〃	0.012	
80[mm²] 이하	〃	0.015	
150[mm²] 이하	〃	0.020	
200[mm²] 이상	〃	0.025	

박강 및 PVC 전선관			후강전선관	
규격		내선전공	규격	내선 전공
박강	PVC			
	14[mm]	0.01		
15[mm]	16[mm]	0.05	16[mm](1/2″)	0.08
19[mm]	22[mm]	0.06	22[mm](3/4″)	0.11
25[mm]	28[mm]	0.08	28[mm](1″)	0.14
31[mm]	36[mm]	0.10	36[mm](1 1/4″)	0.20
39[mm]	42[mm]	0.13	42[mm](1 1/2″)	0.25
51[mm]	51[mm]	0.19	54[mm](2″)	0.31
63[mm]	70[mm]	0.28	70[mm](2 1/2″)	0.41
75[mm]	82[mm]	0.37	82[mm](3″)	0.51
	100[mm]	0.45	90[mm](3 1/2″)	0.60
	104[mm]	0.46	104[mm](1″)	0.71

09 ★★☆☆☆

가로 12[m], 세로 18[m], 천장 높이 3[m], 작업면 높이 0.8[m]인 곳에 작업면의 조도를 500[lx]로 하기 위하여 형광등 1등의 광속이 2,750[lm]인 40[W] 형광등을 설치하고자 한다. 다음 물음에 답하시오. 단, 감광보상률 1.3, 조명률 63[%]이다.

(1) 실지수를 계산하시오.
- 계산 :
- 답 :

(2) 소요 등수를 계산하시오.
- 계산 :
- 답 :

(3) 공간비율을 계산하시오.
- 계산 :
- 답 :

Answer

(1) 계산 : $K = \dfrac{X \cdot Y}{H(X+Y)} = \dfrac{12 \times 18}{(3-0.8)(12+18)} = 3.27$ 　　답 : 3.0

(2) 계산 : $N = \dfrac{500 \times 12 \times 18 \times 1.3}{2{,}750 \times 0.63} = 81.04$ 　　답 : 82[등]

(3) 계산 : 공간비율 $CR = \dfrac{5 \times 3 \times (12+18)}{12 \times 18} = 2.08$ 　　답 : 2.08

Explanation

- 실지수(방지수) $= \dfrac{XY}{H(X+Y)}$

  여기서, H : 등의 높이 - 작업면 높이[m]
  　　　　X : 방의 가로[m]
  　　　　Y : 방의 세로[m]

- 조명계산
  $FUN = ESD$
  여기서, F[lm] : 광속, U[%] : 조명률, N[등] : 등수
  　　　　E[lx] : 조도, S[m²] : 면적, $D = \dfrac{1}{M}$: 감광보상률 $= \dfrac{1}{보수율}$

  등수 $N = \dfrac{ESD}{FU}$ 이며 등수계산은 소수점은 무조건 절상한다.

- 공간 비율 $CR = \dfrac{5h \times (공간의 길이 + 공간의 폭)}{공간의 면적}$

- 실지수표

기호	A	B	C	D	E	F	G	H	I	J
실지수	5.0	4.0	3.0	2.5	2.0	1.5	1.25	1.0	0.8	0.6
범위	4.5 이상	4.5~3.5	3.5~2.75	2.75~2.25	2.25~1.75	1.75~1.38	1.38~1.12	1.12~0.9	0.9~0.7	0.7 이하

BEST 10 ★★★★★
다음 철탑의 명칭을 쓰시오.

(1)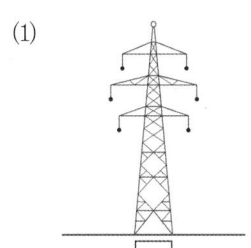

(2)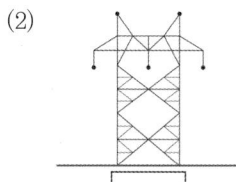

(3)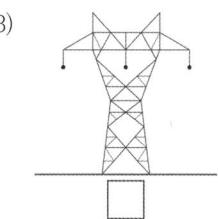

(4)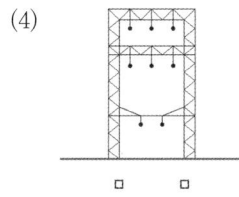

(5)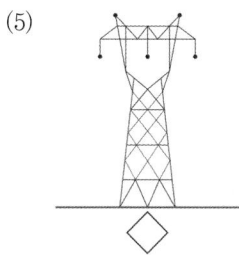

(6)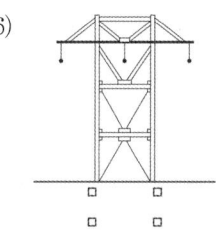

Answer

(1) 사각 철탑 (2) 방형 철탑 (3) 우두형 철탑
(4) 문형 철탑 (5) 회전형 철탑 (6) MC 철탑

Explanation

철탑의 형태에 의한 종류
- 사각 철탑 : 4면이 동일한 모양과 강도를 가진 철탑으로 2회선용으로 사용할 수 있으며 현재 가장 많이 사용되고 있다.
- 방형 철탑 : 마주보는 2면이 각각 동일한 모양과 강도를 가진 철탑으로 1회선용으로 사용된다.
- 우두형 철탑 : 중간부 이상이 특히 넓은 형의 철탑으로 외국의 경우 초고압송전선이나 눈이 많은 지역에 사용된다.
- 문형 철탑(Gantry Tower) : 전차선로나 수로, 도로상에 송전선을 시설할 때 많이 사용된다.
- 회전형 철탑 : 철탑의 중앙부 이상과 이하가 45° 회전형의 철탑으로 철탑부재의 강도를 가장 유용하게 이용한 철탑이다.
- MC 철탑 : 스위스의 Motor Columbus사가 개발한 철탑으로 콘크리트를 채운 강관형 철탑으로 철강재가 적어 경량화가 가능하며 운반조립이 쉬운 철탑이다.

11 ★★★★☆
대용량의 변압기 내부고장을 보호할 수 있는 보호 장치 5가지만 쓰시오.

Answer

① 비율차동 계전기
② 과전류 계전기
③ 방압 안전장치
④ 브흐홀츠 계전기
⑤ 충격압력 계전기

> **Explanation**

변압기의 내부 고장 보호용
① 전기적인 보호 방식
  • 차동 계전기(단상)
  • 비율 차동 계전기(3상)
② 기계적인 보호 방식
  • 부흐홀쯔계전기(수소검출, 가스검출계전기)
  • 방압안전장치
  • 유온계(온도계전기)
  • 유위계
  • 서든 프레서(충격압력계전기)

12 저압 전동기의 소손을 방지하기 위한 과부하 보호 장치를 3가지만 쓰시오.

> **Answer**

전동기용 퓨즈, 열동 계전기, 정지형 계전기

> **Explanation**

(내선규정 3,115-5) 전동기 과부하 보호 장치의 시설
전동기는 소손을 방지하기 위하여 전동기용 퓨즈, 열동 계전기(Thermal Relay), 전동기 보호용 배선용 차단기, 유도형 계전기, 정지형계전기(전자식계전기, 디지털식계전기 등) 등의 전동기용 과부하 보호 장치를 사용하여 자동적으로 회로를 차단하거나 과부하시에 경보를 내는 장치를 사용하여야 한다.

BEST 13 변압기의 병렬 운전 조건을 4가지 기술하고 이들 조건이 맞지 않을 경우에 어떤 현상이 나타나는지 간단히 서술하시오.

> **Answer**

병렬 운전 조건	조건이 맞지 않는 경우
① 1, 2차 정격 전압 및 권수비가 같을 것	순환전류가 흘러 권선이 가열
② 극성이 일치 할 것	큰 순환전류가 흘러 권선이 소손
③ %강하(임피던스 전압)가 같을 것	부하의 분담이 용량의 비가 되지 않아 부하의 부담이 균형을 이룰 수 없다.
④ 내부 저항과 누설 리액턴스의 비가 같을 것	각 변압기의 전류 간에 위상차가 생겨 동손이 증가

> **Explanation**

변압기 병렬 운전 조건
• 극성 및 권수비가 같을 것
• 1, 2차 정격전압이 같을 것(용량, 출력무관)
• [%]강하가 같을 것
• 변압기 내부저항과 리액턴스의 비가 같을 것
• 상회전 방향과 각 변위가 같을 것(3상 변압기)

전동기 [kW] 수의 총계 = 0.75 + 1.5 + 3.7 + 3.7 = 9.65 [kW] → 표에서 12 [kW] 이하 행 적용, 직입기동 전동기 중 최대용량 3.7 [kW]

(1) 공사방법 A1 : 16 [mm²]
(2) 공사방법 B1 : 10 [mm²]
(3) 공사방법 C : 10 [mm²]

[주] 1. 최소 전선 굵기는 1회선에 대한 것이며, 2회선 이상일 경우는 복수회로 보정계수를 적용하여야 한다.
2. 공사방법 A1은 벽 내의 전선관에 공사한 단심 또는 다심케이블을 시설하는 경우의 전선 굵기를 표시하였다.
3. [전동기중 최대의 것]에는 동시 기동하는 경우를 포함함
4. 과전류차단기의 용량은 해당 조항에 규정되어 있는 범위에서 실용상 거의 최댓값을 표시함
5. 과전류 차단기의 선정은 최대용량의 정격전류의 3배에 다른 전동기의 정격전류의 합계를 가산한 값 이하를 표시함
6. 고리퓨즈는 300[A] 이하에서 사용하여야 한다.

Answer

(1) 16[mm²]
(2) 10[mm²]
(3) 10[mm²]

Explanation

문제에서 전동기 [kW] 수의 총계
$P = 0.75 + 1.5 + 3.7 + 3.7 = 9.65 [\text{kW}]$

전동기[kW] 수의 총계 ① [kW]이하	최대 사용전류 ①' [A]이하	배선종류에 의한 간선의 최소 굵기[mm²] ②					
		공사방법 A1 3개선		공사방법 B1 3개선		공사방법 C 3개선	
		PVC	XLPE, EPR	PVC	XLPE, EPR	PVC	XLPE, EPR
3	15	2.5	2.5	2.5	2.5	2.5	2.5
4.5	20	4	2.5	2.5	2.5	2.5	2.5
6.3	30	6	4	6	4	4	2.5
8.2	40	10	6	10	6	6	4
12	50	16	10	10	10	10	6
15.7	75	35	25	25	16	16	16

15 ★★☆☆☆
"이것은 비선형 부하에 의해 고조파의 영향을 받는 기계기구(변압기 등)가 과열 현상 없이 부하에 전력을 안정적으로 공급해 줄 수 있는 능력이다." 용어의 명칭을 쓰시오.

Answer

K-Factor

Explanation

부하가 고조파전류를 발생시키는 경우, 변압기의 파열을 방지하기 위하여 변압기의 용량을 저감 시키는 계산식과 factor가 있는데 이 factor를 k-factor라 한다.

BEST 16 ★★★★★

어느 수용가의 부하 설비 용량이 950[kW], 부하역률은 85[%], 수용률은 60[%]라고 할 때, 이 수용가의 변압기 용량[kVA]을 계산하고, 변압기의 용량[kVA]을 선정하시오.

• 계산 :   • 답 :

Answer

계산 : 변압기 용량[kVA] = $\dfrac{950 \times 0.6}{1 \times 0.85} = 670.59$ [kVA]   답 : 750[kVA] 선정

Explanation

• 변압기 용량[kVA] = $\dfrac{\text{설비 용량[kVA]} \times \text{수용률}}{\text{부등률}} = \dfrac{\text{설비 용량[kW]} \times \text{수용률}}{\text{부등률} \times \text{역률}}$

• 변압기 용량을 선정하라고 했으므로 표준용량으로 답한다.

전력용 3상 변압기 표준용량[kVA]

	15	150	1,500	15,000	(120,000)	150,000
	20	200	2,000	20,000	(180,000)	200,000
3	30	300	3,000	30,000	250,000	
			4,500	45,000	300,000	
5	50	500		(50,000)		
			6,000	60,000		
7.5	75	750	7,500			
				90,000		
10	100	1,000	10,000	100,000		

17 ★★☆☆☆

지중전선로 공사를 하기 위하여 그림과 같이 줄기초 터파기를 하려고 한다. 다음 물음에 답하시오. 단, 지중전선로 길이는 80[m]이며, 되메우기 및 잔토 처리는 계산하지 않는다. 인부는 1[m³]당 0.2인으로 하고 보통 토사를 기준으로 하고 해당되는 노임은 80,000원이다.

(1) 기초터파기량은 얼마인가?
  • 계산 :
  • 답 :

(2) 인부는 몇 인이 필요한가?
  • 계산 :
  • 답 :

(3) 노임은 얼마인가?
  • 계산 :
  • 답 :

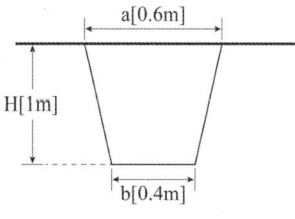

Answer

(1) 계산 : 터파기량 = $\left(\dfrac{0.6 + 0.4}{2}\right) \times 1 \times 80 = 40$ [m³]   답 : 40[m³]

(2) 계산 : 인공은 1[m³]당 0.2인이므로 40×0.2=8[인]   답 : 8[인]

(3) 계산 : 노임=80,000×8=640,000[원]   답 : 640,000[원]

> **Explanation**

줄기초 파기 : 전선관 매설

$$터파기량[m^3] = \left(\frac{a+b}{2}\right) \times h \times 줄기초길이$$

18 ★☆☆☆☆ 다음 물음에 답하시오.

(1) 합성수지몰드공사에서 베이스를 조영재에 부착한 경우는 ( )[cm]~( )[cm]간격마다 나사 등으로 견고하게 부착할 것
(2) 금속관을 조영재에 따라 시공할 때는 새들 또는 행거 등으로 견고하게 지지하고, 그 간격을 ( )[m] 이하로 한다.
(3) 금속덕트는 취급자 이외의 자가 출입할 수 없도록 설비한 장소로서, 수직으로 설치하는 경우 ( )[m] 이하의 간격으로 견고하게 지지하여야 한다.
(4) 애자공사시 전선 상호간의 이격거리는 ( )[m] 이상으로 한다.
(5) 캡타이어케이블을 조영재에 따라 시설하는 경우 그 지지점간의 거리는 ( )[m] 이하로 한다.

> **Answer**

(1) 40, 50   (2) 2   (3) 6
(4) 0.06   (5) 1

> **Explanation**

(1) (KEC 232.21조) 합성수지몰드공사
    베이스를 조영재에 부착한 경우는 40[cm]~50[cm]간격마다 나사 등으로 견고하게 부착할 것

(2) (내선규정 2,225-7) 금속관 및 부속품의 연결과 지지
    금속관을 조영재에 따라 시공할 때는 새들 또는 행거(Hanger) 등으로 견고하게 지지하고, 그 간격을 2[m] 이하로 하는 것이 바람직하다.

(3) (KEC 232.31.3조) 금속덕트의 시설
    금속덕트는 3[m](취급자 이외의 자가 출입할 수 없도록 설비한 장소로서, 수직으로 설치하는 경우는 6[m]) 이하의 간격으로 견고하게 지지할 것

(4) (KEC 232.56조) 애자공사

거리 \ 사용전압	400[V] 이하	400[V] 초과
전선 상호간의 거리	0.06[m] 이상	
전선과 조영재의 거리	25[mm] 이상	* 45[mm] 이상

[비고] * 표는 건조한 장소에서는 25[mm] 이상으로 할 수 있다.

(5) (KEC 232.51조) 케이블공사
    캡타이어케이블을 조영재에 따라 시설하는 경우는 그 지지점간의 거리는 1[m] 이하로 하고 그 피복을 손상하지 아니하도록 할 것

2014년 전기공사기사 실기

01 ★★★☆☆
전기공사에서 건물(지상층) 층수별 물량산출시 건물 층수에 따라 할증률이 규정 적용된다. 이때의 할증률[%]은 각각 얼마인지 쓰시오.

(1) 10층 이하
(2) 20층 이하
(3) 30층 이하

Answer

① 10층 이하 : 3[%]
② 20층 이하 : 5[%]
③ 30층 이하 : 7[%]

Explanation

건물의 층수별 할증
- 지상층 : 2층~ 5층 이하 1[%]
  10층 이하 3[%]
  15층 이하 4[%]
  20층 이하 5[%]
  25층 이하 6[%]
  30층 이하 7[%]
  30층 초과에 대하여는 매 5층 이내 증가마다 1.0[%] 가산
- 지하층 : 지하 1층 1[%]
  지하 2~5층 2[%]
  지하 6층 이하는 매 1개 층 증가마다 0.2[%] 가산

02 ★☆☆☆☆
플로어덕트의 용도(시설장소)를 쓰시오.

Answer

사용전압 400[V] 이하의 옥내의 건조한 콘크리트 또는 신더(Cinder) 콘크리트 바닥 내

Explanation

(KEC 232.32조) 플로어덕트공사
플로어덕트공사는 사용전압 400[V] 이하의 옥내의 건조한 콘크리트 또는 신더(Cinder) 콘크리트 바닥 내에 매입할 경우에 한하여 적용할 수 있다.

03 그림의 릴레이 회로를 로직 회로로 변경하시오.

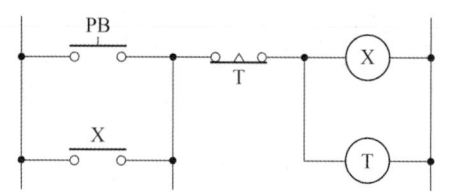 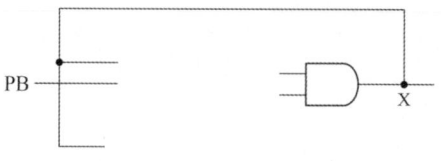

Answer

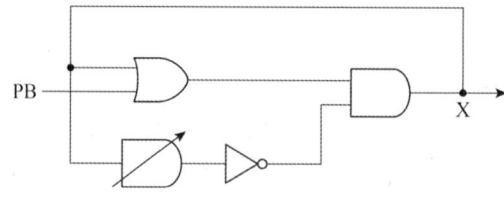

Explanation

- 단안정 회로(monostable) : 정해진(설정 시간) 시간 동안만 출력이 생기는 회로

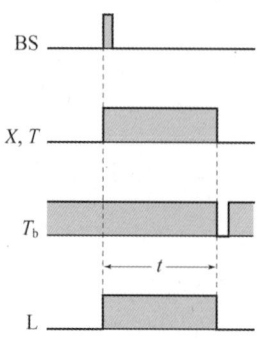 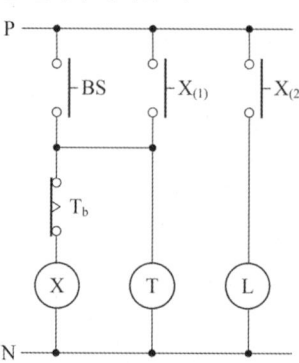

- 문제에서의 논리식은 다음과 같다.
  $X, T = (PB + X) \cdot T_b$

BEST 04 모든 작업이 작업대(방바닥에서 0.85[m]의 높이)에서 행하여지는 작업장의 가로가 8[m], 세로가 12[m], 바닥에서 천장까지의 높이가 3.8[m]인 방에서 조명기구를 천장에 설치하고자 한다. 이 방의 실지수는 얼마인가?

- 계산 :   • 답 :

Answer

계산 : 실지수 $R \cdot I = \dfrac{X \cdot Y}{H(X+Y)} = \dfrac{8 \times 12}{(3.8 - 0.85)(8 + 12)} = 1.63$ 답 : 1.5

Explanation

실지수(방지수) = $\dfrac{XY}{H(X+Y)}$ * 실지수표는 2회 9번 해설 참고

여기서, H : 등의 높이-작업면 높이[m]
          X : 방의 가로[m]
          Y : 방의 세로[m]

- 실지수표

기호	A	B	C	D	E	F	G	H	I	J
실지수	5.0	4.0	3.0	2.5	2.0	1.5	1.25	1.0	0.8	0.6
범위	4.5 이상	4.5~3.5	3.5~2.75	2.75~2.25	2.25~1.75	1.75~1.38	1.38~1.12	1.12~0.9	0.9~0.7	0.7 이하

05 ★★☆☆☆
수변전설비 용량을 추정하는 수용률, 부등률, 부하율을 구하는 공식을 각각 쓰시오.

(1) 수용률
(2) 부등률
(3) 부하율

Answer

(1) 수용률 $= \dfrac{\text{최대 수용 전력[kW]}}{\text{총 부하 설비 용량[kW]}} \times 100[\%]$

(2) 부등률 $= \dfrac{\text{각 개별 수용가 최대 수용 전력의 합[kW]}}{\text{합성 최대 수용 전력[kW]}}$

(3) 부하율 $= \dfrac{\text{평균 수용 전력[kW]}}{\text{합성 최대 수용 전력[kW]}} \times 100[\%]$

Explanation

① 수용률(Demand Factor)
- 주상 변압기 등의 적정공급 설비용량을 파악하기 위하여 사용
- 수용률 $= \dfrac{\text{최대 수용 전력[kW]}}{\text{총 부하 설비 용량[kW]}} \times 100[\%]$

② 부하율
- 공급 설비가 어느 정도 유효하게 사용되는가를 나타냄
- 부하율이 클수록 공급설비가 유효하게 사용
- 부하율 $= \dfrac{\text{평균 수용 전력[kW]}}{\text{합성 최대 수용 전력[kW]}} \times 100[\%]$

③ 부등률
- 전력소비기기를 동시에 사용하는 정도
- 각 수용가에서의 최대수용 전력의 발생시각은 시간적으로 차이가 있다.
- 부등률 $= \dfrac{\text{각 개별 수용가 최대 수용 전력의 합[kW]}}{\text{합성 최대 수용 전력[kW]}}$

06 그림은 전력회사의 고압가공 전선로로부터 자가용 수용가 구내기둥을 거쳐 수변전 설비에 이르는 지중인입선의 시설도이다. 다음 물음에 답하시오.

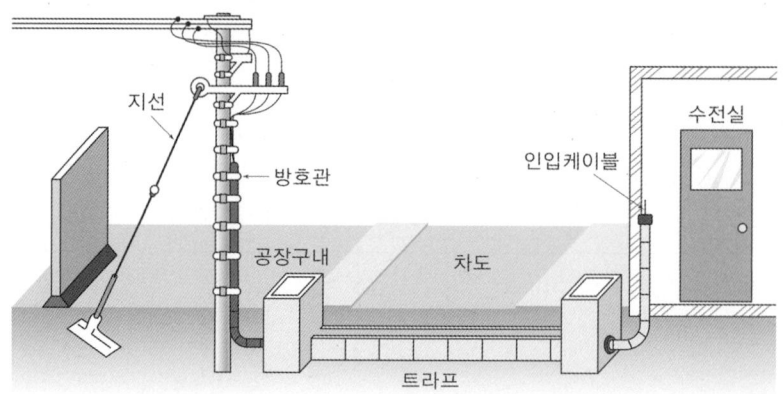

(1) 가공전선로 지지물에 시설하는 지선은 몇 가닥 이상의 연선이어야 하며, 소선지름은 몇 [mm] 이상의 금속선이어야 하는가?
① 가닥 수 : ② 소선 지름 :

(2) 지선의 안전율은 몇 이상으로 하고 허용 인장하중의 최저는 몇 [kN]으로 하는가?
① 안전율 : ② 인장하중의 최저값 :

(3) 고압용 지중전선로에 사용할 수 있는 케이블을 3가지만 쓰시오.

(4) 지중전선로의 차도부분 매설깊이의 최솟값은 몇 [m] 이상이어야 하는가?

Answer

(1) ① 가닥 수 : 3조
    ② 소선 지름 : 2.6[mm]
(2) ① 안전율 : 2.5 이상
    ② 인장하중의 최저값 : 4.31[kN]
(3) 클로로프렌 외장케이블, 비닐외장케이블, 폴리에틸렌 외장케이블
(4) 1[m]

Explanation

(KEC 331.11조) 지선의 시설
가공전선로의 지지물에 시설하는 지선은 다음 각 호에 따라야 한다.
- 지선의 안전율은 2.5이상일 것. 이 경우에 허용 인장하중의 최저는 4.31[kN]으로 한다.
- 지선에 연선을 사용할 경우에는 다음에 의할 것
  - 소선(素線) 3가닥 이상의 연선일 것
  - 소선의 지름이 2.6[mm] 이상의 금속선을 사용한 것일 것. 다만, 소선의 지름이 2[mm] 이상인 아연도강연선(亞鉛鍍鋼然線)으로서 소선의 인장강도가 0.68 [kN/mm²] 이상인 것을 사용하는 경우에는 그러하지 아니하다.
- 지중부분 및 지표상 0.3[m]까지의 부분에는 내식성이 있는 것 또는 아연도금을 한 철봉을 사용하고 쉽게 부식되지 아니하는 근가에 견고하게 붙일 것. 다만, 목주에 시설하는 지선에 대해서는 그러하지 아니하다.
- 지선근가는 지선의 인장하중에 충분히 견디도록 시설할 것

- 도로를 횡단하여 시설하는 지선의 높이는 지표상 5[m] 이상으로 하여야 한다. 다만, 기술상 부득이한 경우로서 교통에 지장을 초래할 우려가 없는 경우에는 지표상 4.5[m] 이상, 보도의 경우에는 2.5[m] 이상으로 할 수 있다.

(KEC 122.5조) 고압케이블
연피케이블 · 알루미늄피케이블 · 클로로프렌외장케이블 · 비닐외장케이블 · 폴리에틸렌외장케이블 · 저독성 난연 폴리올레핀외장케이블 · 콤바인 덕트 케이블

(KEC 334.1조) 지중 전선로의 시설
- 지중 전선로는 전선에 케이블을 사용하고 또한 관로식 · 암거식(暗渠式) 또는 직접 매설식에 의하여 시설하여야 한다.
- 지중 전선로를 직접 매설식에 의하여 시설하는 경우에는 매설 깊이를 차량 기타 중량물의 압력을 받을 우려가 있는 장소에는 1[m] 이상, 기타 장소에는 0.6[m] 이상으로 하고 또한 지중 전선을 견고한 트라프 기타 방호물에 넣어 시설하여야 한다.

07 몰드(Mold)변압기의 장점 및 단점을 각각 3개씩 쓰시오.

(1) 장점

(2) 단점

Answer

(1) 장점
① 자기 소화성이 우수하므로 화재의 염려가 없다.
② 소형 경량화 할 수 있다.
③ 보수 및 점검이 용이하다.

(2) 단점
① 고전압 대용량의 몰드 변압기 제작이 곤란하다.
② 서지에 약하므로 진공차단기와 결합 시 서지흡수기(SA)가 필요하다.
③ 기계적 충격으로부터 에폭시 수지를 보호하기 위한 전용의 함이 필요하다.

Explanation

① 몰드(Mold)변압기 : 고압 및 저압의 권선을 모두 에폭시 수지로 몰드 한 고체 절연방식의 변압기로 난연성, 절연의 신뢰성, 보수 및 유지의 용이함을 위해 개발되었으며 에너지 절약적인 측면은 유입변압기 보다 유리하다. 몰드 변압기는 일반적으로 유입변압기보다 절연내력이 작으므로 VCB와 연결 시 개폐서지에 대한 대책이 없으므로 SA(Surge Absorber)등을 설치하여 대책을 세워야 한다.

② 몰드 변압기의 특징
- 난연성이 우수
- 코로나 특성 및 임펄스 강도가 높아 신뢰성이 향상
- 소형 경량화 할 수 있다.
- 습기, 가스, 염분 및 소손 등에 대해 안정하다.
- 보수 및 점검이 용이하다.
- 단시간 과부하 내량 크다.
- 무부하 손실이 감소

08 2대 이상의 발전기를 병렬 운전하기 위한 조건을 3개만 쓰시오.

Answer

① 기전력의 크기가 같을 것
② 기전력의 주파수가 같을 것
③ 기전력의 위상이 같을 것

Explanation

교류 발전기의 병렬 운전 조건

병렬 운전 조건	문제점
기전력의 크기가 같을 것	무효순환전류(무효횡류)
기전력의 위상이 같을 것	동기화 전류(유효횡류)
기전력의 주파수가 같을 것	난조발생
기전력의 파형이 같을 것	고조파 무효순환전류
상회전 방향이 같을 것	

09 다음에 설명하는 것은 무엇인지 답하시오.

"발전기 또는 변압기 등 전력계통의 중성점을 접지시키는 것으로 전력계통에 설치한 보호 계전기로 하여금 고장점을 판별시킬 목적으로 접지를 하며, 1선 지락 시 건전상의 전압상승이 선간전압보다 낮은 80[%] 이하의 계통으로 직접접지 계통이 이에 속한다."

Answer

유효 접지계

Explanation

- 유효접지 : 지락 사고 시의 건전상의 전위 상승이 정상 시 상(Y)전압의 1.3배를 넘지 않도록 접지임피던스를 조정하는 방식을 유효접지 방식. 우리나라에서는 직접접지계통이 해당
- 유효접지 조건식 : $\dfrac{R_0}{X_1} \leq 1$

$$0 \leq \dfrac{X_0}{X_1} \leq 3$$

10 ★★☆☆☆

차단기 명판(name plate)에 BIL 150[kV], 정격차단전류 20[kA], 차단시간 8사이클, 솔레노이드형이라고 기재되어 있다. 다음 물음에 답하시오.

(1) BIL이란 무엇인지 설명하시오.

(2) 이 차단기의 정격전압은 얼마인지 계산식을 쓰고 설명하시오. 단, BIL을 적용하여 계산할 것

Answer

(1) BIL이란 Basic Impulse Insulation Level의 약자이며, 뇌임펄스 내전압 시험값으로서 절연 레벨의 기준을 정하는데 적용된다.

(2) 계산 : BIL[kV]= 절연계급×5+50[kV]에서

∴ 절연계급 = $\dfrac{150-50}{5}$ = 20[kV]

공칭전압 = 절연계급×1.1에서

∴ 공칭전압 = 20×1.1 = 22[kV]

차단기의 정격전압 V_n = 공칭전압 × $\dfrac{1.2}{1.1}$ 에서

∴ 정격전압 V_n = 22 × $\dfrac{1.2}{1.1}$ = 24[kV]

답 : 24[kV]

Explanation

- 기준충격 절연강도(BIL : Basic Impulse Insulation Level) : 뇌임펄스 내전압 시험값으로서 절연 레벨의 기준을 정하는데 적용
- BIL은 절연 계급 20호 이상의 비유효 접지계에 있어서는 다음과 같이 계산된다.
  BIL=절연계급×5+50[kV]
  여기서 절연계급은 전기기기의 절연강도를 표시하는 계급을 말하고, 공칭전압/1.1에 의해 계산된다.

차단기의 정격전압[kV]	사용회로의 공칭전압[kV]	BIL[kV]
0.6	0.1, 0.2, 0.4	
3.6	3.3	45
7.2	6.6	60
24.0	22.0	150
72.5	66.0	350
170	154.0	750

11 ★★☆☆☆

전기설비의 접지 목적에 대하여 3가지만 쓰시오.

Answer

① 감전방지
② 이상전압의 억제
③ 보호계전기의 동작 보호

Explanation

① 감전방지 : 기기의 절연 열화나 손상 등으로 누전이 발생하면 전류가 접지도체로 흘러 기기의 대지 전위 상승이 억제 되고 인체의 감전 위험이 줄어들게 된다.
② 이상전압의 억제 : 뇌전류 또는 고 저압 혼촉 등에 의하여 침입하는 고전압을 접지도체를 통해 대지로 흘려보내 기기의 손상을 방지할 수 있다.
③ 보호계전기의 동작 보호 : 지락 사고 시에 일정 크기 이상의 지락 전류가 쉽게 흐르기 때문에 지락 계전기 등의 동작을 확실하게 할 수 있다.
④ 전로의 대지전압의 저하 : 3상 4선식 전로의 중성점을 접지하면 각 선의 대지전압은 선간전압의 $1/\sqrt{3}$ 로 낮아진다.

12 ★★☆☆☆

1개소 또는 여러 개소에 시공한 공통의 접지전극에 개개의 기계, 기구를 모아서 접속하여 접지를 공용화하는 것이 공용접지이다. 공용접지의 장점 3가지를 쓰시오.

Answer

① 접지도체가 짧아지고 접지배선 구조가 단순하여 보수 점검이 쉽다.
② 각 접지전극이 병렬로 연결되므로 합성저항을 낮추기가 쉽다.
③ 등전위가 구성되어 장비간의 전위차가 발생되지 않는다.

Explanation

① 공용접지 : 1개소 또는 여러 개소에 시공한 공통의 접지전극에 개개의 기계, 기구를 모아서 접속하여 접지를 공용화하는 것
② 공용접지의 장점
  • 접지도체가 짧아지고 접지배선 구조가 단순하여 보수 점검이 쉽다.
  • 각 접지전극이 병렬로 연결되므로 합성저항을 낮추기가 쉽다.
  • 여러 접지전극을 연결하므로 서지나 노이즈 전류의 방전이 용이하다.
  • 등전위가 구성되어 장비간의 전위차가 발생되지 않는다.
  • 시공 접지봉의 수를 줄일 수 있어 접지 공사비가 절감된다.

13 전동기 절연체의 상태 및 열화정도를 측정하기 위하여 교류전압을 인가한 $\tan\delta$ 시험의 등가 회로도이다. 각각의 물음에 답하시오.

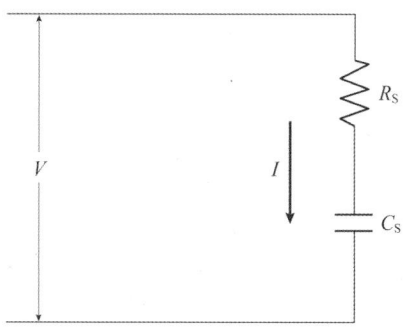

(1) 위상각 δ의 명칭을 쓰시오.

(2) 등가회로의 임피던스가 $Z = R_s + \dfrac{1}{j\omega C_s}$ 일 때 $\tan\delta$를 R_s와 C_s를 이용하여 표시하시오.

Answer

(1) 손실각

(2) $\tan\delta = \dfrac{\frac{1}{\omega C_s}}{R_s} = \dfrac{1}{\omega C_s R_s}$

Explanation

- 전도전류 $I_R = \dfrac{V}{R}$

  변위전류 $I_c = \dfrac{V}{\frac{1}{\omega C}} = \omega C V$

- 유전체 손실각 $\tan\delta = \dfrac{|I_R|}{|I_c|} = \dfrac{\frac{V}{R_s}}{\frac{V}{\frac{1}{\omega C_s}}} = \dfrac{\frac{1}{\omega C_s}}{R_s} = \dfrac{1}{\omega C_s R}$

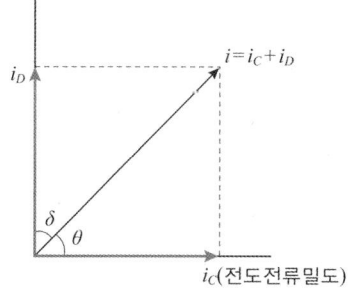

14 ★★☆☆☆
22[kW] 4극 3상 농형유도전동기의 정격 시 효율이 91[%]이다. 이 전동기의 손실을 구하시오.

• 계산 :   • 답 :

Answer

계산 : 효율 $\eta = \dfrac{출력}{입력} \times 100 = \dfrac{P_o}{P_i} \times 100 [\%]$에서 입력 $P_i = \dfrac{P_o}{\eta} = \dfrac{22}{0.91} = 24.18 [\mathrm{kW}]$

∴ 손실= 입력−출력= 24.18−22= 2.18[kW]   답 : 2.18[kW]

Explanation

• 효율 $= \dfrac{출력}{입력} \times 100$
• 손실= 입력 − 출력

BEST 15 ★★★★★
고압배전선로의 1선 지락전류가 5[A]일 때 주상변압기의 2차 측에 실시하는 접지 공사의 접지저항값[Ω]은 최대 얼마인지 계산하시오. 단, 고압배전선로에는 고저압 전로의 혼촉시 1초 이내로 자동적으로 전로를 차단하는 장치가 취부되어 있다.

• 계산 :
• 답 :

Answer

계산 : $R_2 = \dfrac{600}{1선\ 지락\ 전류} = \dfrac{600}{5} = 120 [\Omega]$ 답 : 120[Ω]

Explanation

(KEC 142.5.1조) 중성점 접지 저항 값

접지 저항값
• $\dfrac{150}{I_g}$ [Ω] 이하(여기서, I_g는 1선 지락전류. 이하 같음)
• $\dfrac{600}{I_g}$ [Ω] 자동 차단 설비가 1초 이내 동작시
• $\dfrac{300}{I_g}$ [Ω] 자동 차단 설비가 1초 초과 2초 이내 동작시

16 ★★★★☆

금속관 배선에서 사용되는 박강전선관과 후강전선관의 규격(호칭)을 나열하였다. ( ) 안에 알맞은 규격(호칭)을 쓰시오.

- 후강전선관 : 16, 22, ( ), 36, 42, 54, ( ), 82, 92, ( )
- 박강전선관 : 19, ( ), 31, ( ), 51, 63, ( )

Answer

- 후강전선관 : 28, 70, 104
- 박강전선관 : 25, 39, 75

Explanation

(내선규정 2,225) 금속관의 종류

종류	관의 호칭
후강 전선관(근사내경, 짝수)	16 22 28 36 42 54 70 82 92 104
박강 전선관(근사외경, 홀수)	19 25 31 39 51 63 75
나사없는 전선관	박강 전선관과 치수가 같다.

17 ★☆☆☆☆

전력용 (진상용)콘덴서에 설치되는 직렬 리액터의 설치효과 4가지를 쓰시오.

Answer

① 제5고조파에 의한 전압 파형의 찌그러짐 방지
② 콘덴서 투입 시 돌입 전류 방지
③ 개폐 시 발생 할 수 있는 계통의 과전압 억제
④ 고조파 전류에 의한 계전기 오동작 방지

Explanation

직렬리액터(S.R)
① 전력용 콘덴서 설치 시 시설
② 직렬 리액터의 설치효과
   - 제5고조파에 의한 전압 파형의 찌그러짐 방지
   - 콘덴서 투입 시 돌입 전류 방지
   - 개폐 시 발생 할 수 있는 계통의 과전압 억제
   - 고조파 전류에 의한 계전기 오동작 방지
③ 직렬 리액터의 용량

$$5\omega L = \frac{1}{5\omega C}$$

   - 이론상 : 콘덴서 용량의 4[%]
   - 실제 : 콘덴서 용량의 5~6[%]

18 고압 배전계통의 배전 방식 중 사고가 났을 때 정전 범위를 가장 좁게 할 수 있는 배전 방식은?

Answer

망상식 배전 방식

Explanation

고압 배전 방식
(1) 수지상식(방사식)
  가지식(수지상식) 배전은 배전선로가 부하의 분포에 따라 나뭇가지 형태로 수용가에 공급하는 방식으로 농·어촌 지역 등의 부하가 적은 지역에 주로 사용된다.
(2) 환상식(루프식)
  환상식(루프식) 배전은 하나의 환상(루프)선로를 구성하여 수용가에 공급하는 방식으로 선로의 도중에 고장 발생 시 고장 구간 분리가 신속하며 주로 중소도시에 사용된다.
(3) 망상식(네트워크 방식)
  망상식(네트워크) 배전 방식은 배전간선을 네트워크로 연결하고 이 네트워크에 급전선을 연결하는 방식으로 주로 부하가 밀집된 시가지에 사용된다. 무정전 공급의 신뢰도가 높은 것이 특징이다.

> 이 문제는 변경된 KEC 적용으로 인하여 삭제하고, 아래 예상문제로 대체되었습니다.

19 일반용 단심 비닐절연전선 2.5[mm²] 3본, 10[mm²] 3본을 넣을 수 있는 박강전선관의 최소 굵기를 다음 표를 이용하여 선정하시오.

• 계산 :   • 답 :

[표1] 전선(피복절연물을 포함)의 단면적

도체 단면적[mm²]	전선의 단면적[mm²]	비고
1.5	9	
2.5	13	
4	17	전선의 단면적은 평균 완성 바깥지름의 상한 값을 환산한 값이다.
6	21	
10	35	
16	48	

[표2] 절연전선을 금속관 내에 넣을 경우의 보정계수

도체 단면적[mm²]	보정계수
2.5, 4	2.0
6, 10	1.2
16이상	1.0

[표3] 금속관전선의 단면적

후강전선관			박강전선관			나사 없는 전선관		
호칭	내경 [mm]	1/3 [mm²]	호칭	내경 [mm]	1/3 [mm²]	호칭	내경 [mm]	1/3 [mm²]
16	16.4	70	C19	15.9	66	E19	19	72
22	21.9	125	C25	22.2	128	E25	25	138
28	28.3	209	C31	28.6	214	E31	32	220
36	36.9	356	C39	34.9	318	E39	38	326
42	42.8	479	C51	47.6	592	E51	51	602
54	54	763	C63	59.5	926	E63	64	951
70	69.6	1,267	C75	72.2	1,364	E75	76	1,379
82	82.3	1,772						
92	93.7	2,297						
104	106.4	2,962						

Answer

계산 : 보정계수를 고려한 전선의 총단면적 $A = 13 \times 3 \times 2 + 35 \times 3 \times 1.2 = 204 \, [\text{mm}^2]$
관의 내단면적의 1/3을 초과하지 않도록 하여야 하므로 31호(C31) 선정

답 : 31호(C31) 선정

Explanation

(KEC 232.12조) 금속관공사
보정계수를 고려한 전선의 총단면적 $A = 13 \times 3 \times 2 + 35 \times 3 \times 1.2 = 204 \, [\text{mm}^2]$
관의 내단면적의 1/3을 초과하지 않도록 하여야 하므로 [표3]에서 31호(C31)를 선정한다.

[표1] 전선(피복절연물을 포함)의 단면적

도체 단면적[mm²]	전선의 단면적[mm²]	비고
1.5	9	전선의 단면적은 평균 완성 바깥지름의 상한 값을 환산한 값이다.
2.5	13	
4	17	
6	21	
10	35	
16	48	

[표2] 절연전선을 금속관 내에 넣을 경우의 보정계수

도체 단면적[mm²]	보정계수
2.5, 4	2.0
6, 10	1.2
16이상	1.0

[표3] 금속전선관의 단면적

후강전선관			박강전선관			나사 없는 전선관		
호칭	내경 [mm]	1/3 [mm²]	호칭	내경 [mm]	1/3 [mm²]	호칭	내경 [mm]	1/3 [mm²]
16	16.4	70	C19	15.9	66	E19	19	72
22	21.9	125	C25	22.2	128	E25	25	138
28	28.3	209	C31	28.6	214	E31	32	220
36	36.9	356	C39	34.9	318	E39	38	326
42	42.8	479	C51	47.6	592	E51	51	602
54	54	763	C63	59.5	926	E63	64	951
70	69.6	1,267	C75	72.2	1,364	E75	76	1,379
82	82.3	1,772						
92	93.7	2,297						
104	106.4	2,962						

전기공사기사 실기

과년도 기출문제

2015

- 2015년 제 01회
- 2015년 제 02회
- 2015년 제 04회

2015년 과년도 기출문제에 대한 출제 빈도 분석 차트입니다.
각 회차별로 별의 개수를 확인하고 학습에 참고하기 바랍니다.

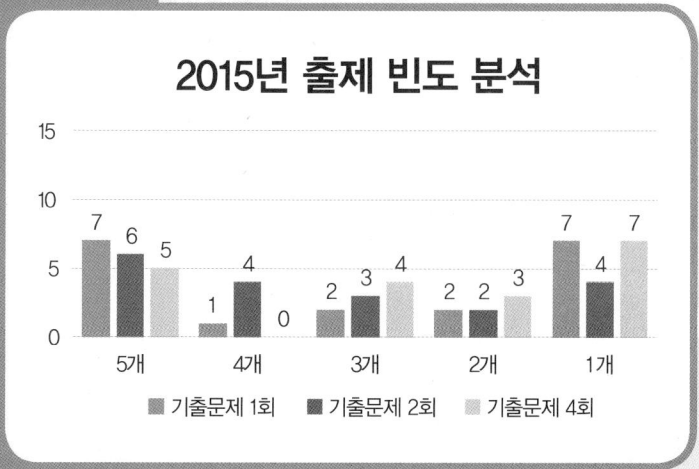

2015년 전기공사기사 실기

BEST 01 ★★★★★

3상 3선식 배선에서 긍장이 100[m], 부하의 최대 전류는 200[A]인 배선에서 전압강하를 7[V]로 할 때 사용하는 전선의 공칭 단면적[mm²]을 구하여라.

Answer

계산 : $A = \dfrac{30.8LI}{1,000e} = \dfrac{30.8 \times 100 \times 200}{1,000 \times 7} = 88 [\text{mm}^2]$ 따라서, 95[mm²] 선정   답 : 95[mm²]

Explanation

전압 강하 및 전선의 단면적 계산

전기 방식	전압 강하	전선 단면적	대상 전압강하
단상 3선식 직류 3선식 3상 4선식	IR	$e = \dfrac{17.8LI}{1,000A}$	$A = \dfrac{17.8LI}{1,000e}$	대지와 선간
단상 2선식 직류 2선식	$2IR$	$e = \dfrac{35.6LI}{1,000A}$	$A = \dfrac{35.6LI}{1,000e}$	선간
3상 3선식	$\sqrt{3}\,IR$	$e = \dfrac{30.8LI}{1,000A}$	$A = \dfrac{30.8LI}{1,000e}$	선간

여기서, e : 전압강하[V], A : 사용전선의 단면적[mm²]
　　　　L : 선로의 길이[m], C : 전선의 도전율(97[%])

KSC-IEC 전선 규격

전선의 공칭단면적 [mm²]			
1.5	16	95	300
2.5	25	120	400
4	35	150	500
6	50	185	630
10	70	240	

02 ★★☆☆☆

가스 차단기의 절연에 주로 사용되는 SF_6 가스의 특징 중 전기적 성질 4가지를 써라.

Answer

① 절연 내력이 높다.　　② 소호 성능이 뛰어나다.
③ arc가 안정되어 있다.　　④ 절연 회복이 빠르다.

Explanation

SF_6 가스의 물리적, 화학적 성질

① 열 전달성이 뛰어나다.
② 난연성, 불활성 가스이다.
③ 무색, 무취, 무독성이다.
④ 열적 안정성이 뛰어나다.

03 ★☆☆☆☆
우리나라 345[kV]급 볼-소켓형 현수애자에 대한 2도체 송전선로와 4도체 송전선로에 대한 IEC 규격에서의 애자 규격을 써라.

Answer

- 2도체 송전선로 : 120[kN], 160[kN] 254[mm]
- 4도체 송전선로 : 210[kN], 300[kN] 320[mm]

Explanation

볼-소켓형 현수애자
- 345[kV]급 : IEC 규격
  254[mm] : 120[kN], 160[kN]
  320[mm] : 210[kN], 300[kN]

BEST 04 ★★★★★
COS 설치에서(COS 포함) 사용자재 5가지를 적어라.

Answer

① COS ② 브라켓트 ③ 내오손 결합애자
④ COS 카바 ⑤ 퓨즈 링크

BEST 05 ★★★★★
수전 차단용량이 520[MVA]이고 22.9[kV]에 설치되는 피뢰기인 경우 접지도체의 굵기를 구하고 선정하여라. 단, 22[kV]급 선로에서는 고장 지속시간을 1.1로 적용한다.

Answer

계산 : 피뢰기 접지도체 굵기 공식

$$A = \frac{\sqrt{t}}{282} \cdot I_s = \frac{\sqrt{1.1}}{282} \times \frac{520 \times 10^3}{\sqrt{3} \times 25.8} = 43.28[\text{mm}^2] \quad \text{따라서 } 50[\text{mm}^2] \text{ 선정} \qquad \text{답 : } 50[\text{mm}^2]$$

Explanation

- 접지도체 굵기 : $A = \frac{\sqrt{t}}{282} \cdot I_s \ [\text{mm}^2]$
- t : 고장 지속 시간 (22[kV]: 1.1[초], 66[kV]: 1.6[초])
- 차단기의 차단용량 $= \sqrt{3} \times$ 차단기의 정격전압 $\times$ 차단기 정격차단전류

  차단기 정격차단전류 $I_s = \dfrac{\text{차단기의 차단용량}}{\sqrt{3} \times \text{차단기의 정격전압}} = \dfrac{520 \times 10^3}{\sqrt{3} \times 25.8}$

- KSC IEC 전선규격
  1.5, 2.5, 4, 6, 10, 16, 25, 35, 50, 70, 95, 120, 150, 185, 240, 300, 400, 500, 630[mm²]

BEST 06 ★★★★★

다음은 계전기별 고유번호이다. 기구 번호 명칭을 적어라.

① 37A ② 37D ③ 37F

Answer

① 37A : 교류 부족 전류 계전기
② 37D : 직류 부족 전류 계전기
③ 37F : Fuse 용단 계전기

Explanation

- 37 : 부족 전류 계전기
  - 37A : 교류 부족 전류 계전기
  - 37D : 직류 부족 전류 계전기
- 37F : Fuse 용단 계전기
- 37V : 전자관 Filament 단선 검출기

BEST 07 ★★★★★

경간이 120[m]인 가공전선로가 있다. 길이 1[m]의 무게가 0.5[kg]이고, 수평장력 200[kg]인 전선을 사용할 때 이도(Dip)와 전선의 실제 길이는 각각 몇 [m]인지 구하여라.

Answer

① 이도 $D = \dfrac{WS^2}{8T} = \dfrac{0.5 \times 120^2}{8 \times 200} = 4.5[\text{m}]$ 답 : 4.5[m]

② 전선의 실제길이 $L = S + \dfrac{8D^2}{3S} = 120 + \dfrac{8 \times 4.5^2}{3 \times 120} = 120.45[\text{m}]$ 답 : 120.45[m]

Explanation

- 이도 : $D = \dfrac{WS^2}{8T}[\text{m}]$
- 실제 길이 : $L = S + \dfrac{8D^2}{3S}[\text{m}]$

  여기서, L : 전선의 실제 길이[m], D : 이도[m], S : 경간[m]

08 ★★★☆☆

콘크리트 전주(CP주)의 지표면에서 지름[cm]을 구하여라. 단, 설계하중 : 500[kg], 전주 규격 : 16[m], 전주말구지름 : 19[cm]

Answer

계산 : 지표면에서의 지름

$D = 19 + (16 - 2.5) \times 100 \times \dfrac{1}{75} = 37[\text{cm}]$ 답 : 37[cm]

Explanation

- 지표면에서의 전주의 지름

$$D = d + H \times \frac{1}{75} \times 100 \,[\text{cm}]$$

여기서 D : 지표면에서의 전주의 지름[cm], d : 전주 말구 지름[cm]
H : 전주의 지표면상 길이[m](총 전주의 길이−근입 깊이)

- 전주의 지름 증가율 : 목주 $\frac{9}{1,000}$, CP주 $\frac{1}{75}$
- 전주의 전장이 15[m] 이상일 경우 전주의 근입은 2.5[m] 이상이므로 $H = 16 - 2.5 = 13.5\,[\text{m}]$

09 ★★★☆☆ PT 및 CT를 조합한 경우의 3상 3선식 전력량계의 결선도를 접지를 포함하여 완성하여라.

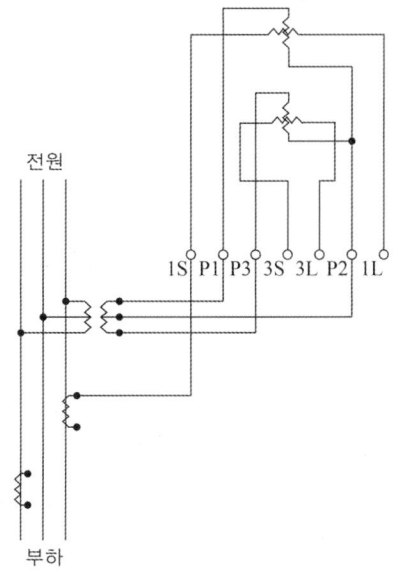

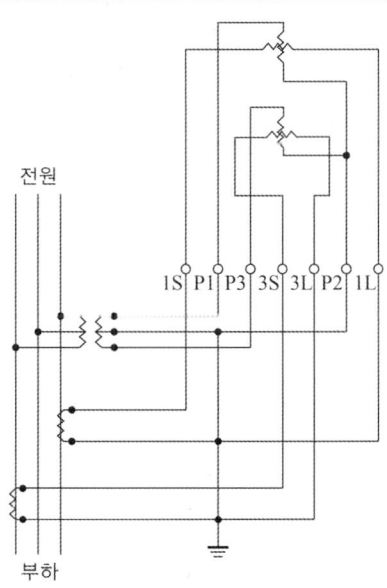

> **Explanation**

전력량계 결선
- PT : P1, P2, P3
- CT : 1S, 3S, 1L, 3L

여기서, 접지는 P2, 1L, 3L에 한다.

BEST 10 ★★★★★

바닥면적 800[m²]의 강당에 40[W] 2등용 형광등을 시설하여 평균 조도를 150[lx]로 할 때 40[W] 2등용 형광등(등기구)은 몇 개가 필요한지 계산하여라. 단, 조명률 50[%], 감광보상률 1.25로 하며, 형광등 40[W] 2등용의 광속은 5,000[lm]이다.

> **Answer**

계산 : $N = \dfrac{ESD}{FU} = \dfrac{150 \times 800 \times 1.25}{5,000 \times 0.5} = 60$[등]   답 : 60[등]

> **Explanation**

조명계산

$FUN = ESD$ 여기서, F[lm] : 광속, U[%] : 조명률, N[등] : 등수

E[lx] : 조도, S[m²] : 면적, $D = \dfrac{1}{M}$: 감광보상률 $= \dfrac{1}{보수율}$

등수 $N = \dfrac{ESD}{FU}$ 이며 등수계산은 소수점은 무조건 절상한다.

11 ★☆☆☆☆

배전시공에서 피뢰기 공사 시공 흐름도 ①, ②를 완성하여라.

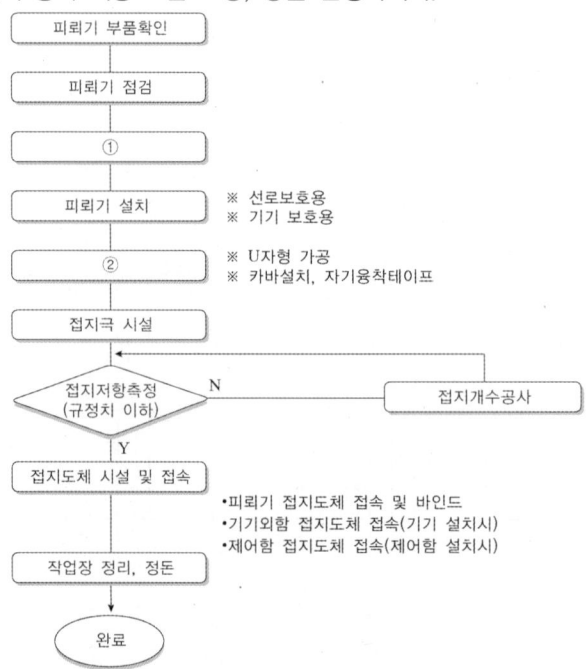

Answer

① 피뢰기 조립   ② 리드선 접속

Explanation

피뢰기 공사 시공 흐름도

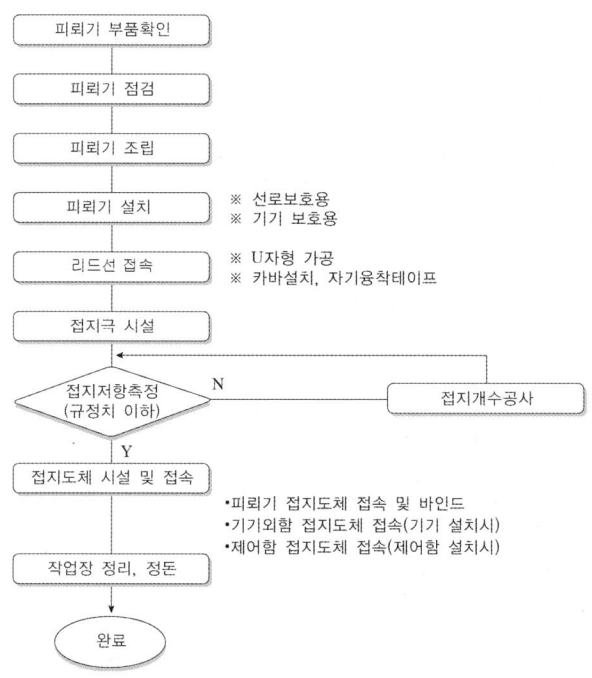

12 다음 ( ) 안에 알맞은 내용을 써 넣어라.

> 유리애자는 70[%] 이상의 (①)(으)로 구성되어 있고, 저온으로 용해하기 위해 (②), 내구성 향상을 위해 (③), 제작 상 편리와 특성 유지를 위해 (④) 등의 성분을 적당한 비율로 배합하여 제작한다.

Answer

① 규토(Silica, SiO_2)   ② Na_2O
③ CaO   ④ MgO, Al_2O_3

Explanation

유리애자
- 70[%] 이상의 규토(Silica SiO_2)로 구성되어 있고, 저온으로 용해하기 위해 Na_2O를 내구성 향상을 위해 CaO, 제작상 편리와 특성 유지를 위해 MgO, Al_2O_3 등의 성분을 적당한 비율로 배합하여 고열의 로에서 용융한 후 금형에 부어 제작
- 고강도 유리애자(초고압 선로), 보통유리애자(배전선로)

13 ★☆☆☆☆

다음 ( ) 안에 알맞은 내용을 써 넣어라.

> 가공송전선로의 경우 높이 (①)[m] 이상인 경우 철탑에 대해 항공표시구를 (②)에 취부하고, (③)는(은) 철탑 높이 및 비행구역에 따라 취부한다.

① ② ③

Answer

① 60 ② 가공지선 ③ 항공장애표시등

Explanation

항공표시구 및 항공장애표시등 취부
가공송전선로의 경우 가선공사가 완료되면 철탑높이 60[m] 이상인 철탑에 대하여 항공법에 의거 항공표시구를 가공지선에 취부하고, 항공표시등은 철탑 높이 및 비행구역에 따라 고광도, 중광도, 저광도 항공장애표시등을 취부 한다. 또한, 항공표시 철탑도장도 항공법에 따라 적색, 백색을 번갈아 철탑전체 또는 철탑 상부만 도장한다.

14 ★★★★☆

특별고압 간이수전설비 결선도(단선도)를 그려라. 단, 22.9[kV-Y], 1,000[kVA] 이하를 시설하는 경우이며, 그림 기호의 명칭을 반드시 쓰도록 한다.

Answer

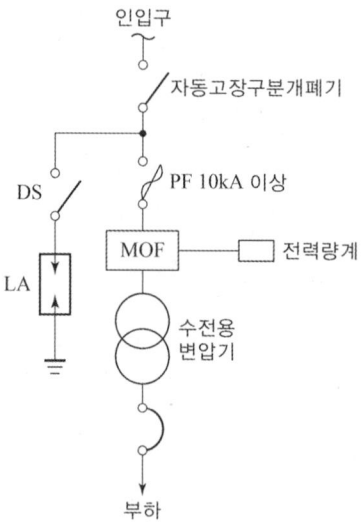

Explanation

특고압 간이 수전 설비 표준 결선도(22.9[kV-Y] 1,000[kVA] 이하를 시설하는 경우)

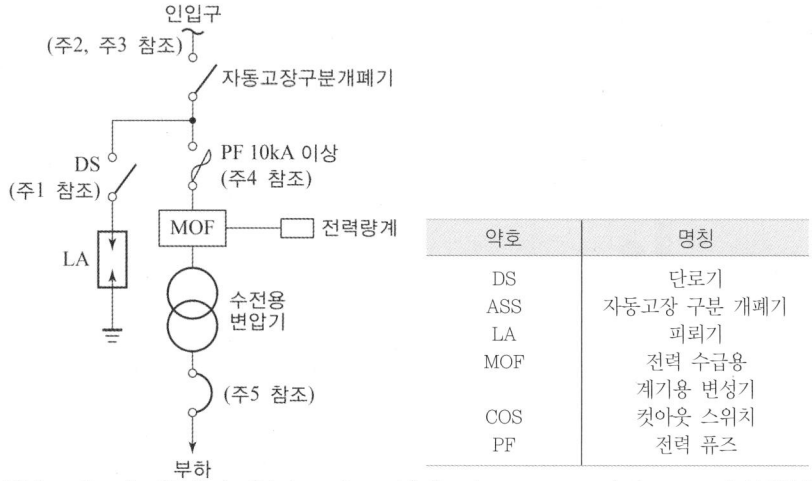

[주1] LA용 DS는 생략할 수 있으며 22.9[kV-Y]용의 LA는 Disconnector(또는 Isolator) 붙임형을 사용하여야 한다.
[주2] 인입선을 지중선으로 시설하는 경우로서 공동주택 등 사고 시 정전 피해가 큰 수전 설비인입선은 예비선을 포함하여 2회선으로 시설하는 것이 바람직하다.
[주3] 지중 인입선의 경우에 22.9[kV-Y] 계통은 CNCV-W 케이블(수밀형) 또는 TR CNCV-W(트리억제형)을 사용하여야 한다. 다만, 전력구, 공동구, 덕트, 건물구내 등 화재의 우려가 있는 장소에서는 FR CNCO-W(난연)케이블을 사용하는 것이 바람직하다.
[주4] 300[kVA] 이하인 경우는 PF대신 COS(비대칭 차단전류 10[kA]이상의 것)을 사용할 수 있다.
[주5] 특별고압 간이 수전설비는 PF의 용단 등의 결상사고에 대한 대책이 없으므로 변압기 2차측에 설치되는 주차단기에는 결상계전기 등을 설치하여 결상사고에 대한 보호능력이 있도록 함이 바람직하다.

15 최근 전력기기가 대용량화됨에 따라 기기의 부분방전 여부가 기기의 수명에 크게 영향을 미치고 있다. 부분 방전에 대하여 서술하여라.

Answer

고체 절연물의 공극, 액체 절연물의 기체방울, 이종 절연물의 접촉계면, 금속표면의 굴곡에서 일어나는 전극과 전극 사이를 교락하지 않는 불완전한 절연파괴이며 일종의 방전 현상

Explanation

① 부분 방전 : 전극과 전극 사이에서 일어나지 않고 한 부분에 생기는 방전을 총칭
② 부분 방전의 종류
  • 코로나 방전 : 기체 중에서 뾰족한 전극의 첨단 부근에서 발생
  • 연면방전(沿面放電) : 고체절연물의 표면을 따라 발생
  • 보이드 방전 : 고체절연물 내의 공극에 생기는 방전

16 다음 심벌의 명칭을 적어라.

Answer

누름버튼(벽붙이)

Explanation

(KS C 0301) 옥내배선용 그림 기호(경보·호출·표시 장치)

명칭	그림기호	적요
누름버튼	■●	(1) 벽붙이는 벽 옆을 칠한다. ■● (2) 2개 이상인 경우는 버튼수를 표기한다. 보기 : ■●3 (3) 간호부 호출용는 ■●N 또는 N 으로 한다. (4) 복귀용은 다음에 따른다. ●

17 ★☆☆☆☆
다음 동작 설명을 읽고 질문에 답하여라.

[동작]

1. 전등 및 전열회로(단상 220[V])

   2P $MCCB_1$이 ON 상태에서

   (1) C에는 전원이 직접 걸린다.
   (2) ① S_1을 ON하고 S_2, S_3이 OFF 상태에서 L_1, L_2, L_3이 직렬 점등된다.
   ② S_1이 ON 상태에서 S_2를 ON하면 L_2, L_3이 직렬 점등된다.
   ③ S_1이 ON 상태에서 S_2를 OFF하고 S_3을 ON하면 L_1, L_2가 직렬 점등된다.
   ④ S_1이 ON 상태에서 S_2를 ON하고 S_3을 ON하면 L_2만 점등된다.

2. 신호 회로(단상 220[V])

   2P $MCCB_2$가 ON 상태에서

   (1) PL이 점등된다. X_1, X_2, X_3 중 1개라도 동작되면 PL은 소등된다.
   (2) PB_1을 누르는 순간만 X_1이 동작, X_1에 의하여 BZ_2, BZ_3이 동작된다.
   (3) PB_2를 누르는 순간만 X_2가 동작, X_2에 의하여 BZ_1, BZ_3이 동작된다.
   (4) PB_3을 누르는 순간만 X_3이 동작, X_3에 의하여 BZ_1, BZ_2가 동작된다.
   (5) PB_4를 누르는 순간만 X_4와 BZ_4가 동작되는 동시에 X_1, X_2, X_3이 동작, BZ_1, BZ_2, BZ_3이 동작된다.

[문제]

(1) 주어진 동작 설명에 의하여 전등, 전열회로 및 신호회로도를 각각 완성하여라.

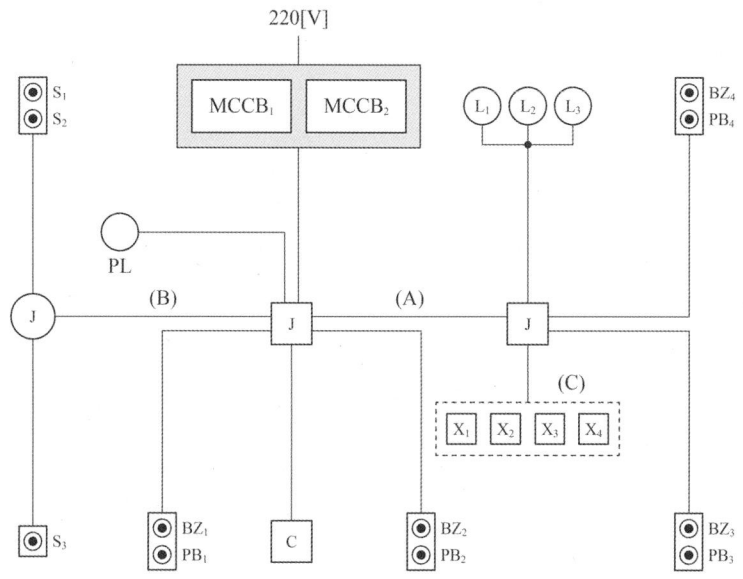

① 전등 및 전열회로

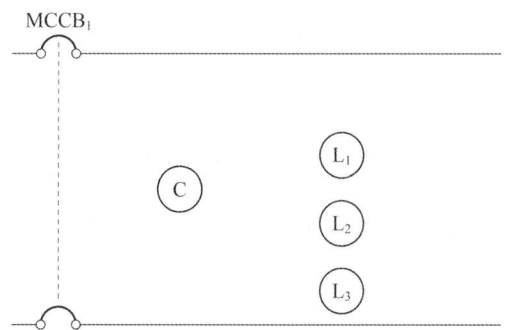

② 신호 회로

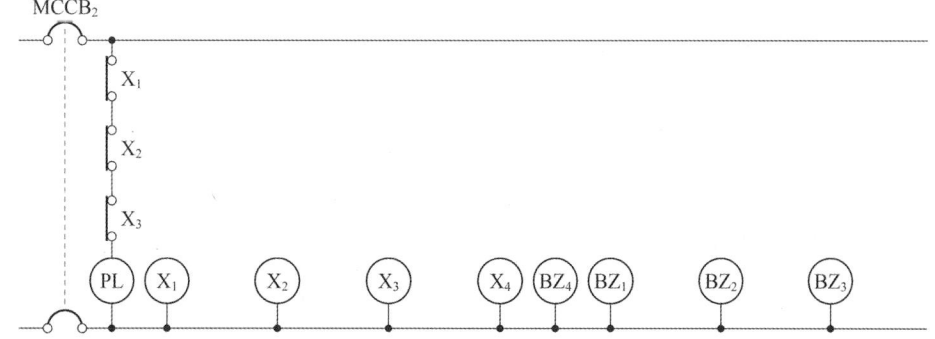

(2) 완성된 회로도에 의하여 외관도의 (A) 부분에는 최소 몇 가닥의 전선이 들어가야 되는지 써라.
　• 답 :

(3) 완성된 회로도에 의하여 외관도의 (B) 부분에는 최소 몇 가닥의 전선이 들어가야 되는지 써라.
　• 답 :

(4) 완성된 회로도에 의하여 외관도의 (C) 부분에는 최소 몇 가닥의 전선이 들어가야 되는지 써라.
　• 답 :

◈ Answer

(1) ① 전등 및 전열회로

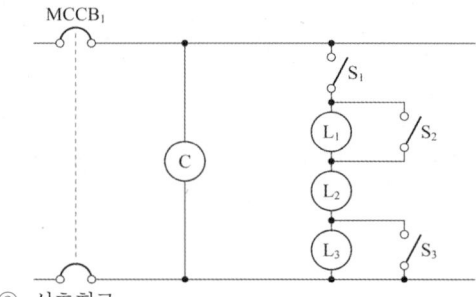

② 신호회로

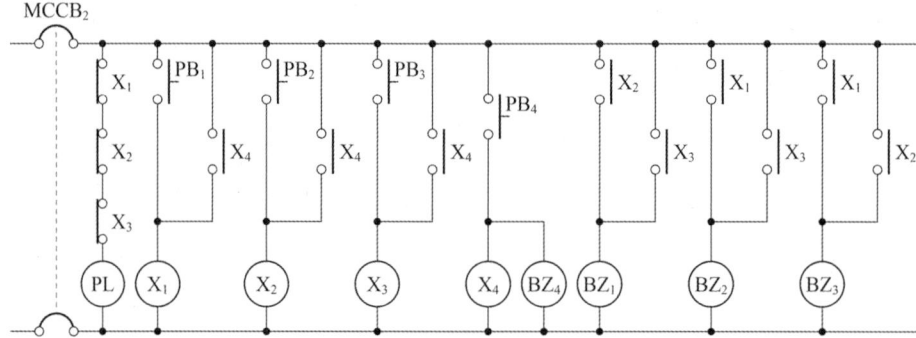

(2) 11가닥
(3) 5가닥
(4) 10가닥

이 문제는 변경된 KEC 적용으로 인하여 삭제하고, 아래 예상문제로 대체되었습니다.

18 변압기의 고압·특고압측 전로 또는 사용전압이 35[kV] 이하의 특고압전로가 저압측 전로와 혼촉하고 저압전로의 대지전압이 150[V]를 초과하는 경우 1초 이내에 자동으로 차단하는 장치를 설치한 경우 지락전류가 25[A]이라면 변압기 중성점 접지저항 값은 얼마인가?

• 계산 :   • 답 :

Answer

계산 : $R = \dfrac{600}{I_1} = \dfrac{600}{25} = 24[\Omega]$ 답 : 24[Ω]

Explanation

(KEC 142.5조) 변압기 중성점 접지
① 변압기의 중성점접지 저항 값(변압기의 고압·특고압측)
  가. 일반적 : $\dfrac{150}{I_1}$ 이하   여기서, I_1은 전로의 1선 지락전류
  나. 변압기의 고압·특고압측 전로 또는 사용전압이 35[kV] 이하의 특고압전로가 저압측 전로와 혼촉하고 저압전로의 대지전압이 150[V]를 초과하는 경우
   • 1초 초과 2초 이내에 자동으로 차단하는 장치를 설치 : $\dfrac{300}{I_1}$ 이하
   • 1초 이내에 자동으로 차단하는 장치를 설치 : $\dfrac{600}{I_1}$ 이하
② 전로의 1선 지락전류 : 실측값 사용(단, 실측이 곤란한 경우 선로정수 등으로 계산한 값)

19 ★★☆☆☆ 전력계통에서 서지현상(Surge)에 의해 발생되는 과전압을 서지 과전압이라 한다. 발생 원인 3가지를 적어라.

Answer

① 개폐 과전압
② 뇌 과전압
③ 일시 과전압

Explanation

• 개폐 과전압 : 차단기의 동작 및 고장
• 뇌 과전압 : 직격뇌, 역섬락, 유도뢰
• 일시 과전압 : 페란티 효과, 철 공진, 부하의 급격한 변화, 고장, 차단기 동작

2015년 전기공사기사 실기

01 배전선로에서 전압을 조정하는 방법을 4가지만 적어라.

① ②
③ ④

Answer

① 선로전압 강하보상기(LDC : Line Drop Compensator)
② 승압기
③ 유도전압조정기
④ 주변압기 탭 조정

Explanation

① 배전용 변전소에서 전압조정
 • OLTC(On Load Tap Changer) : 부하 시 탭 절환장치
 • SVR(Static Voltage Regulator) : 정지형 전압 조정기
② 모선전압조정
 • 유도전압조정기
 • 부하 시 탭 절환 변압기
③ 배전 선로 전압 조정 방식
 • 선로전압 강하보상기(LDC : Line Drop Compensator)
 • 승압기
 • 주변압기 탭 조정

02 도면은 어느 공장의 수전설비이다. [참고자료]를 보고 다음 질문에 답하여라.

[참고자료]

① 전원 등가 Impedance는 2.5[%](100[MVA] 기준)이고 변압기 %임피던스는 자기용량을 기준으로 7[%]이다.
② 전원측 변전소에 설치된 OCR의 정정치는 Pick 2.5[%]에 LEVER가 2이다.
③ 전위와 후비 보호장치와의 INTERVAL은 최소한 30[c/s]은 주어야 동시동작을 피할 수 있다.
④ OCR_1의 Tap은 전부하 전류의 160[%]로 선정하며, 부하측에 설치된 $OCR_2 \sim OCR_4$의 사용 Tap은 150[%]로 설정한다.
⑤ 170[kV] 차단기 용량은 1,500[MVA], 2,500[MVA], 3,000[MVA], 5,000[MVA], 7,500[MVA] 중 선택하며, 차동계전기 CT 변류기는 1,200, 1,500, 2,000, 2,300, 3,000, 5,000[A] 중에서 선택한다.

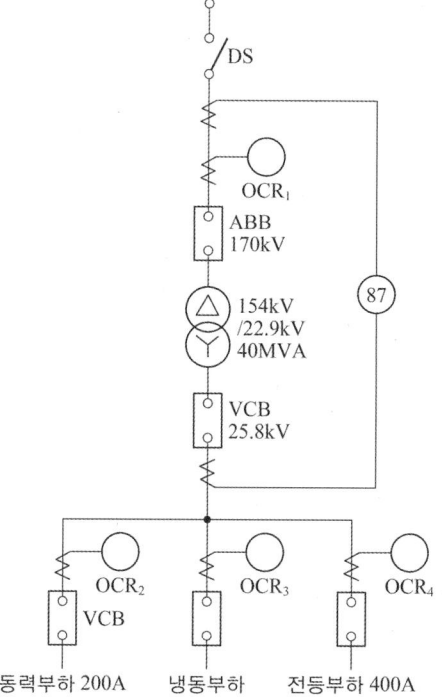

(1) 과전류 계전기 OCR1의 적당한 Tap을 구하여라. 단, CT 값은 정격전류의 1.25배이다.
(2) 170[kV] ABB의 적당한 차단용량[MVA]을 구하여라.
(3) 계전기 87의 22.9[kV] 측의 적당한 CT 비를 구하여라. 단, CT 값은 정격전류의 1.25배이다.
(4) 87의 계전기의 정확한 명칭을 적어라.
(5) ABB의 정확한 명칭을 적어라.

Answer

(1) 계산 : 부하전류 $I = \dfrac{40,000}{\sqrt{3} \times 154} = 149.96[A]$

CT의 1차 전류 $I_{CT} = 149.96 \times 1.25 = 187.45[A]$

CT비 200/5선정

따라서 OCR₁의 Tap은 조건 ④에 의해서 $149.96 \times 1.6 \times \dfrac{5}{200} = 6[A]$ 　　답 : 6[A]

(2) 계산 : 단락 용량 = 기준용량 $\times \dfrac{100}{\%Z} = 100 \times \dfrac{100}{2.5} = 4,000[MVA]$

5,000[MVA] 선정 　　답 : 5,000[MVA]

(3) 계산 : 2차 전류 $I_2 = \dfrac{40,000}{\sqrt{3} \times 22.9} = 1,008.47[A]$

CT의 1차 전류 $1,008.47 \times 1.25 = 1,260.59[A]$

CT비 1,200/5 선정 　　답 : 1,200/5

(4) 전류 차동 계전기(비율 차동 계전기)
(5) 공기 차단기

Explanation

(1) CT비 : 1차 전류×(1.25~1.5)
CT 1차 전류 : 10, 15, 20, 30, 40, 50, 75, 100, 150, 200, 300, 400, 500 [A]
문제에서는 CT의 1차 전류가 범위 내에 없으므로 그 보다 큰 200/5를 선정하는 것이 일반적이다.
$$\text{OCR 탭} = 1차전류 \times \frac{1}{\text{CT비}} = 149.96 \times 1.6 \times \frac{5}{200} = 6[A]$$

(2) 단락용량 $P_s = \frac{100}{\%Z} \times P_n$
차단기 용량을 단락용량으로 계산하면 단락용량보다 큰 것이 차단기 용량이 된다.

(3) CT비 : 1차 전류×(1.25~1.5)
CT 1차 전류 : 1,200, 1,500, 2,300, 3,000, 5,000[A] 중에서 선택
문제에서는 CT의 1차 전류가 1,260.59[A]이므로 1,500을 선택하여야 하나 이 경우 과전류 차단기의 동작이 확보되지 않을 수 있으므로 1,200/5를 선정한다.

(4) 계전기 고유번호
- 87 : 전류 차동 계전기(비율차동 계전기)
- 87B : 모선보호 차동계전기
- 87G : 발전기용 차동계전기
- 87T : 주변압기 차동계전기

(5) 차단기 종류

차단기의 종류		
명 칭	약호	소호매질
유입 차단기	OCB	절연유
기중 차단기	ACB	대기(공기)
자기 차단기	MBB	자계의 전자력
공기 차단기	ABB	압축공기
진공 차단기	VCB	진공
가스 차단기	GCB	SF_6

> 이 문제는 변경된 KEC 적용으로 인하여 삭제하고, 아래 예상문제로 대체되었습니다.

03 변압기의 고압·특고압측 전로 또는 사용전압이 35[kV] 이하의 특고압전로가 저압측 전로와 혼촉하고 저압전로의 대지전압이 150[V] 이하인 경우 지락전류가 10[A]라면 변압기 중성점 접지 저항 값은 얼마인가?

• 계산 :   • 답 :

Answer

계산 : $R = \frac{150}{I_1} = \frac{150}{10} = 15[\Omega]$ 답 : 15[Ω]

Explanation

(KEC 142.5조) 변압기 중성점 접지
① 변압기의 중성점접지 저항 값(변압기의 고압·특고압측)

가. 일반적 : $\dfrac{150}{I_1}$ 이하   여기서, I_1은 전로의 1선 지락전류

나. 변압기의 고압·특고압측 전로 또는 사용전압이 35[kV] 이하의 특고압전로가 저압측 전로와 혼촉하고 저압전로의 대지전압이 150[V]를 초과하는 경우

- 1초 초과 2초 이내에 자동으로 차단하는 장치를 설치 : $\dfrac{300}{I_1}$ 이하

- 1초 이내에 자동으로 차단하는 장치를 설치 : $\dfrac{600}{I_1}$ 이하

② 전로의 1선 지락전류 : 실측값 사용(단, 실측이 곤란한 경우 선로정수 등으로 계산한 값)

04 ★★☆☆☆
UPS용 축전지의 선정과 관련하여 축전지 용량 산정에 필요한 조건을 6가지만 적어라.

Answer

① 부하의 크기와 성질
② 예상 정전시간
③ 순시 최대 방전전류의 세기
④ 제어 케이블에 의한 전압강하
⑤ 경년에 의한 용량의 감소
⑥ 온도 변화에 의한 용량 보정

Explanation

- 무정전 전원 공급 장치(UPS : Uninterruptible Power Supply)
  - 구성 : 축전지, 정류 장치(Converter), 역변환 장치(Inverter)
  - 선로의 정전이나 입력 전원에 이상 상태가 발생하였을 경우에도 정상적으로 전력을 부하 측에 공급하는 설비

- UPS의 구성도

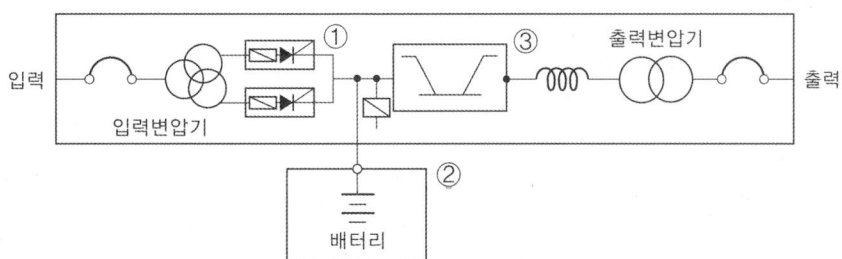

- UPS 구성 장치
  ① 순변환(정류) 장치(Converter) : 교류를 직류로 변환
  ② 축전지 : 정류 장치에 의해 변환된 직류 전력을 저장
  ③ 역변환 장치(Inverter) : 직류를 상용 주파수의 교류 전압으로 변환

- 축전지 용량

$$C = \dfrac{1}{L} KI [\text{Ah}]$$

여기서, C : 축전지의 용량[Ah], L : 보수율(경년용량 저하율)
         K : 용량환산 시간 계수, I : 방전 전류[A]

BEST 05 ★★★★★

전기설비기술기준과 한국전기설비규정에 의하여 과전류차단기를 시설하여서는 안 되는 곳을 3가지만 적어라.

Answer

① 접지공사의 접지도체
② 다선식 전로의 중성선
③ 고압 또는 특고압과 저압전로를 결합한 변압기 전로의 일부에 접지공사를 한 저압 가공전선로의 접지 측 전선

Explanation

(KEC 341.11조) 과전류차단기의 시설 제한
접지공사의 접지도체, 다선식 전로의 중성선, 전로의 일부에 접지공사를 한 저압 가공전선로의 접지측 전선에는 과전류차단기를 시설하여서는 안 된다.

06 ★★★★☆

송전선로에 경동선보다 ACSR(강심알루미늄연선)을 많이 사용하는 이유를 적어라(2가지).

Answer

① 경동연선에 비해 기계적 강도가 크고 가볍다.
② 같은 저항 값에 대해서는 경동연선에 비해 전선의 바깥지름이 크기 때문에 코로나 발생 방지에 효과적이다.

Explanation

① 강심알루미늄연선의 용도
  - 큰 인장하중을 필요로 하는 가공전선 및 특고압 중선선에 사용
  - 코로나 방지가 필요한 초고압 송·배전선로에 사용
② KSC 3113 강심 알루미늄 연선(ACSR) 규격
  19, 32, 58, 80, 96, 120, 160, 200, 240, 330, 410, 520, 610[mm^2]

BEST 07 ★★★★★

품에서 규정된 소운반이라 함은 무엇을 뜻하는지 적어라.

Answer

20[m] 이내의 수평 거리를 말하며, 경사면의 소운반 거리는 직고 1[m] 수평거리 6[m]의 비율로 본다.

Explanation

품에서 규정된 소운반이라 함은 20[m] 이내의 수평 거리를 말하며 소운반이 포함된 품에 있어서 운반거리가 20[m]를 초과할 경우에는 초과분에 대하여 별도 계상하며 소운반 거리는 직고 1[m] 수평거리 6[m]의 비율로 본다.

08 다음 그림을 보고 질문에 답하여라.

[그림1] 논리회로

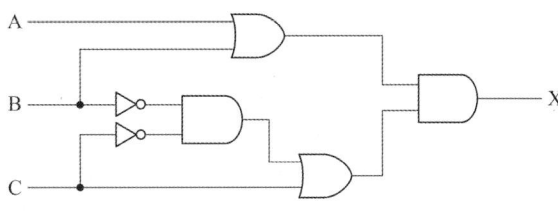

[그림2] 릴레이 회로도

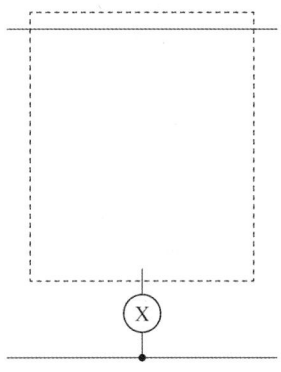

(1) [그림1]의 논리회로에 대한 논리식을 간략화하여 나타내어라.
(2) 논리식을 이용하여 [그림2] 릴레이 회로(점선 안)의 미완성 부분을 완성하여라.

Answer

(1) $X = (A+B) \cdot (\overline{B}\,\overline{C} + C) = (A+B) \cdot (\overline{B} + C) \cdot (\overline{C} + C) = (A+B) \cdot (\overline{B} + C)$
(2) 릴레이 회로도

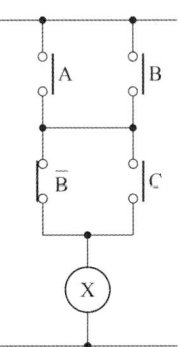

Explanation

논리식 $X = (A+B) \cdot (\overline{B}\,\overline{C} + C)$ 여기서, $A + BC = (A+B) \cdot (A+C)$를 적용
$= (A+B) \cdot (\overline{B} + C) \cdot (\overline{C} + C)$ 여기서, $\overline{C} + C = 1$을 적용
$= (A+B) \cdot (\overline{B} + C)$

09 ★☆☆☆☆
지상 5층 지하 2층의 일반 건물의 자동화재 탐지설비의 시공내역의 설명이다. 아래 조건을 보고 소요인공과 인건비를 구하여라. 단, 내선전공의 노임은 80,000원이다.

[자동화재 경보장치 설치]

공종	단위	내선전공	비고
SPOT형 감지기 [(차동식, 정온식, 보상식) 노출형]	개	0.13	(1) 천장 높이는 4[m] 기준 1[m] 증가시마다 5[%] 가산 (2) 매입형 또는 특수 구조인 경우 조건에 따라서 산정
시험기(공기관 포함)	개	0.15	(1) 상동 (2) 상동
분포형의 공기관(열전대선 감지선)	m	0.025	(1) 상동 (2) 상동
검출기	개	0.30	
공기관식의 Booster	개	0.10	
발신기 P-1 발신기 P-2 발신기 P-3	개	0.30 0.30 0.20	1급(방수형) 2급(보통형) 3급(푸시버튼만으로 응답 확인 없는 것)
회로시험기	개	0.10	
수신기 P-1(기본공수) (회선수 공수 산출 가산요)	대	6.0	[회선수에 대한 산정] 매 1회선에 대해서 <table><tr><th>형식</th><th>직종</th><th>내선전공</th></tr><tr><td>P-1</td><td></td><td>0.3</td></tr><tr><td>P-2</td><td></td><td>0.2</td></tr><tr><td>부수신기</td><td></td><td>0.2</td></tr></table> ※ R형은 수신반 인입감시 회선수 기준 참고 : 산정 예 : [P-1의 10회분 기본공수는 6인, 회선당 할증수는 10×0.3=3] ∴ 6+3=9인
수신기 P-2(기본공수) (회선수 공수 산출 가산요)	대	4.0	
부수신기(기본공수)	대	3.0	
R형 수신반(기본공수) (회선수 공수 산출 가산요)	대	6.0	
R형 중계기	개	0.30	
비상전원반	대	1.68	
소화전 기동 릴레이	대	1.5	수신기에 내장되지 않은 것으로 별개로 취부할 경우에 적용
전령(電鈴)	개	0.15	
표시등(유도등)	개	0.20	
표시판	개	0.15	
비상콘센트함	대	0.36	
수동조작함	대	0.36	소화약제용, 스프링클러용, 댐퍼용 등의 수동조작함
프리액션밸브 결선	개	0.31	프리액션밸브에 장착된 압력스위치, 댐퍼 스위치, 솔레노이브 등의 결선
MCC 연동릴레이(소방)	개	0.33	
제연댐퍼 결선	대	0.32	댐퍼에 장착된 모터기동 및 동작확인 회로의 결선

[해설]
① 시험품은 회로당 내선전공 0.025인 적용
② 취부상 목대를 필요로 할 경우 목대 매 개당 내선전공 0.02인 가산
③ 공기관의 길이는 「텍스」 붙인 평면천장의 산출식에 의한 수량에 5[%]를 가산하고, 보돌림과 시험기로 인하되는 수량은 별도 가산
④ 방폭형 200[%]
⑤ 아파트의 경우는 노출 SPOT형 감지기(차동식, 정온식, 보상식) 설치 품은 개당 내선전공 0.1인 적용
⑥ 철거 30[%], 재사용 철거 50[%]

[조건]
(1) 지상층은 층고가 3.5[m]이고 차동식스포트형 감지기를 각 층별로 20개씩 시공한다.
(2) 지하층은 층고가 4.5[m]이고 차동식스포트형 감지기를 각 층별로 30개씩 시공한다.
(3) 각 층마다 P형 1급 발신기가 2개 있고, P형 1급(20회선) 수신기는 1층에 1개 있다.
(4) 경계구역은 16개 구역으로 되어 있다.
(5) 배관 및 배선은 고려하지 않는다.

공정	소요인공(내선전공)	인건비
지상층 감지기	① 계산 : 답 :	⑤ 계산 : 답 :
지하층 감지기	② 계산 : 답 :	⑥ 계산 : 답 :
수신기	③ 계산 : 답 :	⑦ 계산 : 답 :
감지기 선로시험	④ 계산 : 답 :	⑧ 계산 : 답 :

Answer

공정	소요인공(내선전공)	인건비
지상층 감지기	① 계산 : 20개×5개층×0.13인=13인 답 : 13인	⑤ 계산 : 13인×80,000원=1,040,000원 답 : 1,040,000원
지하층 감지기	② 계산 : 30개×2개층×0.13인×1.05=8.19인 답 : 8.19인	⑥ 계산 : 8.19인×80,000원=655,200원 답 : 655,200원
수신기	③ 계산 : 6인+20회로×0.3인=12인 답 : 12인	⑦ 계산 : 12인×80,000원=960,000원 답 : 960,000원
감지기 선로시험	④ 계산 : 16회로×0.025인=0.4인 답 : 0.4인	⑧ 계산 : 0.4인×80,000원=32,000원 답 : 32,000원

10 ★★★★☆

누전경보기의 화재안전기준에 의하면 누전경보기의 수신부를 설치해서는 아니 되는 장소가 있다. 그 장소를 구분하여 적어라(5가지). 단, 누전경보기에 대하여 방폭·방식·방습·방온·방진 및 정전기 차폐 등의 방호조치는 하지 않은 것으로 본다.

Answer

① 가연성의 증기, 먼지, 가스 등이나 부식성의 증기 가스 등이 다량으로 체류하는 장소
② 화약류를 제조하거나 저장 또는 취급하는 장소
③ 습도가 높은 장소
④ 온도의 변화가 급격한 장소
⑤ 대전류 회로, 고주파 발생회로 등에 따른 영향을 받을 우려가 있는 장소

Explanation

화재안전기준(NFSC 205) 누전경보기 수신부
누전경보기의 수신부는 다음 각 호의 장소외의 장소에 설치하여야 한다. 다만, 당해 누전경보기에 대하여 방폭·방식·방습·방온·방진 및 정전기 차폐 등의 방호조치를 한 것에 있어서는 그러하지 아니하다.
① 가연성의 증기·먼지·가스 등이나 부식성의 증기·가스 등이 다량으로 체류하는 장소
② 화약류를 제조하거나 저장 또는 취급하는 장소
③ 습도가 높은 장소
④ 온도의 변화가 급격한 장소
⑤ 대전류회로·고주파 발생회로 등에 따른 영향을 받을 우려가 있는 장소

11 ★★★☆☆

금속관 공사에서 사용되는 부속품에 대한 설명이다. 다음 질문에 답하여라.

(1) 전선관 상호의 접속용으로 관이 고정되어 있을 때, 또는 관의 양측을 돌려서 접속할 수 없는 경우에 사용되는 부속품의 명칭을 적어라.
(2) 노출배관공사에서 관이 직각으로 굽히는 곳에 사용되는 부속품의 명칭을 적어라.
(3) 금속관으로부터 전선을 뽑아 전동기 단자 부분에 접속할 때 사용되는 부속품의 명칭을 적어라.
(4) 인입구, 인출구의 관단에 접속하여 옥외의 빗물을 막는 데 사용되는 부속품의 명칭을 적어라.
(5) 아웃렛 박스에 조명기구를 부착할 때 기구 중량의 장력을 보강하기 위해 사용되는 부속품의 명칭을 적어라.

Answer

(1) 유니온 커플링
(2) 유니버셜 엘보우
(3) 터미널 캡
(4) 엔트런스 캡
(5) 픽스쳐 스터드와 히키

Explanation

금속관 공사용 부품

명칭	사용 용도
로크너트 (lock nut)	관과 박스를 접속하는 경우
부싱 (bushing)	전선 관단에 끼우고 전선을 넣거나 빼는 데 있어서 전선의 피복을 보호하여 전선이 손상되지 않게 하는 것

커플링 (coupling)	• 금속관 상호 접속 또는 관과 노멀 밴드와의 접속에 사용 • 관의 양측을 돌려서 접속할 수 없는 경우 : 유니온 커플링
새들 (saddle)	노출 배관에서 금속관을 조영재에 고정시키는 데 사용
노멀 밴드 (normal bend)	배관의 직각 굴곡에 사용
링 리듀서	금속을 아웃트렛 박스의 로크 아웃에 취부할 때 록 아웃의 구멍이 관의 구멍보다 클 때 사용
스위치 박스 (switch box)	매입형의 스위치나 콘센트를 고정하는 데 사용
아웃트렛 박스 (outlet box)	전선관 공사에 있어 전등기구나 점멸기 또는 콘센트의 고정, 접속함
콘크리트 박스 (concrete box)	콘크리트에 매입 배선용으로 아웃트렛 박스와 같은 목적으로 사용
플로어 박스	바닥 밑으로 매입 배선할 때 사용
유니버설 엘보우 (elbow)	• 노출 배관공사에 관을 직각으로 굽혀야 할 곳의 관 상호 접속 또는 관을 분기해야 할 곳에 사용 • 3방향으로 분기하는 T형, 4방향으로 분기하는 크로스 엘보우
터미널 캡 (terminal cap)	전동기에 접속하는 장소나 애자 사용 공사로 옮기는 장소의 관단에 사용
엔트런스 캡(우에사캡) (entrance cap)	인입구, 인출구의 관단에 설치하여 금속관에 접속하여 옥외의 빗물을 막는 데 사용
픽스쳐 스터드와 히키 (fixture stud & hickey)	아웃트렛 박스에 조명기구를 부착시킬 때 사용, 무거운 기구취부
블랭크 와셔 (blank washer)	플로어 덕트의 정션 박스에 덕트를 접속하지 않는 곳을 막기 위하여 사용
유니버설 피팅	노출 배관시 L형 또는 T형으로 구부러지는 장소에 사용

12 ★★★★☆ 시방서(Specification)를 작성할 때 요구되는 전문성에 대하여 예시와 같이 5가지만 표현을 하시오.

[예시]
사용 자재 및 장비에 관한 기술적 지식

Answer

(1) 설계도서 구성 및 작성에 대한 이해
(2) 계약수립 및 관리 과정에 관한 지식
(3) 설계도서의 활용에 대한 이해
(4) 공사개시 전 준비단계에 대한 이해
(5) 공사 추진 과정의 단계별 활용에 대한 이해

Explanation

① 시방서(示方書, specifications)

설계도면과 관련한 문서로 설계 도면상 나타낼 수 없는 내용이나 추가로 필요한 사항을 표시한 문서로 공사 작업의 기준이 되는 문서
② 시방서(Specification)를 작성할 때 요구되는 전문성
- 설계도서 구성 및 작성에 대한 이해
- 계약수립 및 관리 과정에 관한 지식
- 설계도서의 활용에 대한 이해
- 공사개시 전 준비단계에 대한 이해
- 공사 추진 과정의 단계별 활용에 대한 이해
- 공사 완성 단계의 업무에 대한 이해
- 법적, 기술적 책임한계를 명확하게 표현할 수 있는 지식

BEST 13

납축전지에서 발생되는 설페이션(Sulfation) 현상에 대하여 설명하여라.

Answer

설페이션 현상
납축전지를 방전 상태에서 오랫동안 방치하여 두면 극판의 황산납이 회백색으로 변하고(황산화 현상) 내부 저항이 대단히 증가하여 충전시 전해액의 온도 상승이 크고 황산의 비중 상승이 낮으며 가스 발생이 심하게 되며 전지의 용량이 감퇴 하고 수명이 단축되는 현상

Explanation

설페이션(Sulfation)현상
납축전지를 방전 상태에서 오랫동안 방치하여 두면 극판의 황산납이 회백색으로 변하고(황산화 현상) 내부 저항이 대단히 증가하여 충전 시 전해액의 온도 상승이 크고 황산의 비중 상승이 낮으며 가스(수소) 발생이 심하게 되며 전지의 용량이 감퇴하고 수명이 단축되는 현상

14 ★☆☆☆☆

합성수지관의 굵기가 22[mm]인 경우 2.5[mm²] 전선을 몇 가닥까지 배선할 수 있는지 구하여라. 단, 단면적은 40[%] 미만이고, 2.5[mm²] 전선의 바깥지름은 4[mm]이다.

Answer

계산 : 합성수지관의 내단면적 $A = \dfrac{\pi}{4}D^2 = \dfrac{\pi}{4} \times 22^2 = 380.13$ [mm²]

내단면적 40[%]에 수용할 수 있는 전선 가닥수 N은 $380.13 \times 0.4 > \dfrac{\pi}{4} \times 4^2 \times N$

$N < \dfrac{380.13 \times 0.4}{\dfrac{\pi}{4} \times 4^2} = 12.1$

답 : 12가닥

Explanation

합성수지관
단면적 $A = \dfrac{\pi}{4}d^2$ [mm²]

15 아스팔트로 포장된 자동차 도로(폭 25[m])에 저압나트륨등(250[W])의 광속 25,000[lm], 감광보상률 1.4, 조명률 0.25, 노면 휘도 1.2[nt]가 되도록 도로 양쪽에 등을 설치할 때 간격을 구하여라. 단, 조도는 노면 휘도의 10배, 소수점은 버린다.

Answer

계산 : $S = \dfrac{FUN}{ED} = \dfrac{25{,}000 \times 0.25 \times 1}{1.2 \times 10 \times 1.4} = 372.02 \,[\text{m}^2]$

$S = \dfrac{a \cdot b}{2} = \dfrac{25 \times b}{2} = 372.02$ 따라서, 간격 $b = 29.76\,[\text{m}]$ 　　　　답 : 29[m]

Explanation

- 조명계산
  $FUN = ESD$
  여기서, F[lm] : 광속, U[%] : 조명률, N[등] : 등수
  　　　　E[lx] : 조도, S[m²] : 면적, $D = \dfrac{1}{M}$: 감광보상률 $= \dfrac{1}{\text{보수율}}$

  등수 $N = \dfrac{ESD}{FU}$ 이며 등수계산은 소수점은 무조건 절상한다.

- 도로조명에서의 면적 계산
  − 중앙배열, 편측배열 : $S = a \cdot b$
  − 양쪽배열, 지그재그식 : $S = \dfrac{a \cdot b}{2}$

  여기서, a : 도로 폭, b : 등 간격

  문제에서는 양쪽배열이므로 $S = \dfrac{a \cdot b}{2}\,[\text{m}^2]$

BEST 16 총 공사비가 310억 원이고, 공사 기간이 14개월인 전기공사의 간접노무비율[%]을 참고자료에 의거하여 구하여라.

[참고자료]

구분		간접노무비율
공사 종류별	건축공사	14.5
	토목공사	15
	기타(전기, 통신 등)	15
공사 규모별 (품셈에 의하여 산출되는 공사원가기준)	50억 원 미만	14
	50~300억 원 미만	15
	300억 원 이상	16
공사 기간별	6개월 미만	13
	6~12개월 미만	15
	12개월 이상	17

Answer

계산 : 간접 노무비율 = $\dfrac{15+16+17}{3} = 16[\%]$ 답 : 16[%]

Explanation

간접 노무비율 = $\dfrac{\text{공사 종류별}[\%] + \text{공사 규모별}[\%] + \text{공사 기간별}[\%]}{3}$

---

17 ★★☆☆☆
다음 기호를 보고 정확한 전선의 명칭을 적어라.

① EV :   ② MI :

Answer

① EV : 폴리에틸렌 절연 비닐 시스 케이블
② MI : 미네랄 인슐레이션 케이블

Explanation

(내선규정 100-2) 전선 및 케이블의 약호

약호	명칭
BL 케이블	300/500 [V] 편조 리프트 케이블
BRC 코드	300/300 [V] 편조 고무코드
CV1 케이블	0.6/1 [kV] 가교 폴리에틸렌 절연 비닐 시스 케이블
CV10 케이블	6/10 [kV] 가교 폴리에틸렌 절연 비닐 시스 케이블
CVV 전선	0.6/1 [kV] 비닐절연 비닐시스 제어케이블
CN-CV 케이블	동심중성선 차수형 전력케이블
CN-CV-W 케이블	동심중성선 수밀형 전력케이블
CE1 케이블	0.6/1 [kV] 가교 폴리에틸렌 절연 폴리에틸렌 시스케이블
CE10 케이블	6/10 [kV] 가교 폴리에틸렌 절연 폴리에틸렌 시스케이블
EE 케이블	폴리에틸렌 절연 폴리에틸렌 시스 케이블
EV 케이블	폴리에틸렌 절연 비닐 시스 케이블
FR CNCO-W	동심중성선 수밀형 저독성 난연 전력케이블
MI 케이블	미네랄 인슈레이션 케이블
PNCT 케이블	0.6/1 [kV] EP 고무 절연 클로로프렌 캡타이어 케이블
PV	0.6/1 [kV] EP 고무 절연 비닐 시스 케이블
VCT 케이블	0.6/1 [kV] 비닐 절연 비닐캡타이어 케이블
VV 케이블	0.6/1 [kV] 비닐 절연 비닐 시스 케이블

18 다음 그림기호의 명칭을 적어라.

(1) 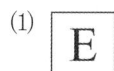 (2) 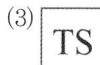 (3)   (4)   (5)   (6)

Answer

(1) 누전 차단기
(2) 배선용 차단기
(3) 타임스위치
(4) 연기감지기
(5) 스피커
(6) 조광기

Explanation

(1) E : 누전 차단기
(2) B : 배선용 차단기
(3) TS : 타임스위치
(4) S : 연기감지기
(5) : 스피커
(6) : 조광기

19 전선 지지점의 고저차가 없을 경우 경간 200[m]에서 이도가 6[m]인 송전선로가 있다. 이도를 8[m]로 증가시키고자 할 경우 증가되는 전선의 길이는 몇 [cm]인지 계산하여 구하여라.

Answer

이도 6[m]일 때 전선의 길이 $L_1 = 200 + \dfrac{8 \times 6^2}{3 \times 200} = 200.48 [\text{m}]$

이도 8[m]일 때 전선의 길이 $L_2 = 200 + \dfrac{8 \times 8^2}{3 \times 200} = 200.85 [\text{m}]$

∴ $L_2 - L_1 = 200.85 - 200.48 = 0.37 [\text{m}]$

답 : 37[cm]

Explanation

- 이도 : $D = \dfrac{WS^2}{8T} [\text{m}]$

- 실제 길이 : $L = S + \dfrac{8D^2}{3S} [\text{m}]$

  여기서, L : 전선의 실제 길이[m]
  D : 이도[m]
  S : 경간[m]

2015년 전기공사기사 실기

01 ★★☆☆☆
저압 측 전선이 300[V]급이고, 한 상에 대한 변압기의 합계용량이 150[kVA]일 때 접지공사의 접지도체를 선정하시오. 단, 아래의 접지도체의 굵기를 결정하기 위한 계산조건에 따른다.
① 접지도체는 GV전선을 사용하고 표준굵기[mm²]는 6, 10, 16, 25, 35, 50, 70 중에서 선정한다.
② GV전선의 표준굵기[mm²]의 선정은 전기기기의 선정 및 설치−접지설비 및 보호도체(KS C IEC 60364−5−54)에 따른다.
③ 과전류차단기를 통해 흐를 수 있는 예상 고장전류는 변압기 2차 정격전류의 20배로 본다.
④ 도체, 절연물, 그밖의 부분의 재질 및 초기온도와 최종온도에 따라 정해지는 계수는 143(구리도체)으로 한다.
⑤ 변압기 2차의 과전류차단기는 고장전류에서 0.1초에 차단되는 것이다.

Answer

계산 : $S = \dfrac{\sqrt{I^2 t}}{k} = \dfrac{\sqrt{\left(\dfrac{150 \times 10^3}{300} \times 20\right)^2 \times 0.1}}{143} = 22.11\,[\text{mm}^2]$

답 : 25[mm²]

Explanation

(KEC 142.3.2조) 보호도체 및 접지도체의 굵기 산정 식

$S = \dfrac{\sqrt{I^2 t}}{k}\,[\text{mm}^2]$

여기서, S : 단면적[mm²]
I : 보호장치를 통해 흐를 수 있는 예상 고장전류 실효값[A]
t : 자동차단을 위한 보호장치의 동작시간[s]
k : 보호도체, 절연, 기타 부위의 재질 및 초기온도와 최종온도에 따라 정해지는 계수

KSC−IEC 전선 규격

전선의 공칭단면적 [mm²]			
1.5	16	95	300
2.5	25	120	400
4	35	150	500
6	50	185	630
10	70	240	

BEST 02 ★★★★★

그림과 같이 외등용 전선관을 지중에 매설하려고 할 때 터파기(흙파기)량을 구하시오. 단, 매설거리는 50[m]이고, 전선관의 면적은 무시한다.

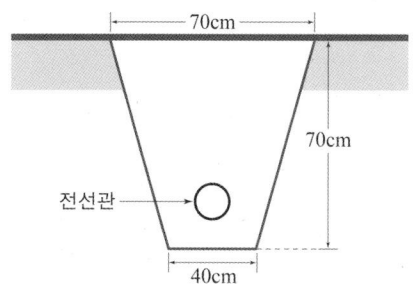

Answer

$$V = \frac{a+b}{2} \times h \times L = \frac{0.7+0.4}{2} \times 0.7 \times 50 = 19.25 [\text{m}^3]$$

답 : 19.25[m³]

Explanation

줄기초 파기 : 전선관 매설

$$\text{터파기량}[\text{m}^3] = \left(\frac{a+b}{2}\right) \times h \times \text{줄기초길이}$$

03 ★☆☆☆☆

그림은 합성수지관의 접속도이다. 설명을 읽고 어떤 커플링 접속법인지 쓰시오.

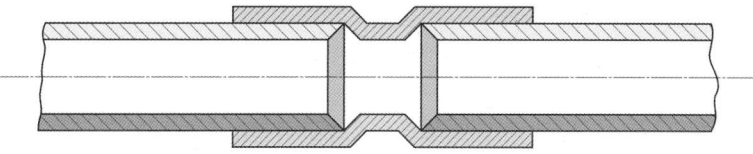

① 관단 내면의 관두께의 약 1/3 정도 남을 때까지 깎아낸다.
② 커플링 안지름과 관 바깥지름의 접속 면을 마른 걸레로 잘 닦는다(특히 기름기는 잘 닦아낸다).
③ 커플링 안지름과 관 바깥지름의 접속 면에 속효성 접착제를 얇게 고루 바른다.
④ 관을 커플링에 끼워 90° 정도 관을 비틀어 그대로 10~20초 정도 눌러서 접속을 완료하고 튀어나온 접착제는 닦아낸다.

Answer

TS 커플링

Explanation

(내선규정 100-2) 합성수지관의 접속도 예
- TS 커플링을 쓰는 관상호 접속
- 컴비네이션 커플링에 의한 관상호의 신축접속
- 유니온 커플링에 의한 잇달은 접속
- 커넥터에 의한 박스와 관과의 접속
- 커넥터를 사용하지 않은 박스와 관과의 접속

BEST 04 ★★★★★

22.9[kV] 선로의 수전 차단 용량이 1,000[MVA]이다. 이 선로에 사용되는 피뢰기용 접지도체의 굵기를 구하시오. 단, A : 접지도체의 굵기 [mm²], I_s : 낙뢰전류, 고장전류[A], t : 고장계속시간 [sec](22[kV]급 선로에서 1.1 적용)

Answer

계산 : 피뢰기 접지도체 굵기 공식
$$A = \frac{\sqrt{t}}{282} \cdot I_s = \frac{\sqrt{1.1}}{282} \times \frac{1,000 \times 10^3}{\sqrt{3} \times 25.8} = 83.23 [\text{mm}^2] \quad \text{따라서, } 95[\text{mm}^2] \text{ 선정}$$

답 : 95[mm²]

Explanation

- 접지도체 굵기 : $A = \frac{\sqrt{t}}{282} \cdot I_s [\text{mm}^2]$
- t : 고장 지속 시간 (22[kV] : 1.1[초], 66[kV] : 1.6[초])
- 차단기의 차단용량 $= \sqrt{3} \times$ 차단기의 정격전압 $\times$ 차단기 정격차단전류

  차단기 정격 차단전류 $I_s = \frac{\text{차단기의 차단용량}}{\sqrt{3} \times \text{차단기의 정격전압}} = \frac{1,000 \times 10^3}{\sqrt{3} \times 25.8}$

- KSC IEC 전선규격
  1.5, 2.5, 4, 6, 10, 16, 25, 35, 50, 70, 95, 120, 150, 185, 240, 300, 400, 500, 630[mm²]

05 ★★☆☆☆

일반 조명등(백열등, HID등) 옥내배선 그림기호를 보고 각각의 적용분야를 쓰시오.

그림기호	적용	그림기호	적용
◐		⊚	
⊖		CL	
CH		DL	

Answer

그림기호	적요	그림기호	적요
◐	벽붙이	⊚	옥외등
⊖	팬던트	CL	실링라이트(직접 부착)
CH	샹들리에	DL	매입기구

Explanation

(KS C 0301) 옥내배선용 그림 기호(조명기구)

명 칭	그림기호	적요

일반용 조명
백열등
HID등
	○	① 벽 붙이는 벽 옆을 칠한다. ●
		② 옥외등은 Ⓞ 로 하여도 좋다.
		③ 샹들리에 (CH)
		④ 팬턴트 ⊖
		⑤ 실링·직접부착 (CL)
		⑥ 매입기구 (DL)
		⑦ HID등의 종류를 표시하는 경우는 용량 앞에 다음기호를 붙인다.
		   수은등 H
		   메탈 할라이드등 M
		   나트륨등 N
		[보기] H400　400[W] 수은등

06 ★★★☆☆
EL램프(Electro Luminescent lamp)의 특징 5가지를 쓰시오.

①
②
③
④
⑤

Answer

① 얇은 산화물 피막으로 전기저항이 낮다.
② 기계적으로 강하다.
③ 빛의 투과율이 높다.
④ 램프 충전 시 제1피크, 램프 방전 시 제2피크가 나타나는 일종의 콘덴서와 비슷하다.
⑤ 정현파 전압을 높이면 광속발산도가 급격히 증가한다.

Explanation

EL 램프(Electro luminescent Lamp)의 특징
- 얇은 산화물 피막으로 전기저항이 낮다.
- 기계적으로 강하다.
- 빛의 투과율이 높다.
- 램프 충전 시 제1피크(peak), 램프 방전 시 제2피크가 나타나는 일종의 콘덴서와 비슷하다.
- 정현파 전압을 높이면 광속발산도가 급격히 증가한다.
- 전압을 더욱 높이면 광속발산도가 포화상태가 된다.
- 전원주파수를 증가시키면 주파수가 낮을 때는 광속발산도가 직선적으로 증가하지만 주파수가 높아지면 포화의 경향으로 표시된다.

07 ★★★☆☆
그림과 같은 회로에서 전동기가 누전된 경우 3,000[Ω]의 인체저항을 가진 사람이 전동기에 접촉할 때 인체에 흐르는 전류 시간 합계[mA·sec]는 약 얼마인지 계산하시오. 단, 30[mA], 0.1[sec]의 경우 정격 ELB를 설치하였다.

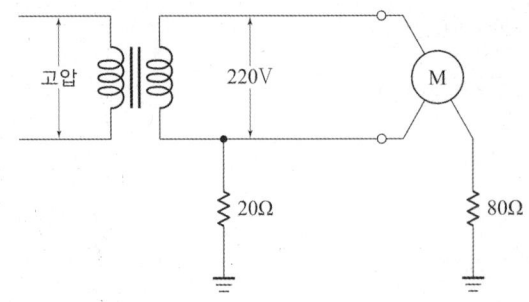

Answer

접촉시 지락 전류 = $\dfrac{220}{20+\dfrac{80\times 3{,}000}{80+3{,}000}} = 2.25[\text{A}]$

인체에 흐르는 전류 = $\dfrac{80}{80+3{,}000}\times 2.25 = 0.05844[\text{A}] = 58.44[\text{mA}]$

정격 감도 전류는 30[mA], 동작 시간 0.1[sec]이므로
인체에 흐르는 전류 시간 합계 = $58.44\times 0.1 = 5.84[\text{mA}\cdot\text{sec}]$

답 : 5.84[mA·sec]

Explanation

- 등가회로

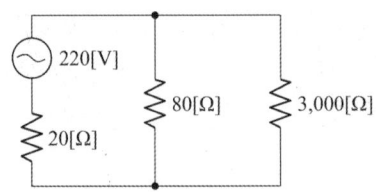

- 전체저항 $R_T = 20 + \dfrac{80\times 3{,}000}{80+3{,}000} = 97.92[\Omega]$

- 전체 전류 $I_T = \dfrac{V}{R_T} = \dfrac{220}{20+\dfrac{80\times 3{,}000}{80+3{,}000}} = \dfrac{220}{97.92} = 2.25[\text{A}]$

- 인체(3,000[Ω])에 흐르는 전류 $I' = \dfrac{80}{80+3{,}000}\times 2.25 = 0.05844[\text{A}] = 58.44[\text{mA}]$

- 정격 감도 전류는 30[mA], 동작 시간 0.1[sec]이므로
  인체에 흐르는 전류 시간 합계 = $58.44\times 0.1 = 5.84[\text{mA}\cdot\text{sec}]$

08 정상적인 상용전원 인입 시에는 인버터 모듈 내의 IGBT 프리 휠링 다이오드를 통한 풀 브리지 정류방식으로 충전기 기능을 하고, 정전 시에는 인버터로 동작을 하여 출력전원을 공급하는 방식으로, 오프라인 방식이지만 일정 전압이 자동으로 조정되는 기능을 갖는 UPS 동작 방식을 쓰시오.

Answer

라인 인터렉티브 방식

Explanation

UPS 종류와 구성
① ON-LINE 방식
  정상적인 교류입력전원을 공급받아 내장된 축전지 충전 및 인버터를 상시 동작시켜서 비상 시에 무순단 (Make Before Breaking)으로 전력을 공급하는 방식
② OFF-LINE 방식
  정상 시 교류입력전원을 사용하다가 정전되거나 입력전원이 허용치보다 낮을 경우에 인버터(UPS)를 사용하는 방식
③ LINE INTERACTIVE 방식
  입력되는 전원이 정상적인 경우에 출력전압을 일정하게 유지하도록 자동전압조정기능을 내장한(주로 4 탭 사용)방식으로 ON-LINE과 OFF-LINE 방식의 중간정도의 기술. 현재는 주로 소용량의 UPS에 적용하여 사용

09 고압개폐기기의 종류이다. 각각의 용도를 쓰시오.

(1) 단로기 :
(2) 고압부하개폐기 :
(3) 진공부하개폐기 :
(4) 고압차단기 :
(5) 고압전력용퓨즈 :

Answer

(1) 단로기 : 선로로부터 기기를 분리, 구분 및 변경할 때 사용되는 개폐 장치로 부하 전류의 개폐에는 사용되지 않는다.
(2) 고압부하개폐기 : 고장 전류와 같은 대전류는 차단 할 수 없지만 평상 운전시의 부하 전류의 개폐에 사용하는 것으로서 송배전선 등의 개폐 빈도가 별로 많지 않은 장소에 사용된다.
(3) 진공부하개폐기 : 고장 전류와 같은 대전류는 차단 할 수 없지만 평상 운전시의 부하 전류의 개폐에 사용하는 것으로서 고압 전동기 등의 제어용으로 개폐 빈도가 많은 경우에 사용된다.
(4) 고압차단기 : 부하 전류 및 고장 전류 차단에 사용된다.
(5) 고압전력용퓨즈 : 단락전류 차단이 주목적으로 부하개폐기와 조합시켜 사용하는 경우가 많다.

10 다음 각 저항을 측정하는 데 가장 적당한 계측기 또는 적당한 방법을 쓰시오.

(1) 변압기 절연저항 :
(2) 검류계의 내부저항 :
(3) 전해액의 저항 :
(4) 백열전구의 필라멘트(백열상태) :
(5) 고저항 측정 :

Answer

(1) 메거(절연저항계)
(2) 휘스톤 브리지
(3) 콜라우시 브리지
(4) 전압 강하법
(5) 휘스톤 브리지

Explanation

각종 저항 측정 방법
- 캘빈더블브리지 : 굵은 나전선의 저항
- 휘스톤 브리지 : 검류계의 내부저항, 고저항 측정
- 콜라우시 브리지 : 전해액의 저항, 접지저항
- 메거 : 절연저항
- 전압 강하법 : 백열전구의 필라멘트(백열상태)

11 가공인입선의 인입선 접속점 및 인입구 배선을 보여주는 그림이다. 그림 각 부위(①~⑤)의 명칭을 쓰시오.

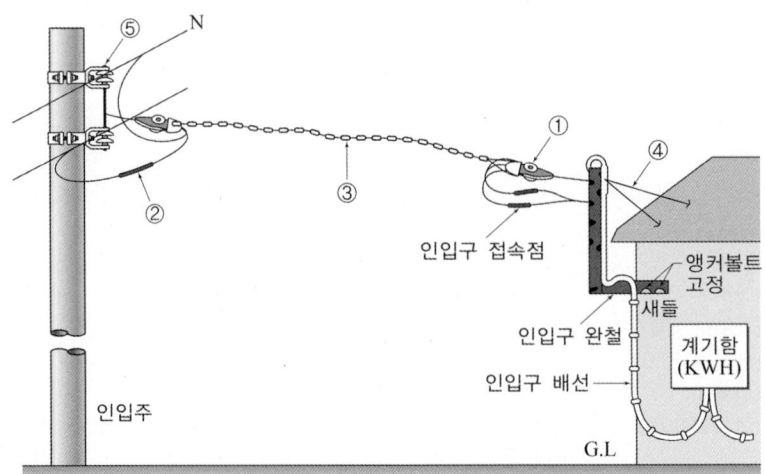

Answer

① PVC 인류애자　　② 전선퓨즈
③ DV전선(인입용 비닐절연전선)　　④ 완철지선
⑤ 랙

Explanation

(대한전기협회) 전기공사 표준작업 절차서
인입구 배선 : 저압의 인입선 접속점에서 인입구 장치(인입선 접속점 이후의 저압전로에 설치하는 전원측에서 최초의 개폐기 또는 과전류차단기를 말한다)까지의 배선

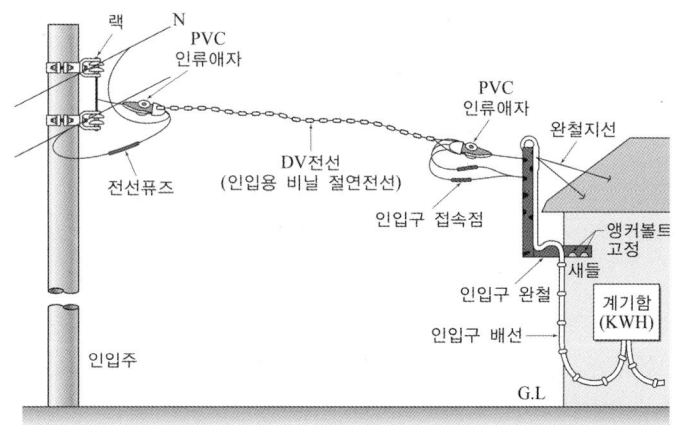

[가공인입선의 인입선 접속점 및 인입구 배선]

12. 전기설비의 방폭구조 종류를 5가지만 쓰시오.

Answer

내압 방폭구조, 유입 방폭구조, 압력 방폭구조, 안전증 방폭구조, 본질안전 방폭구조

Explanation

방폭구조 종류와 정의
전기기계기구의 방폭구조란 가스 증기 위험장소에서 사용에 적합하도록 특별히 고려한 구조를 말하며, 내압 방폭구조, 유입 방폭구조, 안전증가 방폭구조, 본질안전 방폭구조 및 특수 방폭구조와 분진위험장소에서 사용에 적합하도록 고려한 분진방폭구조를 구별한다.

방폭구조	정의	기호
내압 방폭구조	용기 내 폭발 시 용기가 폭발압력을 견디며, 접합면, 개구부를 통해 외부에 인화될 우려가 없는 구조	Ex d
압력 방폭구조	용기 내에 보호가스를 압입시켜 폭발성 가스나 증기가 용기 내부에 유입되지 않도록 된 구조	Ex p
안전증 방폭구조	정상 운전 중에 점화원 발생 방지를 위해 기계적, 전기적 구조상 혹은 온도 상승에 대해 안전도를 증가한 구조	Ex e
유입 방폭구조	전기 불꽃, 아크, 고온 발생 부분을 기름으로 채워 폭발성 가스 또는 증기에 인화되지 않도록 한 구조	Ex o
본질안전 방폭구조	정상 시 및 사고 시(단선, 단락, 지락)에 폭발 점화원 (전기 불꽃, 아크, 고온)의 발생이 방지된 구조	Ex ia Ex ib

13 이 문제는 변경된 KEC 적용으로 인하여 삭제하고, 아래 예상문제로 대체되었습니다.

변압기의 고압·특고압측 전로 또는 사용전압이 35[kV] 이하의 특고압전로가 저압측 전로와 혼촉하고 저압전로의 대지전압이 150[V]를 초과하는 경우 1초를 넘고 2초 이내에 자동으로 차단하는 장치를 설치한 경우 지락전류가 25[A]이라면 변압기 중성점 접지저항 값은 얼마인가?

• 계산 :   • 답 :

Answer

계산 : $R = \dfrac{300}{I_1} = \dfrac{300}{25} = 12[\Omega]$ 답 : $12[\Omega]$

Explanation

(KEC 142.5조) 변압기 중성점 접지
① 변압기의 중성점접지 저항 값(변압기의 고압·특고압측)
  가. 일반적 : $\dfrac{150}{I_1}$ 이하   여기서, I_1은 전로의 1선 지락전류
  나. 변압기의 고압·특고압측 전로 또는 사용전압이 35[kV] 이하의 특고압전로가 저압측 전로와 혼촉하고 저압전로의 대지전압이 150[V]를 초과하는 경우
    • 1초 초과 2초 이내에 자동으로 차단하는 장치를 설치 : $\dfrac{300}{I_1}$ 이하
    • 1초 이내에 자동으로 차단하는 장치를 설치 : $\dfrac{600}{I_1}$ 이하
② 전로의 1선 지락전류 : 실측값 사용(단, 실측이 곤란한 경우 선로정수 등으로 계산한 값)

14 변전실의 위치선정 시 고려하여야 할 사항 5가지만 쓰시오.

Answer

① 부하 중심에 가까울 것
② 인입선의 인입이 쉽고 보수유지 및 점검이 용이한 곳
③ 간선 처리 및 증설이 용이한 곳
④ 기기 반출·입에 지장이 없을 것
⑤ 침수, 기타 재해발생의 우려가 적은 곳

Explanation

그 외에도,
⑥ 화재, 폭발 위험성이 적을 것
⑦ 습기, 먼지가 적은 곳
⑧ 열해, 유독가스의 발생이 적을 것
⑨ 발전기, 축전지 실이 가급적 인접한 곳
⑩ 장래부하 증설에 대비한 면적 확보가 용이한 곳
⑪ 기기 높이에 대하여 천장 높이가 충분한 곳
⑫ 채광 및 통풍이 잘되는 곳

BEST 15 ★★★★★

3상 3선식 380[V] 회로에 그림과 같이 부하가 연결되어 있다. 간선의 허용전류를 구하시오. 단, 전동기 평균 역률은 90[%]이다.

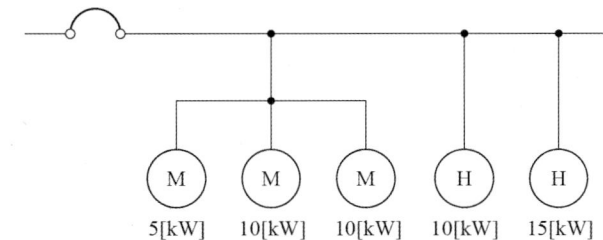

Answer

전동기 정격 전류의 합 $\sum I_M = \dfrac{(5+10+10) \times 10^3}{\sqrt{3} \times 380 \times 0.9} = 42.2\,[\text{A}]$

전동기의 유효 전류 $I_r = 42.2 \times 0.9 = 37.98\,[\text{A}]$

전동기의 무효 전류 $I_q = 42.2 \times \sqrt{1-0.9^2} = 18.39\,[\text{A}]$

전열기 정격 전류의 합 $\sum I_H = \dfrac{(10+15) \times 10^3}{\sqrt{3} \times 380 \times 1.0} = 37.98\,[\text{A}]$

전열기는 역률이 1이므로 유효분 전류만 있으며

회로의 설계전류 $I_B = \sqrt{(37.98+37.98)^2 + 18.39^2} = 78.15\,[\text{A}]$

간선의 허용전류 $I_B \leq I_n \leq I_Z$에서 $I_Z \geq 78.15\,[\text{A}]$

답 : 78.15[A]

Explanation

과부하전류에 대한 보호
① 도체와 과부하 보호장치 사이의 협조
   과부하에 대해 케이블(전선)을 보호하는 장치의 동작 특성
   - $I_B \leq I_n \leq I_Z$
   - $I_2 \leq 1.45 \times I_Z$

   여기서, I_B : 회로의 설계전류
   I_Z : 케이블의 허용전류
   I_n : 보호장치의 정격전류
   I_2 : 보호장치가 규약시간 이내에 유효하게 동작하는 것을 보장하는 전류

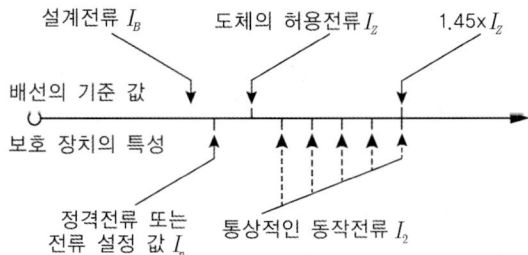

16 ★★★☆☆

옥내 배선도를 작성하는 방법을 기본 순서대로 번호로 나열하시오.

① 점멸기의 위치를 평면도에 표시한다.
② 전등, 전열기, 전동기의 전압별 부하 집계표로 분기회로 수를 결정한다.
③ 건물의 평면도를 준비한다.
④ 각 부분의 배선에 전선의 종류, 굵기, 전선수를 표시한다.
⑤ 전기 사용기계, 기구를 심벌을 써서 위치를 표시한다.

Answer

③ → ⑤ → ② → ① → ④

Explanation

옥내 배선도 작성 순서
건물의 평면도 준비 → 전기 사용기계, 기구를 심벌을 써서 위치를 표시 → 전등, 전열기, 전동기의 전압별 부하 집계표로 분기회로 수를 결정 → 점멸기의 위치를 평면도에 표시 → 각 부분의 배선에 전선의 종류, 굵기, 전선의 수를 표시

17 ★☆☆☆☆

15[kV] N-EV는 네온관용 전선기호이다. 여기에서 E는 무엇을 나타내는지 쓰시오.

Answer

폴리에틸렌

Explanation

전선약호
- N : 네온전선
- V : 비닐
- E : 폴리에틸렌
- R : 고무
- C : 클로로프렌

18 345[kV] 송전선로를 산지 등에서 사람이 쉽게 들어갈 수 없는 장소에 시설하는 경우 지표상의 높이는 최소 몇 [m]인지 구하시오.

Answer

계산 : 단수 = $\dfrac{345-160}{10}$ = 18.5 → 19단

따라서, 전선의 지표상 높이 = 5+19×0.12 = 7.28[m]

답 : 7.28[m]

Explanation

(KEC 333.7조) 특고압 가공전선의 높이
특고압 가공전선의 지표상(철도 또는 궤도를 횡단하는 경우에는 레일면상, 횡단보도교를 횡단하는 경우에는 그 노면상)의 높이는 표에서 정한 값 이상이어야 한다.

사용전압의 구분	지표상의 높이
35[kV] 이하	5[m] (철도 또는 궤도를 횡단하는 경우에는 6.5[m], 도로를 횡단하는 경우에는 6 m, 횡단보도교의 위에 시설하는 경우로서 전선이 특고압절연전선 또는 케이블인 경우에는 4[m])
35[kV] 초과 160[kV] 이하	6[m] (철도 또는 궤도를 횡단하는 경우에는 6.5[m], 산지(山地) 등에서 사람이 쉽게 들어갈 수 없는 장소에 시설하는 경우에는 5[m], 횡단보도교의 위에 시설하는 경우 전선이 케이블인 때는 5[m])
160[kV] 초과	6[m] (철도 또는 궤도를 횡단하는 경우에는 6.5[m] 산지 등에서 사람이 쉽게 들어갈 수 없는 장소를 시설하는 경우에는 5[m])에 160[kV]를 초과하는 10[kV] 또는 그 단수마다 0.12[m]을 더한 값

BEST 19 3상 4선식 380[V]로 수전하는 수용가의 부하 전력이 100[kW], 부하 역률이 85[%], 구내 배전선의 길이는 400[m]이며, 배선에서 전압강하를 6[V]까지 허용하는 경우 구내 배선의 굵기를 구하시오. 단, 이때 배선의 굵기는 전선의 공칭 단면적으로 표시하시오.

Answer

계산 : $A = \dfrac{17.8LI}{1,000e} = \dfrac{17.8 \times 400 \times \dfrac{100 \times 10^3}{\sqrt{3} \times 380 \times 0.85}}{1,000 \times 6}$ = 212.11[mm^2] 따라서, 240[mm^2] 선정

답 : 240[mm^2]

Explanation

- 전압 강하 및 전선의 단면적 계산

전기 방식	전압 강하	전선 단면적	대상 전압강하
단상 3선식 직류 3선식 3상 4선식	IR	$e = \dfrac{17.8LI}{1,000A}$	$A = \dfrac{17.8LI}{1,000e}$	대지와 선간
단상 2선식 직류 2선식	$2IR$	$e = \dfrac{35.6LI}{1,000A}$	$A = \dfrac{35.6LI}{1,000e}$	선간
3상 3선식	$\sqrt{3}\,IR$	$e = \dfrac{30.8LI}{1,000A}$	$A = \dfrac{30.8LI}{1,000e}$	선간

여기서, e : 전압강하 [V], A : 사용전선의 단면적 [mm^2]
　　　　L : 선로의 길이 [m], C : 전선의 도전율(97[%])

KSC-IEC 전선 규격

전선의 공칭단면적 [mm^2]			
1.5	16	95	300
2.5	25	120	400
4	35	150	500
6	50	185	630
10	70	240	

과년도 기출문제

전기공사기사 실기 2016

- 2016년 제01회
- 2016년 제02회
- 2016년 제04회

2016년 과년도 기출문제에 대한 출제 빈도 분석 차트입니다.
각 회차별로 별의 개수를 확인하고 학습에 참고하기 바랍니다.

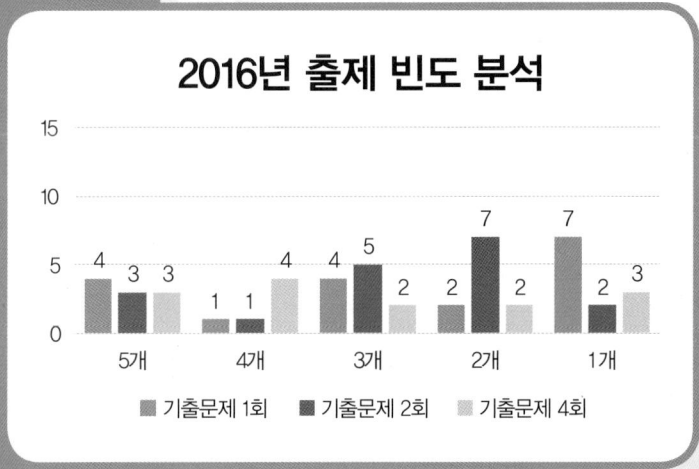

2016년 전기공사기사 실기

01 ★★★★☆
다음 그림에 표시된 ①~⑦의 정확한 명칭을 쓰시오. 단, 그림은 2련 내장 애자장치(역조형)이다.

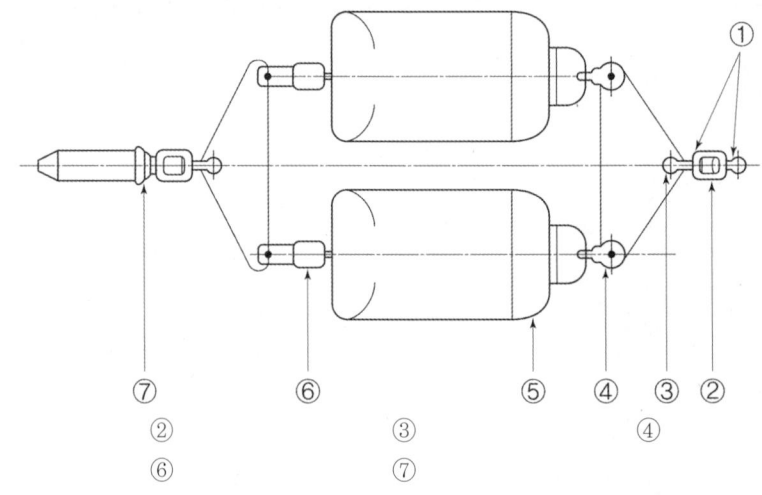

①   ②   ③   ④
⑤   ⑥   ⑦

Answer

① 앵커쇄클   ② 체인링크   ③ 삼각요크
④ 볼크레비스   ⑤ 현수애자   ⑥ 소켓 크레비스
⑦ 압축형 인류 클램프

Explanation

2련 내장 애자장치

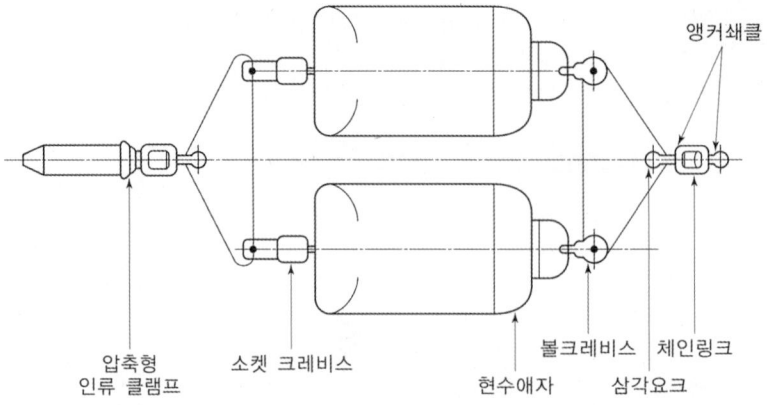

02 가공 전선로의 애자에 대한 내용이다. (   ) 안에 알맞은 내용을 쓰시오.

(1) 애자련 개수의 결정은 (①)에 대하여 (②)를(을) 일으키지 않도록 하는 것을 기준으로 하고 있다.
(2) 애자의 상하 금구 사이에 전압을 인가하고 전압을 점점 높여가면 애자 주위의 공기를 통해서 아크가 발생되어 애자가 단락되게 되는 전압을 (③)이라 한다.
(3) 전선측에 붙여서 전선에 대한 정전용량을 늘리고, 선로의 섬락 시 애자가 열적으로 파괴되는 것을 막는 데 효과가 있는 것을 (④)이라 한다.

Answer

① 이상전압   ② 섬락   ③ 섬락전압   ④ 초호환(초호각)

Explanation

- 섬락 시 애자련을 보호하고 애자련에 걸리는 전압 분포 균일하게 하기 위한 애자련의 보호 장치
  - 아킹혼(arcing horn) 소호각(초호각)
  - 아킹링(arcing ring) 소호환(초호환)
- 애자의 섬락특성
  애자의 양단에 전압을 가하고 이것을 점차 높여 어느 정도 이상이 되면 애자 자체는 이상이 없더라도 공기를 통하여 양전극 간에 지속적인 아크가 발생하는 현상을 섬락이라고 하며 이때의 전압을 섬락전압이라고 한다.
  이러한 섬락전압은 250[mm] 현수애자 1개를 기준으로 하며 다음과 같다.
  - 주수 섬락전압 : 50[kV]
  - 건조 섬락전압 : 80[kV]
  - 충격 섬락전압 : 125[kV]
        표준충격파인 $1.2 \times 50[\mu s]$인 충격파를 인가한다.
  - 유중 파괴전압 : 140[kV]

03 그림과 같은 전원설비에서 변압기의 부하율이 각각 40[%]일 때 변압기의 전손실[kW]을 구하시오. 단, 3상 300[kVA] 변압기의 철손은 2.2[kW], 전부하 동손은 4.2[kW]이다.

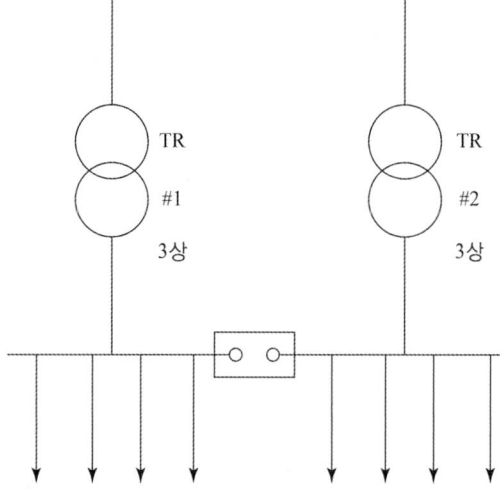

(1) 변압기 2대 운전 시의 전손실을 구하시오.
  • 계산 :   • 답 :
(2) 변압기 1대 운전 시의 전손실을 구하시오.
  • 계산 :   • 답 :

Answer

(1) 계산 : 변압기 2대 전손실 $2P_l = 2P_i + \left(\dfrac{1}{m}\right)^2 P_c \times 2 = 2.2 \times 2 + (0.4)^2 \times 4.2 \times 2 = 5.74\,[\text{kW}]$

답 : 5.74[kW]

(2) 계산 : 변압기 1대 전손실 $P_l = P_i + \left(\dfrac{1}{m}\right)^2 P_c = 2.2 + (0.8)^2 \times 4.2 = 4.89\,[\text{kW}]$ 답 : 4.89[kW]

Explanation

- 변압기 $\dfrac{1}{m}$ 부하 시 효율 $\eta_{\frac{1}{m}} = \dfrac{\dfrac{1}{m} P_n \cos\theta}{\dfrac{1}{m} P_n \cos\theta + P_i + \left(\dfrac{1}{m}\right)^2 P_c} \times 100\,[\%]$

- $\left(\dfrac{1}{m}\right)$ 부하 시의 전손실 : $P_l = P_i + \left(\dfrac{1}{m}\right)^2 P_c$

- 변압기 1대 만을 이용하여 부하공급하면 한 대의 부하율은 80[%]가 된다.

04 ★★★☆☆

다음 표의 수용가 A, B, C에 공급하는 배전선로의 최대 전력은 500[kW]이다. 이때 수용가의 부등률을 구하시오.

수용가	설비용량[kW]	수용률[%]
A	400	60
B	300	60
C	400	80

• 계산 :   • 답 :

Answer

부등률 $= \dfrac{400 \times 0.6 + 300 \times 0.6 + 400 \times 0.8}{500} = 1.48$

Explanation

부등률 $= \dfrac{\text{각 개별 수용가 최대 수용 전력의 합}\,[\text{kW}]}{\text{합성 최대 수용 전력}\,[\text{kW}]}$

BEST 05 ★★★★★

공급점에서 50[m]의 지점에 80[A], 60[m]의 지점에 50[A], 80[m]의 지점에 30[A]의 부하가 걸려있을 때 부하 중심까지의 거리를 산출하여 전압강하를 고려한 전선의 굵기를 결정하려고 한다. 부하중심까지의 거리는 몇 [m]인지 구하시오.

• 계산 :   • 답 :

Answer

계산 : $L = \dfrac{L_1 I_1 + L_2 I_2 + L_3 I_3}{I_1 + I_2 + I_3} = \dfrac{50 \times 80 + 60 \times 50 + 80 \times 30}{80 + 50 + 30} = 58.75[\text{m}]$ 답 : 58.75[m]

Explanation

직선부하의 부하 중심점까지의 거리

$L = \dfrac{L_1 I_1 + L_2 I_2 + L_3 I_3 + \cdots}{I_1 + I_2 + I_3 + \cdots}$

06 ★★★☆☆ 요구하는 접지의 목적과 접지저항값을 얻기 위해서는 대지의 구조에 따라 경제적이고 신뢰성 있는 접지공법을 채택하여야 한다. 접지공법을 대별하면 봉상접지공법, 망상접지법(mesh 공법), 건축 구조체 접지공법이 있다. 이 중 봉상접지공법에 대하여 간단히 설명하시오.

Answer

봉상접지공법
① 심타공법 : 접지봉을 지표에서 타입하는 방법으로 접지봉을 직렬 접속하는 방법
② 병렬접지공법 : 독립 접지봉을 여러 개 묻고 각 접지봉을 병렬로 연결하는 방법

Explanation

접지공법
① 봉상접지공법
② 망상접지법(mesh 공법)
③ 건축 구조체 접지공법

봉상접지공법
① 심타공법 : 접지봉을 지표에서 타입하는 방법으로 접지봉을 직렬 접속하는 방법
② 병렬접지공법 : 독립 접지봉을 여러 개 묻고 각 접지봉을 병렬로 연결하는 방법

BEST 07 ★★★★★ 경간 200[m]인 가공 송전선로가 있다. 전선 1[m] 당 무게는 2.0[kg]이고 풍압 하중이 없다고 한다. 인장강도 4,000[kg]의 전선을 사용할 때 이도(D)와 전선의 실제 길이(L)를 구하시오. 단, 안전율은 2.2로 한다.

(1) 이도(D)
 • 계산 : • 답 :
(2) 전선의 실제 길이(L)
 • 계산 : • 답 :

Answer

(1) 계산 : $D = \dfrac{WS^2}{8T} = \dfrac{2 \times 200^2}{8 \times \dfrac{4,000}{2.2}} = 5.5[\text{m}]$ 답 : 5.5[m]

(2) 계산 : $L = S + \dfrac{8D^2}{3S} = 200 + \dfrac{8 \times 5.5^2}{3 \times 200} = 200.4[\text{m}]$ 답 : 200.4[m]

> **Explanation**
>
> - 이도 : $D = \dfrac{WS^2}{8T}$
>
> - 실제길이 : $L = S + \dfrac{8D^2}{3S}$
>
>   여기서, L : 전선의 실제 길이[m], D : 이도[m], S : 경간[m]

08 ★★★☆☆ 조명기구를 직선도로에 배치하는 방식 4가지만 열거하시오.

> **Answer**
>
> ① 중앙 배열
> ② 편측 배열
> ③ 대칭 배열
> ④ 지그재그 배열

> **Explanation**
>
>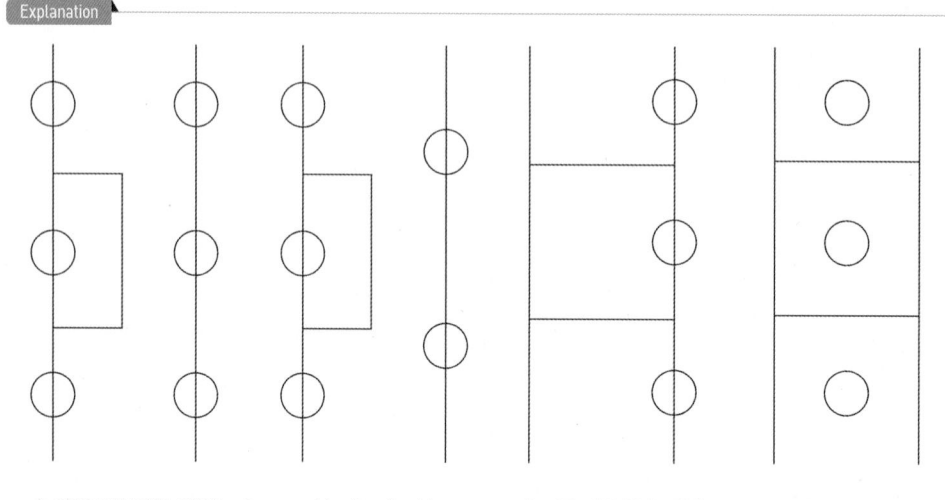
>
> a) 양쪽조명(대칭 배열)   b) 지그재그식   c) 편측배열(한쪽배열)   d) 중앙배열

09 ★☆☆☆☆ 3상 3선식 배전선로에 역률 0.8, 출력 120[kW]인 3상 평형 유도부하가 접속되어 있는 경우, 부하단의 수전전압이 3,000[V], 배전선 1조의 저항이 6[Ω], 리액턴스가 4[Ω]일 때의 송전단전압을 구하시오.

- 계산 :   • 답 :

> **Answer**
>
> 계산 : $e = \dfrac{P_r}{V_r}(R + X\tan\theta) = \dfrac{120 \times 10^3}{3,000} \times (6 + 4 \times \dfrac{0.6}{0.8}) = 360[V]$
>
> 송전단 전압 $V_s = V_r + e = 3,000 + 360 = 3,360[V]$
>
> 답 : 3,360[V]

> **Explanation**

선간 전압 강하 식 $e = V_s - V_r = \sqrt{3}\,I(R\cos\theta + X\sin\theta)$ 에서

수전전력 $P_r = \sqrt{3}\,V_r I_r \cos\theta$

전류 $I = \dfrac{P_r}{\sqrt{3}\,V_r \cos\theta}$

전압강하 $e = \sqrt{3}\,I(R\cos\theta + X\sin\theta)$
$= \sqrt{3}\,\dfrac{P_r}{\sqrt{3}\,V_r \cos\theta}(R\cos\theta + X\sin\theta)$
$= \dfrac{P_r}{V_r}(R + X\tan\theta)$

BEST 10 ★★★★★

감전의 위험이 있는 전기시설의 부위에는 전기의 가압 여부를 식별할 수 있는 활선 표시장치 등을 각 상에 부착하도록 권장하고 있다. 이 활선 표시장치의 권장 설치장소 3곳을 쓰시오.

Answer

① 수전점 개폐기의 전원측 및 부하 측 각상
② 분기회로 개폐기의 전원 측 및 부하 측 각상
③ 변압기 등의 전원 측 및 부하 측 각상

Explanation

(내선규정 3210-6조) 노출된 충전부분의 시설 제한
고압 및 특고압 전로의 노출된 충전부분은 전기취급자가 쉽게 접촉되지 않도록 하여야 하며 전력선 등 감전위험이 있는 전기시설 부위에는 전기의 가압 여부를 식별할 수 있는 활선표시장치 등을 각상에 부착하는 것이 바람직하다.

【주 1】활선표시장치란 저압, 고압 및 특고압 계통의 부스바, 절연케이블, 전로의 충전부분 등에 부착하여 전압의 인가 여부를 표시해 주는 장치를 말한다.
【주 2】활선표시장치의 권장 설치장소는 다음과 같다.
1. 수전점 개폐기의 전원 측 및 부하 측 각상
2. 분기회로의 개폐기 전원 측 및 부하 측 각상
3. 변압기 등의 전원 측 및 부하 측 각상

11 ★☆☆☆☆

가공전선로 설계 시 부하계수란 무엇인지 쓰시오.

Answer

부하계수 : 단위길이 당 합성하중과 전선의 자중에 대한 비

Explanation

- 부하계수 : 단위길이 당 합성하중과 전선의 자중에 대한 비

$$W_s = \dfrac{W}{W_c} = \dfrac{\sqrt{(W_i + W_c)^2 + W_w^2}}{W_c}$$

- 전선로에 가해지는 합성하중 $W = \sqrt{(W_i + W_c)^2 + W_w^2}$
  여기서, 풍압하중(W_w), 전선자중(W_c), 빙설하중(W_i)

BEST 12

건물의 종류에 대응한 표준부하 값을 빈칸의 (   ) 안에 쓰시오.

건물의 종류	표준부하[VA/m²]
기숙사, 여관, 호텔, 병원, 학교, 음식점, 다방	( )
공장, 공회당, 사원, 교회, 극장, 영화관 등	( )
사무실, 은행, 상점, 이발소, 미용원	( )
주택, 아파트	( )

Answer

건물의 종류	표준부하[VA/m²]
기숙사, 여관, 호텔, 병원, 학교, 음식점, 다방	(20)
공장, 공회당, 사원, 교회, 극장, 영화관 등	(10)
사무실, 은행, 상점, 이발소, 미용원	(30)
주택, 아파트	(40)

Explanation

부하상정 및 분기회로

1. 표준 부하
1) 건축물의 종류에 따른 표준 부하

건축물의 종류	표준 부하[VA/m²]
공장, 공회당, 사원, 교회, 극장, 영화관, 연회장 등	10
기숙사, 여관, 호텔, 병원, 학교, 음식점, 다방, 대중 목욕탕	20
사무실, 은행, 상점, 이발소, 미장원	30
주택, 아파트	40

2) 건축물 중 별도 계산할 부분의 표준 부하 (주택, 아파트는 제외)

건축물의 부분	표준 부하[VA/m²]
복도, 계단, 세면장, 창고, 다락	5
강당, 관람석	10

3) 표준 부하에 따라 산출한 수치에 가산하여야 할 [VA]수
① 주택, 아파트(1세대마다)에 대하여는 500~1,000[VA]
② 상점의 진열창에 대하여는 진열창 폭 1[m]에 대하여 300[VA]
③ 옥외의 광고등, 전광사인, 네온 사인등의 [VA]수
④ 극장, 댄스홀 등의 무대조명, 영화관 등의 특수전등부하의 [VA] 수

2. 부하의 상정
부하 설비 용량 $= PA + QB + C$
여기서, P : 건축물의 바닥 면적 [m²] (Q 부분 면적 제외)

Q : 별도 계산할 부분의 바닥면적 [m²]
A : P 부분의 표준 부하 [VA/m²]
B : Q 부분의 표준 부하 [VA/m²]
C : 가산해야 할 부하 [VA]

3. 분기 회로수

분기 회로수 = $\dfrac{\text{표준 부하 밀도[VA/m²]} \times \text{바닥 면적[m²]}}{\text{전압[V]} \times \text{분기 회로의 전류[A]}}$

【주1】 계산결과에 소수가 발생하면 절상한다.
【주2】 220[V]에서 3[kW](110[V] 때는 1.5[kW])를 초과하는 냉방기기, 취사용기기 등 대형 전기 기계 기구를 사용하는 경우에는 단독분기회로를 사용하여야 한다.
※ 분기회로 전류는 보통 문제에서 주어지지 않으면 16[A] 분기회로임

13. ★☆☆☆☆

조명설비의 조도는 시간이 경과하면 광속저하, 램프 조명기구의 오염 및 실내면의 반사율 저하로 조도가 감소하는데 설계 시 이러한 조도의 감소를 감안하여 보정계수를 적용하여 실제보다 높은 조도레벨로 설계를 하게 된다. 이때 적용되는 보정계수는 무엇인지 쓰시오.

Answer

감광보상률

Explanation

감광보상률
• 조명설비의 조도는 시간이 경과하면 광속저하, 램프 조명기구의 오염 및 실내면의 반사율 저하로 조도가 감소하는데 설계 시 이러한 조도의 감소를 감안하여 적용하는 보정계수
• 감광보상률 = $\dfrac{1}{\text{유지율(보수율)}}$

14. ★★★☆☆

345[kV] 옥외 변전소시설에 있어서 울타리의 높이와 울타리에서 충전부분까지의 거리의 최소값 [m]을 구하시오.

• 계산 :   • 답 :

Answer

계산 : $6 + 19 \times 0.12 = 8.28$[m] (여기서, 단수 = 34.5 - 16 = 18.5 → 19단)   답 : 8.28[m]

Explanation

(KEC 351.1조) 발전소 등의 울타리·담 등의 시설
(1) 고압 또는 특고압의 기계기구·모선 등을 옥외에 시설하는 발전소·변전소·개폐소 또는 이에 준하는 곳에는 다음 각 호에 따라 구내에 취급자 이외의 사람이 들어가지 아니하도록 시설하여야 한다. 다만, 토지의 상황에 의하여 사람이 들어갈 우려가 없는 곳은 그러하지 아니하다.
① 울타리·담 등을 시설할 것
② 출입구에는 출입금지의 표시를 할 것
③ 출입구에는 자물쇠장치 기타 적당한 장치를 할 것
(2) 울타리·담 등은 다음의 각 호에 따라 시설하여야 한다.
① 울타리·담 등의 높이는 2[m] 이상으로 하고 지표면과 울타리·담 등의 하단사이의 간격은 0.15[m] 이하로 할 것

② 울타리·담 등과 고압 및 특고압의 충전 부분이 접근하는 경우에는 울타리·담 등의 높이와 울타리·담 등으로부터 충전부분까지 거리의 합계는 표에서 정한 값 이상으로 할 것

사용전압의 구분	울타리·담 등의 높이와 울타리·담 등으로부터 충전부분까지의 거리의 합계
35[kV] 이하	5[m]
35[kV] 초과 160[kV] 이하	6[m]
160[kV] 초과	6[m]에 160[kV]를 초과하는 10[kV] 또는 그 단수마다 0.12[m]를 더한 값

15

자동화재탐지설비 중 부착 높이 15[m] 이상 20[m] 미만에 적용하는 감지기의 종류 3가지만 쓰시오.

① ② ③

Answer

① 이온화식1종   ② 불꽃감지기   ③ 연기복합형

Explanation

화재안전기준(NFSC 203) 자동화재탐지설비(감지기)

부착높이	감지기의 종류
4[m] 미만	• 차동식(스포트형, 분포형) • 보상식스포트형 • 정온식(스포트형, 감지선형) • 열복합형 • 이온화식 또는 광전식(스포트형, 분리형, 공기흡입형) • 연기복합형 • 열연기복합형 • 불꽃감지기
4[m] 이상 8[m] 미만	• 차동식(스포트형, 분포형) • 보상식스포트형 • 정온식(스포트형, 감지선형)특종 또는 1종 • 이온화식 1종 또는 2종 • 광전식(스포트형, 분리형, 공기흡입형)1종 또는 2종 열복합형 • 연기복합형 • 열연기복합형 • 불꽃감지기
8[m] 이상 15[m] 미만	• 차동식 분포형 • 이온화식 1종 또는 2종 • 광전식(스포트형, 분리형, 공기흡입형)1종 또는 2종 연기복합형 • 불꽃감지기
15[m] 이상 20[m] 미만	• 이온화식1종 • 광전식(스포트형, 분리형, 공기흡입형)1종 • 연기복합형 • 불꽃감지기
20[m] 이상	• 불꽃감지기 • 광전식(분리형, 공기흡입형) 중 아날로그방식

16 ★☆☆☆☆
다음은 지하 집수조에서 고가수조로 양수하여 물을 사용하기 위한 급수장치의 일부분이다. 다음 물음에 답하시오.

[동작 사항]
① 전원을 투입하면 전원 표시등 GL이 점등되고 EOCR에 전원이 공급된다.
② 버튼스위치 PB를 누르면(눌렀다 놓으면) MC, T, FLR, RL에 전원이 즉시 공급되어 전동기가 회전하여 Pump가 고가수조에 급수를 시작한다.
③ 고가수조의 수위가 만수위가 되면 급수는 정지되고 표시등 RL은 소등되고 T와 FLR에는 전원이 계속 공급되고 있다.
④ 수조의 수위가 저수위가 되면 다시 급수를 시작하고 RL이 점등된다.
⑤ 전원이 순간적으로 정전되었다가(약 2~5초간) 다시 전원이 공급되면, 버튼스위치 PB를 누르지 않아도 정전이 되기 전과 같이 제어회로에 전원이 공급된다. 여기서는 T는 적어도 6초 이상 설정해 놓아야 한다.
⑥ 전동기가 운전 중 과부하가 되었을 때 제어회로에는 전원이 차단되어 급수가 정지되고 FR에 전원이 공급되어 표시등 YL과 부저 BZ가 교대로 계속 동작한다. 이때 차단기 MCCB를 OFF하면 모든 동작이 정지된다.

- 범 례 -

: FLR(Floatless Relay) a, b 접점	GL, YL, RL : 표시등
: T(타이머(off delay) a, b 접점	BZ : 부저
: PB a, b 접점	EOCR : 전자식과전류계전기
: FR(플리커 릴레이) a, b 접점	P : 수조용 전극봉

급수장치의 Sequence Diagram

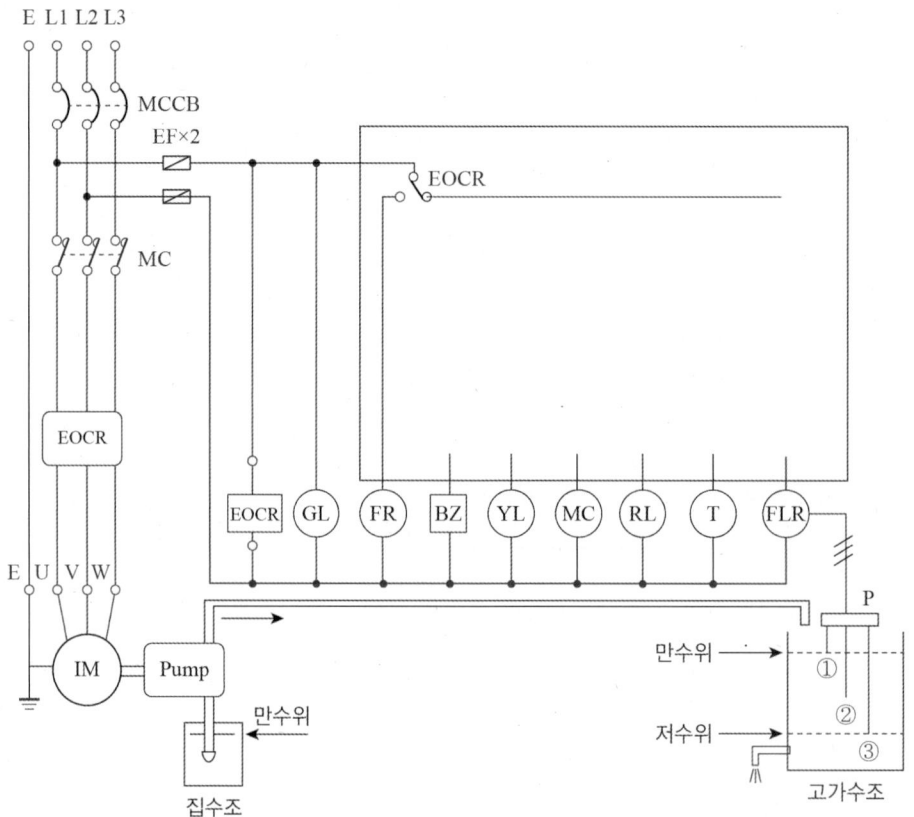

(1) 이 급수 장치가 완전히 동작되도록 동작사항을 참고하여 네모 안의 회로를 완성하시오. 단, 지하 집수조의 수위는 항상 만수위가 되어 있는 것으로 하시오.
(2) 고가수조의 P 부분의 전극 ①, ②, ③ 명칭을 쓰시오.

Answer

(1)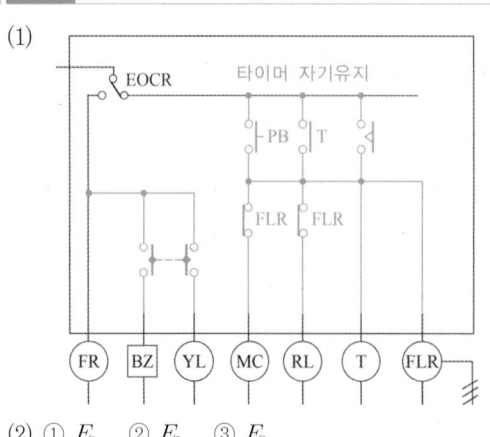

(2) ① E_1 ② E_2 ③ E_3

17 송전방식에는 교류송전과 직류송전방식이 있다. 직류송전방식의 장점을 3가지만 쓰시오.

Answer

① 절연 계급을 낮출 수 있다.
② 무효 전력에 기인한 손실이 없고, 또 역률이 항상 1이므로 송전 효율이 좋다.
③ 선로의 리액턴스가 없으므로 안정도가 높다.

Explanation

- 직류송전 : 발전과 배전은 교류로 하고 송전만을 직류로 하는 방식
- 직류송전방식의 장점
  - 선로의 리액턴스가 없으므로 안정도가 높다.
  - 비동기연계가 가능하다(주파수가 다른 선로의 연계 가능).
  - 무효 전력에 기인한 손실이 없고, 또 역률이 항상 1이므로 송전 효율이 좋다.
  - 도체의 표피효과가 없다(표피효과에 의한 손실이 없다.).
  - 충전전류와 유전체손을 고려하지 않아도 된다.
  - 교류방식에 비해 절연 레벨이 낮다.
- 직류송전방식의 단점
  - 변압이 어렵다.
  - 직류용 차단기가 개발되어 있지 않다.
  - 고조파 억제 대책이 필요하다.
  - 직·교류 변환장치가 필요하다.

18 전기설비에 지락 등의 고장이 발생한 경우에, 해당 전기설비에 사람 등이 접촉하여 발생하는 간접접촉의 감전예방 보호방법을 5가지만 쓰시오.

Answer

① 운전 중인 전기설비에 고장이 발생하는 즉시 고장설비의 전원을 차단
② 전기설비를 이중절연 또는 강화절연
③ 비도전성 장소
④ 비접지 국부등전위본딩 등의 보호방식
⑤ 전기적 분리

Explanation

(KEC 113.2조) 감전에 대한 보호
(1) 기본보호
일반적으로 직접접촉을 방지하는 것으로, 전기설비의 충전부에 인축이 접촉하여 일어날 수 있는 위험으로부터 보호
가. 인축의 몸을 통해 전류가 흐르는 것을 방지
 - 충전부에 전기절연
 - 접촉을 방지하기 위한 충분한 거리 확보(격벽 또는 외함, 장애물 등)
나. 인축의 몸에 흐르는 전류를 위험하지 않는 값 이하로 제한
 - 공급전압을 50[V] 이하로 제한 등

(2) 고장 보호
일반적으로 기본절연의 고장에 의한 간접접촉을 방지
가. 인축의 몸을 통해 고장전류가 흐르는 것을 방지
 - 운전 중인 전기설비에 고장이 발생하는 즉시 고장설비의 전원을 차단
 - 전기설비를 이중절연 또는 강화절연
 - 전기적 분리
 - 비도전성장소
 - 비접지 국부등전위본딩 등의 보호방식
나. 인축의 몸에 흐르는 고장전류를 위험하지 않은 값 이하로 제한
 - 절연고장 설비의 노출도전부를 접촉하더라도 인축의 몸에 위험한 전류가 30[mA] 이상 흐르지 못하도록 하는 방식
다. 인축의 몸에 흐르는 고장전류의 지속시간을 위험하지 않은 시간까지로 제한
 - 전원측에 보호장치를 설치하여 고장전류의 지속시간을 단축하도록 하여 인체에 흐르는 전기량이 30[mA·s] 이하가 되도록 하는 방식

2016년 전기공사기사 실기

01 ★★☆☆☆
가공 배전 선로를 가선 할 때의 전선 가선 시 실 소요량은 일반적으로 선로가 평탄할 때 어떻게 산출하는지 쓰시오.

Answer

선로 긍장 × 전선 조수 × 1.02

Explanation

전선 가선 시 실소요량
- 고저차가 심한 경우 : 선로 긍장 × 전선 조수 × 1.03
- 고저차가 없는 경우 : 선로 긍장 × 전선 조수 × 1.02

02 ★★☆☆☆
12×18[m²]인 사무실의 조도를 200[lx]로 하고자 한다. 전광속 4,600[lm], 램프전류 0.87[A]의 2×40[W] LED 형광등으로 시설할 경우에 조명률 50[%], 감광보상률 1.3으로 가정하면 이 사무실의 분기회로수를 구하시오.

- 계산 :   • 답 :

Answer

계산 : $FUN = ESD$에서

등수 $N = \dfrac{ESD}{FU} = \dfrac{200 \times 12 \times 18 \times 1.3}{4,600 \times 0.5} = 24.42$ ∴ 25[등]

분기회로 수 $N = \dfrac{0.87 \times 25}{16} = 1.36$

답 : 16[A] 분기 2회로

Explanation

조명계산
$FUN = ESD$ 여기서, F[lm] : 광속, U : 조명률, N : 등수

E[lx] : 조도, S[m²] : 면적, $D = \dfrac{1}{M}$: 감광보상률 = $\dfrac{1}{보수율}$

부하상정 및 분기회로
1. 표준 부하
   1) 건축물의 종류에 따른 표준 부하

건축물의 종류	표준 부하[VA/m²]
공장, 공회당, 사원, 교회, 극장, 영화관, 연회장 등	10
기숙사, 여관, 호텔, 병원, 학교, 음식점, 다방, 대중 목욕탕	20
사무실, 은행, 상점, 이발소, 미장원	30
주택, 아파트	40

2) 건축물 중 별도 계산할 부분의 표준 부하 (주택, 아파트는 제외)

건축물의 부분	표준 부하 [VA/m²]
복도, 계단, 세면장, 창고, 다락	5
강당, 관람석	10

3) 표준 부하에 따라 산출한 수치에 가산하여야 할 [VA]수
 ① 주택, 아파트(1세대마다)에 대하여는 500~1,000[VA]
 ② 상점의 진열창에 대하여는 진열창 폭 1[m]에 대하여 300[VA]
 ③ 옥외의 광고등, 전광사인, 네온 사인등의 [VA]수
 ④ 극장, 댄스홀 등의 무대조명, 영화관 등의 특수전등부하의 [VA] 수

4) 예상이 곤란한 콘센트, 접속기, 소켓 등의 예상부하 값 계산

수구의 종류	예상 부하 [VA/개]
소형 전등수구, 콘센트	150
대형 전등수구	300

【비고 1】콘센트는 1구이든 2구이든 몇 개의 구로 되어 있더라도 1개로 본다.
【비고 2】전등수구의 종류는 다음과 같다.
 소형 : 공칭지름이 26[mm] 베이스인 것
 대형 : 공칭지름이 39[mm] 베이스인 것

2. 부하의 상정
 부하 설비 용량 = $PA + QB + C$
 여기서, P : 건축물의 바닥 면적 [m²] (Q 부분 면적 제외)
  Q : 별도 계산할 부분의 바닥면적 [m²]
  A : P 부분의 표준 부하 [VA/m²]
  B : Q 부분의 표준 부하 [VA/m²]
  C : 가산해야 할 부하 [VA]

3. 분기 회로수
 분기 회로수 = $\dfrac{\text{표준 부하 밀도[VA/m²]} \times \text{바닥 면적[m²]}}{\text{전압[V]} \times \text{분기 회로의 전류[A]}}$

【주1】계산결과에 소수가 발생하면 절상한다.
【주2】220[V]에서 3[kW](110[V] 때는 1.5[kW])를 초과하는 냉방기기, 취사용기기 등 대형 전기 기계 기구를 사용하는 경우에는 단독분기회로를 사용하여야 한다.

※ 분기회로 전류는 보통 문제에서 주어지지 않으면 16[A] 분기회로임

03 ★★☆☆☆
배선도에 그림과 같이 표현되어 있다. 그림기호가 나타내는 배관의 종류(명칭)를 쓰시오.

(1) ──//── 2.5°(F₂17)

(2) ──//── 2.5°(VE16)

(3) ──//── 2.5°(PF16)

Answer

(1) 2종 금속제 가요 전선관 (2) 경질 비닐 전선관 (3) 합성수지제 가요관

Explanation

(내선규정 100-5) 배선, 배관 기호
- 강제 전선관은 별도의 표기 없음
- VE : 경질 비닐 전선관
- F_2 : 2종 금속제 가요 전선관
- PF : 합성수지제 가요관

04 옥내배선용 심벌(KSC 0301) 중 지진감지기의 그림기호를 그리시오.

Answer

(EQ)

Explanation

지진 감지기(가속도 100~170[Gal])
[Gal] : 중력가속도의 단위(1[Gal]=1[cm/s^2])

05 전기기기의 선정과 시설을 위한 배선설비의 선정과 시공 시 고려할 사항 5가지를 쓰시오.

Answer

① 감전예방 ② 열적 영향에 대한 보호 ③ 과전류에 대한 보호
④ 고장전류에 대한 보호 ⑤ 과전압에 대한 보호

Explanation

(KEC 231.1조) 배선 및 조명설비 등의 적용범위
전기설비의 사용 중에 발생할 수 있는 위험에 대한 보호를 위해 다음 사항을 고려해야 한다.
① 감전보호
② 열적 영향에 대한 보호
③ 과전류에 대한 보호
④ 고장전류에 대한 보호
⑤ 과전압에 대한 보호

06 [BEST] 공구손료에 대하여 설명하시오.

Answer

일반 공구 및 시험용 계측 기구류의 손료로서 공사 중 상시 일반적으로 사용하는 것을 말하며, 직접 노무비(노임할증 제외)의 3[%]까지 계상한다.

Explanation

일반 공구 및 시험용 계측 기구류의 손료로서 공사 중 상시 일반적으로 사용하는 것을 말하며, 직접 노무비(노임할증 제외)의 3[%]까지 계상한다.

07

납축전지의 정격용량 200[Ah], 상시부하 12[kW], 표준전압 100[V]인 부동충전방식의 2차 충전전류는 몇 [A]인지 구하시오. 단, 납축전지의 방전율은 10시간율로 한다.

• 계산 : • 답 :

Answer

계산 : 충전기 2차 전류 $I = \dfrac{200}{10} + \dfrac{12{,}000}{100} = 140\,[\text{A}]$ 답 : 140[A]

Explanation

• 부동충전
축전지의 자기 방전을 보충하는 동시에 상용 부하에 대한 전력공급은 충전기가 부담하고 충전기가 부담하기 어려운 일시적인 대전류 부하는 축전지가 부담하도록 하는 방식

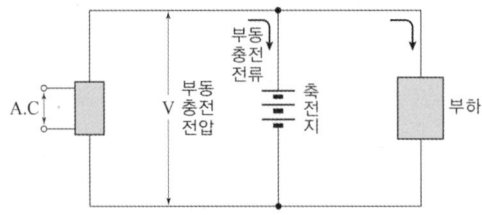

충전기 2차 전류[A] = $\dfrac{\text{축전지 용량[Ah]}}{\text{정격 방전율[h]}} + \dfrac{\text{상시 부하 용량[VA]}}{\text{표준전압[V]}}$

• 정격 방전율 : 정격용량과 같게 나타나므로 연축전지는 10시간율이며 알칼리 축전지는 5시간율이다.

08

분기회로의 용어 정의를 설명하시오.

Answer

간선에서 분기하여 분기과전류차단기를 거쳐서 부하에 이르는 사이의 배선

Explanation

(내선규정 1,300-6)
분기회로(分岐回路)란 간선에서 분기하여 분기과전류차단기를 거쳐서 부하에 이르는 사이의 배선을 말한다.

09

다음 그림은 심야전력기기의 인입구 장치 부근의 배선을 나타낸 것이다. 이 그림은 어떤 경우의 시설을 나타낸 것인지 쓰시오.

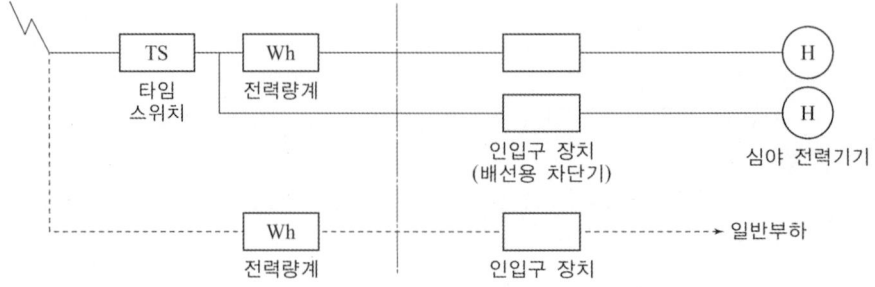

Answer

정액제 · 종량제 병용

Explanation

(내선규정 제4,145절) 심야전력기기
- 심야전력기기의 배선은 기기마다 전용의 분기회로를 시설할 것
- 배선은 합성수지관배선, 금속관배선, 금속제 가요전선관배선, 케이블배선에 의할 것
- 배선방법

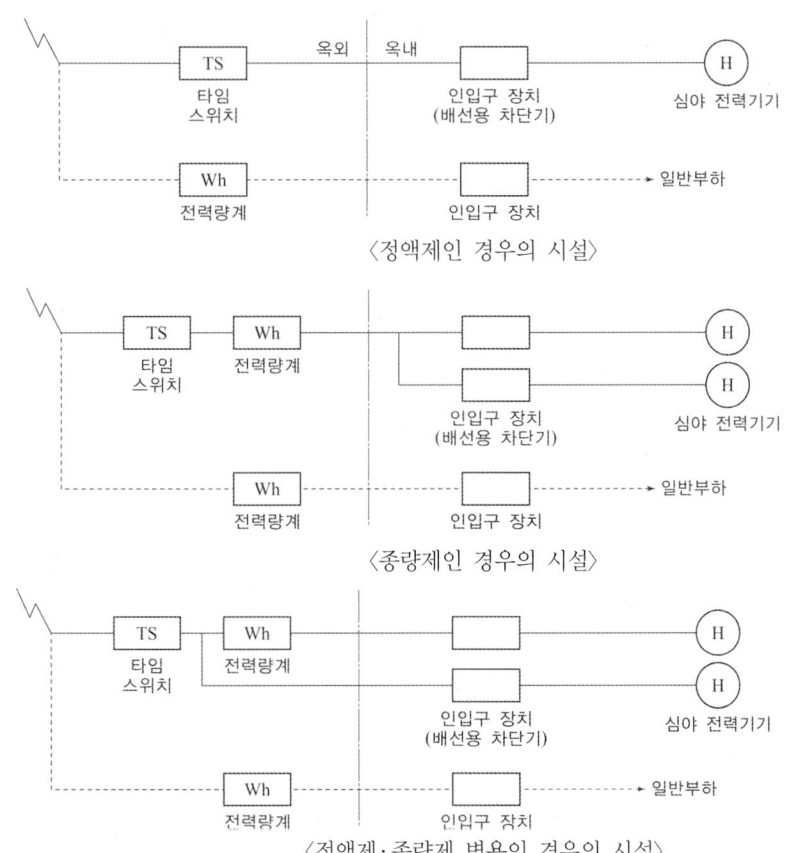

10 사람이 상시 통행하는 터널 내의 배선방법을 3가지만 쓰시오.

Answer

애자공사, 금속관공사, 합성수지관공사

Explanation

(KEC 242.7.조) 사람이 상시 통행하는 터널 안의 배선의 시설
사람이 상시 통행하는 터널내의 배선은 그 사용전압이 저압에 한하고 또한 각 호에 의해서 시설하여야 한다.
① 배선은 다음에 의할 것
  - 애자공사

- 금속관공사
- 합성수지관공사
- 금속제 가요전선관공사
- 케이블공사

② 애자공사의 경우는 다음의 규정에 준할 것
- 전선의 노면 상 높이는 2.5[m] 이상으로 할 것
- 전선은 단면적 2.5[㎟] 이상의 절연전선(OW, DV 제외)

③ 전로는 터널의 인입구 가까운 곳에 전용의 개폐기를 시설할 것

11 ★★★☆☆
송전선로에 사용되는 접지방식에 대하여 각 물음에 대하여 답하시오.

(1) 1선 지락 고장 시 충전전류에 의해 간헐적인 아크 지락을 일으켜서 이상전압이 발생하므로 고전압 송전선로에서 사용되지 않는 접지방식은?

(2) 1선 지락 시 건전상의 전위상승이 높지 않아 유효접지의 대표적인 방식으로 초고압 송전선로에서 경제성이 매우 우수하여 우리나라 송전계통에 사용되고 있는 접지방식은?

Answer

(1) 비접지방식   (2) 직접 접지방식

Explanation

중성점 접지의 종류
- 비접지방식($Z_n = \infty$) : 사용전압 : 20 ~ 30[kV]의 저전압 단거리
- 직접 접지방식($Z_n = 0$) : 직접접지 방식은 우리나라 송전선로의 대부분을 차지하며 154[kV], 345[kV], 765[kV] 등에 사용되며 또한, 지락 사고 시의 건전상의 전위 상승이 정상 시 상(Y)전압의 1.3배를 넘지 않도록 접지임피던스를 조정하는 방식을 유효접지 방식
- 저항 접지방식($Z_n = R$)
- 소호리액터 접지방식($Z_n = jX_L$)

12 ★★★☆☆
다음 심벌은 계기용 변압 변류기(MOF)의 단선도이다. 이것을 복선도로 그리시오. 단, 전기방식은 3상 3선식이다.

〈단선도〉   〈복선도〉

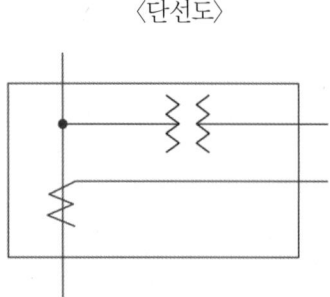
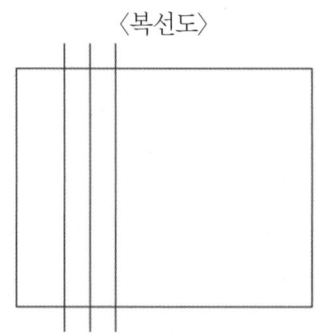

Answer

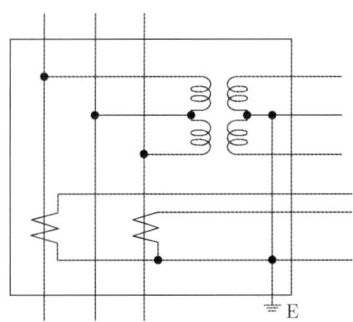

Explanation

- 전력수급용 계기용 변성기(MOF : Metering Out Fit)
  전력량계를 위한 PT와 CT를 한 탱크 안에 넣은 것
- 결선 : 3상 3선식(V결선, PT와 CT 각 2대)
  3상 4선식(Y결선, PT와 CT 각 3대)

BEST 13 ★★★★★

단면적 240[mm²]인 154[kV] ACSR 송전선로 10[km] 2회선을 가선하기 위한 전기공사기사, 송전전공, 특별인부 노무비를 표준품셈을 적용하여 각각 구하시오. 단, 송전선은 수직 배열하여 평탄지 기준이며, 장비비는 고려하지 말 것

○ 정부 노임단가에서 전기공사기사는 40,000원, 특별인부 33,500원, 송전전공은 32,650원이다.

[km 당]

공종	전선규격	기사	송전전공	특별인부
연선	ACSR 610[mm²]	1.51	22.4	33.5
	410	1.47	21.8	32.7
	330	1.44	21.4	32.1
	240	1.37	20.4	30.5
	160	1.30	19.4	29.0
	95	1.12	16.8	26.8
긴선	ACSR 610[mm²]	1.14	17.3	24.7
	410	1.12	16.8	24.1
	330	1.09	16.4	23.7
	240	1.04	15.7	22.5
	160	0.97	14.9	21.4
	95	0.93	14.4	19.8

【해설】

① 1회선(3선) 수직배열 평탄지 기준
② 수평배열 120[%]
③ 2회선 동시가선은 180[%]
④ 특수 개소는(장경간) 별도 가산
⑤ 장비(Engine, Winch) 사용료는 별도 가산
⑥ 철거 50[%]
⑦ 장력조정품 포함
⑧ 기사는 전기공사업법에 준함
⑨ HDCC가선은 배전선가선 참조

(1) 전기공사기사 노무비
 • 계산 :   • 답 :
(2) 송전전공 노무비
 • 계산 :   • 답 :
(3) 특별인부 노무비
 • 계산 :   • 답 :

Answer

(1) 전기공사기사 노무비
 계산 : $(1.37+1.04) \times 10 \times 1.8 \times 40,000 = 1,735,200$[원]　　답 : 1,735,200[원]
(2) 송전전공 노무비
 계산 : $(20.4+15.7) \times 10 \times 1.8 \times 32,650 = 21,215,970$[원]　　답 : 21,215,970[원]
(3) 특별인부 노무비
 계산 : $(30.5+22.5) \times 10 \times 1.8 \times 33,500 = 31,959,000$[원]　　답 : 31,959,000[원]

Explanation

견적 표에서의 해설 적용 방법
• 전선가선 공사 과정 : 연선 + 긴선
• 2회선을 가선 : 180[%]

[km 당]

공종	전선규격	기사	송전전공	특별인부
연선	ACSR 610[mm²]	1.51	22.4	33.5
	410	1.47	21.8	32.7
	330	1.44	21.4	32.1
	240	1.37	20.4	30.5
	160	1.30	19.4	29.0
	95	1.12	16.8	26.8
긴선	ACSR 610[mm²]	1.14	17.3	24.7
	410	1.12	16.8	24.1
	330	1.09	16.4	23.7
	240	1.04	15.7	22.5
	160	0.97	14.9	21.4
	95	0.93	14.4	19.8

14 ★★☆☆☆

직경 10[m]의 원형의 사무실에 평균 구면광도 100[cd]의 전등 4개를 점등할 때 조명률 0.5, 감광보상률 1.6이면, 이 사무실의 평균조도(lx)를 구하시오.

• 계산 :   • 답 :

Answer

계산 : $FUN = ESD$에서 $E = \dfrac{FUN}{SD} = \dfrac{4\pi \times 100 \times 0.5 \times 4}{\pi \times 5^2 \times 1.6} = 20$[lx]　　답 : 20[lx]

Explanation

광속계산
• 구광원 : $F = 4\pi I$

- 원통(원주)광원 : $F = \pi^2 I$
- 평판광원 : $F = \pi I$

조명계산

$FUN = ESD$

여기서, $F[\text{lm}]$: 광속, U : 조명률, N : 등수

$E[\text{lx}]$: 조도, $S[\text{m}^2]$: 면적, $D = \dfrac{1}{M}$: 감광보상률 $= \dfrac{1}{\text{보수율}}$

15 ★★★★☆
아래 그림은 경완철에서 현수애자를 설치하는 순서를 나타낸 것이다. 각 부품의 명칭을 보기에서 찾아 그 번호를 (   ) 안에 쓰시오.

[보기]
① 경완철 ② 현수애자 ③ 소켓아이 ④ 볼쇄클 ⑤ 데드 앤드 클램프 ⑥ 전선

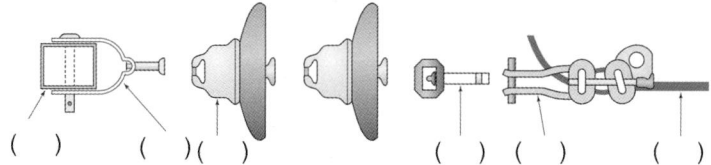

Answer

①-④-②-③-⑤-⑥

Explanation

경완철에 현수애자를 설치하는 순서

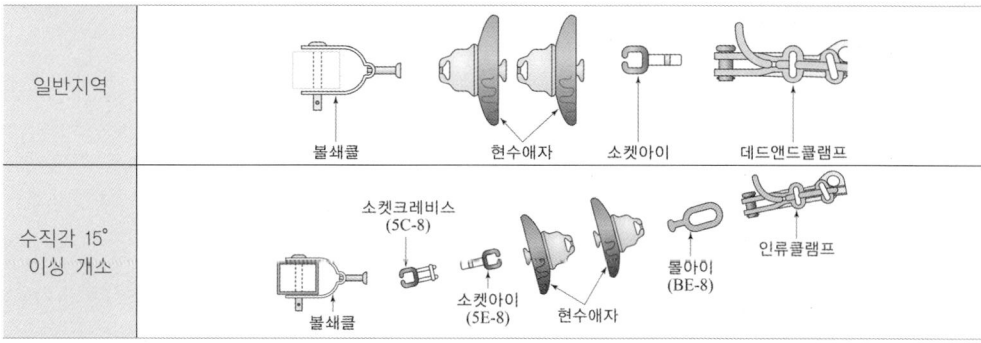

16 ★☆☆☆☆
차단기의 동작 책무에 의해 차단기를 재투입할 경우 전자기계력에 의한 반발력을 견디어야 하는데 차단기의 정격 투입전류는 최대(정격) 차단 전류의 몇 배 이상을 선정하는지 쓰시오.

Answer

2.5배

Explanation

차단기의 정격투입전류(Rated Making Current)
- 차단기 투입전류 : 차단기의 투입순시에 각 극에 흐르는 전류

최초주파수에 있어서 최대치로 표시
3상에 있어서는 각 상에 최대의 것
- 전기설비기술 기준에서는 '회로 고장시 고장을 제거하지 않고 투입할 경우 전자반발력에 의해 발생하는 반발력을 이겨 투입되어야 한다.'라고 규정하고 있으며, 투입할 수 있는 전류의 최대치를 말한다. 통상 정격차단전류의 2.5배를 표준으로 하고 있다.

BEST 17 ★★★★★

설비용량 50[kW], 30[kW], 25[kW], 25[kW]의 부하 설비에 수용률이 각각 50[%], 65[%], 75[%], 60[%]인 경우 변압기 용량[kVA]을 선정하시오. 단, 부등률은 1.2, 종합 부하 역률은 90[%]이다.

변압기 표준 용량표[kVA]						
20	30	50	75	100	150	200

- 계산 :   - 답 :

Answer

계산 : 변압기용량[kVA] = $\dfrac{50 \times 0.5 + 30 \times 0.65 + 25 \times 0.75 + 25 \times 0.6}{1.2 \times 0.9}$ = 72.45[kVA]   답 : 75[kVA]

Explanation

변압기용량[kVA] = $\dfrac{설비용량[kVA] \times 수용률}{부등률}$

= $\dfrac{설비용량[kW] \times 수용률}{부등률 \times 역률}$[kVA]

18 ★★★☆☆

아래 보통지선의 도면을 보고 다음 물음에 답하시오.

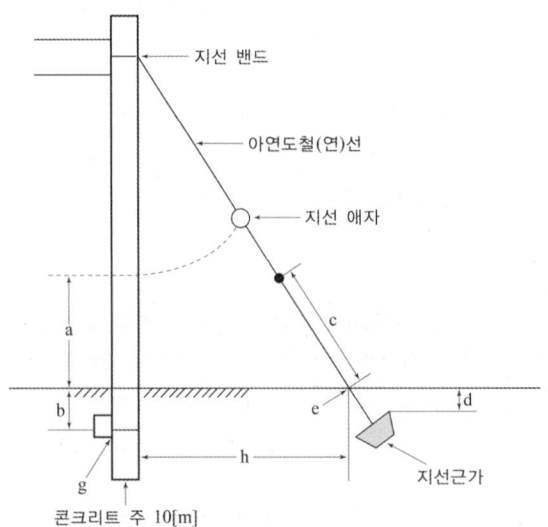

콘크리트 주 10[m]

(1) 소선의 최소 가닥수는?

(2) 지선용 소선으로 금속선을 사용할 경우 최소 지름은 몇 [mm] 이상인가?
(3) b의 깊이는 몇 [m] 이상인가?
(4) d의 깊이는 최소 몇 [m] 이상인가?
(5) e의 명칭은?
(6) h의 간격은 약 몇 [m]로 하면 되는가?
(7) 콘크리트주 전체의 길이가 10[m]인 경우 땅에 묻히는 최소 깊이[m]는?
(8) a는 최소 몇 [m] 이상을 원칙으로 하는가?
(9) 지선의 안전율은 최소 얼마인가? 단, 허용 인장하중의 최저는 4.31[kN]으로 한다.

Answer

(1) 3가닥
(2) 2.6[mm]
(3) 0.5[m]
(4) 1.5[m]
(5) 지선로드
(6) 전주의 높이 $\times \dfrac{1}{2} = 10 \times \dfrac{1}{2} = 5$[m]
(7) $10 \times \dfrac{1}{6} = 1.67$[m]
(8) 2.5[m]
(9) 2.5

Explanation

지선의 설치 방법

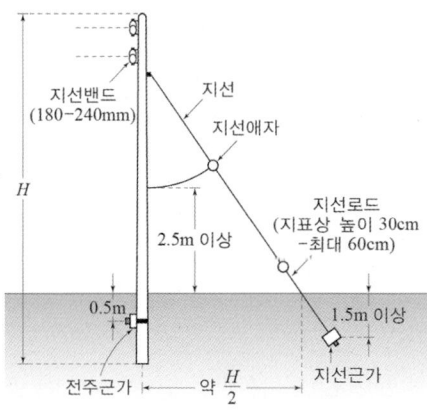

4회 2016년 전기공사기사 실기

BEST 01 철탑의 형태별 종류이다. 철탑의 명칭(이름)을 쓰시오.

(1) (2) 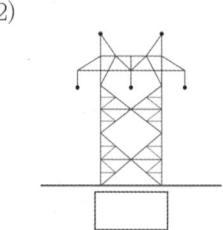 (3)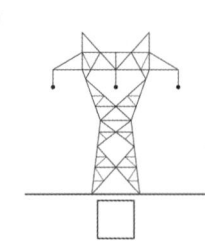

(4) 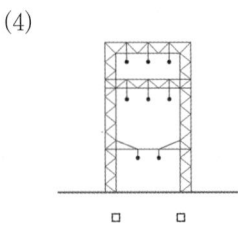 (5) 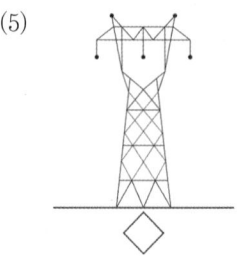 (6)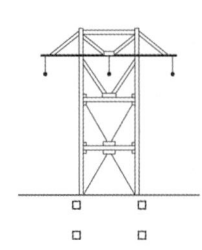

Answer

(1) 사각 철탑
(2) 방형 철탑
(3) 우두형 철탑
(4) 문형 철탑
(5) 회전형 철탑
(6) MC 철탑

Explanation

철탑의 형태에 의한 종류

- 사각철탑 : 4면이 동일한 모양과 강도를 가진 철탑으로 2회선용으로 사용할 수 있으며 현재 가장 많이 사용되고 있다.
- 방형철탑 : 마주보는 2면이 각각 동일한 모양과 강도를 가진 철탑으로 1회선용으로 사용된다.
- 우두형 철탑 : 중간부 이상이 특히 넓은 형의 철탑으로 외국의 경우 초고압송전선이나 눈이 많은 지역에 사용된다.
- 문형철탑(Gantry Tower) : 전차선로나 수로, 도로상에 송전선을 시설할 때 많이 사용된다.
- 회전형 철탑 : 철탑의 중앙부 이상과 이하가 45° 회전형의 철탑으로 철탑부재의 강도를 가장 유용하게 이용한 철탑이다.
- MC 철탑 : 스위스의 Motor Columbus사가 개발한 철탑으로 콘크리트를 채운 강관형 철탑으로 철강재가 적어 경량화가 가능하며 운반조립이 쉬운 철탑이다.

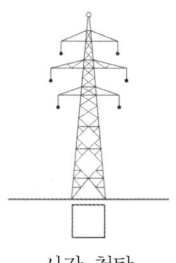
사각 철탑

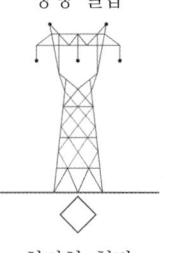
방형 철탑

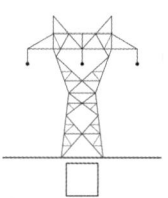
우두형 철탑

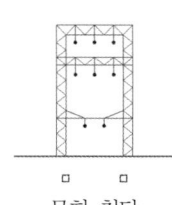
문형 철탑

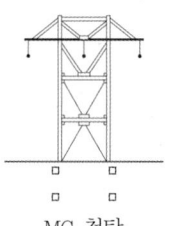
회전형 철탑

MC 철탑

02 가스차단기(GCB : Gas Circuit Breaker)의 특징을 5가지만 쓰시오.

①
②
③
④
⑤

Answer

① 밀폐구조이므로 소음이 적다.
② 절연거리를 적게 할 수 있어 차단기 전체를 소형화 및 경량화 할 수 있다.
③ 근거리 고장 등 가혹한 재기전압에 대해서도 성능이 우수하다.
④ 불활성, 난연성이므로 화재 우려가 적다.
⑤ 아크 소호능력이 우수하며 이상전압의 발생이 적다.

Explanation

가스차단기(GCB, Gas Circuit Breaker)
- 소호매질 : SF_6
- 밀폐구조로 소음이 적고 신뢰성이 우수
- 절연내력이 우수하여 차단기 소형화 가능
- 현재 154, 345[kV] 선로에 사용

여기서, SF_6가스의 특징은 다음과 같다.
- 무색, 무취, 무독성이다.
- 난연성, 불활성 가스이다.
- 소호능력이 공기의 100~200배가 된다.
- 절연내력이 공기의 2~3배가 된다.

BEST 03 ★★★★★

그림 안의 전기설비의 명칭과 그림의 전기설비를 사용할 경우 얻을 수 있는 효과 4가지만 쓰시오.

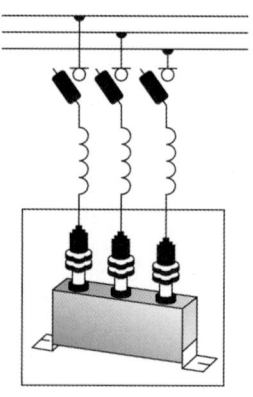

(1) 명칭 :   (2) 효과 :

Answer

(1) 명칭 : 전력용 콘덴서
(2) 효과 : ① 전압강하가 감소   ② 전력손실이 감소
          ③ 설비용량의 여유분 증가   ④ 전기요금 절감

Explanation

역률개선
- 전력용 콘덴서는 진상 무효분을 공급하여 부하의 역률개선을 위하여 사용
- 부하의 역률 저하 원인 : 유도 전동기의 경부하 운전 및 형광방전등의 안정기 등

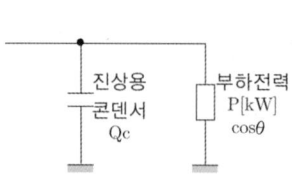 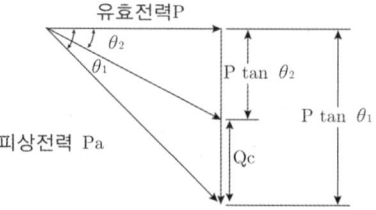

전력용 콘덴서 용량

$$Q_c = P(\tan\theta_1 - \tan\theta_2) = P\left(\frac{\sin\theta_1}{\cos\theta_1} - \frac{\sin\theta_2}{\cos\theta_2}\right)$$
$$= P\left(\frac{\sqrt{1-\cos^2\theta_1}}{\cos\theta_1} - \frac{\sqrt{1-\cos^2\theta_2}}{\cos\theta_2}\right)[\text{kVA}]$$

여기서, $\cos\theta_1$: 개선 전 역률, $\cos\theta_2$: 개선 후 역률

역률개선의 효과
- 전압강하가 감소
- 전력손실이 감소
- 설비용량의 여유분 증가
- 전기요금 절감

04 자동고장 구분 개폐기, DS, LA, PF, MOF, 접지, 수전용 변압기의 심벌을 이용하여 22.9[kV-Y], 1,000[kVA] 이하에 적용 가능한 특고압 간이 수전설비 표준결선도를 그리시오. 단, 인입구 및 부하표시는 반드시 할 것

Answer

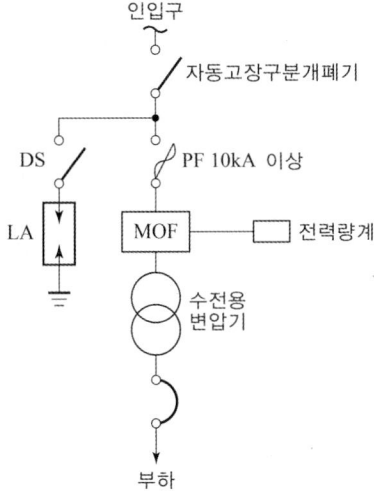

Explanation

특고압 간이 수전 설비 표준 결선도(22.9[kV-Y] 1,000[kVA] 이하를 시설하는 경우)

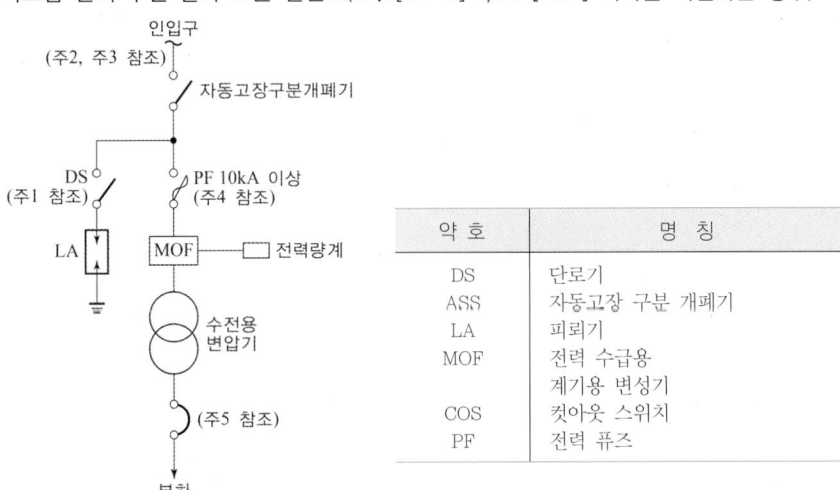

【주1】 LA용 DS는 생략할 수 있으며 22.9[kV-Y]용의 LA는 Disconnector(또는 Isolator) 붙임형을 사용하여야 한다.
【주2】 인입선을 지중선으로 시설하는 경우로서 공동주택 등 사고 시 정전 피해가 큰 수전 설비인입선은 예비선을 포함하여 2회선으로 시설하는 것이 바람직하다.
【주3】 지중 인입선의 경우에 22.9[kV-Y] 계통은 CNCV-W 케이블(수밀형) 또는 TR CNCV-W(트리억제형)을 사용하여야 한다. 다만, 전력구, 공동구, 덕트, 건물구내 등 화재의 우려가 있는 장소에서는 FR CNCO-W(난연)케이블을 사용하는 것이 바람직하다.
【주4】 300[kVA] 이하인 경우는 PF 대신 COS(비대칭 차단전류 10[kA] 이상의 것)을 사용할 수 있다.
【주5】 특별고압 간이 수전설비는 PF의 용단 등의 결상사고에 대한 대책이 없으므로 변압기 2차 측에 설치되는 주차단기에는 결상계전기 등을 설치하여 결상사고에 대한 보호능력이 있도록 함이 바람직하다.

05 조명기구 통칙에서 용어의 정의 중 등급 Ⅲ 기구에 대하여 쓰시오.

Answer

정격 전압이 교류 30[V] 이하인 전압의 전원에 접속하여 사용하는 기구

Explanation

KSC 8000 조명기구의 통칙
- 0 등급 : 접지단자 또는 접지도체를 갖지 않고, 기초절연만으로 전체가 보호된 기구
- Ⅰ등급 : 기초절연만으로 전체를 보호한 기구로서, 보호 접지단자 혹은 보호 접지도체 접속부를 갖든가 또는 보호 접지도체가 든 코드와 보호 접지도체 접속부가 있는 플러그를 갖추고 있는 기구
- Ⅱ등급 : 2중 절연을 한 기구 또는 기구의 외곽 전체를 내구성이 있는 견고한 절연재료로 구성한 기구와 이들을 조합한 기구
- Ⅲ등급 : 정격전압이 교류 30[V] 이하인 전압의 전원에 접속하여 사용하는 기구

06 다음과 같은 부하조건일 경우 주어진 표를 이용하여 간선의 굵기, 개폐기 및 배선용차단기의 용량을 답란의 빈칸에 쓰시오. 단, 공사방법이 A1이며, 사용전압은 단상 220[V], 사용전선은 PVC이다.

○ 부하조건
- 소형전기기계기구 : 10[A]
- 대형전기기계기구 : 25[A]
- 전등 : 3[A]

○ 답란

항 목	답란
간선 굵기[mm²]	
개폐기의 정격[A]	
배선용차단기의 정격[A]	

【표】 간선의 굵기, 개폐기 및 과전류차단기의 용량

최대 상정 부하 전류[A]	배선종류에 의한 간선의 동 전선 최소 굵기[mm²]								개폐기의 정격[A]	과전류차단기의 정격[A]	
	공사방법 A1				공사방법 B1					B종 퓨즈	배선용 차단기
	전선 수-2개		전선 수-3개		전선 수-2개		전선 수-3개				
	PVC	XLPE EPR	PVC	XLPE EPR	PVC	XLPE EPR	PVC	XLPE EPR			
20	4	2.5	4	2.5	2.5	2.5	2.5	2.5	30	20	20
30	6	4	6	4	4	2.5	6	4	30	30	30
40	10	6	10	6	6	4	10	6	60	40	40
50	16	10	16	10	10	6	10	10	60	50	50
60	16	10	25	16	16	10	16	10	60	60	60

Answer

항목	답란
간선 굵기[mm²]	10
개폐기의 정격[A]	60
배선용차단기의 정격[A]	40

Explanation

전체 부하전류 $I = 10 + 25 + 3 = 38[A]$ 이므로

최대 상정 부하 전류[A]	배선종류에 의한 간선의 동 전선 최소 굵기[mm²]								개폐기의 정격[A]	과전류차단기의 정격[A]	
	공사방법 A1				공사방법 B1						
	전선 수–2개		전선 수–3개		전선 수–2개		전선 수–3개			B종 퓨즈	배선용 차단기
	PVC	XLPE EPR	PVC	XLPE EPR	PVC	XLPE EPR	PVC	XLPE EPR			
20	4	2.5	4	2.5	2.5	2.5	2.5	2.5	30	20	20
30	6	4	6	4	4	2.5	6	4	30	30	30
40	10	6	10	6	6	4	10	6	60	40	40
50	16	10	16	10	10	6	10	10	60	50	50
60	16	10	25	16	16	10	16	10	60	60	60

BEST 07 ★★★★★

LP애자나 현수애자를 사용한 전기설비에서 활선 장주를 이동하여 상부로 올리거나 작업권 밖으로 밀어낼 때, 혹은 활선 장주를 다른 장소로 이동할 때 사용하는 활선 공구를 쓰시오.

Answer

와이어 통

Explanation

대한전기협회 활선장구의 제작과 관리 공구

와이어 통(Wire Tong) : 일반적으로 LP 애자나 현수애자를 사용한 전기설비에서 활선을 작업권 밖으로 밀어낼 때 혹은 활선을 다른 장소로 옮길 때 사용하는 절연봉

08 ★★★☆☆

일반전등부하의 부하전류가 10[A]이고, 심야전력부하의 부하전류가 15[A]일 경우 공용하는 부분의 전선 굵기를 선정하는데 요구되는 부하전류는 몇 [A]인지 구하시오. 단 중첩률은 0.70이다.

• 계산 :   • 답 :

Answer

계산 : $I = 15 + 10 \times 0.7 = 22[A]$ 답 : 22[A]

Explanation

(내선규정 제4,145절) 심야전력기기

일반부하와 심야전력부하를 공용하는 부분의 부하전류
$I = I_1 + I_0 \times$ 중첩률(重疊率)
여기서, I_0 : 일반 부하의 전류
 I_1 : 심야 전력 부하의 부하 전류
 I : 일반부하와 심야전력부하를 공용하는 부분의 부하전류

09 ★★★☆☆
송전전압 66[kV]의 3상 3선식 송전선에서 1선 지락사고로 영상전류 $I_0 = 50$[A]가 흐를 때 통신선에 유기되는 전자유도전압[V]을 구하시오. 단, 상호 인덕턴스 $M = 0.05$[mH/km], 병행 거리 $l = 100$[km], 주파수는 60[Hz]이다.

• 계산 :   • 답 :

Answer

계산 : $E_m = \omega M l (3 I_0) = 2\pi \times 60 \times 0.05 \times 10^{-3} \times 100 \times 3 \times 50 = 282.74$[V]   답 : 282.74[V]

Explanation

전자유도전압 $E_m = Z \cdot I$
$= j\omega M_a l I_a + j\omega M_b l I_b + j\omega M_c l I_c$
여기서, 연가가 되어 있다면 $M_a = M_b = M_c = M$
$E_m = j\omega M l I_a + j\omega M l I_b + j\omega M l I_c$
$= j\omega M l (I_a + I_b + I_c)$
여기서, ℓ : 병행거리
여기서, 지락 사고시 : $I_a + I_b + I_c = 3I_0$ 이므로
전자유도전압 $E_m = j\omega M l (I_a + I_b + I_c)$
$= j\omega M l (3I_0)$

10 ★★☆☆☆
전력선 이도설계시의 부하계수를 설명하고 합성하중, 전선자중, 피빙설중량, 풍압하중 등을 이용하여 부하계수를 구하는 산술식을 쓰시오. 단, W_s : 합성하중, W : 전선자중, W_i : 피빙설중량, W_w : 풍압하중이다.

• 부하계수 :   • 산술식 :

• 부하계수 : 단위길이 당 합성하중과 전선의 자중에 대한 비
• 산술식 : 부하계수 $= \dfrac{W_s}{W} = \dfrac{\sqrt{(W_i + W)^2 + W_w^2}}{W}$

Explanation

• 부하계수 : 단위길이 당 합성하중과 전선의 자중에 대한 비
$$W_s = \dfrac{W}{W_c} = \dfrac{\sqrt{(W_i + W_c)^2 + W_w^2}}{W_c}$$
• 전선로에 가해지는 합성하중 $W = \sqrt{(W_i + W_c)^2 + W_w^2}$
여기서, 풍압하중(W_w), 전선자중(W_c), 빙설하중(W_i)

11 지선공사에 필요한 자재를 5가지만 쓰시오.

Answer

① 아연도 철선(아연도 철연선, 아연도 강연선)
② 콘크리트 근가(Concrete Anchor Blocks)
③ 지선로드(Anchor Rods)
④ 지선밴드(Bands for Guys)
⑤ 지선애자(Ball type insulator)

Explanation

지선 설치

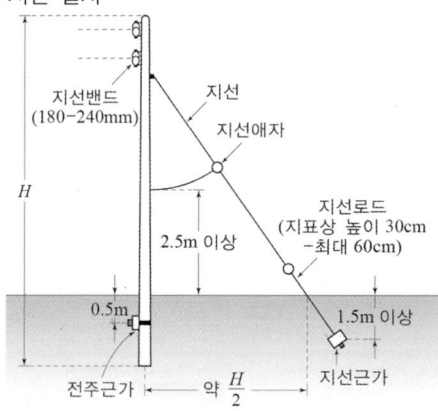

12 아래의 ①, ②에 들어갈 내용으로 옳은 것을 쓰시오.

> 애자와 같은 유기절연재료가 오손되면 표면에 흐르는 누설전류 때문에 미소방전이 생긴다. 그 결과 절연물 표면에는 탄화된 도전로가 형성되는데 이것을 (①)이라 부른다. (①)이 형성된 애자를 그대로 방치하면 점차로 발전하여 섬락이 발생하게 되어 (②)를 야기시킨다.

①   ②

Answer

① 트래킹(tracking)   ② 절연파괴(지락사고)

Explanation

애자와 같은 유기절연재료가 오손되면 표면에 흐르는 누설전류 때문에 미소방전이 생긴다. 그 결과 절연물 표면에는 탄화된 도전로가 형성되는데 이것을 트래킹이라 부른다. 트래킹이 형성된 애자를 그대로 방치하면 점차로 발전하여 섬락이 발생하게 되어 절연파괴(지락사고)를 야기시킨다.

13 아래 그림은 어느 공장 옥내 수변전설비에 대한 단선결선도이다. 수변전설비가 노후로 인하여 교체를 하려고 할 경우 물음에 답하시오.

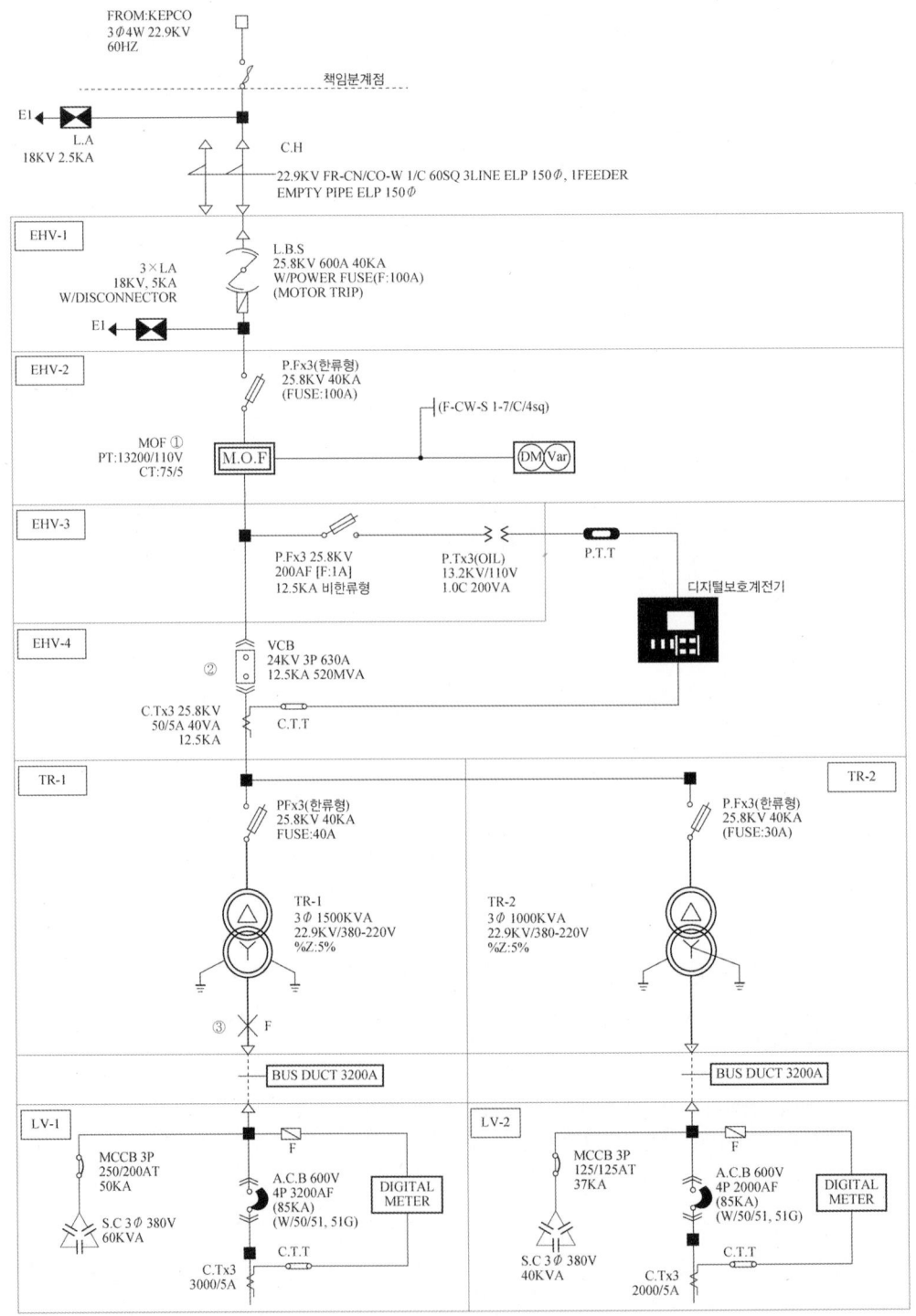

【주의사항】
- 참고자료가 필요할 경우 참고 자료(표1, 2, 3, 4, 5.1, 5.2)를 이용하시오.
- 큐비클의 무게는 1면당 500[kg] 이하로 하시오.
- 특고압 큐비클 1면(面) 사이즈[mm] : 2,200 × 2,500 × 2,500
- 철거에는 할증을 주지 않는다. 단, 철거품만 적용한다.
- 단일 수전설비 공사로 보지 않는다.
- MOF는 거치용으로 한다.
- 질문 이외의 것은 모두 무시하시오.

가. 공량 산출서를 작성하시오.

품명	규격	단위	자재 총계	내선전공 단위공량	내선전공 공량계	변전전공 단위공량	변전전공 공량계	비계공 단위공량	비계공 공량계	특별인부 단위공량	특별인부 공량계
변압기	3상 1,500[kVA] (철거)	대	1			(1)					
	3상 1,500[kVA] (설치)	대	1			(2)				(3)	
VCB	24[kV] 3P 630[A] (철거)	대	1			(4)					
	24[kV] 3P 630[A] (설치)	대	1			(5)					
MOF	거치용(철거)	대	1	(6)							
	거치용(신설)	대	1	(7)							
특고압 CUBICLE	2,200×2,500×2,500 설치	면	(8)					(9)	(10)		

(1) 계산 :   답 :
(2) 계산 :   답 :
(3) 계산 :   답 :
(4) 계산 :   답 :
(5)
(6) 계산 :   답 :
(7)
(8)
(9) 계산 :   답 :
(10) 계산 :   답 :

나. 단선결선도에서 ①의 MOF 과전류 강도는 얼마인지 구하시오.
- 계산 :   • 답 :

다. 단선결선도에서 ②의 VCB의 규격에서 520[MVA], 12.5[KA]는 무엇을 의미하는지 쓰시오.
   • 520[MVA] :   • 12.5[KA] :

라. 단선결선도에서 ③의 1,500[kVA] 변압기 2차 F점에서 3상 단락사고가 발생할 경우 고장전류의 크기는 정격전류의 몇 배인지 구하시오. 단, %Z는 변압기만 적용한다.
   • 계산 :   • 답 :

【표1】 22[kV] 변압기 설치   단위 : 대

용량	공종	변전전공	비계공	특별인부	기계설비공	인력운반공
1,000[kVA] 이하	소운반설치	1.8	0.9	2.6	–	1.5
	OT 처리	1.8	–	2.6	–	–
	부속품설치	1.9	–	1.9	–	–
	점검	0.9	–	0.9	–	–
	계	6.4	0.9	8.0	–	1.5
2,000[kVA] 이하	소운반설치	2.0	1.0	3.1		1.8
	OT 처리	2.0		3.1		
	부속품설치	2.7		2.7		
	점검	1.1		1.1		
	계	7.8	1.0	10.0		1.8

【해설】
① 단상기준으로 소운반, 점검, 결선 및 Megger Test 포함
② 옥외, 지상 인력작업 기준
③ 옥내 설치는 120[%], 3상은 130[%]
④ 15,000[kVA]는 10,000[kVA]의 120[%]
⑤ 20,000[kVA]는 10,000[kVA]의 150[%]
⑥ 몰드변압기 및 분로리액터도 이 품을 적용(다만, 몰드변압기는 OT처리, 라디에이터, 콘서베이터 조립품 제외)
⑦ 3.3~6.6[kV] 건식 또는 거치형은 해당 공종의 60[%] 적용(기설 변압기 OT 처리품은 이 품 적용)
⑧ 구내 이설은 150[%]
⑨ SFRA(Sweep Fequency Response Analysis) 측정 시 시험 및 조정품에 변전전공 1.75인 별도 가산
⑩ 철거 50[%], 1,000[kVA] 이상의 재사용 철거 80[%](철거 해당품에 한함)

【표2】 22[kV]급 진공차단기 설치

단위 : 대

용량	공종	변전전공	비계공	특별인부	보통인부
520~1,000[MVA] 12.5~25[kA] (60~2,000[A])	포장해체, 소운반 및 설치준비	0.4	0.4	0.5	0.5
	본체 설치	4.0	1.0	5.0	1.1
	제어케이블 결선	0.8	-	-	-
	시험 및 조정	0.5	-	0.5	-
	기타 작업	0.2	-	0.2	-
	계	5.9	1.4	6.2	1.6

【해설】
① 구내 이설은 150[%]
② 3.3~6.6[kV] 진공차단기는 60[%] 적용
③ 제어케이블 분리는 변전전공 단독작업으로 결선의 50[%] 적용
④ 철거는 50[%](철거 해당분 품에 한함)

【표3】 전력량계 및 부속장치 설치

단위 : 대

종별	내선전공
현수용 MOF(고압, 특고압)	3.00
거치용 MOF(고압, 특고압)	2.00
계기함	0.30
특수계기함	0.45
변성기함(저압, 고압)	0.60

【해설】
① 방폭 200[%]
② 아파트 등 공동주택 및 기타 이와 유사한 동일 장소 내에서 10대를 초과하는 전력량계 설치 시 추가 1대당 해당품의 70[%]
③ 특수계기함은 3종계기함, 농사용 계기함, 집합계기함 및 저압변류기용 계기함 등임
④ 고압변성기함, 현수용 MOF 및 거치용 MOF(설치대 조립품 포함)를 주상설치 시 배전전공 적용
⑤ 전력량계 본체커버 분리작업 시 단상은 내선전공 0.003인, 3상은 0.004인 적용
⑥ 철거 30[%], 재사용 철거 50[%]

【표4】 Cubicle 설치

규격	중량 500[kg] 이하			
체적(m^3) (W×D×H)	변전전공	비계공	기계설비공	보통인부
1.0 이하	1.50	0.65	0.32	1.20
1.5 이하	1.70	0.70	0.35	1.35
2.5 이하	2.10	0.80	0.40	1.50
3.5 이하	2.25	0.95	0.45	1.70
6.0 이하	2.45	1.20	0.50	2.10
10.0 이하	3.00	1.70	0.60	2.65
10.0 초과	3.60	2.50	0.70	3.20

【해설】
① 소운반, 청소, 시험, 조정 내부결선 등을 포함
② 계기, 계전기, 내부기기와 완전히 취부된 상태에 있는 설치기준
③ 조작 Cable 포설결선은 불포함
④ 기계설비공은 공기식 제어장치 설치에만 계상
⑤ Thyrister는 본품 준용
⑥ 이설 140[%]
⑦ 철거 30[%], 재사용 철거 40[%]
⑧ 단일 수전설비 공사 시 20[%] 가산

【표 5.1】 내선규정 표300-16-2 변류기의 정격 과전류 강도

	6.6 / 3.3	22.9 / 13.2
60[A] 이하	75배	75배
60[A] 초과 500[A] 미만	40배	40배
500[A] 이상	40배	40배

【표 5.2】 계기용 변성기의 전류비에 따른 과전류 강도(한국전기안전공사 전력수급용 변성기(MOF)의 점검 지침)

계기용 변성기(MOF)		과전류 강도
전류비[A]	거리[km]	
5/5	~ 1[km] 이내	300배
	1 ~ 7[km] 이내	150배
	7 ~ 20[km] 이내	75배
10/5	~ 3[km] 이내	150배
	3 ~ 20[km] 이내	75배
15/5	~ 1[km] 이내	150배
	1 ~ 20[km] 이내	75배
20/5 ~ 60/5		75배
75/5 ~ 750/5		40배

Answer

가.
(1) 계산 : $7.8 \times 0.5 = 3.9$[인] 답 : 3.9[인]
(2) 계산 : $7.8 \times 1.2 \times 1.3 = 12.168$[인] 답 : 12.168[인]
(3) 계산 : $10.0 \times 1.2 \times 1.3 = 15.6$[인] 답 : 15.6[인]
(4) 계산 : $5.9 \times 0.5 = 2.95$[인] 답 : 2.95[인]
(5) 5.9[인]
(6) 계산 : $2.00 \times 0.3 = 0.6$[인] 답 : 0.6[인]
(7) 2.00[인]
(8) 6면
(9) 계산 : $2,200 \times 2,500 \times 2,500 \times 10^{-9} = 13.75$ 【표4】에서 2.50[인] 답 : 2.50[인]
(10) 계산 : $2.50 \times 6 = 15$[인] 답 : 15[인]

나. 계산 : ①의 계기용 변성기 전류비는 75/5이므로 【표5.2】에서 과전류 강도가 40배임을 알 수 있다.
답 : 40배

다. • 520[MVA] : 차단용량   • 12.5[KA] : 정격차단전류

라. 계산 : 단락전류 $I_s = \dfrac{100}{\%Z} I_n = \dfrac{100}{5} \times I_n = 20 I_n$ (I_n은 정격전류) 답 : 20배

Explanation

가. (1), (2), (3)

【표1】 22[kV] 변압기 설치 단위 : 대

용량	공종	변전전공	비계공	특별인부	기계설비공	인력운반공
1,000[kVA] 이하	소운반설치	1.8	0.9	2.6	–	1.5
	OT 처리	1.8	–	2.6	–	–
	부속품설치	1.9	–	1.9	–	–
	점검	0.9	–	0.9	–	–
	계	6.4	0.9	8.0	–	1.5
2,000[kVA] 이하	소운반설치	2.0	1.0	3.1	–	1.8
	OT 처리	2.0	–	3.1	–	–
	부속품설치	2.7	–	2.7	–	–
	점검	1.1	–	1.1	–	–
	계	7.8	1.0	10.0	–	1.8

(1)의 경우, 변전전공에 철거 50[%]만 적용(철거에는 할증을 주지 않는다.)
(2)의 경우, 변전전공에 옥내 설치 120[%] 및 3상 130[%]를 적용
(3)의 경우, 특별인부에 옥내 설치 120[%] 및 3상 130[%]를 적용

(4), (5)

【표2】 22[kV]급 진공차단기 설치   단위 : 대

용량	공종	변전전공	비계공	특별인부	보통인부
520~1,000[MVA] 12.5~25[kA] (60~2,000[A])	포장해체, 소운반 및 설치준비	0.4	0.4	0.5	0.5
	본체 설치	4.0	1.0	5.0	1.1
	제어케이블 결선	0.8	-	-	-
	시험 및 조정	0.5	-	0.5	-
	기타 작업	0.2	-	0.2	-
	계	5.9	1.4	6.2	1.6

(4)의 경우, 변전전공에 철거 50[%]만을 적용(철거에는 할증을 주지 않는다.)

(6), (7)

【표3】 전력량계 및 부속장치 설치   단위 : 대

종별	내선전공
현수용 MOF(고압, 특고압)	3.00
거치용 MOF(고압, 특고압)	2.00
계기함	0.30
특수계기함	0.45
변성기함(저압, 고압)	0.60

(6)의 경우, 거치용 MOF의 배선전공에 철거 30[%] 적용

(8) 6면(LBS+LA/MOF/PF+PT/VCB+CT/PF+TR1/PF+TR2)

(9), (10)

【표4】 Cubicle 설치

규격	중량 500[kg] 이하			
체적(m^3) (W×D×H)	변전전공	비계공	기계설비공	보통인부
1.0 이하	1.50	0.65	0.32	1.20
1.5 이하	1.70	0.70	0.35	1.35
2.5 이하	2.10	0.80	0.40	1.50
3.5 이하	2.25	0.95	0.45	1.70
6.0 이하	2.45	1.20	0.50	2.10
10.0 이하	3.00	1.70	0.60	2.65
10.0 초과	3.60	2.50	0.70	3.20

(9)의 경우, 특고압 큐비클 1면 사이즈[mm]는 $2,200 \times 2,500 \times 2,500$이므로 체적은 $2,200 \times 2,500 \times 2,500 \times 10^{-9} = 13.75[m^3]$가 된다. 즉 10.0 초과이므로 비계공은 2.50임을 알 수 있다.

(10)의 경우, 큐비클이 6[면]이므로 $6 \times 2.50 = 15$[인]임을 알 수 있다.

나.

[표 5.2] 계기용 변성기의 전류비에 따른 과전류 강도(한국전기안전공사 전력수급용 변성기(MOF)의 점검 지침)

계기용 변성기(MOF)		과전류 강도
전류비[A]	거리[km]	
5/5	~ 1[km] 이내	300배
	1 ~ 7[km] 이내	150배
	7 ~ 20[km] 이내	75배
10/5	~ 3[km] 이내	150배
	3 ~ 20[km] 이내	75배
15/5	~ 1[km] 이내	150배
	1 ~ 20[km] 이내	75배
20/5 ~ 60/5		75배
75/5 ~ 750/5		40배

단선결선도에서 ①의 MOF의 전류비가 75/5이므로 과전류 강도는 40배이다.

라. 단락전류 $I_s = \dfrac{100}{\%Z} \times I_n [A]$ 여기서, I_n은 정격전류

F점에서 3상 단락사고가 발생할 경우 TR-1의 %Z가 5[%]이므로

단락전류 $I_s = \dfrac{100}{\%Z} \times I_n = \dfrac{100}{5} \times I_n = 20 I_n$ 즉, 정격전류의 20배가 된다.

14 ★★☆☆☆ 다음 그림은 장주를 배열에 따라 구분한 것이다. 각 장주의 명칭을 쓰시오.

(1)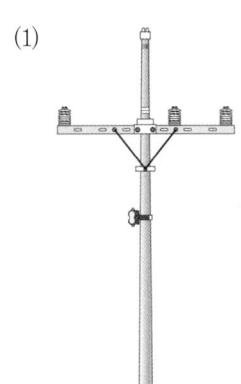

(2)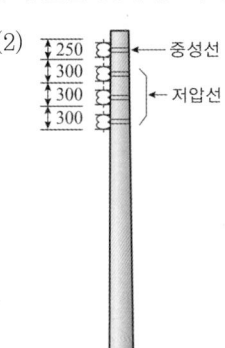

(3)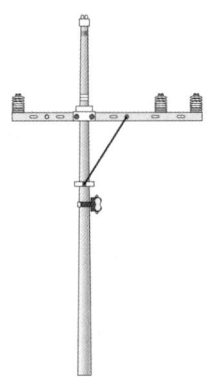

(4)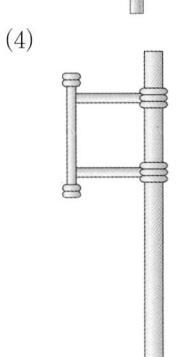

(5)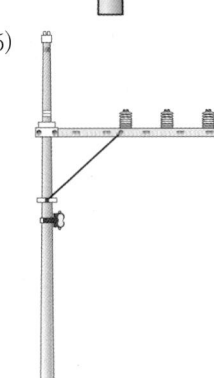

Answer

(1) 보통장주 (2) 랙크장주 (3) 창출장주
(4) 편출용 D형 랙크장주 (5) 편출장주

Explanation

- 수평배열 : 보통장주, 창출장주, 편출장주
- 수직배열 : 랙크장주

① 창출장주 : 전주에 완금을 설치할 때 전주를 중심으로 완금의 일부를 어느 한쪽으로 치우쳐 설치하는 장주
② 편출장주 : 전주에 완금을 설치할 때 완금을 전주의 한 쪽으로 완전히 치우쳐 설치하는 장주
③ 보통장주 : 전주에 완금을 설치할 때 전주를 중심으로 완금의 길이가 좌우 같은 길이가 되도록 설치하는 장주

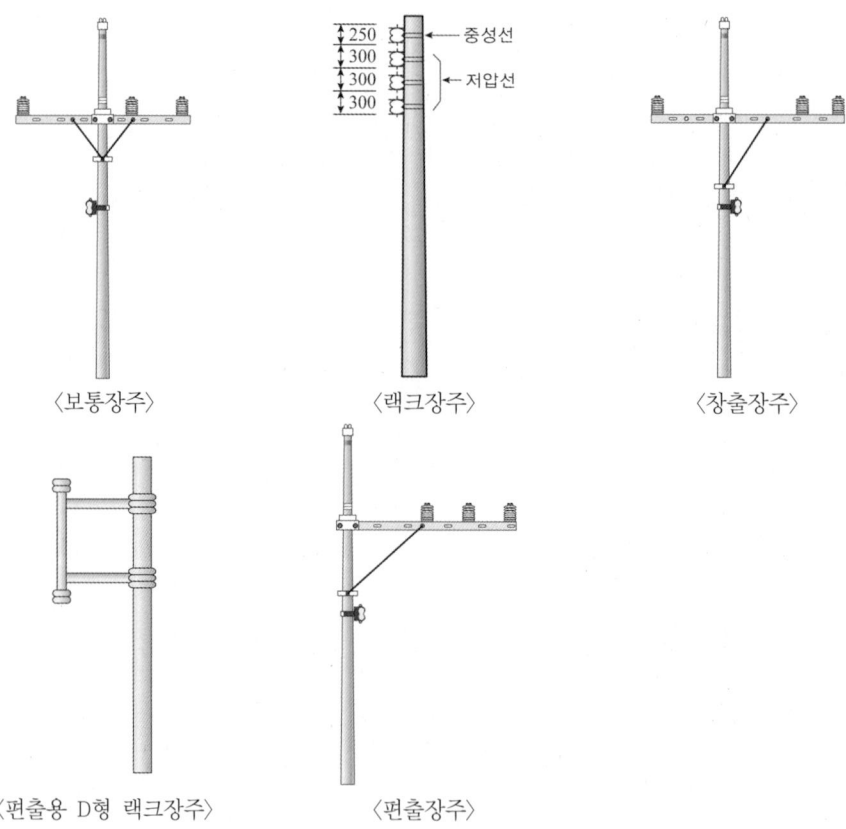

〈보통장주〉　〈랙크장주〉　〈창출장주〉

〈편출용 D형 랙크장주〉　〈편출장주〉

과년도 기출문제

전기공사기사 실기 2017

- 2017년 제 01회
- 2017년 제 02회
- 2017년 제 04회

2017년 과년도 기출문제에 대한 출제 빈도 분석 차트입니다.
각 회차별로 별의 개수를 확인하고 학습에 참고하기 바랍니다.

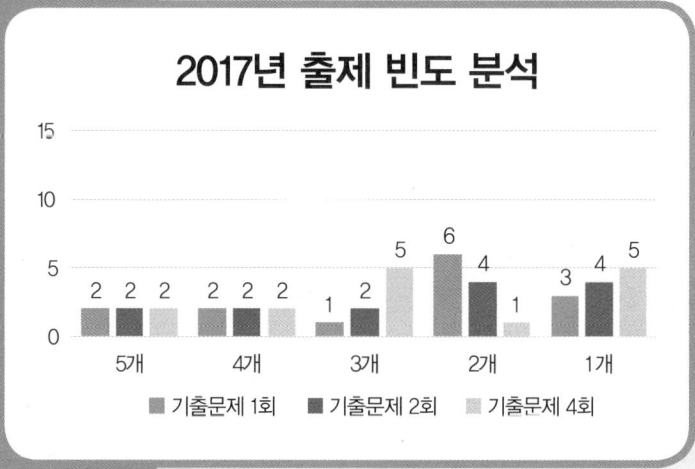

2017년 전기공사기사 실기

BEST 01 ★★★★★ (4점)

전선로의 표준경간에 대하여 설계하는 표준 철탑의 종류 4가지만 적으시오.

Answer

직선 철탑, 각도 철탑, 인류 철탑, 내장 철탑

Explanation

사용목적에 의한 분류(표준형 철탑)
- 직선형 : 선로의 직선 또는 수평각도 3° 이내의 장소에 사용, A형 철탑
- 각도형 : 선로의 수평각도 3° 이상으로 20° 이하에 설치되는 철탑, 경각도 철탑은 B형, 선로의 수평각도 3° 이상으로 30° 이하에 설치되는 중각도 철탑은 C형
- 인류형 : 가공선로의 전체 가섭선을 인류하는 개소(주로 변전소)에 사용되는 철탑 D형 철탑
- 내장형 : 전선로를 보강하기 위하여 세워지는 철탑 직선철탑 10기마다 1기를 시설, 장경간 개소에 시설, E형 철탑
- 보강형 : 전선로의 직선 부분에 보강을 위해 사용하는 철탑

BEST 02 ★★★★★ (8점)

단상 변압기의 병렬운전 조건을 4가지만 적으시오.

Answer

① 극성이 같을 것
② 1, 2차 정격전압 및 권수비가 같을 것
③ %강하가 같을 것
④ 내부저항과 리액턴스의 비가 같을 것

Explanation

병렬운전 조건	조건이 맞지 않는 경우
① 1, 2차 정격 전압 및 권수비가 같을 것	순환전류가 흘러 권선이 가열
② 극성이 일치할 것	큰 순환전류가 흘러 권선이 소손
③ %강하(임피던스 전압)가 같을 것	부하의 분담이 용량의 비가 되지 않아 부하의 부담이 균형을 이룰 수 없다.
④ 내부저항과 누설 리액턴스의 비가 같을 것	각 변압기의 전류 간에 위상차가 생겨 동손이 증가

03 부하의 설비용량이 400[kW], 수용률 60[%], 월 부하율 50[%]의 수용가가 있다. 1개월(30일)의 사용전력량[kWh]을 구하시오. (3점)

Answer

계산 : 사용전력량 $W = 400 \times 0.6 \times 0.5 \times 24 \times 30 = 86,400$[kWh]   답 : 86,400[kWh]

Explanation

- 수용률

  수용률 $= \dfrac{\text{최대 수용 전력[kW]}}{\text{설비 용량[kW]}} \times 100$[%]

- 부하율

  부하율 $= \dfrac{\text{평균 수요 전력[kW]}}{\text{최대 수요 전력[kW]}} \times 100\text{[%]} = \dfrac{\text{사용 전력량/시간}}{\text{최대 수요 전력[kW]}} \times 100$[%]

- 사용전력량 = 최대 전력 × 부하율 × 시간
  = 설비용량 × 수용률 × 부하율 × 시간

04 주 접지단자에 접속되는 등전위본딩선의 단면적은 다음의 재료일 때 최소 얼마 이상이어야 하는지 적으시오. (5점)

- 동 : (①)[mm²]
- 알루미늄 : (②)[mm²]
- 철 : (③)[mm²]

Answer

① 6   ② 16   ③ 50

Explanation

(KEC 143.3.1조) 보호등전위본딩 도체

1. 주 접지단자에 접속하기 위한 등전위본딩 도체는 설비 내에 있는 가장 큰 보호접지 도체 단면적의 1/2 이상의 단면적을 가져야 하고 다음의 단면적 이상이어야 한다.
   ① 구리 : 6[mm²]
   ② 알루미늄 : 16[mm²]
   ③ 철 : 50[mm²]
2. 두 개의 노출도전부를 접속하는 경우 도전성은 노출도전부에 접속된 더 작은 보호도체의 도전성보다 커야 한다.
3. 노출도전부를 계통외도전부에 접속하는 경우 도전성은 같은 단면적을 갖는 보호도체의 1/2 이상이어야 한다.
4. 케이블의 일부가 아닌 경우 또는 선로도체와 함께 수납되지 않은 본딩도체는 다음 값 이상이어야 한다.
   ① 기계적 보호가 된 것은 구리도체 2.5[mm²], 알루미늄 도체 16[mm²]
   ② 기계적 보호가 없는 것은 구리도체 4[mm²], 알루미늄 도체 16[mm²]

05 다음의 변압기 결선도를 보고 결선방식과 이결선방식의 장단점을 각각 2가지만 적으시오. (5점)

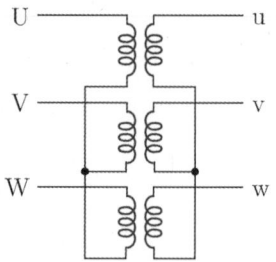

(1) 결선방식 :
(2) 결선방식의 장점
(3) 결선방식의 단점

Answer

(1) Y-Y결선 방식
(2) 결선방식의 장점
　① 중성점을 접지할 수 있으므로 이상전압이 방지에 유리하다.
　② 상전압이 선간 전압의 $1/\sqrt{3}$ 이 되기 때문에 절연이 쉽다.
(3) 결선방식의 단점
　① 중성점을 접지하면 제3고조파 전류가 흘러 통신선에 유도장해 발생 우려
　② 유도 기전력 파형은 제3고조파를 포함한 왜형파가 된다.

Explanation

Y-Y 결선
1) 결선도

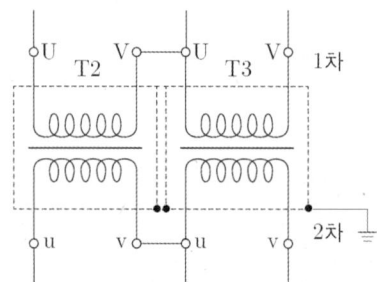

2) 전압, 전류
　• 선간전압은 상전압에 비해 크기는 $\sqrt{3}$ 배이고 위상은 30° 앞선다.
　　$V_l = \sqrt{3}\, V_p \angle\, 30°$
　• 선전류는 상전류의 크기와 위상이 동일
　　$I_l = I_p \angle\, 0°$
3) Y-Y 결선의 장·단점
　• 장점
　　① 중성점을 접지할 수 있으므로 이상전압이 방지에 유리하다.
　　② 상전압이 선간전압의 $1/\sqrt{3}$ 이 되기 때문에 절연이 쉽다.
　　③ 1차 전압, 2차 전압 사이에 위상차가 없다.

- 단점
  ① 중성점을 접지하면 제3고조파 전류가 흘러 통신선에 유도장해 발생 우려
  ② 유도 기전력 파형은 제3고조파를 포함한 왜형파가 된다.
  ③ 부하의 불평형에 의하여 중성점 전위가 변동하여 3상 전압이 불평형을 일으키므로 송·배전 계통에 거의 사용하지 않는다.
- 보통 Y-Y-△의 3권선 변압기로 사용
- 3권선(안정권선)의 용도
  ① 제3고조파 제거
  ② 조상 설비 설치
  ③ 소내(변전소내) 전력 공급용

06 다음 도면은 세미나실의 옥내 전등 배선 평면도이다. 주어진 조건을 읽고 답란의 빈칸을 채워 넣으시오. (30점)

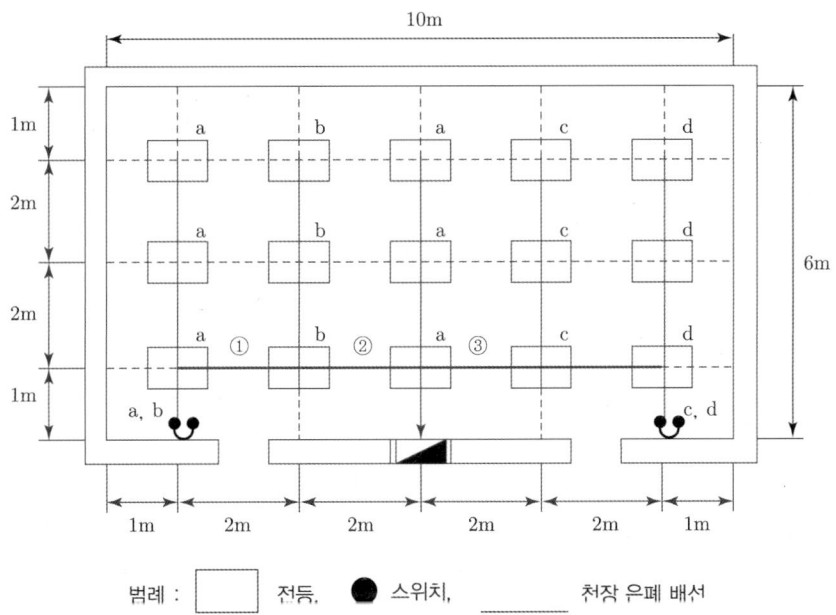

1. 시설 조건
   ① 전등용 전선은 HFIX 2.5[mm²]를 사용하고 접지용 전선은 TFR-GV 2.5[mm²]를 사용하여 스위치 회로를 제외하고 등기구마다 실시하며 전등회로는 1회로로 a, b, c, d는 2구 스위치를 시설한다.
   ② 벽과 등기구간의 간격은 1[m], 등기구와 등기구 간격은 2[m]로 시설한다.
   ③ 전선관은 후강전선관을 사용하고 16[mm] 전선관 내 전선 수는 접지도체 포함 4가닥까지이며, 전선 수 5가닥 이상은 22[mm] 전선관을 사용하여 시설한다.
   ④ 4방출 이상의 배관과 접속되는 박스는 4각 박스를 사용한다.
   ⑤ 각각의 등기구마다 1대 1로 아우트렛 박스를 사용하며 천장에서 등기구까지는 금속가요전선관을 이용하여 등기구에 연결한다. 금속가요전선관 길이는 1[m]로 시설한다.

⑥ 천장은 이중 천장으로 바닥에서 등기구까지 높이 3[m], 전등배관은 바닥에서 3.5[m]에 후강전선관을 이용하여 시설한다.
⑦ 스위치 설치 높이 1.2[m](바닥에서 중심까지)
⑧ 분전함 설치 높이 1.8[m](바닥에서 상단까지) 단, 바닥에서 하단까지는 0.5[m]를 기준으로 한다.

2. 재료의 산출 조건
   ① 분전함 내부에서 배선 여유는 1본당 0.5[m]로 한다.
   ② 자재 산출 시 산출수량과 할증수량은 소수점 이하로 첫째 자리까지 기록하고 자재별 총 수량(산출수량+할증수량)은 소수점 이하 반올림한다.
   ③ 배관 및 배선 이외의 자재는 할증하지 않는다. 단, 배관, 배선의 할증은 10[%]로 한다.

3. 인건비 산출 조건
   ① 재료의 할증에 대해서는 공량을 적용하지 않는다.
   ② 소수점 이하 둘째 자리까지 계산한다. 단, 소수점 셋째자리 반올림
   ③ 품셈은 다음 표의 품셈을 적용한다.

자재명 및 규격	단위	내선전공
후강전선관 16[mm]	[m]	0.08
후강전선관 22[mm]	[m]	0.11
금속가요전선관 16[mm]	[m]	0.044
관내 배선 6[mm²] 이하	[m]	0.01
매입스위치 2구	개	0.065
아우트렛 박스 4각, 8각	개	0.2
스위치 박스 1개용, 2개용	개	0.2

(1) 도면의 ①, ②, ③ 전선관 배관에 접지도체를 포함한 전선 가닥수를 순서대로 쓰시오.
(2) HFIX 전선의 명칭을 우리말로 쓰고, 공칭 단면적[mm²]을 순서대로 적으시오.
    ① 명칭 :
    ② 규격 : (①) - 2.5 - (②) - (③) - 10 - 16 - 25 - 35
(3) 도면을 보고 아래 표의 ①부터 ⑫번까지 빈칸에 산출량 및 총수량을 적으시오. 단, 계산식은 생략한다.

자재명 및 규격	규격	단위	산출수량	할증수량	총 수량 (산출수량+할증수량)
후강전선관	16[mm]	[m]	①		⑤
후강전선관	22[mm]	[m]	②		⑥
금속가요전선관	16[mm]	[m]	③		⑦
HFIX 전선	2.5[mm²]	[m]	④		⑧
매입스위치 2구	250[V], 15[A]	개			⑨
아우트렛 박스 4각	54[mm]	개			⑩
아우트렛 박스 8각	54[mm]	개			⑪
스위치 박스 1개용	54[mm]	개			⑫

(4) 아래 표의 각 자재별 내선전공수를 ①부터 ⑧까지 적으시오. 단 계산식은 생략한다.

자재명	규격	단위	수량	인공수 (재료 단위별)	내선전공
후강전선관	16[mm]	[m]			①
후강전선관	22[mm]	[m]			②
금속가요전선관	16[mm]	[m]			③
HFIX 전선	2.5[mm²]	[m]			④
매입스위치 2구	250[V], 15[A]	개			⑤
아우트렛 박스	54[mm] 4각	개			⑥
아우트렛 박스	54[mm] 8각	개			⑦
스위치 박스 1개용	54[mm]	개			⑧

(5) 공사원가계산을 할 때 순 공사원가를 구성하는 요소를 3가지만 적으시오.

Answer

(1) ① 5가닥, ② 4가닥, ③ 3가닥
(2) ① 명칭 : 450/750[V] 저독성 난연 가교 폴리올레핀 절연전선
　② 규격 : (1.5) - 2.5 - (4) - (6) - 10 - 16 - 25 - 35

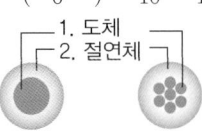

1. 도체
2. 절연체

(3)

①	35.3	②	2	③	15	④	120.2
⑤	39	⑥	2	⑦	17	⑧	132
⑨	2	⑩	1	⑪	14	⑫	2

(4)

①	2.82	②	0.22	③	0.66	④	1.2
⑤	0.13	⑥	0.2	⑦	2.8	⑧	0.4

(5) 재료비, 노무비, 경비

Explanation

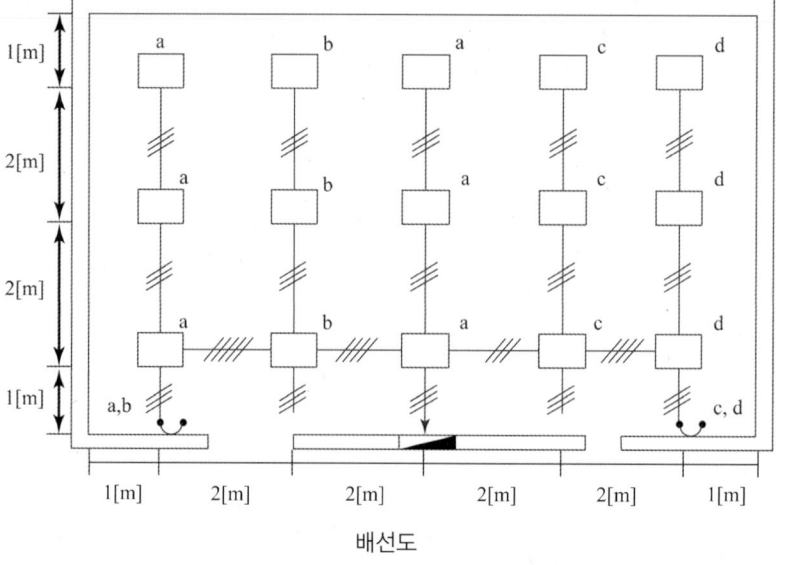

배선도

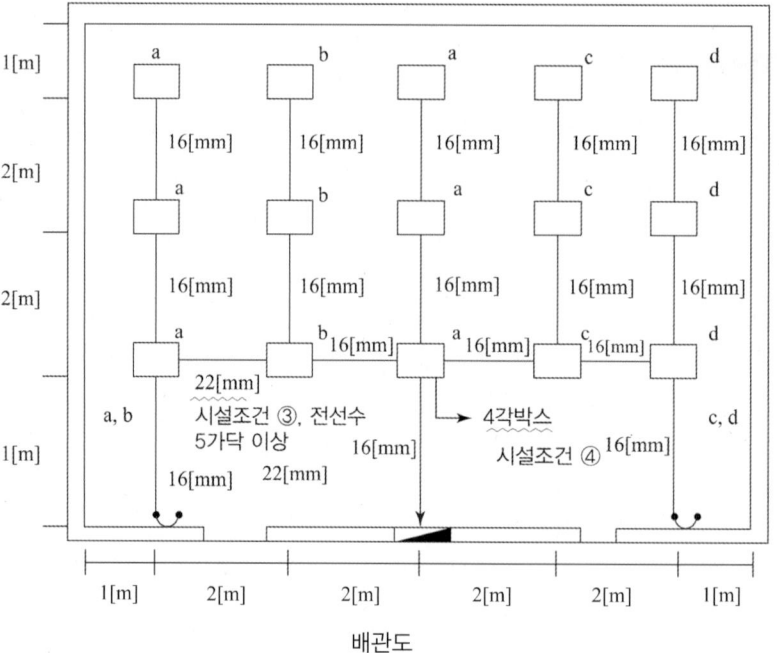

배관도

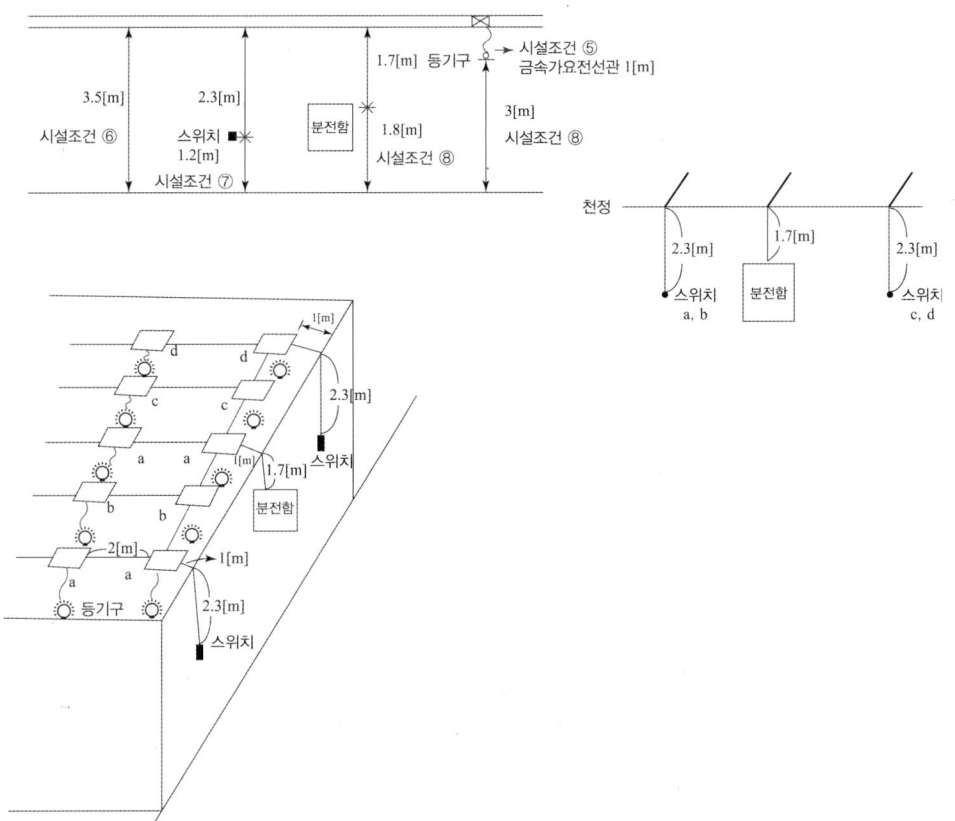

(2) HFIX 전선 : 450/750[V] 저독성 난연 가교 폴리올레핀 절연전선
  1.5, 2.5, 4, 6, 10, 16, 25, 35, 50, 70, 95, 120, 150, 185, 240, 300, 400[mm²]

(3) 산출수량
  ① 후강전선관 16[mmm] : 2[m]×13+1[m]×3+(2.3[m]+2.3[m]+1.7[m])=35.3[m]
    ※ 2[m]후강전선관 16[mm] 13개+1[m] 후강전선관 16[mm] 3개+(천장에서 스위치까지 2.3[m]
      ×2개+천장에서 분전함까지 1.7[m])
  ② 후강전선관 22[mm] : 2[m]×1=2[m]
    ※ 2[m] 후강전선관 22[mm] 1개
  ③ 금속가요전선관 16[mm] : 1[m]×15(총 등기구 수 15개)=15[m]
    ※ 시설조건 5.
  ④ HFIX전선 2.5[mm²] : 40+24+19.8+6.4+30=120.2[m]
    ※ 시설조건 1. 전등용 전선은 HFIX 사용하고, 접지용 전선은 TFR-GV를 사용한다. 단, 스위치
      회로에는 적용하지 않는다.
    접지용 전선을 제외한 전선수[가닥] 계산에 주의한다.
    • 등기구 세로열 : 2[m]×2[가닥]×10=40[m]
    • 등기구 가로열 : 2[m]×4[가닥]+2[m]×3[가닥]+2[m]×2[가닥]+2[m]×3[가닥]=24[m]
    • 스위치 : (1[m]+2.3[m])×3[가닥]×2(스위치2개)=19.8[m]
    • 분전함 : {(1[m]+1.7[m])+0.5[m]}×2[가닥]×1(분전함1)=6.4[m]
      └ 재료의 산출조건 1. 분전함 내부 배선 여유 1본당 0.5[m] 가산
        천장에서 등기구까지=1[m]×2[가닥]×15[등기구수]=30[m]
    • 할증수량+총수량
      └ 재료의 산출조건 2.3번에 주의

(5) 순공사원가 : 재료비, 노무비, 경비
총공사원가 : 재료비, 노무비, 경비, 일반관리비, 이윤

07 ★★☆☆ (6점)
한국전기설비규정(KEC)에서 규정하고 있는 사람이 상시 통행하는 터널 내의 배선 방법 중 3가지만 적으시오.

Answer

애자공사, 금속관공사, 합성수지관공사

Explanation

(KEC 242.7.조) 사람이 상시 통행하는 터널 안의 배선의 시설
사람이 상시 통행하는 터널내의 배선은 그 사용전압이 저압에 한하고 또한 다음 호에 의해서 시설하여야 한다.
① 배선은 다음에 의할 것
 • 애자공사
 • 금속관공사
 • 합성수지관공사
 • 금속제 가요전선관공사
 • 케이블공사
② 애자공사의 경우는 다음의 규정에 준할 것
 • 전선의 노면 상 높이는 2.5[m] 이상으로 할 것
 • 전선은 단면적 2.5[㎟] 이상의 절연전선(OW, DV 제외)
③ 전로는 터널의 인입구 가까운 곳에 전용의 개폐기를 시설할 것

08 ★★☆☆ (5점)
전력용 콘덴서 설비를 보호하기 위한 계통도이다. 그림을 보고 답하시오.

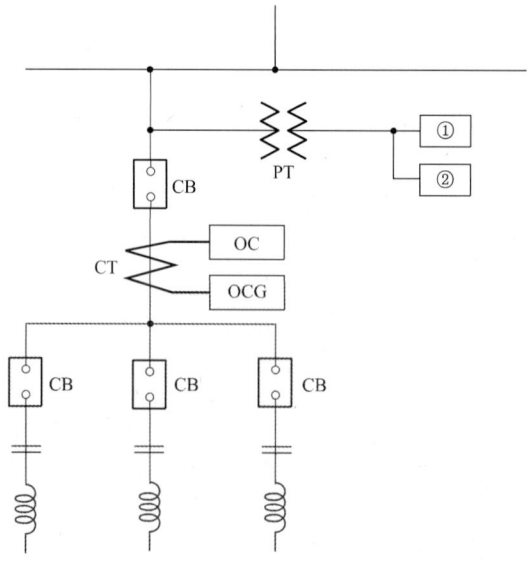

(1) 그림 중 ①, ②의 적합한 기기의 명칭을 적으시오.
　　①　　　　　　　　　　　　　　　②
(2) ①, ②가 담당하는 역할에 대해 서술하시오.

Answer

(1) ① 과전압계전기, ② 부족전압계전기
(2) ① 과전압계전기 : 콘덴서에 직렬리액터가 설치되면 콘덴서 단자전압이 상승하며 또한, 경부하시 변압기 리액턴스부의 전위 상승 발생을 차단한다.
　② 부족전압계전기 : 계통 정전 후 전압이 회복되었을 때 무부하 상태에서 콘덴서만 투입되는 것을 방지

Explanation

전력용 콘덴서 보호
(1) 과전류계전기 : 콘덴서 내부 소손 보호
(2) 과전압계전기 : 콘덴서에 직렬리액터가 설치되면 콘덴서 단자전압이 상승하며 또한, 경부하시 변압기 리액턴스부의 전위 상승을 발생할 수 있으므로 과전압계전기 설치
(3) 부족전압계전기 : 계통 정전 후 전압이 회복되었을 때 무부하 상태에서 콘덴서만 투입되는 것을 방지하기 위하여 부족전압계전기 설치

09 ★★★☆☆ (8점)
구내선로에서 발생할 수 있는 개폐서지, 순간과도전압 등으로 이상전압이 2차 기기에 악영향을 주는 것을 막기 위해 시설하는 것은 무엇인지 적으시오.

Answer

서지흡수기(SA)

Explanation

(내선규정 3,360) 서지흡수기
- 구내선로에서 발생할 수 있는 개폐서지, 순간과도전압 등으로 2차 기기에 악영향을 주는 것을 막기 위해 서지흡수기를 설치하는 것이 바람직하다.
- 설치 위치 : 서지흡수기는 보호하려는 기기전단으로 개폐서지를 발생하는 차단기 후단과 부하측 사이에 설치 운용한다.
  - 서지 흡수기의 정격

공칭전압	3.3[kV]	6.6[kV]	22.9[kV-Y]
정격전압	4.5[kV]	7.5[kV]	18[kV]
공칭 방전전류	5[kA]	5[kA]	5[kA]

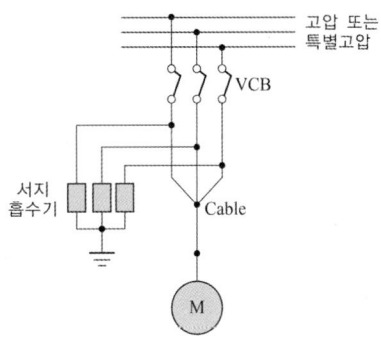

10 ★★☆☆☆ (9점)

3상 4선식 선로의 각도주이다. 그림에 표시된 번호의 자재명을 적으시오.

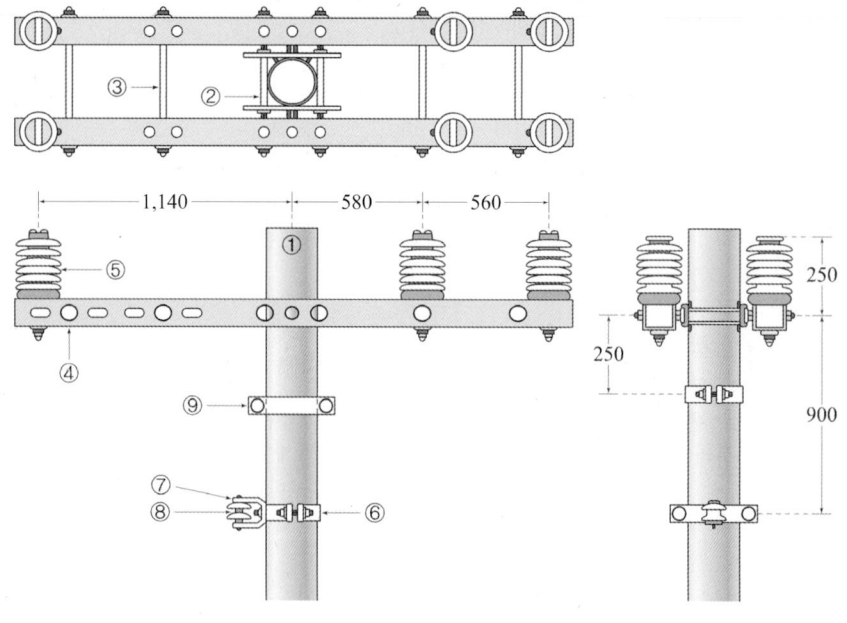

Answer

① 콘크리트 전주, ② 완철(완금)밴드, ③ 6각 볼트, ④ 경완철, ⑤ 라인포스트애자, ⑥ 랙밴드
⑦ 랙크, ⑧ 저압 인류애자, ⑨ 지선밴드

11 ★☆☆☆☆ (6점)

가공배전공사에서 지선공사에는 보통지선공사와 수평지선공사가 있다. 지선, 지주 시공 흐름도에서 수평지선공사 ①, ②에 흐름도를 완성하시오.

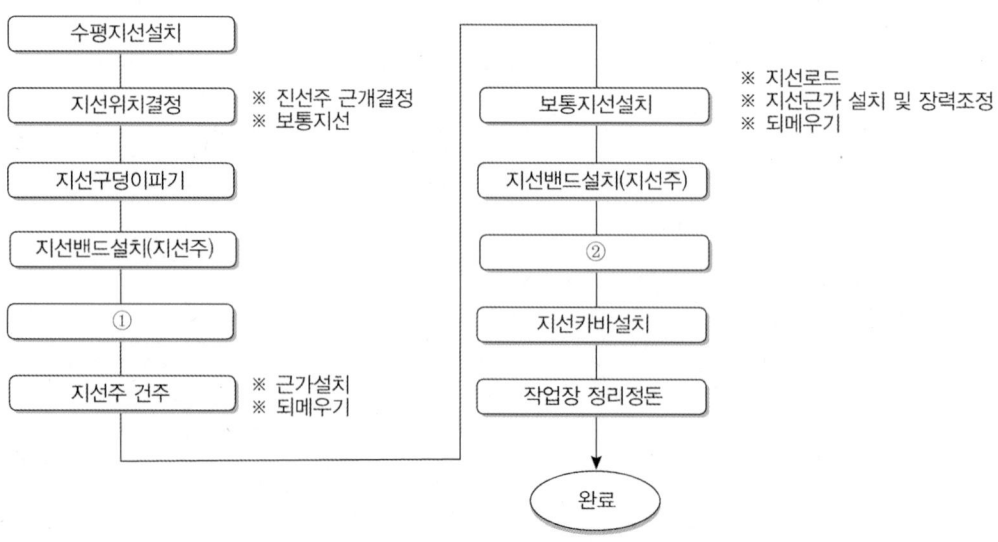

Answer

① 지선애자 설치
② 수평지선장력 조정

Explanation

지선 설치 작업흐름도

12 변압기 보호를 위해 사용하는 보호장치를 4가지만 적으시오. (4점)

Answer

① 비율차동 계전기 ② 방압 안전장치 ③ 부흐홀쯔 계전기 ④ 충격압력 계전기

Explanation

변압기의 내부 고장 보호용
① 전기적인 보호 방식
  • 차동 계전기(단상)
  • 비율 차동 계전기(3상)
② 기계적인 보호 방식
  • 부흐홀쯔 계전기(수소 검출, 가스검출계전기)
  • 방압안전장치
  • 유온계(온도계전기)
  • 유위계
  • 서든 프레서(충격압력계전기)

13 (5점)

H주일 때 현장 여건상 전주별로 별도의 보통지선 설치가 곤란하거나 1개의 지선용 근가로 저항력을 확보할 수 있는 경우 1개의 지선 로드 및 근가로 2단의 지선을 시설하는 지선 명칭은 무엇인지 적으시오.

Answer

Y지선

Explanation

Y지선

H주일 때 현장 여건상 전주별로 별도의 보통지선 설치가 곤란하거나 1개의 지선용 근가로 저항력을 확보할 수 있는 경우 1개의 지선 로드 및 근가로 2단의 지선을 시설하는 것(단주의 경우 Y지선을 설치하지 않는다.)

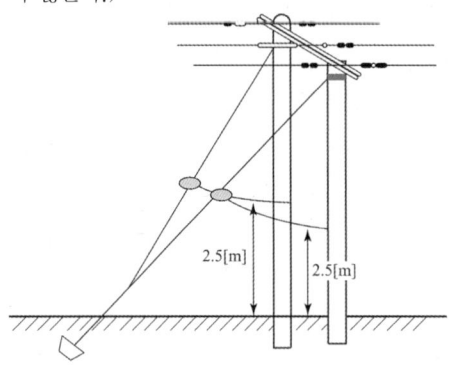

> 이 문제는 변경된 KEC 적용으로 인하여 삭제하고, 아래 예상문제로 대체되었습니다.

14 한국전기설비규정(KEC)의 금속관공사 시설 장소에 대한 내용을 정리한 표이다. 빈칸에 시설가능 여부를 "○", "×" 기호로 표기하시오.

	옥내					옥측/옥외	
노출 장소		은폐 장소					
		점검가능		점검 불가능			
건조한 장소	습기가 많은 장소 또는 물기가 있는 장소	건조한 장소	습기가 많은 장소 또는 물기가 있는 장소	건조한 장소	습기가 많은 장소 또는 물기가 있는 장소	우선 내	우선 외
①	②	③	④	⑤	⑥	⑦	⑧

○ : 시설할 수 있다.
× : 시설할 수 없다.
[비고 1] 점검 가능 장소 예시 : 건물의 빈 공간 등
[비고 2] 점검 불가능가능 장소 예시 : 구조체 매입, 케이블채널, 지중 매설, 창틀 및 처마도리 등

Answer

① ○ ② ○ ③ ○ ④ ○ ⑤ ○ ⑥ ○ ⑦ ○ ⑧ ○

Explanation

(KEC 232.12조) 금속관공사

옥내						옥측/옥외	
노출 장소		은폐 장소					
		점검가능		점검 불가능			
건조한 장소	습기가 많은 장소 또는 물기가 있는 장소	건조한 장소	습기가 많은 장소 또는 물기가 있는 장소	건조한 장소	습기가 많은 장소 또는 물기가 있는 장소	우선 내	우선 외
○	○	○	○	○	○	○	○

○ : 시설할 수 있다.
× : 시설할 수 없다.
[비고 1] 점검 가능 장소 예시 : 건물의 빈 공간 등
[비고 2] 점검 불가능가능 장소 예시 : 구조체 매입, 케이블채널, 지중 매설, 창틀 및 처마도리 등

2017년 전기공사기사 실기

01 ★★☆☆☆ (5점)
정격부담이 50[VA]인 변류기의 2차에 연결할 수 있는 최대 합성 임피던스의 값이 몇 [Ω]인지 계산하시오. 단, 변류기의 2차 정격전류는 5[A]이다.

Answer

계산 : $P_a = I^2 Z$에서 $Z = \dfrac{P_a}{I^2} = \dfrac{50}{5^2} = 2[\Omega]$ 답 : 2[Ω]

Explanation

변류기(CT : Current Transformer)
① 고압 회로의 대전류를 소전류로 변성하기 위하여 사용
② 용도 : 배전반의 전류계, 전력계, 계전기, 트립 코일의 전원으로 사용
③ 정격 부담 : 변류기의 2차 측 단자 간에 접속된 부하가 2차 전류에서 소비하는 피상 전력[VA]

02 ★☆☆☆☆ (5점)
가연성 분진(소맥분·전분·유황 기타 가연성의 먼지)에 전기설비가 발화원이 되어 폭발할 우려가 있는 곳에 시설하는 저압 옥내 배선으로 적합한 공사 방법 3가지를 적으시오.

Answer

① 금속관공사   ② 합성수지관공사   ③ 케이블공사

Explanation

(KEC 242.2.2조) 가연성 분진 위험장소
가연성 분진(소맥분·전분·유황 기타 가연성의 먼지로 공중에 떠다니는 상태에서 착화하였을 때에 폭발할 우려가 있는 것을 말하며 폭연성분진을 제외한다.)에 전기설비가 발화원이 되어 폭발할 우려가 있는 곳에 시설하는 저압 옥내 전기설비는 금속관공사, 합성수지관공사, 케이블공사로 시설하여야 한다.

03 ★★★☆☆ (5점)
조도 계산에 필요한 요소 중 조도 계산을 하기 전에 건축도면을 입수하여 조사하여야 하는 사항을 3가지만 적으시오.

Answer

① 방의 마감 상태(천장, 벽, 바닥 등의 반사율)
② 방의 사용 목적과 작업 내용
③ 방의 크기(가로, 세로, 높이)

Explanation

조도 계산을 하기 전에 건축도면을 입수하여 조사하여야 하는 사항
① 방의 마감 상태(천장, 벽, 바닥 등의 반사율)
② 방의 사용 목적과 작업 내용
③ 방의 크기(가로, 세로, 높이)
④ 보와 기둥의 간격, 공조 덕트 등 설비와 천장 내부의 상태

04. GPT에서 오픈델타 결선에 연결한 R의 명칭과 용도를 적으시오. (6점)

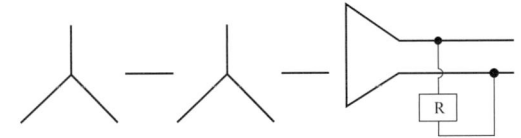

(1) 명칭 : (2) 용도 :

Answer

(1) 명칭 : 한류저항기
(2) 용도
 ① 비접지 방식에서 GPT를 사용하고 SGR을 동작시키는 데 필요한 유효전류를 발생
 ② open delta 결선의 각 상의 제3고조파 전압 발생을 방지
 ③ 중성점 이상 전위 진동 및 중성점 불안정 현상 등의 이상현상을 제거

Explanation

한류저항기
① 비접지 방식에서 GPT를 사용하고 SGR을 동작시키는 데 필요한 유효전류를 발생
② open delta 결선의 각 상의 제3고조파 전압 발생을 방지
③ 중성점 이상 전위 진동 및 중성점 불안정 현상 등의 이상현상을 제거

05. (3점)

전기설비에 있어서 감전 예방은 직접접촉예방과 간접접촉예방이 있으며, 간접접촉예방 중 전원의 자동차단에 의한 인체 보호를 위하여 전기회로 또는 전기기기의 충전부와 노출 도전성 부분 또는 보호선 간에 고장이 발생하여 교류 몇 [V](실효값)를 초과하는 접촉전압이 발생한 경우에 그 전원을 자동적으로 차단하여야 하는지 적으시오.

Answer

50[V]

Explanation

(KEC 113.2조) 감전에 대한 보호
(1) 기본보호
일반적으로 직접접촉을 방지하는 것으로, 전기설비의 충전부에 인축이 접촉하여 일어날 수 있는 위험으로부터 보호
가. 인축의 몸을 통해 전류가 흐르는 것을 방지
 - 충전부에 전기절연
 - 접촉을 방지하기 위한 충분한 거리 확보(격벽 또는 외함, 장애물 등)

나. 인축의 몸에 흐르는 전류를 위험하지 않는 값 이하로 제한
 - 공급전압을 50[V] 이하로 제한 등
(2) 고장 보호
일반적으로 기본절연의 고장에 의한 간접접촉을 방지
가. 인축의 몸을 통해 고장전류가 흐르는 것을 방지
 - 운전 중인 전기설비에 고장이 발생하는 즉시 고장설비의 전원을 차단
 - 전기설비를 이중절연 또는 강화절연
 - 전기적 분리
 - 비도전성장소
 - 비접지 국부등전위본딩 등의 보호방식
나. 인축의 몸에 흐르는 고장전류를 위험하지 않은 값 이하로 제한
 - 절연고장 설비의 노출도전부를 접촉하더라도 인축의 몸에 위험한 전류가 30[mA] 이상 흐르지 못하도록 하는 방식
나. 인축의 몸에 흐르는 고장전류의 지속시간을 위험하시 않은 시간까시로 세한
 - 전원측에 보호장치를 설치하여 고장전류의 지속시간을 단축하도록 하여 인체에 흐르는 전기량이 30[mA·s] 이하가 되도록 하는 방식(인축의 몸에 흐르는 고장전류의 지속시간을 위험하지 않은 시간까지로 제한하는 것은 절연고 장이 발생하여 전기설비의 노출도전부에 50[V] 이상의 전압이 인가되는 경우에는 인체가 이를 접촉하면 인체저항에 따라서 30[mA] 이상의 위험한 고장전류가 인체를 통해 흐를 수 있으므로)

06 ★★☆☆☆ (5점)
변압기를 보호하기 위한 단선결선도의 일례이다. 다음 그림에서 변압기의 내부 고장 검출을 위한 기기의 명칭을 적으시오.

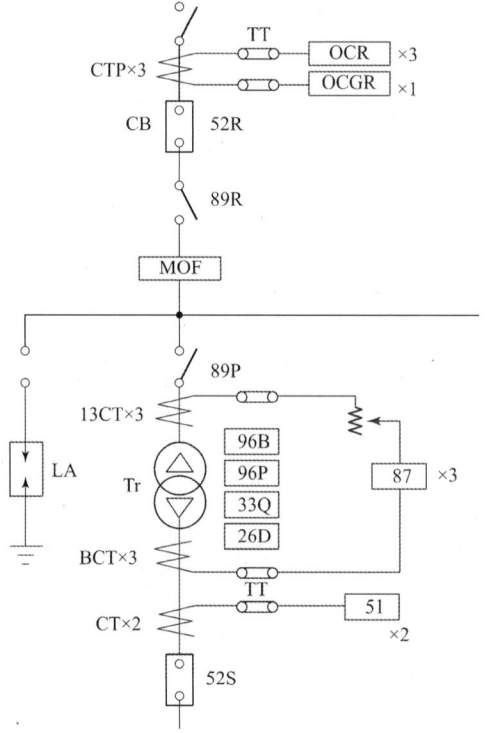

• 96B :   • 96P :   • 33Q :

Answer

- 96B : 부흐홀쯔 경보계전기
- 96P : 순시압력계전기
- 33Q : 유면검출장치

Explanation

계전기별 고유번호

기구번호	명칭	설명

96
   96-1
   96-2
   96P
	정지기 내부고장 검출장치
	부흐홀쯔 경보계전기
	부흐홀쯔 Trip 계전기
	순시압력 계전기
		변압기 등의 내부고장을 기계적으로 검출하는 것

33
   $33CO_2$
   33Q
   33W
   33S
	위치검출장치 또는 개폐기
	CO_2 소화기 개폐기
	유면검출장치
	수위개폐기
	탭 검출장치
		유면 액면의 위치와 관련하여 동작

07 이 문제는 변경된 KEC 적용으로 인하여 삭제하고, 아래 예상문제로 대체되었습니다.

다음은 누전차단기의 시설조건이다. 괄호 안에 알맞은 내용을 쓰시오.

> 주택의 전로 인입구에는 「전기용품 및 생활용품 안전관리법」에 적용을 받는 감전보호용 누전차단기를 시설하여야 한다. 다만, 전로의 전원 측에 정격용량이 (①)[kVA] 이하인 절연변압기(1차 전압이 (②)이고 2차 전압이 (③)[V] 이하인 것에 한한다)를 사람이 쉽게 접촉할 우려가 없도록 시설하고 또한 그 절연변압기의 부하측 전로를 접지하지 않는 경우에는 예외로 한다.

①   ②   ③

Answer

① 3   ② 저압   ③ 300

Explanation

(KEC 231.6조 옥내전로의 대지 전압의 제한

주택의 전로 인입구에는 「전기용품 및 생활용품 안전관리법」에 적용을 받는 감전 보호용 누전차단기를 시설하여야 한다. 다만, 전로의 전원측에 정격용량이 3[kVA] 이하인 절연변압기(1차 전압이 저압이고 2차 전압이 300[V] 이하인 것에 한한다)를 사람이 쉽게 접촉할 우려가 없도록 시설하고 또한 그 절연변압기의 부하측 전로를 접지하지 않는 경우에는 예외로 한다.

08 (30점)

시가지 도로 폭 9[m] 도로에 다음과 같이 가로등을 설치하려고 한다. 질문에 답하시오.

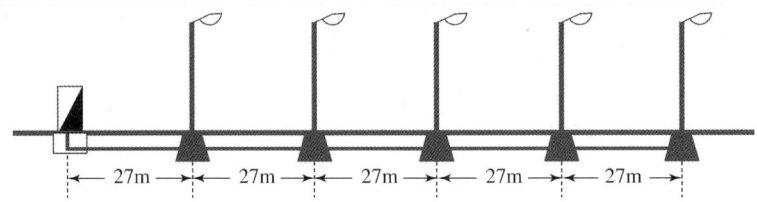

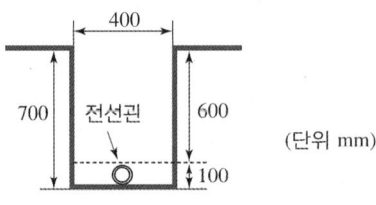

(단위 mm)

[관로 터파기 상세도]

[조건]

1. 등주 높이는 9[m]이고, 인력 설치한다.
2. 광원은 LED 200[W] 1등용이다.
3. 등주 간격은 27[m], 한쪽 배열로 설치한다.
4. 케이블은 CV 6[mm²] / 1C×2, E 6[mm²] /1C (HFIX : 연접 접지, 녹색)를 적용한다.
5. 배관은 합성수지 파형관 30[mm]를 사용하며, 터파기와 되메우기는 [m³]당 각각 보통인부 0.28인, 0.1인을 적용한다.
6. 가로등 기초 터파기는 개당 0.75[m³]이고, 콘크리트 타설량은 0.55[m³]이다.
7. 접지는 연접 접지를 적용한다.
8. 아래의 품셈과 문제에 주어진 사항 이외는 고려하지 않는다.

〈표준 품셈〉

5-13 제어용 케이블 설치   (단위 : [m], 적용직종 : 저압케이블전공)

선심수	4[mm²] 이하	6[mm²] 이하	8[mm²] 이하
1C	0.011	0.013	0.014
2C	0.016	0.018	0.020

(해설) 1. 연접 접지도체도 이에 준한다.
      2. 옥외 케이블의 할증률은 3[%] 적용

5-26-1 LED 가로등기구 설치   (단위 : 개)

종별	내선전공	종별	내선전공
100[W] 이하	0.204	200[W] 이하	0.221
150[W] 이하	0.231	250[W] 이하	0.229

(해설) LED 등기구 일체형 기준(컨버터 내장형)

5-27 POLE LIGHT 인력 설치

(단위 : 본)

규격	내선전공	규격	내선전공
8[m] 이하(1등용)	2.76	10[m] 이하(1등용)	3.49
9[m] 이하(1등용)	3.13	12[m] 이하(1등용)	4.19

4-31 합성수지 파형관 설치

(단위 : [m])

규격	배전전공	보통인부
16[mm] 이하	0.005	0.012
30[mm] 이하	0.006	0.014
50[mm] 이하	0.007	0.018

(해설) 1. 합성수지 파형관의 지중포설 기준
2. 가로등 공사, 신호등 공사, 보안등 공사 또는 구내설치 시 50[%] 가산
3. 옥외전선관의 할증률은 5[%] 적용

(1) 가로등 기초를 포함한 전체 터파기량과 공량을 계산하시오. 단, 전원함의 기초, 그리고 가로등 기초와 관로 중첩 부분은 무시한다.
  ① 터파기량
    • 계산 :
    • 답 :
  ② 공량(보통인부)
    • 계산 :
    • 답 :

(2) 가로등 기초를 포함한 전체 되메우기량과 공량을 계산하시오. 단, 전원함의 기초 그리고 가로등 기초와 관로 중첩 부분 및 배관의 체적은 무시한다.
  ① 되메우기량
    • 계산 :
    • 답 :
  ② 공량(보통인부)
    • 계산 :
    • 답 :

(3) 전선관 물량과 공량을 산출하시오. 단, 지중에서 전원함, 그리고 가로등 기초에서 가로등주까지의 배관은 무시한다.
  ① 물량
    • 계산 :
    • 답 :
  ② 공량(배전전공, 보통인부)
    • 계산 :
    • 답 :

(4) 케이블과 접지도체의 물량과 공량(저압케이블전공)을 산출하시오. 단, 케이블의 길이는 가로등 기초에서 안정기 박스까지의 거리를 고려하여 경간당 2[m]를 추가 적용한다. 그리고 안정기 박스에서 등기구까지의 배선은 무시한다.
① 물량(CV, HFIX)
　　• 계산 :
　　• 답 :
② 공량(저압케이블전공)
　　• 계산 :
　　• 답 :
(5) 등기구를 포함한 가로등 설치 공량(내선전공)을 산출하시오.
　　• 계산 :
　　• 답 :

Answer

(1) ① 터파기량

계산 : 관로 $= \dfrac{0.4+0.4}{2} \times 0.7 \times 27 \times 5 = 37.8$

가로등 기초 $= 0.75 \times 5 = 3.75 [\text{m}^3]$

전체 터파기량 $= 37.8 + 3.75 = 41.55 [\text{m}^3]$

답 : $41.55 [\text{m}^3]$

② 공량(보통인부)

계산 : $41.55 \times 0.28 = 11.634 [\text{인}]$

답 : $11.634 [\text{인}]$

(2) ① 되메우기량

계산 : 되메우기량 $= 41.55 - 0.55 \times 5 = 38.8 [\text{m}^3]$

답 : $38.8 [\text{m}^3]$

② 공량(보통인부)

계산 : $38.8 \times 0.1 = 3.88 [\text{인}]$

답 : $3.88 [\text{인}]$

(3) ① 물량

계산 : 전선관 물량 $= 27 \times 5 = 135 [\text{m}]$

할증 $= 135 \times 0.05 = 6.75 [\text{m}]$

합계 $= 135 + 6.75 = 141.75 [\text{m}]$

답 : $141.75 [\text{m}]$

② 공량(배전전공, 보통인부)

계산 : 배전전공 $= 135 \times 0.006 \times (1+0.5) = 1.215 [\text{인}]$

보통인부 $= 135 \times 0.014 \times (1+0.5) = 2.835 [\text{인}]$

답 : 배전전공 : $1.215 [\text{인}]$, 보통인부 : $2.835 [\text{인}]$

(4) ① 물량(CV, HFIX)

계산 : CV케이블 물량 $= (27+2) \times 5 \times 2 = 290 [\text{m}]$

할증 $= 290 \times 0.03 = 8.7 [\text{m}]$

합계 $= 290 + 8.7 = 298.7 [\text{m}]$

HFIX전선 물량=(27+2)×5=145[m]

할증=145×0.03=4.35[m]

합계=145+4.35=149.35[m]

답 : CV케이블 : 298.7[m], HFIX전선: 149.35[m]

② 공량(저압케이블전공)

계산 : CV케이블=290×0.013=3.77[인]

HFIX전선=145×0.013=1.885[인]

합계=3.77+1.885=5.655[인]

답 : 5.655[인]

(5) 계산 : 내선전공 공량=(3.13+0.221)×5=16.755[인]

답 : 16.755[인]

Explanation

(1) 터파기량

배관용 터파기량은 줄기초파기이므로

$V = \dfrac{0.4+0.4}{2} \times 0.7 \times 27 \times 5 = 37.8[m^3]$

(2) 되메우기량 = 전체 터파기량 − 콘크리트 타설량

(3) 문제의 표 4-31 합성수지 파형관 설치 아래 해설에서 옥외전선관의 할증률은 5[%] 적용
재료를 구입하는 경우는 할증이 필요하나 실제 공사는 정해진 길이만 수행하므로 인공구하는 경우 재료의 할증은 포함하지 않는다.

【4-31】 합성수지 파형관 설치 (단위 : [m])

규격	배전전공	보통인부
16[mm] 이하	0.005	0.012
30[mm] 이하	0.006	0.014
50[mm] 이하	0.007	0.018

(해설) 1. 합성수지 파형관의 지중포설 기준
2. 가로등 공사, 신호등 공사, 보안등 공사 또는 구내설치 시 50[%] 가산
3. 옥외전선관의 할증률은 5[%] 적용

(4) 케이블은 CV 6[mm²] / 1C×2, E 6[mm²] /1C (HFIX : 연접 접지, 녹색)를 적용
문제의 표 5-13 합성수지 파형관 설치 아래 해설에서 옥외 케이블의 할증률은 3[%] 적용

【5-13】 제어용 케이블 설치 (단위 : [m], 적용직종 : 저압케이블전공)

선심수	4[mm²] 이하	6[mm²] 이하	8[mm²] 이하
1C	0.011	0.013	0.014
2C	0.016	0.018	0.020

(해설) 1. 연접 접지도체도 이에 준한다.
2. 옥외 케이블의 할증률은 3[%] 적용

(5) 내선전공 공량=LED 가로등기구+ POLE LIGHT 인력 설치

5-26-1 LED 가로등기구 설치 (단위 : 개)

종별	내선전공	종별	내선전공
100[W] 이하	0.204	200[W] 이하	0.221
150[W] 이하	0.231	250[W] 이하	0.229

(해설) LED 등기구 일체형 기준(컨버터 내장형)

5-27 POLE LIGHT 인력 설치 (단위 : 본)

규격	내선전공	규격	내선전공
8[m] 이하(1등용)	2.76	10[m] 이하(1등용)	3.49
9[m] 이하(1등용)	3.13	12[m] 이하(1등용)	4.19

BEST 09 ★★★★★ (10점)

매입방식에 따른 건축화 조명방식에 대한 설명이다. 각각에 맞는 조명방식을 적으시오.

(1) 천장면에 작은 구멍을 많이 뚫어 그 속에 여러 형태의 하면개방형, 하면루버형, 하면확산형, 반사형 전구 등의 등기구를 매입하는 조명방식을 적으시오.
(2) 천장면에 확산 투과재인 메탈아크릴 수지판을 붙이고 천장 내부에 광원을 배치하여 조명하는 방식을 적으시오.
(3) 천장면을 여러 형태의 사각, 동그라미 등으로 오려내고 다양한 형태의 매입기구를 취부하여 실내의 단조로움을 피하는 조명방식을 적으시오.
(4) 벽면을 밝은 광원으로 조명하는 방식으로 숨겨진 램프의 직접광이 아래쪽, 벽, 커튼, 위쪽 천장면에 쪼이도록 조명하는 방식으로 분위기 조명인 방식을 적으시오.
(5) 천장과 벽면의 경계구석에 등기구를 설치하여 조명하는 방식을 적으시오.

Answer

(1) 다운라이트 조명
(2) 광천장 조명
(3) 코퍼 조명
(4) 밸런스 조명
(5) 코너 조명

Explanation

건축화 조명

- 루버 천장 조명
  천장면에 루버판을 부착하고 천장 내부에 광원을 배치하여 조명하는 방식
  낮은 휘도, 밝은 직사광을 얻고 싶은 경우 훌륭한 조명 효과
- 다운라이트 조명
  천장면에 작은 구멍을 많이 뚫어 그 속에 여러 형태의 하면개방형, 하면루버형, 하면확산형, 반사형 전구 등의 등기구를 매입하는 조명 방식
- 코퍼 조명
  천장면을 여러 형태의 사각, 동그라미 등으로 오려내고 다양한 형태의 매입기구를 취부하여 실내의 단조로움을 피하는 조명 방식
  고천장의 은행 영업실, 1층홀, 백화점 1층 등에 사용

- 밸런스 조명
  벽면을 밝은 광인으로 조명하는 방식으로 숨겨진 램프의 직접광이 아래쪽 벽, 커튼, 위쪽 천장면에 쪼이도록 조명하는 방식으로 분위기 조명
- 코브 조명
  램프를 감추고 코브의 벽, 천장면에 플라스틱, 목재 등을 이용하여 간접 조명으로 만들어 그 반사광으로 채광하는 조명 방식
  천장과 벽이 2차 광원이 되므로 반사율과 확산성이 높아야 한다.
- 코너 조명
  천장과 벽면의 경계 구석에 등기구를 배치하여 조명하는 방식
  천장과 벽면을 동시에 투사하는 실내 조명 방식으로 지하도용에 이용
- 코니스 조명
  코너 조명과 같이 천장과 벽면 경계에 건축적으로 둘레틱을 만들어 내부에 등기구를 배치하여 조명하는 방식
  아래 방향의 벽면을 조명하는 방식
- 광량 조명
  연속열 등기구를 천장에 매입하거나 들보에 설치하는 조명 방식
- 광천장 조명
  천장면에 확산투과재인 메탈 아크릴 수지판을 붙이고 천장 내부에 광원 설치하는 조명 방식

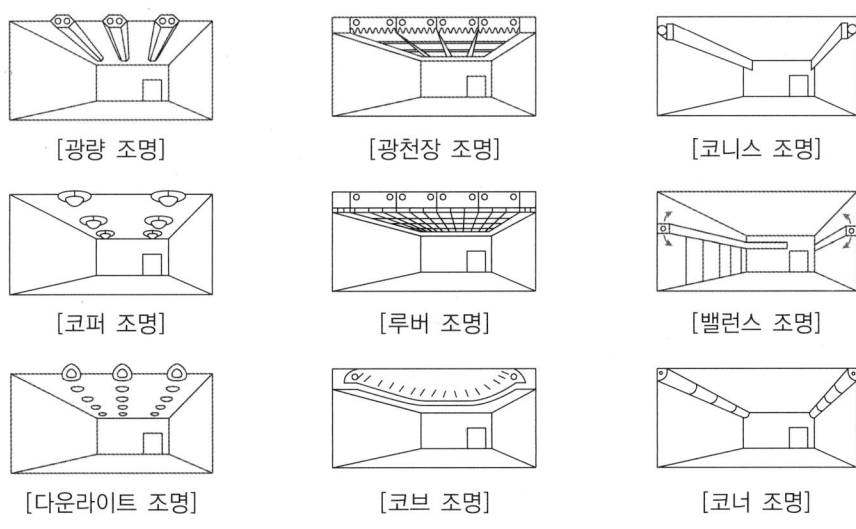

[광량 조명]   [광천장 조명]   [코니스 조명]

[코퍼 조명]   [루버 조명]   [밸런스 조명]

[다운라이트 조명]   [코브 조명]   [코너 조명]

10 ★★☆☆☆ (6점)
전기공사표준작업절차서 중 가공배전선로에서 전선 접속 작업 흐름도이다. 흐름도가 옳도록 (1), (2), (3)에 들어갈 알맞은 용어를 답란에 적으시오.

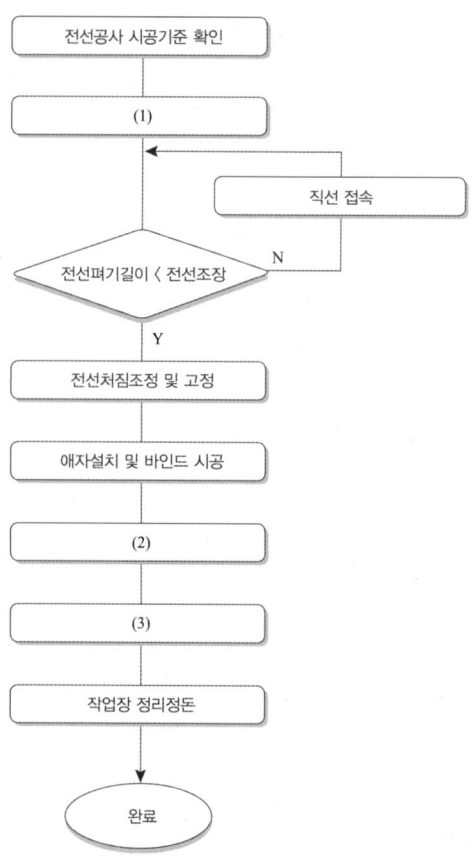

Answer

(1) 연선(전선 펴기)
(2) 전선 접속
(3) 절연 처리

Explanation

배전선로에서 전선공사 흐름도

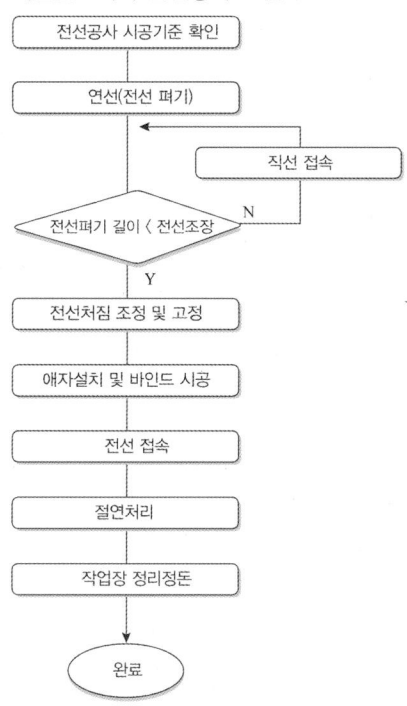

BEST 11 ★★★★★ (5점)

바닥면적 1,000[m²]의 회의실에 광속 5,000[lm]의 40[W] LED 형광등을 시설하여 평균 조도를 300[lx]로 하고자 할 때 필요한 40[W] LED 형광등 수량을 계산하시오. 단, 조명률 50[%], 감광보상률 1.25로 한다.

Answer

계산 : $N = \dfrac{ESD}{FU} = \dfrac{300 \times 1,000 \times 1.25}{5,000 \times 0.5} = 150$

답 : 150[등]

Explanation

조명 계산

$FUN = ESD$

여기서, $F[\text{lm}]$: 광속, U : 조명률, N : 등수

$E[\text{lx}]$: 조도, $S[\text{m}^2]$: 면적, $D = \dfrac{1}{M}$: 감광보상률 $= \dfrac{1}{\text{보수율}}$

등수 $N = \dfrac{ESD}{FU}$ 이며 등수 계산에서 소수점은 무조건 절상한다.

12 (5점)

방폭·방식·방습·방온·방진 및 정전기 차폐 등의 방호 조치가 되어 있지 않는 누전경보기의 수신부를 설치할 수 없는 장소 5가지를 적으시오.

Answer

① 가연성의 증기, 먼지, 가스 등이나 부식성의 증기가스 등이 다량으로 체류하는 장소
② 화약류를 제조하거나 저장 또는 취급하는 장소
③ 습도가 높은 장소
④ 온도의 변화가 급격한 장소
⑤ 대전류 회로, 고주파 발생회로 등에 따른 영향을 받을 우려가 있는 장소

Explanation

화재안전기준(NFSC 205) 누전경보기 수신부
누전경보기를 실치할 수 없는 장소는 다음과 같다.
① 가연성의 증기, 먼지, 가스 등이나 부식성의 증기가스 등이 다량으로 체류하는 장소
② 화약류를 제조하거나 저장 또는 취급하는 장소
③ 습도가 높은 장소
④ 온도의 변화가 급격한 장소
⑤ 대전류 회로, 고주파 발생회로 등에 따른 영향을 받을 우려가 있는 장소

13 (4점)

폭연성 분진이 있는 위험장소의 저압옥내배선에 사용되는 금속관은 어떤 전선관이며, 관 상호 및 관과 박스의 접속은 몇 턱 이상의 조임으로 나사를 시공하여야 하는지 적으시오.

• 전선관 :　　　　　　　　　　　　• 턱 수 :

Answer

• 전선관 : 박강전선관　　　• 턱 수 : 5턱 이상

Explanation

(KEC 242.2.1조) 폭연성 분진 위험장소
폭연성 분진이 있는 위험장소의 배선은 다음 각 호에 의하고 또는 위험의 우려가 없도록 시설하여야 한다.
1. 옥내배선은 금속관공사 또는 케이블공사(캡타이어케이블 사용하는 것 제외)에 의할 것
2. 금속관공사의 경우는 다음과 같이 시설할 것
　① 금속관은 박강전선관 또는 동등 이상의 강도가 있는 것을 사용할 것
　② 관 상호 및 관과 박스 기타의 부속품이나 풀박스 또는 전기기계기구는 5턱 이상의 나사조임으로 접속하는 방법 기타 이와 동등 이상의 효력이 있는 방법에 의해 견고하게 접속할 것

14 (5점)

지선의 시설 목적을 3가지만 적으시오.

Answer

① 지지물의 강도를 보강하고자 할 경우
② 전선로의 안전성을 증대하고자 할 경우
③ 불평형 하중에 대한 평형을 이루고자 할 경우

Explanation

(1) 지선의 시설 목적
   ① 지지물의 강도를 보강하고자 할 경우
   ② 전선로의 안전성을 증대하고자 할 경우
   ③ 불평형 하중에 대한 평형을 이루고자 할 경우
   ④ 전선로가 건조물 등과 접근할 때 보안상 필요한 경우

(2) 지선의 종류
   ① 보통 지선
      용도 : 불평형 장력이 크지 않은 일반적인 장소에 시설한다.

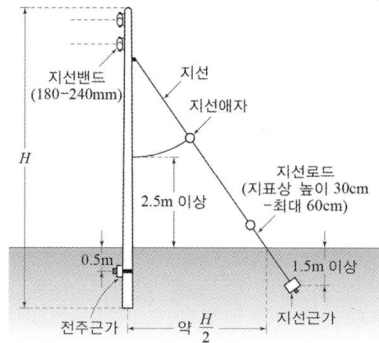

   ② 수평 지선
      용도 : 토지의 상황이나 기타 사유로 인하여 보통 지선을 시설할 수 없는 경우

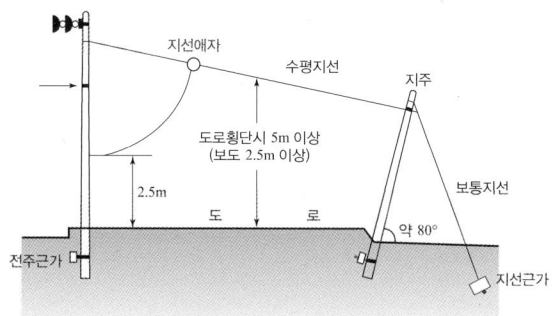

   ③ 공동 지선
      용도 : 지지물 상호간의 거리가 비교적 접근하여 있을 경우에 시설한다.

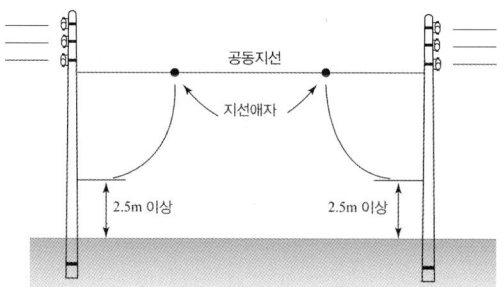

④ Y지선

용도 : 다단의 완금이 설치되거나 또한 장력이 큰 경우에 시설한다.

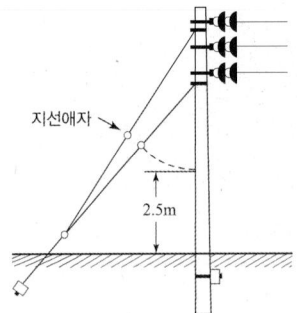

⑤ 궁지선

용도 : 비교적 장력이 작고 다른 종류의 지선을 시설할 수 없는 경우에 시설한다.

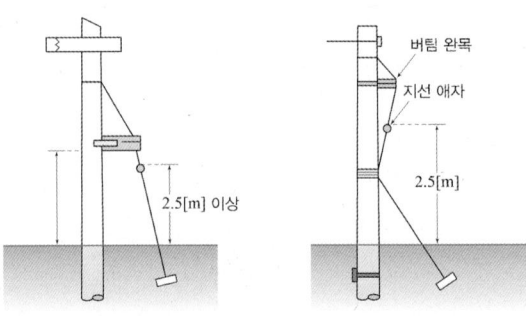

(a) A형 궁지선   (b) R형 궁지선

(3) 지선의 설치 방법

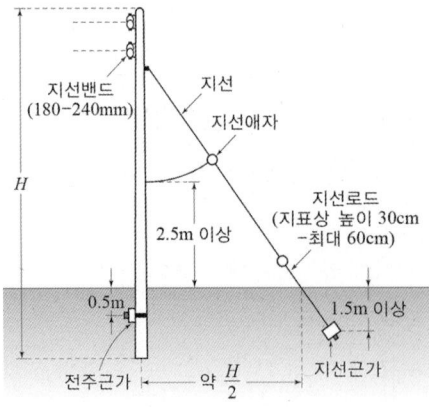

(4) 지선의 시공

① 지선의 안전율은 2.5 이상일 것. 이 경우에 허용 인장하중의 최저는 4.31[kN]으로 한다.
② 지선에 연선을 사용할 경우에는 다음에 의할 것
 - 소선(素線) 3가닥 이상의 연선일 것
 - 소선의 지름이 2.6[mm] 이상의 금속선을 사용한 것일 것. 다만, 소선의 지름이 2[mm] 이상인 아연도강연선(亞鉛鍍鋼然線)으로서 소선의 인장강도가 0.68[kN/mm^2] 이상인 것을 사용하는

경우에는 그러하지 아니하다.
③ 지중부분 및 지표상 30[cm]까지의 부분에는 내식성이 있는 것 또는 아연도금을 한 철봉을 사용하고 쉽게 부식되지 아니하는 근가에 견고하게 붙일 것. 다만, 목주에 시설하는 지선에 대해서는 그러하지 아니하다.
④ 지선근가는 지선의 인장하중에 충분히 견디도록 시설할 것
⑤ 도로를 횡단하여 시설하는 지선의 높이는 지표상 5[m] 이상으로 하여야 한다. 다만, 기술상 부득이한 경우로서 교통에 지장을 초래할 우려가 없는 경우에는 지표상 4.5[m] 이상, 보도의 경우에는 2.5[m] 이상으로 할 수 있다.

4회 2017년 전기공사기사 실기

BEST 01 ★★★★★ (9점)

옥내의 교류회로에서 두 개 이상의 전선을 병렬로 사용하는 경우의 사항이다. 다음 ( ) 안에 옳은 내용을 적으시오.

(1) 병렬로 사용하는 각 전선의 굵기는 동선 (①)[mm²] 이상 또는 알루미늄 (②)[mm²] 이상으로 하고, 전선은 같은 (③), 같은 재료, 같은 (④) 및 같은 (⑤)의 것을 사용할 것
(2) 같은 극의 각 전선은 동일한 터미널러그에 완전히 접속할 것
(3) 같은 극인 각 전선의 터미널러그는 동일한 도체에 (⑥)개 이상의 리벳 또는 (⑦)개 이상의 나사로 접속할 것
(4) 병렬로 사용하는 전선에는 각각에 (⑧)를 설치하지 말 것
(5) 교류회로에서 병렬로 사용하는 전선은 금속관 안에 (⑨)이 생기지 않도록 시설할 것

Answer

①	50	②	70	③	도체
④	굵기	⑤	길이	⑥	2
⑦	2	⑧	퓨즈	⑨	전자적 불평형

Explanation

(KEC 123조) 전선의 접속 중 전선의 병렬 사용

① 전선의 굵기는 동 50[mm²] 이상 또는 알루미늄 70[mm²] 이상으로 하고, 전선은 같은 도체, 같은 재료, 같은 길이 및 같은 굵기의 것을 사용할 것
② 같은 극의 각 전선은 동일한 터미널러그에 완전히 접속할 것
③ 같은 극인 각 전선의 터미널러그는 동일한 도체에 2개 이상의 리벳 또는 2개 이상의 나사로 접속할 것
④ 병렬로 사용하는 전선에는 각각에 퓨즈를 설치하지 말 것
⑤ 교류회로에서 병렬로 사용하는 전선은 금속관 안에 전자적 불평형이 생기지 않도록 시설할 것

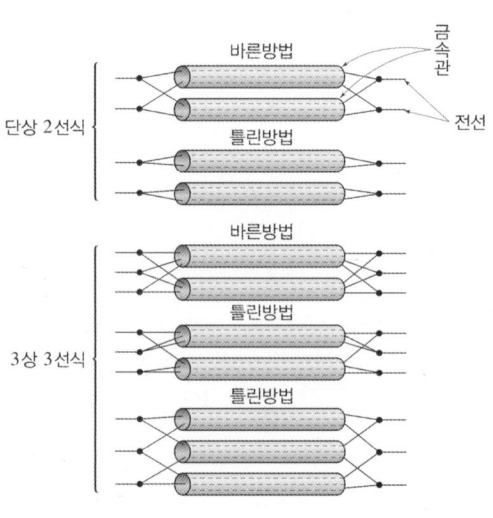

[전선을 병렬로 사용하는 경우]

02 ★★★★☆ (5점)

1세대 전용면적 99[m²]인 아파트에서 표준부하산정법에 의하여 설비부하용량 [VA]를 산정하시오. 단 가산부하 [VA] 수는 내선규정에 의한 최고치로 한다.

Answer

계산 : $99 \times 40 + 1,000 = 4,960$[VA]   답 : 4,960[VA]

Explanation

부하상정 및 분기회로
1. 표준 부하
   1) 건축물의 종류에 따른 표준 부하

건축물의 종류	표준 부하[VA/m²]
공장, 공회당, 사원, 교회, 극장, 영화관, 연회장 등	10
기숙사, 여관, 호텔, 병원, 학교, 음식점, 다방, 대중 목욕탕	20
사무실, 은행, 상점, 이발소, 미장원	30
주택, 아파트	40

   2) 건축물 중 별도 계산할 부분의 표준 부하 (주택, 아파트는 제외)

건축물의 부분	표준 부하[VA/m²]
복도, 계단, 세면장, 창고, 다락	5
강당, 관람석	10

   3) 표준 부하에 따라 산출한 수치에 가산하여야 할 [VA] 수
      ① 주택, 아파트(1세대마다)에 대하여는 500~1,000[VA]
      ② 상점의 진열창에 대하여는 진열창 폭 1[m]에 대하여 300[VA]
      ③ 옥외의 광고등, 전광사인, 네온 사인등의 [VA] 수
      ④ 극장, 댄스홀 등의 무대조명, 영화관 등의 특수전등부하의 [VA] 수

2. 부하의 상정
   부하 설비 용량 = $PA + QB + C$
   여기서, P : 건축물의 바닥 면적 [m²] (Q 부분 면적 제외)
   　　　　Q : 별도 계산할 부분의 바닥면적 [m²]
   　　　　A : P 부분의 표준 부하 [VA/m²]
   　　　　B : Q 부분의 표준 부하 [VA/m²]
   　　　　C : 가산해야 할 부하 [VA]

3. 분기 회로수

   분기 회로수 = $\dfrac{\text{표준 부하 밀도 [VA/m}^2\text{]} \times \text{바닥 면적 [m}^2\text{]}}{\text{전압 [V]} \times \text{분기 회로의 전류 [A]}}$

   【주1】 계산 결과에 소수가 발생하면 절상한다.
   【주2】 220[V]에서 3[kW] (110[V] 때는 1.5[kW])를 초과하는 냉방기기, 취사용 기기 등 대형 전기 기계 기구를 사용하는 경우에는 단독분기회로를 사용하여야 한다.

03 ★★★☆☆ (3점)

금속덕트 및 버스덕트 시설 시 취급자 이외의 자가 출입할 수 없도록 설비한 장소에서 수직으로 설치하는 경우 최대 몇 [m] 이하의 간격으로 지지하여야 하는지 쓰시오.

> **Answer**

6[m]

> **Explanation**

(KEC 232.31, 232.61조) 금속덕트, 버스덕트 시설방법
금속덕트, 버스덕트는 3[m](취급자 이외의 자가 출입할 수 없도록 설비한 장소로서, 수직으로 설치하는 경우는 6[m]) 이하의 간격으로 견고하게 지지할 것

04 ★☆☆☆☆ (5점)

수전용량 3상 500[kVA]이고, 전압 22.9[kV], 역률 90[%]인 경우, 정격전류를 계산하고 차단기 정격의 표준치(정격전류)와 차단기의 정격차단전류를 선정하시오.

(1) 정격전류
  • 계산 :   • 답 :
(2) 차단기 정격의 표준치(정격전류)
  • 답 :
(3) 차단기의 정격차단전류
  • 답 :

> **Answer**

(1) 계산 : 정격전류 $I_n = \dfrac{P}{\sqrt{3}\,V_n} = \dfrac{500 \times 10^3}{\sqrt{3} \times 22.9 \times 10^3} = 12.61[A]$ 　　답 : 12.61[A]

(2) 계산 : 정격전류 $I_n = \dfrac{P}{\sqrt{3}\,V_n} = \dfrac{500 \times 10^3}{\sqrt{3} \times 22.9 \times 10^3} = 12.61[A]$ 　　답 : 600[A]

(3) 계산 : 차단기 정격차단전류 $I_n = \dfrac{P}{\sqrt{3}\,V_n} = \dfrac{500 \times 10^3}{\sqrt{3} \times 25.8 \times 10^3} = 11.19[A]$ 　　답 : 11.19[A]

> **Explanation**

22.9[kV]용 차단기 정격전류의 표준값
600[A], 1,200[A], 2,000[A], 3,000[A]

05 ★★★☆☆ (4점)

피뢰시스템에서 피뢰시스템 레벨 Ⅳ에 따른 인하도선의 간격을 적으시오.

> **Answer**

20[m]

> **Explanation**

건축물 등의 피뢰설비 설치에 관한 기술지침(KOSHA CODE E - 28 - 2009)
보호등급에 따른 인하도선 간 평균 거리
• 보호등급 Ⅰ : 10[m]　　• 보호등급 Ⅱ : 10[m]
• 보호등급 Ⅲ : 15[m]　　• 보호등급 Ⅳ : 20[m]

06 (5점)

표준철탑에서 가공전선로의 말단에서 전력선이나 가공지선을 잡아매는 곳에 사용하는 철탑의 명칭을 적으시오.

Answer

인류철탑

Explanation

사용목적에 의한 분류(표준형 철탑)
- 직선형 : 선로의 직선 또는 수평각도 3° 이내의 장소에 사용, A형 철탑
- 각도형 : 선로의 수평각도 3° 이상으로 20° 이하에 설치되는 철탑, 경각도 철탑은 B형,
  선로의 수평각도 3° 이상으로 30° 이하에 설치되는 중각도 철탑은 C형
- 인류형 : 가공선로의 전체 가섭선을 인류하는 개소(주로 변전소)에 사용되는 철탑
  D형 철탑
- 내장형 : 전선로를 보강하기 위하여 세워지는 철탑
  직선철탑 10기마다 1기를 시설, 장경간 개소에 시설, E형 철탑
- 보강형 : 전선로의 직선부분에 보강을 위해 사용하는 철탑

07 (30점)

다음 단위세대 전등설비 평면도를 보고 질문에 답하시오.

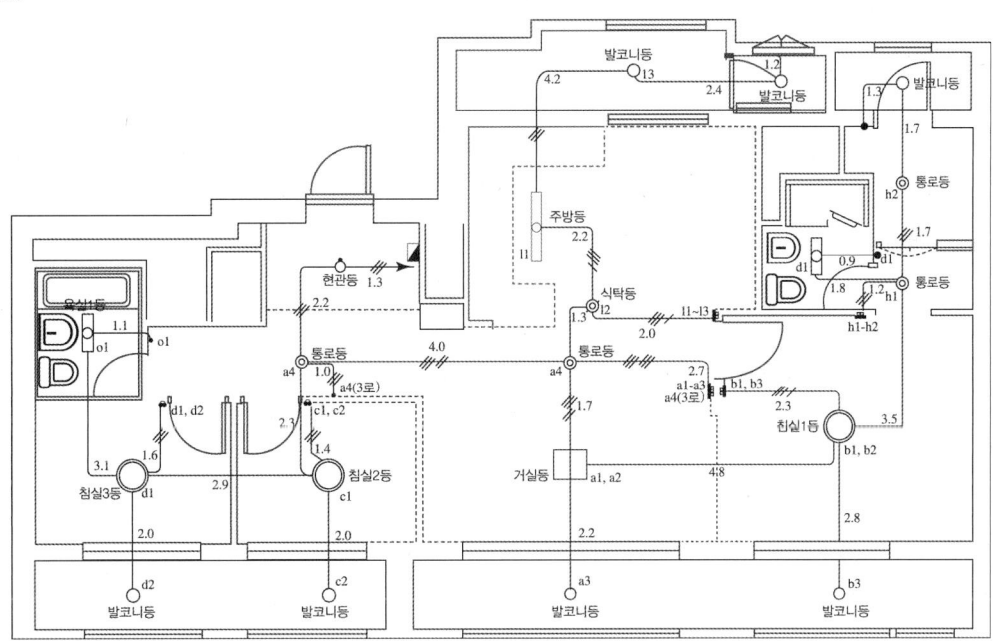

〈84[m²] 단위세대 전등설비 평면도〉

[주의사항]
1. 스위치와 천장면 간의 수직거리는 1.5[m]이다.
2. 선에 표시된 숫자는 기구 간의 수평거리[m]이다.
3. 선에 표시된 사선은 가닥수를 표시한 것이며, 사선이 없는 선은 2가닥이다.
4. 전선관 내 접지도체는 고려하지 않는다.(도면에 표시된 전선 가닥수는 접지도체를 제외한 전선 가닥수이다.)
5. PVC 박스 내 여장은 고려하지 않는다.
6. 전선관은 16[mm] 합성수지전선관을 적용한다.
7. 전선의 규격은 2.5[mm^2]를 적용한다.
8. 전선 및 전선관의 재료할증률은 5[%]를 적용한다.
9. 제시된 자료 이외에는 고려하지 않는다.
10. 간접노무비는 직접노무비의 10[%]를 적용한다.
11. 질문 이외의 것은 모두 무시한다.
12. 재료의 할증에 대해서는 공량을 적용하지 않는다.
13. 공량은 소수점 넷째자리까지 나타낸다.

〈표준품셈〉

【5-1】 전선관 배관 (단위 : 인/m)

합성수지 전선관		후강 전선관		금속가요 전선관	
규격	내선전공	규격	내선전공	규격	내선전공
14[mm] 이하	0.04	–	–	–	–
16[mm] 이하	0.05	16[mm] 이하	0.08	16[mm] 이하	0.044
22[mm] 이하	0.06	22[mm] 이하	0.11	22[mm] 이하	0.059
28[mm] 이하	0.08	28[mm] 이하	0.14	28[mm] 이하	0.072

【5-10】 옥내배선(관내배선) (단위 : m)

규격	내선전공/m
6[mm^2] 이하	0.010
16[mm^2] 이하	0.023
38[mm^2] 이하	0.031
50[mm^2] 이하	0.043
60[mm^2] 이하	0.052

[5-25] 형광등기구 설치
(단위 : 등, 적용직종 : 내선전공)

종별		직부형	펜던트형	매입 및 반매입형
10[W] 이하	×1	0.123	0.150	0.182
20[W] 이하	×1	0.141	0.168	0.214
20[W] 이하	×2	0.177	0.2145	0.273
20[W] 이하	×3	0.223	-	0.335
20[W] 이하	×4	0.323	-	0.489
30[W] 이하	×1	0.150	0.177	0.227
30[W] 이하	×2	0.189	-	0.310
40[W] 이하	×1	0.223	0.268	0.340
40[W] 이하	×2	0.277	0.332	0.418
40[W] 이하	×3	0.359	0.432	0.545
40[W] 이하	×4	0.468	-	0.710
110[W] 이하	×1	0.414	0.495	0.627
110[W] 이하	×2	0.505	0.601	0.764

[건설업 직종별 노임 단가]
(단위 : 원)

연번	직종명	개별직종 노임 단가
1	내선전공	169,000
2	특고압케이블전공	264,903
3	고압케이블전공	235,207
4	저압케이블전공	199,868
5	송전전공	351,506

(1) 침실 3개소의 침실등에서 스위치까지 배관의 수량, 공량 및 노무비를 산출하시오.

　① 배관 수량
　　• 계산 :　　　　　　　　　　• 답 :
　② 배관 공량
　　• 계산 :　　　　　　　　　　• 답 :
　③ 배관 노무비(소수점 이하는 절사) 산출
　　• 계산 :　　　　　　　　　　• 답 :

(2) 침실 3개소의 침실등에서 스위치까지 배선의 수량, 공량 및 노무비를 산출하시오.

　① 배선 수량
　　• 계산 :　　　　　　　　　　• 답 :
　② 배선 공량
　　• 계산 :　　　　　　　　　　• 답 :
　③ 배선 노무비(소수점 이하는 절사) 산출
　　• 계산 :　　　　　　　　　　• 답 :

(3) 조명기구 수량, 공량 및 노무비를 산출하시오.

　① 조명기구 수량 및 공량 산출

등기구	규격	수량	단위공량	공량 계
거실등	FPL 36[W]×4(직부형)			

침실1등	FPL 36[W]×3(직부형)			
침실2, 3등	FPL 36[W]×2(직부형)			
욕실1, 2등	FPL 36[W]×1(매입형)			
주방등	FPL 36[W]×2(직부형)			
식탁등	EL 20[W]×2(펜단트형)			
현관등	EL 20[W]×1(직부형)			
발코니등	EL 20[W]×1(직부형)			
통로등	EL 20[W]×1(매입형)			
합계				

② 조명기구의 노무비(소수점 이하는 절사) 산출
  • 계산 :   • 답 :

Answer

(1) ① 계산 : $(2.3+1.5) \times 1.05 + (1.4+1.5) \times 1.05 + (1.6+1.5) \times 1.05 = 10.29[m]$ 답 : 10.29[m]
  ② 계산 : $(2.3+1.5) \times 0.05 + (1.4+1.5) \times 0.05 + (1.6+1.5) \times 0.05 = 0.49$ 답 : 0.49
  ③ 계산
    – 침실1등
      직접노무비 : $0.19 \times 169,000 = 32,110$
      간접노무비 : $32,110 \times 0.1 = 3211$
      노무비계 : $32,110 + 3,211 = 35,321[원]$
    – 침실2등
      직접노무비 : $0.145 \times 169,000 = 24,505$
      간접노무비 : $24,505 \times 0.1 = 2,450.5$
      노무비계 : $24,505 + 2,450.5 = 26,955.5[원]$
    – 침실3등
      직접노무비 : $0.155 \times 169,000 = 26,195$
      간접노무비 : $26,195 \times 0.1 = 2,619.5$
      노무비계 : $26,195 + 2,619.5 = 28,814.5[원]$ 답 : $28,814.5 + 26,955.5 + 35,321 = 91,091[원]$

(2) ① 계산 : $(2.3+1.5) \times 4 \times 1.05 + (1.4+1.5) \times 3 \times 1.05 + (1.6+1.5) \times 3 \times 1.05 = 34.86[m]$
                                                                        답 : 34.86[m]
  ② 계산 : $(2.3+1.5) \times 4 \times 0.01 + (1.4+1.5) \times 3 \times 0.01 + (1.6+1.5) \times 3 \times 0.01 = 0.332$ 답 : 0.332
  ③ 계산
    – 침실1등
      직접노무비 : $0.152 \times 169,000 = 25,688(원)$
      간접노무비 : $25,688 \times 0.1 = 2,568.8$
      노무비계 : $25,688 + 2,568.8 = 28,256.8[원]$
    – 침실2등
      직접노무비 : $0.087 \times 169,000 = 14,703$
      간접노무비 : $14,703 \times 0.1 = 1,470.3$
      노무비계 : $14,703 + 1,470.3 = 16,173.3[원]$
    – 침실3등
      직접노무비 : $0.093 \times 169,000 = 15,717$

간접노무비 : 15,717×0.1=1,571.7
노무비계 : 15,717+1,571.7=17,288.7[원]   답 : 17,288.7+16,173.3+28,256.8=61,718[원]

(3) 조명기구 수량, 공량 및 노무비를 산출하시오.
① 조명기구 수량 및 공량 산출

등기구	규격	수량	단위공량	공량 계
거실등	FPL 36[W]×4(직부형)	1	0.468	0.468
침실1등	FPL 36[W]×3(직부형)	1	0.359	0.359
침실2, 3등	FPL 36[W]×2(직부형)	2	0.277	0.554
욕실1, 2등	FPL 36[W]×1(매입형)	2	0.340	0.68
주방등	FPL 36[W]×2(직부형)	1	0.277	0.277
식탁등	EL 20[W]×2(펜단트형)	1	0.2145	0.2145
현관등	EL 20[W]×1(직부형)	1	0.141	0.141
발코니등	EL 20[W]×1(직부형)	7	0.141	0.987
통로등	EL 20[W]×1(매입형)	4	0.214	0.856
합계				4.5365

② 계산 : 직접 노무비 : 169,000×4.5365=766,668.5
   간접 노무비 : 766,668.5×0.1=76,666.85
   노무비 계 : 766,668.5+76,666.85=843,335.35   답 : 843,335[원]

> Explanation

1) 침실 3개소의 침실등에서 스위치 배관(천장 - 스위치간 거리 1.5[m])
   • 수량
     - 침실3등(1.6[m])
       (1.6+1.5)×1.05=3.26[m]
     - 침실2등 (1.4[m])
       (1.4+1.5)×1.05=3.05[m]
     - 침실1등 (2.3[m])
       (2.3+1.5)×1.05=3.99[m]
   • 공량
     - 침실3등
       (1.6+1.5)×0.05=0.155
     - 침실2등
       (1.4+1.5)×0.05=0.145
     - 침실1등
       (2.3+1.5)×0.05=0.19

2) 침실 3개소의 침실등에서 스위치까지 배선(천장 - 스위치간 거리 1.5[m])
   • 수량
     - 침실3등(1.6[m], 전선3가닥)
       (1.6+1.5)×3×1.05=9.77[m]
     - 침실2등(1.4[m], 전선3가닥)
       (1.4+1.5)×3×1.05=9.14[m]
     - 침실1등(2.3[m], 전선4가닥)
       (2.3+1.5)×4×1.05=15.96[m]
   • 공량
     - 침실3등
       (1.6+1.5)×3×0.01=0.093

- 침실2등
  $(1.4+1.5) \times 3 \times 0.01 = 0.087$
- 침실1등
  $(2.3+1.5) \times 4 \times 0.01 = 0.152$

08 ★★★☆ (5점)

1[m]의 하중 0.35[kg]인 전선을 지지점에 수평인 경간 60[m]에서 가설하여 이도를 0.7[m]로 하려면 장력[kg]은 얼마인지 계산하시오.

- 계산 :

- 답 :

Answer

계산 : $D = \dfrac{WS^2}{8T}$ 에서

$T = \dfrac{WS^2}{8D} = \dfrac{0.35 \times 60^2}{8 \times 0.7} = 225 \,[\text{kg}]$

답 : 225[kg]

Explanation

- 이도 : $D = \dfrac{WS^2}{8T}$

- 실제 길이 : $L = S + \dfrac{8D^2}{3S}$

  여기서, L : 전선의 실제 길이[m]
  D : 이도[m]
  S : 경간[m]

09 ★★★☆ (5점)

다음과 같은 변압기에 대하여 비율차동계전기의 결선도를 완성하시오. 단 변류기 (CT)결선은 감극성을 기준으로 한다.

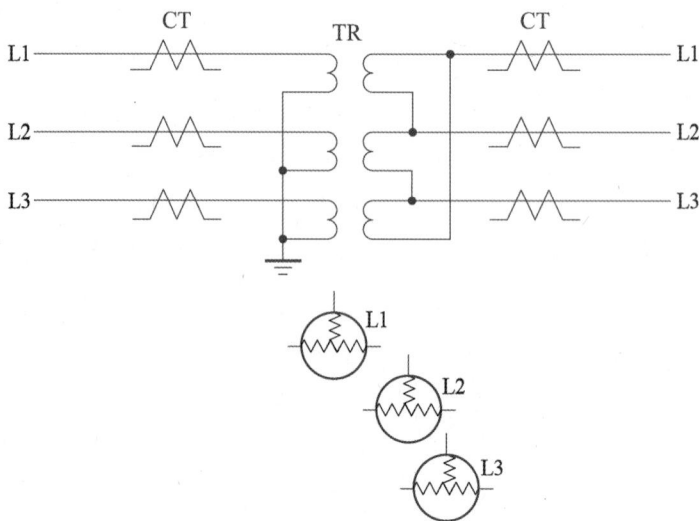

Answer

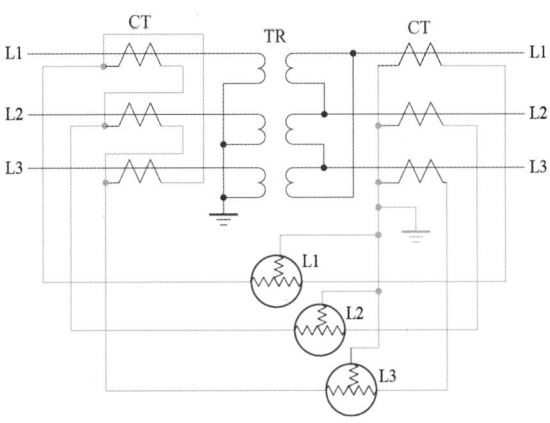

Explanation

비율차동계전기 결선

변압기 결선	비율차동계전기 결선
Y-△	△-Y
△-Y	Y-△

3상 변압기의 경우 변압기 1차 측과 2차 측 사이에 위상차가 30° 있기 때문에 비율 차동 계전기는 위상차를 보정하기 위하여 변압기 결선과 반대로 결선한다.

---

10 ★★☆☆☆ (5점)
전주의 지선과 지하에 매설되는 지선근가와의 연결용으로 사용하는 기자재의 명칭을 적으시오.

Answer

지선로드

Explanation

지선의 설치 방법

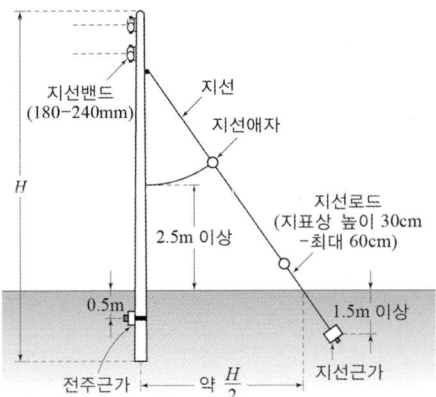

11 그림 기호의 명칭을 적으시오. (6점)

(1) ⊖$_G$:   (2) ∞ :   (3) TS :

Answer

(1) ⊖$_G$: 누전경보기

(2) ∞ : 환기 팬

(3) TS : 타임스위치

12 도로 폭 15[m], 양측에 20[m] 간격을 두고 가로등이 점등되고 있다. 1등당의 전광속은 3,000[lm]이고 그 45[%]가 도로의 전면에 방사하는 것으로 하면 도로면의 평균 조도[lx]는 얼마인지 계산하시오. (5점)

• 계산 :   • 답 :

Answer

계산 : $E = \dfrac{FUN}{SD} = \dfrac{3{,}000 \times 0.45 \times 1}{\dfrac{15 \times 20}{2} \times 1} = 9[\text{lx}]$ 답 : 9[lx]

Explanation

• 조명 계산
  $FUN = ESD$
  여기서, $F[\text{lm}]$: 광속, U : 조명률, N : 등수
  $E[\text{lx}]$: 조도, $S[\text{m}^2]$: 면적, $D = \dfrac{1}{M}$: 감광보상률 $= \dfrac{1}{\text{보수율}}$
  등수 $N = \dfrac{ESD}{FU}$ 이며 등수 계산에서 소수점은 무조건 절상한다.

• 도로 조명에서의 면적 계산
  – 중앙배열, 편측배열 : $S = a \cdot b$
  – 양쪽배열, 지그재그식 : $S = \dfrac{a \cdot b}{2}$

  여기서, a : 도로 폭
  b : 등 간격

문제에서는 양쪽배열이므로 $S = \dfrac{a \cdot b}{2}[\text{m}^2]$

13

다음 ( ) 안의 ①, ②에 들어갈 내용으로 옳은 것을 답란에 적으시오. (4점)

> 직류전기설비를 시설하는 경우는 (①)에 대한 보호를 하여야 한다. 또한, 직류전기설비의 접지시설은 기준에 준용하여 (②)를 하여야 한다.

①   ②

Answer

① 감전   ② 전기부식 방지

Explanation

(KEC 243.1.8조) 저압 옥내 직류전기설비의 접지

① 저압 옥내 직류전기설비는 전로 보호장치의 확실한 동작의 확보, 이상전압 및 대지전압의 억제를 위하여 직류 2선식의 임의의 한 점 또는 변환장치의 직류측 중간점, 태양전지의 중간점 등을 접지하여야 한다.
② 직류전기설비를 시설하는 경우는 감전에 대한 보호를 하여야 한다.
③ 직류전기설비의 접지시설은 전기부식방지를 하여야 한다.

14

가스 차단기(SF$_6$ Gas Circuit Breaker)의 특징을 3가지만 적으시오. (6점)

①
②
③

Answer

① 밀폐 구조이므로 소음이 적다.
② 절연 거리를 적게 할 수 있어 차단기 전체를 소형화 및 경량화 할 수 있다.
③ 근거리 고장 등 가혹한 재기전압에 대해서도 성능이 우수하다.

Explanation

가스차단기(GCB, Gas Circuit Breaker)

• 소호매질 : SF$_6$

① 밀폐 구조이므로 소음이 적다.
② 절연 거리를 적게 할 수 있어 차단기 전체를 소형화 및 경량화 할 수 있다.
③ 근거리 고장 등 가혹한 재기전압에 대해서도 성능이 우수하다.
④ 불활성, 난연성이므로 화재 우려가 적다.
⑤ 아크 소호 능력이 우수하며 이상전압의 발생이 적다.
• 현재 154[kV], 345[kV] 선로에 사용

여기서, SF$_6$가스의 특징은 다음과 같다.
• 무색, 무취, 무독성이다.
• 난연성, 불활성 가스이다.
• 소호 능력이 공기의 100~200배가 된다.
• 절연 내력이 공기의 2~3배가 된다.

BEST 15 축전지의 다음과 같은 현상이 무엇인지 적으시오.

(3점)

- 극판이 백색으로 되거나 백색 반점이 발생하였다.
- 비중이 저하하고 충전용량이 감소하였다.
- 충전 시 전압 상승이 빠르고 다량의 가스가 발생하였다.

Answer

설페이션 현상

Explanation

설페이션(Sulfation) 현상

납축전지를 방전 상태에서 오랫동안 방치하여 두면 극판의 황산납이 회백색으로 변하고(황산화 현상) 내부 저항이 대단히 증가하여 충전 시 전해액의 온도 상승이 크다. 또한, 황산의 비중 상승이 낮으며 가스(수소) 발생이 심하게 되며 전지의 용량이 감퇴하고 수명이 단축되는 현상을 일컫는다.

전기공사기사 실기 2018

과년도 기출문제

- 2018년 제 01회
- 2018년 제 02회
- 2018년 제 04회

2018년 과년도 기출문제에 대한 출제 빈도 분석 차트입니다.
각 회치별로 별의 개수를 확인하고 학습에 참고히기 비랍니다.

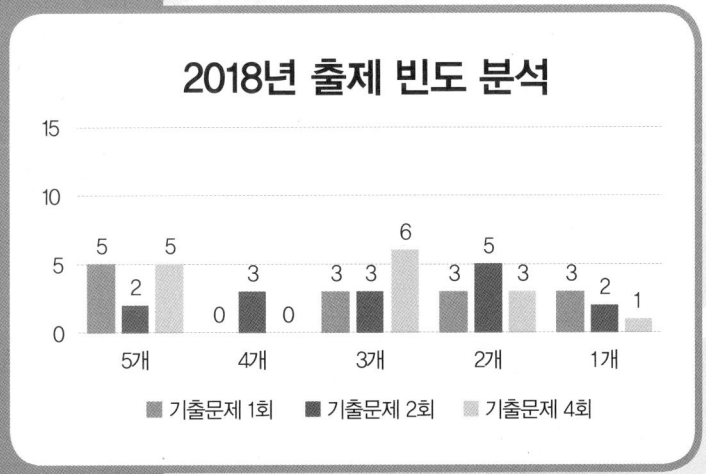

2018년 전기공사기사 실기

BEST 01 ★★★★★ 다음 약호의 명칭을 쓰시오. (5점)

- MCCB :
- VCB :
- ACB :
- ABB :
- MBB :

Answer

- MCCB : 배선차단기
- VCB : 진공차단기
- ACB : 기중차단기
- ABB : 공기차단기
- MBB : 자기차단기

Explanation

- 배선 차단기(MCCB : Molded Case Circuit Breaker)
- 진공 차단기(VCB : Vacuum Circuit Breaker)
- 기중 차단기(ACB : Air Circuit Breaker)
- 공기 차단기(ABB : Air-Blast Circuit Breaker)
- 자기 차단기(MBB : Magnetic-Blast Circuit Breaker)

02 ★★☆☆☆ CB 1차 측에 CT를 CB 2차 측에 PT를 시설하는 경우의 수변전설비 단선결선도이다. ① ~ ⑩까지의 문자기호와 명칭을 답란에 쓰시오. (10점)

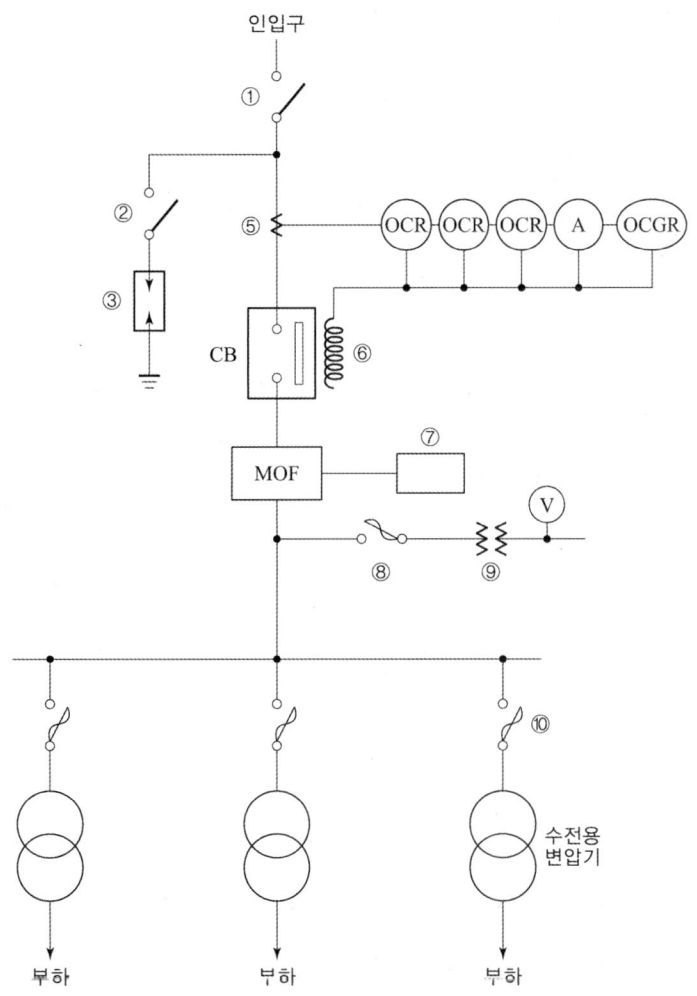

구분	문자기호	명칭	구분	문자기호	명칭
①			⑦		
②			⑧		
③			⑨		
⑤			⑩		
⑥					

Answer

구분	문자기호	명칭	구분	문자기호	명칭
①	DS	단로기	⑦	WH	전력량계
②	DS	단로기	⑧	COS 또는 PF	컷아웃 스위치 또는 전력퓨즈
③	LA	피뢰기	⑨	PT	계기용 변압기
⑤	CT	변류기	⑩	COS, PF 또는 CB	컷아웃 스위치 전력퓨즈 또는 차단기
⑥	TC	트립코일			

Explanation

특고압 수전설비 표준결선도 (CB 1차 측에 CT를, CB 2차 측에 PT를 시설하는 경우)

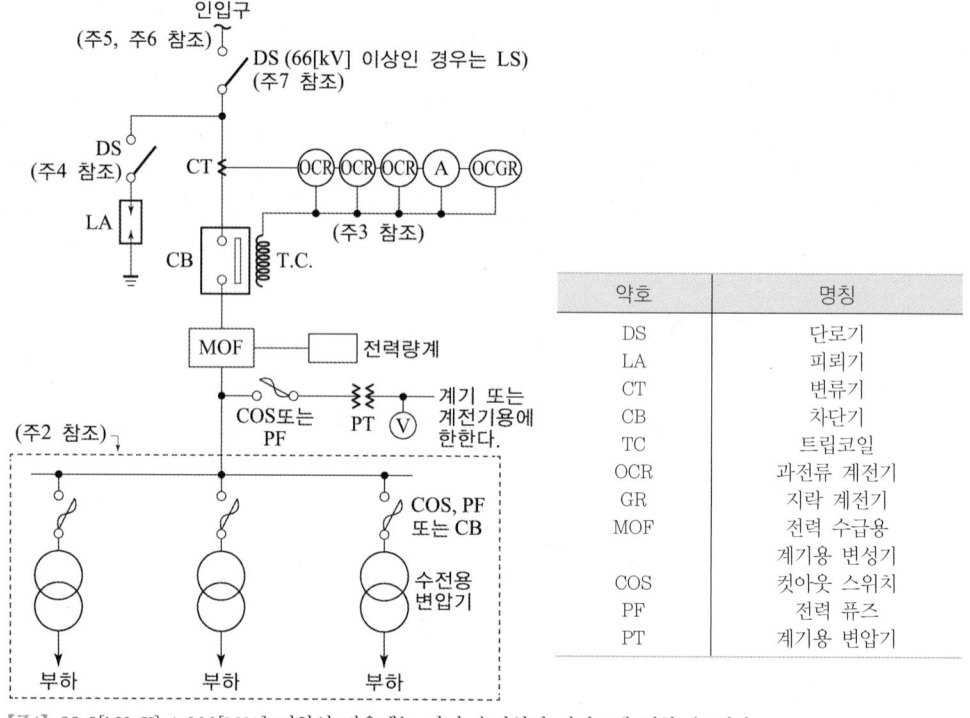

약호	명칭
DS	단로기
LA	피뢰기
CT	변류기
CB	차단기
TC	트립코일
OCR	과전류 계전기
GR	지락 계전기
MOF	전력 수급용 계기용 변성기
COS	컷아웃 스위치
PF	전력 퓨즈
PT	계기용 변압기

[주1] 22.9[kV-Y] 1,000[kVA] 이하인 경우에는 간이 수전설비 결선도에 의할 수 있다.
[주2] 결선도 중 점선내의 부분은 참고용 예시이다.
[주3] 차단기의 트립 전원은 직류[DC]또는 콘덴서 방식(CTD)이 바람직하며 66[kV] 이상의 수전 설비에는 직류(DC)이어야 한다.
[주4] LA용 DS는 생략할 수 있으며 22.9[kV-Y]용의 LA는 Disconnector(또는 Isolator) 붙임형을 사용하여야 한다.
[주5] 인입선을 지중선으로 시설하는 경우로서 공동 주택 등 사고 시 정전 피해가 큰 수전 설비 인입선은 예비선을 포함하여 2회선으로 시설하는 것이 바람직하다.
[주6] 지중인입선의 경우에 22.9[kV-Y] 계통은 CNCV-W 케이블(수밀형) 또는 TR CNCV-W(트리억제형)을 사용하여야 한다. 다만, 전력구·공동구·덕트·건물구내 등 화재의 우려가 있는 장소에서는 FR-CNCO-W(난연)케이블을 사용하는 것이 바람직하다.
[주7] DS 대신 자동고장구분 개폐기(7,000[kVA] 초과 시에는 Sectionalizer)를 사용할 수 있으며 66[kV] 이상의 경우는 LS를 사용하여야 한다.

03 1포트 서지보호장치(SPD)에서 기능에 따른 종류를 3가지만 쓰시오. (6점)

①
②
③

Answer

① 전압스위칭형 ② 전압제한형 ③ 복합형

Explanation

서지보호장치(SPD : Surge Protective Device)
① 목적 : 과도적인 과전압을 제한하고 서지(Surge)전류를 분류하는 목적
② 종류
- 전압스위칭형 SPD : 서지가 없을 때에는 임피던스가 높은 상태이고, 전압서지가 있을 때는 임피던스가 급격히 낮아지는 기능을 가진 서지보호장치로 에어갭, 가스방전 관, 사이리스터, 트라이액 등이 있다.
- 전압제한형 SPD : 서지가 없을 때는 임피던스가 높은 상태이고, 서지전류와 전압이 상승하면 임피던스가 연속적으로 감소하는 기능을 가진 서지보호장치로 배리스터, 억제 다이오드 등이 있다.
- 복합형 SPD : 전압제한형 소자와 전압스위칭형 소자를 갖는 서지 보호 장치로 인가전압의 특성에 따라 전압제한, 전압스위치 또는 전압제한과 전압스위치의 동작을 모두 하는 것이 있으며, 가스방전관과 베리스터를 조합한 서지보호장치가 있다.

BEST 04 (4점)

고압 배전선로의 1선 지락전류가 5[A]일 때 주상변압기의 2차 측에 실시하는 접지공사의 접지저항 값[Ω]은 최대 얼마인지 구하시오. 단, 고압 배전선로에는 고저압 전로의 혼촉 시 1초 이내로 자동적으로 전로를 차단하는 장치가 취부 되어 있다.

- 계산 :
- 답 :

Answer

계산 : $R_2 = \dfrac{600}{5} = 120[\Omega]$　　　　　　　　　　　　　　　답 : 120[Ω]

Explanation

(KEC 142.5.1조) 중성점 접지 저항 값

접지 저항값

- $\dfrac{150}{I_g}[\Omega]$ 이하(여기서, I_g는 1선 지락전류. 이하 같음)
- $\dfrac{600}{I_g}[\Omega]$ 자동 차단 설비가 1초 이내 동작시
- $\dfrac{300}{I_g}[\Omega]$ 자동 차단 설비가 1초 초과 2초 이내 동작시

05 조상설비를 설치하는 목적을 쓰시오. (5점)

Answer

무효전력을 제어함으로써 송전선 손실 경감 및 안정도 향상

Explanation

조상설비

송전전력을 일정한 전압으로 보내기 위하여 무효전력 공급 및 흡수설비가 필요하며 이를 조상설비라 하며 동기조상기를 비롯하여 분로리액터, 전력용 콘덴서, SVC 등이 있다. 조상설비를 통하여 전압강하 및 송전선 손실 경감 및 안정도 개선에 사용된다.

06 COS 설치에서(COS 포함) 사용자재 5가지만 쓰시오. (5점)

Answer

① COS ② 브라켓트 ③ 내오손 결합애자
④ COS 커버 ⑤ 퓨즈링크

07 아래 그림은 접지계통의 형태 중에서 어떤 계통인지 쓰시오. 단, 계통의 일부의 중성선과 보호선을 동일전선으로 사용한다. (5점)

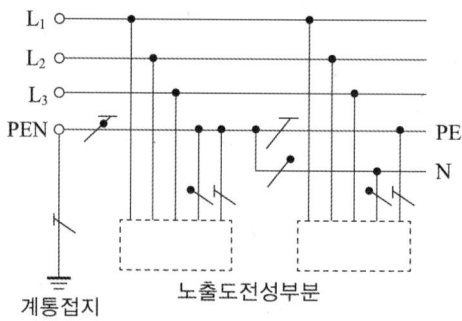

Answer

TN-C-S계통

Explanation

(KEC 203.1조) 계통접지 구성

기호 설명	
─── / ───	중성선(N), 중간도체(M)
─── / ───	보호도체(PE)
─── / ───	중성선과 보호도체겸용(PEN)

【비고】 기호 : TN계통, TT계통, IT계통에 동일 적용

(1) TN 계통(TN System)
- 전원 측의 한 점을 직접접지하고 설비의 노출도전부를 보호도체로 접속시키는 방식
- 중성선 및 보호도체(PE 도체)의 배치 및 접속방식에 따른 분류
  ① TN-S 계통 : 계통 전체에 대해 별도의 중성선 또는 PE 도체를 사용
  　　　　　　　배전계통에서 PE 도체를 추가로 접지 가능
    - 계통 내에서 별도의 중성선과 보호도체가 있는 계통

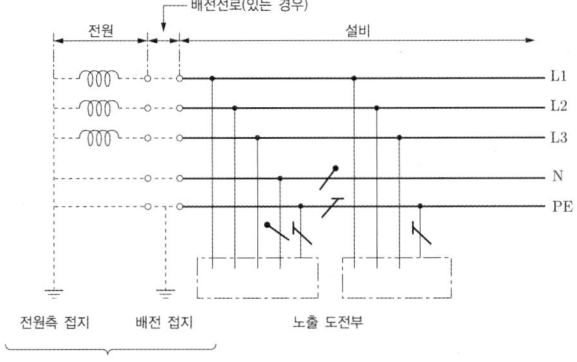

    - 계통 내에서 별도의 접지된 선도체와 보호도체가 있는 계통

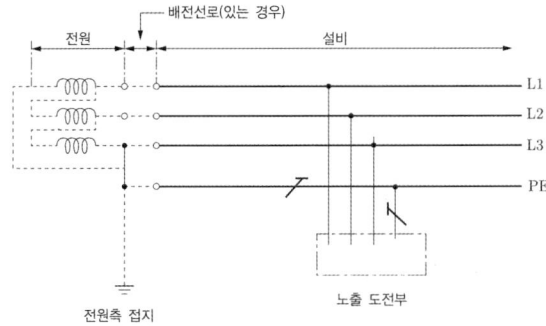

    - 계통 내에서 접지된 보호도체는 있으나 중성선의 배선이 없는 계통

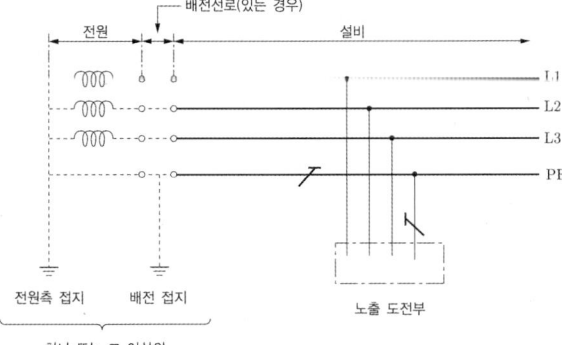

② TN-C 계통 : 계통 전체에 대해 중성선과 보호도체의 기능을 동일도체로 겸용한 PEN 도체를 사용 배전계통에서 PEN 도체를 추가로 접지 가능

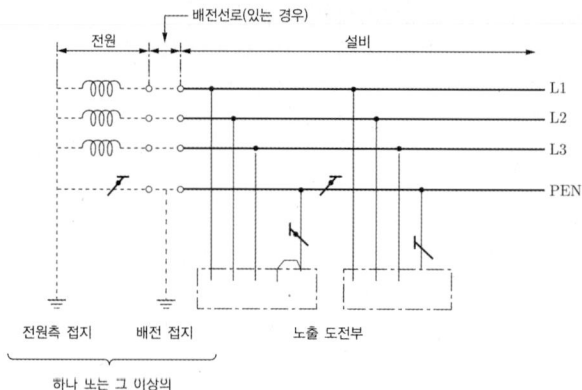

③ TN-C-S계통 : 계통의 일부분에서 PEN 도체를 사용, 중성선과 별도의 PE 도체를 사용 배전계통에서 PEN 도체와 PE 도체를 추가로 접지 가능

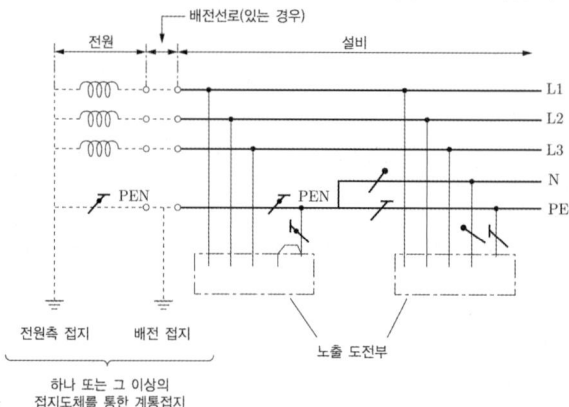

(2) TT 계통(TT System)
- 전원의 한 점을 직접 접지하고 설비의 노출도전부는 전원의 접지전극과 전기적으로 독립적인 접지극에 접속
- 배전계통에서 PE 도체를 추가로 접지 가능
  ① 설비 전체에서 별도의 중성선과 보호도체가 있는 계통

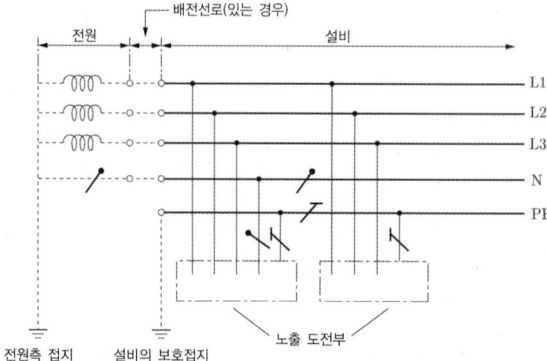

② 설비 전체에서 접지된 보호도체가 있으나 배전용 중성선이 없는 계통

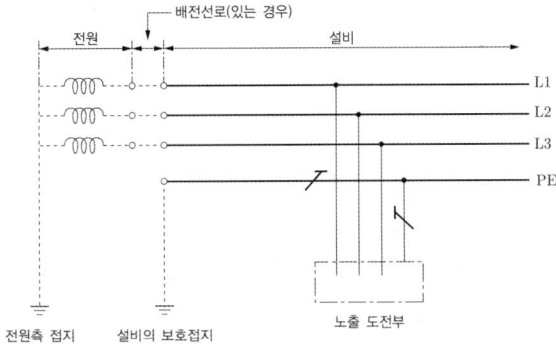

(3) IT계통(IT System)
- 충전부 전체를 대지로부터 절연시키거나, 한 점을 임피던스를 통해 대지에 접속
- 계통은 충분히 높은 임피던스를 통하여 접지
① 계통 내의 모든 노출도전부가 보호도체에 의해 접속되어 일괄 접지된 계통

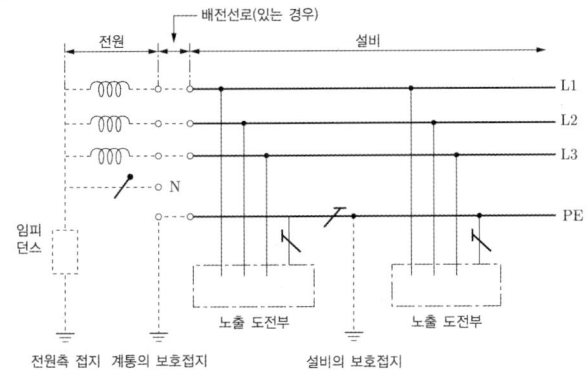

② 노출도전부가 조합으로 또는 개별로 접지된 계통

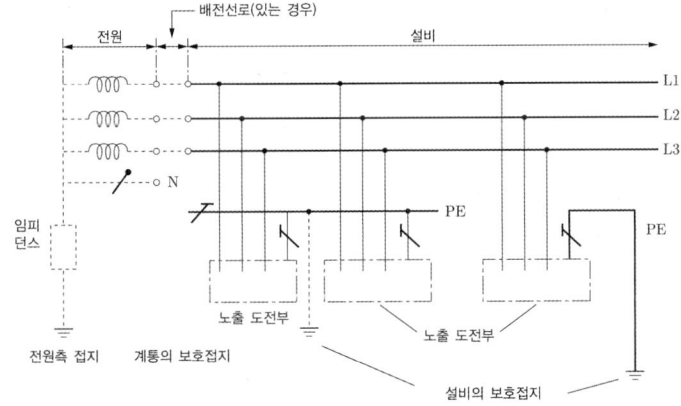

BEST 08. 전기설비기술기준의 한국전기설비규정에 의한 지중전선로의 케이블 시설방법을 3가지만 쓰시오. (5점)

Answer

직접 매설식, 관로식, 암거식

Explanation

(KEC 334.1조) 지중 전선로의 시설

지중전선로는 전선에 케이블을 사용하고 또한 관로식·암거식 또는 직접 매설식에 의하여 시설하여야 한다.

09. 철탑 기초공사에서 각입이란 무엇인지 쓰시오. (5점)

Answer

철탑 기초재와 주각재, 앵커재를 조립 후 소정의 콘크리트 블록 위에 설치하는 것

Explanation

송전선로 공사

굴착 – 각입 – 타설 – 조립 – 연선 – 긴선

10. 그림은 UPS설비의 블록다이어그램이다. 물음에 답하시오. (5점)

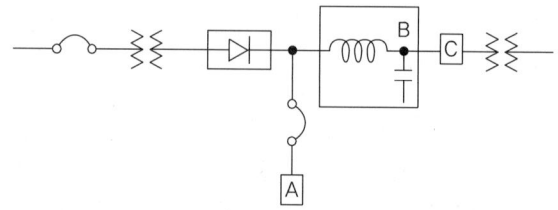

(1) A의 명칭을 쓰시오.
(2) B의 회로명칭과 역할을 쓰시오.
  • 명칭 :   • 역할 :
(3) C의 회로명칭과 역할을 쓰시오.
  • 명칭 :   • 역할 :

Answer

(1) 축전지
(2) 명칭 : DC 필터
  역할 : 출력전압의 리플제거
(3) 명칭 : 인버터
  역할 : 직류를 사용 주파수의 교류 전압으로 변환

Explanation

무정전 전원 공급 장치(UPS : Uninterruptible Power Supply)
- 구성 : 축전지, 정류 장치(Converter), 역변환 장치(Inverter)
- 선로의 정전이나 입력 전원에 이상 상태가 발생하였을 경우에도 정상적으로 전력을 부하 측에 공급하는 설비

UPS의 구성도

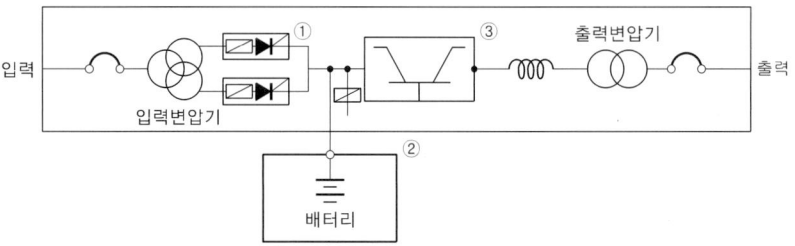

① 순변환(정류) 장치(Converter) : 교류를 직류로 변환
② 축전지 : 정류 장치에 의해 변환된 직류 전력을 저장
③ 역변환 장치(Inverter) : 직류를 사용 주파수의 교류 전압으로 변환

축전지 용량

$C = \dfrac{1}{L}KI[\text{Ah}]$

여기서, C : 축전지의 용량[Ah], L : 보수율(경년용량 저하율),
K : 용량환산 시간 계수, I : 방전 전류[A]

11 ★★☆☆☆ (4점)

통합접지공사를 한 경우는 과전압으로부터 전기설비 등을 보호하기 위하여 서지보호장치(SPD)를 설치한다. SPD의 모든 연결전선의 길이가 가능한 짧아야 하는데, 전체 전선길이가 최소 몇 [m]를 초과하지 않도록 하고 있는지 쓰시오.

Answer

0.5[m]

Explanation

(내선규정 5220-2) 대기현상 또는 개폐로 인한 과전압에 대한 보호
SPD의 연결전선의 길이가 길어지면 과전압에 대한 보호의 효율성이 감소하기 때문에 최적의 과전압에 대한 보호를 위해서는 SPD의 모든 연결전선의 길이가 가능한 짧고(가능하면 전체 전선길이가 0.5[m]를 초과하지 않아야 한다), 어떠한 접속도 없어야 한다.

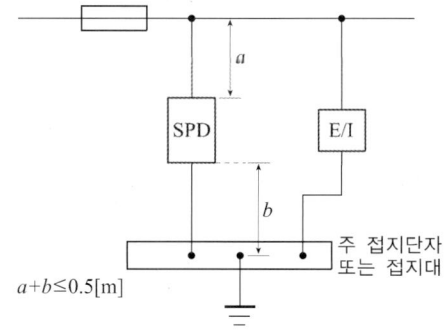

BEST 12 ★★★★★ (6점)

240[mm²] ACSR 전선을 200[m]의 경간에 가설하려고 할 때 계산상 이도는 8[m]이었지만 가설 후 실측결과 6[m]이어서 2[m] 증가시키려고 한다. 이때 전선을 경간에 몇 [m]만큼 밀어 넣어야 하는지 구하시오.

• 계산 :   • 답 :

Answer

계산 : 이도 6[m]일 때 전선의 길이 $L_1 = 200 + \dfrac{8 \times 6^2}{3 \times 200} = 200.48$ [m]

이도 8[m]일 때 전선의 길이 $L_2 = 200 + \dfrac{8 \times 8^2}{3 \times 200} = 200.85$ [m]

∴ $L_2 - L_1 = 200.85 - 200.48 = 0.37$ [m]   답 : 0.37[m]

Explanation

• 이도 : $D = \dfrac{WS^2}{8T}$

• 실제길이 : $L = S + \dfrac{8D^2}{3S}$

여기서, L : 전선의 실제 길이[m], D : 이도[m], S : 경간[m]

13 ★★☆☆☆ (5점)

다음 ( ) 안에 알맞은 내용을 쓰시오.

"저압 진상용 콘덴서를 옥내에 설치하는 경우에는 (①)(이)가 많은 장소, 또는 (②)(이)가 있는 장소 및 주위온도가 (③)[℃]를 초과하는 장소 등을 피하여 견고하게 설치하여야 한다."

①   ②   ③

Answer

① 습기   ② 물기   ③ 40

Explanation

(내선규정 3135-5) 저압 진상용 콘덴서의 설치장소
① 저압 진상용 콘덴서를 옥내에 설치하는 경우에는 습기가 많은 장소, 또는 물기가 많은 장소 및 주위 온도가 40[℃]를 초과하는 장소 등을 피하여 견고하게 설치하여야 한다.
② 저압 진상용 콘덴서를 옥외에 시설하는 경우는 옥외형 콘덴서를 사용하여야 한다.

14 아래 그림의 배치도와 같이 도로에 30[m] 경간으로 2본의 22.9[kV] 특고압 장주를 설치하고자 한다. 물음에 답하시오. (30점)

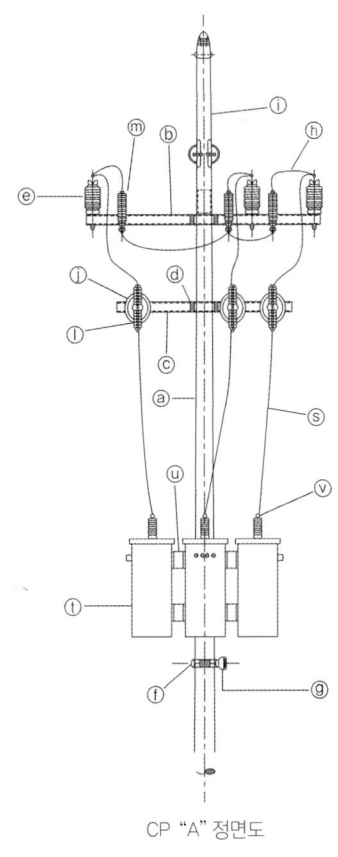

CP "A" 정면도

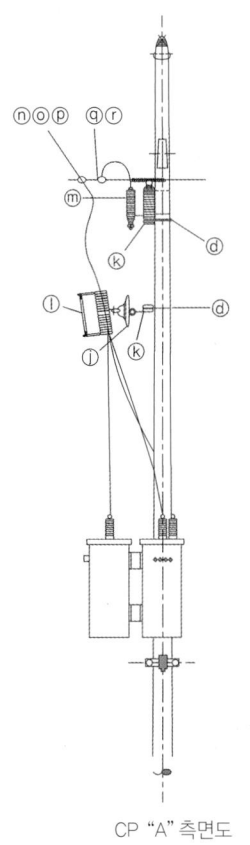

CP "A" 측면도

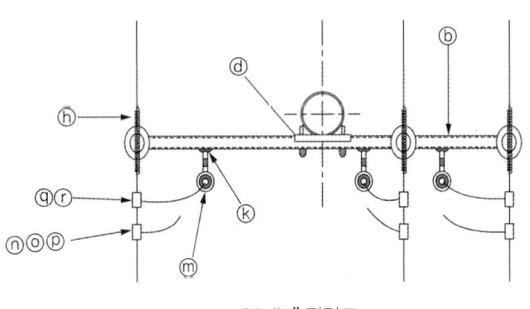

CP "A" 평면도

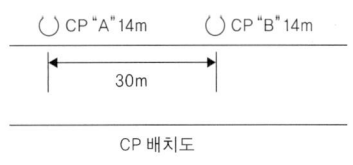

CP 배치도

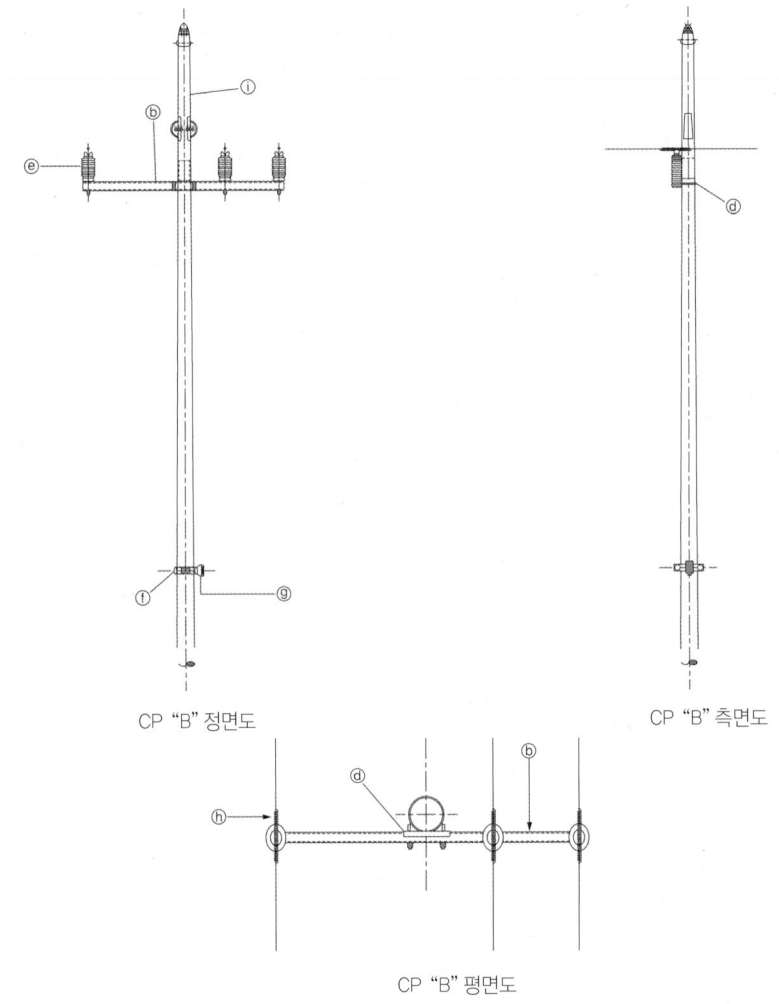

CP "B" 정면도 CP "B" 측면도

CP "B" 평면도

[주의사항]

1. 필요할 경우 참고 자료를 이용하시오.
2. 전주의 묻히는 깊이는 전주길이의 1/6, 전주 1본당 근가는 2개로 한다.
3. 지질은 보통토로 하며 잔토의 처리는 무시한다.
4. 교통이 많은 곳이므로 현장 교통정리가 필요하고 인공이 필요할 경우 전주 설치 시에는 전주 공량계에 변압기 설치 시에는 변압기 공량계에 포함시킨다.
5. 배전전공 인건비 300,000원, 보통인부 인건비 100,000원을 적용한다.
6. 간접노무비는 직접노무비의 9[%]를 계상한다.
7. 건주 차량은 이동하는 것으로 하고 작업은 동일조건으로 본다.
8. 장비 사용시간, 장비 대여료는 무시한다.
9. 변압기의 용량은 1ϕ 75[kVA]로 한다.
10. 공량은 소수점 넷째자리에서 반올림하여 셋째자리까지 산출한다.
11. 유의 사항과 질문 이외의 것은 모두 무시한다.

【4-2】 콘크리트전주 기계 건주 (단위 : 본)

규격	배전전공	보통인부	장비사용시간 Tc값(분) (F=1.0)
8[m] 이하	0.30	0.10	0.59
10[m] 이하	0.34	0.12	0.64
12[m] 이하	0.36	0.13	0.69
14[m] 이하	0.41	0.14	0.72
16[m] 이하	0.47	0.16	0.79

(해설)
① 건주차로 굴착, 인상, 건주, 다음 작업 장소 이동 및 도착 기준
② 동일 조건에서 기계시공 3본을 기준한 1본에 대한 품이다. 2본 이하 시 1본당 180[%]
③ 전주길이의 1/6을 묻는 깊이 기준이며 지질은 보통토 및 자갈 섞인 토사기준
④ 터파기 및 되메우기, 발판볼트 취부, 장내운반, 잔재정리 포함
⑤ 현장조건에 따라 제1장(기계화 시공) 작업계수를 증감 적용
⑥ 콘크리트 및 아스팔트 부수기는 [m^3]당 특별인부 각 1.47인 및 1.24인 별도 계상이며, 포장 복구비(재료 포함)도 별도 계상
⑦ 현장 외로 잔토 반출 시 적상, 적하비용 및 운반비 별도 계상
⑧ 현장교통정리 필요 시 보통인부(0.17인/본) 별도 계상
⑨ 지하매설물 조사 필요 시 굴착을 위한 보통인부(0.36인/[m^3]) 별도 계상
⑩ 근가 불포함, 근가 1개마다 전공 0.13인, 보통인부 0.26인 별도 계상
⑪ 전주를 철거 후 되메우기에 따른 토사를 외부에서 반입 시 토사비용과 적상, 적하비용 및 운반비 별도 계상
⑫ 기계장비의 경비(기계손료, 운전경비, 수송비)는 별도 계상
⑬ 단순히 기계로 전주(굴착 불포함)만을 들어 올려 건주할 경우 85[%]

【4-6】 ㄱ형 완철 및 가공지선 지지대 주상설치 (단위 : 개)

규격	배전전공	보통인부
ㄱ형 완철 1[m] 이하	0.05	0.05
ㄱ형 완철 2[m] 이하	0.06	0.06
ㄱ형 완철 3[m] 이하	0.07	0.07
ㄱ형 완철 3[m] 초과	0.09	0.09
가공지선 지지대(내장용 및 직선용)	0.10	0.05

(해설)
① ㄱ형 완철 설치 기준, 경완철 80[%]
② Arm Tie 설치 포함
③ 편출공사 120[%]
④ 지상조립 75[%](공가과다 개소, 수목 접촉 개소, 공간 협소 개소등 지장물에 의해 지상조립이 불가능한 경우 제외)
⑤ 가공지선 지지대 철거 50[%], 재사용 철거 80[%]
⑥ 철거 30[%], 재사용 철거 50[%]
⑦ 단일형 내장완철의 경우 ㄱ형 완철에 준함

【4-7】 배전용 애자 설치 (단위 : 개)

종별	배전전공	보통인부
라인포스트애자	0.046	0.046
현수애자	0.032	0.032
내오손결합애자	0.025	0.025
저압용인류애자	0.020	-

(해설)
① 애자 교체 150[%]
② 애자 닦기
    - 주상(탑상) 손 닦기 : 애자품의 50[%]
    - 주상(탑상) 기계 닦기 : 기계손료만 계상(인건비 포함)
    - 발췌 손 닦기는 애자품의 170[%]
③ 특고압핀애자는 라인포스트애자에 준함
④ 철거 50[%], 재사용 철거 80[%]
⑤ 동일 장소에 추가 1개마다 기본품의 45[%] 적용

【4-16】 주상변압기 기계 설치 (단위 : 대)

용량	배전전공	보통인부	장비사용시간(hr)
10[kVA] 이하	0.32	0.16	0.8
20[kVA] 이하	0.46	0.23	1.1
30[kVA] 이하	0.58	0.29	1.4
50[kVA] 이하	0.66	0.33	1.6
75[kVA] 이하	0.76	0.38	1.9
100[kVA] 이하	0.84	0.42	2.0
150[kVA] 이하	1.00	0.50	2.4

(해설)
① 크레인 트럭으로 인상 및 소운반하여 주상에 설치하고 다음 작업 장소로 이동, 도착 기준
② 현장 교통정리원 필요 시 대당 보통인부 0.26인 별도 계상
③ 옥내 설치 120[%]
④ 기계장비의 경비(기계손료, 운전경비, 수송비)는 별도 계상
⑤ 동일 장소에서 2대 동시 180[%], 3대 동시 260[%]
⑥ 수전설비용 설치 시 30[%] 가산
⑦ 철거 50[%], 재사용 철거 80[%]

【4-20】 컷아웃 스위치(COS) 설치 (단위 : 개)

종별	배전전공	보통인부
고압 COS	0.05	0.05
특고압 COS	0.12	0.06
퓨즈링크 교체	0.04	-

(해설)
① COS 1개 주상 설치 기준
② 퓨즈링크, 접속, 시험품 포함
③ 전력퓨즈(P.F)는 COS의 120[%]
④ 수전설비용 설치 시 30[%] 가산
⑤ 철거 50[%], 재사용 철거 80[%]
⑥ 동일 장소에 추가 1개마다 기본품의 60[%] 적용

(1) 물량산출표에서 ① ~ ③을 구하시오.

기호	품명	규격	품질	단위	자재총계	비고
ⓐ	전주	14[m] 콘크리트	콘크리트	본	2	경하중용
	근가	1.2[m]	콘크리트	개	①	
ⓑ	경완철	75×75×2.3t×2,400[mm]	아연용융도금	개	2	
ⓒ	경완철	75×75×2.3t×1,400[mm]	아연용융도금	개	1	
ⓓ	경완철밴드	1방3호 200	아연용융도금	개	3	
ⓔ	라인포스트애자	23[kV] 152×304[mm]	2호 핀애자	개	②	
ⓕ	암래크밴드	1방4호 220-270	아연용융도금	개	1	
ⓖ	중성선애자	W/랙	아연용융도금	개	1	너트 포함
ⓗ	AL(OC)바인드선	피복선 5.0[mm]	AL	m	6	개소당 2[m]
ⓘ	가공지선지지대	직선주형	아연용융도금	조	1	
ⓙ	내오손결합애자	157×203[mm]		개	③	
ⓚ	브라켓트	경완철 취부 LA 및 COS용	아연용융도금	개	6	
ⓛ	COS	24[kV] 100[A]	FUSE LINK 부착	개	3	
ⓜ	LA	18[kV] 2.5[kA]		개	3	
ⓝ	분기고리	T-2		개	3	
ⓞ	활선클램프	배전용 65×50[mm]		개	3	
ⓟ	절연커버	분기고리용		개	3	
ⓠ	분기슬리브	32-58[mm²]		개	3	
ⓡ	절연커버	분기슬리브용		개	3	
ⓢ	1차 인하선(OC)	24[kV] 5.0[mm]		m	15	개소당 5[m]
ⓣ	변압기	1φ(1붓싱)		대	3	
ⓤ	주상변압기행거밴드	소형 s-3	행거소아납너무	소	1	
ⓥ	변압기붓싱커버	변압기용		개	3	
	공량계					

(2) 공량산출서에서 ① ~ ⑧을 답란에 구하시오.

기호	품명	규격	단위	자재총계	배전전공 단위공량	배전전공 공량계	보통인부 단위공량	보통인부 공량계
ⓐ	전주	14[m] 콘크리트	본			1.476	0.14	①
	근가	1.2[m]	개			②	0.26	1.04
ⓑ	경완철	75×75×2.3t×2,400[mm]	개			③		③
ⓔ	라인포스트애자	23[kV] 152×304[mm]	개			④		④
ⓙ	내오손결합애자	157×203[mm]	개		0.025	0.048	0.025	0.048
ⓛ	COS	24[kV] 100[A]	개			⑤	0.06	0.132
ⓜ	LA	18[kV] 2.5[kA]	개		0.11	0.242	–	–
ⓣ	변압기	1φ(1붓싱)	대			1.976		⑧
	공량계					⑦		⑧

① • 계산 :   • 답 :
② • 계산 :   • 답 :
③ • 계산 :   • 답 :
④ • 계산 :   • 답 :
⑤ • 계산 :   • 답 :
⑥ • 계산 :   • 답 :
⑦ • 계산 :   • 답 :
⑧ • 계산 :   • 답 :

(3) 노무비에서 ① ~ ④를 구하시오.

노무비	직접 노무비	배선전공	①
		보통인부	②
	간접 노무비		③
	합계		④

① • 계산 :   • 답 :
② • 계산 :   • 답 :
③ • 계산 :   • 답 :
④ • 계산 :   • 답 :

Answer

(1) ① 4   ② 6   ③ 3

(2) ① 계산 : $(0.14 \times 2 \times 1.8) + 0.17 \times 2 = 0.844$

                                                                                                           답 : 0.844

② 계산 : $0.13 \times 4 = 0.52$

                                                                                                           답 : 0.52

③ 계산 : $0.07 \times 2 \times 0.8 = 0.112$

답 : 0.112

④ 계산 : $[0.046 + (2 \times 0.046 \times 0.45)] \times 2 = 0.175$

답 : 0.175

⑤ 계산 : $0.12 + (2 \times 0.12 \times 0.6) = 0.264$

답 : 0.264

⑥ 계산 : $0.38 \times 2.6 + 0.26 \times 3 = 1.768$

답 : 1.768

⑦ 계산 : $1.476 + 0.52 + 0.112 + 0.175 + 0.048 + 0.264 + 0.242 + 1.976 = 4.813$

답 : 4.813

⑧ 계산 : $0.844 + 1.04 + 0.112 + 0.175 + 0.048 + 0.132 + 1.768 = 4.119$

답 : 4.119

(3) ① 계산 : $4.813 \times 300,000 = 1,443,900$

답 : 1,443,900원

② 계산 : $4.119 \times 100,000 = 411,900$

답 : 411,900원

③ 계산 : $(1,443,900 + 411,900) \times 0.09 = 167,022$

답 : 167,022원

④ 계산 : $1,443,900 + 411,900 + 167,022 = 2,022,822$

답 : 2,022,822원

Explanation

(1) [주의사항]
1. 필요할 경우 참고 자료를 이용하시오.
2. 전주의 묻히는 깊이는 전주길이의 1/6, 전주 1본당 근가는 2개로 한다.

(2)

【4-2】 콘크리트전주 기계 건주 (단위 : 본)

규격	배전전공	보통인부	장비사용시간 Tc값(분)(F=1.0)
8[m] 이하	0.30	0.10	0.59
10[m] 이하	0.34	0.12	0.64
12[m] 이하	0.36	0.13	0.69
14[m] 이하	0.41	0.14	0.72
16[m] 이하	0.47	0.16	0.79

(해설)
② 동일 조건에서 기계시공 3본을 기준한 1본에 대한 품으로 2본 이하 시 1본 180[%], 2본 240[%]
⑧ 현장교통정리 필요 시 보통인부(0.17인/본) 별도 계상
⑨ 지하매설물 조사 필요 시 굴착을 위한 보통인부(0.36인/[m³]) 별도 계상
⑩ 근가 불포함, 근가 1개마다 전공 0.13인, 보통인부 0.26인 별도 계상

【4-6】 ㄱ형 완철 및 가공지선 지지대 주상설치

(단위 : 개)

규격	배전전공	보통인부
ㄱ형 완철 1[m] 이하	0.05	0.05
ㄱ형 완철 2[m] 이하	0.06	0.06
ㄱ형 완철 3[m] 이하	0.07	0.07
ㄱ형 완철 3[m] 초과	0.09	0.09
가공지선 지지대(내장용 및 직선용)	0.10	0.05

(해설)
① ㄱ형 완철 설치 기준, 경완철 80[%]

【4-7】 배전용 애자 설치

(단위 : 개)

종별	배전전공	보통인부
라인포스트애자	0.046	0.046
현수애자	0.032	0.032
내오손결합애자	0.025	0.025
저압용인류애자	0.020	-

(해설)
⑤ 동일 장소에 추가 1개마다 기본품의 45[%] 적용

【4-20】 컷아웃 스위치(COS) 설치

(단위 : 개)

종별	배전전공	보통인부
고압 COS	0.05	0.05
특고압 COS	0.12	0.06
퓨즈링크 교체	0.04	-

(해설)
⑥ 동일 장소에 추가 1개마다 기본품의 60[%] 적용

【4-16】 주상변압기 기계 설치

(단위 : 본)

용량	배전전공	보통인부	장비사용시간(hr)
10[kVA] 이하	0.32	0.16	0.8
20[kVA] 이하	0.46	0.23	1.1
30[kVA] 이하	0.58	0.29	1.4
50[kVA] 이하	0.66	0.33	1.6
75[kVA] 이하	0.76	0.38	1.9
100[kVA] 이하	0.84	0.42	2.0
150[kVA] 이하	1.00	0.50	2.4

(해설)
② 현장 교통정리원 필요 시 대당 보통인부 0.26인 별도 계상
⑤ 동일 장소에서 2대 동시 180[%], 3대 동시 260[%]

2회 2018년 전기공사기사 실기

BEST 01 (5점)
다음은 계전기별 고유번호이다. 기구번호에 따른 계전기 명칭을 쓰시오.

- 37A :
- 37D :
- 37F :

Answer

- 37A : 교류 부족 전류 계전기
- 37D : 직류 부족 전류 계전기
- 37F : Fuse 용단 계전기

Explanation

- 37 : 부족 전류 계전기
  - 37A : 교류 부족 전류 계전기
  - 37D : 직류 부족 전류 계전기
- 37F : Fuse 용단 계전기
- 37V : 전자관 Filament 단선 검출기

BEST 02 (5점)
옥내에서 두 개 이상의 전선을 병렬로 사용하는 경우의 원칙 5가지만 쓰시오. 단, 한국전기설비규정(KEC)의 내용으로 작성한다.

Answer

① 전선의 굵기는 동 50[㎟] 이상 또는 알루미늄 70[㎟] 이상으로 하고, 전선은 같은 도체, 같은 재료, 같은 길이 및 같은 굵기의 것을 사용할 것
② 같은 극의 각 전선은 동일한 터미널러그에 완전히 접속할 것
③ 같은 극인 각 전선의 터미널러그는 동일한 도체에 2개 이상의 리벳 또는 2개 이상의 나사로 접속할 것
④ 병렬로 사용하는 전선에는 각각에 퓨즈를 설치하지 말 것
⑤ 교류회로에서 병렬로 사용하는 전선은 금속관 안에 전자적 불평형이 생기지 않도록 시설할 것

Explanation

(KEC 123조) 전선의 접속 중 전선의 병렬 사용
① 전선의 굵기는 동 50[㎟] 이상 또는 알루미늄 70[㎟] 이상으로 하고, 전선은 같은 도체, 같은 재료, 같은 길이 및 같은 굵기의 것을 사용할 것
② 같은 극의 각 전선은 동일한 터미널러그에 완전히 접속할 것
③ 같은 극인 각 전선의 터미널러그는 동일한 도체에 2개 이상의 리벳 또는 2개 이상의 나사로 접속할 것
④ 병렬로 사용하는 전선에는 각각에 퓨즈를 설치하지 말 것

⑤ 교류회로에서 병렬로 사용하는 전선은 금속관 안에 전자적 불평형이 생기지 않도록 시설할 것

전선을 병렬로 사용하는 경우

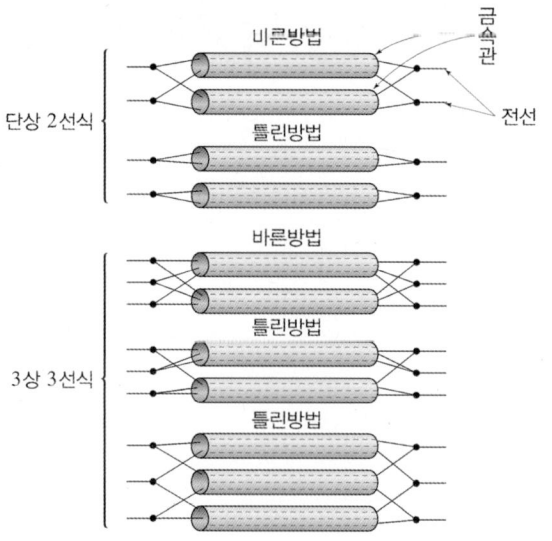

03 ★★☆☆☆ (5점)
그림은 전류 동작형 누전 차단기의 원리를 나타낸 것이다. 여기에서 저항 R의 설치목적을 쓰시오.

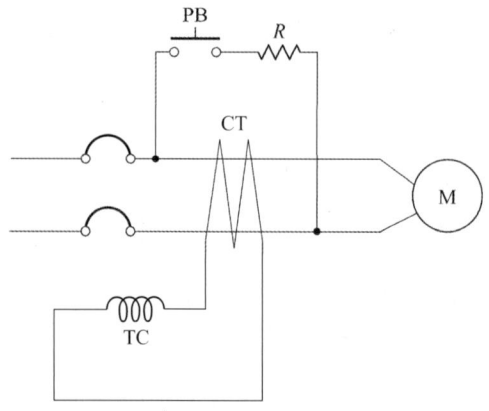

Answer

누전 차단기 자체 동작 시험 시 흐르는 전류를 일정 값 이상으로 흐르지 못하게 억제

04 그림은 고압 진상용 콘덴서의 설비계통도이다. 물음에 답하시오. (8점)

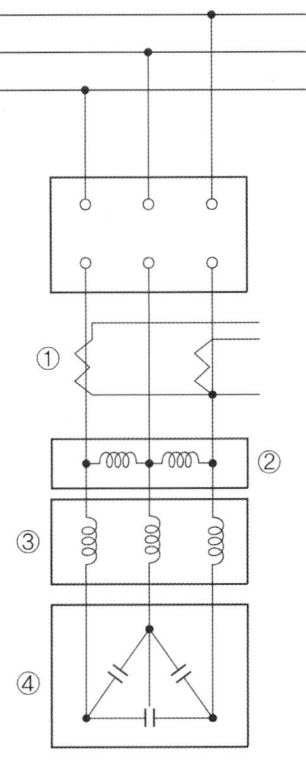

(1) ①의 명칭과 2차 정격전류[A]의 값을 쓰시오.
(2) ②의 방전시간은 5초 이내에 콘덴서의 잔류전하를 몇 [V] 이하로 저하시킬 수 있어야 하는지 쓰시오.
(3) ③ SR의 목적을 쓰시오.
(4) ④ SC의 내부고장에 대한 보호방식을 4가지만 쓰시오.

Answer

(1) 명칭 : 변류기
    2차 정격전류 : 5[A]
(2) 50[V]
(3) 제5고조파 제거
(4) 과전류 보호방식, 과전압 보호방식, 부족전압 보호방식, 퓨즈 보호방식

Explanation

(내선규정 3240-7) 고압 및 특고압 진상용 콘덴서 방전장치
① 고압 및 특고압의 진상용 콘덴서 회로에는 방전코일 기타 개로 후의 잔류전하를 방전시키기 위한 적당한 장치를 하는 것을 원칙으로 한다.
② 방전장치는 콘덴서 회로에 직접 접속하거나 또는 콘덴서 회로를 개방하였을 경우 자동적으로 접속되도록 장치하고 또한 개로 후 5초 이내에 콘덴서의 잔류전하를 50[V] 이하로 저하시킬 능력이 있는 것으로 한다.

05 다음 도면은 전등 및 콘센트의 평면 배선도이다. 각 항의 조건을 읽고 질문에 답하시오. (30점)

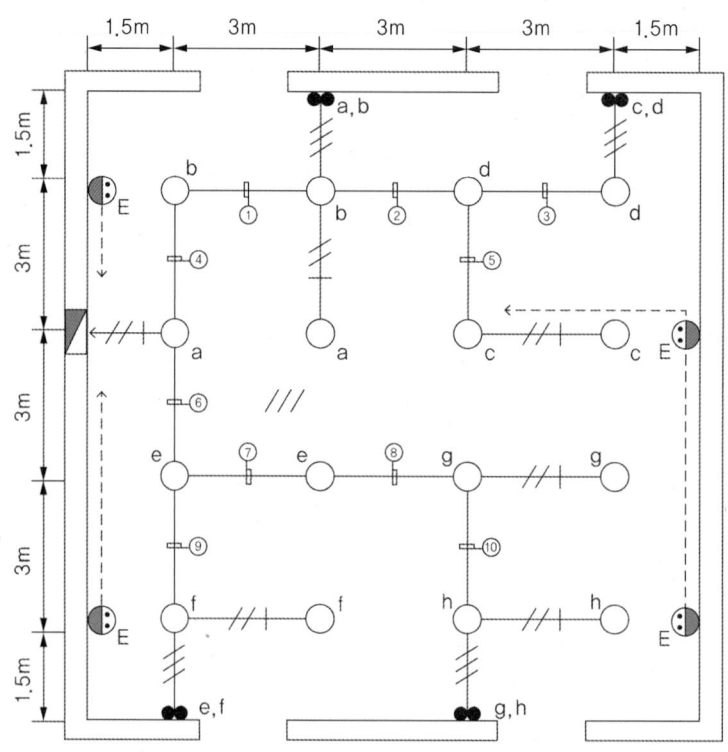

[범례 및 주기]

기호	설명
○	LED 15[W]
◐E	매입 콘센트(2P 15[A] 250[V])
●	매입 텀블러 스위치(15[A] 250[V])
― ― ― ―	HFIX 2.5sq×2, (E) 2.5sq(16C)
―//―	HFIX 2.5sq×2, (E) 2.5sq(16C)
―///―	HFIX 2.5sq×3(16C)
―///―/―	HFIX 2.5sq×3, (E) 2.5sq(16C)
―////―/―	HFIX 2.5sq×4, (E) 2.5sq(22C)

(1) 시설 조건
  ① 전선은 HFIX 2.5[mm²]를 사용한다.
  ② 전선관은 CD전선관을 사용하며, 범례 및 주기사항을 참조한다.
  ③ 전선관 28C 이하는 매입 배관한다.
  ④ 스위치 설치 높이는 1.2[m](바닥에서 중심까지)로 한다.
  ⑤ 콘센트 설치 높이는 0.3[m](바닥에서 중심까지)로 한다.
  ⑥ 분전함 설치 높이는 1.8[m](바닥에서 상단까지)로 한다. 단, 바닥에서 하단까지는 0.5[m]를 기준으로 한다.
  ⑦ 바닥에서 천장 슬라브까지의 높이는 3[m]이다.
  ⑧ 분전반의 규격은 다음에 의한다.
    • 주차단기 MCCB 3P 60AF(60AT) - 1개
    • 분기차단기 MCCB 2P 30AF(20AT) - 4개
    • 철제 매입 설치 완제품 기준
  ⑨ 배관은 콘크리트 매입, 배선기구는 매입 설치하는 것으로 한다.
  ⑩ 도면 및 조건에 따라 산정하고, 그 외에는 무시하도록 한다.

(2) 재료 산출 조건
  ① 분전함 내부에서 배선 여유는 없는 것으로 한다.
  ② 자재 산출 시 산출수량과 할증수량은 소수점 이하도 계산한다.
  ③ 배관 및 배선 이외의 자재는 할증을 고려하지 않는다. 배관 및 배선의 할증은 10[%]로 한다.
  ④ 천장 슬라브의 전등박스에서 전등까지의 배관, 배선은 무시한다.
  ⑤ 바닥 슬라브에서 콘센트까지의 입상 배관은 0.5[m]로 하고, 기타는 설치 높이를 기준으로 한다.

(3) 인건비 산출 조건
  ① 재료의 할증부에 대해서는 품셈을 적용하지 않는다.
  ② 소수점 이하도 계산한다.
  ③ 품셈은 표준품셈을 적용한다.

【표1】 전선관 배관 (단위 : m)

합성수지 전선관		후강 전선관		금속가요 전선관	
규격	내선전공	규격	내선전공	규격	내선전공
14[mm] 이하	0.04	-	-	-	-
16[mm] 이하	0.05	16[mm] 이하	0.08	16[mm] 이하	0.044
22[mm] 이하	0.06	22[mm] 이하	0.11	22[mm] 이하	0.059
28[mm] 이하	0.08	28[mm] 이하	0.14	28[mm] 이하	0.072
36[mm] 이하	0.10	36[mm] 이하	0.20	36[mm] 이하	0.087

(해설) • 콘크리트 매입 기준
  • 합성수지제 가요전선관(CD관)은 합성수지 전선관 품의 80[%] 적용

【표2】 옥내 배선   (단위 : m, 적용직종 : 내선전공)

규격	관내 배선
6[mm^2] 이하	0.010
16[mm^2] 이하	0.023
38[mm^2] 이하	0.031
50[mm^2] 이하	0.043
60[mm^2] 이하	0.052
70[mm^2] 이하	0.061
100[mm^2] 이하	0.064

(해설) • 관내 배선 기준

【표3】 분전반 조립 및 설치   (단위 : 개, 적용직종 : 내선전공)

배선용 차단기				나이프 스위치			
용량	1P	2P	3P	용량	1P	2P	3P
30[AF] 이하	0.34	0.43	0.54	30[A] 이하	0.38	0.48	0.60
50[AF] 이하	0.43	0.58	0.74	60[A] 이하	0.48	0.65	0.82
100[AF] 이하	0.58	0.74	1.04	100[A] 이하	0.65	0.93	1.16
225[AF] 이하	0.74	1.01	1.35	200[A] 이하	0.82	1.20	1.50

(해설) • 차단기 및 스위치를 조립, 결선하고, 매입설치 하는 기준
       • 차단기 및 스위치가 조립된 완제품 설치 시는 65[%]
       • 외함은 철제 또는 PVC제를 기준
       • 4P 개폐기는 3P 개폐기의 130[%]

【표4】 콘센트류 배선기구 설치   (단위 : 개, 적용직종 : 내선전공)

종별	2P	3P	4P
콘센트 15[A]	0.065	0.095	0.10
콘센트(접지극부) 15[A]	0.08	−	−
콘센트(접지극부) 20[A]	0.085	−	−
콘센트(접지극부) 30[A]	0.11	0.145	0.15
플로어 콘센트 15[A]	0.096	−	−
플로어 콘센트 20[A]	0.096	−	−

(해설) • 매입1구 설치 기준, 노출설치 120[%]
       • 1구를 초과할 경우 매1구 증가마다 20[%] 가산

【표5】 스위치류 배선기구 설치 (단위 : 개)

종류	내선전공
텀블러 스위치 단로용	0.085
텀블러 스위치 3로용	0.085
텀블러 스위치 4로용	0.10
풀스위치	0.10
푸시버튼	0.065
리모콘 스위치	0.07

(해설) • 매입 설치 기준, 노출설치 시 120[%]

(1) 도면을 보고 ①부터 ⑩번까지 접지도체를 포함하여 최소 전선(가닥)수를 표시하시오. 단, 표시의 예시 : 접지도체를 포함하여 3가닥인 경우 → ———///———

(2) 아래 표를 보고 ①부터 ④까지 총수량에 대하여 답하시오. 단, 소수점 넷째자리에서 반올림하여 소수점 셋째자리까지 표시하시오.

자재명	규격	단위	수량	할증수량	총수량 (산출수량+할증수량)
CD 전선관	16[mm]	m			①
CD 전선관	22[mm]	m			②
스위치	250[V], 10[A]	개			③
매입콘센트	250[V], 10[A], 2P	개			④

① • 계산 :
  • 답 :
② • 계산 :
  • 답 :
③
④

(3) 아래 표를 보고, ①부터 ⑥까지 내선전공 단위공량, 내선전공 공량계에 대하여 답하시오. 단, 소수점 넷째자리에서 반올림하여 소수점 셋째자리까지 표시하시오.

자재명	규격	단위	수량	내선전공 단위공량	내선전공 공량계
CD 전선관	16[mm]	m			①
CD 전선관	22[mm]	m			②
HFIX(전선)	2.5[mm²]	m	③		
스위치	250[V], 10[A]	개			④
매입콘센트	250[V], 10[A], 2P	개			⑤
분전반	1-CB 3P 60AF(60AT) 4-CB 2P 30AF(20AT)	면			⑥

① • 계산 :
   • 답 :
② • 계산 :
   • 답 :
③ • 계산 :
   • 답 :
④ • 계산 :
   • 답 :
⑤ • 계산 :
   • 답 :
⑥ • 계산 :
   • 답 :

Answer

(1)

①	②	③	④	⑤
─////─	─//─	─////─	─///─	─//─
⑥	⑦	⑧	⑨	⑩
─//─	─///─	─//─	─///─	─///─

(2) ① 계산 : $[\{(1.5 \times 5) + (3 \times 13) + (1.8 \times 4) + 1.2\} + \{6 + 6 + 12 + 3 + (0.5 \times 3) + (0.5 \times 5)\}] \times 1.1$
    $= 94.49$

답 : 94.49[m]

② 계산 : $6 \times 1.1 = 6.6$

답 : 6.6[m]

③ 4[개]
④ 4[개]

(3) ① 계산 : $85.9 \times 0.05 \times 0.8 = 3.436$

답 : 3.436[인]

② 계산 : $6 \times 0.06 \times 0.8 = 0.288$

답 : 0.288[인]

③ 0.01
④ 계산 : $4 \times 0.085 = 0.34$

답 : 0.34[인]

⑤ 계산 : $4 \times 0.08 = 0.32$

답 : 0.32[인]

⑥ 계산 : $(1 \times 1.04 \times 0.65) + (4 \times 0.43 \times 0.65) = 1.794$

답 : 1.794[인]

Explanation

【표1】 전선관 배관 (단위 : m)

합성수지 전선관		후강 전선관		금속가요 전선관	
규격	내선전공	규격	내선전공	규격	내선전공
14[mm] 이하	0.04	–	–	–	–
16[mm] 이하	0.05	16[mm] 이하	0.08	16[mm] 이하	0.044
22[mm] 이하	0.06	22[mm] 이하	0.11	22[mm] 이하	0.059
28[mm] 이하	0.08	28[mm] 이하	0.14	28[mm] 이하	0.072
36[mm] 이하	0.10	36[mm] 이하	0.20	36[mm] 이하	0.087

(해설)
- 합성수지제 가요전선관(CD관)은 합성수지 전선관 품의 80[%] 적용

【표2】 옥내 배선 (단위 : m, 적용직종 : 내선전공)

규격	관내 배선
6[mm^2] 이하	0.010
16[mm^2] 이하	0.023
38[mm^2] 이하	0.031
50[mm^2] 이하	0.043
60[mm^2] 이하	0.052
70[mm^2] 이하	0.061
100[mm^2] 이하	0.064

【표4】 콘센트류 배선기구 설치 (단위 : 개, 적용직종 : 내선전공)

종별	2P	3P	4P
콘센트 15[A]	0.065	0.095	0.10
콘센트(접지극부) 15[A]	0.08	–	–
콘센트(접지극부) 20[A]	0.085	–	–
콘센트(접지극부) 30[A]	0.11	0.145	0.15
플로어 콘센트 15[A]	0.096	–	–
플로어 콘센트 20[A]	0.096	–	–

06. 장간형 현수애자 조립방법이다. 그림에서 ①, ②, ③, ④, ⑤의 명칭을 쓰시오. (5점)

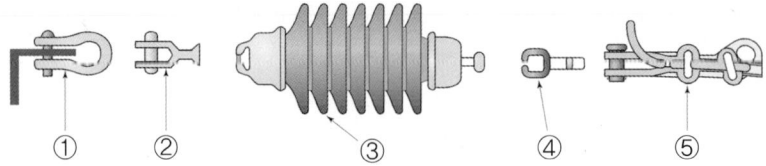

Answer

① 앵카쇄클
② 볼크레비스
③ 장간형 현수 애자
④ 소켓아이
⑤ 데드 앤드 클램프

Explanation

장간형 현수애자 설치

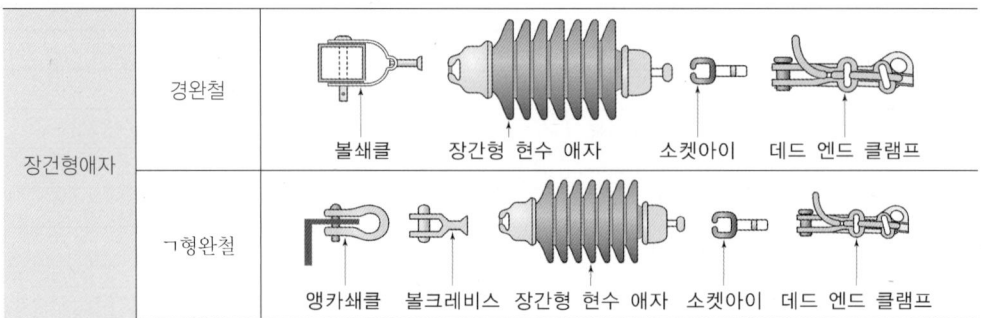

07. 변압기 보호에 사용되는 부흐홀쯔(Buchholz) 계전기의 작동원리와 설치위치에 대하여 설명하시오. (6점)

- 작동원리 :
- 설치위치 :

Answer

- 작동원리 : 변압기의 내부 고장 시 발생하는 가스의 부력과 절연유의 유속을 이용하여 변압기 내부고장을 검출하는 계전기
- 설치위치 : 변압기와 컨서베이터를 연결하는 파이프 도중

Explanation

부흐홀쯔(Buchholz) 계전기의 작동원리

정상적인 변압기 운전 시 부흐홀쯔계전기는 절연유로 충만되어 1단 부표와 2단 부표가 유중에 떠 있게 된다. 변압기 내부의 경미한 고장으로 발생한 가스가 변압기의 상부에서 컨서베이터로 이동하면서 부흐홀쯔 계전기의 상부에 축적되어 계전기 상부에 설치된 1단 부표가 점차 하강하게 되며, 계전기 내에 일정량의 가스가 축적되면 1단 부표가 하강하여 경보접점회로를 구성하여 경보신호를 송출하게 된다.

08 콘크리트 전주(CP주)의 지표면에서 최대 지름[cm]을 구하시오. 단, 설계하중 : 5[kN], 전주규격 : 16[m], 전주말구지름 : 19[cm]

• 계산 :   • 답 :

Answer

계산 : 지표면에서의 지름
$$D = 19 + (16 - 2.5) \times 100 \times \frac{1}{75} = 37 [cm]$$
답 : 37[cm]

Explanation

• 지표면에서의 전주의 지름
$$D = d + H \times \frac{1}{75} \times 100 [cm]$$
여기서 D : 지표면에서의 전주의 지름, d : 전주 말구 지름[cm]
H : 전주의 지표면상 길이[m](총 전주의 길이－근입깊이)

• 전주의 지름 증가율 : 목주 $\frac{9}{1,000}$, CP주 $\frac{1}{75}$

• 전주의 전장이 15[m] 이상일 경우 전주의 근입은 2.5[m] 이상이므로
$H = 16 - 2.5 = 13.5 [m]$

09 지중송전선로를 시공완료하고, 선로운전 전압으로 가압하기 전에 케이블 절연층의 절연상태를 전기적으로 확인하기 위하여 시행하는 준공시험은 무엇인지 쓰시오.

Answer

교류내압 시험

Explanation

교류내압시험
• 시험목적 : 선로를 시공 완료하고, 선로운전 전압으로 가압하기 전에 케이블 절연층의 절연 상태를 전기적으로 확인
• 시험시기 : 케이블의 중간, 종단접속과 접지 Cross Bond선 연결 등 모든 작업이 완료된 후
• 시험방안 : AC 내전압 시험전압 및 시간 [국제규격(IEC)에 의거 시행]
  － 345[kV] 선로 : 시험전압 250[kV], 시험시간 60분(기준 IEC 62067)
  － 154[kV] 선로 : 시험전압 150[kV], 시험시간 60분(기준 IEC 60840)

10 가공송전선로에서 이도 설계 시 전선에 가해지는 하중의 종류를 3가지만 쓰시오.

Answer

① 전선 자중
② 풍압 하중
③ 빙설 하중

Explanation

- 전선로에 가해지는 하중
  - 수직하중 : 전선자중(W_c), 빙설하중(W_i)
  - 수평하중 : 풍압하중(W_w)
- 전선로에 가해지는 합성하중 $W = \sqrt{(W_i + W_c)^2 + W_w^2}$

11. ★★★☆☆ (4점)
장주의 종류에서 수평배열에 해당하는 장주 3종류와 수직배열에 해당하는 장주 1종류를 쓰시오.

Answer

- 수평배열 : 보통장주, 창출장주, 편출장주
- 수직배열 : 래크장주

Explanation

- 수평배열 : 보통장주, 창출장주, 편출장주
- 수직배열 : 래크장주
① 창출장주 : 전주에 완금을 설치할 때 전주를 중심으로 완금의 일부를 어느 한쪽으로 치우쳐 설치하는 장주
② 편출장주 : 전주에 완금을 설치할 때 완금을 전주의 한 쪽으로 완전히 치우쳐 설치하는 장주
③ 보통장주 : 전주에 완금을 설치할 때 전주를 중심으로 완금의 길이가 좌우 같은 길이가 되도록 설치하는 장주

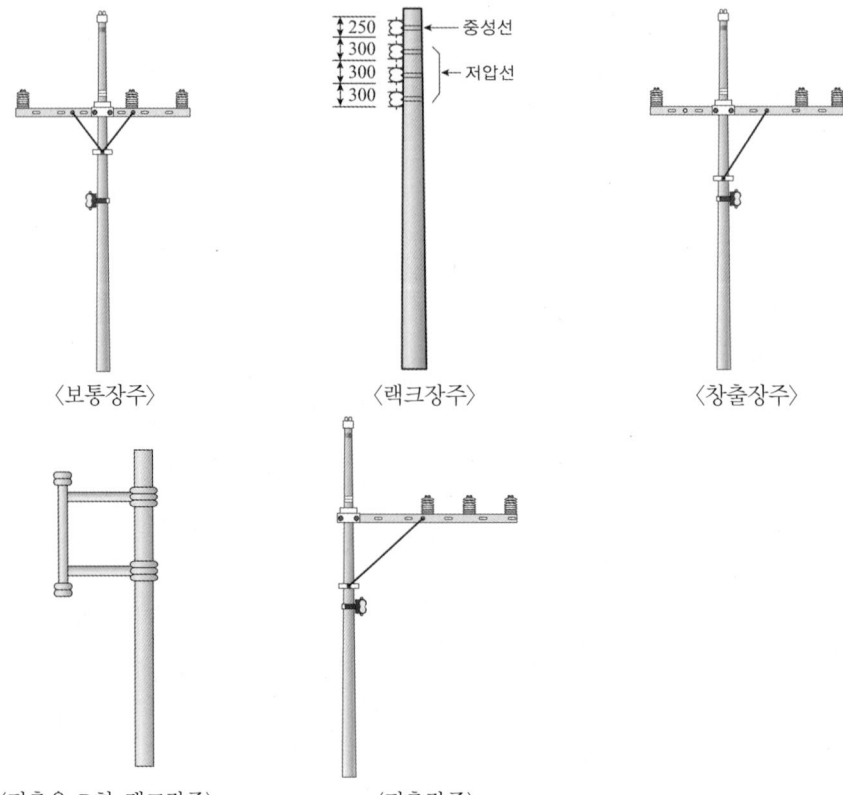

〈보통장주〉　　〈래크장주〉　　〈창출장주〉

〈편출용 D형 래크장주〉　〈편출장주〉

12 다음 ( ) 안에 들어갈 알맞은 기구의 명칭을 쓰시오. (4점)

> 상시전원의 정전 시에 상시전원에서 예비전원으로 전환하는 경우에 그 접속하는 부하 및 배선이 동일한 경우는 양전원의 접속점에 ( )를(을) 사용하여야 한다.

Answer

전환개폐기

Explanation

(내선규정 4168-7) 전환개폐기의 설치
상시전원의 정전시에 상시전원에서 예비전원으로 전환하는 경우에 그 접속하는 부하 및 배선이 동일한 경우는 양전원의 접속점에 전환개폐기를 사용하여야 한다.

13 다음 전선의 명칭을 쓰시오. (4점)

- OC :
- ACSR :

Answer

- OC : 옥외용 가교폴리에틸렌 절연전선
- ACSR : 강심 알루미늄연선

Explanation

(내선규정 100-2) 전선 약호

약 호	명 칭
ACSR	강심 알루미늄연선
ACSR-OC 전선	옥외용 강심 알루미늄도체 가교 폴리에틸렌 절연전선
ACSR-OE 전선	옥외용 강심 알루미늄도체 폴리에틸렌 절연전선
AL-OC 전선	옥외용 알루미늄도체 가교 폴리에틸렌 절연전선
AL-OE 전선	옥외용 알루미늄도체 폴리에틸렌 절연전선
AL-OW 전선	옥외용 알루미늄도체 비닐 절연전선
DV 전선	인입용 비닐 절연 전선
FL 전선	형광 방전등용 비닐 전선
HR(0.5) 전선	500 [V] 내열성 고무 절연전선(110[℃])
HR(0.75) 전선	750 [V] 내열성 고무 절연전선(110[℃])
NR 전선	450/750 [V] 일반용 단심 비닐 절연 전선
NRI(70) 전선	300/500 [V] 기기 배선용 단심 비닐절연전선(70[℃])
NRI(90) 전선	300/500 [V] 기기 배선용 단심 비닐절연전선(90[℃])
OC 전선	옥외용 가교 폴리에틸렌 절연전선
OE 전선	옥외용 폴리에틸렌 절연전선
OW 전선	옥외용 비닐 절연 전선

14 (4점)

2중 천장 내에서 옥내배선으로부터 분기하여 조명기구에 접속하는 배선은 원칙적으로 어떤 배선인지 쓰시오.

Answer

케이블 배선 또는 금속제가요전선관 배선(점검할 수 없는 장소는 2종 금속제 가요전선관에 한 한다.)

Explanation

(내선규정 3320-2) 조명기구 등을 직부 또는 매입하여 시설하는 경우의 시설 방법

2중 천장 내에서 옥내배선으로부터 분기하여 조명기구에 접속하는 배선은 케이블 배선 또는 금속제 가요전선관 배선(점검할 수 없는 장소에는 2종 금속제 가요전선관에 한한다)으로 하는 것을 원칙으로 한다.

15 (5점)

다음은 전기배선용 심벌을 나타낸 것이다. 각각의 명칭을 기입하시오.

①  :   ②  :   ③  :

④  :   ⑤ :

Answer

①  : 15[A]조광기(조광기는 점멸기의 규정에 따르므로, 15[A] 이상은 방기하여야 한다.)

②  : 셀렉터스위치

③  : 누전경보기

④  : 분전반

⑤ : 소형변압기

2018년 전기공사기사 실기

01 조명기구를 직선도로에 배치하는 방식 4가지만 쓰시오. (4점)

Answer

① 중앙 배열   ② 편측 배열   ③ 대칭 배열   ④ 지그재그 배열

Explanation

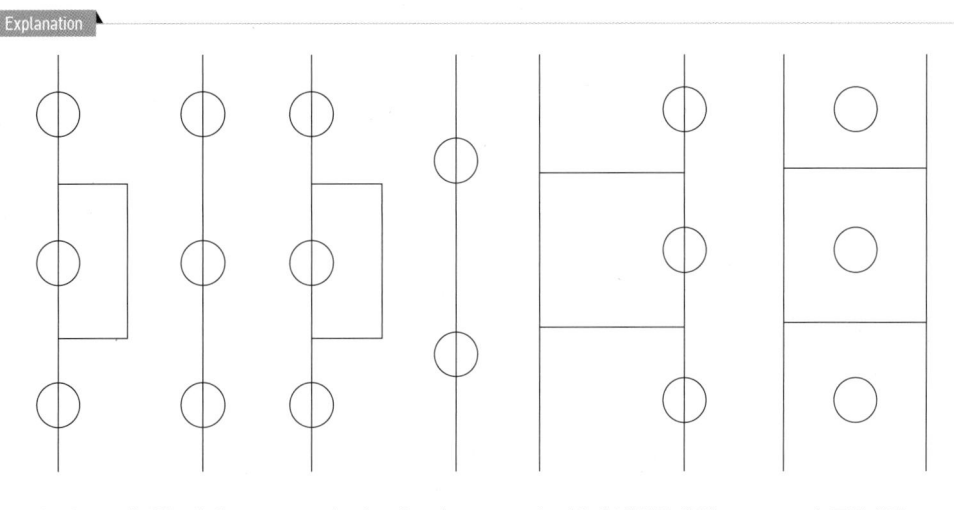

a) 양쪽조명(대칭 배열)   b) 지그재그식   c) 편측배열(한쪽배열)   d) 중앙배열

BEST 02 수전 차단용량이 520[MVA]이고 22.9[kV]에 설치되는 피뢰기인 경우 접지도체의 굵기를 계산하고 선정하시오. 단, 22[kV]급 선로에서는 고장지속시간을 1.1, 접지도체의 절연물종류 및 주위온도에 따라 정해지는 계수 282를 적용한다. (5점)

전선 규격[mm²]							
16	25	35	50	70	95	120	150

• 계산 :   • 답 :

Answer

계산 : 피뢰기 접지도체 굵기 공식

$$A = \frac{\sqrt{t}}{282} \cdot I_s = \frac{\sqrt{1.1}}{282} \times \frac{520 \times 10^3}{\sqrt{3} \times 25.8} = 43.28 [\text{mm}^2]$$

답 : 50[mm²]

Explanation

- 접지도체 굵기 : $A = \dfrac{\sqrt{t}}{282} \cdot I_s [\text{mm}^2]$
- t : 고장지속시간(22[kV] : 1.1[초], 66[kV] : 1.6[초])
- KSC IEC 전선규격
  1.5, 2.5, 4, 6, 10, 16, 25, 35, 50, 70, 95, 120, 150, 185, 240, 300, 400, 500, 630[mm²]

BEST 03 ★★★★★ (5점)

전선 지지점의 고저차가 없을 경우 경간 200[m]에서 이도가 6[m]인 송전선로가 있다. 이도를 8[m]로 증가시키고자 할 경우 증가되는 전선의 길이는 약 몇 [cm]인지 구하시오.

- 계산 :   • 답 :

Answer

계산 : 이도 6[m]일 때 전선의 길이 $L_1 = 200 + \dfrac{8 \times 6^2}{3 \times 200} = 200.48 [\text{m}]$

이도 8[m]일 때 전선의 길이 $L_2 = 200 + \dfrac{8 \times 8^2}{3 \times 200} = 200.85 [\text{m}]$

∴ $L_2 - L_1 = 200.85 - 200.48 = 0.37 [\text{m}]$

답 : 37[cm]

Explanation

- 이도 : $D = \dfrac{WS^2}{8T}$
- 실제길이 : $L = S + \dfrac{8D^2}{3S}$ (여기서, L : 전선의 실제 길이[m], D : 이도[m], S : 경간[m])

04 ★★☆☆☆ (6점)

일반 조명용(백열등, HID등) 옥내배선 그림기호를 보고 각각의 적용분야를 쓰시오.

그림기호	적용	그림기호	적용
◐		◎	
⊖		CL	
CH		DL	

Answer

그림기호	적용	그림기호	적용
◐	벽붙이	◎	옥외등
⊖	펜던트	CL	실링라이트(직접 부착)
CH	샹들리에	DL	매입기구

Explanation

(내선규정 100-5) 옥내배선의 그림 기호(조명기구)

명 칭	그림기호	적 요
일반용 조명 백열등 HID등	○	① 벽 붙이는 벽 옆을 칠한다. ◐ ② 옥외등은 ⊗ 로 하여도 좋다. ③ 샹들리에 (CH) ④ 팬던트 ⊖ ⑤ 실링라이트(직접 부착) (CL) ⑥ 매입기구 (CL) ⑦ HID등의 종류를 표시하는 경우는 용량 앞에 다음기호를 붙인다. 　수은등　　　　　　H 　메탈 할라이드등　　M 　나트륨등　　　　　N 【보기】 H400 400[W] 수은등

---

05 ★★★☆☆ (5점)

다음의 그림기호에 맞는 일반 배선의 명칭을 쓰시오.

(1) ——————— :　　　　　　(2) — — — — — :

(3) ············· :

Answer

(1) 천장 은폐배선　　(2) 바닥 은폐배선　　(3) 노출배선

Explanation

(KS C 0301) 옥내배선용 그림 기호

명칭	그림기호	적 요
천장 은폐 배선	———————	① 천장 은폐 배선 중 천장 속의 배선을 구별하는 경우는 천장 속의 배선에 —·—·—·— 를 사용하여도 좋다. ② 노출 배선 중 바닥면 노출 배선을 구별하는 경우는 바닥면 노출 배선에 —·—·—·— 를 사용하여도 좋다. ③ 전선의 종류를 표시할 필요가 있는 경우는 기호를 기입한다. 【보기】 • 600[V] 비닐 절연 전선 : IV • 600[V] 2종 비닐 절연 전선 : HIV • 가교 폴리에틸렌 절연 비닐 시스 케이블 : CV • 600[V] 비닐 절연 비닐 시스 케이블(평형) : VVF
바닥 은폐 배선	— — — —	
노출 배선	·············	④ 절연 전선의 굵기 및 전선수는 다음과 같이 기입한다. 단위가 명백한 경우는 단위를 생략하여도 좋다. 【보기】 　///　　///　　///　　/// 　1.6　　2　　2[mm²]　　8 숫자 방기의 보기 : 1.6 × 5 　　　　　　　　　5.5 × 1

06. 3상 유도전동기의 슬립측정 방법을 3가지만 쓰시오. (6점)

① ② ③

Answer

① 직류밀리볼트계법 ② 수화기법 ③ 스트로보스코프법

BEST 07. 특고압 가공전선로의 지지물로 사용하는 철탑 중 사용목적에 의한 분류 3가지만 쓰시오. (5점)

① ② ③

Answer

직선형, 각도형, 내장형

Explanation

사용목적에 의한 분류(표준형 철탑)
- 직선형 : 선로의 직선 또는 수평각도 3°이내의 장소에 사용, A형 철탑
- 각도형 : 선로의 수평각도 3°이상으로 20°이하에 설치되는 철탑, 경각도 철탑은 B형, 선로의 수평각도 3°이상으로 30°이하에 설치되는 중각도 철탑은 C형
- 인류형 : 가공선로의 전체 가섭선을 인류하는 개소(주로 변전소)에 사용되는 철탑, D형 철탑
- 내장형 : 전선로를 보강하기 위하여 세워지는 철탑, 직선철탑 10기마다 1기를 시설, 장경간 개소에 시설, E형 철탑
- 보강형 : 전선로의 직선부분에 보강을 위해 사용하는 철탑

08. 지형의 상황 등으로 보통지선을 시설할 수 없을 경우에 적용하며 전주와 전주간 또는 전주와 지선주간에 시설하는 지선의 종류를 쓰시오. (4점)

Answer

수평지선

Explanation

지선
(1) 지선의 시설 목적
  ① 지지물의 강도를 보강하고자 할 경우
  ② 전선로의 안전성을 증대하고자 할 경우
  ③ 불평형 하중에 대한 평형을 이루고자 할 경우
  ④ 전선로가 건조물 등과 접근할 때 보안상 필요한 경우
(2) 지선의 종류
  ① 보통 지선
    용도 : 불평형 장력이 크지 않은 일반적인 장소에 시설한다.

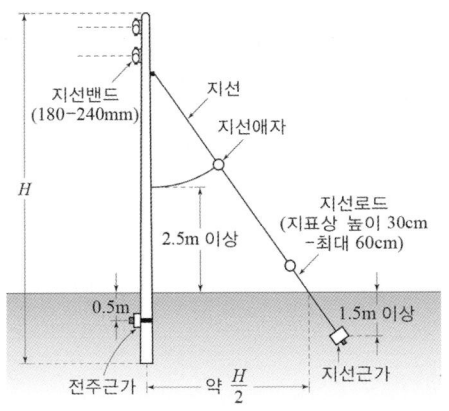

② 수평 지선
   용도 : 토지의 상황이나 기타 사유로 인하여 보통 지선을 시설할 수 없는 경우

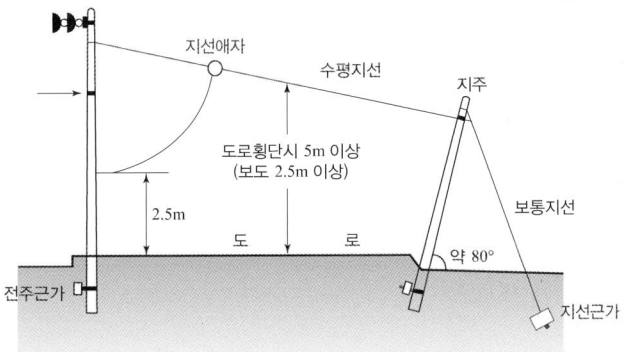

③ 공동 지선
   용도 : 지지물 상호간의 거리가 비교적 접근하여 있을 경우에 시설한다.

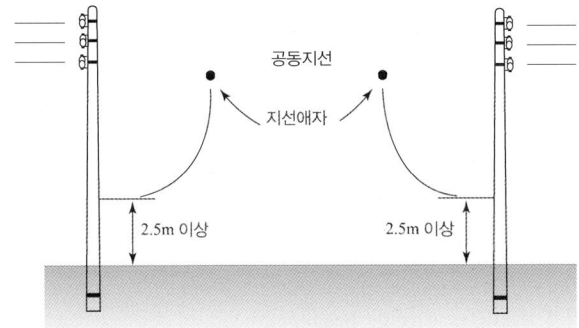

09 부하전력을 그림과 같이 측정하였더니 전력계의 지시가 600[W]이었다면 부하전력은 몇 [kW]인지 구하시오. 단, 변압비와 변류비는 각각 30, 20이다. (5점)

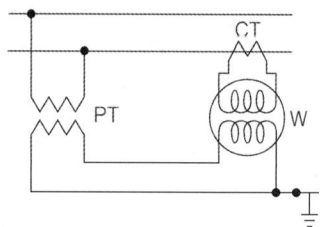

• 계산 :

• 답 :

Answer

계산 : 수전전력
P = 600 × 30 × 20 × 10⁻³ = 360[kW]

답 : 360[kW]

Explanation

• 수전전력=측정전력(전력계 지시값)×PT비×CT비
• 승률=PT비×CT비

BEST 10 아래 약호의 명칭을 쓰시오. (5점)

(1) ELB :

(2) MCCB :

(3) OCB :

(4) MBB :

(5) GCB :

Answer

(1) 누전 차단기 (2) 배선 차단기 (3) 유입 차단기 (4) 자기 차단기 (5) 가스 차단기

Explanation

(1) 누전 차단기 : ELB(Earth Leakage Circuit Breaker)
(2) 배선 차단기 : MCCB(Molded Case Circuit Breaker)
(3) 유입 차단기 : OCB(Oil Circuit Breaker)
(4) 자기 차단기 : MBB(Magnetic-Blast Circuit Breaker)
(5) 가스 차단기 : GCB(Gas Circuit Breaker)

11. 케이블을 지지하기 위하여 사용하는 금속제 케이블 트레이의 종류를 3가지만 쓰시오. (5점)

① ② ③

Answer

- 메시형
- 사다리형
- 바닥 밀폐형

Explanation

(KEC 232.41조) 케이블트레이공사

케이블트레이공사는 케이블을 지지하기 위하여 사용하는 금속재 또는 불연성 재료로 제작된 유닛 또는 유닛의 집합체 및 그에 부속하는 부속재 등으로 구성된 견고한 구조물을 말하며 사다리형, 펀칭형, 메시형, 바닥밀폐형 기타 이와 유사한 구조물을 포함하여 적용한다.

(KSC 8,464-4) 케이블 트레이의 분류 및 종류
- 사다리형 : 길이 방향의 양 측면 레일을 각각의 가로 방향 부재로 연결한 조립 금속 구조
- 바닥 밀폐형 : 일체식 또는 분리식 직선 방향 측면 레일에서 바닥 통풍구가 없는 조립 금속 구조
- 펀칭형 : 일체식 또는 분리식 직선 방향 측면 레일에서 바닥에 통풍구가 있는 것으로서 폭이 100[mm]를 초과하는 조립 금속 구조
- 메시형 : 일체식 또는 분리식으로 모든 면에서 통풍구가 있는 그물형의 조립 금속 구조

12. [BEST] 다음은 무엇을 결정할 때 쓰이는 식인지 쓰시오. 단, L은 송전거리[km], P는 송전전력[kW] (5점)

$$5.5\sqrt{0.6L + \frac{P}{100}}$$

Answer

경제적인 송전전압 결정 식

Explanation

경제적인 송전전압 결정 식(still의 식)

$$V_s = 5.5\sqrt{0.6l + \frac{P}{100}} \ [\text{kV}]$$

여기서, l : 송전거리[km], P : 송전용량[kW]

13. 다음 도면은 옥외 보안등 설비 평면도이다. 각 항의 조건을 읽고 질문에 답하시오. (30점)

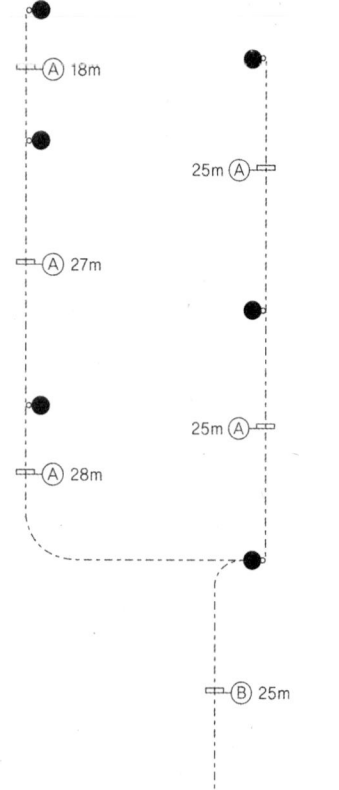

보안등 일람표

TYPE	POLE(M)	ARM(M)	LAMP	EA	비고
●	5.0	0.8	LED 65W	8	상시등

보안등 : 접지봉 φ14×1000-1EA, 접지도체 F-GV 6sq

CABLE SCHEDULE

기호	배선 및 배관	비고
Ⓐ	F-CV 6sq-2C, F-GV 6sq (PE 36C)	
Ⓑ	F-CV 6sq-2C×2, F-GV 6sq (PE 42C)	

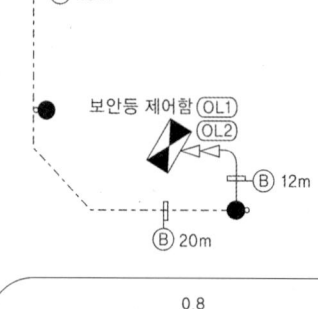

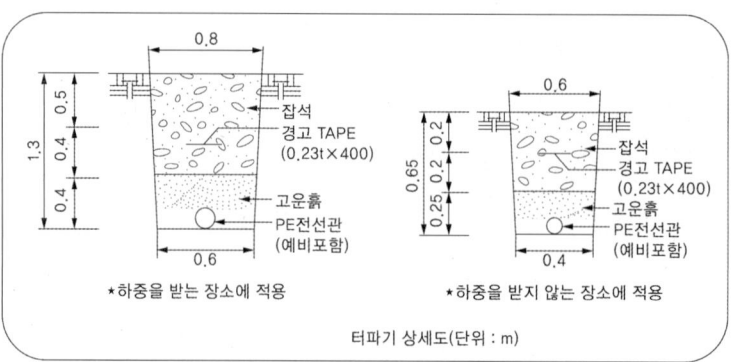

터파기 상세도(단위 : m)

1. 시설 조건
   ① 전선은 F-CV 6sq-2C, F-GV 6sq를 사용한다.
   ② 전신관은 PE전선관을 사용하며, 범례 및 주기사항을 참조한다.
   ③ 보안등마다 접지봉은 1개씩 시설한다.
   ④ 터파기는 하중을 받지 않는 장소에 적용한다.
   ⑤ 도면 및 조건에 따라 산정하고, 그 외에는 무시하도록 한다.
   ⑥ 보안등은 LED 65[W] 상시등으로 시설한다.
   ⑦ 보안등 기초 규격은 300[mm], 세로 400[mm], 높이 500[mm]로 시설한다.
2. 재료 산출 조건
   ① 보안등 배관길이는 보안등 기초에서 보안등 접속함 및 보안등 제어함까지 높이를 고려하여 각각 1.5[m]를 가산하며, 케이블은 배관길이에 각각 0.5[m]를 가산한다.
   ② 자재 산출 시 산출수량과 할증수량은 소수점 이하도 계산한다.
   ③ 배관, 배선, 케이블 표지시트(경고 TAPE) 이외의 자재는 할증을 고려하지 않는다.
      - 배관, 배선의 할증은 3[%]로 한다.
      - 접지봉 연결 접지용 전선길이는 접지봉 1개에 2[m]로 하며, 할증하지 않는다.
      - 케이블 표지시트(경고 TAPE)의 할증은 5[%]로 한다.
3. 공량계 산출 조건
   ① 재료의 할증부에 대해서는 품셈을 적용하지 않는다.
   ② 소수점 이하도 계산한다.
   ③ 품셈은 표준품셈을 적용한다.

【표1】 합성수지 파형관 설치 (단위 : m)

규격	배전전공	보통인부
16[mm] 이하	0.005	0.012
30[mm] 이하	0.006	0.014
50[mm] 이하	0.007	0.018
80[mm] 이하	0.009	0.022
100[mm] 이하	0.012	0.030

(해설) 1. 합성수지 파형관의 지중포설 기준
2. 터파기, 되메우기 및 잔토처리 별도 계상
3. 접합품 포함, 접합부의 콘크리트 타설품 및 지세별 할증은 별도 계상
4. 2열 동시 180[%], 3열 260[%], 4열 340[%] 적용
5. 가로등 공사, 신호등 공사, 보안등 공사 또는 구내 설치 시 50[%] 가산

【표2】 전력케이블 설치 (단위 : km)

P.V.C 고무절연 외장케이블류	케이블전공	보통인부
저압 6[mm²] 이하 단심	4.62	4.62
10[mm²] 이하 단심	4.84	4.84
16[mm²] 이하 단심	5.28	5.28
25[mm²] 이하 단심	6.09	6.09
35[mm²] 이하 단심	6.58	6.58
50[mm²] 이하 단심	7.32	7.32
70[mm²] 이하 단심	8.46	8.46

(해설) 1. 600[V] 케이블 기준, 드럼 다시감기 소운반품 포함
    2. 지하관내 부설기준, Cu, Al 도체 공용
    3. 2심 140[%], 3심 200[%] 적용
    4. 2열 동시 180[%], 3열 260[%], 4열 340[%] 적용
    5. 가로등 공사, 신호등 공사, 보안등 공사 시 50[%] 가산

(1) 아래 표를 보고 ①부터 ⑧번까지 자재별 총수량을 산출하시오. 단, 소수점 넷째자리에서 반올림하여 소수점 셋째자리까지 표시하시오.

〈Ⓐ. F-CV 6sq-2C×1 (E) F-GV 6sq(PE 36C)〉			자재별 총수량 (산출수량 + 할증수량)
품명	규격	단위	
0.6/1[kV] CABLE(보안등)	F-CV 6sq-2C×1	m	①
접지용전선	F-GV 6sq	m	
폴리에틸렌전선관	PE 36C	m	②
터파기(토사)	인력10[%]+기계90[%]	m³	③
되메우기 및 다짐	인력10[%]+기계90[%]	m³	
케이블 표지시트(경고 TAPE)	0.23[t]×400	m	④

〈Ⓑ. F-CV 6sq-2C×2 (E) F-GV 6sq(PE 42C)〉			자재별 총수량 (산출수량 + 할증수량)
품명	규격	단위	
0.6/1[kV] CABLE(보안등)	F-CV 6sq-2C×1	m	⑤
접지용전선	F-GV 6sq	m	
폴리에틸렌전선관	PE 42C	m	⑥
터파기(토사)	인력10[%]+기계90[%]	m³	⑦
되메우기 및 다짐	인력10[%]+기계90[%]	m³	
케이블 표지시트(경고 TAPE)	0.23[t]×400	m	

<보안등>			자재별 총수량
품명	규격	단위	(산출수량 + 할증수량)
스테인리스 가로등주	STS 5[m]	본	
보안등기구	LED 65[W]	개	
보안등설치비	5M-LED 65[W], 기계화건주	본	
보안등 기초	(W)300[mm]×(L)400[mm]×(H)500[mm]	개소	
앙카볼트	STS Φ22×(L)500[mm]	개	
접지봉	Φ14×(L)1,000[mm]	개	
접지봉 연결 접지용 전선	F-GV 6sq	m	⑧

① • 계산 :
  • 답 :
② • 계산 :
  • 답 :
③ • 계산 :
  • 답 :
④ • 계산 :
  • 답 :
⑤ • 계산 :
  • 답 :
⑥ • 계산 :
  • 답 :
⑦ • 계산 :
  • 답 :
⑧ • 계산 :
  • 답 :

(2) 아래 표를 보고, ①부터 ⑦번까지 공량계를 산출하시오. 단, 소수점 넷째자리에서 반올림하여 소수점 셋째자리까지 표시하시오.

품명	규격	단위	자재수량	전공	단위공량	공량계
폴리에틸렌전선관	PE 36C	m		배전전공		①
				보통인부		②
폴리에틸렌전선관	PE 42C	m		배전전공		③
				보통인부		④
0.6/1[kV] CABLE(보안등)	F-CV 2C/6sq×1	m		케이블전공		⑤
				보통인부		⑥
0.6/1[kV] CABLE(보안등)	F-CV 2C/6sq×2열 동시	m		케이블전공		⑦
				보통인부		

Answer

(1) ① 계산 : $\{18+27+28+25+25+(0.5\times 10)+(1.5\times 10)\}\times 1.03 = 147.29$

　　　　　　　　　　　　　　　　　　　　　　　　　　　답 : 147.29[m]

　② 계산 : $\{18+27+28+25+25+(1.5\times 10)\}\times 1.03 = 142.14$

　　　　　　　　　　　　　　　　　　　　　　　　　　　답 : 142.14[m]

　③ 계산 : $\dfrac{(0.4+0.6)}{2}\times 0.65\times (18+27+28+25+25) = 39.975$

　　　　　　　　　　　　　　　　　　　　　　　　　　　답 : 39.975[m³]

　④ 계산 : $(18+27+28+25+25)\times 1.05 = 129.15$

　　　　　　　　　　　　　　　　　　　　　　　　　　　답 : 129.15[m]

　⑤ 계산 : $\{(25+20+12)\times 2+(0.5\times 12)+(1.5\times 12)\}\times 1.03 = 142.14$

　　　　　　　　　　　　　　　　　　　　　　　　　　　답 : 142.14[m]

　⑥ 계산 : $\{25+20+12+(1.5\times 6)\}\times 1.03 = 67.98$

　　　　　　　　　　　　　　　　　　　　　　　　　　　답 : 67.98[m]

　⑦ 계산 : $\dfrac{(0.4+0.6)}{2}\times 0.65\times (20+12+25) = 18.525$

　　　　　　　　　　　　　　　　　　　　　　　　　　　답 : 18.525[m³]

　⑧ 계산 : $8\times 2 = 16$

　　　　　　　　　　　　　　　　　　　　　　　　　　　답 : 16[m]

(2) ① 계산 : $138\times 0.007\times (1+0.5) = 1.449$

　　　　　　　　　　　　　　　　　　　　　　　　　　　답 : 1.449[인]

　② 계산 : $138\times 0.018\times (1+0.5) = 3.726$

　　　　　　　　　　　　　　　　　　　　　　　　　　　답 : 3.726[인]

　③ 계산 : $66\times 0.007\times (1+0.5) = 0.693$

　　　　　　　　　　　　　　　　　　　　　　　　　　　답 : 0.693[인]

　④ 계산 : $66\times 0.018\times (1+0.5) = 1.782$

　　　　　　　　　　　　　　　　　　　　　　　　　　　답 : 1.782[인]

　⑤ 계산 : $\{143\times (1+0.4+0.5)\times 4.62\}/1{,}000 = 1.255$

　　　　　　　　　　　　　　　　　　　　　　　　　　　답 : 1.255[인]

　⑥ 계산 : $\{143\times (1+0.4+0.5)\times 4.62\}/1{,}000 = 1.255$

　　　　　　　　　　　　　　　　　　　　　　　　　　　답 : 1.255[인]

　⑦ 계산 : $\{(138/2)\times (1+0.4+0.5+0.8)\times 4.62\}/1{,}000 = 0.861$

　　　　　　　　　　　　　　　　　　　　　　　　　　　답 : 0.861[인]

Explanation

(1) 자재 수량

　① 0.6/1[kV] CABLE

　　배관길이 : 123+1.5×10=138[m]

　　케이블의 길이(배관길이에 0.5[m]가산 : 138+0.5×10=143[m]

　　할증 포함 케이블의 길이 : 143×1.03=147.29[m]

　② 폴리에틸렌전선관(PE36)

　　배관길이 : 123+1.5×10=138[m]

　　할증 포함 배관 길이 : 138×1.03=142.14[m]

　③ Ⓐ부분의 터파기는 하중을 받지 않는 장소에 적용

　　터파기량 : $\dfrac{(0.4+0.6)}{2}\times 0.65\times (18+27+28+25+25) = 39.975[\text{m}^3]$

④ 케이블 표지시트(경고 TAPE)
케이블 표지시트(경고 TAPE) 수량 산출시 수직 높이는 고려하지 않으며, 할증은 5[%]로 한다.
123×1.05=129.15[m]
⑤ 0.6/1[kV] CABLE
배관길이 : 66×2×1.05=138.6[m]
케이블의 길이(배관길이에 0.5[m]가산) : 66×2+0.5×12=138[m]
할증 포함 케이블의 길이 : 138×1.03=142.14[m]
⑥ 폴리에틸렌전선관(PE42)
배관길이 : 57+1.5×6=66[m]
할증 포함 배관 길이 : 66×1.03=67.98[m]
⑦ ⑧부분의 터파기도 하중을 받지 않는 장소에 적용한다.
터파기량 : $\frac{(0.4+0.6)}{2} \times 0.65 \times (20+12+25) = 18.525[m^3]$
⑧ 접지봉 연결 접지용 전선
접지봉 연결 접지용 전선길이는 접지봉 1개에 2[m]로 하며, 할증하지 않는다.
(보안등마다 접지봉은 1개씩 시설한다.)
접지봉 : 2×8=16[m]

(2) 공량계
※ 폴리에틸렌 전선관(PE 36C)
① 배전전공 : 138×0.007×(1+0.5)=1.449
② 보통인부 : 138×0.018×(1+0.5)=3.726
※ 폴리에틸렌 전선관(PE 42C)
③ 배전전공 : 66×0.007×(1+0.5)=0.693
④ 보통인부 : 66×0.018×(1+0.5)=1.782

〈표 1〉 합성수지 파형관 설치 (단위 : m)

규격	배전 전공	보통 인부
16[mm] 이하	0.005	0.012
30[mm] 이하	0.006	0.014
50[mm] 이하	0.007	0.018
80[mm] 이하	0.009	0.022
100[mm] 이하	0.012	0.036

(해설)
- 합성수지 파형관의 지중포설 기준
- 가로등 공사, 신호등 공사, 보안등 공사 또는 구내 설치 시 50[%] 가산

※ 0.6/1kV CABLE(F-CV 2C/0sq ×1)
⑤ 케이블 전공 : $143 \times \frac{4.62}{1,000} \times (1+0.4+0.5) = 1.255$
⑥ 보통인부 : $143 \times \frac{4.62}{1,000} \times (1+0.4+0.5) = 1.255$

※ 0.6/1kV CABLE(F-CV 2C/6sq ×2열 동시)
⑦ 케이블 전공 : $69 \times \frac{4.62}{1,000} \times (1+0.4+0.5+0.8) = 0.861$

〈표 2〉 전력케이블 설치 (단위 : km)

P.V.C 고무절연 외장케이블류	케이블 전공	보통인부
저압 6[mm²] 이하 단심	4.62	4.62
10[mm²] 이하 단심	4.84	4.84
16[mm²] 이하 단심	5.28	5.28
25[mm²] 이하 단심	6.09	6.09
35[mm²] 이하 단심	6.58	6.58
50[mm²] 이하 단심	7.32	7.32
70[mm²] 이하 단심	8.46	8.46

(해설)
- 600[V] 케이블 기준, 드럼 다시감기 소운반품 포함
- 지하관내 부설기준, Cu, Al 도체 공용
- 2심 140[%], 3심 200[%] 적용
- 2열 동시 180[%], 3열 260[%], 4열 340[%] 적용
- 가로등 공사, 신호등 공사, 보안등 공사 시 50[%] 가산

14 ★★★☆☆ (5점)

다음 그림은 심야전력기기의 인입구 장치 부근의 배선을 나타낸 것이다. 이 그림은 어떤 경우의 시설을 나타낸 것인지 쓰시오.

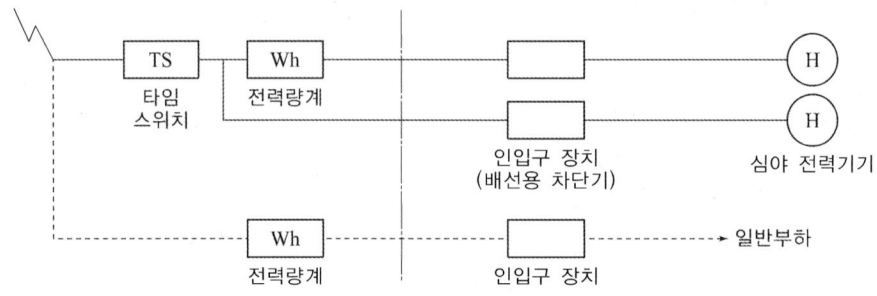

Answer

정액제 · 종량제 병용

Explanation

(내선규정 제4,145절) 심야전력기기
- 심야전력기기의 배선은 기기마다 전용의 분기회로를 시설할 것
- 배선은 합성수지관배선, 금속관배선, 금속제 가요전선관배선, 케이블배선에 의할 것
- 배선방법

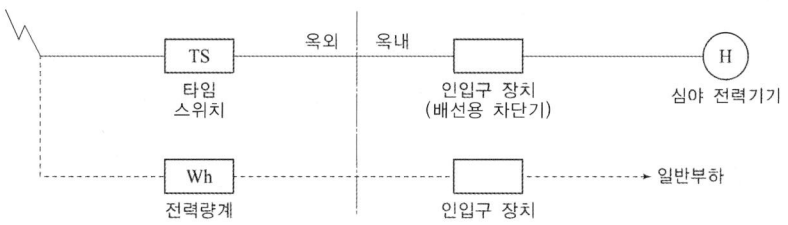

[정액제인 경우의 시설]

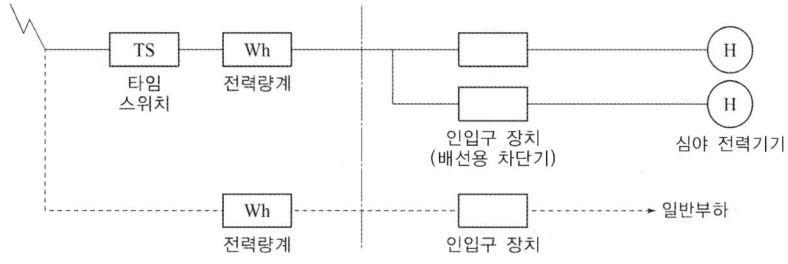

[종량제인 경우의 시설]

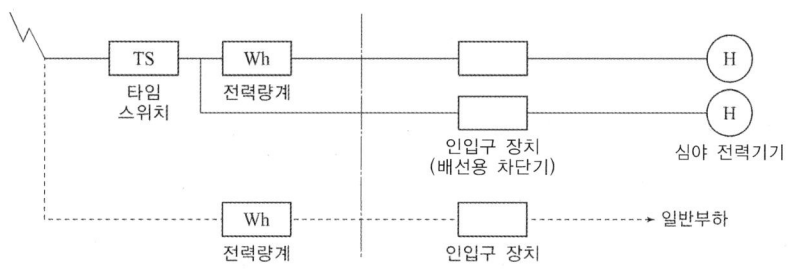

[정액제·종량제 병용인 경우의 시설]

15 고압 옥내배선의 시설공사 방법을 3가지만 쓰시오. (5점)

Answer

- 애자사용공사(건조한 노출장소에 한한다)
- 케이블공사
- 케이블트레이공사

Explanation

(KEC 342.1조) 고압 옥내배선 등의 시설

고압옥내배선은 다음 각 호에 의하여 시설하여야 한다.
- 애자사용공사(건조한 노출장소에 한한다)
- 케이블공사
- 케이블트레이공사

전기공사기사 실기

과년도 기출문제

2019

- 2019년 제 01 회
- 2019년 제 02 회
- 2019년 제 04 회

2019년 과년도 기출문제에 대한 출제 빈도 분석 차트입니다.
각 회차별로 별의 개수를 확인하고 학습에 참고하기 바랍니다.

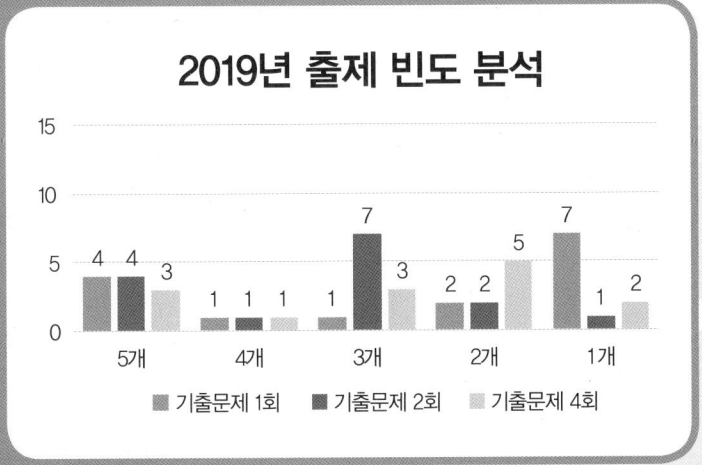

2019년 전기공사기사 실기

01
계전기별 기구번호의 제어약호 중 87T는 어떤 계전기인지 그 명칭을 적으시오. (4점)

Answer

주변압기 차동 계전기

Explanation

- 87 : 전류 차동 계전기
- 87B : 모선 보호 차동 계전기
- 87G : 발전기용 차동 계전기
- 87T : 주변압기 차동 계전기

02
차단기와 단로기의 차이점에 대해서 적으시오. (4점)

Answer

단로기 : 무부하전류 개폐, 전로의 접속변경
차단기 : 부하개폐, 사고 시 차단하여 전로나 기기보호

Explanation

전력용 개폐장치

명칭	특징
단로기	• 전로의 접속을 바꾸거나 끊는 목적으로 사용 • 전류의 차단능력은 없음 • 무전류 상태에서 전로 개폐 • 변압기, 차단기 등의 보수점검을 위한 회로 분리용 및 전력계통 변환을 위한 회로분리용으로 사용
부하개폐기	• 평상시 부하전류의 개폐는 가능하나 이상 시 (과부하, 단락)보호 기능은 없음 • 개폐 빈도가 적은 부하의 개폐용 스위치로 사용 • 전력 Fuse와 사용 시 결상방지 목적으로 사용
전자접촉기	• 평상시 부하전류 혹은 과부하 전류까지 안전하게 개폐 • 부하의 개폐·제어가 주목적이고, 개폐 빈도가 많음 • 부하의 조작, 제어용 스위치로 이용 • 전력 Fuse와의 조합에 의해 Combination Switch로 널리 사용
차단기	• 평상시 전류 및 사고 시 대전류를 지장 없이 개폐 • 회로보호가 주목적이며 기구, 제어회로가 Tripping 우선으로 되어 있음 • 주회로 보호용 사용
전력퓨즈	• 일정치 이상의 과부하전류에서 단락전류까지 대전류 차단 • 전로의 개폐 능력은 없다. • 고압개폐기와 조합하여 사용

03 콘덴서 설비 보호의 종류 4가지만 적으시오. (8점)

Answer

- 과전류계전기
- 과전압계전기
- 부족전압계전기
- 퓨즈

Explanation

전력용 콘덴서 보호
- 과전류계전기 : 콘덴서 내부 소손 보호
- 과전압계전기 : 콘덴서에 직렬리액터가 설치되면 콘덴서 단자전압이 상승하며 또한, 경부하시 변압기 리액턴스부의 전위 상승이 발생할 수 있으므로 과전압계전기 설치
- 부족전압계전기 : 계통 정전 후 전압이 회복되었을 때 무부하 상태에서 콘덴서만 투입되는 것을 방지하기 위하여 부족전압계전기 설치
- 퓨즈 : 110~200[kVA]정도의 한류 퓨즈에 의해 보호 가능

04 다음 약호의 전선 명칭을 적으시오. (2점)

- CN-CV-W
- CV1

Answer

- CN-CV-W : 동심중성선 수밀형 전력케이블
- CV1 : 0.6/1[kV] 가교 폴리에틸렌 절연 비닐 시스 케이블

Explanation

(내선규정 100-2) 전선 및 케이블의 약호

약호	명칭
CV1 케이블	0.6/1[kV] 가교 폴리에틸렌 절연 비닐 시스 케이블
CV10 케이블	6/10[kV] 가교 폴리에틸렌 절연 비닐 시스 케이블
CVV 전선	0.6/1[kV] 비닐절연 비닐시스 제어케이블
CN-CV 케이블	동심중성선 차수형 전력케이블
CN-CV-W 케이블	동심중성선 수밀형 전력케이블
CE1 케이블	0.6/1[kV] 가교 폴리에틸렌 절연 폴리에틸렌 시스케이블
CE10 케이블	6/10[kV] 가교 폴리에틸렌 절연 폴리에틸렌 시스케이블
EE 케이블	폴리에틸렌 절연 폴리에틸렌 시스 케이블
EV 케이블	폴리에틸렌 절연 비닐 시스 케이블
FR CNCO-W	동심중성선 수밀형 저독성 난연 전력케이블
MI 케이블	미네랄 인슈레이션 케이블
PNCT 케이블	0.6/1[kV] EP 고무 절연 클로로프렌 캡타이어 케이블
PV	0.6/1[kV] EP 고무 절연 비닐 시스 케이블
VCT 케이블	0.6/1[kV] 비닐 절연 비닐캡타이어 케이블
VV 케이블	0.6/1[kV] 비닐 절연 비닐 시스 케이블

BEST 05 ★★★★★ (5점)

3상 3선식 380[V]회로에 그림과 부하가 연결되어 있다. 간선의 허용전류를 구하시오. (단, 전동기의 평균 역률은 90[%]이다.)

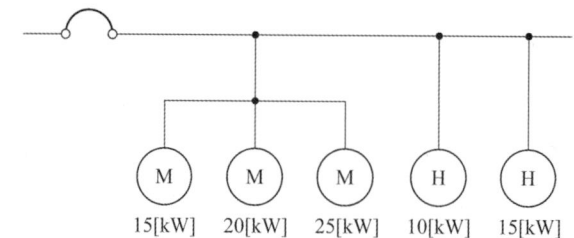

- 계산 :
- 답 :

Answer

- 전동기 정격 전류의 합 $\sum I_M = \dfrac{(15+20+25)\times 10^3}{\sqrt{3}\times 380 \times 0.9} = 101.29$ [A]
  - 전동기의 유효 전류 $I_r = 101.29 \times 0.9 = 91.16$ [A]
  - 전동기의 무효 전류 $I_q = 101.29 \times \sqrt{1-0.9^2} = 44.15$ [A]
- 전열기 정격 전류의 합 $\sum I_H = \dfrac{(10+15)\times 10^3}{\sqrt{3}\times 380 \times 1.0} = 37.98$ [A]

  전열기는 역률이 1이므로 유효분 전류만 있음
- 회로의 설계전류 $I_B = \sqrt{(91.16+37.98)^2 + 44.15^2} = 136.48$ [A]

  간선의 허용전류 $I_B \leq I_n \leq I_Z$ 에서 $I_Z \geq 136.48$ [A]

답 : 136.48[A]

Explanation

과부하전류에 대한 보호

① 도체와 과부하 보호장치 사이의 협조

과부하에 대해 케이블(전선)을 보호하는 장치의 동작 특성

- $I_B \leq I_n \leq I_Z$
- $I_2 \leq 1.45 \times I_Z$

여기서, I_B : 회로의 설계전류

I_Z : 케이블의 허용전류

I_n : 보호장치의 정격전류

I_2 : 보호장치가 규약시간 이내에 유효하게 동작하는 것을 보장하는 전류

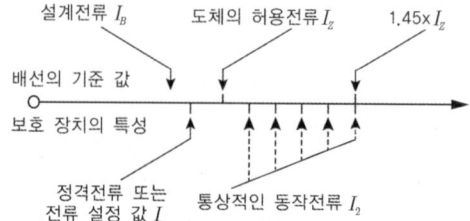

06 ★☆☆☆☆ (5점)
수전전압이 22.9[kV]이고 1000[kVA] 변압기의 %임피던스가 6[%]일 때 고장전류 계산을 위하여 기준용량으로 환산한 %임피던스를 구하시오(단, 기준용량은 100[MVA]).

• 계산 :

• 답 :

Answer

계산 : $\%Z = 6 \times \dfrac{100 \times 10^3}{1,000} = 600[\%]$ 답 : 600[%]

Explanation

• %임피던스의 계산

환산 $\%Z$ = 기존 $\%Z \times \dfrac{\text{새로운 기준용량}}{\text{기존의 용량}}$

07 ★★☆☆☆ (8점)
그림은 전력회사의 고압 가공 전선로로부터 자가용 수용가 구내기둥을 거쳐 수·변전 설비에 이르는 지중인입선의 시설도이다. 다음 물음에 답하시오.

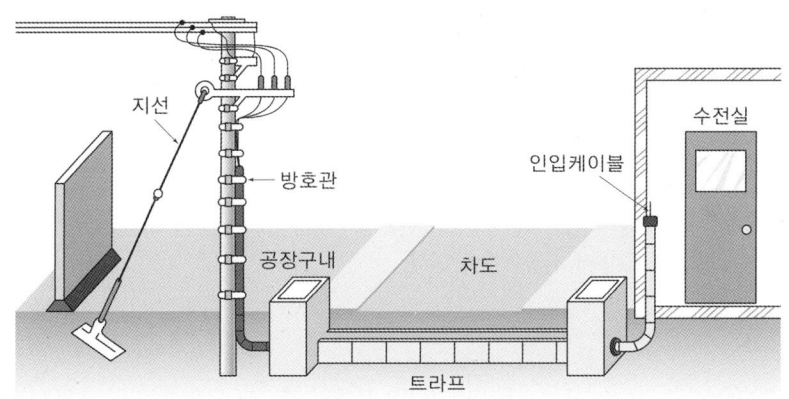

(1) 가공전선로 지지물에 시설하는 지선은 최소 몇 가닥 이상의 연선이어야 하며, 소선 지름은 최소 몇 [mm] 이상의 금속선이어야 하는지 적으시오.
  ① 가닥 수 :   ② 소선 지름 :
(2) 지선의 안전율은 몇 이상으로 하고 허용 인장하중의 최저는 몇 [kN]으로 하는지 적으시오.
  ① 안전율 :   ② 인장하중의 최저값 :
(3) 고압용 지중전선로에 사용될 수 있는 케이블을 3가지만 적으시오.
(4) 차도부분 지중전선로 매설깊이는 최소 몇 [m] 이상인지 적으시오.

Answer

(1) ① 가닥 수 : 3가닥
    ② 소선 지름 : 2.6[mm]
(2) ① 안전율 : 2.5
    ② 인장하중의 최저값 : 4.31[kN]

(3) 클로로프렌 외장케이블, 비닐외장케이블, 폴리에틸렌 외장케이블
(4) 1[m]

Explanation

(KEC 331.11조) 지선의 시설
가공전선로의 지지물에 시설하는 지선은 다음 각 호에 따라야 한다.
- 지선의 안전율은 2.5이상일 것. 이 경우에 허용 인장하중의 최저는 4.31[kN]으로 한다.
- 지선에 연선을 사용할 경우에는 다음에 의할 것
  - 소선(素線) 3가닥 이상의 연선일 것
  - 소선의 지름이 2.6[mm] 이상의 금속선을 사용한 것일 것. 다만, 소선의 지름이 2[mm] 이상인 아연도 강연선으로서 소선의 인장강도가 0.68 [kN/mm²] 이상인 것을 사용하는 경우에는 그러하지 아니하다.
- 지중부분 및 지표상 0.3[m]까지의 부분에는 내식성이 있는 것 또는 아연도금을 한 철봉을 사용하고 쉽게 부식되지 아니하는 근가에 견고하게 붙일 것. 다만, 목주에 시설하는 지선에 대해서는 그러하지 아니하다.
- 지선근가는 지선의 인장하중에 충분히 견디도록 시설할 것
- 도로를 횡단하여 시설하는 지선의 높이는 지표상 5[m] 이상으로 하여야 한다. 다만, 기술상 부득이한 경우로서 교통에 지장을 초래할 우려가 없는 경우에는 지표상 4.5[m] 이상, 보도의 경우에는 2.5[m] 이상으로 할 수 있다.

(KEC 122.5조) 고압케이블
0.6/1[kV] 연피케이블·알루미늄피케이블·클로로프렌외장케이블·비닐외장케이블·폴리에틸렌외장케이블·콤바인 덕트 케이블

(KEC 334.1조) 지중 전선로의 시설
- 지중 전선로는 전선에 케이블을 사용하고 또한 관로식·암거식(暗渠式) 또는 직접 매설식에 의하여 시설하여야 한다.
- 지중 전선로를 직접 매설식에 의하여 시설하는 경우에는 매설 깊이를 차량 기타 중량물의 압력을 받을 우려가 있는 장소에는 1[m] 이상, 기타 장소에는 0.6[m] 이상으로 하고 또한 지중 전선을 견고한 트라프 기타 방호물에 넣어 시설하여야 한다.

BEST 08 ★★★★★ (5점)

특고압(22.9[kV] 3Φ4W)수전 수용가인 어떤 건물의 총 부하설비용량이 2,800[kW], 수용률이 0.6일 때 이 건물의 3상 주변압기 용량[kVA]을 구하고 표준용량 변압기를 선정하시오.(단, 역률은 85[%]로 하고, 변압기 표준용량[kVA]은 750, 1000, 1500, 2000, 3000 에서 선정)

- 계산 :
- 답 :

Answer

계산 : $[kVA] = \dfrac{2,800 \times 0.6}{0.85} = 1,976.47[kVA]$ 답 : 2,000[kVA]

Explanation

- 변압기 용량[KVA] $= \dfrac{\text{설비용량}[kW] \times \text{수용률}}{\text{부등률} \times \text{역률}}$
  $= \dfrac{\text{설비용량}[kW] \times \text{수용률}}{\text{부등률} \times \text{역률} \times \text{효율}}$

09 주상변압기 설치 시 고려사항이다. 다음 각 물음에 답하시오. (6점)

(1) 주상변압기 설치 전 점검사항 3가지만 적으시오.
(2) 주상변압기 설치 후 점검사항 3가지만 적으시오.

Answer

(1) 주상변압기 설치 전 점검사항
① 절연저항 측정
② 절연유 상태(유량, 누유 상태)
③ 외관 상태(부싱의 손상유무), 핸드홀 커버 조임 상태
(2) 주상변압기 설치 후 점검사항
① 2차 전압 측정
② 상측정
③ 변압기 이상유무 확인

Explanation

(1) 주상변압기 설치 전 점검사항
① 절연저항 측정
② 절연유 상태(유량, 누유 상태)
③ 외관 상태(부싱의 손상유무), 핸드홀 커버 조임 상태
④ Tap changer의 위치(1차와 2차의 전압비)
⑤ 변압기 명판 확인
(2) 주상변압기 설치 후 점검사항
① 2차 전압 측정
② 상측정
③ 변압기 이상유무 확인
④ 점검 및 측정결과 기록

10 저압전로의 절연저항을 측정하는 데 사용되는 계측기를 적으시오. (3점)

Answer

메거(절연저항계)

Explanation

- 절연저항계(메거, Megger)
  - 절연저항 측정 : 선로(Line)와 대지 간(Earth)
  - 전지체크(Batt check) : Batt check 위치에 놓은 상태에서 지침이 가리키는 부분에 따라 전지를 판별 Batt good(녹색 부분)을 지시하면 전지가 양호

11 철거손실률에 대하여 설명하시오. (5점)

전기설비공사에서 철거 작업 시 발생하는 폐자재를 환입할 때 재료의 파손, 손실, 망실 및 일부 부식 등

에 의한 손실률을 말함

Explanation

종류	할증률[%]	철거손실률[%]
옥외전선	5	2.5
옥내전선	10	-
Cable(옥외)	3	1.5
Cable(옥내)	5	-
전선관(옥외)	5	-
전선관(옥내)	10	-
Trolley선	1	-
동대, 동봉	3	1.5

[주] 철거손실률이란 전기설비공사에서 철거 작업 시 발생하는 폐자재를 환입할 때 재료의 파손, 손실, 망실 및 일부 부식 등에 의한 손실률을 말함

12 ★★☆☆☆ (6점)

그림과 같이 지표상 12[m]의 점에 800[kg]의 수평장력을 받는 경사진 전주가 있고, 지선을 설치하려고 한다. 지선으로 인장강도(항장력) 35[kg/mm²], 지름 4[mm]인 철선을 사용하고 안전율을 2.5로 할 경우, 여기에 필요한 지선의 가닥수를 산정하시오.

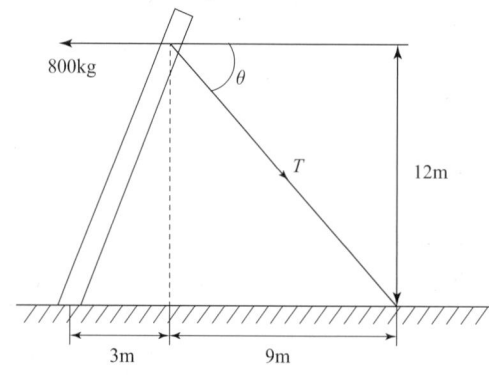

• 계산 :   • 답 :

Answer

계산 : 경사진 전주에서의 지선이 받는 장력

$$T_0 = \frac{\sqrt{b^2 + H^2}}{a+b} \times T = \frac{\sqrt{9^2 + 12^2}}{3+9} \times 800 = 1,000 [\text{kg}]$$

$$= \frac{\text{소선 1가닥의 인장 강도} \times \text{소선수}}{\text{안전율}}$$

소선수 $n = \dfrac{T_0 \times \text{안전율}}{\text{소선 1가닥의 인장강도}} = \dfrac{1,000 \times 2.5}{35 \times \dfrac{\pi}{4} \times 4^2} = 5.68$

답 : 6가닥

> **Explanation**

지선장력

$$T_0 = \frac{T}{\cos\theta} = \frac{\text{소선 1가닥의 인장 강도} \times \text{소선수}}{\text{안전율}}$$

13 ★☆☆☆☆ (4점)
승강로 및 승강기에 시설하는 절연전선 및 이동케이블의 동전선의 최소 굵기를 각각 적으시오.

> **Answer**

절연전선 : 1.5[mm²]
이동케이블 : 0.75[mm²]

> **Explanation**

〈내선규정 3,120-13〉 엘리베이터 및 덤웨이터(Dumb-Waiter)
표 3,120-9 엘리베이터 등의 전선 및 이동케이블의 굵기

전선의 종류	동 전선의 최소 굵기[mm²]
절연전선	1.5
케이블	0.75
이동케이블	0.75

[비고 1] 절연전선은 배관의 종단함에서 기계기구에 이르는 짧은 부분에 한하여 0.75[mm²] 이상으로 할 수 있다
[비고 2] 케이블은 0.75[mm²] 이상 2.5[mm²] 미만의 것은 과전류가 발생하였을 때 자동적으로 이를 전로로부터 차단하는 장치를 설치한 경우에 제어용 또는 신호용 회로에 한하여 사용할 수 있다.
[비고 3] 이동케이블의 도체 굵기의 종류는 KS C IEC 60227-6(비닐 리프트 케이블)에서 0.75[mm²]부터 25[mm²]까지 9종류와 KSC IEC 60245-5(고무 리프트 케이블)에서 6(소선수)×1[mm²]부터 30(소선수)×1[mm²]까지 6종류로 규정되어 있다.

BEST 14 ★★★★★ (5점)
비상용 조명부하 40[W], 120등, 60[W] 50등의 합계 7,800[W]가 있다. 방전시간 30분, 축전지 HS형 54셀, 허용최저전압 90[V], 최저축전지온도 5[℃]일 때의 축전지 용량[Ah]을 구하시오.(단, 전압은 100[V]이고, $K = 1.22$ 이다. 축전지의 보수율 $L = 0.8$)

• 계산 :   • 답 :

> **Answer**

계산 : $C = \frac{1}{L}KI = \frac{1}{0.8}\left(1.22 \times \frac{7,800}{100}\right) = 118.95\,[Ah]$ 답 : 118.95[Ah]

> **Explanation**

• 전류 $I = \frac{P}{V} = \frac{40 \times 120 + 60 \times 50}{100} = 78\,[A]$

• 축전지 용량 $C = \frac{1}{L}KI\,[Ah]$

여기서, C : 축전지의 용량 [Ah], L : 보수율(경년용량 저하율)
K : 용량환산 시간 계수, I : 방전 전류[A]

15 (30점)

아래 그림과 같이 H변대를 이용하여 22.9[kV] 특고압 수전 설비를 설치하고자 한다. 물음에 답하시오.

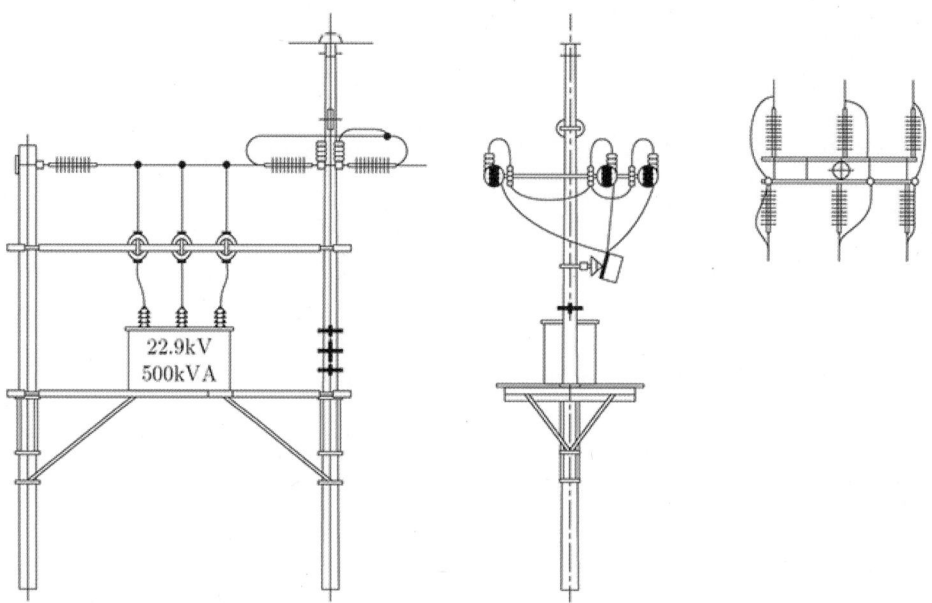

[유의사항]

1. 필요한 경우 참고 자료를 이용하시오.
2. 전주의 길이는 14[m], 묻히는 깊이는 전체 1/6이며 인력으로 설치한다.
3. 근가는 전주 1본당 2개로 하며 전주 공량계에 포함시킨다.
4. 지질은 보통토로 하며 잔토의 처리는 무시한다.
5. 폴리머현수애자는 내오손결합애자로 본다.
6. 작업은 동일 장소, 동일 조건으로 본다.
7. 변압기는 절연변압기를 사용하고 인력으로 설치한다.
8. 배전전공 인건비 300,000원, 보통인부 인건비 100,000원을 적용한다.
9. 간접노무비는 직접노무비의 9[%]를 적용한다.
10. 직접재료비는 45,000,000원으로 하여 원가 계산한다.
11. 산재보험료는 노무비의 3.8[%]를 적용한다.
12. 안전관리비는 재료비+직접노무비의 2.9[%]를 적용한다.
13. 국민건강보험료는 직접노무비의 1.7[%]를 적용한다.
14. 일반관리비는 순공사비의 6[%]를 적용한다.
15. 이윤은 노무비+경비+일반관리비의 15[%]를 적용한다.
16. 부가가치세는 총원가의 10[%]를 적용한다.
17. 공량계산은 소수점 넷째자리에서 반올림하여 셋째자리까지 산출한다.
18. 원가계산서는 소수점 첫째자리에서 반올림한다.
19. 유의사항과 질문 이외의 것은 모두 무시한다.

4-1 콘크리트전주 인력 건주 (단위 : 본)

규격	배전전공	보통인부
8[m] 이하	0.89	1.01
10[m] ″	1.10	1.39
12[m] ″	1.52	1.60
14[m] ″	1.95	2.29
16[m] ″	2.70	2.76

(해설)
① 전주 길이의 1/6을 묻는 기준이며, 계단식터파기, 되메우기 포함, 암반터파기는 별도 계상
② 현장 내에서 잔토처리 시 [m^3] 당 보통인부 0.17인 별도 계상, 현장 밖으로 잔토처리 시는 적상, 적하비용 및 운반비 별도 계상
③ 전주 철거 후 되메우기에 따른 토사를 외부에서 반입 시 토사비용과 적상, 적하 및 운반비 별도 계상
④ 근가 1개 포함, 1개 추가마다 10[%] 가산
⑤ 지주공사는 건주공사 적용
⑥ 주입목주는 콘크리트전주의 50[%], 불주입목주는 콘크리트전주의 40[%]
⑦ 3각주 건주 300[%], 4각주 건주 400[%]

4-7 배전용 애자 설치 (단위 : 개)

종별	배전전공	보통인부
라인포스트애자	0.046	0.046
현수애자	0.032	0.032
내오손결합애자	0.025	0.025
저압용인류애자	0.020	-

(해설)
① 애자 교체 150[%]
② 애자 닦기
   (가) 주상(탑상) 손닦기 : 애자품의 50[%]
   (나) 주상(탑상) 기계닦기 : 기계손료만 계상(인건비 포함)
   (다) 발췌 손닦기는 애사품의 170[%]
③ 특고압핀애자는 라인포스트애자에 준함
④ 철거 50[%], 재사용 철거 80[%]

4-18 절연변압기 인력 설치 (단위 : 대)

규격	배전전공	보통인부
주상 200[kVA]	2.88	2.88
300[kVA]	3.57	3.57
500[kVA]	4.40	4.40
700[kVA]	6.17	6.17

(해설)
① 절연 변압기를 H형 주상에 인력으로 설치하는 기준
② 지상 설치 80[%]

4-20 컷아웃 스위치(COS)설치 (단위 : 개)

종별	배전전공	보통인부
고압 COS	0.05	0.05
특고압 COS	0.12	0.06
퓨즈링크 교체	0.04	-

(해설)
① COS 1개 주상 설치기준
② 퓨즈링크, 접속, 시험품 포함
③ 전력퓨즈(P.F)는 COS의 120[%]
④ 수전설비용 설치 시 30[%] 가산
⑤ 철거 50[%], 재사용 철거 80[%]

4-24 피뢰기 설치 (단위 : 개)

종별	배전전공	보통인부
피뢰기 직류 1,500[V]용	0.18	-
피뢰기 교류 22.9[kV]용	0.11	-
퓨즈링크 교체	0.04	-

(해설)
① 배선 포함, 접지 불포함
② 피뢰기는 상부배선 포함, 접지완철 및 하부배선 불포함, 리드선 압축접속 시는 별도 계상
③ 구내 설치 시 30[%] 가산
④ 철거 30[%]
⑤ 리드선 부착형 피뢰기인 경우, 피뢰기 설치품의 95[%] 적용

(1) 자재 총계, 단위공량을 산출하여 공량 산출서를 작성하시오.

품명	규격	단위	자재 총계	배전전공		보통인부	
				단위 공량	공량계	단위 공량	공량계
경완금	75*75*2.3t*2400mm	개	2	0.07	0.112	0.07	0.112
라인포스트애자	23kV 152*304mm	개	3	0.046	0.087	0.046	0.087
폴리머현수애자	510mm	개			①		①
절연커버	데드앤드클램프용	개	9	0.018	0.061	0.018	0.061
전주	14m	본		1.95	4.29		②
COS	24kV 100A	개			③	0.06	0.234
LA	18kV 2.5kA	개			④	-	-
변대	H 변대	식	1		1.61		1.61
절연변압기	3상 500kVA	대			⑤		⑤
공량계					⑥		⑦

① • 계산 :
   • 답 :
② • 계산 :
   • 답 :
③ • 계산 :
   • 답 :
④ • 계산 :
   • 답 :
⑤ • 계산 :
   • 답 :
⑥ • 계산 :
   • 답 :
⑦ • 계산 :
   • 답 :

(2) 원가계산서를 작성하시오.

비목			금액
순공사원가	재료비	직접재료비	45,000,000
		간접재료비	
		소계	
	노무비	직접노무비	①
		간접노무비	②
		소계	
	경비	산재보험료	③
		안전관리비	④
		국민건강보험료	⑤
		소계	
계			
일반관리비			⑥
이윤			⑦
총원가			
부가가치세			
합계			⑧

① • 계산 :
　• 답 :
② • 계산 :
　• 답 :
③ • 계산 :
　• 답 :
④ • 계산 :
　• 답 :
⑤ • 계산 :
　• 답 :
⑥ • 계산 :
　• 답 :
⑦ • 계산 :
　• 답 :
⑧ • 계산 :
　• 답 :

Answer

(1)
    ① 계산 : 9×0.025=0.225

                                                                 답 : 0.225

    ② 계산 : 2.29×2×1.1=5.038

                                                                  답 : 5.038

    ③ 계산 : 3×0.12×1.3=0.468

                                                                  답 : 0.468

    ④ 계산 : 0.11×3=0.33

                                                                  답 : 0.33

    ⑤ 계산 : 4.4×1=4.4

                                                                  답 : 4.4

    ⑥ 계산 : 0.112+0.087+0.225+0.061+4.29+0.468+0.33+1.61+4.4=11.583

                                                                  답 : 11.583

    ⑦ 계산 : 0.112+0.087+0.225+0.061+5.038+0.234+1.61+4.4=11.767

                                                                 답 : 11.767

(2)
    ① 계산 : 배전전공 : 11.583×300,000=3,474,900
                보통인부 : 11.767×100,000=1,176,700
                소계 :   3,474,900+1,176,700=4,651,600

                                                                 답 : 4,651,600원

    ② 계산 : 4,651,600×0.09=418,644

                                                                 답 :   418,644원

    ③ 계산 : 5,070,244×0.038=192,669

                                                                 답 :   192,669원

    ④ 계산 : (45,000,000+4,651,600)×0.029=1,439,896

                                                                 답 : 1,439,896원

    ⑤ 계산 : 4,651,600×0.017=79,077

                                                                 답 : 79,077원

    ⑥ 계산 : (45,000,000+5,070,244+1,711,642)×0.06=3,106,913

                                                                 답 : 3,106,913원

    ⑦ 계산 : (5,070,244+1,711,642+3,106,913)×0.15=1,483,320

                                                                 답 : 1,483,320원

    ⑧ 계산 : 56,372,119+5,637,212=62,009,331

                                                                 답 :   62,009,331원

Explanation

(1) 지게 총계, 단위공량 산출
    ① 폴리머 현수애자 : 9개
       배전전공 : 9×0.025=0.225
       보통인부 : 9×0.025=0.225

4-7 배전용 애자 설치 (단위 : 개)

종별	배전전공	보통인부
라인포스트애자	0.046	0.046
현수애자	0.032	0.032
내오손결합애자	0.025	0.025
저압용인류애자	0.020	-

② 14[m]전주 : 2본
배전전공 : 2×1.95×1.1=4.29
보통인부 : 2×2.29×1.1=5.038

4-1 콘크리트전주 인력 건주 (단위 : 본)

규격	배전전공	보통인부
8[m] 이하	0.89	1.01
10[m] 이하	1.10	1.39
12[m] 이하	1.52	1.60
14[m] 이하	1.95	2.29
16[m] 이하	2.70	2.76

[해설]
① 전주 길이의 1/6을 묻는 기준이며, 계단식터파기, 되메우기 포함, 암반터파기는 별도 계상
② 현장 내에서 잔토처리 시 [m³] 당 보통인부 0.17인 별도 계상, 현장 밖으로 잔토처리 시는 적상, 적하비용 및 운반비 별도 계상
③ 전주 철거 후 되메우기에 따른 토사를 외부에서 반입 시 토사비용과 적상, 적하 및 운반비 별도 계상
④ 근가 1개 포함, 1개 추가마다 10[%] 가산

③ COS : 3개
배전전공 : 3×0.12×1.3=0.468
보통인부 : 3×0.06×1.3=0.234

4-20 컷아웃 스위치(COS)설치 (단위 : 개)

종별	배전전공	보통인부
고압 COS	0.05	0.05
특고압 COS	0.12	0.06
퓨즈링크 교체	0.04	-

[해설]
① COS 1개 주상 설치기준
② 퓨즈링크, 접속, 시험품 포함
③ 전력퓨즈(P.F)는 COS의 120[%]
④ 수전설비용 설치 시 30[%] 가산
⑤ 철거 50[%], 재사용 철거 80[%]

④ 피뢰기 : 3개
　　배전전공 : 3×0.11=0.33

4-24 피뢰기 설치　　　　　　　　　　　　　　　　　　　　　　　　(단위 : 개)

종별	배전전공	보통인부
피뢰기 직류 1500[V]용	0.18	–
피뢰기 교류 22.9[kV]용	0.11	–
퓨즈링크 교체	0.04	

⑤ 절연변압기 : 1대
　　배전전공 : 4.4×1=4.4
　　보통인부 : 4.4×1=4.4

4-18 절연변압기 인력 설치　　　　　　　　　　　　　　　　　　　(단위 : 대)

규격	배전전공	보통인부
주상 200[kVA]	2.88	2.88
300[kVA]	3.57	3.57
500[kVA]	4.40	4.40
700[kVA]	6.17	6.17

[해설]
① 절연 변압기를 H형 주상에 인력으로 설치하는 기준
② 지상 설치 80[%]

⑥ 배전전공 : 0.112+0.087+0.225+0.061+4.29+0.468+0.33+1.61+4.4=11.583
⑦ 보통인부 : 0.112+0.087+0.225+0.061+5.038+0.234+1.61+4.4=11.767

2) 원가계산서
　① 직접노무비
　　배전전공 : 11.583×300,000=3,474,900원
　　보통인부 : 11.767×100,000=1,176,700원
　　소계 : 3,474,900+1,176,700=4,651,600원
　② 간접노무비 : 4,651,600×0.09=418,644원
　　따라서, 노무비 합계 : 4,651,600+418,644=5,070,244원
　③ 산재보험료 : 5,070,244×0.038=192,669원
　④ 안전관리비 : (45,000,000+4,651,600)×0.029=1,439,896원
　⑤ 국민건강보험료 : 4,651,600×0.017=79,077원
　⑥ 일반관리비 : (45,000,000+5,070,244+1,711,642)×0.06=3,106,913원
　⑦ 이윤 : (5,070,244+1,711,642+3,106,913)×0.15=1,483,320원
　⑧ 합계 : 56,372,119+5,637,212=62,009,331원
　　공사비합계 : 총공사원가+부가가치세(10%)

2회 2019년 전기공사기사 실기

01 ★★★☆☆ (9점)

어떤 변전실에서 그림과 같은 일부하곡선이 A, B, C인 부하에 전기를 공급하고 있다. 이 변전실의 총 부하에 대한 각 물음에 답하시오(단, A, B, C의 역률은 시간에 관계없이 각각 80[%], 100[%] 및 60[%]이다).

가. 합성 최대 전력[kW]을 구하시오.

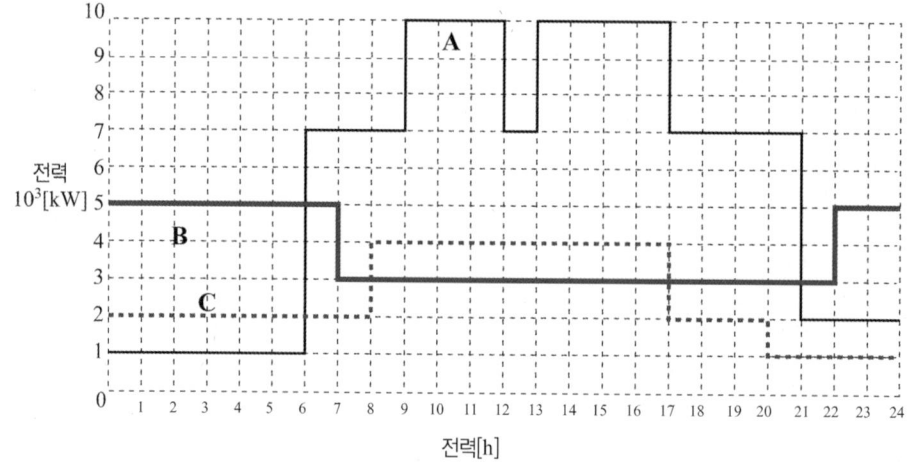

• 계산 :   • 답 :

나. B 부하에 대한 평균전력[kW]을 구하시오.
• 계산 :   • 답 :

다. 총 부하율[%]을 구하시오.
• 계산 :   • 답 :

Answer

(1) 계산 : 합성 최대 전력
$$P = (10+4+3) \times 10^3 = 17,000 [kW]$$
답 : 17,000[kW]

(2) 계산 : $P_B = \dfrac{\{(5\times 7)+(3\times 15)+(5\times 2)\} \times 10^3}{24} = 3,750 [kW]$
답 : 3,750[kW]

(3) 계산
① A부하의 평균전력
$$P_A = \frac{\{(1\times 6)+(7\times 3)+(10\times 3)+(7\times 1)+(10\times 4)+(7\times 4)+(2\times 3)\}\times 10^3}{24}$$
$$= 5,750 [kW]$$
② B부하의 평균전력

$$P_B = \frac{\{(5\times 7)+(3\times 15)+(5\times 2)\}\times 10^3}{24} = 3{,}750[\text{kW}]$$

③ C부하의 평균전력
$$P_C = \frac{\{(2\times 8)+(4\times 9)+(2\times 3)+(4\times 1)\}\times 10^3}{24}$$
$$= 2{,}583.33[\text{kW}]$$

따라서, 총부하율 $= \dfrac{5{,}750+3{,}750+2{,}583.33}{17{,}000}\times 100 = 71.08[\%]$ 답 : 71.08[%]

Explanation

(1) 최대전력 발생시간 : 그림에서 9~12시, 13~17시 사이
(2) 평균전력 $= \dfrac{\text{사용전력량[kWh]}}{\text{사용시간[H]}}$
(3) 총부하율 $= \dfrac{\text{평균전력}}{\text{합성최대전력}}\times 100 = \dfrac{\text{A, B, C 각 평균전력의 합}}{\text{합성최대전력}}\times 100[\%]$

---

02 (5점)

송전전압 66[kV]의 3상 3선식 송전선에서 1선 지락사고로 영상전류 $I_0 = 50[\text{A}]$가 흐를 때 통신선에 유기되는 전자유도전압[V]을 구하시오. 단, 상호 인덕턴스 $M = 0.05[\text{mH/km}]$, 병행 거리 $l = 100[\text{km}]$, 주파수는 60[Hz]이다.

• 계산 :   • 답 :

Answer

계산 : $E_m = \omega M l(3I_0) = 2\pi \times 60 \times 0.05 \times 10^{-3} \times 100 \times 3 \times 50 = 282.74[\text{V}]$ 답 : 282.74[V]

Explanation

전자유도전압 $E_m = Z\ I$
$$= j\omega M_a \ell I_a + j\omega M_b \ell I_b + j\omega M_c \ell I_c$$

여기서, 연가가 되어 있다면 $M_a = M_b = M_c = M$
$$E_m = j\omega M \ell I_a + j\omega M \ell I_b + j\omega M \ell I_c$$
$$= j\omega M \ell (I_a + I_b + I_c)$$

여기서, ℓ : 병행거리
여기서, 지락 사고시 : $I_a + I_b + I_c = 3I_0$ 이므로
전자유도전압 $E_m = j\omega M \ell (I_a + I_b + I_c)$
$$= j\omega M \ell (3I_0)$$

---

03 (6점)

다음 옥내 배선의 그림기호를 보고 각각의 명칭을 쓰시오.

(1)   (2)    (3)

(4)   (5)   (6)

Answer

(1) 배전반   (2) 분전반   (3) 제어반
(4) 개폐기   (5) 배선 차단기   (6) 누전 차단기

Explanation

(내선규정 100-5) 옥내 배선의 그림 기호 배전반, 분전반, 제어반

명칭	그림 기호	적요
배전반 분전반 및 제어반	□	① 종류를 구별하는 경우는 다음과 같다. 배전반 ⊠ 분전반 ◨ 제어반 ⧖ ② 직류용은 그 뜻을 표기한다. ③ 재해 방지 전원 회로용 배전반 등인 경우는 2중 틀로 하고 필요에 따라 종별을 표기한다. [보기] ⊠1종 ◨2종

BEST 04 ★★★★★ (5점)

설비용량 50[kW], 30[kW], 25[kW], 25[kW]의 부하 설비에 수용률이 각각 50[%], 65[%], 75[%], 60[%]인 경우 변압기 용량[kVA]을 선정하시오.(단, 부등률은 1.2, 종합 부하 역률은 80[%])

변압기 표준 용량표[kVA]

20	30	50	75	100	150	200

- 계산 :   • 답 :

Answer

계산 : 변압기용량 = $\dfrac{50 \times 0.5 + 30 \times 0.65 + 25 \times 0.75 + 25 \times 0.6}{0.8 \times 1.2} = 81.51$[kVA]

답 : 표에서 100[kVA] 선정

Explanation

변압기용량[kVA] = $\dfrac{\text{설비용량[kW]} \times \text{수용률}}{\text{부등률} \times \text{역률}}$ [kVA]

05

이 문제는 변경된 KEC 적용으로 인하여 삭제하고, 아래 예상문제로 대체되었습니다.

변압기의 고압·특고압측 전로 또는 사용전압이 35[kV] 이하의 특고압전로가 저압측 전로와 혼촉하고 저압전로의 대지전압이 150[V] 이하인 경우 지락전류가 10[A]라면 변압기 중성점 접지저항 값은 얼마인가?

- 계산 :   • 답 :

Answer

계산 : $R = \dfrac{150}{I_1} = \dfrac{150}{10} = 15[\Omega]$

답 : 15[Ω]

Explanation

(KEC 142.5조) 변압기 중성점 접지

① 변압기의 중성점접지 저항 값(변압기의 고압·특고압측)

　가. 일반적 : $\dfrac{150}{I_1}$ 이하　여기서, I_1은 전로의 1선 지락전류

　나. 변압기의 고압·특고압측 전로 또는 사용전압이 35[kV] 이하의 특고압전로가 저압측 전로와 혼촉하고 저압전로의 대지전압이 150[V]를 초과하는 경우

　　• 1초 초과 2초 이내에 자동으로 차단하는 장치를 설치 : $\dfrac{300}{I_1}$ 이하

　　• 1초 이내에 자동으로 차단하는 장치를 설치 : $\dfrac{600}{I_1}$ 이하

② 전로의 1선 지락전류 : 실측값 사용(단, 실측이 곤란한 경우 선로정수 등으로 계산한 값)

BEST 06 ★★★★★ (5점)

광 천장 조명 및 루버 천장 조명은 매입방법에 따른 건축화 조명방식이다. 기타 매입방법에 따른 건축화 조명방식 5가지를 적으시오.

Answer

① 루버 천장 조명 방식　② 다운 라이트 조명 방식　③ 밸런스 조명 방식
④ 코퍼 조명 방식　⑤ 코너 조명 방식

Explanation

건축화 조명

① 루버 천장 조명
　• 천장면에 루버판을 부착하고 천장내부에 광원을 배치하여 조명하는 방식
　• 낮은 휘도, 밝은 직사광을 얻고 싶은 경우 훌륭한 조명 효과
② 다운라이트 조명
　천장 면에 작은 구멍을 많이 뚫어 그 속에 여러 형태의 하면개방형, 하면루버형, 하면확산형, 반사형 전구 등의 등기구를 매입하는 조명 방식
③ 코퍼 조명
　• 천장 면을 여러 형태의 사각, 동그라미 등으로 오려내고 다양한 형태의 매입기구를 취부하여 실내의 단조로움을 피하는 조명 방식
　• 고천장의 은행 영업실, 1층홀, 백화점 1층 등에 사용
④ 밸런스 조명
　벽면을 밝은 광원으로 조명하는 방식으로 숨겨진 램프의 직접광이 아래쪽 벽, 커튼, 위쪽 천장면에 쪼이도록 조명하는 방식으로 분위기 조명
⑤ 코브 조명
　램프를 감추고 코브이 벽, 천장 면에 플라스틱, 목재 등을 이용하여 간접 조명으로 만들어 그 반사광으로 채광하는 조명 방식
　천장과 벽이 2차 광원이 되므로 반사율과 확산성이 높아야 한다.
⑥ 코너 조명
　• 천장과 벽면의 경계구석에 등기구를 배치하여 조명하는 방식
　• 천장과 벽면을 동시에 투사하는 실내 조명 방식으로 지하도용에 이용
⑦ 코니스 조명
　• 코너 조명과 같이 천장과 벽면경계에 건축적으로 둘레턱을 만들어 내부에 등기구를 배치하여 조명하는 방식

• 아래 방향의 벽면을 조명하는 방식
⑧ 광량 조명
　연속열 등기구를 천장에 매입하거나 들보에 설치하는 조명 방식
⑨ 광천장 조명
　천장면에 확산투과재인 메탈 아크릴 수지판을 붙이고 천장 내부에 광원 설치하는 조명 방식
⑩ 건축화 조명의 종류

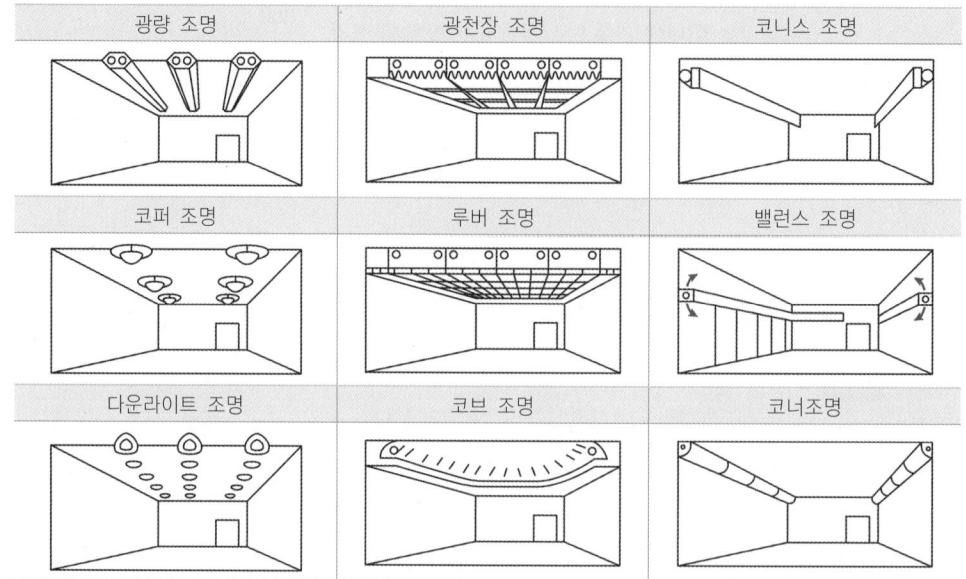

07 ★★☆☆☆ (5점)
아래 그림은 어떤 접지 계통인지 쓰시오.(단, 계통의 전체에 걸쳐 중선선과 보호선의 기능을 단일 도체로 겸용하는 것임)

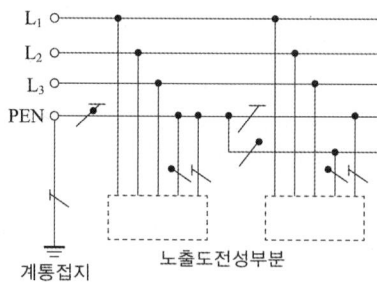

Answer

TN-C-S 접지 계통

Explanation

(KEC 203.1조) 계통접지 구성

기호 설명	
─╱─	중성선(N), 중간도체(M)
─╱─	보호도체(PE)

	중성선과 보호도체겸용(PEN)

【비고】 기호 : TN계통, TT계통, IT계통에 동일 적용

(1) TN 계통(TN System)
- 전원 측의 한 점을 직접접지하고 설비의 노출도전부를 보호도체로 접속시키는 방식
- 중성선 및 보호도체(PE 도체)의 배치 및 접속방식에 따른 분류
  ① TN-S 계통 : 계통 전체에 대해 별도의 중성선 또는 PE 도체를 사용
  배전계통에서 PE 도체를 추가로 접지 가능
- 계통 내에서 별도의 중성선과 보호도체가 있는 계통

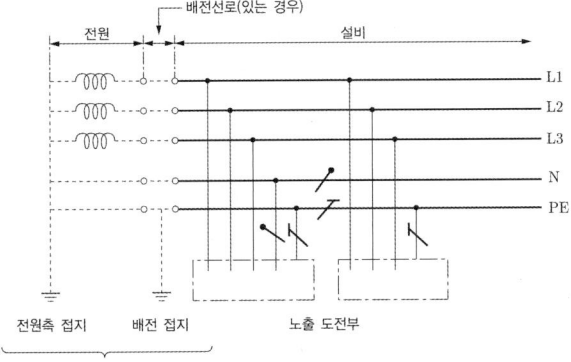

- 계통 내에서 별도의 접지된 선도체와 보호도체가 있는 계통

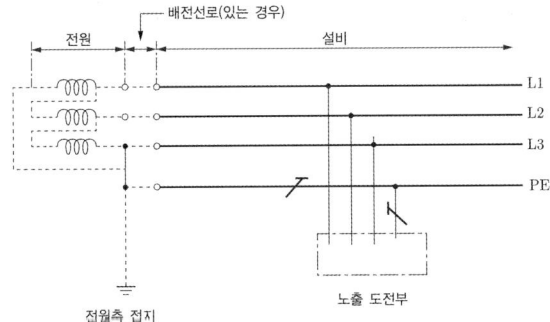

- 계통 내에서 접지된 보호도체는 있으나 중성선의 배선이 없는 계통

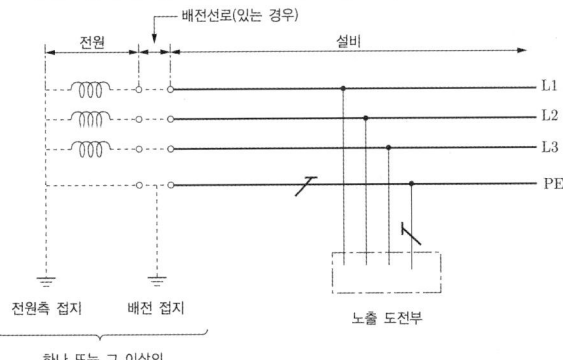

② TN-C 계통 : 계통 전체에 대해 중성선과 보호도체의 기능을 동일도체로 겸용한 PEN 도체를 사용
배전계통에서 PEN 도체를 추가로 접지 가능

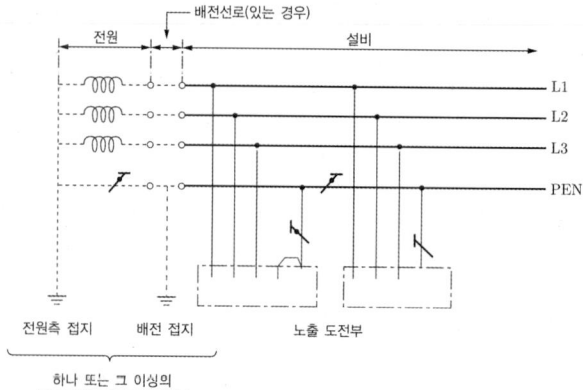

③ TN-C-S계통 : 계통의 일부분에서 PEN 도체를 사용, 중성선과 별도의 PE 도체를 사용
배전계통에서 PEN 도체와 PE 도체를 추가로 접지 가능

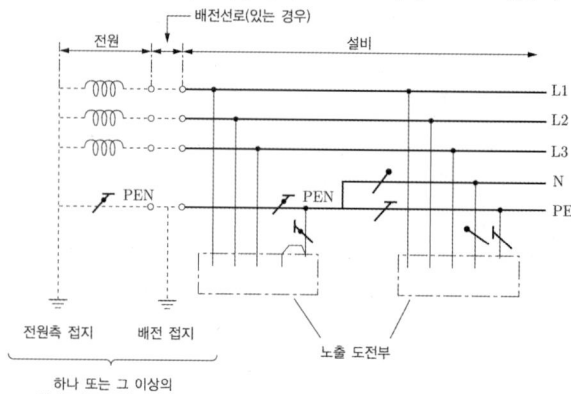

(2) TT 계통(TT System)
- 전원의 한 점을 직접 접지하고 설비의 노출도전부는 전원의 접지전극과 전기적으로 독립적인 접지극에 접속
- 배전계통에서 PE 도체를 추가로 접지 가능
  ① 설비 전체에서 별도의 중성선과 보호도체가 있는 계통

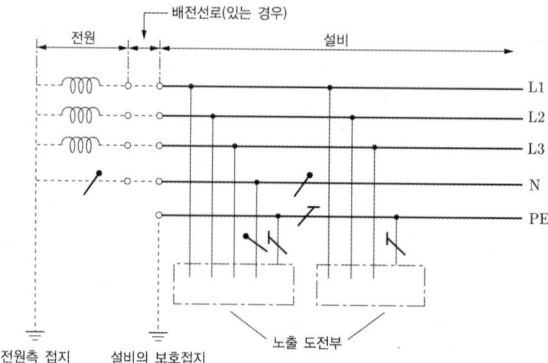

② 설비 전체에서 접지된 보호도체가 있으나 배전용 중성선이 없는 계통

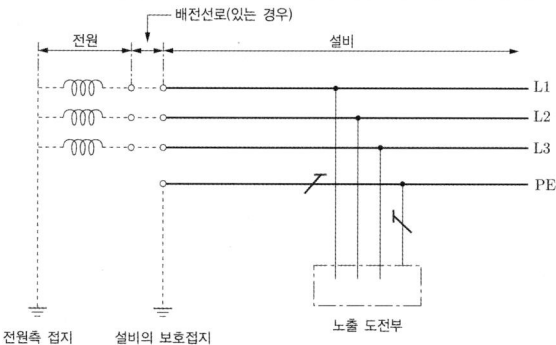

(3) IT계통(IT System)
- 충전부 전체를 대지로부터 절연시키거나, 한 점을 임피던스를 통해 대지에 접속
- 계통은 충분히 높은 임피던스를 통하여 접지
① 계통 내의 모든 노출도전부가 보호도체에 의해 접속되어 일괄 접지된 계통

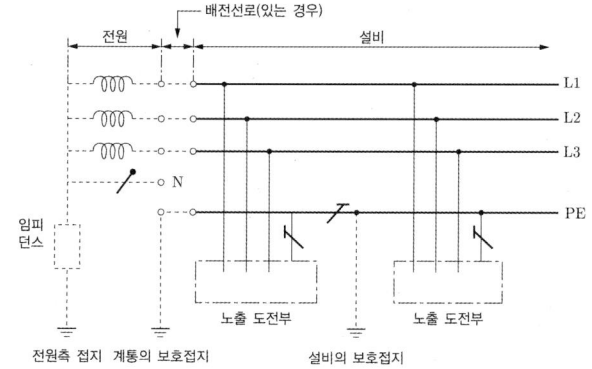

② 노출도전부가 조합으로 또는 개별로 접지된 계통

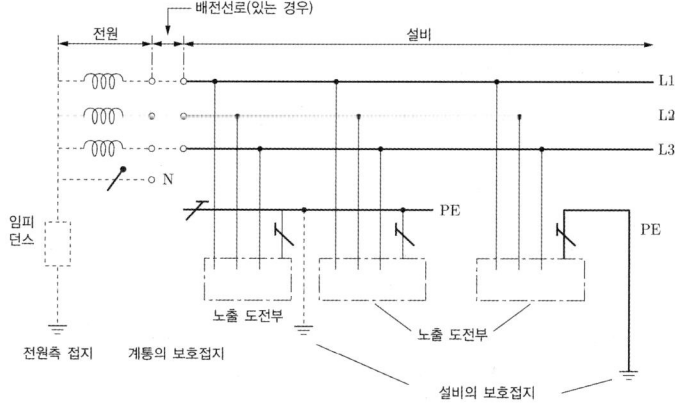

08 ★★★☆ (4점)

송전선로에 사용되는 접지방식에 대하여 각 물음에 답하시오.

(1) 1선 지락 고장 시 충전전류에 의해 간헐적인 아크 지락을 일으켜서 이상전압이 발생하므로 고전압 송전선로에서 잘 사용하지 않는 접지방식을 적으시오.
(2) 1선 지락 시 건전상의 전위상승이 높지 않아 유효접지의 대표적인 방식으로 초고압 송전선로에서 경제성이 매우 우수하여 우리나라 송전계통에 사용되고 있는 접지방식을 적으시오.

Answer

(1) 비접지방식
(2) 직접 접지방식

Explanation

중성점 접지의 종류
- 비접지방식($Z_n = \infty$) : 사용전압 : 20 ~ 30[kV]의 저전압 단거리
- 직접 접지방식($Z_n = 0$) : 직접접지 방식은 우리나라 송전선로의 대부분을 차지하며 154[kV], 345[kV], 765[kV] 등에 사용되며 또한, 지락 사고 시의 건전상의 전위 상승이 정상 시 상(Y)전압의 1.3배를 넘지 않도록 접지임피던스를 조정하는 방식을 유효접지 방식
- 저항 접지방식($Z_n = R$)
- 소호리액터 접지방식($Z_n = jX_L$)

09 ★★☆☆ (3점)

다음은 어떤 용어에 대한 설명인지 쓰시오.

> 비선형 부하들에 의한 고조파의 영향에 대하여 변압기가 과열현상 없이 전원을 안정적으로 공급할 수 있는 능력을 말한다.

Answer

K-Factor

Explanation

K-factor : 비선형 부하들에 의한 고조파의 영향에 대하여 변압기가 과열현상 없이 전원을 안정적으로 공급할 수 있는 능력
부하가 고조파전류를 발생시키는 경우, 변압기의 파열을 방지하기 위하여 변압기의 용량을 저감 시키는 계산식과 factor가 있는데 이 factor를 k-factor라 한다.

10 ★★★☆ (3점)

22.9[kV-y] 이하의 배전선로에서 수전하는 설비의 피뢰기 정격전압(kV)을 적으시오.

Answer

18[kV]

Explanation

(내선규정 제3,250-1) 피뢰기의 정격 전압

전력계통		피뢰기 정격 전압[kV]	
전압[kV]	중성점 접지방식	변전소	배전선로
345	유효접지	288	-
154	유효접지	144	-
66	PC 접지 또는 비접지	72	-
22	PC 접지 또는 비접지	24	-
22.9	3상 4선 다중접지	21	18

〖주〗 전압 22.9[kV] 이하의 배전선로에서 수전하는 설비의 피뢰기 정격전압[kV]은 배전선로용을 적용한다.

11 ★★★★☆ (6점)

그림과 같은 계통에서 단로기 DS_3을 통하여 부하를 공급하고 차단기 CB를 점검하고자 한다. 이 때 다음 각 물음에 답하시오.(단, 평상시에 DS_3은 열려있는 상태)

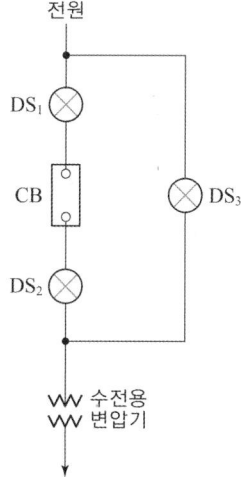

(1) CB를 점검하기 위한 조작순서를 적으시오.
(2) CB를 점검한 후 원상 복귀시킬 때의 조작순서를 적으시오.

Answer

(1) DS_3(ON) → CB(OFF) → DS_2(OFF) → DS_1(OFF)
(2) DS_2(ON) → DS_1(ON) → CB(ON) → DS_3(OFF)

Answer

- 단로기(DS : Disconnecting Switch) : 무부하 회로 개폐 장치
  무부하 충전전류, 변압기 여자전류는 개폐 가능
- 인터록(Interlock) : 차단기가 열려있어야만 단로기 조작 가능
  - 급전 시 : DS → CB
  - 정전 시 : CB → DS
  - 단로기가 부하 측과 선로 측에 있는 경우 항상 부하 측의 단로기를 먼저 개로나 폐로한다.

12 ★☆☆☆☆ (30점)
다음 도면은 사무실의 전등 및 콘센트 배선 평면도이다. 주어진 조건을 읽고 답란의 빈칸을 채우시오.

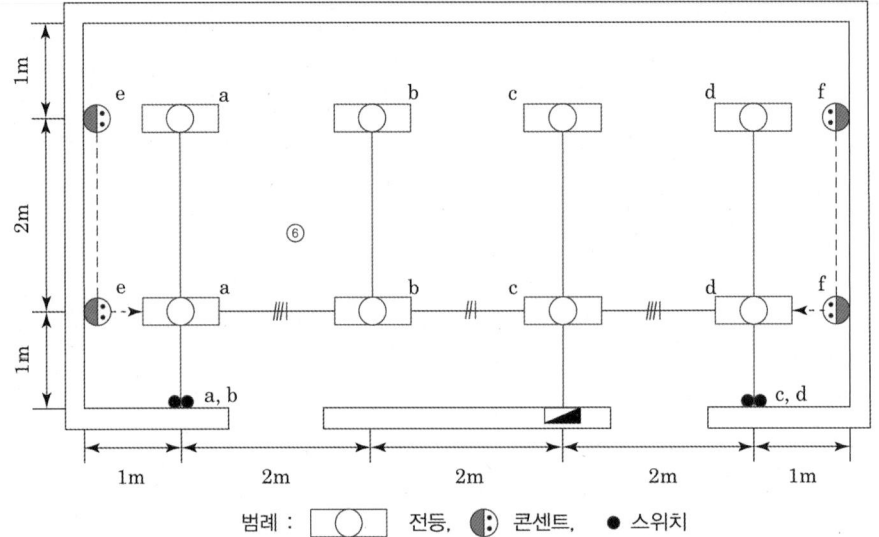

1. 시설조건
   ① 전등회로는 1회로로 전선은 HFIX 2.5[mm^2]를 사용하며, 전열회로는 1회로로 전선은 HFIX 4[mm^2]를 사용하고 접지는 스위치 회로를 제외하고 전등, 전열 회로에 회로 선과 동일한 굵기로 시설한다.
   ② 벽과 등기구간의 간격은 1[m], 등기구와 등기구 간격은 2[m]로 시설한다.
   ③ 전선관은 후강전선관을 사용하고 16[mm] 전선관 내 전선 수는 접지도체 포함 4가닥까지이며, 전선 수 5가닥 이상은 22[mm] 전선관을 사용하여 시설한다.
   ④ 4방출 이상의 배관과 접속되는 박스는 4각 박스를 사용한다.
   ⑤ 각각의 등기구마다 1대 1로 아우트렛 박스를 사용하며 천장에서 등기구까지는 금속가요 전선관을 이용하여 등기구에 연결한다. 금속가요 전선관 길이는 1[m]로 시설한다.
   ⑥ 천장은 이중 천장으로 바닥에서 등기구까지 높이 3[m], 전등배관은 바닥에서 3.5[m]에 후강전선관을 이용하여 시설한다.
   ⑦ 스위치 설치 높이 1.2[m](바닥에서 중심까지)로 한다.
   ⑧ 콘센트의 높이는 0.3[m](바닥에서 중심까지)로 한다.
   ⑨ 분전함 설치 높이 1.8[m](바닥에서 중심까지)로 한다. 단, 바닥에서 하단까지는 0.5[m]를 기준으로 한다.
   ⑩ 전등은 천장으로 배관하며, 전열은 바닥으로 배관하여 구분하여 시설한다.

2. 재료의 산출조건
   ① 분전함 내부에서 배선 여유는 전선 1본 당 0.5[m]로 한다.
   ② 자재 산출 시 산출수량과 할증수량은 소수점 셋째 자리에서 반올림하고 자재별 총 수량은 (산출수량+할증수량) 소수점 이하 올림한다.
   ③ 배관 및 배선 이외의 자재는 할증을 보지 않는다.(배관, 배선의 할증은 10[%]로 한다)
3. 인건비 산출 조건
   ① 재료의 할증에 대해서는 공량을 적용하지 않는다.
   ② 소수점 이하 두 자리까지 계산한다.(소수점 셋째 자리 반올림)
   ③ 품셈은 다음 표의 품셈을 적용한다.

5-1 전선관 배관 (단위 : m)

후강 전선관		금속가요 전선관	
규격	내선전공	규격	내선전공
16[mm] 이하	0.08	16[mm] 이하	0.044
22[mm] 이하	0.11	22[mm] 이하	0.059
28[mm] 이하	0.14	28[mm] 이하	0.072
36[mm] 이하	0.20	36[mm] 이하	0.087
42[mm] 이하	0.25	42[mm] 이하	0.104
54[mm] 이하	0.34	54[mm] 이하	0.136

(해설)
① 콘크리트 매입 기준

5-3 박스(BOX) 설치 (단위 : 개)

종별	내선전공
Concrete Box	0.12
Outlet Box	0.20
Switch Box(2개용 이하)	0.20
Switch Box(3개용 이상)	0.25
노출형 Box(콘크리트 노출기준)	0.29
플로어 박스	0.20
연결용 박스	0.04

(해설)
① 콘크리트 매입 기준

5-10 옥내배선 (단위 : m, 직종 : 내선전공)

종별	내선전공
6[mm^2]이하	0.010
16[mm^2] 이하	0.023
38[mm^2] 이하	0.031
50[mm^2] 이하	0.043
60[mm^2] 이하	0.052
70[mm^2] 이하	0.061
100[mm^2] 이하	0.064
120[mm^2] 이하	0.077

(해설)
① 관내배선 기준, 애자배선 은폐공사는 150[%], 노출 및 그리드애자공사는 200[%], 직선 및 분기접속 포함

5-23 배선기구 설치 (단위 : 개, 적용직종 : 내선전공)

종별		2P	3P	4P
콘센트	15[A]	0.065	0.095	0.10
〃 (접지극부)	15[A]	0.08	–	–
〃 (접지극부)	20[A]	0.085	–	–
〃 (접지극부)	30[A]	0.11	0.145	0.15
플로어 콘센트	15[A]	0.096	–	–
〃	20[A]	0.096	–	–
하이텐숀 (로우텐숀)		0.096	–	–

(해설) ① 매입 설치기준, 노출설치 120[%]

(나) 스위치류 (단위 : 개)

종별		내선전공
텀플러 스위치	단로용	0.085
〃	3로용	0.085
〃	4로용	0.10
풀 스위치		0.10
푸시 버튼		0.065
리모콘 스위치		0.07

(해설) ① 매입설치 기준, 노출설치 시 120[%]

(1) 도면에 표시된 전선관 배관에 접지도체를 포함 전선 가닥수를 순서대로 적으시오.

① :

② :

③ :

(2) 콘센트 배관기호 및 전등 배관기호의 명칭을 적으시오.
　① 콘센트 배관기호
　② 전등 배관기호

(3) 도면을 보고 아래 표의 ①부터 ⑩번까지 빈칸에 산출량 및 총수량을 기입하시오.

자재명 및 규격	규격	단위	산출수량	할증수량	총수량 (산출수량+할증수량)
후강 전선관	16[mm]	m	①		⑤
금속 가요 전선관	16[mm]	m	②		⑥
HFIX	2.5[mm^2]	m	③		⑦
HFIX	4[mm^2]	m	④		⑧
매입스위치 2구	250[V], 15[A]	개			⑨
매입콘센트 2P, 15A	250[V], 15[A]	개			⑩
아우트렛 박스 4각	54[mm]	개			
아우트렛 박스 8각	54[mm]	개			
스위치 박스 1개용	54[mm]	개			

① ・계산 :

　・답 :

② ・계산 :

　・답 :

③ ・계산 :

　・답 :

④ ・계산 :

　・답 :

⑤ ・계산 :

　・답 :

⑥ ・계산 :

　・답 :

⑦ ・계산 :

　・답 :

⑧ ・계산 :

　・답 :

⑨ ・계산 :

　・답 :

⑩ ・계산 :

　・답 :

(4) 아래 표의 각 자재별 내선전공수를 ①부터 ⑥까지 기입하시오.

자재명 및 규격	규격	단위	수량	인공수(재료 단위별)	내선전공
후강 전선관	16[mm]	m			①
금속 가요 전선관	16[mm]	m			②
HFIX	2.5[mm²]	m			③
HFIX	4[mm²]	m			④
매입스위치 2구	250[V], 15[A]	개			⑤
매입콘센트 2P, 15A	250[V], 15[A]	개			⑥
아우트렛 박스 4각	54[mm]	개			
아우트렛 박스 8각	54[mm]	개			
스위치 박스 1개용	54[mm]	개			

① • 계산 :
  • 답 :
② • 계산 :
  • 답 :
③ • 계산 :
  • 답 :
④ • 계산 :
  • 답 :
⑤ • 계산 :
  • 답 :
⑥ • 계산 :
  • 답 :

(5) 인건비 계산 시 할증에 대한 중복 할증 가산 방법을 주어진 조건을 이용하여 식으로 적으시오.

[조건]
W: 할증이 포함된 품, P: 기본품, α: 첫 번째 할증요소, β: 두 번째 할증요소

Answer

(1) ① : 4가닥
   ② : 3가닥
   ③ : 4가닥
(2) ① 콘센트 배관기호 : 바닥 은폐배선
   ② 전등 배관기호 : 천장 은폐배선

(3) 산출량
　① 계산 : $(2\times 7)+(1\times 3)+(3.5-1.2)\times 2+(3.5-1.8)+(2\times 2)+4+6$
　　　　　$+(0.5\times 2)+(0.3\times 6)=40.1$

답 : 40.1[m]

　② 계산 : $8\times 1=8$

답 : 8[m]

　③ 계산 : $23.3\times 3+(0.5\times 3)+(2\times 2\times 1)+(1\times 8\times 3)=99.4$

답 : 99.4[m]

　④ 계산 : $16.8\times 3+0.5\times 3=51.9$

답 : 51.9[m]

　⑤ 계산 : $40.1\times 1.1=44.11$

답 : 45[m]

　⑥ 계산 : $8\times 1.1=8.8$

답 : 9[m]

　⑦ 계산 : $99.4\times 1.1=109.34$

답 : 110[m]

　⑧ 계산 : $51.9\times 1.1=57.09$

답 : 58[m]

　⑨ 2개
　⑩ 4개

(4) 내선전공수
　① 계산 : $40.1\times 0.08=3.208$

답 : 3.21[인]

　② 계산 : $8\times 0.044=0.352$

답 : 0.35[인]

　③ 계산 : $99.4\times 0.01=0.994$

답 : 0.99[인]

　④ 계산 : $51.9\times 0.01=0.519$

답 : 0.52[인]

　⑤ 계산 : $2\times 0.085=0.17$

답 : 0.17[인]

　⑥ 계산 : $4\times 0.08=0.32$

답 : 0.32[인]

(5) $W=P\times(1+\alpha+\beta)$

Explanation

(3) 산출량 및 총수량
　※ 후강 전선관 16[mm]
　① 신출수량
　　천장배관 : $(2\times 7)+1\times 3+(3.5-1.2)\times 2+(3.5-1.8)=23.3$[m]
　　바닥배관 : $(2\times 2)+4+6+(0.5\times 2)+(0.3\times 6)=16.8$[m]
　⑤ 산출수량 + 할증수량 : $40.1\times 1.1=44.11$ --------- 45[m]
　※ 금속제 가요 전선관 16[mm]
　② 산출수량 : $8\times 1=8$[m]
　⑥ 산출수량 + 할증수량 : $8\times 1.1=8.8$ --------- 9[m]
　※ HFIX 2.5[mm^2]

③ 산출수량 : $2\times(5\times3+2\times4)+(1\times3\times3)+(3.5-1.2)\times2\times3+(3.5-1.8)\times3$
$+(0.5\times3)+(1\times8\times3)=99.4[m]$
⑦ 산출수량+ 할증수량 : $99.4\times1.1=109.34$ -------- 110[m]
※ HFIX 4[mm^2]
④ 산출수량 : $16.8\times3+(0.5\times3)=51.9[m]$
⑧ 산출수량+ 할증수량 : $51.9\times1.1=57.09$ -------- 58[m]
※ 매입스위치 2구
⑨ 2개
※ 매입콘센트 2P, 15A
⑨ 4개

(4) 내선전공수
① 후강 전선관 16[mm]
내선전공 : $40.1\times0.08=3.208$
② 금속제 가요 전선관 16[mm]
내선전공 : $8\times0.044=0.352$

5-1 전선관 배관 (단위 : m)

후강 전선관		금속가요 전선관	
규격	내선전공	규격	내선전공
16[mm] 이하	0.08	16[mm] 이하	0.044
22[mm] 이하	0.11	22[mm] 이하	0.059
28[mm] 이하	0.14	28[mm] 이하	0.072

③ HFIX 2.5[mm^2]
내선전공 : $99.4\times0.01=0.994$
④ HFIX 4[mm^2]
내선전공 : $51.9\times0.01=0.519$

5-10 옥내배선 (단위 : m, 직종 : 내선전공)

종별	내선전공
6 [mm^2] 이하	0.010
16 [mm^2] 이하	0.023
38 [mm^2] 이하	0.031

⑤ 매입스위치 2구
내선전공 : $2\times0.085=0.17$

(나) 스위치류 (단위 : 개)

종별		내선전공
텀플러 스위치	단로용	0.085
텀플러 스위치	3로용	0.085
텀플러 스위치	4로용	0.10

(해설)
① 매입설치 기준, 노출설치 시 120[%]

⑥ 매입콘센트 2P, 15[A]
  내선전공 : 4×0.08=0.32

5-23 배선기구 설치

(단위 : 개, 적용직종 : 내선전공)

	2P	3P	4P
콘센트 15[A]	0.065	0.095	0.10
콘센트 (접지극부) 15[A]	0.08	−	−
콘센트 (접지극부) 20[A]	0.085	−	−
콘센트 (접지극부) 30[A]	0.11	0.145	0.15

(해설)
① 매입 설치기준, 노출설치 120[%]

13 ★★★☆☆ (5점)

수전전압 22.9[kV], 설비용량 2,000[kW]인 수용가의 수전단에 설치한 CT의 변류비는 75/5[A]이다. 이 때 CT에서 검출된 2차 전류가 과부하계전기로 흐르도록 하였다. 150[%] 부하에서 차단기를 동작시키고자 할 때, 과부하계전기의 전류 TAP(A)를 구하시오.

• 계산 :   • 답 :

Answer

계산 : 부하전류 $I = \dfrac{P}{\sqrt{3}\,V\cos\theta} = \dfrac{2,000 \times 10^3}{\sqrt{3} \times 22,900 \times 1} = 50.42[A]$

트립전류 $= 50.42 \times \dfrac{5}{75} \times 1.5 = 5.04[A]$

답 : 5[A]

Explanation

• 과전류계전기 Tap 전류 = 1차 전류 × $\dfrac{1}{\text{CT비}}$ × 정정배수
• 과전류 계전기의 정정 Tap 전류: 2, 3, 4, 5, 6, 7, 8, 10, 12[A]

14 ★★★☆☆ (6점)

수·변전 설비에서 부하의 역률에 대하여 다음 물음에 답하시오.

(1) 부하설비의 역률이 저하되는 경우, 수용가가 예상 할 수 있는 손해 4가지를 적으시오.
   ①
   ②
   ③
   ④

(2) 역률을 개선하기 위한 설치기기의 명칭과 설치방법을 간단히 적으시오.
   • 기기 명칭 :
   • 설치 방법 :

Answer

(1) ① 전력손실이 커진다.　　② 전기요금이 증가한다.
　　③ 전압강하가 커진다.　　④ 설비용량의 여유분이 감소된다.
(2) • 기기명칭 : 전력용 콘덴서
　　• 설치 방법 : 부하와 병렬로 접속

Explanation

• 역률개선
  - 전력용 콘덴서는 진상 무효분을 공급하여 부하의 역률개선을 위하여 사용
  - 부하의 역률 저하 원인 : 유도 전동기의 경부하 운전 및 형광방전등의 안정기 등

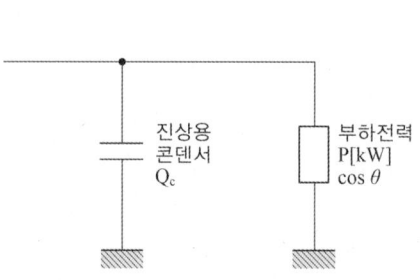

• 전력용 콘덴서 용량

$$Q_c = P(\tan\theta_1 - \tan\theta_2) = P\left(\frac{\sin\theta_1}{\cos\theta_1} - \frac{\sin\theta_2}{\cos\theta_2}\right) = P\left(\frac{\sqrt{1-\cos^2\theta_1}}{\cos\theta_1} - \frac{\sqrt{1-\cos^2\theta_2}}{\cos\theta_2}\right) \text{[KVA]}$$

여기서, $\cos\theta_1$: 개선 전 역률,　$\cos\theta_2$: 개선 후 역률

• 역률개선의 효과
  - 전압강하가 감소
  - 전력손실이 감소
  - 설비용량의 여유분 증가
  - 전기요금 절감

BEST 15

노출 배관공사에서 관을 직각으로 굽히는 곳에 사용되며, 3방향으로 분기할 수 있는 T형과 4방향으로 분기할 수 있는 크로스(cross)형이 있는 금속관 재료의 명칭을 적으시오.

(3점)

Answer

유니버설 엘보(Universal elbow)

Explanation

금속관 공사용 부품

명칭	사용 용도
로크너트 (lock nut)	관과 박스를 접속하는 경우
부싱 (bushing)	전선 관단에 끼우고 전선을 넣거나 빼는 데 있어서 전선의 피복을 보호하여 전선이 손상되지 않게 하는 것
커플링 (coupling)	• 금속관 상호 접속 또는 관과 노멀 밴드와의 접속에 사용 • 관의 양측을 돌려서 접속할 수 없는 경우 : 유니온 커플링
새들 (saddle)	노출 배관에서 금속관을 조영재에 고정시키는데 사용
노멀 밴드 (normal bend)	배관의 직각 굴곡에 사용
링 리듀서	금속을 아웃트렛 박스의 로크 아웃에 취부할 때 록 아웃의 구멍이 관의 구멍보다 클 때 사용
스위치 박스 (switch box)	매입형의 스위치나 콘센트를 고정하는 데 사용
아웃트렛 박스 (outlet box)	전선관 공사에 있어 전등기구나 점멸기 또는 콘센트의 고정, 접속함
콘크리트 박스 (concrete box)	콘크리트에 매입 배선용으로 아웃트렛 박스와 같은 목적으로 사용
플로어 박스	바닥 밑으로 매입 배선할 때 사용
유니버설 엘보우 (elbow)	• 노출 배관공사에 관을 직각으로 굽혀야 할 곳의 관 상호 접속 또는 관을 분기해야 할 곳에 사용 • 3방향으로 분기하는 T형, 4방향으로 분기하는 크로스 엘보우
터미널 캡 (terminal cap)	전동기에 접속하는 장소나 애자 사용 공사로 옮기는 장소의 관단에 사용
엔트런스 캡(우에사캡) (entrance cap)	인입구, 인출구의 관단에 설치하여 금속관에 접속하여 옥외의 빗물을 막는 데 사용
픽스쳐 스터드와 히키 (fixture stud & hickey)	아웃트렛 박스에 조명기구를 부착시킬 때 사용, 무거운 기구취부
블랭크 와셔 (blank washer)	플로어 덕트의 정션 박스에 덕트를 접속하지 않는 곳을 막기 위하여 사용
유니버설 피팅	노출 배관시 L형 또는 T형으로 구부러지는 장소에 사용

# 2019년 전기공사기사 실기

BEST 01 ★★★★★ (5점)

다음 변압기 설치공사의 시공 흐름도에서 빈칸 ①, ②, ③, ④, ⑤에 해당되는 사항을 보기에서 선택하여 적으시오.

[보기]
외함 접지도체 연결, COS설치, 분기고리 설치, 변압기 설치, 내오손결합 애자 설치, 절연처리, COS투입, 변압기 2차측 결선, FUSE LINK 조립

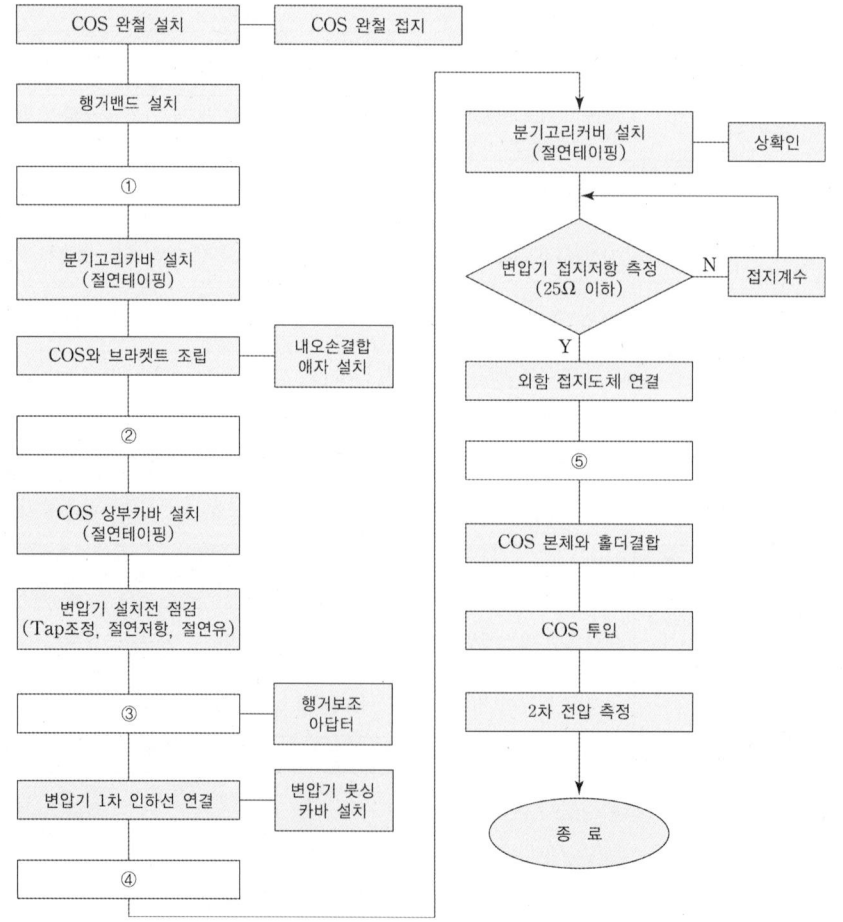

Answer

① 분기고리 설치
② COS설치
③ 변압기 설치
④ 변압기 2차측 결선
⑤ FUSE LINK 조립

Explanation

변압기 공사 시공 흐름도

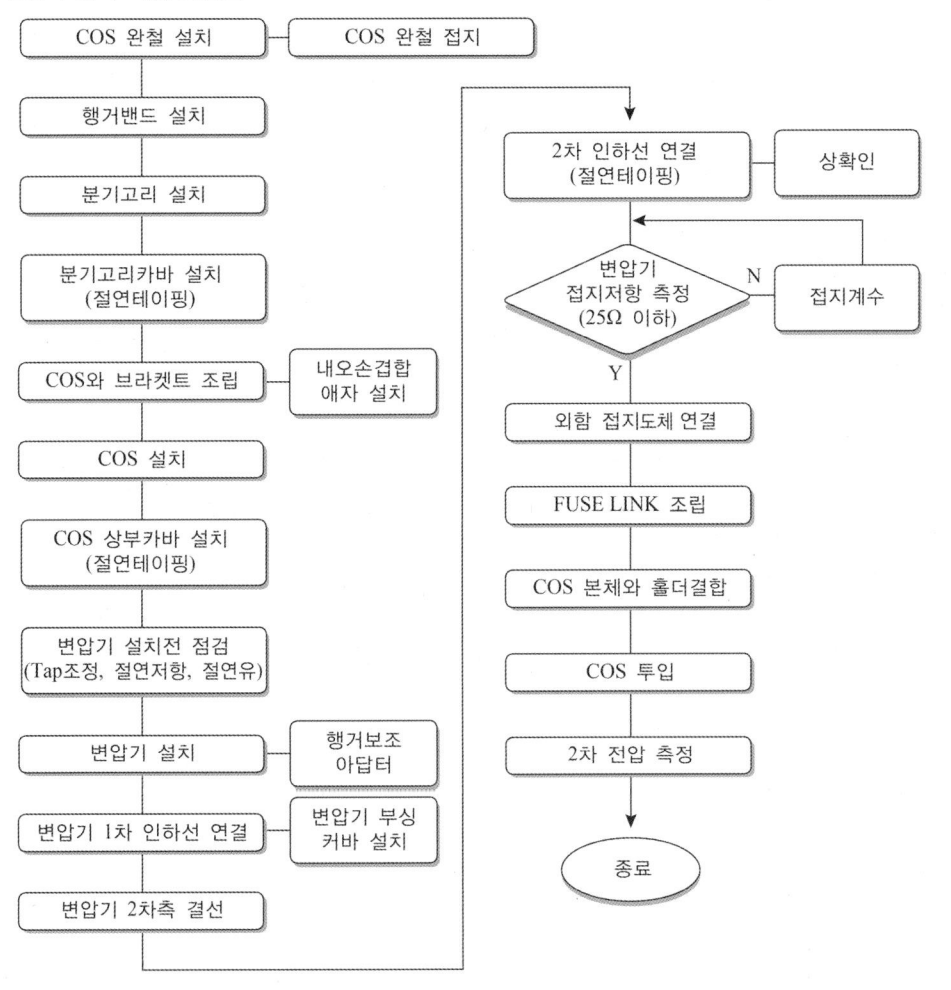

02 ★☆☆☆☆ (4점)

다음 그림과 같이 상판부 등에 의한 하중을 지반에 전달하는 구조물로서 역T자형 콘크리트 기초, 오거 콘크리트 기초, 베다 기초, 강재 기초, 직매 기초 등을 말하는 기초의 종류를 적으시오.

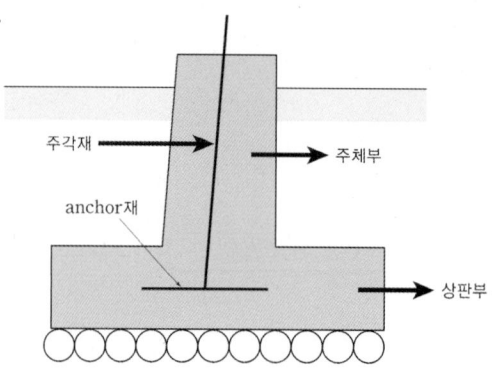

Answer

직접기초

Explanation

철탑의 기초

철탑기초는 대체로 작용하중의 종류에 의해 연직하중과 모멘트 하중기초로 분류함.
직접기초, 말뚝기초, 피어(Pier)기초 및 앵커(Anchor)기초 등으로 구분한다.

1) 직접기초
   상판부(上板部)등에 의한 하중을 지반에 직접 전달하는 구조물. 역T자형 콘크리트기초 등이 있음.
2) 말뚝기초
   주로 말뚝(pile)에 의해 하중을 지반에 전달하는 구조물. 이미 제작된 말뚝기초 또는 현장타설 콘크리트 말뚝 기초 등이 있음
3) 피어(Pier-기둥)기초
   Pier 등에 의해 하중을 지반에 전달하는 구조물. 심형기초, 정통기초 등이 있음.
4) 앵커(Anchor) 기초
   앵커 등에 의해 하중을 전달하는 구조물.

03 ★★★☆☆ (6점)

다음 그림기호의 명칭을 적으시오.

(1)  (2) 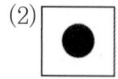 (3) 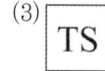 (4) 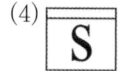 (5)  (6)

Answer

(1) 누전 경보기
(2) 누름 버튼
(3) 타임스위치
(4) 연기감지기
(5) 스피커
(6) 조광기

Explanation

(1) ⊖G : 누전 경보기 (2) ■ : 누름 버튼
(3) TS : 타임스위치 (4) S : 연기감지기
(5) ◁ : 스피커 (6) ↗● : 조광기

04 ★★☆☆ (5점)

다음 그림과 같이 전압이 380[V], 3상 3선식으로 공급되는 옥내배선에서 150[m] 떨어진 곳에서부터 5[m] 간격으로 용량 5[kVA]의 기기부하를 3대 설치하려 한다. 부하단말까지 전압강하를 5[%] 이하로 유지하기 위한 전선의 최소 굵기[mm²]를 다음 표에서 산정하시오.(단, 전선은 부하 말단까지 동일한 굵기로 하고 금속전선관 공사로 시공)

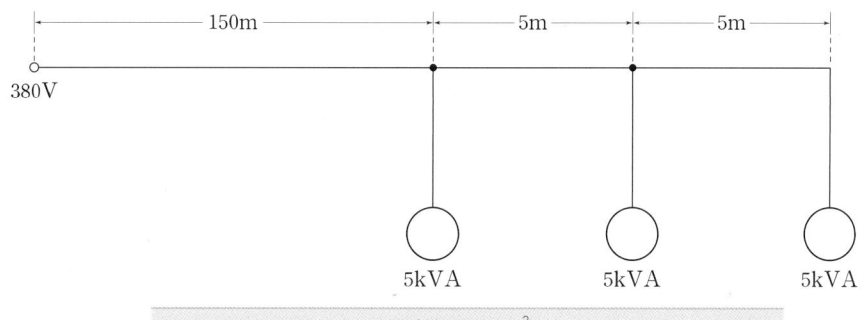

전선 규격(mm²)						
1.5	2.5	4	6	10	16	25

Answer

계산 : 부하 중심점까지의 거리

$$L = \frac{L_1I_1 + L_2I_2 + L_3I_3}{I_1 + I_2 + I_3} = \frac{7.6 \times 150 + 7.6 \times 155 + 7.6 \times 160}{7.6 + 7.6 + 7.6} = 155[\text{m}]$$

단면적 $A = \frac{30.8LI}{1,000e} = \frac{30.8 \times 155 \times (7.6 \times 3)}{1,000 \times (380 \times 0.05)} = 5.73[\text{mm}^2]$

답 : 6[mm²]

Explanation

- 부하전류 $I = \frac{P}{\sqrt{3}\,V} = \frac{5 \times 10^3}{\sqrt{3} \times 380} = 7.6[\text{A}]$
- 직선부하의 부하 중심점까지의 거리

$$L = \frac{L_1I_1 + L_2I_2 + L_3I_3 + \cdots}{I_1 + I_2 + I_3 + \cdots}$$

- 전압 강하 및 전선의 단면적 계산

전기 방식	전압 강하		전선 단면적	대상 전압강하
단상 3선식 직류 3선식 3상 4선식	IR	$e = \dfrac{17.8LI}{1,000A}$	$A = \dfrac{17.8LI}{1,000e}$	대지와 선간
단상 2선식 직류 2선식	$2IR$	$e = \dfrac{35.6LI}{1,000A}$	$A = \dfrac{35.6LI}{1,000e}$	선간
3상 3선식	$\sqrt{3}\,IR$	$e = \dfrac{30.8LI}{1,000A}$	$A = \dfrac{30.8LI}{1,000e}$	선간

여기서, e : 전압강하 [V], A : 사용전선의 단면적 [mm^2]
L : 선로의 길이 [m], C : 전선의 도전율(97[%])

KSC-IEC 전선 규격

전선의 공칭단면적 [mm^2]			
1.5	16	95	300
2.5	25	120	400
4	35	150	500
6	50	185	630
10	70	240	

05 ★★☆☆☆ (5점)

변압기의 온도상승을 억제하기 위해서 권선 및 철심을 냉각한다. 변압기의 냉각 방식을 5가지만 적으시오.

Answer

- 유입자냉식
- 유입풍냉식
- 유입수냉식
- 송유풍냉식
- 송유수냉식

Explanation

변압기의 냉각방식

1) ONAN(OA) : Oil Natural Air Natural (유입자냉식) 주상 변압기
2) ONAF(FA) : Oil Natural Air Forced (유입풍냉식)
3) ONWF(OW) : Oil Natural Water Forced (유입수냉식)
4) OFAF(OFAF) : Oil Forced Air Forced (송유풍냉식)
5) OFWF(FOW) : Oil Forced Water Forced (송유수냉식)

06 수전방식 중 스폿 네트워크 방식의 특징을 3가지만 적으시오. (5점)

Answer

① 무정전 전력공급이 가능하다.
② 공급신뢰도가 높다.
③ 전압 변동이 낮다.

Explanation

스포트 네트워크 방식(Spot Network 방식)

배전용 변전소로부터 2회선 이상의 배전선으로 수전하는 방식으로 1회선의 고장이 발생한 경우에도 2차 측 병렬모선을 통해 부하 측의 무정전 공급이 가능한 방식이다.

(1) 장점
  ① 무정전 전력공급이 가능하다.
  ② 공급신뢰도가 높다.
  ③ 전압 변동이 낮다.
  ④ 부하증가에 대한 적응성이 좋다.

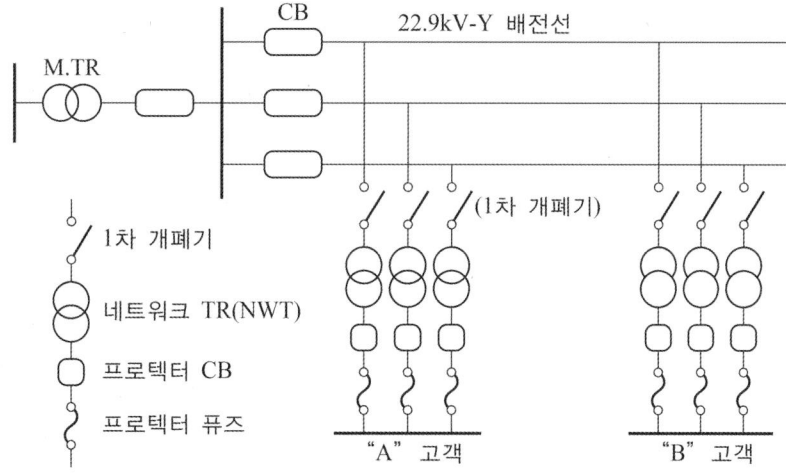

07 (6점)

가공송전선로의 전선 중 강심 알루미늄 연선(ACSR)을 경동연선과 비교하여 그 특징을 3가지만 적으시오.

Answer

① 경동연선에 비해 기계적 강도가 크다.
② 경동선에 비해 비중이 적다.
③ 같은 저항 값에 대해서는 경동연선에 비해 전선의 바깥지름이 크기 때문에 코로나 발생 방지에 효과적이다.

Explanation

강심 알루미늄 연선(ACSR : Aluminum Conduct Steel Reinforced)
비교적 도전율이 높은(61[%]) 경알루미늄선을 인장강도가 큰 강선이나 강연선의 주위에 합쳐 꼬아 만든 전선

강심 알루미늄 연선의 용도
① 큰 인장하중을 필요로 하는 가공전선 및 특고압 중선선에 사용
② 코로나 방지가 필요한 초고압 송·배전선로에 사용
  KSC 3113 강심 알루미늄 연선(ACSR) 규격
  19, 32, 58, 80, 96, 120, 160, 200, 240, 330, 410, 520, 610[mm^2]

08 (6점)

도면과 같은 고압 또는 특고압 수전설비의 진상콘덴서 접속뱅크 결선도를 보고 다음 각 물음에 답하시오.

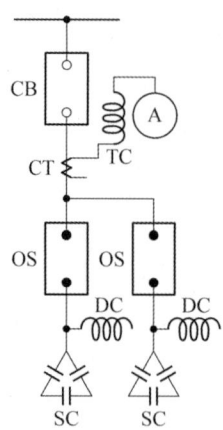

(1) 콘덴서 총 용량이 몇 [kVA] 초과, 몇 [kVA] 이하일 때 콘덴서 용량을 2군 이상으로 분할하는지 적으시오.
(2) 콘덴서 용량이 100[kVA] 이하인 경우 CB 대신 사용가능한 개폐기를 적으시오.
(3) 콘덴서 용량이 50[kVA] 미만인 경우 CB 대신 사용가능한 개폐기를 적으시오.

Answer

(1) 300[kVA] 초과, 600[kVA] 이하
(2) OS (유입 개폐기)

(3) COS (직결로 함)

Explanation

진상용 콘덴서 참고 접속도

콘덴서 총용량이 300[kVA] 이하의 경우 전류계를 생략할 때

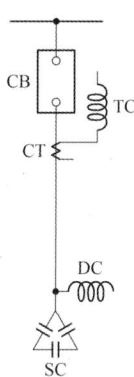

콘덴서 총용량이 300[kVA] 초과 600[kVA] 이하의 경우

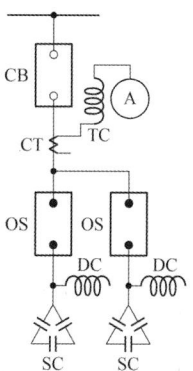

콘덴서 총용량이 600[kVA] 초과의 경우

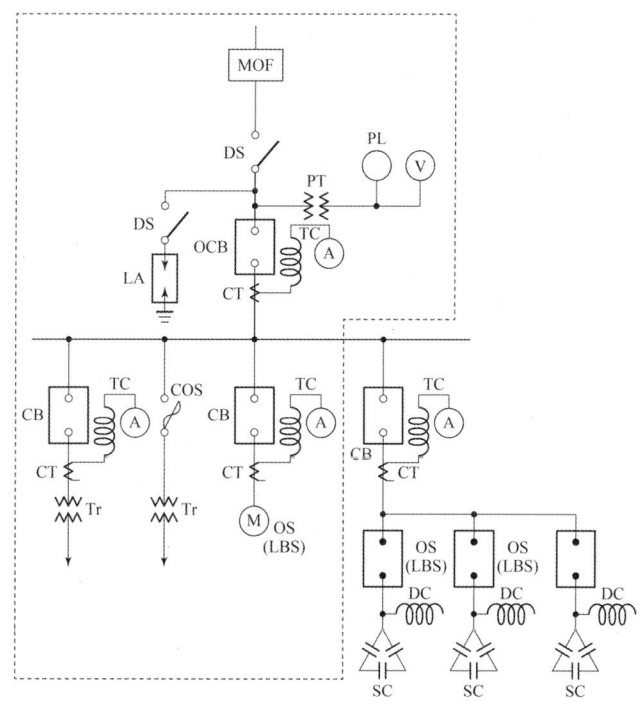

[주] 콘덴서의 용량이 100[kVA] 이하인 경우에는 CB 대신 OS 또는 유사한 것(인터럽터 스위치 등)을 50[kVA] 미만의 경우에는 COS(직결로 함)를 사용할 수 있다.

09 (5점)

구내선로에서 발생할 수 있는 개폐서지, 순간과도전압 등의 이상전압이 2차기기에 악영향을 주는 것을 막기 위해 설치하는 서지흡수기의 설치위치를 적으시오.

Answer

서지흡수기는 보호하려는 기기전단으로 개폐서지를 발생하는 차단기 후단과 부하 측 사이에 설치 운용한다.

Explanation

(내선규정 3,260) 서지흡수기
- 구내선로에서 발생할 수 있는 개폐서지, 순간과도전압 등으로 2차기기에 악영향을 주는 것을 막기 위해 서지흡수기를 설치하는 것이 바람직하다.
- 설치 위치 : 서지흡수기는 보호하려는 기기전단으로 개폐서지를 발생하는 차단기 후단과 부하 측 사이에 설치 운용한다.

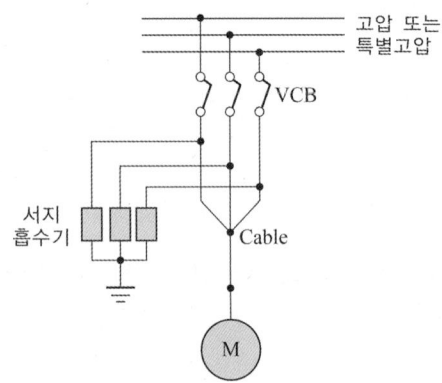

10 (5점)

분산형 전원을 설치하는 경우 이상 또는 고장 발생 시 자동적으로 분산형 전원을 배전계통으로부터 분리하기 위한 차단장치를 시설하여야 한다. 이상 또는 고장 상태를 2가지만 적으시오.(단, 분산형 전원의 이상 또는 고장은 제외)

Answer

① 단독운전 상태
② 연계한 배전계통의 이상 또는 고장

Explanation

(KEC 503.2.3조) 분산형 전원의 계통 연계용 보호장치의 시설

계통 연계하는 분산형전원설비를 설치하는 경우 다음에 해당하는 이상 또는 고장 발생 시 자동적으로 분산형전원설비를 전력계통으로부터 분리하기 위한 장치 시설 및 해당 계통과의 보호협조를 실시하여야 한다.
① 분산형전원설비의 이상 또는 고장
② 연계한 전력계통의 이상 또는 고장
③ 단독운전 상태

[비고] 단독운전이란 전력계통의 일부가 전력계통의 전원과 전기적으로 분리된 상태에서 분산형전원에 의해서만 운전되는 상태를 말한다.

11

사무실로 사용되는 건물의 총 설비용량이 전등전열부하 500[kVA], 동력부하가 600[kVA]이다. 전등전열부하 수용률은 70[%], 동력부하 수용률은 60[%], 전등전열 및 동력부하간의 부등률이 1.25라고 한다. 배전선로의 전력손실이 전등, 전열, 동력 모두 부하전력의 10[%]라고 하면 변전실의 최대전력은 몇 [kVA]인지 구하시오.

(6점)

Answer

계산 : 전등부하 최대수용전력 = 500×0.7 = 350[kVA]
　　　동력부하 최대수용전력 = 600×0.6 = 360[kVA]
　　　변전소 최대전력 = $\dfrac{350+360}{1.25} \times (1+0.1) = 624.8$[kVA]

답 : 624.8[kVA]

Explanation

- 합성최대전력[kVA] = $\dfrac{설비용량[kVA] \times 수용률}{부등률}$
- 배전선로의 손실이 10[%] 있으므로 변전실에 공급되야 하는 최대전력은 계산 값의 10[%]를 더 공급하여야 한다.

12

이 문제는 변경된 KEC 적용으로 인하여 삭제하고, 아래 예상문제로 대체되었습니다.

다음의 빈칸에 알맞은 값을 적으시오.

> 접지도체의 굵기는 고장 시 흐르는 전류를 안전하게 통할 수 있는 것으로서 다음에 의한다.
> 가. 특고압·고압 전기설비용 접지도체는 단면적 (①)[㎟] 이상의 연동선 또는 동등 이상의 단면적 및 강도를 가져야 한다.
> 나. 중성점 접지용 접지도체는 공칭단면적 (②)[㎟] 이상의 연동선 또는 동등 이상의 단면적 및 세기를 가져야 한다. 다만, 다음의 경우에는 공칭단면적 (③)[㎟] 이상의 연동선 또는 동등 이상의 단면적 및 강도를 가져야 한다.
> (1) 7[kV] 이하의 전로
> (2) 사용전압이 25[kV] 이하인 특고압 가공전선로. 다만, 중성선 다중접지 방식의 것으로서 전로에 지락이 생겼을 때 2초 이내에 자동적으로 이를 전로로부터 차단하는 장치가 되어 있는 것.

① 　　　　　② 　　　　　③

Answer

① 6　　② 16　　③ 6

Explanation

(KEC 142.3조) 접지도체

접지도체의 굵기는 고장 시 흐르는 전류를 안전하게 통할 수 있는 것으로서 다음에 의한다.
가. 특고압·고압 전기설비용 접지도체는 단면적 6[㎟] 이상의 연동선 또는 동등 이상의 단면적 및 강도를 가져야 한다.
나. 중성점 접지용 접지도체는 공칭단면적 16[㎟] 이상의 연동선 또는 동등 이상의 단면적 및 세기를 가져야 한다. 다만, 다음의 경우에는 공칭단면적 6[㎟] 이상의 연동선 또는 동등 이상의 단면적 및 강도를 가져야 한다.
(1) 7[kV] 이하의 전로
(2) 사용전압이 25[kV] 이하인 특고압 가공전선로. 다만, 중성선 다중접지 방식의 것으로서 전로에 지락이 생겼을 때 2초 이내에 자동적으로 이를 전로로부터 차단하는 장치가 되어 있는 것.

13 ★★★☆☆ (30점)
다음 도면은 옥외 보안등 설비 평면도 및 상세도 일부분이다. 각 항의 조건을 읽고 질문에 답하시오.

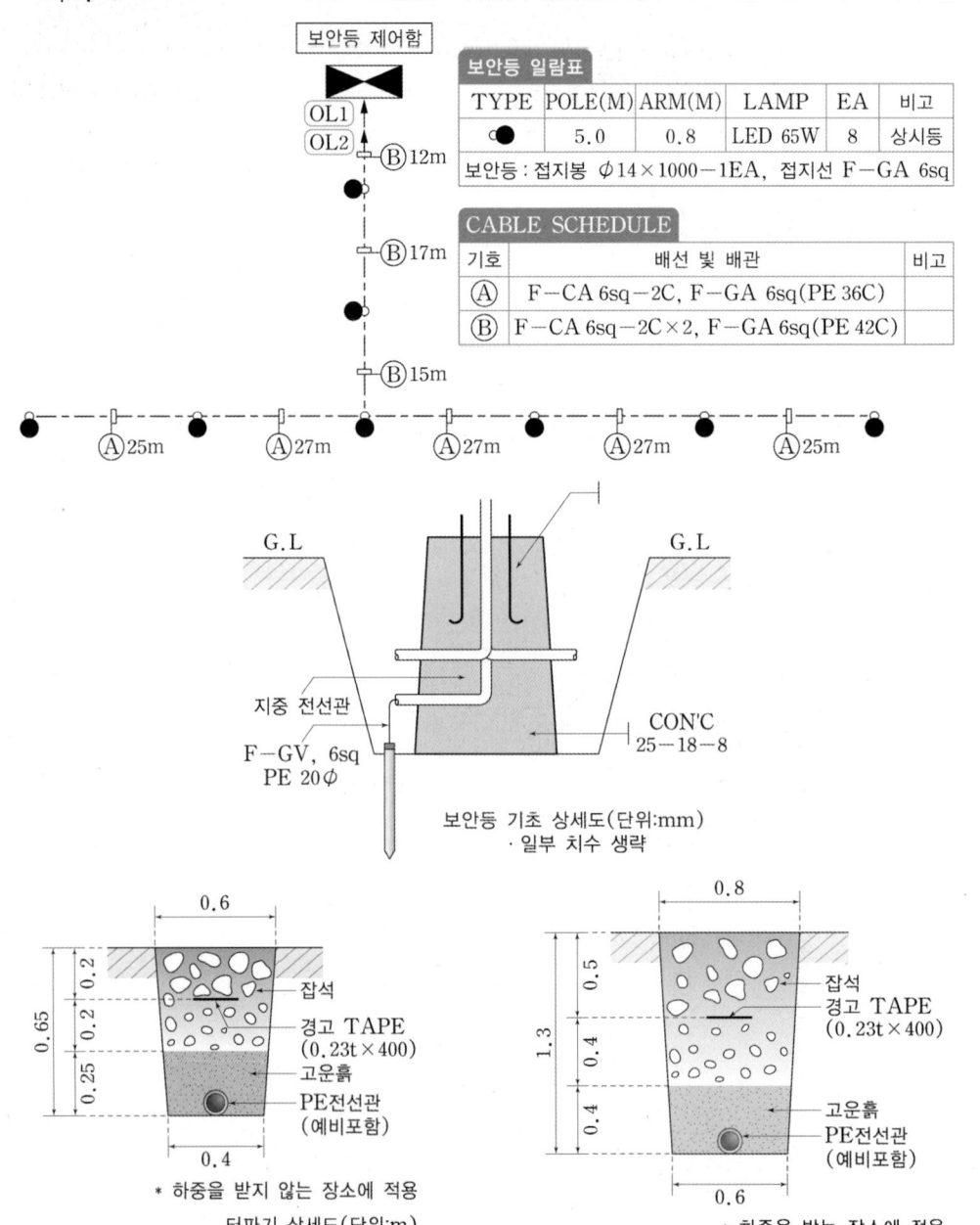

(주) ① Ⓐ부분의 터파기는 하중을 받는 장소에 적용하고, Ⓑ부분의 터파기는 하중을 받지 않는 장소에 적용한다.
② 도면 및 조건에 따라 산정하고, 그 외에는 무시한다.
③ 보안등은 LED 65[W] 상시등으로 시설한다.

1. 시설 조건
   ① 전선은 F-CV 6sq-2C, F-GV 6sq를 사용한다.
   ② 전선관은 PE전선관을 사용하며, 범례 및 주기사항을 참조한다.
   ③ 보안등마다 접지봉은 1개씩 시설한다.
2. 재료 산출 조건
   ① 보안등 배관길이는 보안등 기초, LED함 및 보안등 제어함의 주식 높이를 고려하여 각각 1.5[m]를 수평배관길이에 가산하며, 케이블은 배관길이에 각각 0.5[m]를 가산한다.
   ② 자재 산출 시 산출수량과 할증수량은 소수점 이하도 계산한다.
   ③ 배관, 배선, 케이블 표지시트(경고 TAPE) 이외의 자재는 할증을 고려하지 않는다.
      - 배관, 배선의 할증은 3[%]로 한다.
      - 접지봉 연결 접지용 전선길이는 접지봉 1개에 1.5[m]로 하며, 할증하지 않는다.
      - 케이블 표지시트(경고 TAPE) 수량 산출시 수직 높이는 고려하지 않으며, 할증은 5[%]로 한다.
   ④ Ⓐ부분과 Ⓑ부분의 터파기(토사) 수량 산출시 보안등 기초 터파기 부분은 포함하여 산출하지 않는다.
3. 인건비 산출 조건
   ① 재료의 할증부에 대해서는 품셈을 적용하지 않는다.
   ② 소수점 이하도 계산한다.
   ③ 품셈은 표준품셈을 적용한다.

【표1】 합성수지 파형관 설치 (단위 : m)

규격	배전전공	보통인부
16[mm] 이하	0.005	0.012
30[mm] 이하	0.006	0.014
50[mm] 이하	0.007	0.018
80[mm] 이하	0.009	0.022
100[mm] 이하	0.012	0.036

(해설) 1. 합성수지 파형관의 지중포설 기준
       2. 접합품 포함, 접합부의 콘크리트 타설품 및 지세별 할증은 별도 계상

【표2】 전력케이블 설치 (단위 : km)

P.V.C 고무절연 외장케이블류	케이블전공	보통인부
저압 6[mm^2] 이하 단심	4.62	4.62
10[mm^2] 이하 단심	4.84	4.84
16[mm^2] 이하 단심	5.28	5.28
25[mm^2] 이하 단심	6.09	6.09
35[mm^2] 이하 단심	6.58	6.58
50[mm^2] 이하 단심	7.32	7.32
70[mm^2] 이하 단심	8.46	8.46

(해설)
1. 600[V] 케이블 기준, 드럼 다시감기 소운반품 포함
2. 지하관내 부설기준, Cu, Al 도체 공용
3. 2심 140[%], 3심 200[%] 적용
4. 2열 동시 180[%], 3열 260[%], 4열 340[%] 적용
5. 가로등 공사, 신호등 공사, 보안등 공사 시 50[%] 가산

(1) 아래 표를 보고 ①부터 ⑧번까지 자재별 총수량을 산출하시오. 단, 소수점 넷째자리에서 반올림하여 소수점 셋째자리까지 표시하시오.

〈Ⓐ. F-CV 6sq-2C×1 (E) F-GV 6sq(PE 36C)〉			자재별 총수량 (산출수량 + 할증수량)
품명	규격	단위	
0.6/1[kV] CABLE(보안등)	F-CV 6sq-2C×1	m	①
접지용전선	F-GV 6sq	m	
폴리에틸렌전선관	PE 36C	m	②
터파기(토사)	인력10[%]+기계90[%]	m³	③
되메우기 및 다짐	인력10[%]+기계90[%]	m³	
케이블 표지시트(경고 TAPE)	0.23[t]×400	m	④

〈Ⓑ. F-CV 6sq-2C×2 (E) F-GV 6sq(PE 42C)〉			자재별 총수량 (산출수량 + 할증수량)
품명	규격	단위	
0.6/1[kV] CABLE(보안등)	F-CV 6sq-2C×2열 동시	m	⑤
접지용전선	F-GV 6sq	m	
폴리에틸렌전선관	PE 42C	m	⑥
터파기(토사)	인력10[%]+기계90[%]	m³	⑦
되메우기 및 다짐	인력10[%]+기계90[%]	m³	
케이블 표지시트(경고 TAPE)	0.23[t]×400	m	

〈보안등〉			자재별 총수량 (산출수량 + 할증수량)
품명	규격	단위	
스테인리스 가로등주	STS 5[m]	본	
보안등기구	LED 65[W]	개	
보안등 설치비	5M-LED 65[W], 기계화건주	본	
보안등 기초	(W)400[mm]×(L)600[mm]×(H)700[mm]	개소	
앙카볼트	STS Φ22×(L)500[mm]	개	
접지봉	Φ14×(L)1,000[mm]	개	
접지봉 연결 접지용 전선	F-GV 6sq	m	⑧

① • 계산 :
　• 답 :
② • 계산 :
　• 답 :
③ • 계산 :
　• 답 :
④ • 계산 :
　• 답 :
⑤ • 계산 :
　• 답 :
⑥ • 계산 :
　• 답 :
⑦ • 계산 :
　• 답 :
⑧ • 계산 :
　• 답 :

(2) 아래 표를 보고, ①부터 ⑧번까지 공량계를 산출하시오. 단, 소수점 넷째자리에서 반올림하여 소수점 셋째자리까지 표시하시오.

품명	규격	단위	자재 수량	전공	단위 공량	공량계
폴리에틸렌전선관	PE 36C	m		배전전공		①
				보통인부		②
폴리에틸렌전선관	PE 42C	m		배전전공		③
				보통인부		④
0.6/1[kV] CABLE(보안등)	F-CV 2C/6sq×1	m		저압케이블전공		⑤
				보통인부		⑥
0.6/1[kV] CABLE(보안등)	F-CV 2C/6sq×2열 동시	m		저압케이블전공		⑦
				보통인부		⑧

Answer

(1) 자재 수량

① 계산 : 151×1.03=155.53

　　　　　　　　　　　　　　　　　　　　　답 : 155.53[m]

② 계산 : 146×1.03=150.38

　　　　　　　　　　　　　　　　　　　　　답 : 150.38[m]

③ 계산 : $\left(\dfrac{0.6+0.8}{2}\right) \times 1.3 \times 131 = 119.21$

　　　　　　　　　　　　　　　　　　　　　답 : 119.21[m^3]

④ 계산 : 131×1.05=137.55

　　　　　　　　　　　　　　　　　　　　　답 : 137.55[m]

⑤ 계산 : (53×2+0.5×12)×1.03=115.36

　　　　　　　　　　　　　　　　　　　　　답 : 115.36[m]

⑥ 계산 : 53×1.03=54.59

　　　　　　　　　　　　　　　　　　　　　답 : 54.59[m]

⑦ 계산 : $\left(\dfrac{0.6+0.4}{2}\right) \times 0.65 \times 44 = 14.3$　　답 :14.3[m3]

⑧ 계산 : 1.5×8=12

　　　　　　　　　　　　　　　　　　　　　답 : 12[m]

(2) 공량계 산출

① 계산 : 146×0.007=1.022

　　　　　　　　　　　　　　　　　　　　　답 : 1.022

② 계산 : 146×0.018=2.628

　　　　　　　　　　　　　　　　　　　　　답 : 2.628

③ 계산 : 53×0.007=0.371

　　　　　　　　　　　　　　　　　　　　　답 : 0.371

④ 계산 : 53×0.018=0.954

　　　　　　　　　　　　　　　　　　　　　답 : 0.954

⑤ 계산 : $151 \times \dfrac{4.62}{1,000} \times (1+0.4+0.5) = 1.325$　　답 : 1.325

⑥ 계산 : $151 \times \dfrac{4.62}{1,000} \times (1+0.4+0.5) = 1.325$　　답 : 1.325

⑦ 계산 : $\dfrac{112}{2} \times \dfrac{4.62}{1,000} \times (1+0.4+0.5+0.8) = 0.699$　　답 : 0.699

⑧ 계산 : $\dfrac{112}{2} \times \dfrac{4.62}{1,000} \times (1+0.4+0.5+0.8) = 0.699$　　답 : 0.699

Explanation

(1) 자재 수량
　① 0.6/1[kV] CABLE
　　배관길이 : 131+1.5×10=146[m]
　　케이블의 길이(배관길이에 0.5[m]가산 : 146+0.5×10=151[m]
　　할증 포함 케이블의 길이 : 151×1.03=155.53[m]
　② 폴리에틸렌전선관(PE36)
　　배관길이 : 131+1.5×10=146[m]
　　 할증 포함 배관 길이 : 146×1.03=150.38[m]

③ Ⓐ부분의 터파기는 하중을 받는 장소에 적용

터파기량 : $\left(\dfrac{0.6+0.8}{2}\right) \times 1.3 \times 131 = 119.21[\text{m}^3]$

④ 케이블 표지시트(경고 TAPE)

케이블 표지시트(경고 TAPE) 수량 산출시 수직 높이는 고려하지 않으며, 할증은 5[%]로 한다.
131×1.05=137.55[m]

⑤ 0.6/1[kV] CABLE

배관길이 : 53×1.05=55.65[m]
케이블의 길이(배관길이에 0.5[m]가산) : 53×2+0.5×12=112[m]
할증 포함 케이블의 길이 : 112×1.03=115.36[m]

⑥ 폴리에틸렌전선관(PE42)

배관길이 : 44+1.5×6=53[m]
할증 포함 배관 길이 : 53×1.03=54.59[m]

⑦ Ⓑ부분의 터파기는 하중을 받지 않는 장소에 적용한다.

터파기량 : $\left(\dfrac{0.6+0.4}{2}\right) \times 0.65 \times 44 = 14.3[\text{m}^3]$

⑧ 접지봉 연결 접지용 전선

접지봉 연결 접지용 전선길이는 접지봉 1개에 1.5[m]로 하며, 할증하지 않는다.
(보안등마다 접지봉은 1개씩 시설한다.)
접지봉 : 1.5×8=12[m]

(2) 공량계

※ 폴리에틸렌 전선관(PE 36C)

① 배전전공 : 146×0.007=1.022
② 보통인부 : 146×0.018=2.628

※ 폴리에틸렌 전선관(PE 42C)

③ 배전전공 : 53×0.007=0.371
④ 보통인부 : 53×0.018=0.954

〈표 1〉 합성수지 파형관 설치 (단위 : m)

규격	배전 전공	보통 인부
16[mm] 이하	0.005	0.012
30[mm] 이하	0.006	0.014
50[mm] 이하	0.007	0.018
80[mm] 이하	0.009	0.022
100[mm] 이하	0.012	0.036

(해설)
- 합성수지 파형관의 지중포설 기준
- 접합품 포함, 접합부의 콘크리트 타설품 및 지세별 할증은 별도 계상

※ 0.6/1kV CABLE(F-CV 2C/6sq×1)

⑤ 케이블 전공 : $151 \times \dfrac{4.62}{1,000} \times (1+0.4+0.5) = 1.325$

⑥ 보통인부 : $151 \times \dfrac{4.62}{1,000} \times (1+0.4+0.5) = 1.325$

※ 0.6/1kV CABLE(F-CV 2C/6sq×2열 동시)

⑦ 케이블 전공 : $56 \times \dfrac{4.62}{1,000} \times (1+0.4+0.5+0.8) = 0.699$

⑧ 보통인부 : $56 \times \dfrac{4.62}{1,000} \times (1+0.4+0.5+0.8) = 0.699$

〈표 2〉 전력케이블 설치 (단위 : km)

P.V.C 고무절연 외장케이블류	케이블 전공	보통인부
저압 6[mm²] 이하 단심	4.62	4.62
10[mm²] 이하 단심	4.84	4.84
16[mm²] 이하 단심	5.28	5.28
25[mm²] 이하 단심	6.09	6.09
35[mm²] 이하 단심	6.58	6.58
50[mm²] 이하 단심	7.32	7.32
70[mm²] 이하 단심	8.46	8.46

(해설)
- 600[V] 케이블 기준, 드럼 다시감기 소운반품 포함
- 지하관내 부설기준, Cu, Al 도체 공용
- 2심 140[%], 3심 200[%] 적용
- 2열 동시 180[%], 3열 260[%], 4열 340[%] 적용
- 가로등 공사, 신호등 공사, 보안등 공사 시 50[%] 가산

14 피뢰기가 구비하여야 할 조건 3가지만 적으시오. (6점)

Answer

- 상용주파 방전 개시 전압이 높을 것
- 충격 방전 개시 전압이 낮을 것
- 제한 전압이 낮을 것

Explanation

- 피뢰기 : 이상전압 내습 시 대지로 방전하고 그 속류를 차단
- 피뢰기의 구비조건
  - 상용주파 방전 개시 전압이 높을 것
  - 충격 방전 개시 전압이 낮을 것
  - 제한 전압이 낮을 것
  - 속류 차단 능력이 우수할 것
  - 내구성이 우수할 것

전기공사기사 실기

2020 과년도 기출문제

- 2020년 제 01회
- 2020년 제 02회
- 2020년 제 03회
- 2020년 제 04회

2020년 과년도 기출문제에 대한 출제 빈도 분석 차트입니다.
각 회차별로 별의 개수를 확인하고 학습에 참고하기 바랍니다.

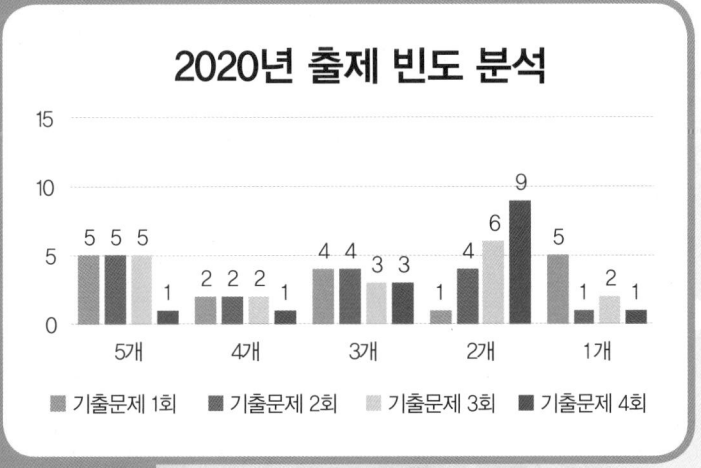

2020년 전기공사기사 실기

01 ★★★★☆
LBS(Load Breaker Switch)의 설치 목적을 2가지만 적으시오. (4점)

Answer

- 개폐 빈도가 적은 부하의 개폐용 스위치
- 전력 Fuse와 사용하여 결상방지

Explanation

전력용 개폐장치

명칭	특징
단로기	• 전로의 접속을 바꾸거나 끊는 목적으로 사용 • 전류의 차단능력은 없음 • 무전류 상태에서 전로 개폐 • 변압기, 차단기 등의 보수점검을 위한 회로 분리용 및 전력계통 변환을 위한 회로분리용으로 사용
부하개폐기	• 평상 시 부하전류의 개폐는 가능하나 이상 시 (과부하, 단락)보호 기능은 없음 • 개폐 빈도가 적은 부하의 개폐용 스위치로 사용 • 전력 Fuse와 사용 시 결상방지 목적으로 사용
전자접촉기	• 평상시 부하전류 혹은 과부하 전류까지 안전하게 개폐 • 부하의 개폐·제어가 주목적이고, 개폐 빈도가 많음 • 부하의 조작, 제어용 스위치로 이용 • 전력 Fuse와의 조합에 의해 Combination Switch로 널리 사용
차단기	• 평상시 전류 및 사고 시 대전류를 지장 없이 개폐 • 회로보호가 주목적이며 기구, 제어회로가 Tripping 우선으로 되어 있음 • 주회로 보호용 사용
전력퓨즈	• 일정치 이상의 과부하전류에서 단락전류까지 대전류 차단 • 전로의 개폐 능력은 없다. • 고압개폐기와 조합하여 사용

BEST 02 ★★★★★ (6점)

그림은 어느 박물관의 배선에 경보장치를 설치하려고 하는 미완성 배선 접속도이다. 이 미완성 배선 접속도를 완성시켜 복선도로 그리시오. (단, 누전경보기 내부 전선은 생략하고 단자까지만 배선하며, 영상변류기는 WH와 KS 사이에 시설하는 것으로 하고, 경보장치의 전원단에는 별도의 개폐기를 설치한다. 또한 경보기구(벨)도 포함하여 작성하도록 한다.)

[참고사항]

경보장치에서의 C_1, C_2는 ZCT의 단자이며, S_1, S_2는 경보장치 전원단자, A_1, A_2는 경보기구(벨)의 단자이다.

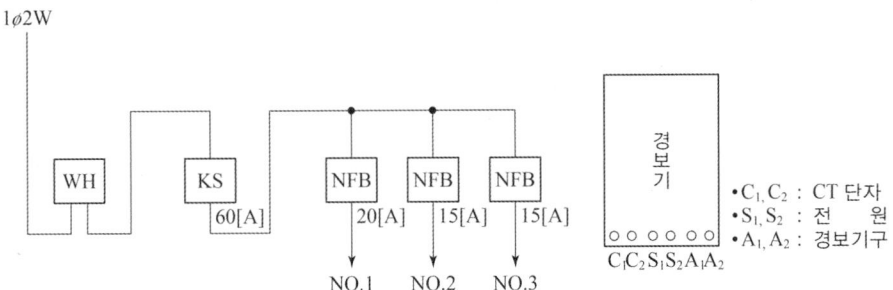

Answer

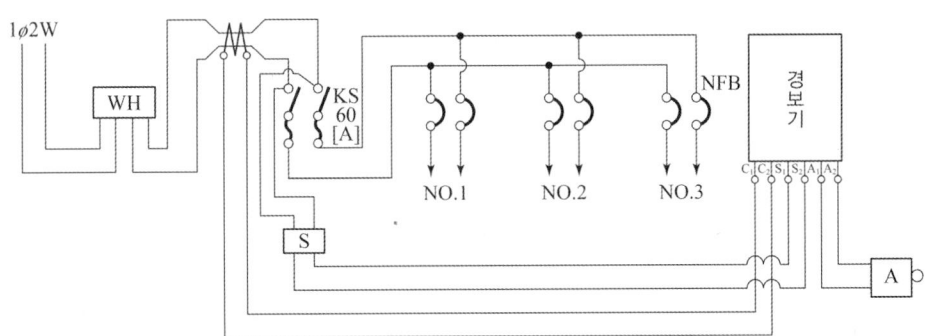

Explanation

- 경보 장치의 전원 단에는 별도의 개폐기를 취부 한다는 것은 개폐기를 KS의 앞부분에 설치해야하다는 것임
- 영상변류기(ZCT)는 선로전체 관통

03 전력시스템에서 운용되고 있는 SCADA 시스템은 자동급전, 배전 사령실의 지역급전 및 배전자동화 등에 이용된다. SCADA의 기능을 3가지만 적으시오. (5점)

Answer
- 전력계통의 자동화
- 변전소 무인운전
- 각종 전력설비에 대하여 정보를 감시, 계측하여 정보제공

Explanation
원격감시제어설비(SCADA : Supervisory Control And Data Acquisition)

SCADA 시스템은 RTU, 급전분소, 급전소, 중앙SCADA 등 4계층 구조로 이루어져 있으며, 전력설비로부터의 접점 및 계측값을 입력받아 데이터로 가공하여 원격지에서 전력설비의 상태를 그래픽이나 이벤드 형태로 감시할 수 있도록 하며 급전원의 제어명령을 전달하여 전력설비를 제어하는 시스템

04 건축물의 조명을 설계할 때 눈부심을 방지하는 방법을 6가지만 적으시오. (6점)

Answer
- 프리즘 또는 보호각이 충분한 반사갓 등을 부착한다(보호각 : 15~25°).
- 아크릴루비 또는 젖빛 유리구를 사용한다.
- 광도가 낮은 배광기구를 이용한다.
- 글레어존(시선을 중심으로 상하 30° 범위)을 피한다.
- 간접 조명방식, 반간접 조명방식을 채택한다.
- 건축화 조명방식을 채택한다.

Explanation
눈부심 발생원인
① 순응이 잘 안될 때
② 눈에 입사하는 광속이 너무 많을 때
③ 눈부심을 주는 광원을 오래 바라볼 때
④ 광원의 휘도가 과다할 때
⑤ 광원과 배경 사이의 휘도 대비가 클 때

눈부심 발생시 문제점
① 작업능률의 저하
② 재해 발생
③ 시력의 감퇴

BEST 05 공급점에서 50[m]의 지점에 80[A], 60[m]의 지점에 50[A], 80[m]의 지점에 30[A]의 부하가 걸려있을 때 부하 중심까지의 거리를 산출하여 전압강하를 고려한 전선의 굵기를 결정하려고 한다. 부하중심까지의 거리는 몇 [m]인지 구하시오. (5점)

- 계산 :
- 답 :

Answer

계산 : $L = \dfrac{L_1 I_1 + L_2 I_2 + L_3 I_3}{I_1 + I_2 + I_3} = \dfrac{50 \times 80 + 60 \times 50 + 80 \times 30}{80 + 50 + 30} = 58.75 [\text{m}]$ 답 : 58.75[m]

Explanation

직선부하의 부하 중심점까지의 거리

$$L = \dfrac{L_1 I_1 + L_2 I_2 + L_3 I_3 + \cdots}{I_1 + I_2 + I_3 + \cdots}$$

BEST 06 (5점)

모든 작업이 작업대(방바닥에서 0.6[m]의 높이)에서 행하여지는 작업장의 가로가 6[m], 세로가 10[m], 바닥에서 천장까지의 높이가 3.6[m]인 방에서 조명기구를 천장에 설치하고자 한다. 이 방의 실지수는 얼마인가?

• 계산 :   • 답 :

Answer

계산 : 실지수 $R \cdot I = \dfrac{X \cdot Y}{H(X+Y)} = \dfrac{6 \times 10}{(3.6-0.6)(6+10)} = 1.25$ 답 : 1.25

Explanation

실지수(방지수) $= \dfrac{XY}{H(X+Y)}$

여기서, H : 등의 높이-작업면 높이[m], X : 방의 가로[m], Y : 방의 세로[m]

• 실지수표

기호	A	B	C	D	E	F	G	H	I	J
실지수	5.0	4.0	3.0	2.5	2.0	1.5	1.25	1.0	0.8	0.6
범위	4.5 이상	4.5~3.5	3.5~2.75	2.75~2.25	2.25~1.75	1.75~1.38	1.38~1.12	1.12~0.9	0.9~0.7	0.7 이하

07 (5점)

전기설비기술기준의 한국전기설비규정에 의한 TN 접지계통의 종류 3가지를 적으시오.

Answer

TN-S계통, TN-C-S계통, TN-C계통

Explanation

(KEC 203.1조) 계통접지 구성

기호 설명	
	중성선(N), 중간도체(M)
	보호도체(PE)
	중성선과 보호도체겸용(PEN)

【비고】 기호 : TN계통, TT계통, IT계통에 동일 적용

(1) TN 계통(TN System)
- 전원 측의 한 점을 직접접지하고 설비의 노출도전부를 보호도체로 접속시키는 방식
- 중성선 및 보호도체(PE 도체)의 배치 및 접속방식에 따른 분류
  ① TN-S 계통 : 계통 전체에 대해 별도의 중성선 또는 PE 도체를 사용
  　　　　　　　배전계통에서 PE 도체를 추가로 접지 가능
- 계통 내에서 별도의 중성선과 보호도체가 있는 계통

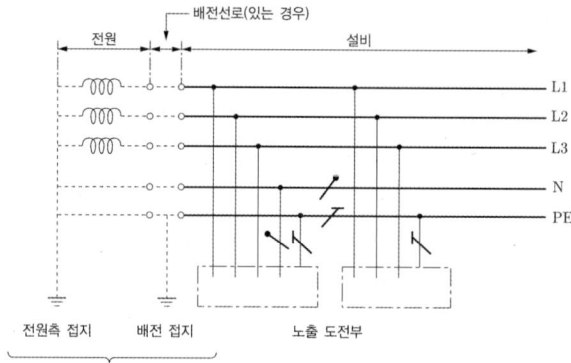

- 계통 내에서 별도의 접지된 선도체와 보호도체가 있는 계통

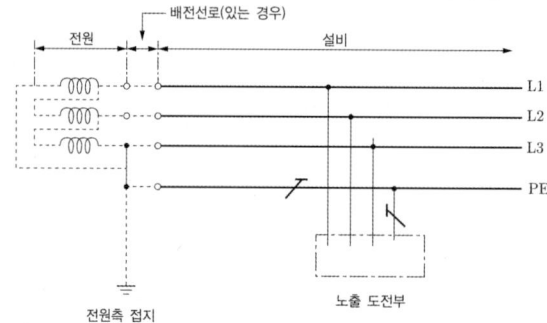

- 계통 내에서 접지된 보호도체는 있으나 중성선의 배선이 없는 계통

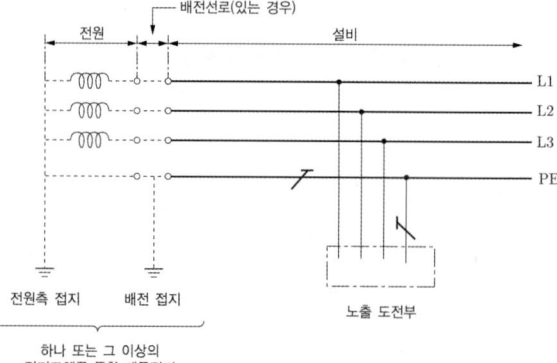

② TN-C 계통 : 계통 전체에 대해 중성선과 보호도체의 기능을 동일도체로 겸용한 PEN 도체를 사용
배전계통에서 PEN 도체를 추가로 접지 가능

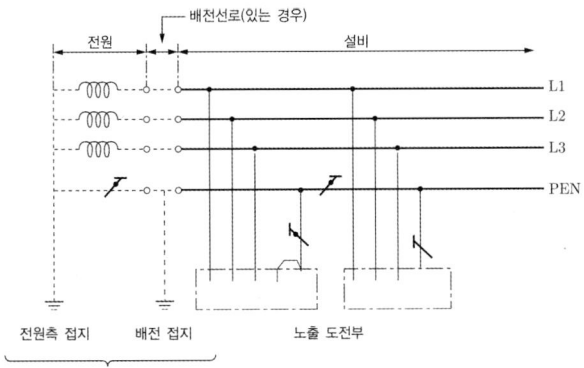

③ TN-C-S계통 : 계통의 일부분에서 PEN 도체를 사용, 중성선과 별도의 PE 도체를 사용
배전계통에서 PEN 도체와 PE 도체를 추가로 접지 가능

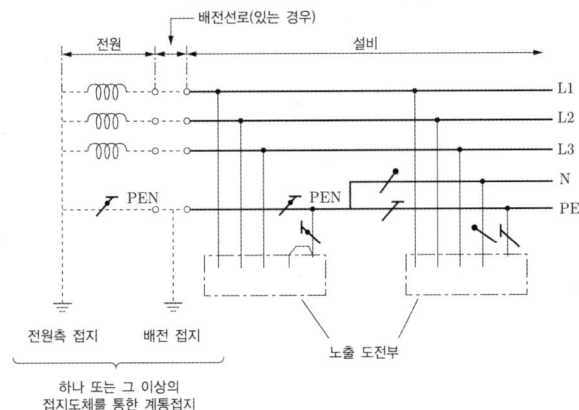

08 조명기구 배광에 따른 조명방식의 종류를 3가지만 적으시오. (5점)

Answer

직접조명, 전반확산조명, 간접조명

Explanation

조명기구 배광에 의한 분류

조명방식	하향광속[%]	상향광속[%]
직접조명	100 ~ 90	0 ~ 10
반 직접조명	90 ~ 60	10 ~ 40
전반 확산조명	60 ~ 40	40 ~ 60
반 간접조명	40 ~ 10	60 ~ 90
간접조명	10 ~ 0	90 ~ 100

09 버스 덕트의 종류를 3가지만 적으시오. (5점)

Answer

(1) 피더 버스 덕트
(2) 플러그인 버스 덕트
(3) 트롤리 버스 덕트
(4) 익스펜션 버스 덕트

Explanation

버스덕트의 종류

명칭	형식	설명
피더 버스 덕트	옥내용	도중에 부하를 접속하지 아니한 것
	옥외용	
익스팬션 버스 덕트	옥내용	열 신축에 따른 변화량을 흡수하는 구조인 것
탭붙이 버스 덕트		종단 및 중간에서 기기 또는 전선 등과 접속시키기 위한 탭을 가진 버스 덕트
트랜스포지션 버스덕트		각 상의 임피던스를 평균시키기 위해서 도체 상호의 위치를 관로 내에서 교체 시키도록 만든 버스 덕트
플러그 인 버스 덕트	옥내용	도중에 부하 접속용으로 꽂음 플러그를 만든 것

※ 트롤리 버스 덕트 : 도중에 이동 부하를 접속할 수 있도록 트롤리 접촉식 구조로 한 것

---

10 전선의 접속방법 중 동전선의 접속에서 직선접속의 종류를 2가지만 적으시오. (4점)

Answer

• 가는 단선(6[mm^2] 이하)의 직선접속(트위스트조인트)
• 직선맞대기용슬리브(B형)에 의한 압착접속

Explanation

(내선규정 1,430-8) 전선접속의 구체적 방법
① 직선접속
  • 가는 단선(6[mm^2] 이하)의 직선접속(트위스트조인트)
  • 직선맞대기용슬리브(B형)에 의한 압착접속
② 분기접속
  • 가는 단선(6[mm^2] 이하)의 분기접속
  • T형 커넥터에 의한 분기접속
③ 종단접속
  • 가는 단선(4[mm^2] 이하)의 종단접속
  • 동선 압착단자에 의한 접속
  • 비틀어 꽂는 형의 전선접속기에 의한 접속
  • 종단겹침용 슬리브(E형)에 의한 접속
  • 직선겹침용 슬리브(P형)에 의한 접속
  • 꽂음형 커넥터에 의한 접속
  • 천장 조명 등기구용 배관, 배선 일체형에 의한 접속

④ 슬리브에 의한 접속
- S형 슬리브에 의한 직선 접속
- S형 슬리브에 의한 분기 접속
- 매킹타이어 슬리브에 의한 직선 접속

11 ★★★☆☆ (3점)
다음의 작업구분에 맞는 직종명을 쓰시오.
(1) 발전설비 및 중공업 설비의 시공 및 보수
(2) 철탑 및 송전설비의 시공 및 보수
(3) 송전전공으로 활선작업을 하는 전공

Answer

(1) 플랜트 전공
(2) 송전 전공
(3) 송전활선 전공

Explanation

(1) 플랜트 전공 : 발전소 중공업설비·플랜트설비의 시공 및 보수에 종사하는 사람
(2) 송전 전공 : 철탑 및 송전설비의 시공 및 보수
(3) 송전활선 전공 : 송전 전공으로 활선작업을 하는 전공

12 ★☆☆☆☆ (6점)
공칭단면적 100[mm^2]의 경동선을 사용한 가공전선로가 있다. 경간은 100[m]로 지지점의 높이는 동일하다. 전선 1[m]의 무게는 0.7[kg], 풍압하중이 1.1[kg/m]인 경우 전선의 안전율을 2.2로 하기 위한 전선의 길이[m]를 산정하시오(단, 전선의 인장하중은 1,100[kg]로 장력에 의한 전선의 신장은 무시한다).

- 계산 :   • 답 :

Answer

계산 : 전선 1[m]당 하중 : $w = \sqrt{w_c + w_p} = \sqrt{0.7^2 + 1.1^2} = 1.3$ [kg/m]

$$D = \frac{wS^2}{8T} = \frac{1.3 \times (100)^2}{8 \times \frac{1,100}{2.2}} = 3.25 [\text{m}]$$

$$L = S + \frac{8D^2}{3S} = 100 + \frac{8 \times 3.25^2}{3 \times 100} = 100.28$$

답 : 100.28[m]

Explanation

- 이도(Dip) : 전선의 장력에 대응하여 전선을 늘여주는 정도
- 이도의 계산

$$D = \frac{WS^2}{8T} [\text{m}]$$

여기서, W : 전선 1[m] 당 하중, S : 경간[m]

T : 수평장력[kg]이며 $T = \dfrac{\text{인장강도}}{\text{안전율}} = \dfrac{\text{인장하중}}{\text{안전율}}$

• 전선의 실제거리(실장)

$L = S + \dfrac{8D^2}{3S}$ [m]   여기서, $\dfrac{8D^2}{3S}$ 은 보통 경간의 0.1 ~ 0.2[%] 이하

BEST 13 ★★★★★ (5점)

축전지를 방전 상태에서 오랫동안 방치하면 극판의 황산납이 회백색으로 변하고 내부 저항이 증가하여 충전 시 전해액의 온도가 상승하고 전지의 수명이 단축되는 현상을 적으시오.

Answer

설페이션 현상

Explanation

설페이션(Sultation) 현상
납축전지를 방전 상태에서 오랫동안 방치하여 두면 극판의 황산납이 회백색으로 변하고(황산화 현상) 내부 저항이 대단히 증가하여 충전 시 전해액의 온도 상승이 크다. 또한, 황산의 비중 상승이 낮으며 가스(수소) 발생이 심하게 되며 전지의 용량이 감퇴하고 수명이 단축되는 현상을 일컫는다.

14 ★★☆☆☆ (6점)

도면의 단선결선도를 보고 물음에 답하시오.

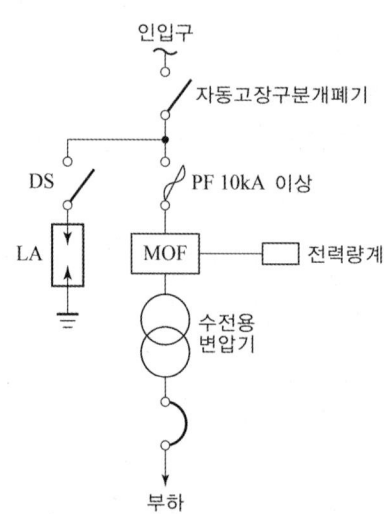

(1) 위 그림의 단선결선도는 22.9[kV-y] 계통의 몇 [kVA]이하의 용량에만 적용하는 것인지 적으시오.
(2) 피뢰기의 수량을 적으시오.
(3) 지중인입선의 경우 22.9[kV-y]계통은 어떤 종류의 케이블을 사용하는지 적으시오.
(4) 수전용 변압기가 300[kVA] 이하인 경우 PF 대신 사용할 수 있는 개폐기(비대칭차단전류 10[kA]이상)를 적으시오.

Answer

(1) 1,000[kVA] 이하   (2) 피뢰기 수량 : 3

(3) CNCV-W 케이블(수밀형) 또는 TR CNCV-W(트리억제형)
(4) COS(컷 아웃 스위치)

Explanation

특고압 간이 수전 설비 표준 결선도(22.9[kV-Y] 1,000[kVA] 이하를 시설하는 경우)

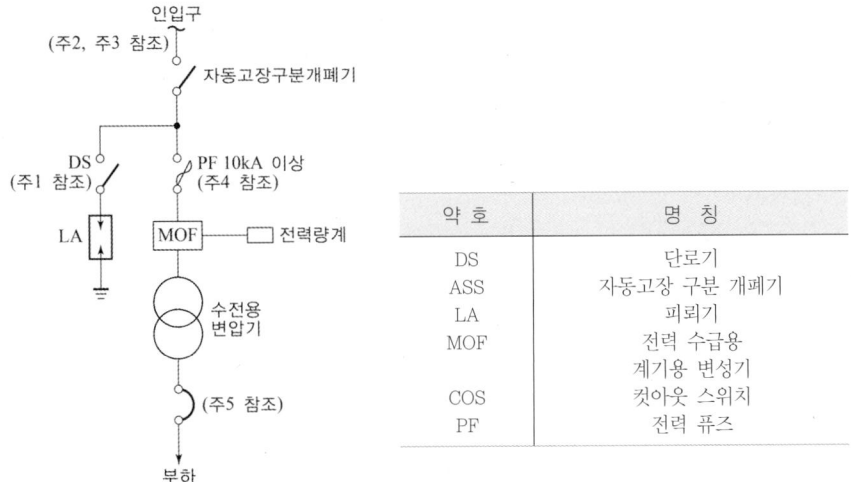

약 호	명 칭
DS	단로기
ASS	자동고장 구분 개폐기
LA	피뢰기
MOF	전력 수급용 계기용 변성기
COS	컷아웃 스위치
PF	전력 퓨즈

【주1】 LA용 DS는 생략할 수 있으며 22.9[kV-Y]용의 LA는 Disconnector(또는 Isolator) 붙임형을 사용하여야 한다.
【주2】 인입선을 지중선으로 시설하는 경우로서 공동주택 등 사고 시 정전 피해가 큰 수전 설비인입선은 예비선을 포함하여 2회선으로 시설하는 것이 바람직하다.
【주3】 지중 인입선의 경우에 22.9[kV-Y] 계통은 CNCV-W 케이블(수밀형) 또는 TR CNCV-W(트리억제형)을 사용하여야 한다. 다만, 전력구, 공동구, 덕트, 건물구내 등 화재의 우려가 있는 장소에서는 FR CNCO-W(난연)케이블을 사용하는 것이 바람직하다.
【주4】 300[kVA] 이하인 경우는 PF 대신 COS(비대칭 차단전류 10[kA] 이상의 것)을 사용할 수 있다.
【주5】 특별고압 간이 수전설비는 PF의 용단 등의 결상사고에 대한 대책이 없으므로 변압기 2차 측에 설치되는 주 차단기에는 결상계전기 등을 설치하여 결상사고에 대한 보호능력이 있도록 함이 바람직하다.

BEST 15 ★★★★★ (5점)

송전전압이 154[kV], 선로 길이가 30[km]인 경우 1회선 당 가능한 송전전력[kW]을 Still의 식에 의거하여 구하시오.

• 계산 :   • 답 :

 Answer

계산 : $V_s = 5.5\sqrt{0.6l + \dfrac{P}{100}}$ [kV]

∴ 송전전력 $P = (\dfrac{V_s^2}{5.5^2} - 0.6l) \times 100 = (\dfrac{154^2}{5.5^2} - 0.6 \times 30) \times 100 = 76,600$ [kW]

답 : 76,600[kW]

Explanation

경제적인 송전전압 결정 식(still의 식)

$V_s = 5.5\sqrt{0.6l + \dfrac{P}{100}}$ [kV]   여기서, l : 송전거리[km], P : 송전용량[kW]

16 ★★★☆☆ (5점)

동일 변전소로부터 인출되는 2회선 이상의 고압 배전선에 접속되는 변압기 2차측을 모두 동일 저압선에 연계하는 공급방식으로 1차측 배전선 또는 변압기에 고장이 발생해도 다른 건전설비에 의하여 무정전 전원공급이 가능하고 공급신뢰도가 높은 배전방식을 적으시오.

• 답 :

Answer

스포트 네트워크 배전 방식

Explanation

스포트 네트워크(spot network) 배전 방식

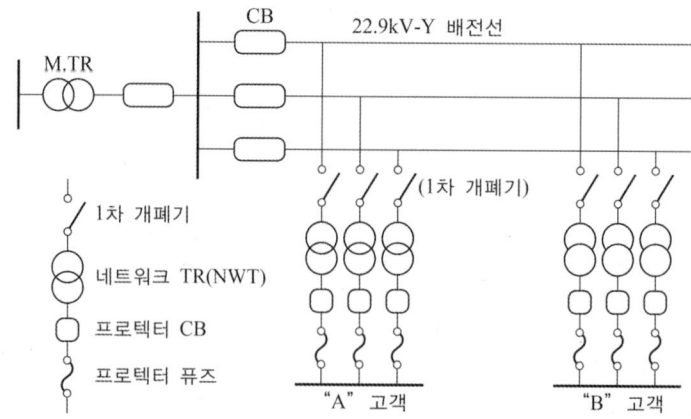

각기 다른 전력용 변압기에서 인출된 2~4회선(3회선이 표준)의 고압 배전선로를 통하여 동일 장소에 공급하는 1차 배전계통과 네트워크 변압기와 보호 차단기를 통해 저압 측(2차 측) 모선을 연결하여 병렬운전에 의해 부하에 공급하는 2차 배전계통으로 구성된 전력공급 체계로서 공급 배전선로 가운데 1개의 선로에서 고장이 발생하더라도 동일모선에 연결된 다른 선로로부터 전력을 공급받기 때문에 배전선로의 고장 시에도 무정전 전원공급이 가능하며 고장 발생 시 부하전환에 따른 인력과 시간을 절약할 수 있는 고신뢰성 배전방식이다.

17 다음 도면은 전등 및 콘센트의 평면 배선도이다. 각 항의 조건을 읽고 질문에 답하시오. (20점)

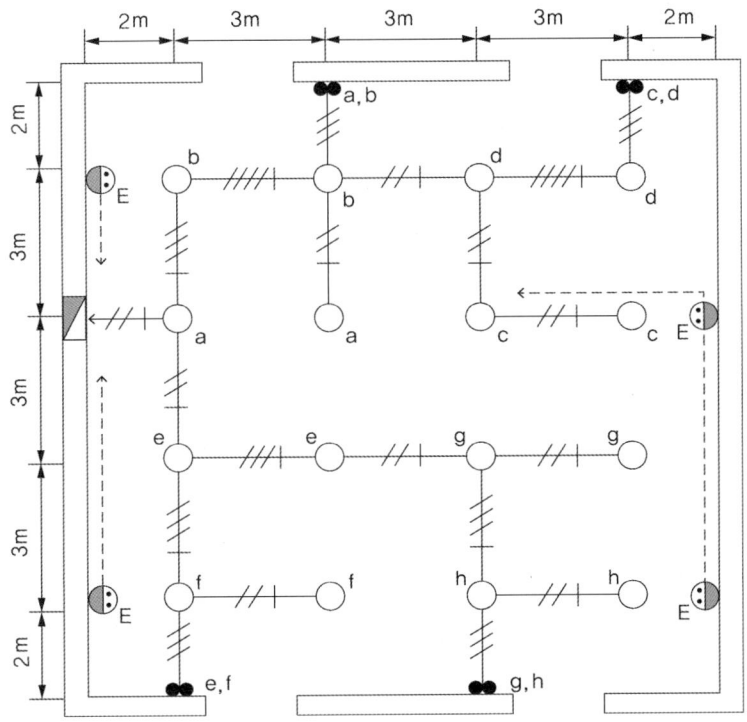

[범례 및 주기]

○	LED 15[W]
◐E	매입 콘센트(2P 15[A] 250[V])
●	매입 텀블러 스위치(15[A] 250[V])

— — — —	HFIX 2.5sq×2, (E) 2.5sq(16C)
/////	HFIX 2.5sq×2, (E) 2.5sq(16C)
///	HFIX 2.5sq×3(16C)
////	HFIX 2.5sq×3, (E) 2.5sq(16C)
/////	HFIX 2.5sq×4, (E) 2.5sq(22C)

(1) 시설 조건
① 전선은 HFIX 2.5[mm^2]를 사용한다.
② 전선관은 CD전선관을 사용하며, 범례 및 주기사항을 참조한다.
③ 전선관 28C 이하는 매입 배관한다.
④ 스위치 설치 높이는 1.2[m](바닥에서 중심까지)로 한다.
⑤ 콘센트 설치 높이는 0.3[m](바닥에서 중심까지)로 한다.
⑥ 분전함 설치 높이는 1.8[m](바닥에서 상단까지)로 한다. 단, 바닥에서 하단까지는 0.5[m]를 기준으로 한다.
⑦ 바닥에서 천장 슬라브까지의 높이는 3[m]이다.
⑧ 분전반의 규격은 다음에 의한다.
　• 주차단기 MCCB 3P 60AF(60AT) - 1개

　　　　• 분기차단기 MCCB 2P 30AF(20AT) - 4개
　　　　• 철제 매입 설치 완제품 기준
　　⑨ 배관은 콘크리트 매입, 배선기구는 매입 설치하는 것으로 한다.
　　⑩ 도면 및 조건에 따라 산정하고, 그 외에는 무시하도록 한다.
(2) 재료 산출 조건
　　① 분전함 내부에서 배선 여유는 없는 것으로 한다.
　　② 자재 산출 시 산출수량과 할증수량은 소수점 이하도 계산한다.
　　③ 배관 및 배선 이외의 자재는 할증을 고려하지 않는다. 배관 및 배선의 할증은 10%로 한다.
　　④ 천정 슬라브의 전등박스에서 전등까지의 배관, 배선은 무시한다.
　　⑤ 바닥 슬라브에서 콘센트까지의 입상 배관은 0.5[m]로 하고, 기타는 설치 높이를 기준으로 한다.
(3) 인건비 산출 조건
　　① 재료의 할증부에 대해서는 품셈을 적용하지 않는다.
　　② 소수점 이하도 계산한다.
　　③ 품셈은 표준품셈을 적용한다.

【표1】 전선관 배관　　　　　　　　　　　　　　　　　　　　　　　　　(단위 : m)

합성수지 전선관		후강 전선관		금속가요 전선관	
규격	내선전공	규격	내선전공	규격	내선전공
14[mm] 이하	0.04	-	-	-	-
16[mm] 이하	0.05	16[mm] 이하	0.08	16[mm] 이하	0.044
22[mm] 이하	0.06	22[mm] 이하	0.11	22[mm] 이하	0.059
28[mm] 이하	0.08	28[mm] 이하	0.14	28[mm] 이하	0.072
36[mm] 이하	0.10	36[mm] 이하	0.20	36[mm] 이하	0.087

(해설) • 콘크리트 매입 기준
　　　• 합성수지제 가요전선관(CD관)은 합성수지 전선관 품의 80[%] 적용

【표2】 옥내 배선　　　　　　　　　　　　　　　　　(단위 : m, 적용직종 : 내선전공)

규격	관내 배선
6[mm^2] 이하	0.010
16[mm^2] 이하	0.023
38[mm^2] 이하	0.031
50[mm^2] 이하	0.043
60[mm^2] 이하	0.052
70[mm^2] 이하	0.061
100[mm^2] 이하	0.064

(해설) • 관내 배선 기준

【표3】 분전반 조립 및 설치
(단위 : 개, 적용직종 : 내선전공)

배선용 차단기				나이프 스위치			
용량	1P	2P	3P	용량	1P	2P	3P
30[AF] 이하	0.34	0.43	0.54	30[A] 이하	0.38	0.48	0.60
50[AF] 이하	0.43	0.58	0.74	60[A] 이하	0.48	0.65	0.82
100[AF] 이하	0.58	0.74	1.04	100[A] 이하	0.65	0.93	1.16
225[AF] 이하	0.74	1.01	1.35	200[A] 이하	0.82	1.20	1.50

(해설) • 차단기 및 스위치를 조립, 결선하고, 매입설치 하는 기준
- 차단기 및 스위치가 조립된 완제품 설치 시는 65[%]
- 외함은 철제 또는 PVC제를 기준
- 4P 개폐기는 3P 개폐기의 130[%]

【표4】 콘센트류 배선기구 설치
(단위 : 개, 적용직종 : 내선전공)

종별	2P	3P	4P
콘센트 15[A]	0.065	0.095	0.10
콘센트(접지극부) 15[A]	0.08	–	–
콘센트(접지극부) 20[A]	0.085	–	–
콘센트(접지극부) 30[A]	0.11	0.145	0.15
플로어 콘센트 15[A]	0.096	–	–
플로어 콘센트 20[A]	0.096	–	–

(해설) • 매입1구 설치 기준, 노출설치 120[%]
- 1구를 초과할 경우 매1구 증가마다 20[%] 가산

【표5】 스위치류 배선기구 설치
(단위 : 개)

종류	내선전공
텀블러 스위치 단로용	0.085
텀블러 스위치 3로용	0.085
텀블러 스위치 4로용	0.10
풀스위치	0.10
푸시버튼	0.065
리모콘 스위치	0.07

(해설) • 매입 설치 기준, 노출설치 시 120[%]

(1) 아래 표를 보고 ①부터 ④까지 총수량에 대하여 답하시오. 단, 소수점 넷째자리에서 반올림하여 소수점 셋째자리까지 표시하시오.

자재명	규격	단위	수량	할증수량	총수량 (산출수량+할증수량)
CD 전선관	16[mm]	m			①
CD 전선관	22[mm]	m			②
스위치	250[V], 10[A]	개			③
매입콘센트	250[V], 10[A], 2P	개			④

① • 계산 :　　　　　　　　　　　　　• 답 :
② • 계산 :　　　　　　　　　　　　　• 답 :
③
④

(2) 아래 표를 보고, ①부터 ⑥까지 내선전공 단위공량, 내선전공 공량계에 대하여 답하시오.
　　단, 소수점 넷째자리에서 반올림하여 소수점 셋째자리까지 표시하시오.

자재명	규격	단위	수량	내선전공 단위공량	내선전공 공량계
CD 전선관	16[mm]	m			①
CD 전선관	22[mm]	m			②
HFIX(전선)	2.5[mm^2]	m		③	
스위치	250[V], 10[A]	개			④
매입콘센트	250[V], 10[A], 2P	개			⑤
분전반	1-CB 3P 60AF(60AT) 4-CB 2P 30AF(20AT)	면			⑥

① • 계산 :　　　　　　　　　　　　　• 답 :
② • 계산 :　　　　　　　　　　　　　• 답 :
③ • 계산 :　　　　　　　　　　　　　• 답 :
④ • 계산 :　　　　　　　　　　　　　• 답 :
⑤ • 계산 :　　　　　　　　　　　　　• 답 :
⑥ • 계산 :　　　　　　　　　　　　　• 답 :

Answer

(1) ① 계산 : $[\{(2\times5)+(3\times13)+(1.8\times4)+1.2\}+\{6+6+13+3+(0.5\times3)+(0.5\times5)\}]\times1.1\}$
　　　　　　　= 98.34　　　　　　　　　　　　　　　　　　　　　　　　　답 : 98.34[m]
　② 계산 : $6\times1.1=6.6$　　　　　　　　　　　　　　　　　　　　　　답 : 6.6[m]
　③ 4[개]
　④ 4[개]

(2) ① 계산 : $89.4\times0.05\times0.8=3.576$　　　　　　　　　　　　　　답 : 3.576[인]
　② 계산 : $6\times0.06\times0.8=0.288$　　　　　　　　　　　　　　　　답 : 0.288[인]
　③ 0.01
　④ 계산 : $4\times0.085=0.34$　　　　　　　　　　　　　　　　　　　　답 : 0.34[인]
　⑤ 계산 : $4\times0.08=0.32$　　　　　　　　　　　　　　　　　　　　　답 : 0.32[인]
　⑥ 계산 : $(1\times1.04\times0.65)+(4\times0.43\times0.65)=1.794$　　　답 : 1.794[인]

Explanation

【표1】 전선관 배관

(단위 : m)

합성수지 전선관		후강 전선관		금속가요 전선관	
규격	내선전공	규격	내선전공	규격	내선전공
14[mm] 이하	0.04	–	–	–	–
16[mm] 이하	0.05	16[mm] 이하	0.08	16[mm] 이하	0.044
22[mm] 이하	0.06	22[mm] 이하	0.11	22[mm] 이하	0.059
28[mm] 이하	0.08	28[mm] 이하	0.14	28[mm] 이하	0.072
36[mm] 이하	0.10	36[mm] 이하	0.20	36[mm] 이하	0.087

(해설)
- 합성수지제 가요전선관(CD관)은 합성수지 전선관 품의 80[%] 적용

【표2】 옥내 배선

(단위 : m, 적용직종 : 내선전공)

규격	관내 배선
6[mm^2] 이하	0.010
16[mm^2] 이하	0.023
38[mm^2] 이하	0.031
50[mm^2] 이하	0.043
60[mm^2] 이하	0.052
70[mm^2] 이하	0.061
100[mm^2] 이하	0.064

【표4】 콘센트류 배선기구 설치

(단위 : 개, 적용직종 : 내선전공)

종별	2P	3P	4P
콘센트 15[A]	0.065	0.095	0.10
콘센트(접지극부) 15[A]	0.08	–	–
콘센트(접지극부) 20[A]	0.085	–	–
콘센트(접지극부) 30[A]	0.11	0.145	0.15
플로어 콘센트 15[A]	0.096	–	–
플로어 콘센트 20[A]	0.096	–	–

2020년 전기공사기사 실기
2회

01 ★★★☆☆ (5점)
345[kV] 옥외 변전소시설에 있어서 울타리의 높이와 울타리에서 충전부분까지의 거리의 최소값[m]을 구하시오.

• 계산 :   • 답 :

Answer

계산 : $6 + 19 \times 0.12 = 8.28$[m]
  여기서, 단수 = $34.5 - 16 = 18.5$ → 19단

답 : 8.28[m]

Explanation

(KEC 351.1조) 발전소 등의 울타리·담 등의 시설
(1) 고압 또는 특고압의 기계기구·모선 등을 옥외에 시설하는 발전소·변전소·개폐소 또는 이에 준하는 곳에는 다음 각 호에 따라 구내에 취급자 이외의 사람이 들어가지 아니하도록 시설하여야 한다. 다만, 토지의 상황에 의하여 사람이 들어갈 우려가 없는 곳은 그러하지 아니하다.
  ① 울타리·담 등을 시설할 것
  ② 출입구에는 출입금지의 표시를 할 것
  ③ 출입구에는 자물쇠장치 기타 적당한 장치를 할 것
(2) 울타리·담 등은 다음의 각 호에 따라 시설하여야 한다.
  ① 울타리·담 등의 높이는 2[m] 이상으로 하고 지표면과 울타리·담 등의 하단사이의 간격은 0.15[m] 이하로 할 것
  ② 울타리·담 등과 고압 및 특고압의 충전 부분이 접근하는 경우에는 울타리·담 등의 높이와 울타리·담 등으로부터 충전부분까지 거리의 합계는 표에서 정한 값 이상으로 할 것

사용전압의 구분	울타리·담 등의 높이와 울타리·담 등으로부터 충전부분까지의 거리의 합계
35[kV] 이하	5[m]
35[kV] 초과 160[kV] 이하	6[m]
160[kV] 초과	6[m]에 160[kV]를 초과하는 10[kV] 또는 그 단수마다 0.12[m]를 더한 값

02 22.9[kV-Y] 1,000[kVA] 이하에 적용 가능한 특고압 간이 수전설비 표준 결선도이다. 아래 각 물음에 답하시오.

(7점)

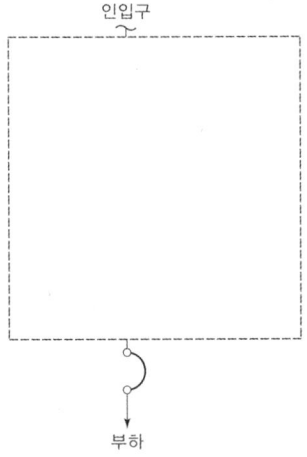

(1) 점선으로 표시 된 미완성 부분의 결선도를 완성 하시오(단, 자동고장구분개폐기, DS, LA, PF, MOF, 수전용 변압기, 전력량계만 사용한다.)
(2) 22.9 kV-Y계통에서 지중 인입선으로 주로 사용하는 케이블 종류 2가지를 쓰시오.

Answer

(1)

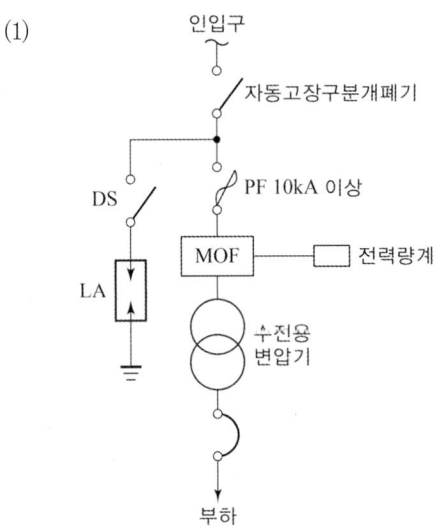

(2) CNCV-W 케이블(수밀형), TR CNCV-W(트리억제형)

Explanation

특고압 간이 수전 설비 표준 결선도(22.9[kV-Y] 1,000[kVA] 이하를 시설하는 경우)

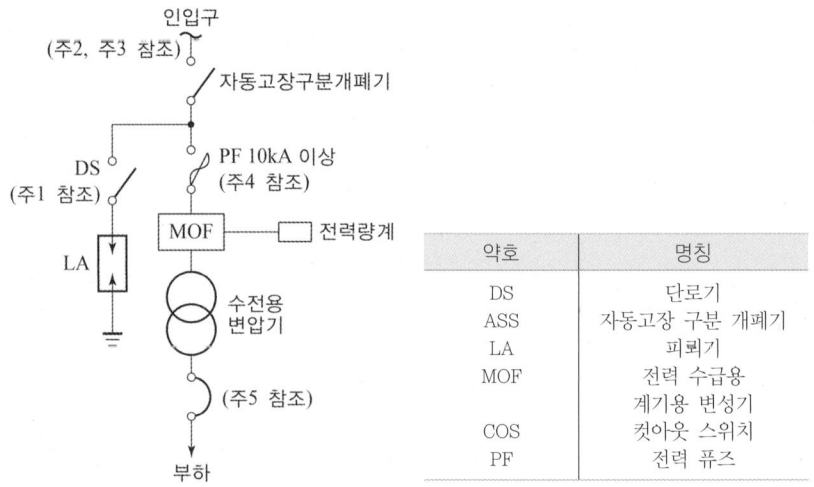

약호	명칭
DS	단로기
ASS	자동고장 구분 개폐기
LA	피뢰기
MOF	전력 수급용 계기용 변성기
COS	컷아웃 스위치
PF	전력 퓨즈

[주1] LA용 DS는 생략할 수 있으며 22.9[kV-Y]용의 LA는 Disconnector(또는 Isolator) 붙임형을 사용하여야 한다.
[주2] 인입선을 지중선으로 시설하는 경우로서 공동주택 등 사고 시 정전 피해가 큰 수전 설비인입선은 예비선을 포함하여 2회선으로 시설하는 것이 바람직하다.
[주3] 지중 인입선의 경우에 22.9[kV-Y] 계통은 CNCV-W 케이블(수밀형) 또는 TR CNCV-W(트리억제형)을 사용하여야 한다. 다만, 전력구, 공동구, 덕트, 건물구내 등 화재의 우려가 있는 장소에서는 FR CNCO-W(난연)케이블을 사용하는 것이 바람직하다.
[주4] 300[kVA] 이하인 경우는 PF대신 COS(비대칭 차단전류 10[kA]이상의 것)을 사용할 수 있다.
[주5] 특별고압 간이 수전설비는 PF의 용단 등의 결상사고에 대한 대책이 없으므로 변압기 2차측에 설치되는 주차단기에는 결상계전기 등을 설치하여 결상사고에 대한 보호능력이 있도록 함이 바람직하다.

03 ★★☆☆☆ (5점)
22[kW] 4극 3상 농형유도전동기의 정격 시 효율이 91[%]이다. 이 전동기의 손실을 구하시오.

• 계산 :   • 답 :

Answer

계산 : 효율 $\eta = \dfrac{출력}{입력} \times 100 = \dfrac{P_o}{P_i} \times 100[\%]$ 에서

입력 $P_i = \dfrac{P_o}{\eta} = \dfrac{22}{0.91} = 24.18[kW]$

∴ 손실 = 입력 - 출력 = 24.18 - 22 = 2.18[kW]   답 : 2.18[kW]

Explanation

3상 유도전동기의 효율 $\eta = \dfrac{출력}{입력} \times 100 = \dfrac{P_o}{P_i} \times 100[\%]$

> 이 문제는 변경된 KEC 적용으로 인하여 삭제하고, 아래 예상문제로 대체되었습니다.

04 다음의 빈칸에 알맞은 값을 적으시오.

> 접지도체의 굵기는 고장 시 흐르는 전류를 안전하게 통할 수 있는 것으로서 다음에 의한다.
> 가. 특고압·고압 전기설비용 접지도체는 단면적 (①)[mm²] 이상의 연동선 또는 동등 이상의 단면적 및 강도를 가져야 한다.
> 나. 중성점 접지용 접지도체는 공칭단면적 (②)[mm²] 이상의 연동선 또는 동등 이상의 단면적 및 세기를 가져야 한다. 다만, 다음의 경우에는 공칭단면적 (③)[mm²] 이상의 연동선 또는 동등 이상의 단면적 및 강도를 가져야 한다.
> (1) 7[kV] 이하의 전로
> (2) 사용전압이 25[kV] 이하인 특고압 가공전선로. 다만, 중성선 다중접지 방식의 것으로서 전로에 지락이 생겼을 때 2초 이내에 자동적으로 이를 전로로부터 차단하는 장치가 되어 있는 것.

① ② ③

Answer

① 6   ② 16   ③ 6

Explanation

(KEC 142.3조) 접지도체
접지도체의 굵기는 고장 시 흐르는 전류를 안전하게 통할 수 있는 것으로서 다음에 의한다.
가. 특고압·고압 전기설비용 접지도체는 단면적 6[mm²] 이상의 연동선 또는 동등 이상의 단면적 및 강도를 가져야 한다.
나. 중성점 접지용 접지도체는 공칭단면적 16[mm²] 이상의 연동선 또는 동등 이상의 단면적 및 세기를 가져야 한다. 다만, 다음의 경우에는 공칭단면적 6[mm²] 이상의 연동선 또는 동등 이상의 단면적 및 강도를 가져야 한다.
(1) 7[kV] 이하의 전로
(2) 사용전압이 25[kV] 이하인 특고압 가공전선로. 다만, 중성선 다중접지 방식의 것으로서 전로에 지락이 생겼을 때 2초 이내에 자동적으로 이를 전로로부터 차단하는 장치가 되어 있는 것.

05 ★★★★☆ (5점)
지선 및 지주공사에 지선공사용 자재 5가지만 적으시오(전주에 시설하는 경우).

Answer

① 지선밴드
② 아연도철선(지선)
③ 지선애자
④ 지선커버
⑤ 지선로드

Explanation

그 외에도,
⑥ 콘크리트 근가
⑦ 지선클램프
⑧ 앵커

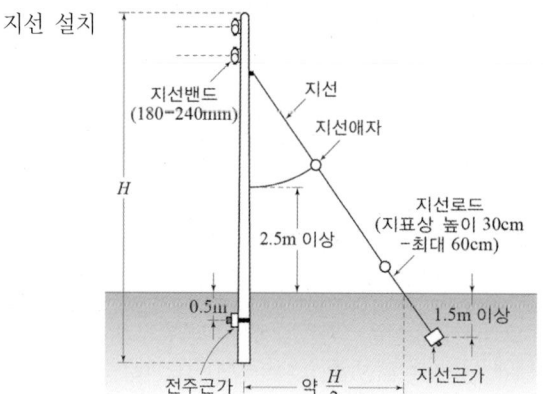
지선 설치

BEST 06 ★★★★★ (5점)
전기설비기술기준의 한국전기설비규정에 의한 지중전선로의 케이블 시설방법을 3가지만 쓰시오.

Answer

직접 매설식, 관로식, 암거식

Explanation

(KEC 334.1조) 지중 전선로의 시설
지중전선로는 전선에 케이블을 사용하고 또한 관로식·암거식 또는 직접 매설식에 의하여 시설하여야 한다.

BEST 07 ★★★★★ (5점)
그림과 같은 계통에서 기기의 A점에서 완전지락이 발생하였을 경우 다음 물음에 답하시오.

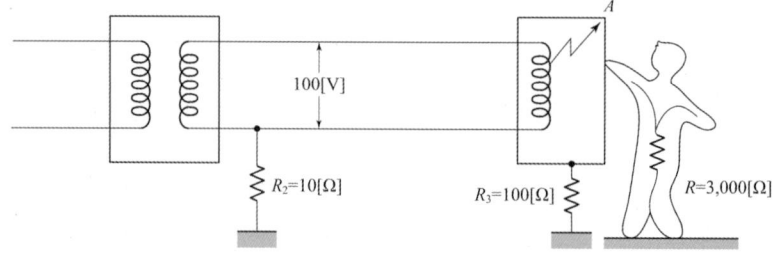

(1) 이 기기의 외함에 인체가 접촉하고 있지 않을 경우 이 외함의 대지전압은 몇 [V]로 되겠는가?
 • 계산 :   • 답 :

(2) 인체 접촉 시 인체에 흐르는 전류를 10[mA] 이하로 하려면 기기의 외함에 시공된 접지공사의 접지저항 $R_3[\Omega]$의 값을 얼마의 것으로 바꾸어 주어야 하는가?
 • 계산 :   • 답 :

Answer

(1) 계산 : 외함의 대지전압 = 지락전류×접지저항 = $\dfrac{100}{100+10} \times 100 = 90.91[V]$ 답 : 90.91[V]

(2) 계산 : 기기의 접지저항을 R_3라 하면 $0.01 \geqq \dfrac{100}{10+\dfrac{3,000R_3}{R_3+3,000}} \times \dfrac{R_3}{R_3+3,000}$

위 식에서 R_3을 구하면 $R_3 \leqq 4.29[\Omega]$ 답 : $R_3 \leqq 4.29[\Omega]$

Explanation

(1) 인체가 접촉하지 않은 경우

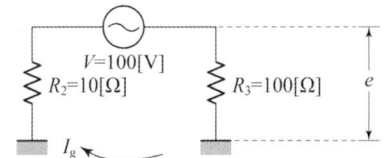

(2) 인체가 접촉하였을 경우

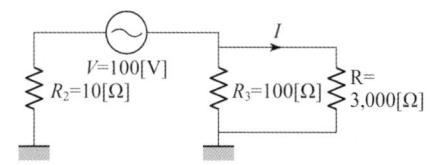

08 ★★★☆☆ (5점)

수전전압 6,600[V], 수전전력 400[kW] 역률 0.9인 고압 수용가 수전용 차단기에 사용하는 과전류 계전기의 탭[A] 값을 구하시오(단, CT의 변류비는 75/5로 하고 탭 설정 값은 부하 전류의 150[%]로 한다).

Answer

계산 : $I = \dfrac{P}{\sqrt{3}\,V\cos\theta} = \dfrac{400 \times 10^3}{\sqrt{3} \times 6,600 \times 0.9} = 38.88[A]$

OCR tap $= 38.88 \times \dfrac{5}{75} \times 1.5 = 3.89[A]$ 답 : 4[A]

Explanation

과전류 계전기 (Over Current Relay : OCR)
① 계전기에 일정값 이상의 전류가 흘렀을 때 동작하여 차단기 트립코일 여자
② OCR tap = 1차 전류 $\times \dfrac{1}{\text{CT비}} \times$ 탭정정배수
③ OCR(과전류 계전기)의 탭 전류
   2[A], 3[A], 4[A], 5[A], 6[A], 7[A], 8[A], 10[A], 12[A]

09 ★★★☆☆ (5점)

아스팔트로 포장된 자동차 도로(폭 25[m])에 저압나트륨등(250[W])의 광속 25,000[lm], 감광보상률 1.4, 조명률 0.25, 노면 휘도 1.2[nt]가 되도록 도로 양쪽에 등을 설치할 때 간격을 구하여라. 단, 평균 조도는 노면 휘도의 10배, 소수점 이하는 버린다.

• 계산 :   • 답 :

Answer

계산 : $S = \dfrac{FUN}{ED} = \dfrac{25,000 \times 0.25 \times 1}{1.2 \times 10 \times 1.4} = 372.02[\text{m}^2]$

$$S = \frac{a \cdot b}{2} = \frac{25 \times b}{2} = 372.02$$ 따라서, 간격 $b = 29.76\,[\text{m}]$ 　　　　답 : 29[m]

Explanation

- 조명계산

  $FUN = ESD$

  여기서, $F[\text{lm}]$: 광속, $U[\%]$: 조명률, $N[\text{등}]$: 등수

  　　　　$E[\text{lx}]$: 조도, $S[\text{m}^2]$: 면적, $D = \dfrac{1}{M}$: 감광보상률 $= \dfrac{1}{\text{보수율}}$

  등수 $N = \dfrac{ESD}{FU}$ 이며 등수계산은 소수점은 무조건 절상한다.

- 도로조명에서의 면적 계산
  - 중앙배열, 편측배열 : $S = a \cdot b$

    양쪽배열, 지그재그식 : $S = \dfrac{a \cdot b}{2}$

    여기서, a : 도로 폭, b : 등 간격

문제에서는 양쪽배열이므로 $S = \dfrac{a \cdot b}{2}\,[\text{m}^2]$

---

10 ★★☆☆☆　　　　　　　　　　　　　　　　　　　　　　　　　　　　　　　　　　　　(4점)

합성수지관 공사에 대한 사항으로 (　)안에 알맞은 내용을 적으시오.

> 합성수지관 상호 간 및 관과 박스와는 관을 삽입하는 깊이를 관의 바깥 지름의 (①)배(접착제를 사용하는 경우에는 (②)배 이상으로 하고 또한 꽂음 접속에 의하여 견고하게 접속할 것

- ① :　　　　　　　　　　　　　　　　　　　　　　　• ② :

Answer

① 1.2　　　② 0.8

Explanation

(KEC 232.11조) 합성수지관 공사

합성수지관 공사에 의한 저압 옥내배선은 다음 각 호에 따르고 또한 중량물의 압력 또는 현저한 기계적 충격을 받을 우려가 없도록 시설하여야 한다.
(1) 전선은 절연전선(옥외용 비닐 절연전선을 제외한다)일 것
(2) 전선은 연선일 것. 다만, 다음의 것은 적용하지 않는다.
  ① 짧고 가는 합성수지관에 넣은 것
  ② 단면적 10[mm²](알루미늄선은 단면적 16[mm²]) 이하의 것
(3) 전선은 합성수지관 안에서 접속점이 없도록 할 것
(4) 합성수지관 및 박스 기타의 부속품은 다음 각 호에 따라 시설하여야 한다.
  ① 관 상호 간 및 박스와는 관을 삽입하는 깊이를 관의 바깥 지름의 1.2배(접착제를 사용하는 경우에는 0.8배) 이상으로 하고 또한 꽂음 접속에 의하여 견고하게 접속할 것.
  ② 관의 지지점 간의 거리는 1.5 m 이하로 하고, 또한 그 지지점은 관의 끝관과 박스의 접속점 및 관 상호 간의 접속점 등에 가까운 곳에 시설할 것.
  ③ 습기가 많은 장소 또는 물기가 있는 장소에 시설하는 경우에는 방습 장치를 할 것

11 ★★★★☆ (6점)

아래는 금속제 전선관 중 후강전선관의 규격을 나열한 것이다. 빈 칸을 채우시오.

16, (①), 28, (②), 42, (③), 70, 82[mm]

Explanation

① 22 ② 36 ③ 54

Explanation

(내선규정 제2.225절) 금속관의 종류

종류	관의 호칭[mm]
후강 전선관(근사내경, 짝수, G)	16 22 28 36 42 54 70 82 92 104
박강 전선관(근사외경, 홀수, C)	19 25 31 39 51 63 75
나사없는 전선관(E)	박강 전선관과 치수가 같다.

12 ★★★☆☆ (5점)

구내선로에서 발생할 수 있는 개폐서지, 순간과도전압 등으로 이상전압이 2차 기기에 악영향을 주는 것을 막기 위해 시설하는 것은 무엇인지 적으시오.

Answer

서지흡수기(SA)

Explanation

(내선규정 3.360) 서지흡수기
- 구내선로에서 발생할 수 있는 개폐서지, 순간과도전압 등으로 2차 기기에 악영향을 주는 것을 막기 위해 서지흡수기를 설치하는 것이 바람직하다.
- 설치 위치 : 서지흡수기는 보호하려는 기기전단으로 개폐서지를 발생하는 차단기 후단과 부하측 사이에 설치 운용한다.

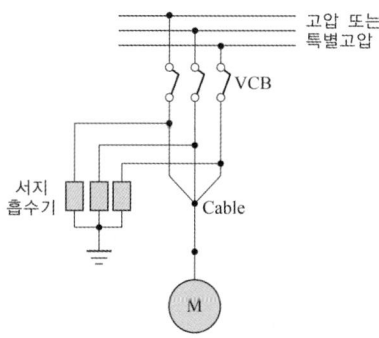

- 서지 흡수기의 정격

공칭전압	3.3[kV]	6.6[kV]	22.9[kV-Y]
정격전압	4.5[kV]	7.5[kV]	18[kV]
공칭 방전전류	5[kA]	5[kA]	5[kA]

BEST 13 (5점)

비상용 조명 부하 110[V]용 100[W] 58등, 60[W] 50등이 있다. 방전 시간 30분, 축전지 HS형 54[cell], 허용 최저 전압 100[V], 최저 축전지 온도 5[°C]일 때 축전지 용량은 몇[Ah]인가?(단, 경년 용량 저하율 0.8, 용량 환산 시간 : $K = 1.2$이다.)

- 계산 :
- 답 :

Explanation

계산 : 축전지 용량 $C = \dfrac{1}{L}KI = \dfrac{1}{0.8} \times 1.2 \times \dfrac{100 \times 58 + 60 \times 50}{110} = 120[Ah]$ 답 : 120[Ah]

Explanation

- 전류 $I = \dfrac{P}{V} = \dfrac{100 \times 58 + 60 \times 50}{110} = 80[A]$

- 축전지 용량 $C = \dfrac{1}{L}KI[Ah]$ (여기서, C : 축전지의 용량 [Ah] L : 보수율(경년용량 저하율)
  K : 용량환산 시간 계수 I : 방전 전류[A])

BEST 14 (5점)

COS 설치에(COS 포함) 사용자재 5가지만 쓰시오.

Answer

① COS
② 브라켓트
③ 내오손 결합애자
④ COS 카바
⑤ 퓨즈링크

15 (3점)

다음에 설명하는 것은 무엇인지 답하시오.

> 발전기 또는 변압기 등 전력계통의 중성점을 접지시키는 것으로 전력계통에 설치한 보호 계전기로 하여금 고장점을 판별시킬 목적으로 접지를 하며, 1선 지락 시 건전상의 전압상승이 선간전압보다 낮은 75[%] 이하의 계통으로 직접접지 계통이 이에 속한다.

Answer

유효 접지계

Explanation

- 유효접지 : 지락 사고 시의 건전상의 전위 상승이 정상 시 상(Y)전압의 1.3배를 넘지 않도록 접지임피던스를 조정하는 방식을 유효접지 방식. 우리나라에서는 직접접지계통이 해당

- 유효접지 조건식 : $\dfrac{R_0}{X_1} \leq 1$, $0 \leq \dfrac{X_0}{X_1} \leq 3$

BEST 16

전기 공사의 물량 산출시 일반적으로 다음과 같은 재료는 몇 [%]의 할증률을 계상하는지 그 할증률을 빈칸에 써 넣으시오.

(5점)

종류	할증률[%]
옥외전선	
옥내전선	
케이블(옥외)	
케이블(옥내)	
전선관(옥내)	

Answer

종류	할증률[%]
옥외전선	5
옥내전선	10
케이블(옥외)	3
케이블(옥내)	5
전선관(옥내)	10

Explanation

전기재료 할증

종류	할증률[%]
옥외전선	5
옥내전선	10
Cable(옥외)	3
Cable(옥내)	5
전선관(옥외)	5
전선관(옥내)	10
Trolley선	1
동대, 동봉	3

17 ★☆☆☆☆ (20점)

다음 도면은 횡단보도 안전을 위하여 기존 가로등주에서 분기하여 신호등주에 투광기를 설치한 장소 중 일부의 평면 배치도이다. 각 항의 조건을 읽고 물음에 답하여라.

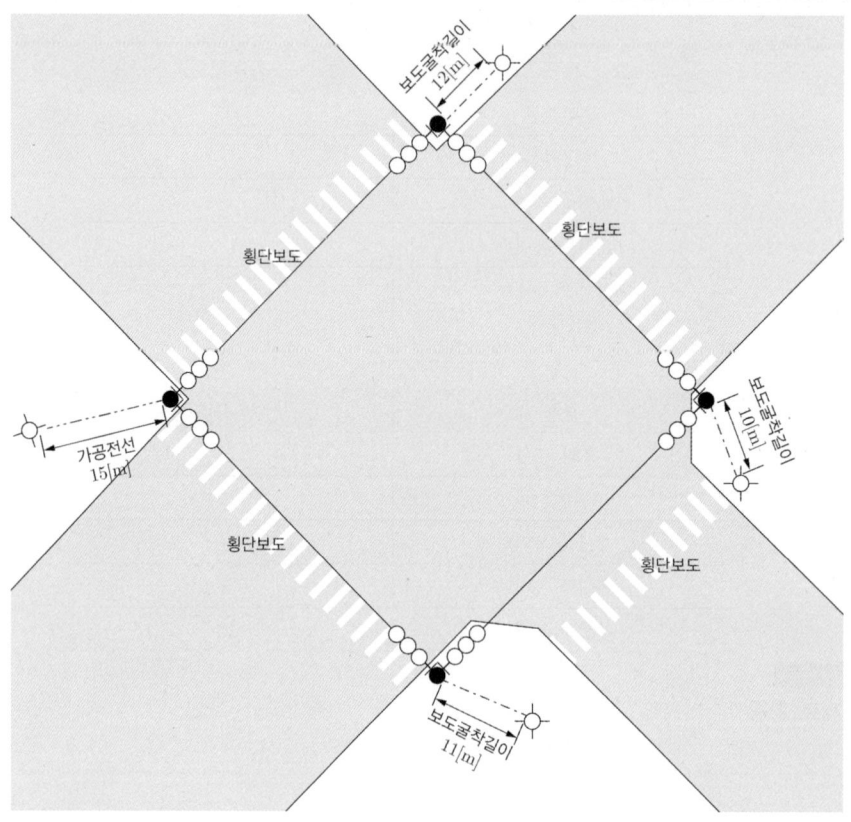

[범례 및 주기]

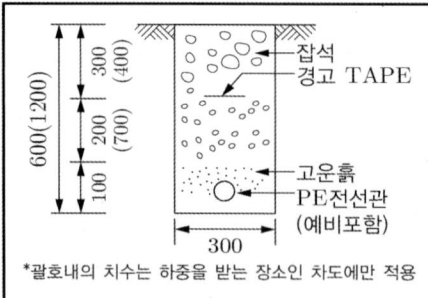

터파기 상세도(단위 : mm)
*괄호내의 치수는 하중을 받는 장소인 차도에만 적용

전기 범례

기호	배선 및 배관
⊢○○	LED 투광등 2구(80W)
⊢○○○	LED 투광등 3구(120W)
●	신호등주
⊗	가로등주
– · – · –	지중전선로, 0.6/1kV F-CV 4sq/3C
—··—	가공전선로, 0.6/1kV F-CV 4sq/3C

※ 유의사항
① 금액 산정 시 단위는 원 단위이고, 소수점 이하는 버릴 것
② 도면 및 조건에 따라 산정하고 그 외에는 무시할 것
③ 재료비+노무비+산출경비의 합계 기준은 1억 원 이하로 본다.
④ 총 공사기간은 3개월이다.
⑤ 고용 보험료는 7등급 이하를 적용한다.
⑥ 연금보험료는 직접노무비의 4.5[%]를 적용
⑦ 건강보험료는 직접노무비의 3.335[%]를 적용
⑧ 노인장기요양보험료는 건강보험료의 10.25[%]를 적용
⑨ 산재보험료는 노무비의 3.75[%]를 적용
⑩ 산업안전보건관리비는 (재료비+노무비)×1.2×2.93[%]를 적용
⑪ 누전차단기(W.P)는 분기한 가로등주 1개소마다 1개씩 설치
⑫ 철판구멍따기는 투광등이 설치되는 신호등주 1개소마다 2개씩만 적용

【표1】 공사규모, 공사기간별 기타 경비 산출

공사규모 (재료비+직접노무비+산출경비)의 합계액	공사기간	비율[%]	
		건축	기타
50억 미만	6개월 이하	5.6	5.6
	7~12개월	5.8	5.8
	13~36개월	7	7
	36개월 초과	7.3	7.3

(해설) 기타 경비는 (재료비+노무비)×비율로 산출

【표2】 고용보험료 산출

등급별 비율[%]	
1등급	1.39
2등급	1.17
3등급	0.97
4등급	0.92
5등급	0.89
6등급	0.88
7등급	0.87

(해설) 고용보험료는 노무비×비율로 산출

【표3】 단가조사서

명칭	규격	단위	적용단가	조사가격1 [원]	조사가격2 [원]
누전차단기(W.P)	2P 30AF/20AT	개	①	27,500	27,700
F-CV 케이블	0.6/1kV F-CV 3C×4sq	m		1,678	1,793

(해설) 조사가격에서 가장 적은 금액으로 적용

【표4】 도급 수량 내역

명칭	규격	단위	수량
보도굴착구간	기계+인력	m	
누전차단기(W.P)	2P 30AF/20AT	개	
F-CV 케이블	0.6/1kV F-CV 3C×4sq	m	50

【표5】 일위 대가 재료비

명칭	규격	단위	수량	재료비 단가[원]	재료비 금액[원]
[제 1호] 보도굴착 구간 기계+인력					
보판걷기		m²	1	335	335
보도블럭포장		m²	1	596	596
터파기		m³	②	430	
되메우기 및 다짐		m³			97
위험표시테이프	저압	m	1	184	184
공구손료		식	1	273	273
(합 계)		m	1		
[제 2호] F-CV 케이블 0.6/1[kV] F-CV 3C×4sq					
(합 계)		m	1		1,863
[제 3호] 누전차단기(W.P) 2P 30AF/20AT					
(합 계)		개	1		28,456

【표6】 일위 대가 노무비

코드	명칭	규격	단위	노무비[원]
제1호	보도굴착 구간	기계+인력	m	9,846
제2호	F-CV 케이블	0.6/1kV F-CV 3C×4sq	m	4,465
제3호	누전차단기(W.P)	2P 30AF/20AT	개	1,325
제4호	철판구멍따기		개	28,756

(1) 위 표의 ①, ②에 대해 답하시오(단 소수점 셋째 자리에서 반올림하여 둘째 자리까지 표시).
　① :
　② • 계산 :　　　　　　　　　　　• 답 :

(2) 아래 표는 도급 내역서의 일부이다. ③에서 ⑥까지 금액에 대하여 답하시오(소수점 이하는 절사).

자재명	규격	단위	수량	노무비	
				재료비[원]	노무비[원]
보도굴착 구간	기계+인력	m		③	
F-CV 케이블	0.6/1kV F-CV 3C×4sq	m	50	④	
누전차단기(W.P)	2P 30AF/20AT	개		⑤	
철판구멍따기		개			⑥

　③ • 계산 :　　　　　　　　　　　• 답 :
　④ • 계산 :　　　　　　　　　　　• 답 :
　⑤ • 계산 :　　　　　　　　　　　• 답 :
　⑥ • 계산 :　　　　　　　　　　　• 답 :

(3) 다음 표는 총괄 원가계산서의 일부이다. ⑦~⑩까지의 금액을 답하시오(소수점 이하는 절사).

구분		금액[원]
재료비	직접재료비	2,000,523
	간접재료비	160,042
	소　　계	2,160,565
노무비	직접노무비	7,903,956
	간접노무비	632,316
	소　　계	8,536,272
	경　비	172,768
	건강보험료	
	연금보험료	
	노인장기요양 보험료	⑦
	산재보험료	
	고용보험료	⑧
	산업안전보건 관리비	⑨
	기타경비	⑩
	소　　계	

　⑦ • 계산 :　　　　　　　　　　　• 답 :
　⑧ • 계산 :　　　　　　　　　　　• 답 :
　⑨ • 계산 :　　　　　　　　　　　• 답 :
　⑩ • 계산 :　　　　　　　　　　　• 답 :

Answer

(1) ① 27,500[원]

② 계산 : $V = \dfrac{0.3+0.3}{2} \times 0.6 \times 33 = 5.94 [\text{m}^3]$

답 : 5.94[m³]

(2) ③ 계산 : $335 + 596 + (5.94 \times 430) + 97 + 184 + 273 = 4,039$[원]

답 : 4,039[원]

④ 계산 : $50 \times 1,863 = 93,150$[원]

답 : 93,150[원]

⑤ 계산 : $4 \times 28,456 = 113,824$[원]

답 : 113,824[원]

⑥ 계산 : $28,756 \times 8 = 230,048$[원]

답 : 230,048[원]

(3) ⑦ 계산 : 건강보험료 : $7,903,956 \times 3.335[\%] = 263,596$[원]
노인장기요양 보험료 : $263,596 \times 10.25[\%] = 27,018$[원]

답 : 27,018[원]

⑧ 계산 : $8,536,272 \times 0.87[\%] = 74,265$[원]

답 : 74,265[원]

⑨ 계산 : $(2,160,565 + 8,536,272) \times 1.2 \times 2.93[\%] = 376,100$[원]

답 : 376,100[원]

⑩ 계산 : $(2,160,565 + 8,536,272) \times 5.6[\%] = 599,022$[원]

답 : 599,022[원]

Explanation

① 문제에서 단가조사서에서 조사가격 중 가장 낮은 가격을 단가로 적용

【표3】 단가조사서

명칭	규격	단위	적용단가	조사가격1 [원]	조사가격2 [원]
누전차단기(W.P)	2P 30AF/20AT	개	27,500	27,500	27,700
F-CV 케이블	0.6/1kV F-CV 3C×4sq	m	1,678	1,678	1,793

② 터파기량(줄기초파기 및 차도가 아니므로)

$V = \dfrac{a+b}{2} \times h \times$ 줄기초 길이

$= \dfrac{0.3+0.3}{2} \times 0.6 \times (10+11+12) = 5.94[\text{m}^3]$

③ 보도 굴착 구간 재료비 : 굴착구간 33[m]
$335 + 596 + (5.94 \times 430) + 97 + 184 + 273 = 4,039$[원]

④ F-CV 케이블(0.6/1kV F-CV 3C×4sq) 재료비 : 수량 50[m]
$50 \times 1,863 = 93,150$[원]

⑤ 누전차단기(W.P) 2P 30AF/20AT : 수량 4개
누전차단기(W.P)는 분기한 가로등주 1개소마다 1개씩 설치
$4 \times 28,456 = 113,824$[원]

⑥ 철판구멍따기 : 수량 8개
철판구멍따기는 투광등이 설치되는 신호등주 1개소마다 2개씩만 적용
노무비 : $28,756 \times 8 = 230,048$[원]

⑦ 노인장기요양 보험료 : 노인장기요양 보험료는 건강보험료의 10.25[%]를 적용
건강보험료는 직접노무비의 3.335[%]를 적용하므로
건강보험료 : 7,903,956×3.335[%]=263,596[원]
노인장기요양 보험료 : 263,596×10.25[%]=27,018[원]
⑧ 고용보험료 : 7등급이므로 노무비의 0.87[%] 적용
8,536,272×0.87[%]=74,265[원]
⑨ 산업안전보건 관리비 : (재료비+노무비)×1.2×2.93[%]적용
산업안전보건 관리비 : (2,160,565+8,536,272)×1.2×2.93[%]=376,100[원]
⑩ 기타경비 : 공사금액 1억원 이하 전기공사이므로 1억의 5.6[%]적용
기타경비 : (재료비+노무비)×5.6[%]
=(2,160,565+8,536,272)×5.6[%]=599,022[원]

3회 2020년 전기공사기사 실기

01 ★★☆☆☆ (3점)

가공배전선로의 장력이 걸리지 않는 장소에서 분기고리와 기기 리드선을 결선할 때 사용하는 기기의 명칭을 적으시오.

Answer

활선 클램프

Explanation

활선 클램프(Live-Wire Clamps) : 한전표준규격 : ES-5999-0006
가공 배전선로의 장력이 걸리지 않는 장소에서 분기고리와 기기 리드선을 결선하는 데 사용한다.

02 ★★☆☆☆ (5점)

H주일 때 현장 여건상 전주별로 별도의 보통지선 설치가 곤란하거나 1개의 지선용 근가로 저항력을 확보할 수 있는 경우 1개의 지선 로드 및 근가로 2단의 지선을 시설하는 지선 명칭은 무엇인지 적으시오.

Answer

Y지선

Explanation

Y지선

H주일 때 현장 여건상 전주별로 별도의 보통지선 설치가 곤란하거나 1개의 지선용 근가로 저항력을 확보할 수 있는 경우 1개의 지선 로드 및 근가로 2단의 지선을 시설하는 것(단주의 경우 Y지선을 설치하지 않는다.)

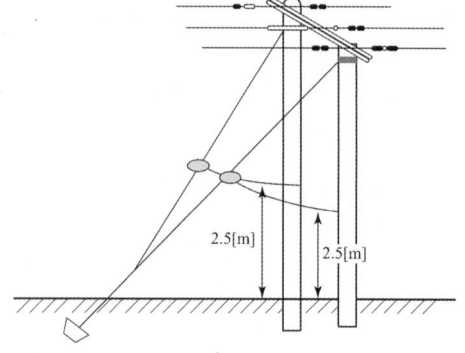

03 애자의 전기적 특성에서 섬락전압의 종류를 2가지 적으시오. (4점)

Answer

① 주수 섬락전압 ② 건조 섬락전압

Explanation

애자의 섬락특성

애자의 양단에 전압을 가하고 이것을 점차 높여 어느 정도 이상이 되면 애자 자체는 이상이 없더라도 공기를 통하여 양전극간에 지속적인 아크가 발생하는 현상을 섬락이라고 하며 이 때의 전압을 섬락전압이라고 한다.
이러한 섬락전압은 250[mm] 현수애자 1개를 기준으로 하며 다음과 같다.
- 주수 섬락전압 : 50[kV]
- 건조 섬락전압 : 80[kV]
- 충격 섬락전압 : 125[kV]   표준충격파인 $1.2 \times 50[\mu s]$인 충격파를 인가한다.
- 유중 파괴전압 : 140[kV]

04 정격부담이 50[VA]인 변류기의 2차에 연결할 수 있는 최대 합성 임피던스의 값이 몇 [Ω]인지 계산하시오. 단, 변류기의 2차 정격전류는 5[A]이다. (5점)

Answer

계산 : $P_a = I^2 Z$에서 $Z = \dfrac{P_a}{I^2} = \dfrac{50}{5^2} = 2[\Omega]$

답 : 2[Ω]

Explanation

변류기(CT : Current Transformer)
① 고압 회로의 대전류를 소전류로 변성하기 위하여 사용
② 용도 : 배전반의 전류계, 전력계, 계전기, 트립 코일의 전원으로 사용
③ 정격 부담 : 변류기의 2차 측 단자 간에 접속된 부하가 2차 전류에서 소비하는 피상 전력[VA]

BEST 05 모든 작업이 작업대(방바닥에서 0.85[m]의 높이)에서 행하여지는 작업장의 가로가 8[m], 세로가 12[m], 바닥에서 천장까지의 높이가 3.8[m]인 방에서 조명기구를 천장에 설치하고자 한다. 이 방의 실지수는 얼마인가? (5점)

- 계산 :
- 답 :

Answer

계산 : 실지수 $R \cdot I = \dfrac{X \cdot Y}{H(X+Y)} = \dfrac{8 \times 12}{(3.8-0.85)(8+12)} = 1.63$

답 : 1.5

Explanation

실지수(방지수) = $\dfrac{XY}{H(X+Y)}$ * 실지수표는 2회 9번 해설 참고

여기서, H : 등의 높이-작업면 높이[m]
　　　　X : 방의 가로[m]
　　　　Y : 방의 세로[m]
- 실지수표

기호	A	B	C	D	E	F	G	H	I	J
실지수	5.0	4.0	3.0	2.5	2.0	1.5	1.25	1.0	0.8	0.6
범위	4.5 이상	4.5~3.5	3.5~2.75	2.75~2.25	2.25~1.75	1.75~1.38	1.38~1.12	1.12~0.9	0.9~0.7	0.7 이하

06 ★★☆☆☆　　　　　　　　　　　　　　　　　　　　　　　　　　　(5점)
다음의 변압기 결선도를 보고 결선방식과 이결선방식의 장단점을 각각 2가지만 적으시오.

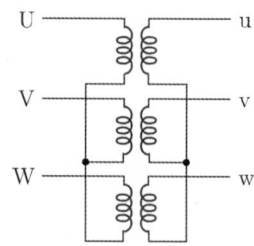

(1) 결선방식 :
(2) 결선방식의 장점 :
(3) 결선방식의 단점 :

Answer

(1) Y-Y결선 방식
(2) 결선방식의 장점
　　① 중성점을 접지할 수 있으므로 이상전압이 방지에 유리하다.
　　② 상전압이 선간 전압의 $1/\sqrt{3}$ 이 되기 때문에 절연이 쉽다.
(3) 결선방식의 단점
　　① 중성점을 접지하면 제3고조파 전류가 흘러 통신선에 유도장해 발생 우려
　　② 유도 기전력 파형은 제3고조파를 포함한 왜형파가 된다.

Explanation

Y-Y 결선
1) 결선도

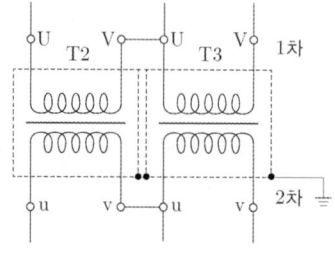

2) 전압, 전류
　　• 선간전압은 상전압에 비해 크기는 $\sqrt{3}$ 배이고 위상은 30° 앞선다.

$V_l = \sqrt{3}\, V_p \angle 30°$
- 선전류는 상전류의 크기와 위상이 동일
  $I_l = I_p \angle 0°$

3) Y-Y 결선의 장·단점
   - 장점
     ① 중성점을 접지할 수 있으므로 이상전압이 방지에 유리하다.
     ② 상전압이 선간전압의 $1/\sqrt{3}$이 되기 때문에 절연이 쉽다.
     ③ 1차 전압, 2차 전압 사이에 위상차가 없다.
- 단점
  ① 중성점을 접지하면 제3고조파 전류가 흘러 통신선에 유도장해 발생 우려
  ② 유도 기전력 파형은 제3고조파를 포함한 왜형파가 된다.
  ③ 부하의 불평형에 의하여 중성점 전위가 변동하여 3상 전압이 불평형을 일으키므로 송·배전 계통에 거의 사용하지 않는다.
- 보통 Y-Y-△의 3권선 변압기로 사용
- 3권선(안정권선)의 용도
  ① 제3고조파 제거
  ② 조상 설비 설치
  ③ 소내(변전소내) 전력 공급용

07 ★★★☆☆ (4점)
피뢰기의 특성에 대한 설명이다. 빈칸에 알맞은 용어를 적으시오.

> "피뢰기의 구비조건에서 이상전압 침입 시 신속하게 (①) 하는 특성이 있어야 하고, 이상전류 통전 시 피뢰기의 단자전압을 나타내는 (②)은(는) 일정 전압 이하로 억제할 수 있어야 한다."

① :   ② :

① 방전   ② 제한전압

Explanation

- 피뢰기 : 이상전압으로부터 전력설비의 기기를 보호
- 피뢰기의 제한전압
  ① 방전되어 저하된 단자전압
  ② 피뢰기 동작 중 단자전압의 파고치
  ③ 충격파 전류가 흐르고 있을 때의 피뢰기 단자전압

08 ★★☆☆☆ (4점)
강심 알루미늄연선의 약호와 공칭단면적을 적으시오.(단, 60[㎟] 이하의 공칭단면적을 적으시오.)

(1) 약호 :
(2) 공칭단면적
    ① :   ② :   ③ :

(1) ACSR
(2) ① 19[mm²]
    ② 32[mm²]
    ③ 58[mm²]

Explanation

강심알루미늄연선(ACSR)
① 큰 인장하중을 필요로 하는 가공전선 및 특고압 중선선에 사용
② 코로나 방지가 필요한 초고압 송·배전선로에 사용

KSC 3113 강심 알루미늄 연선(ACSR) 규격
19, 32, 58, 80, 96, 120, 160, 200, 240, 330, 410, 520, 610[mm²]

09 ★★★☆☆ (5점)
아래 그림은 접지계통의 형태 중에서 어떤 계통인지 쓰시오. 단, 계통의 일부의 중성선과 보호선을 동일전선으로 사용한다.

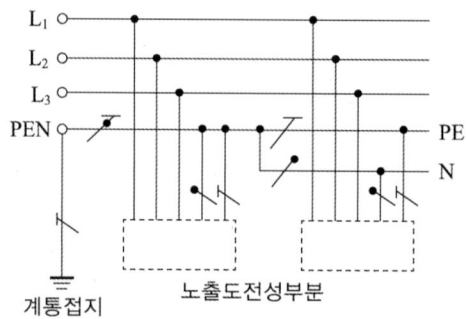

Answer

TN-C-S계통

Explanation

(KEC 203.1조) 계통접지 구성

기호	설명
─/─•─	중성선(N), 중간도체(M)
─/─	보호도체(PE)
─/─	중성선과 보호도체겸용(PEN)

【비고】 기호 : TN계통, TT계통, IT계통에 동일 적용

(1) TN 계통(TN System)
 • 전원 측의 한 점을 직접접지하고 설비의 노출도전부를 보호도체로 접속시키는 방식
 • 중성선 및 보호도체(PE 도체)의 배치 및 접속방식에 따른 분류
  ① TN-S 계통 : 계통 전체에 대해 별도의 중성선 또는 PE 도체를 사용
         배전계통에서 PE 도체를 추가로 접지 가능
   • 계통 내에서 별도의 중성선과 보호도체가 있는 계통

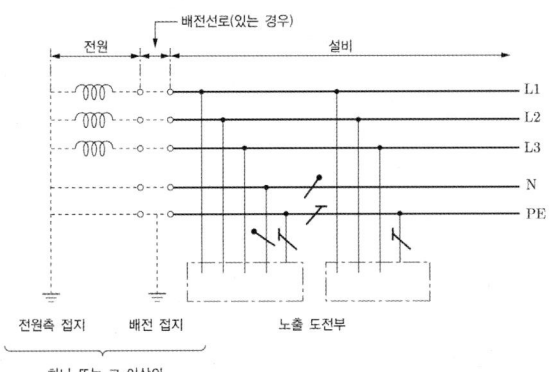

- 계통 내에서 별도의 접지된 선도체와 보호도체가 있는 계통

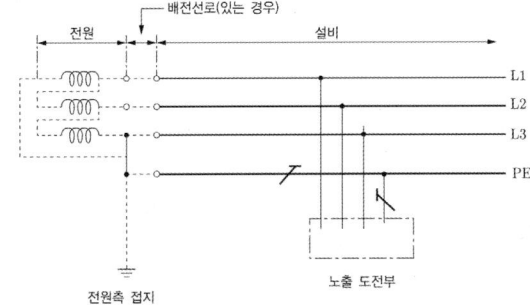

- 계통 내에서 접지된 보호도체는 있으나 중성선의 배선이 없는 계통

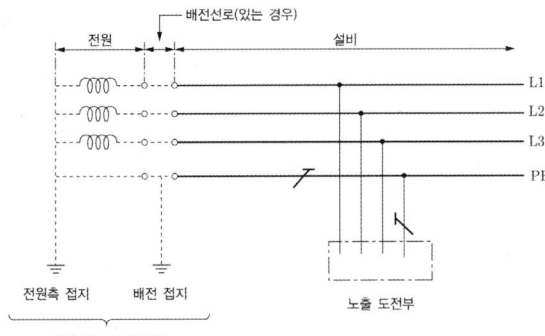

② TN-C 계통 : 계통 전체에 대해 중성선과 보호도체의 기능을 동일도체로 겸용한 PEN 도체를 사용 배전계통에서 PEN 도체를 추가로 접지 가능

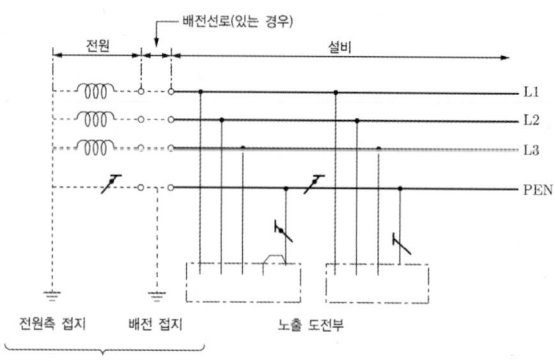

③ TN-C-S계통 : 계통의 일부분에서 PEN 도체를 사용, 중성선과 별도의 PE 도체를 사용
　　　　　　　배전계통에서 PEN 도체와 PE 도체를 추가로 접지 가능

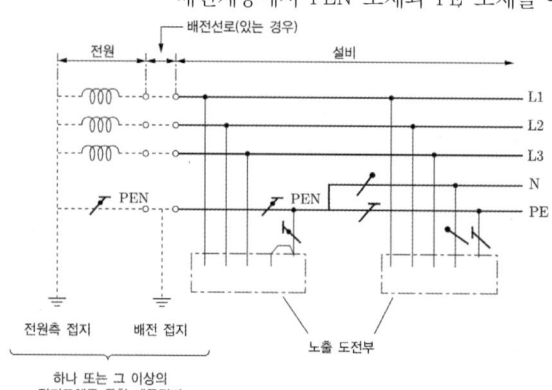

BEST 10 ★★★★★ 다음 철탑의 명칭을 쓰시오. (5점)

(1)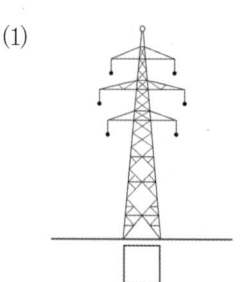

(2)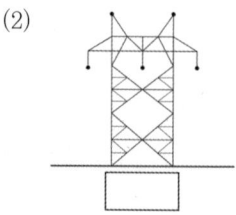

(3)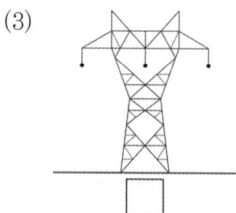

(4)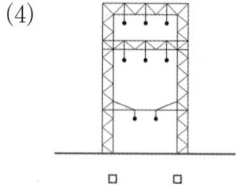

(5)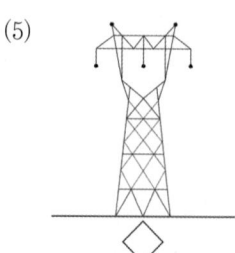

(6)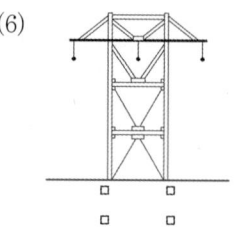

(1) :　　　　　　　　　　　　　　(2) :
(3) :　　　　　　　　　　　　　　(4) :
(5) :　　　　　　　　　　　　　　(6) :

Answer

(1) 사각 철탑　　　(2) 방형 철탑　　　(3) 우두형 철탑
(4) 문형 철탑　　　(5) 회전형 철탑　　(6) MC 철탑

Explanation

철탑의 형태에 의한 종류
- 사각 철탑 : 4면이 동일한 모양과 강도를 가진 철탑으로 2회선용으로 사용할 수 있으며 현재 가장 많이 사용되고 있다.
- 방형 철탑 : 마주보는 2면이 각각 동일한 모양과 강도를 가진 철탑으로 1회선용으로 사용된다.
- 우두형 철탑 : 중간부 이상이 특히 넓은 형의 철탑으로 외국의 경우 초고압송전선이나 눈이 많은 지역에 사용된다.
- 문형 철탑(Gantry Tower) : 전차선로나 수로, 도로상에 송전선을 시설할 때 많이 사용된다.
- 회전형 철탑 : 철탑의 중앙부 이상과 이하가 45° 회전형의 철탑으로 철탑부재의 강도를 가장 유용하게 이용한 철탑이다.
- MC 철탑 : 스위스의 Motor Columbus사가 개발한 철탑으로 콘크리트를 채운 강관형 철탑으로 철강재가 적어 경량화가 가능하며 운반조립이 쉬운 철탑이다.

BEST 11 ★★★★★　　　　　　　　　　　　　　　　　　　　　　　　　　(5점)

그림과 같이 외등용 전선관을 지중에 매설하려고 한다. 터파기(흙파기)량은 얼마인가? 단, 매설거리는 50[m]이고, 전선관의 면적은 무시한다.

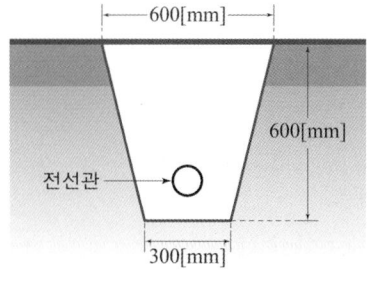

- 계산 :　　　　　　　　　　　　　　• 답 :

Answer

계산 : $V = \dfrac{a+b}{2} \times h \times L = \dfrac{0.6+0.3}{2} \times 0.6 \times 50 = 13.5[\text{m}^3]$　　　　답 : $13.5[\text{m}^3]$

Explanation

줄기초 파기 : 전선관 매설

터파기량$[\text{m}^3] = \left(\dfrac{a+b}{2}\right) \times h \times$ 줄기초 길이

12 (5점)

전력계통에서 적용하는 보호방식 중에서 방사성 계통의 단락보호에 적합하며, 계전기 간의 동작시간차로 고장구간을 차단하는 것으로 주보호와 후비보호를 동시에 할 수 있어 경제적이지만 보호시간이 길어지는 단점을 가지는 것의 명칭을 적으시오.

Answer

과전류 계전방식

Explanation

송전선로 보호방식
1) 과전류 계전방식 : 과전류계전기를 이용하여 전기회로의 전류가 일정치 이상이 될 경우 이를 검출, 보호하는 계전방식으로서 방사상계통의 송배전선로, 주변압기 및 전동기 보호 등에 적용하는 방식
2) 방향 과전류 계전방식 : Loop화된 전력계통에서는 고장전류가 양전원단으로부터 유입되어 방향성이 없는 과전류계전방식으로는 보호설비 간 협조가 불가능한 경우가 생기므로 과전류계전기에 방향성을 주어 어느 한 방향의 고장에만 동작토록 하는 방식
3) 방향 거리계전 방식 : 방향성거리계전기를 이용하여 계전기 설치점에서 본 임피던스로서 고장여부를 판별, 보호하는 계전방식이며 배후전원의 크기 등 계통조건에 따른 계전기 동작범위의 변동이 적은 방식
4) 표시선 계전방식 : 피보호 송전선로내의 모든 지점에서의 고장에 대하여고속도 차단을 하기 위하여 보호구간의 각 단자 간에 통신 수단을 두고 고장상황을 서로 연락하여 보호하는 방식

13 (6점)

차단기 명판(name plate)에 BIL 150[kV], 정격차단전류 20[kA], 차단시간 8사이클, 솔레노이드형이라고 기재되어 있다. 다음 물음에 답하시오.

(1) BIL이란 무엇인지 설명하시오.
(2) 이 차단기의 정격전압은 얼마인지 계산하시오(단, BIL을 적용하여 계산할 것).
  • 계산 :   • 답 :

Answer

(1) BIL이란 Basic Impulse Insulation Level의 약자이며, 뇌임펄스 내전압 시험값으로서 절연 레벨의 기준을 정하는데 적용된다.

(2) 계산 : BIL[kV]= 절연계급×5+50[kV]에서

∴ 절연계급 $= \dfrac{150-50}{5} = 20$[kV]

공칭전압 = 절연계급×1.1에서
∴ 공칭전압 = 20×1.1=22[kV]

차단기의 정격전압 V_n = 공칭전압 $\times \dfrac{1.2}{1.1}$ 에서

∴ 정격전압 $V_n = 22 \times \dfrac{1.2}{1.1} = 24$[kV]   답 : 24[kV]

Explanation

• 기준충격 절연강도(BIL : Basic Impulse Insulation Level) : 뇌임펄스 내전압 시험값으로서 절연 레벨의 기준을 정하는데 적용
• BIL은 절연 계급 20호 이상의 비유효 접지계에 있어서는 다음과 같이 계산된다.

BIL=절연계급×5+50[kV]
여기서 절연계급은 전기기기의 절연강도를 표시하는 계급을 말하고, 공칭전압/1.1에 의해 계산된다.

차단기의 정격전압[kV]	사용회로의 공칭전압[kV]	BIL[kV]
3.6	3.3	45
7.2	6.6	60
24.0	22.0	150
72.5	66.0	350
170	154.0	750

BEST 14

축전지의 다음과 같은 현상이 무엇인지 적으시오. (3점)

- 극판이 백색으로 되거나 백색 반점이 발생하였다.
- 비중이 저하하고 충전용량이 감소하였다.
- 충전 시 전압 상승이 빠르고 다량의 가스가 발생하였다.

Answer

설페이션 현상

Explanation

설페이션(Sulfation) 현상
납축전지를 방전 상태에서 오랫동안 방치하여 두면 극판의 황산납이 회백색으로 변하고(황산화 현상) 내부 저항이 대단히 증가하여 충전 시 전해액의 온도 상승이 크다. 또한, 황산의 비중 상승이 낮으며 가스(수소) 발생이 심하게 되며 전지의 용량이 감퇴하고 수명이 단축되는 현상을 일컫는다.

15

다음 그림에 표시된 ①, ②, ③, ④, ⑤, ⑥, ⑦ 명칭을 정확하게 답안지에 답하시오. 단, 그림은 2련 내장 애자장치이다. (7점)

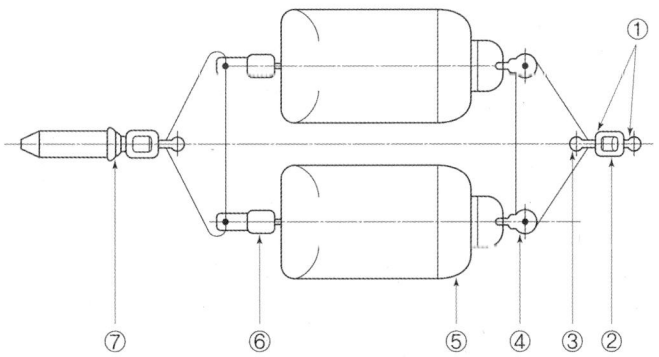

Answer

① 앵커쇄클   ② 체인링크   ③ 삼각요크   ④ 볼크레비스
⑤ 현수애자   ⑥ 소켓 크레비스   ⑦ 압축형 인류 클램프

> Explanation

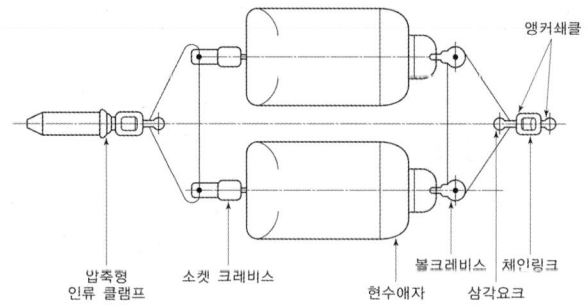

BEST 16 ★★★★★ (6점)

3상 3선식 220[V]로 수전하는 수전가의 부하전력이 95[kW], 부하역률이 85[%], 구내배선의 길이는 150[m]이며 배선에서의 전압강하는 6[V]까지 허용하는 경우 구내배선의 굵기를 계산하시오 (단, 소수점 둘째자리까지 계산하고 절사).

• 계산 :   • 답 :

> Answer

계산 : $A = \dfrac{30.8LI}{1,000e} = \dfrac{30.8 \times 150 \times \dfrac{95,000}{\sqrt{3} \times 220 \times 0.85}}{1,000 \times 6} = 225.85 \,[\text{mm}^2]$ 따라서 240[mm²] 선정

답 : 240[mm²]

> Explanation

전압 강하 및 전선의 단면적 계산

전기 방식	전압 강하		전선 단면적	대상 전압강하
단상 3선식 직류 3선식 3상 4선식	IR	$e = \dfrac{17.8LI}{1,000A}$	$A = \dfrac{17.8LI}{1,000e}$	대지와 선간
단상 2선식 직류 2선식	$2IR$	$e = \dfrac{35.6LI}{1,000A}$	$A = \dfrac{35.6LI}{1,000e}$	선간
3상 3선식	$\sqrt{3}\,IR$	$e = \dfrac{30.8LI}{1,000A}$	$A = \dfrac{30.8LI}{1,000e}$	선간

여기서, e : 전압강하[V], A : 사용전선의 단면적[mm²]
　　　　L : 선로의 길이[m], C : 전선의 도전율(97[%])

KSC-IEC 전선 규격

전선의 공칭단면적 [mm²]			
1.5	16	95	300
2.5	25	120	400
4	35	150	500
6	50	185	630
10	70	240	

17 ★★★☆☆ (4점)

아래 옥내 배선의 심벌을 보고 배선의 명칭을 적으시오(단, 내선규정의 명칭에 따른다).

그림기호	명 칭
─────────	(1)
·············	(2)
─ ─ ─ ─ ─	(3)
─·· ─·· ─	(4)

Answer

(1) 천장 은폐배선
(2) 노출배선
(3) 바닥 은폐배선
(4) 노출배선 중 바닥면 노출배선

Explanation

(KS C 0301) 옥내배선용 그림 기호

명칭	그림기호	적요
천장 은폐 배선	───────	① 천장 은폐 배선 중 천장 속의 배선을 구별하는 경우는 천장 속의 배선에 ─··─··─ 를 사용하여도 좋다. ② 노출 배선 중 바닥면 노출 배선을 구별하는 경우는 바닥면 노출 배선에 ─··─··─ 를 사용하여도 좋다. ③ 전선의 종류를 표시할 필요가 있는 경우는 기호를 기입한다. [보기] • 600[V] 비닐 절연 전선 : IV • 600[V] 2종 비닐 절연 전선 : HIV • 가교 폴리에틸렌 절연 비닐 시스 케이블 : CV • 600[V] 비닐 절연 비닐 시스 케이블(평형) : VVF
바닥 은폐 배선	─ ─ ─ ─	④ 절연 전선의 굵기 및 전선 수는 다음과 같이 기입한다. 단위가 명백한 경우는 단위를 생략하여도 좋다. [보기] ─⫽─ ─⫽─ ─⫽─ ─⫽─ 1.6 2 2[mm²] 8 숫자 방기의 보기 : 1.6 × 5 5.5 × 1
노출 배선	············	

18 아래 도면은 전등 및 콘센트의 평면 배선도이다. 각 항의 조건을 읽고 질문에 답하시오. (20점)

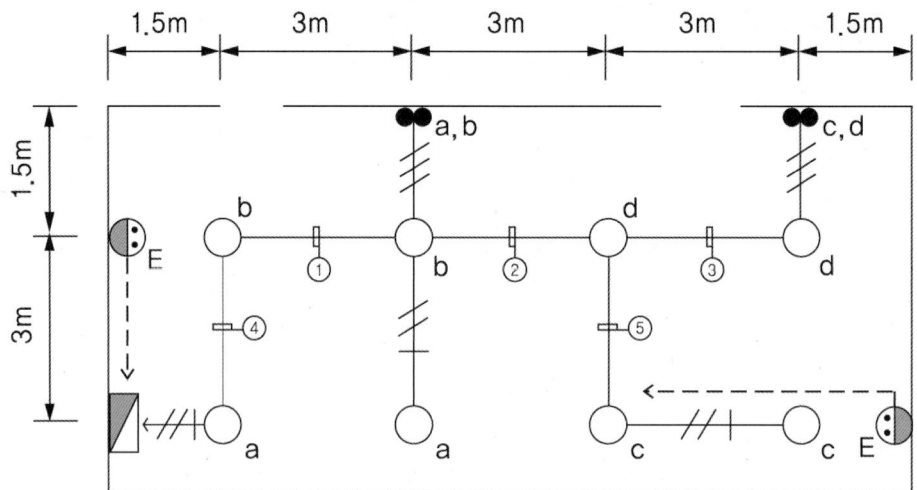

[범례 및 주기]

기호	내용
○	LED 15[W]
◐E	매입 콘센트(2P 15[A] 250[V])
●	매입 텀블러 스위치(15[A] 250[V])

기호	내용
-----	HFIX 2.5sq×2, (E) 2.5sq(16C)
—//—	HFIX 2.5sq×2, (E) 2.5sq(16C)
—///—	HFIX 2.5sq×3(16C)
—///—	HFIX 2.5sq×3, (E) 2.5sq(16C)
—////—	HFIX 2.5sq×4, (E) 2.5sq(22C)

(1) 시설 조건
 ① 전선은 HFIX 2.5[mm^2]를 사용한다.
 ② 전선관은 CD전선관을 사용하며, 범례 및 주기사항을 참조한다.
 ③ 전선관 28C 이하는 매입 배관한다.
 ④ 스위치 설치 높이는 1.2[m](바닥에서 중심까지)로 한다.
 ⑤ 콘센트 설치 높이는 0.3[m](바닥에서 중심까지)로 한다.
 ⑥ 분전함 설치 높이는 1.8[m](바닥에서 상단까지)로 한다. 단, 바닥에서 하단까지는 0.5[m]를 기준으로 한다.
 ⑦ 바닥에서 천장 슬라브까지의 높이는 3[m]이다.
 ⑧ 분전반의 규격은 다음에 의한다.
  • 주차단기 MCCB 3P 60AF(60AT) - 1개
  • 분기차단기 MCCB 2P 30AF(20AT) - 4개
  • 철제 매입 설치 완제품 기준
 ⑨ 배관은 콘크리트 매입, 배선기구는 매입 설치하는 것으로 한다.
 ⑩ 도면 및 조건에 따라 산정하고, 그 외에는 무시하도록 한다.

(2) 재료 산출 조건

① 분전함 내부에서 배선 여유는 없는 것으로 한다.
② 자재 산출 시 산출수량과 할증수량은 소수점 이하도 계산한다.
③ 배관 및 배선 이외의 자재는 할증을 고려하지 않는다. 배관 및 배선의 할증은 10[%]로 한다.
④ 천정 슬라브의 전등박스에서 전등까지의 배관, 배선은 무시한다.
⑤ 바닥 슬라브에서 콘센트까지의 입상 배관은 0.5[m]로 하고, 기타는 설치 높이를 기준으로 한다.

(3) 인건비 산출 조건
① 재료의 할증부에 대해서는 품셈을 적용하지 않는다.
② 소수점 이하도 계산한다.
③ 품셈은 표준품셈을 적용한다.

【표1】 전선관 배관 (단위 : m)

합성수지 전선관		후강 전선관		금속가요 전선관	
규격	내선전공	규격	내선전공	규격	내선전공
14[mm] 이하	0.04	–	–	–	–
16[mm] 이하	0.05	16[mm] 이하	0.08	16[mm] 이하	0.044
22[mm] 이하	0.06	22[mm] 이하	0.11	22[mm] 이하	0.059
28[mm] 이하	0.08	28[mm] 이하	0.14	28[mm] 이하	0.072
36[mm] 이하	0.10	36[mm] 이하	0.20	36[mm] 이하	0.087

(해설) • 콘크리트 매입 기준
• 합성수지제 가요전선관(CD관)은 합성수지 전선관 품의 80[%] 적용

【표2】 옥내 배선 (단위 : m, 적용직종 : 내선전공)

규격	관내 배선
6[mm^2] 이하	0.010
16[mm^2] 이하	0.023
38[mm^2] 이하	0.031
50[mm^2] 이하	0.043
60[mm^2] 이하	0.052
70[mm^2] 이하	0.061
100[mm^2] 이하	0.064

(해설) • 관내 배선 기준

【표3】 분전반 조립 및 설치 (단위 : 개, 적용직종 : 내선전공)

배선용 차단기				나이프 스위치			
용량	1P	2P	3P	용량	1P	2P	3P
30[AF] 이하	0.34	0.43	0.54	30[A] 이하	0.38	0.48	0.60
50[AF] 이하	0.43	0.58	0.74	60[A] 이하	0.48	0.65	0.82
100[AF] 이하	0.58	0.74	1.04	100[A] 이하	0.65	0.93	1.16
225[AF] 이하	0.74	1.01	1.35	200[A] 이하	0.82	1.20	1.50

(해설) • 차단기 및 스위치를 조립, 결선하고, 매입설치 하는 기준
- 차단기 및 스위치가 조립된 완제품 설치 시는 65[%]
- 외함은 철제 또는 PVC제를 기준
- 4P 개폐기는 3P 개폐기의 130[%]

【표4】 콘센트류 배선기구 설치 (단위 : 개, 적용직종 : 내선전공)

종별	2P	3P	4P
콘센트 15[A]	0.065	0.095	0.10
콘센트(접지극부) 15[A]	0.08	–	–
콘센트(접지극부) 20[A]	0.085	–	–
콘센트(접지극부) 30[A]	0.11	0.145	0.15
플로어 콘센트 15[A]	0.096	–	–
플로어 콘센트 20[A]	0.096	–	–

(해설) • 매입1구 설치 기준, 노출설치 120[%]
- 1구를 초과할 경우 매1구 증가마다 20[%] 가산

【표5】 스위치류 배선기구 설치 (단위 : 개)

종류	내선전공
텀블러 스위치 단로용	0.085
텀블러 스위치 3로용	0.085
텀블러 스위치 4로용	0.10
풀스위치	0.10
푸시버튼	0.065
리모콘 스위치	0.07

(해설) • 매입 설치 기준, 노출설치 시 120[%]

(1) 도면을 보고 ①부터 ⑤번까지 접지도체를 포함하여 최소 전선(가닥)수를 표시하시오. 단, 표시의 예시 : 접지도체를 포함하여 3가닥인 경우 → ————///————
　　① :　　　② :　　　③ :　　　④ :
　　⑤ :

(2) 아래 표를 보고 ①부터 ②까지 총수량에 대하여 답하시오. 단, 소수점 넷째자리에서 반올림하여 소수점 셋째자리까지 표시하시오.

자재명	규격	단위	수량	할증수량	총수량 (산출수량+할증수량)
CD 전선관	16[mm]	m			①
CD 전선관	22[mm]	m			②

① • 계산 :
  • 답 :
② • 계산 :
  • 답 :

(3) 아래 표를 보고, ①부터 ④까지 내선전공 단위공량, 내선전공 공량계에 대하여 답하시오.
단, 소수점 넷째자리에서 반올림하여 소수점 셋째자리까지 표시하시오.

자재명	규격	단위	수량	내선전공 단위공량	내선전공 공량계
CD 전선관	16[mm]	m			①
스위치	250[V], 10[A]	개			②
매입콘센트	250[V], 10[A], 2P	개			③
분전반	1-CB 3P 60AF(60AT) 4-CB 2P 30AF(20AT)	면			④

① • 계산 :
  • 답 :
② • 계산 :
  • 답 :
③ • 계산 :
  • 답 :
④ • 계산 :
  • 답 :

Answer

(1)

①	②	③	④	⑤
─////─┼─	─//─┼─	─////─┼─	─///─┼─	─//─┼─

(2) ① 계산 : $[\{(1.5\times 3)+(3\times 5)+(1.8\times 2)+1.2\}+\{12+3+(0.5\times 2)+(0.5\times 2)\}]\times 1.1\}$
  $= 45.43$

  답 : 45.43[m]

  ② 계산 : $(3+3)\times 1.1 = 6.6$

  답 : 6.6[m]

(3) ① 계산 : $41.3\times 0.05\times 0.8 = 1.652$

  답 : 1.652[인]

  ② 계산 : $2\times 0.085 = 0.17$

  답 : 0.17[인]

③ 계산 : $2 \times 0.08 = 0.16$

답 : 0.16[인]

④ 계산 : $(1 \times 1.04 \times 0.65) + (4 \times 0.43 \times 0.65) = 1.794$

답 : 1.794[인]

Explanation

(2) ① CD 전선관 16[mm] - 4가닥 이하
- 1.5×3(등↔스위치, 분전함)+3×5(등↔등)+1.8(스위치 높이 3-1.2)×2+1.2(분전함 높이 3-1.8)
- 12+3 : 콘센트↔분전함
- 0.5(바닥↔분전함)×2
- 0.5(바닥↔콘센트)×2

② CD 전선관 22[mm] - 5가닥
- 3+3 : 도면의 ①과 ③

【표1】 전선관 배관 (단위 : m)

합성수지 전선관		후강 전선관		금속가요 전선관	
규격	내선전공	규격	내선전공	규격	내선전공
14[mm] 이하	0.04	-	-	-	-
16[mm] 이하	0.05	16[mm] 이하	0.08	16[mm] 이하	0.044
22[mm] 이하	0.06	22[mm] 이하	0.11	22[mm] 이하	0.059
28[mm] 이하	0.08	28[mm] 이하	0.14	28[mm] 이하	0.072
36[mm] 이하	0.10	36[mm] 이하	0.20	36[mm] 이하	0.087

(해설)
- 합성수지제 가요전선관(CD관)은 합성수지 전선관 품의 80[%] 적용

【표4】 콘센트류 배선기구 설치 (단위 : 개, 적용직종 : 내선전공)

종별	2P	3P	4P
콘센트 15[A]	0.065	0.095	0.10
콘센트(접지극부) 15[A]	0.08	-	-
콘센트(접지극부) 20[A]	0.085	-	-
콘센트(접지극부) 30[A]	0.11	0.145	0.15
플로어 콘센트 15[A]	0.096	-	-
플로어 콘센트 20[A]	0.096	-	-

【표5】 스위치류 배선기구 설치 (단위 : 개)

종류	내선전공
텀블러 스위치 단로용	0.085
텀블러 스위치 3로용	0.085
텀블러 스위치 4로용	0.10
풀스위치	0.10
푸시버튼	0.065
리모콘 스위치	0.07

4회 2020년 전기공사기사 실기

01 ★★☆☆☆ (7점)
아래 철탑의 구조를 보고 각 부분의 명칭을 적으시오.

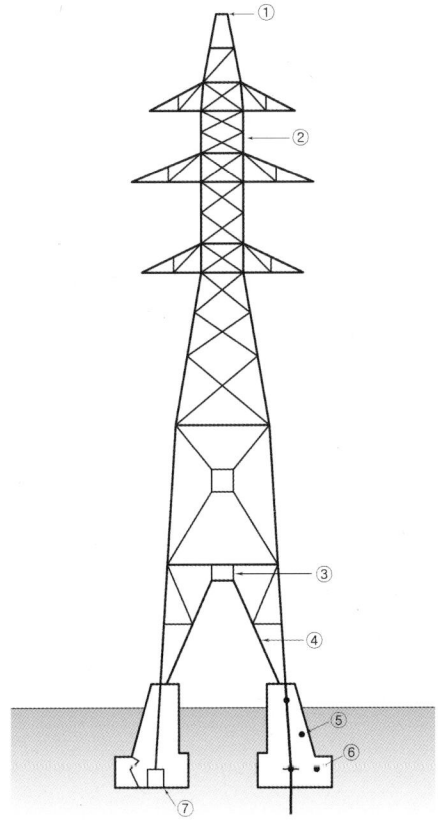

Answer

① 철탑정부
② 주주재
③ 거싯플레이트
④ 사재
⑤ 주체부
⑥ 상판부
⑦ 앵커블럭

> **Explanation**

철탑 각부의 명칭(한전 설계 기준)

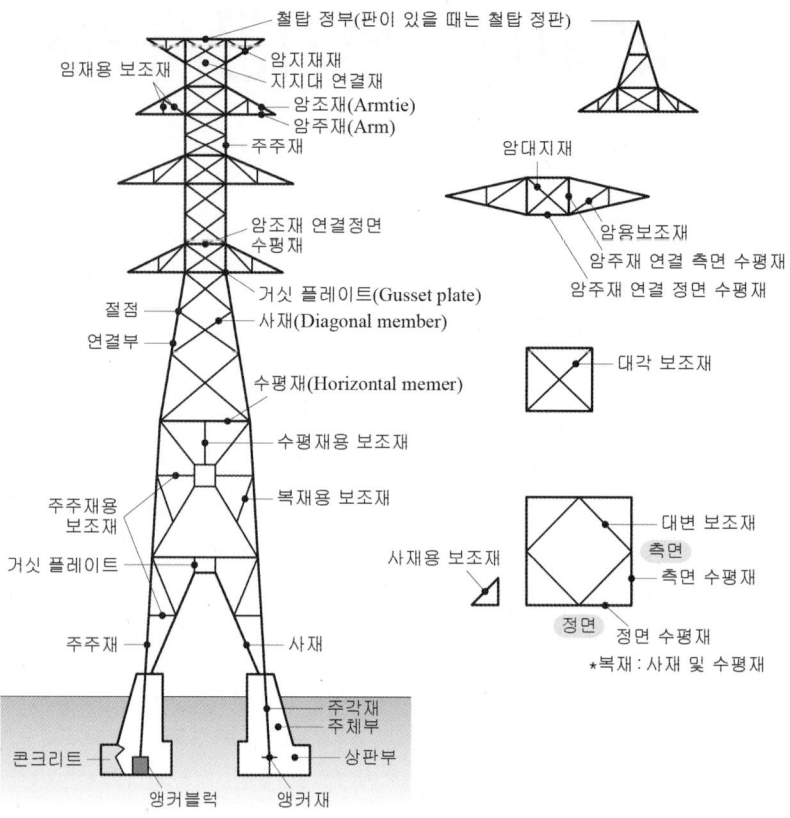

02 ★☆☆☆☆ (3점)
아래의 그림기호의 명칭과 숫자 10이 나타내는 의미를 적으시오.

(1) 명칭 :
(2) 숫자 10의 의미 :

> **Answer**

(1) 명칭 : 리모콘 릴레이
(2) 숫자 10의 의미 : 리모콘 릴레이 10개를 집합하여 시설

> **Explanation**

| 리모콘 릴레이 | ▲ | 리모콘 릴레이를 집합하여 부착하는 경우는 ▲▲▲ 를 사용하고 릴레이수를 표기한다. 보기 : ▲▲▲10 |

03 ★★☆☆☆ 아래 그림에서 A점의 접지저항값[Ω]을 구하시오.(단, 콜라우시 브리지법으로 측정한 결과가 AB 간 저항값은 10[Ω], BC간 저항값은 8[Ω], CA간 저항값은 6[Ω]이었다.) (5점)

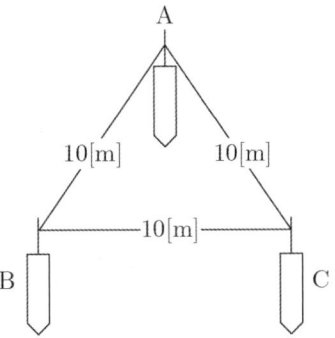

- 계산 :
- 답 :

Answer

G_a 계산 : $G_a + G_b = G_{ab} = 10[\Omega]$ ········· ①

$G_b + G_c = G_{bc} = 8[\Omega]$ ········· ②

$G_c + G_a = G_{ca} = 6[\Omega]$ ········· ③

$G_a = \dfrac{1}{2}(G_{ab} + G_{ca} - G_{bc}) = \dfrac{1}{2}(10+6-8) = 4[\Omega]$

답 : 4[Ω]

Explanation

콜라우시 브리지법을 이용하면 문제에서

- $G_a + G_b = G_{ab} = 10$ ······①
- $G_b + G_c = G_{bc} = 8$ ······②
- $G_c + G_a = G_{ca} = 6$ ······③

여기서, ①+②+③

$2(G_a + G_b + G_c) = G_{ab} + G_{bc} + G_{ca} = 10 + 8 + 6 = 24[\Omega]$

$G_a + G_b + G_c = 12$

- $G_a = \dfrac{1}{2}(G_{ab} + G_{ca} - G_{bc}) = \dfrac{1}{2}(10+6-8) = 4[\Omega]$
- $G_b = \dfrac{1}{2}(G_{ab} + G_{bc} - G_{ca}) = \dfrac{1}{2}(10+8-6) = 6[\Omega]$
- $G_{ac} = \dfrac{1}{2}(G_{bc} + G_{ca} - G_{ab}) = \dfrac{1}{2}(8+6-10) = 2[\Omega]$

04 (4점)

직경 10[m]의 원형의 사무실에 평균 구면광도 100[cd]의 전등 4개를 점등할 때 조명률 0.5, 감광보상률 1.6이면, 이 사무실의 평균조도(lx)를 구하시오.

- 계산 :
- 답 :

Answer

계산 : $FUN = ESD$에서

$$E = \frac{FUN}{SD} = \frac{4\pi \times 100 \times 0.5 \times 4}{\pi \times 5^2 \times 1.6} = 20[\text{lx}]$$

답 : 20[lx]

Explanation

광속계산
- 구광원 : $F = 4\pi I$
- 원통(원주)광원 : $F = \pi^2 I$
- 평판광원 : $F = \pi I$

조명계산

$FUN = ESD$

여기서, F[lm] : 광속, U : 조명률, N : 등수

E[lx] : 조도, S[m²] : 면적, $D = \dfrac{1}{M}$: 감광보상률 $= \dfrac{1}{\text{보수율}}$

05 (6점)

수변전설비 용량을 추정하는 수용률, 부등률, 부하율을 구하는 공식을 각각 쓰시오.

(1) 수용률
(2) 부등률
(3) 부하율

Answer

(1) 수용률 $= \dfrac{\text{최대 수용 전력}[\text{kW}]}{\text{총 부하 설비 용량}[\text{kW}]} \times 100[\%]$

(2) 부등률 $= \dfrac{\text{각 개별 수용가 최대 수용 전력의 합}[\text{kW}]}{\text{합성 최대 수용 전력}[\text{kW}]}$

(3) 부하율 $= \dfrac{\text{평균 수용 전력}[\text{kW}]}{\text{합성 최대 수용 전력}[\text{kW}]} \times 100[\%]$

Explanation

① 수용률(Demand Factor)
- 주상 변압기 등의 적정공급 설비용량을 파악하기 위하여 사용
- 수용률 $= \dfrac{\text{최대 수용 전력}[\text{kW}]}{\text{총 부하 설비 용량}[\text{kW}]} \times 100[\%]$

② 부하율
- 공급 설비가 어느 정도 유효하게 사용되는가를 나타냄
- 부하율이 클수록 공급설비가 유효하게 사용
- 부하율 $= \dfrac{평균 수용 전력[kW]}{합성 최대 수용 전력[kW]} \times 100[\%]$

③ 부등률
- 전력소비기기를 동시에 사용하는 정도
- 각 수용가에서의 최대수용 전력의 발생시각은 시간적으로 차이가 있다.
- 부등률 $= \dfrac{각 개별 수용가 최대 수용 전력의 합[kW]}{합성 최대 수용 전력[kW]}$

06. 전력계통에서 서지현상(Surge)에 의해 발생되는 과전압을 서지 과전압이라 한다. 발생 원인 3가지를 적으시오. (5점)

Answer

① 개폐 과전압
② 뇌 과전압
③ 일시 과전압

Explanation

- 개폐 과전압 : 차단기의 동작 및 고장
- 뇌 과전압 : 직격뇌, 역섬락, 유도뢰
- 일시 과전압 : 페란티 효과, 철 공진, 부하의 급격한 변화, 고장, 차단기 동작

07. 계전기 번호 88Q의 명칭을 적으시오. (5점)

Answer

유압 펌프용 개폐기

Explanation

- 88A : 공기 압축기용 개폐기
- 88F : Fan용 개폐기
- 88H : Heater용 개폐기
- 88Q : 유압 펌프용 개폐기
- 88QT : OT순환 펌프용 개폐기
- 88V : 진공 펌프용 개폐기
- 88W : 냉각수 펌프용 개폐기

08 ★★☆☆☆ (8점)

154[kV] 송전선로의 1련 현수애자 장치도이다. 그림에 표시된 번호를 보고 명칭을 정확히 답하시오.

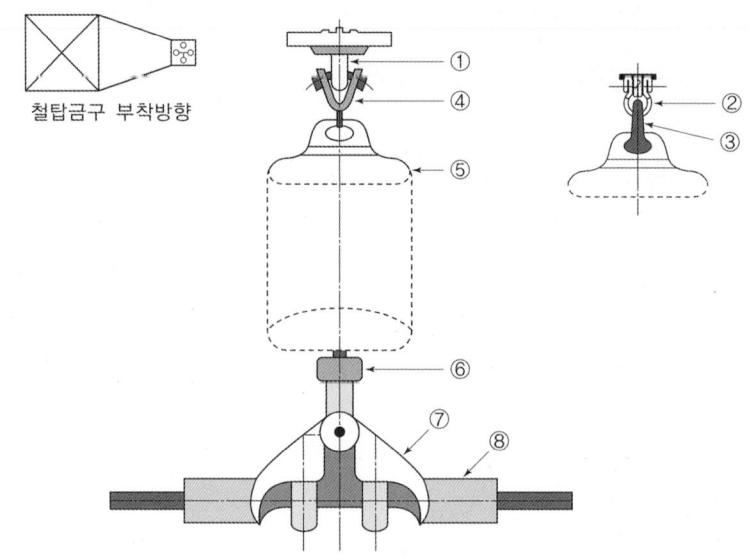

Answer

① 애자장치 U볼트 ② 앵커쇄클
③ 볼아이 ④ Y크레비스볼
⑤ 현수애자 ⑥ 소켓 아이
⑦ 현수클램프 ⑧ 아마롯드

Explanation

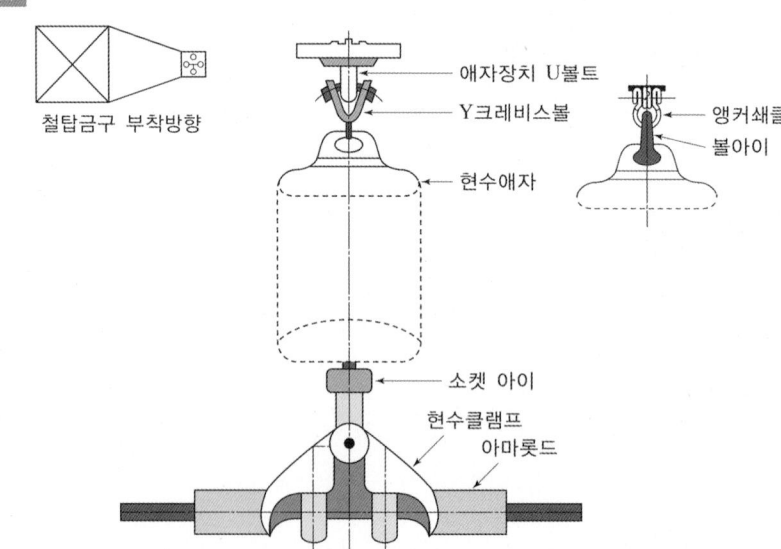

09 (5점)

그림과 같은 변압기에 대하여 전류차동계전기의 결선도를 미완성 도면에 완성하시오. 단, 변류기(C.T)결선은 감극성을 기준으로 한다.

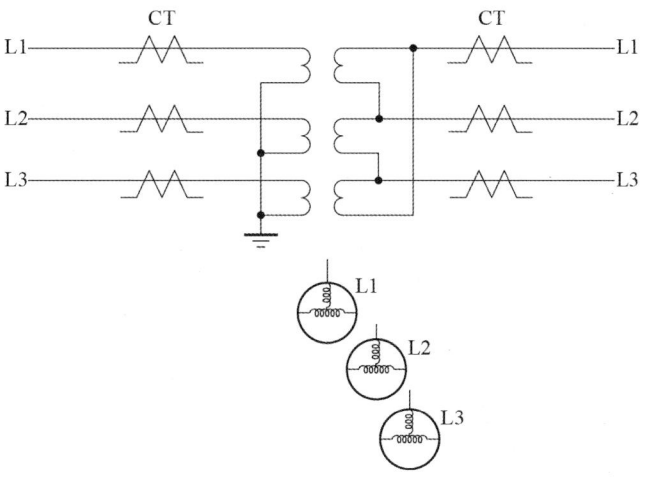

Answer

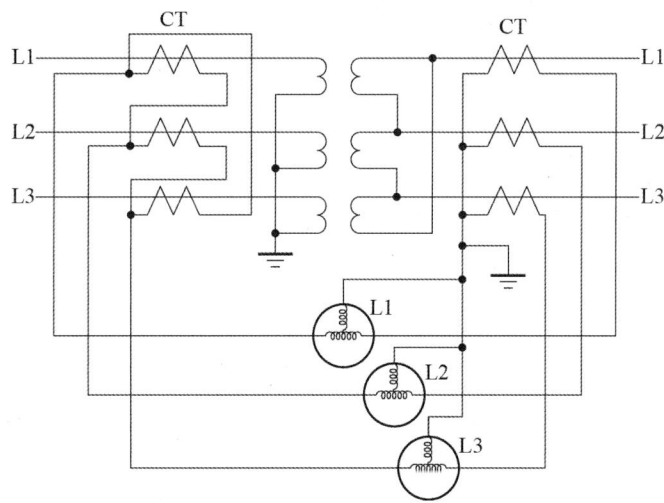

Explanation

비율차동계전기 결선

변압기 결선	비율차동계전기 결선
Y-△	△-Y
△-Y	Y-△

3상 변압기의 경우 변압기 1차 측과 2차 측 사이에 위상차가 30° 있기 때문에 비율차동계전기는 위상차를 보정하기 위하여 변압기 결선과 반대로 결선한다.

10 ★★☆☆☆ (5점)

풍력발전소의 풍속이 5[m/s]이고, 날개 지름이 10[m]일 때의 출력[kW]를 구하시오.(단, 공기의 밀도는 1.225[kg/m³]이다.)

• 계산 : • 답 :

Answer

계산 : $P = \dfrac{1}{2}\rho A V^3 = \dfrac{1}{2} \times 1.225 \times \pi \times \left(\dfrac{10}{2}\right)^2 \times 5^3 \times 10^{-3} = 6.01[\text{kW}]$ 답 : 6.01[kW]

Explanation

$P = \dfrac{1}{2} m V^2 = \dfrac{1}{2}(\rho A V) V^2 = \dfrac{1}{2}\rho A V^3$

여기서, P : 에너지[W], m : 에너지[kg], V : 평균풍속[m/s], ρ : 공기의 밀도(1.225[kg/m³]), A : 로터의 단면적[m²]

BEST 11 ★★★★★ (8점)

다음 회로와 같이 3상 3선식 380[V] 회로에 부하가 연결되어 있다. 각 물음에 답하시오(단, 전동기의 평균역률은 80[%]이다).

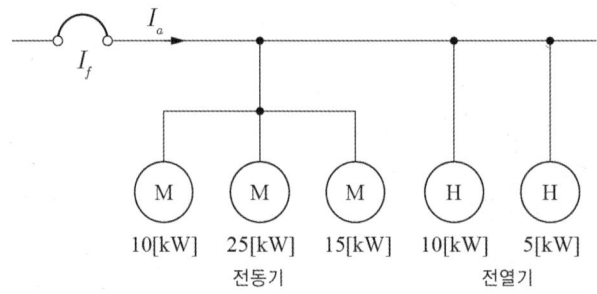

(1) 간선의 허용전류(I_a)를 계산하시오.

• 계산 : • 답 :

(2) 간선 보호용 과전류 차단기의 정격전류(I_f)를 계산하시오.

• 계산 : • 답 :

Answer

(1) 계산 : 전동기 정격 전류의 합 $\sum I_M = \dfrac{(10+15+25) \times 10^3}{\sqrt{3} \times 380 \times 0.8} = 94.96[\text{A}]$

전동기의 유효 전류 $I_r = 94.96 \times 0.8 = 75.97[\text{A}]$

전동기의 무효 전류 $I_q = 94.96 \times 0.6 = 56.98[\text{A}]$

전열기 정격 전류의 합 $\sum I_H = \dfrac{(10+5) \times 10^3}{\sqrt{3} \times 380 \times 1.0} = 22.79[\text{A}]$

전열기는 역률이 1이므로 유효분 전류만 있으며

회로의 설계전류 $I_B = \sqrt{(94.96+22.79)^2 + 56.98^2} = 114.02[\text{A}]$

간선의 허용전류 $I_B \leq I_n \leq I_Z$에서 $I_Z \geq 114.02[A]$ 답 : 114.02[A]

(2) 과전류 차단기(퓨즈)의 용량 $I_n \leq I_Z$

$I_n \leq 114.02[A]$이므로

퓨즈 100[A] 선정   답 : 100[A]

Explanation

과부하전류에 대한 보호

① 도체와 과부하 보호장치 사이의 협조

과부하에 대해 케이블(전선)을 보호하는 장치의 동작 특성

- $I_B \leq I_n \leq I_Z$
- $I_2 \leq 1.45 \times I_Z$

 여기서, I_B : 회로의 설계전류

  I_Z : 케이블의 허용전류

  I_n : 보호장치의 정격전류

  I_2 : 보호장치가 규약시간 이내에 유효하게 동작하는 것을 보장하는 전류

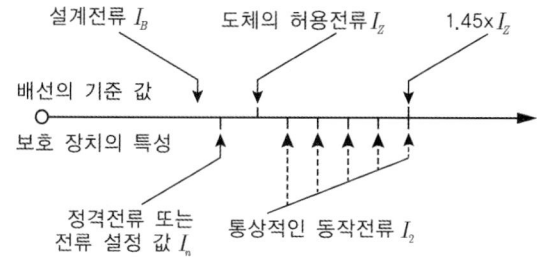

구 분		과전류 보호장치의 정격
배선차단기 (산업용)	정격전류[A]	6, 8, 10, 13, 16, 20, 25, 32, 40, 50, 63, 80, 100, 125, 160, 200, 250, 320, 400, 500, 630, 800, 1,000, 1,250, 1,600, 2,000, 2,500, 3,200
	정격 차단전류 [kA]	1, 1.25, 1.6, 2, 2.5, 3.15, 4, 5, 6.3, 8, 10, 12.5, 16, 20, 25, 31.5, 40, 50, 63, 80, 100, 125, 160, 200

12 ★★★☆ (5점)

수용가 인입구의 전압이 22.9[kV] 주차단기의 차단 용량이 250[MVA]이다. 10[MVA], 22.9/3.3[kV] 변압기의 임피던스가 5.5[%]일 때, 변압기 2차 측에 필요한 차단기 용량을 다음 표에서 산정하시오.

• 계산 :

• 답 :

차단기 정격 용량[MVA]

50	75	100	150	250	300	400	500	750	1,000

Answer

계산 : 기준 용량을 10[MVA]로 하면

전원측 $\%Z_1 = \dfrac{P_n}{P_s} \times 100 = \dfrac{10}{250} \times 100 = 4[\%]$

변압기의 $\%Z_2 = 5.5\ [\%]$

따라서, 합성 %임피던스=4+5.5=9.5[%]

변압기 2차측 단락용량= $10 \times \dfrac{100}{9.5} = 105.26[MVA]$

답 : 150[MVA]

Explanation

문제를 임피던스 맵으로 나타내면

- 전원 측에 차단기가 설치되어 있는 경우 차단기 용량이 주어지면 %임피던스는 $\%Z_s = \dfrac{100}{P_s} \times P_n$

  여기서, P_s : 전원 측에 설치된 차단기 용량

- 단락용량 $P_s = \dfrac{100}{\%Z} \times P_n$

- 차단기 용량을 단락용량으로 계산하면 단락용량보다 큰 것이 차단기 용량이 된다.

전원측 $\%Z_s=4[\%]$

변압기 $\%Z_{tr}=5.5[\%]$

단락점

13 ★★★★☆ (5점)

지름 10[mm]의 경동선을 사용한 가공 전선로가 있다. 경간은 100[m]로 지지점의 높이는 동일하다. 지금 수평 풍압 110[kg/m²]인 경우에 전선의 안전율을 2.2로 하기 위하여 전선의 길이를 얼마로 하면 좋은가? 단, 전선 1[m]의 무게는 0.7[kg], 전선의 인장 강도는 2,860[kg]으로서 장력에 의한 전선의 신장은 무시한다.

• 계산 :

• 답 :

Answer

$W = \sqrt{0.7^2 + 1.1^2} = 1.3$

$D = \dfrac{WS^2}{8T} = \dfrac{1.3 \times 100^2}{3 \times \left(\dfrac{2,860}{2.2}\right)} = 1.25[m]$

$L = S + \dfrac{8D^2}{3S} = 100 + \dfrac{8 \times 1.25^2}{3 \times 100} = 100.04[m]$

답 : 100.04[m]

> **Explanation**

- 전선로에 가해지는 합성하중 $W = \sqrt{(W_i + W_c)^2 + W_w^2}$
  여기서, 풍압하중(W_w)
  　　　　전선자중(W_c)
  　　　　빙설하중(W_i)
- 전선 1[m]당 풍압하중 W_w
  $W_w = 110 \times 10 \times 10^{-3} = 1.1$ [kg/m]
- 이도 : $D = \dfrac{WS^2}{8T}$
- 실제길이 : $L = S + \dfrac{8D^2}{3S}$
  여기서, L : 전선의 실제 길이[m], D : 이도[m], S : 경간[m]

BEST 14 아래는 건축화 조명방식에 대한 설명이다. 각각에 맞는 조명방식을 적으시오. (10점)

(1) 천장면에 확산 투과재인 메탈아크릴 수지판을 붙이고 천장 내부에 광원을 배치하여 조명하는 방식을 적으시오.
(2) 천장과 벽면의 경계구석에 등기구를 설치하여 조명하는 방식을 적으시오. 천장과 벽면에 동시에 투사되며 주로 지하도, 터널에 적용된다.
(3) 천장면을 여러 형태의 사각, 동그라미 등으로 오려내고 다양한 형태의 매입기구를 취부하여 실내의 단조로움을 피하는 조명방식을 적으시오.

> **Answer**

(1) 광천장 조명
(2) 코너 조명
(3) 코퍼 조명

> **Explanation**

건축화 조명
- 루버 천장 조명
  천장면에 루버판을 부착하고 천장 내부에 광원을 배치하여 조명하는 방식
  낮은 휘도, 밝은 직사광을 얻고 싶은 경우 훌륭한 조명 효과
- 다운라이트 조명
  천장면에 작은 구멍을 많이 뚫어 그 속에 여러 형태의 하면개방형, 하면루버형, 하면확산형, 반사형 전구 등의 등기구를 매입하는 조명 방식
- 코퍼 조명
  천장면을 여러 형태의 사각, 동그라미 등으로 오려내고 다양한 형태의 매입기구를 취부하여 실내의 단조로움을 피하는 조명 방식
  고천장의 은행 영업실, 1층홀, 백화점 1층 등에 사용
- 밸런스 조명
  벽면을 밝은 광원으로 조명하는 방식으로 숨겨진 램프의 직접광이 아래쪽 벽, 커튼, 위쪽 천장면에 쪼

이도록 조명하는 방식으로 분위기 조명
- 코브 조명
  램프를 감추고 코브의 벽, 천장면에 플라스틱, 목재 등을 이용하여 간접 조명으로 만들어 그 반사광으로 채광하는 조명 방식
  전장과 벽이 2자 광원이 되므로 반사율과 확산성이 높아야 한다.
- 코너 조명
  천장과 벽면의 경계 구석에 등기구를 배치하여 조명하는 방식
  천장과 벽면을 동시에 투사하는 실내 조명 방식으로 지하도용에 이용
- 코니스 조명
  코너 조명과 같이 천장과 벽면 경계에 건축적으로 둘레틱을 만들어 내부에 등기구를 배치하여 조명하는 방식
  아래 방향의 벽면을 조명하는 방식
- 광량 조명
  연속열 등기구를 천장에 매입하거나 들보에 설치하는 조명 방식
- 광천장 조명
  천장면에 확산투과재인 메탈 아크릴 수지판을 붙이고 천장 내부에 광원 설치하는 조명 방식

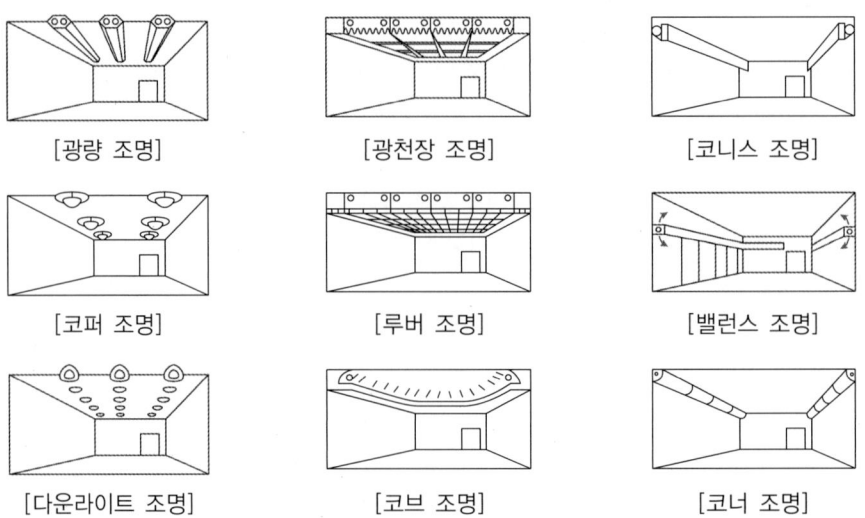

15. 다음 콘센트 심벌을 그리시오. (4점)

(1) 바닥에 부착하는 50[A] 콘센트
(2) 벽에 부착하는 의료용 콘센트
(3) 천장에 부착되는 접지단자 붙이 콘센트
(4) 비상 콘센트

Answer

(1) 50A (2) H (3) ET (4)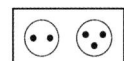

Explanation

(KS C 0301) 옥내배선용 그림 기호 콘센트

명칭	그림기호	적요
콘센트		① 천장에 부착하는 경우는 다음과 같다. ② 바닥에 부착하는 경우는 다음과 같다. ③ 용량의 표시방법은 다음과 같다. 　a. 15[A]는 방기하지 않는다. 　b. 20[A] 이상은 암페어 수를 표기한다. 　[보기] 20A ④ 2구 이상인 경우는 구수를 표기한다. 　[보기] 2 ⑤ 3극 이상인 것은 극수를 표기한다. 　[보기] 3P ⑥ 종류를 표시하는 경우는 다음과 같다. 　빠짐방지형　　LK 　걸림형　　　　T 　접지극붙이　　E 　접지단자붙이　ET 　누전차단기붙이　EL ⑦ 방수형은 WP를 표기한다. WP ⑧ 방폭형은 EX를 표기한다. EX ⑨ 의료용은 H를 표기한다. H

16 ★★★☆☆ (20점)

아래 도면은 옥외 보안등 설비 평면도 및 상세도 일부분이다. 각 항의 조건을 읽고 각 물음에 답하시오.

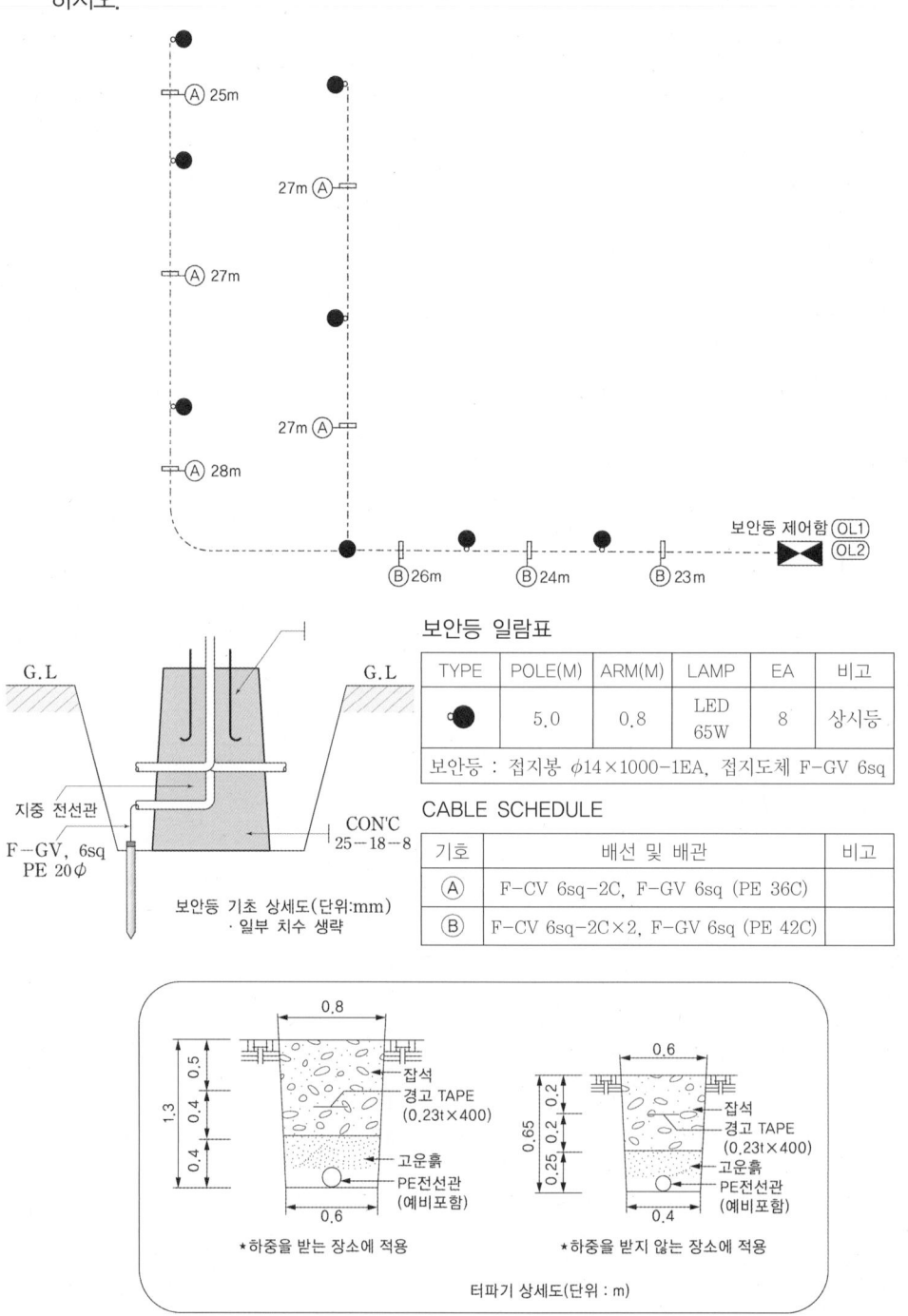

1. 시설 조건
    ① 전선은 F-CV 6sq-2C, F-GV 6sq를 사용한다.
    ② 전선관은 PE전선관을 사용하며, 범례 및 주기사항을 참조한다.
    ③ Ⓐ부분의 터파기는 하중을 받는 장소에 적용하고, Ⓑ부분의 터파기는 하중을 받지 않는 장소에 적용한다.
    ④ 도면 및 조건에 따라 산정하고, 그 외에는 무시하도록 한다.
    ⑤ 보안등은 LED 65[W] 상시등으로 시설한다.

2. 재료 산출 조건
    ① 보안등 배관길이는 보안등 기초에서 보안등 접속함 및 보안등 제어함까지 높이를 고려하여 각각 1.5[m]를 가산하며, 케이블은 배관길이에 각각 0.5[m]를 가산한다.
    ② 자재 산출 시 산출수량과 할증수량은 소수점 이하도 계산한다.
    ③ 배관, 배선, 케이블 표지시트(경고 TAPE) 이외의 자재는 할증을 고려하지 않는다.
        - 배관, 배선의 할증은 3[%]로 한다.
    ④ Ⓐ부분과 Ⓑ부분의 터파기(토사) 수량 산출 시 보안등 기초 터파기 부분은 포함하여 산출하지 않는다.

3. 인건비 산출 조건
    ① 재료의 할증부에 대해서는 품셈을 적용하지 않는다.
    ② 소수점 이하도 계산한다.
    ③ 품셈은 표준품셈을 적용한다.

【표1】 합성수지 파형관 설치 (단위 : [m])

규격	배전전공	보통인부
16[mm] 이하	0.005	0.012
30[mm] 이하	0.006	0.014
50[mm] 이하	0.007	0.018
80[mm] 이하	0.009	0.022
100[mm] 이하	0.012	0.036

(해설) 1. 합성수지 파형관의 지중포설 기준
   2. 접합품 포함, 접합부의 콘크리트 타설품 및 지세별 할증은 별도 계상
   3. 2열 동시 180[%], 3열 260[%], 4열 340[%] 적용
   4. 가로등 공사, 신호등 공사, 보안등 공사 또는 구내 설치 시 50[%] 가산

【표2】 전력케이블 설치 (단위 : [km])

P.V.C 고무절연 외장케이블류	케이블전공	보통인부
저압 6[mm²] 이하 단심	4.62	4.62
10[mm²] 이하 단심	4.84	4.84

16[mm²] 이하 단심	5.28	5.28
25[mm²] 이하 단심	6.09	6.09
35[mm²] 이하 단심	6.58	6.58
50[mm²] 이하 단심	7.32	7.32
70[mm²] 이하 단심	8.46	8.46

(해설) 1. 600[V] 케이블 기준, 드럼 다시감기 소운반품 포함
      2. 지하관내 부설기준, Cu, Al 도체 공용
      3. 2심 140[%], 3심 200[%] 적용
      4. 2열 동시 180[%], 3열 260[%], 4열 340[%] 적용
      5. 가로등 공사, 신호등 공사, 보안등 공사 시 50[%] 가산

(1) 아래 표를 보고 ①부터 ⑥번까지 자재별 총수량을 산출하시오. 단, 소수점 넷째자리에서 반올림하여 소수점 셋째자리까지 표시하시오.

〈Ⓐ. F-CV 6sq-2C×1 (E) F-GV 6sq(PE 36C)〉			자재별 총수량 (산출수량 + 할증수량)
품명	규격	단위	
0.6/1[kV] CABLE(보안등)	F-CV 6sq-2C×1	m	①
폴리에틸렌전선관	PE 36C	m	②
터파기(토사)	인력10[%]+기계90[%]	m³	③

〈Ⓑ. F-CV 6sq-2C×2 (E) F-GV 6sq(PE 42C)〉			자재별 총수량 (산출수량 + 할증수량)
품명	규격	단위	
0.6/1[kV] CABLE(보안등)	F-CV 6sq-2C×2열동시	m	④
폴리에틸렌전선관	PE 42C	m	⑤
터파기(토사)	인력10[%]+기계90[%]	m³	⑥

(2) 아래 표를 보고, ①부터 ⑦번까지 공량계를 산출하시오. 단, 소수점 넷째자리에서 반올림하여 소수점 셋째자리까지 표시하시오.

품명	규격	단위	자재수량	전공	단위공량	공량계
폴리에틸렌전선관	PE 36C	m		배전전공		①
				보통인부		
폴리에틸렌전선관	PE 42C	m		배전전공		②
				보통인부		
0.6/1[kV] CABLE(보안등)	F-CV 2C/6sq×1	m		저압 케이블전공		③
				보통인부		
0.6/1[kV] CABLE(보안등)	F-CV 2C/6sq×2열 동시	m		저압 케이블전공		④
				보통인부		

Answer

(1) ① 계산 : $\{25+27+28+27+27+(0.5\times10)+(1.5\times10)\}\times1.03=158.62$

답 : 158.62[m]

② 계산 : $\{25+27+28+27+27+(1.5\times10)\}\times1.03=153.47$

답 : 153.47[m]

③ 계산 : $\dfrac{(0.8+0.6)}{2}\times1.3\times(25+27+28+27+27)=121.94$

답 : 121.94[m³]

④ 계산 : $\{(26+24+23)\times2+(0.5\times12)+(1.5\times12)\}\times1.03=175.1$

답 : 175.1[m]

⑤ 계산 : $\{26+24+23+(1.5\times6)\}\times1.03=84.46$

답 : 84.46[m]

⑥ 계산 : $\dfrac{(0.4+0.6)}{2}\times0.65\times(26+24+23)=23.725$

답 : 23.725[m³]

(2) ① 계산 : $149\times0.007\times(1+0.5)=1.565$

답 : 1.565[인]

② 계산 : $82\times0.007\times(1+0.5)=0.861$

답 : 0.861[인]

③ 계산 : $\{154\times(1+0.4+0.5)\times4.62\}/1{,}000=1.352$

답 : 1.352[인]

④ 계산 : $\{(170/2)\times(1+0.4+0.5+0.8)\times4.62\}/1{,}000=1.06$

답 : 1.06[인]

Explanation

(1) 자재 수량
  ① 0.6/1[kV] CABLE
    배관길이 : 134+1.5×10=149[m]
    케이블의 길이(배관길이에 0.5[m]가산 : 149+0.5×10=154[m]
    할증 포함 케이블의 길이 : 154×1.03=158.62[m]
  ② 폴리에틸렌전선관(PE36)
    배관길이 : 134+1.5×10=149[m]
    할증 포함 배관 길이 : 149×1.03=153.47[m]
  ③ ⓐ부분의 터파기는 하중 받는 장소에 적용
    터파기량 : $\dfrac{(0.8+0.6)}{2}\times1.3\times(25+27+28+27+27)=121.94\,[\text{m}^3]$
  ④ 0.6/1[kV] CABLE
    케이블의 길이(배관길이에 0.5[m]가산) : 82×2+0.5×12=170[m]
    할증 포함 케이블의 길이 : 170×1.03=175.1[m]
  ⑤ 폴리에틸렌전선관(PE42)
    배관길이 : 73+1.5×6=82[m]
    할증 포함 배관 길이 : 82×1.03=84.46[m]
  ⑥ ⓑ부분의 터파기는 하중을 받지 않는 장소에 적용
    터파기량 : $\dfrac{(0.4+0.6)}{2}\times0.65\times(26+24+23)=23.725\,[\text{m}^3]$

(2) 공량계

※ 폴리에틸렌 전선관(PE 36C)
① 배전전공 : $149 \times 0.007 \times (1+0.5) = 1.565$
※ 폴리에틸렌 전선관(PE 42C)
② 배전전공 : $82 \times 0.007 \times (1+0.5) = 0.861$

〈표 1〉 합성수지 파형관 설치 (단위 : m)

규격	배전 전공	보통 인부
16[mm] 이하	0.005	0.012
30[mm] 이하	0.006	0.014
50[mm] 이하	0.007	0.018
80[mm] 이하	0.009	0.022
100[mm] 이하	0.012	0.036

(해설)
- 합성수지 파형관의 지중포설 기준
- 가로등 공사, 신호등 공사, 보안등 공사 또는 구내 설치 시 50[%] 가산
  ※ 0.6/1kV CABLE(F-CV 2C/6sq×1)
③ 저압 케이블 전공 : $154 \times \dfrac{4.62}{1,000} \times (1+0.4+0.5) = 1.352$
  ※ 0.6/1kV CABLE(F-CV 2C/6sq×2열 동시)
⑦ 저압 케이블 전공 : $\dfrac{170}{2} \times \dfrac{4.62}{1,000} \times (1+0.4+0.5+0.8) = 1.06$

〈표 2〉 전력케이블 설치 (단위 : km)

P.V.C 고무절연 외장케이블류	케이블 전공	보통인부
저압 6[mm2] 이하 단심	4.62	4.62
10[mm^2] 이하 단심	4.84	4.84
16[mm^2] 이하 단심	5.28	5.28
25[mm^2] 이하 단심	6.09	6.09
35[mm^2] 이하 단심	6.58	6.58
50[mm^2] 이하 단심	7.32	7.32
70[mm^2] 이하 단심	8.46	8.46

(해설)
- 600[V] 케이블 기준, 드럼 다시감기 소운반품 포함
- 지하관내 부설기준, Cu, Al 도체 공용
- 2심 140[%], 3심 200[%] 적용
- 2열 동시 180[%], 3열 260[%], 4열 340[%] 적용
- 가로등 공사, 신호등 공사, 보안등 공사 시 50[%] 가산

전기공사기사 실기

2021 과년도 기출문제

- 2021년 제 01회
- 2021년 제 02회
- 2021년 제 04회

2021년 과년도 기출문제에 대한 출제 빈도 분석 차트입니다.
각 회차별로 별의 개수를 확인하고 학습에 참고하기 바랍니다.

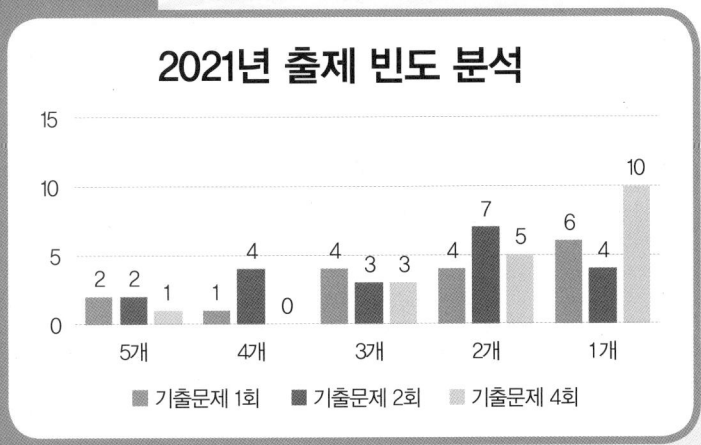

2021년 전기공사기사 실기

BEST 01 ★★★★★ (4점)

3상 4선식 380/220[V]로 수전하는 수용가의 부하의 최대 전류가 200[A], 구내 배전선의 길이는 60[m]이며, 배선에서 대지 전압의 전압강하를 5[V]까지 허용하는 경우 구내 배선의 굵기를 아래 전선의 공칭 단면적 표에서 선정하시오.

전선의 공칭 단면적[mm²]						
10	16	25	35	50	70	95

• 계산 :   • 답 :

Answer

계산 : $A = \dfrac{17.8LI}{1,000e} = \dfrac{17.8 \times 60 \times 200}{1,000 \times 5} = 42.72$ [mm²] 따라서, 50[mm²] 선정

답 : 50[mm²]

Explanation

• 전압 강하 및 전선의 단면적 계산

전기 방식	전압 강하		전선 단면적	대상 전압강하
단상 3선식 직류 3선식 3상 4선식	IR	$e = \dfrac{17.8LI}{1,000A}$	$A = \dfrac{17.8LI}{1,000e}$	대지와 선간
단상 2선식 직류 2선식	$2IR$	$e = \dfrac{35.6LI}{1,000A}$	$A = \dfrac{35.6LI}{1,000e}$	선간
3상 3선식	$\sqrt{3}IR$	$e = \dfrac{30.8LI}{1,000A}$	$A = \dfrac{30.8LI}{1,000e}$	선간

여기서, e : 전압강하[V], A : 사용전선의 단면적[mm²]
L : 선로의 길이 [m], C : 전선의 도전율(97[%])

KSC-IEC 전선 규격

전선의 공칭단면적 [mm²]			
1.5	16	95	300
2.5	25	120	400
4	35	150	500
6	50	185	630
10	70	240	

02 다음 회로를 보고 각 물음에 답하시오. (10점)

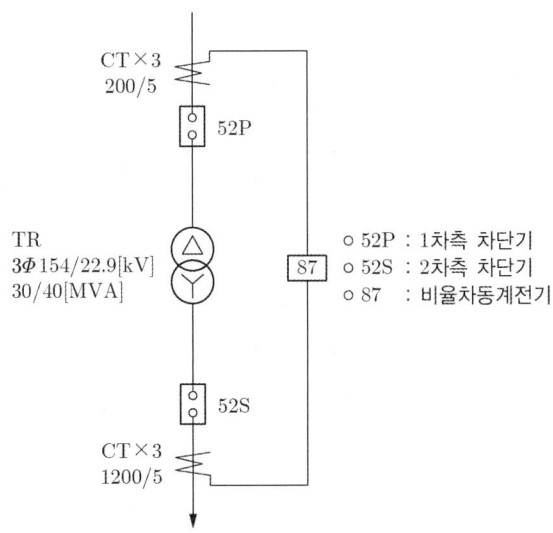

(1) 변압기 최대용량 40[MVA]에서 1, 2차 CT의 2차 측에 흐르는 전류를 각각 구하시오.
   ① 변압기 1차 측 CT의 2차 전류[A]
   • 계산 :   • 답 :
   ② 변압기 2차 측 CT의 2차 전류[A]
   • 계산 :   • 답 :

(2) 87계전기 회로의 3상 결선도를 완성하시오(단, 접지표시를 할 것).

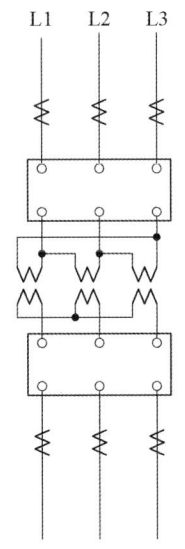
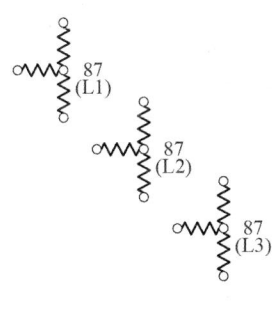

Answer

(1) ① 계산 : $I_1 = \dfrac{P}{\sqrt{3}\,V_1} = \dfrac{40 \times 10^3}{\sqrt{3} \times 154} = 149.96[\text{A}]$

$$2차 전류 \ I_2 = 149.96 \times \frac{5}{200} = 3.75[A]$$

답 : 3.75[A]

② 계산 : $I_1 = \frac{P}{\sqrt{3}\ V_1} = \frac{40 \times 10^3}{\sqrt{3} \times 22.9} = 1,008.47[A]$

$$2차 전류 \ I_2 = 1,008.47 \times \frac{5}{1,200} \times \sqrt{3} = 7.28[A]$$

답 : 7.28[A]

(2)

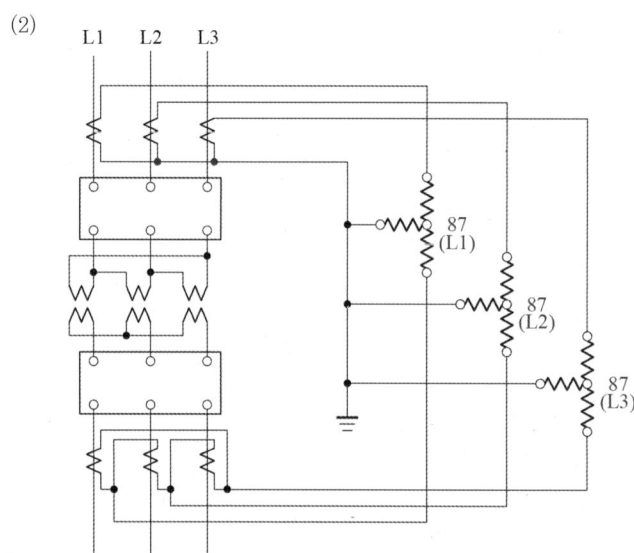

Explanation

비율차동계전기용 CT 결선 : 변압기 1,2차간의 Y-△간에는 30°의 위상차가 존재하므로

변압기 결선	CT 결선
Y-△	△-Y
△-Y	Y-△

03 ★★★☆☆ (3점)

한국전기설비규정(KEC)에 의할 때 버스덕트공사에서 취급자 이외의 자가 출입할 수 없도록 설비한 장소에서 조영재에 수직으로 설치하는 경우 최대 몇 [m] 이하의 간격으로 지지하여야 하는지 적으시오.

Answer

6[m]

Explanation

(KEC 232.61조) 버스덕트 시설방법

버스덕트는 3[m](취급자 이외의 자가 출입할 수 없도록 설비한 장소로서, 수직으로 설치하는 경우는 6[m]) 이하의 간격으로 견고하게 지지할 것

04 한국전기설비규정(KEC)에 의한 전선 및 케이블의 구분에 따른 배선설비의 공사방법에 대한 표이다. 다음 표의 비고를 활용해 빈칸을 채우시오(단, 보호 도체 또는 보호 본딩도체로 사용되는 절연전선은 제외한다). (5점)

전선 및 케이블		공사방법		
		전선관 시스템	케이블덕팅 시스템	애자공사
나전선		(①)	×	(④)
절연전선		(②)	○	○
케이블(외장 및 무기질절연물을 포함)	다심	○	(③)	△
	단심	○	○	(⑤)

○ : 사용할 수 있다.
× : 사용할 수 없다.
△ : 적용할 수 없거나 실용상 일반적으로 사용할 수 없다.

Answer

① : × ② : ○ ③ : ○ ④ : ○ ⑤ : △

Explanation

(KEC 232.2조) 배선설비 공사의 종류

전선 및 케이블		공사방법						
		케이블공사			전선관 시스템	케이블트렁킹 시스템 (몰드형, 바닥매입형 포함)	케이블덕팅 시스템	케이블트레이 시스템 (래더, 브래킷 등 포함)	애자공사
		비고정	직접 고정	지지선					
나전선		×	×	×	×	×	×	×	○
절연전선(b)		×	×	×	○	○(a)	○	×	○
케이블(외장 및 무기질절연물을 포함)	다심	○	○	○	○	○	○	○	△
	단심	△	○	○	○	○	○	○	△

○ : 사용할 수 있다.
× : 사용할 수 없다.
△ : 적용할 수 없거나 실용상 일반적으로 사용할 수 없다.

a : 케이블트렁킹이 IP4X 또는 IPXXD급의 이상의 보호조건을 제공하고, 도구 등을 사용하여 강제적으로 덮개를 제거할 수 있는 경우에 한하여 절연전선을 사용할 수 있다.
b : 보호 도체 또는 보호 본딩도체로 사용되는 절연전선은 적절하다면 어떠한 절연 방법이든 사용할 수 있고 전선관시스템, 렁킹시스템 또는 덕트시스템에 배치하지 않아도 된다.

05 (4점)

다음은 KS C IEC 62305-3에 따른 피뢰시스템의 등급별 인하도선 사이의 최적의 간격에 관한 표이다. 빈칸에 알맞은 답을 답란에 적으시오.

피뢰시스템의 등급	간격[m]
I	①
II	②
III	③
IV	④

① :   ② :   ③ :   ④ :

Answer

① : 10   ② : 10   ③ : 15   ④ : 20

Explanation

(KS C IEC 62305-3) 5.3.3 분리되지 않은 피뢰시스템의 배치

피뢰시스템의 등급	간격[m]
I	10
II	10
III	15
IV	20

06 (5점)

아래 그림과 같이 전선 지지점에 고저차가 없는 곳에 경간의 이도가 각각 1[m], 4[m]로 동일한 장력으로 전선이 가설되어 있다. 사고가 발생해 중앙의 지지점에서 전선이 떨어졌다면 전선의 지표상 최저 높이[m]를 구하시오.

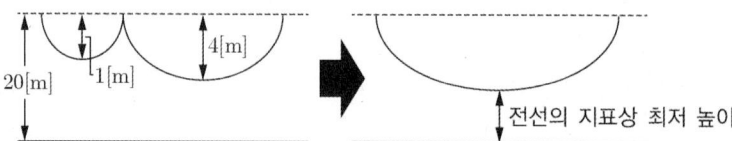

• 계산 :

• 답 :

Answer

계산 : 이도 $D^2 = \left(\dfrac{D_1^2}{s_1} + \dfrac{D_2^2}{s_2}\right)(s_1 + s_2) = \left(\dfrac{1^2}{s_1} + \dfrac{4^2}{2s_1}\right)(s_1 + 2s_1)$

$D = \sqrt{27} = 5.2[\mathrm{m}]$

따라서 전선지표상 최저 높이 $h = H - D = 20 - 5.2 = 14.8[\mathrm{m}]$

답 : 14.8[m]

Explanation

$D_1 = 1[\text{m}]$ 이도에서의 경간을 s_1이라 하면 $L_1 = s_1 + \dfrac{8D_1^2}{3s_1}$

$D_2 = 4[\text{m}]$ 이도에서의 경간을 s_2라 하면 $L_2 = s_2 + \dfrac{8D_2^2}{3s_2}$

사고가 발생해 중앙의 지지점에서 전선이 떨어졌을 때
실제 길이 $L = L_1 + L_2$이므로

$$L = L_1 + L_2 = s_1 + \dfrac{8D_1^2}{3s_1} + s_2 + \dfrac{8D_2^2}{3s_2} = (s_1 + s_2) + \dfrac{8}{3}\left(\dfrac{D_1^2}{s_1} + \dfrac{D_2^2}{s_2}\right)$$

여기서, $s = s_1 + s_2$이며

$L = s + \dfrac{8D^2}{3s} = (s_1 + s_2) + \dfrac{8D^2}{3(s_1 + s_2)}$에서

$\dfrac{8D^2}{3(s_1 + s_2)} = \dfrac{8}{3}\left(\dfrac{D_1^2}{s_1} + \dfrac{D_2^2}{s_2}\right)$

따라서 중앙의 지지점에서 전선이 떨어졌을 때의 이도 $D^2 = \left(\dfrac{D_1^2}{s_1} + \dfrac{D_2^2}{s_2}\right)(s_1 + s_2)$

문제에서 장력이 같다고 주어졌으므로 $T = \dfrac{ws_1^2}{8D_1} = \dfrac{ws_2^2}{8D_2}$이며,

$\dfrac{s_2}{s_1} = \sqrt{\dfrac{D_2}{D_1}} = \sqrt{\dfrac{4}{1}} = 2$에서 $s_2 = 2s_1$

이도 $D^2 = \left(\dfrac{D_1^2}{s_1} + \dfrac{D_2^2}{s_2}\right)(s_1 + s_2) = \left(\dfrac{1^2}{s_1} + \dfrac{4^2}{2s_1}\right)(s_1 + 2s_1)$

$\qquad = \dfrac{18}{2s_1} \times 3s_1 = 27[\text{m}]$

$D = \sqrt{27} = 5.2[\text{m}]$
따라서 전선지표상 최저 높이 $h = H - D = 20 - 5.2 = 14.8[\text{m}]$

07

(5점)

한국전기설비규정에 규정된 가연성 가스 등의 위험장소에서의 금속관공사 시 유의사항에 대한 내용이다. 빈칸에 알맞은 내용을 답란에 적으시오.

> 1. 관 상호 간 및 관과 박스 기타 부속품·풀 박스 또는 전기기계 기구와는 (①)턱 이상 나사 조임으로 접속하는 방법 기타 또는 이와 동등 이상의 효력이 있는 방법에 의하여 견고하게 접속할 것
> 2. 전동기에 접속하는 부분에서 가요성을 필요로 하는 부분의 배선에는 (②)의 방폭형 또는 안전증가 방폭형의 유연성 부속을 사용할 것

① :   ② :

Answer

① : 5   ② : 내압

Explanation

(KEC 242.3조) 가연성 가스 등의 위험장소
가. 금속관공사에 의할 때에는 242.2.1의 "나" (1)의 규정에 준하여 시설하는 이외에 다음에 의할 것
  (1) 관 상호 간 및 관과 박스 기타의 부속품풀 박스 또는 전기기계기구와는 5턱 이상 나사 조임으로 접속하는 방법 또는 기타 이와 동등 이상의 효력이 있는 방법에 의하여 견고하게 접속할 것
  (2) 전동기에 접속하는 부분으로 가요성을 필요로 하는 부문의 배선에는 232.12.2 의 1의 "가"의 단서에 규정하는 방폭의 부속품 중 내압(耐壓)의 방폭형 또는 안전증가 방폭형(安全增加 防爆型)의 유연성 부속을 사용할 것

08 ★★☆☆☆ (5점)
345[kV] 송전선로를 철도를 횡단하여 설치하는 경우 지표상 높이는 최소 몇 [m]인가?

• 계산 :

• 답 :

Answer

계산 : 단수 = $\dfrac{345-160}{10}$ = 18.5 → 19단

따라서 전선의 지표상 높이=6.5+19×0.12=8.78[m]

답 : 8.78[m]

Explanation

(KEC 333.7조) 특고압 가공전선의 높이

특고압 가공전선의 지표상(철도 또는 궤도를 횡단하는 경우에는 레일면상, 횡단보도교를 횡단하는 경우에는 그 노면상)의 높이는 표에서 정한 값 이상이어야 한다.

사용전압의 구분	지표상의 높이
35[kV] 이하	5[m] (철도 또는 궤도를 횡단하는 경우에는 6.5[m], 도로를 횡단하는 경우에는 6[m], 횡단보도교의 위에 시설하는 경우로서 전선이 특고압절연전선 또는 케이블인 경우에는 4[m])
35[kV] 초과 160[kV] 이하	6[m] (철도 또는 궤도를 횡단하는 경우에는 6.5[m], 산지(山地) 등에서 사람이 쉽게 들어갈 수 없는 장소에 시설하는 경우에는 5[m], 횡단보도교의 위에 시설하는 경우 전선이 케이블인 때는 5[m])
160[kV] 초과	6[m] (철도 또는 궤도를 횡단하는 경우에는 6.5[m] 산지 등에서 사람이 쉽게 들어갈 수 없는 장소를 시설하는 경우에는 5[m])에 160[kV]를 초과하는 10[kV] 또는 그 단수마다 0.12[m]을 더한 값

09 ★★☆☆☆ (6점)

가로 12[m], 세로 18[m], 천장 높이 3[m], 작업면 높이 0.8[m]인 곳에 작업면의 조도를 500[lx]로 하기 위하여 형광등 1등의 광속이 2,750[lm]인 40[W] 형광등을 설치하고자 한다. 다음 물음에 답하시오. 단, 감광보상률 1.3, 조명률 63[%]이다.

(1) 실지수를 계산하시오.
- 계산 :
- 답 :

(2) 소요 등수를 계산하시오.
- 계산 :
- 답 :

(3) 공간비율을 계산하시오.
- 계산 :
- 답 :

Answer

(1) 계산 : $K = \dfrac{X \cdot Y}{H(X+Y)} = \dfrac{12 \times 18}{(3-0.8)(12+18)} = 3.27$ 답 : 3.0

(2) 계산 : $N = \dfrac{500 \times 12 \times 18 \times 1.3}{2,750 \times 0.63} = 81.04$ 답 : 82[등]

(3) 계산 : 공간비율 $CR = \dfrac{5 \times 3 \times (12+18)}{12 \times 18} = 2.08$ 답 : 2.08

Explanation

- 실지수(방지수) = $\dfrac{XY}{H(X+Y)}$

  여기서, H : 등의 높이−작업면 높이[m]
  X : 방의 가로[m]
  Y : 방의 세로[m]

- 조명계산
  $FUN = ESD$

  여기서, F[lm] : 광속, U[%] : 조명률, N[등] : 등수
  E[lx] : 조도, S[m²] : 면적, $D = \dfrac{1}{M}$: 감광보상률 = $\dfrac{1}{보수율}$

  등수 $N = \dfrac{ESD}{FU}$ 이며 등수계산은 소수점은 무조건 절상한다.

- 공간 비율 $CR = \dfrac{5h \times (공간의 길이 + 공간의 폭)}{공간의 면적}$

- 실지수표

기호	A	B	C	D	E	F	G	H	I	J
실지수	5.0	4.0	3.0	2.5	2.0	1.5	1.25	1.0	0.8	0.6
범위	4.5 이상	4.5~3.5	3.5~2.75	2.75~2.25	2.25~1.75	1.75~1.38	1.38~1.12	1.12~0.9	0.9~0.7	0.7 이하

BEST 10 다음 철탑의 명칭을 쓰시오. (6점)

(1)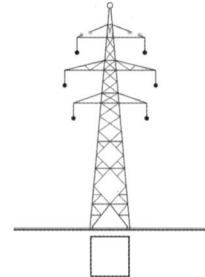
(2)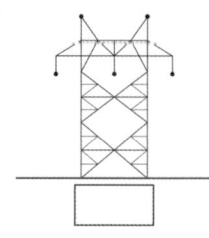
(3)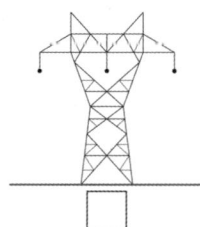
(4)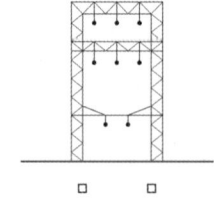
(5)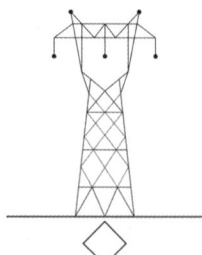
(6)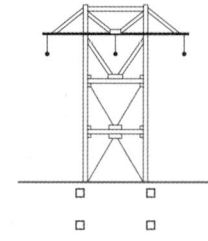

(1) : (2) :
(3) : (4) :
(5) : (6) :

Answer

(1) 사각 철탑
(2) 방형 철탑
(3) 우두형 철탑
(4) 문형 철탑
(5) 회전형 철탑
(6) MC 철탑

Explanation

철탑의 형태에 의한 종류
- 사각 철탑 : 4면이 동일한 모양과 강도를 가진 철탑으로 2회선용으로 사용할 수 있으며 현재 가장 많이 사용되고 있다.
- 방형 철탑 : 마주보는 2면이 각각 동일한 모양과 강도를 가진 철탑으로 1회선용으로 사용된다.
- 우두형 철탑 : 중간부 이상이 특히 넓은 형의 철탑으로 외국의 경우 초고압송전선이나 눈이 많은 지역에 사용된다.
- 문형 철탑(Gantry Tower) : 전차선로나 수로, 도로상에 송전선을 시설할 때 많이 사용된다.
- 회전형 철탑 : 철탑의 중앙부 이상과 이하가 45° 회전형의 철탑으로 철탑부재의 강도를 가장 유용하게 이용한 철탑이다.
- MC 철탑 : 스위스의 Motor Columbus사가 개발한 철탑으로 콘크리트를 채운 강관형 철탑으로 철강재가 적어 경량화가 가능하며 운반 및 조립이 쉬운 철탑이다.

11 전동기 Y-△ 기동 운전 제어회로이다. 다음 물음에 답하시오. (8점)

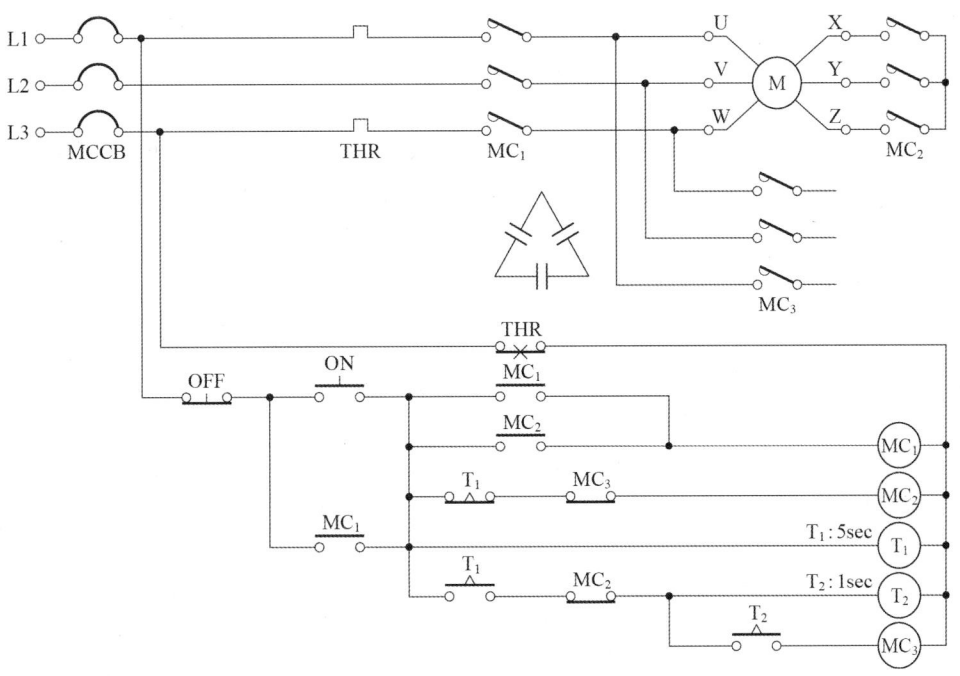

(1) Y-△ 기동 운전이 가능하고, 역률이 개선될 수 있도록 위의 회로도를 완성하시오.
(2) 회로도를 보고 아래의 타임차트를 완성하시오(단, 누름버튼스위치 PB의 신호는 PB를 누르는 동작을 의미하며 보조 접점의 시간은 무시한다).

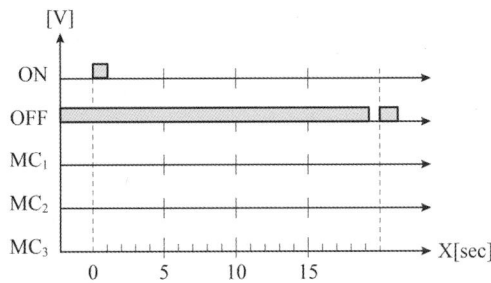

✎ Answer

(1) 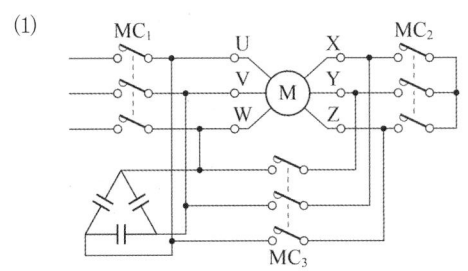   (2)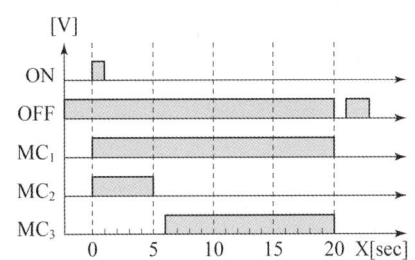

Explanation

- Y-△ 기동의 주회로 결선

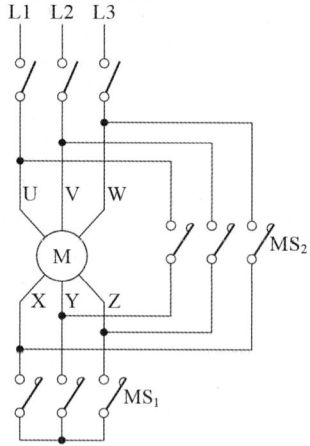

- Y-△ 기동 시의 기동전류는 전전압 기동 전류의 1/3배이며 전원 투입 후 Y결선으로 기동한 후 타이머의 설정 시간이 되면 △결선으로 운전한다. 이 때 Y결선은 정지하며 Y와 △는 동시투입이 되어서 안 된다(인터록).
- 콘덴서 : 전원에 접속

12 장간형 현수애자 조립방법이다. 그림에서 ①, ②, ③, ④, ⑤의 명칭을 쓰시오. (5점)

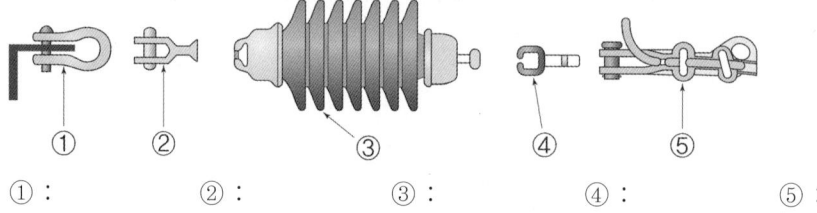

① :　　　　② :　　　　③ :　　　　④ :　　　　⑤ :

Answer

① 앵카쇄클
② 볼크레비스
③ 장간형 현수 애자
④ 소켓아이
⑤ 데드 앤드 클램프

Explanation

장간형 현수애자 설치

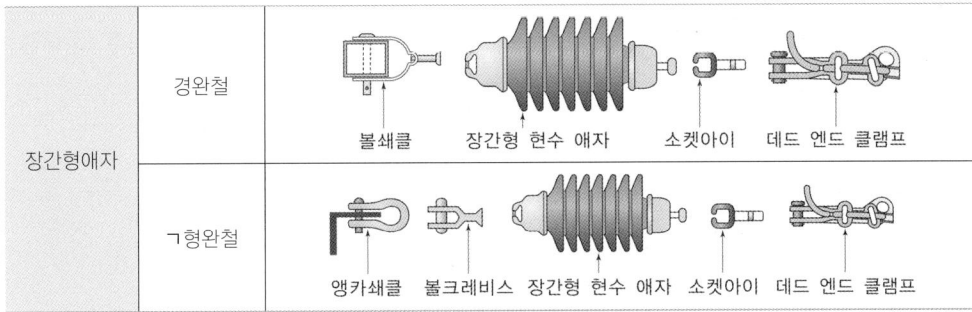

13 (3점)

정전이나 전원에 이상 상태가 발생하였을 때 정상적으로 전력을 부하 측에 즉시 공급하는 설비의 명칭을 쓰시오.

Answer

무정전 전원 공급 장치

Explanation

- 무정전 전원 공급 장치(UPS : Uninterruptible Power Supply)
  - 구성 : 축전지, 정류 장치(Converter), 역변환 장치(Inverter)
  - 선로의 정전이나 입력 전원에 이상 상태가 발생하였을 경우에도 정상적으로 전력을 부하 측에 공급하는 설비

- UPS의 구성도

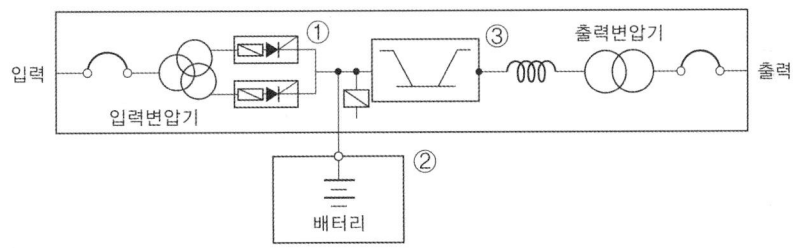

- UPS 구성 장치
  ① 순변환(정류) 장치(Converter) : 교류를 직류로 변환
  ② 축전지 : 정류 장치에 의해 변환된 직류 전력을 저장
  ③ 역변환 장치(Inverter) : 직류를 상용 주파수의 교류 전압으로 변환

- 축전지 용량

  $C = \dfrac{1}{L} KI \text{[Ah]}$

  여기서, C : 축전지의 용량[Ah]
  L : 보수율(경년용량 저하율)
  K : 용량환산 시간 계수
  I : 방전 전류[A]

14 장주의 종류에서 수평배열에 해당하는 장주 3종류와 수직배열에 해당하는 장주 1종류를 쓰시오. (4점)

(1) 수평배열 :
(2) 수직배열 :

Answer

(1) 수평배열 : 보통장주, 창출장주, 편출장주
(2) 수직배열 : 래크장주

Explanation

- 수평배열 : 보통장주, 창출장주, 편출장주
- 수직배열 : 래크장주
  ① 창출장주 : 전주에 완금을 설치할 때 전주를 중심으로 완금의 일부를 어느 한쪽으로 치우쳐 설치하는 장주
  ② 편출장주 : 전주에 완금을 설치할 때 완금을 전주의 한 쪽으로 완전히 치우쳐 설치하는 장주
  ③ 보통장주 : 전주에 완금을 설치할 때 전주를 중심으로 완금의 길이가 좌우 같은 길이가 되도록 설치하는 장주

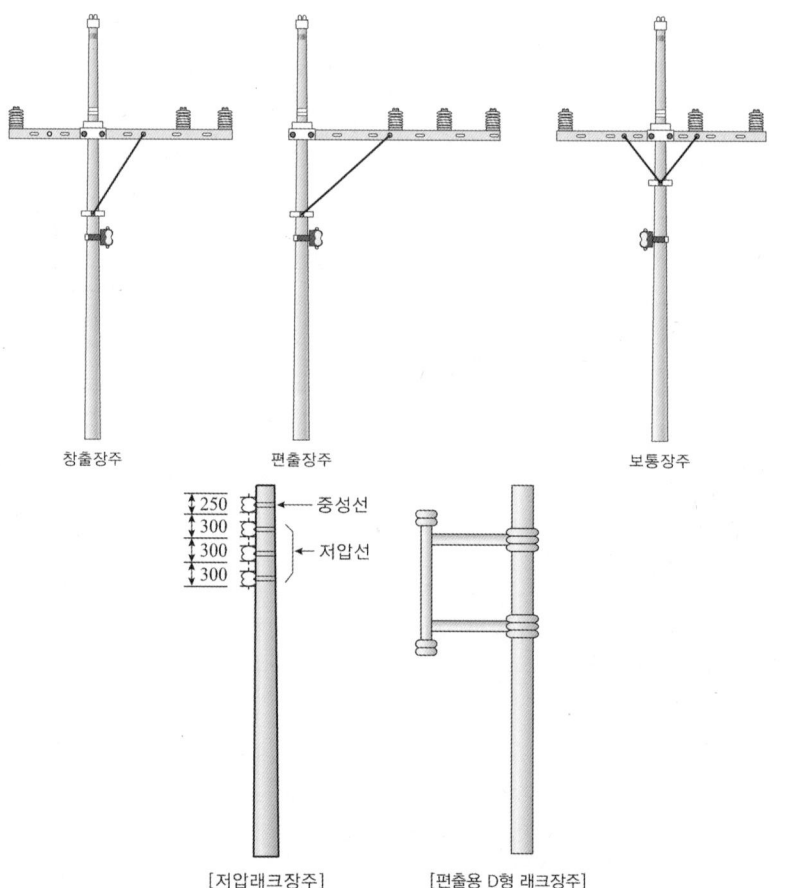

15 다음 변압기의 내부 고장 검출을 위한 기기의 명칭을 적으시오. (5점)

- 96B :
- 96P :
- 33Q :

Answer

- 96B : 부흐홀쯔 경보계전기
- 96P : 순시압력계전기
- 33Q : 유면검출장치

Explanation

계전기별 고유번호

기구번호	명칭	설명
96	정지기 내부고장 검출장치	
96-1	부흐홀쯔 경보계전기	변압기 등의 내부고장을 기계적으로 검출하는 것
96-2	부흐홀쯔 트립 계전기	
96P	순시압력 계전기	
33	위치검출장치 또는 개폐기	
33CO_2	CO_2 소화기 개폐기	
33Q	유면검출장치	유면 액면의 위치와 관련하여 동작
33W	수위개폐기	
33S	탭 검출장치	

16 철탑 기초의 종류를 2가지만 쓰시오. (4점)

Answer

직접기초, 말뚝기초

Explanation

철탑의 기초

철탑기초는 대체로 작용하중의 종류에 의해 연직하중과 모멘트 하중기초로 분류함.
직접기초, 말뚝기초, 피어(Pier)기초 및 앵커(Anchor)기초 등으로 구분한다.
1) 직접기초
   상판부(上板部)등에 의한 하중을 지반에 직접 전달하는 구조물. 역T자형 콘크리트기초 등이 있음.
2) 말뚝기초
   주로 말뚝(pile)에 의해 하중을 지반에 전달하는 구조물. 이미 제작된 말뚝기초 또는 현장타설 콘크리트 말뚝 기초 등이 있음
3) 피어(Pier-기둥)기초
   Pier 등에 의해 하중을 지반에 전달하는 구조물. 심형기초, 정통기초 등이 있음.
4) 앵커(Anchor) 기초
   앵커 등에 의해 하중을 전달하는 구조물.

17 ★☆☆☆☆ (20점)

아래 그림은 22.9[kV] 배전선로의 내장주 건주공사도이다. 주어진 조건과 품셈을 이용하여 물음에 답하시오.

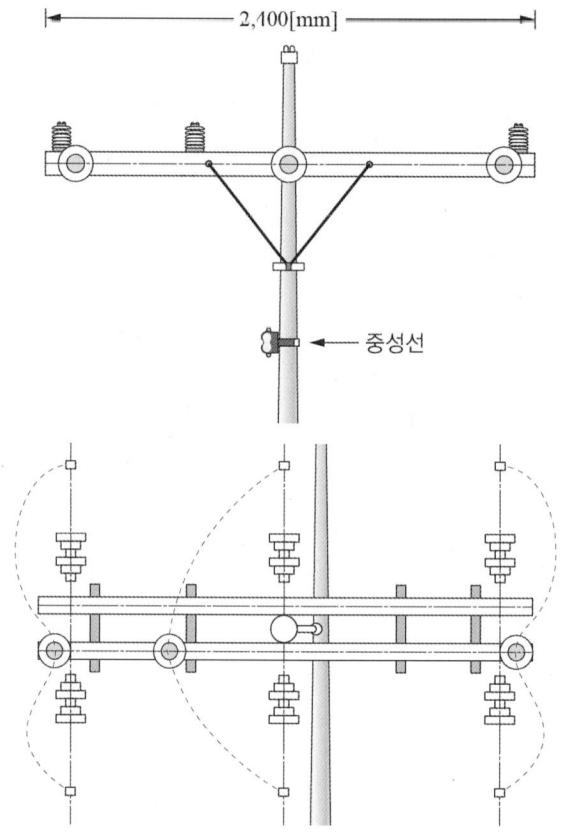

[조건]
(1) 전주는 CP 16[m]이며, 전주용 근가는 1개 설치한다.
(2) 중성선용 랙 및 지선밴드 설치는 고려하지 않는다.
(3) 완철, 가공지선지지대, 애자는 주상설치 기준이며 지상조립이 불가능한 경우이다.
(4) 공구손료는 노무비의 3[%]로 계산한다.
(5) 직접노무비는 노무비+공구손료로 계산한다.
(6) 간접노무비는 직접노무비의 15[%]로 계산한다.
(7) 노임단가는 배전전공 336,973[원], 보통인부 125,427[원]이다.
(8) 인공은 소수점 넷째자리까지 구한다
(9) 각 금액 계산 시 소수점 이하는 버린다.
(10) 기타 조건은 무시한다.

[품셈1] 콘크리트 전주 인력 건주 (단위 : 본)

규 격	배전전공	보통인부
8[m] 이하	0.89	1.01
10[m] 〃	1.10	1.39
12[m] 〃	1.52	1.60
14[m] 〃	1.95	2.29
16[m] 〃	2.70	2.76

[해설]
(1) 전주 길이의 1/6을 묻는 기분이며, 계단식 터파기, 되메우기 포함, 암판 터파기는 별도 계상
(2) 근가 1본 포함, 1본 추가마다 10[%] 가산
(3) 지주공사는 건주공사 적용
(4) 주입목주는 콘크리트전주의 50[%], 불주입목주는 콘크리트전주의 40[%]
(5) H주 건주 200[%], A주 건주 160[%]
(6) 3각주 건주 300[%], 4각주 건주 400[%]
(7) 단계주 및 인자형 계주의 건주는 각각의 단주 건주품을 합한 품 적용
(8) 주의표 및 번호표 설치 시 1매당 보통인부 0.068[인], 기입만 할 때는 전기공사산업기사 0.04[3]인 계상
(9) 조립식 강관주도 본 품을 적용하며, 조립 후의 전장길이를 기준으로 한다. 단, 16[m] 초과 시 [m]당 배전전공 0.56[인] 보통인부 0.59[인]을 가산하며, 1[m] 미만은 사사오입한다.
(10) 철거 50[%], 재사용 철거 80[%]

[품셈2] ㄱ형 완철 및 피뢰선(가공지선) 지지대 주상설치 (단위 : 개)

규 격	배전전공	보통인부
ㄱ형 완철 1[m] 이하	0.05	0.05
ㄱ형 완철 2[m] 이하	0.06	0.06
ㄱ형 완철 3[m] 이하	0.07	0.07
ㄱ형 완철 4[m] 이하	0.09	0.09
가공지선지지대 (내장용 및 직전용)	0.10	0.05

[해설]
(1) ㄱ형 완철 설치 기준, 경완철 80[%]
(2) Arm Tie 설치 포함
(3) 편출공사 120[%]
(4) 지상조립 75[%](공동설치 과다 개소, 수목접촉 개소, 공간협소 개소 등 지장물 및 안전 위해 요소로 지상조립이 불가능한 경우 제외)
(5) 피뢰선 지지대 철거 50[%], 재사용 철거 80[%]
(6) 철거 30[%], 재사용 철거 50[%]
(7) 단일형 내상완철의 경우 ㄱ형 완철에 준함

[품셈3] 배전용 애자 설치 (단위 : 개)

종 별	배전전공	보통인부
라인포스트애자	0.046	0.046
현수애자	0.032	0.032
내오손 결합애자	0.025	0.025
저압용 인류애자	0.020	-

[해설]
(1) 애자 교체 150[%]
(2) 특고압 핀애자는 라인포스트 애자에 준함
(3) 철거 50[%], 재사용 철거 80[%]
(4) 동일 장소에 추가 1개마다 기본품의 45[%] 적용
(5) 저압용 인류애자 지상조립 75[%] (공동설치 과다 개소, 수목접촉 개소, 공간협소 개소 등 저장물 및 안전 위해요소로 지상조립이 불가능한 경우 제외)

(1) 재료의 수량을 답란에 채우시오.

품 명	규 격	단위	수량	비고
전주	CP 16[m]	본	1	
라인포스트애자		개	①	
특고압현수애자		개	②	
완철	경완철	개	③	
가공지선지지대		개	④	

(2) (1)항 재료들의 배전전공 및 보통인부의 총 공량[인]을 계산하시오.
  ① 배전전공
   • 계산 : • 답 :
  ② 보통인부
   • 계산 : • 답 :

(3) 노무비를 계산하시오.
  ① 노무비
   • 계산 : • 답 :
  ② 공구손료
   • 계산 : • 답 :
  ③ 간접노무비
   • 계산 : • 답 :

Answer

(1) ① : 3 ② : 12 ③ : 2 ④ : 1

(2) ① 계산 : 16[m] 배전전주 : $2.70 \times 1 = 2.7$[인]
   라인포스트애자 : $0.046 + (2 \times 0.046 \times 0.45) = 0.0874$[인]
   특고압현수애자 : $0.032 + (11 \times 0.032 \times 0.45) = 0.1904$[인]
   완철 : $0.07 \times 2 \times 0.8 = 0.112$[인]
   가공지선지지대 : $0.10 \times 1 = 0.1$[인]
   답 : 3.1898[인]

② 계산 : 16[m] 배전전주 : $2.76 \times 1 = 2.76$[인]
   라인포스트애자 : $0.046 + (2 \times 0.046 \times 0.45) = 0.0874$[인]
   특고압현수애자 : $0.032 + (11 \times 0.032 \times 0.45) = 0.1904$[인]
   완철 : $0.07 \times 2 \times 0.8 = 0.112$[인]
   가공지선지지대 : $0.05 \times 1 = 0.05$[인]
   답 : 3.1998[인]

(2) ① 계산 : 배전전공 : $3.1898 \times 336,973 = 1,074,876$[원]
   보통인부 : $3.1998 \times 125,427 = 401,341$[원]
   답 : 1,476,217[원]

② 계산 : $1,476,217 \times 0.03 = 44,286$[원]
   답 : 44,286[원]

③ 계산 : $(1,476,217 + 44,286) \times 0.15 = 228,075$[원]
   답 : 228,075[원]

[품셈1] 콘크리트 전주 인력 건주 (단위 : 본)

규 격	배전전공	보통인부
8[m] 이하	0.89	1.01
10[m] 〃	1.10	1.39
12[m] 〃	1.52	1.60
14[m] 〃	1.95	2.29
16[m] 〃	2.70	2.76

[해설]
(1) 전주 길이의 1/6을 묻는 기분이며, 계단식 터파기, 되메우기 포함, 암판 터파기는 별도 계상
(2) 근가 1본 포함, 1본 추가마다 10[%] 가산
(3) 지주공사는 건주공사 적용
(4) 주입목주는 콘크리트전주의 50[%], 불주입목주는 콘크리트전주의 40[%]
(5) H주 건주 200[%], A주 건주 160[%]
(6) 3각주 건주 300[%], 4각주 건주 400[%]
(7) 단계주 및 인자형 계주의 건주는 각각의 단주 건주품을 합한 품 적용
(8) 주의표 및 번호표 설치 시 1매당 보통인부 0.068[인], 기입만 할 때는 전기공사산업기사 0.04[3]인 계상
(9) 조립식 강관주도 본 품을 적용하며, 조립 후의 전장길이를 기준으로 한다. 단, 16[m] 초과 시 [m]당 배전전공 0.56[인] 보통인부 0.59[인]을 가산하며, 1[m] 미만은 사사오입한다.
(10) 철거 50[%], 재사용 철거 80[%]

[품셈2] ㄱ형 완철 및 피뢰선(가공지선) 지지대 주상설치 (단위 : 개)

규 격	배전전공	보통인부
ㄱ형 완철 1[m] 이하	0.05	0.05
ㄱ형 완철 2[m] 이하	0.06	0.06
ㄱ형 완철 3[m] 이하	0.07	0.07
ㄱ형 완철 4[m] 이하	0.09	0.09
가공지선지지대 (내장용 및 직전용)	0.10	0.05

[해설]
(1) ㄱ형 완철 설치 기준, 경완철 80[%]
(2) Arm Tie 설치 포함
(3) 편출공사 120[%]
(4) 지상조립 75[%](공동설치 과다 개소, 수목접촉 개소, 공간협소 개소 등 지장물 및 안전 위해 요소로 지상조립이 불가능한 경우 제외)
(5) 피뢰선 지지대 철거 50[%], 재사용 철거 80[%]
(6) 철거 30[%], 재사용 철거 50[%]
(7) 단일형 내장완철의 경우 ㄱ형 완철에 준함

[품셈3] 배전용 애자 설치 (단위 : 개)

종 별	배전전공	보통인부
라인포스트애자	0.046	0.046
현수애자	0.032	0.032
내오손 결합애자	0.025	0.025
저압용 인류애자	0.020	-

[해설]
(1) 애자 교체 150[%]
(2) 특고압 핀애자는 라인포스트 애자에 준함
(3) 철거 50[%], 재사용 철거 80[%]
(4) 동일 장소에 추가 1개마다 기본품의 45[%] 적용
(5) 저압용 인류애자 지상조립 75[%] (공동설치 과다 개소, 수목접촉 개소, 공간협소 개소 등 지장물 및 안전 위해요소로 지상조립이 불가능한 경우 제외)

2회 2021년 전기공사기사 실기

01 ★★★☆☆ (6점)

ACSR 58[mm²] 전선으로 전력을 공급하는 긍장 1[km]인 3상 2회선의 배전 선로가 포설되어 있다. 부하 설비의 증기로 상부에 기설된 전선을 ACSR 95[mm²]로 교체하는 경우의 직접 노무비 소계와 간접 노무비 및 인건비 계를 구하시오.

단, • 노임단가 배전전공 361,000원, 보통인부 141,000원이다.
 • 인공 산출 시 소수점 이하까지 모두 계산한다.
 • 간접 노무비는 직접 노무비의 15[%]로 계산한다.
 • 철거되는 전선은 재사용하는 것으로 한다.

[표 1] 배전선 전선설치(가선)   단위 : 100[m]당

규격	배전전공	보통인부
나동선 14[mm²] 이하	0.10	0.05
22[mm²] 이하	0.16	0.08
38[mm²] 이하	0.26	0.13
60[mm²] 이하	0.38	0.19
100[mm²] 이하	0.54	0.27
150[mm²] 이하	0.66	0.33
200[mm²] 이하	0.72	0.36
200[mm²] 초과	0.76	0.38
ACSR, ASC 38[mm²] 이하	0.30	0.15
58[mm²] 이하	0.44	0.22
95[mm²] 이하	0.64	0.32
160[mm²] 이하	0.78	0.39
240[mm²] 이하	0.9	0.45

[해설]
① 이 품은 1선당 수작업으로 전선 펴기, 당기기, 처짐 정도 조정 포함
② 애자에 묶는 품 포함
③ 피복선 120[%]
④ 기존 선로 상부 가설 120[%]
⑤ 장력 조정만 할 때 20[%], 주상이설 70[%]
⑥ 가공피뢰선(가공지선) 80[%]
⑦ 재사용 전선 설치 110[%]
⑧ [m]당으로 환산시는 본품을 100으로 나누어 산출
⑨ 철거 50[%], 재사용 철거 80[%]
⑩ 기타 할증은 무시한다.
(1) 배전전공의 인공과 노임을 계산하시오.

• 계산 :　　　　　　　　　　　　　　• 답 :

(2) 보통인부의 인공과 노임을 계산하시오.
• 계산 :　　　　　　　　　　　　　　• 답 :

(3) 간접노무비를 계산하시오.
• 계산 :　　　　　　　　　　　　　　• 답 :

Answer

(1) 배전전공 인공

　계산 : $\dfrac{0.44}{100} \times 1{,}000 \times 3 \times 1.2 \times 0.8 + \dfrac{0.64}{100} \times 1{,}000 \times 3 \times 1.2 = 35.712[\text{인}]$

답 : 35.712[인]

　배선선공 노임
　계산 : $35.712 \times 361{,}000 = 12{,}892{,}032[\text{원}]$

답 : 12,892,032[원]

(2) 보통인부 인공

　계산 : $\dfrac{0.22}{100} \times 1{,}000 \times 3 \times 1.2 \times 0.8 + \dfrac{0.32}{100} \times 1{,}000 \times 3 \times 1.2 = 17.856[\text{인}]$

답 : 17.856[인]

　보통인부 노임
　계산 : $17.856 \times 141{,}000 = 2{,}517{,}696[\text{원}]$

답 : 2,517,696[원]

(3) 계산 : $(12{,}892{,}032 + 2{,}517{,}696) \times 0.15 = 2{,}311{,}459[\text{원}]$

답 : 2,311,459[원]

Explanation

- 2회선 중 상부 전선 1회선만 교체(철거+신설)
- ACSR 58[㎟] 철거

　배전전공 $= 0.44 \times \dfrac{1{,}000}{100} \times 3 \times 1.2 \times 0.8 = 12.672[\text{인}]$

　보통인부 $= 0.22 \times \dfrac{1{,}000}{100} \times 3 \times 1.2 \times 0.8 = 6.336[\text{인}]$

100[m]당

규격	배전전공	보통인부
ACSR, ASC 38[㎟] 이하	0.80	0.15
58[㎟] 이하	0.44	0.22
95[㎟] 이하	0.64	0.32
160[㎟] 이하	0.78	0.39
240[㎟] 이하	0.9	0.45

① 이 품은 1선당 수작업으로 전선 펴기, 당기기, 처짐 정도 조정 포함이므로 3서을 적용
④ 기설 선로 상부 가설 120[%]
⑨ 재사용 철거 80[%]

- ACSR 95[㎟] 상부 가설

　배전전공 $= 0.64 \times \dfrac{1{,}000}{100} \times 3 \times 1.2 = 23.04[\text{인}]$

　보통인부 $= 0.32 \times \dfrac{1{,}000}{100} \times 3 \times 1.2 = 11.52[\text{인}]$

100[m]당

규격	배전전공	보통인부
ACSR, ASC 38[mm²] 이하	0.30	0.15
58[mm²] 이하	0.44	0.22
95[mm²] 이하	0.64	0.32
160[mm²] 이하	0.78	0.39
240[mm²] 이하	0.9	0.45

① 이 품은 1선당 수작업으로 전선 펴기, 당기기, 처짐 정도 조정 포함이므로 3선을 적용
④ 기설 선로 상부 가설 120[%]

02 ★★☆☆☆ (6점)
다음 그림의 터파기 계산방법을 수식으로 적어라.

(1) 독립 기초파기   (2) 줄 기초파기

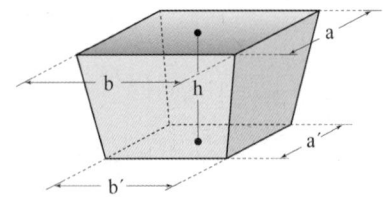 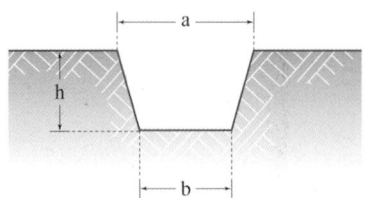

(3) 철탑 기초파기

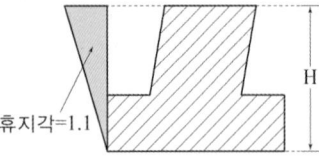

Answer

(1) 터파기량[m³] = $\dfrac{h}{6}\{(2a+a')b+(2a'+a)b'\}$

(2) 터파기량[m³] = $\left(\dfrac{a+b}{2}\right) \times h \times$ 줄 기초길이

(3) 터파기량[m³] = 가로 × 세로 × H × 1.21

Explanation

터파기량 계산
• 줄기초 파기 : 전선관 매설
$$터파기량[m^3] = \left(\dfrac{a+b}{2}\right) \times h \times 줄기초길이$$
• 철탑의 굴착량 : 터파기량[m³] = 가로 × 세로 × H × 1.21
  휴지각 = 1.1 × 1.1 = 1.21

03 3입력의 인터록 유접점 제어 회로도를 숙지한 다음, 다음 물음에 답하시오. (6점)

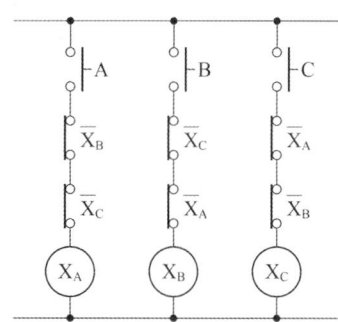

(1) 유접점 제어 회로를 무접점으로 그리시오. 단, AND(⏀), NOT(▷○) 심벌로만 그리시오. 기타는 틀림
(2) 타임 차트를 완성하시오.

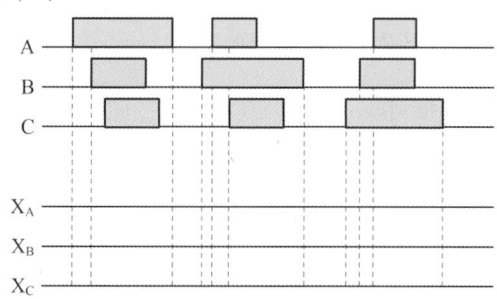

Answer

(1) 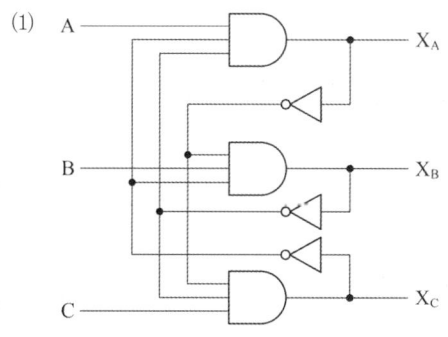   (2)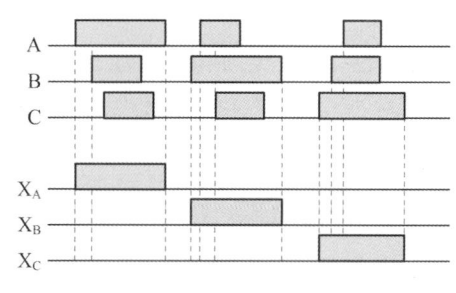

Explanation

유접점 회로를 논리식으로 표현하면
$X_A = A \cdot \overline{X_B} \cdot \overline{X_C}$
$X_B = B \cdot \overline{X_A} \cdot \overline{X_C}$
$X_C = C \cdot \overline{X_A} \cdot \overline{X_B}$

04

전기안전관리법 시행규칙에 따라 자가용 전기설비(1,500[kW])의 신규 설치 시 공사계획 신고서를 제출하여야 한다. 공사계획 신고서의 첨부서류를 5가지만 적으시오(단, 부득이한 공사 및 원자력 발전소의 경우가 아닌 경우이다). (5점)

Answer

① 공사계획서
② 설계도서
③ 공사공정표
④ 기술시방서
⑤ 전기안전공사 사전기술검토서

Explanation

전기안전관리법 시행규칙
제4조(공사계획 인가 등의 신청)
① 법 제8조제1항에 따른 공사계획의 인가 또는 변경인가를 신청하려는 자는 별지 제1호서식의 공사계획 인가(변경인가) 신청서에 별표 2에 따른 공사계획의 인가(변경인가)신청 방법에 따라 작성한 서류를 첨부하여 산업통상자원부장관에게 제출해야 한다.
  가. 공사계획서
  나. 전기설비의 종류에 따라 제2호에 따른 사항을 적은 서류 및 기술자료
  다. 「전력기술관리법」 제2조제3호에 따른 설계도서
  라. 공사공정표
  마. 기술시방서
  바. 전기안전공사 사전기술검토서(제출대상 기관이 산업통상자원부장관인 경우만 첨부한다)
  사. 「전력기술관리법」 제12조의2제4항에 따른 감리원 배치확인서(공사감리 대상인 경우만 첨부한다). 다만, 전기안전관리자가 자체감리를 하는 경우에는 자체감리를 확인할 수 있는 서류로 한다.

05

한국전기설비규정에 따른 저압 전기설비에서 과전류 차단기로 저압전로에 사용되는 주택용 배선 차단기의 특성에 관한 표이다. 빈칸에 알맞은 값을 채우시오. (4점)

과전류트립 동작시간 및 특성(주택용 배선 차단기)

정격전류의 구분	시간	정격전류의 배수(모든 극에 통전)	
		부동작 전류	동작 전류
63[A] 이하	60분	(①)	(②)
63[A] 초과	120분	1.13배	1.45배

Answer

① : 1.13배   ② : 1.45배

Explanation

(KEC 212.3.4조) 과전류 보호장치
• 과전류트립 동작시간 및 특성(주택용 배선차단기)

정격전류의 구분	시간	정격전류의 배수(모든 극에 통진)	
		부동작 전류	동작 전류
63[A] 이하	60분	1.13배	1.45배
63[A] 초과	120분	1.13배	1.45배

06 ★☆☆☆☆ (3점)

22.9[kV-Y] 3상 4선식 선로의 전선을 수평으로 배치하기 위한 완금의 표준규격(길이)를 적으시오.

Answer

2,400[mm]

Explanation

완금(완철)은 전주에 설치하여 애자와 전선을 취부하는 것으로 경완금, ㄱ형 완금이 사용된다. 가공 전선로의 장주에 사용되는 완금의 표준길이[mm]는 다음과 같다.

전선의 조수	특고압	고압	저압
2	1,800	1,400	900
3	2,400	1,800	1,400

07 ★★★★☆ (5점)

자동고장 구분 개폐기, DS, LA, PF, MOF, 접지, 수전용 변압기의 심벌을 이용하여 22.9[kV-Y], 1,000[kVA] 이하에 적용 가능한 특고압 간이 수전설비 표준결선도를 그리시오(단, 인입구 및 부하표시는 반드시 할 것).

Answer

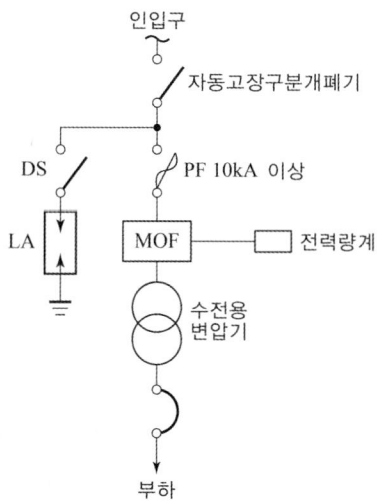

특고압 간이 수전 설비 표준 결선도(22.9[kV-Y] 1,000[kVA] 이하를 시설하는 경우)

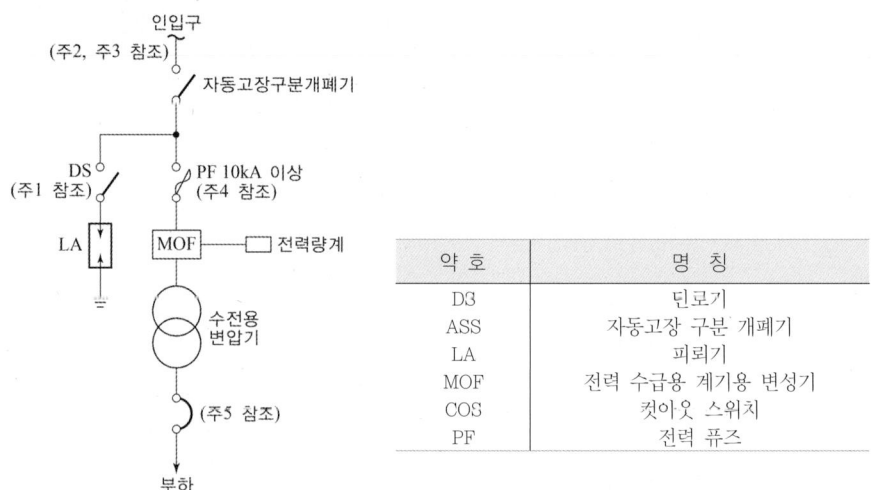

【주1】 LA용 DS는 생략할 수 있으며 22.9[kV-Y]용의 LA는 Disconnector(또는 Isolator) 붙임형을 사용하여야 한다.
【주2】 인입선을 지중선으로 시설하는 경우로서 공동주택 등 사고 시 정전 피해가 큰 수전 설비인입선은 예비선을 포함하여 2회선으로 시설하는 것이 바람직하다.
【주3】 지중 인입선의 경우에 22.9[kV-Y] 계통은 CNCV-W 케이블(수밀형) 또는 TR CNCV-W(트리억제형)을 사용하여야 한다. 다만, 전력구, 공동구, 덕트, 건물구내 등 화재의 우려가 있는 장소에서는 FR CNCO-W(난연)케이블을 사용하는 것이 바람직하다.
【주4】 300[kVA] 이하인 경우는 PF 대신 COS(비대칭 차단전류 10[kA] 이상의 것)을 사용할 수 있다.
【주5】 특별고압 간이 수전설비는 PF의 용단 등의 결상사고에 대한 대책이 없으므로 변압기 2차 측에 설치되는 주 차단기에는 결상계전기 등을 설치하여 결상사고에 대한 보호능력이 있도록 함이 바람직하다.

08 ★★★★☆ (4점)

일반용 단심 비닐절연전선 2.5[mm²] 3본, 10[mm²] 3본을 넣을 수 있는 후강전선관의 최소 굵기를 다음 표를 이용하여 선정하시오.

[표 1] 전선(피복절연물을 포함)의 단면적

도체 단면적[mm²]	전선의 단면적[mm²]	비고
1.5	9	
2.5	13	
4	17	전선의 단면적은 평균 완성 바깥지름의 상한 값을 환산한 값이다.
6	21	
10	35	
16	48	

[표 2] 절연전선을 금속관 내에 넣을 경우의 보정계수

도체 단면적[mm²]	보정계수
2.5, 4	2.0
6, 10	1.2
16 이상	1.0

[표 3] 후강 전선관의 내 단면적의 32[%] 및 48[%]

관의 호칭	내 단면적의 32[%][mm²]	내 단면적의 48[%][mm²]
16	67	101
22	120	180
28	201	301
36	342	513
42	460	690

• 계산 :   • 답 :

Answer

계산 : 보정 계수를 고려한 전선의 총 단면적 = 13×3×2+35×3×1.2 =204[mm²]
따라서 [표 3]에서 내 단면적의 32[%], 342[mm²]난의 36[호]로 선정한다.   답 : 36[호]

Explanation

① [표 1]에서 2.5[mm²] 3가닥 : 13×3 = 39[mm²]
    10[mm²] 3가닥 : 35×3 = 105[mm²]
② [표 2]에서 보정 계수를 적용하면 39×2.0+105×1.2 = 204[mm²]
③ 전선관에 서로 다른 전선을 넣을 때는 전선관의 내 단면적 32[%]를 적용
따라서 [표 3]에서 내 단면적의 32[%], 342[mm²]난의 36[호]로 선정한다.

(내선규정 2.225-5) 관의 굵기 선정
① 절연전선의 굵기 : 전선의 단면적(피복절연물 포함)×보정계수
② 전선관 선정
  • 동일 굵기의 절연 전선을 동일 관내에 넣을 경우 : 전선의 피복절연물 포함한 단면적의 총 합계가 관내 단면적의 48[%] 이하
  • 굵기가 다른 절연 전선을 동일 관내에 넣은 경우 : 전선의 피복절연물 포함한 단면적의 총 합계가 관내 단면적의 32[%] 이하

[표 1] 전선(피복절연물을 포함)의 단면적

도체 단면적[mm²]	전선의 단면적[mm²]	비고
1.5	9	전선의 단면적은 평균 완성 바깥지름의 상한 값을 환산한 값이다.
2.5	13	
4	17	
6	21	
10	35	
16	48	

[표 2] 절연전선을 금속관 내에 넣을 경우의 보정계수

도체 단면적[mm²]	보정계수
2.5, 4	2.0
6, 10	1.2
16 이상	1.0

[표 3] 후강 전선관의 내단면적의 32[%] 및 48[%]

관의 호칭	내 단면적의 32[%][mm²]	내 단면적의 48[%][mm²]
16	67	101
22	120	180
28	201	301
36	342	513
42	460	690

09 ★★☆☆☆ (8점)

그림은 어떤 변전소의 도면이다. 변압기 상호 부등률이 1.3이고, 부하의 역률 90[%]이다. STr의 %임피던스 4.6[%], Tr_1, Tr_2, Tr_3의 %임피던스가 10[%], 154[kV] BUS의 %임피던스가 0.4[%]이다. 다음 물음에 답하시오.

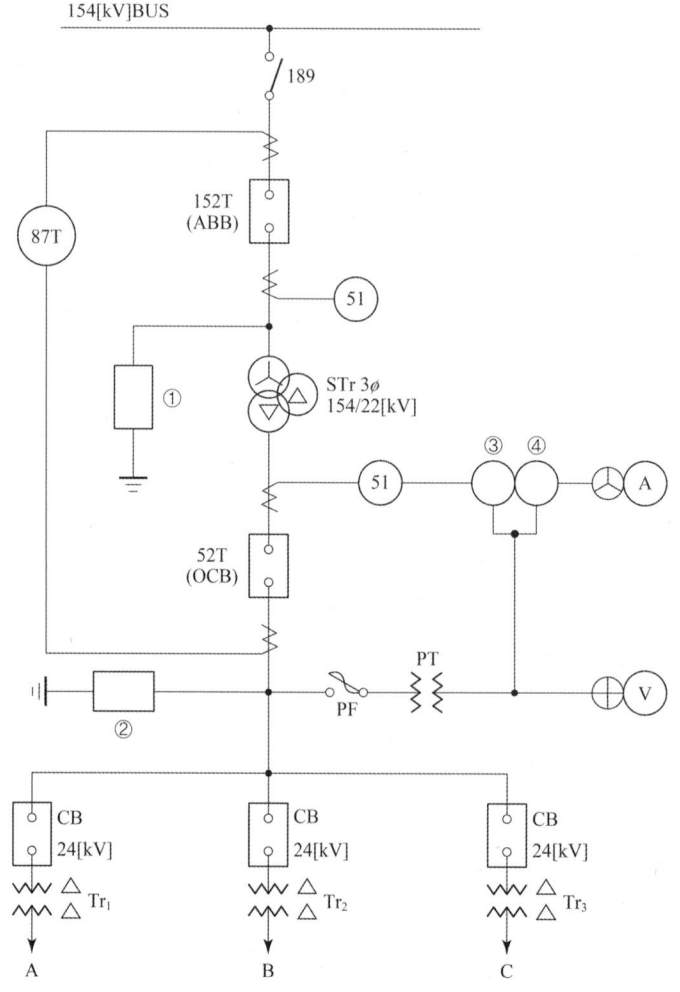

부하	용량	수용률	부등률
A	4,000[kW]	80[%]	1.3
B	3,000[kW]	84[%]	1.2
C	6,000[kW]	92[%]	1.2

154[kV] ABB 용량표[MVA]

2,000	3,000	4,000	5,000	6,000	7,000

22[kV] OCB 용량표[MVA]

200	300	400	500	600	700

154[kV] 변압기 용량표[kVA]

10,000	15,000	20,000	30,000	40,000	50,000

22[kV] 변압기 용량표[kVA]

2,000	3,000	4,000	5,000	6,000	7,000

(1) Tr_1, Tr_2, Tr_3 변압기 용량[kVA]은?
 • 계산 :   답 :

(2) STr의 변압기 용량[kVA]은?
 • 계산 :   답 :

(3) 차단기 152T의 용량[MVA]은?
 • 계산 :   답 :

(4) 차단기 52T의 용량[MVA]은?
 • 계산 :   답 :

Answer

(1) 계산 : $Tr_1 = \dfrac{4{,}000 \times 0.8}{1.3 \times 0.9} = 2{,}735.04\,[kVA]$

답 : 3,000[kVA]

$Tr_2 = \dfrac{3{,}000 \times 0.84}{1.2 \times 0.9} = 2{,}333.33\,[kVA]$

답 : 3,000[kVA]

$Tr_3 = \dfrac{6{,}000 \times 0.92}{1.2 \times 0.9} = 5{,}111.11\,[kVA]$

답 : 6,000[kVA]

(2) 계산 : $STr = \dfrac{2{,}735.04 + 2{,}333.33 + 5{,}111.11}{1.3} = 7{,}830.37\,[kVA]$

답 : 10,000[kVA]

(3) 계산 : $P_s = \dfrac{100}{\%Z} \cdot P_n = \dfrac{100}{0.4} \times 10 = 2{,}500\,[MVA]$

답 : 3,000[MVA]

(4) 계산 : $P_s = \dfrac{100}{\%Z} \cdot P_n = \dfrac{100}{0.4 + 4.6} \times 10 = 200\,[MVA]$

답 : 200[MVA]

Explanation

과전류 계전기(Over Current Relay : OCR)
① 계전기에 일정값 이상의 전류가 흘렀을 때 동작하여 차단기 트립코일 여자
② OCR tap = 1차 전류 $\times \dfrac{1}{\text{CT비}} \times$ 탭정정배수
③ OCR(과전류 계전기)의 탭 전류
  2[A], 3[A], 4[A], 5[A], 6[A], 7[A], 8[A], 10[A], 12[A]

10. ★★☆☆☆ (5점)
전주의 지선과 지하에 매설되는 지선근가와의 연결용으로 사용하는 기자재의 명칭을 적으시오.

Answer

지선로드

Explanation

지선의 설치 방법

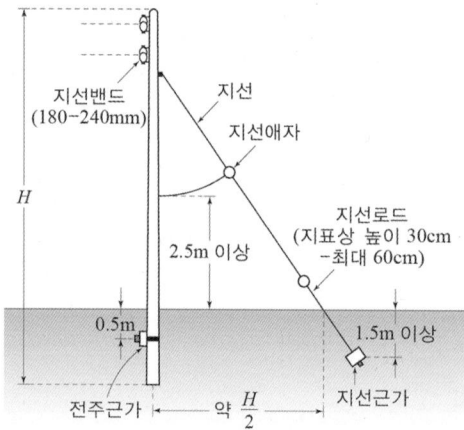

11. ★★☆☆☆ (5점)
ASS(자동 고장 구분 개폐기)의 기능을 3가지만 쓰시오.

Answer

① 과부하 시 또는 고장 전류 발생 시 전기사업자 측 공급선로의 타보호기기(Recloser, CB 등)와 협조하여 고장구간을 자동개방하여 파급사고 방지
② 전 부하상태에서 자동 또는 수동 투입 및 개방 가능
③ 과부하 보호 기능

Explanation

내선규정 3220-7 특고압 수전설비 기기 및 명칭과 일반적인 특성
ASS(Automatic Section Switch) 자동 고장 구분 개폐기
자동 고장 구분 개폐기는 무전압시 개방이 가능하고, 과부하시 고장구간을 자동 개방하여 파급사고를

방지할 수 있는 고장 구분 개폐기로써 돌입 전류 억제 기능을 가지고 있다.

- 과부하 시 또는 고장 전류 발생 시 전기사업자 측 공급선로의 타보호기기(Recloser, CB 등)와 협조하여 고장구간을 자동개방하여 파급사고 방지
- 전 부하상태에서 자동 또는 수동 투입 및 개방 가능
- 과부하 보호 기능

BEST 12 (5점)
한국전기설비규정에 따른 지중전선로의 케이블 시설방법을 3가지만 쓰시오.

① ② ③

Answer

① 직접 매설식 ② 관로식 ③ 암거식

Explanation

(KEC 334.1조) 지중전선로의 시설

지중 전선로는 전선에 케이블을 사용하고 또한 관로식·암거식 또는 직접 매설식에 의하여 시설하여야 한다.

13 (4점)
한국전기설비규정에 따른 점멸기의 시설기준이다. 다음의 빈칸에 알맞은 말을 적으시오.

> 다음의 경우에는 센서등(타임스위치 포함)을 시설하여야 한다.
> 가. 「관광 진흥법」과 「공중위생관리법」에 의한 관광숙박업 또는 숙박업(여인숙업을 제외한다)에 이용되는 객실의 입구등은 (①)분 이내에 소등되는 것
> 나. 일반주택 및 아파트 각 호실의 현관등은 (②)분 이내에 소등되는 것

① ②

Answer

① 1 ② 3

Explanation

(KEC 234.6조) 점멸기의 시설

다음의 경우에는 센서등(타임스위치 포함)을 시설하여야 한다.
가. 「관광 진흥법」과 「공중위생관리법」에 의한 관광숙박업 또는 숙박업(여인숙업을 제외한다)에 이용되는 객실의 입구등은 1분 이내에 소등되는 것
나. 일반주택 및 아파트 각 호실의 현관등은 3분 이내에 소등되는 것

14 ★★☆☆☆　　　　　　　　　　　　　　　　　　　　　　　　　　　　　　　　(6점)

전선 지지점간 고도차(h_1, h_2)가 있는 경우이다. 그림과 같이 수평하중 경간 $S_1 = 300[\text{m}]$, $S_2 = 400$이고 수직하중 경간 중 $a_1 = 250[\text{m}]$, $a_2 = 150[\text{m}]$일 때 수평하중 경간과 수직하중 경간을 구하시오.

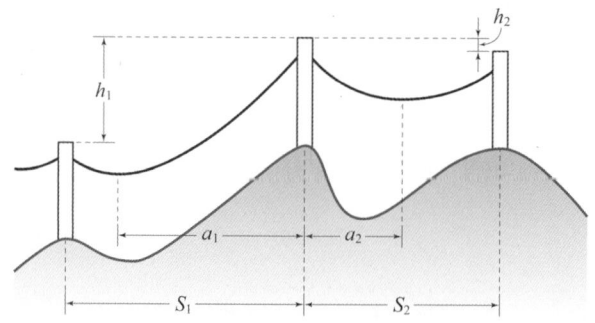

(1) 수평하중 경간
- 계산 :
- 답 :

(2) 수직하중 경간
- 계산 :
- 답 :

Answer

(1) 계산 : 수평하중 경간 $S = \dfrac{S_1 + S_2}{2} = \dfrac{300 + 400}{2} = 350[\text{m}]$　　　　답 : $350[\text{m}]$

(2) 계산 : 수직하중 경간 $S = a_1 + a_2 = 250 + 150 = 400[\text{m}]$　　　　답 : $400[\text{m}]$

Explanation

(1) 수평하중 경간 : 한 지지물의 중심에서 양측에 있는 지지물의 중심점간의 거리를 합하여 이것을 평균한 거리를 말한다. 수평하중 경간은 전선의 풍압력 계산에 사용되며 다음과 같이 구한다.
$$S = \dfrac{S_1 + S_2}{2}$$

(2) 수직하중 경간 : 한 지지물의 중심점에서 양측 간에 가선된 전선의 최대이도점간의 양측거리를 말하며 전선의 무게를 계산하여 철탑의 수직하중에 적용하며 다음과 같이 구한다.
$$S = a_1 + a_2$$

15 ★★★★☆ (3점)

부하의 설비용량이 400[kW], 수용율 70[%], 총 부하율 70[%]의 수용가가 있다. 1개월(30일)의 사용전력량은 몇[kWh]인가?

• 계산 :

• 답 :

Answer

계산 : 사용전력량 $W = 400 \times 0.7 \times 0.7 \times 24 \times 30 = 141,120$[kWh]　　　답 : 141,120[kWh]

Explanation

• 수용률

　수용률 $= \dfrac{\text{최대 수용 전력[kW]}}{\text{부하 설비 용량[kW]}} \times 100$[%]

• 부하율 $= \dfrac{\text{평균 수요 전력[kW]}}{\text{최대 수요 전력[kW]}} \times 100 = \dfrac{\text{사용 전력량/시간}}{\text{최대 수요 전력[kW]}} \times 100$[%]

• 사용전력량 = 최대전력 × 부하율 × 시간
　　　　　　 = 설비용량 × 수용률 × 부하율 × 시간

BEST 16 ★★★★★ (5점)

비상용 조명 부하 100[V] 40[W] 120등, 60[W] 50등의 합계 7,800[W]가 있다. 방전 시간 30분, 축전지 HS형 54[cell], 허용 최저 전압 90[V], 최저 축전지 온도 5[℃]일 때 축전지 용량은 몇 [Ah]인가? (단, 경년 용량 저하율 0.8, 용량 환산 시간 : $K = 1.22$ 이다.)

• 계산 :

• 답 :

Answer

계산 : 축전지 용량 $C = \dfrac{1}{L}KI = \dfrac{1}{0.8} \times 1.22 \times \dfrac{7,800}{100} = 118.95$[Ah]　　　답 : 118.95[Ah]

Explanation

• 축전지 용량 $C = \dfrac{1}{L}KI$[Ah]

여기서, C : 축전지의 용량 [Ah]　　L : 보수율(경년용량 저하율)
　　　　K : 용량환산 시간 계수　　I : 방전 전류[A]

17 ★★★☆☆ (4점)
PT 및 CT를 조합한 경우의 3상 3선식 전력량계의 결선도를 접지를 포함하여 완성하여라.

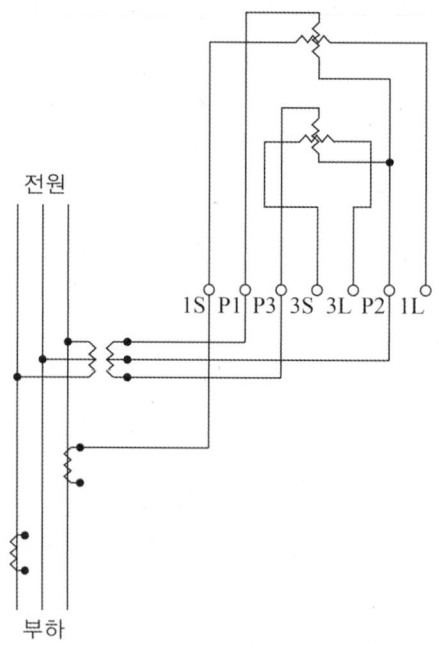

Answer

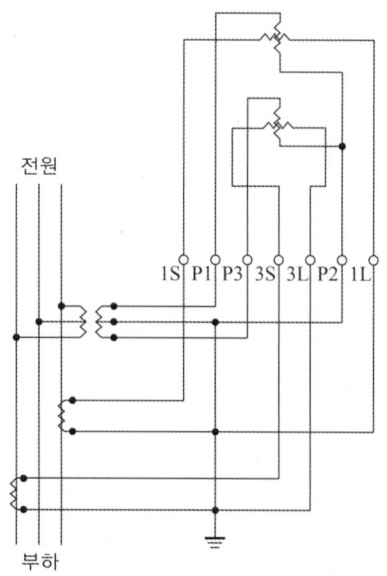

Explanation

전력량계 결선
- PT : P1, P2, P3
- CT : 1S, 3S, 1L, 3L

여기서, 접지는 P2, 1L, 3L에 한다.

18 지선의 시설 목적을 3가지만 적으시오. (5점)

Answer

① 지지물의 강도를 보강하고자 할 경우
② 전선로의 안전성을 증대하고자 할 경우
③ 불평형 하중에 대한 평형을 이루고자 할 경우

Explanation

(1) 지선의 시설 목적
  ① 지지물의 강도를 보강하고자 할 경우
  ② 전선로의 안전성을 증대하고자 할 경우
  ③ 불평형 하중에 대한 평형을 이루고자 할 경우
  ④ 전선로가 건조물 등과 접근할 때 보안상 필요한 경우

(2) 지선의 종류
  ① 보통 지선
    용도 : 불평형 장력이 크지 않은 일반적인 장소에 시설한다.

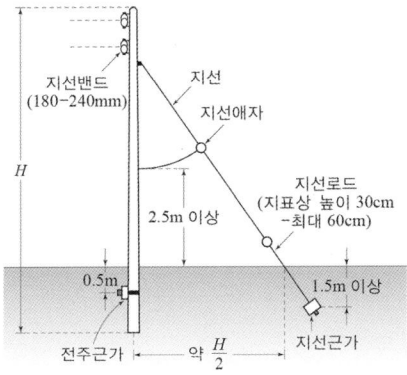

  ② 수평 지선
    용도 : 토지의 상황이나 기타 사유로 인하여 보통 지선을 시설할 수 없는 경우

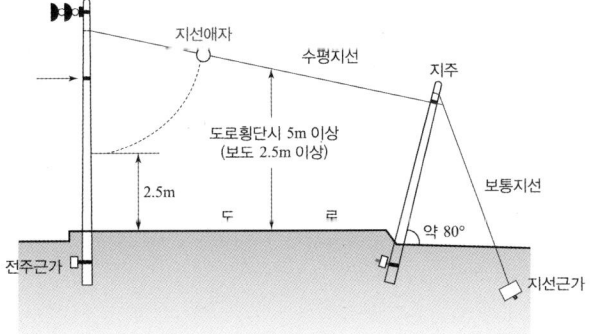

  ③ 공동 지선
    용도 : 지지물 상호간의 거리가 비교적 접근하여 있을 경우에 시설한다.

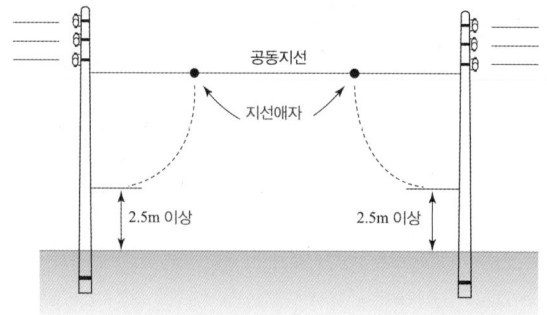

④ Y지선
    용도 : 다단의 완금이 설치되거나 또한 장력이 큰 경우에 시설한다.

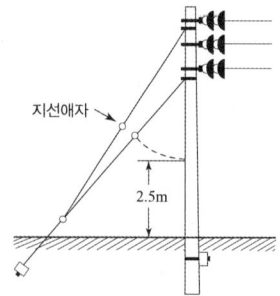

⑤ 궁지선
    용도 : 비교적 장력이 작고 다른 종류의 지선을 시설할 수 없는 경우에 시설한다.

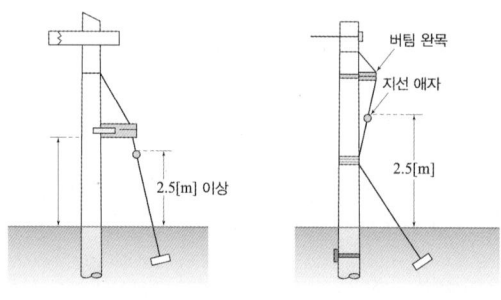

(a) A형 궁지선　　(b) R형 궁지선

(3) 지선의 설치 방법

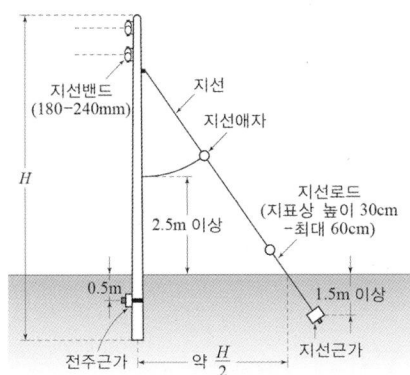

(4) 지선의 시공
① 지선의 안전율은 2.5 이상일 것. 이 경우에 허용 인장하중의 최저는 4.31[kN]으로 한다.
② 지선에 연선을 사용할 경우에는 다음에 의할 것
 - 소선(素線) 3가닥 이상의 연선일 것
 - 소선의 지름이 2.6[mm] 이상의 금속선을 사용한 것일 것. 다만, 소선의 지름이 2[mm] 이상인 아연도강연선(亞鉛鍍鋼然線)으로서 소선의 인장강도가 0.68[kN/mm²] 이상인 것을 사용하는 경우에는 그러하지 아니하다.
③ 지중부분 및 지표상 30[cm]까지의 부분에는 내식성이 있는 것 또는 아연도금을 한 철봉을 사용하고 쉽게 부식되지 아니하는 근가에 견고하게 붙일 것. 다만, 목주에 시설하는 지선에 대해서는 그러하지 아니하다.
④ 지선근가는 지선의 인장하중에 충분히 견디도록 시설할 것
⑤ 도로를 횡단하여 시설하는 지선의 높이는 지표상 5[m] 이상으로 하여야 한다. 다만, 기술상 부득이한 경우로서 교통에 지장을 초래할 우려가 없는 경우에는 지표상 4.5[m] 이상, 보도의 경우에는 2.5[m] 이상으로 할 수 있다.

19 철탑 기초공사에서 각입이란 무엇인지 쓰시오. (5점)

Answer

철탑 기초재와 주각재, 앵커재를 조립 후 소정의 콘크리트 블록 위에 설치하는 것

Explanation

송전선로 공사
굴착 – 각입 – 타설 – 조립 – 연선 – 긴선

20 ★★☆☆☆ (6점)

진상용(전력용) 콘덴서를 설치할 적합한 장소의 선정방법은 수용가의 구내계통, 부하 조건에 따라 설치 효과, 보수, 점검, 경제성 등을 검토하여야 한다. 진상용 콘덴서를 설치하는 방법(위치 등) 3가지만 적으시오.

Answer

① 고압측(고압모선)에 설치하는 방법
② 고압측(고압모선)과 부하에 분산하여 설치하는 방법
③ 부하말단(저압측 전동기 등)에 분산 설치하는 방법

Explanation

진상용 콘덴서를 설치하는 방법
① 고압측(고압모선)에 설치하는 방법
   장점 : 관리가 용이하고 무효전력에 신속한 대응이 가능하여 경제적
   단점 : 역률의 개선은 콘덴서 설치 점에서 전원 측으로 개선되기 때문에 선로 및 부하기기의 개선효과가 적다.

② 고압측(고압모선)과 부하에 분산하여 설치하는 방법
   장점 : 고압측(고압모선)에 설치하는 방법보다 개선효과가 크다.
   단점 : 고압측(고압모선)에 설치하는 방법보다 설비비가 증가

③ 부하말단(저압측 전동기 등)에 분산 설치하는 방법
   장점 : 역률 개선의 효과가 가장 크다.
   단점 : 경제적인 부담이 크다.

2021년 전기공사기사 실기

01 ★☆☆☆☆ (6점)

전기공사의 공사원가 비목이 다음과 같이 구성되었을 경우 아래 표를 참고해서 일반관리비와 이윤을 계산하시오(단, 원가계산에 의한 예정가격 작성이며 일반관리비와 이윤은 최대값으로 계산한다).

- 재료비 소계 : 80,000,000원
- 노무비 소계 : 40,000,000원
- 경비 소계 : 25,000,000원

종합공사		전문·전기·정보통신·소방 및 기타공사	
공사원가	일반관리비율[%]	공사원가	일반관리비율[%]
50억 미만	6.0	5억 미만	6.0
50억원~300억원 미만	5.5	5억원~30억원 미만	5.5
300억원 이상	5.0	30억원 이상	5.0

(1) 일반관리비
 • 계산 : • 답 :
(2) 이윤
 • 계산 : • 답 :

Answer

(1) 계산 : 순공사비 × 일반관리비율 = (80,000,000+40,000,000+25,000,000) × 0.06 = 8,700,000원
 답 : 8,700,000[원]

(2) 계산 : 노무비+경비+일반관리비의 15[%]
 = (40,000,000+25,000,000+8,700,000) × 0.15 = 11,055,000원 답 : 11,055,000[원]

Explanation

(계약예규 예정가격작성기준) 일반관리비와 이윤

제13조(일반관리비의 계상방법)
 일반관리비는 제조원가(재료비, 노무비, 경비의 합계액)에 아래 표에서 정한 일반관리비율을 초과하여 계상할 수 없다.

종합공사		전문·전기·정보통신·소방 및 기타공사	
공사원가	일반관리비율[%]	공사원가	일반관리비율[%]
50억 미만	6.0	5억 미만	6.0
50억원~300억원 미만	5.5	5억원~30억원 미만	5.5
300억원 이상	5.0	30억원 이상	5.0

제21조(이윤)
 이윤은 영업이익을 말하며 공사원가 중 노무비, 경비와 일반관리비의 합계액(이 경우에 기술료 및 외주가공비는 제외한다)의 15[%]를 초과하여 계상할 수 없다.

02 다음의 절연전선 및 케이블에 해당하는 기호를 각각 적으시오. (4점)

종 류	기 호
인입용 비닐절연전선 2개 꼬임	DV 2R
인입용 비닐절연전선 2개 평형	①
옥외용 비닐절연전선	②
0.6/1[kV] 비닐절연 비닐캡타이어 케이블	③
450/750[V] 저독성 난연 가교폴리올레핀 절연전선	④

Answer

① DV 2F
② OW
③ VCT
④ HFIX

Explanation

(내선규정 100-2) 전선 약호

기 호	종 류
ACSR	강심 알루미늄연선
ACSR-OC 전선	옥외용 강심 알루미늄도체 가교 폴리에틸렌 절연전선
ACSR-OE 전선	옥외용 강심 알루미늄도체 폴리에틸렌 절연전선
AL-OC 전선	옥외용 알루미늄도체 가교 폴리에틸렌 절연전선
AL-OE 전선	옥외용 알루미늄도체 폴리에틸렌 절연전선
AL-OW 전선	옥외용 알루미늄도체 비닐 절연전선
DV 전선	인입용 비닐 절연 전선
FL 전선	형광 방전등용 비닐 전선
HR(0.5) 전선	500 [V] 내열성 고무 절연전선(110[℃])
HR(0.75) 전선	750 [V] 내열성 고무 절연전선(110[℃])
NR 전선	450/750 [V] 일반용 단심 비닐 절연 전선
NRI(70) 전선	300/500 [V] 기기 배선용 단심 비닐절연전선(70[℃])
NRI(90) 전선	300/500 [V] 기기 배선용 단심 비닐절연전선 (90[℃])
OC 전선	옥외용 가교 폴리에틸렌 절연전선
OE 전선	옥외용 폴리에틸렌 절연전선
OW 전선	옥외용 비닐 절연 전선
HFIX 전선	450/750 [V] 저독성 난연 가교폴리올레핀 절연 전선
DV 2R	인입용 비닐절연전선 2개 꼬임
DV 3R	인입용 비닐절연전선 3개 꼬임
DV 2F	인입용 비닐절연전선 2심 평형
DV 3F	인입용 비닐절연전선 3심 평형

03

한국전기설비규정에 따라 시가지 등에 시설되는 사용전압 170[kV] 이하인 특고압 가공전선로의 경간 제한에 대한 표이다. 다음 표의 빈칸을 채워 완성하시오. (6점)

지지물의 종류	경간
A종 철주 또는 A종 철근 콘크리트주	(①)[m] 이하
B종 철주 또는 B종 철근 콘크리트주	(②)[m] 이하
철탑	400[m] (단주인 경우에는 300[m]) 다만, 전선이 수평으로 2 이상 있는 경우에 전선 상호 간의 간격이 4[m] 미만인 때에는 (③)[m] 이하

Answer

① : 75   ② : 150   ③ : 250

Explanation

(KEC 333.1조) 시가지 등에서 특고압 가공전선로의 시설
특고압 가공전선로의 경간은 아래 표에서 정한 값 이하일 것

지지물의 종류	경간
A종 철주 또는 A종 철근 콘크리트주	75[m]
B종 철주 또는 B종 철근 콘크리트주	150[m]
철탑	400[m] (단주인 경우에는 300[m]) 다만, 전선이 수평으로 2 이상 있는 경우에 전선 상호 간의 간격이 4[m] 미만인 때에는 250[m]

04

변압기 보호에 사용되는 부흐홀츠(Buchholz) 계전기의 작동원리와 설치위치에 대하여 설명하시오. (6점)

- 작동원리 :
- 설치위치 :

Answer

- 작동원리 : 변압기의 내부 고장 시 발생하는 가스의 부력과 절연유의 유속을 이용하여 변압기 내부 고장을 검출하는 계전기
- 설치위치 : 변압기와 컨서베이터를 연결하는 파이프 도중

Explanation

부흐홀쯔(Buchholz) 계전기의 작동원리
정상적인 변압기 운전 시 부흐홀쯔계전기는 절연유로 충만되어 1단 부표와 2단 부표가 유중에 떠 있게 된다. 변압기 내부의 경미한 고장으로 발생한 가스가 변압기의 상부에서 컨서베이터로 이동하면서 부흐홀쯔 계전기의 상부에 축적되어 계전기 상부에 설치된 1단 부표가 점차 하강하게 되며, 계전기 내에 일정량의 가스가 축적되면 1단 부표가 하강하여 경보접점회로를 구성하여 경보신호를 송출하게 된다.

05 ★☆☆☆☆ (6점)
한국전기설비규정에서 정하는 수중조명등에 대한 내용이다. 빈칸에 알맞은 내용을 적으시오.

> 수영장 기타 이와 유사한 장소에 사용하는 수중조명등에 전기를 공급하기 위해서는 절연변압기를 사용하고, 그 사용전압은 다음에 의하여야 한다.
> 1. 절연변압기의 1차측 전로의 사용전압은 (①)[V] 이하일 것
> 2. 절연변압기의 2차측 전로의 사용전압은 (②)[V] 이하일 것

Answer

① : 400   ② : 150

Explanation

(KEC 234.14조) 수중조명등
수영장 기타 이와 유사한 장소에 사용하는 수중조명등에 전기를 공급하기 위해서는 절연변압기를 사용하고, 그 사용전압은 다음에 의하여야 한다.
1. 절연변압기의 1차측 전로의 사용전압은 400[V] 이하일 것
2. 절연변압기의 2차측 전로의 사용전압은 150[V] 이하일 것

06 ★★★☆☆ (4점)
다음은 전기부문 표준품셈에 명시된 활선 근접작업에 대한 설명이다. 빈칸에 알맞은 말을 적으시오.

> 활선근접작업이란 나도체(22.9[kV] ACSR-OC 절연전선 포함) 상태에서 이격거리 이내에 근접하여 작업함을 말하며, AC (①)[V] 이상 (②)[V] 미만, DC (③) 이상 (④)[V] 미만은 절연물로 피복된 경우 나도체된 부분으로부터 이격거리 내에서 작업할 때를 말한다.

Answer

① : 60   ② : 1,000   ③ : 60   ④ : 1,500

Explanation

(표준품셈 전기부문 1-11-5) 위험할증률 중 활선근접작업 해설(21년 개정된 내용)
활선근접작업이란 나도체(22.9[kV] ACSR-OC 절연전선 포함) 상태에서 이격거리 이내 근접하여 작업함을 말하며, AC 60[V] 이상 1[kV] 미만, DC 60[V] 이상 1.5[kV] 미만은 절연물로 피복된 경우 나도체된 부분부터 이격거리 내에서 작업할 때를 말한다.

07 철탑 조립공사에 적용되고 있는 조립공법을 3가지만 적으시오. (6점)

Answer

① 조립봉 공법
② 이동식 크레인 공법
③ 철탑 크레인 공법

Explanation

(철탑공사 보건 안전 지침) 철탑 조립공법의 종류

현재 국내에서 적용되고 있는 철탑 조립 작업 공법은 조립봉 공법, 이동식 크레인 공법, 철탑 크레인 공법, 헬기공법 등 4가지 방식이 주로 사용되고 있다.
① 조립봉 공법
  철탑의 주주 1각(Single Pier)에 목재 혹은 강재 조립봉을 부착하고 부재를 들어 올려 조립하는 공법으로서 비교적 소형 철탑에 적합
② 이동식 크레인 공법
  이동 가능한 트럭 크레인, 크롤러 크레인을 사용하여 철탑을 조립하는 공법
③ 철탑 크레인 공법
  철탑 중심부에 철주를 구축하고 그 꼭대기에 360° 선회가 가능한 철탑크레인을 장착하여 철탑을 조립하는 공법
④ 헬기 조립 공법
  지상 조립한 부재를 헬기를 이용해서 조립하는 공법

08

3상 4선식, 22.9[kV], 수전용량이 750[kVA]인 수용가가 있다. 이 수용가의 인입구에 MOF를 시설하고자 할 때 MOF의 변류비를 아래 표에서 산정하시오(단, 변류비는 정격 1차 전류의 1.5배 값으로 결정한다). (5점)

변류비					
10/5	15/5	20/5	30/5	40/5	50/5

• 계산 :

• 답 :

Answer

계산 : 정격 1차 전류 $I = \dfrac{750 \times 10^3}{\sqrt{3} \times 22.9 \times 10^3} = 18.91$ [A]

  CT의 1차 전류 $I_{CT} = 18.91 \times 1.5 = 28.37$ [A]

  CT비 30/5 선정

답 : 30/5

Explanation

변류비 $= \dfrac{\text{CT 1차측 전류} \times (1.25 \sim 1.5)}{5}$ 이며

문제에서는 1.5배라고 하였으므로 이를 적용한다.

09 다음은 한국전기설비규정에서 정하는 감전보호용 등전위본딩에 대한 설명이다. (　) 안에 들어갈 알맞은 내용을 답란에 적으시오. (6점)

> 1. 보호등전위본딩
>   1) 건축물·구조물의 외부에서 내부로 들어오는 각종 금속제 배관은 다음과 같이 하여야 한다.
>   가. 1개소에 집중하여 인입하고, 인입구 부근에서 서로 접속하여 등전위본딩 바에 접속하여야 한다.
>   나. 대형건축물 등으로 1개소에 집중하여 인입하기 어려운 경우에는 본딩도체를 (①)개의 본딩바에 연결한다.
>   2) 수도관·가스관의 경우 내부로 인입된 최초의 밸브 (②)에서 등전위본딩을 하여야 한다.
> 2 비접지 국부등전위본딩
>   1) 절연성 바닥으로 된 비접지 장소에서 다음의 경우 국부등전위본딩을 하여야 한다.
>   가. 전기설비 상호 간이 (③)[m] 이내인 경우
>   나. 전기설비와 이를 지지하는 금속체 사이

① :　　　　　　② :　　　　　　③ :

Answer

① : 1　　② : 후단　　③ : 2.5

Explanation

(KEC 143.2.1조) 보호등전위본딩
1. 건축물·구조물의 외부에서 내부로 들어오는 각종 금속제 배관은 다음과 같이 하여야 한다.
   가. 1 개소에 집중하여 인입하고, 인입구 부근에서 서로 접속하여 등전위본딩 바에 접속하여야 한다.
   나. 대형건축물 등으로 1개소에 집중하여 인입하기 어려운 경우에는 본딩도체를 1개의 본딩 바에 연결한다.
2. 수도관·가스관의 경우 내부로 인입된 최초의 밸브 후단에서 등전위본딩을 하여야 한다.
3. 건축물·구조물의 철근, 철골 등 금속보강재는 등전위본딩을 하여야 한다.

(KEC 143.2.3조) 비접지 국부등전위본딩
1. 절연성 바닥으로 된 비접지 장소에서 다음의 경우 국부등전위본딩을 하여야 한다.
   가. 전기설비 상호 간이 2.5[m] 이내인 경우
   나. 전기설비와 이를 지지하는 금속체 사이
2. 전기설비 또는 계통외도전부를 통해 대지에 접촉하지 않아야 한다.

10 변류기의 분류 방식에서 절연구조에 따른 종류를 3가지만 적으시오. (6점)

Answer

① 건식　　② 유입형　　③ 몰드형

Explanation

변류기의 종류
① 절연물에 따른 분류 : 건식, 몰드형, 유입형, 가스형
② 권선에 따른 분류 : 권선형, 부싱형, 관통형, 봉형

11 EL램프(Electro Luminescent lamp)의 특징 5가지를 쓰시오. (5점)

Answer

① 얇은 산화물 피막으로 전기저항이 낮다.
② 기계적으로 강하다.
③ 빛의 투과율이 높다.
④ 램프 충전 시 제1피크, 램프 방전 시 제2피크가 나타나는 일종의 콘덴서와 비슷하다.
⑤ 정현파 전압을 높이면 광속발산도가 급격히 증가한다.

Explanation

EL 램프(Electro luminescent Lamp)의 특징
- 얇은 산화물 피막으로 전기저항이 낮다.
- 기계적으로 강하다.
- 빛의 투과율이 높다.
- 램프 충전 시 제1피크(peak), 램프 방전 시 제2피크가 나타나는 일종의 콘덴서와 비슷하다.
- 정현파 전압을 높이면 광속발산도가 급격히 증가한다.
- 전압을 더욱 높이면 광속발산도가 포화상태가 된다.
- 전원주파수를 증가시키면 주파수가 낮을 때는 광속발산도가 직선적으로 증가하지만 주파수가 높아지면 포화의 경향으로 표시된다.

12 지형의 상황 등으로 보통지선을 시설할 수 없을 경우에 적용하며 전주와 전주간 또는 전주와 지선주간에 시설하는 지선의 종류를 쓰시오. (4점)

Answer

수평지선

Explanation

지선
(1) 지선의 시설 목적
① 지지물의 강도를 보강하고자 할 경우
② 전선로의 안전성을 증대하고자 할 경우
③ 불평형 하중에 대한 평형을 이루고자 할 경우
④ 전선로가 건조물 등과 접근할 때 보안상 필요한 경우
(2) 지선의 종류
① 보통 지선
용도 : 불평형 장력이 크지 않은 일반적인 장소에 시설한다

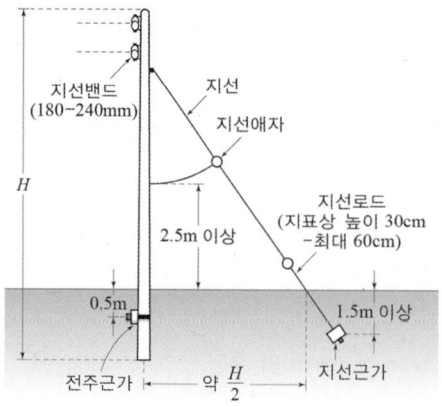

② 수평 지선
  용도 : 토지의 상황이나 기타 사유로 인하여 보통 지선을 시설할 수 없는 경우

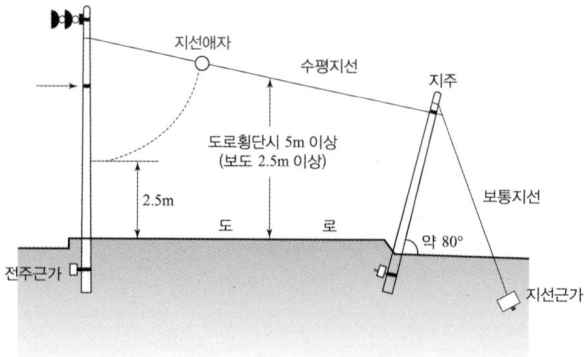

③ 공동 지선
  용도 : 지지물 상호간의 거리가 비교적 접근하여 있을 경우에 시설한다.

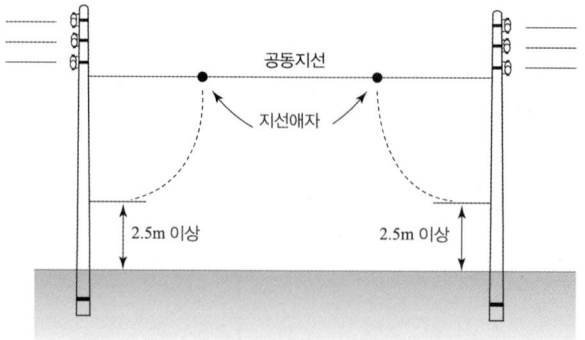

13 전력시설물 공사감리업무 수행지침에 따른 검사절차에 관한 내용이다. 다음 빈칸에 알맞은 내용을 보기에서 골라 적으시오. (5점)

[보 기]
시공관리 책임자 점검, 감리원 현장검사, 현장시공완료, 검사 요청서 제출, 검사결과 통보

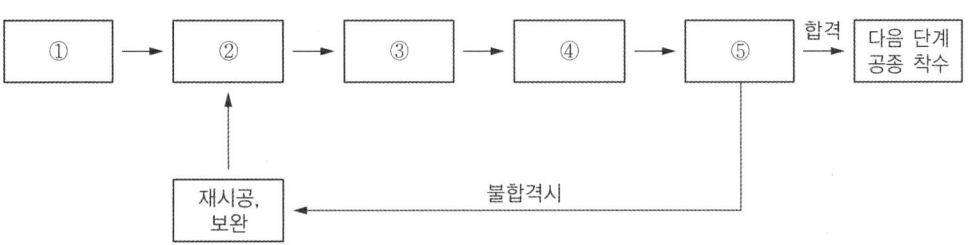

① :　　　　　　　　　　② :
③ :　　　　　　　　　　④ :
⑤ :

Answer

① : 현장시공 완료　　② : 시공관리 책임자 점검
③ : 검사 요청서 제출　　④ : 감리원 현장 검사
⑤ : 검사결과 통보

Explanation

전력시설물 공사감리업무 수행지침 제34조【검사업무】
감리원은 다음 각 호의 검사절차에 따라 검사업무를 수행하여야 한다.
1. 검사 체크리스트에 따른 검사는 1차적으로 시공관리책임자가 검사하여 합격된 것을 확인한 후 그 확인한 검사 체크리스트를 첨부하여 검사 요청서를 감리원에게 제출하면 감리원은 1차 점검내용을 검토한 후, 현장 확인 검사를 실시하고 검사결과 통보서를 시공관리책임자에게 통보한다.
2. 검사결과 불합격인 경우에는 그 불합격된 내용을 공사업자가 명확히 이해할 수 있도록 상세하게 불합격 내용을 첨부하여 통보하고, 보완시공 후 재검사를 받도록 조치한 후 감리일지와 감리보고서에 반드시 기록하고 공사업자가 재검사를 요청할 때에는 잘못 시공한 시공기술자의 서명을 받아 그 명단을 첨부하도록 하여야 한다.

〈검사절차〉

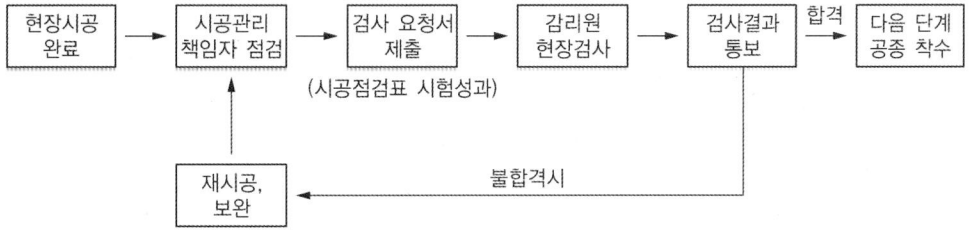

BEST 14 (5점)

22.9[kV], 3상 4선식 특고압 수전 수용가인 어떤 건물의 총 부하설비가 2,800[kW], 수용률 0.6일 때, 이 건물에 필요한 3상 주변압기의 용량을 선정하시오(단, 역률은 85[%]로, 변압기 표준용량[kVA]은 750, 1,000, 1,500, 2,000, 3,000에서 선정한다).

• 계산 :   • 답 :

Answer

계산 : $[kVA] = \dfrac{2,800 \times 0.6}{0.85} = 1,976.47[kVA]$ 답 : 2,000[kVA] 선정

Explanation

• 변압기 용량[kVA] = $\dfrac{\text{설비 용량[kVA]} \times \text{수용률}}{\text{부등률}} = \dfrac{\text{설비 용량[kW]} \times \text{수용률}}{\text{부등률} \times \text{역률}}$

• 변압기 용량을 선정하라고 했으므로 주어진 표준용량 중에서 선정한다.

15 (4점)

전기부문 표준품셈에 따라 PERT/CPM 공정계획에 의한 공기산출 결과 정상작업(정상공기)으로는 불가능하여 야간작업을 할 경우나 성질상 부득이 야간작업을 해야 할 경우에는 품을 몇 [%]까지 가산할 수 있는지 적으시오.

Answer

25[%]

Explanation

(표준품셈 전기부문 1-11-1) 야간작업

PERT/CPM 공정계획에 의한 공기산출 결과 정상작업(정상공기)으로는 불가능하여 야간작업을 할 경우나 성질상 부득이 야간작업을 해야 할 경우에는 품을 25[%]까지 가산한다.

16 (5점)

부하전력을 그림과 같이 측정하였더니 전력계의 지시가 600[W]이었다면 부하전력은 몇 [kW]인지 계산하시오. 단, 변압비와 변류비는 각각 30, 20이다.

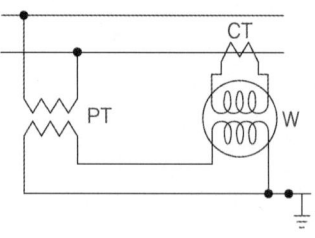

• 계산 :   • 답 :

Answer

계산 : 수전전력 $P = 600 \times 30 \times 20 \times 10^{-3} = 360[kW]$ 답 : 360[kW]

Explanation

- 수전전력=측정전력(전력계 지시값)×PT비×CT비
- 승률=PT비×CT비

17 ★★☆☆☆ (6점)

다음과 같이 가로등을 가설하고자 한다. 다음 조건을 참고하여 외등 기초를 포함한 전체 터파기량과 되메우기량, 그리고 해당 터파기 및 되메우기에 필요한 인공을 계산하시오.

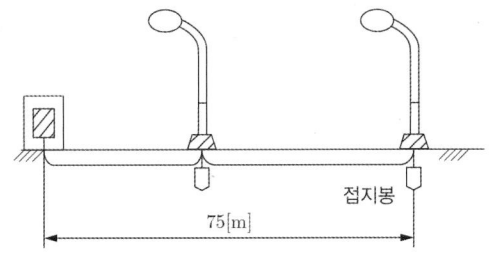
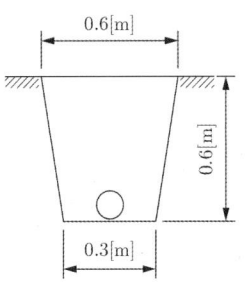

[조건]
1. 전선관의 단면적은 무시한다.
2. 잔토처리는 생략한다.
3. 터파기 및 되메우기에 필요한 보통인부는 각각 [m³]당 0.28인, 0.1인이다.
4. 외등 기초용 터파기는 개당 0.615[m³]이고 콘크리트 타설량은 개당 0.496[m³]이다.
5. 소수점이 네 자리 이상인 경우 소수 넷째자리에서 반올림하여 셋째자리까지 구한다.
6. 주어지지 않은 사항은 무시한다.

(1) 외등 기초를 포함한 전체 터파기량과 공량을 계산하시오.
   ① 전체 터파기량
      • 계산: • 답:
   ② 공량(보통인부)
      • 계산: • 답:

(2) 외등 기초를 포함한 전체 되메우기량과 공량을 계산하시오.
   ① 전체 되메우기량
      • 계산: • 답:
   ② 공량(보통인부)
      • 계산: • 답:

Answer

(1) ① 계산: 관로 $= \dfrac{0.6+0.3}{2} \times 0.6 \times 75 = 20.25$

외등 기초 $= 0.615 \times 2 = 1.23 [\text{m}^3]$

전체 터파기량 $= 20.25 + 1.23 = 21.48 [\text{m}^3]$

답: 21.48[m³]

② 계산: $21.48 \times 0.28 = 6.014$[인]

답: 6.014[인]

(2) ① 계산 : 되메우기량=21.48−0.496×2=20.488[m³]

답 : 20.488[m³]

② 계산 : 20.488×0.1=2.049[인]

답 : 2.049[인]

Explanation

(1) 터파기량
배관용 터파기량은 줄기초파기이므로
$V = \dfrac{0.6+0.3}{2} \times 0.6 \times 75 = 20.25[\text{m}^3]$

(2) 되메우기량 = 전체 터파기량 − 콘크리트 타설량

18. ★★☆☆☆ (6점)

그림과 같은 논리회로의 진리표를 완성하고, 논리회로에 대한 타임 차트를 완성하시오.

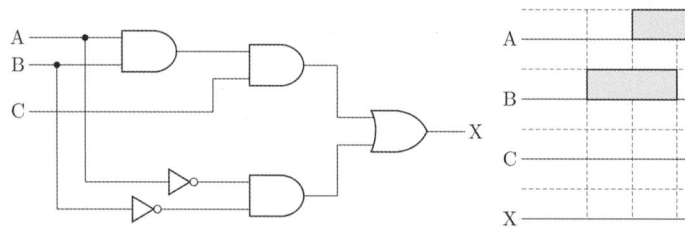

A	L	L	L	L	H	H	H	H
B	L	L	H	H	L	L	H	H
C	L	H	L	H	L	H	L	H
X								

Answer

(1)
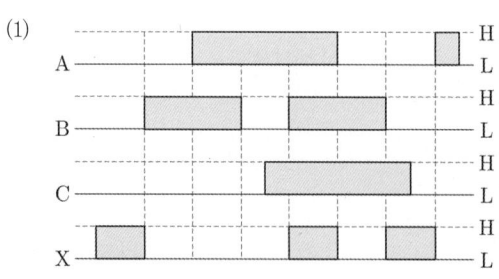

(2)

A	L	L	L	L	H	H	H	H
B	L	L	H	H	L	L	H	H
C	L	H	L	H	L	H	L	H
X	H	H	L	L	L	L	L	H

Explanation

- 논리식 $X = A \cdot B \cdot C + \overline{A} \cdot \overline{B}$ 이므로 H(High) 조건
  - A, B, C가 모두 1(High)
  - A, B가 모두 0(Low)

A	L	L	L	L	H	H	H	H
B	L	L	H	H	L	L	H	H
C	L	H	L	H	L	H	L	H
X	H	H	L	L	L	L	L	H

19 ★☆☆☆☆　　다음 동작사항과 범례를 참고해서 미완성 시퀀스도를 완성하여 그리시오.　　(5점)

[동작사항]

① 3로 스위치 S_3가 OFF 상태에서 푸시버튼스위치 PB_1을 누르면 부저 B_1이 PB_2를 누르면 B_2가 울린다.

② 3로 스위치 S_3가 ON 상태에서 푸시버튼스위치 PB_1을 누르면 전등 R_1이, PB_2를 누르면 전등 R_2가 점등된다.

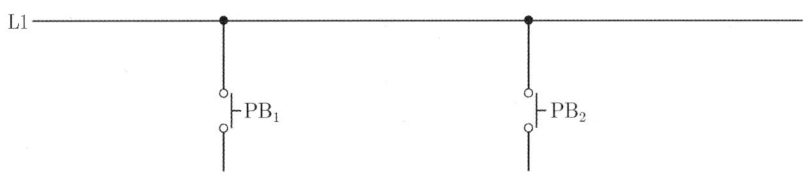

[범례]

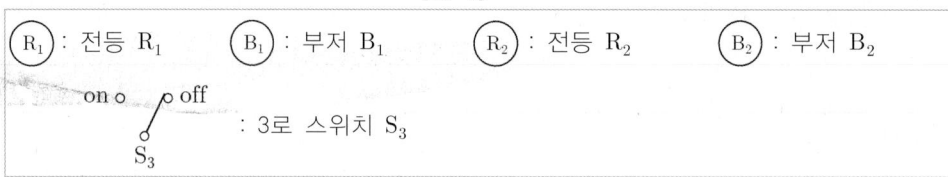

Answer

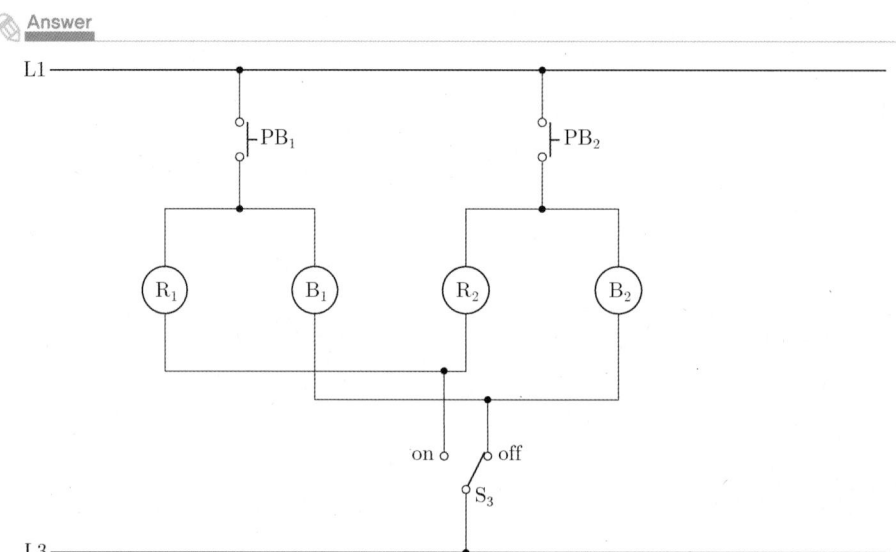

전기공사기사 실기

과년도 기출문제

2022

- 2022년 제 01회
- 2022년 제 02회
- 2022년 제 04회

2022년 과년도 기출문제에 대한 출제 빈도 분석 차트입니다.
각 회차별로 별의 개수를 확인하고 학습에 참고하기 바랍니다.

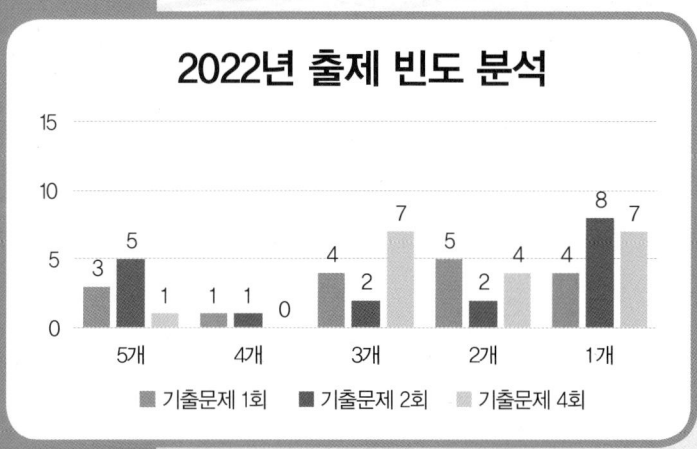

2022년 전기공사기사 실기

01 ★☆☆☆☆ (5점)
그림은 릴레이 동작 검출 회로의 일부분으로 릴레이 X, Y, Z의 동작에 따라 램프 L_1 ~ L_4의 점등이 달라진다. 다음 각 물음에 답하여라.

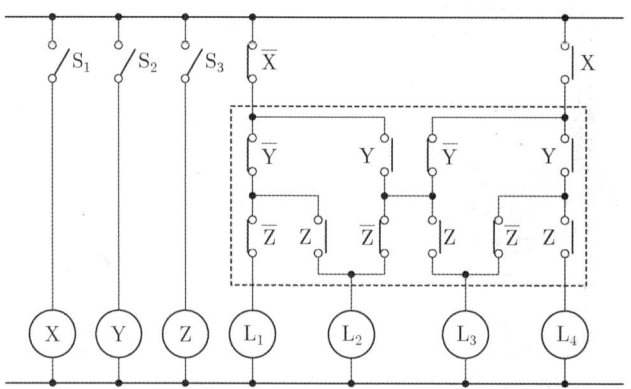

(1) X는 여자, Y는 소자, Z는 여자일 때 어떤 램프가 켜지는가?
 • 답 :
(2) 램프 L_2의 출력에 대한 논리식을 쓰시오.
 • 답 :
(3) X, Y, Z 중 어느 2개만 여자일 때 켜지는 램프는 어떤 것인지 쓰시오.
 • 답 :
(4) 릴레이 3개가 모두 여자되면 어떤 램프가 켜지는지 쓰시오.
 • 답 :

Answer

(1) L_3 램프
(2) $L_2 = \overline{X} \cdot \overline{Y} \cdot Z + \overline{X} \cdot Y \cdot \overline{Z} + X \cdot \overline{Y} \cdot \overline{Z}$
  $= X \cdot \overline{Y} \cdot \overline{Z} + \overline{X} \cdot (Y \cdot \overline{Z} + \overline{Y} \cdot Z)$
(3) L_3 램프
(4) L_4 램프

Explanation

동작표

X	Y	Z	L_1	L_2	L_3	L_4
0	0	0	1	0	0	0
0	0	1	0	1	0	0
0	1	0	0	1	0	0
0	1	1	0	0	1	0
1	0	0	0	1	0	0
1	0	1	0	0	1	0
1	1	0	0	0	1	0
1	1	1	0	0	0	1

· 출력 램프 L_1에 대한 논리식 $L_1 = \overline{X} \cdot \overline{Y} \cdot \overline{Z}$

· 출력 램프 L_2에 대한 논리식 $L_2 = \overline{X} \cdot \overline{Y} \cdot Z + \overline{X} \cdot Y \cdot \overline{Z} + X \cdot \overline{Y} \cdot \overline{Z}$
$= \overline{X} \cdot Y \cdot Z + X \cdot (\overline{Y} \cdot Z + Y \cdot \overline{Z})$

· 출력 램프 L_3에 대한 논리식 $L_3 = \overline{X} \cdot Y \cdot Z + X \cdot \overline{Y} \cdot Z + X \cdot Y \cdot \overline{Z}$
$= X \cdot \overline{Y} \cdot \overline{Z} + X \cdot (Y \cdot \overline{Z} + \overline{Y} \cdot Z)$

· 출력 램프 L_4에 대한 논리식 $L_4 = \overline{X} \cdot \overline{Y} \cdot \overline{Z}$

02 그림은 1련 내장애자 장치(역조형)이다. 표시된 번호의 명칭을 쓰시오. (5점)

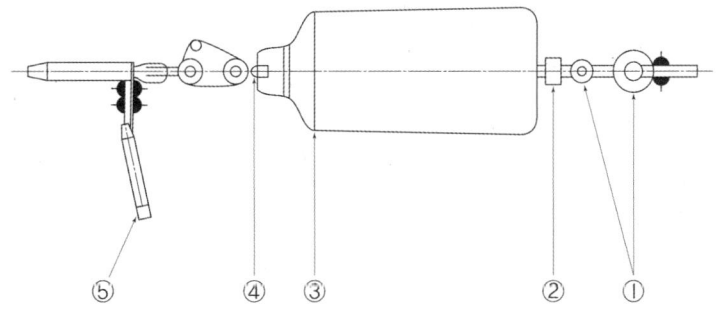

① :   ② :   ③ :
④ :   ⑤ :

Answer

① 앵커쇄클   ② 소켓 아이   ③ 현수애자
④ 볼 크레비스 ⑤ 점퍼 터미널

BEST 03 ★★★★★ (6점)

경간 200[m]인 가공 송전선로가 있다. 전선 1[m] 당 무게는 2.0[kg]이고 풍압 하중이 없다고 한다. 인장강도 4,000[kg]의 전선을 사용할 때 이도(D)와 전선의 실제 길이(L)를 구하시오. 단, 안전율은 2.2로 한다.

(1) 이도(D)
- 계산 :
- 답 :

(2) 전선의 실제 길이(L)
- 계산 :
- 답 :

Answer

(1) 계산 : $D = \dfrac{WS^2}{8T} = \dfrac{2 \times 200^2}{8 \times \dfrac{4,000}{2.2}} = 5.5\,[\text{m}]$ 답 : 5.5[m]

(2) 계산 : $L = S + \dfrac{8D^2}{3S} = 200 + \dfrac{8 \times 5.5^2}{3 \times 200} = 200.4\,[\text{m}]$ 답 : 200.4[m]

Explanation

- 이도 : $D = \dfrac{WS^2}{8T}$

- 실제길이 : $L = S + \dfrac{8D^2}{3S}$

  여기서, L : 전선의 실제 길이[m], D : 이도[m], S : 경간[m]

04 ★★☆☆☆ (6점)

다음 논리식을 보고 릴레이 시퀀스, 논리소자를 이용한 논리회로 및 NOR gate만을 사용한 회로를 각각 그리시오. 단, 접점의 식별 문자를 표기하고 선의 접속 및 미접속에 대한 다음 예시를 참고하여 작성하시오.

논리식 : $X = (A+B)(C + \overline{B} \cdot \overline{C})$

[선의 접속과 미접속에 대한 예시]	
접속	미접속
┼●	┼

(1) 릴레이 시퀀스를 그리시오.

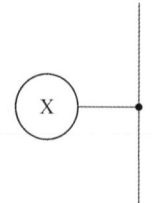

(2) 로직 시퀀스를 그리시오.

```
A o------
B o------
C o------
```

(3) NOR gate만을 사용한 로직 시퀀스를 그리시오.

```
A o------
B o------
C o------
```

Answer

(1) 릴레이 시퀀스

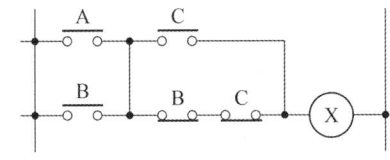

(2) 로직 시퀀스

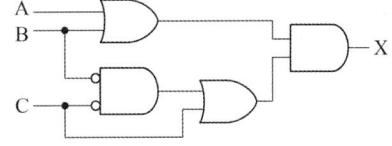

(3) NOR gate

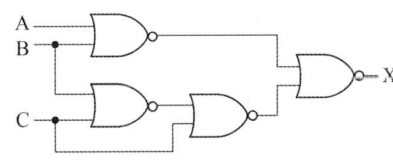

Explanation

NOR gate

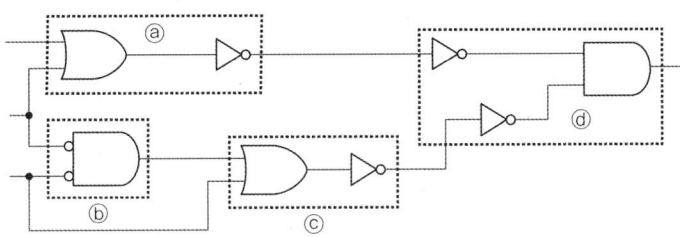

ⓐ (A+B) – 병렬(OR)
ⓑ $\overline{B}\,\overline{C}$ – b접점(NOT) 직렬
ⓒ $C+\overline{B}\,\overline{C}$ – ⓑ와 C의 병렬(OR)
ⓓ $(A+B)(C+\overline{B}\,\overline{C})$ – ⓐ와 ⓒ의 직렬(AND)

05 다음 도면은 전등 및 콘센트의 평면 배선도이다. ①~⑦번까지 접지도체를 포함한 최소 전선(가닥수)를 표시하시오.(단, 표시 예 : 접지도체를 포함하여 3가닥인 경우 → ─//─) (7점)

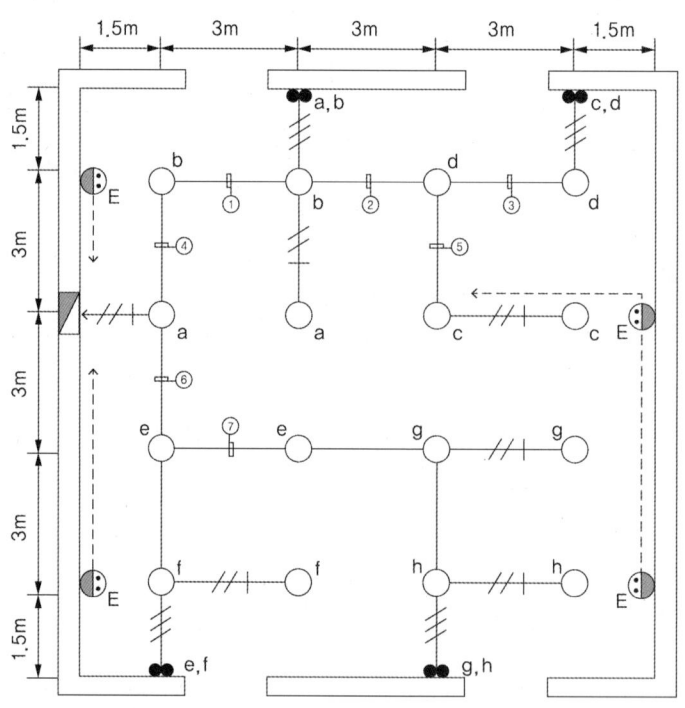

[범례 및 주기]

기호	설명
○	LED 15[W]
◐E	매입 콘센트(2P 15[A] 250[V])
●	매입 텀블러 스위치(15[A] 250[V])
─ ─ ─	HFIX 2.5sq×2,(E) 2.5sq(16C)
─//─	HFIX 2.5sq×2,(E) 2.5sq(16C)
─///─	HFIX 2.5sq×3(16C)
─///─	HFIX 2.5sq×3,(E) 2.5sq(16C)
─////─	HFIX 2.5sq×4,(E) 2.5sq(22C)

①	②	③	④	⑤

⑥	⑦		

Answer

①	②	③	④	⑤
─////─	─//─	─////─	─////─	─//─

⑥	⑦		
─//─	─///─		

---

06 ★★☆☆☆ (4점)

다음 옥내 배선 심벌에 대한 명칭을 설명하시오.

(1) ─── C_(19) ─── (2) ─── /// ───
 NR10°(28)

Answer

(1) 19[mm] 박강 전선관으로 전선관 내에 전선이 들어있지 않은 경우
(2) 28[mm] 후강 전선관에 천장 은폐 배선으로 10[mm²] NR전선 3가닥을 넣는 경우

Explanation

(내선규정 100-5) 배선, 배관 기호
- 강제 전선관은 별도의 표기 없음
- VE : 경질 비닐 전선관
- F_2 : 2종 금속제 가요 전선관
- PF : 합성수지제 가요관

(내선규정 2,225) 금속관의 종류

종류	관의 호칭
후강 전선관(근사내경, 짝수, G)	16 22 28 36 42 54 70 82 92 104
박강 전선관(근사외경, 홀수, C)	19 25 31 39 51 63 75
나사없는 전선관(E)	박강 전선관과 치수가 같다.

(1) ─── C_(19) ───

 ① ─── C ─── : 전선이 들어있지 않는 전선관
 ② (19) : 19[mm] 박강전선관(전선관의 굵기가 홀수이므로 박강전선관)

(2) ─── /// ───
 NR10°(28)

 ① ─────── : 천장 은폐 배선
 ② NR10□ : 450/750[V] 일반용 단심 비닐 절연전선, 전선 굵기 : 10[mm²]
 ③ (28) : 28[mm] 후강전선관(전선관의 굵기가 짝수 이므로 후강전선관)

07 ★★★☆☆ (5점)

송전전압 66[kV]의 3상 3선식 송전선에서 1선 지락사고로 영상전류 $I_0 = 50$[A]가 흐를 때 통신선에 유기되는 전자유도전압[V]을 구하시오. 단, 상호 인덕턴스 $M = 0.05$[mH/km], 병행 거리 $l = 100$[km], 주파수는 60[Hz]이다.

• 계산 :   • 답 :

Answer

계산 : $E_m = \omega M l (3I_0) = 2\pi \times 60 \times 0.05 \times 10^{-3} \times 100 \times 3 \times 50 = 282.74$[V]

답 : 282.74[V]

Explanation

전자유도전압 $E_m = Z \cdot I$
$= j\omega M_a l I_a + j\omega M_b l I_b + j\omega M_c l I_c$

여기서, 연가가 되어 있다면 $M_a = M_b = M_c = M$
$E_m = j\omega M l I_a + j\omega M l I_b + j\omega M l I_c$
$= j\omega M l (I_a + I_b + I_c)$

여기서, ℓ : 병행거리
여기서, 지락 사고시 : $I_a + I_b + I_c = 3I_0$ 이므로
전자유도전압 $E_m = j\omega M \ell (I_a + I_b + I_c)$
$= j\omega M \ell (3I_0)$

BEST 08 ★★★★★ (8점)

단면적 410[mm²]인 154[kV] ACSR 송전선로 5[km] 2회선을 가선하려고 한다. 다음 조건을 참고해서 각 물음에 답하시오.

① 송전선은 수직 배열하여 평탄지 기준이며, 장비비는 고려하지 말 것
② 노임단가에서 전기공사기사는 45,000원, 특별인부 35,000원, 송전전공은 70,000원이다.
③ 간접노무비는 15[%]로 계산한다.
④ 계산과정을 모두 작성하되, 인공산출은 소수점 둘째자리까지 산출하고, 인건비는 소수점 이하는 버린다.

[km 당]

공종	전선규격	기사	송전전공	특별인부
연선	ACSR 610[mm²]	1.51	22.4	33.5
	410	1.47	21.8	32.7
	330	1.44	21.4	32.1
	240	1.37	20.4	30.5
	160	1.30	19.4	29.0
	95	1.12	16.8	26.8
긴선	ACSR 610[mm²]	1.14	17.3	24.7
	410	1.12	16.8	24.1
	330	1.09	16.4	23.7
	240	1.04	15.7	22.5
	160	0.97	14.9	21.4
	95	0.93	14.4	19.8

【해설】
① 1회선(3선) 수직배열 평탄지 기준
② 수평배열 120[%]
③ 2회선 동시가선은 180[%]
④ 특수 개소는(장경간) 별도 가산
⑤ 장비(Engine, Winch) 사용료는 별도 가산
⑥ 철거 50[%]
⑦ 장력조정품 포함
⑧ 기사는 전기공사업법에 준함

(1) 위 작업에 필요한 각 인공(인)을 산출하시오.
   ① 전기공사기사
   • 계산 :   • 답 :
   ② 송전전공
   • 계산 :   • 답 :
   ③ 특별인부
   • 계산 :   • 답 :
(2) 위 작업에 필요한 인건비를 산출하시오.
   • 계산 :   • 답 :

Answer

(1) ① 전기공사기사
       계산 : (1.47+1.12)×5×1.8=23.31   답 : 23.31[인]
    ② 송전전공
       계산 : (21.8+16.8)×5×1.8=347.4   답 : 347.4[인]
    ③ 특별인부
       계산 : (32.7+24.1)×5×1.8=511.2   답 : 511.2[인]
(2) 계산 :
    – 직접노무비 = 23.31[인]×45,000[원]+347.4[인]×70,000[원]+511.2[인]×35,000[원]
                = 43,258,950[원]
    – 간접노무비 = 43,258,950×0.15=6,488,842[원]
    – 전체인건비 = 43,258,950+6,488,842=49,747,792[원]
                                                         답 : 49,747,792[원]

Explanation

견적 표에서의 해설 적용 방법
• 전선가선 공사 과정 : 연선 + 긴선
• 2회선을 가선 : 180[%]
• 전체인건비 : 직접노무비 + 간접노무비

[km 당]

공종	전선규격	기사	송전전공	특별인부
연선	ACSR 610[㎟]	1.51	22.4	33.5
	410	1.47	21.8	32.7
	330	1.44	21.4	32.1
	240	1.37	20.4	30.5
	160	1.30	19.4	29.0
	95	1.12	16.8	26.8
긴선	ACSR 610[㎟]	1.14	17.3	24.7
	410	1.12	16.8	24.1
	330	1.09	16.4	23.7
	240	1.04	15.7	22.5
	160	0.97	14.9	21.4
	95	0.93	14.4	19.8

BEST 09 ★★★★★ (5점)

사무실로 사용되는 건물의 총 설비용량이 전등전열부하 500[kVA], 동력부하가 600[kVA]이다. 전등전열부하 수용률은 70[%], 동력부하 수용률은 60[%], 전등전열 및 동력부하간의 부등률이 1.25라고 한다. 배전선로의 전력손실이 전등, 전열, 동력 모두 부하전력의 10[%]라고 하면 변전실의 합성최대부하는 몇 [kVA]인지 계산하시오.

• 계산 :   • 답 :

Answer

계산 : 전등부하 최대수용전력 = 500×0.7 = 350[kVA]
동력부하 최대수용전력 = 600×0.6 = 360[kVA]
변전소 최대전력 = $\frac{350+360}{1.25} \times (1+0.1) = 624.8$[kVA]

답 : 624.8[kVA]

Explanation

• 합성최대전력[kVA] = $\frac{설비용량[kVA] \times 수용률}{부등률}$
• 배전선로의 손실이 10[%] 있으므로 변전실에 공급되어야 하는 최대전력은 계산된 값의 10[%]를 더 공급하여야 한다.

10 ★★★☆☆ (8점)

가로 12[m], 세로 18[m], 천장높이 3.0[m], 작업면 높이 0.8[m]인 사무실이 있다. 여기에 천장직부 형광등 기구(40[W], 2등용)를 설치하고자 한다. 다음 조명률 표를 참고하여 각 물음에 답하시오.

[조건]
1. 작업면 요구 조도 500[lx], 천장 반사율 50[%], 벽 반사율 50[%], 바닥 반사율 10[%]이고, 보수율 0.7, 40[W] 1개의 광속은 2,750[lm]으로 본다.

2. 조명률 표(기준)

반사율	천장	70[%]				50[%]				30[%]			
	벽	70	50	30	20	70	50	30	20	70	50	30	20
	바닥	10				10				10			
실지수(범위)		조명률[%]											
1.5 (1.38~1.75)		64	55	49	43	58	51	45	41	52	46	42	38
2.0 (1.75~2.25)		69	61	55	50	62	56	51	47	57	52	48	44
2.5 (2.25~2.75)		72	66	60	55	65	60	56	52	60	55	52	48
3.0 (2.75~3.5)		74	69	64	59	68	63	59	55	62	58	55	52
4.0 (3.5~4.5)		77	73	69	65	71	67	64	61	65	62	59	56
5.0 (4.5 이상)		79	75	72	69	73	70	67	64	67	64	62	62

(1) 실지수를 구하시오.
- 계산 :
- 답 :

(2) 조명률을 구하시오.

(3) 설치 등기구 수량은 몇 개인가?
- 계산 :
- 답 :

(4) 40[W] 형광등 1개의 소비전력이 40[W]이고, 1일 24시간 연속 점등 할 경우 10일간의 최소 소비전력량을 구하시오.
- 계산 :
- 답 :

Answer

(1) 실지수 $= \dfrac{XY}{H(X+Y)} = \dfrac{12 \times 18}{(3.0-0.8)(12+18)} = 3.27$ 답 : 3.0

(2) 표에서 천장 반사율 50[%], 벽 반사율 50[%], 실지수 3.0을 이용하여 찾으면 63[%] 답 : 63[%]

(3) 계산 : $N = \dfrac{ESD}{FU} = \dfrac{500 \times 12 \times 18 \times \dfrac{1}{0.7}}{2,750 \times 2 \times 0.63} = 44.53$ [등] 답 : 45[등]

(4) 계산 : $W = 40 \times 2 \times 45 \times 24 \times 10 \times 10^{-3} = 864$ [kWh] 답 : 864[kWh]

Explanation

(1) 실지수(방지수)$= \dfrac{XY}{H(X+Y)}$

여기서, H : 등의 높이−작업면 높이[m]
X : 방의 가로[m]
Y : 방의 세로[m]

여기서, 실지수는 가까운 값을 선정하므로 계산에 3.27이지만 3.0을 사용한다(표 참조).

(2) 조명률 찾는 법

반사율	천장	70[%]				50[%]				30[%]			
	벽	70	50	30	20	70	50	30	20	70	50	30	20
	바닥	10				10				10			
실지수		조명률[%]											
1.5		64	55	49	43	58	51	45	41	52	46	42	38
2.0		69	61	55	50	62	56	51	47	57	52	48	44
2.5		72	66	60	55	65	60	56	52	60	55	52	48
3.0		74	69	64	59	68	63	59	55	62	58	55	52
4.0		77	73	69	65	71	67	64	61	65	62	59	56
5.0		79	75	72	69	73	70	67	64	67	64	62	62

(3) 조명계산

$FUN = ESD$

여기서, F[lm] : 광속
U[%] : 조명률
N[등] : 등수
E[lx] : 조도
S[m^2] : 면적
$D = \dfrac{1}{M}$: 감광보상율 $= \dfrac{1}{보수율}$

등수 $N = \dfrac{ESD}{FU}$ 이며 등수계산에서 소수점은 무조건 절상한다.

40[W] 2등용이고 40[W] 1등의 광속이 2,750[lm]이므로 전광속 $F = 2,750 \times 2 = 5,500$[lm]

(4) 문제에서 40[W] 형광등 1개의 소비전력이 40[W]라고 하였으므로 10일간 소비전력량
$W = Pt = 40 \times 2(소비전력) \times 45등 \times 24시간 \times 10일 \times 10^{-3} = 864$[kWh]

11 다음 전선의 기호에 대한 명칭을 쓰시오. (6점)

기호	명칭
0.6/1[kV] PN	①
DV 2F	②
450/750[V] HFIO	③

①
②
③

Answer

① 0.6/1[kV] 고무절연 클로로프렌시스 케이블
② 인입용 비닐절연전선 2심 평형
③ 450/750[V] 저독성 난연 폴리올레핀 절연전선(70[°C])

Explanation

※ 인입용 비닐절연전선의 종류 및 기호

종류	기호
인입용 비닐절연전선 2개 꼬임	DV 2R
인입용 비닐절연전선 3개 꼬임	DV 3R
인입용 비닐절연전선 2심 평형	DV 2F
인입용 비닐절연전선 3심 평형	DV 3F

---

12 ★★★☆☆ (10점)

아래 그림은 154[kV]를 수전하는 어느 공장의 옥외 수전 설비에 대한 단선도(single line diagram)이다. 그림을 보고 주어진 물음에 답하여라.

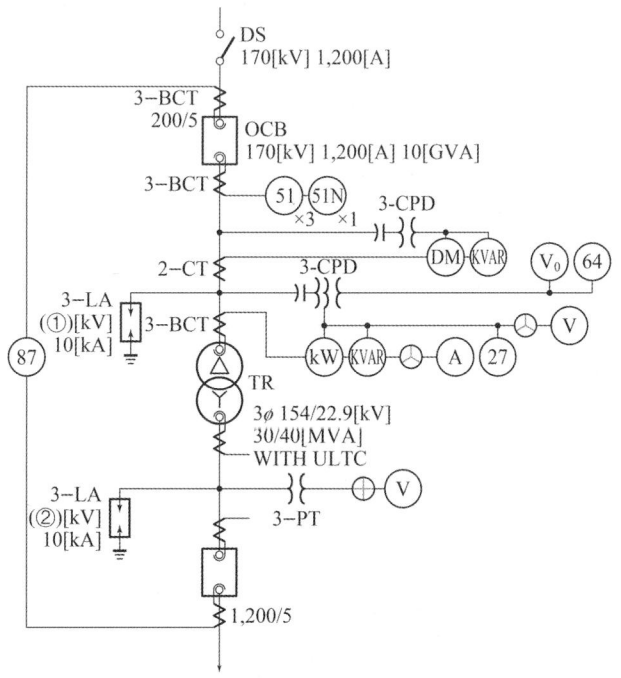

(1) 피뢰기(①, ②) 정격 전압은 각각 몇 [kV]인가?
　① (　　　)[kV]　　　　　② (　　　)[kV]

(2) 변압기 보호 방식 중 주 보호 계전기는 어느 것인지 계전기 분류 번호를 쓰고 그 명칭을 적으시오.

(3) 87계전기의 3상 결선도를(차단기, 변압기 포함)주어진 답란에 완성하시오.

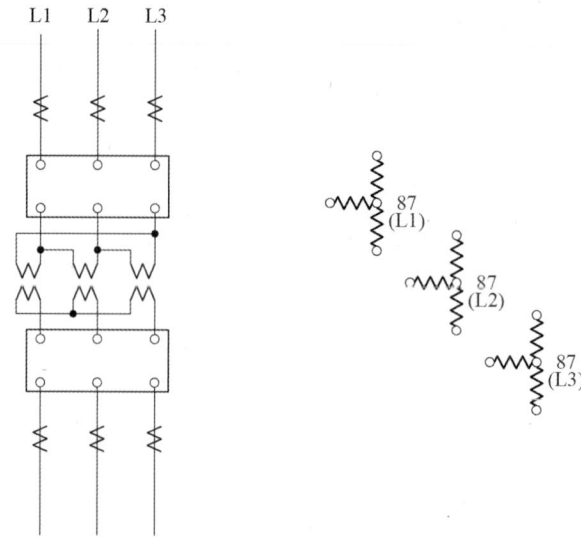

(4) 87계전기에 설치된 보조 변류기의 역할에 대하여 간단히 설명하여라.

Answer

(1) ① 144[kV] ② 21[kV]
(2) 번호 : 87, 명칭 : 전류 차동 계전기(비율 차동 계전기)
(3)

(4) 정상 운전 시 전류 차동 계전기의 1차 전류와 2차 전류의 차이를 보정하는 역할

Explanation

(1) (내선규정 제3,250-1) 피뢰기의 정격 전압

전력계통		피뢰기 정격 전압[kV]	
전압[kV]	중성점 접지방식	변전소	배전선로
345	유효접지	288	-
154	유효접지	144	-
66	PC 접지 또는 비접지	72	-
22	PC 접지 또는 비접지	24	-
22.9	3상 4선 다중접지	21	18

[주] 전압 22.9[kV] 이하의 배전선로에서 수전하는 설비의 피뢰기 정격전압[kV]은 배전선로용을 적용한다.

(2) • 87 : 전류 차동계전기(비율 차동계전기)
　　• 87B: 모선보호 차동계전기
　　• 87G: 발전기용 차동계전기
　　• 87T: 주변압기 차동계전기

(3) CT 결선 : 변압기 1,2차간의 Y-△간에는 30°의 위상차가 존재하므로

변압기 결선	CT 결선
Y-△	△-Y
△-Y	Y-△

(4) 보조변류기 : 정상 운전 시 전류 차동 계전기의 1차 전류와 2차 전류의 차이를 보정

(5점)

13 ★★☆☆☆ 전력용 콘덴서 설비를 보호하기 위한 계통도이다. 그림을 보고 답하시오.

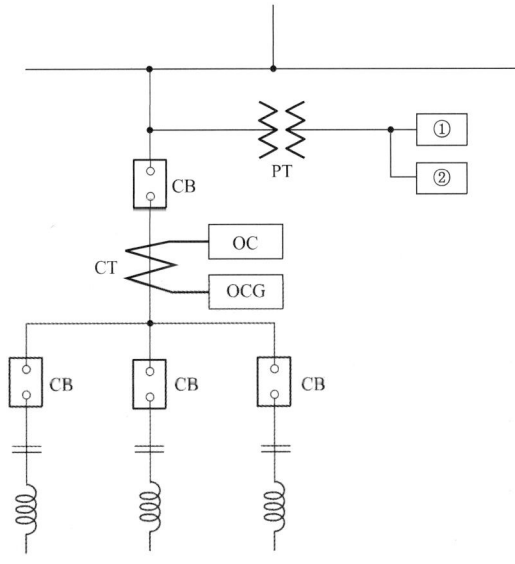

(1) 그림 중 ①, ②의 적합한 기기의 명칭을 적으시오.
　①　　　　　　　　　　　　　②

(2) ①, ②가 담당하는 역할에 대해 서술하시오.
 ①
 ②

Answer

(1) ① 과전압계전기, ② 부족전압계전기
(2) ① 과전압계전기 : 콘덴서에 직렬리액터가 설치되면 콘덴서 단자전압이 상승하며 또한, 경부하시 변압기 리액턴스부의 전위 상승 발생을 차단한다.
 ② 부족전압계전기 : 계통 정전 후 전압이 회복되었을 때 무부하 상태에서 콘덴서만 투입되는 것을 방지

Explanation

전력용 콘덴서 보호
(1) 과전류계전기 : 콘덴서 내부 소손 보호
(2) 과전압계전기 : 콘덴서에 직렬리액터가 설치되면 콘덴서 단자전압이 상승하며 또한, 경부하시 변압기 리액턴스부의 전위 상승을 발생할 수 있으므로 과전압계전기 설치
(3) 부족전압계전기 : 계통 정전 후 전압이 회복되었을 때 무부하 상태에서 콘덴서만 투입되는 것을 방지하기 위하여 부족전압계전기 설치

14 (5점)

HID Lamp에 대한 다음 각 물음에 답하시오.

(1) HID Lamp의 명칭을 우리말로 쓰시오.
(2) HID Lamp로서 가장 많이 사용되는 등기구 종류를 3가지만 쓰시오.

Answer

(1) 고휘도 방전램프
(2) 고압 수은등, 고압 나트륨등, 메탈헬라이드 램프

Explanation

- 고휘도 방전램프(HID 램프 : High Intensity Discharge Lamp)
- 나트륨등, 수은등, 메탈 헬라이드등
- ○ $_{H400}$: 400[W] 수은등
- ○ $_{M400}$: 400[W] 메탈 헬라이드등
- ○ $_{N400}$: 400[W] 나트륨등

15 다음 각 저항을 측정하는 데 가장 적당한 계측기 또는 적당한 방법을 쓰시오. (5점)

(1) 변압기 절연저항 :
(2) 검류계의 내부저항 :
(3) 전해액의 저항 :
(4) 백열전구의 필라멘트(백열상태) :
(5) 고저항 측정 :

Answer

(1) 메거(절연저항계)
(2) 휘스톤 브리지
(3) 콜라우시 브리지
(4) 전압 강하법
(5) 휘스톤 브리지

Explanation

각종 저항 측정 방법
- 캘빈더블브리지 : 굵은 나전선의 저항
- 휘스톤 브리지 : 검류계의 내부저항, 고저항 측정
- 콜라우시 브리지 : 전해액의 저항, 접지저항
- 메거 : 절연저항
- 전압 강하법 : 백열전구의 필라멘트(백열상태)

---

16 한국전기설비규정에 따라 전기저장장치를 시설하는 곳에는 계측하는 장치를 시설하여야 한다. 다음 빈칸에 알맞은 내용을 쓰시오. (6점)

전기저장장치를 시설하는 곳에는 다음의 사항을 계측하는 장치를 시설하여야 한다.
가. 축전지 출력 단자의 (①), (②), (③) 및 충방전 상태
나. 주요 변압기의 (①), (②) 및 (③)

①   ②   ③

Answer

① 전압   ② 전류   ③ 전력

Explanation

(KEC 512.2.3조) 전기저장장치 계측장치

전기저장장치를 시설하는 곳에는 다음의 사항을 계측하는 장치를 시설하여야 한다.
가. 축전지 출력 단자의 전압, 전류, 전력 및 충방전 상태
나. 주요 변압기의 전압, 전류 및 전력

17 ★★★☆☆ (4점)

전기부문 표준품셈에 의해 전기 공사의 물량 산출 시 할증률 및 철거손실률은 각각 얼마 이내로 하여야 하는지 적으시오.

종류	할증률[%]	철거손실률[%]
옥외 전선	①	②
Cable(옥외)	③	④

① ② ③ ④

Answer

① 5 ② 2.5 ③ 3 ④ 1.5

Explanation

종류	할증률[%]	철거손실률[%]
옥외 전선	5	2.5
옥내 전선	10	–
Cable(옥외)	3	1.5
Cable(옥내)	5	–
전선관(옥외)	5	–
전선관(옥내)	10	–
Trolley선	1	–
동대, 동봉	3	1.5

[주] 철거손실률이란 전기설비공사에서 철거작업 시 발생하는 폐자재를 환입할 때 재료의 파손, 손실, 망실 및 일부 부식 등에 의한 손실률을 말함

2022년 전기공사기사 실기

01 ★★★☆☆ (5점)
전기설비기술기준의 한국전기설비규정에 의한 TN 접지계통의 종류 3가지를 적으시오.

Answer

TN-S계통, TN-C-S계통, TN-C계통

Explanation

(KEC 203.1조) 계통접지 구성

기호 설명	
─────/─────	중성선(N), 중간도체(M)
─────/─────	보호도체(PE)
─────/─────	중성선과 보호도체겸용(PEN)

【비고】기호 : TN계통, TT계통, IT계통에 동일 적용

(1) TN 계통(TN System)
 • 전원 측의 한 점을 직접접지하고 설비의 노출도전부를 보호도체로 접속시키는 방식
 • 중성선 및 보호도체(PE 도체)의 배치 및 접속방식에 따른 분류
  ① TN-S 계통 : 계통 전체에 대해 별도의 중성선 또는 PE 도체를 사용
          배전계통에서 PE 도체를 추가로 접지 가능
  • 계통 내에서 별도의 중성선과 보호도체가 있는 계통

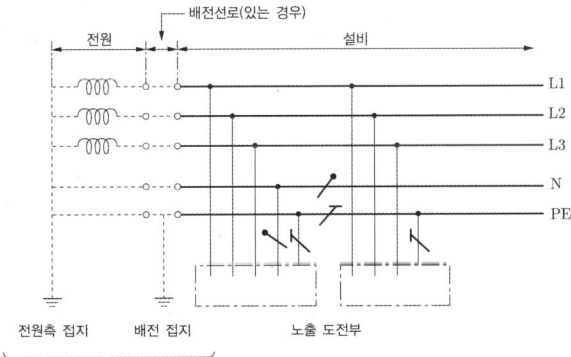

  • 계통 내에서 별도의 접지된 선도체와 보호도체가 있는 계통

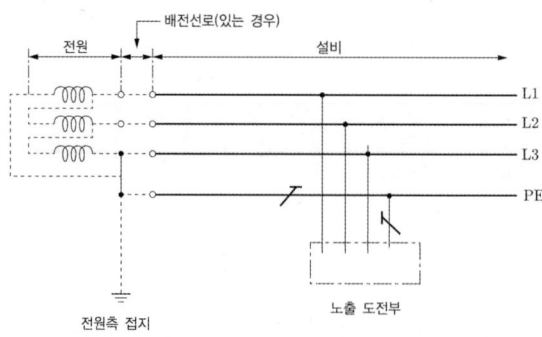

- 계통 내에서 접지된 보호도체는 있으나 중성선의 배선이 없는 계통

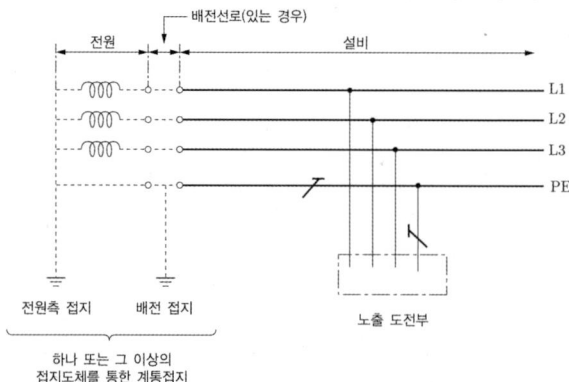

② TN-C 계통 : 계통 전체에 대해 중성선과 보호도체의 기능을 동일도체로 겸용한 PEN 도체를 사용
배전계통에서 PEN 도체를 추가로 접지 가능

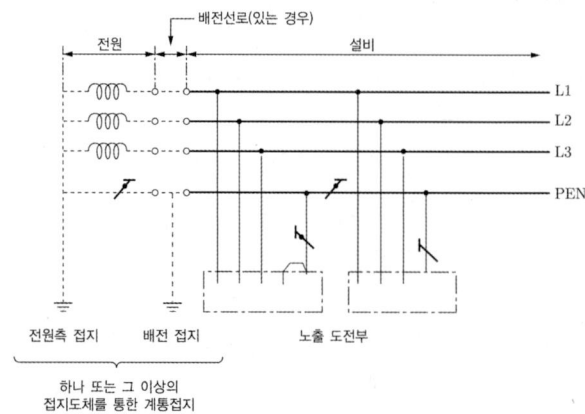

③ TN-C-S계통 : 계통의 일부분에서 PEN 도체를 사용, 중성선과 별도의 PE 도체를 사용
배전계통에서 PEN 도체와 PE 도체를 추가로 접지 가능

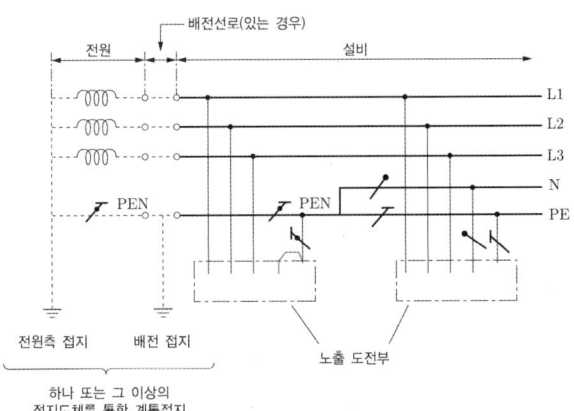

02 전력시설물 공사감리업무 수행지침에 따라 감리업자는 감리용역 착수 시 착수신고서를 제출하여 발주자의 승인을 받아야 한다. 이 때 착수신고서에 첨부하는 서류 3가지를 적으시오.

(6점)

①
②
③

Answer

① 감리업무 수행계획서
② 감리비 산출내역서
③ 상주, 비상주 감리원 배치계획서와 감리원의 경력확인서

Explanation

전력시설물 공사감리업무 수행지침 제7조(행정업무)
① 감리업자는 감리용역계약 즉시 상주 및 비상주감리원의 투입 등 감리업무 수행준비에 대하여 발주자와 협의하여야 하며, 계약서상 착수일에 감리용역을 착수하여야 한다. 다만, 감리대상 공사의 전부 또는 일부가 발주자의 사정 등으로 계약서상 착수일에 감리용역을 착수할 수 없는 경우에는 발주자는 실 착수시점 및 상주감리원 투입시기 등을 조정하여 감리업자에게 통보하여야 한다.
② 감리업자는 감리용역 착수시 다음 각 호의 서류를 첨부한 착수신고서를 제출하여 발주자의 승인을 받아야 한다.
  1. 감리업무 수행계획서
  2. 감리비 산출내역서
  3. 상주, 비상주 감리원 배치계획서와 감리원의 경력확인서
  4. 감리원 조직 구성내용과 감리원별 투입기간 및 담당업무

03 ★★★☆☆ (6점)

도면을 보고 주어진 답안지의 릴레이 시퀀스 회로도를 완성하시오.

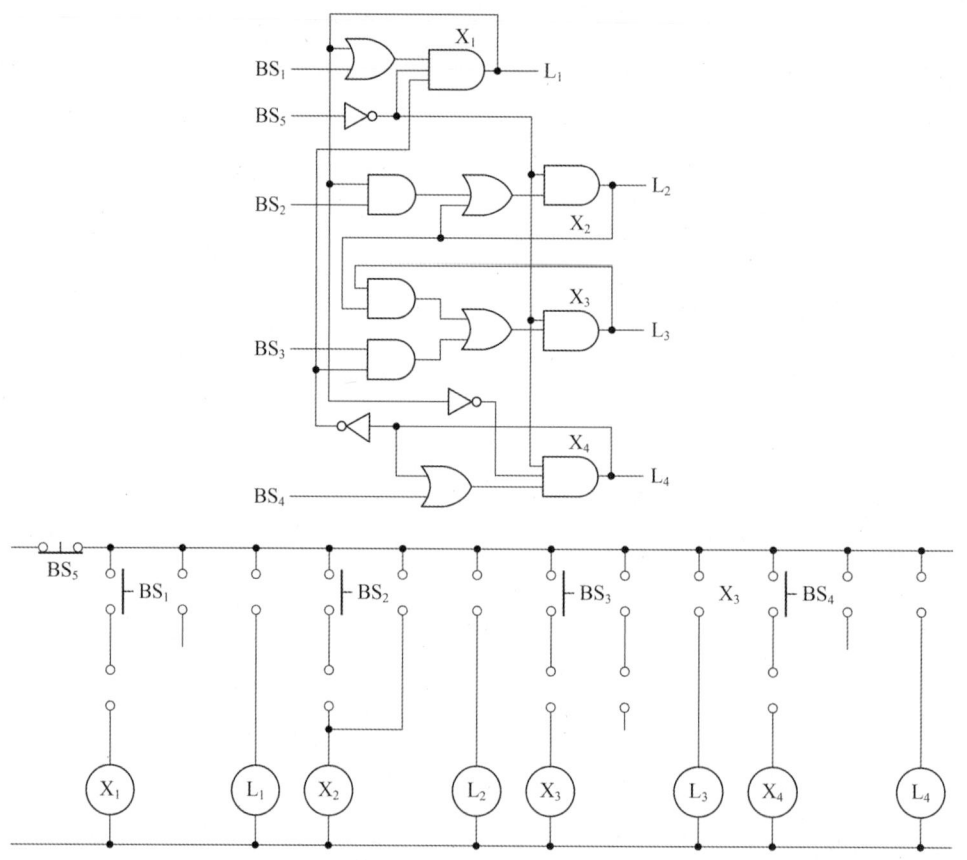

Answer

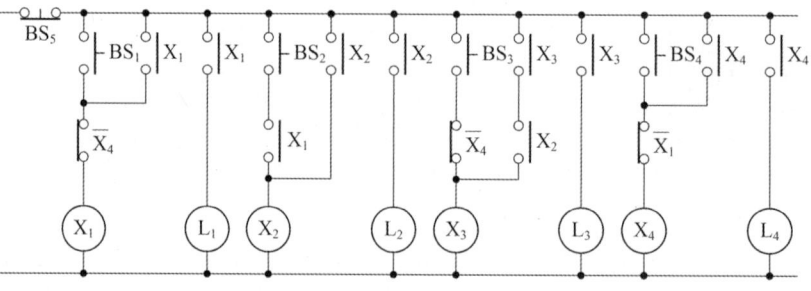

Explanation

무접점 회로를 이용한 출력식

- $X_1 = (BS_1 + X_1) \cdot \overline{BS_5} \cdot \overline{X_4}, \ L_1 = X_1$
- $X_2 = (BS_2 \cdot X_1 + X_2) \cdot \overline{BS_5}, \ L_2 = X_2$
- $X_3 = (BS_3 \cdot \overline{X_4} + X_2 \cdot X_3) \cdot \overline{BS_5}, \ L_3 = X_3$
- $X_4 = (BS_4 + X_4) \cdot \overline{X_1} \cdot \overline{BS_5}, \ L_4 = X_4$

BEST 04

(5점)

매입 방법에 따른 건축화 조명 방식의 종류를 5가지만 쓰시오.

①
②
③
④
⑤

Answer

① 매입 형광등
② 다운 라이트
③ 핀홀 라이트
④ 코퍼 라이트
⑤ 라인 라이트

Explanation

건축화 조명

건축화 조명이란 건축물의 천장, 벽 등의 일부가 조명기구로 이용되거나 광원화 되어 건축물의 마감재료의 일부로서 간주되는 조명설비이다. 이의 종류는 천장면 이용 방법과 벽면 이용 방법으로 대별된다.

(1) 천장 매입 방법
  ① 매입 형광등
     하면 개방형, 하면 확산판 설치형, 반매입형 등
  ② 다운라이트(down light)
     천장면에 작은 구멍을 뚫어 조명기구를 매입하여 빛의 빔 방향을 아래로 유효하게 조명하는 방식
  ③ 핀홀(pin hole) 라이트
     다운라이트의 일종으로 아래로 조사되는 구멍을 적게 하거나 렌즈를 달아 복도에 집중 조사하는 방식
  ④ 코퍼(coffer) 라이트
     대형의 다운라이트라고도 볼 수 있으며 천장면을 둥글게 또는 사각으로 파내어 조명기구를 배치하여 조명하는 방법
  ⑤ 라인(line) 라이트
     매입 형광능 방식의 일종으로 형광등을 연속으로 배치하여 조명하는 방식

(2) 천장면 이용 방법
  ① 광천장 조명
     방의 천장 전체를 조명기구화 하는 방식으로 천장 조명 확산 판넬로서 유백색의 플라스틱판이 사용 된나.
  ② 루버 조명
     실의 천장면을 조명 기구화 하는 방식으로 천장면 재료로 루버를 사용하여 보호각을 증가시킨다.
  ③ 코브(cove) 조명
     광원으로 천장이나 벽면 상부를 조명함으로써 천장면이나 벽에서 반사되는 반사광을 이용하는 간접 조명방식으로, 효율은 대단히 나쁘지만 부드럽고 안정된 조명을 시행할 수 있다.

(3) 벽면 이용 방법
　① 코너(coner) 조명
　　천장과 벽면 사이에 조명기구를 배치하여 천장과 벽면에 동시에 조명하는 방법
　② 코니스(conice) 조명
　　코너를 이용하여 코니스를 15~20[cm] 정도 내려서 아래쪽의 벽 또는 커튼을 조명하도록 하는 방법
　③ 밸런스(valance) 조명
　　광원의 전면에 밸런스판을 설치하여 천장면이나 벽면으로 반사시켜 조명하는 방법

BEST 05 ★★★★★ (5점)

수전 차단용량이 520[MVA]이고 22.9[kV]에 설치되는 피뢰기인 경우 접지도체의 굵기를 계산하고 표에서 선정하시오. 단, 22[kV]급 선로에서는 계통최고전압을 25.8[kV] 고장지속시간을 1.1, 접지도체의 절연물종류 및 주위온도에 따라 정해지는 계수 282를 적용한다.

전선 규격[mm²]							
16	25	35	50	70	95	120	150

- 계산 :
- 답 :

Answer

계산 : 피뢰기 접지도체 굵기 공식

$$A = \frac{\sqrt{t}}{282} \cdot I_s = \frac{\sqrt{1.1}}{282} \times \frac{520 \times 10^3}{\sqrt{3} \times 25.8} = 43.28 [\text{mm}^2]$$

답 : 50[mm²]

Explanation

- 접지도체 굵기 : $A = \dfrac{\sqrt{t}}{282} \cdot I_s [\text{mm}^2]$
- t : 고장지속시간(22[kV] : 1.1[초], 66[kV] : 1.6[초])
- KSC IEC 전선규격
　1.5, 2.5, 4, 6, 10, 16, 25, 35, 50, 70, 95, 120, 150, 185, 240, 300, 400, 500, 630[mm²]

06 옥내배선용 그림기호(KS C 0301)의 명칭을 쓰시오. (4점)

그림기호	명칭
☐ − − − LD	①
MD	②
− − ◎ − −	③
− − − − − (F7)	④

Answer

① 라이팅 덕트
② 금속 덕트
③ 정크션 박스
④ 플로어 덕트

Explanation

(KS C 0301) 옥내배선용 그림기호

명칭	심벌
플로어 덕트	− − − − − (F7)
정션 박스	− − ◎ − −
금속 덕트	MD
라이팅 덕트	☐ − − − LD

07 조명기구 통칙(KS C 8,000)에 따른 용어의 정의 중 등급 0과 등급 Ⅲ 기구에 대하여 쓰시오. (6점)

(1) 등급 0 기구
(2) 등급 Ⅲ 기구

Answer

(1) 접지단자 또는 접지도체를 갖지 않고, 기초절연만으로 전체가 보호된 기구
(2) 정격전압이 교류 30[V]이하인 전압의 전원에 접속하여 사용하는 기구

Explanation

KSC 8000 조명기구의 통칙
- 0등급 : 접지단자 또는 접지도체를 갖지 않고, 기초절연만으로 전체가 보호된 기구
- Ⅰ등급 : 기초절연만으로 전체를 보호한 기구로서, 보호 접지단자 혹은 보호 접지도체 접속부를 갖든가 또는 보호 접지도체가 든 코드와 보호 접지도체 접속부가 있는 플러그를 갖추고 있는 기구
- Ⅱ등급 : 2중 절연을 한 기구 또는 기구의 외곽 전체를 내구성이 있는 견고한 절연재료로 구성한 기구와 이들을 조합한 기구
- Ⅲ등급 : 정격전압이 교류 30[V] 이하인 전압의 전원에 접속하여 사용하는 기구

08 다음은 계전기별 고유번호이다. 기구 번호에 따른 계전기의 명칭을 쓰시오. (5점)

(1) 27
(2) 37D
(3) 51G

Answer

(1) 부족전압계전기
(2) 직류 부족전류계전기
(3) 지락 과전류계전기

Explanation

계전기 고유번호
- 51 : 과전류 계전기(OCR)
- 51G : 지락 과전류 계전기(OCGR)
- 59 : 과전압 계전기(OVR)
- 64 : 지락 과전압 계전기(OVGR)
- 27 : 부족 전압 계전기(UVR)
- 37 : 부족 전류 계전기
  - 37A : 교류 부족 전류 계전기
  - 37D : 직류 부족 전류 계전기
- 37F : Fuse 용단 계전기
- 37V : 전자관 Filament 단선 검출기

BEST 09 다음은 전기부분 표준 품셈에 따른 소운반의 내용이다. 다음 빈칸에 알맞은 내용을 적으시오. (4점)

> 품에서 규정된 소운반이라 함은 (①)[m]이내의 수평 거리를 말하며 소운반이 포함된 품에 있어서 운반거리가 (①)[m]를 초과할 경우에는 초과분에 대하여 별도 계상하며 소운반 거리는 직고 1[m]를 수평거리 (②)[m]의 비율로 본다.

①   ②

Answer

① 20   ② 6

Explanation

품에서 규정된 소운반이라 함은 20[m] 이내의 수평 거리를 말하며 소운반이 포함된 품에 있어서 운반 거리가 20[m]를 초과할 경우에는 초과분에 대하여 별도 계상하며 소운반 거리는 직고 1[m]를 수평거리 6[m]의 비율로 본다.

10 수전방식 중 스폿 네트워크 방식의 특징을 3가지만 쓰시오. (5점)

Answer

① 무정전 전력공급이 가능하다.
② 공급신뢰도가 높다.
③ 전압 변동이 낮다.

Explanation

스포트 네트워크 방식(Spot Network 방식)

배전용 변전소로부터 2회선 이상의 배전선으로 수전하는 방식으로 1회선의 고장이 발생한 경우에도 2차 측 병렬모선을 통해 부하 측의 무정전 공급이 가능한 방식이다.
(1) 장점
　① 무정전 전력공급이 가능하다.
　② 공급신뢰도가 높다.
　③ 전압 변동이 낮다.
　④ 부하증가에 대한 적응성이 좋다.

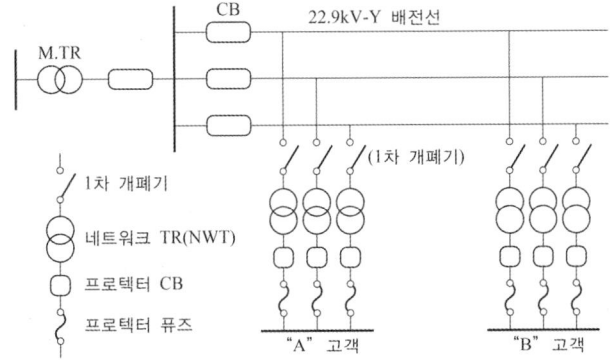

11 터파기에 대한 다음 각 물음에 답하시오. (4점)

(1) 터파기 상세도가 다음과 같을 때 수평거리가 30[m]인 경우에 적용하는 터파기량[m³]을 구하시오.
　• 계산 :
　• 답 :

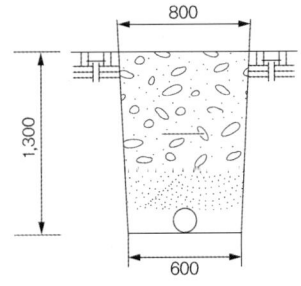

터파기 상세도(단위 : mm)

(2) 차량 기타 중량물의 압력을 받을 우려가 있는 장소에 시중전선로를 직접 매설식에 의하여 시설하는 경우, 매설깊이는 몇 [m] 이상으로 하여야 하는가?
　• 답 :

Answer

(1) 계산 : $V = \dfrac{a+b}{2} \times h \times L = \dfrac{0.6+0.8}{2} \times 1.3 \times 30 = 27.3[\text{m}^3]$ 답 : $27.3[\text{m}^3]$

(2) $1[\text{m}]$

Explanation

터파기량 계산

- 줄기초 파기 : 전선관 매설 터파기량$[\text{m}^3] = \left(\dfrac{a+b}{2}\right) \times h \times$ 줄기초길이

(KEC 334.1조) 지중전선로 시설

1. 지중 전선로는 전선에 케이블을 사용하고 또한 관로식·암거식(暗渠式) 또는 직접매설식에 의하여 시설하여야 한다.
2. 지중 전선로를 관로식 또는 암거식에 의하여 시설하는 경우에는 다음에 따라야 한다.
   가. 관로식에 의하여 시설하는 경우에는 매설 깊이를 1.0[m] 이상으로 하되, 매설 깊이가 충분하지 못한 장소에는 견고하고 차량 기타 중량물의 압력에 견디는 것을 사용할 것. 다만 중량물의 압력을 받을 우려가 없는 곳은 0.6[m] 이상으로 한다.
   나. 암거식에 의하여 시설하는 경우에는 견고하고 차량 기타 중량물의 압력에 견디는 것을 사용할 것.
3. 지중 전선로를 직접 매설식에 의하여 시설하는 경우에는 매설 깊이를 차량 기타 중량물의 압력을 받을 우려가 있는 장소에는 1.0[m] 이상, 기타 장소에는 0.6[m] 이상으로 하고 또한 지중 전선을 견고한 트라프 기타 방호물에 넣어 시설하여야 한다.

BEST 12 ★★★★★ (5점)

전선 지지점의 고저차가 없을 경우 경간 200[m]에서 이도가 6[m]인 송전선로가 있다. 이도를 8[m]로 증가시키고자 할 경우 증가되는 전선의 길이는 약 몇 [m]인지 구하시오.

- 계산 :
- 답 :

Answer

계산 : 이도 6[m]일 때 전선의 길이 $L_1 = 200 + \dfrac{8 \times 6^2}{3 \times 200} = 200.48[\text{m}]$

이도 8[m]일 때 전선의 길이 $L_2 = 200 + \dfrac{8 \times 8^2}{3 \times 200} = 200.85[\text{m}]$

∴ $L_2 - L_1 = 200.85 - 200.48 = 0.37[\text{m}]$ 답 : $0.37[\text{m}]$

Explanation

- 이도 : $D = \dfrac{WS^2}{8T}$

- 실제길이 : $L = S + \dfrac{8D^2}{3S}$

여기서, L : 전선의 실제 길이[m], D : 이도[m], S : 경간[m]

13 (6점)

전기부문의 표준 품셈에 따른 고소작업에 대한 위험 할증률을 나타낸 것이다. 다음의 빈 칸을 채우시오.

고소 작업 높이	할증률[%]
고소작업 지상 5[m] 이상 10[m] 미만(단, 비계틀 없이 시공되는 작업임)	(①)
고소작업 지상 15[m] 이상 20[m] 미만(단, 비계틀 없이 시공되는 작업임)	(②)
고소작업 지상 10[m] 이상 20[m] 미만(단, 비계틀이 사용되는 작업임)	(③)

①   ②   ③

Answer

① 20   ② 40   ③ 10

Explanation

전기품셈 1-11-5 위험 할증률 중 고소작업
- 고소작업 지상 5[m] 미만 : 0[%]
- 고소작업 지상 5[m] 이상 10[m] 미만 : 20[%]
- 고소작업 지상 10[m] 이상 15[m] 미만 : 30[%]
- 고소작업 지상 15[m] 이상 20[m] 미만 : 40[%]
- 고소작업 지상 20[m] 이상 30[m] 미만 : 50[%]
- 고소작업 지상 30[m] 이상 40[m] 미만 : 60[%]
- 고소작업 지상 40[m] 이상 50[m] 미만 : 70[%]
- 고소작업 지상 50[m] 이상 60[m] 미만 : 80[%]
- 고소작업 지상 60[m] 이상 매 10[m] 이내 증가마다 10[%] 가산

※ 비계틀 없이 시공되는 작업에 적용
- 고소작업 지상 10[m] 이상 : 10[%]
- 고소작업 지상 20[m] 이상 : 20[%]
- 고소작업 지상 30[m] 이상 : 30[%]
- 고소작업 지상 50[m] 이상 : 40[%]

※ 비계틀 사용 시 적용

14 (10점)

도면은 어느 공장의 수전설비이다. [참고자료]를 보고 다음 질문에 답하여라.

[참고자료]
① 전원 등가 Impedance는 2.5[%](100[MVA] 기준)이고 변압기 %임피던스는 자기용량을 기준으로 7[%]이다.
② 전원측 변전소에 설치된 OCR의 정정치는 Pick 2.5[%]에 LEVER가 2이다.
③ 전위와 후비 보호장치와의 INTERVAL은 최소한 30[c/s]은 주어야 동시동작을 피할 수 있다.
④ OCR_1의 Tap은 전부하 전류의 160[%]로 선정하며, 부하측에 설치된 $OCR_2 \sim OCR_4$의 사용 Tap은 150[%]로 설정한다.

⑤ 170[kV] 차단기 용량은 1,500[MVA], 2,500[MVA], 3,000[MVA], 5,000[MVA], 7,500[MVA] 중 선택하며, 차동계전기 CT 변류기는 1,200, 1,500, 2,000, 2,300, 3,000, 5,000[A] 중에서 선택한다.

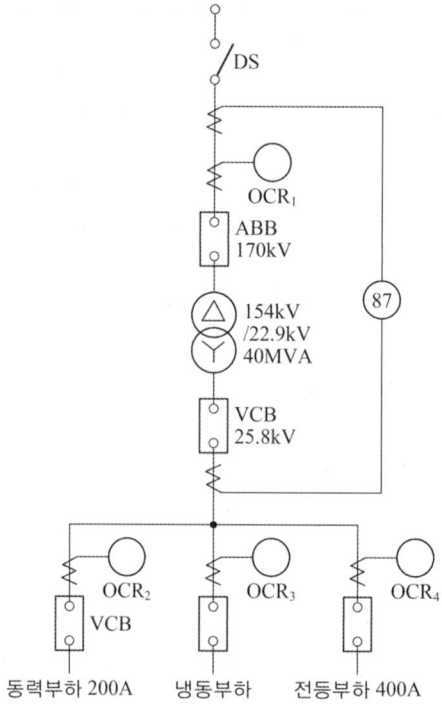

(1) 과전류 계전기 OCR₁의 적당한 Tap을 구하여라. 단, CT 값은 정격전류의 1.25배이다.

(2) 170[kV] ABB의 적당한 차단용량[MVA]을 구하여라.

(3) 계전기 87의 22.9[kV] 측의 적당한 CT 비를 구하여라. 단, CT 값은 정격전류의 1.25배이다.

(4) 87의 계전기의 정확한 명칭을 적어라.

(5) ABB의 정확한 명칭을 적어라.

◆ Answer

(1) 계산 : 부하전류 $I = \dfrac{40{,}000}{\sqrt{3} \times 154} = 149.96\,[\text{A}]$

  CT의 1차 전류 $I_{CT} = 149.96 \times 1.25 = 187.45\,[\text{A}]$

  CT비 200/5선정

  따라서 OCR₁의 Tap은 조건 ④에 의해서 $149.96 \times 1.6 \times \dfrac{5}{200} = 6\,[\text{A}]$ 답 : 6[A]

(2) 계산 : 단락 용량 = 기준용량 $\times \dfrac{100}{\%Z} = 100 \times \dfrac{100}{2.5} = 4{,}000\,[\text{MVA}]$

  5,000[MVA] 선정   답 : 5,000[MVA]

(3) 계산 : 2차 전류 $I_2 = \dfrac{40,000}{\sqrt{3} \times 22.9} = 1,008.47[A]$

　　　　CT의 1차 전류 $1,008.47 \times 1.25 = 1,260.59[A]$

　　　　CT비 1,200/5 선정

답 : 1,200/5

(4) 전류 차동 계전기(비율 차동 계전기)
(5) 공기 차단기

Explanation

(1) CT비 : 1차 전류 × (1.25~1.5)
　　CT 1차 전류 : 10, 15, 20, 30, 40, 50, 75, 100, 150, 200, 300, 400, 500[A]
　　문제에서는 CT의 1차 전류가 범위 내에 없으므로 그 보다 큰 200/5를 선정하는 것이 일반적이다.

　　OCR 탭 = 1차전류 × $\dfrac{1}{\text{CT비}}$ = $149.96 \times 1.6 \times \dfrac{5}{200} = 6[A]$

(2) 단락용량 $P_s = \dfrac{100}{\%Z} \times P_n$

　　차단기 용량을 단락용량으로 계산하면 단락용량보다 큰 것이 차단기 용량이 된다.

(3) CT비 : 1차 전류 × (1.25~1.5)
　　CT 1차 전류 : 1,200, 1,500, 2,300, 3,000, 5,000[A] 중에서 선택
　　문제에서는 CT의 1차 전류가 1,260.59[A]이므로 1,500을 선택하여야 하나 이 경우 과전류 차단기의 동작이 확보되지 않을 수 있으므로 1,200/5를 선정한다.

(4) 계전기 고유번호
　　• 87 : 전류 차동 계전기(비율차동 계전기)
　　• 87B : 모선보호 차동계전기
　　• 87G : 발전기용 차동계전기
　　• 87T : 주변압기 차동계전기

(5) 차단기 종류

차단기의 종류		
명 칭	약호	소호매질
유입 차단기	OCB	절연유
기중 차단기	ACB	대기(공기)
자기 차단기	MBB	자계의 전자력
공기 차단기	ABB	압축공기
진공 차단기	VCB	진공
가스 차단기	GCB	SF_6

BEST 15 ★★★★★ (5점)

한국전기설비규정에 의하여 과전류 차단기를 시설하여서는 안되는 장소 3가지를 적으시오.

①
②
③

Answer
① 접지공사의 접지도체
② 다선식 전로의 중성선
③ 전로의 일부에 접지공사를 한 저압 가공전선로의 접지측 전선

Explanation

(KEC 341.11조) 과전류 차단기 시설 제한

접지공사의 접지도체, 다선식 전로의 중성선 및 규정에 의하여 전로의 일부에 접지공사를 한 저압 가공전선로의 접지측 전선에는 과전류차단기를 시설하여서는 안 된다. 다만, 다선식 전로의 중성선에 시설한 과전류차단기가 동작한 경우에 각 극이 동시에 차단될 때 또는 규정에 의한 저항기·리액터 등을 사용하여 접지공사를 한 때에 과전류차단기의 동작에 의하여 그 접지도체가 비접지 상태로 되지 아니할 때는 적용하지 않는다.

16 (6점)
한국전기설비규정에 의하여 옥외등 공사에 사용되는 기구의 시설에 관한 내용이다. 다음 빈 칸에 알맞은 내용을 쓰시오.

> 옥외등 공사에 사용하는 기구는 다음에 의하여 시설하여야 한다.
> - 노출하여 사용하는 소켓 등은 선이 부착된 (①) 또는 (②)리셉터클을 사용하고 하향으로 시설할 것.
> - 파이프펜던트 및 직부기구를 상향으로 부착할 경우는 홀더의 최하부에 지름 3[mm] 이상의 물 빼는 구멍을 (③)개소 이상 만들거나 또는 방수형으로 할 것.

Answer
① 방수소켓   ② 방수형   ③ 2

Explanation

(KEC 234.9.5조) 옥외등 기구의 시설

옥외등 공사에 사용하는 기구는 다음에 의하여 시설하여야 한다.
① 개폐기, 과전류차단기, 기타 이와 유사한 기구는 옥내에 시설할 것. 다만, 견고한 방수함속에 설치하거나 또는 방수형의 것은 적용하지 않는다.
② 노출하여 사용하는 소켓 등은 선이 부착된 방수소켓 또는 방수형 리셉터클을 사용하고 하향으로 시설할 것.
③ 부라켓 등을 부착하는 목대에 삽입하는 절연관은 하향으로 하고 전선을 따라 빗물이 새어 들어가지 않도록 할 것.
④ 파이프펜던트 및 직부기구는 하향으로 부착하지 말 것. 다만, 처마 밑에 부착하는 것 또는 방수장치가 되어 플렌지 내에 빗물이 스며들 우려가 없는 것은 적용하지 않는다.
⑤ 파이프펜던트 및 직부기구를 상향으로 부착할 경우는 홀더의 최하부에 지름 3[mm] 이상의 물 빼는 구멍을 2개소 이상 만들거나 또는 방수형으로 할 것.

17 ★☆☆☆☆ (5점)

그림과 같이 지선을 가설하여 전주에 가해진 수평장력 P[kg]을 지지하고자 한다. 지선으로는 4[mm]의 철선을 7가닥을 사용할 때, 이것에 지지될 수 있는 수평장력 P[kg]을 구하시오. 단, 4[mm] 철선 1가닥의 인장 하중은 440[kg]으로 하고 안전율은 3이다.

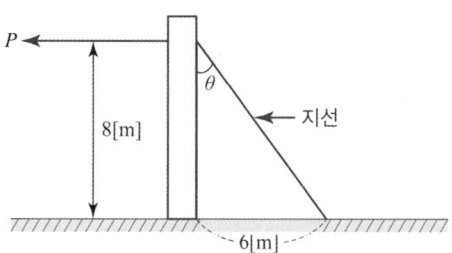

- 계산 :
- 답 :

Answer

계산 : $\sin\theta = \dfrac{6}{\sqrt{8^2+6^2}} = \dfrac{6}{10}$

지선장력 $T_o = \dfrac{T}{\cos\theta} = \dfrac{\text{지선의 인장강도} \times \text{가닥수}}{\text{안전율}}$ 에서

수평장력 $T = T_o \cos\theta = \dfrac{\text{지선의 인장강도} \times \text{가닥수}}{\text{안전율}} \times \cos\theta$

$= \dfrac{440 \times 7}{3} \times \dfrac{6}{10} = 616[kg]$

답 : 616[kg]

Explanation

- 지선의 장력 $(T_0) = \dfrac{T}{\cos\theta} = \dfrac{\text{소선 1가닥의 인장강도} \times \text{소선수}}{\text{안전율}}$

  여기서, T는 수평장력

  문제에서 $\sin\theta = \dfrac{6}{\sqrt{8^2+6^2}} = 0.6$ 이며 θ의 위치 때문에 $\sin$으로 구한 것임

- 전선의 단면적 $A = \dfrac{\pi}{4}d^2[\text{mm}^2]$, 여기서 d는 지름[mm]

  여기서, 전선의 가닥수는 무조건 절상

18

★☆☆☆☆ (8점)

다음의 주어진 질문에 대한 답을 하시오.

(1) 소호각의 역할 3가지를 쓰시오.
  ①
  ②
  ③
(2) ACSR을 사용한 송전선에 댐퍼를 설치하는 이유는 무엇인가?
(3) 배전선로에 사용되는 주상 변압기의 저압측에 설치하는 보호장치는 무엇인가?
(4) 3상 수직 배치 선로에서 오프셋을 주는 이유는 무엇인가?

Answer

(1) ① 섬락 시 애자련 보호
  ② 애자련에 걸리는 전압분포 균일
  ③ 애자 파손 방지
(2) 전선의 진동방지
(3) 캐치 홀더
(4) 상·하선 혼촉방지

Explanation

- 주상 변압기의 과전류에 대한 보호 장치
  - 1차측 보호설비 : 컷 아웃 스위치(Cut Out Switch)
    프라이머리 컷 아웃 스위치(primary cut out Switch)
  - 2차측 보호설비 : 캐치 홀더(catch holder)
- 전선의 진동
  - 원인 : 가볍고 선로가 긴 경우(ACSR은 경동선에 비해 가볍기 때문)
  - 대책 : 댐퍼(damper), 아마로드(amurod) 등

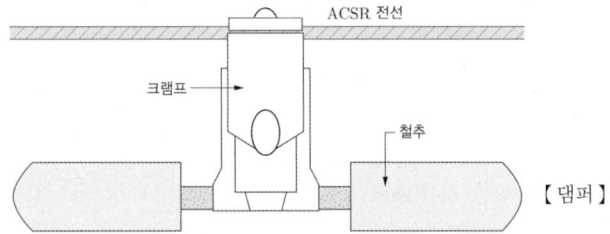

【댐퍼】

- 전선의 도약
  - 원인 : 동절기 전선의 주위에 부착되었던 빙설이 떨어지면 전선이 갑자기 장력을 잃게 되며, 그 반동으로 전선이 도약하여 상, 하선 혼촉이 발생
  - 대책 : 오프셋(off-set)

2022년 전기공사기사 실기

01 ★☆☆☆☆ (4점)
그림과 같은 전원설비에서 변압기의 부하율이 각각 40[%]일 때 변압기 2대의 전손실[kW]을 구하시오. 단, 3상 300[kVA] 변압기의 철손은 2.2[kW], 전부하 동손은 4.2[kW]이다.

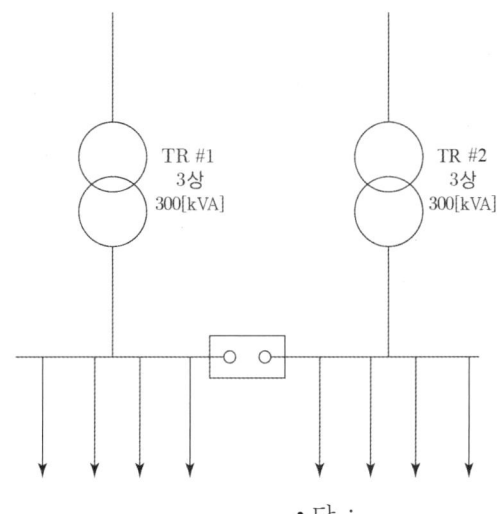

• 계산 : • 답 :

Answer

계산 : 변압기 2대 전손실 $2P_l = 2P_i + \left(\dfrac{1}{m}\right)^2 P_c \times 2 = 2.2 \times 2 + (0.4)^2 \times 4.2 \times 2 = 5.74$[kW]

답 : 5.74[kW]

Explanation

• 변압기 $\dfrac{1}{m}$ 부하 시 효율 $\eta_{\frac{1}{m}} = \dfrac{\dfrac{1}{m}P_n\cos\theta}{\dfrac{1}{m}P_n\cos\theta + P_i + \left(\dfrac{1}{m}\right)^2 P_c} \times 100$[%]

• $\left(\dfrac{1}{m}\right)$ 부하 시의 전손실 : $P_l = P_i + \left(\dfrac{1}{m}\right)^2 P_c$

02 ★★★☆☆ (4점)

다음은 한국전기설비규정에 따른 피뢰시스템의 등급별 인하도선 사이의 최적의 간격에 관한 표이다. 빈칸에 알맞은 답을 답란에 적으시오.

피뢰시스템의 등급	간격[m]
I	①
II	②
III	③
IV	④

① ② ③ ④

Answer

① 10 ② 10 ③ 15 ④ 20

Explanation

(KS C IEC 62305-3) 5.3.3 분리되지 않은 피뢰시스템의 배치

피뢰시스템의 등급	간격[m]
I	10
II	10
III	15
IV	20

03 ★☆☆☆☆ (4점)

한국전기설비규정에 의할 때 저압전기설비에서 다음의 덕트공사의 지지점간 최대거리는 각각 몇 [m]인가?

(1) 버스덕트공사에서 취급자 이외의 자가 출입할 수 있고 덕트를 조영재에 붙이는 경우
(2) 라이팅덕트 공사

Answer

(1) 3[m]
(2) 2[m]

Explanation

(KEC 232.61조) 버스덕트 시설방법
버스덕트는 3[m](취급자 이외의 자가 출입할 수 없도록 설비한 장소로서, 수직으로 설치하는 경우는 6[m]) 이하의 간격으로 견고하게 지지할 것

(KEC 232.71조) 라이팅 덕트 시설방법
라이팅 덕트의 지지점 간의 거리는 2[m] 이하로 할 것

04 어떤 변전실에서 그림과 같은 일부하곡선이 A, B, C인 부하에 전기를 공급하고 있다. 이 변전실의 총 부하에 대한 각 물음에 답하시오.(단, A, B, C의 역률은 시간에 관계없이 각각 80[%], 100[%] 및 60[%]이다) (9점)

(1) 합성 최대 전력[kW]을 구하시오.

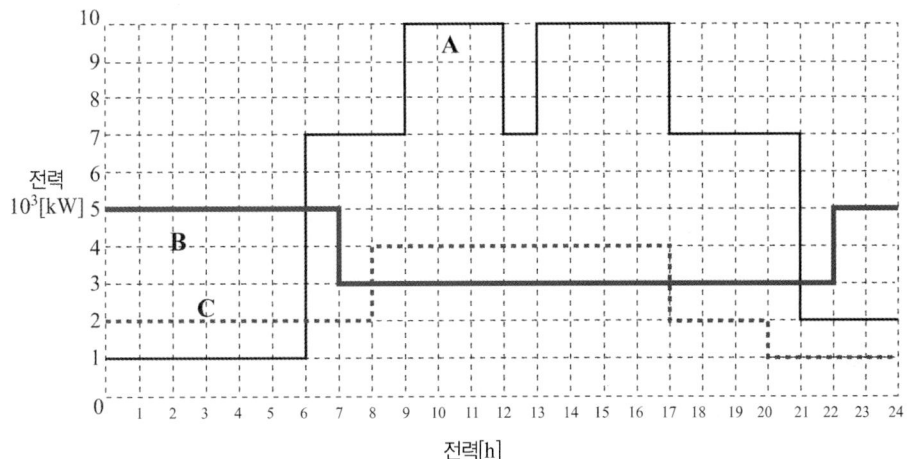

- 계산 :
- 답 :

(2) B 부하에 대한 평균전력[kW]을 구하시오.
- 계산 :
- 답:

(3) 총 부하율[%]을 구하시오.
- 계산 :
- 답 :

Answer

(1) 계산 : 합성 최대 전력
$$P = (10+4+3) \times 10^3 = 17,000[\text{kW}]$$

답 : 17,000[kW]

(2) 계산 : $P_B = \dfrac{\{(5 \times 7) + (3 \times 15) + (5 \times 2)\} \times 10^3}{24} = 3,750[\text{kW}]$

답 : 3,750[kW]

(3) 계산
① A부하의 평균전력
$$P_A = \dfrac{\{(1 \times 6) + (7 \times 3) + (10 \times 3) + (7 \times 1) + (10 \times 4) + (7 \times 4) + (2 \times 3)\} \times 10^3}{24}$$
$$= 5,750[\text{kW}]$$

② B부하의 평균전력
$$P_B = \dfrac{\{(5 \times 7) + (3 \times 15) + (5 \times 2)\} \times 10^3}{24} = 3,750[\text{kW}]$$

③ C부하의 평균전력

$$P_C = \frac{\{(2\times 8)+(4\times 9)+(2\times 3)+(4\times 1)\}\times 10^3}{24}$$

$$= 2,583.33[kW]$$

따라서 총부하율 $= \dfrac{5,750+3,750+2,583.33}{17,000}\times 100 = 71.08[\%]$

답 : 71.08[%]

Explanation

(1) 최대전력 발생시간 : 그림에서 9~12시, 13~17시 사이

(2) 평균전력 $= \dfrac{\text{사용전력량}[kWh]}{\text{사용시간}[H]}$

(3) 총부하율 $= \dfrac{\text{평균전력}}{\text{합성최대전력}}\times 100 = \dfrac{A, B, C \text{각 평균전력의 합}}{\text{합성최대전력}}\times 100[\%]$

---

05 ★☆☆☆☆ (6점)

한국전기설비규정에 의할 때 특고압을 직접 저압으로 변성하는 변압기의 시설에 관한 설명이다. 다음의 괄호 안에 알맞은 말을 각각 쓰시오.

> 특고압을 직접 저압으로 변성하는 변압기는 다음의 것 이외에는 시설하여서는 아니된다.
> 가. 전기로 등 (①)가 큰 전기를 소비하기 위한 변압기
> 나. 발전소·변전소·개폐소 또는 이에 준하는 곳의 (②) 변압기
> 다. 333.32의 1과 4에서 규정하는 특고압 전선로에 접속하는 변압기
> 라. 사용전압이 (③)[kV] 이하인 변압기로서 그 특고압측 권선과 저압측 권선이 혼촉한 경우에 자동적으로 변압기를 전로로부터 차단하기 위한 장치를 설치한 것.

①   ②   ③

Answer

① 전류   ② 소내용   ③ 35

Explanation

(KEC 341.3조) 특고압을 직접 저압으로 변성하는 변압기의 시설
특고압을 직접 저압으로 변성하는 변압기는 다음의 것 이외에는 시설하여서는 아니된다.
① 전기로 등 전류가 큰 전기를 소비하기 위한 변압기
② 발전소·변전소·개폐소 또는 이에 준하는 곳의 소내용 변압기
③ 333.32의 1과 4에서 규정하는 특고압 전선로에 접속하는 변압기
④ 사용전압이 35[kV] 이하인 변압기로서 그 특고압측 권선과 저압측 권선이 혼촉한 경우에 자동적으로 변압기를 전로로부터 차단하기 위한 장치를 설치한 것.
⑤ 사용전압이 100[kV] 이하인 변압기로서 그 특고압측 권선과 저압측 권선사이에 규정에 의하여 접지공사(접지저항 값이 10[Ω] 이하인 것에 한한다)를 한 금속제의 혼촉방지판이 있는 것.
⑥ 교류식 전기철도용 신호회로에 전기를 공급하기 위한 변압기

06 ★★★☆☆ 철거손실률에 대하여 설명하시오. (5점)

• 답 :

Answer

전기설비공사에서 철거 작업 시 발생하는 폐자재를 환입할 때 재료의 파손, 손실, 망실 및 일부 부식 등에 의한 손실률을 말함

Explanation

종류	할증률[%]	철거손실률[%]
옥외전선	5	2.5
옥내전선	10	–
Cable(옥외)	3	1.5
Cable(옥내)	5	–
전선관(옥외)	5	–
전선관(옥내)	10	–
Trolley선	1	–
동대, 동봉	3	1.5

[주] 철거손실률이란 전기설비공사에서 철거 작업 시 발생하는 폐자재를 환입할 때 재료의 파손, 손실, 망실 및 일부 부식 등에 의한 손실률을 말함

07 ★★★☆☆ (4점)

일반전등부하의 부하전류가 10[A]이고, 심야전력부하의 부하전류가 15[A]일 경우 공용하는 부분의 전선 굵기를 선정하는데 요구되는 부하전류는 몇 [A]인지 구하시오. 단 중첩률은 0.7이다.

• 계산 :   • 답 :

Answer

계산 : $I = 15 + 10 \times 0.7 = 22[A]$ 답 : 22[A]

Explanation

(내선규정 제4,145절) 심야전력기기

일반부하와 심야전력부하를 공용하는 부분의 부하전류

$I = I_1 + I_0 \times$ 중첩률(重疊率)

여기서, I_0 : 일반 부하의 전류
I_1 : 심야 전력 부하의 부하 전류
I : 일반부하와 심야전력부하를 공용하는 부분의 부하전류

08 그림과 같은 변전 설비를 보고 다음 각 물음에 답하시오. (6점)

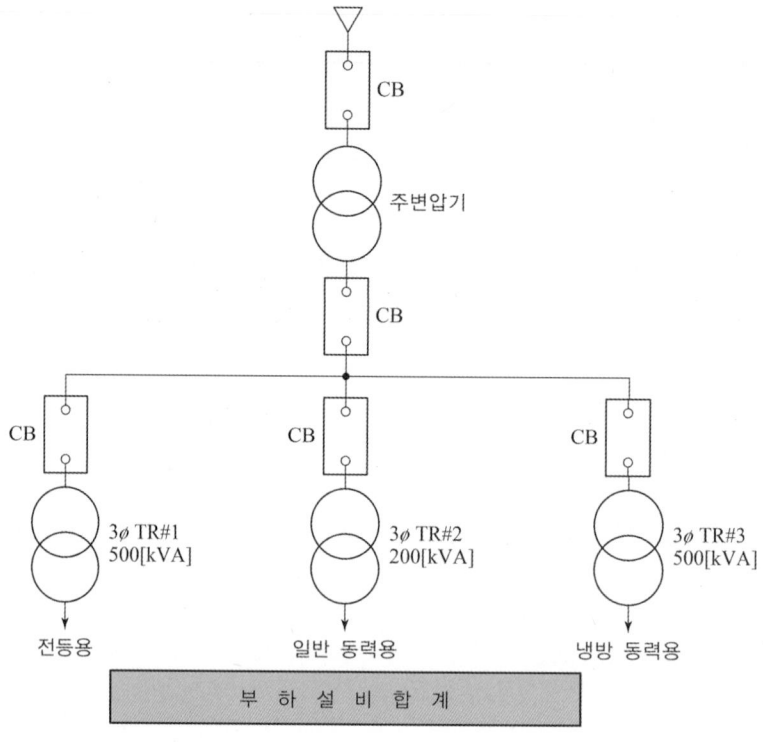

(1) 주 변압기의 용량은 몇 [kVA] 이상이어야 하는가? 단, 부등률은 1.2를 적용하도록 한다.
• 계산 :   • 답 :

(2) 냉방 동력용 부하가 450[kW]이고, 무효전력이 200[kVar]이다. 역률을 95[%]가 되도록 하려면 전력용 콘덴서는 몇 [kVA]가 필요한가?
• 계산 :   • 답 :

Answer

(1) 계산 : 변압기 용량 $= \dfrac{\text{최대수용전력의 합}}{\text{부등률}} = \dfrac{500+200+500}{1.2} = 1,000 [\text{kVA}]$ 답 : 1,000[kVA]

(2) 계산 : 개선 전 역률 $\cos\theta_1 = \dfrac{P}{\sqrt{P^2+P_r^2}} = \dfrac{450}{\sqrt{450^2+200^2}} \times 100 = 91.38 [\%]$

콘덴서 용량 $Q_c = P(\tan\theta_1 - \tan\theta_2) = P\left(\dfrac{\sqrt{1-\cos^2\theta_1}}{\cos\theta_1} - \dfrac{\sqrt{1-\cos^2\theta_2}}{\cos\theta_2}\right)$

$= 450 \times \left(\dfrac{\sqrt{1-0.9138^2}}{0.9138} - \dfrac{\sqrt{1-0.95^2}}{0.95}\right)$

$= 52.11 [\text{kVA}]$

답 : 52.11[kVA]

(1) 변압기 용량[kVA] = $\dfrac{\text{최대 수용전력의 합[kVA]}}{\text{부등률}}$

(2) 역률 개선용 콘덴서 용량

$$Q_c = P(\tan\theta_1 - \tan\theta_2) = P\left(\dfrac{\sqrt{1-\cos^2\theta_1}}{\cos\theta_1} - \dfrac{\sqrt{1-\cos^2\theta_2}}{\cos\theta_2}\right)[\text{kVA}]$$

BEST 09 ★★★★★ (5점)

전기부문 표준품셈에 따라 전기재료의 물량 산출 시 할증률은 각각 얼마 이내로 하여야 하는가?

종류	할증률[%]
옥외전선	①
옥내전선	②
전선관(옥외)	③
전선관(옥내)	④
Trolley선	⑤

① ② ③
④ ⑤

Answer

① 5 ② 10 ③ 5 ④ 10 ⑤ 1

Explanation

종류	할증률[%]	철거손실률[%]
옥외전선	5	2.5
옥내전선	10	-
Cable(옥외)	3	1.5
Cable(옥내)	5	-
전선관(옥외)	5	-
전선관(옥내)	10	-
Trolley선	1	-
동대, 동봉	3	1.5

【주】 철거손실률이란 전기설비공사에서 철거작업 시 발생하는 폐자재를 환입할 때 재료의 파손, 손실, 망실 및 일부 부식 등에 의한 손실률을 말함.

10. 한국전기설비규정에 의한 지선의 시설에 관한 설명이다. 다음의 괄호 안에 알맞은 말을 각각 쓰시오. (5점)

1. 가공전선로의 지지물에 시설하는 지선은 다음에 따라야 한다.
   (1) 소선(素線) (①)가닥 이상의 연선일 것.
   (2) 지중부분 및 지표상 (②)[m]까지의 부분에는 내식성이 있는 것 또는 아연도금을 한 철봉을 사용하고 쉽게 부식되지 않는 근가에 견고하게 붙일 것. 다만, 목주에 시설하는 지선에 대해서는 적용하지 않는다.
2. 도로를 횡단하여 시설하는 지선의 높이는 지표상 (③)[m] 이상으로 하여야 한다. 다만, 기술상 부득이한 경우로서 교통에 지장을 초래할 우려가 없는 경우에는 지표상 (④)[m] 이상, 보도의 경우에는 (⑤)[m] 이상으로 할 수 있다.

① ② ③
④ ⑤

Answer

① 3 ② 0.3 ③ 5 ④ 4.5 ⑤ 2.5

Explanation

(KEC 331.11조) 지선의 시설

① 가공전선로의 지지물로 사용하는 철탑은 지선을 사용하여 그 강도를 분담시켜서는 안 된다.
② 가공전선로의 지지물로 사용하는 철주 또는 철근 콘크리트주는 지선을 사용하지 않는 상태에서 2분의 1 이상의 풍압하중에 견디는 강도를 가지는 경우 이외에는 지선을 사용하여 그 강도를 분담시켜서는 안 된다.
③ 가공전선로의 지지물에 시설하는 지선은 다음에 따라야 한다.
　가. 지선의 안전율은 2.5 이상일 것. 이 경우에 허용 인장하중의 최저는 4.31[kN]으로 한다.
　나. 지선에 연선을 사용할 경우에는 다음에 의할 것.
　　- 소선(素線) 3가닥 이상의 연선일 것.
　　- 소선의 지름이 2.6[mm] 이상의 금속선을 사용한 것일 것. 다만, 소선의 지름이 2[mm] 이상인 아연도강연선(亞鉛鍍鋼然線)으로서 소선의 인장강도가 0.68[kN/mm²] 이상인 것을 사용하는 경우에는 적용하지 않는다.
　마. 절연감시장치 또는 절연고장점검출장치를 설치하여 관리자가 확인할 수 있도록 경보장치를 시설하는 경우다. 지중부분 및 지표상 0.3[m]까지의 부분에는 내식성이 있는 것 또는 아연도금을한 철봉을 사용하고 쉽게 부식되지 않는 근가에 견고하게 붙일 것. 다만, 목주에시설하는 지선에 대해서는 적용하지 않는다.
　라. 지선근가는 지선의 인장하중에 충분히 견디도록 시설할 것.
④ 도로를 횡단하여 시설하는 지선의 높이는 지표상 5[m] 이상으로 하여야 한다. 다만, 기술상 부득이한 경우로서 교통에 지장을 초래할 우려가 없는 경우에는 지표상 4.5[m] 이상, 보도의 경우에는 2.5[m] 이상으로 할 수 있다.

11 다음 그림의 유접점 회로도를 보고 물음에 답하시오. (8점)

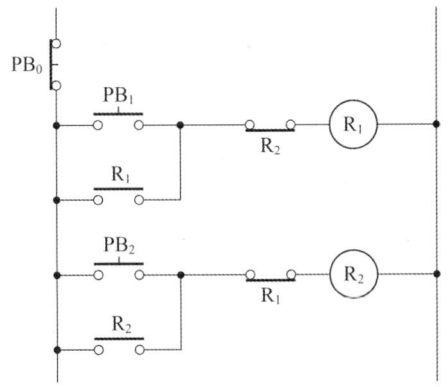

(1) 타임 차트를 완성하시오.

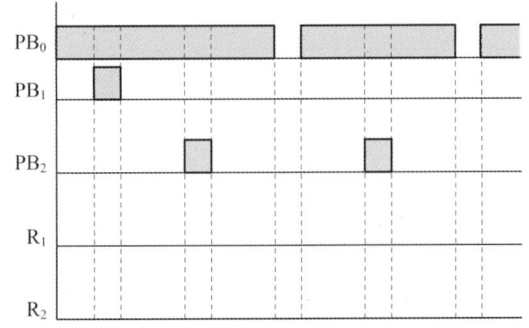

(2) R_1, R_2의 논리식을 쓰시오.
  • R_1 :
  • R_2 :

(3) 유접점 회로를 보고 AND, OR, NOT을 사용하여 무접점 회로를 완성하시오.

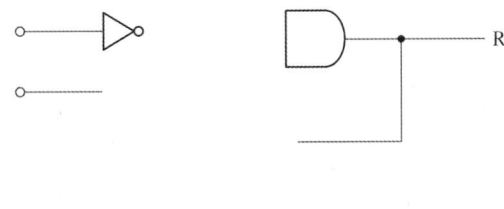

(1)

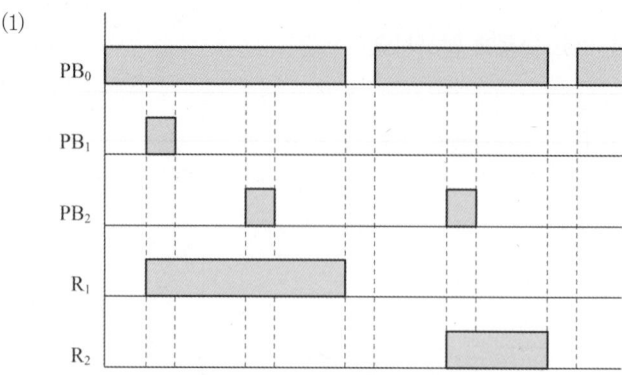

(2) $R_1 = \overline{PB_0} \cdot (PB_1 + R_1) \cdot \overline{R_2}$
$R_2 = \overline{PB_0} \cdot (PB_2 + R_2) \cdot \overline{R_1}$

(3)

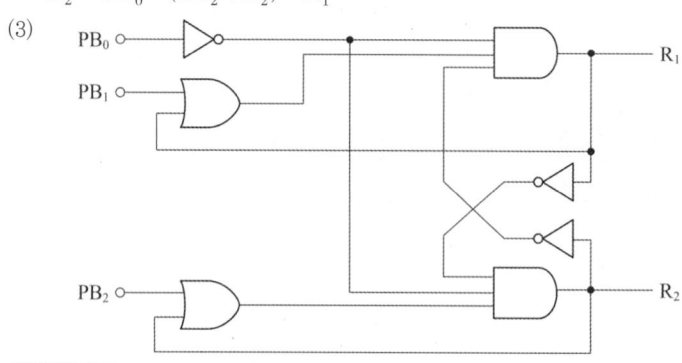

Explanation

인터록 회로(interlock) : 한쪽이 동작하면 다른 한쪽은 동작할 수 없는 논리(동시 동작 금지 회로)

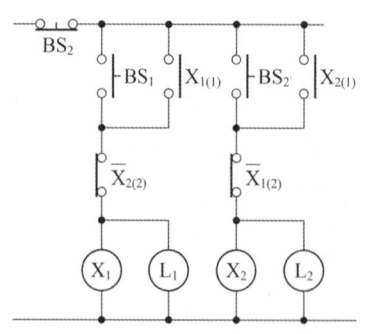 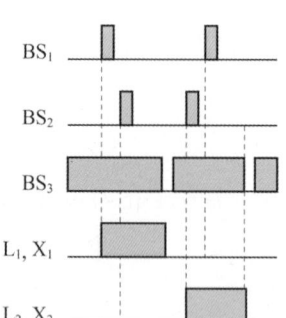

12 ★★☆☆☆ (4점)
GPT에서 오픈델타 결선에 연결한 R의 명칭과 용도를 2가지만 적으시오.

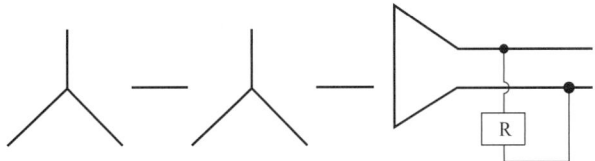

(1) 명칭 :
(2) 용도
　①
　②

Answer

(1) 명칭 : 한류저항기
(2) 용도
　① 비접지 방식에서 GPT를 사용하고 SGR을 동작시키는 데 필요한 유효전류를 발생
　② 오픈델타 결선의 각 상의 제3고조파 전압 발생을 방지

Explanation

한류저항기
① 비접지 방식에서 GPT를 사용하고 SGR을 동작시키는 데 필요한 유효전류를 발생
② open delta 결선의 각 상의 제3고조파 전압 발생을 방지
③ 중성점 이상 전위 진동 및 중성점 불안정 현상 등의 이상현상을 제거

---

13 ★☆☆☆☆ (4점)
한국전기설비규정에 의할 때 저압 옥내 직류전기설비의 접지에 관한 설명이다. 다음의 괄호 안에 알맞은 말을 각각 쓰시오.

> 특저압 옥내 직류전기설비는 전로 보호장치의 확실한 동작의 확보, 이상전압 및 대지전압의 억제를 위하여 직류 2선식의 임의의 한 점 또는 변환장치의 직류측 중간점, 태양전지의 중간점 등을 접지하여야 한다. 다만, 직류 2선식을 다음에 따라 시설하는 경우는 그러하지 아니하다.
> 가. 사용전압이 (①)[V] 이하인 경우
> 나. 절연감시장치 또는 절연고장점검출장치를 설치하여 관리자가 확인할 수 있도록 (②)를 시설하는 경우

① 　　　　　　②

Answer

① 60　　② 경보장치

Explanation

(KEC 243.1.8조) 저압 옥내 직류전기설비의 접지
저압 옥내 직류전기설비는 전로 보호장치의 확실한 동작의 확보, 이상전압 및 대지전압의 억제를 위하여 직류 2선식의 임의의 한 점 또는 변환장치의 직류측 중간점, 태양전지의 중간점 등을 접지하여야 한

다. 다만, 직류 2선식을 다음에 따라 시설하는 경우는 그러하지 아니하다.
① 사용전압이 60[V] 이하인 경우
② 접지검출기를 설치하고 특정구역내의 산업용 기계기구에만 공급하는 경우
③ 교류전로로부터 공급을 받는 정류기에서 인출되는 직류계통
④ 최대전류 30[mA] 이하의 직류화재경보회로
⑤ 절연감시장치 또는 절연고장점검출장치를 설치하여 관리자가 확인할 수 있도록 경보장치를 시설하는 경우

14 ★★☆☆☆ (6점)

그림과 같이 지표상 12[m]의 점에 800[kg]의 수평장력을 받는 경사진 전주가 있고, 지선을 설치하려고 한다. 지선으로 인장강도(항장력) 35[kg/mm²], 지름 4[mm]인 철선을 사용하고 안전율을 2.5로 할 경우, 여기에 필요한 지선의 가닥수를 산정하시오.

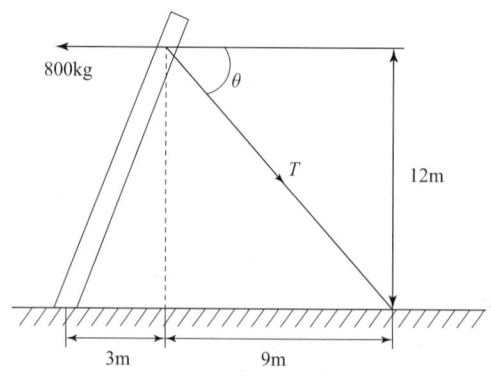

• 계산 : • 답 :

Answer

계산 : 경사진 전주에서의 지선이 받는 장력

$$T_0 = \frac{\sqrt{b^2 + H^2}}{a+b} \times T = \frac{\sqrt{9^2 + 12^2}}{3+9} \times 800 = 1{,}000 \,[\text{kg}]$$

$$= \frac{\text{소선 1가닥의 인장 강도} \times \text{소선수}}{\text{안전율}}$$

소선수 $n = \dfrac{T_0 \times \text{안전율}}{\text{소선 1가닥의 인장강도}} = \dfrac{1{,}000 \times 2.5}{35 \times \dfrac{\pi}{4} \times 4^2} = 5.68$

답 : 6가닥

Explanation

지선장력

$$T_0 = \frac{T}{\cos\theta} = \frac{\text{소선1가닥의 인장 강도} \times \text{소선수}}{\text{안전율}}$$

15 다음 수전설비의 단선도를 보고 물음에 답하시오. (6점)

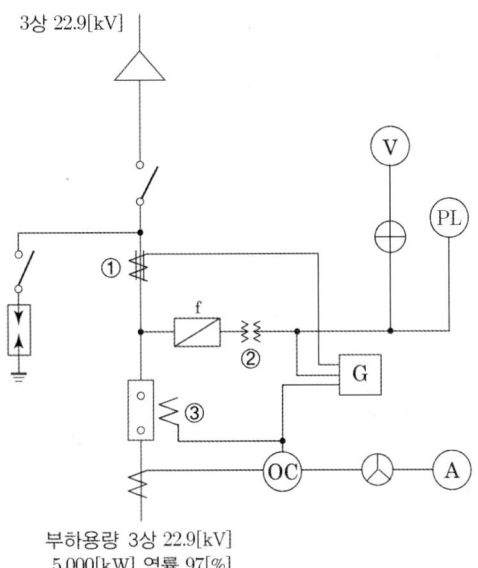

부하용량 3상 22.9[kV]
5,000[kW] 역률 97[%]

(1) 위의 단선도에 표시된 ①~③의 명칭과 약호를 적으시오.
　① 명칭 :　　　　　　　　　　약호 :
　② 명칭 :　　　　　　　　　　약호 :
　③ 명칭 :　　　　　　　　　　약호 :
(2) 위의 단선도의 정격 CT비를 구하시오.(단, CT의 여유율은 1.25이다.)
　• 계산 :　　　　　　　　　　• 답 :

Answer

(1) ① 명칭 : 영상변류기, 약호 : ZCT
　② 명칭 : 계기용 변압기, 약호 : PT
　③ 명칭 : 트립코일, 약호 : TC
(2) 계산 : $I_1 = \dfrac{P}{\sqrt{3}\,V\cos\theta} = \dfrac{5{,}000}{\sqrt{3}\times 22.9\times 0.97} = 129.96[A]$

　　CT의 1차 전류 $I_1 = 129.96\times 1.25 = 162.45[A]$
　　따라서 CT비 200/5

답 : 200/5

Explanation

• 영상변류기(ZCT) : 영상(지락)전류 검출
• CT비 : 1차 전류×(1.25~1.5)
　문제에서는 여유율이 1.25로 주어져 있다.
　CT 1차 전류 : 10, 15, 20, 30, 40, 50, 75, 100, 150, 200, 300, 400, 500[A]

16 ★★★☆☆ (5점)

지선밴드를 이용하여 현수애자를 설치하려고 한다. 이 설치 도면에 표시되어 있는 ①~⑤의 명칭을 쓰시오.

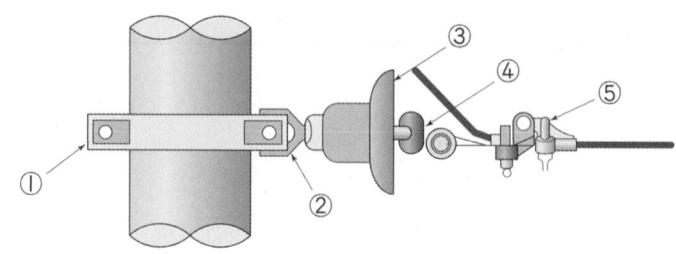

Answer

① 지선 밴드
② 볼 아이
③ 현수애자
④ 소켓 아이
⑤ 데드엔드 클램프

Explanation

지선밴드를 이용한 현수애자 설치

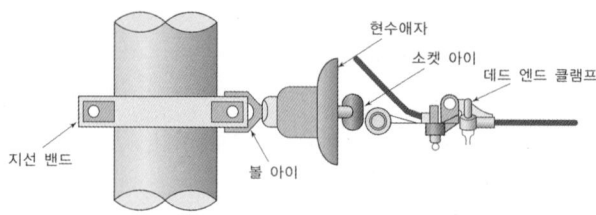

17 ★★☆☆☆ (6점)

다음은 공칭전압 22.9[kV], 선심수 3, 특고압 수밀형 가공케이블(ABC-W)단면도이다. 각 번호별(1~6)에 대한 명칭을 쓰시오.

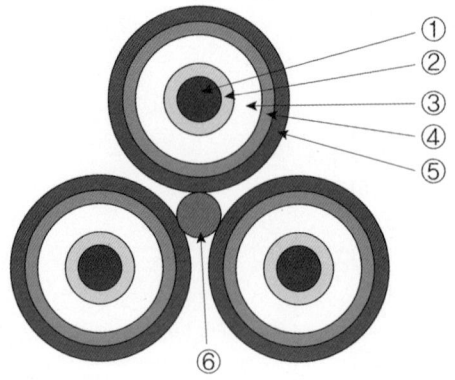

Answer

① 도체　　② 내부 반도전층　　③ 절연층
④ 외부 반도전층　⑤ 시스　　⑥ 중성선

Explanation

(내선규정 100-1) 22.9[kV]용 특고압 수밀형 케이블

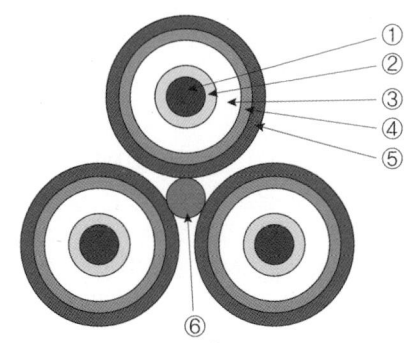

No.	항목	재료
①	도체	수밀 컴파운드 충전 원형압축 AL연선
②	내부 반도전층	반도전성 컴파운드
③	절연층	가교 폴리에틸렌
④	외부 반도전층	반도전성 컴파운드
⑤	시스	반도전성 고밀도 폴리에틸렌
⑥	중성선	알루미늄 피복강심 경알루미늄 연선

18 ★★★☆☆ (5점)

도로 폭 15[m], 양측에 20[m] 간격을 두고 가로등이 점등되고 있다. 1등당의 전광속은 3,000[lm]이고 그 45[%]가 도로의 전면에 방사하는 것으로 하면 도로면의 평균 조도[lx]는 얼마인지 계산하시오.

• 계산 :　　　　　　　　　　　　　　• 답 :

Answer

계산 : $E = \dfrac{FUN}{SD} = \dfrac{3{,}000 \times 0.45 \times 1}{\dfrac{15 \times 20}{2} \times 1} = 9[\text{lx}]$　　답 : 9[lx]

Explanation

• 조명 계산
  $FUN = ESD$
  여기서, $F[\text{lm}]$: 광속, U : 조명률, N : 등수
  　　　　$E[\text{lx}]$: 조도, $S[\text{m}^2]$: 면적, $D = \dfrac{1}{M}$: 감광보상률 $= \dfrac{1}{\text{보수율}}$

  등수 $N = \dfrac{ESD}{FU}$ 이며 등수 계산에서 소수점은 무조건 절상한다.

- 도로 조명에서의 면적 계산
  - 중앙배열, 편측배열 : $S = a \cdot b$
  - 양쪽배열, 지그재그식 : $S = \dfrac{a \cdot b}{2}$ (여기서, a : 도로 폭, b : 등 간격)

문제에서는 양쪽배열이므로 $S = \dfrac{a \cdot b}{2} [\text{m}^2]$

19 (4점)

한국전기설비규정에 의할 때 저압전기설비에서 화재의 확산을 최소화하기 위한 배선설비의 선정과 공사에 관한 사항이다. 다음의 괄호 안에 알맞은 말을 적으시오.

> 배선설비 관통부의 밀봉은 다음에 의한다.
> 가. 배선설비가 바닥, 벽, 지붕, 천장, 칸막이, 중공벽 등 건축구조물을 관통하는 경우, 배선설비가 통과한 후에 남는 개구부는 관통 전의 건축구조 각 부재에 규정된 내화등급에 따라 밀폐하여야 한다.
> 나. 내화성능이 규정된 건축구조부재를 관통하는 배선설비는 제1에서 요구한 외부의 밀폐와 마찬가지로 관통 전에 각 부의 내화등급이 되도록 내부도 밀폐하여야 한다.
> 다. 관련 제품 표준에서 자소성으로 분류되고 최대 내부단면적이 (①)[㎟] 이하인 전선관, 케이블트렁킹 및 케이블덕팅시스템은 다음과 같은 경우라면 내부적으로 밀폐하지 않아도 된다.
>   (1) 보호등급(②)에 관한 KS C IEC 60529(외곽의 방진 보호 및 방수 보호 등급)의 시험에 합격한 경우
>   (2) 관통하는 건축 구조체에 의해 분리된 구획의 하나 안에 있는 배선설비의 단말이 보호등급 (②)에 관한 KS C IEC 60529(외함의 밀폐 보호등급 구분(IP코드))의 시험에 합격한 경우

① ②

Answer

① 710   ② IP 33

Explanation

(KEC 232.3.6조) 저압전기설비에서 화재의 확산을 최소화하기 위한 배선설비의 선정과 공사
배선설비 관통부의 밀봉은 다음에 의한다.
① 배선설비가 바닥, 벽, 지붕, 천장, 칸막이, 중공벽 등 건축구조물을 관통하는 경우, 배선설비가 통과한 후에 남는 개구부는 관통 전의 건축구조 각 부재에 규정된 내화등급에 따라 밀폐하여야 한다.
② 내화성능이 규정된 건축구조부재를 관통하는 배선설비는 제1에서 요구한 외부의 밀폐와 마찬가지로 관통 전에 각 부의 내화등급이 되도록 내부도 밀폐하여야 한다.
③ 관련 제품 표준에서 자소성으로 분류되고 최대 내부단면적이 710[㎟] 이하인 전선관, 케이블트렁킹 및 케이블덕팅시스템은 다음과 같은 경우라면 내부적으로 밀폐하지 않아도 된다.
  (1) 보호등급 IP33에 관한 KS C IEC 60529(외곽의 방진 보호 및 방수 보호 등급)의 시험에 합격한 경우
  (2) 관통하는 건축 구조체에 의해 분리된 구획의 하나 안에 있는 배선설비의 단말이 보호등급 IP33에 관한 KS C IEC 60529(외함의 밀폐 보호등급 구분(IP코드))의 시험에 합격한 경우

전기공사기사 실기
2023
과년도 기출문제

- 2023년 제 01회
- 2023년 제 02회
- 2023년 제 04회

2023년 과년도 기출문제에 대한 출제 빈도 분석 차트입니다.
각 회차별로 별의 개수를 확인하고 학습에 참고하기 바랍니다.

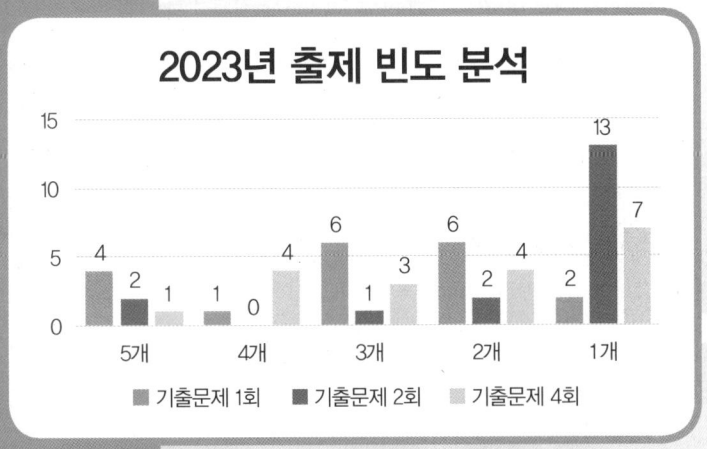

1회 2023년 전기공사기사 실기

01 ★★☆☆☆ (6점)

활선작업과 관련하여 다음 각 물음에 대하여 답하시오.

(1) 활선 장구의 종류 5가지를 쓰시오.
(2) 충전되어 있는 활선을 움직이거나 작업권 밖으로 밀어낼 때 사용되는 절연봉을 무엇이라 하는가?

Answer

(1) 고무절연브랭킷, 그립올 크램프 스틱, 와이어 통, 핫스틱 텐션 풀러, 고무절연소매
(2) 와이어 통(wire tong)

Explanation

대한전기협회 활선장구의 제작과 관리 공구

(1) 고무절연브랭킷 : 활선 작업시 작업자에게 위험한 충전부분을 방호시키기에 아주 편리한 고무판으로써 접거나 둘러쌓을 수도 있고 걸어 놓을 수도 있는 다용도 보호 장구로 이용된다. 주로 변압기 1, 2차 측 내장애자개소, COS 등 덮개류로 절연하기 어려운 개소에서 사용한다.
(2) 고무절연소매 : 활선작업 시 작업자의 팔과 어깨가 충전부에 접촉되지 않도록 착용하는 절연 장구
(3) 그립올 크램프 스틱 : 바인드 작업, 전선의 진동방지, 전선을 잡아주거나 캄아롱을 전선에 설치할 때, 모든 종류의 커버를 설치하거나 철거할 때 사용한다.
(4) 나선형 링크스틱 : 작업 장소가 좁아서 스트레인 링크스틱을 직접 손으로 안전하게 설치할 수 없을 때 사용하는 절연 장구
(5) 데드앤드 덮개 : 인류주 및 내장주 선로에서 작업자가 현수애자 및 데드엔드 클램프에 접촉되는 것을 방지하기 위하여 사용
(6) 라인호스 : 활선 작업자가 활선에 접촉되는 것을 방지하고자 절연고무관으로 중성선 또는 점퍼선을 덮어 씌워 절연하는 장구로써 유연성이 있어 설치, 제거가 용이하고 내면이 나선형으로 굴곡이 있어서 취부개소로부터 미끄러지지 않는다.
(7) 래치트 전선 절단기 : 활선 상태에서 굵은 전선을 절단할 때 사용한다.
(8) 롤러 링크 스틱 : 할입주 신설 및 전주 교체 작업 시 전주에 전선이 닿지 않도록 전선을 벌려 주는데 주로 사용한다. 롤러링크 스틱 밑 고리에 로프를 달아서 전선의 지표상 높이를 측정하는데 사용한다.
(9) 바이패스 점퍼스틱 : 활선 작업 시 점퍼선을 절단하거나 개폐기 교체작업 시 부하측 임시송전용으로 사용한다.
(10) 애자덮개 : 활선 작업 시 특고압핀애자 및 라인포스트 애자를 절연하여 작업자의 부주의로 접촉되더라도 안전사고가 발생하지 않도록 사용하는 절연 장구
(11) 와이어 홀딩스틱 : 에폭시 글라스 재질로서 전선접속 과정에서 점퍼선이나 도체를 붙잡는데 사용한다.
(12) 와이어 통 : 일반적으로 LP 애자나 현수애자를 사용한 전기설비에서 활선을 작업권 밖으로 밀어낼 때 혹은 활선을 다른 장소로 옮길 때 사용하는 절연봉
(13) 방전고무절연장갑 : 특고압 배전선로에서 활선 작업 시 작업자의 안전을 위해 절연 장구로 착용한다.
(14) 핫스틱 텐션 풀러 : 간접공법 작업 시 인류주 및 내장형 장주에서 현수애자 교체나 전력선 이도 조정을 할 때 전선의 장력을 잡아주는데 사용되는 편리한 공구이다.
(15) 회전 갈퀴형 스틱 : 바인드를 감을 때 주로 사용, 전선에 와이어 그립을 탈부착 할 때도 사용

02 ★★★☆☆ (5점)

송배전 선로에서 전선의 장력을 2배로 하고 또 경간을 2배로 하면 전선의 이도는 처음의 몇 배가 되는가?

• 계산 :   • 답 :

Answer

계산 : 이도 $D = \dfrac{WS^2}{8T}$ 에서

$$D' = \dfrac{W(2S)^2}{8(2T)} = 2\dfrac{WS^2}{8T} = 2D$$

답 : 2배

Explanation

• 이도 : $D = \dfrac{WS^2}{8T}$

• 실제 길이 : $L = S + \dfrac{8D^2}{3S}$

  여기서, L : 전선의 실제 길이[m]

  D : 이도[m]

  S : 경간[m]

03 ★★★★☆ (6점)

그림과 같은 계통에서 단로기 DS₃을 통하여 부하를 공급하고 차단기 CB를 점검하고자 한다. 이 때 다음 각 물음에 답하시오(단, 평상시에 DS₃은 열려있는 상태).

(1) CB를 점검하기 위한 조작순서를 적으시오.
  •

(2) CB를 점검한 후 원상 복귀시킬 때의 조작순서를 적으시오.
  •

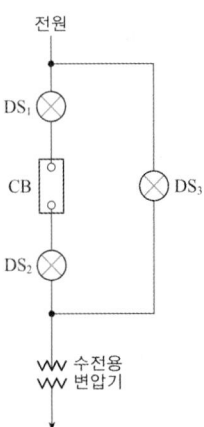

Answer

(1) DS₃(ON) → CB(OFF) → DS₂(OFF) → DS₁(OFF)

(2) DS₂(ON) → DS₁(ON) → CB(ON) → DS₃(OFF)

Answer

• 단로기(DS : Disconnecting Switch) : 무부하 회로 개폐 장치
  무부하 충전전류, 변압기 여자전류는 개폐 가능

- 인터록(Interlock) : 차단기가 열려있어야만 단로기 조작 가능
  - 급전 시 : DS → CB
  - 정전 시 : CB → DS
  - 단로기가 부하 측과 선로 측에 있는 경우 항상 부하 측의 단로기를 먼저 개로나 폐로한다.

04 ★★☆☆☆ (6점)

지중전선로 공사를 하기 위하여 그림과 같이 줄기초 터파기를 하려고 한다. 다음 물음에 답하시오. 단, 지중전선로 길이는 80[m]이며, 되메우기 및 잔토 처리는 계산하지 않는다. 인부는 1[m³]당 0.2인으로 하고 보통 토사를 기준으로 하고 해당되는 노임은 80,000원이다.

(1) 기초터파기량은 얼마인가?
- 계산 :
- 답 :

(2) 인부는 몇 인이 필요한가?
- 계산 :
- 답 :

(3) 노임은 얼마인가?
- 계산 :
- 답 :

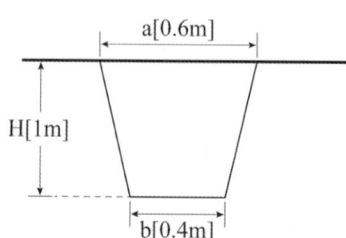

Answer

(1) 계산 : 터파기량 $=\left(\dfrac{0.6+0.4}{2}\right)\times 1 \times 80 = 40[\mathrm{m}^3]$

답 : $40[\mathrm{m}^3]$

(2) 계산 : 인공은 1[m³]당 0.2인이므로 $40\times 0.2 = 8$[인]

답 : 8[인]

(3) 계산 : 노임 $=80,000\times 8 = 640,000$[원]

답 : 640,000[원]

Explanation

터파기량 계산

줄기초 파기 : 전선관 매설

터파기량[m³] $=\left(\dfrac{a+b}{2}\right)\times h \times$ 줄기초길이

BEST 05 ★★★★★ (5점)

3상 3선식 380[V]로 수전하는 수용가의 부하 전력이 75[kW], 부하 역률이 85[%]. 구내 배전선의 긍장이 200[m]이며, 배선에서 전압강하를 6[V]까지 허용하는 경우 구내 배선의 굵기를 계산하시오. 단, 이때 배선의 굵기는 전선의 공칭단면적으로 표시하시오.

[전선의 공칭 단면적]
95, 120, 150, 185, 240 (단위 : [mm²])

Answer

계산 : $A = \dfrac{30.8LI}{1,000e} = \dfrac{30.8 \times 200 \times \dfrac{75 \times 10^3}{\sqrt{3} \times 380 \times 0.85}}{1,000 \times 6} = 137.63 [\text{mm}^2]$ 따라서 150[mm²] 선정

답 : 150[mm²]

Explanation

전압 강하 및 전선의 단면적 계산

전기 방식	전압 강하		전선 단면적	대상 전압강하
단상 3선식 직류 3선식 3상 4선식	IR	$e = \dfrac{17.8LI}{1,000A}$	$A = \dfrac{17.8LI}{1,000e}$	대지와 선간
단상 2선식 직류 2선식	$2IR$	$e = \dfrac{35.6LI}{1,000A}$	$A = \dfrac{35.6LI}{1,000e}$	선간
3상 3선식	$\sqrt{3}IR$	$e = \dfrac{30.8LI}{1,000A}$	$A = \dfrac{30.8LI}{1,000e}$	선간

여기서, e : 전압강하 [V],
　　　　A : 사용전선의 단면적[mm²],
　　　　L : 선로의 길이 [m],
　　　　C : 전선의 도전율(97[%])

KSC-IEC 전선 규격

전선의 공칭단면적 [mm²]			
1.5	16	95	300
2.5	25	120	400
4	35	150	500
6	50	185	630
10	70	240	

06 ★★★☆☆ (5점)

접지공사의 작업량과 참고사항 및 표준품셈을 참조하여 다음 각 사항을 계산하시오.

[접지공사 작업량]
- 접지봉(2[m]), 15개(1개소에 1개씩 설치)
- 접지도체 매설 38[mm²], 300[m]
- 후강전선관 28[mm], 250[m](콘크리트 매입)

[참고사항]
- 공구손료는 3[%], 간접노무비 15[%]로 계산한다.
- 노임단가는 전공 145,901원, 보통인부 84,166원을 기준으로 한다.
- 인공을 산출한 후 합계하여 노임단가 적용 시 원단위로 하되, 소수점 이하는 버린다.

[표준품셈]

구분	단위	전공	보통인부
접지봉(지하 0.75[m]기준) 길이 1~2[m]×1본	개소	0.11	0.08
×2본 연결		0.16	0.13
×3본 연결		0.24	0.20
접지도체 매설 14[mm²] 이하	m	0.006	—
38[mm²] 이하	〃	0.007	
80[mm²] 이하	〃	0.008	
150[mm²] 이하	〃	0.011	
200[mm²] 이상	〃	0.014	

[해설]

접지선 연결, 접지저항 측정 포함

철거 50[%], 동판을 버리는 경우는 전공품의 10[%]

지세별 할증률 적용

합성수지 전선관		후강전선관	
규격	전공	규격	전공
16[mm] 이하	0.05	16[mm] 이하	0.08
22[mm] 이하	0.06	22[mm] 이하	0.11
28[mm] 이하	0.08	28[mm] 이하	0.14
36[mm] 이하	0.10	36[mm] 이하	0.20

[해설]

콘크리트 매입 기준

천정속, 마루밑 공사 130[%]

나사 없는 전선관 및 박강 전선관은 합성수지 전선관 품 적용

철거 30[%], 재사용 철거 40[%]

(1) 전공 노무비
  • 계산 :   • 답 :
(2) 보통인부 노무비
  • 계산 :   • 답 :
(3) 직접 노무비
  • 계산 :   • 답 :
(4) 간접 노무비
  • 계산 :   • 답 :
(5) 공구손료
  • 계산 :   • 답 :

Answer

(1) 전공 노무비
계산 : $(0.11 \times 15) + (0.007 \times 300) + (0.14 \times 250) = 38.75[인]$
인건비 $= 38.75 \times 145,901 = 5,653,663[원]$

답 : 5,653,663[원]

(2) 보통인부 노무비
계산 : $0.08 \times 15 = 1.2[인]$
인건비 $= 1.2 \times 84,166 = 100,999[원]$

답 : 100,999[원]

(3) 직접 노무비
계산 : $5,653,663 + 100,999 = 5,754,662[원]$

답 : 5,754,662[원]

(4) 간접 노무비
계산 : 간접노무비 = 직접노무비 $\times 15[\%] = 5,754,662 \times 0.15 = 863,199[원]$

답 : 863,199[원]

(5) 공구손료
계산 : 공구 손료 = 직접노무비 $\times 3[\%] = 5,754,662 \times 0.03 = 172,639[원]$

답 : 172,639[원]

Explanation

구분	단위	전공	보통인부
접지봉(지하 0.75[m]기준) 길이 1~2[m]×1본	개소	0.11	0.08
2본 연결		0.16	0.13
3본 연결		0.24	0.20
접지도체 매설 14[mm²] 이하	m	0.006	
38[mm²] 이하	〃	0.007	
80[mm²] 이하	〃	0.008	
150[mm²] 이하	〃	0.011	
200[mm²] 이상	〃	0.014	

합성수지 전선관		후강전선관	
규격	전공	규격	전공
16[mm] 이하	0.05	16[mm] 이하	0.08
22[mm] 이하	0.06	22[mm] 이하	0.11
28[mm] 이하	0.08	28[mm] 이하	0.14
36[mm] 이하	0.10	36[mm] 이하	0.20

[해설]

콘크리트 매입 기준

천정속, 마루밑 공사 130[%]

나사 없는 전선관 및 박강 전선관은 합성수지 전선관 품 적용

철거 30[%], 재사용 철거 40[%]

BEST 07 서지 흡수기(Surge Absorbor)의 용도와 설치위치에 대해 쓰시오. (4점)

(1) 서지흡수기의 용도
(2) 서지흡수기의 설치위치

Answer

(1) 구내선로에서 발생할 수 있는 개폐서지, 순간과도전압 등으로 2차기기에 악영향을주는 것을 막기 위해
(2) 보호하려는 기기전단으로 개폐서지를 발생하는 차단기 후단과 부하 측 사이에 설치

Explanation

(내선규정 3,260) 서지흡수기
- 구내선로에서 발생할 수 있는 개폐서지, 순간 과도전압 등으로 2차 기기에 악영향을 주는 것을 막기 위해 서지흡수기를 설치하는 것이 바람직하다.
- 설치 위치 : 서지흡수기는 보호하려는 기기 전단으로 개폐서지를 발생하는 차단기 후단과 부하 측 사이에 설치 운용한다.

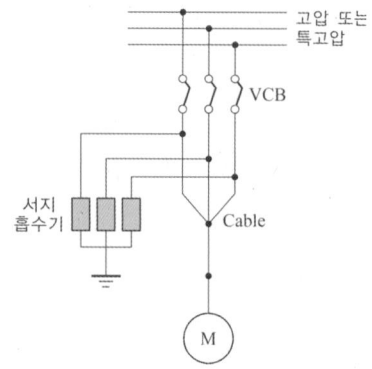

08 피뢰기가 구비하여야 할 조건 3가지만 적으시오. (3점)

Answer

① 상용주파 방전 개시 전압이 높을 것
② 충격 방전 개시 전압이 낮을 것
③ 제한 전압이 낮을 것

Explanation

- 피뢰기 : 이상전압 내습 시 대지로 방전하고 그 속류를 차단
- 피뢰기의 구비조건
  - 상용주파 방전 개시 전압이 높을 것
  - 충격 방전 개시 전압이 낮을 것
  - 제한 전압이 낮을 것
  - 속류 차단 능력이 우수할 것
  - 내구성이 우수할 것

BEST 09 ★★★★★ (7점)

단상 변압기의 병렬운전 조건 4가지를 기술하고, 이들 조건이 맞지 않는 변압기를 병렬 운전 하였을 때 변압기에 미치는 영향에 대해 설명하시오.

Answer

(1) 병렬운전 조건 4가지
   ① 정격 전압(권수비)이 같은 것
   ② 극성이 일치 할 것
   ③ % 강하(임피던스 전압)가 같을 것
   ④ 내부 저항과 누설 리액턴스의 비가 같을 것

(2) 조건이 맞지 않는 변압기를 병렬운전 하였을 경우 변압기에 미치는 영향

병렬운전 조건	조건이 맞지 않는 경우
① 1, 2차 정격 전압 및 권수비가 같을 것	순환전류가 흘러 권선이 가열
② 극성이 일치 할 것	큰 순환 전류가 흘러 권선이 소손
③ %임피던스 강하(임피던스 전압)가 같을 것	부하의 분담이 용량의 비가 되지 않아 부하의 부담이 균형을 이룰 수 없다.
④ 내부 저항과 누설 리액턴스의 비가 같을 것	각 변압기의 전류 간에 위상치가 생겨 동손이 증가

Explanation

변압기 병렬운전 조건

병렬운전 조건	조건이 맞지 않는 경우
① 1, 2차 정격 전압 및 권수비가 같을 것	순환전류가 흘러 권선이 가열
② 극성이 일치 할 것	큰 순환 전류가 흘러 권선이 소손
③ %임피던스 강하(임피던스 전압)가 같을 것	부하의 분담이 용량의 비가 되지 않아 부하의 부담이 균형을 이룰 수 없다.
④ 내부 저항과 누설 리액턴스의 비가 같을 것	각 변압기의 전류 간에 위상치가 생겨 동손이 증가

BEST 10 ★★★★★ (4점)

계전기별 기구번호의 제어약호 중 87T는 어떤 계전기인지 그 명칭을 적으시오.

Answer

주변압기 차동 계전기

Explanation

- 87 : 전류 차동 계전기
- 87B : 모선 보호 차동 계전기
- 87G : 발전기용 차동 계전기
- 87T : 주변압기 차동 계전기

11 (3점)

한국전기설비규정에 규정된 금속관공사의 시설조건과 금속관 부속품의 선정에 대한 설명이다. ( )안에 알맞은 내용을 답란에 적으시오.

> 1. 전선은 연선일 것 다만, 다음의 것은 적용하지 않는다.
>   - 짧고 가는 금속관에 넣은 것
>   - 단면적 (①)[mm²](알루미늄선은 단면적 16[mm²]) 이하의 것
> 2. 관의 두께는 다음에 의할 것
>   - 콘크리트에 매설하는 것은 (②)[mm] 이상
>   - 콘크리트에 매설하는 것 이외의 것은 (③)[mm] 이상 다만, 이음매가 없는 길이 4[m] 이하인 것을 건조하고 전개된 곳에 시설하는 경우는 0.5[mm]까지로 감할수 있다.

①: ②: ③:

Answer

① 10 ② 1.2 ③ 1

Explanation

(KEC 232.12조) 금속관공사

① 전선은 절연전선(옥외용 비닐 절연전선을 제외한다.)일 것
② 전선은 연선일 것 다만, 다음의 것은 적용하지 않는다.
   - 짧고 가는 금속관에 넣은 것
   - 단면적 10[mm²](알루미늄선은 단면적 16[mm²]) 이하의 것
③ 전선은 금속관 안에서 접속점이 없도록 할 것
④ 관의 두께는 다음에 의할 것
   - 콘크리트에 매설하는 것은 1.2[mm] 이상
   - 콘크리트에 매설하는 것 이외의 것은 1[mm] 이상. 다만, 이음매가 없는 길이 4[m]이하인 것을 건조하고 전개된 곳에 시설하는 경우는 0.5[mm]까지로 감할수 있다.
⑤ 관의 끝 부분에는 전선의 피복을 손상하지 아니하도록 적당한 구조의 부싱을 사용할 것 다만, 금속관 공사로부터 애자공사로 옮기는 경우에는 그 부분의 관의 끝 부분에는 절연 부싱 또는 이와 유사한 것을 사용하여야 한다.
⑥ 습기가 많은 장소 또는 물기가 있는 장소에 시설하는 경우에는 방습 장치를 할 것
⑦ 접지 공사를 할 것

12 (4점)

345[kV] 철탑 송전선로에서 룰링스펜(Ruling Span)을 간단히 설명하시오.

Answer

기하학적 등가경간장 또는 내장주와 내장주의 사이

Explanation

룰링스펜(Ruling Span)
모든 선로의 경간에 사용될 장력을 결정하기 위한 방법으로 경간 길이의 가중 평균을 계산하는 것

13 다음 그림은 장주를 배열에 따라 구분한 것이다. 각 장주의 명칭을 쓰시오. (5점)

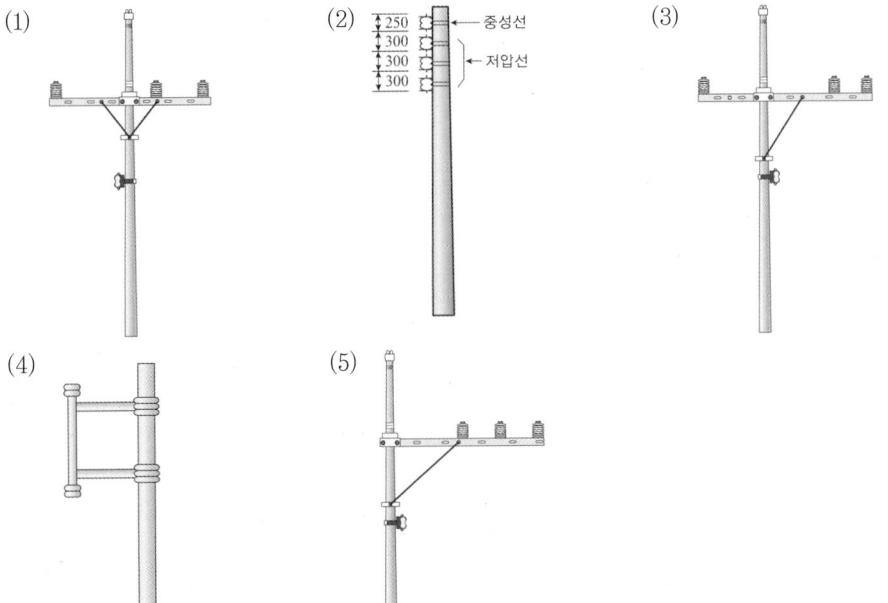

Answer

(1) 보통장주   (2) 랙크장주   (3) 창출장주
(4) 편출용 D형 랙크장주   (5) 편출장주

Explanation

• 수평배열 : 보통장주, 창출장주, 편출장주
• 수직배열 : 랙크장주
① 창출장주 : 전주에 완금을 설치할 때 전주를 중심으로 완금의 일부를 어느 한쪽으로 치우쳐 설치
② 편출장주 : 전주에 완금을 설치할 때 완금을 전주의 한 쪽으로 완전히 치우쳐 설치
③ 보통장주 : 전주에 완금을 설치할 때 전주를 중심으로 완금의 길이가 좌우 같은 길이가 되도록 설치

〈보통장주〉　　〈랙크장주〉　　〈창출장주〉

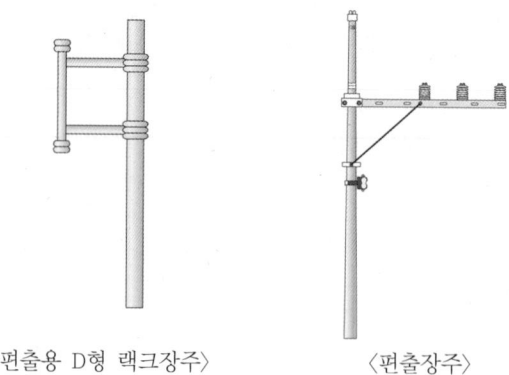

〈편출용 D형 랙크장주〉　　〈편출장주〉

14 ★★☆☆☆ (10점)

그림은 3상 4선식 중성점 다중 접지방식의 22.9[kV-Y] 배전선로에 수전하기 위한 단선결선도이다. 다음 물음에 답하시오.

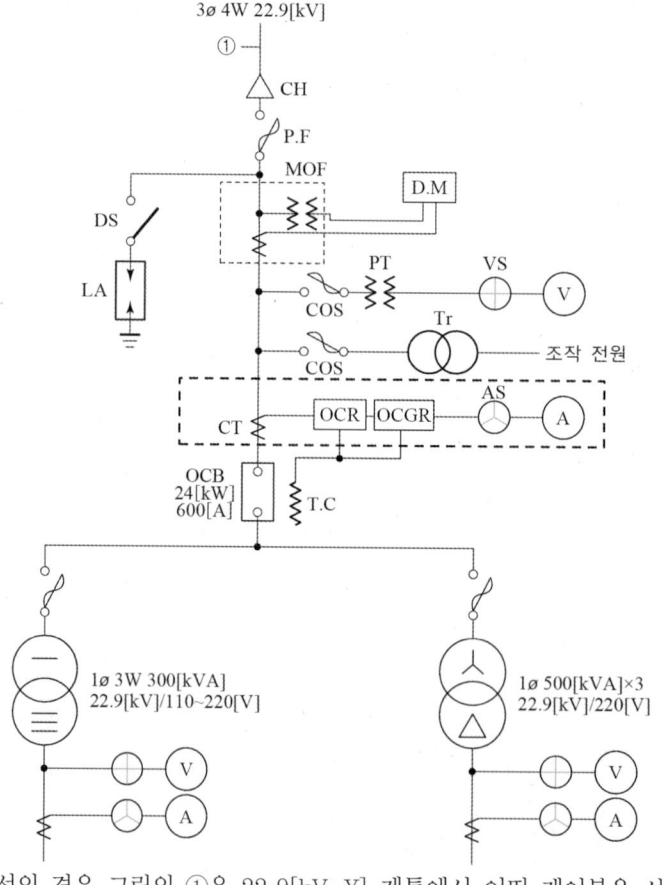

(1) 지중 인입선의 경우 그림의 ①은 22.9[kV-Y] 계통에서 어떤 케이블을 사용하는가?
(2) OCB의 명칭은?

(3) MOF에서 규격이 13.2[kV]/110[V], 75/5[A]일 때 전기공급 규정에 의거 0.2급, 0.5급, 1.2급 중에 어떤 급을 사용하는가?
(4) OCGR의 명칭은?
(5) DS의 명칭은?
(6) COS의 명칭은?
(7) TC의 명칭은?
(8) PF(전력퓨즈)의 용량을 변압기 전부하 전류의 2배로 고려한다면 퓨즈의 용량을 표에서 선정하시오.

전력퓨즈의 용량은 40, 125, 150, 200[A]이다.

• 계산 :   • 답 :

Answer

(1) CNCV-W 케이블(수밀형) 또는 TR CNCV-W(트리억제형)
(2) 유입차단기
(3) 0.5급
(4) 지락 과전류 계전기
(5) 단로기
(6) 컷 아웃 스위치
(7) 트립코일
(8) 계산 : 전부하 전류×2배 $= \left(\dfrac{300}{22.9} + \dfrac{500 \times 3}{\sqrt{3} \times 22.9}\right) \times 2 = 101.84[A]$ 이므로 125[A] 선정

답 : 125[A] 선정

Explanation

지중인입선의 경우에 22.9[kV-Y] 계통은 CNCV-W 케이블(수밀형) 또는 TR CNCV-W(트리억제형)을 사용하여야 한다. 다만, 전력구·공동구·덕트·건물구내 등 화재의 우려가 있는 장소에서는 FR CNCO-W(난연)케이블을 사용하는 것이 바람직하다.

15 ★★★☆☆ (6점)
건축물의 조명을 설계할 때 눈부심을 방지하는 방법을 6가지만 적으시오.

Answer

• 프리즘 또는 보호각이 충분한 반사갓 등을 부착한다(보호각 : 15~25°).
• 아크릴루비 또는 젖빛 유리구를 사용한다.
• 광도가 낮은 배광기구를 이용하다.
• 글레어존(시선을 중심으로 상하 3이 범위)을 피한다.
• 간접 조명방식, 반간접 조명방식을 채택한다.
• 건축화 조명방식을 채택한다.

Explanation

눈부심 발생원인
① 순응이 잘 안될 때
② 눈에 입사하는 광속이 너무 많을 때

③ 눈부심을 주는 광원을 오래 바라볼 때
④ 광원의 휘도가 과다할 때
⑤ 광원과 배경 사이의 휘도 대비가 클 때

눈부심 발생시 문제점
① 작업능률의 저하
② 재해 발생
③ 시력의 감퇴

눈부심 방지대책
① 프리즘 또는 보호각이 충분한 반사갓 등을 부착한다(보호각 : 15~25°).
② 아크릴루비 또는 젖빛유리구를 사용한다.
③ 광도가 낮은 배광기구를 이용한다.
④ 글레어존(시선을 중심으로 상하 30이 범위)을 피한다.
⑤ 간접 조명방식, 반간접 조명방을 채택한다.
⑥ 건축화 조명방식을 채택한다.

16 ★★★☆☆ (3점)
동일 변전소로부터 인출되는 2회선 이상의 고압 배전선에 접속되는 변압기 2차측을 모두 동일 저압선에 연계하는 공급방식으로 1차측 배전선 또는 변압기에 고장이 발생해도 다른 건전설비에 의하여 무정전 전원공급이 가능하고 공급신뢰도가 높은 배전방식을 적으시오.

• 답 :

Answer

스포트 네트워크 배전 방식

Explanation

스포트 네트워크(spot network) 배전 방식

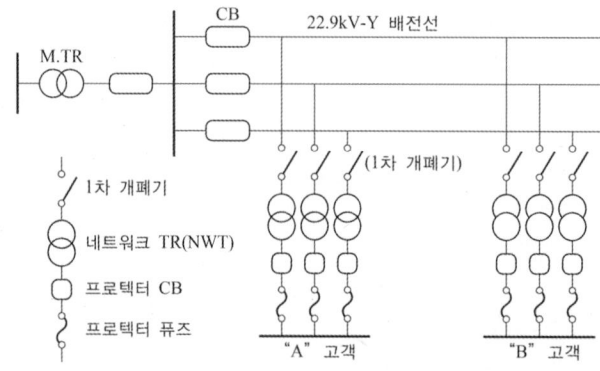

각기 다른 전력용 변압기에서 인출된 2~4회선(3회선이 표준)의 고압 배전선로를 통하여 동일 장소에 공급하는 1차 배전계통과 네트워크 변압기와 보호 차단기를 통해 저압 측(2차 측) 모선을 연결하여 병렬운전에 의해 부하에 공급하는 2차 배전계통으로 구성된 전력공급 체계로서 공급 배전선로 가운데 1개의 선로에서 고장이 발생하더라도 동일모선에 연결된 다른 선로로부터 전력을 공급받기 때문에 배전선로의 고장 시에도 무정전 전원공급이 가능하며 고장 발생 시 부하전환에 따른 인력과 시간을 절약할 수 있는 고신뢰성 배전방식이다.

17 다음 옥내 배선용 그림기호(KS C 0301)의 명칭을 적으시오. (6점)

(1)  (2) 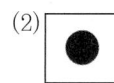 (3) 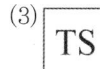 (4) 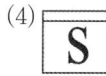 (5) 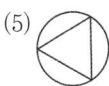 (6)

Answer

(1) 누전 경보기 (2) 누름 버튼 (3) 타임스위치
(4) 연기감지기 (5) 스피커 (6) 조광기

Explanation

(1)  : 누전 경보기 (2) : 누름 버튼
(3) : 타임스위치 (4) : 연기감지기
(5) : 스피커 (6) : 조광기

18 벽부등에 관한 그림이다. 다음 물음에 답하시오. (3점)

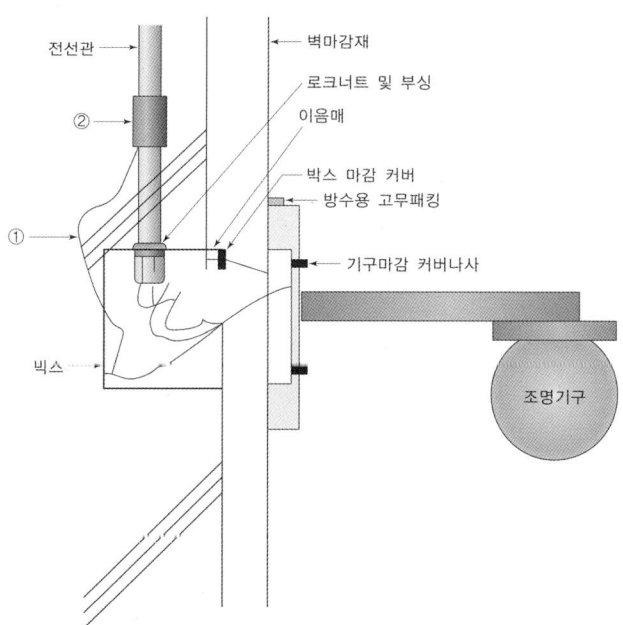

(1) 그림에서 ①로 표시된 명칭은?
(2) 그림에서 ②로 표시된 명칭은?
(3) 박스로의 배관은 상부, 하부 중 어디서부터 배관을 하는가?

> Answer

(1) 본딩도체(또는 접지도체)
(2) 접지 클램프
(3) 상부

19 ★★★☆☆ (5점)

비상용 조명부하 40[W] 120등, 60[W] 50등, 합계가 7,800[W]가 있다. 방전시간 30분, 축전지 HS형 54셀, 허용최저전압 92[V], 최저 축전지 온도 5[℃]일 때 주어진 표를 이용하여 축전지 용량을 계산하시오. 단, 전압은 100[V], 경년용량저하율은 0.8이다.

연축전지의 용량 환산시간 K(900[Ah] 이하)

형식	온도[℃]	10분			30분		
		1.6[V]	1.7[V]	1.8[V]	1.6[V]	1.7[V]	1.8[V]
HS	25	0.58	0.7	0.93	1.03	1.14	1.38
	5	0.62	0.74	1.05	1.11	1.22	1.54
	−5	0.68	0.82	1.15	1.2	1.35	1.68

> Answer

계산 : 표에서 용량환산시간 $K = 1.22$

전류 $I = \dfrac{P}{V} = \dfrac{7,800}{100} = 78[A]$

축전지 용량 $C = \dfrac{1}{L} KI = \dfrac{1}{0.8} \times 1.22 \times 78 = 118.95[Ah]$

답 : 118.95[Ah]

Explanation

용량 환산 시간

셀 당 최저 허용 전압 = $\dfrac{92[V]}{54[\text{cell}]} = 1.7[V/\text{cell}]$

형식	온도[℃]	10분			30분		
		1.6[V]	1.7[V]	1.8[V]	1.6[V]	1.7[V]	1.8[V]
HS	25	0.58	0.7	0.93	1.03	1.14	1.38
	5	0.62	0.74	1.05	1.11	1.22	1.54
	−5	0.68	0.82	1.15	1.2	1.35	1.68

축전지 용량

$C = \dfrac{1}{L} KI$ [Ah] 여기서, C : 축전지의 용량 [Ah] L : 보수율(경년용량 저하율)
K : 용량환산 시간 계수 I : 방전 전류[A]

20 피뢰기의 저항성 누설전류 측정법에 관한 설명이다. ( ) 안에 적당한 기기의 명칭을 쓰시오. (4점)

> 피뢰기의 저항성 누설전류 측정방법에는 저항성 전류의 직접 측정법과 누설전류의 고조파 측정법이 있다. 누설전류의 직접 측정을 위해서는 피뢰기 양단전압을 용량성 (①)로 측정하고 누설전류는 방전계수기 내의 (②)로 측정한다.

Answer

① 변성기(분압기), 전압분배기   ② 영상변류기

Explanation

피뢰기의 누설전류 측정 : 저항성 누설전류 직접 측정법, 누설전류의 고조파 측정
① 용량성 분압기(전압분배기) : 피뢰기의 양단전압 측정
② 누설전류 : 영상변류기로 측정

2023년 전기공사기사 실기 (2회)

01 (4점)

한국전기설비규정에 따른 변전소(전기철도용 변전소 제외)에 설치하는 계측장치에 대한 설명이다. ( ) 안에 알맞은 내용을 적으시오.

> 변전소 또는 이에 준하는 곳에는 다음의 사항을 계측하는 장치를 시설해야 한다.
> 가. 주요 변압기의 (①) 및 (②) 또는 (③)
> 나. 특고압용 변압기의 (④)

① :　　　　② :　　　　③ :　　　　④ :

Answer

① 전압　② 전류　③ 전력　④ 온도

Explanation

(KEC 351.6조) 계측 장치

변전소 또는 이에 준하는 곳에는 다음 각 호의 사항을 계측하는 장치를 시설하여야 한다. 다만, 전기철도용 변전소는 주요 변압기의 전압을 계측하는 장치를 시설하지 아니할 수 있다.
- 주요 변압기의 전압 및 전류 또는 전력
- 특고압용 변압기의 온도

02 (5점)

다음은 송전선로 공사의 단위 작업 내용이다. 올바른 작업순서를 번호로 나열하시오.

> ① 연선　② 타설　③ 굴착　④ 각입
> ⑤ 긴선　⑥ 조립

( ) → ( ) → ( ) → ( ) → ( ) → ( )

Answer

③ → ④ → ② → ⑥ → ① → ⑤

Explanation

송전선로 공사

굴착 – 각입 – 타설 – 조립 – 연선 – 긴선

03 (3점)

KS C 4621에 따른 주택용 누전차단기의 정격감도전류를 3가지만 적으시오(단, 단위를 반드시 적으시오).

① :   ② :   ③ :

Answer

① 30[mA]   ② 50[mA]   ③ 100[mA]

Explanation

KS C 4621 주택용 누전차단기
6.5 정격감도전류
6, 10, 15, 30, 50, 100, 200, 300, 500[mA]

04 (6점)

옥내 배선용 그림 기호(KS C 0301)에 따른 다음 그림 기호의 명칭을 적으시오.

그림 기호	▣	◣	⊙EL
명칭	①	②	③

Answer

① 벽붙이 누름버튼   ② 분전반   ③ 누전차단기 붙이 콘센트

05 (6점)

아스팔트로 포장된 자동차 도로(폭 25[m])의 양쪽에 광속 25,000[lm]의 저압나트륨등(250[W])을 설치하여 노면휘도가 1.2[nt]가 되도록 하려고 한다. 설치하는 등의 간격을 계산하시오(단, 평균조도는 노면휘도의 10배로 하며, 감광보상률 1.4, 조명률 25[%]이다).

• 계산 :   • 답 :

Answer

계산 : $S = \dfrac{FUN}{ED} = \dfrac{25{,}000 \times 0.25 \times 1}{1.2 \times 10 \times 1.4} = 372.02 \,[\text{m}^2]$

$S = \dfrac{a \cdot b}{2} = \dfrac{25 \times b}{2} = 372.02$ 따라서 간격 $b = 29.76\,[\text{m}]$

답 : 29[m]

Explanation

• 조명계산
$FUN = ESD$
여기서, $F[\text{lm}]$: 광속, $U[\%]$: 조명률, $N[\text{등}]$: 등수
$E[\text{lx}]$: 조도, $S[\text{m}^2]$: 면적, $D = \dfrac{1}{M}$: 감광보상률 $= \dfrac{1}{\text{보수율}}$

등수 $N = \dfrac{ESD}{FU}$ 이며 등수계산은 소수점은 무조건 절상한다.

• 도로조명에서의 면적 계산

- 중앙배열, 편측배열 : $S = a \cdot b$
- 양쪽배열, 지그재그식 : $S = \dfrac{a \cdot b}{2}$

  여기서, a : 도로 폭, b : 등 간격

문제에서는 양쪽배열이므로 $S = \dfrac{a \cdot b}{2} [\text{m}^2]$

BEST 06 ★★★★★ (5점)

어떤 건물에서 총 설비 부하용량이 950[kW], 수용률이 60[%]일 때 변압기 용량을 계산하시오 (단, 설비부하의 종합역률은 0.85이고, 변압기 용량표에서 선정한다).

용량표[kVA]
200, 300, 500, 750, 1,000, 1,500, 2,000

• 계산 :   • 답 :

Answer

계산 : $[\text{kVA}] = \dfrac{950 \times 0.6}{0.85} = 670.59 [\text{kVA}]$

답 : 750[kVA]

Explanation

• 변압기 용량[KVA] $= \dfrac{\text{설비용량[kW]} \times \text{수용률}}{\text{부등률} \times \text{역률}}$

$= \dfrac{\text{설비용량[kW]} \times \text{수용률}}{\text{부등률} \times \text{역률} \times \text{효율}}$

07 ★☆☆☆☆ (6점)

다음은 한국전기설비규정에서 정하는 조가선의 시설기준이다. ( ) 안에 알맞은 내용을 적으시오.

> • 조가선 간의 이격거리는 조가선 2개가 시설될 경우에 (①)[m]를 유지하여야 한다.
> • 조가선 시설방향은 특고압주의 경우 특고압 중성도체와 같은 방향, 저압주의 경우 (②) 와(과) 같은 방향으로 시설한다.
> • +자형 공중교차는 불가피한 경우에 한하여 제한적으로 시공할 수 있다. 다만, (③)형 공중 교차시공은 할 수 없다.

① :   ② :   ③ :

Answer

① 0.3   ② 저압선   ③ T

Explanation

(KEC 362.3조) 조가선 시설기준
• 조가선 간의 이격거리는 조가선 2개가 시설될 경우에 이격거리는 0.3[m]를 유지하여야 한다.
• 조가선 시설방향은 다음과 같다.

- 특고압주: 특고압 중성도체와 같은 방향
- 저압주: 저압선과 같은 방향
• +자형 공중교차는 불가피한 경우에 한하여 제한적으로 시공 할 수 있다. 다만, T자형 공중 교차시공은 할 수 없다.

08 (4점)

다음은 한국전기설비규정에 따른 태양광설비에 시설하는 태양전지 모듈에 대한 설명이다. ( ) 안에 알맞은 내용을 적으시오.

> 모듈의 각 직렬군은 동일한 (①) 전류를 가진 모듈로 구성하여야 하며, 1대의 인버터(멀티스트링 인버터의 경우 1대의 MPPT 제어기)에 연결된 모듈 직렬군이 (②) 병렬 이상일 경우에는 각 직렬군의 출력전압 및 출력전류가 동일하게 형성되도록 배열할 것

① :　　　　　　　② :

Answer

① 단락　　　　　　② 2

Explanation

(KEC 522.2조) 태양전기 모듈의 시설
모듈의 각 직렬군은 동일한 단락전류를 가진 모듈로 구성하여야 하며, 1대의 인버터(멀티스트링 인버터의 경우 1대의 MPPT 제어기)에 연결된 모듈 직렬군이 2병렬 이상일 경우에는 각 직렬군의 출력전압 및 출력전류가 동일하게 형성되도록 배열할 것

09 (5점)

특고압 전로에서 보호장치를 통해 흐를 수 있는 예상 지락전류의 실효값이 11[kA]일 때, 이 계통의 보호도체 단면적[㎟]을 보호도체 규격표에서 선정하시오(단, 자동차단을 위한 보호장치의 동작시간이 1.1초이고 보호도체, 절연, 기타 부위의 재질 및 초기온도와 최종온도 등에 따라 정해지는 계수를 143으로 적용한다).

보호도체 규격표[㎟]							
10	16	25	35	50	95	120	150

• 계산 :　　　　　　　　　　• 답 :

Answer

계산 : $S = \dfrac{\sqrt{I^2 t}}{k} = \dfrac{\sqrt{11{,}000^2 \times 1.1}}{143} = 80.68[\text{㎟}]$

답 : 95[㎟] 선정

Explanation

(KEC 142.3.2조) 보호도체 및 접지도체의 굵기 산정 식

$S = \dfrac{\sqrt{I^2 t}}{k} [\text{㎟}]$

여기서, S : 단면적[mm²]
I : 보호장치를 통해 흐를 수 있는 예상 고장전류 실효값[A]
t : 자동차단을 위한 보호장치의 동작시간[s]
k : 보호도체, 절연, 기타 부위의 재질 및 초기온도와 최종온도에 따라 정해지는 계수

10 ★☆☆☆☆ (6점)

배전계통의 수전방식 중 그림과 같이 전력회사 변전소에서 나온 2~4회선의 네트워크 배전선에 수전용 차단기를 통해서 네트워크 변압기를 접속하여 고층빌딩 등의 집중된 부하에 전력을 공급하는 방식의 명칭과 장점을 4가지만 적으시오.

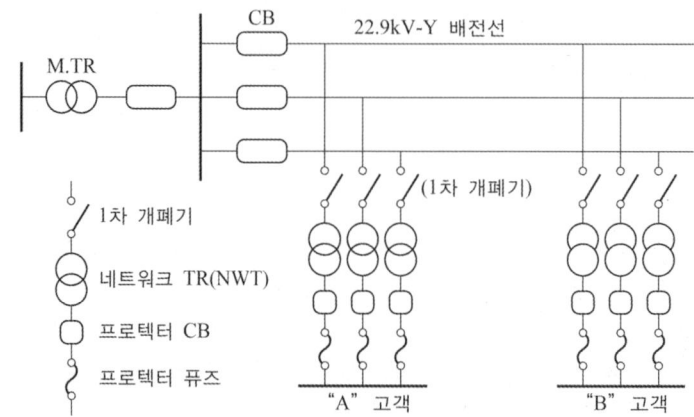

(1) 명칭 :
(2) 장점
  ① :   ② :
  ③ :   ④ :

Answer

(1) 스포트 네트워크 배전 방식
(2) ① 무정전 전력공급이 가능하다.
    ② 공급신뢰도가 높다.
    ③ 전압 변동이 낮다.
    ④ 부하증가에 대한 적응성이 좋다.

Explanation

스포트 네트워크 방식 (Spot Network 방식)

배전용 변전소로부터 2회선 이상의 배전선으로 수전하는 방식으로 1회선의 고장이 발생한 경우에도 2차 측 병렬모선을 통해 부하 측의 무정전 공급이 가능한 방식이다.

(1) 장점
  ① 무정전 전력공급이 가능하다.
  ② 공급신뢰도가 높다.
  ③ 전압 변동이 낮다.
  ④ 부하증가에 대한 적응성이 좋다.

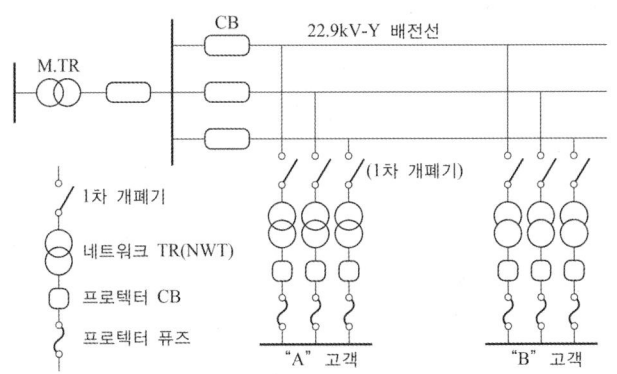

11. 공구손료에 대한 다음 각 물음에 답하시오. (5점)

(1) 공구손료를 설명하시오.
(2) 공구손료는 직접 노무비(노임할증과 작업시간 증가에 의하지 않은 품할증 제외)의 몇 [%]까지 계상하는가?

Answer

(1) 일반 공구 및 시험용 계측 기구류의 손료로서 공사 중 상시 일반적으로 사용하는 것
(2) 3[%]

Explanation

일반 공구 및 시험용 계측 기구류의 손료로서 공사 중 상시 일반적으로 사용하는 것을 말하며, 직접 노무비(노임할증 제외)의 3[%]까지 계상한다.

12. 한국전기설비규정에 따른 사람이 상시 통행하는 터널 안 배선의 시설에 대한 설명이다. ( ) 안에 알맞은 내용을 적으시오(단, 사용전압은 저압이다). (6점)

> 1. 전선은 애자공사에 의하여 시설할 경우 공칭단면적 (①)[㎟]의 연동선과 동등 이상의 세기 및 굵기의 절연전선(옥외용 비닐절연전선 및 인입용 비닐절연전선을 제외한다)을 사용하여 시설하고 또한 이를 노면상 (②)[m] 이상의 높이로 할 것
> 2. 전로에는 터널의 입구에 가까운 곳에 전용 (③)를 시설할 것

① :   ② :   ③ :

Answer

① 2.5   ② 2.5   ③ 개폐기

Explanation

(KEC 242.7조) 사람이 상시 통행하는 터널 안의 배선의 시설
사람이 상시 통행하는 터널내의 배선은 그 사용전압이 저압에 한하고 또한 각 호에 의해서 시설하여야 한다.

① 배선은 다음에 의할 것
  • 애자공사
  • 금속관공사
  • 합성수지관공사
  • 금속제 가요전선관공사
  • 케이블공사
② 애자공사의 경우는 다음의 규정에 준할 것
  • 전선의 노면 상 높이는 2.5[m] 이상으로 할 것
  • 전선은 단면적 2.5[㎟] 이상의 절연전선(OW, DV 제외)
③ 전로는 터널의 인입구 가까운 곳에 전용의 개폐기를 시설할 것

13 ★☆☆☆☆ (9점)

그림은 3상 4선식 중성점 다중 접지방식의 22.9[kV-Y] 배전선로에서 수전하기 위한 단선 결선도이다. 다음 각 물음에 답하시오(단, 평균 역률은 95[%]로 한다).

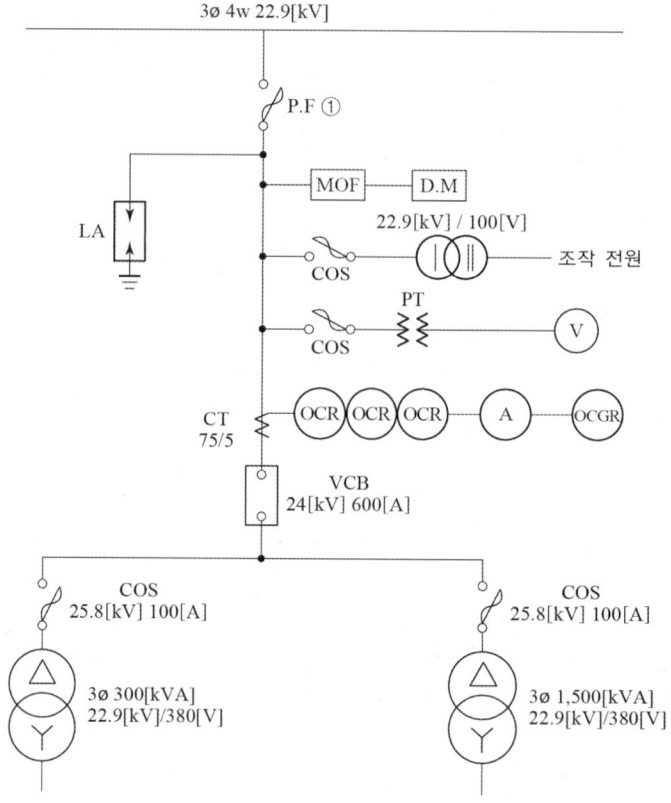

(1) 도면에 표시된 ①의 PF(전력 퓨즈)를 변압기 전부하 전류의 2배로 선정하고자 할 때 퓨즈의 용량을 다음 표에서 선정하시오.

전력퓨즈 용량표[A]				
50	65	80	100	200

• 계산 :   • 답 :

(2) 계기용 변성기(MOF)의 변압비와 변류비를 계산하시오(단, 변류비는 1차 측 정격전류의 150[%]로 하고 아래 표에서 선정한다. 또한 전압변동은 고려하지 않는다).

변류비표[A]				
20/5	30/5	40/5	75/5	100/5

• 계산 :   • 답 :

(3) 부하전류 1.25배의 전류에서 차단기를 동작시키려면 과전류 계전기의 탭전류는 몇 [A]인지 다음 표에서 선정하시오.

과전류 계전기 탭전류표[A]					
2	4	5	6	7	8

• 계산 :   • 답 :

Answer

(1) 계산 : 퓨즈의 용량 $= \left(\dfrac{300}{\sqrt{3}\times 22.9} + \dfrac{1{,}500}{\sqrt{3}\times 22.9}\right)\times 2 = 90.76[\text{A}]$

답 : 표에서 100[A]선정

(2) 계산 : 변압비 : $\dfrac{22{,}900}{\sqrt{3}} \Big/ \dfrac{190}{\sqrt{3}}$

변류비 : $I_1 = \left(\dfrac{300}{\sqrt{3}\times 22.9} + \dfrac{1{,}500}{\sqrt{3}\times 22.9}\right)\times 1.5 = 68.07[\text{A}]$

답 : 변압비 13,200/110, 변류비 75/5

(3) 계산 : $OCR = \left(\dfrac{300}{\sqrt{3}\times 22.9} + \dfrac{1{,}500}{\sqrt{3}\times 22.9}\right)\times \dfrac{5}{75}\times 1.25 = 3.78[\text{A}]$

답 : 표에서 4[A]

Explanation

• OCR tap = 1차 전류 × $\dfrac{1}{\text{CT비}}$ × 탭정정배수

14 ★☆☆☆☆ (5점)

다음 그림은 전기방식을 나타내고 있다. 어떤 방식인지 적으시오.

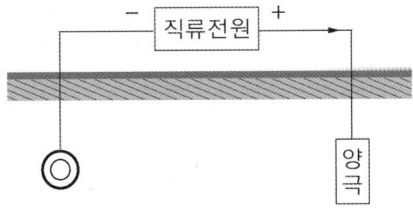

Answer

외부전원법

Explanation

외부전원법

장거리 배관이나 대용량의 전류를 필요로 하는 시설을 방식할 때 사용하는 전기방식 방법. 가스배관을 음극으로 만들기 위해서 외부에서 전류를 넣어주는 정류기(교류 전압을 직류 전원으로 전환)가 필요하다. 대전류를 넣을 수 있으며 최고 60[V]까지 전압을 높일 수 있기 때문에 대규모의 매설관 방식에 적용하고 있으며, 일반적으로 큰 전류를 필요로 하거나 영구적으로 사용하는 시설에서 사용한다.

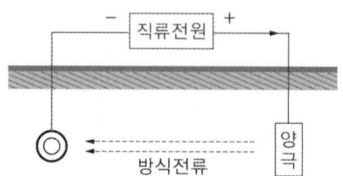

15 ★☆☆☆☆ (5점)

다음 유접점 회로를 무접점 논리회로로 바꾸시오(단, 2입력 AND 게이트 4개, 2입력 OR 게이트 2개, NOT 게이트 3개만을 사용하며, 선의 접속과 미접속에 대한 예시를 참고하여 작성하시오).

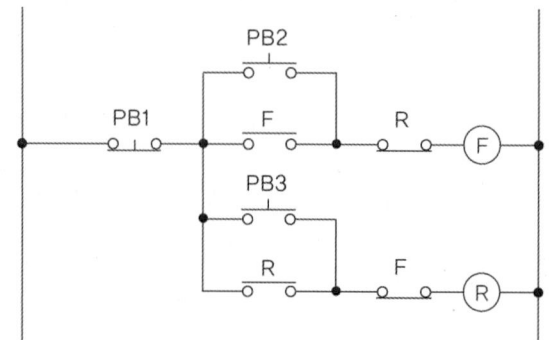

[선의 접속과 미접속에 대한 예시]	
접속	미접속
┼·	┼

* 무접점 논리회로

PB2 ─────   ───── F

PB1 ─────

PB3 ─────   ───── R

Answer

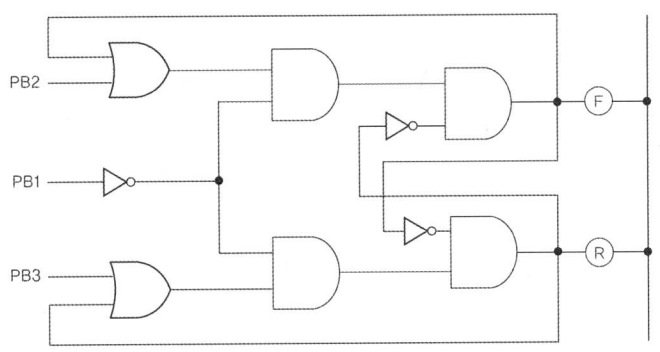

Explanation

논리식 : $F = \overline{PB_1} \cdot (PB_2 + F) \cdot \overline{R}$
$R = \overline{PB_1} \cdot (PB_3 + R) \cdot \overline{F}$

16 ★★☆☆☆ (10점)

다음 수변전설비의 결선도를 보고 물음에 답하시오.

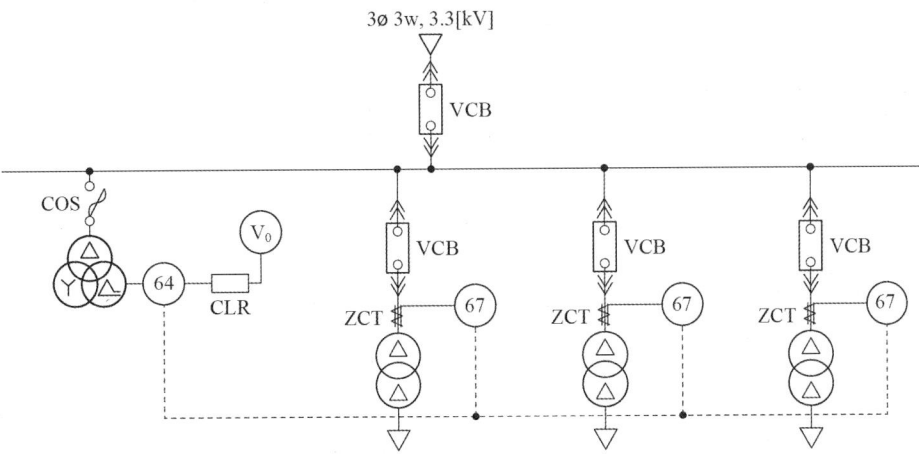

(1) 도면에 표시된 CLR의 명칭을 적으시오.
(2) 상기 계통의 접지방식을 적으시오.
(3) 도면에서 변압기 △-△ 단선도를 복선도로 그리시오(단, 접지는 표시하지 않으며, 선의 접속과 미접속에 대한 예시를 참고하여 작성하시오).

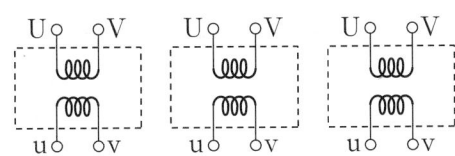

[선의 접속과 미접속에 대한 예시]	
접속	미접속
─•─	─┼─

(4) 전압계(V_0)에서 검출되는 전압이 무엇인지 적으시오.
(5) 지락 과전압계전기(64)의 설치 목적을 적으시오.

Answer

(1) 전류제한 저항기
(2) 비접지 방식
(3)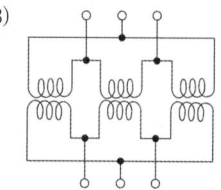
(4) 영상 전압
(5) 지락 사고 시 영상전압 검출

Explanation

- V_0 : 영상전압계
- 64 : OVGR(지락 과전압 계전기)

---

17 (5점)

아래는 특고압 가공전선로의 지지물로 사용하는 B종 철주, B종 철근 콘크리트주 또는 철탑의 종류이다. 각각에 대한 한국전기설비규정에 따라 설명하시오.

(1) 직선형 :
(2) 각도형 :
(3) 인류형 :
(4) 내장형 :
(5) 보강형 :

Answer

(1) 선로의 직선 또는 수평각도 3° 이내의 장소에 사용하는 것
(2) 전선로 중 3°를 초과하는 수평각도를 이루는 곳에 사용하는 것
(3) 전가섭선을 인류하는 곳에 사용하는 것
(4) 전선로의 지지물 양쪽의 경간의 차가 큰 곳에 사용하는 것
(5) 전선로의 직선부분에 그 보강을 위해 사용하는 것

Explanation

사용 목적에 의한 분류(표준형 철탑)

- 직선형 : 선로의 직선 또는 수평각도 3° 이내의 장소에 사용, A형 철탑
- 각도형 : 선로의 수평각도 3° 이상으로 20° 이하에 설치되는 철탑, 경각도 철탑은 B형, 선로의 수평각도 3° 이상으로 30° 이하에 설치되는 중각도 철탑은 C형
- 인류형 : 가공선로의 전체 가섭선을 인류하는 개소(주로 변전소)에 사용되는 철탑, D형 철탑
- 내장형 : 전선로를 보강하기 위하여 세워지는 철탑, 직선철탑 10기마다 1기를 시설, 장경간 개소에 시설, E형 철탑
- 보강형 : 전선로의 직선부분에 보강을 위해 사용하는 철탑

18 (5점)

KS C IEC 62305-3(피뢰시스템-제3부: 구조물의 물리적 손상 및 인명위험)에 따른 접지극의 재료, 형상과 최소치수에 대한 표이다. 표의 빈 칸에 알맞은 수치를 적으시오.

재료	형상	치수(접지도체, [mm²])
구리	테이프형 단선	①
구리피복강	원형 단선	②
	테이프형 단선	③
스테인리스강	원형 단선	④
	테이프형 단선	⑤

① : ② : ③ :
④ : ⑤ :

Answer

① 50 ② 50 ③ 90 ④ 78 ⑤ 100

Explanation

KS C IEC 62305-3 중에서 접지극의 재료, 형상과 최소 치수

재료	형상	치수		
		접지봉 지름[mm]	접지도체[mm²]	접지판[mm]
구리, 주석도금한 구리	연선		50	
	원형 단선	15	50	
	테이프형 단선		50	
	파이프	20		
	판상 단선			500×500
	격자판(b)			600×600
용융아연도금강	원형 단선	14	78	
	파이프	25		
	테이프형 단선		90	
	판상 단선			500×500
	격자판(b)			600×600
	프로필	(c)		
나강(a)	연선		70	
	원형 단선		78	
	테이프형 단선		75	
구리피복강	원형 단선	14	50	
	테이프형 단선		90	
스테인리스강	원형 단선	15	78	
	테이프형 단선		100	

a : 최소 50[mm] 깊이로 콘크리트 내에 매입할 것
b : 최소 총길이 4.8[m] 도체로 시설된 격자판
c : 상이한 프로필은 단면적 290[mm²] 및 최소두께 3[mm]를 허용

2023년 전기공사기사 실기

01 가스차단기(GCB : Gas Circuit Breaker)의 특징을 5가지만 쓰시오. (5점)

Answer

① 밀폐구조이므로 소음이 적다.
② 절연거리를 적게 할 수 있어 차단기 전체를 소형화 및 경량화 할 수 있다.
③ 근거리 고장 등 가혹한 재기전압에 대해서도 성능이 우수하다.
④ 불활성, 난연성이므로 화재 우려가 적다.
⑤ 아크 소호능력이 우수하며 이상전압의 발생이 적다.

Explanation

- 가스차단기(GCB, Gas Circuit Breaker)
  - 소호매질 : SF_6
  - 밀폐구조로 소음이 적고 신뢰성이 우수
  - 절연내력이 우수하여 차단기 소형화 가능
  - 현재 154, 345[kV] 선로에 사용

  여기서, SF_6가스의 특징은 다음과 같다.
  - 무색, 무취, 무독성이다.
  - 난연성, 불활성 가스이다.
  - 소호능력이 공기의 100~200배가 된다.
  - 절연내력이 공기의 2~3배가 된다.

02 다음 전선의 명칭을 적으시오. (4점)

① OC :   ② ASCR :

Answer

① 옥외용 가교폴리에틸렌 절연전선   ② 강심 알루미늄연선

Explanation

내선규정 100-2 전선 약호

약 호	명 칭
ACSR	강심 알루미늄연선
ACSR-OC 전선	옥외용 강심 알루미늄도체 가교 폴리에틸렌 절연전선
ACSR-OE 전선	옥외용 강심 알루미늄도체 폴리에틸렌 절연전선
AL-OC 전선	옥외용 알루미늄도체 가교 폴리에틸렌 절연전선
AL-OE 전선	옥외용 알루미늄도체 폴리에틸렌 절연전선
AL-OW 전선	옥외용 알루미늄도체 비닐 절연전선
DV 전선	인입용 비닐 절연 전선
FL 전선	형광 방전등용 비닐 전선
HR(0.5) 전선	500 [V] 내열성 고무 절연전선(110[℃])
HR(0.75) 전선	750 [V] 내열성 고무 절연전선(110[℃])
NR 전선	450/750 [V] 일반용 단심 비닐 절연 전선
NRI(70) 전선	300/500 [V] 기기 배선용 단심 비닐절연전선(70[℃])
NRI(90) 전선	300/500 [V] 기기 배선용 단심 비닐절연전선 (90[℃])
OC 전선	옥외용 가교 폴리에틸렌 절연전선
OE 전선	옥외용 폴리에틸렌 절연전선
OW 전선	옥외용 비닐 절연 전선

03 다음 그림에서 송전선의 단락점 S에서 3상 단락전류[A] 및 3상 단락용량[kVA]을 표를 이용하여 계산하시오.
(5점)

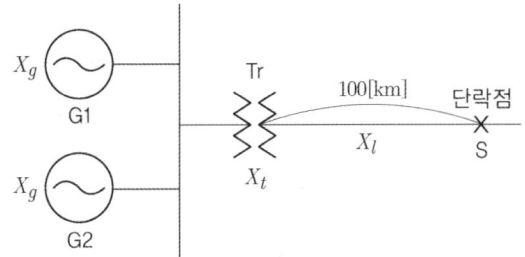

구분	용량 및 전압	임피던스 및 리액턴스
G1 및 G2	30[MVA], 22[kV]	%리액턴스(X_g) 30[%]
변압기(Tr)	60[MVA], 22/154[kV]	%리액턴스(X_t) 11[%]
선로 임피던스	-	$Z = 0 + j0.5 [\Omega/\text{km}]$

(1) 단락전류(I_s)
  • 계산 :   • 답 :
(2) 단락용량(P_s)
  • 계산 :   • 답 :

Answer

(1) 계산 : $I_s = \dfrac{100}{\%Z} I_n = \dfrac{100}{53.65} \times \dfrac{60 \times 10^3}{\sqrt{3} \times 154} = 419.28 [A]$

답 : 419.28[A]

(2) 계산 : $P_s = \dfrac{100}{\%Z}P_n = \dfrac{100}{53.65} \times 60 \times 10^3 = 111,835.97[\text{kVA}]$

답 : $111,835.97[\text{kVA}]$

Explanation

60[MVA]를 기준으로 하면

$\%X_{G1} = 30 \times \dfrac{60}{30} = 60[\%]$

$\%X_{G2} = 30 \times \dfrac{60}{30} = 60[\%]$

$\%X_{Tr} = 11 \times \dfrac{60}{60} = 11[\%]$

$\%X_{TL} = \dfrac{PZ}{10V^2} = \dfrac{60 \times 10^3 \times 0.5 \times 100}{10 \times 154^2} = 12.65[\%]$

전체 %임피던스 $\%Z = \dfrac{60 \times 60}{60 + 60} + 11 + 12.65 = 53.65[\%]$

단락전류 $I_s = \dfrac{100}{\%Z}I_n$

단락용량 $P_s = \dfrac{100}{\%Z}P_n$

%임피던스 $\%Z = \dfrac{PZ}{10V^2}$ 여기서, $P[\text{kVA}]$, $V[\text{kV}]$

---

04 ★☆☆☆☆ (3점)

CT 2대를 결선하여 OCR 3대를 그림과 같이 연결하였다. 3번 OCR에 흐르는 전류는 어떤 상전류인지 적으시오.

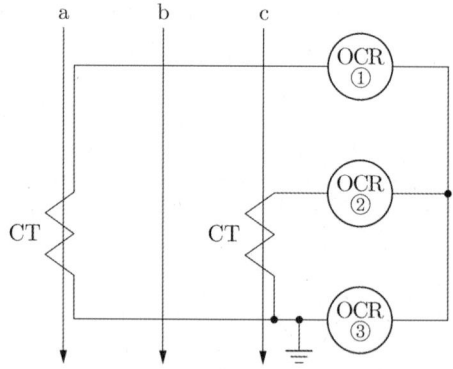

• 답 :

Answer

b상 전류

Explanation

• 가동접속(정상접속)

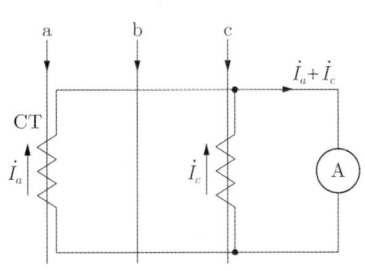
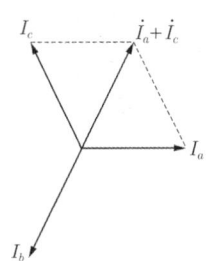

BEST 05 ★★★★★ (5점)
한국전기설비규정 중 지중전선로의 시설방법을 3가지만 적으시오.

Answer

① 직접매설식   ② 관로식   ③ 암거식

Explanation

(KEC 제334.1 지중전선로의 시설)
지중 전선로는 전선에 케이블을 사용하고 또한 관로식 · 암거식 또는 직접 매설식에 의하여 시설하여야 한다.

06 ★★★★☆ (7점)
다음 그림에 표시된 ①~⑦의 정확한 명칭을 쓰시오. 단, 그림은 2련 내장 애자장치(역조형)이다.

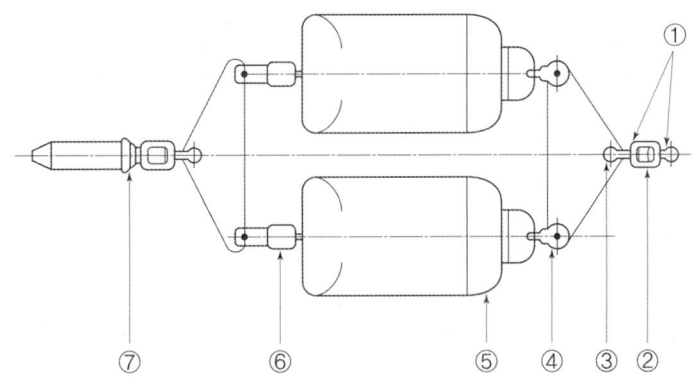

① :   ② :   ③ :   ④ :
⑤ :   ⑥ :   ⑦ :

Answer

① 앵커쇄클   ② 체인링크   ③ 삼각요크   ④ 볼크레비스
⑤ 현수애자   ⑥ 소켓 크레비스   ⑦ 압축형 인류 클램프

Explanation

2련 내장 애자장치

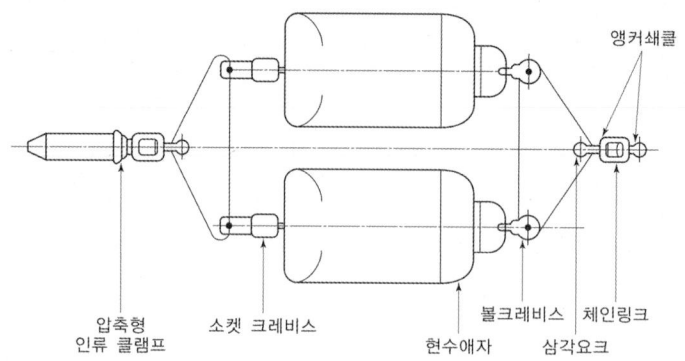

앵커쇄클

압축형 인류 클램프 　소켓 크레비스 　현수애자 　볼크레비스 삼각요크 체인링크

07 ★☆☆☆☆ (4점)
철골구조물의 콘크리트의 형틀 또는 바닥구조제로서 사용되는 파형 테크 플레이트 홈을 막아서 사용하는 배선 방식을 적으시오.

Answer

셀룰러덕트 배선

Explanation

셀룰러덕트 배선
철골구조물의 콘크리트의 형틀 또는 바닥구조제로서 사용되는 파형 테크 플레이트 홈을 막아서 사용하는 배선

08 ★☆☆☆☆ (3점)
한국전기설비규정의 보조 보호등전위본딩 도체 설명으로 케이블의 일부가 아닌 경우 또는 선로도체와 함께 수납되지 않는 본딩체는 다음 값 이상으로 시공해야 한다. ( ) 안에 알맞은 내용을 빈칸에 적으시오.

- 기계적 보호가 된 것은 구리도체 (①)[mm²], 알루미늄 도체 (②)[mm²]
- 기계적 보호가 없는 것은 구리도체 (③)[mm²], 알루미늄 도체 (②)[mm²]

Answer

① 2.5　　② 16　　③ 4　　④ 16

Explanation

(KEC 143.3.2조) 보조 보호등전위본딩 도체
• 두 개의 노출도전부를 접속하는 경우 도전성 : 노출도전부에 접속된 더 작은 보호도체의 도전성보다 클 것
• 노출도전부를 계통외도전부에 접속하는 경우 도전성 : 같은 단면적을 갖는 보호도체의 1/2 이상
• 케이블의 일부가 아닌 경우 또는 선로도체와 함께 수납되지 않은 본딩도체
 - 기계적 보호가 된 것 : 구리도체 2.5[mm²] 이상, 알루미늄 도체 16[mm²] 이상
 - 기계적 보호가 없는 것 : 구리도체 4[mm²] 이상, 알루미늄 도체 16[mm²] 이상

09 연 축전지의 정격용량 200[Ah], 상시부하 12[kVA], 표준전압 100[V]인 부동충전 방식의 2차 충전 전류값은 몇 [A]인지 계산하시오. 단, 연축전지 방전율은 10시간율로 한다. (5점)

• 계산 :   • 답 :

Answer

계산 : 충전기 2차 전류 $I = \dfrac{200}{10} + \dfrac{12 \times 10^3}{100} = 140$[A]

답 : 140[A]

Explanation

• 부동충전

충전기 2차 전류[A] $= \dfrac{\text{축전지 용량[Ah]}}{\text{정격 방전율[h]}} + \dfrac{\text{상시 부하 용량[VA]}}{\text{표준전압[V]}}$

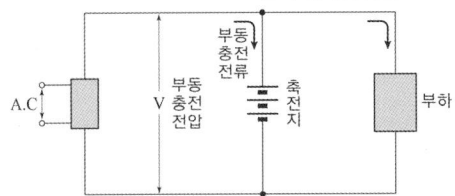

• 정격 방전율 : 정격용량과 같게 나타나므로 연축전지는 10시간율이며 알칼리 축전지는 5시간율이다.

10 KSC IEC 62305-3에 따른 피뢰시스템의 등급별 인하도선 사이의 최적의 간격에 관한 표이다. 빈칸에 알맞은 답을 답란에 적으시오. (4점)

피뢰시스템의 등급	간격[m]
I	①
II	②
III	③
IV	④

① :   ② :   ③ :   ④ :

Answer

① 10   ② 10   ③ 15   ④ 20

Explanation

(KS C IEC 62305-3) 5.3.3 분리되지 않은 피뢰시스템의 배치

피뢰시스템의 등급	간격[m]
I	10
II	10
III	15
IV	20

11 ★☆☆☆☆ (5점)

KS C 0301에 따른 아래 그림 기호의 명칭을 빈칸에 쓰시오.

(1) ▮▮▮▮ PBD   (2) ▮〰〰▮

(3) | MD | (4) ☐◯

(5) ⊙⊙

Answer

(1) 피더버스덕트   (2) 익스펜션 버스 덕트
(3) 금속 덕트   (4) 벨
(5) 비상콘센트

Explanation

(KS C 0301) 옥내배선용 그림 기호(버스덕트)

명칭	그림기호	적요
버스 덕트	▮▮▮▮	① 필요에 따라 다음 사항을 표시한다. 　• 피더 버스 덕트　　FBD 　　플러그인 버스 덕트　PBD 　　트롤리 버스 덕트　　TBD 　• 방수형인 경우는 WP 　• 전기방식, 정격전압, 정격전류 　　보기 :  　　　　FBD3φ　3W　300V　600A ② 익스팬션을 표시하는 경우는 다음과 같다. 　　▮△▮ ③ 옵셋을 표시하는 경우는 다음과 같다. 　　▮▮▮ ④ 탭붙이를 표시하는 경우는 다음과 같다. 　　▮▽▮ ⑤ 상승, 인하를 경우는 다음과 같다. 　　상승 ▮◢　　인하 ▮◣ ⑥ 필요에 따라 정격전류에 의해 나비를 바꾸어 표시하여도 좋다.

12 ★★☆☆☆ (5점)

12×18[m]인 사무실의 조도를 400[lx]로 하고자 한다. 전광속 4,500[lm], 램프전류 0.87[A]의 40[W] LED등으로 시설할 경우에 조명률 50[%] 감광보상률 1.3으로 가정하면 이 사무실의 분기회로수를 구하시오(단, 전기방식은 220[V], 단상 2선식으로 16[A] 분기회로로 한다).

• 계산 : • 답 :

Answer

계산 : $FUN = ESD$에서

$$\therefore \text{등수 } N = \frac{ESD}{FU} = \frac{ESD}{FU} = \frac{400 \times 12 \times 18 \times 1.3}{4,500 \times 0.5} = 49.92 \quad \therefore 50[등]$$

분기회로 수 $N = \frac{0.87 \times 50}{16} = 2.72$

답 : 16[A] 분기 3회로

Explanation

• 조명계산
 $FUN = ESD$
  여기서, F[lm] : 광속, U : 조명률, N : 등수
   E[lx] : 조도, S[m²] : 면적, $D = \frac{1}{M}$: 감광보상율 = $\frac{1}{\text{보수율}}$

(내선규정 제 3,315-1~5조) 부하상정 및 분기회로
1. 표준 부하
1) 건축물의 종류에 따른 표준 부하

건축물의 종류	표준 부하 [VA/m²]
공장, 공회당, 사원, 교회, 극장, 영화관, 연회장 등	10
기숙사, 여관, 호텔, 병원, 학교, 음식점, 다방, 대중 목욕탕	20
사무실, 은행, 상점, 이발소, 미장원	30
주택, 아파트	40

2) 건축물 중 별도 계산할 부분의 표준 부하 (주택, 아파트는 제외)

건축물의 부분	표준 부하 [VA/m²]
복도, 계단, 세면장, 창고, 다락	5
강당, 관람석	10

3) 표준 부하에 따라 산출한 수치에 가산하여야 할 [VA]수
(1) 주택, 아파트(1세대 마다)에 대하여는 500 ~ 1,000 [VA]
(2) 상점의 진열창에 대하여는 진열창 폭 1 [m]에 대하여 300 [VA]
(3) 옥외의 광고등, 전광사인, 네온사인등의 [VA] 수
(4) 극장, 댄스홀 등의 무대조명, 영화관 등의 특수전등부하의 [VA] 수

 2. 부하의 상정
부하 설비 용량 = $PA + QB + C$
여기서, P : 건축물의 바닥 면적 [m²] (Q 부분 면적 제외)
    Q : 별도 계산할 부분의 바닥면적 [m²]

A : P 부분의 표준 부하 [VA/m²]
B : Q 부분의 표준 부하 [VA/m²]
C : 가산해야 할 부하 [VA]

3. 분기 회로수

분기 회로수 = $\dfrac{\text{표준 부하 밀도 [VA/m²]} \times \text{바닥 면적 [m²]}}{\text{전압 [V]} \times \text{분기 회로의 전류 [A]}}$

【주1】 계산결과에 소수가 발생하면 절상한다.
【주2】 220 [V]에서 3[kW] (110 [V]때는 1.5 [kW])를 초과하는 냉방기기, 취사용 기기 등 대형 전기 기계 기구를 사용하는 경우에는 단독분기회로를 사용하여야 한다.
※분기회로 전류는 보통 문제에서 주어지지 않으면 16[A] 분기회로임

13 ★★☆☆☆ (5점)

아래 그림과 같이 전선 지지점에 고저차가 없는 곳에 경간의 이도가 각각 1[m], 4[m]로 동일한 장력으로 전선이 가설되어 있다. 사고가 발생해 중앙의 지지점에서 전선이 떨어졌다면 전선의 지표상 최저 높이[m]를 구하시오.

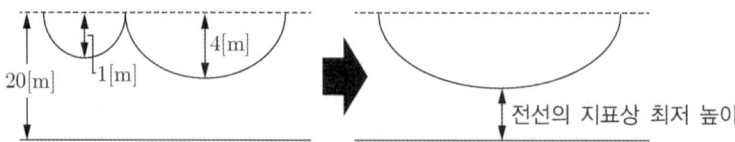

• 계산 :   • 답 :

Answer

계산 : 이도 $D^2 = \left(\dfrac{D_1^2}{s_1} + \dfrac{D_2^2}{s_2}\right)(s_1 + s_2) = \left(\dfrac{1^2}{s_1} + \dfrac{4^2}{2s_1}\right)(s_1 + 2s_1)$

$D = \sqrt{27} = 5.2 [m]$

따라서 전선지표상 최저 높이 $h = H - D = 20 - 5.2 = 14.8 [m]$

답 : 14.8[m]

Explanation

$D_1 = 1[m]$ 이도에서의 경간을 s_1이라 하면 $L_1 = s_1 + \dfrac{8D_1^2}{3s_1}$

$D_2 = 4[m]$ 이도에서의 경간을 s_2라 하면 $L_2 = s_2 + \dfrac{8D_2^2}{3s_2}$

사고가 발생해 중앙의 지지점에서 전선이 떨어졌을 때
실제 길이 $L = L_1 + L_2$이므로

$L = L_1 + L_2 = s_1 + \dfrac{8D_1^2}{3s_1} + s_2 + \dfrac{8D_2^2}{3s_2} = (s_1 + s_2) + \dfrac{8}{3}\left(\dfrac{D_1^2}{s_1} + \dfrac{D_2^2}{s_2}\right)$

여기서, $s = s_1 + s_2$이며

$L = s + \dfrac{8D^2}{3s} = (s_1 + s_2) + \dfrac{8D^2}{3(s_1 + s_2)}$ 에서

$$\frac{8D^2}{3(s_1+s_2)} = \frac{8}{3}\left(\frac{D_1^2}{s_1}+\frac{D_2^2}{s_2}\right)$$

따라서 중앙의 지지점에서 전선이 떨어졌을 때의 이도 $D^2=\left(\dfrac{D_1^2}{s_1}+\dfrac{D_2^2}{s_2}\right)(s_1+s_2)$

문제에서 장력이 같다고 주어졌으므로 $T=\dfrac{ws_1^2}{8D_1}=\dfrac{ws_2^2}{8D_2}$ 이며,

$\dfrac{s_2}{s_1}=\sqrt{\dfrac{D_2}{D_1}}=\sqrt{\dfrac{4}{1}}=2$ 에서 $s_2=2s_1$

이도 $D^2=\left(\dfrac{D_1^2}{s_1}+\dfrac{D_2^2}{s_2}\right)(s_1+s_2)=\left(\dfrac{1^2}{s_1}+\dfrac{4^2}{2s_1}\right)(s_1+2s_1)$

$\qquad =\dfrac{18}{2s_1}\times 3s_1=27\,[\text{m}]$

$D=\sqrt{27}=5.2\,[\text{m}]$

따라서 전선지표상 최저 높이 $h=H-D=20-5.2=14.8\,[\text{m}]$

---

14 ★★★★☆ (5점)

지선의 시설 목적을 3가지만 적으시오.

① :　　　　　　② :　　　　　　③ :

Answer

① 지지물의 강도를 보강하고자 할 경우
② 전선로의 안전성을 증대하고자 할 경우
③ 불평형 하중에 대한 평형을 이루고자 할 경우

Explanation

지선의 시설 목적
① 지지물의 강도를 보강하고자 할 경우
② 전선로의 안전성을 증대하고자 할 경우
③ 불평형 하중에 대한 평형을 이루고자 할 경우
④ 전선로가 건조물 등과 접근할 때 보안상 필요한 경우

> 복원된 문제가 KEC기준에 맞지 않아 해당 문제를 수정하였습니다.

15 변압기의 고압·특고압측 전로 또는 사용전압이 35[kV] 이하의 특고압전로가 저압측 전로와 혼촉하고 저압전로의 대지전압이 150[V]를 초과하는 경우 1초를 넘고 2초 이내에 자동으로 차단하는 장치를 설치한 경우 지락전류가 20[A]라면 변압기 중성점 접지저항 값은 얼마인가?

• 계산 :　　　　　　　　　　　　• 답 :

Answer

계산 : $R=\dfrac{300}{I_1}=\dfrac{300}{20}=15\,[\Omega]$

답 : $15\,[\Omega]$

> **Explanation**

(KEC 142.5조) 변압기 중성점 접지
① 변압기의 중성점접지 저항 값(변압기의 고압·특고압측)
  가. 일반적 : $\frac{150}{I_1}$ 이하   여기서, I_1은 전로의 1선 지락전류
  나. 변압기의 고압·특고압측 전로 또는 사용전압이 35[kV] 이하의 특고압전로가 저압측 전로와 혼촉하고 저압전로의 대지전압이 150[V]를 초과하는 경우
   • 1초 초과 2초 이내에 자동으로 차단하는 장치를 설치 : $\frac{300}{I_1}$ 이하
   • 1초 이내에 자동으로 차단하는 장치를 설치 : $\frac{600}{I_1}$ 이하
② 전로의 1선 지락전류 : 실측값 사용(단, 실측이 곤란한 경우 선로정수 등으로 계산한 값)

16 ★★☆☆☆ (5점)

그림과 같은 방전 특성을 갖는 부하에 대한 축전지 용량은 몇 [Ah]인가?
단, 방전 전류[A] $I_1 = 500$, $I_2 = 300$, $I_3 = 100$, $I_4 = 200$
  방전 시간[분] $T_1 = 120$, $T_2 = 119$, $T_3 = 60$, $T_4 = 1$
  용량환산 시간 $K_1 = 2.49$, $K_2 = 2.49$, $K_3 = 1.46$, $K_4 = 0.57$
  보수율은 0.8을 적용한다.

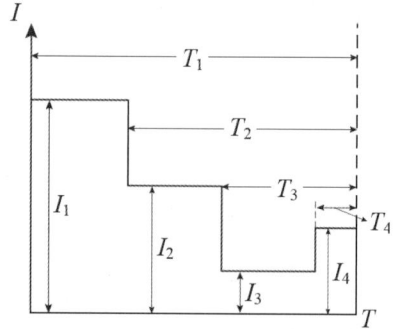

> **Answer**

계산 : $C = \frac{1}{L}[K_1 I_1 + K_2(I_2 - I_1) + K_3(I_3 - I_2) + K_4(I_4 - I_3)]$[Ah]

$= \frac{1}{0.8}[2.49 \times 500 + 2.49(300 - 500) + 1.46(100 - 300) + 0.57(200 - 100)]$

$= 640$[Ah]

답 : 640[Ah]

> **Explanation**

• 축전지 용량 계산 $C = \frac{1}{L}KI$[Ah]

  여기서, L : 보수율(경년용량 저하율), K : 용량 환산 시간, I : 방전전류[A]
• 축전지 용량 : 방전 특성 곡선의 면적

  $C = \frac{1}{L}[K_1 I_1 + K_2(I_2 - I_1) + K_3(I_3 - I_2) + K_4(I_4 - I_3)]$

17 ★★★☆☆ (10점)

어느 건물 내의 접지공사용 공량이 다음과 같다. 이때 직접노무비 소계, 간접노무비, 공구손료, 계를 계산하시오. 단, 공구손료는 3[%], 간접노무비 15[%]로 보고 계산한다. 노임단가 내선 전공은 12,410원, 보통인부 6,520원이다. 인공을 산출한 후 이를 합계하여 노임단가를 적용하여 소수점 이하는 버린다.

[접지공사용 용량]
- 접지봉(2[m]), 15개(1개소에 1개씩 설치)
- 접지도체 매설 60□, 300[m]
- 후강전선관 28φ, 250[m](콘크리트 매입)

[접지공사]

구분	단위	전공	보통인부
접지봉(지하 0.75[m]기준)			
길이 1~2[m]×1본	개소	0.20	0.10
×2본 연결		0.30	0.15
×3본 연결		0.45	0.23
동판 매설(지하 1.5[m]기준)			
0.3[m]×0.3[m]	매	0.30	0.30
1.0[m]×1.5[m]	〃	0.50	0.50
1.0[m]×2.5[m]	〃	0.80	0.80
접지 동판 가공	〃	0.16	
접지도체 부설 600[V] 비닐 전선	개소	0.05	0.025
완금 접지 2.9(11.4[kV-Y]) D/L	〃	0.05	
접지도체 매설			
14[㎟] 이하	m	0.010	
38[㎟] 이하	〃	0.012	
80[㎟] 이하	〃	0.015	
150[㎟] 이하	〃	0.020	
200[㎟] 이상	〃	0.025	
접속 및 단자 설치			
압축	개	0.15	
압축 평행	〃	0.13	
납땜 또는 용접	〃	0.19	
압축 단자	〃	0.03	
채부형	〃	0.05	

박강 및 PVC 전선관			후강전선관	
규격		내선전공	규격	내선 전공
박강	PVC			
	14[mm]	0.01		
15[mm]	16[mm]	0.05	16[mm](1/2″)	0.08

19[mm]	22[mm]	0.06	22[mm](3/4″)	0.11
25[mm]	28[mm]	0.08	28[mm](1″)	0.14
31[mm]	36[mm]	0.10	36[mm](1 1/4″)	0.20
39[mm]	42[mm]	0.13	42[mm](1 1/2″)	0.25
51[mm]	51[mm]	0.19	54[mm](2″)	0.31
63[mm]	70[mm]	0.28	70[mm](2 1/2″)	0.41
75[mm]	82[mm]	0.37	82[mm](3″)	0.51
	100[mm]	0.45	90[mm](3 1/2″)	0.60
	104[mm]	0.46	104[mm](1″)	0.71

[해설]

① 콘크리트 매입 기준임
② 철근 콘크리트 노출 및 블록 칸막이 경매는 12[%], 목조 건물은 121[%], 철강조 노출은 120[%]
③ 기설 콘크리트 노출 공사 시 앵커 볼트 매입 깊이가 10[cm] 이상인 경우는 앵커 볼트
④ 천장속 마루밑 공사 130[%]

Answer

① 직접노무비
- 내선 전공 : $(0.2 \times 15) + (0.015 \times 300) + (0.14 \times 250) = 42.5$[인]
  인건비 = $42.5 \times 12,410 = 527,425$[원]
- 보통인부 : $0.1 \times 15 = 1.5$[인]
  인건비 = $1.5 \times 6,520 = 9,780$[원]
∴ 직접노무비= 내선전공+보통인부=527,425+9,780=537,205[원]
② 간접노무비= 직접노무비×15[%]=537,205×0.15=80,580[원]
③ 공구 손료= 직접노무비×3[%]=537,205×0.03=16,116[원]
④ 계= 537,205+80,580+16,116=633,901[원]

Explanation

구분	단위	전공	보통인부
접지봉(지하 0.75[m]기준)			
길이 1~2[m]×1본	개소	0.20	0.10
2본 연결		0.30	0.15
3본 연결		0.45	0.23
접지도체 매설			
14[mm²] 이하	m	0.010	
38[mm²] 이하	″	0.012	
80[mm²] 이하	″	0.015	
150[mm²] 이하	″	0.020	
200[mm²] 이상	″	0.025	

박강 및 PVC 전선관		내선전공	후강전선관	
규격			규격	내선 전공
박강	PVC			
	14[mm]	0.01		
15[mm]	16[mm]	0.05	16[mm](1/2″)	0.08
19[mm]	22[mm]	0.06	22[mm](3/4″)	0.11
25[mm]	28[mm]	0.08	28[mm](1″)	0.14
31[mm]	36[mm]	0.10	36[mm](1 1/4″)	0.20
39[mm]	42[mm]	0.13	42[mm](1 1/2″)	0.25
51[mm]	51[mm]	0.19	54[mm](2″)	0.31
63[mm]	70[mm]	0.28	70[mm](2 1/2″)	0.41
75[mm]	82[mm]	0.37	82[mm](3″)	0.51
	100[mm]	0.45	90[mm](3 1/2″)	0.60
	104[mm]	0.46	104[mm](1″)	0.71

18 케이블을 지지하기 위하여 사용하는 금속제 케이블 트레이 종류를 3가지만 적으시오. (5점)

① :   ② :   ③ :

Answer

① 사다리형 케이블트레이
② 펀칭형 케이블트레이
③ 메시형형 케이블트레이

Explanation

(KEC 232.41조) 케이블트레이공사

케이블트레이공사는 케이블을 지지하기 위하여 사용하는 금속재 또는 불연성 재료로 제작된 유닛 또는 유닛의 집합체 및 그에 부속하는 부속재 등으로 구성된 견고한 구조물을 말하며 사다리형, 펀칭형, 메시형, 바닥밀폐형 기타 이와 유사한 구조물을 포함하여 적용한다.

19 아래는 SPD 보호장치 시설기준이다. ( ) 안에 알맞은 내용을 적으시오. (5점)

1. (①) SPD용 보호장치의 정격은 대용량으로 시설할 것
2. SPD를 RCD 부하측에 설치 시 (②) 누선차단기를 설치할 것

① :   ② :

Answer

① I등급   ② 임펄스부동작형

Explanation

1. SPD 등급 선정 기준
   (1) Ⅰ등급(Class Ⅰ)
      직접 뇌격에 대한 보호는 구조물을 보호하는 피뢰보호설비(LPS)가 있는 경우(손상원인이 S1 또는 S3) 구조물로 인입하는 선로인입구(LPZ 1의 입구, 예를 들면 주배전반)에 설치하는 SPD는 시험등급 Ⅰ을 적용하여야 한다.
   (2) Ⅱ등급(Class Ⅱ)
      보호대상 기기에 근접(LPZ 2의 입구, 예를 들어 2차 배전반, 콘센트)하여 설치하는 SPD는 시험등급 Ⅱ를 적용하여야 한다.

2. SPD 보호장치(MCCB, RCD, 퓨즈 등) 시설기준
   가. 단락고장으로 상정되는 SPD에 흐르는 단락전류를 확실하게 차단할 수 있는 보호장치를 시설할 것.
   나. Ⅰ등급 SPD용 보호장치의 정격은 대용량으로 시설할 것.
   다. SPD를 RCD 부하측에 설치시 임펄스부동작형 누전차단기를 설치할 것.
   라. SPD 연결도체는 전선에서 SPD와 SPD에서 주접지단자까지 0.5m 이하로 할 것.

20 보호 계전기의 동작 시한별 분류에 대한 설명이다. ( ) 안에 알맞은 명칭을 적으시오. (5점)

명 칭	기 능
① ( ) 계전기	동작시간이 0.2초 이내인 계전기로 0.05초 이하의 계전기를 고속도 계전기라 한다.
② ( ) 계전기	최소 동작값 이상의 구동 전기량이 주어지면, 일정 시한으로 동작하는 계전기이다.
③ ( ) 계전기	동작시한이 구동 전기량 즉, 동작 전류의 값이 커질수록 짧아지는 계전기이다.

Answer

① 순한시   ② 정한시   ③ 반한시

Explanation

보호계전기 동작시한에 의한 분류

계전기에 정해진 최소 동작전류 이상의 전류 또는 전압이 인가되었을 때부터 신호용 접점을 동작시킬 때까지의 시간을 한시(Time Limit)라 하며 다음과 같이 분류한다.
- 순한시 계전기 : 고장이 생기면 즉시 동작하는 고속도 계전기로 0.3초 이내에 동작하는 계전기
- 정한시 계전기 : 일정 전류 이상이 되면 크기에 관계없이 일정시간 후 동작하는 계전기
- 반한시 계전기 : 전류가 크면 동작 시한이 짧고 전류가 작으면 동작 시한이 길어지는 계전기
- 반한시성 정한시 계전기 : 동작전류가 적은 동안은 반한시 계전기이고 동작전류가 커지면 정한시 계전기

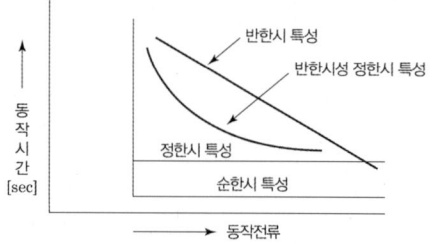

전기공사기사 실기

2024 과년도 기출문제

- 2024년 제01회
- 2024년 제02회
- 2024년 제03회

2024년 과년도 기출문제에 대한 출제 빈도 분석 차트입니다.
각 회차별로 별의 개수를 확인하고 학습에 참고하기 바랍니다.

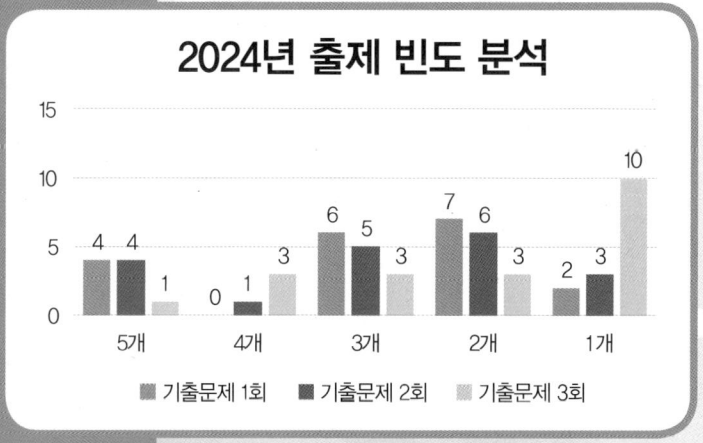

1회 2024년 전기공사기사 실기

BEST 01 ★★★★★ (5점)

다음 철탑의 명칭을 적으시오.

(1) 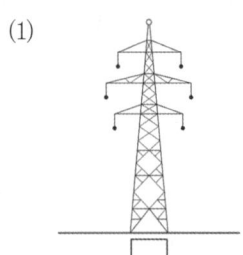　　(2) 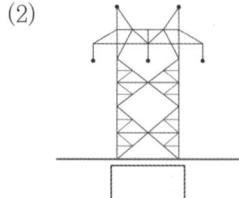　　(3)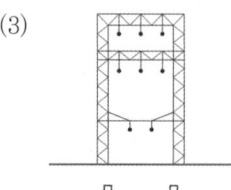

(4) 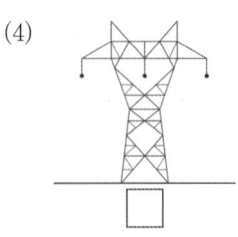　　(5)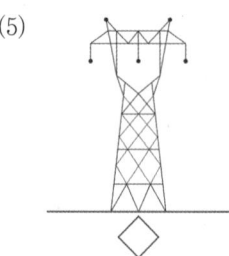

(1) :　　(2) :　　(3) :
(4) :　　(5) :

Answer

(1) 사각 철탑　　(2) 방형 철탑　　(3) 문형 철탑
(4) 우두형 철탑　　(5) 회전형 철탑

Explanation

철탑의 형태에 의한 종류
- 사각 철탑 : 4면이 동일한 모양과 강도를 가진 철탑으로 2회선용으로 사용할 수 있으며 현재 가장 많이 사용되고 있다.
- 방형 철탑 : 마주보는 2면이 각각 동일한 모양과 강도를 가진 철탑으로 1회선용으로 사용된다.
- 우두형 철탑 : 중간부 이상이 특히 넓은 형의 철탑으로 외국의 경우 초고압송전선이나 눈이 많은 지역에 사용된다.
- 문형 철탑(Gantry Tower) : 전차선로나 수로, 도로상에 송전선을 시설할 때 많이 사용된다.
- 회전형 철탑 : 철탑의 중앙부 이상과 이하가 45° 회전형의 철탑으로 철탑부재의 강도를 가장 유용하게 이용한 철탑이다.
- MC 철탑 : 스위스의 Motor Columbus사가 개발한 철탑으로 콘크리트를 채운 강관형 철탑으로 철강재가 적어 경량화가 가능하며 운반 및 조립이 쉬운 철탑이다.

BEST 02 다음 각 차단기의 우리말 명칭을 적으시오. (4점)

(1) OCB :   (2) ABB :
(3) GCB :   (4) MBB :

Answer

(1) OCB : 유입차단기   (2) ABB : 공기차단기
(3) GCB : 가스차단기   (4) MBB : 자기차단기

Explanation

차단기 종류

차단기의 종류		
명 칭	약호	소호매질
유입차단기	OCB	절연유
기중 차단기	ACB	대기(공기)
자기 차단기	MBB	자계의 전자력
공기 차단기	ABB	압축공기
진공 차단기	VCB	진공
가스 차단기	GCB	SF_6

03 345[kV] 옥외 변전소시설에 있어서 울타리의 높이와 울타리에서 충전부분까지의 거리의 합계는 몇 [m] 이상이어야 하는지 구하시오. (5점)

• 계산 :   • 답 :

Answer

계산 : $6 + 19 \times 0.12 = 8.28[m]$ 여기서, 단수 = $34.5 - 16 = 18.5 = 19$단

답 : 8.28[m]

Answer

(KEC 351.1 발전소 등의 울타리·담 등의 시설

울타리·담 등은 다음의 각 호에 따라 시설하여야 한다.

① 울타리·담 등의 높이는 2[m] 이상으로 하고 지표면과 울타리·담 등의 하단사이의 간격은 0.15[m] 이하로 할 것
② 울타리·담 등과 고압 및 특고압의 충전 부분이 접근하는 경우에는 울타리·담 등의 높이와 울타리·담 등으로부터 충전부분까지 거리의 합계는 표에서 정한 값 이상으로 할 것

사용전압의 구분	울타리·담 등의 높이와 울타리·담 등으로부터 충전부분까지의 거리의 합계
35[kV] 이하	5[m]
35[kV] 초과 160[kV] 이하	6[m]
160[kV] 초과	6[m]에 160[kV]를 초과하는 10[kV] 또는 그 단수마다 12[cm]를 더한 값

04 (4점)

폭연성 분진 또는 화약류 분말이 전기 설비가 전화원이 되어 폭발할 우려가 있는 곳의 저압옥내 전기설비에 시설 가능한 배관공사 2가지를 적으시오.

Answer

금속관 공사 또는 케이블 공사(캡타이어케이블공사 제외)

Explanation

(KEC 242.2.1조) 폭연성 분진위험장소

폭연성 분진(마그네슘·알루미늄·티탄·지르코늄 등의 먼지가 쌓여있는 상태에서 불이 붙었을 때에 폭발할 우려가 있는 것) 또는 화약류의 분말이전기설비가 발화원이 되어 폭발할 우려가 있는 곳에 시설하는 저압 옥내 전기설비(사용전압이 400[V] 초과인 방전등을 제외)는 다음에 따르고 또한 위험의 우려가 없도록 시설하여야 한다.

가. 저압 옥내배선, 저압 관등회로 배선 및 소세력 회로의 전선은 금속관공사 또는 케이블공사(캡타이어케이블을 사용하는 것을 제외)에 의할 것

05 (8점)

전동기 Y-△ 기동 운전 제어 회로도이다. 다음 물음에 답하시오.

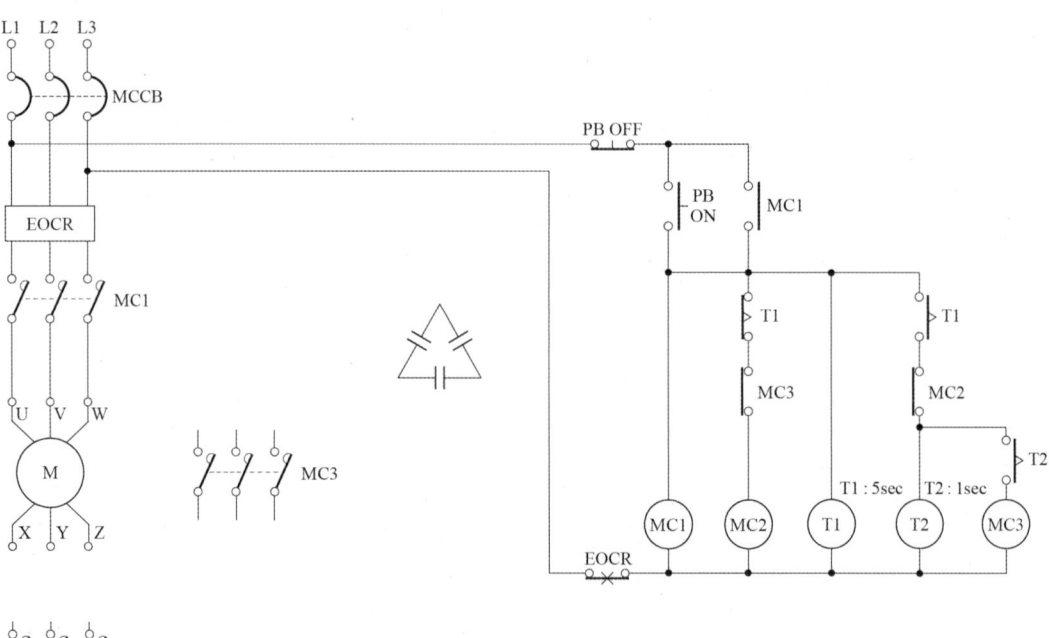

(1) Y-△ 기동 운전이 가능하고, 역률이 개선될 수 있도록 위의 회로도를 완성하시오.
(2) 회로도를 보고 아래의 타임차트를 완성하시오(단, 누름버튼스위치 PB의 신호는 PB를 누르는 동작을 의미하며 보조 접점의 시간은 무시한다).

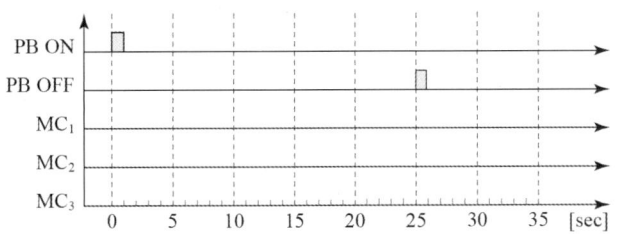

Answer

(1)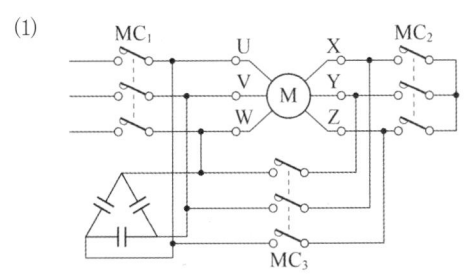

(2) 그래프

Explanation

- Y-△ 기동의 주회로 결선

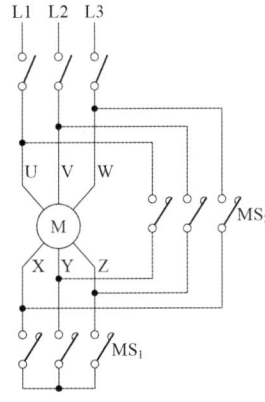

- Y-△ 기동 시의 기동전류는 전전압 기동 전류의 1/3배이며 전원 투입 후 Y결선으로 기동한 후 타이머의 설정 시간이 되면 △결선으로 운전한다. 이 때 Y결선은 정지하며 Y와 △는 동시투입이 되어서 안된다(인터록).
- 콘덴서 : 전원에 접속

---

06 ★★☆☆☆ (4점)

강심알루미늄 연선의 약호와 공칭단면적을 기입하여 표를 완성하시오(단, 60[mm²] 이하의 공칭단면적을 적으시오).

약 호	공칭단면적[mm²]

Answer

약 호	공칭단면적[㎟]		
ACSR	19	32	58

> Explanation

강심알루미늄 연선(ACSR : Aluminum Conduct Steel Reinforced)
① 큰 인장하중을 필요로 하는 가공전선 및 특고압 중선선에 사용
② 코로나 방지가 필요한 초고압 송·배전선로에 사용
③ KSC 3113 강심 알루미늄 연선(ACSR) 규격
   19, 32, 58, 80, 96, 120, 160, 200, 240, 330, 410, 520, 610[㎟]

07 ★☆☆☆☆ (8점)
3상 3선식 배전선로에 부하전류 50[A], 부하역률 80[%](지상), 선로저항 3[Ω], 선로리액턴스 4[Ω], 송전단 전압이 6,600[V]일 때 다음 물음에 답하시오.

(1) 이 선로의 전압강하[V]를 구하시오.
  • 계산 :   • 답 :
(2) 이 선로의 전압강하율[%]을 구하시오.
  • 계산 :   • 답 :
(3) 부하전력[kW]을 구하시오.
  • 계산 :   • 답 :
(4) 선로손실[kW]을 구하시오.
  • 계산 :   • 답 :

> Answer

(1) 계산 : 전압강하 $e = V_s - V_r = \sqrt{3}\,I(R\cos\theta + X\sin\theta) = \sqrt{3} \times 50(3 \times 0.8 + 4 \times 0.6) = 415.69[V]$
                                                                       답 : 415.69[V]

(2) 계산 : 수전단전압 $V_r = V_s - e = 6,600 - 415.69 = 6,184.31[V]$

       전압강하율 $\delta = \dfrac{V_s - V_r}{V_r} \times 100 = \dfrac{e}{V_r} \times 100 = \dfrac{415.69}{6,184.31} \times 100 = 6.72[\%]$ 답 : 6.72[%]

(3) 계산 : 전압강하 $e = \dfrac{P_r}{V_r}(R + X\tan\theta)$ 에서

       부하전력 $P_r = \dfrac{V_r\,e}{R + X\tan\theta} = \dfrac{6,184.31 \times 415.69}{3 + 4 \times \dfrac{0.6}{0.8}} \times 10^{-3} = 428.46[kW]$ 답 : 428.46[kW]

(4) 계산 : 전력손실(선로손실) $P_l = 3I^2 R = 3 \times 50^2 \times 3 \times 10^{-3} = 22.5[kW]$ 답 : 22.5[kW]

> Explanation

전압강하 $e = V_s - V_r = \sqrt{3}\,I(R\cos\theta + X\sin\theta) = \dfrac{P_r}{V_r}(R + X\tan\theta)$

전압강하율 $\delta = \dfrac{V_s - V_r}{V_r} \times 100 = \dfrac{e}{V_r} \times 100[\%]$

전력손실(선로손실) $P_l = 3I^2 R$

BEST 08 ★★★★★ (8점)
단상 변압기 병렬운전조건을 4가지만 적으시오.

Answer
① 극성이 일치 할 것
② 1,2차 정격 전압 및 권수비가 같은 것
③ %강하(임피던스 전압)가 같을 것
④ 내부 저항과 누설 리액턴스의 비가 같을 것

Explanation

병렬운전 조건	조건이 맞지 않는 경우
① 1, 2차 정격 전압 및 권수비가 같을 것	순환전류가 흘러 권선이 가열
② 극성이 일치 할 것	큰 순환 전류가 흘러 권선이 소손
③ %임피던스 강하(임피던스 전압)가 같을 것	부하의 분담이 용량의 비가 되지 않아 부하의 부담이 균형을 이룰 수 없다.
④ 내부 저항과 누설 리액턴스의 비가 같을 것	각 변압기의 전류 간에 위상차가 생겨 동손이 증가

09 ★★★☆☆ (5점)
다음은 ACSR 58[mm²] 전선으로 전력을 공급하는 긍장 1[km]인 3상 2회선의 배전 선로가 포설되어 있다. 전선의 노후로 인하여 위 전선을 철거하고 동일규격의 ACSR-OC로 교체하는 경우의 인공을 각각 구하시오.

배전선 가선(단위 : 100[m])

규격	배전전공	보통인부
나경동선 14[mm²] 이하	0.10	0.05
22[mm²] 이하	0.16	0.08
38[mm²] 이하	0.26	0.13
60[mm²] 이하	0.38	0.19
100[mm²] 이하	0.54	0.27
150[mm²] 이하	0.66	0.33
200[mm²] 이하	0.72	0.36
200[mm²] 초과	0.76	0.38
ACSR, ASC 32[mm²] 이하	0.30	0.15
58[mm²] 이하	0.44	0.22
95[mm²] 이하	0.64	0.32
160[mm²] 이하	0.78	0.39
240[mm²] 이하	0.90	0.45

[해설]
① 이 품은 1선당 수작업으로 전선 펴기, 당기기, 처짐 정도 조정 포함
② 애자에 묶는 품 포함
③ 피복선 120[%]
④ 기존 선로 상부 가설 120[%]

⑤ 장력 조정만 할 때 20[%], 주상이설 70[%]
⑥ 가공피뢰선(가공지선) 80[%]
⑦ 재사용 전선 설치 110[%]
⑧ [m]당으로 환산시는 본품을 100으로 나누어 산출
⑨ 철거 50[%], 재사용 철거 80[%]

(1) 기존 선로 철거
 1) 배전전공 인공
  • 계산 :   • 답 :
 2) 보통인부 인공
  • 계산 :   • 답 :
(2) ACSR-OC 신설
 1) 배전전공인공
  • 계산 :   • 답 :
 2) 보통인부 인공
  • 계산 :   • 답 :
(3) 인공계
  • 계산 :   • 답 :

Answer

(1) 계산 :
 1) 배전전공 인공 = $0.44 \times \dfrac{1,000}{100} \times 3 \times 2 \times 0.5 = 13.2$[인]   답 : 13.2[인]

 2) 보통인부 인공 = $0.22 \times \dfrac{1,000}{100} \times 3 \times 2 \times 0.5 = 6.6$[인]   답 : 6.6[인]

(2) 계산 :
 1) 배전전공 인공 = $0.44 \times \dfrac{1,000}{100} \times 3 \times 2 \times 1.2 = 31.68$[인]   답 : 31.68[인]

 2) 보통인부 인공 = $0.22 \times \dfrac{1,000}{100} \times 3 \times 2 \times 1.2 = 15.84$[인]   답 : 15.84[인]

(3) 계산 :
 배전전공 인공 = $13.2 + 31.68 = 44.88$[인]   답 : 44.88[인]
 보통인부 인공 = $6.6 + 15.84 = 22.44$[인]   답 : 22.44[인]

Explanation

• 교체 : 철거+신설
• ACSR 58[㎟] 철거

 배전전공 인부 = $0.44 \times \dfrac{1,000}{100} \times 3 \times 2 \times 0.5 = 13.2$[인]

 보통인부 인공 = $0.22 \times \dfrac{1,000}{100} \times 3 \times 2 \times 0.5 = 6.6$[인]

배전선 가선(단위 : 100[m])

규격	배전전공	보통인부
ACSR, ASC 32[mm²] 이하	0.30	0.15
58[mm²] 이하	0.44	0.22
95[mm²] 이하	0.64	0.32
160[mm²] 이하	0.78	0.39
240[mm²] 이하	0.9	0.45

① 이 품은 1선당 수작업으로 연선, 간선, 이도 조정품 포함이므로 3선을 적용
⑥ 철거 50[%]
- ACSR-OC 58[mm²] 신설
① 이 품은 1선당 수작업으로 3상 2회선이므로 3×2를 적용
③ 피복선 120[%] : ACSR-OC는 절연전선

10 ★★★☆☆ (5점)
순공사원가라 함은 공사시공 과정에서 발생한 무엇의 합계를 말하는지 3가지를 적으시오.

순공사원가 = (　　) + (　　) + (　　)

Answer

노무비, 경비, 재료비

Explanation

- 순공사원가 : 재료비, 노무비, 경비
- 총공사원가 : 재료비, 노무비, 경비, 일반관리비, 이윤

11 (6점)

전기공사표준작업절차서 중 가공배전선로에서 전선 접속 작업 흐름도이다. 흐름도가 옳도록 (1), (2), (3)에 들어갈 알맞은 용어를 답란에 적으시오.

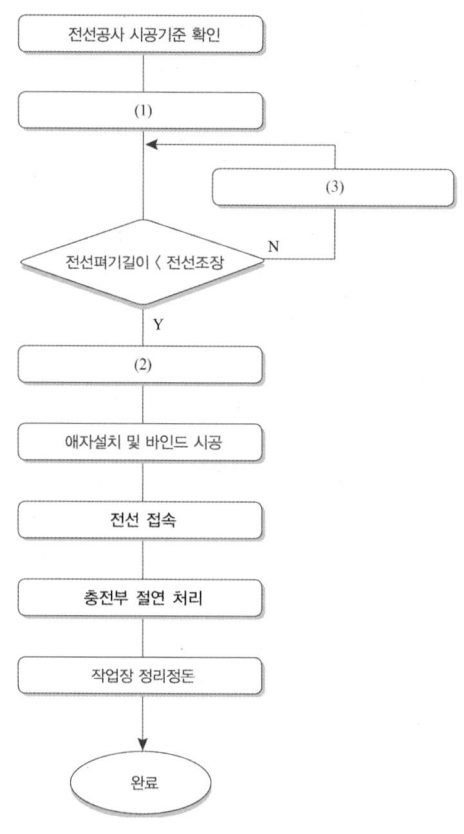

Answer

(1) 연선(전선 펴기)
(2) 전선처짐 조정 및 고정
(3) 직선 접속

12 (6점)

3상 유도전동기의 슬립측정 방법을 3가지만 적으시오.

Answer

직류밀리볼트계법, 수화기법, 스트로보스코프법

13 한국전기설비규정에서 보호도체의 최소 단면적의 굵기 적용 시 ( )에 들어갈 내용을 적으시오 (단, 보호도체의 재질이 선도체와 같은 경우이다). (5점)

선도체의 단면적 S(㎟, 구리)	보호도체의 최소 단면적(㎟, 구리)
16 [㎟] 이하	① ( )
16 [㎟] 초과 35 [㎟] 이하	② ( )
35 [㎟] 초과	③ ( )

Answer

(1) S (2) 16   (3) $S/2$

Explanation

(KEC 142.3.2조) 보호도체 및 접지도체의 굵기 산정 식
(1) 보호도체의 최소 단면적

선도체의 단면적 S (㎟, 구리)	보호도체의 최소 단면적(㎟, 구리)	
	보호도체의 재질이 선도체와 같은 경우	보호도체의 재질이 선도체와 다른 경우
16 [㎟] 이하	S	$(k_1/k_2) \times S$
16 [㎟] 초과 35 [㎟] 이하	16	$(k_1/k_2) \times 16$
35 [㎟] 초과	$S/2$	$(k_1/k_2) \times (S/2)$

14 아래 그림에서 A점의 접지저항값[Ω]을 구하시오(단, 콜라우시 브리지법으로 측정한 결과가 AB간 저항값은 10[Ω], BC간 저항값은 8[Ω], CA간 저항값은 6[Ω]이었다). (5점)

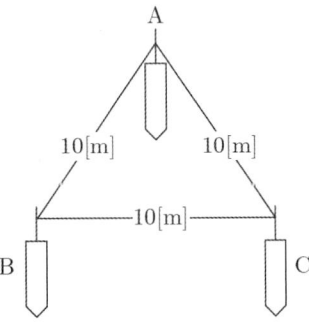

• 계산 :   • 답 :

Answer

G_a 계산 : $G_a + G_b = G_{ab} = 10[\Omega]$ ········ ①
$G_b + G_c = G_{bc} = 8[\Omega]$ ········ ②
$G_c + G_a = G_{ca} = 6[\Omega]$ ········ ③
$G_a = \frac{1}{2}(G_{ab} + G_{ca} - G_{bc}) = \frac{1}{2}(10+6-8) = 4[\Omega]$

답 : 4[Ω]

> **Explanation**

- $G_a = \dfrac{1}{2}(G_{ab} + G_{ca} - G_{bc}) = \dfrac{1}{2}(10 + 6 - 8) = 4[\Omega]$
- $G_b = \dfrac{1}{2}(G_{ab} + G_{bc} - G_{ca}) = \dfrac{1}{2}(10 + 8 - 6) = 6[\Omega]$
- $G_{ac} = \dfrac{1}{2}(G_{bc} + G_{ca} - G_{ab}) = \dfrac{1}{2}(8 + 6 - 10) = 2[\Omega]$

15 ★★★☆☆ (3점)

전기공사에서 건물(지상층) 층수별 물량산출시 건물 층수에 따라 할증률이 적용된다. 이때의 할증률[%]은 각각 얼마인지 적으시오.

① 10층 이하　　② 20층 이하　　③ 30층 이하

> **Answer**

① 3[%]　　② 5[%]　　③ 7[%]

> **Explanation**

건물의 층수별 할증
- 지상층 : 2층~ 5층 이하　　　1[%]
　　　　　10층 이하　　　　　3[%]
　　　　　15층 이하　　　　　4[%]
　　　　　20층 이하　　　　　5[%]
　　　　　25층 이하　　　　　6[%]
　　　　　30층 이하　　　　　7[%]
　　　　　30층 초과에 대하여는 매 5층 이내 증가마다 1.0[%] 가산
- 지하층 : 지하 1층　　　　　1[%]
　　　　　지하 2 ~ 5층　　　2[%]
　　　　　지하 6층 이하는 매 1개 층 증가마다 0.2[%] 가산

16 ★★☆☆☆ (5점)

단상 2선식 분전반에서 30[m]의 거리에 4[kW], 200[V] 전열기를 설치하여 전압강하를 2[%] 이하로 하기 위해서 전선의 굵기를 계산하고 전선규격에 맞는 단면적[mm²]을 표에서 선정하시오.

전선 규격[mm²]						
2.5	4	6	10	16	25	35

• 계산 :　　　　　　　　　　• 답 :

> **Answer**

계산 : $I = \dfrac{P}{V} = \dfrac{4 \times 10^3}{200} = 20[A]$

$e = 200 \times 0.02 = 4[V]$

$A = \dfrac{35.6 LI}{1,000 \cdot e} = \dfrac{35.6 \times 30 \times 20}{1,000 \times 4} = 5.34[mm^2]$

답 : 6[mm²]

Explanation

전압 강하 및 전선의 단면적 계산

전기 방식	전압 강하	전선 단면적	대상 전압강하
단상 3선식 직류 3선식 3상 4선식	IR	$e = \dfrac{17.8LI}{1,000A}$	$A = \dfrac{17.8LI}{1,000e}$	대지와 선간
단상 2선식 직류 2선식	$2IR$	$e = \dfrac{35.6LI}{1,000A}$	$A = \dfrac{35.6LI}{1,000e}$	선간
3상 3선식	$\sqrt{3}\,IR$	$e = \dfrac{30.8LI}{1,000A}$	$A = \dfrac{30.8LI}{1,000e}$	선간

여기서, e : 전압강하 [V], A : 사용전선의 단면적 [mm²]
L : 선로의 길이 [m], C : 전선의 도전율(97[%])

---

17 ★★★★★ (5점)

바닥면적 1,000[m²]의 회의실에 광속 5,000[lm]의 40[W] LED 형광등을 시설하여 평균 조도를 300[lx]로 하고자 할 때 필요한 40[W] LED 등기구 수량[개]을 계산하시오. 단, 조명률 50[%], 감광보상률 1.25로 한다.

• 계산 :   • 답 :

Answer

계산 : $N = \dfrac{ESD}{FU} = \dfrac{300 \times 1,000 \times 1.25}{5,000 \times 0.5} = 150$ [개]

답 : 150[개]

Explanation

조명계산

$FUN = ESD$

여기서, F[lm] : 광속, U : 조명률, N : 등수
E[lx] : 조도, S[m²] : 면적, $D = \dfrac{1}{M}$: 감광보상율 $= \dfrac{1}{보수율}$

등수 $N = \dfrac{ESD}{FU}$ 이며 등수계산은 소수점은 무조건 절상한다.

---

18 ★★★☆☆ (6점)

다음은 KSC 0301 옥내 배선의 그림 기호를 보고 각각의 명칭을 빈칸에 적으시오.

⊠	①	◺	②
⋈	③	S	④
B	⑤	E	⑥

> Answer

① 배전반 ② 분전반 ③ 제어반
④ 개폐기 ⑤ 배선차단기 ⑥ 누전차단기

19 ★★☆☆☆ (3점)
가공배전선로의 장력이 걸리지 않는 장소에서 분기고리와 기기 리드선을 결선할 때 사용하는 기기의 명칭을 적으시오.

> Answer

활선 클램프

Explanation

활선 클램프(Live-Wire Clamps) : 한전표준규격 : ES-5999-0006
가공 배전선로의 장력이 걸리지 않는 장소에서 분기고리와 기기 리드선을 결선하는 데 사용한다.

2회 2024년 전기공사기사 실기

01 ★★☆☆☆ (5점)

축전지에 대한 설명 중 다음 각 물음에 답하시오.

(1) 축전지를 방전 상태에서 오랫동안 방치하면 극판의 황산납이 회백색으로 변하고, 내부 저항이 증가하여 충전 시 온도가 상승하고 전지의 수명이 단축되는 현상을 무엇이라 하는가?
(2) 부동충전방식에 대해 간단하게 설명하시오.

Answer

(1) 설페이션 현상
(2) 축전지의 자기 방전을 보충하는 동시에 상용 부하에 대한 전력공급은 충전기가 부담하고 충전기가 부담하기 어려운 일시적인 대전류 부하는 축전지가 부담하도록 하는 방식

Explanation

- 설페이션(Sulfation) 현상 : 납축전지를 방전 상태에서 오랫동안 방치하여 두면 극판의 황산납이 회백색으로 변하고(황산화 현상) 내부 저항이 대단히 증가하여 충전 시 전해액의 온도 상승이 크고 황산의 비중 상승이 낮으며 가스(수소) 발생이 심하게 되며 전지의 용량이 감퇴하고 수명이 단축되는 현상
- 부동충전 : 축전지의 자기 방전을 보충하는 동시에 상용 부하에 대한 전력공급은 충전기가 부담하고 충전기가 부담하기 어려운 일시적인 대전류 부하는 축전지가 부담하도록 하는 방식

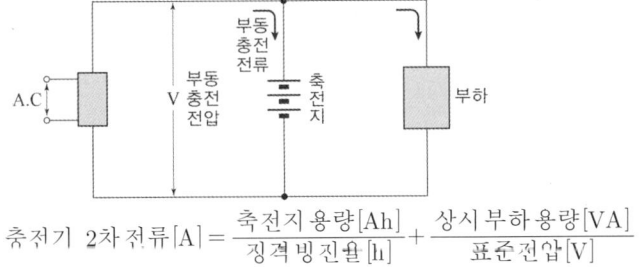

$$\text{충전기 2차 전류}[A] = \frac{\text{축전지 용량}[Ah]}{\text{정격 방전율}[h]} + \frac{\text{상시 부하용량}[VA]}{\text{표준전압}[V]}$$

02 ★★☆☆☆ (4점)

한국전기설비규정에 따른 계통연계용 보호장치의 시설에 관한 내용이다. ( )에 알맞은 내용을 적으시오.

> 계통 연계하는 분산형전원설비를 설치하는 경우 다음에 해당하는 이상 또는 고장 발생 시 자동적으로 분산형전원설비를 전력계통으로부터 분리하기 위한 장치 시설 및 해당 계통과의 보호협조를 실시하여야 한다.
> 가. 분산형전원설비의 이상 또는 고장
> 나. (①)의 이상 또는 고장
> 다. (②)

Answer

① 연계한 전력계통 ② 단독운전 상태

Explanation

(KEC 503.2.4조) 계통 연계용 보호장치의 시설

계통 연계하는 분산형전원설비를 설치하는 경우 다음에 해당하는 이상 또는 고장 발생 시 자동적으로 분산형전원설비를 전력계통으로부터 분리하기 위한 장치 시설 및 해당 계통과의 보호협조를 실시하여야 한다.
가. 분산형전원설비의 이상 또는 고장
나. 연계한 전력계통의 이상 또는 고장
다. 단독운전 상태

03 ★★★☆☆ (6점)

다음은 계기용 변성기(MOF)의 단선도이다. 미완성된 복선도를 접지를 포함하여 완성하시오(단, 결선은 3상 3선식이고, 선의 접속과 미접속에 대한 예시를 참고하여 그리시오).

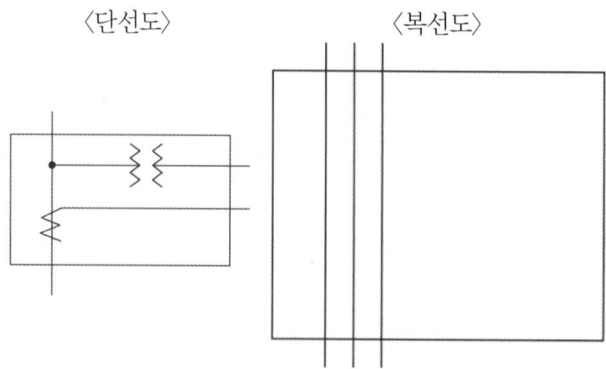

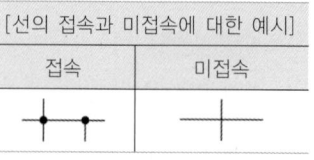

Answer

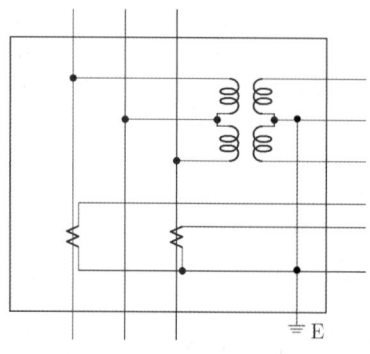

Explanation

- 전력수급용 계기용 변성기(MOF : Metering Out Fit)
  전력량계를 위한 PT와 CT를 한 탱크 안에 넣은 것
- 결선 : 3상 3선식(V결선, PT와 CT 각 2대)
  3상 4선식(Y결선, PT와 CT 각 3대)

04 ★★★★☆ (8점)
장주에 애자를 설치한 형태의 그림이다. 그림을 참조하여 ①~④의 명칭을 빈칸에 적으시오.

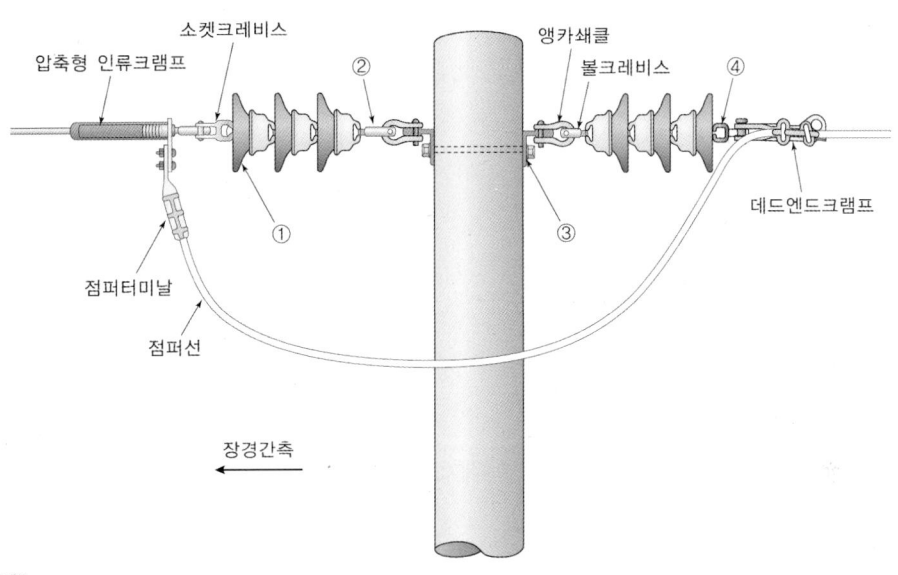

Answer

① 현수애자   ② 볼아이   ③ ㄱ형 완금   ④ 소켓 아이

05 ★☆☆☆☆ (5점)
사용전압 415[V]의 3상3선식 전로로 최대공급전류 500[A]의 1선과 대지간에 필요한 절연저항값의 최소값[Ω]을 구하시오.

• 계산 :   • 답 :

Answer

계산 : 누설전류 = 최대공급전류 × $\dfrac{1}{2,000}$ = 500 × $\dfrac{1}{2,000}$ = 0.25[A]

절연저항 $R = \dfrac{전압}{누설전류} = \dfrac{415}{0.25} = 1,660[Ω]$

답 : 1,660[Ω]

Explanation

(전기설비기술기준 제27조) 전선로의 전선 및 절연성능
저압전선로 중 절연 부분의 전선과 대지 사이 및 전선의 심선 상호 간의 절연저항은 사용전압에 대한 누설전류가 최대 공급전류의 1/2,000을 넘지 않도록 하여야한다.

06. (5점)

전기설비에 있어서 감전예방체계 중 직접접촉에 대한 감전예방을 보기에서 골라 5가지만 기호로 적으시오.

〈 보기 〉
ㄱ. 전원의 자동차단에 의한 보호
ㄴ. 장애물에 의한 보호
ㄷ. Ⅱ급 기기 사용에 의한 보호
ㄹ. 비접지 국부적 접속에 의한 보호
ㅁ. 충전부의 절연에 의한 보호
ㅂ. 손의 접근 한계 외측 시설에 의한 보호
ㅅ. 격벽 또는 외함에 의한 보호
ㅇ. 누전차단기에 의한 보호
ㅈ. 비도전성 장소에 의한 보호
ㅊ. 전기적 분리에 의한 보호

Answer

① ㄴ　　② ㅁ　　③ ㅂ　　④ ㅅ　　⑤ ㅇ

Explanation

(KEC 311.2조) 직접 접촉예방
전기설비가 정상으로 운영하고 있는 상태에서 전기설비에 사람 또는 동물이 접촉되는 경우를 대비하여 감전예방을 위한 보호
① 충전부의 절연에 의한 보호
② 격벽 또는 외함에 의한 보호
③ 장애물에 의한 보호
④ 손의 접근한계 외측 설치에 따른 보호
⑤ 누전차단기에 의한 보호

BEST 07. (5점)

총 공사비가 29억원이고, 공사기간이 11개월인 전기공사의 간접노무비율[%]을 아래 표를 참고하여 구하시오.

구분		간접노무비율
공사종류별	건축공사	14.5
	토목공사	15
	기타(전기, 통신등)	15
공사규모별 (* 품셈에 의하여 산출되는 공사원가 기준)	50억 원 미만	14
	50~300억 원 미만	15
	300억 원 이상	16
공사기간별	6개월 미만	13
	6~12개월 미만	15
	12개월 이상	17

Answer

계산 : 간접노무비율 $= \dfrac{15+14+15}{3} = 14.67[\%]$

답 : 14.67[%]

Explanation

간접노무비율 $= \dfrac{\text{공사 종류별}[\%]+\text{공사 규모별}[\%]+\text{공사 기간별}[\%]}{3}$

08 ★★☆☆☆ (5점)

다음 그림과 같이 전압이 380[V], 3상 3선식으로 공급되는 옥내배선에서 150[m] 떨어진 곳에서부터 5[m] 간격으로 용량 5[kVA]의 기기부하를 3대 설치하려 한다. 부하단말까지 전압강하를 5[%] 이하로 유지하기 위한 전선의 최소 굵기[mm²]를 다음 표에서 산정하시오(단, 전선은 부하 말단까지 동일한 굵기로 하고 금속전선관 공사로 시공).

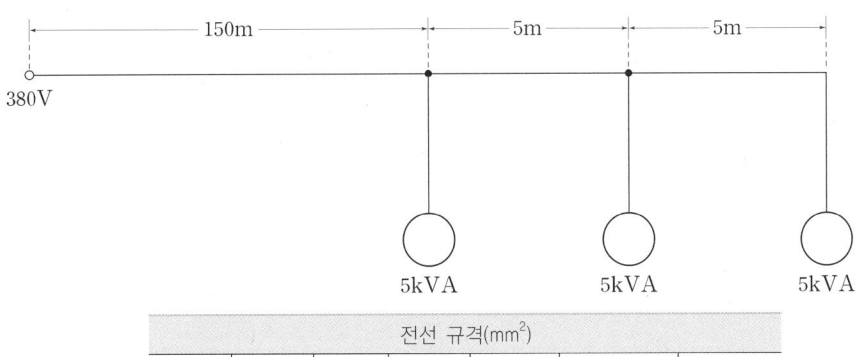

전선 규격(mm²)						
1.5	2.5	4	6	10	16	25

Answer

계산 : 부하 중심점까지의 거리

$$L = \frac{L_1 I_1 + L_2 I_2 + L_3 I_3}{I_1 + I_2 + I_3} = \frac{7.6 \times 150 + 7.6 \times 155 + 7.6 \times 160}{7.6 + 7.6 + 7.6} = 155[\text{m}]$$

단면적 $A = \dfrac{30.8LI}{1,000e} = \dfrac{30.8 \times 155 \times (7.6 \times 3)}{1,000 \times (380 \times 0.05)} = 5.73[\text{mm}^2]$

답 : 6[mm²]

Explanation

- 부하전류 $I = \dfrac{P}{\sqrt{3}\,V} = \dfrac{5 \times 10^3}{\sqrt{3} \times 380} = 7.6[\text{A}]$

- 직선부하의 부하 중심점까지의 거리

$$L = \frac{L_1 I_1 + L_2 I_2 + L_3 I_3 + \cdots}{I_1 + I_2 + I_3 + \cdots}$$

- 전압 강하 및 전선의 단면적 계산

전기 방식	전압 강하		전선 단면적	대상 전압강하
단상 3선식 직류 3선식 3상 4선식	IR	$e = \dfrac{17.8LI}{1,000A}$	$A = \dfrac{17.8LI}{1,000e}$	대지와 선간
단상 2선식 직류 2선식	$2IR$	$e = \dfrac{35.6LI}{1,000A}$	$A = \dfrac{35.6LI}{1,000e}$	선간
3상 3선식	$\sqrt{3}\,IR$	$e = \dfrac{30.8LI}{1,000A}$	$A = \dfrac{30.8LI}{1,000e}$	선간

여기서, e : 전압강하[V], A : 사용전선의 단면적[mm²]
L : 선로의 길이[m], C : 전선의 도전율(97[%])

09 3상 변압기의 병렬운전이 불가능한 결선조합 2가지만 적으시오. (5점)

Answer

- △—△와 △—Y
- △—Y와 Y—Y
- △—△와 Y—△
- Y—Y와 Y—△

Explanation

변압기 병렬운전 조건
- 극성 및 권수비가 같을 것
- 1, 2차 정격전압이 같을 것(용량, 출력무관)
- %임피던스 강하가 같을 것
- 변압기 내부저항과 리액턴스의 비가 같을 것
- 상회전 방향과 각 변위가 같을 것(3상 변압기)

병렬운전 가능한 결선과 불가능한 결선

병렬운전 가능	병렬운전 불가능
△-△와 △-△	△-△와 △-Y
Y-△와 Y-△	△-Y와 Y-Y
Y-Y와 Y-Y	△-△와 Y-△
△-Y와 △-Y	Y-Y와 Y-△
△-△와 Y-Y	
△-Y와 Y-△	

BEST 10 건축물의 종류에 알맞은 표준부하 값을 ( ) 안에 적으시오. (6점)

건축물의 종류	표준 부하[VA/㎡]
공장, 공회당, 사원, 교회, 극장, 영화관, 연회장 등	( )
기숙사, 여관, 호텔, 병원, 학교, 음식점, 다방, 대중 목욕탕	( )
사무실, 은행, 상점, 이발소, 미장원	( )

Answer

건축물의 종류	표준 부하[VA/㎡]
공장, 공회당, 사원, 교회, 극장, 영화관, 연회장 등	10
기숙사, 여관, 호텔, 병원, 학교, 음식점, 다방, 대중 목욕탕	20
사무실, 은행, 상점, 이발소, 미장원	30

> **Explanation**

(내선규정 제 3,315-1~5조) 부하상정 및 분기회로
1. 표준 부하
　1) 건축물의 종류에 따른 표준 부하

건축물의 종류	표준 부하[VA/㎡]
공장, 공회당, 사원, 교회, 극장, 영화관, 연회장 등	10
기숙사, 여관, 호텔, 병원, 학교, 음식점, 다방, 대중 목욕탕	20
사무실, 은행, 상점, 이발소, 미장원	30
주택, 아파트	40

11 (5점)

수전전압 22.9[kV], 설비용량 2,000[kVA]인 수용가의 수전단에 설치한 CT의 변류비는 75/5[A]이다. 이 때 CT에서 검출된 2차 전류가 과부하계전기로 흐르도록 하였다. 140[%]의 부하에서 차단기를 동작시키고자 할 때, 과부하계전기의 전류 탭[A]을 표에서 선정하시오.

전류 탭[A]	4	5	6	7	8	10

• 계산 :　　　　　　　　　　• 답 :

> **Answer**

계산 : 부하전류 $I = \dfrac{P}{\sqrt{3}\,V} = \dfrac{2{,}000 \times 10^3}{\sqrt{3} \times 22{,}900} = 50.42[A]$

과부하 계전기 탭 $= 50.42 \times \dfrac{5}{75} \times 1.4 = 4.71$

답 : 5[A]

> **Explanation**

• 과전류계전기 Tap 전류 = 1차 전류 $\times \dfrac{1}{CT비} \times$ 정정배수
• 과전류 계전기의 정정 Tap 전류: 4, 5, 6, 7, 8, 10, 11, 12[A]

12 (6점)

다음 그림이 나타내는 지선의 명칭을 빈칸에 적으시오.

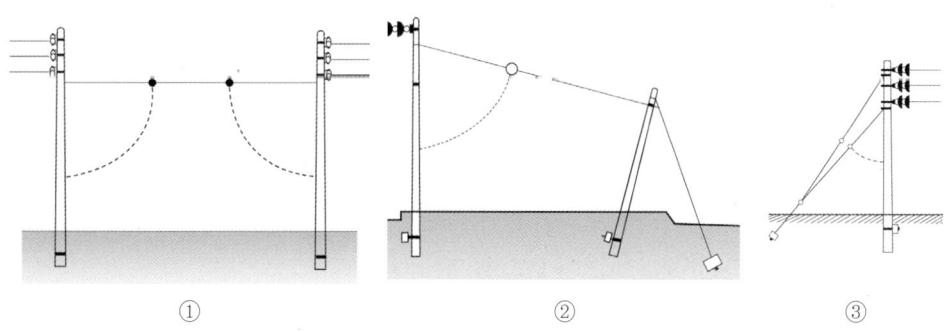

①　　　　　　　　　　　②　　　　　　　　　　　③

Answer

① 공동지선　　　② 수평지선　　　③ Y지선

Explanation

지선의 종류

(1) 수평 지선 : 토지의 상황이나 기타 사유로 인하여 보통 지선을 설할 수 없는 경우

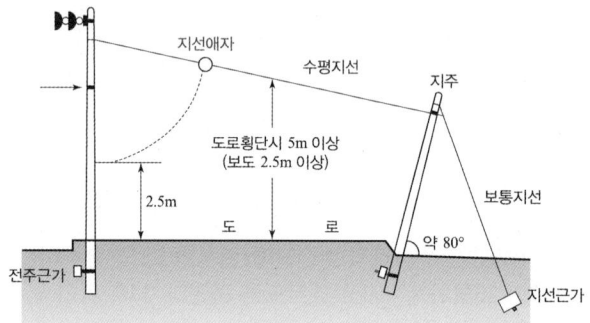

(2) 공동 지선 : 지지물 상호간의 거리가 비교적 접근하여 있을 경우에 시설

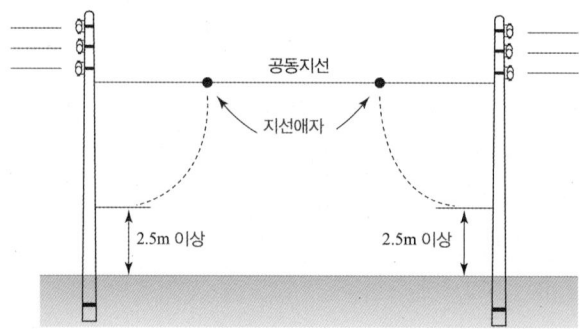

(3) Y 지선 : 다단의 완금이 설치되거나 또한 장력이 큰 경우에 시설

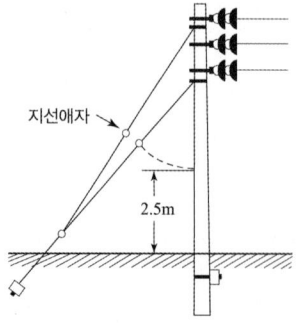

13 변압기의 온도상승을 억제하기 위해서 권선 및 철심을 냉각한다. 변압기의 냉각방식을 5가지만 적으시오. (5점)

Answer

① 유입자냉식 ② 유입풍냉식 ③ 유입수냉식
④ 송유풍냉식 ⑤ 송유수냉식

Explanation

변압기의 냉각방식
① ONAN(OA) : Oil Natural Air Natural (유입자냉식) 수상 변압기
② ONAF(FA) : Oil Natural Air Forced (유입풍냉식)
③ ONWF(OW) : Oil Natural Water Forced (유입수냉식)
④ OFAF(OFAF) : Oil Forced Air Forced (송유풍냉식)
⑤ OFWF(FOW) : Oil Forced Water Forced (송유수냉식)

14 변류기에 대한 내용이다. 내용이 맞으면 ○, 틀리면 ×를 빈칸에 표기하시오. (5점)

(1) 저압 변류기 2차 배선의 도중에는 접속점을 만들어서는 안 된다. (   )
(2) 저압 변류기의 2차 배선은 공사상 지장이 없는 한 최단 거리로 배선하여야 한다. (   )
(3) 저압 변류기 2차 배선은 케이블에 직접 장력이 걸릴 우려가 있는 경우에는 적당한 방법으로 케이블을 고정하여야 한다. (   )
(4) 계기용 저압 변류기에는 전력거래에 관련되는 계기 및 부속기구 이외의 것을 접속하여서는 안 된다. (   )
(5) 변류기 2차 회로는 개방되지 않도록 특별히 유의하여야 한다. (   )

Answer

(1) ○ (2) ○ (3) ○ (4) ○ (5) ○

Explanation

한국전력공사 전기계기 업무 기준 – 변류기
- 저압 변류기 2차 배선의 도중에는 접속점을 만들어서는 안 된다.
- 저압 변류기의 2차 배선은 공사상 지장이 없는 한 최단 거리로 배선하여야 한다.
- 저압 변류기 2차 배선은 케이블에 직접 장력이 걸릴 우려가 있는 경우에는 적당한 방법으로 케이블을 고정하여야 한다.
- 계기용 저압 변류기에는 전력거래에 관련되는 계기 및 부속기구 이외의 것을 접속하여서는 안 된다.
- 변류기 2차 회로는 개방되지 않도록 특별히 유의하여야 한다. 변류기 2차 회로가 개방되면 1차 전류가 모두 여자전류로 되어 철심이 포화되고 2차 측의 고전압이 유기되어 폭발의 위험이 있다.
- 철제로 된 변성기 부설 계기함은 접지를 하여야 한다.

15. ★★★☆ (5점)

한국전기설비규정에 따른 고압 및 특고압의 전로 중 피뢰기를 시설해야 하는 곳을 4가지만 적으시오.

Answer

① 발전소·변전소 또는 이에 준하는 장소의 가공전선 인입구 및 인출구
② 특고압 가공전선로에 접속하는 배전용 변압기의 고압측 및 특고압측
③ 고압 및 특고압 가공전선로로부터 공급을 받는 수용장소의 인입구
④ 가공전선로와 지중전선로가 접속되는 곳

Explanation

(KEC 341.13) 피뢰기의 시설

고압 및 특고압의 전로 중 다음 각 호에 열거하는 곳 또는 이에 근접한 곳에는 피뢰기를 시설하여야 한다.
① 발전소·변전소 또는 이에 준하는 장소의 가공전선 인입구 및 인출구
② 특고압 가공전선로에 접속하는 배전용 변압기의 고압측 및 특고압측
③ 고압 및 특고압 가공전선로로부터 공급을 받는 수용장소의 인입구
④ 가공전선로와 지중전선로가 접속되는 곳

BEST 16. ★★★★★ (5점)

전기공사의 물량 산출 시 일반적으로 다음과 같은 재료는 몇 [%]의 할증률을 계상하는지 그 할증률을 빈칸에 적으시오.

종류	할증률[%]
옥외전선	①
옥내전선	②
케이블(옥외)	③
케이블(옥내)	④
전선관(옥내)	⑤

Answer

① 5　② 10　③ 3　④ 5　⑤ 10

Explanation

전기재료 할증

종류	할증률[%]
옥외전선	5
옥내전선	10
Cable(옥외)	3
Cable(옥내)	5
전선관(옥외)	5
전선관(옥내)	10
Trolley선	1
동대, 동봉	3

17 1[m]의 하중 0.35[kg]인 전선을 지지점에 수평인 경간 60[m]에서 가설하여 이도(처짐정도)를 0.7[m]로 하려면 장력[kg]은 얼마인지 계산하시오. (5점)

• 계산 : • 답 :

Answer

계산 : $D = \dfrac{WS^2}{8T}$ 에서

$T = \dfrac{WS^2}{8D} = \dfrac{0.35 \times 60^2}{8 \times 0.7} = 225 [\text{kg}]$

답 : 225[kg]

Explanation

• 이도 : $D = \dfrac{WS^2}{8T}$

---

18 한국전기설비규정의 전선을 접속하는 경우에 대한 내용 중 두 개 이상의 전선을 병렬로 사용하는 경우의 시설방법이다. ( )에 알맞은 내용을 적으시오. (5점)

(1) 병렬로 사용하는 각 전선의 굵기는 동선 (①)[mm²] 이상 또는 알루미늄 70[mm²] 이상으로 하고, 전선은 같은 도체, 같은 재료, 같은 재료 및 같은 굵기의 것을 사용할 것
(2) 같은 극의 각 전선은 동일한 (②)에 완전히 접속할 것
(3) 같은 극인 각 전선의 (②)는 동일한 도체에 (③)개 이상의 리벳 또는 (③)개 이상의 나사로 접속할 것
(4) 병렬로 사용하는 전선에는 각각에 (④)를 설치하지 말 것
(5) 교류회로에서 병렬로 사용하는 전선은 금속관 안에 (⑤)이 생기지 않도록 시설할 것

Answer

① 50   ② 터미널러그   ③ 2
④ 퓨즈   ⑤ 전자적 불평형

Explanation

(KEC 123조) 전선의 접속 중 전선의 병렬 사용
① 전선의 굵기는 동 50[mm²] 이상 또는 알루미늄 70[mm²] 이상으로 하고, 전선은 같은 도체, 같은 재료, 같은 길이 및 같은 굵기의 것을 사용할 것
② 같은 극의 각 전선은 동일한 터미널러그에 완전히 접속할 것
③ 같은 극인 각 전선의 터미널러그는 동일한 도체에 2개 이상의 리벳 또는 2개 이상의 나사로 접속할 것
④ 병렬로 사용하는 전선에는 각각에 퓨즈를 설치하지 말 것
⑤ 교류회로에서 병렬로 사용하는 전선은 금속관 안에 전자적 불평형이 생기지 않도록 시설할 것

19 한국전기설비규정에 따른 접지시스템에 대한 다음의 각 물음에 답하시오. (5점)

(1) 접지시스템 중 등전위가 형성되도록 고압 특고압 접지계통과 저압계통을 함께 접지하는 방식의 명칭을 적으시오.
(2) 통합접지 방식에서 사람이 동시에 접촉할 수 있는 범위 내의 모든 도전부는 항상 같은 등전위를 형성하기 위하여 등전위본딩 하여야 한다. 사람이 동시에 접촉할 수 있는 범위(Arm's reach)의 최대거리[m]를 적으시오.

Answer

(1) 공통접지　　　(2) 2.5

Explanation

(KEC 140조) 접지시스템
① 공통접지 : 등전위가 형성되도록 고압·특고압 접지계통과 저압 접지계통을 공통으로 접지하는 방식
② 통합접지 : 전기설비의 접지계통·건축물의 피뢰설비·전자통신설비 등의 접지극을 통합하여 접지하는 방식

통합접지 방식에서 사람이 동시에 접촉할 수 있는 범위 내의 모든 도전부는 항상 같은 등전위를 형성하기 위하여 등전위본딩 하여야 하며 사람이 동시에 접촉할 수 있는 범위(Arm's reach)의 최대거리는 2.5[m]이다. 이를 넘어가면 등전위본딩을 하지 않는다.

3회 2024년 전기공사기사 실기

01 ★★★☆☆ (6점)

도면과 같은 고압 또는 특고압 수전설비의 진상콘덴서 접속뱅크 결선도를 보고 다음 각 물음에 답하시오.

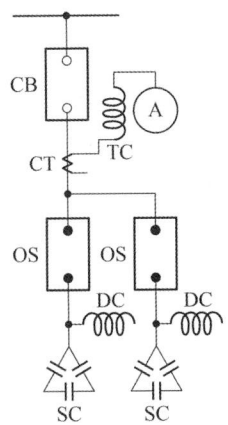

(1) 콘덴서 총 용량이 몇 [kVA] 초과, 몇 [kVA] 이하일 때 콘덴서 용량을 2군 이상으로 분할하는지 적으시오.
(2) 콘덴서 용량이 100[kVA] 이하인 경우 CB 대신 사용가능한 개폐기를 적으시오.
(3) 콘덴서 용량이 50[kVA] 미만인 경우 CB 대신 사용가능한 개폐기를 적으시오.

Answer

(1) 300[kVA] 초과, 600[kVA] 이하
(2) OS (유입 개폐기)
(3) COS (직결로 함)

Explanation

진상용 콘덴서 참고 접속도

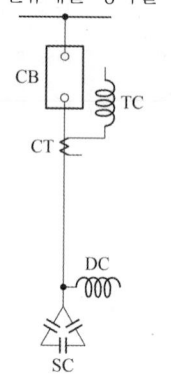

콘덴서 총용량이 300[kVA] 이하의 경우 전류계를 생략할 때

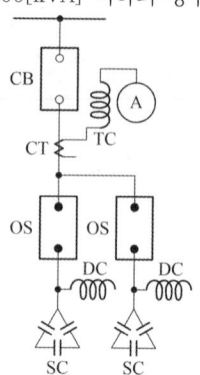

콘덴서 총용량이 300[kVA] 초과 600[kVA] 이하의 경우

02 ★★★☆☆ (5점)

설비용량 50[kW], 30[kW], 25[kW], 25[kW]의 부하설비에 수용률이 각각 50[%], 65[%], 75[%], 60[%]인 경우 변압기의 용량[kVA]을 표준용량표를 참고하여 선정하시오(단, 부등률은 1.2, 종합 부하 역률은 90[%]이다).

변압기 표준 용량표[kVA]						
20	30	50	75	100	150	200

• 계산 :   • 답 :

Answer

계산 : $[kVA] = \dfrac{50 \times 0.5 + 30 \times 0.65 + 25 \times 0.75 + 25 \times 0.6}{1.2 \times 0.9} = 72.45[kVA]$

답 : 75[kVA]

03 ★★☆☆☆ (5점)

전기설비의 접지 목적에 대하여 3가지만 적으시오.

Answer

① 감전방지 ② 이상전압의 억제 ③ 보호계전기의 동작 보호

Explanation

① 감전방지 : 기기의 절연 열화나 손상 등으로 누전이 발생하면 전류가 접지선으로 흘러 기기의 대지 전위 상승이 억제 되고 인체의 감전 위험이 줄어들게 된다.
② 이상전압의 억제 : 뇌전류 또는 고 저압 혼촉 등에 의하여 침입하는 고전압을 접지선을 통해 대지로 흘려 보내 기기의 손상을 방지할 수 있다.
③ 보호계전기의 동작 보호 : 지락 사고시에 일정 크기 이상의 지락 전류가 쉽게 흐르기 때문에 지락 계전기 등의 동작을 확실하게 할 수 있다.
④ 전로의 대지전압의 저하 : 3상 4선식 전로의 중성점을 접지하면 각 선의 대지전압은 선간전압의 $1/\sqrt{3}$ 로 낮아진다.

04 (3점)

수전설비 공사를 하는데 순공사원가가 200,000,000원이었다. 이 때의 일반관리비를 계산하시오.

• 계산 :   • 답 :

Answer

계산 : 순공사비×일반관리비율 = (200,000,000)×0.06=12,000,000원   답 : 12,000,000[원]

Explanation

(계약예규 예정가격작성기준) 일반관리비와 이윤

제13조(일반관리비의 계상방법) 일반관리비는 제조원가(재료비, 노무비, 경비의 합계액)에 아래 표에서 정한 일반관리비율을 초과하여 계상할 수 없다.

종합공사		전문 · 전기 · 정보통신 · 소방 및 기타공사	
공사원가	일반관리비율[%]	공사원가	일반관리비율[%]
50억 미만	6.0	5억 미만	6.0
50억원~300억원 미만	5.5	5억원~30억원 미만	5.5
300억원 이상	5.0	30억원 이상	5.0

05 (5점)

변압기의 1차 사용탭이 6,300[V]의 경우 2차측 전압이 110[V]이었다. 2차측 전압을 약 120[V]로 하려면 1차측 사용탭을 얼마로 하여야 하는지 실제 변압기와 가장 가까운 탭 전압으로 선정하시오(단, 탭 전압은 5,700[V], 6,000[V], 6,300[V], 6,600[V], 6,900[V]이다).

• 계산 :   • 답 :

Answer

계산 : 저압 측의 전압을 약 120[V]로 유지하기 위한 고압 측의 탭전압

$$E_{1T} = \frac{V_1}{V_2} \times E_{2T} = \frac{110}{120} \times 6,300 = 5,775 [V]$$

∴ 탭 전압의 표준 값인 5,700[V]탭으로 선정한다.   답 : 5,700[V]

Explanation

탭 절환장치
• 1차 측 탭을 높이면 2차 측 전압이 감소
• 1차 측 탭을 낮추면 2차 측 전압이 상승

06 (5점)

대지저항률이 $\rho[\Omega \cdot m]$로 균질한 지표면에 반경 $r[m]$인 반구형 접지전극을 매설하였을 때 접지저항 $R = \frac{\rho}{2\pi r}[\Omega]$임을 유도하시오.

Answer

$RC = \rho\epsilon$ 에서 반구의 정전용량 $C = \frac{4\pi\epsilon r}{2} = 2\pi\epsilon r[F]$이므로

접지저항 $R = \frac{\rho\epsilon}{C} = \frac{\rho\epsilon}{2\pi\epsilon r} = \frac{\rho}{2\pi r}[\Omega]$

07 (6점)

통합 접지 계통의 건축물내에 시설되는 저압 전기설비의 과전압으로 인한 보호를 위한 SPD를 시설하는 경우 SPD연결도체에 대하여 다음 물음에 답하시오.

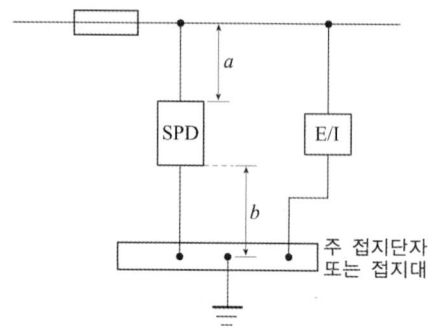

(1) 연결도체(a+b)의 최대길이[m]를 적으시오.
(2) 주접지단자(또는 보호도체)와 SPD사이의 도체가 구리인 경우 각각의 최소굵기[㎟]를 적으시오.
  • Ⅰ등급 SPD :   • Ⅱ등급 SPD :

Answer

(1) 0.5   (2) 16, 4

Explanation

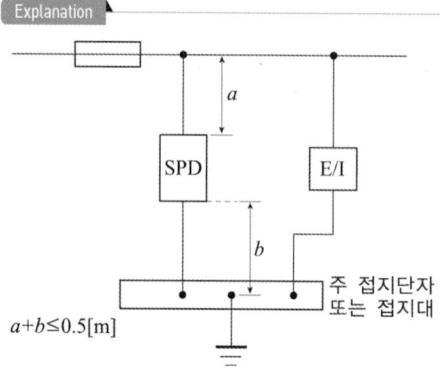

$a+b \leq 0.5[m]$

(1) SPD 연결도체의 길이 : a+b를 0.5[m] 이하로 할 것
(2) SPD 연결도체 접지선의 단면적(구리도체 기준)
  • Ⅰ등급 : 16[㎟] 이상
  • Ⅱ등급 및 Ⅲ등급 : 4[㎟] 이상

08 (4점)

변압기 보호를 위해 사용하는 보호 장치 4가지만 적으시오.

Answer

① 비율차동 계전기   ② 부흐홀츠 계전기
③ 방압 안전장치   ④ 충격압력 계전기

Explanation

변압기의 내부 고장 보호용
① 전기적인 보호 방식
  • 차동 계전기(단상)
  • 비율 차동 계전기(3상)
② 기계적인 보호 방식
  • 부흐홀쯔 계전기(수소 검출, 가스검출계전기)
  • 방압안전장치
  • 유온계(온도계전기)
  • 유위계
  • 서든 프레서(충격압력계전기)

09 ★☆☆☆☆ (5점)
도면은 옥내배선의 배치도(가상)이다. 범례와 동작사항을 참고하여 결선도(시퀀스)를 그리시오
(단, 선의 접속과 미접속에 대한 예시를 참고하여 도면을 그릴 것).

[동작사항]
(1) 스위치 S를 ON하면 L_3가 점등되고, L_1, L_2, L_4는 소등상태가 된다.
(2) 스위치 S를 ON하고 PB를 누르면 릴레이(Ry)와 타이머(T)가 여자됨과 동시에 L_3는 소등되고 L_1, L_2는 점등된다. 시간 경과 후 t초 후 L_2는 소등되고 L_3, L_4는 점등되며 L_1은 계속 점등된다.
(3) 스위치 S를 OFF하면 모든 동작이 정지된다.

[범례]
T : 타이머, Ry : 릴레이, S : 스위치 PB : 누름 버튼 스위치, L_1~L_4 : 램프, ELB : 누전 차단기, J : 정션 박스이고 기타는 생략한다.

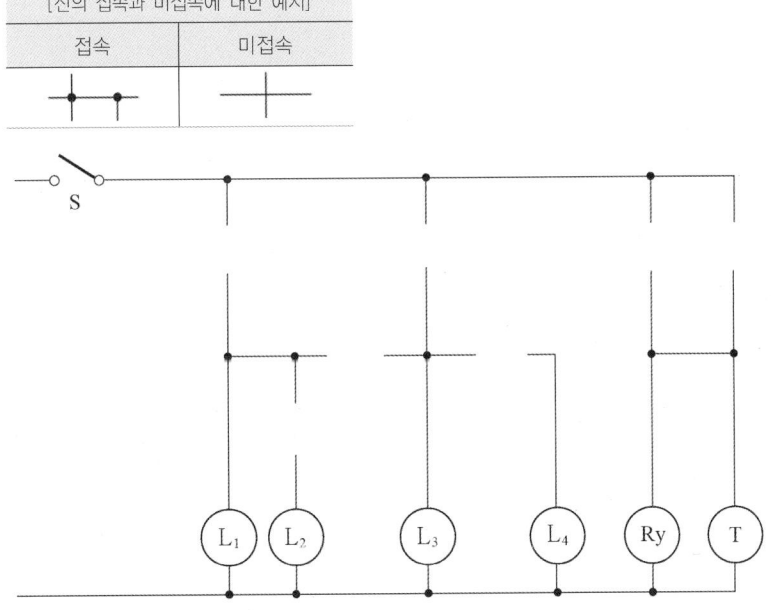

Answer

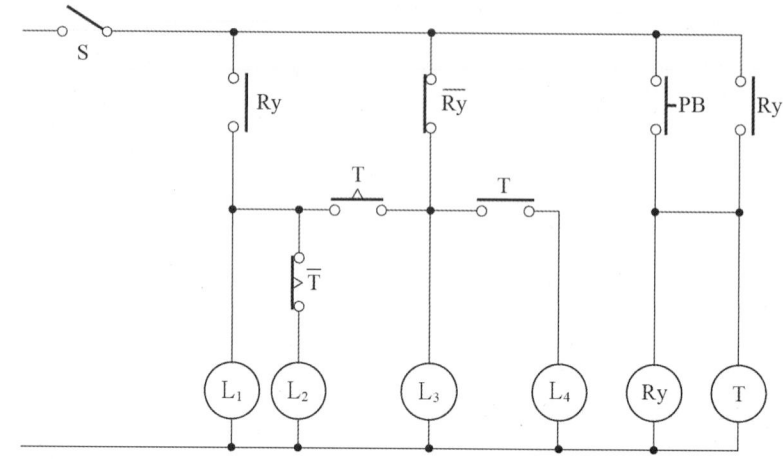

10 ★★★☆☆ (4점)
다음은 피뢰기의 특성에 대한 설명이다. 빈칸에 알맞은 용어를 적으시오.

"피뢰기의 구비조건에서 이상전압 침입 시 신속하게 (①) 하는 특성이 있어야 하고, 이상전류 통전 시 피뢰기의 단자전압을 나타내는 (②)은(는) 일정 전압 이하로 억제할 수 있어야 한다."

① :   ② :

Answer

① 방전   ② 제한전압

Explanation

- 피뢰기 : 이상전압으로부터 전력설비의 기기를 보호
- 피뢰기의 제한전압
 ① 방전되어 저하된 단자전압
 ② 피뢰기 동작 중 단자전압의 파고치
 ③ 충격파 전류가 흐르고 있을 때의 피뢰기 단자전압

11 다음 도면은 전등 및 콘센트의 평면 배선도이다. ①~⑦번까지 접지도체를 포함한 최소 전선(가닥수)를 표시하시오.(단, 표시 예 : 접지도체를 포함하여 3가닥인 경우 → ─//┼─) (7점)

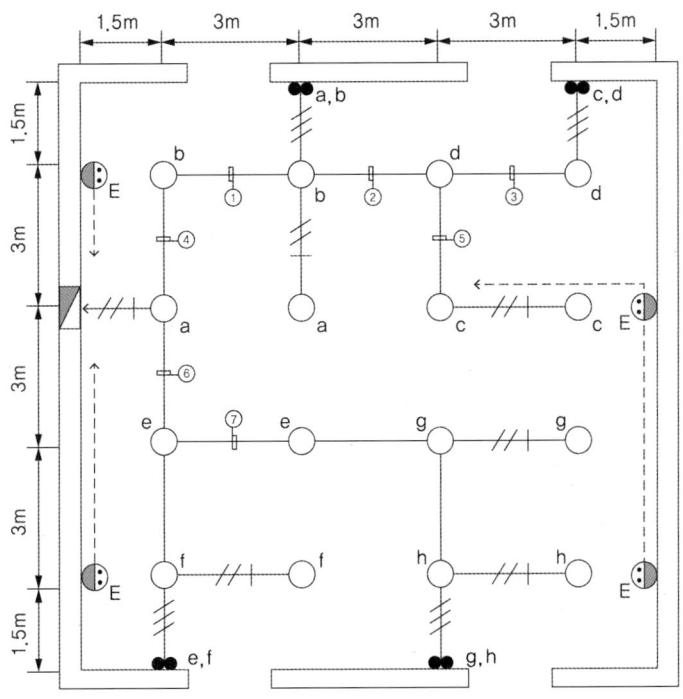

[범례 및 주기]

기호	명칭
○	LED 15[W]
◐E	매입 콘센트(2P 15[A] 250[V])
●	매입 텀블러 스위치(15[A] 250[V])

배선	규격
─ ─ ─ ─	HFIX 2.5sq×2, (E) 2.5sq(16C)
─//┼─	HFIX 2.5sq×2, (E) 2.5sq(16C)
─//─	HFIX 2.5sq×3(16C)
─///┼─	HFIX 2.5sq×3, (E) 2.5sq(16C)
─////┼─	HFIX 2.5sq×4, (E) 2.5sq(22C)

Answer

①	②	③	④	⑤
─////┼─	─///┼─	─///┼─	─///┼─	─//┼─

⑥	⑦
─//┼─	─///┼─

BEST 12 ★★★★★

비상용 조명 부하 110[V]용 100[W] 58등, 60[W] 50등이 있다. 방전 시간 30분, 축전지 HS형 54[cell], 허용 최저 전압 100[V], 최저 축전지 온도 5[℃]일 때 축전지 용량은 몇[Ah]인가?(단, 보수율 0.8, 용량 환산 시간 : $K=1.2$ 이다)

• 계산 :   • 답 :

Answer

계산 : 축전지 용량 $C=\dfrac{1}{L}KI=\dfrac{1}{0.8}\times 1.2\times \dfrac{100\times 58+60\times 50}{110}=120$[Ah]

답 : 120[Ah]

Explanation

• 전류 $I=\dfrac{P}{V}=\dfrac{100\times 58+60\times 50}{110}=80$[A]

• 축전지 용량 $C=\dfrac{1}{L}KI$[Ah]

여기서, C : 축전지의 용량 [Ah] L : 보수율(경년용량 저하율)
        K : 용량환산 시간 계수 I : 방전 전류[A]

13 ★★☆☆☆ (6점)

그림과 같은 단상 3선식 회로에서 I_0 전류와 I_1 전류는 각각 몇 [A]인지 계산하시오. 단, 지락전류는 1[A]이다.

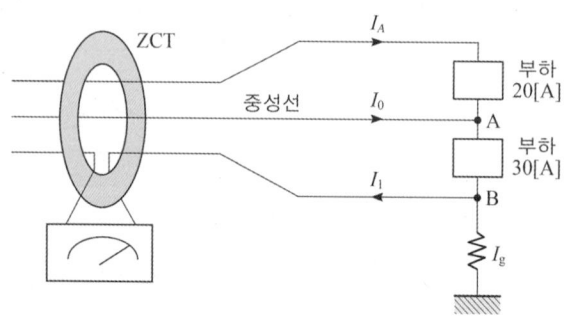

Answer

계산 : A점에서 키르히호프의 전류법칙을 적용하면
$I_A+I_0=30$ [A], $I_A=20$[A]이므로
∴ $I_0=30-I_A=30-20=10$[A]
B점에서 키르히호프의 전류법칙을 적용하면
$I_1+I_g=30$[A], $I_g=1$[A]이므로
∴ $I_1=30-I_g=30-1=29$[A]

답 : $I_o=10$[A], $I_1=29$[A]

Explanation

키르히호프의 전류법칙(K.C.L)
전선의 임의의 한 점에 유입 또는 유출되는 전류의 합은 0이다.

14 3상 4선식 22.9[kV], 수전용량이 750[kVA]인 수용가가 있다. 이 수용가의 인입구에 MOF를 시설하고자 할 때 MOF의 변류비를 아래 표에서 산정하시오(단, 변류비는 정격 1차 전류의 1.5배 값으로 결정한다). (5점)

변류비					
10/5	15/5	20/5	30/5	40/5	50/5

• 계산 : • 답 :

Answer

계산 : 정격 1차 전류 $I = \dfrac{750 \times 10^3}{\sqrt{3} \times 22.9 \times 10^3} = 18.91[A]$

CT의 1차 전류 $I_{CT} = 18.91 \times 1.5 = 28.37[A]$

CT비 30/5 선정

답 : 30/5

Explanation

변류비 $= \dfrac{CT\ 1차측\ 전류 \times (1.25 \sim 1.5)}{5}$ 이며

문제에서는 1.5배라고 하였으므로 이를 적용한다.

15 다음 한국전기설비규정에 따른 고압 가공전선이 교류 전차선 등의 접근, 교차에 따른 설명에서 ( )안에 들어갈 값을 적으시오. (4점)

> 저압 가공전선 또는 고압 가공전선이 교류 전차선 등과 교차하는 경우에 저압 가공전선 또는 고압 가공전선이 교류 전차선 등의 위에 시설되는 때에는 다음에 따라야 한다.
> 가공전선로의 지지물 간 거리는 지지물로 목주 · A종 철주 또는 A종 철근 콘크리트주를 사용하는 경우에는 (①)[m] 이하, B종 철주 또는 B종 철근 콘크리트주를 사용하는 경우에는 (②)[m] 이하일 것

Answer

① 60   ② 120

Explanation

(KEC 332.15조) 고압 가공전선과 교류전차선 등의 접근 또는 교차

저압 가공전선 또는 고압 가공전선이 교류 전차선 등과 교차하는 경우에 저압 가공전선 또는 고압 가공전선이 교류 전차선 등의 위에 시설되는 때에는 다음에 따라야 한다.
가공전선로의 지지물 간 거리는 지지물로 목주 · A종 철주 또는 A종 철근 콘크리트주를 사용하는 경우에는 60[m] 이하, B종 철주 또는 B종 철근 콘크리트주를 사용하는 경우에는 120[m] 이하일 것

16 ★☆☆☆☆ (4점)

오실로스코프상의 B-H곡선에 관한 설명에서 ( )에 알맞은 용어를 적으시오.

> 오실로스코상의 B-H곡선은 수평 편향판에는 (①)에 비례하는 전압이 걸리며, 수직편향판에는 (②)에 비례하는 전압이 걸린다.

Answer

① 시간축의 설정   ② 입력

Explanation

오실로스코프
(1) 수직 편향판의 이동은 입력되는 전압에 비례하며, 전압이 클수록 전자빔은 화면에서 더 많은 수직 이동을 하게 됩니다. 이를 통해 오실로스코프는 입력 신호의 전압 변화를 화면에서 정확하게 표시할 수 있습니다.
(2) 수평 편향판은 시간 축(Time Base)에 설정된 전압에 비례하여 화면에서 수평 방향으로 이동합니다. 이로 인해 입력 신호의 시간적 변화를 시각적으로 표시할 수 있습니다. 시간 축의 설정에 따라 신호가 얼마나 빠르게 또는 느리게 화면을 가로지르는지를 조정할 수 있습니다.

17 ★★★★☆ (6점)

아래 그림은 경완철에서 현수애자를 설치하는 순서를 나타낸 것이다. 각 부품의 명칭을 보기에서 찾아 그 번호를 ( ) 안에 적으시오.

> [보기]
> ① 경완철 ② 현수애자 ③ 소켓아이 ④ 볼쇄클 ⑤ 데드 앤드 클램프 ⑥ 전선

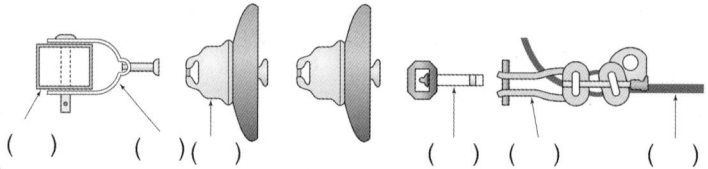

( )   ( )( )   ( ) ( )   ( )

Answer

①-④-②-③-⑤-⑥

Explanation

경완철에 현수애자를 설치하는 순서

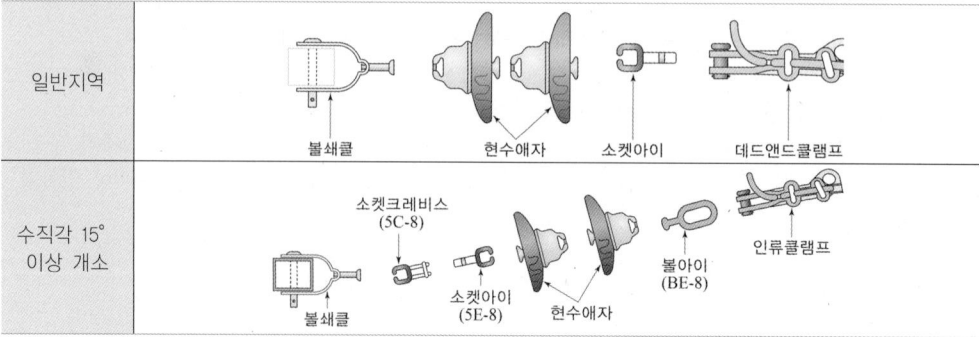

18 ★☆☆☆☆ (10점)

배선설비의 병렬접속에서 병렬도체 사이에 부하전류가 균등하게 배분될 수 있도록 조치를 하여야 한다. 다음 각 물음에 답하시오.

(1) 적절한 전류분배를 할 수 없거나 4가닥 이상의 도체를 병렬로 접속하는 경우에는 무엇의 사용을 고려하여야 하는가?

(2) 금속관 내에서 사용하는 전선의 시설예이다. 바른 방법을 ①~③에서 고르시오.

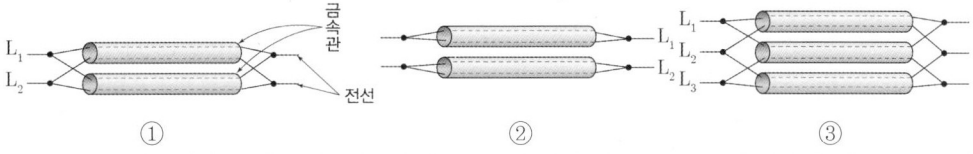

(3) 3상 3선식 2회선 병렬 단심 케이블의 Tray 내 수평배열 시공할 때 전선의 상순을 그림에 표기하시오(단, 각 상은 원 안에 L_1, L_2, L_3로 표기하시오).

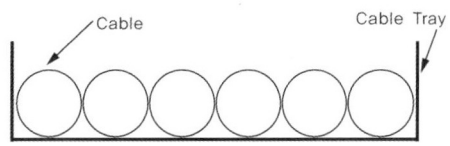

Answer

(1) 버스바트렁킹시스템
(2) ①
(3) L_1, L_2, L_3, L_3, L_2, L_1

Explanation

(KEC 232.3.2 병렬접속)

적절한 전류분배를 할 수 없거나 4가닥 이상의 도체를 병렬로 접속하는 경우에는 버스바트렁킹시스템의 사용을 고려한다.

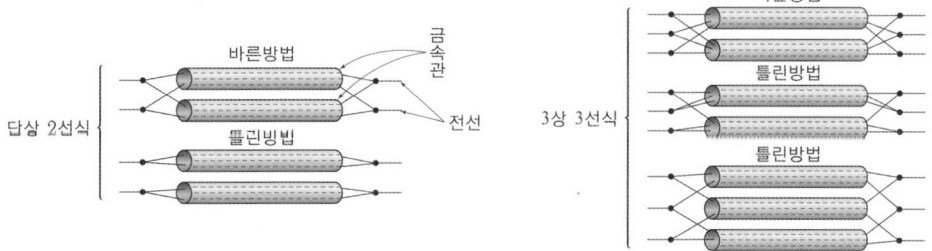

3상 2회선 병렬 단심케이블의 특수배치-수평

19 ★☆☆☆☆ (5점)
한국전기설비규정에 따른 접지시스템의 구성요소이다. 각 번호에 알맞은 용어를 적으시오.

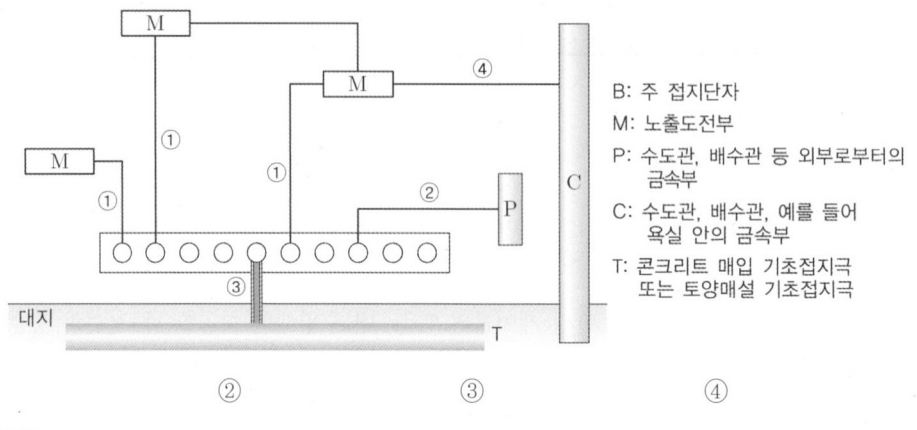

① ② ③ ④

Answer

① 보호도체   ② 보호 등전위본딩용 도체
③ 접지도체   ④ 보조 보호 등전위본딩용 도체

Explanation

(KEC 142.1조) 접지시스템의 구성요소 및 요구사항

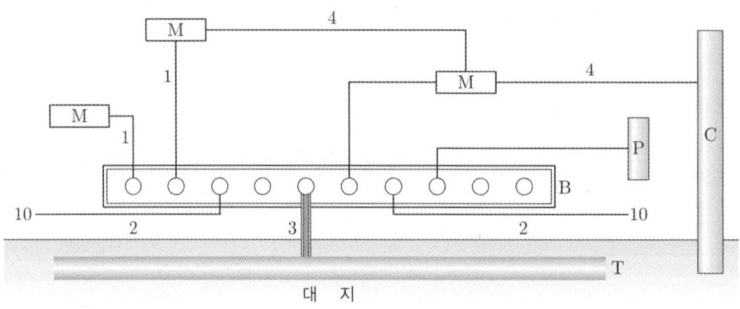

1 : 보호도체(PE)   B : 주 접지단자
2 : 보호 등전위본딩용 도체   M : 전기기구의 노출 도전성부분
3 : 접지도체   C : 철골, 금속덕트의 계통외 도전성 부분
4 : 보조 보호등전위본딩용 도체 P : 수도관, 가스관 등 금속배관
10 : 기타 기기   T : 접지극

1. SPD 등급 선정 기준
    (1) Ⅰ등급(Class Ⅰ)
    직접 뇌격에 대한 보호는 구조물을 보호하는 피뢰보호설비(LPS)가 있는 경우(손상원인이 S1 또는 S3) 구조물로 인입하는 선로인입구(LPZ 1의 입구, 예를 들면 주배전반)에 설치하는 SPD는 시험등급 Ⅰ을 적용하여야 한다.
    (2) Ⅱ등급(Class Ⅱ)
    보호대상 기기에 근접(LPZ 2의 입구, 예를 들어 2차 배전반, 콘센트)하여 설치하는 SPD는 시험등급 Ⅱ를 적용하여야 한다.

2. SPD 보호장치(MCCB, RCD, 퓨즈 등) 시설기준
가. 단락고장으로 상정되는 SPD에 흐르는 단락전류를 확실하게 차단할 수 있는 보호장치를 시설할 것.
나. Ⅰ등급 SPD용 보호장치의 정격은 대용량으로 시설할 것.
다. SPD를 RCD 부하측에 설치시 임펄스부동작형 누전차단기를 설치할 것.
라. SPD 연결도체는 전선에서 SPD와 SPD에서 주접지단자까지 0.5m 이하로 할 것.

20 보호 계전기의 동작 시한별 분류에 대한 설명이다. (　) 안에 알맞은 명칭을 적으시오. (5점)

명 칭	기 능
(①) 계전기	동작시간이 0.2초 이내인 계전기로 0.05초 이하의 계전기를 고속도 계전기라 한다.
(②) 계전기	최소 동작값 이상의 구동 전기량이 주어지면, 일정 시한으로 동작하는 계전기이다.
(③) 계전기	동작시한이 구동 전기량 즉, 동작 전류의 값이 커질수록 짧아지는 계전기이다.

Answer

① 순한시　　② 정한시　　③ 반한시

Explanation

보호계전기 동작시한에 의한 분류

계전기에 정해진 최소 동작전류 이상의 전류 또는 전압이 인가되었을 때부터 신호용 접점을 동작시킬 때까지의 시간을 한시(Time Limit)라 하며 다음과 같이 분류한다.
- 순한시 계전기 : 고장이 생기면 즉시 동작하는 고속도 계전기로 0.3초 이내에 동작하는 계전기
- 정한시 계전기 : 일정 전류 이상이 되면 크기에 관계없이 일정시간 후 동작하는 계전기
- 반한시 계전기 : 전류가 크면 동작 시한이 짧고 전류가 작으면 동작 시한이 길어지는 계전기
- 반한시성 정한시 계전기 : 동작전류가 적은 동안은 반한시 계전기이고 동작전류가 커지면 정한시 계전기

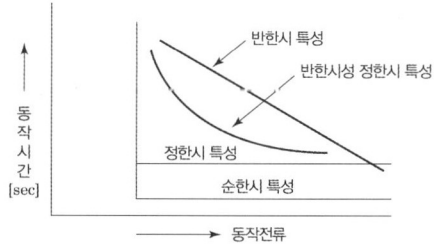